Handbuch

der

Arbeitsmethoden

in der anorganischen Chemie

Zweiter Band

Erste Hälfte

Handbuch
der
Arbeitsmethoden
in der
anorganischen Chemie

bearbeitet von

Prof. Dr. **K. Arndt**, Berlin-Charlottenburg, Dr. **G. Balle** Berlin, Prof. Dr. **F. Bergius**, Berlin, Dr.-ing. **G. Birstein**, Moskau, Dr. **J. Bloch**, Berlin-Steglitz, **J. Bronn**, Rombach (Lothringen), Dr. **J. Ehlers**, Jena, Prof. Dr. **Emich**, Graz, Prof. Dr. **Eucken**, Danzig, Dr. **O. Faust**, Berlin-Dahlem, Privatdozent Dr. **Felgentraeger**, Berlin-Charlottenburg, Prof. Dr. **Fester**, Berlin, Prof. Dr. **Freundlich**, Braunschweig, Privatdozent Dr. **G. Gehlhoff**, Danzig-Langfuhr, Prof. Dr. **P. Goerens**, Essen, Dr. **E. Groschuff**, Berlin, Prof. Dr. **H. Grossmann**, Berlin, Dr. **Günther Schulze**, Berlin-Charlottenburg, Prof. Dr. **Ph. A. Guye**, Genf, Dr. **W. Heuse**, Berlin, Prof. Dr. **Fritz Hoffmann**, Berlin, Dr. **M. K. Hoffmann**, Berlin, Dr. **F. Höhn**, Berlin-Charlottenburg, Dr. **Jantsch**, Zürich, Prof. Dr. **Ipatiew**, St. Petersburg, Geh. Rat Prof. Dr. **Gerhard Just**, Berlin, Dr. **Klemenc**, Berlin-Dahlem, Privatdozent Dr. **Klemensiewicz**, Lemberg, Prof. Dr. **H. Konen**, Münster (Westfalen), Privatdozent Dr. **Paul Köthner**, Berlin, Prof. Dr. **Krafft**, Heidelberg, Prof. Dr. **R. Kremann**, Graz, Dr. **Richard Lepsius**, Mülheim a. R., Prof. Dr. **F. Löwe**, Jena, Dr. **Richard Lucas**, Gera, Prof. Dr. **W. Mecklenburg**, Groß-lichterfelde, Dr. **Meinecke**, Hannover, Dr. **A. Moser**, Moskau, Privatdozent Dr. **L. Moser**, Wien, Direktor Dr.-ing. **H. Nissenson**, Stolberg (Rheinland), Prof. Dr. **W. A. Noyes**, Urbana, Ill., Dr. **G. Pfleiderer**, Berlin, Dr. **Ph. Plöcker**, Oranienburg, Prof. Dr. **Plotnikow**, Moskau, Dr. **P. Praetorius**, Breslau, Prof. Dr. **W. Prandtl**, München, Prof. Dr. **Sir William Ramsay** (†), London, Dr. **Otto Rasch**, Jena, Prof. Dr. **T. W. Richards**, Cambridge, Mass., Privatdozent Dr. **E. Rudolfi**, Berlin, Prof. Dr. **R. Ruer**, Aachen, Prof. Dr. **Otto Ruff**, Breslau, Geh. Rat Prof. Dr. **Scheel**, Berlin, Dr. **Erik Schirm**, Höchst a. M., Privatdozent Dr. **A. Sieverts**, Leipzig, Prof. Dr. **E. F. Smith**, Philadelphia Pa., Prof. Dr. **A. Stähler**, Cöln, Prof. Dr. **H. v. Steinwehr**, Berlin, Prof. Dr. **Alfred Stock**, Berlin, Prof. Dr. **The Svedberg**, Upsala, Prof. Dr. **A. Thiel**, Marburg, Privatdozent Dr. **E. Tiede**, Berlin, Prof. Dr. **J. v. Wartenberg**, Danzig-Langfuhr, Dr. **Ludwig Weiss**, Barmen-Rittershausen, Dr. **M. Wolf**, Berlin u. a.

herausgegeben von

Prof. Dr. Arthur Stähler

Fünf Bände

Mit zahlreichen Abbildungen und Tabellen

Berlin und Leipzig 1919

Vereinigung wissenschaftlicher Verleger

Walter de Gruyter & Co.

vormals G. J. Göschen'sche Verlagshandlung :: J. Guttentag, Verlagsbuchhandlung :: Georg Reimer :: Karl J. Trübner :: Veit & Comp.

Handbuch
der
Arbeitsmethoden
in der
anorganischen Chemie

Unter Mitwirkung von zahlreichen
Chemikern und Physikern

herausgegeben von

Prof. Dr. Arthur Stähler

Zweiter Band

Physikalische und chemische Operationen

Erste Hälfte

Physikalische Operationen allgemeiner Art

Mit 390 Abbildungen

Berlin und Leipzig 1919
Vereinigung wissenschaftlicher Verleger
Walter de Gruyter & Co.
vormals G. J. Göschen'sche Verlagshandlung :: J. Guttentag, Verlagsbuchhandlung :: Georg Reimer :: Karl J. Trübner :: Veit & Comp.

Druck von Metzger & Wittig in Leipzig.

Vorwort zum zweiten Bande.

Der internationale Charakter des vorliegenden Handbuches und der für die meisten Mitarbeiter eingetretene Kriegszwang hatten die ohnehin sehr erheblichen Schwierigkeiten der Drucklegung während des Weltkrieges so gesteigert, daß die Fortführung des Werkes ernstlich in Frage gestellt war. Erst der Umstand, daß eine Anzahl Mitarbeiter gegen Ende des Krieges die Tätigkeit wieder aufnehmen konnten und die Anstrengungen des Verlages haben uns instand gesetzt, wenigstens den ersten Teil des Bandes II zum Erscheinen zu bringen. Hoffentlich gibt der Frieden baldigst die Möglichkeit, das ganze Werk abzuschließen. Veränderungen und Kürzungen des ursprünglichen Programmes waren unvermeidlich, weshalb die Fachkollegen um Nachsicht gebeten werden.

1. Juni 1919.

A. Stähler.

Inhalt des zweiten Bandes.

Erste Hälfte.

Liste der im Handbuch angewandten Literatur-Abkürzungen.

1. *Zeitschriften.*

	Abkürzungen
American Chemical Journal	Am. Ch. J.
American Journal of Science (Silliman)	Am. J. Science
Annalen der Chemie (Liebig)	Ann.
Annalen der Physik und Chemie (Poggendorff)	Pogg.
„ „ „ „ „ (Wiedemann)	Wied.
Annalen der Physik	Ann. Phys.
Annales de Chimie et de Physique	Ann. chim. phys.
Beiblätter zu den Annalen der Physik	Beibl.
Berichte der Deutschen Chemischen Gesellschaft	Ber.
Berichte der Deutschen Physikal. Gesellschaft	Ber. Phys. Ges.
Bulletin de la Societé chimique de Paris (de France)	Bull.
Chemical News, The	Chem. N.
Chemiker Zeitung	Ch. Z.
Chemische Industrie, Die	Ch. Ind.
Chemisches Zentralblatt	Zentr.
Chemische Zeitschrift	Ch. Ztschr.
Comptes rendus de l'Academie des Sciences (Paris)	C. r.
Dinglers Polytechnisches Journal	Dingl.
Elektrochemische Zeitschrift	Elektr. Ztschr.
Gazzetta chimica italiana	Gazz.
Jahresbericht über die Fortschritte der Chemie etc.	Jahr.
Journal de Chimie physique	J. Chim. phys.
Journal de Physique	J. phys.
Journal für praktische Chemie	J. pr. Ch.
Journal of Physical Chemistry	J. Physic. Chem.
Journal of the American Chemical Society	J. Am. Ch. S.
Journal of the Chemical Society (London)	J. Chem. S.
Journal of the Society of Chemical Industry	J. Soc. Ch. Ind.
Mitteilungen aus dem Kgl. Materialprüfungsamt zu Großlichterfelde	Mitt. Mater. Amt
Monatshefte für Chemie	Mfte.
Moniteur scientifique	Monit.
Österreichische Chemiker-Zeitung	Öst. Ch. Ztg.
Pharmaceutical Journal Transactions	Pharm. J. Trans.
Pharmazeutische Zeitung	Pharm. Z.
Pharmazeutische Zentralhalle	Pharm. Zentr.

Liste der im Handbuch angewandten Abkürzungen.

	Abkürzungen
Philosophical Magazine	Phil. Mag.
Physikalische Zeitschrift	Phys. Ztschr.
Proceedings of the Chemical Society (London)	Proc. Chem. S.
Recueil des travaux chimiques des Pays-Bas	Rec. trav. chim.
Sitzungsberichte der Kgl. Akademie der Wissenschaften, Wien	Sitzgb. Wien.
Sitzungsberichte der Kgl. Preußischen Akademie der Wissenschaften, Berlin	Sitzgb. Berlin
Sitzungsberichte der Kgl. Bayrischen Akademie der Wissenschaften, mathemat.-naturwissenschaftliche Abteilung	Sitzgb. Bayr.
Stahl und Eisen	St. E.
Zeitschrift für analytische Chemie	Z. anal. Ch.
Zeitschrift für angewandte Chemie	Z. angew. Ch.
Zeitschrift für anorganische Chemie	Z. anorg. Ch.
Zeitschrift für Chemie und Industrie der Kolloide	Z. Kolloid.
Zeitschrift für chemische Apparatenkunde	Z. Appar.
Zeitschrift für physikalischen und chemischen Unterricht	Z. Unterr.
Zeitschrift für Elektrochemie	Z. Elektr.
Zeitschrift für Instrumentenkunde	Z. Instr.
Zeitschrift für physikalische Chemie	Z. phys. Ch.

2. *Handbücher.*

	Abkürzungen
Abderhalden, Handbuch der biochemischen Arbeitsmethoden	Abderhalden
Abegg-Auerbach, Handbuch der anorganischen Chemie	Abegg-Auerbach
Arendt-Doermer, Technik der anorganischen Experimentalchemie. 1910	Arendt-Doermer
Bender-Erdmann, Chemische Präparatenkunde. Zwei Bände. 1893	Bender-Erdmann
Berzelius, Lehrbuch der Chemie. 4. Aufl. Zehn Bände. 1835—1841	Berzelius
Dammer, Handbuch der anorganischen Chemie	Dammer
Fehling, Handwörterbuch der Chemie	Fehling
Gmelin-Kraut, Handbuch der anorganischen Chemie. 6. Auflage	Gmelin-Kraut
Gmelin-Kraut, Handbuch der anorganischen Chemie. 7. Auflage, herausgegeben von Friedheim u. Peters	Gmelin-Kraut-Friedheim-Peters
Graham-Otto, Ausführliches Lehrbuch der Chemie. 5. Auflage von Michaelis	Graham-Otto-Michaelis
Landolt-Börnstein, Physik.-chem. Tabellen. 3. Aufl. 1905	Landolt-Börnstein
desgl. 4. Aufl. 1912	Landolt-Börnstein-Roth
Moissan, Traité de chimie minérale. 1906	Moissan
Muspratt, Handbuch der technischen Chemie. 1891	Muspratt
Ostwald-Luther, Physikochemische Messungen. 3. Aufl. 1910	Ostwald-Luther
Roscoë-Schorlemmer, Ausführliches Lehrbuch der Chemie	Roscoë-Schorlemmer
Travers-Estreicher, Experimentelle Untersuchung von Gasen. 1905	Travers-Estreicher

Physikalische Operationen.

Druckmessung.

A. Messung von Drucken < 1 Atmosphäre.

Erster Teil.

Von

K. Scheel-Berlin und **W. Heuse**-Berlin.

Inhalt.

I. Messungsmethoden. Gasdrucke gleich und kleiner als eine Atmosphäre werden im allgemeinen durch die Höhe von Flüssigkeitssäulen gemessen, welche dem Gasdruck das Gleichgewicht halten. Als Meßflüssigkeit dient in der Regel Quecksilber, und zwar benutzt man als Einheit den Druck einer auf 0° C gehaltenen Quecksilbersäule von 1 mm Höhe, genau genommen den Druck einer solchen Säule von normaler Schwere, d. h. unter 45° Breite im Meeresniveau. Eine direkt abgelesene Quecksilberhöhe ist also außer in bekannter Weise auf 0^0 noch durch Multiplikation mit dem Verhältnis der Fallbeschleunigungen am Beobachtungsorte und unter 45^0 auf Normalschwere zu reduzieren; in Berlin beträgt diese letztere Reduktion pro Atmosphäre = 760 mm Hg + 0,52 mm. — 1 mm Quecksilber ist gleich dem Druck von 1333,3 Dyne/cm² oder 1,360 g-Gew./cm².

Werden andere Flüssigkeiten als Meßflüssigkeiten benutzt, so ist zu berücksichtigen, daß sie bei gleicher Höhe einen im Verhältnis der spezifischen Gewichte kleineren Druck ausüben als Quecksilber (spez. Gew. bei 0^0 13,596). Solche Flüssigkeiten sind Wasser (spez. Gew. gleich 1), konzentrierte Schwefelsäure (1,83), Glycerin (1,26) u. a. Manometer dieser Art können nur bei sorgfältiger Gestaltung und Berücksichtigung aller Versuchsbedingungen den Quecksilbermanometern gleichwertig werden; im allgemeinen stehen sie diesen trotz der beobachteten größeren Höhendifferenz erheblich an Genauigkeit nach.

Die gemessene Druckhöhe ist noch wegen des Capillardruckes der gekrümmten Oberfläche zu verbessern, welcher eine bis zur Kuppenhöhe gerechnete Quecksilbersäule zu niedrig, Säulen von Wasser, Schwefelsäure, Glycerin u. dgl. zu hoch erscheinen läßt. Die Korrektion wegen des Capillardruckes nimmt mit zunehmender Rohrweite ab; bei Glasrohren von 1 cm Weite beträgt sie für Quecksilber 0,2—0,3 mm, selbst bei Rohren von 5 cm Weite ist sie noch merklich. Die Größe der Capillardepression des Quecksilbers stellt F. Kohlrausch in seinem Lehrbuch der praktischen Physik auf Grund einer Interpolation nach Beobachtungen von Mendeléeff und Gutkowsky in Abhängigkeit vom Rohrdurchmesser und der Meniscushöhe in der folgenden Tabelle zusammen:

Durchmesser	Höhe des Meniscus in mm							
	0,4	0,6	0,8	1,0	1,2	1,4	1,6	1,8
mm	mm	mm	mm	mm	mm	mm	mm	mm
4	0,83	1,22	1,54	1,98	2,37	—	—	—
5	0,47	0,65	0,86	1,19	1,45	1,80	—	—
6	0,27	0,41	0,56	0,78	0,98	1,21	1,43	—
7	0,18	0,28	0,40	0,53	0,67	0,82	0,97	1,13
8	—	0,20	0,29	0,38	0,46	0,56	0,65	0,77
9	—	0,15	0,21	0,28	0,33	0,40	0,46	0,52
10	—	—	0,15	0,20	0,25	0,29	0,33	0,37
11	—	—	0,10	0,14	0,18	0,21	0,24	0,27
12	—	—	0,07	0,10	0,13	0,15	0,18	0,19
13	—	—	0,04	0,07	0,10	0,12	0,13	0,14

Man vermeidet den Capillareinfluß nahezu ganz, wenn man die Flüssigkeitssäule aus dem Höhenunterschied der Flüssigkeitskuppen in kommunizierenden Röhren von gleicher Weite bestimmt. Indessen bleiben auch hier noch kleine schwer zu ermittelnde Unsicherheiten bestehen, wenn die Kuppen unter verschiedenen Bedingungen — z. B. beim Barometer die eine Kuppe gegen das Vakuum, die andere gegen die atmosphärische Luft — ausgebildet sind.

Mit Flüssigkeitsmanometern mißt man in der Regel nur die Druckunterschiede zu beiden Seiten der Kuppen; vielfach handelt es sich nur um die Bestimmung des Unter- oder Überdrucks, welchen ein Gasraum gegen die umgebende Luft besitzt, man läßt dann den einen Schenkel des Manometers in freier Verbindung mit der Atmosphäre. Will man absolute Drucke bestimmen, wie z. B. den Druck der Atmosphäre selbst mit Hilfe des Quecksilberbarometers, so muß die obere Kuppe an den luftleeren Raum grenzen.

Druckunterschiede zwischen zwei verschiedenen Gasräumen kann man ferner aus den Durchbiegungen einer zwischen ihnen ausgespannten Membran erschließen. Es ist dann Sorge zu tragen, daß die Größe der Durchbiegung objektiv durch Zeigerübertragung, oder auf andere Weise subjektiv meßbar gemacht wird. Ein solches Membranmanometer liefert die Druckunterschiede nur in willkürlichem Maße; um absolute Drucke zu erhalten, muß man das Membranmanometer mit Hilfe eines Quecksilbermanometers eichen.

Sehr kleine Gasdrucke sind durch direkte Vergleichung mit dem Druck von Quecksilbersäulen nicht mehr bestimmbar. Man hilft sich hier in der Art, daß man das im Gasraume oder in einem Teil desselben befindliche Gas auf einen bekannten Bruchteil komprimiert. Nach dem MARIOTTEschen Gesetz ändern sich Volumen v und Druck p einer abgegrenzten Gasmenge in der Art, daß das Produkt $p \cdot v$ stets konstant bleibt. Hat man also das Gas von seinem ursprünglichen Volumen v_0 auf das sehr viel kleinere Volumen v_1 komprimiert und mißt man alsdann den Druck p_1, so berechnet sich der ursprüngliche Druck p_0 aus der Gleichung $p_0 v_0 = p_1 v_1$. Diese Methode wird später noch im einzelnen erläutert werden.

Neuerdings hat KNUDSEN[1] eine Methode angegeben, nach welcher man auf Grund der Gesetze der kinetischen Gastheorie aus der abstoßenden Kraft zwischen zwei Platten mit Hilfe der Drehwage den sehr kleinen Druck des die beiden Platten umgebenden gasförmigen Mediums absolut bestimmen kann. Da die Methode sich zum täglichen Gebrauche im Laboratorium nicht eignet, möge der Hinweis auf sie an dieser Stelle genügen.

II. Ablesemethoden. Die Messung der Höhe einer Flüssigkeitssäule geschieht im einfachsten Falle derart, daß man mit dem Auge oder einem parallel verschiebbaren Fernrohr auf einen hintergestellten Maßstab projiziert. Im ersteren Falle erleichtert die Benutzung eines Spiegels das Vermeiden der Parallaxe.

Ist größere Genauigkeit erforderlich, so messe man mit dem Kathetometer. Es besteht der Hauptsache nach aus einem vertikalen Maßstab, der um eine vertikale Achse drehbar ist, und einem horizontalen Fern-

---

[1] M. KNUDSEN, Ann. Phys. 32, 809—842 (1910).

rohr, das sich längs des Maßstabes verschieben läßt und einen Nonius trägt. Man stellt nacheinander auf die beiden Menisken ein und liest jedesmal die Stellung des Fernrohres auf dem Maßstab ab: die Differenz der beiden Ablesungen gibt die gesuchte Höhe. Abgelesen wird immer die horizontale Tangente des Meniscus, also an Quecksilberflächen der obere, an den übrigen Flüssigkeiten der untere Rand.

Bei Messungen größter Präzision empfiehlt sich die Verwendung eines mit zwei Mikroskopen ausgerüsteten Kathetometers. Die zu messende Niveaudifferenz wird durch Okularmikrometer festgehalten und unter Drehung der Kathetometersäule auf einen neben dem Manometer aufgestellten Normalmaßstab übertragen. Hierbei ist sorgfältige Justierung Bedingung, über deren Einzelheiten z. B. KOHLRAUSCH, Lehrbuch der praktischen Physik 11. Aufl. S. 97 Aufschluß gibt.

Um die schwierige Einstellung auf spiegelnde Quecksilberkuppen zu erleichtern, wird empfohlen, das Manometerrohr mit schräg schraffiertem Papier zu hinterlegen. Auf die Spitzen, in denen die Striche und ihre Spiegelbilder zusammenstoßen, kann bequem eingestellt werden.

Trotz aller Vorsicht wird es jedoch selten gelingen, die vom Kathetometer an und für sich zu erreichende Genauigkeit tatsächlich zu erzielen, weil die Glasröhren, durch die man hindurch visieren muß, niemals ganz schlierenfrei und vollkommen zylindrisch sind und zudem durch Brechung und Reflexion des Lichtes an den Röhrenwänden in der Regel eine falsche Lage der Kuppe vorgetäuscht wird.

Mit Vorteil kann zur Bestimmung der Lage eines Meniscus ein sogenanntes Visier benutzt werden, das aus zwei miteinander verbundenen Schneiden besteht, welche passend geführt stets in derselben Horizontalebene liegen. Die eine der Schneiden befindet sich vor, die andere hinter der Quecksilberkuppe; man schiebt das Visier von oben an die Quecksilberkuppe heran und stellt so ein, daß der zwischen der Verbindungsebene der Schneiden und der Kuppe verbleibende Lichtschein gerade verschwindet. Die Lage der Visiere wird dann an einer Skale bestimmt.

Eine andere Methode zur Messung von Quecksilberhöhen ist von THIESEN[1] angegeben worden. Sie besteht darin, daß man hinter der das Quecksilber enthaltenden Glasröhre oder besser einem Troge mit planen Glaswänden vertikal einen Maßstab aufstellt und durch mikrometrische Messung des Abstandes zwischen einem direkt und einem in der Quecksilberoberfläche gespiegelten Striche die Lage der Quecksilberoberfläche gegen die Teilung festlegt. Man sieht also die Quecksilberfläche gar nicht direkt, sondern berechnet sie als die Mitte zwischen Strich und Spiegelbild. Diese Methode setzt große Quecksilberoberflächen voraus, bei denen von einer Krümmung wenigstens in der Mitte abgesehen werden kann. Kann diese Voraussetzung nicht mehr gemacht werden, so treten Bildverzerrungen auf, die durch eine etwas kompliziertere Berechnungsweise berücksichtigt werden können.

---

[1] M. THIESEN, Z. Instr. 6, 89—93 (1886); Wiss. Abh. d. Phys.-Techn. Reichsanstalt 3, 73 u. 82 (1900).

Noch eine weitere Methode zur Bestimmung der Lage eines Quecksilbermeniscus macht von dem Gesetze der Spiegelung Gebrauch. Man nähert der Mitte der Kuppe eine Metall- oder Glasspitze auf sehr geringen Abstand und stellt auf die Mitte zwischen Spitze und Spiegelbild ein. Diese Methode ist die vollkommenste bei großer Einfachheit.

In manchen Fällen kann es von Vorteil sein, die Berührung einer Spitze und einer Kuppe als elektrischen Kontakt auszubilden.

Sollen Druckänderungen aus den Durchbiegungen von elastischen Membranen abgeleitet werden, so ist im allgemeinen notwendig, diese kleinen Bewegungen durch Anwendung von Hebeln zu vergrößern und auf Zeiger bzw. Spiegel zu übertragen. Die Übertragungsmechanismen, wie sie z. B. bei Aneroidbarometern Verwendung finden, haben einen hohen Grad mechanischer Vollkommenheit erreicht und die durch sie entstehenden Fehler treten zurück gegen diejenigen, die in elastischen Nachwirkungen und dauernden Deformationen der Membranen ihren Grund haben.

Wenn es sich darum handelt, sehr kleine Bewegungen recht empfindlicher Membranen sichtbar zu machen, so versagen wegen ihrer zu großen Masse und Reibung die Übertragungsmechanismen der erwähnten Art. Derartig kleine Bewegungen leitet man vorteilhaft aus der Bewegung von Interferenzstreifen ab, die man zwischen einer mit der Membran verbundenen und einer darüber fest montierten planen Platte entstehen läßt.

Justiert man die Platten so, daß zwischen den einander zugekehrten Flächen eine schwach keilförmige, möglichst dünne Luftplatte entsteht und beleuchtet man mit monochromatischem Licht, so kann man ein System einander paralleler Streifen beobachten, welches durch Interferenz der an der oberen Fläche der beweglichen Platte und der an der unteren Fläche der festen Platte reflektierten Strahlenbündel entsteht. An der unteren Fläche der festen Platte wird eine Marke (ein Silberscheibchen von etwa 0,5 mm Durchmesser) angebracht, auf welche die Stellung des Streifensystems bezogen werden kann. Jede Änderung in der Durchbiegung der Membran ändert die Dicke der „Luftplatte“ und ruft eine Verschiebung des Streifensystems hervor, derart, daß einer Bewegung der Platte um eine halbe Wellenlänge des benutzten Lichtes eine Verschiebung des Streifensystems um eine Streifenbreite (hell + dunkel) entspricht. Mißt man also okularmikrometrisch die Streifenverschiebung in bezug auf die erwähnte Marke, so läßt sich die Bewegung der Platte, und somit der Membran, ableiten.

Da das Zählen der über die Marke hinwegwandernden Streifen schwierig ist und auch bei großer Aufmerksamkeit Irrtümer kaum zu vermeiden sind, wird ein von ABBE angegebenes Verfahren, statt einer Wellenlänge deren mehrere zu benutzen, häufig mit Vorteil benutzt.

Die Beobachtung in verschiedenen Spektralfarben wird durch eine von PULFRICH[1] ausgebildete und beschriebene Anordnung erleichtert. Das

[1] C. PULFRICH, Z. Instr. **13**, 370ff. (1893).

Licht einer Geißlerröhre (Fig. 1) mit gerader Durchsicht gelangt durch eine Linse *L* in den Apparat, wird durch ein Prisma *p*, das vor einer Irisblende *J* sitzt, in das Beobachtungsrohr gelenkt, passiert die Linse *O* und die beiden Prismen p_1 und p_2 und gelangt so vertikal auf das Plattensystem. Auf demselben Wege zurückkehrend, geht es durch den vom Prisma freigelassenen Teil der Irisblende zum Okular *F*. Mit einem in *F* befindlichen Fadenkreuz wird durch Drehen des Okulars mit der Schraube *M* auf feste Marke und Interferenzstreifen eingestellt. Zur Ablesung der Stellung dient eine Teilung der Schraubentrommel *M*. Die Einführung der verschiedenen Spektralfarben ins Gesichtsfeld geschieht durch Heben und Senken des Beobachtungsrohres mittelst der Schraube *S*.

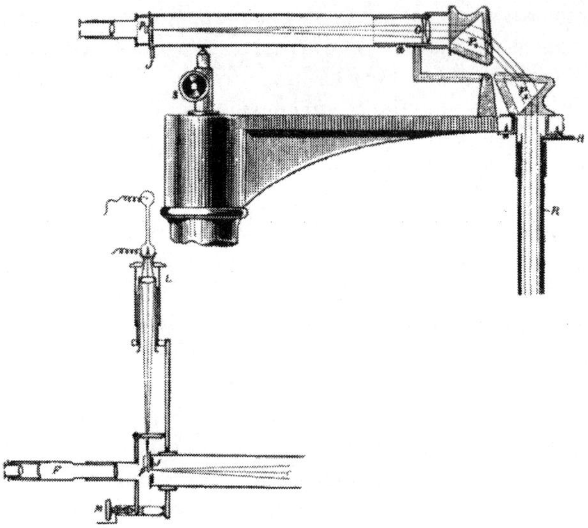

Fig. 1. Vorrichtung von PULFRICH zur Ausmessung von Interferenzen.

Zur Füllung der Spektralröhren benutzt man Wasserstoff oder Helium unter Beifügung von etwas Quecksilber.

Apparate der beschriebenen Art werden von der Firma Carl Zeiß, Jena, angefertigt.

Näheres über die Benutzung der Interferenzmethode findet sich im Kapitel Thermische Ausdehnung (Bd III, S. 283).

Von PRYTZ[1] ist eine Methode angegeben worden, um die Lage einer spiegelnden Fläche, z. B. einer Membran, durch optischen Kontakt festzustellen.

Stellt man mit einem Mikroskop auf scharfes Sehen eines Objektes ein, so ist damit dessen Abstand vom Mikroskop mit einer gewissen Genauigkeit bestimmt. Richtet man es so ein, daß das Mikroskop selbst das nötige Objekt in Form eines vom Objektiv erzeugten reellen Bildes einer im Mikroskop angebrachten Lichtquelle liefert, und läßt man dieses Bild in die spiegelnde Fläche fallen, so hat man den sogenannten „optischen Kontakt“ zwischen Mikroskop und Fläche. Auf dieses reelle Spiegelbild kann mit dem Mikroskop, wie auf ein in der Spiegelebene befindliches Objekt, eingestellt werden.

Die Einrichtung des Mikroskops ist aus Fig. 2 ersichtlich. In der Höhe der Brennebene des positiven Okulars wird ein Seitenrohr an-

[1] K. PRYTZ, Ann. Phys. **16**, 735—745) 1905).

gebracht, in welches ein konischer Glasstab, der Lichtleiter S, eingeführt wird. Das innere Ende des Stabes ist kurz umgebogen und senkrecht zur Achse des Mikroskops plan abgeschliffen. In diese dem Objektiv zugewandte Fläche (etwa 1 mm²) sind zwei feine Striche in einem Abstand von $^1/_{40}$ mm eingeritzt. Die Oberfläche des Glasstabes ist versilbert. Von den planen Endflächen ist die Versilberung wieder entfernt, so daß beim Gebrauch die eingeritzten Striche, in denen die Versilberung bestehen bleibt, hell auf dunklem Grunde sichtbar werden.

Durch die äußere Endfläche des Glasstabes S wird Licht hineingeschickt, welches nach wiederholten Reflexionen durch die geritzte Endfläche σ austritt. Es passiert das flache Doppelprisma P (die brechende Kante dieses Prismas ist in Wirklichkeit gegen die Stellung der Figur um 90° zu drehen) und wird durch das Objektiv in der spiegelnden Ebene AB zu den Bildern $\sigma' \sigma''$ vereinigt. Von dort geht es auf analogem Wege durch Objektiv und Doppelprisma zurück. In der Brennebene des Okulars entsteht dann eine Abbildung, welche in Fig. 3 dargestellt ist.

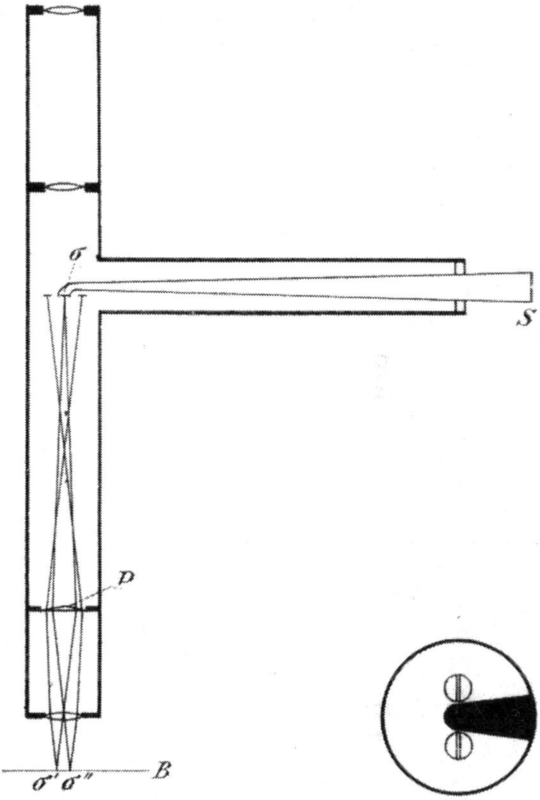

Fig. 2. Fig. 3.

Optischer Kontakt nach PRYTZ.

Sofern die brechende Kante des Doppelprismas senkrecht auf den in der Lichtquelle eingeritzten Strichen ist, erscheinen diese mit guter Schärfe. Die Vergrößerung wird etwa 20 fach gewählt. Das mit Lichtleiter und Doppelprisma versehene Mikroskop wird so verwendet, daß man seinen Abstand vom Spiegel so lange ändert, bis das Bild der beiden Striche möglichst scharf erscheint. Daß die spiegelnde Fläche genau eben ist, wird wegen der geringen Größe der Bilder $\sigma' \sigma''$ unnötig.

Nach dieser Methode kann man auf optischen Kontakt einstellen mit einer Genauigkeit von etwa $^2/_3$ μ.

III. Apparate zur Messung kleiner Drucke. 1. **WILD-FUESSsches Heberbarometer.** Von den zahlreichen Instrumenten zur Messung des Atmosphärendruckes möge hier nur die folgende von R. FUESS im Auftrag der Physikalisch-Technischen Reichsanstalt gebaute Form[1] beschrieben werden.

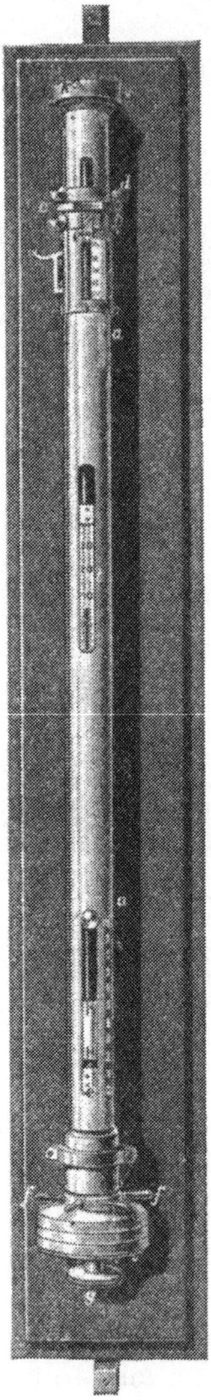

Fig. 4. WILD-FUESSsches Heberbarometer.

Die in einer Vertikalen liegenden Schenkel des Heberbarometers (Fig. 4) haben eine lichte Weite von 15 mm. Sie tauchen in ein weites eisernes Gefäß, dessen Boden aus einer federnden dünnen Platte von Stahlwellblech besteht. Den oberen Verschluß des eisernen Gefäßes bildet ein Ledersack, der nach oben gestülpt ist, so daß die vom Leder sich lostrennenden Staubteilchen nicht in die Barometerröhre gelangen können. Der Ledersack wird durch einen Deckel geschützt, der mittelst einer Schraube verstellt werden kann.

Größere Hebungen und Senkungen des Quecksilbers führt man dadurch herbei, daß man den Deckel mit Hilfe der Handgriffe *f f* hinunter- und hinaufschraubt, während die Feineinstellungen durch Heben der Bodenplatte mittelst einer Schraube *g* bewirkt werden.

Zur Einstellung der Kuppen dienen Visiervorrichtungen, welche auf der sorgfältig abgedrehten Umschlußröhre *a* des Barometers gleitend angeordnet sind. Die Hülse mit der unteren Visiervorrichtung wird in der Regel in fester Lage so eingestellt, daß die Visierebene mit dem Nullstrich der auf die Umschlußröhre aufgebrachten Teilung zusammenfällt; das Quecksilber wird dann bei jeder Einstellung bis zur Berührung mit der Visierebene gehoben. Die oberen Visierschneiden *e* sitzen an einer Hülse, die durch eine Schraube *d* gegen eine zweite mit der Schraube *c* auf dem Umschlußrohr festklemmbaren Hülse in der Höhe verschoben werden kann. Bei gelöster Schraube *c* verschiebt man zunächst das System beider Hülsen, bis die Visierebene die obere Quecksilberkuppe annähernd berührt; dann klemmt man *c* fest und führt die Feineinstellung mit der Schraube *d* aus. Die Lage der Visierebene und damit die Höhe der Quecksilbersäule wird an der Teilung auf dem Umschlußrohr erkannt, vor welcher ein mit der Visiervorrichtung verbundener Nonius gleitet.

Die Temperatur der Quecksilbersäule soll an einem Thermometer *t* gemessen werden, dessen Gefäß sich in der Mitte zwischen dem unteren und oberen Niveau befindet und durch die Umschlußröhre gegen Strahlung geschützt ist. Nur wenn man in

[1] J. PERNET, W. JAEGER und E. GUMLICH, Wiss. Abh. der Phys.-Techn. Reichsanstalt 1, 93 (1894). Berlin, Julius Springer.

Räumen von lange Zeit sehr konstanter Temperatur arbeitet, kann man hoffen, die Einstellgenauigkeit des Barometers ($\pm$ 0,02 mm) einigermaßen auszunutzen; sonst können die Druckmessungen infolge der mangelnden Kenntnis der Quecksilbertemperatur um mehrere Zehntelmillimeter falsch werden.

2. Heizbares Manometer. Von den Übelständen der Temperaturunsicherheit ist ein heizbares Manometer[1] frei, das in Fig. 5 abgebildet ist, und welches speziell für Dampfdruckmessungen oberhalb Zimmertemperatur gebaut war. Das Manometer besteht aus einem **U**-förmigen Rohr U von etwa 25 mm Weite, dessen geschlossener linker Schenkel luftfrei ist, und dessen rechter Schenkel durch das Rohr V mit dem Rezipienten, d. h. mit dem Raume in Verbindung steht, dessen Gasdruck gemessen werden soll. Das Manometerrohr hängt in einem justierbaren Gehänge G an den Vorsprüngen a_1 a_2 eines mit Fenstern F versehenen doppelwandigen Metallkastens M von rechteckigem Querschnitt im Innern desselben. Das Verbindungsrohr V zum Rezipienten ist durch den gleichfalls doppelwandigen Deckel des Metallkastens in einer Hülse hindurchgeführt.

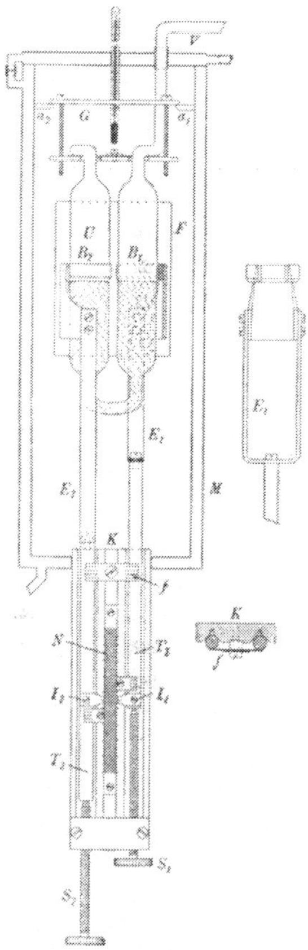
Fig. 5.
Heizbares Manometer.

Die Heizung des Manometers findet in der Weise statt, daß durch den Mantel und Deckel der Dampf von siedendem Aceton geleitet wird. Zur Ermittelung der Temperatur im Innern des Metallkastens, deren Kenntnis zur Reduktion der Quecksilbersäule im Manometer auf 0° nötig ist, dient ein eingehängtes Thermometer; die Temperatur ist der Siedetemperatur des Acetons (56—57°) stets nahe gleich und beliebig lange Zeit konstant. — Übrigens können an Stelle des Acetondampfes auch andere Dämpfe (von Alkohol, Wasser usw.) mit Erfolg benutzt werden.

Die Einstellung auf die Quecksilberkuppen erfolgt mit Hilfe von Visieren B_1 und B_2, welche ringförmig die Manometerschenkel nahe umgeben, ohne sie jedoch zu berühren. Die Visiere werden in gabelförmigen Haltern E_1 und E_2 von Stangen T_1 und T_2, die durch den Boden des Heizkastens nach außen führen, getragen und durch an die Stangen angreifende Transportschrauben S_1 und S_2 in der Höhe verschoben. Die Stangen T_1 und T_2 gleiten in sorgfältig ausgeschliffenen, einander par-

[1] KARL SCHEEL u. WILHELM HEUSE, Z. Instr. **30**, 45—47 (1910). Das Manometer wird von Leppin & Masche, Berlin SO, Engelufer. gebaut.

allelen Nuten des Metallklotzes K; sie werden durch Federn f in die Nuten eingedrückt, so daß sie mit mäßiger Reibung in den Nuten gleiten und sich stets durch ihr Eigengewicht auf die Transportschrauben S_1 und S_2 auflegen. Mit den Stangen sind die Strichindices I_1 und I_2 verbunden, welche neben einer Teilung N gleiten und den Höhenunterschied der beiden Visiere und damit der beiden Quecksilberkuppen festzustellen gestatten.

Die Skale und die Stangen sind aus Kruppschem Nickelstahl (Ausdehnung $2{,}5 \cdot 10^{-6}$ für 1°) verfertigt. Die Stangen befinden sich oben auf der Manometer-, unten auf Zimmertemperatur; in der Mitte findet ein Abfall von der einen zur anderen Temperatur statt. Verschiebt man eine Stange in der Höhe, so bleibt das Gebiet des Temperaturabfalles, bezogen auf die Lage zum Heizkasten, bestehen und ändert nur seinen Ort auf der Stange selbst; der wegen Wärmeausdehnung der Stange in Rechnung zu ziehende Betrag ist also derselbe, wie wenn ein Stück der Stange, gleich der Länge der Verschiebung, von Zimmer- auf Manometertemperatur gebracht wäre oder umgekehrt, im übrigen aber die Stange ihre Temperatur und damit ihre Lage nicht geändert hätte. Die von der Wärmeausdehnung der Stangen herrührende Korrektion beträgt bei 100 mm Druck etwa $+0{,}01$ mm.

Durch die Verlegung der eigentlichen Messung nach außen, an einen Ort von Zimmertemperatur, wurde eine Meßgenauigkeit von etwa $\pm 0{,}005$ mm erreicht, was bei kathetometrischem Anvisieren der Kuppen durch die von Aceton benetzten Fenster hindurch nicht möglich gewesen wäre. Eine Einstellung der Visiere auf das Auftreten eines Lichtscheins zwischen ihnen und den Quecksilberkuppen ist trotz der — übrigens ziemlich gleichmäßigen — Benetzung sehr wohl möglich.

3. Rayleighsches Neigemanometer. Lord Rayleigh hat bei seinen Versuchen über die Gültigkeit des Gasdruckgesetzes zwischen 1,5 und 0,01 mm Quecksilber ein Manometer für dieses Druckgebiet angegeben[1] und damit eine Genauigkeit von $^1/_{2000}$ mm erreicht. Das Rayleighsche Instrument konnte mit geringen Abänderungen für ein Meßintervall bis zu 5 mm brauchbar gemacht werden. In dieser Form[2] ist es in Fig. 6 dargestellt.

Das Manometer besteht aus zwei gleich großen Glaskugeln BB von etwa 25 mm Durchmesser, welche gabelförmig zu einem gemeinsamen Stiel A verbunden sind. Der untere Teil dieser Glaskugeln ist nebst dem Stiel A mit Quecksilber gefüllt, welches durch einen Schlauch mit dem in einem Reservoir D befindlichen Quecksilber kommuniziert. Von den Kugeln BB führen federnde Glasrohre CC zu den Gasräumen; in die Kugeln BB ist je eine Glasspitze eingeschmolzen, deren rückwärtige Verlängerungen aus Stabilitätsgründen zu einem Bügel G verbunden sind. Die Glaskugeln und die damit verbundenen Teile sind auf einer Messingplatte M montiert und mit dieser um eine zur Zeichnungsebene senkrechte

[1] Phil. Trans. London (A) **196**, 205 (1901); Z. phys. Ch. **37**, 713 (1901).

[2] Karl Scheel u. Wilhelm Heuse, Z. Instr. **29**, 344—346 (1909); das Manometer ist von der Firma E. Leybolds Nachf. in Köln zu beziehen.

Achse drehbar. Die Achse wird durch eine Stahlschneide *S* gebildet, auf welcher die Messingplatte *M* mit der Pfanne *P* aufgehängt ist.

Die Drehung um diese Achse wird mit der an dem Ansatz *K* angreifenden Schraube *J* bewerkstelligt. Um ein Schlagen des Manometers und ein dadurch bedingtes Aushängen aus der Pfanne beim Drehen der Schraube *J* zu verhindern, ist die Schraube zugespitzt und greift in einer in dem Ansatz *K* befindlichen, vertikal laufenden Nut an. Der Schraube *J* wirkt ein Stift entgegen, welcher durch Federkraft den neigbaren Teil des Instrumentes gegen das zugespitzte Ende der Schraube andrückt. Durch gleichzeitiges Drehen an der Schraube *J* und Heben oder Senken des Quecksilbers unter Betätigung der Schlauchklemme *E* mittelst des Handgriffes *H* — das Reservoir *D* ist zuvor durch einen Quetschhahn *L* abgesperrt — kann man die Glasspitzen in beiden Kugeln in gleichen, sehr kleinen Abstand von den Quecksilberoberflächen bringen, was man in bekannter Weise aus der gegenseitigen Lage der Spitzen und ihrer Spiegelbilder ersieht. Die Schätzung gleichen Abstandes zwischen Spitzen und Spiegelbildern in beiden Manometerkugeln wird durch Benutzung eines mit dem neigbaren Teile des Manometers fest verbundenen Mikroskops *R* erleichtert, in dessen Gesichtsfeld unter Benutzung des total reflektierenden Prismas *T* die Bilder der beiden Spitzen unmittelbar nebeneinander gebracht werden.

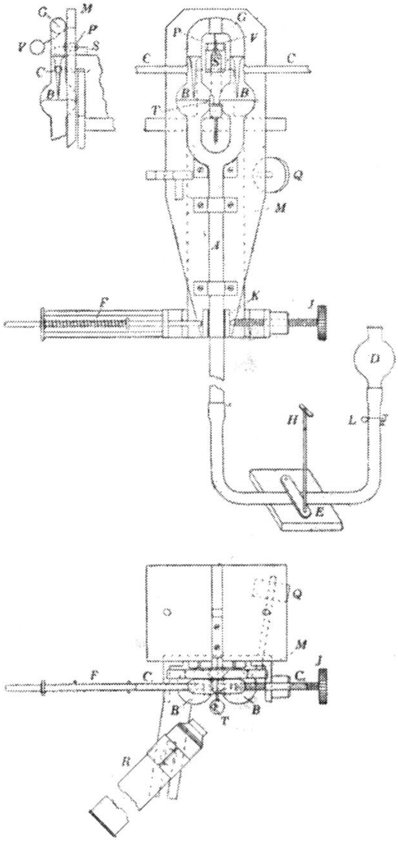

Fig. 6. Abgeändertes Rayleighsches Neigemanometer.

Die durch die Schraube *J* bewirkte Neigung des Instrumentes läßt den Druckunterschied in den beiden Kugeln *BB* berechnen. Um die Neigung selbst zu messen, ist mit dem Versteifungsbügel *G* der beiden Glasspitzen ein Spiegel *V* so verbunden, daß seine Mitte sich in der Verlängerung der Drehungsachse befindet und diese in seine Ebene fällt. Die Drehungen des Spiegels werden dann in bekannter Weise mit Skale und Fernrohr beobachtet.

Bei der Berechnung der Höhendifferenz *h* der Spitzen aus dem Skalenausschlag ist zu beachten, daß nicht, wie sonst bei ähnlichen Messungen, eine Reduktion der Tangente des doppelten Neigungswinkels auf den Winkel selbst, sondern auf den Sinus des einfachen Winkels vorzunehmen ist. Bezeichnet man den Drehungswinkel des Spiegels gegen seine Vertikalstellung mit α, den zugehörigen Skalenausschlag mit H, den Abstand der Spitzen mit d und den Abstand von Spiegel zu Skale mit D, so gelten die Beziehungen:

$$h = d \cdot \sin \alpha, \tag{1}$$

$$H = D \cdot \operatorname{tang} 2\alpha. \tag{2}$$

Anstatt für jede einzelne Beobachtung aus Gleichung (2) den Winkel α zu berechnen und in Gleichung (1) einzusetzen, dividiere man beide Gleichungen; dann ist

$$h = H \cdot \frac{d}{2D} \cdot \frac{2 \sin \alpha}{\operatorname{tang} 2\alpha}. \tag{3}$$

$\frac{2 \cdot \sin \alpha}{\operatorname{tang} 2\alpha}$ ist ein Korrektionsfaktor, der sich nur wenig von 1 unterscheidet und durch $\frac{H}{D}$ nach Gleichung (2) eindeutig bestimmt ist. Die folgende Tabelle gibt den Korrektionsfaktor in Abhängigkeit von $\frac{H}{D}$ für die meisten in der Praxis vorkommenden Fälle.

$\frac{H}{D}$	$\frac{2 \sin \alpha}{\operatorname{tg} 2\alpha}$	$\frac{H}{D}$	$\frac{2 \sin \alpha}{\operatorname{tg} 2\alpha}$	$\frac{H}{D}$	$\frac{2 \sin \alpha}{\operatorname{tg} 2\alpha}$	$\frac{H}{D}$	$\frac{2 \sin \alpha}{\operatorname{tg} 2\alpha}$	$\frac{H}{D}$	$\frac{2 \sin \alpha}{\operatorname{tg} 2\alpha}$
0,00	1,0000	0,05	0,9990	0,10	0,9963	0,15	0,9917	0,20	0,9854
0,01	1,0000	0,06	0,9986	0,11	0,9955	0,16	0,9906	0,21	0,9840
0,02	0,9999	0,07	0,9981	0,12	0,9947	0,17	0,9894	0,22	0,9825
0,03	0,9997	0,08	0,9976	0,13	0,9938	0,18	0,9881	0,23	0,9809
0,04	0,9994	0,09	0,9970	0,14	0,9928	0,19	0,9868	0,24	0,9792
0,05	0,9990	0,10	0,9963	0,15	0,9917	0,20	0,9854	0,25	0,9775

Den Spitzenabstand d kann man mit Hilfe eines Horizontalkomparators bestimmen, wenn man das Instrument auf den Tisch des Komparators legt. Der Spitzenabstand erscheint ohne Verzerrung, wenn man die Kugeln mit Wasser füllt, mit einer über beide reichende Glasplatte bedeckt und in den Zwischenraum zwischen den äußeren Kugeloberflächen und der Glasplatte ebenfalls Wasser bringt. — Die Entfernung D wird mit einem gewöhnlichen Holzmaßstab gemessen.

Das Manometer ist von der Nulllage (gleicher Druck in beiden Kammern) aus gerechnet zur Messung von Druckunterschieden von etwa $2^1/_2$ mm nach beiden Seiten brauchbar. Der gesamte Meßbereich betrug also 5 mm. Die Messung wurde in der Art ausgeführt, daß die eine Kammer, die Normalkammer, durch Anschluß an eine künstliche Atmosphäre konstanter Temperatur auf einem konstanten Druck (bei Messung der kleineren Drucke dem Vakuum) gehalten wurde, während die andere, die Meßkammer, abwechselnd mit dem Vakuum und dem zu messenden Druck in Verbindung stand.

Mit dem Neigemanometer läßt sich eine Genauigkeit von $\pm 0{,}0005$ mm erreichen.

4. Quecksilber-Federmanometer. Das Quecksilber-Federmanometer[1] hat im Gegensatz zum RAYLEIGHschen Neigemanometer einen Meßbereich bis etwa 30 mm; es ist in Fig. 7 abgebildet.

Die beiden in Kugeln auslaufenden Schenkel des Manometers sind auf einer rechteckigen Messingplatte M montiert. Der eine Schenkel mit der Kugel B_1 ist mit der Messingplatte durch Klammern fest verbunden; der andere Schenkel mit der Kugel B_2 liegt in einem durch die Schraube S in der Höhe verstellbaren Schlitten L, der durch eine Feder F gegen die Schraube S gedrückt wird. Die Kommunikation zwischen beiden Manometerschenkeln wird durch eine fast 1 m lange Glasfeder H bewirkt, welche sich auch für die größten vorkommenden Verschiebungen von B_2 (bis zu 30 mm) als genügend nachgiebig erwiesen hat. Von den Kugeln führen die Röhren C_1 und C_2 zu den Gasräumen, deren Drucke verglichen werden sollen; auch C_2 muß genügend federn, um die Verschiebungen von B_2 aushalten zu können.

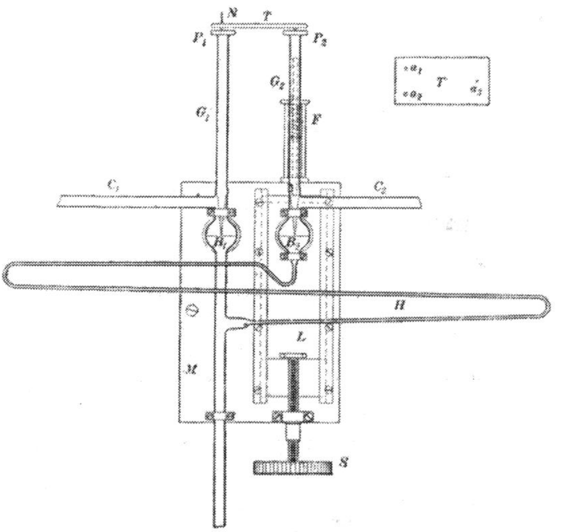

Fig. 7. Quecksilber-Federmanometer.

Wie beim RAYLEIGHschen Neigemanometer sind in die Manometerkugeln geschliffene Glasspitzen eingeschmolzen, welche bis etwa in die Mitte der Kugeln reichen. Eingestellt wird wie dort auf gleichen Abstand zwischen Spitzen und ihren Spiegelbildern in beiden Kugeln. Diese Einstellung wird durch zwei Mikroskope erleichtert, von denen das zu B_1 gehörige mit der Messingplatte, das zu B_2 gehörige mit dem Schlitten fest verbunden werden kann.

Zur Bestimmung des Höhenunterschiedes der beiden Glasspitzen sind diese rückwärts nach oben durch Glasrohre G_1 G_2 verlängert und auf die Glasrohre ebene, horizontal gelagerte Glasplatten P_1 P_2 gekittet. Auf die Glasplatten kann ein Tischchen T gesetzt werden, auf dem ein Spiegel N senkrecht angeordnet ist. Das Tischchen T ruht auf drei Spitzen derart, daß zwei derselben, a_1 a_2, auf der Glasplatte P_1, die dritte, a_3, auf der Platte P_2 aufsitzen; auf diese Weise wird beim Heben und Senken von B_2 das Tischchen um eine in der Oberfläche von P_1 liegende Achse, die Verbindungslinie von a_1 und a_2, gedreht. Die Größe der Drehung wird

[1] KARL SCHEEL u. WILHELM HEUSE, Z. Instr. 29, 347—349 (1909). Auch dieser Apparat ist von der Firma E. Leybolds Nachf. in Köln zu beziehen.

mittelst Skale und Fernrohr aus der gleich großen Drehung des Spiegels abgeleitet. Ist außerdem die senkrechte Entfernung des Füßchens a_3 von der Verbindungslinie der Füßchen a_1 und a_2 bekannt, so kann man aus der Entfernung von Spiegel und Skale sowie dem Skalenausschlag die Höhenänderung von B_2 selbst berechnen.

Die Längen von G_1 und G_2 sind so abgeglichen, daß bei der höchsten Stellung von B_2 die Ebenen von P_1 und P_2 nahezu in derselben Horizontalebene liegen; auf solche Weise sind bereits Drucke bis zu etwa 5 mm meßbar. Herrscht in B_2 ein höherer Druck als 5 mm, so würde die Neigung des Tischchens unbequem groß werden. Es ist deshalb vorgesehen, daß das Tischchen T nicht mehr direkt auf P_2, sondern erst auf eine auf P_2 gelegte Zwischenglasplatte gesetzt wird. Beobachtung und Rechnung erfolgt dann wie vorher, nur daß die Dicke der zwischengelegten Glasplatte mit in Rechnung zu ziehen ist. Statt der einen Platte können bei weiterer Erhöhung des zu messenden Druckes mehrere solche Platten gleichzeitig aufgeschichtet werden. Doch ist beim Aufbau der Platten darauf zu achten, daß die Luftschichten zwischen ihnen — etwa durch Aufeinanderschieben — tunlichst entfernt werden; über die Größenordnung hieraus resultierender Fehler geben die auftretenden Interferenzstreifen einen sicheren Anhalt.

Für das Aufsetzen des Tischchens T ist es gleichgültig, welche Stellen der Platten P_1 und P_2 benutzt werden, falls deren Oberflächen in parallelen Ebenen liegen. Aber auch wenn diese Bedingung erfüllt ist, möge man doch darauf achten, daß sich die Füßchen a_1 und a_2 nach Möglichkeit stets auf denselben Stellen der Platte P_1 befinden.

Die mit dem Quecksilber-Federmanometer erreichbare Genauigkeit beträgt etwa $\pm$ 0,002 mm.

5. **Manometer mit elektrischem Kontakt nach Paschen und Hering.** Das nach dem Vorschlage von Paschen von Hering[1] konstruierte Manometer ist in Fig. 8 abgebildet. Der Druck wird als Differenz der Quecksilberniveaus in den 25 mm weiten Rohrstücken R gemessen. Jedes dieser beiden Rohre läuft nach oben in ein engeres Rohr c aus, das, nach unten gebogen, bei o in ein Rohr b mündet. Die Rohre b stehen wiederum durch das Rohr H einerseits mit der Quecksilberluftpumpe, andererseits mit dem Gasraum (bei den Heringschen Versuchen einem Mc Leodschen Manometer) in Verbindung. Die Rohre b haben Barometerlänge und tauchen mit ihren umgebogenen Enden in Quecksilbergefäße; durch Heben und Senken derselben kann die Verbindung zwischen jedem der Rohre R und dem Rohr H unterbrochen und wiederhergestellt werden. — Die Rohre R sind nach unten gabelförmig vereinigt; die Fortsetzung bildet das vertikale Rohr a, welches ebenfalls bei Barometerlänge unter Quecksilber in dem mittleren Gefäß C endigt. Der Quecksilberstand in den Röhren R wird durch Zugießen oder Entfernen von Quecksilber im Zylinder C reguliert; kleine Änderungen können durch

[1] E. Hering, Ann. Phys. **21**, 319—341 (1906).

Neigen des Tischchens T, auf welchem der Zylinder steht, mittelst einer Fußschraube bewirkt werden. Die Höhendifferenz der beiden Quecksilberkuppen wird auf elektrischem Wege bestimmt. Zu diesem Zwecke ist in den linken Manometerschenkel R ein Platindraht mit feiner Spitze eingeschmolzen, welche bei vollständigem Vakuum in diesem Teile das Quecksilber berühren soll. Die Berührung wird, wie vorher beschrieben, durch Neigen des Tischchens T hergestellt und daran erkannt, daß zwischen Spitze und Quecksilberoberfläche, die auf $^1/_{40}$ Volt Spannungsdifferenz gehalten werden, ein elektrischer Strom zustande kommt. Die Platinspitze im rechten Manometerschenkel R ist nicht eingeschmolzen, sondern bildet das Ende s (vgl. Fig. 9) einer Mikrometerschraube, deren Mutter auf den rechten Manometerschenkel aufgekittet ist. Die Stellung der Schraube, bei welcher der auftretende elektrische Strom Berührung zwischen Spitze s und Quecksilberoberfläche anzeigt, wird an der geteilten Mikrometertrommel mit Hilfe des Index S abgelesen.

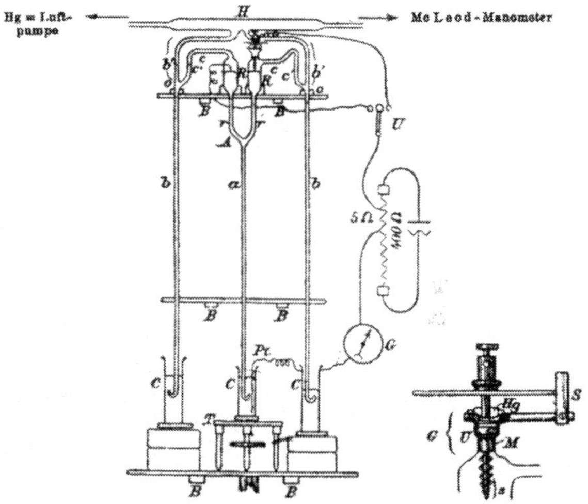

Fig. 8. Fig. 9.
Manometer mit elektrischem Kontakt.

Um aus dieser Stellung der Schraube den zu messenden Druck absolut ableiten zu können, muß man einerseits die Nullstellung der Schraube, d. h. die Ablesung bei gleichem Druck in beiden Manometerschenkeln, andererseits die Ganghöhe der Schraube kennen.

6. Thiesensches Spiegelungsmanometer. Das Prinzip dieses Manometers ist von Thiesen bereits im Jahre 1886 angegeben.[1] In der in Fig. 10 abgebildeten Form ist es bei der Bestimmung der Ausdehnung des Wassers[2] als Wassermanometer, in etwas abgeänderter Form bei der Bestimmung des Sättigungsdruckes des Wasserdampfes bei 0°[3] als Quecksilbermanometer benutzt worden. Das Manometer ist ein rechtkantiger Metallblock K (Messing, Eisen) von 125 mm Länge, 60 mm Tiefe und 75 mm Höhe, welcher im Innern zwei zylindrische, vorn und hinten abgeplattete Kammern von 58 mm Durchmesser enthält. Die Scheidewand zwischen

[1] M. Thiesen, Z. Instr. **6**, 89—93 (1886).

[2] M. Thiesen, K. Scheel, H. Diesselhorst, Wiss. Abh. d. Phys.-Techn. Reichsanst. **3**, 1—70 (1900); Z. Instr. **20**, 345—357 (1900).

[3] M. Thiesen und K. Scheel, Wiss. Abh. d. Phys.-Techn. Reichsanst. **3**, 71 bis 94 (1900); Z. Instr. **21**, 175—180 (1901).

den Kammern ist oben durchbrochen. Die bis auf den Boden der Kammern reichenden Röhren vermitteln die Verbindung zu den Wassersäulen, deren Druckunterschied gemessen werden soll.

Beim Quecksilbermanometer endigen die Röhren *r* bereits kurz unter dem Deckel des Kastens *K*; die Scheidewand ist dann nicht mehr oben durchbrochen, vielmehr wird die Verbindung zwischen beiden Kammern durch eine unter der Quecksilberoberfläche liegende Öffnung hergestellt.

Die Vorder- und Hinterwände der Kammern sind durch viereckige Fenster durchbrochen und diese wieder durch Spiegelglasplatten geschlossen, welche auf die vordere und hintere Seite des Blockes aufgekittet und durch übergeschraubte Leisten gesichert sind. Die hintere

Fig. 10. THIESENsches Spiegelungsmanometer.

Glasplatte ist auf der Innenseite mit über beide Kammerfenster reichenden horizontalen Strichen in Halbmillimeter geteilt; die den Mitten der Fenster gegenüberliegenden Stellen sind durch Vertikalstriche gekennzeichnet und jeder fünfte Horizontalstrich ist durch einen unsymmetrisch liegenden Punkt von den übrigen Strichen unterschieden.

Zur Bestimmung der Lage der Wasser- bzw. Quecksilberniveaus dienen gebrochene Mikroskope *M* mit Okularmikrometer *m*, welche mittelst des Triebes *S* in vertikaler Richtung verstellbar sind. Man mißt mit den Mikroskopen in jeder Manometerkammer den Abstand eines Striches von seinem Spiegelbild in der Flüssigkeitskuppe, welches bei dem Wassermanometer durch totale, beim Quecksilbermanometer durch gewöhnliche Reflexion geliefert wird; durch Halbierung dieses Abstandes erhält man dann die Entfernung der Kuppe von dem direkt gesehenen Striche. Um auf absolutes Maß umrechnen zu können, hat man schließlich das Okularmikrometer durch Abdrehen eines oder mehrerer direkt gesehener oder gespiegelter Strichintervalle zu eichen.

Trotz des großen Durchmessers der Manometerkammern ist selbst bei Quecksilber die Kuppenmitte noch gekrümmt und deshalb ein wenn auch geringer kapillarer Einfluß der Oberfläche bemerkbar. Man verfährt dann nach folgender Regel.

Ist bei den direkt gesehenen Strichen der Wert eines normalen Intervalles gleich α Trommelteilen des Mikrometers, so hat diese Größe für die gespiegelten Striche den kleineren Wert α'. Ist daher x in Trommelteilen der Abstand eines direkt gesehenen Striches von der Oberfläche, x' der Abstand seines Spiegelbildes, so wird dieser Abstand in Teilen eines Intervalles

$$\frac{x}{\alpha} = \frac{x'}{\alpha'} = \frac{x + x'}{\alpha + \alpha'}.$$

In diesem Ausdruck bedeutet $x + x'$ den gemessenen Abstand zwischen einem Strich und seinem Spiegelbild, α und α' lassen sich ebenfalls mikrometrisch messen, somit sind alle Daten zur Berechnung von x und x' gegeben.

Die Genauigkeit des THIESENschen Quecksilbermanometers beträgt $\pm$ 0,001 mm, mit dem Wassermanometer wird eine geringere Genauigkeit erreicht.

7. GAEDEsches Spiegelmanometer. Mit dem GAEDEschen Manometer[1] beobachtet man die sehr kleinen Niveauänderungen nur in einem Manometerschenkel. Man benutzt dazu ein auf der Quecksilberoberfläche schwimmendes Glimmerblättchen G (Fig. 11), das bei seiner Vertikalbewegung durch einfache Hebelwirkung einen Spiegel S dreht. Die Bewegungen des Spiegels werden mit Fernrohr und Skale gemessen. Will man mit der Vorrichtung Niveauänderungen genauer als 0,001 mm bestimmen, so sind die Capillarwellen des Quecksilbers unschädlich zu machen. Die Dämpfung geschieht mittelst eines unter der Quecksilberoberfläche befindlichen Platinflügels, der mittelst des Armes A an dem den Spiegel tragenden schmalen Balken B angreift. Der Balken trägt drei kleine Spitzen, deren beiden äußere a und b auf zwei am Gehäuse

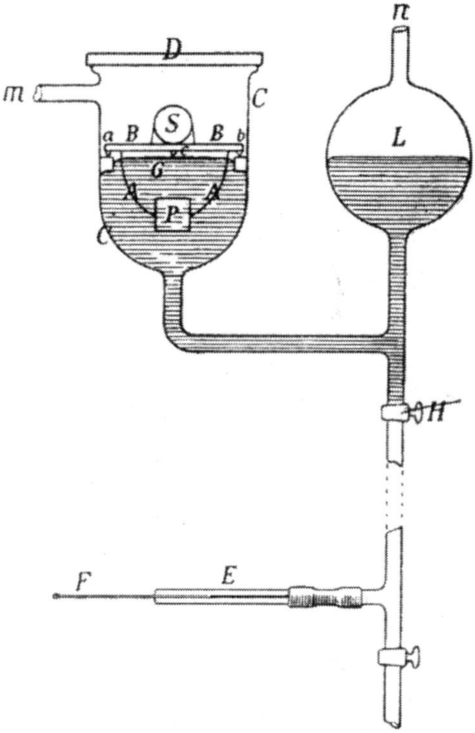

Fig. 11. GAEDEsches Spiegelmanometer.

[1] WOLFGANG GAEDE, Ber. d. Naturf. Ges. zu Freiburg i. Br. 18, 37—39 (1911). In derselben Arbeit S. 40—43 beschreibt GAEDE eine Dampfdruckwage, mit welcher er den Sättigungsdruck des Quecksilberdampfes bei Zimmertemperatur bestimmte.

befestigten Pfannen ruhen; die Stellen, wo der Arm *A* die Quecksilberoberfläche durchsetzt, liegen mit den beiden Spitzen *a* und *b* in einer Linie. Die mittlere Spitze *c* ist aus der Richtung der äußeren Spitzen *a* und *b* um etwa 1 mm versetzt und ruht auf dem Glimmerplättchen. Das Glasgehäuse *C* ist oben durch eine aufgeschliffene und aufgekittete Platte *D* geschlossen.

Zum Zwecke der Eichung des Apparates befindet sich unterhalb der Quecksilberoberfläche, in einem Abstand, der etwas größer als Barometerlänge ist, eine Capillare *E*, in welcher durch einen Draht *F* das Quecksilber zurückgeschoben werden kann. Ist *q* der Querschnitt der Capillare, *Q* die Summe der Querschnitte in den Gefäßen *C* und *L*, so wird durch eine Verschiebung des Stempels *F* um *s* mm die Quecksilberoberfläche um $s\frac{q}{Q}$ mm gehoben. Die gleichzeitige Beobachtung des Skalenausschlags liefert den Reduktionsfaktor.

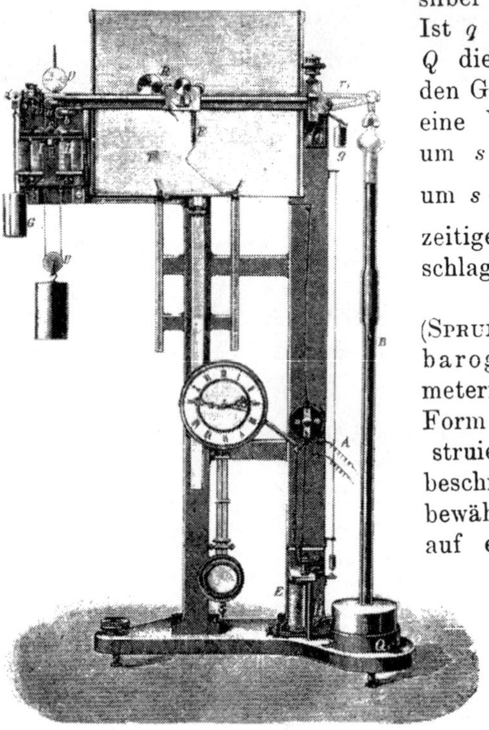

Fig. 12.
Sprung-Fuess scher Laufgewichtsbarograph.

8. Gewichtsmanometer (Sprung-Fuessscher Laufgewichtsbarograph). Von den Gewichtsmanometern möge als Beispiel hier eine Form (Fig. 12) des von Sprung konstruierten Laufgewichtsbarographen beschrieben werden, welche sich gut bewährt hat.[1] Der Luftdruck wird auf einer Schreibtafel *T* in rechtwinkligen Koordinaten mittelst der Feder *F* als Funktion der Zeit aufgezeichnet. Die hierzu nötige mit der Zeit gleichmäßig fortschreitende vertikale Verschiebung der Tafel geschieht durch das Hauptuhrwerk des Instrumentes, für welches die Schreibtafel als treibendes Gewicht dient. Die horizontale Koordinate der Kurve stellt die Größe des Luftdruckes dar. Sie ändert sich mit der horizontalen Verschiebung der Schreibfeder selbst, deren Bewegung durch die folgende Einrichtung des Instrumentes erreicht wird.

Das Barometerrohr *B*, welches unten in ein weiteres Quecksilbergefäß *Q* eintaucht, ist an dem kurzen Arm einer ungleicharmigen Wage aufgehängt und wird durch ein konstantes Gewicht *G* am Ende des langen

[1] Z. Instr. **15**, 133—146 (1895).

Armes und ein auf dem letzteren verschiebbares Laufgewicht ausbalanciert. Die Verschiebung des Laufgewichts erfolgt durch einen mit ihm zwangsfrei gekuppelten, auf einer horizontalen, festen Schiene laufenden Wagen *V*, der gleichzeitig die Schreibfeder *F* trägt. Dieser Wagen ist an den beiden Enden eines über die Rollen *r* und r_1 mittelst des Gewichtes *g* gespannten, geriffelten Bandes befestigt (*a* und *b* sind Leitrollen), so daß beim Drehen der Rolle *r* je nach dem Sinne der Drehung eine Bewegung des Wagens nach der einen oder anderen Richtung zustande kommt.

Die Drehung von *r* wird durch zwei Friktionsrädchen bewirkt, welche von einem Nebenuhrwerk dauernd mit gleichmäßiger Geschwindigkeit im entgegengesetzten Sinne gedreht werden. Die das Band tragende Rolle *r* sitzt dabei auf dem nach Art einer Wippe über zwei Elektromagneten *I* und *II* spielenden Anker; je nachdem der eine oder der andere derselben in Wirksamkeit tritt, wird die Rolle gegen das eine oder das andere Friktionsrädchen gedrückt und dadurch der Wagen *V* und mit ihm die Feder und das Laufgewicht nach links oder rechts verschoben. — Die

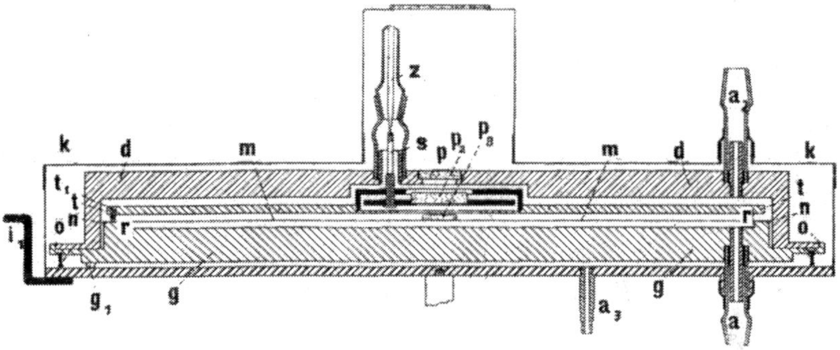

Fig. 13. Membranmanometer.

Umsteuerung der die Wippe betätigenden Elektromagnete *I* und *II* wird durch Kontakte bewirkt, welche der lange Arm des Wagebalkens bei der Auf- und Abwärtsbewegung betätigt. Näheres möge am zitierten Orte nachgelesen werden.

Das Gewichtsmanometer liefert nur relative Angaben und bedarf des Anschlusses an absolute Manometer. Als Interpolationsinstrument gibt der Laufgewichtsbarograph eine Genauigkeit von etwa $\pm$ 0,03 mm Hg.

9. M e m b r a n m a n o m e t e r. Das Membranmanometer dient zur Messung sehr kleiner Gasdrucke oder Gasdruckunterschiede, welche aus den Durchbiegungen einer dünnen Kupferblechplatte erschlossen werden.[1] Es besteht (Fig. 13) aus einem aus Grund- und Deckplatte (*g* und *d*) gebildeten, flach zylindrischen eisernen, innen vernickelten Kasten von insgesamt 3 cm äußerer Höhe und 26 cm Durchmesser. Die Grundplatte von 15 mm Dicke ist mit einer kreisförmigen Aussparung von 2 mm Tiefe ver-

[1] Karl Scheel und Wilhelm Heuse, Z. Instr. **29**, 14—20 (1909); vgl. auch Verh. d. D. Phys. Ges. **11**, 1—15 (1909).

sehen. Die übergestülpte hohle Deckplatte greift in einem ringförmigen Ansatz in eine entsprechende Nut l der Bodenplatte ein und ist bei o mit dieser verlötet. Über die Bodenplatte ist eine auf elektrischem Wege enthärtete Kupfermembran m von 0,03 mm Dicke gespannt, welche den Hohlraum zwischen Boden- und Deckplatte in zwei Kammern teilt. Beide Kammern stehen durch Ansätze a_1 und a_2 mit den Räumen in Verbindung, deren Druckdifferenz gemessen werden soll.

Der Druckunterschied in beiden Kammern wird aus der Durchbiegung der Membran mit Hilfe Fizeauscher Interferenzen bestimmt. Zu diesem Zweck liegt auf der Mitte der Membran ein unten mattiertes planes Glasscheibchen p_3, dessen Oberfläche mit der zugewandten Fläche der Glasplatte p_2 bei Beleuchtung mit monochromatischem Licht, welches durch die Glasplatte p_1 eintritt, Interferenzen zu geben vermag. Die Glasplatte p_2 wird ohne Zusammenhang mit der Deckplatte d von einer tischartigen, auf dem Rande der Grundplatte g mit drei Füßen t_1 ruhenden Vorrichtung getragen. Sie ist mit dieser mit Hilfe von drei Stellschrauben s gegen die Platte p_3 justierbar. Die Justierung erfolgt durch schraubenzieherartige Stellstifte z, welche in Kerben der Stellschrauben s eingreifen und nach erfolgter Justierung außer Berührung mit diesen gesetzt werden können. Die Stellstifte sind in Glasschliffen, die in die Deckplatte d eingekittet sind, drehbar, so daß die Justierung auch erfolgen kann, wenn der Druckmeßapparat bereits evakuiert ist. Der Apparat befindet sich in einem ihn allseitig umgebenden, durch a_3 mit einem größeren Reservoir kommunizierenden Blechkasten k in einer künstlichen Atmosphäre, um Verbiegungen durch Änderungen des äußeren Luftdruckes auszuschalten. Das Ganze hängt an drei Drähten in den Haltern i_1 nach Juliusscher Art an der Decke des Beobachtungsraumes und ist unten mit einer Dämpfungsvorrichtung versehen. Auf diese Weise ist selbst bei größerer Unruhe in der Umgebung und bei sehr kleinen Drucken, bei denen die innere Luftdämpfung der Kupfermembran fortfällt, eine stets genügende Ruhe des Interferenzsystems erzielt.

Die beiden Kammern des Druckmeßapparates sind vermittelst der Ansätze a_1 und a_2 mit den Gasräumen verbunden. Besondere Umschalter (Hähne oder U-förmige Quecksilberverschlüsse) sind vorzusehen, welche gestatten, beide Räume an ein absolutes Manometer, etwa an die beiden Kammern eines Rayleighschen Manometers zu legen, oder aber mit der Luftpumpe zu verbinden. Das Evakuieren des Manometers muß sehr langsam und in beiden Kammern sehr gleichmäßig erfolgen, weil Druckstöße oder auch vorübergehende Druckunterschiede in beiden Kammern von mehr als 0,1 mm Hg bereits die dünne Kupfermembran dauernd deformieren und somit das Manometer für weitere Messungen unbrauchbar machen.

Das Membranmanometer erlaubt nur relative Messungen; es muß also durch ein absolutes Manometer geeicht werden. Die Eichung wird dadurch erleichtert, daß durch besondere Untersuchungen nachgewiesen ist, daß bei kleinen Drucken mit einer Genauigkeit von wenigsten $^1/_2$ %

die Durchbiegung der Kupfermembran dem Druck proportional ist. Dagegen kann sich die Empfindlichkeit und damit der Reduktionsfaktor des Instrumentes auf absoluten Druck infolge verschiedener Einflüsse von Tag zu Tag ändern. Vielfach sind die Änderungen auf Temperatureinflüsse zurückzuführen, da einer höheren Temperatur eine geringere Spannung der Kupfermembran und somit eine Erhöhung der Empfindlichkeit des Instrumentes entspricht. Es empfiehlt sich daher, das Membranmanometer dauernd in Verbindung mit dem Rayleighschen Manometer zu halten und es hiermit bei jedesmaligem Gebrauch aufs neue zu eichen.

Das beschriebene Membranmanometer gestattet mit Hilfe von Interferenzstreifen Drucke unterhalb 0,1 mm auf $^1/_2\,^0/_0$, sehr kleine Drucke mit einer Absolutgenauigkeit von 0,00001 mm zu messen. Die Empfindlichkeit des Instrumentes (die Durchbiegung der Membran) beträgt etwa 4 Interferenzstreifen der gelben Heliumlinie auf 0,001 mm Druckänderung.

10. Nernstsches Dosenmanometer. Das Instrument[1] ist in Fig. 14 dargestellt. Vier Dosen von 7,4 cm Durchmesser, aus 0,08 mm dickem gewellten Neusilberblech zusammengelötet, sind übereinander angeordnet; die unterste ist mit dem Zuleitungsrohr auf einer festen Grundplatte montiert. Die oberste Dose trägt einen kleinen Ansatz zur Befestigung eines Kokonfadens, der um eine 0,7 mm dicke Stahlachse geschlungen und an seinem anderen Ende mit einem kurzen Stückchen Draht belastet ist, das ihn eben noch stramm zieht. Die Achse läuft mit Zapfen in Steinen und trägt einen leichten Glasfaden als Zeiger, der zwecks möglichster Ausbalancierung nach oben und unten gleich lang ist, je etwa 4 cm. Mit seinem unteren Ende schwingt der Zeiger in einem Gefäß mit Paraffinöl, um aperiodische Bewegung des Zeigers zu bewirken. Um den Apparat gegen die Schwankungen des äußeren Luftdrucks zu schützen, ist er von einem (in der Figur nicht abgebildeten) Glaskasten überdeckt, der auf der Grundplatte mit einem gut abgedrehten Messingring luftdicht, jedoch leicht abnehmbar, aufsitzt.

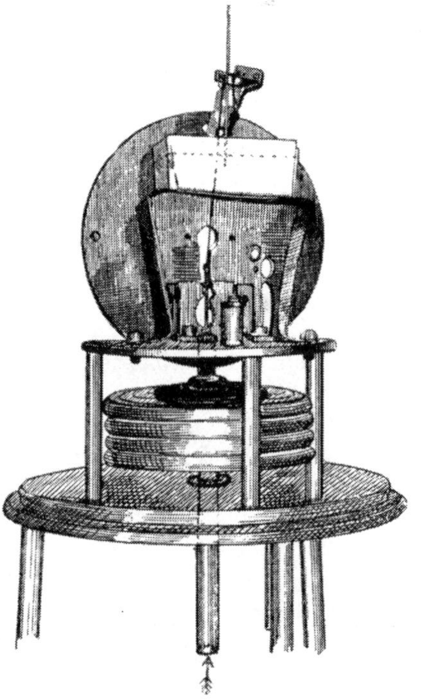

Fig. 14. Nernstsches Dosenmanometer.

Die Angaben des Instrumentes werden photographisch aufgenommen. Um auch bei starker Vergrößerung eine möglichst feine Kurve zu be-

[1] Friedrich Voller, Diss. Berlin 1908, S. 10—13.

kommen, ist an das obere Zeigerende ein Stückchen abgeätzten Wollastondrahtes von 0,007 mm Dicke aufgeklebt. Von dieser feinen Zeigerspitze wird vermittelst eines achromatischen Projektionsobjektivs ein stark vergrößertes Bild auf der Trommel des Registrierapparates entworfen.

Die Empfindlichkeit des Manometers beträgt im Mittel 0,02 mm Quecksilber für einen Bogengrad Ausschlag. Auf dem Schlitz des Registrierapparates entsprach bei der VOLLERschen Anordnung 1 mm etwa 0,08 Bogengrad oder etwas weniger als 0,002 mm Quecksilber. — Auch das NERNSTsche Dosenmanometer muß zur Umrechnung auf absoluten Druck mittelst eines anderen Manometers geeicht werden.

11. Glasmanometer mit BOURDONscher Spirale. Die BOURDONsche Spirale wird nur zur Messung hoher Drucke verwendet; sie ist ein kreisförmig gebogenes, mit Flüssigkeit oder Luft gefülltes Rohr, welches sich unter der Wirkung eines auf das Innere wirkenden Druckes streckt. Die Gestaltsänderung wird durch einen passend angeordneten Zeiger auf eine Skale übertragen. Die Deformation unter der Wirkung des inneren Druckes läßt sich verstärken, wenn man nicht gewöhnliche Rohre von runder Öffnung, sondern flachgedrückte Röhren von etwa elliptischem Querschnitt verwendet.

Ein für kleine Drucke benutzbares, aus Glas hergestelltes Manometer ist von LADENBURG und LEHMANN[1] beschrieben worden. Fig. 15 zeigt ein solches Instrument, wie es sich zu Beobachtungen mittelst Mikroskopes eignet. Das Ende des flachen Rohres ist zu einer Zeigerspitze A ausgezogen. B ist ein dünner, mit dem Manometer verblasener Glasstab, dessen Endpunkt als Nullmarke dient; zur besseren Beobachtung mittelst Mikroskopes werden beide Enden umgebogen und zu Spitzen ausgezogen.

Der Ausschlag betrug 2—4 mm für eine Druckdifferenz von 760 mm; mit einem Okularmikrometer konnte noch eine Druckänderung von etwa $^1/_2$ bis 1 mm Quecksilber erkannt werden. Da die Bahn des beobachteten Punktes keine Gerade ist, so ist der gemessene Ausschlag dem Druck nicht vollkommen proportional. Die größte Abweichung von der Geraden zeigt diese Bahn beim Beginn der Bewegung aus der Ruhelage innerhalb der ersten 100 mm Druckdifferenz. Im weiteren Verlauf wird die Abweichung geringer und bei Benutzung des Instrumentes innerhalb eines kleinen Meßbereiches von etwa 100 mm Druckdifferenzen liegen die Fehler, die man durch die Annahme einer linearen Abhängigkeit begeht, innerhalb der Beobachtungsgrenzen, d. h. sie betragen nicht mehr als $^1/_2$ mm Hg. Macht man dieselbe Annahme in dem Meßbereich einer ganzen Atmosphäre, so können die Fehler bis 3 mm Hg betragen. In diesem Falle ist es also notwendig, das Instrument nicht nur an einzelnen Stellen, sondern im ganzen Meßbereich zu eichen, und zwar müssen die Eichungskurven für jedes einzelne Instrument aufgestellt werden, da die nicht immer gleiche Form des Manometers und die Art des verwendeten Glases Verschiedenheiten bedingen. Zur Benutzung bei sehr verschiedenen Tem-

---

[1] ERICH LADENBURG und ERICH LEHMANN, Verh. d. D. Phys. Ges. 8, 20—22 (1906).

peraturen ist ebenfalls eine vorherige Eichung erforderlich; kleinere Temperaturdifferenzen von 3—4° bedingen keine meßbaren Abweichungen.

Die Empfindlichkeit des Instrumentes läßt sich durch Anwendung einer Spiegelablesung bedeutend vergrößern. Die Figg. 16 und 17 zeigen die Modelle zweier solcher Übertragungen. Die in Fig. 16 abgebildete Form ergibt eine Drehung des Spiegels von etwa 60° für die Druckdifferenz von 760 mm; sie gestattet nach den Angaben von Ladenburg und Lehmann, da die Ruhelage des Instrumentes bei geeigneter

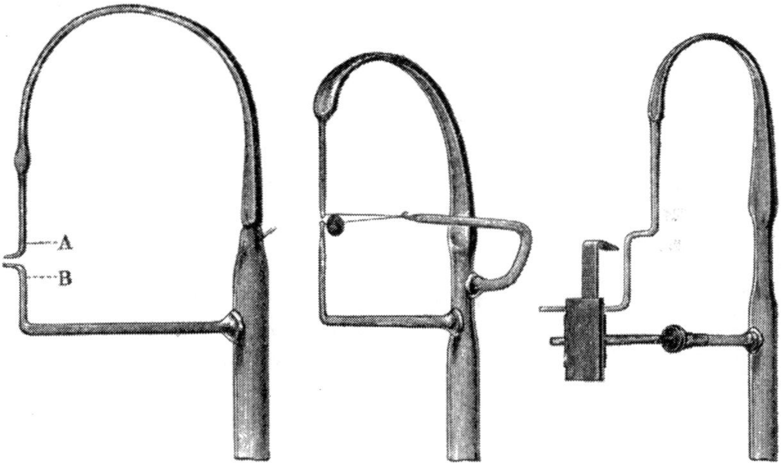

Fig. 15. Fig. 16. Fig. 17.
Glasmanometer mit Bourdonscher Spirale.

Aufstellung vorzüglich ist, bei einem Skalenabstand von 1 m Druckdifferenzen von $^1/_{20}$ bis $^1/_{30}$ mm nachzuweisen.

Als Verwendungsgebiet des Instrumentes werden die Fälle angegeben, in denen man es mit Gasen zu tun hat, die Metalle stark angreifen, oder wo nur geringe Gasmengen zur Verfügung stehen.

12. Mc Leodsches Manometer. Das in physikalischen und chemischen Laboratorien wohl am meisten gebräuchliche Instrument zur Messung kleiner Gasdrucke ist das Mc Leodsche Manometer, dessen beste Form in Fig. 18 abgebildet ist. Beim Gebrauch dieses Manometers benutzt man die Gültigkeit des Mariotteschen Gesetzes, welches besagt, daß zwischen dem Volumen v einer abgegrenzten Gasmenge und dem Drucke p, unter welchem diese Gasmenge steht, immer die Beziehung $p.v =$ konst. gilt, wieweit man auch die Gasmenge komprimiert oder dilatiert, mit anderen Worten, daß sich das Volumen einer Gasmenge stets umgekehrt proportional mit dem Drucke ändert.

Das Mc Leodsche Manometer besteht nun aus zwei Gasmeßräumen, einer größeren Glaskugel K und einer daraufgesetzten, oben abgeschmolzenen gläsernen Capillare A. Die Capillare A muß gut zylindrisch und mit einer gleichmäßigen Teilung versehen sein. Bei dem abgebildeten

Instrument beträgt der Inhalt der Kugel etwa 400 ccm, der Inhalt der 40 cm langen Capillare für jedes Millimeterintervall etwa 0,25 cmm; beide Konstanten des Manometers sind in bekannter Weise durch Auswägung zu ermitteln.

An die Kugel K setzt sich nach unten ein längeres weiteres Rohr R mit einer Abzweigung bei M an, es hat unterhalb dieser Abzweigung noch Barometerlänge und steht mittelst Gummischlauches mit einer Niveaukugel N in Verbindung, welche ein etwas größeres Volumen als K hat und mit Quecksilber gefüllt ist.

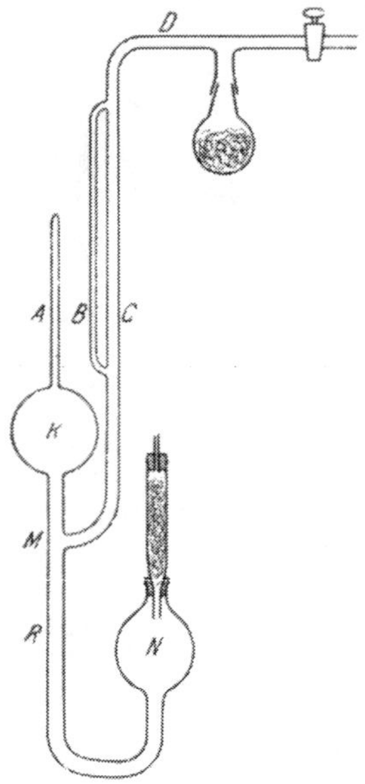

Fig. 18.
Mc Leodsches Manometer.

Das bei M abzweigende Rohr ist aufwärts gebogen, teilt sich etwas oberhalb der Kugel in zwei Wege B und C, die sich später wieder vereinigen und führt dann bei D zu dem Gasraume, dessen Druck bestimmt werden soll. Das Rohr C ist von gleicher Weite, wie das Abzweigrohr selbst; das Rohr B ist dagegen eine mit Teilung versehene Capillare, welche tunlichst die gleiche Weite wie A hat und ebenfalls von gut zylindrischem Querschnitt sein soll. Diese beiden Bedingungen müssen erfüllt sein, weil die Ablesung von Quecksilberkuppen in A und B zu einer Druckmessung dienen soll, die sonst infolge capillarer Einflüsse fehlerhaft ausfallen würde.

Bei Benutzung des Manometers befindet sich zunächst die Niveaukugel N in ihrer tiefsten Stellung; die Kugel K kommuniziert über das Abzweigrohr mit dem Gasraum und steht dabei unter demselben unbekannten Druck p_x wie dieser. Ist der Druckausgleich vollständig erfolgt, so hebt man N, das Quecksilber aus N tritt in das Rohr R über, verschließt das Abzweigrohr, steigt dann in diesem und in der Kugel an und füllt schließlich auch das geschlossene Capillarrohr A noch teilweise an. Der freibleibende Raum in A, der aus der Teilung und dem Querschnitt der Capillare leicht berechnet werden kann — es möge das Volumen v sein — beherbergt jetzt das Gas, welches vorher unter dem Druck p_x in der Capillare A und der Kugel K bis hinab zum Abzweigrohr bei M enthalten war und dabei den früher durch Auswägen bestimmten Raum v_0 einnahm, und zwar steht das Gas in A jetzt unter einem Druck $p + p_x$, wo p sich als Höhendifferenz der Quecksilberkuppen in A und B leicht beobachten läßt. Dann gilt nach dem Mariotteschen Gesetz

$$p_x \cdot v_0 = (p + p_x) \cdot v = \text{konst.},$$

woraus

$$p_x = \frac{v}{v_0 - v} \cdot p$$

folgt.

Das Mc Leodsche Manometer ist nicht nur ein außerordentlich bequemes und billiges Laboratoriuminstrument, sondern es erlaubt auch Gasdrucke mit großer Sicherheit und ihrer absoluten Größe nach zu bestimmen, wenn man sich einmal der Mühe unterzogen hat, Kugel und Capillare zu eichen und das Instrument, insonderheit auch die Capillare *A* vor dem Zuschmelzen sorgfältig mit konzentrierter Salpetersäure und destilliertem Wasser zu reinigen. Neuere Untersuchungen[1] haben die Brauchbarkeit des Mc Leodschen Manometers bis zu Drucken bewiesen, welche kleiner sind als 0,0001 mm Quecksilber; Bedingung ist dabei, daß alle Feuchtigkeit aus dem Gase und von den Glaswänden entfernt ist. Um das zu erreichen, genügt es im allgemeinen, das Manometer unter niedrigem Druck eine halbe Stunde lang mit Phosphorpentoxyd in Verbindung zu lassen; es genügt aber nicht bei Anwendung schnell wirkender Pumpen die Verbindung mit dem Trockenmittel nur während der Zeit des Pumpens. Druckmessungen, welche 10 Minuten nach Inbetriebsetzen einer solchen Pumpe mit dem Mc Leodschen Manometer vorgenommen werden, führen notwendigerweise zu falschen Druckwerten, die um so unrichtiger sind, je höher die Kompression des Gases bei der Messung getrieben wird.

Was für Feuchtigkeit gilt, gilt ebenso für Dämpfe anderer Flüssigkeiten als Wasser; nur lassen sich solche Dämpfe weniger leicht, mit Phosphorpentoxyd gar nicht entfernen. Wo flüssige Luft zur Verfügung steht, benutze man zur Absorption der Dämpfe geglühte Kokosnußkohle, die in flüssiger Luft abgekühlt wird. Es ergibt sich aber hieraus gleichzeitig, daß das Mc Leodsche Manometer zur Messung von Dampfdrucken gänzlich ungeeignet ist und daß man hierfür auf die Benutzung anderer Instrumente, wie z. B. des Rayleighschen Neigemanometers, angewiesen ist.

[1] Vgl. hierzu Karl Scheel und Wilhelm Heuse, Verh. d. D. Phys. Ges. **10**, 785 bis 793 (1908); **11**, 1—15 (1909).

Bestimmung kleiner Drucke.

Zweiter Teil.

Von

Friedrich Meinecke-Hannover.

Inhalt.

Während die oben beschriebenen Messungs- und Ablesungsmethoden, sowie Apparate zur Bestimmung kleiner Drucke in erster Linie vom Standpunkt des Physikers wiedergegeben worden sind, sollen die folgenden Ausführungen die Materie mehr im Hinblick auf die Zwecke des anorganischen Laboratoriums beleuchten.

Allgemeines.

Bei der Messung von Gasdrucken ist für die Wahl der Methode maßgebend, wie groß der zu messende Druck ist und wie genau er bestimmt werden soll. Die chemische Natur des den Druck ausübenden Gases ist entscheidend dafür, ob sich Flüssigkeitsmanometer anwenden lassen. Handelt es sich um Messung von Druckänderungen, so muß die Einstellung hinreichend schnell und aperiodisch verlaufen. Schädliche Räume müssen möglichst klein bleiben.

Von den verschiedenen Formen — Flüssigkeits-, Membran-, Spiralenmanometer — sind im allgemeinen die Flüssigkeitsmanometer der größeren Genauigkeit fähig. Sie kommen auch für Gase, die Quecksilber und andere Manometerflüssigkeiten angreifen, in Betracht, wenn man ein Luft- bzw. Gaspolster als Schutz anwendet. Das Manometer wird durch eine lange, nicht zu weite Kapillare mit dem Gasraum verbunden und nach Evakuieren zunächst etwas Luft bzw. ein anderes indifferentes Gas eingelassen. Soll das Polster wirksam schützen, so darf das den Druck ausübende Gas nicht in zu lebhafter Bewegung sein. Bei höherer Temperatur versagt es; man ist alsdann auf das Quarzglasspiralenmanometer angewiesen.

Bei Anordnung eines Manometers in ein durch weite und enge Röhren verbundenes System von Gefäßen ist — besonders bei kleineren Drucken — auf die Langsamkeit der Diffusion Rücksicht zu nehmen. Um sicher zu sein, daß im Reaktionsgefäß mindestens der vom Manometer angezeigte

Druck herrscht, muß letzteres von der Pumpe aus gerechnet hinter dem Reaktionsgefäß angebracht werden. Bei Messung von Druckänderungen veranlaßt eine zu enge Verbindungsröhre zwischen Reaktionsgefäß und Manometer ein „Nachhinken" des letzteren.

Quecksilbermanometer.

Allgemeines. Bei Flüssigkeitsmanometern verwendet man in der Regel Quecksilber als Manometerflüssigkeit. Es hat den großen Vorzug, einen sehr kleinen Dampfdruck (oberhalb 40° 0,01 mm) und sehr geringes Absorptionsvermögen für Gase zu besitzen. Da seine Oberflächenspannung bedeutend und Verunreinigungen gegenüber sehr empfindlich ist, so ist nur reines Quecksilber verwendbar.[1]

Mechanische Verunreinigungen entfernt man durch Filtrieren (gelochtes Fließpapier, Leder).

Getrocknet wird Quecksilber in einer Eisenschale durch Erhitzen auf etwa 150° unter Umrühren.

Fette, Öle usw. entfernt man durch Ausschütteln mit Natronlauge oder Benzol und Alkohol; zweckmäßig ist es, die Reinigung so vorzunehmen, daß man das Quecksilber aus der feinen Spitze eines Trichters in dünnem Strahl durch eine etwa 1—1½ m hohe Säule der betreffenden Flüssigkeit fließen läßt (Fig. 19).

Schwer flüchtige Metalle (Kupfer, Blei usw.) entfernt man durch Destillation im Vakuum; man benutzt dabei barometerähnliche Vorrichtungen[2] (Fig. 20).

Zink läßt sich so nicht entfernen; dazu elektrolysiert man[3] entweder: Quecksilber kommt als Anode auf den Boden eines weiten Gefäßes; in dem Elektrolyt (angesäuerte Mercuronitratlösung) steht ein kleineres Gefäß mit einer Platinkathode; Stromdichte etwa 0,01 Amp./qcm oder man läßt das Quecksilber in feinem Strahl durch 5%ige salpetersaure Mercuronitratlösung fließen. Soll das Quecksilber sehr rein sein, so muß man mehrmals durchlaufen lassen, s. auch DESHA, Am. Ch. J. **41**, 152 (1909).

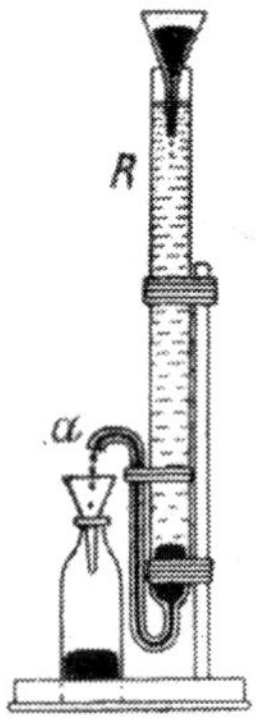

Fig. 19. Quecksilberreinigungsapparat.

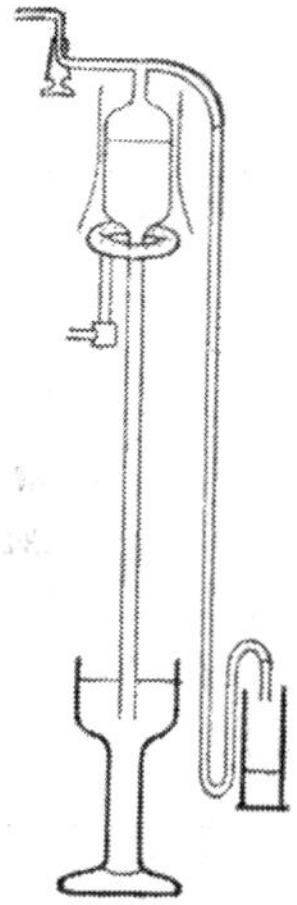

Fig. 20. Quecksilberdestillationsapparat.

[1] Die Darstellung reinen Quecksilbers wird ausführlich im „Speziellen Teil" dieses Handbuches beschrieben! (Bd. IV). D. H.

[2] KASTEN, Z. Instr. 1888, 135; POLLAK, Ann. Phys. **15**, 1049 (1904); HULETT und MINCHIN, Phys. Rev. **21**, 388 (1905); WETZEL, Ch. Z. **32**, 1228 (1908); KNIPP, Phys. Ztschr. **12**, 270 (1912).

[3] JÄGER, Z. Instr. 1892, 354.

Sehr unreines Quecksilber reinigt man auf folgende Weise: Man überschichtet es in einem Saugkolben mit $5\,^0/_0$iger Salpetersäure und saugt mit der Wasserstrahlpumpe durch ein Glasrohr, das bis fast auf den Boden geht, Luft durch das Quecksilber. Nach hinreichend langer Einwirkung trennt man Quecksilber und saure Mercuronitratlösung; letztere kann man wieder verwenden.

Über Reinigung von Quecksilber s. a. Hildebrand, J. Am. Ch. S. **31**, 933.

Da auch relativ reines Quecksilber das Glas an den Stellen verschmiert, wo der Meniscus längere Zeit steht, so muß vor jeder Ablesung die Kuppenbildung durch Bewegung der Quecksilberoberfläche (Klopfen oder Neigen) regelmäßig gemacht werden.[1]

Für genaue Messungen bedient man sich meist des Hebermanometers. Da die Kuppenbildung im lufterfüllten Raum eine andere ist als im Vakuum, so genügt es zur Aufhebung der Capillardepression des Quecksilbers nicht allein beide Schenkel von gleicher lichter Weite zu wählen, man darf auch den inneren Durchmesser nicht kleiner als 12, für sehr exakte Messungen nicht kleiner als 20 mm wählen.

Bei der offenen Form (Fig. 21) liest man an einer dicht hinter dem Rohr angebrachten Glasskala ab, die am besten mit spiegelndem Silberbelag versehen ist[2] (bloßes Auge oder Lupe, Fernrohr, Mikroskop). Die Rohre sollen möglichst dicht beieinander liegen, um mit einer Skala auskommen zu können.

Die Anwendungsfähigkeit läßt sich erweitern, wenn man ein Niveaugefäß anbringt[3] (Fig. 22). Die der Verbindung

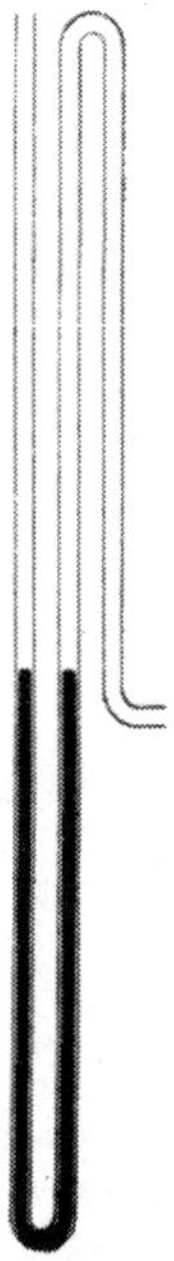

Fig. 21. Offenes Manometer.

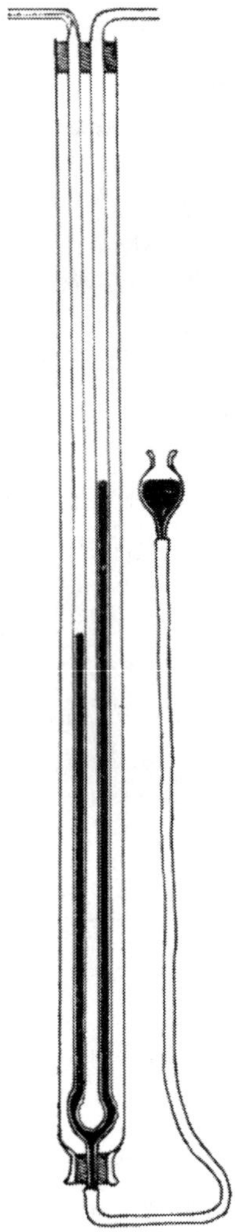

Fig. 22. Quecksilbermanometer mit Niveaugefäß.

[1] Barometern gibt man deshalb zweckmäßig eine für gewöhnlich schräge Lage und richtet sie erst bei der Ablesung senkrecht auf. Bei dem Fuessschen Barometer ermöglicht ein beweglicher Lederboden eine Bewegung der Quecksilberoberfläche.

[2] Schlecht sichtbare eingeätzte Teilungen verbessert man durch Einreiben mit käuflicher Wasserfarbe oder einem Gemenge von Zinnober, Alkohol und etwas Schellackfirnis.

[3] Kühl, Z. phys. Ch. **44**, 402 (1903); Lord Rayleigh, Proc. Roy. Soc. **59**, 203 (1896); Bodenstein-Fink, Z. phys. Ch. **60**, 3 (1907); Drucker, Z. phys. Ch. **75**, 407 (1911).

dienenden Gummischläuche wähle man nicht zu weit (einige Millimeter genügen) und etwas starkwandig. Muß ein Schlauch umhüllt werden, so umnäht man ihn der Länge nach mit Leinwand. Der Kautschuk soll schwefelfrei sein, eventuell kocht man mit Natronlauge aus. Bei der Einstellung des Quecksilbermeniscus im Niveaurohr benutzt man zur Hebung des Niveaugefäßes eine Rolle mit Schnur und zur Verfeinerung eine Schraubenvorrichtung, die eine seitliche Bewegung der Schnur erlaubt.[1] Zusammendrücken des Gummischlauches durch Schraubenquetschbahn ermöglicht die feinste Einstellung. Die Ablesung erfolgt praktisch mit Hilfe eines elektrischen Kontaktes.

Bei der geschlossenen Form des Hebermanometers (Fig. 23) wird man von Schwankungen des Luftdrucks unabhängig.

Die abgekürzte Form (Barometerprobe), die man besonders bei Vakuumpumpen benutzt, soll in der Krümmung verengt sein, um beim Rückschlag des Quecksilbers ein Zerspringen zu vermeiden. Das Instrument verliert, besonders bei häufigem schnellen Zurückschlagen des Quecksilbers bald durch Eindringen von Luft an Genauigkeit. Über eine Form, bei der das Eindringen von Wasser vermieden wird s. Ch. Z. **35**, 1429 (1911).

Fig. 23. Geschlossenes Manometer, Bunsenspitze.

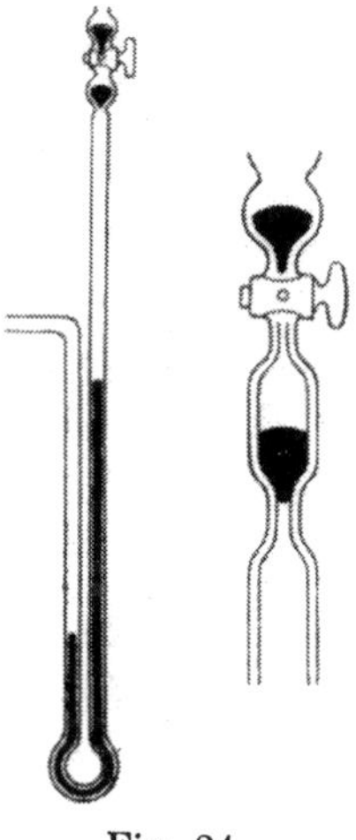

Fig. 24. Geschlossenes Manometer mit Hahn.

Bei den geschlossenen Manometern müssen Luft und Wasserdampf durch Auskochen entfernt werden. Der geschlossene Schenkel des Manometers wird in ein eisernes Gefäß, das mit Asbest gefüllt ist, hineingelegt, so daß die Röhre leicht nach abwärts geneigt ist. Das offene Ende wird an eine Quecksilberluftpumpe angeschmolzen; von dem Verbindungsrohr ist eine Capillare abgezweigt, die unten zur Spitze ausgezogen und verschlossen ist. Die Spitze taucht unter Quecksilber. Man pumpt den Apparat zuerst luftleer und erhitzt ihn; dann bricht man die Spitze der Capillare ab und läßt das Quecksilber ein. Es füllt den kürzeren Schenkel und tropft allmählich in den zugeschmolzenen Schenkel, der genug erhitzt ist, um es zum Sieden zu bringen. Schließlich bleibt nur ein kleines Luftbläschen im Buge des Manometers; es läßt sich leicht entfernen, nachdem man den Apparat von der Pumpe abgenommen hat.

Man kann das Auskochen vermeiden, wenn man oben einen Hahn anbringt, durch den man Luftblasen hinausdrängen kann (Fig. 24). Unter dem Hahn schließt man eine Kammer von etwa 3 ccm gegen die übrige Röhre

[1] Davies, Z. phys. Ch. **64**, 660 (1909).

durch eine enge Capillare ab und sorgt dafür, daß nach Hinausdrängen der Luft beim Senken des Quecksilbers dieses in der Capillare abreißt. Das in der Kammer bleibende Quecksilber schützt das Vakuum vor Eindringen von Luft durch den Hahn hindurch; ist so viel Luft eingedrungen, daß das Quecksilber aus der Kammer herausgedrückt wird, so muß das Manometer wieder luftfrei gemacht werden.

An Stelle des Hahnes,[1] dessen Fett das Quecksilber verschmiert, kann auch ein Barometerverschluß verwandt werden. Fig. 25 zeigt einen solchen an einem Barometer mit beweglichen Schenkeln angebracht.

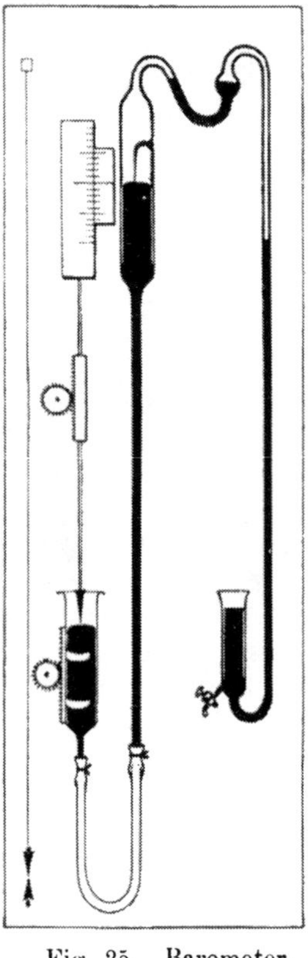

Fig. 25. Barometer.

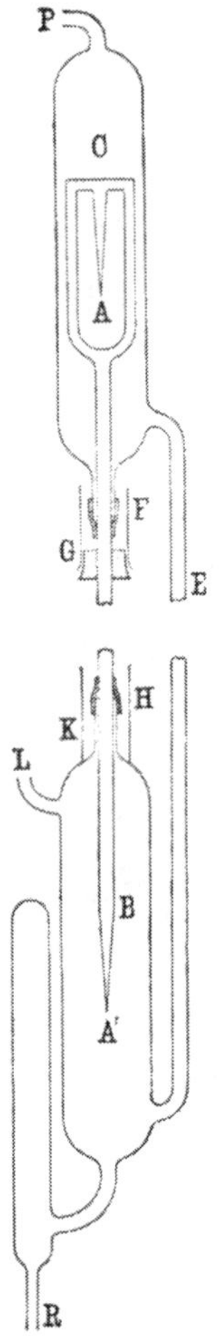

Fig. 26. Rayleigh-Manometer.

Bei den oben zugeschmolzenen Hebermanometern kann man durch eine sogenannte Bunsenspitze das Eindringen von Luft vermeiden. Da sich letztere immer an der Wand hält, so fängt sie sich in dem Raum zwischen eingeschmolzener Spitze und Wand und ist so unschädlich gemacht (Fig. 23).

Da die Ablesemethoden im Abschnitt Kleine Drucke I ausführlich beschrieben sind, so sei zur Orientierung nur kurz folgendes gesagt.

Bei Drucken, die von 1 Atmosphäre nicht sehr verschieden sind, läßt sich unter Verwendung eines graduierten Rohres bzw. einer durchsichtigen oder mit Spiegelbelag versehenen Glasskala mit bloßem Auge oder Lupe auf $^1/_{10}$—$^1/_{20}$ mm und mit Fernrohr oder schwachem Mikroskop auf $^1/_{100}$ mm ablesen. Eventuell benutzt man das Kathetometer. Ist der zu messende Druck kleiner als etwa $^1/_{10}$ Atmosphäre, so reicht diese Genauigkeit

---

[1] Über Hähne und Hahnfett s. Ostwald-Luther 3. Aufl. S. 190; Travers, Experimentelle Untersuchung von Gasen S. 22; Kohlrausch, Lehrb. d. prakt. Physik. 11. Aufl. S. 44 sowie dieses Handbuch Bd. I, S. 589, 597ff.

unter Umständen nicht aus. Lord RAYLEIGH[1] bediente sich bei sehr genauen Gasdichtebestimmungen in diesem Druckgebiet eines Manometers (Fig. 26), das aus zwei durch ein enges Rohr E verbundenen Kammern B und C bestand. Ein Eisenstab von genau bekannter Länge ist mit Spitzen A und A' versehen und ragt durch die Kautschukverbindungen F und H in die Kammern hinein; die Kautschukröhren sind durch Quecksilber gedichtet. Das Vakuum der oberen Kammer, die durch P mit einer Quecksilberpumpe verbunden ist, wird durch ein Mc LEOD-Manometer gemessen; bei L ist der Apparat angeschlossen. Die Einstellung der Menisken auf die Spitzen bewirkt man, indem man durch R aus einem Niveaugefäß Quecksilber aus- oder eintreten läßt und den Druck im Apparat variiert. Die Ablesung bedarf nur einer Temperaturkorrektion.

Das für sehr kleine Drucke bestimmte Neigemanometer von Lord RAYLEIGH[2] — Meßbereich 1.5 bis $^1/_{1000}$—$^1/_{2000}$ mm — ist unter Kleine Drucke I beschrieben, ebenso das Mc LEOD-Vakuummeter.

Zur Reduktion einer Druckablesung auf 0° ist von dem beobachteten Druck der Wert $(0{,}000182 - \beta) h t$ abzuziehen, wo h der bei 0° abgelesene Druck in Millimetern Hg und β der Ausdehnungskoeffizient des Materials des Maßstabes ist. Für Temperaturen zwischen 15 und 25° sind die Werte in folgender Tabelle zusammengestellt.

Temperatar (Celsius) für Glasskala.

Abgelesener Druck in mm Hg	15°	16°	17°	18°	19°	20°	21°	22°	23°	24°	25°
100	0,3	0,3	0,3	0,3	0,3	0,3	0,4	0,4	0,4	0,4	0,4
200	0,5	0,6	0,6	0,6	0,7	0,7	0,7	0,8	0,8	0,8	0,9
300	0,8	0,8	0,9	0,9	1,0	1,0	1,1	1,1	1,2	1,3	1,3
400	1,0	1,1	1,2	1,2	1,3	1,4	1,5	1,5	1,6	1,7	1,7
500	1,3	1,4	1,5	1,6	1,7	1,7	1,8	1,9	2,0	2,1	2,2
600	1,6	1,7	1,8	1,9	2,0	2,1	2,2	2,3	2,4	2,5	2,6
700	1,8	2,0	2,1	2,2	2,3	2,4	2,6	2,7	2,8	2,9	3,0
750	2,0	2,1	2,2	2,3	2,5	2,6	2,7	2,9	3,0	3,1	3,3
800	2,1	2,2	2,4	2,5	2,6	2,8	2,9	3,1	3,2	3,3	3,5

Über Korrektur der Ablesung s. Bestimmung kleiner Drucke Erster Teil.

Manometer mit anderen Flüssigkeiten.

Manometer mit anderen Flüssigkeiten als Quecksilber sollen eine genaue Bestimmung von Drucken durch Verlängerung der zu messenden Flüssigkeitssäule ermöglichen. Als Manometerflüssigkeiten werden verwandt: Wasser, konz. Schwefelsäure, Olivenöl, Petroleum, Glycerin, Monobromnaphtalin, Vakuumöl. Die Druckmessung läuft auf Bestimmung von Höhe und Dichte heraus.

[1] RAYLEIGH, Proc. Roy. Soc. Lond. **53**, 135 (1893); Z. phys. Ch. **41**, 71 (1902); RICHARDS und MARK, Z. phys. Ch. **43**, 478 (1903).

[2] RAYLEIGH, Z. phys. Ch. **37**, 716 (1901).

Wasser eignet sich sehr wenig, da es einen hohen Dampfdruck besitzt; außerdem hat es eine hohe, empfindliche Oberflächenspannung und großes Lösungsvermögen für Gase. Olivenöl besitzt kleinen Dampfdruck und konstante Oberfläche; seine starke Wärmeausdehnung ist unbequem. Glycerin ist sehr geeignet, für enge Röhren seiner großen Zähigkeit wegen aber nicht verwendbar. Petroleum und Monobromnaphtalin sind da mehr am Platze.

Die Umrechnung auf Quecksilber ergibt sich sehr einfach daraus, daß bei gleichem Druck die Dichte einer Flüssigkeit der Länge ihrer Säule umgekehrt proportional ist.

Die geschlossene Form ist bei diesen Manometern nicht verwendbar. Will man trotzdem ein solches z. B. als Barometer brauchen, so kann man es durch Kombination der Wirkungsweisen von Barometer und Luftthermometer bedeutend (auf etwa 65 cm) verkürzen.[1] Statt des Vakuums benutzt man eine von der Manometerflüssigkeit, z. B. Glycerin, eingeschlossene Luftmenge, die durch Eis, das man in gut evakuierten Dewargefäßen bis zu einigen Wochen aufbewahren kann, auf konstanter Temperatur gehalten wird.

Das offene Manometer muß mit Pumpe und Apparat so verbunden werden, daß man über beiden Schenkeln gleichzeitig evakuieren kann. Arbeitet man bei Atmosphärendruck, so ist ein Niveaugefäß zuweilen praktisch (Fig. 27).

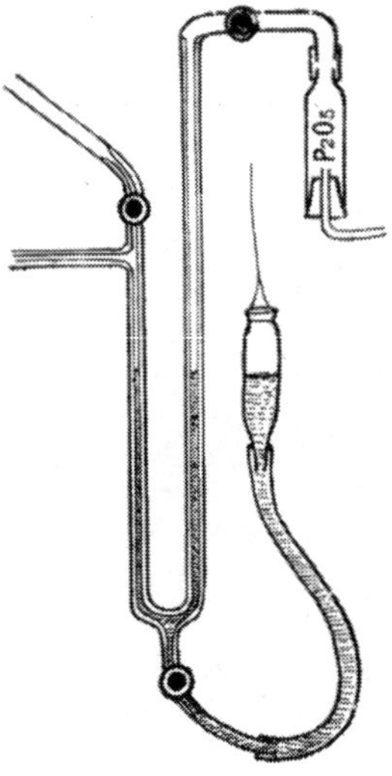

Fig. 27.
Ölmanometer.

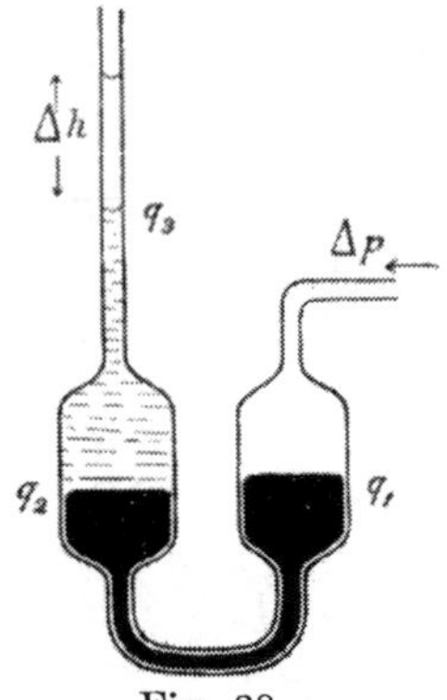

Fig. 28.
HUYGENS-Manometer.

Vor etwaigem Evakuieren befindet sich die Manometerflüssigkeit in diesem; zwischen Manometer und Niveaugefäß ist ein Hahn angebracht.

Die HUYGENSsche Kombination von Öl- und Quecksilbermanometer ermöglicht es auch in Fällen, wo als Absperrung nur Quecksilber verwandt werden darf, ein Manometer von ungefähr der Empfindlichkeit eines Wassermanometers zu verwenden (Fig. 28). Einer Druckänderung von Δp mm Quecksilber entspricht eine Niveauänderung Δh des Öls vom spezifischen Gewicht $\delta_{\text{öl}}$, für die die Beziehung besteht:

$$\Delta p = \Delta h \left[\left(1 - \frac{q_3}{q_2}\right)\frac{\delta_{\text{öl}}}{\delta_{\text{Hg}}} + \frac{q_3}{q_2}\left(1 + \frac{q_2}{q_1}\right)\right].$$

[1] BEHN und KIEBITZ, Phys. Ztschr. 4, 543 (1903); GRÜTZNER, Ann. Phys. 9, 238 (1902).

$$\text{Für } \frac{q_2}{q_1} = 1, \quad \frac{q_3}{q_2} = 0{,}01 \text{ und } \frac{\delta_{\ddot{o}l}}{\delta_{Hg}} = 0{,}065$$

erhält man etwa Wasserempfindlichkeit. Der Faktor von Δp wird empirisch durch Vergleich ermittelt.

Auch Manometer mit Flüssigkeitspaaren ohne Quecksilber finden Anwendung.[1] Solche Paare nicht mischbarer Flüssigkeiten sind Wasser–Anilinöl, Solaröl–verdünnt. Weingeist, Wasser – Terpentinöl. Man beobachtet die Verschiebung der Grenzschicht der beiden Flüssigkeiten in einem U-Rohr, dessen Enden erweitert sind (Fig. 29). Die Verschiebung der Grenzschicht ist gegenüber der der Menisken im Verhältnis der Querschnitte von Rohr und Erweiterung vergrößert. Ist das Querschnittsverhältnis von Rohr und Erweiterung 1:20, dann wird eine Senkung des Flüssigkeitsspiegels in der Erweiterung um 1 mm eine Verschiebung der Grenzschicht um 20 mm herbeiführen. Zuweilen werden die Rohre auch ineinander geschoben (Fig. 30). Ausführungen nach SEGER und nach KÖNIG [Dingl., **275**, 513 (1890)] sind im Handel zu haben.

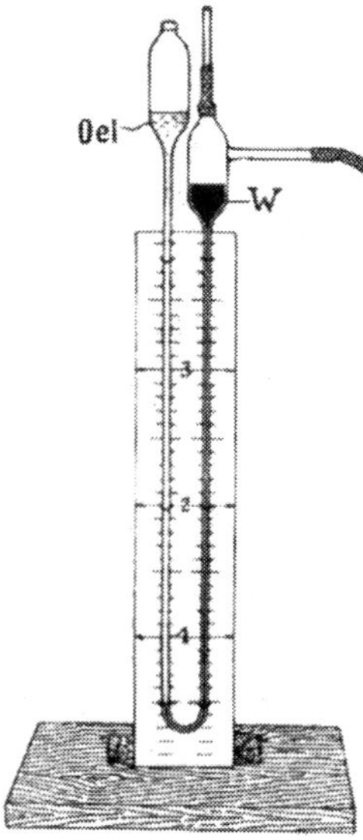

Fig. 29. Differentialmanometer.

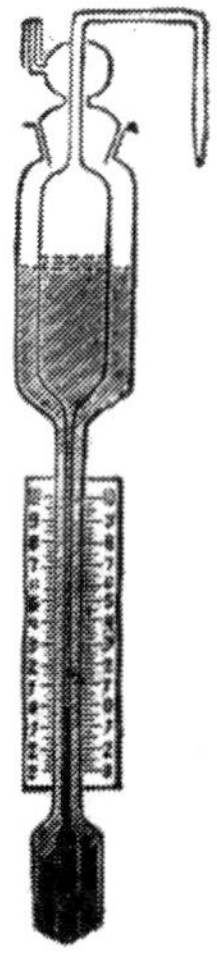

Fig. 30. Differentialmanometer (KÖNIG).

Eine Erhöhung der Empfindlichkeit läßt sich auch durch Schräganordnen des Manometers erreichen; man verwendet dann besonders die

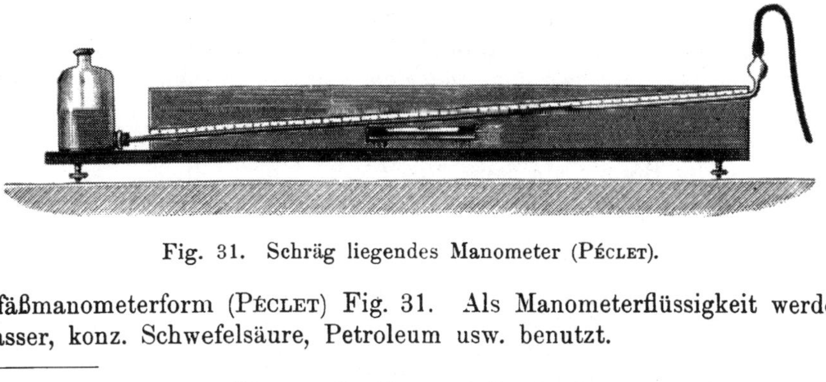

Fig. 31. Schräg liegendes Manometer (PÉCLET).

Gefäßmanometerform (PÉCLET) Fig. 31. Als Manometerflüssigkeit werden Wasser, konz. Schwefelsäure, Petroleum usw. benutzt.

[1] GRIMSEHL, C. 1905 II, 941. Daselbst auch Beschreibung einer Gaswage.

Glas- und Quarzglasmanometer.

Bei Verwendung von Glasspiralenmanometern ist mit der elastischen Nachwirkung des Glases zu rechnen; exakt sind diese Instrumente nur bei Verwendung als Nullinstrument. Die Glasmembranmanometer[1] können in einem Meßbereich bis etwa 20 mm Quecksilber als direkt anzeigende Manometer gebraucht werden; über Ablesung nach der Interferenzmethode s. unter Kleine Drucke. Quarzglasmanometer können ihrer geringen elastischen Nachwirkung wegen bis zu etwa einer Atmosphäre benutzt werden.

Die von Johnson[2] angegebene Form des Glasmanometers (Fig. 32) ist für Verwendung als Nullinstrument bestimmt. Man muß sie anwenden, wenn man bei höheren Temperaturen arbeitet. Das Mantelgefäß, das evakuiert werden kann, steht in Verbindung mit zwei Quecksilbermanometern, von denen eins zum Regulieren, das andere zum Messen dient. Gemessen wird die Drehung des Spiegels mit Fernrohr und Skala. Der ganze Apparat (aus schwer schmelzbarem Glase) läßt sich bis zum seitlichen Ansatz für das Quecksilbermanometer in den Heizofen bringen. 1 mm Quecksilber ist noch sicher meßbar. Für Temperaturen oberhalb 400° läßt sich das Glasmanometer nicht mehr verwenden, man nimmt alsdann Quarz. Preuner[3] hat ein dem Johnsonschem Manometer nachgebildetes Quarzmanometer bis 1300° benutzen können.

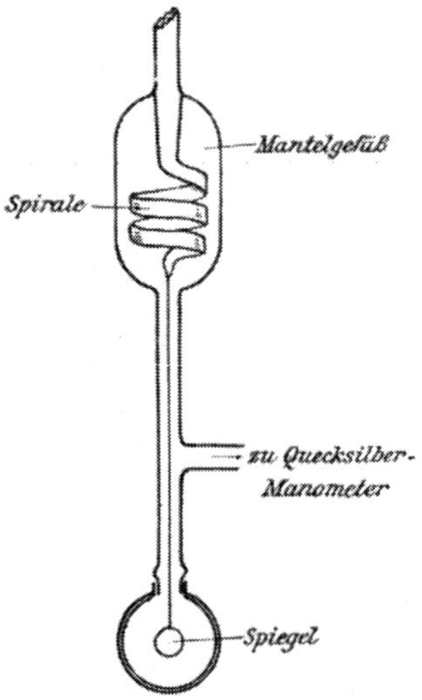

Fig. 32. Glasspiralenmanometer.

Die von Bodenstein[4] konstruierten Quarzmanometer besitzen eine etwas andere Ablesevorrichtung, die größere Genauigkeit erzielen läßt und außerdem eine Gewähr bietet, daß beobachtete Ausschläge nur durch Druckänderungen hervorgerufen werden und nicht etwa auf Bewegung des ganzen Manometers zurückzuführen sind. Der Spiegel ist leicht beweglich zwischen Spitzen gelagert und mit dem etwa 8 cm langen beweglichen Zeiger des Manometers durch einen Quarzfaden, der schwach gespannt wird, verbunden. Für Ablesung mit dem Mikroskop ist an das bewegliche Ende der Spirale ein etwa 30—35 cm langer, in eine feine Spitze auslaufender Quarzfaden angeschmolzen, dem ein am anderen festen Ende der Spirale angebrachter analoger Faden entspricht. Die Spitzen lassen

---

[1] Warburg u. Leithäuser, Ann. Phys. **23**, 209 (1907).
[2] Johnson, Z. phys. Ch. **61**, 457 (1908).
[3] Preuner, Z. phys. Ch. **68**, 129 (1909); **81** 129 (1912).
[4] Bodenstein, Z. Elektr. **14**, 544 (1908); **15**, 244 (1909); **16**, 962 (1910); Z. phys. Ch. **69**, 26 (1909).

sich durch Ätzen mit Flußsäure sehr dünn herstellen. Die Empfindlichkeit läßt sich, außer wie oben angegeben, durch Verlängern der Zeiger variieren (Ablesung auf $^1/_{20}$ — $^1/_{30}$ mm Hg). Die Manometer lassen sich ganz in den Heizofen bringen, aus dem nur die Fäden herausragen; schädliche Räume niederer Temperatur werden also vermieden.

Oberhalb 550° läßt sich das Quarzglasmanometer nur als Nullinstrument benutzen.

Sehr kleine Drucke.

Sehr kleine Drucke lassen sich sehr bequem, aber mehr qualitativ aus den Lichterscheinungen in der GEISSLERschen Röhre bestimmen. Über genaue Messung z. B. mit dem McLEOD- oder RAYLEIGH-Manometer s. Bestimmung kleiner Drucke Erster Teil.

Variometer.

Druckschwankungen kurzer Dauer lassen sich mit gewöhnlichen Manometern nicht ohne weiteres beobachten; die dafür bestimmten Variometer sind so konstruiert, daß nur eine geringe Menge Manometerflüssigkeit in Bewegung gesetzt wird; langsame Druckänderungen werden nicht angezeigt. Das HEFNER-ALTENECKsche Variometer[1] (Fig. 33) besteht aus einer mit Filz umhüllten, etwa 1 Liter fassenden Flasche und zwei durch einen Gummistopfen heraus-

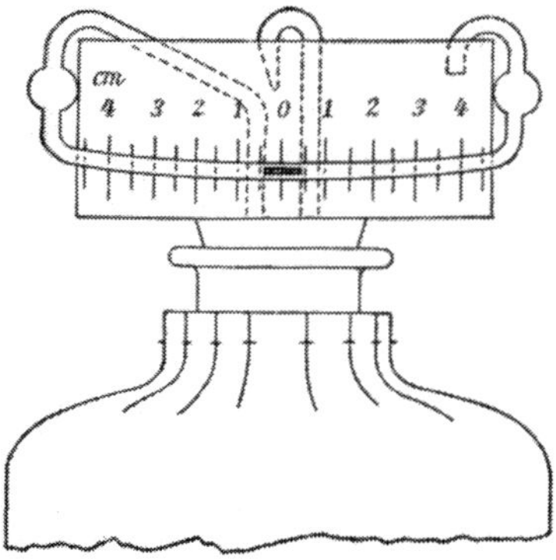

Fig. 33. HEFNER-ALTENECK-Variometer.

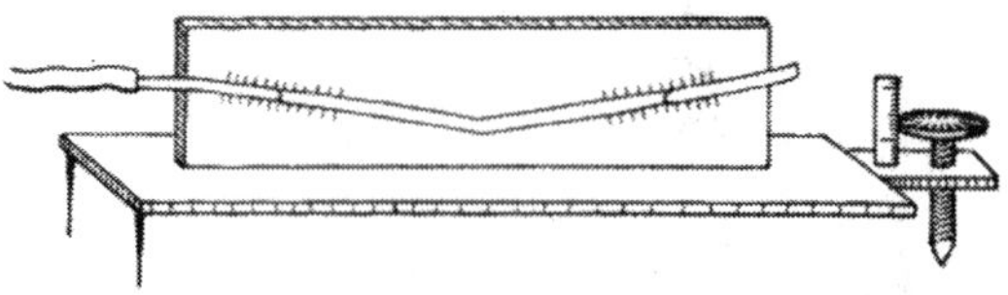

Fig. 34. TÖPLER-Variometer mit Meßvorrichtung.

tretenden Glasröhren, einer kurzen geraden, oben in eine Spitze umgebogenen, und einer in einer oder mehreren Windungen herumlaufenden, in deren Mitte sich ein gefärbter Tropfen (z. B. Petroleum) und dahinter eine Skala befindet. Die langsamen und sich zu großen Beträgen summierenden Druckschwankungen werden durch das erste Rohr ausgeglichen, die kleinen und raschen Schwankungen kommen durch Verschiebung des Tropfens zum Ausdruck, und zwar 150—300 mal so groß wie beim Quecksilber.

TÖPLER[2] erreicht den Ausgleich der langsamen Druckänderungen durch

---

[1] HEFNER-ALTENECK, Wied. 57, 468 (1896).

[2] TÖPLER, Wied. 56, 609 (1895); Ann. Phys. 12, 787 (1903).

eine Capillare. Die schnellen werden durch einen wandernden Xylolfaden angezeigt event. photographisch registriert (Fig. 34).

Wo langsame Druckänderungen nicht vorkommen, wird man den Apparat entsprechend vereinfachen. In Fig. 34 ist so die Capillare fortgelassen.

Beim Gebrauch ist zu beachten, daß die Glaswand überall gut benetzt ist, wohin der Tropfen gelangt.

Die Methode kann auch zur Messung kleiner Drucke dienen.[1] Die TÖPLERsche Libelle ist (Fig. 34) mit Ablesevorrichtung versehen; man kompensiert durch Hebung den zu messenden Druck, die Mikrometerschraube wird geeicht.

Für sehr schnelle Änderungen lassen sich Flüssigkeitsvariometer nicht mehr gebrauchen; man wird sich alsdann leicht beweglicher Membranen bedienen (s. unter Explosionsdruck); vgl. DIETERICI, Wied. **68**, 858 (1899).

Strömungsmesser.

Die Strömungsgeschwindigkeit von Gasen, die man rein qualitativ durch Tropfenzähler schätzt, mißt man mit Strömungsmessern.

Flüssigkeitsströmungsmesser[2] sind empfindliche Manometer, die Druckdifferenzen anzeigen, welche an den Enden einer Capillare herrschen, die der Gasstrom passiert. Sie werden also „parallel" geschaltet; als Flüssigkeit verwendet man Paraffinöl u. a. Die U-Form (Fig. 35) findet am meisten Verwendung; zweckmäßig sind beide Schenkel mit Erweiterungen versehen. Die Capillare ist entweder gerade oder zur Erhöhung ihres Widerstandes zur Spirale gebogen. Man eicht mit einer Gasuhr (s. u.).

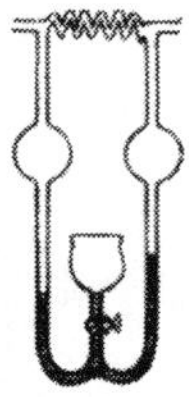

Fig. 35. Strömungsmesser.

Der Rotamesser (Fig. 36) beruht auf folgendem Prinzip.[3] Durch eine senkrecht aufgestellte Röhre, deren lichte Weite sich nach oben ganz allmählich vergrößert, fließt der zu messende Gasstrom und hebt einen Schwimmer je nach der Strömungsgeschwindigkeit verschieden hoch. An dem Schwimmer, dessen Schwerpunkt eine bestimmte Lage hat, sind Einkerbungen gemacht; indem das Gas diese kleinen Kanäle durchströmt, versetzt es nach Art des SEGNERschen Wasserades den Schwimmer in Rotation. Es wird dieser dadurch stets senkrecht gestellt und das Klemmen und Haften an den Wandungen vermieden. Eine weiße Schraubenlinie zeigt die Rotation an. Soll der Apparat richtig arbeiten, so muß er vor Staub usw. durch ein Filter geschützt werden. Man eicht mit Hilfe einer Gasuhr, und zwar für jedes Gas, da der Stand des Schwimmers von der Dichte des Gases abhängt: die Quadrate der wirklichen Volumina verhalten sich umgekehrt wie die

---

[1] WARBURG, Sitzgb. Berlin 1900, 712; LEITHÄUSER, Z. Elektr. **14**, 545 (1908).
[2] Siehe z. B. HABER, Z. phys. Ch. **69**, 363; COEHN, Z. phys. Ch. **70**, 95 (1910).
[3] Siehe J. f. Gasbel. 1910.

Dichten. Ist der Apparat z. B. für Leuchtgas vom spez. Gew. 0,445 geeicht und es wird Gas vom spez. Gew. 0,440 gemessen, so werden statt 100 Liter nur $100 \times \sqrt{\frac{0,440}{0,445}} = 99,5$ Liter angezeigt. Der Apparat wird für wenige Stundenliter bis zu vielen Stundenkubikmetern gebaut. Auch für Chlor, schweflige Säure usw. läßt er sich verwenden.

Über die Beschreibung der Gasuhr, welche für die Bestimmungen größerer Gasmengen (etwa $\pm 2\%$) sehr brauchbar ist, s. dieses Handbuch Bd. I unter „Entnahme gasförmiger Reagenzien".

Will man einen Strömungsmesser für kleinere Gasmengen eichen, so läßt man eine gegebene Menge Gas aus einer Flasche durch Verdrängen mit Wasser gleichmäßig ausströmen und notiert gleichzeitig die Zeit.

Über ein Vergleichsmanometer, das die Geschwindigkeiten zweier Gasströme miteinander vergleicht, s. RABE, Z. angew. Ch. 1901, 950; vgl. auch dieses Handbuch Bd. I, S. 252.

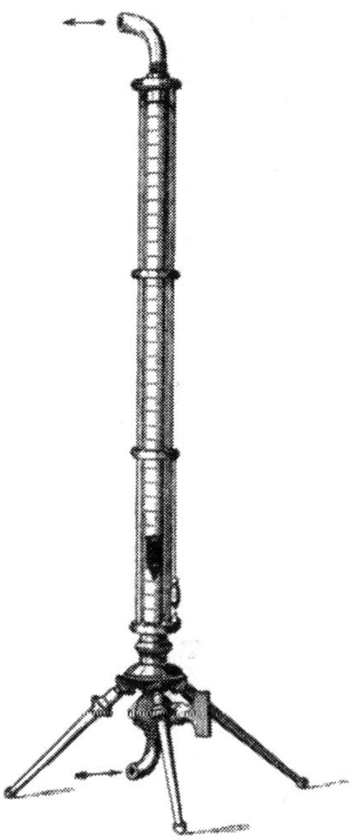

Fig. 36. Rotamesser.

Messung von Drucken > 1 Atmosphäre.

Von

F. Meinecke-Hannover.

Inhalt.

Oberhalb einer Atmosphäre mißt man Drucke im allgemeinen nicht mehr durch die Länge von Flüssigkeitssäulen. Man benutzt vielmehr gewöhnlich entweder Methoden, die auf der Kompressibilität von Gasen, Flüssigkeiten oder festen Stoffen beruhen, oder man mißt die elastische Durchbiegung von Membranen oder die Krümmung von Spiralrohren. Für die Wahl der Methode sind dieselben Gesichtspunkte maßgebend wie bei Drucken < 1 Atm.

Zur Messung von Drucken > 1 Atm. sind offene Quecksilbermanometer von bedeutender Länge benutzt worden. Z. B. besaßen die von Arago, Dulong und von Regnault bis zu 36 m Länge; das gewaltigste von 300 m Länge ist von Cailletet[1] am Eiffelturm angebracht. Im Laboratorium wird man über 2—3 m nicht hinausgehen; Glasrohr kommt wenigstens für größere Längen nicht mehr in Frage. Eisen- oder Stahlrohr, welches man dann nehmen muß, ist aber außer durch die große Länge auch durch die umständliche Ablesung unbequem, die man mit Schwimmer und Zeiger oder Spiegel vornehmen muß.

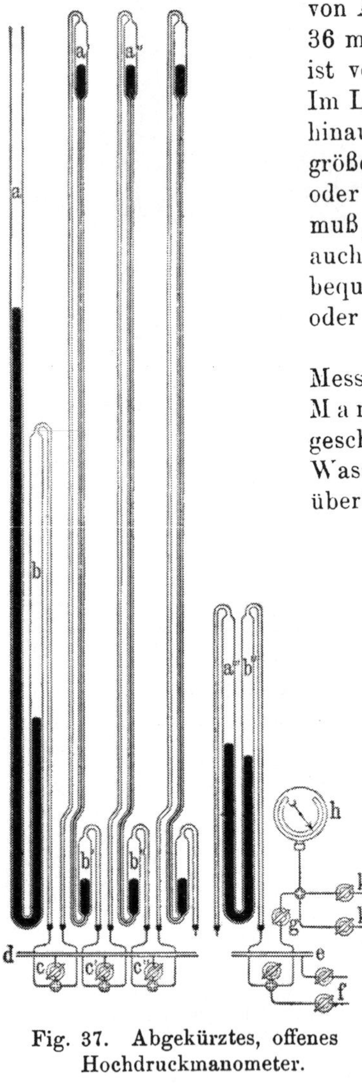

Fig. 37. Abgekürztes, offenes Hochdruckmanometer.

Kompendiöser ist das ebenfalls für genaue Messungen bestimmte abgekürzte offene Manometer, ein System hintereinander geschalteter Quecksilberhebermanometer mit Wasser oder komprimierter Luft als Drucküberträger[2] (Fig. 37). Aus der Figur ist ersichtlich, wie die obere Kammer eines jeden Manometers mit der unteren des nächsten, sowie auch mittelst eines stählernen Hahnes c', c'', c''' usw. mit der Röhre de verbunden ist. Der erste Heber ab, welcher in seiner ganzen Länge von gleichmäßiger Weite ist, ist offen und dient zum Messen kleiner Bruchteile einer Atmosphäre; ein kurzes U-Rohr $a''' b'''$ am Hochdruckende des ganzen Systems dient zu demselben Zweck. Die Röhre de ist mittelst eines Hahnes f mit einer Flasche mit verdichteter Luft, mittelst des Hahnes g mit einem Bourdonschen Manometer h, schließlich mittelst der Hähne k oder k' mit dem Apparate verbunden, in welchem der Druck zu messen ist. Das Manometer h dient zur ungefähren Bestimmung des Druckes, auf welchen das Instrument eingestellt werden muß, bevor der Hahn g geöffnet wird.

[1] Cailletet, C. r. **112**, 764 (1891).

[2] Kamerlingh Onnes Versl. K. A. v. W. Amsterdam **7**, 176 (1898); Ref. Z. f. phys. Chem. **30**, 163. Communications prom the physical Laboratory of the Univ. of Leyden Nr. **44**.

Die Manometerröhren *a' b'*, *a'' b''* usw. sind von solcher Länge, daß man in denselben eine Niveaudifferenz von 3,04 m (4 Atm.) erreichen kann; damit sie den höheren Drucken widerstehen können, ist die Wandstärke der weiteren Teile des Heberrohres zu 4 mm, die lichte Weite zu 6 mm genommen. Die Verbindungen sind mittelst feiner Stahlröhren und der auf ihre Enden passenden Kappen hergestellt; die Hähne *c*, *c'* usw. sind ebenfalls aus Stahl. Um dem Verrosten der stählernen Teile vorzubeugen, wird die Luft sorgfältig mit Phosphorpentoxyd und Natronkalk behandelt, bevor sie in den Apparat hineingelassen wird.

Der Apparat wird auf einen gegebenen Druck eingestellt, indem man die Luft vorsichtig in die Räume zwischen den Quecksilbersäulen eintreten läßt. Um also z. B. den Druck auf $46^1/_4$ Atm. zu bringen, wird es nötig sein, das Quecksilber in 11 Röhren auf die ganze Höhe zu heben. in dem offenen Manometer aber auf die Höhe, welche $2^1/_4$ Atm. entspricht, Um dies zu erreichen, öffnet man alle Hähne *c*, *c' c''* usw. und dreht den Hahn *f* an der Flasche mit verdichteter Luft vorsichtig zurück, bis das Quecksilber auf die gewünschte Höhe gestiegen ist, sodann schließt man *k* und *e*. Durch nochmaliges Öffnen von *f* hebt man das Quecksilber im Heber *a' b'* ganz hinauf und, nach der Schließung des Hahnes *c'* usw., in jedem Heber nacheinander, bis schließlich der Druck in der Röhre *d e* $46^1/_4$ Atm. erreicht hat. Nach Öffnen des Hahnes *g* kann eine etwa erforderliche schließliche Einstellung mittelst des kurzen **U**-Rohres *a''' b'''* gemacht werden.

Die Höhen der Quecksilbersäulen werden an mit Teilungen versehenen Stäben abgelesen, die zwischen den Manometern aufgehängt sind; die Temperatur der Säule wird mittelst eines neben dem Heber angebrachten Thermometers bestimmt. Bei Berechnung des Drucks aus den beobachteten Quecksilberhöhen ist es nötig, das Gewicht der Luftsäulen, welche sich in den Verbindungsröhren zwischen den benachbarten Quecksilberoberflächen befinden, zu subtrahieren. Diese Korrektion beträgt gegen 120 mm für Luft unter 60 Atm.

Der Apparat findet hauptsächlich zur Eichung von Hochdruckmanometern Verwendung.

Weniger genau, aber sehr bequem, ist die geschlossene Form, das Kompressionsmanometer.[1] Es besteht wie das Barometer aus geschlossener Röhre einerseits und Gefäß oder offenem Schenkel andrerseits; das Rohr enthält aber eine gewisse Menge Luft[2] oder Wasserstoff.[3] Die gewöhnliche Form ist in Fig. 38 wiedergegeben. Eine geteilte starkwandige Glasröhre, an die ein weiteres Gefäß angeschlossen ist, welches unten in ein gekrümmtes Ansatzstück ausläuft, wird durch eine übergekittete Schraube in einen eisernen, mit Quecksilber gefüllten Zylinder

---

[1] S. auch Travers Experimental study of gases. London 1901.

[2] SCHEFFER, Z. f. phys. Chem. **76**, 164 (1911); SACHODSKI, Z. f. phys. Chem. **74**, 262 (1910).

[3] GILBAUT, Z. f. phys. Chem. **24**, 394 (1897); CAUBET, Z. f. phys. Chem. **40**, 356 (1902).

gesetzt, von dem eine stählerne Capillare zu den Apparaten weiter führt, deren Druck gemessen werden soll.

Je nach dem Druckgebiet, in welchem Messungen gemacht werden sollen, hat man das Verhältnis zwischen dem Volum der Röhre und des Gefäßes zu wählen. Auch ist es zweckmäßig, die Röhre am oberen Ende etwas zu erweitern, so daß bei den höchsten zu messenden Drucken das Quecksilber eben in die Nähe der Erweiterung gelangt. Das Manometer kann dann kürzer gehalten werden.

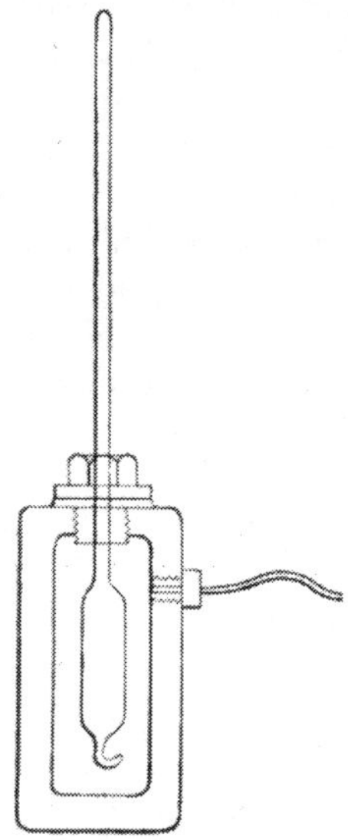

Fig. 38. Kompressionsmanometer.

Für einigermaßen genaue Messungen wird man das Manometer mit einem Wassermantel versehen, um seine Temperatur konstant zu halten.

Um das Manometer instand zu setzen, kalibriert man zunächst die Röhre und bestimmt dann durch Auswägen mit Quecksilber das Volum des weiten Gefäßes im Verhältnis zu dem eines Skalenteils.

Zur Füllung dient trockner Wasserstoff. Aus der Ablesung des Quecksilbers im Manometer berechnet man das Volum v, auf welches das Gesamtvolum V des Wasserstoffes komprimiert ist. Reduziert man das Anfangsvolum V, das für beim Füllen mit Wasserstoff beobachteten Druck und Temperatur gilt, auf den Druck von 76 cm Hg und nennt dies Volum V_0, so gilt für die Berechnung des Drucks p aus dem Volum v:

$$p = \frac{1}{\frac{v}{V_0} - 0 \cdot 00069},$$

wenn die Messung bei derselben Temperatur geschieht, wie die Bestimmung von V bzw. V_0.[1]

Eine von Regnault[2] angegebene Form vereinigt bei einem Meßbereich bis 30 Atm. bequeme Handhabung mit der Genauigkeit eines einfachen Quecksilberbarometers. Die Einrichtung zeigt Fig. 39. Sie besteht aus einem dickwandigen Messingrohr *AB*, welches durch den **T**-förmig durchbohrten Hahn *R* und die Röhrenleitung *C* mit dem Behälter in Verbindung gesetzt werden kann, welcher das komprimierte Gas enthält. Neben der Röhre *AB* befindet sich das aus den Röhren *DE* und *FG* bestehende einfache Quecksilbermanometer. Diese beiden Röhren kommunizieren durch den in einem in der Bodenplatte des Apparates eingesetzten Eisenstücke befindlichen ebenfalls **T**-förmig durchbohrten Hahn *R'*, welcher bei nur 90° gedrehter Stellung (Fig. 39c) den innern

[1] Siehe Kammerlingh Onnes, Comm. Phys. Lab. Nr. 50 (1900) und Lussana, Nuov. Cim. (4) **12**, 237 (1901).

[2] Regnault, Pogg. **1871**, 143.

Raum des Rohres DE mit der unteren Ausflußöffnung in Verbindung setzt. Die beiden Röhren DE und GF sind möglichst zylindrisch und beide mit einer Millimeterteilung versehen. Das oben etwas ausgezogene Rohr ED ist in den vertikal absteigenden Teil des mit dem Hahne R kommunizierenden Rohres RO eingekittet. Unmittelbar über der Röhre ED befindet sich der rechtwinklig gebohrte Hahn R', durch den das Innere des Rohres ED entweder mit der äußeren Luft in Verbindung gesetzt (Fig. 39a) oder durch Drehung um 90° (Fig. 39b) mit dem Hahn R in Kommunikation gebracht werden kann. Die drei Röhren sind von einem in einer Fassung der Bodenplatte eingekitteten Glaszylinder MM' umgeben, der mit Wasser gefüllt wird, um den Apparat während des Gebrauchs auf konstanter Temperatur zu halten.

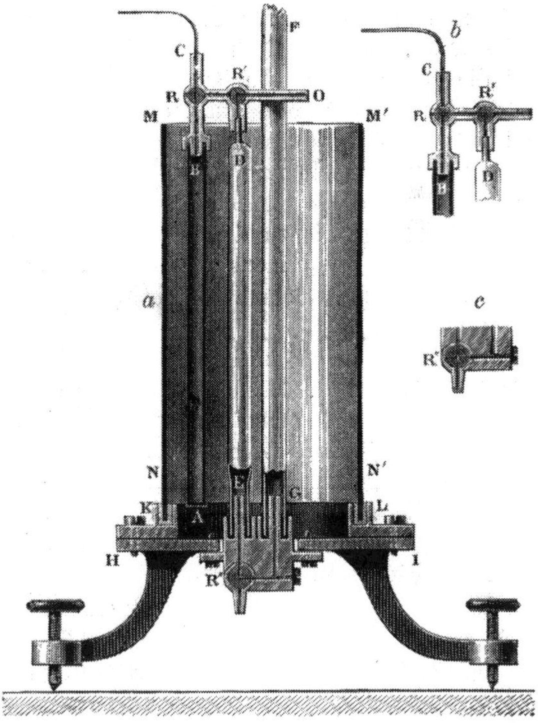

Fig. 39a—c. REGNAULT-Manometer.

Zum Gebrauch des Apparates wird zunächst das Rohr AB mit dem mit Gas gefüllten Behälter in Verbindung gesetzt durch Stellung des Hahnes R wie in Fig. 39a und dann durch Einfüllen von Quecksilber durch das Rohr FG das Rohr ED so weit mit Quecksilber gefüllt, daß es aus der Öffnung O hervortritt. Darauf wird der Hahn R in die Stellung Fig. 39b gedreht und der Hahn R' langsam so gestellt, daß der innere Raum von AB mit der Röhre DE in Verbindung steht (Fig. 39b). Die in AB komprimierte Luft tritt zum Teil in DE über. Man stellt gleichzeitig den unteren Hahn R'' so, daß sowohl aus der Röhre DE als aus GF das Quecksilber ausfließen kann, und läßt so lange unten Quecksilber ausfließen, bis in den beiden letzteren Röhren die Quecksilberniveaus eine bequem zu messende Höhendifferenz h zeigen.

Der gesuchte Druck x der in dem Behälter vorhandenen Luft ergibt sich folgendermaßen. Durch die Verbindung des Rohres AB mit dem betreffenden Behälter hat sich das Volum V dieses Rohres mit Gas unter dem Druck x gefüllt. Nach Herstellung der Verbindung der beiden Röhren AB und DE hat sich dann dieses Gasvolum ausgedehnt, und zwar wenn wir mit W das Volum im Rohr DE bezeichnen, welches nach

Herstellung der Niveaudifferenz h von dem Gase mit angefüllt ist, auf das Volum $V+W$. Ist H der Barometerstand zur Zeit als das Volumen $V+W$ hergestellt war, so steht dies Gas jetzt unter dem Drucke $H+W$. Es gilt:

$$x = \frac{V+W}{V}(H+h).$$

Zur Bestimmung von x ist deshalb außer der Kenntnis von H und h noch jene der Volumina V und W erforderlich. Zur Bestimmung von W füllt man zunächst ED wieder mit Quecksilber, bis es bei O auszufließen beginnt, stellt dann den Hahn R' in die Stellung Fig. 39b, und den Hahn R so, daß der Raum von ED durch die beiden Hähne R' und R und die Röhre C, welche jetzt in die freie Luft mündet, mit der inneren Luft kommuniziert. Man stellt dann den Hahn R' in die Stellung Fig. 39c und läßt aus dem Rohre ED das Quecksilber ausfließen. Das ausgeflossene Quecksilber sammelt man in eine Flasche und wägt es. Man bestimmt so direkt durch das Gewicht des ausgeflossenen Quecksilbers den Rauminhalt der Rohre bis zu den verschiedenen Teilstrichen, und hat dann zur Bestimmung des Volumens W jedesmal nur nötig, den Teilstrich zu beobachten, bis zu welchem das Quecksilber in der Röhre ED herabgedrückt ist.

Um schließlich V zu bestimmen wird AB mit Luft unter Atmosphärendruck gefüllt und das Manometer gerade wie zur Bestimmung des Druckes x hergerichtet. Verfährt man nun gerade so wie zur Untersuchung des Druckes x, so wird auch jetzt Luft in DE übertreten, wenn man aus R'' Quecksilber austreten läßt, es wird aber in GF das Quecksilber jetzt rascher sinken als in DE. Ist in DE ein Volumen W' eingetreten und in GF das Quecksilber um h' tiefer gesunken, so ist jetzt, wenn wieder H die Höhe des Barometers ist:

$$V = W'\frac{H-h'}{h'}.$$

Indem man so die Luft aus AB bis zu verschiedenen Volumen $V+W'$ sich ausdehnen läßt, erhält man eine Reihe von Werten V, die sich gegenseitig kontrollieren.

Weitere Werte von V kann man erhalten, indem man zunächst das Rohr AB und das Rohr DE bis zu einem Volum v' mit Luft füllt, und dann durch Einfüllen von Quecksilber in GF diese Luft komprimiert. Hat man sie so weit komprimiert, daß in DE noch ein Volum W_1 mit Luft gefüllt ist, und steht infolgedessen das Quecksilber in FG um h_1 höher, so ist:

$$V = \frac{v'H - W_1(H+h_1)}{h_1}.$$

Regnault gab den Röhren AC und DE die Länge von 1 m und ersterer einen Durchmesser von 5, letzterer von 20 mm, so daß also der Querschnitt des letzten Rohres 16 mal so groß war als der von AB. Wurde also AB mit Gas unter einem Druck von 32 Atm. gefüllt, so konnte man $V+W$ leicht so herstellen, daß es gleich 16 V. war, es wurde dann die Niveaudifferenz h gleich dem Barometerstand.

Man sieht leicht, wie man durch Verkleinerung von V und Vergrößerung von W auch stärkere Drucke mit nicht größeren Niveaudifferenzen messen kann; es ist dann nur auf die Bestimmung von V und W die größte Sorgfalt zu verwenden, da, je kleiner V ist, ein kleiner bei der Bestimmung dieses Volumens begangener Fehler von großem Einfluß ist.

Hydraulische Manometer. Für Drucke bis zu 3000 Atm. dienen Manometer, die auf dem Prinzip der hydraulischen Presse beruhen. Bei der DESGOFFEschen Form[1] wirkt der Druck auf einen Stahlzylinder, der in eine breite Platte endet; unter ihr befindet sich eine feine den kurzen Manometerschenkel abschließende Kautschukmembran. Der Schenkel ist mit Wasser gefüllt; darunter befindet sich Quecksilber, das in dem langen Manometerschenkel, einem engen Rohr hochgetrieben wird. Bei einem Querschnittsverhältnis von Platte zu Rohr, gleich 100:1 lassen sich mit relativ niedriger Quecksilbersäule schon Drucke von ca. 100 Atm. messen. Das Tait-Manometer[2] ist eine verbesserte Form des DESGOFFEschen Manometers.[3]

Die Druckwage, (Fig. 40) die auf demselben Prinzip beruht, bestimmt den Druck in Gewichtseinheiten. Sie besteht aus einem sorgfältig abgedrehten Zylinder, der gut passend in die Bohrung eines Hohlkörpers eingeschliffen ist, der auf einem Dreifuß mit Stellschrauben festsitzt. Der Zylinder trägt an seinem oberen Ende eine kreisförmige Platte, auf welche die Gewichte gelegt werden. Man füllt den Hohlkörper mit schwer flüssigem Öl (flüssiges Peraffin oder schweres Maschinenöl), setzt den Zylinder mit seiner Platte ein und belastet letztere bis zu dem beabsichtigten Betrage. Die Belastung muß sorgfältig zentriert werden, so daß ihr Schwerpunkt in die senkrecht stehende Achse des Zylinders fällt. Um dies zu erleichtern ist es zweckmäßig, die Platte mit zentrischen Kreisen zu versehen; der Zylinder muß um seine Achse frei drehbar sein. Durch die kupferne oder stählerne Capillare führt man den Druck zu. In dem Augenblick, wo der dem Gewicht entsprechende Druck erreicht ist, wird der Zylinder hoch gehoben, man gibt ihm zur Verminderung der Reibungswiderstände eine drehende Bewegung.

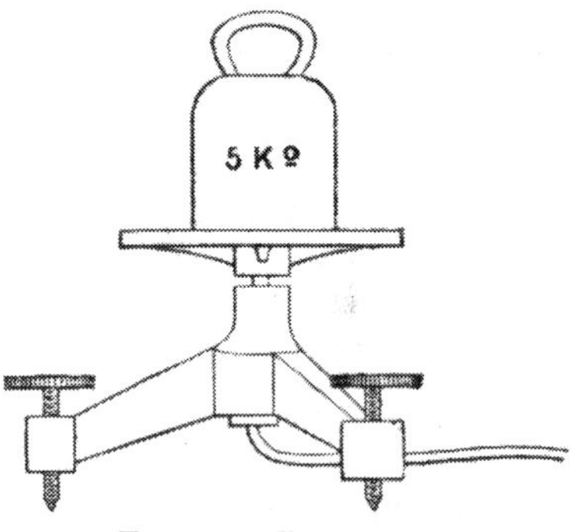

Fig. 40. Druckwage.

Der Druck in Atmosphären ist

$$p = \frac{g}{1033\,q},$$

[1] Siehe AMAGAT, C. r. **103**, 429 (1886).
[2] AMAGAT, Ann. chim. phys. (6) **29**, 68 (1893).
[3] Siehe auch BARUS, Phil. Mag. (5) **31**, 400 (1891).

wo g = Gewicht von Zylinder, Platte und Auflagewicht in Grammen und q = Querschnitt πr^2 (r = Halbmesser des Zylinders in Zentimetern) ist.

Bei sehr hohen Drucken ist die Druckwage nur schwer dicht und gleichzeitig beweglich zu erhalten. Über eine von SCHÄFFER und BUDENBERG ausgeführte Form siehe z. B. COHEN.[1]

Man verwendet sie hauptsächlich zum Eichen von Federmanometern.

Wenn irgend möglich wird man sich zur Messung größerer Drucke eines Federmanometers[2] bedienen. Denn wenn diese auch ungenauer sind: besonders der untere Skalenteil ist unzuverlässig und allgemein werden die Ablesungen dadurch unsicher, daß besonders bei schnellen Druckänderungen der Zeiger nur langsam auf seinen ursprünglichen Stand zurückgeht, so sind sie doch außerordentlich bequem.

Das Plattenfedermanometer Fig. 41 geht auf das VIDIsche Dosenmanometer zurück. Ein wellig gebogenes, auf der dem Druck ausgesetzten Seite versilbertes Metallblech wird durch Druck mehr oder weniger stark

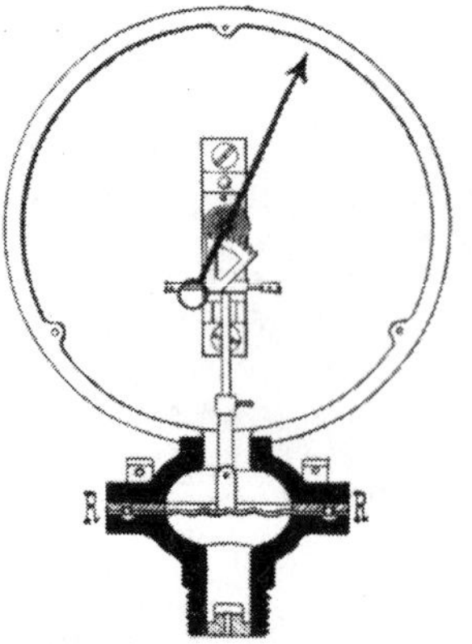

Fig. 41. Plattenfedermanometer.

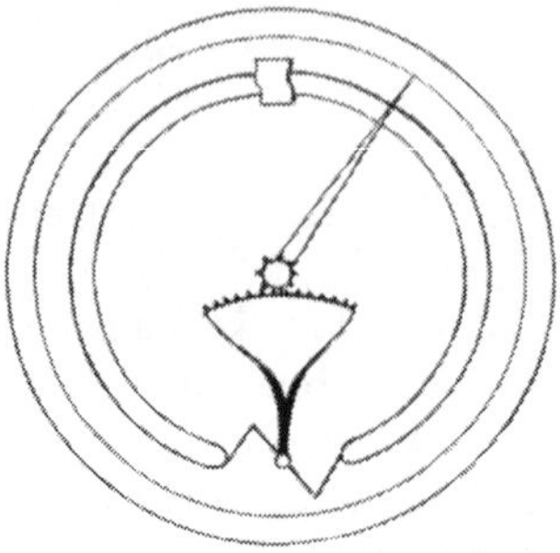

Fig. 42. Röhrenfedermanometer.

gewölbt; die Einbiegung wird durch Fühlhebel und Zahnkranz auf einen Zeiger übertragen, der auf einer empirischen Skala spielt. Man kann diese Manometer für Drucke bis 30 eventuell 50 Atm. gebrauchen. Größere Empfindlichkeit läßt sich erreichen, wenn man unter Vermeidung jeder Hebelübertragung mit Mikrometerschraube und Lupe abliest, wie das z. B. beim GOLDSCHMIDschen Aneroidbarometer geschieht.

Das Röhrenfedermanometer, Fig. 42 eine BOURDONsche Spirale, eignet sich für größere Drucke; es besitzt eine gleichmäßigere Skala als das Plattenfedermanometer. Die Spirale besteht je nach der Größe der Drucke aus Neusilber — bis ca. 50 Atm. — oder Stahl — bis zu 2000 Atm. —; die Stahlröhrenfeder ist aus massivem Spezialdraht gedreht, gebohrt und gebogen.

---

[1] Siehe z. B. COHEN, Z. phys. Ch. **75**, 5 (1911).

[2] Zu beziehen durch SCHÄFFER und BUDENBERG, Magdeburg-Buckau.

Die Stahlrohrfeder-(Hydraulik-)Manometer zeigen im mittleren Skalenteil mit einer Genauigkeit von 1 bis 0,1 % an.[1] Die Krümmung der Spirale wird durch Hebel und Zahnbogen auf einen Zeiger übertragen. Die Ablesegenauigkeit läßt sich erhöhen, wenn man den Zeiger verlängert und mit Lupe oder Mikroskop abliest, eventuell unter Benutzung eines Okularmikrometers; auch Spiegelablesung mit Fernrohr und Skala läßt sich anwenden.

Im allgemeinen ist es nicht angebracht, die Genauigkeit der Ablesung zu weit zu treiben. Die Fehler, die durch elastische Nachwirkung und thermische Beeinflussung entstehen, sind verhältnismäßig zu groß.

Die im Handel befindlichen Instrumente sind zwar weitgehend zuverlässig, für exakte Messungen mit dem Federmanometer ist aber ein ständiges Eichen notwendig. Die Doppelfedermanometer, die mit zwei Bourdonspiralen und zwei Zeigern ausgerüstet sind, bieten bei gleicher Zeigerstellung recht sichere Gewähr für richtige Druckanzeige.[2]

Zur Messung sehr hoher Drucke benutzt man die Kompressibilität von flüssigen und festen Stoffen. Entweder bestimmt man, wie stark eine bekannte Menge einer Flüssigkeit bekannter Kompressibilität durch einen zu messenden Druck zusammengedrückt wird,[3] man nimmt z. B. Wasser oder Quecksilber.[4] Oder aber man bestimmt die Differenz der Kompression z. B. von Wasser und Quecksilber[5] in demselben Gefäß, wobei man von Ungenauigkeiten unabhängig wird, die mit dem Glas des Gefäßes verbunden sind. Man würde bei 2000 Atm. noch $^1/_{20}$ Atm. messen können.

Für sehr hohe Drucke läßt sich die Änderung des elektrischen Widerstandes von Manganindrähten mit dem Druck verwenden. Es ist oberhalb 500 Atm. eine Genauigkeit von $^1/_{1000}$ erreichbar.[6]

Für höchste Drucke verwendet man die Messung der Stauchung von Kupferzylindern, die man dem Druck ausgesetzt hat. Die Bestimmungen sind auf 10—15 % genau und zwar ist der gemessene Druck zu klein.[7]

Zur Bestimmung kurz dauernder hoher Drucke (Explosionsdruck) sind die verschiedensten Methoden angewandt worden.

BUNSEN[8] bestimmte das Gewicht, das dem Explosionsdruck der in einem Rohr entzündeten Gase gerade das Gleichgewicht zu halten vermochte. MALLARD und LE CHATELIER[9] benutzten ein BOURDONsches

---

[1] Siehe z. B. TAMMANN, Wied. **66**, 473 (1898); RICHARDS, Z. phys. Ch. **49**, 7 (1904); COHEN, daselbst **75**, 4 (1911).

[2] Eichen, siehe z. B. COHEN, Z. phys. Ch. **75**, 4 (1911).

[3] Siehe z. B. TAMMANN, Wied. **68**, 558 (1898).

[4] AMAGAT, Ann. Chim. Phys. (6) **29**, 77 u. 505 (1893).

[5] RICHARDS, Z. f. phys. Chem. **49**, 13 (1904).

[6] Siehe LISELL, Beibl. 1899, S. 393.

[7] Siehe VICILLE, C. r **114**, 1468 (1892); KELLNER und DEERING, Proc. Roy. Soc. **57**, 404 (1895).

[8] BUNSEN, Gasometr.-Methoden 1877; KELLNER und DEERING, Proc. Roy. Soc. Lond. **57**, 404 (1895).

[9] MALLARD und LE CHATELIER, Ann. de min. VIII, **4**, 379.

Federmanometer, um die Druckänderungen auf rotierender Trommel zu registrieren; gleichzeitig aufgezeichnete Schwingungen einer Stimmgabel legten dabei die Zeit fest. VICILLE[1] und BERTHELOT[2] maßen den Druck durch Ermittlung der Bewegung eines Kolbens von bekannter Masse und Querschnitt. NOBLE verbesserte durch Erfindung seines Stauchapparates mit Kupferzylindern das ROCHMANNsche Verfahren der Explosionsdruck durch die Länge der Kerbe zu messen, die ein stumpfwinkliger Meißel in eine Kupferplatte eindrückt.

Die Bedingung, sich momentan und aperiodisch auf den Maximaldruck einzustellen, erfüllt ein Membranmanometer bei geeigneter Ablesevorrichtung weitgehend; PIER[3] benutzte ein solches zur Bestimmung von spezifischen Wärmen bei sehr hohen Temperaturen (Fig. 43).

Eine gewellte Stahlmembran von etwa 0,1 mm Dicke und 5 cm Durchmesser wird an ihrem etwa 1 cm vorstehendem Rande zwischen eisernen Ringen von 1 cm Breite und 3 mm Dicke gequetscht und durch Verschrauben und Verlöten so befestigt, daß ein Nachgeben des Randes unmöglich wird. Die Hebung der Membran, die pro kg/cm² etwa 0,1 mm beträgt, wird durch Spiegelübertragung gemessen. Auf die Mitte der Membran ist ein kleiner oben zugespitzter Messingstift von 3 mm Höhe und 1,2 mm Dicke aufgelötet. Ein 5 mm breites, 10 mm langes und 1 mm starkes Messingplättchen, das den Spiegel trägt und der Membran parallel steht, ist am einen schmalen Ende durch eine mit Spitzen versehene stählerne Achse in schwach konisch ausgehöhlten feststehenden Lagern leicht und sicher beweglich. Als Verbindung mit der Membran und als zweites Gelenk dient ein nur etwa 0,3 mm langer und 0,01 mm starker Neusilberdraht, der einerseits in das andre schmale Ende des beweglichen Hebelarms, andrerseits in den zugespitzten Messingstift eingelötet ist. Als Spiegel dient ein Hohlspiegel aus massivem Silber von 6 mm Durchmesser, der verlötet ist und eine doppelte Brennweite von 100 cm hat. Der maximale Ausschlag beträgt höchstens 0,8 mm, die zu bewegenden Teile wiegen insgesamt nicht mehr als 1 g. Die Druckkurven wurden photographisch aufgenommen; 1 kg/cm² gab etwa 1 cm Ausschlag.

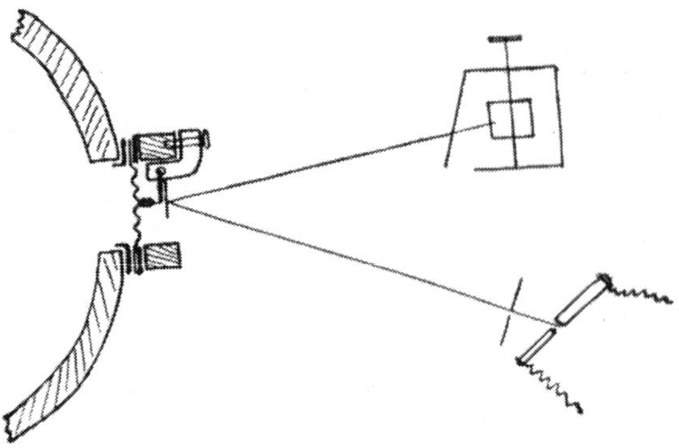

Fig. 43. Manometer für Explosionsdruck.

[1] VIEILLE, C. r. 95, 1280 (1882).

[2] BERTHELOT, C. r. 98, 545 (1884).

[3] PIER, Z. f. Elektroch. 15, 536 (1909); NÄGEL, „Versuche über Zündgeschw. explosibler Gasgemische". Mitteilungen über Forschungsarbeiten des Ingenieurvereins, Heft 54. Berlin 1908. Verl. von Springer.

Bei späteren Versuchen vereinfachte PIER die Ausführung, indem er den Spiegel direkt auf der Membran befestigte.[1]

Die Eichung geschah so, daß die Indikatoreinrichtung von dem 35 Liter fassenden stählernen Explosionsgefäß abgenommen und auf einen mit einer 20 ccm fassenden, von Paraffinöl ausgefüllten Höhlung versehenen Messingklotz aufgeschraubt wurde. Ein Dreiweghahn ließ ihn entweder mit der Atmosphäre oder mit einer Kohlensäurebombe verbinden, deren Druck durch ein Manometer, das dauernd belastet war, gemessen wurde. Das Eichungsverfahren erlaubt so die erforderlichen schnellen Belastungen und Entlastungen zu reproduzieren.

Je nach dem Material der Membran (Neusilber, Kupfer, Glas) wird man schnelle Druckänderungen auch geringerer Größe beobbachten können. Die Anbringung des Spiegels wird sich dabei zuweilen einfacher so machen lassen, daß man ihn nahe dem Rande auf die Membran klebt. Bei größeren Durchbiegungen ist es zweckmäßiger, den Spiegel nicht parallel, sondern senkrecht zur Membran zu befestigen[2]; vorteilhaft verwendet man alsdann auch zwei Spiegel.

Evakuieren und Komprimieren.

Von

Friedrich Bergius-Hannover.

Inhalt.

---

[1] PIER, Z. f. Elektroch. **16**, 261 (1910); BJERRUM, Z. phys. Ch. **79**, 513 (1912).

[2] MARTENS, Verh. d. deutsch. phys. Ges. Berlin XI, 63 (1909).

Evakuieren.

Der Auswahl einer geeigneten Apparatur zur Herstellung luftverdünnter Räume muß eine Überlegung vorausgehen, die im wesentlichen die folgenden Punkte berücksichtigt.

1. Wie hoch ist das gewünschte Vakuum?
2. Wie groß ist der zu evakuierende Raum und die Menge der zu transportierenden Gase?
3. Enthält der Rezipient kondensierbare Gase oder solche, die mit dem Pumpenmaterial reagieren oder sich in ihm lösen können?
4. Müssen die abgepumpten Gase gesammelt werden, oder kann man sie entweichen lassen?
5. Ist einfache Handhabung und große Stabilität erforderlich?

Die Leistungsfähigkeit der einzelnen Pumpenkonstruktionen ist in der Spezialbeschreibung abgegrenzt.

Hier sei ein kurzer Überblick über die Anwendungsgebiete der einzelnen Konstruktionen gegeben, um die Auswahl zu erleichtern.

1. Die Grenzen der erreichbaren Luftverdünnung unter Anwendung aller Vorsichtsmaßregeln sind in folgender Tabelle verzeichnet:

Pumpenart	niedrigster erreichbarer Druck in mm Hg	
Wasserstrahlpumpe	10	
Rotierende Kapselpumpe Siemens-Schuckert für große Luftmengen	1,5—2	
Gewöhnliche Kolbenluftpumpe	1	
Vollkommenste Kolbenluftpumpe	0,1	
Rotierende Kapselpumpe der Siemens-Schuckertwerke	0,05	
Gerykpumpe einstiefelig	0,02	
Rotierende Kapselölpumpe von Pfeiffer	0,01	
Rotierende Kapselpumpe nach Dr. Gaede	0,006	
Kolbenpumpe mit Öldichtung von Kohl	0,0014	
Zwei rotierende Kapselpumpen der Siemens-Schuckertwerke hintereinander geschaltet	0,001	
Gerykpumpe zweistiefelig	0,0002	
Zwei rotierende Kapselölpumpen hintereinander geschaltet	0,00015	
Verbesserte Toeplerpumpe	0,000012	
Gaedepumpe	0,00001	
Verbesserte Sprengelpumpe	0,000004	unter günstigsten Bedingungen.
Kahlbaumpumpe	0,000003	

2. Das Volumen der zu evakuierenden Räume spielt bei der Wahl der Pumpe eine große Rolle. Sollen kleine Gefäße sehr hoch evakuiert werden, so wird man die Toeplersche oder Sprengelsche Quecksilberpumpe anwenden, für größere Räume wählt man automatische Queck-

silberpumpen oder besser die Gaedepumpen, für mittlere benutzt man die Gerykpumpe, oder, wenn große Luftmengen transportiert werden sollen, rotierende Kapselpumpen. Mehrstiefelige Gerykpumpen können auch für sehr hohe Vakua angewandt werden.

Für mäßige Verdünnungen und große Luftmengen eignet sich besonders der einfachen Handhabung und des billigen Anschaffungspreises halber die Wasserstrahlpumpe, noch leistungsfähiger und im Betriebe rationeller sind die rotierenden Kapselpumpen mit oder ohne Öldichtung. Die alten Kolbenpumpen kommen heute kaum mehr in Betracht.

3. Für Vakuumdestillationen bei geringem Vakuum ist die Wasserstrahlpumpe am geeignetsten, weil kondensierbare Gase ihre Wirkung nicht beeinflussen. Gerykpumpen und andere Ölpumpen sind nicht besonders geeignet, weil sich viele organische Stoffe im Öl der Pumpe lösen und das erreichbare Vakuum beeinträchtigen. Bei Beachtung der nötigen Vorsichtsmaßregeln können Kapselpumpen ohne Öldichtung (Gaede-, Siemens-Schuckert-) und Quecksilberpumpen, besonders automatische, zur Destillation gut angewandt werden.

4. Zum quantitativen Aufsammeln abgepumpter Gase eignet sich am besten die TOEPLERsche Hubpumpe und ähnliche Konstruktionen, bei einigen andern ist das Auffangen wohl durchführbar, aber schwieriger.

5. Am leichtesten zu handhaben ist unbedingt die Wasserstrahlpumpe. Auch die Gerykpumpe und die rotierenden Öl- und Kapselpumpen erfordern wenig Bedienung und Vorsicht. Diese Pumpen sind daher für chemische Laboratorien sehr zu empfehlen, weil sie stets gebrauchsfertig sind und wenig Reparatur erfordern.

Quecksilberhochvakuumpumpen verlangen stets sorgfältige Behandlung. Die unempfindlichste unter ihnen ist wohl die PFEIFFERsche rotierende Quecksilberpumpe, die ganz aus Metall gearbeitet ist.

Im folgenden ist die Konstruktion, die Handhabung und die Leistungsfähigkeit der einzelnen für chemische Laboratorien brauchbaren Apparate zusammengestellt.

Vorangestellt sind die Pumpen, die nur geringe Luftverdünnung erlauben, zum Schluß werden die vollkommensten Hochvakuumpumpen abgehandelt.

In den meisten chemischen Laboratorien wird die Wasserstrahlpumpe benutzt, um luftverdünnte Räume herzustellen. Sie vermindert den Luftdruck, wenn die benutzte Wasserleitung einen Druck von 10—11 m hat bis zum Dampfdruck des Wassers bei der Arbeitstemperatur. Ihre Konstruktion beruht auf dem zur Beförderung gasförmiger oder flüssiger Materialien häufig benutzten Injektorprinzip. Aus einem engen Rohr strömt Wasser in einen erweiterten Raum, der mit der Außenluft in Verbindung steht. Das schnell strömende Wasser reißt die Luft mit sich nach der der Ausströmungsöffnung dicht gegenüberliegenden verengten Ausflußstelle. Dadurch entsteht in dem Injektorraum und den an ihn angeschlossenen Gefäßen ein Vakuum. Die Leistung einer solchen Wasserstrahlpumpe hängt ab von der Entfernung zwischen Injektor- und Ausflußrohr und von dem Verhältnis der lichten Weiten dieser Rohre. Gewöhnlich werden in den Laboratorien gläserne Wasserstrahlpumpen benutzt, die Wirkung einer solchen hängt von der Geschicklichkeit und Sorgfalt des Glasbläsers ab und, um eine gute zu erhalten, empfiehlt es sich, eine größere Anzahl solcher Pumpen mit einem Manometer zu prüfen und die beste in Gebrauch zu nehmen. Es sind verschiedene Typen von Wasserstrahlpumpen im Handel, die sich im wesentlichen durch die Anordnung des Injektorrohrs unterscheiden. Sehr verbreitet ist die

Fig. 44. Wasserstrahlpumpe.

Fig. 45. Wasserstrahlpumpe nach Wetzel.

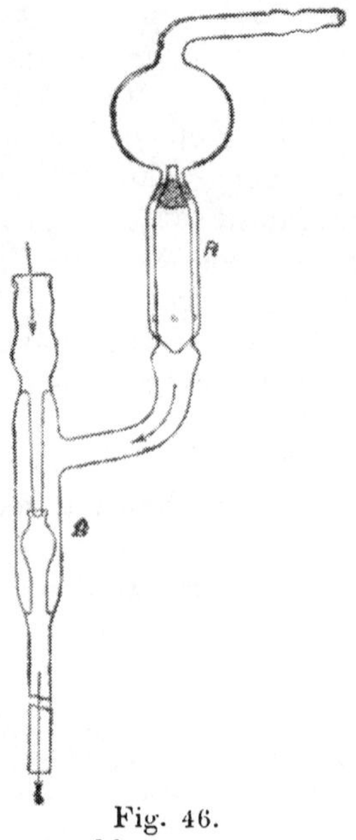

Fig. 46. Wasserstrahlpumpe von Bender und Hobein mit Rückschlagventil.

alte Geisslersche Pumpe, (Fig. 44) und die Wetzelsche Pumpe (Fig. 45). Neuerdings wird eine verbesserte Form der Erlanger Pumpe (Fig. 46) von der Münchener Firma Dr. Bender und Dr. Hobein in den Handel gebracht, die gute Resultate liefert. Sie ist in der Zeichnung mit einem Rückschlagventil versehen, das dazu dient, das Zurücksteigen des Wassers beim Abstellen des Wasserhahns zu vermeiden. Das Anbringen eines solchen Rückschlagventils ist bei Wasserstrahlpumpen zu empfehlen, doch kann man auch durch eine zwischen Pumpe und das zu evakuierende Gefäß geschaltete starkwandige Saugflasche das Zurücksteigen verhindern.

Verlangt man von der Wasserstrahlpumpe die Bewältigung größerer Luftmengen oder hat man keinen hohen Wasserdruck zur Verfügung, so empfiehlt es sich, statt der gläsernen Pumpen solche aus Metall zu verwenden, deren Leistungsfähigkeit, wenn sie gut konstruiert sind, größer ist. Bei diesen läßt sich die Stellung des Abflußrohrs gegen das Injektorrohr durch ein in diesem angebrachtes Gewinde beliebig verändern, so daß man die Entfernung zwischen Injektoröffnung und Ausflußrohr regulieren, und damit die Luftpumpe auf den jeweils vorhandenen Wasserdruck einstellen kann. Fig. 47 zeigt eine häufig angewandte Pumpe nach Chapman; Fig. 48 eine solche nach Körting, die bei dem relativ geringen Wasserverbrauch von 8 – 10 l pro Minute und wenigen Metern Wasserdruck gute Resultate liefert. Um größere Luftmengen zu bewältigen, vereinigt man häufig mehrere derartige gläserne oder metallene Wasserstrahlpumpen auf einem Holzbrett und versieht sie mit einer einzigen Wasserversorgungsleitung. Solche Einrichtungen benutzen Laboratorien häufig als Zentralversorgungsstelle für Vakuumleitungen, doch ist eine derartige Anlage jetzt, wo die meisten Laboratorien über elektrische Kraft verfügen, nicht mehr besonders zu empfehlen, da der Betrieb einer Zentralvakuumleitung durch Wasserstrahlpumpen nicht so rationell ist, wie man ihn durch Anwendung elektrisch betriebener Rotationspumpen gestalten kann.

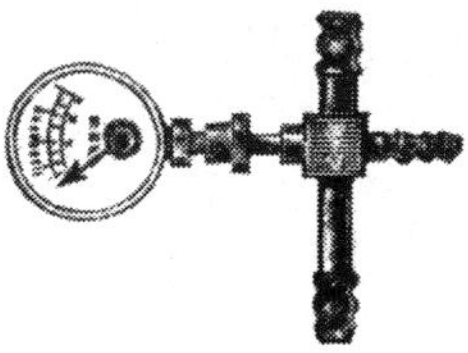

Fig. 47. Wasserstrahlpumpe aus Metall nach Chapman.

Fig. 48. Wasserstrahlpumpe aus Metall von Körting.

Der Vorteil der Wasserstrahlpumpe ist im wesentlichen der niedrige Anschaffungspreis und ihre Verwendbarkeit an den meisten Stellen des Laboratoriums. Auch für die Destillation unter vermindertem Druck, wenn dieser nicht allzu niedrig sein muß, ist die Wasserstrahlpumpe der ihr sonst weit überlegenen Ölpumpe vorzuziehen, weil die Wirksamkeit der Ölpumpen durch das Eindringen kondensierbarer Gase stark beeinflußt wird. Gut verwendbar sind die Wasserstrahlpumpen auch zur Herstellung des Vorvakuums in Quecksilberhochvakuumpumpen und zum Antrieb automatischer Quecksilberpumpen.

Handelt es sich darum, große Luftmengen zu transportieren und dabei ein Vakuum zu schaffen, das dem der Wasserstrahlpumpe überlegen ist, so wird man den rotierenden Pumpen den Vorzug geben müssen. Ihre Konstruktion beruht auf dem Prinzip, daß in einem als Gehäuse benutzten Hohlzylinder exzentrisch ein zweiter kleinerer Zylinder so gelagert ist, daß er um seine Längsachse rotieren kann. Dieser innere berührt den äußeren im oberen Teile, nach unten entsteht infolgedessen zwischen ihm und dem Gehäusezylinder ein im Querschnitt sichelförmiger Raum. Der luftdichte Abschluß zwischen dem inneren und äußeren Zylinder geschieht entweder durch Schieber, welche durch Feder- oder Zentrifugalkraft gegen die innere Wand des äußeren Zylinders gepreßt werden, oder sie wird durch Paraffinöl hergestellt. Je nachdem dieser luftdichte Verschluß durch metallische Schieber oder durch Öl bewirkt ist, ergeben sich verschiedene Verwendungsbezirke der betreffenden Pumpen. Ist nämlich in dem Innenraum der Pumpe, der mit dem zu evakuierenden Gefäß kommuniziert, eine große Ölmenge vorhanden, so ist die Pumpe wie erklärlich, gegen kondensierbare Gase empfindlicher wie eine andere Pumpe, bei der die in die Pumpe tretenden Gase im wesentlichen nur mit Metallteilen in Berührung kommen. Natürlich läßt sich bei der letzten Art der Pumpen die Anwesenheit von geringen Ölmengen nicht vollständig ausschließen, da die Lager des rotierenden Gewindes geschmiert werden müssen.

Die rotierende Kapselölluftpumpe von ARTHUR PFEIFFER in Wetzlar (Fig. 49) transportiert pro Minute etwa 60 l Luft und schafft im

Fig. 49. Rotierende Ölkapselpumpe von PFEIFFER.

günstigsten Falle ein Vakuum von 0,01 mm. Durch Hintereinanderschalten zweier derartiger Pumpen kann ein bedeutend höheres Vakuum erreicht werden. Die Firma baut Aggregate von zwei auf einer Achse liegenden, hintereinander geschalteten Pumpen für ein Vakuum bis zu 0,00015 mm Quecksilber. Der Antrieb geschieht durch einen Elektromotor von ungefähr einer halben PS.

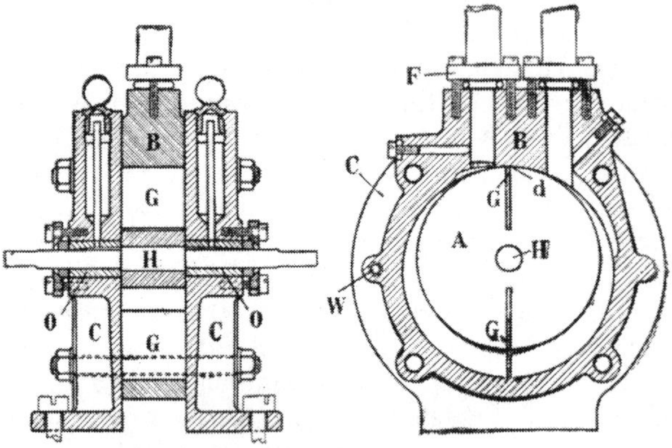

Fig. 50. Rotierende Pumpe der Siemens-Schuckertwerke ohne Ölfüllung.

Eine Pumpe mit Metalldichtung ohne Ölfüllung wird von den Siemens-Schuckertwerken[1] in den Handel gebracht. Sie ist in Fig. 50 im Durchschnitt gezeichnet. Die Pumpe besteht aus folgenden Hauptteilen:

[1] K. F. FISCHER, Phys. Ztschr. 6, 868 (1905). Verh. d. Deutsch. Phys. Ges. 3, 383 (1905): Z. Unterr. 19, 73 (1906).

1. dem eigentlichen Pumpenkörper oder Mittelstück *B*,
2. dem umlaufenden Teil *A* mit den Schiebern *G*,
3. den beiden Seitenstücken *C* mit den Lagern.

Der gußeiserne, innen kreisförmig ausgedrehte Pumpenkörper dient zur Aufnahme des walzenförmigen, rotierenden Teils *A*, der exzentrisch zu der inneren Ausbohrung so gelagert ist, daß er diese Ausbohrung an der Stelle *d* berührt. Dadurch, daß der Durchmesser des umlaufenden Teils *A* kleiner ist als der innere Durchmesser des Pumpenkörpers *B*, entsteht der sichelförmige Arbeitsraum, der seitlich durch die beiden Deckel *C* begrenzt wird. Der umlaufende walzenförmige Körper ist von gleicher Breite wie der Pumpenkörper. Er ist auf eine Stahlwelle *H* aufgezogen, die in den Lagern *O* der Seitenteile läuft. Der umlaufende Teil enthält mindestens zwei Schlitze mit Schiebern *G* aus gehärtetem Stahl. Diese Schieber *G* werden bei Drehung der Welle durch die Fliehkraft mit ihren Stirnflächen gegen die innere Zylinderfläche des Pumpenkörpers angepreßt. Die Dichtung an der Stelle *d* zwischen Saug- und Druckraum geschieht oben durch Berührung der Walze mit der Zylinderwand. Um ein Nachstellen dieser Dichtung zu ermöglichen, ist der Zylinderteil zwischen den Seitenteilen drehbar um *W* gelagert, so daß man den Mittelkörper auf die Walze senken und in passender Lage feststellen kann. Der Pumpenkörper enthält oben auf der einen Seite eine Bohrung für den Lufteintritt, auf der andern Seite eine Anzahl von Bohrlöchern für den Luftaustritt; auf dieser Seite ist der Regel nach ein Rückschlagventil angebracht.

Diese Pumpe kann sowohl als Druck- wie als Hochvakuumpumpe benutzt werden. Sie liefert etwa 0,05 mm Quecksilber.

Durch Hintereinanderschalten zweier Elemente kann das Vakuum bis zu 0,001 mm gesteigert werden. Die transportierte Luft beträgt pro Minute etwa 70 l. Ähnliche Pumpen werden auch für Vakua von 1,5—2,5 mm gebaut. Sie transportieren dann beträchtlich größere Luftmengen, bis zu 2670 l pro Minute.

Eine der besten im Handel befindlichen Rotationspumpen ist die Kapselpumpe nach Dr. Gaede, die von E. Leybolds Nachf. in Köln hergestellt wird.

Fig. 51 zeigt einen Durchschnitt senkrecht und Fig. 52 parallel zur Rotationsachse. Die Welle *B* trägt den Zylinder *A*, in welchem die gehärteten Stahlschieber *s* radial verschiebbar sind. Durch Federkraft werden die Schieber auseinandergedrückt und legen sich an die Innenwand des Rotgußgehäuses *G*. Die Vorderseite des Gehäuses ist durch eine aufgeschliffene Rotgußplatte *P* luftdicht (ohne Zwischenlage) geschlossen. Die Platte ist mit 7 Schrauben am Flansche des Gehäuses *G* festgeschraubt und wird durch 2 Präzisionsstifte in der Lage fixiert. Das Gehäuse *G* ist auf der Eisenplatte *E* montiert und mit 2 Schrauben *e* befestigt. Das Gehäuse *O* dient gleichzeitig als Ölgefäß und als Windkessel und ist mittelst des Gewindes *g* an das Gehäuse *G* geschraubt.

Das Gefäß ist bis *m* mit Öl gefüllt und das Öl wird durch den Ring *r* zur Achse *B* befördert. Das Glasfenster *F* dient zur Kontrolle der richtigen Ölfüllung. *b* ist eine Stopfbüchse, welche das Entweichen von Druckluft aus *O* verhindert. Das Seilrad *H* sitzt auf der Welle *B* und ist durch einen Riemen mit dem ebenfalls auf der Eisenplatte montierten Motor verbunden.

Dreht sich der Zylinder *A* in dem in Fig. 51 durch den Pfeil gekennzeichneten Sinne, so wird die Luft bei *C* angesogen und durch das Ventil *D* und durch den Kanal *k* nach dem Windkessel *O* befördert. In der Saugdüse *C* befindet sich ein engmaschiges Sieb *l*, welches

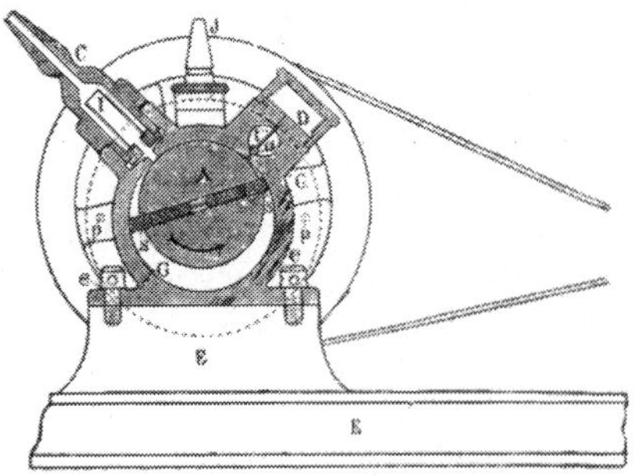

Fig. 51. Kapselpumpe nach GAEDE. Schnitt senkrecht zur Rotationsachse.

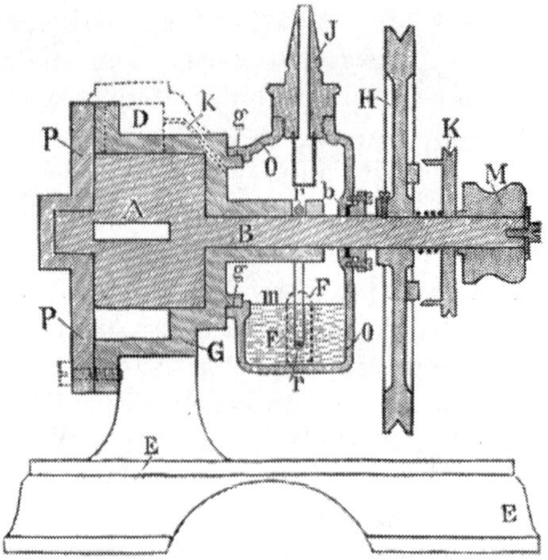

Fig. 52. Kapselpumpe. Schnitt parallel zur Rotationsachse.

alle festen Bestandteile, wie vor allem Gummistücke, welche sich in alten Gummischläuchen loslösen können und durch den Luftstrom mitgerissen werden, Quecksilbertropfen usw. zurückhält, so daß die Pumpe selbst bei sehr wenig sorgfältiger Behandlung störungsfrei arbeitet. Wird die Pumpe zum Blasen benutzt, so wird der Schlauch bei *J* aufgesetzt. Das Ventil besteht aus dem Ventilkörper *a*, der durch die Feder *t* auf dem Ventilschlitz niedergehalten wird. Außer durch einen Elektromotor kann die Pumpe auch direkt von Hand betrieben werden. Für maschinellen Antrieb reicht $^1/_{10}$ PS-Motor aus. Es sind daher Hauptschlußmotoren ohne Anlasser verwendbar und die Inbetriebsetzung der Pumpe erfolgt einfach durch Drehen eines auf *E* montierten Glühlampenschalters.

Die Kapselpumpe fördert bei jeder Umdrehung etwa 110 ccm. Ihre Leistung hängt von der Umdrehungszahl und dementsprechend von der Stärke des Motors ab. Deshalb empfiehlt es sich, für den Betrieb einen etwas stärkeren Motor anzuwenden als den von der Firma E. Leybold für sie gelieferten von $^1/_{10}$ PS. Nach den Angaben der fabrizierenden Firma evakuiert die Kapselpumpe, wenn sie mit $^1/_{10}$ PS-Motor angetrieben wird, ein 6 l fassendes Gefäß von Atmosphärendruck auf 3 mm in einer Minute; in 3 Minuten auf 0,15 mm, in 8 Minuten auf 0,035 mm, in 10 Minuten auf 0,012 mm und in 15 Minuten auf 0,006 mm, wenn an der Pumpe kein Trockengefäß angebracht war.

Alle die hier beschriebenen rotierenden Kapselpumpen lassen sich auch umgekehrt als Gebläse verwenden. Die PFEIFFERsche und die GAEDEsche liefern dann etwa 1 Atm. Überdruck, während die Pumpe der Siemens-Schuckertwerke das Gas bis auf 3 Atm. komprimiert.

Handelt es sich weniger darum, große Luftmengen zu transportieren, als um die Herstellung hoher Vakua, so benutzt man Kolben- oder Quecksilberpumpen. Die ersteren haben vor den letzteren den Vorteil der bequemeren Handhabung, der geringeren Zerbrechlichkeit und schnelleren Wirkung voraus, mit den letzteren läßt sich ein weit höheres Vakuum erzielen, und sie erlauben auf bequemere Art die abgepumpten Gase zu sammeln.

Die gewöhnlichen Formen der Kolbenluftpumpe werden in chemischen Laboratorien nur wenig benutzt, und es genügt auf die historische Bedeutung dieser Luftpumpenform hinzuweisen, die die erste war, welche es ermöglichte, evakuierte Räume auf mechanischem Wege leicht herzustellen. Schon OTTO VON GUERICKE[1] beschreibt eine derartig konstruierte Pumpe.[2]

Fig. 53. Einstiefelige Gerykpumpe mit Motorantrieb von A. PFEIFFER, Wetzlar.

Man unterscheidet zwischen Hahn- und Ventilluftpumpen, je nach der Art, wie die evakuierte Luft aus dem Stiefel herausbefördert wird. Die Leistungsfähigkeit der Kolbenluftpumpen ist abhängig von der Größe des schädlichen Raumes im Kolbenstiefel bei vollständig heruntergestoßenem Kolben. Über die Theorie und Leistungsfähigkeit der Kolbenluftpumpe vergleiche eine Notiz von AUERBACH.[3]

Gegenüber den älteren Formen der Kolbenluftpumpen bedeuten die modernen Kolbenluftpumpen mit Öldichtung einen großen Fortschritt.

Die am meisten verbreitete moderne Kolbenluftpumpe ist die Gerykpumpe[4] (Fig. 53), die in verschiedenen Ausführungen von Arthur Pfeiffer, Wetzlar, gebaut wird. Sie ist eine automatisch wirkende Stiefelluftpumpe mit Öldichtung und wird für Leistungen von 120—800 ccm pro Kolbenhub geliefert.

---

[1] Experimenta Magdeburgica, Amsterdam 1672.

[2] Über die weitere Entwicklung der Kolbenluftpumpe s. WINKELMANN, Handb. d. Physik I, 1316.

[3] Wied. 41, 364 (1890); WINKELMANNS Handb. d. Physik a. a. O.

[4] H. HAHN-MACHENHEIMER, Z. Unterr. 14, 285 (1901).

Mit den einstiefeligen Pumpen erreicht man Vakua bis zu 0,02 mm Quecksilber, die zweistiefeligen verdünnen die Luft auf 0,0002 mm Quecksilber. Fig. 54 ist ein Durchschnitt durch eine einstiefelige Gerykpumpe, Fig. 55 der Schnitt durch einen Zylinder der zweistiefeligen Pumpe.

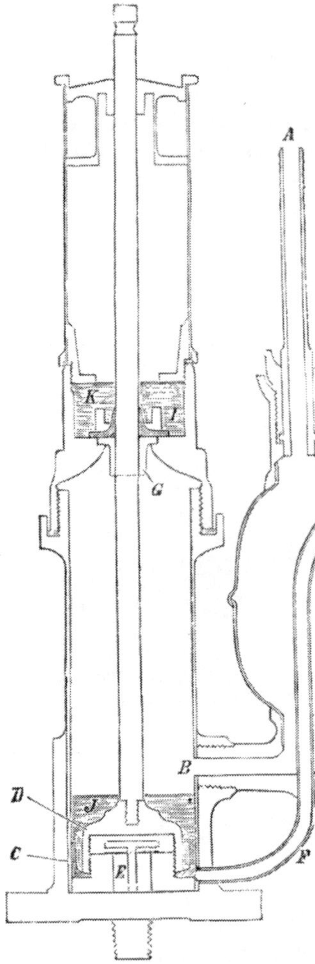

Fig. 54. Schnitt durch die einstiefelige Gerykpumpe.

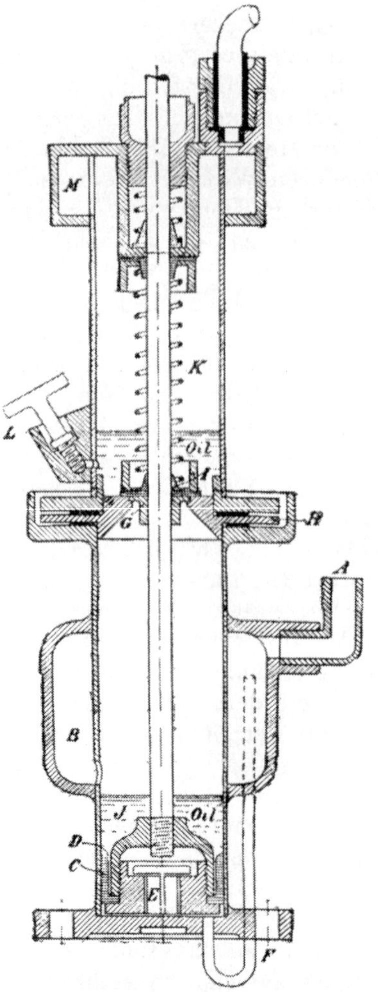

Fig. 55. Schnitt durch einen Stiefel der zweistiefeligen Gerykpumpe.

Durch das Saugrohr A tritt die anzusaugende Luft in einen Luftkessel, der bei den einstiefeligen Pumpen seitlich vom Pumpenstiefel sich befindet, bei den zweistiefeligen Pumpen die Mitte des Stiefels umgibt. Durch die Öffnung B kommuniziert das Innere des Luftkessels mit dem Pumpenstiefel. In dem letzteren bewegt sich der Kolben. Dieser besteht in seinem abdichtenden Teil aus einer Lederstulpe C, deren unterer Rand durch eine Schraube an den Kolben gepreßt ist. Zwischen der Lederstulpe C und dem Metallteil des Kolbens bleibt ein Raum D frei, welcher sich mit dem über dem Kolben befindlichen Öl J anfüllt. Dieses Öl drückt die Stulpe dicht gegen die Wände des Stiefels, so daß der Kolben zwar dicht, aber außerordentlich leicht beweglich ist.

Beim Aufwärtsgang des Kolbens bildet sich unter demselben ein Vakuum; dies würde die Bewegung des Kolbens erschweren. Das Rohr F verbindet nun das Unterteil des Stiefels mit dem Inneren des Luftkessels und gestattet der Luft unter den Kolben zu treten, so daß eine Hemmung des letzteren nicht eintritt. Beim Abwärtsgange des Kolbens unter die Öffnung B wird die Luft im unteren Teile des Stiefels komprimiert. Um die hierdurch eintretende Erschwerung der Kolbenbewegung zu vermeiden, besitzt der Kolben ein Ventil E, welches sich nach Bedürfnis nach oben öffnet. Bei der tiefsten Kolbenstellung ist dieses Ventil stets etwas geöffnet.

Hat der Kolben die Öffnung B beim Aufwärtsgange passiert, so drängt er die Luft nach dem oberen Teil des Stiefels gegen den Deckel desselben. In diesem befindet sich das Ventil G, welches mit Hilfe einer Lederliderung I und eines auf diese gesetzten Gewichtes den Stiefeldeckel so schließt, daß eine gewisse Ölmenge K, welche in den Oberteil des Stiefels gegossen wird, nach unten nicht durchdringen kann. Kommt der Kolben in seine höchste Stellung, so hebt er zwangläufig das Ventil G, so daß die beiden Ölmengen im oberen und unteren Teile des Stiefels zusammenfließen können. Hierbei steigt natürlich die Luft aus dem unteren Teile des Stiefels in den oberen. Geht der Kolben wieder abwärts, so schließt sich das Ventil G, nachdem eine bestimmte Ölmenge J über dem Kolben sich angesammelt hat.

Bei den einstiefeligen Pumpen wird das Öl einfach durch den Stiefeldeckel eingegossen und auf dieselbe Weise wird auch die Höhe des Ölstandes kontrolliert. Bei der zweistiefeligen Pumpe dient eine besondere Füllschraube L zur Kontrolle des Öls und zum eventuellen Nachfüllen des letzteren. Bei der zweistiefeligen Type befindet sich im Oberteile des Stiefels eine Feder, welche die Lederliderung auf das Ventil G drückt. Dies ist nötig, weil beim Hintereinanderschalten zweier Stiefel der Atmosphärendruck, welcher sonst das Ventil G geschlossen hält, nicht zur Wirkung kommt Das Oberteil der zweistiefeligen Pumpen ist durch eine Stopfbüchse gegen außen abgeschlossen, so daß auch in diesem Oberteil bei der Serienschaltung Vakuum erzeugt werden kann.

Das zur Abdichtung der Pumpen benutzte Öl muß eine möglichst geringe Tension haben, es empfiehlt sich, das von der Firma Arthur Pfeiffer für diese Zwecke gelieferte Material zu benutzen.

Die Gerykpumpen werden für den Antrieb mit Hebel (Fig. 56) oder mit Schwungrad (Fig. 53) geliefert. Diese Anordnung ist der ersteren bei weitem vorzuziehen. Der elektrische Antrieb kann entweder durch Zahnradübertragung geschehen, wie es Fig. 53 zeigt, oder man kann das Schwungrad der Pumpe durch einen Riemen mit dem Vorgelege verbinden, das von einem Elektromotor angetrieben wird. Diese Antriebsweise hat den Vorzug, daß man den Motor auch noch für andere Zwecke verwenden kann. Der Kraftbedarf für eine einstiefelige Gerykpumpe mit etwa 400 ccm Leistung pro Hub ist ungefähr $^1/_8$ PS, so daß die Betriebskosten bei einem Kraftpreis von 20 Pfennig pro Kilowattstunde nur etwa 2 Pfennig pro Stunde betragen, also wesentlich geringer sind als die Betriebskosten einer gut wirkenden Wasserstrahlpumpe, die stündlich mindestens 50 l Wasser verbraucht. Bei der Behandlung der Gerykpumpen muß natürlich darauf geachtet werden, daß keine Feuchtigkeit und keine kondensierbaren oder im Öl löslichen Gase in die Pumpe dringen. Für Destillationszwecke ist daher eine derartige Pumpe nur dann zu empfehlen, wenn man zwischen die zu evakuierenden Räume und die Pumpe ein Gefäß schaltet, welches auf einer sehr tiefen Temperatur gehalten wird, um alle Gase zu entfernen. Hat man flüssige Luft zur Verfügung, so ist eine derartige Einrichtung sehr leicht anzubringen. Für die meisten Zwecke ist aber die Anwendung einer gut wirkenden Kältemischung ausreichend. Die Gerykpumpen werden auch für bedeutend größere Leistungen, bis zu 3 cbm transportierte Luftmenge pro Minute für technische Zwecke angefertigt. Sie leisten dieselbe Luftverdünnung wie die kleineren Modelle und werden in der Glühlampenfabrikation häufig benutzt.

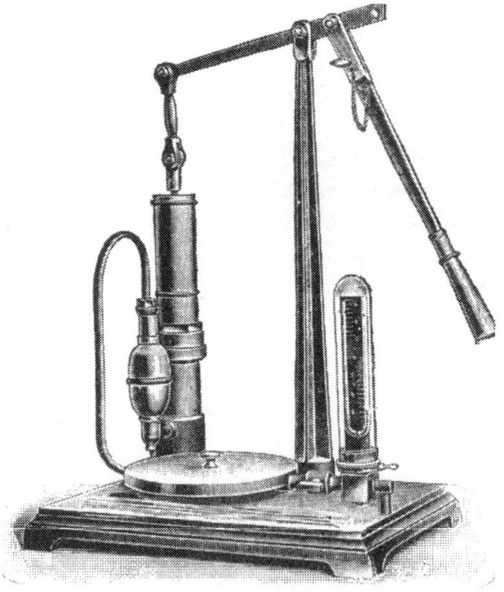

Fig. 56. Gerykpumpe mit Hebelantrieb.

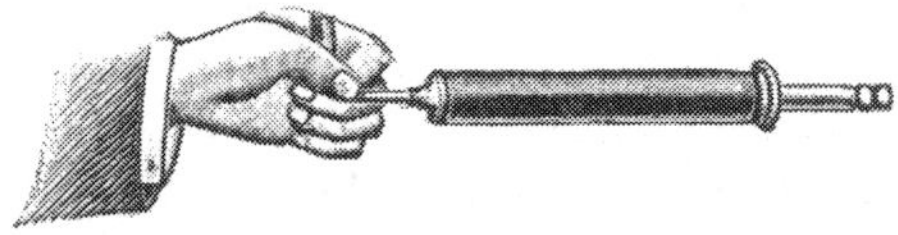

Fig. 57. Kolbenpumpe nach Storch.

Eine der Gerykpumpe ähnliche Konstruktion ist die von Max Kohl, Chemnitz, in den Handel gebrachte Luftpumpe mit Öldichtung und Teleskopkolben. Sie leistet Verdünnungen bis zu 0,0014 mm Hg.

An dieser Stelle sei eine einfache Einrichtung erwähnt, die man zur Evakuierung benutzen kann, wenn Wasser oder Elektrizität nicht verfügbar sind. Es ist eine kleine Kolbenpumpe nach Storch (Fig. 57), die bei einem Hubvolumen von 102 ccm Verdünnungen liefert, die für Filtration, Vakuumtrocknung und ähnliche Laboratoriumsarbeiten ausreichen.

Zur Herstellung höchster Vakua benutzt man allgemein die Quecksilberluftpumpen,[1] und zwar unterscheidet man:

1. Hubpumpen, die auf dem Barometerprinzip von Torricelli beruhen.

2. Pumpen nach Sprengel, bei welchen Quecksilbertropfen durch ein enges Rohr fallen und Luft mit sich reißen.

3. Quecksilberrotationspumpen, die auf dem Prinzip der Gasuhr aufgebaut sind und höchste Vakua in kürzester Zeit herstellen.

Die einfachste Form der Hubpumpe ist ein durch eine Glasplatte verschlossener Trichter, welcher vollständig mit Quecksilber gefüllt ist. Beim Umdrehen des Trichters wird der Raum unter der Glasplatte evakuiert, indem das Quecksilber aus dem Trichterrohr ausfließt. Nach verschiedenen Umformungen kam man schließlich zu einer Konstruktion, die von Geissler[2] angegeben und in Fig. 58 dargestellt ist. An die Pumpenkammer A ist an ihrem oberen Ende ein Zweiweghahn angeschmolzen, durch welchen diese Kammer entweder mit dem zu evakuierenden Gefäße oder mit der Außenluft in Verbindung gesetzt werden kann. Am unteren Ende der Kammer wird ein beweglicher Kautschukschlauch mit einem Niveaugefäß befestigt. Auf diese Weise kann das Quecksilber aus dem Niveaugefäß in A hineingedrückt werden, die Luft wird dann durch das Rohr B herausgedrückt. Man stellt dann den Zweiweghahn so, daß C mit A verbunden ist und senkt das Niveaugefäß. Hierdurch wird das bei C angeschlossene Gefäß evakuiert. Durch Wiederholung des Spieles läßt sich die Evakuierung bis zu beträchtlicher Höhe treiben. Die Wirkung derartig konstruierter Pumpen ist aber nicht besonders gut, weil man Glashähne schwer so herstellen kann, daß jeder schädliche Raum in ihrem Innern vermieden wird. Eine Reihe von Verbesserungen dieser nach dem Geisslerschen Prinzip konstruierter und ähnlicher Luftpumpen sind von S. P. Thompson[3] zusammengestellt.

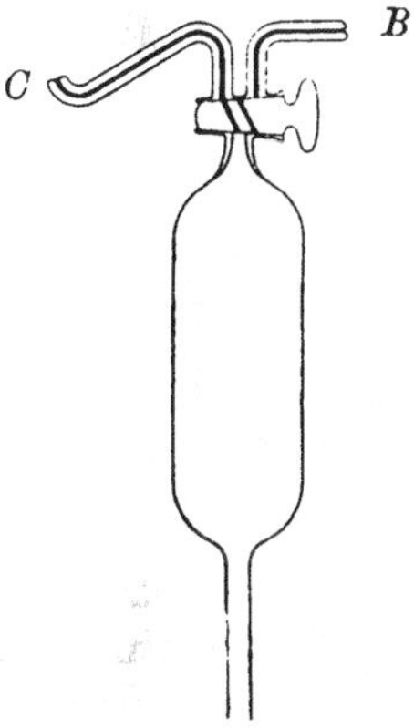

Fig. 58. Pumpenkammer nach Geissler.

Ein wesentlicher Fortschritt gegenüber der Geisslerschen Pumpe ist die Konstruktion von Toepler,[4] die alle Hähne vermeidet und den Abschluß zwischen der Pumpenkammer und der Außenluft durch das Quecksilber selbst bewirken läßt. Die Anordnung ist aus Fig. 59 ersichtlich. Die zweckmäßigen Abmessungen einer Toeplerschen Pumpe gibt Travers[4] in seinem vortrefflichen Buche, aus dem einige hier

[1] Ausführliche Artikel von Auerbach mit historischen Notizen bei Winkelmann, Handb. d. Physik, I, 1321 ff. (1908). 2. Aufl. Leipzig.

[2] Pogg. **117**, 610 (1862).

[3] Journ. Society of Arts **36**, 20 (1887).

[4] Travers, Experimentelle Untersuchung von Gasen, deutsch von Estreicher, S. 6. Braunschweig 1905.

gegebene Skizzen und Textangaben entnommen sind. Es können natürlich auch andere Dimensionen gewählt werden, es sei aber bemerkt, daß die Leistungsfähigkeit einer Pumpe sehr von ihren Abmessungen abhängig ist, und daß deshalb die Einzelheiten mit großer Sorgfalt behandelt werden müssen.

Die aus starkem Glase hergestellte Pumpenkammer *A* soll etwa 200 mm Länge und 50 mm Weite haben. Die beiden Enden, und speziell das obere, müssen sich stark verjüngen, damit man sie bei *F* und *H* mit Rohren von etwa 13 mm Weite verbinden kann. Die obere Wölbung der Pumpenkammer darf keine sich der Horizontalen nähernde Oberfläche haben, weil sonst die Luft an diesen Stellen an der Glaswand festgehalten werden könnte, und der Gang des Evakuierens verlangsamt würde. Das seitliche Rohr, welches *F* mit *H* verbindet, soll etwa 13 mm weit sein. Auch hier muß darauf geachtet werden, daß der innere Winkel zwischen den Röhren an den Verbindungsstellen möglichst spitz ist, damit sich dort kein Gas ansammeln kann. Das Rohr *C*, durch welches das Gas in die Pumpe eintritt, soll etwa 4 mm weit sein. Bei einem weiteren Rohre könnte das Gas, welches noch während des Sinkens des Quecksilbers in die Pumpe strömt, die ganze Masse der Flüssigkeit in den oberen Pumpenteil hinaufschleudern, wodurch die Pumpe zerschlagen werden kann. Ist die Pumpe richtig gebaut, so steigt das Gas in kleinen Blasen ruhig zwischen dem Quecksilber und dem Glase auf. Das vertikale Rohr an der Spitze der Pumpenkammer wird so verjüngt, daß das Capillarrohr *C* angeschmolzen werden kann. Dieses wird unmittelbar oberhalb der Anschmelzstelle in einer Kurve von etwa 30 mm Durchmesser umgebogen. Die Länge des nach unten gehenden Schenkels von *C* soll etwa 800 mm betragen und die lichte Weite der Capillare soll 1 mm nicht überschreiten. Das untere Ende des Capillarrohrs wird nach oben gebogen, damit man imstande ist, die Gase zu sammeln, die aus der Kammer *A* ausgetrieben werden. Ist, was ziemlich häufig vorkommt, das Capillarrohr von der Pumpe abgebrochen, so läßt sich der Schaden leicht wieder abstellen, wenn noch ein ausreichendes Rohrstück über der Schmelzstelle vorhanden ist. Man verbindet dann ein Stück Glasrohr von demselben Durchmesser, den das Rohr bei *F* hat, mit einem genügend langen Stück Capillarrohr, und behandelt die Lötstelle so lange in der Gebläseflamme, bis man eine vollkommen glatt sich verjüngende Verbindung erhält. Danach werden die Rohre in der richtigen Form gebogen und abgeschnitten, und zuletzt das Ganze an den Pumpenkopf angeblasen. Um das Eintreten von Luft durch die Verbindungsstelle des vertikalen Fallrohrs mit dem Kautschukschlauch

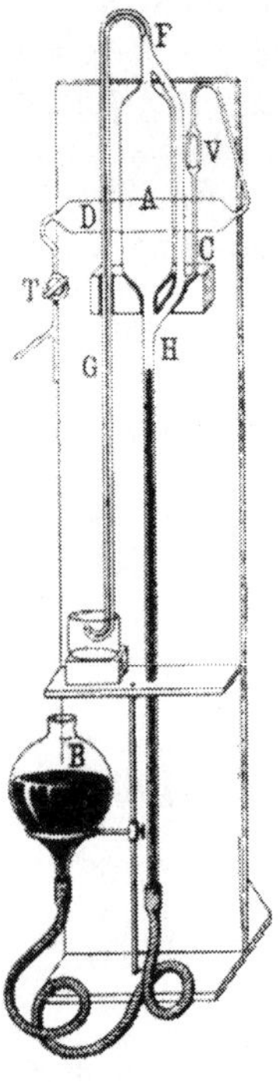

Fig. 59.
Toeplerpumpe.

zu verhindern, sorgt man dafür, daß diese Verbindungsstelle unterhalb des Quecksilberspiegels im seitlich angeschlossenen Niveaugefäß steht. Den Kautschukschlauch selbst wählt man zweckmäßig ungefähr ebensoweit wie das Rohr *H* und macht ihn so lang, daß es eben möglich ist, den Behälter auf die Höhe des Pumpenkopfes zu bringen. Am haltbarsten sind umsponnene Schläuche. Bei *V* ist ein Ventil angebracht, das das Übertreten von Quecksilber aus dem Rohr *C* in das Phosphorpentoxydgefäß *D* verhindert. Dieses Ventil besteht aus einem hohlen Glaskörper, der an seiner oberen Wölbung angeschliffen ist und durch das Quecksilber gehoben, den Austritt der Flüssigkeit nach oben verhindert. Der Winkel der Schliffläche muß ziemlich stumpf sein, damit sich das Ventil beim Senken des Niveaugefäßes möglichst leicht öffnet, sonst würde die Luft sturzartig aus *D* nach *C* übertreten. An Stelle des Ventils *V* kann man auch eine enge Röhre etwa 900 mm hochführen, sie nach unten biegen und mit *D* verschmelzen. An Stelle des Ventilverschlusses hätte man dann einen barometrischen Verschluß angebracht. Diese Einrichtung aber verzögert, wie leicht erklärlich ist, die Pumpgeschwindigkeit außerordentlich. Man tut deshalb besser, mit dem Ventilverschluß zu arbeiten. Die Montage der Pumpe auf einem Brett ist aus Fig. 59 leicht zu ersehen. Zur bequemeren Handhabung kann der Quecksilberbehälter durch Schnur und Kurbel bewegt werden.

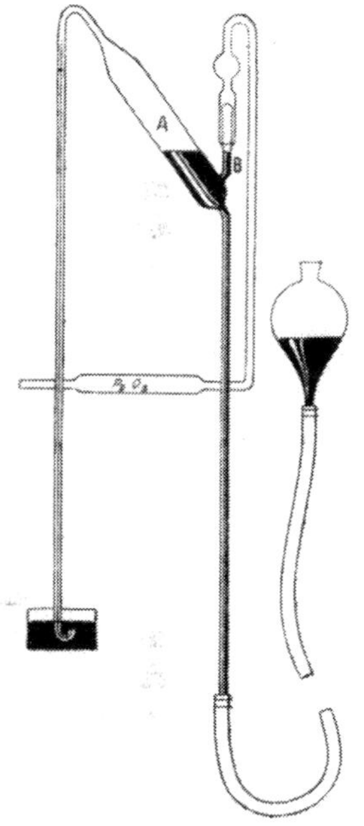

Fig. 60.
Pumpe nach ANTROPOFF.

Eine Vereinfachung und Verbesserung der TOEPLERschen Luftpumpe wurde neuerdings von ANTROPOFF angegeben [1] Diese Form unterscheidet sich von der alten nur dadurch, daß an Stelle des senkrecht stehenden Gefäßes *A* ein schräg gestelltes benutzt wird, wie aus Fig. 60 ersichtlich ist. Die durch das Rohr *B* eintretende Luft bewirkt dann niemals ein allzu plötzliches Aufspritzen des Quecksilbers, weil die seitlich aufsteigenden Luftblasen das Quecksilber nur noch in Wirbelbewegung versetzen können. Auch bei dieser Pumpe empfiehlt es sich, die Weite des Rohres *B* nicht über 4 mm zu wählen.

Bei der Herstellung der TOEPLERschen Pumpen ist eine Angabe von RAMSAY zu beachten, die in der oben erwähnten Arbeit von ANTROPOFF angeführt wird. Es ist nämlich ratsam, die Kammer der Pumpe nicht größer als 100 ccm zu machen, weil dadurch die Pumpen leichter herzustellen sind, billiger und handlicher werden und eine geringere Menge Quecksilber erfordern. Die Geschwindigkeit des Evakuierens wird durch

[1] Ch. Z. **34**, 979 (1910).

die Größe der Kammer nur relativ gering beeinflußt, sie hängt vielmehr im wesentlichen von der Geschwindigkeit des Ein- und Ausströmens des Quecksilbers in die Kammer ab.

Das Auffangen der in der Pumpe gesammelten Gase geschieht verlustlos so, daß man ein mit Quecksilber gefülltes Gefäß über die Ausströmungsöffnung der Capillare schiebt.

Beim Arbeiten mit der TOEPLERschen Luftpumpe und anderen auf ähnlichem Prinzip basierenden Konstruktionen ist es wichtig, daß die Glasteile vor der Füllung mit Quecksilber gründlich mit Chromsäure und Schwefelsäure gereinigt, dann mit Wasser und Alkohol ausgespült und schließlich getrocknet werden. Man läßt die Pumpe dann im evakuierten Zustande einige Tage lang stehen, nachdem man Phosphorpentoxyd in das Trockenrohr gefüllt hat. Um die letzten Spuren von Feuchtigkeit und die an den Glasflächen kondensierten Gase, insbesondere Kohlensäure, welche die Erreichung der maximalen Leistungsfähigkeit der Pumpe erschweren würden, fortzuschaffen, muß mehrfach evakuiert und wieder mit Luft gefüllt werden.

Bei den ersten Hüben, wenn also der Druck im Rezipienten noch hoch ist, tut man gut, die Kammer nur zu $^2/_3$ mit Quecksilber zu füllen, weil sonst beim Senken des Quecksilbergefäßes die Luft zu plötzlich in das Seitenrohr hineindringen und damit einen Bruch des Glases an der Schmelzstelle hervorrufen könnte. Aus demselben Grunde darf man den Hahn T niemals öffnen, solange das Quecksilber in der Pumpenkammer im Steigen oder Fallen ist, weil es durch den plötzlichen Lufteintritt gegen die Schmelzstelle geschleudert werden kann. Ist die Evakuierung schon weit vorgeschritten, so kann man das Quecksilber bis zum oberen Teile der Pumpenkammer schnell ansteigen lassen, muß aber dann durch Senken des Niveaugefäßes dafür sorgen, daß es nicht allzu schnell in die Ansatzstelle des Capillarrohres hineingelangt, weil bei der Verengerung des Rohrdurchmessers der Anstieg plötzlich außerordentlich schnell wird und durch den heftigen Anprall an das Capillarrohr dieses an seiner Biegungsstelle leicht zertrümmert werden kann. Im Anfangsstadium der Evakuierung wirkt die Luftmenge, die aus der Pumpenkammer ausgetrieben wird, noch als Polster, so daß das Quecksilber nicht mit großer Geschwindigkeit an das Glas anschlägt.

Es kommt häufig vor, daß das Capillarrohr in seiner Längsrichtung einen Sprung bekommt, wahrscheinlich infolge von Vibrationen, die durch das Pumpen entstehen. Eine Pumpe mit diesem Fehler läßt sich gewöhnlich noch längere Zeit ohne Schwierigkeit benutzen.

Quecksilberhubpumpen werden auch mit automatischer Antriebsvorrichtung versehen, und zwar wird gewöhnlich mittelst einer Wasserstrahlpumpe das Quecksilber gehoben. Es sei hier nur hingewiesen auf die Konstruktion von RAPS[1], die in Fig. 61 abgebildet ist. Eine nähere Beschreibung findet man im WINKELMANNschen Handbuch.[2] Sie wurde

[1] Wied. 43, 629 (1891); 55, 556 (1895). [2] a. a. O. 1, 1328.

zuerst von M. Stuhl[1], Berlin, angefertigt und ist heute z. B. durch die Vereinigten Fabriken für Laboratoriumsbedarf zu beziehen.

Es sind noch eine ganze Reihe automatischer Quecksilberluftpumpen nach ähnlichem Prinzip gebaut worden, da aber diese Konstruktionen durch die Einführung der Rotationspumpen sehr zurückgedrängt sind, soll nicht näher hierauf eingegangen werden.

Ein wichtiger Schritt in der Entwicklung des Luftpumpenbaues war die Konstruktion einer hydrodynamischen Pumpe mit Quecksilber als Betriebsflüssigkeit. Sie wurde zuerst von HERMANN SPRENGEL[2] angegeben.

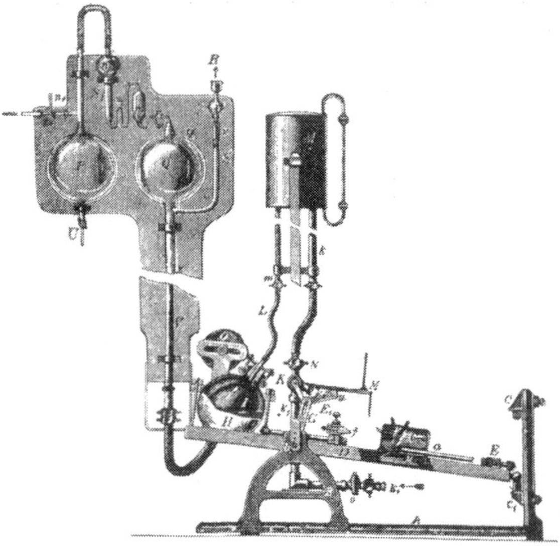

Fig. 61.
Automatische Quecksilberpumpe von RAPS.

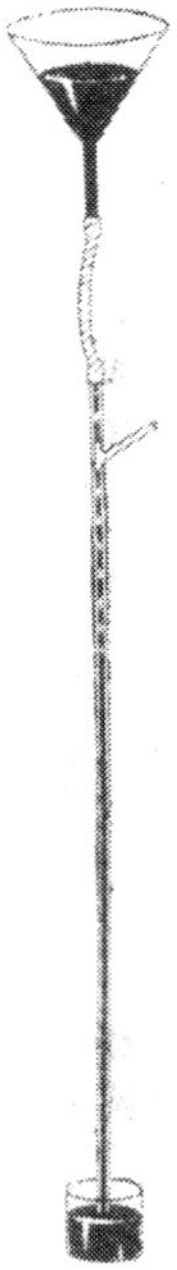

Fig. 62. Prinzip der SPRENGELschen Pumpe.

Man läßt Quecksilber aus dem Vorratsgefäß (Fig. 62) in ein barometerhohes Fallrohr abfließen. Verbindet man das Fallrohr mit dem Raum, welcher evakuiert werden soll, so reißt das Quecksilber Luft mit sich und evakuiert dadurch den Raum. Es muß natürlich darauf geachtet werden, daß die Flüssigkeitstropfen den Querschnitt des Fallrohrs vollständig ausfüllen. Es kommt öfters vor, daß bei den SPRENGELschen Pumpen Luft aus dem Vorratsgefäß in das Fallrohr mitgerissen und dadurch das Vakuum verschlechtert wird. Um diesem Übelstande abzuhelfen, legte OSMUND an das Quecksilbergefäß einen umgekehrten Heber und ließ diesen in einer evakuierten Glaskugel endigen, in welcher sich die Spuren mitgerissener Luft ansammeln konnten. Von dieser Kugel aus wurde das Quecksilber

[1] Zentr. 1891 I, 177.   [2] J. Chem. S. [2] 3, 9 (1865).

durch einen zweiten Heber nach der Fallröhre befördert. Einzelheiten über die Konstruktion der SPRENGELschen Pumpe findet man in dem schon erwähnten Buche von TRAVERS, aus dem auch die schematische Zeichnung Fig. 63 einer verbesserten SPRENGELschen Pumpe entnommen ist. Die Länge des Fallrohrs muß ungefähr 900 mm, seine lichte Weite 1,5 mm betragen. Man hat vielfach SPRENGELsche Pumpen mit mehreren Fallröhren konstruiert und dadurch ihre Wirkung vergrößert. So besitzt die Pumpe von GIMMINGHAM[1] 7 Fallröhren, welche unmittelbar an den Pumpenkopf angeschmolzen sind. Man kann derartige Pumpen auch mit abgekürzten Fallröhren bauen, wenn man die Fallröhre in einem mit einer Vorpumpe evakuierten Raum endigen läßt. Eine solche Konstruktion wurde von NICOL angegeben. Komplikation bei der Benutzung der SPRENGELschen Pumpen verursacht das Auftreten elektrischer Ladungen am fallenden Quecksilber, weil in Gegenwart von Luft oder Sauerstoff Ozon oder Stickoxyde infolge der elektrischen Wirkungen entstehen, die das Quecksilber verunreinigen. Legt man keinen Wert auf allzu hohe Luftverdünnungen, so können die Wirkungen der Entladungen durch einen Tropfen Schwefelsäure im Innern der Pumpe unschädlich gemacht werden.

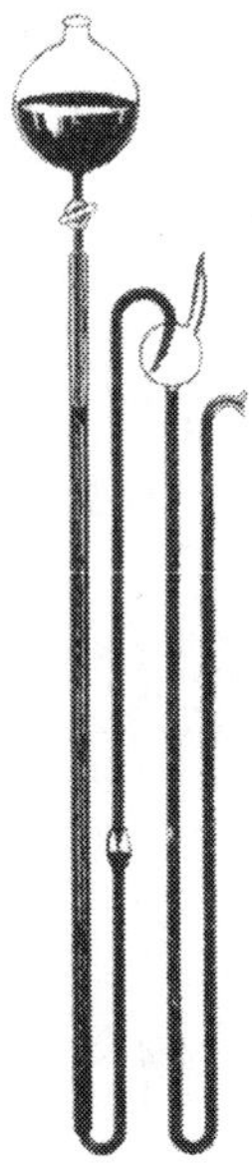

Fig. 63.
SPRENGELsche Pumpe.

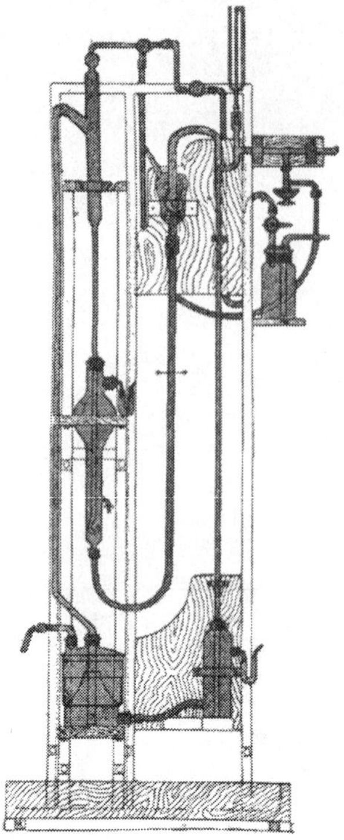

Fig. 64.
KAHLBAUMsche Pumpe.

Einen automatischen Betrieb der SPRENGELschen Pumpe kann man leicht dadurch erreichen, daß Quecksilber von dem unteren Gefäß in das obere mit Hilfe der Wasserstrahlpumpe heraufgepumpt wird. Nach diesem Prinzip ist die KAHLBAUMsche[2] Pumpe (Fig. 64) konstruiert, mit welcher man Verdünnungen bis zu $3 \cdot 10^{-6}$ mm Quecksilber bei einem Rezipienten von 400 ccm in 30 Minuten erzielen kann, wenn alle Vorsichtsmaßregeln betreffs Trocknung usw. beachtet werden.[3]

[1] Proc. Royal Soc. London (1876). [2] Ber. 27, 1386 (1894).
[3] Genaue Zeichnung und Beschreibung bei WINKELMANN, a. a. O. I, 1329.

Weit schneller wirkend und handlicher als die bisher erwähnten sind die rotierenden Quecksilberluftpumpen. Eine solche ist zuerst von SCHULZE-BERGE[1] angegeben und später von KAUFFMANN[2] verbessert worden. Nähere Angaben sind bei WINKELMANN.[3] Das dieser Konstruktion zugrunde liegende Prinzip ist das Folgende. Ein in sich geschlossenes, um eine schrägstehende feste Achse rotierendes Glasrohr dient als Pumpgefäß. In seinem Innern befindet sich Quecksilber, das bei der Rotation des Glasrohrs als Kolben wirkt und so einerseits einen evakuierten Raum schafft, andererseits die aus dem Rezipienten in das Rohr tretende Luft nach außen befördert. Fig. 65 stellt die von KAUFFMANN konstruierte Form der Pumpe dar. Sie wird von Dr. Robert Muencke, Berlin, gefertigt.

Fig. 65. KAUFFMANNsche Pumpe.

Den wesentlichsten Fortschritt in der Konstruktion rotierender Pumpen und in der Herstellung von Hochvakuumpumpen im allgemeinen bedeutet unbedingt die von E. Leybold Nachf. in Cöln gefertigte rotierende Luftpumpe nach Dr. W. GAEDE.[4] Sie besteht aus einem zur Hälfte mit Quecksilber gefüllten Eisenbehälter, in welchem eine Porzellantrommel rotiert. Diese Trommel ist in einzelne Kammern unterteilt, welche sich bei Rotation abwechselnd mit Luft und Quecksilber füllen. Sie saugen die Luft aus dem Rezipienten und drücken sie dann nach außen. Die Pumpe hat also eine große Ähnlichkeit mit einer Gasuhr, nur mit dem Unterschiede, daß sie in umgekehrter Richtung wirkt.

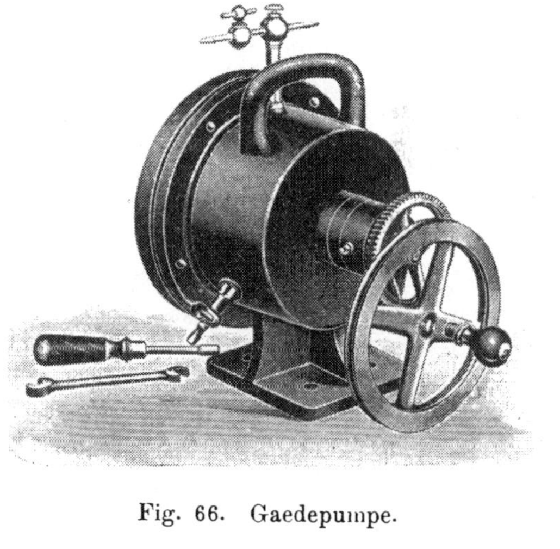

Fig. 66. Gaedepumpe.

Fig. 66 zeigt die Pumpe in der Seitenansicht, Fig. 67 im Querschnitt von vorn gesehen. *G* ist das gußeiserne Gehäuse mit dem Hand-

[1] F. u. H. SCHULZE-BERGE, Wied. **50**, 372 (1893).
[2] W. KAUFFMANN, Z. Instr. **25**, 199 (1905).
[3] a. a. O. I, 1331.
[4] Phys. Ztschr. **6**, 758 (1905).

griff G_1 und einem starken Fuß G_2. Die Vorderseite des Gehäuses ist geschlossen durch die 2 cm starke Glasplatte *B*, welche durch 5 Schraubenbolzen mittelst des Gußringes *P* an das Gehäuse *G* geschraubt ist. Durch die zentrale Bohrung der Glasplatte führt das **U**-förmige Rohr *R* und verbindet den Vorderraum *V* der Trommel *T* mit dem an *R* anzuschließenden Rezipienten. Bis zur Linie *q* ist die Pumpe mit Quecksilber gefüllt. Die Achse *A* führt durch eine Quecksilberstopfbüchse in das Gehäuse und trägt die Trommel *T*. *r* ist ein in das Gehäuse geschraubtes Stahlrohr mit den Schlauchansätzen s_1 und s_2 und dem Stahlhahn *h*. Die Abdichtung der Glasscheibe *B* am Gehäuse *G* und ebenso des Stahlrohres *R* an der Glasscheibe *B* erfolgt durch je zwei konzentrische Gummiringe *b*, deren Zwischenraum durch die Öffnung *u*, bzw. *u'* mit Quecksilber gefüllt wird.

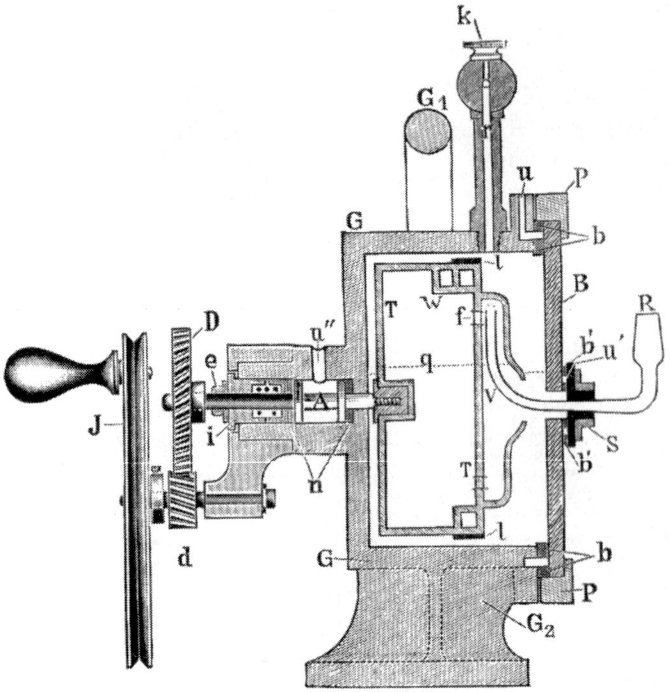

Fig. 67. Gaedepumpe, Querschnitt.

Dreht man die Trommel, so vergrößert sich der Raum *W*, wodurch Luft durch die Öffnung *f* der Scheidewand aus der Vorkammer *V* und durch das Rohr *R* aus dem angeschlossenen Rezipienten gesaugt wird.

Wie die Pumpwirkung zustande kommt, zeigt Fig. 68. Durch Drehen der Trommel in der Pfeilrichtung füllt sich der Raum W_1 durch die Öffnung *f* mit der Luft des Rezipienten. Bei fortgesetztem Drehen kommt die Öffnung *f* unter den Quecksilberspiegel. Die Luft in dem auf diese Weise vom Rezipienten abgeschlossenen Raum W_2 wird in dem zwischen den Wänden Z_1 und Z_2 liegenden peripheren Kanal der Trommel gedrängt und bei fortgesetzter Rotation der Trommel in den zwischen der Trommel und dem Gehäuse liegenden Raum gefördert. Von hier wird die Luft durch eine bei s_2 angeschlossene Vorpumpe abgesogen, welche ein solches Vakuum geben muß (mindestens 20 mm Quecksilbersäule), daß der Quecksilberspiegel *q* außerhalb der Trommel nicht unter den oberen Rand der zentralen Öffnung sinkt.

Fig. 69 zeigt den Glasapparat, der mit dem Schliff L auf das Stahlrohr R (vgl. Fig. 67) aufgesetzt wird. Bei E wird der mit einem Normalschliff versehene Rezipient angeschlossen. Der Glasapparat ist mit einem Manometer H und einem Trockengefäß P zur Aufnahme des Phosphorpentoxyds ausgerüstet. Das Manometer H dient zu gleicher Zeit als automatisches Ventil, indem bei Atmosphärendruck die Öffnung O frei ist. Da durch ein Schlauchstück der Ansatz a mit s_1 verbunden wird, kommuniziert die bei s_2 angesetzte Vorpumpe durch das Stahlrohr Q und die Öffnung O direkt mit dem Rezipienten bei E. Ist ein Vakuum von etwa 20 mm erreicht, so sinkt das Quecksilber im rechten

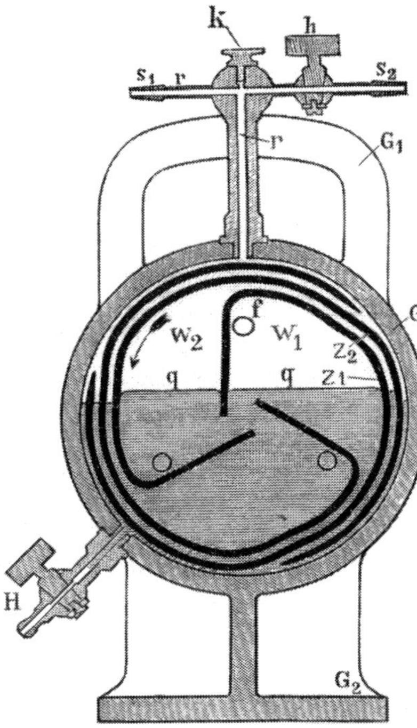

Fig. 68. Gaedepumpe, Längsschnitt.

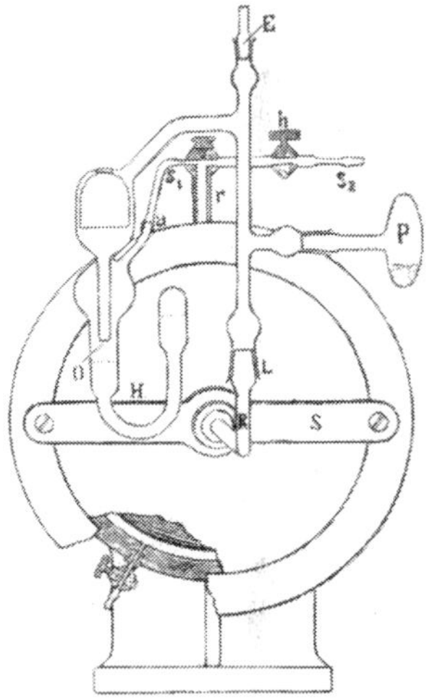

Fig. 69. Gaedepumpe, Glasansatz.

Schenkel und verschließt, im linken Schenkel steigend, die Öffnung O. In diesem Augenblicke läßt man die Trommel rotieren. Die in der Pumpe befindliche Öffnung von R ist von einem Drahtnetz bedeckt. Dieses Drahtnetz läßt der angesaugten Luft freien Durchtritt, verhindert dagegen durch die capillare Depression das Eindringen von Quecksilber, welches andernfalls bei sehr heftigen Bewegungen, z. B. beim plötzlichen Einlassen von Luft, überfließen und das Rohr R verstopfen würde. Für technische Zwecke wird die Pumpe ohne Glasarmatur und ohne Stahlrohr mit Hähnen geliefert, an dessen Stelle ein einfacher Schlauchansatz tritt.

Die von der Fabrik gelieferten Pumpen haben die folgende Probe durchgemacht: Ein 6-Literballon wird mit einem 500 ccm fassenden Mac Leodschen Vakuummeter verbunden und evakuiert. Bei 10 mm beginnend, hat das Vakuum nach 5 Minuten einen Wert von 0,004, nach

10 Minuten 0,0001, nach 15 Minuten 0,00001 mm erreicht. Als Vorpumpe, ohne die man bei der Gaedepumpe nicht arbeiten wird, kann man eine gewöhnliche Wasserstrahlpumpe benutzen. Besser ist es jedoch, eine gut wirkende Kapselpumpe, wie sie auf S. 53 beschrieben ist, anzuwenden. Fig. 70 ist eine Abbildung eines solchen Aggregats von Gaedepumpe, Kapselpumpe und Vakuummeter.

Soll die Gaedepumpe in Betrieb gesetzt werden, so füllt man die vorschriftsmäßige Menge Quecksilber hinein. Diese ist für jede Pumpe eine andere und wird bei Lieferung des Apparats angegeben. Der rechte Schenkel des Manometers *H* wird ganz mit Quecksilber gefüllt, man gibt dann noch so viel Quecksilber hinzu, bis es im linken Schenkel 1 cm unter der Öffnung *O* steht. Dann setzt man die bei s_2 (Fig. 69) angeschlossene

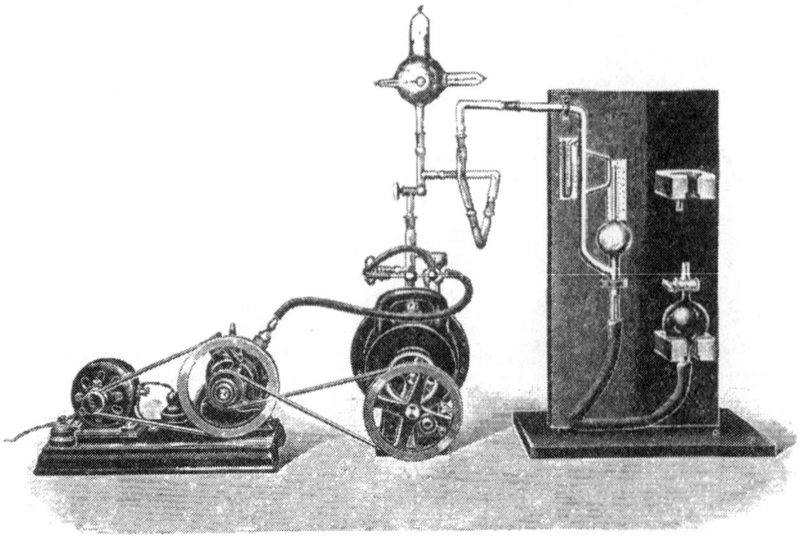

Fig. 70. Gaedepumpe mit Kapselpumpe als Vorpumpe und Vakuummeter.

Vorpumpe in Betrieb und beachtet, wann die Öffnung *O* vom Quecksilber berührt wird. In diesem Augenblick setzt man die Pumpe selbst in der auf ihrer Trommel angegebenen Pfeilrichtung in eine Rotationsbewegung von etwa 21 Touren pro Minute. Hierzu braucht man, wenn man elektrischen Antrieb wählt, einen Motor von $^1/_{30}$ PS. Die Pumpe läßt sich auch ohne Schwierigkeiten mit der Hand antreiben.

Da die Leistung einer Pumpe sehr wesentlich davon abhängt, ob sie im Innern sauber ist, so ist die Möglichkeit, sie leicht zu reinigen, ein wichtiger Punkt bei der Beurteilung ihrer Verwendbarkeit. Die Gaedepumpe läßt sich ziemlich leicht demontieren, indem nach völliger Entleerung von Quecksilber die fünf Sechskantschrauben auf dem Gußring *T* in der Fig. 67 gelöst werden, nachdem man vorher das Rohr *R* durch Lösen der beiden Vierkantschrauben am Gußring entfernt hat. Man kann dann leicht die Trommel in dem Drehungssinne des Gewindes von der

Achse *A* abschrauben und sie mit Kalilauge reinigen. Ist die Pumpe in ihrem Innern nur feucht geworden, so braucht sie nicht demontiert zu werden, sondern es genügt, das Quecksilber herauszulassen und auf etwa 5 mm zu evakuieren.

Rotierende Quecksilberpumpen, bei denen nicht Porzellantrommeln, sondern Trommeln aus Metall verwendet werden, fertigt A. Pfeiffer in Wetzlar an. Die Konstruktion und Wirkungsweise dieser Pumpen ist im wesentlichen dieselbe wie bei den von Leybold gefertigten Gaedepumpen.

Um die letzten Spuren von Gasen fortzuschaffen, bedient man sich der Fähigkeit gewisser Kohlesorten, die bei tiefer Temperatur große Gasmengen in sich aufnehmen. Man schließt zu diesem Zweck an den Rezipienten ein Glasrohr an, in welchem sich evakuierte, ausgeglühte Cocosnußkohle befindet. Durch Kühlung dieses Ansatzrohres mit flüssiger Luft erreicht man die äußerst möglichen Luftverdünnungen. Die Methode wurde von Dewar zuerst angegeben. Über die Herstellung höchster Vakua vgl. eine Arbeit von Hupka.[1] Die Aufnahmefähigkeit von Cocosnußkohle für Gase, besonders für Wasserstoff, siehe bei Mc Bain.

Häufig, besonders bei der Herstellung von Röntgenröhren, pumpt man nicht allzu weitgehend aus, sondern absorbiert schon nach kurzer Arbeit mit der Pumpe die Gasreste mit Cocosnußkohle durch mehr oder weniger starke Kühlung des Kohlengefäßes mittelst flüssiger Luft (mehr oder weniger tiefes Eintauchen). Da man den Grad der Gasverdünnung durch mehr oder weniger intensive Kühlung regulieren kann, so lassen sich auf diese Weise leicht mehr oder weniger harte Röhren herstellen.

Der neueste Fortschritt auf dem Gebiete des Evakuierens ist die Molekularluftpumpe von W. Gaede.[2]

Ihre Wirkung beruht auf dem Prinzip der Gasreibung. Zwei Zylinder sind konzentrisch ineinander so angebracht, daß die Außenwand des Innenzylinders nur einen sehr kleinen Abstand von der Innenwand des äußeren hat. Der innere Zylinder wird in eine schnelle Rotation versetzt. Er bewirkt dann eine Druckdifferenz zwischen zwei Stellen der Peripherie, zwischen denen die Entfernung beider Zylinder voneinander zu einer Nut erweitert ist, und zwar tritt Druckverminderung an dem Ende der Nut ein, das in der Drehrichtung des Innenzylinders weiter zurück liegt. Da diese Druckdifferenz mit der inneren Reibung des Gases zusammenhängt, und nach der Maxwellschen Anschauung die innere Reibung des Gases unabhängig ist von der Verdünnung, so muß die durch die Drehung erzeugte Druckdifferenz von der Verdünnung des Gases unabhängig sein, und nur abhängig von der Rotationsgeschwindigkeit und der inneren Reibung des betreffenden Gases. Vermag z. B. eine bestimmte Umdrehungsgeschwindigkeit bei Atmosphärendruck zwischen den beiden Enden der Nut eine Druckdifferenz von 10 mm zu erzeugen, so wird an der Absaugstelle ein Druck von 760 − 10 = 750 mm herrschen. Bei 100 mm ur-

---

[1] E. Hupka, Ann. Phys. **31**, 169 (1910). (Vakua für 90000 Volt.)

[2] Naturwissenschaften, 1. Jahrgang, 1. Heft, S. 11.

sprünglichem Druck wird an der Absaugstelle ein Druck von 90 mm herrschen. Demnach müßte bei 10 mm ursprünglichem Druck an der Absaugstelle der Druck null eintreten. Bei ganz hohen Verdünnungen gehorcht die innere Reibung der Gase nicht mehr ganz streng dem oben erwähnten Gesetz, und der Druck wird demnach nicht null sein, sondern einen sehr kleinen endlichen Wert haben.

Da die Molekularluftpumpe das eben auseinandergesetzte Prinzip benutzt, so ist es klar, daß sie nur dann hohe Vakua geben wird, wenn sie von einem relativ niedrigen Anfangsdruck ausgehend wirken kann. Man muß deshalb, wenn man sie anwenden will, ein Vorvakuum herstellen. Hierfür benutzt man eine beliebige Hilfspumpe. Die Wirkung der neuen Pumpe ist außerordentlich groß. Eine Röntgenröhre von 1 Liter Inhalt wurde, nachdem ein Vorvakuum von 5 mm mit der Hilfspumpe hergestellt war, in 10 Sekunden so weit evakuiert, wie mit einer gewöhnlichen Gaedepumpe in 100 Sekunden. Der niedrigste erreichte Druck betrug 0,0000002 mm Quecksilber, eine Luftverdünnung, die früher nie erreicht worden war. Die Pumpe vermag diese Verdünnung auch zu erzeugen, wenn Dämpfe vorhanden sind, da sie im Gegensatz zu den gewöhnlichen Luftpumpen auf der Molekülbewegung beruht. Man kann daher auch hohe Vakua ohne Trockenmittel erzeugen. Die Wirksamkeit dieser Pumpe wird gesteigert, wenn mehrere Nuten und rotierende Zylinder hintereinander geschaltet sind. Die Pumpe wird ebenso wie die gewöhnliche Gaedepumpe von E. Leybold Nachf., Cöln, geliefert.

Komprimieren.

Komprimierte Gase braucht man im Laboratorium sowohl für die Durchführung bestimmter Reaktionen als auch zu verschiedenen Hilfsarbeiten. Nur wenige Laboratorien werden in der Lage sein, sich hochkomprimierte Gase zur Durchführung von Gasreaktionen unter Druck selbst herzustellen. Die Anlage der Hochdruckkompressoren ist kostspielig, und ihre Bedienung erfordert geschulte Hilfskräfte. Man ist daher in den meisten Laboratorien darauf angewiesen, hochkomprimierte Gase in Stahlflaschen zu beziehen, es wird daher genügen, an dieser Stelle nur ganz kurz die Herstellung komprimierter Gase zu besprechen.

Unter den älteren Apparaten mag hier nur die Pumpe von Natterer erwähnt werden, die von Stückrath[1] verbessert wurde. Ein wesentlicher Fortschritt gegen die früheren war die Konstruktion von Cailletet,[2] bei der der schädliche Raum durch eine Quecksilberschicht, die zugleich als Verschluß wirkte, vermieden wird. Jetzt werden Hochdruckkompressoren von einer ganzen Reihe von Firmen der Maschinenindustrie geliefert.[3]

[1] Z. Instr. **2**, 238 (1882).
[2] C. r. **94**, 623 (1882).
[3] Einige Angaben über Kompressoren findet man in den kleinen Abhandlungen von Schall: Verdichtete und verflüssigte Gase, Hannover, Max Jänecke; und Hirschlaff, Hochdruckkompressoren, Weimar 1908.

Eine der bekanntesten Konstruktionen ist der Torpedoluftkompressor von der Firma Whitehead Comp. in Fiume, der die Luft in zwei Stufen bis auf 180 Atmosphären zusammendrückt.

Die Aufbewahrung hochkomprimierter Gase geschieht in Flaschen aus gezogenem oder gedrücktem Stahl, die, bevor sie in Benutzung genommen werden, einer polizeilichen Prüfung unterworfen werden müssen. Die Flaschen müssen einem Probedrucke standhalten, der das $1^1/_2$ fache des höchsten Füllungsdruckes beträgt. Ebenso wie für die Prüfung der Hochdruckstahlflaschen existiert auch eine polizeiliche Vorschrift für die Füllung der Flaschen. Besondere Vorsicht ist beim Umgehen mit komprimiertem Sauerstoff notwendig, weil sehr viele Explosionen dadurch entstanden sind, daß komprimierter Sauerstoff mit oxydablen Stoffen, insbesondere Öl, in Berührung gekommen ist.

Während nur wenige Laboratorien sich selbst mit der Herstellung hochkomprimierter Gase beschäftigen werden, benutzt man als Hilfsmittel zu den Experimenten außerordentlich häufig Gase, insbesondere Luft von Drucken, die den Atmosphärendruck nur wenig übersteigen. Der Betrieb der Gebläseflamme, die Rührung mit Luft und viele andere Anordnungen verlangen einen kontinuierlichen Strom von geringem Überdruck. Um diesen herzustellen, benutzt man häufig Blasebälge, die zur Regulierung des Luftstromes mit einer Gummikappe ausgerüstet sind. Besser aber verwendet man Gebläse, die mechanisch angetrieben werden. In den meisten Fällen wird man mit Wasserstrahlgebläsen auskommen, die in der Anschaffung bei weitem die billigsten sind. Man kann sie leicht selbst herstellen, indem man das Abflußrohr einer Wasserstrahlpumpe durch einen doppelt durchbohrten Stopfen in eine mit einem Abfluß versehene Flasche einführt. Durch die zweite Bohrung des Stopfens führt man das Luftabführungsrohr nach der Verwendungsstelle. Den Abfluß der Flasche verschließt man mit einem Stopfen, durch welchen ein Glasrohr führt. An diesem bringt man einen Gummischlauch mit Quetschhahn an, so daß man die ausfließende Wassermenge beliebig einstellen kann. Derartige Gebläse kommen, aus Glas oder Metall gefertigt, in den Handel, einige der gebräuchlichsten sind die in Fig. 71 und 72 dargestellten. In bedeutend größeren Dimensionen, mit mehreren Wassereinflußöffnungen, werden sie auch als Zentraldruck-

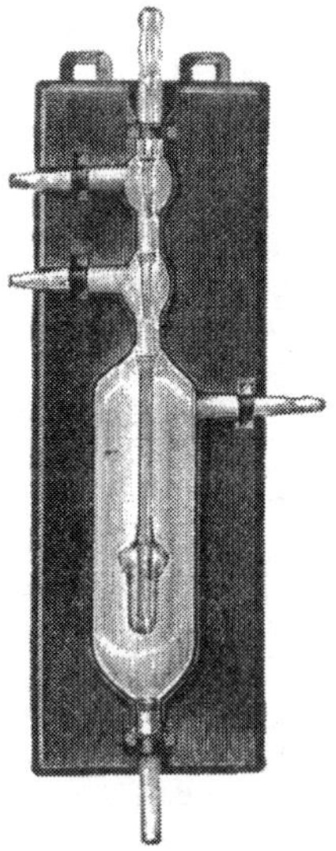

Fig. 71. Wasserstrahlgebläse aus Glas.

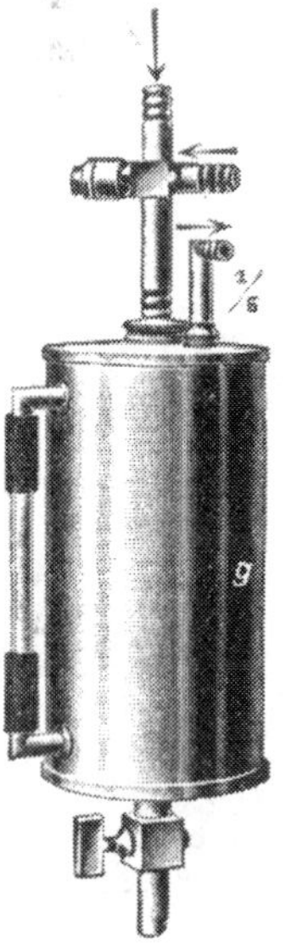

Fig. 72. Wasserstrahlgebläse aus Metall.

luftversorgungen für Laboratoriumseinrichtungen benutzt, und von verschiedenen Firmen geliefert.

Aus ähnlichen Überlegungen, wie sie in dem vorhergehenden Artikel besprochen sind, wird man für größere Anlagen häufig gut tun, an Stelle der Wasserstrahlpumpen elektrisch angetriebene Druckluftpumpen zu benutzen. Zu diesem Zwecke kann man, wenn es sich um sehr niedrige Überdrucke handelt, Flügelventilatoren benutzen, die mit einer durchlöcherten Kapsel und einer Ausströmungsöffnung für die gepreßte Luft versehen sind. Derartige Apparate sind im Handel leicht zu erhalten, da sie in großem Umfange zum Betrieb der Schmiedefeuer benutzt werden. Der Druck, den die Ventilatoren geben, reicht aber z. B. zum Betrieb der Gebläseflamme nicht aus. Zur Herstellung höherer Pressungen kann man die meisten der im vorhergehenden Artikel beschriebenen Vakuumpumpen benutzen. Sowohl die rotierenden Kapselpumpen als auch die Gerykpumpen liefern Drucke bis zu 2 Atmosphären. Die Kapselpumpen werden für diese Zwecke geeigneter sein als die Stiefelpumpen, weil die transportierte Luftmenge wesentlich größer ist. Insbesondere kann die Siemens-Schuckertpumpe sehr gut als Druckluftpumpe benutzt werden.

Verdichten von Gasen.

Von

G. Birstein-Moskau.

Inhalt.

I. Historische Übersicht. Grundtatsachen.

Das Problem der Gasverflüssigung hat eine lange Vergangenheit, doch nur eine kurze Geschichte. Die ersten Beobachtungen auf diesem Gebiete rühren bereits vom Ende des 18. Jahrhunderts her. VAN MARUM hat schon im Jahre 1792 bei der Verifizierung des MARIOTTEschen Gesetzes für Ammoniakgas einige Tropfen flüssigen Ammoniaks beobachtet. Ja, bevor auch die geringste experimentelle Andeutung der Verflüssigung selbst der am leichtesten kondensierbaren Gase vorlag, hat LAVOISIER die Verflüssigung der Luft vorgesehen. Und doch sind die glänzenden, auf diesem Gebiete erreichten Erfolge, welche den verflüssigten Gasen ermöglicht haben, sich von wissenschaftlichen Hilfsmitteln zu technisch wertvollen Produkten emporzuheben, als Leistung der letzten Jahrzehnte anzusehen. Der Grund dieser ungleichmäßigen Entwicklung mag wohl darin liegen, daß ein stetiges und anhaltendes Fortschreiten auf diesem Gebiete einen tieferen Einblick in den Zusammenhang zwischen dem flüssigen und dem gasförmigen Zustande voraussetzt.

Das Verdienst, diesen Einblick geschaffen zu haben, kommt ANDREWS[1] zu, durch dessen umfassende im Jahre 1869 abgeschlossene Versuche eine wesentlich neue Auffassung der Beziehungen zwischen dem Gas- und Flüssigkeitszustande gewonnen wurde. Bis dahin, bevor man Kenntnis von dem kritischen Zustande der Körper hatte, war das Verhalten mancher Gase bei den Kondensationsversuchen ein regelloses und jeder Berechnung spottendes Spiel; während sich viele Gase leicht in flüssigen Zustand überführen ließen, zeigten manche auch bei Druckhöhen von Tausenden von Atmosphären, bei welchen ihre Dichte diejenige des Wassers übertrifft, keine Spur von Verflüssigung. Man glaubte annehmen zu dürfen, daß die letzteren eine exzeptionelle Stellung unter den Gasen einnehmen, und brachte diesen Glauben in der Anerkennung einer besonderen Gruppe der permanenten Gase zum Ausdruck. Aber je tiefer diejenige Temperatur war, welche man in der Folge mit den Kühlmitteln zu erreichen vermochte, um so geringer wurde die Zahl der dieser exzeptionellen Gruppe zuzurechnenden Gase.

Als FARADAY[2] im Jahre 1823, erst als DAVYS Assistent, später selbständig, seine ersten Versuche über die Gasverflüssigung durchführte, wurde von ihm neben dem Druck, der bei der Darstellung des Gases in geschlossenen Röhren sich ausbildet, eine Abkühlung von nur ca. -20^{0} C benutzt. Es gelang ihm CO_2, H_2S, HCl, SO_2, C_2N_2, NH_3 und HCN zu verflüssigen, während PH_3, $SiFl_4$, NO, H_2, N_2 und O_2 nicht verflüssigt werden konnten. Die in größerem Maßstabe von DANIEL COLLADON[3] im Jahre 1828 ausgeführten Versuche die letzteren zu verflüssigen ergaben

---

[1] THOMAS ANDREWS, Über die Kontinuität der gasförmigen und flüssigen Zustände der Materie; Philosophical Transactions of R. S. of London **159**, 575—589 (1869) OSTWALDS Klassiker der exakten Wissenschaften Nr. 132.

[2] M. FARADAY, Phil. Trans. 1823, S. 192.

[3] Zitiert in R. PICTETS Abhandl. in Ann. chim. phys. [5] **13**, 226 (1878).

negative Resultate, obgleich bei einer Abkühlung von —30° C der Druck 400 Atmosphären betrug. Es war eine bedeutende Förderung der experimentellen Seite der Untersuchungen über Gasverflüssigung, als THILORIER[1] im Jahre 1834 das verfügbare Gebiet der niederen Temperaturen bis zu —78° C und darunter ausdehnte. Es gelang ihm in einem wesentlich nach der FARADAYschen Anordnung aus Kupfer anstatt Glas konstruierten Apparat bedeutende Mengen flüssiger Kohlensäure herzustellen und durch Ausfließenlassen derselben in eine Büchse aus nicht leitendem Material das Kohlendioxyd in Schneeform zu erhalten. Außerdem rührt von ihm die wertvolle Beobachtung her, daß ein Gemisch von fester Kohlensäure und Äther, dank seiner flüssigen Beschaffenheit, ein weit besseres Kühlungsmittel ist, als der Kohlensäureschnee allein. Sowohl durch die Erfolge von THILORIER, wie auch durch die Entdeckung des CAGNIAR DE LATOURschen Zustandes der Flüssigkeiten, wurde FARADAY[2] im Jahre 1845 veranlaßt, seine Versuche über die Verflüssigung von Gasen wieder aufzunehmen. Das Verdampfen des THILORIERschen Gemisches unter einem Drucke von $^1/_{24}$ Atm. ermöglichte ihm, die Temperatur von —110° C zu erreichen. Die zur Untersuchung gelangten Gase wurden gleichzeitig unter Zuhilfenahme von zwei hintereinander geschalteten Druckpumpen bis auf einen Druck von 50 Atm. gebracht.

In dieser Weise gelang es FARADAY von denjenigen Gasen, welche im Jahre 1823 der Verflüssigung noch widerstanden, Phosphorwasserstoff und Fluorsilicium zu verflüssigen. Außerdem erhielt er C_2H_4, BF_3, AsH_3, PH_3 als Flüssigkeiten, HBr, HJ, SO_2, Cl_2O, H_2S, CO_2, N_2O, C_2N_2, NH_3 sowohl in flüssigem als auch in festem Zustande. H_2, O_2, N_2, NO, CO und Leuchtgas ließen sich dagegen nicht kondensieren.

Dieser nur teilweise Erfolg hinderte FARADAY aber nicht, die Verflüssigung als allgemeine Eigenschaft der Gase anzusehen. Die nicht hinreichend niedrige Temperatur wurde von ihm als Grund des Fehlschlagens seiner Versuche, die permanenten Gase zu verflüssigen, erkannt.

FARADAY gelangte dann unter Zuhilfenahme der Versuchsergebnisse von CAGNIAR DE LATOUR zu einem tiefen Einblick in diese Dinge. Er sah voraus, daß für jedes Gas eine Temperatur existieren müsse, unterhalb welcher kein Druck eine Verflüssigung hervorzubringen imstande sei, und erhob damit an Stelle des Druckes die Temperatur zum maßgebenden Faktor bei der Verflüssigung der Gase.

Es war eine nicht hinreichende Würdigung dieser FARADAYschen Ansicht, wenn andere Forscher durch außerordentlich hohen Druck die permanenten Gase zu verflüssigen suchten. So hat NATTERER[3] einen Druck von etwa 3000 Atm. zur Anwendung gebracht, ohne zu dem gewünschten Erfolge zu gelangen.

---

[1] THILORIER, Ann. chim. phys. **60** (1834).
[2] M. FARADAY, Ann. chim. phys. [3] **15**, 257—290 (1845).
[3] J. NATTERER, Wien. Ber. **5**, 351 (1850); **6**, 557 (1851); **12**, 199 (1854).

Im Jahre 1869 erfolgten dann die umfassenden Untersuchungen von Andrews, welche zur Aufstellung des Begriffs der kritischen Temperatur führten und durch die den Anschauungen Faradays greifbare Gestalt verliehen worden ist.

Der theoretische Schwerpunkt der Gasverflüssigung liegt in der Frage, inwiefern man bei jeder gegebenen Temperatur ein Gas in den Zustand eines gesättigten Dampfes versetzen kann; denn die fortschreitende Kondensation eines Gases wird erst dann möglich, nachdem das Gas diesen Zustand erreicht hat. Ist dies bei jeder Temperatur möglich, so ist der Unterschied zwischen dem flüssigen und dampfförmigen Zustande nur ein Dichteunterschied, der durch Ausübung eines entsprechend hohen Druckes auf das Gas aufgehoben werden kann. In diesem Vorstellungskreise bewegten sich diejenigen Forscher, welche mittelst hoher Drucke das Problem zu lösen suchten. Die Abkühlung, welche sie dabei benutzten, wurde nur als Hilfsmittel sekundärer Natur herangezogen, um den Sättigungszustand bei möglichst niederem Druck zu erreichen. Die Arbeiten von Andrews haben eine Umkehrung dieser Vorstellungen hervorgerufen. Die von ihm definierte kritische Temperatur ist diejenige Grenztemperatur, bei welcher ein Unterschied zwischen dem gasförmigen und dampfförmigen Zustand eintritt. Unterhalb der kritischen Temperatur kann die gasförmige Materie als ungesättigter Dampf angesehen werden, der durch genügende Druckerhöhung in einen gesättigten bzw. fortschreitend kondensierbaren Dampf unbedingt überführbar ist. Oberhalb der kritischen Temperatur kann überhaupt ein gesättigter Dampf der entsprechenden Flüssigkeit nicht existieren; deshalb läßt sich oberhalb dieser Temperatur eine gasförmige Substanz durch noch so hohe Drucke nicht kondensieren. Im Lichte dieser Erkenntnis erschienen dann die permanenten Gase als Flüssigkeitsdämpfe, deren kritische Temperaturen noch bedeutend niedriger liegen, als die tiefste Temperatur, welche man herstellen konnte. Der weitere Weg, der verfolgt werden mußte, um die permanenten Gase zu verflüssigen, lag deutlich vor. Das Problem der Gasverflüssigung ist zu einem Problem der Kälteerzeugung geworden. Die Kältetechnik befand sich aber zu dieser Zeit auf einer Entwicklungsstufe, die den neu entstandenen Aufgaben nicht gewachsen war. Zwar sind die experimentellen Unterlagen zu sämtlichen Kältemaschinentypen in den letzten Jahren des 18. und in dem ersten Viertel des 19. Jahrhunderts geschaffen worden, doch handelte es sich hierbei um die Herstellung von Temperaturen von nur bis zu ca. -100^{0} C. Bei den permanenten Gasen aber kommen kritische Temperaturen in Betracht, welche bedeutend tiefer als -100^{0} C liegen. Zur Herstellung derselben mußte die Theorie der Kälteerzeugung eine Entwicklung prinzipieller Natur erfahren. Dadurch erklärt sich auch der Umstand, daß beinahe acht Jahre vorübergingen, ehe die theoretischen Schlüsse Andrews zu experimenteller Tatsache wurden. Getragen von dieser Anschauung, entwickelten sich dann in Anlehnung an die Thermodynamik neue Grundlagen der Kälteerzeugung.

Im Jahre 1877 gelang es Cailletet[1], O_2, CO, N_2 und angeblich auch Wasserstoff in Form vorübergehender Nebel zu erhalten, während gleichzeitig Pictet[2] Sauerstoff und vielleicht auch Wasserstoff in Form kontinuierlicher Flüssigkeiten von kurzer Lebensdauer beobachtet hat.

Die Methoden, deren sich beide Forscher bedienten, waren verschieden. Cailletet benutzte zwecks Erreichung niederer Temperaturen die adiabatische Ausdehnung eines Gases unter Leistung äußerer Arbeit. Dagegen beruht die Methode von Pictet, welche als Kaskadenmethode der kritischen Temperaturen bezeichnet wird, auf Erzeugung tiefer Temperaturen mittelst Verdampfung verflüssigter Gase unter niedrigem Druck, welche so hintereinander geschaltet werden, daß jedes vorhergehende Gas eine Abkühlung des nächstfolgenden unter seine kritische Temperatur gestattet. Eine Entwicklung, welche die Verdampfungsmethode in den Händen von v. Wroblewski[3] und Olszewski erfahren hat, ermöglichte dem letzteren im Jahre 1883 flüssigen Sauerstoff im statischen Zustande und größeren Mengen herzustellen. Die übrigen permanenten Gase wurden bald darauf in der Reihenfolge ihrer kritischen Temperaturen verflüssigt. Dem O_2 mit seiner kritischen Temperatur von $-118{,}0^0$ C folgten CO, Luft und N_2 mit ihren kritischen Temperaturen von $-141{,}1^0$ C, $-142{,}0^0$ C und $-146{,}4^0$ C. Auf demselben Wege wurden von Olszewski in Krakau, Dewar in London und Kamerlingh Onnes in Leyden u. a. tiefe Temperaturen bis zu etwa -200^0 C erreicht, bei welchen fast alle bekannten gasförmigen Substanzen in den flüssigen bzw. festen Zustand übergeführt worden sind. Nur der Wasserstoff widerstand allen Versuchen ihn zu verflüssigen. In diesem Falle ist die Kaskadenmethode an die Grenze ihrer Wirksamkeit gelangt. In der Tat beträgt, wie nachträglich festgestellt worden ist, die kritische Temperatur des Wasserstoffs -240^0 C. Da man mit dem tiefsten Temperaturträger, dem festen Stickstoff, auch im Vakuum nicht unter -225^0 C heruntergehen konnte, so war es ausgeschlossen, auf dem Wege der Kaskadenmethode Wasserstoff statisch zu verflüssigen. Zu diesem Zwecke mußte ein anderes Prinzip zur Erreichung tiefer Temperaturen herangezogen werden. Als solches erwies sich die innere Arbeit, welche ein vom Mariotteschen Gesetz abweichendes Gas bei seiner Expansion leistet. Das große Verdienst, den Joule-Thomsonschen Effekt als Prinzip zur enormen Kälteerzeugung zu benutzen, teilen Linde in Deutschland und Hampson in England. Die Lindeschen und Hampsonschen Apparate fanden sehr bald Eingang in zahlreichen wissenschaftlichen Laboratorien und haben im hohen Grade die Ausführung von Versuchen bei sehr tiefen Temperaturen erleichtert. Hierzu trugen auch die Dewarschen Vakuumgefäße zu längerer Aufbewahrung verflüssigter Gase bedeutend bei. Einer zweckmäßigen Anwendung dieser

---

[1] L. Cailletet, Ann. chim. phys. [5] **15**, 132 (1878).
[2] R. Pictet, Ann. chim. phys. [5] **13**, 145 (1878).
[3] S. v. Wroblewski und K. Olszewski, Wied. **15**, 243—257 (1883).

Methode konnte auch der Wasserstoff nicht mehr widerstehen, welchen DEWAR im Jahre 1898 in einem wesentlich nach LINDE ausgeführten Apparate in flüssigem Zustande erhielt. DEWAR folgten darauf TRAVERS und OLSZEWSKI mit ihren Wasserstoffverflüssigern. Die Verflüssigung des Wasserstoffs, welche im Laufe von mehr als 60 Jahren so viele Mißerfolge aufzuweisen hatte, kann jetzt in der Anordnung von OLSZEWSKI innerhalb 20 Minuten verwirklicht werden.

Der flüssige Wasserstoff wurde von DEWAR unter vermindertem Drucke zum Sieden gebracht, wobei er bei 55 mm Druck und $-258{,}9^{0}$ C zu einer durchsichtigen glasartigen Masse erstarrte.

Es blieb noch schließlich zur allseitigen Bestätigung des Satzes, daß sämtliche Gase in den flüssigen Zustand übergeführt werden können, die Verflüssigung von Helium übrig. Nach vielen vergeblichen Bemühungen, welche in dieser Richtung von verschiedenen Seiten aufgewandt wurden, gelang es im Jahre 1908 KAMERLINGH ONNES auch das Helium in flüssigem Zustande bei 4^{0} abs. zu erhalten.

Gegenwärtig ist das Problem der Gasverflüssigung als abgeschlossenes Gebiet anzusehen. Im Laufe seiner beinahe hundertjährigen Entwicklung hat es neue Probleme ins Leben gerufen, selbständig verfolgt, gelöst und auf diese Weise unser gesamtes Wissen von den Aggregatzuständen gefördert.

II. Darstellung und Reinigung der Gase.

Bei den zur Verflüssigung anwendbaren Gasen muß auf den Reinheitsgrad derselben besonderes Gewicht gelegt werden. Fremde Stoffe beeinflussen einerseits diejenigen physikalischen Konstanten, welche den Kondensationsprozeß in erster Linie bestimmen, wirken anderseits, falls sie einen höheren Erstarrungspunkt als der zu untersuchende Stoff besitzen, sehr nachteilig auf die Wärmeübertragung in den Regeneratoren. Es wird deshalb in vorliegendem Falle bei der Wahl der Darstellungsreaktion eines Gases nicht allein die quantitative Ausbeute, sondern auch die Art der dabei entstehenden Nebenprodukte und die Leichtigkeit, mit der sie sich entfernen lassen, die ausschlaggebende Rolle spielen. So wird man z. B. bei der Sauerstoffdarstellung auf das Kaliumchlorat, bei dessen Zersetzung stets Chlor, Chlorwasserstoff und Ozon auftreten, verzichten müssen und an seiner Stelle die Zersetzung von Kaliumpermanganat benutzen (vgl. Bd. IV „Gase“).

Als stets auftretende Verunreinigung, für deren Entfernung gesorgt werden muß, kommt die Luft des Gasentwicklungsapparates in Betracht. Die in der Regel benutzte Verdrängungsmethode, bei der die Luft durch den Gasstrom selbst entfernt werden soll, kann nur dann mit Erfolg durchgeführt werden, wenn es sich um Gase von größerem spez. Gewicht als die Luft handelt, wie z. B. Chlor oder Kohlensäure, die praktisch die ganze im Apparate vorhandene Luftmenge vor sich drängen. Dagegen wird bei den leichteren Gasen in diesem Falle anstatt des Verdrängens die Diffusion in Vordergrund treten und die Entfernung der Luft äußerst erschweren.

Moissan[1] zeigte, daß während bei CO_2 der vierte freigelassene Liter Gas nur noch 0,88 % Luft enthielt, im selben Apparat bei Ammoniak im vierten Liter Gas ein Gehalt von 21,10 % Luft gefunden wurde, der erst beim achten Liter auf 0,89 % gesunken ist. Man wird deshalb in denjenigen Fällen, wo es möglich ist, das Evakuieren des Apparates vorziehen und die von Travers als „Heberohr zur Gasentwicklung" bezeichnete Verbindungsart des Gasentwicklers mit dem Gasbehälter verwenden. Zu diesem Zwecke wird ein Heberohr von kleiner lichter Weite unter einem rechten Winkel an das Rohr angelötet, welches von dem Gasentwickler zur Luftpumpe führt (s. Fig. 73).[2]

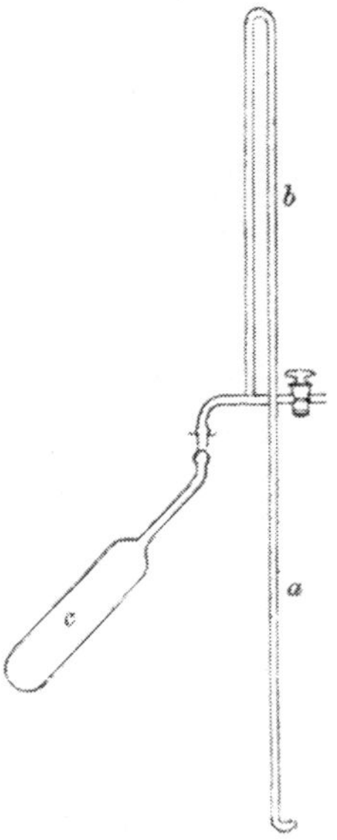

Fig. 73. Heberohr zur Gasentwicklung.

Der lange Schenkel *a* ist am unteren Ende nach oben gebogen und taucht in eine Wanne, welche die Absperrflüssigkeit[3] enthält. Ist der Apparat evakuiert, dann steigt die letztere nach *b*; wenn aber nach Schließung des Hahnes bei der Entwicklung des Gases der Druck im Apparate steigt, dann sinkt die Absperrflüssigkeit, und das durch sie entweichende Gas kann gesammelt werden.

Die Benutzung des Heberohrs ist besonders vorteilhaft, wenn das aus dem evakuierten Entwickler entweichende Gas verschiedene Absorptionsmittel zur Entfernung der Nebenprodukte passieren soll. Beim unmittelbaren Passieren des Gases aus dem Entwickler durch die Absorptionsgefäße in die Luftpumpe wird wegen des verminderten Partialdruckes der Gase die Absorptionsgeschwindigkeit bedeutend herabgesetzt.

Daß die Absorptionsreaktionen keinen Anlaß zur Bildung flüchtiger Stoffe geben dürfen, ist selbstverständlich; es darf dabei nicht der Umstand verkannt werden, daß viele von den zu Absorptionszwecken benutzten Lösungen oder festen Stoffen häufig die Luftbestandteile im gelösten oder adsorbierten Zustande enthalten.

Ohne näher auf die zweckmäßige Wahl der letzteren einzugehen, wollen wir hier die bei der Gasverflüssigung häufig anwendbare physikalische Reinigungsmethode näher betrachten.

Ihrem Wesen nach bildet die Phasentrennungsmethode ein Analogon zu der in der organischen Praxis so häufig anwendbaren fraktionierten Destillation. Wenn man ein homogenes Gasgemisch auf eine Reihe von Temperaturen bringt, die den Verflüssigungstemperaturen unter dem be-

---

[1] H. Moissan, C. r. **137**, 363 (1903); vgl. auch Zeitschr. f. kompr. u. flüssige Gase 1904, S. 96.

[2] Vgl. W. Travers, Experimentelle Untersuchung von Gasen 1905, S. 36.

[3] In der Regel Quecksilber.

treffenden Entwicklungsdruck der einzelnen Bestandteile entsprechen, so werden die letzteren getrennt in flüssigem Zustande erhalten.[1] Diejenige Fraktion, welche das gesuchte Gas enthält, wird dann die Nebenprodukte nur in sehr geringen Mengen, entsprechend ihren Dampfspannungen bei den entsprechenden Temperaturen, enthalten und kann durch fraktionierte Destillation ein reines Gas liefern.

Diese Methode, die sich sowohl zum Trocknen wie auch zum Reinigen von Gasen eignet, ist einer vielseitigen Anwendung fähig und hat RAMSAY und TRAVERS die Isolierung der inaktiven Bestandteile der Luft ermöglicht (vgl. Bd. IV „Edelgase"). Derselben Methode bediente sich auch KAMERLINGH ONNES bei der Reinigung größerer Mengen von Äthylen und technischem auf elektrolytischem Wege hergestelltem Wasserstoff, bei dem schon wenige Kubikmillimeter von fester Luft ausreichten, um die feinen

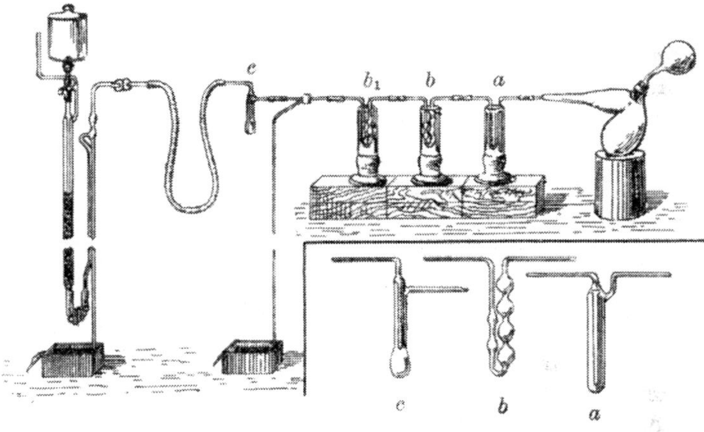

Fig. 74. Apparat von MOISSAN zur Reinigung von Gasen.

Kanäle, durch welche der Wasserstoff sich hindurch bewegen mußte, zu verstopfen.

MOISSAN[2] hat mit Hilfe dieser Methode Kohlensäure, Jodwasserstoffsäure, Chlorwasserstoffsäure, Phosphorwasserstoff, Schwefelwasserstoff und Untersalpetersäure in reinem Zustande hergestellt. Eine Abbildung des von ihm benutzten Apparates ist in Fig. 74 gegeben.

Einem üblichen Gaserzeugungsapparat werden die Glasröhren *a*, *b*, b_1 und *c* angeschlossen, von denen die ersten drei zum Trocknen, die letzte zum Kondensieren und Fraktionieren des Gases bestimmt sind. Das Glasrohr *a* von 30 ccm Inhalt, läßt oben zwei angelötete Röhren eintreten, von denen die eine bis auf den Boden des Apparates reicht, während die andere in den ringförmigen Raum mündet. Die zwei Röhren *b* und b_1 sind U-förmig, von je 15 ccm Inhalt, und bezwecken durch die Abwechselung

[1] Vgl. VI, Kondensation von Gasgemischen, S. 115.
[2] H. MOISSAN, C. r. **137**, 363 (1903).

kugeliger und zylindrischer Teile die Geschwindigkeit des Gases zu verändern und das Niederschlagen der flüssig oder fest gewordenen Teilchen zu beschleunigen. Die Röhren *a*, *b* und b_1 befinden sich in DEWARschen Gefäßen, die mit abkühlenden Flüssigkeiten gefüllt sind. Das Trocknen der Gase ist so vollständig, daß schon bei einer Temperatur von -30° das Gas, welches die Trockenröhren passiert hat, mit Borfluorid kaum noch eine wahrnehmbare Spur von Rauch liefert. Die zur Aufnahme des kondensierten Gases bestimmte zylindrische Glasröhre *c* von 15 ccm Inhalt ist nach *a* ausgeführt und wird mittelst eines Kautschukschlauches mit einer Quecksilberpumpe verbunden. Bei empfindlichen Versuchen ersetzt man die Kautschukverbindung durch Glas- oder Bleiröhren, die mittelst Gummikitt (Bd. I S. 589) verbunden werden. Der zwischen *b* und *c* angesetzte Dreiweghahn gestattet das getrocknete Gas in den Kondensator *c* zu senden oder es durch eine Röhre von 80 cm Höhe über Quecksilber zu sammeln. Der Kondensator wird mit Hilfe eines Kühlmittels auf die Erstarrungstemperatur des gesuchten Gases gebracht. Nachdem sich genügende Mengen von letzterem im festen Zustande gebildet haben, wird mittelst der Pumpe ein Vakuum hergestellt. Bei Entfernung des Kühlmittels tritt durch den Zutritt von äußerer Wärme eine Verdampfung ein, und das entweichende Gas kann direkt in Flaschen mit Quecksilber gesammelt werden, falls dieses Metall nicht angegriffen wird. Wenn das fest gewordene Gas zufolge mangelhafter Herstellung unrein ist, nimmt man eine fraktionierte Destillation vor, indem die am Anfang und am Ende der Operation sich entwickelnden Gase getrennt gesammelt werden.

Die Verhältnisse bei der fraktionierten Destillation der verflüssigten Gase gestalten sich in ähnlicher Weise wie bei den gewöhnlichen Flüssigkeiten und werden durch die Dampfspannungskurve des Gemisches regiert.[1] Man leitet die Destillation unter konstantem Druck oder bei konstanter Temperatur.

Es sei nur erwähnt, daß manche verflüssigten Gase, unter anderem auch der kondensierte Luftstickstoff, eine ausgesprochene Neigung haben, sich zu überhitzen.

Dieser Übelstand kann, wie auch in der üblichen Praxis, mit Hilfe eines Gasstromes, der durch eine Capillare durch die zu fraktionierende Flüssigkeit geleitet wird, oder durch kleine in die Flüssigkeit gebrachte Metallschnitzel beseitigt werden.[2]

III. Das Verdichten von Gasen als experimenteller Prozeß.

Es wurde oben betont, daß die kritische Temperatur als die obere Temperatur der Gasverflüssigung anzusehen ist. Als die untere Temperaturgrenze kann der Schnittpunkt der Dampfspannungskurven der festen und flüssigen Phase des betreffenden Stoffes betrachtet werden. Da aber der

---

[1] Vgl. Kondensation von Gasgemischen VI, S. 115.

[2] Vgl. W. TRAVERS, Experim. Untersuchung von Gasen, 1905, S. 226—239; A. STOCK und B. HOFFMANN, Ber. **36**, 895 (1903); ESTREICHER, Phil. Mag. **40**, 454 (1895).

Schnittpunkt fest-flüssig in der Regel mit dem Druck sich ändert, so trägt die untere Temperaturgrenze der Gasverflüssigung nicht den Charakter eines einzelnen Punktes, sondern wird durch eine Reihe von innerhalb sehr enger Grenzen sich bewegenden Temperaturwerten dargestellt, unterhalb deren der Stoff direkt von gasförmigem in festen Zustand übergeführt werden kann.

Es existiert jedenfalls für jedes Gas eine genügend tiefe Temperatur (der Siedepunkt), bei der es schon unter Atmosphärendruck verflüssigt werden kann. Die Benutzung erheblicher Drucke bei der Gasverflüssigung ist keine Notwendigkeit, sondern eine unter Umständen zweckmäßige Vereinfachung, die gestattet mit der Temperatur nicht so tief herunterzugehen. Im Zusammenhang damit handelt es sich im allgemeinen bei der Gasverflüssigung in experimenteller Hinsicht um gleichzeitige Herstellung von hohem Druck und tiefer Temperatur.

Da die experimentellen Anordnungen zur Erzeugung hoher Drucke an anderer Stelle dieses Handbuches betrachtet werden (Bd. II), sollen sie hier nur gelegentlich behandelt werden. Dagegen soll auf die Herstellung tiefer Temperaturen in derjenigen spezifischen Anordnung, wie sie bei der Gasverflüssigung auftritt, näher eingegangen werden (vgl. auch Arbeiten mit verflüssigten Gasen, Bd. II.)

IV. Prinzipien der Kälteerzeugung.

Im allgemeinen kann die Temperatur eines Stoffes auf zwei Wegen herabgesetzt werden, indem man es entweder in Berührung mit anderen Stoffen niederer Temperatur bringt, oder ohne Zuhilfenahme fremder Stoffe zu Arbeitsprozessen zwingt, die auf Kosten der inneren Energie des abzukühlenden Stoffes sich abspielen. Dementsprechend lassen sich zwei Gruppen von Abkühlungsmethoden unterscheiden.

Die eine Gruppe umfaßt die Kältemischungsmethode, Verdampfungsmethode und die sogenannte Kaskadenmethode und setzt eine bereits vorhandene äußere Kältequelle voraus. Der abzukühlende Stoff erscheint in seiner Wirkungsweise als Heizstoff. Damit die äußere Kältequelle eine konstante Temperatur beibehält, wird die Anordnung so getroffen, daß die vom Heizstoff zugeführte Wärme von ihr als latente Wärme aufgenommen wird, d. h. den abkühlenden Stoff zum Schmelzen oder Verdampfen bringt.

Zur zweiten Gruppe gehören die eigentlichen Kälteerzeugungsmethoden, bei denen das betreffende Gas ohne Zuhilfenahme fremder Stoffe durch adiabatische Leistung innerer oder äußerer Arbeit eine Temperaturerniedrigung erleidet.

Schließlich sei noch erwähnt, daß bei den am schwierigsten zu verflüssigenden Gasen eine Kombination von Abkühlung und Kälteerzeugung benutzt werden muß.

a) Die Kältemischungen.

Bei Kältemischungen, die auf Lösungsprozessen beruhen, entstehen die tiefen Temperaturen auf Kosten der negativen Lösungswärmen. Zu diesem Zwecke werden sich neben Wasser als Lösungsmittel solche Stoffe wie C_aCl_2, $(NH_4)NO_3$ besonders eignen, da sie bei einer hohen Löslichkeit gleichzeitig eine bedeutende negative Lösungswärme aufweisen. Ist die Konzentration der Bestandteile der Lösung oder Mischung gewählt, so wird damit auch der verfügbare calorische Abkühlungswert eindeutig bestimmt.

Außerdem kann mit genügender Annäherung unter Vernachlässigung der Verdünnungswärme der Wert der mit der Temperatur variierenden Lösungswärme dazu benutzt werden, um unter Zuhilfenahme der spez. Wärme der entstehenden Lösungen die erreichbare Temperaturerniedrigung zu berechnen. In der Tat wird diese Temperaturerniedrigung nur so weit zur wirklichen Erscheinung gelangen, als nicht etwa der Sättigungspunkt oder Gefrierpunkt der Lösung eintreten wird. In beiden Fällen wird der Temperaturerniedrigung eine Grenze gesetzt, indem ein Teil des festen Stoffes ungelöst bleibt, oder ein Teil des Wassers ausfriert.

Sobald aber die hergestellte Mischung benutzt wird, um einen wärmeren Körper abzukühlen, kann bei zweckmäßiger Anordnung der gesamte calorische Abkühlungswert ausgenutzt werden. Man wird in solchen Fällen immer die entsprechenden Gefrierpunkte und Sättigungskurven berücksichtigen müssen, um an der Hand derselben die Leitung des Abkühlungsprozesses zweckmäßig zu gestalten.[1]

Die Benutzung solcher Lösungen als Kältemischungen, die sich längs der Löslichkeits- oder Gefrierpunktskurven bewegen, hat manche Nachteile. Sie eignen sich unter Umständen zur Abkühlung, sind aber nicht imstande eine Temperaturkonstanz zu sichern, da sie einen Freiheitsgrad besitzen und bei weiterer Wärmezufuhr von außen auch ihre Temperatur erhöhen werden. Deshalb gewinnen als Kältemischungen die sogenannten Kryohydrate ein besonderes Interesse.

Die Kryohydrate bilden einen Spezialfall der sogenannten eutektischen Gemische und entsprechen dem Schnittpunkt der beiden oben erwähnten Kurven, in dem der Zustand des Gebildes eindeutig bestimmt ist. Bekanntlich gefrieren kryohydratische Salzlösungen als ganzes wie ein einheitlicher Körper bei konstanter Temperatur, die gleichzeitig die niedrigste Temperatur ist, die man mit Eis und dem betreffenden Salz erzielen kann.

Bei Wärmezufuhr zu einer kryohydratischen Mischung wird sie sich, so lange Eis und Salz sich im festen Zustande befinden, bei konstanter Temperatur verflüssigen.[2] Erst von da an, wo nur mehr Eis allein oder nur mehr Salz allein vorhanden ist, wird die Temperatur steigen.

---

[1] Vgl. Müller-Pouillets Lehrb. der Phys. und Meteorologie 2, 461—467 (1898).

[2] Die der Gewichtseinheit der kryohydratischen Mischung zukommende Schmelzwärme ergibt sich annähernd als Summe der Schmelzwärme des Eises und der Lösungswärme des Salzes im Verhältnis der kryohydratischen Zusammensetzung (vgl. Gröber, Zeitschr. für die gesamte Kälteindustrie, 1909, S. 81).

Die kryohydratischen Gemische werden durch Zusammenbringen der beiden festen Bestandteile in möglichst feiner Verteilung hergestellt, wobei es sehr wesentlich ist für einen dauernden Kontakt durch Rühren zu sorgen. Die Zusammensetzung und Temperaturen der wichtigsten kryohydratischen Gemische sind in Tabelle I angeführt.

Tabelle I.

Zusammensetzung und Temperatur einiger Kryohydrate (Landolt-Bernstein, Physik.-chemische Tab., 1905, Tab. 176).

Bodenkörper: Eis und	Kryohydr. Temp.	Gramm anhydr. Salz in 100 g H_2O
$Pb(NO_3)_2$	$-2{,}7^0$	35,2
$MgSO_4 \cdot 12H_2O$	$-3{,}9$	23,5
$Sr(NO_3)_2 \cdot 4H_2O$	$-5{,}75$	32,4
$BaCl_2 \cdot 2H_2O$	$-7{,}8$	29
$MnSO_4 \cdot 7H_2O$	$-10{,}5$	47,5
NH_4Cl	$-15{,}8$	22,9
NH_4NO_3 rhomb. β	$-17{,}35$	70
$NaCl \cdot 2H_2O$	$-21{,}2$	28,9
$Cu(NO_3)_2 \cdot 9H_2O$	-24	56
$Ni(NO_3)_2O \cdot 9H_2O$	-27	63
$Mg(NO_3)_2 \cdot 9H_2O$	ca. -29	ca. 53
$Zn(NO_3)_2 \cdot 9H_2O$	ca. -29	ca. 65
$MgCl_2 \cdot 12H_2O$	$-33{,}6$	26
$Mn(NO_3)_2 \cdot 6H_2O$	ca. -36	68
$HNO_3 \cdot 3H_2O$	-43	32,7
$CaCl_2 \cdot 6H_2O$	-55	42,5
$ZnCl_2 \cdot 4H_2O$	ca. -62	104
$HClO_4 \cdot 6H_2O$	-64	72,4
$SO_3 \cdot 5H_2O$	-75	31
$HJ \cdot 4H_2O$	-80	92
$HCl \cdot 3H_2O$	-86	33

Vor kurzem hat Duclaux[1] zur Herstellung von Kältegemischen aus Flüssigkeiten das Regenerativprinzip mit Erfolg verwertet, indem er die bei der Mischung stattfindende Temperaturerniedrigung dazu benutzt, um die beiden getrennt zufließenden Bestandteile vor ihrem nächsten Zusammentreffen abzukühlen. Die beiden in Betracht kommenden Flüssigkeiten fließen durch lange Capillaren zu der Stelle, wo sie unter Wärmeabsorption sich mischen, um darauf längs der Außenseiten der Capillaren zurückzuströmen. Es gelang in dieser Weise mit Schwefelkohlenstoff und Aceton rasch eine Temperatur von -48^0 zu erreichen. Die beiden Bestandteile des Gemisches lassen sich auf Grund des Verteilungsgleichgewichtes für Aceton zwischen Wasser und Schwefelkohlenstoff leicht voneinander trennen.

[1] J. Duclaux, Zeitschr. für komprim. und flüss. Gase, 1911, S. 125.

b) Kälteerzeugung durch Verdampfung.

Die in einem Verdampfer eingeschlossene Flüssigkeit entzieht bei ihrem Verdampfen der Umgebung, also z. B. einem anderen Stoffe, der den Verdampfer umgibt, Wärme und kühlt ihn nahezu auf die Verdampfungstemperatur ab. Dieser freiwillig verlaufende Prozeß ist in ausgedehntem Maße als Kälteerzeugungsmethode zur Gasverflüssigung benutzt worden, und hat es ermöglicht, alle Gase bis auf Wasserstoff und Helium zu verflüssigen.

Zwar ist diese Methode, nach der Einführung des Linde-Hampsonschen Verfahrens zur Kälteerzeugung, in ihrer praktischen Bedeutung zurückgegangen, doch bietet sie in derjenigen Form, die ihr Pictet in seiner „Kaskadenkühlung" verliehen hat, den großen Vorteil, eine ganze Reihe von konstanten tiefen Temperaturen zugänglich zu machen.

Solche Einrichtungen nach dem Prinzip der Kaskadenmethode haben Pictet in seinem Kältelaboratorium in Berlin und Kamerlingh Onnes im bedeutendsten kryogenen Laboratorium in Leyden getroffen, während die Kälteerzeugung in den Laboratorien in Krakau und Leipzig auf der Expansionsmethode beruht.[1]

Von den zahlreichen Gasverflüssigern, in denen die Kälteerzeugung auf Verdampfung beruht, beschränken wir uns auf die Apparate von Wroblewski und von Olszewski, die neben einem bedeutenden historischen Interesse die hauptsächlichen Konstruktionsgrundsätze solcher Apparate zum Ausdruck bringen. Der Beschreibung dieser Apparate soll näheres über die dabei in Betracht kommenden Kälteträger vorausgeschickt werden.

Als solche eignen sich Flüssigkeiten, die bereits bei niederen Temperaturen eine erhebliche Dampfspannung aufweisen. Außerdem müssen sie einen sehr tief liegenden Erstarrungspunkt haben, sonst würden sie beim Übergang aus der Kondensationsflasche, wo sie in verflüssigtem Zustande unter höherem Druck stehen, in den Refrigerator, wo sie unter vermindertem Druck verdampfen, erstarren und die Wärmeübertragung äußerst ungünstig gestalten. Da aber solche Eigenschaften hauptsächlich in den verflüssigten Gasen vorliegen, so erklärt sich daraus, daß eine andauernde Entwicklung dieser Abkühlungsmethode gewisse Erfolge auf dem Gasverflüssigungsgebiete voraussetzt.

Der erste Kälteträger dieser Art wurde durch das Thiloriersche Gemisch von fester Kohlensäure und Äther verwirklicht, durch dessen Verdampfung im Vakuum Faraday die Temperatur von -110^{0} C. erreichte.[2]

Natterer[3] bediente sich eines Gemisches vom flüssigen Stickstoffoxydul und Schwefelkohlenstoff, welches unter der Glocke einer Luftpumpe angeblich -140^{0} C zeigt. (Bemerkung: Bei der Temperaturmessung wurde

---

[1] M. Altschul, Zeitschr. für die gesamte Kälteindustrie, 1895, S. 201, 221; J. E. Lilienfeld, Zeitschr. für komprim. und flüss. Gase, XIII. Jahrg., Heft 11, S. 165, 1911.

[2] M. Faraday, Ann. chim. phys. **15** (3) 261 (1845).

[3] J. Natterer, Ann. **54**, 254 (1845).

als Thermometersubstanz Phosphorchlorür benutzt. Da das letztere in der Nähe von -116^0 C erstarrt, so scheint eine mangelhafte Temperaturbestimmung vorzuliegen.)

Cailletet[1] hat das flüssige Äthylen (Smp. -105^0 C) eingeführt. Das Verdampfen desselben im Vakuum ermöglichte v. Wroblewski und Olszewski mit der Temperatur bis auf -136^0 C bei 25 mm Quecksilberdruck[2] und -152^0 C bei 9,5 mm Quecksilberdruck[3] herunterzugehen. Auf diese Weise gelangte die erste Verflüssigung von O_2, CO und N_2. Zur selben Zeit hat Cailletet[4] flüssiges Methan, dessen Siedetemperatur bei atmosphärischem Druck ca. -160^0 C beträgt, empfohlen.

Die allgemeine Anwendung, welche das Äthylen aufzuweisen hat, verdankt es der leichten Herstellung in reinem Zustande und den sehr günstigen kritischen Daten (Kr.-Temp. -10^0; Kr.-Druck 51,7 Atm.), die eine leichte Verflüssigung desselben gestatten. Unten findet man die Dampfspannungskurven der wichtigsten als Kältebäder geeigneten verflüssigten Gase in tabellarischer Form zusammengestellt (s. Tab. II).

Tabelle II.

Dampfspannungstabellen von einigen verflüssigten Gasen.

Schwefeldioxyd SO_2.

(Pictet, Landolt-Bernstein, Physikalisch-chemische Tab., 1905, S. 134.)

Druck in Atm.	0,36	0,61	1,00	1,51
Temperatur in C⁰	−30	−20	−10	

Ätherkohlensäuregemisch.

(John und A. Zeleny, Phys. Ztschr., Heft 7, 1906, S. 716—719; Ztschr. für komprim. und flüss. Gase, Heft 4, 1907, S. 568.)

Druck in mm Hg	20	100	220	260	300	380	420	480
Temperatur in C⁰	−116,7	−101,1	−93,2	−91,3	−89,7	−87,0	−85,8	−84,1
Druck in mm Hg	520	600	680	740	780	840		
Temperatur in C⁰	−83,1	−81,4	−79,76	−78,68	−78	−77		

Stickoxyd NO.

(K. Adwentowski, Ztschr. für komprim. und flüss. Gase, Heft 1, 1910, S. 20.)

Druck in mm Hg	23	42	55	65	92	107	120
Temperatur in C⁰	−174,4	−170,7	−169,2	−167,7	−165,4	−164,5	−163,8
Druck in mm Hg	136	158	168	353	360	441	519
Temperatur in C⁰	−162,8	−161,0	−160,6	−157,8	−156,8	−155,6	−154,1
Druck in mm Hg	598	664	721	760			
Temperatur in C⁰	−152,6	−150,9	−150,3	−150,2			

Äthylen C_2H_4.

(K. Olszewski, C. r. **99**, 133 [1884].)

Druck in mm Hg	9,8	12	31	56	72	107	146	256
Temperatur in C⁰	−150,4	−148	−139	−132	−129,7	−126	−122	−115,5
Druck in mm Hg	346	441	546	750				
Temperatur in C⁰	−111	−108	−105	−103				

---

[1] L. Cailletet, C. r. **94**, 1223—1226 (1882).

[2] S. v. Wroblewski und K. Olszewski, Wied. **20**, 254 (1883).

[3] S. v. Wroblewski, Wied **25**, 380 (1885).

[4] L. Cailletet, C. r. **98**, 1565 (1864).

Methan CH_4.

(K. Olszewski, C. r. **100**, 940 [1885].)

Druck in Atm.	0,006 / 5 mm Hg	0,105 / 80 mm Hg	1	2,24	6,2	11,0
Temperatur in C°	−201,5 (fest)	−185,5 (Smp.)	−164,0	−153,8	−138,5	−126,8
Druck in Atm.	21,4	26,3	40,0	49,0	54,9	
Temperatur in C°	−110,6	−105,8	−93,3	−85,4	−81,8	

Kohlenoxyd CO.

(S. v. Wroblewski, Wied. **25**, 404 [1885].)

Druck in mm Hg	40	60	100	112	120	140	160	735
Temperatur in C°	−201,6	−201,5	−198,8	−198,8	−198,5	−198,4	−197,5	−190

Sauerstoff O_2.

(Travers, Senter und Jaquerod, Experim. Untersuch. von Gasen, Travers, 1905, S. 269.)

Druck in mm Hg		200	300	400	500	600	700	760	800
Temperatur in C°		−193,9	−190,8	−188,6	−186,6	−185,0	−183,6	−182,8	−182,3
Druck[1] in mm Hg	0,9(Smp.)	7,5	11,5	14,5	31,8	61,8	91,8	141,8	179,1
Temperatur in C°	−227	−211,2	−209,5	−208,6	−204,8	−201,1	−198,7	−195,9	−19,0

Stickstoff N_2.

(Fischer und Alt, Ann. Phys. **9**, 1149 [1902].)

Druck in mm Hg	86 ± 4 (Smp.)	120	180	300	456	700	760
Temperatur in C°	−210,5	−208,2	−205,9	−202,6	−199,7	−196,3	−195,7

Wasserstoff H_2.

Travers und Jaquerod, Phil. Trans. **200**, A, 105 (1902); vgl. Travers, Experimentelle Untersuchung von Gasen, 1905, S. 241—244, 266.)

(Druck in mm Hg	50	100	200	300	400	500	600
Temperatur in C°	−258,9	−257,9	−256,4	−255,4	−254,7	−254,0	−253,4
Druck in mm Hg	700	760	800				
Temperatur in C°	−252,9	−252,6	−252,4				

1. Apparat von S. v. Wroblewski.[2]

Man findet nebenstehend eine Abbildung des Apparates zur Verflüssigung von permanenten Gasen von v. Wroblewski, der sich aus Kompressionspumpe, Flaschen zur Aufbewahrung komprimierter Gase und Verflüssigungsanordnung als seinen Hauptbestandteilen zusammensetzt (Fig. 75).

Zum Komprimieren der Versuchsgase wird eine Nattererche Kompressionspumpe benutzt, die im wesentlichen die Einrichtung hat, welche in Fig. 76 dargestellt ist.

In dem Zylinder *B* bewegt sich ein Stempel *A* auf und ab, gewöhnlich durch ein rotierendes Rad getrieben. Beim Heruntergehen saugt der Stempel durch die Röhre *o* aus einem Gasometer das betreffende Gas an. Beim Hinaufgehen schließt er die Öffnung von *o* selbsttätig durch den Hahn *R*, komprimiert das Gas und erzeugt dabei einen solchen Druck, daß das Ventil *S* gehoben wird und dem Gase durch die Röhre *T* den Zutritt zu dem Gefäß, in welchem es komprimiert werden soll, gestattet.

[1] Th. v. Estreicher, Phil. Mag. [5] **40**, 454 (1893).
[2] S. v. Wroblewski, Wied. **25**, 371—407 (1885).

Zur Aufbewahrung der komprimierten Gase dienen zwei eiserne auf 150 Atmosphären Druck geprüfte Kompressionsflaschen *a* und *b*, eine jede von ca. 600 ccm Inhalt. Beide Flaschen sind mittelst der Kupferröhre *l* und *gg* mit der Pumpe, miteinander und mit dem Metallmanometer *h* verbunden. In der Flasche „*b*“, welche als Vorratsflasche dient, wird das Gas bis zum Drucke von 100 bis 120 Atm. komprimiert, während in der Flasche „*a*“ das Gas auf den Verflüssigungsdruck (ca. 40 Atm.) gebracht wird. Sie sind mit Hilfe einer Metallleiste *i* in einem zur Aufnahme von Kältemischungen bestimmten starken Kasten von Zinkblech *k* befestigt und enthalten je ein kleines zylindrisches mit Ätzkalium und Chlorcalcium ge-

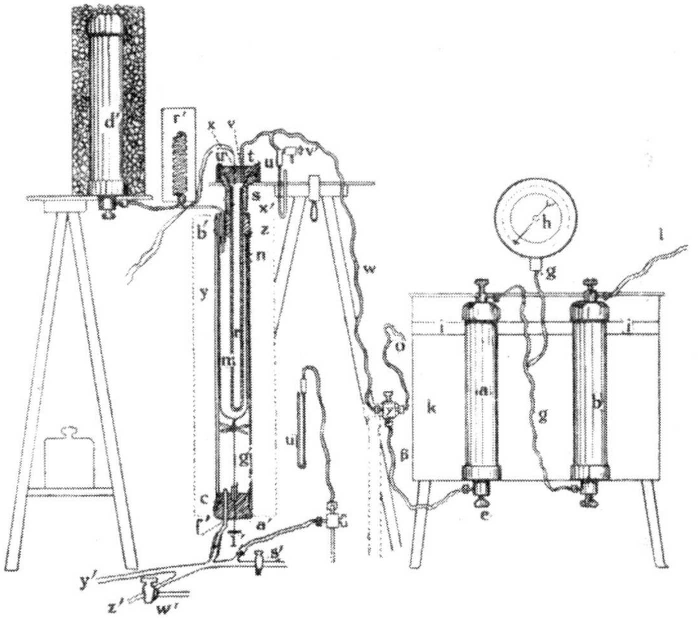

Fig. 75. Apparat von v. WROBLEWSKI zur Verflüssigung von permanenten Gasen.

fülltes Gefäß aus Drahtnetz zur Entfernung des Wasserdampfes und der Kohlensäure, welche beim langsamen Verbrennen der Öldämpfe während des Pumpens entstehen.

Der Schraubenhahn *e* ist mittelst der Kupferröhre β mit dem Stahlstück γ verbunden, welches das Innere des Kompressionsapparates, sowohl mit dem Gasverflüssiger wie mit einem Luftmanometer *o* in Verbindung zu setzen gestattet.

Der Verflüsssigungsapparat besteht aus einer Glasröhre *r*, welche etwa 42 bis 46 cm lang ist und 13 mm im Lichten und 4 mm Wandstärke hat; sie ist unten zugeschmolzen und oben in eine Messingfassung *s* eingekittet. Die Fassung ist mit einer konischen Vertiefung versehen, zu welcher ein messingener Deckel *t* mit einem konischen Ansatz genau paßt und mit Hilfe von vier Schrauben *uu* luftdicht angelegt werden kann. Die Öffnungen *v* und x des Deckels nehmen das kupferne Gaszuleitungsrohr w und das thermelektrische Paar auf.

Die Röhre r ist in die 55 bis 60 cm lange, 6 bis 6,5 cm weite und 0,2 cm starke Glasröhre y hineingesetzt, die an den beiden erweiterten Enden z und a' zwei luftdichte aus grobkörnigem wenig weichem Kautschuk hergestellten Pfropfen trägt. Durch zwei Öffnungen des oberen Pfropfens gehen das Rohr r und das Glasröhrchen b', welches zur Aufnahme des kupfernen Zuleitungsrohres für flüssiges Äthylen aus dem Rezipienten d' dient, hindurch. Durch die Öffnung c' des unteren Pfropfens geht das zum Abführen vom flüssigen Äthylen dienende Glasrohr f', während die zweite Öffnung desselben den mit einem zylindrischen Ebonitstück l' versehenen Stahldraht g' durchläßt. Dieser Draht ermöglicht das 34 bis 38 cm lange unten geschlossene und flüssiges Äthylen enthaltende Glasrohr m vertikal zu verschieben; dieses Rohr enthält am oberen Ende eine Öffnung n von 9 mm Durchmesser, welche das Entweichen der Äthylendämpfe gestattet. Die letzteren gelangen durch den Zwischenraum der Glasgefäße m und y ins Rohr f' und werden mittelst der bei y' und z' angesetzten beiden Luftpumpen vorsichtig abgesaugt, so daß das Äthylen bei immer niedriger werdendem Drucke und ebenso sinkender Temperatur zum Sieden kommt. Dabei treten leicht explosionsartige Dampfentwicklungen auf, die durch eine Reihe von Vorsichtsmaßregeln zu verhindern sind.

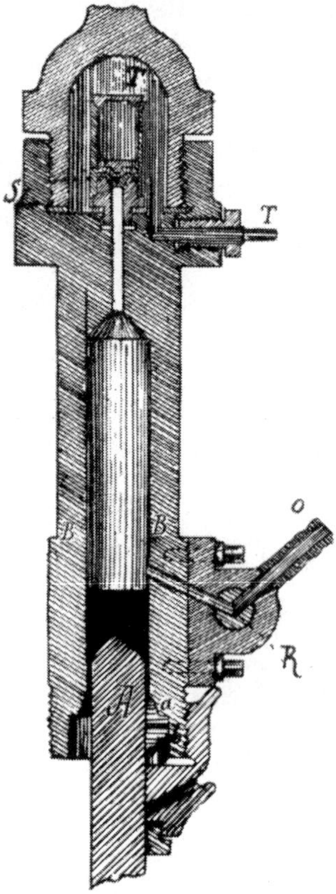

Fig. 76. Nattererche Kompressionspumpe.

Das flüssige Äthylen strömt aus dem Rezipienten d', der in einem Eiskochsalzmischung enthaltenden Blechgefäß steht, und wird vor seinem Eintritt in das Rohr m in dem 3 m langen spiralförmig gewickelten Kupferrohr durch das Kohlensäureäthergemisch abgekühlt, das sich in einem mit Doppelwand versehenen Blechgefäß r' befindet.

Der Verflüssigungsversuch beginnt damit, den zusammengestellten und den leer gepumpten Apparat durch Verdampfen des Äthylens im Vakuum abzukühlen. Nachdem die Temperatur des Äthylens hinreichend gesunken ist, läßt man das Gas aus der Kompressionsflasche a in das Rohr r eintreten; die durch teilweise eintretende Verflüssigung hervorgerufene Druckabnahme wird durch das Gas der Flasche b kompensiert. Sobald das verflüssigte Gas etwas höher steht als außen das Äthylen, wird die Verbindung mit dem Gasbehälter unterbrochen. Bringt man durch passende

Stellung des Hahnes v' das Innere des Rohres r auf den Atmosphärendruck, so wird wegen der eintretenden Verdampfung das verflüssigte Gas kälter, als das umgebende Äthylen, und muß dem erwärmenden Einflusse des letzteren, um eine rasche Verdampfung zu vermeiden, entzogen werden.

Das Senken der Röhre m mit Hilfe des Stahldrahtes g' gestattet diesen Nachteil nur in geringem Maße aufzuheben. Das gelingt aber, indem man in das Innere des Rohres r noch ein zweites in der Abbildung nicht gezeigtes, aus dünnem Glase geblasenes, unten spitzig zugeschmolzenes Glasröhrchen bringt, welches die Hauptmenge des verflüssigten Gases aufnimmt. Es bildet sich außerdem zwischen r und dem letzteren ein Zwischenraum, der mit dem verflüssigten Gase gefüllt ist, welches sich als Isolierschicht für den Inhalt der inneren Röhre sehr vorteilhaft bewährt. Auf diese Weise kann das in der dünnwandigen Röhre enthaltende Verflüssigungsprodukt eine längere Zeit nicht nur unter dem atmosphärischen Druck, sondern auch im Vakuum erhalten werden.

Um das Verhalten der verflüssigten Gase beim Verdampfen unter Druckverminderung zu verfolgen, wird zuerst das Luftmanometer o abgesperrt, und dann der kleine Hahn v' mit dem Dreiweghahn w' durch ein weites Bleirohr verbunden. Durch eine passende Stellung des Hahnes w' können die zwei an y' und z' angesetzten Bianchischen Pumpen zum Verdampfen des Äthylens und des verflüssigten Gases benutzt werden, wobei mit Hilfe des Manometers x' die Spannkraft des letzteren gemessen werden kann.

v. Wroblewski hat in dem beschriebenen Apparate atmosphärische Luft, Sauerstoff, Stickstoff und Kohlenoxyd verflüssigt, die letzteren beiden auch zum Erstarren gebracht.

Die Temperaturmessungen geschahen mittelst eines Thermoelementes aus galvanoplastischem Kupfer und Neusilber, dessen Angaben mit einem Wasserstoffthermometer verglichen und bis -193^0 C mit demselben in Übereinstimmung gefunden worden sind. Die genauen Druckmessungen erfolgten an einem bei o angesetzten geschlossenen Luftmanometer, welches $^1/_{100}$ Atm. direkt abzulesen gestattete.

Der Apparat von v. Wroblewski gestattet zwar, den gesamten Prozeß der Gasverflüssigung mit bloßem Auge zu verfolgen und nebenbei auch die kritischen Größen mit genügender Genauigkeit zu bestimmen, liefert aber die Verflüssigungsprodukte in relativ kleinen Mengen, die außerdem nicht zugänglich sind und zu weiteren Versuchen nur in der Verflüssigungsröhre selbst benutzt werden können. Außerdem darf nicht verkannt werden, daß Versuche, bei denen weite Glasröhren auf bedeutenden Druck beansprucht werden, immer an eine gewisse Gefahr gebunden sind, ein Umstand, dem auch seitens Wroblewskis Rechnung getragen wurde, indem sowohl er wie auch seine Assistenten sich der den ganzen Kopf bedeckenden Drahtmasken (s. Bd. I S. 562) bedienten.

2. Apparat von K. Olszewski.

Diese Nachteile der Anordnung wurden von Olszewski beseitigt, indem er eine Trennung des eigentlichen Verflüssigers vom Sammelgefäß vollzogen und den ersteren in Eisen ausgeführt hat. Er bringt anstatt dem Rohre *r* eine kleine Eisenflasche *a* (vgl. Fig. 77) von 200 ccm Inhalt, die sich in einem flüssiges Äthylen enthaltenden Glasgefäß *m* mit doppelten Wänden (Dewarsches Gefäß) befindet. Durch den Hahn *d* wird das Verflüssigungsprodukt in ein aus mehreren konzentrischen dünnen Glasgefäßen hergestelltes Reservoir *l* abgelassen.[1]

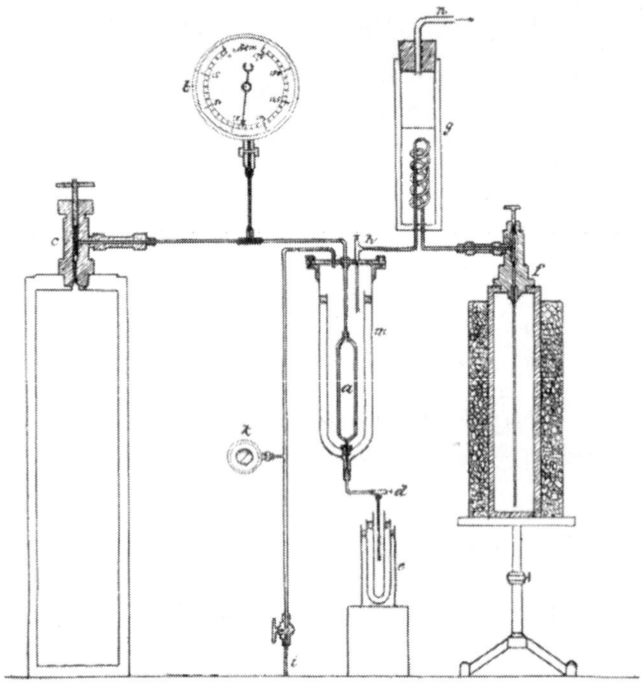

Fig. 77. Apparat von Olszewski zur Verflüssigung von permanenten Gasen.

Diese Anordnung ermöglichte Olszewski, größere Mengen von flüssigem Sauerstoff herzustellen, der unter normalem oder vermindertem Drucke als Kältebad mit großem Erfolg zur Verflüssigung vieler gasförmigen Stoffe und zum Überführen derselben in den festen Zustand benutzt wurde.[2] Unter anderem wurde von ihm zuerst Argon verflüssigt, sowie dessen Siedepunkt (−185,8°) und Schmelzpunkt (−189,6°) bestimmt.[3] Die tiefste Temperatur von −225° erreichte Olszewski durch Verdampfen von festem Stickstoff (Smp. −210,5 bei 4 mm Druck).

3. Die Kaskadenmethode der kritischen Temperaturen.

Die Kaskadenmethode der kritischen Temperaturen rührt von Pictet her, der hierbei in geistvoller Weise das Prinzip der Kaltdampfmaschinen

[1] K. Olszewski, Bull. Intern. Acad. Crac. 1890, 176; Phil. Mag. **39**, 188—212 (1895); Ztschr. f. kompr. u. flüss. Gase 1908, S. 109.

[2] K. Olszewski, Wied. **31**, 58 (1887).

[3] K. Olszewski, Z. phys. Ch. **16**, 382 (1895); vgl. Ramsay u. Travers, Phil. Trans. **197**, 47 (1901).

für die Gasverflüssigung verwertet hat. Ihrem Wesen nach ist sie eine Verdampfungsmethode, die durch die kontinuierliche Gestaltung mehrerer Verdampfungsprozesse, die in geschlossenen Kreisen aufeinander folgen, vervollständigt ist.

Die Verdampfung des Kälteträgers geht in geschlossenem Gefäß vor sich; die entweichenden Dämpfe werden für sich verflüssigt und dem Verdampfer zurückgeführt. Es resultiert infolgedessen ein Kreisprozeß, der thermodynamisch eine Überführung von Wärme von niederer Temperatur auf höhere bedeutet und deshalb eine Zufuhr von äußerer Arbeit voraussetzt. Das in dem höher temperierten Kreisprozeß verflüssigte Gas wird nun stets dazu benutzt, um das Gas des nächst niederen Zyklus unter seine kritische Temperatur abzukühlen und so die Kondensation immer weniger leicht kondensierbarer Gase zu ermöglichen. Es entstehen in dieser Weise konstante Temperaturbäder, die in der Reihenfolge der kritischen Temperaturen der benutzten Stoffe aufeinander folgen.

Die Anordnung, welcher PICTET zur Verflüssigung des Sauerstoffes sich bediente, ist in Fig. 78 schematisch abgebildet. PICTET erzeugt die niedere Temperatur, welche zur Verflüssigung des O_2 nötig ist, durch Verdampfen von flüssiger Kohlensäure oder Stickoxydul unter niedrigem Druck.

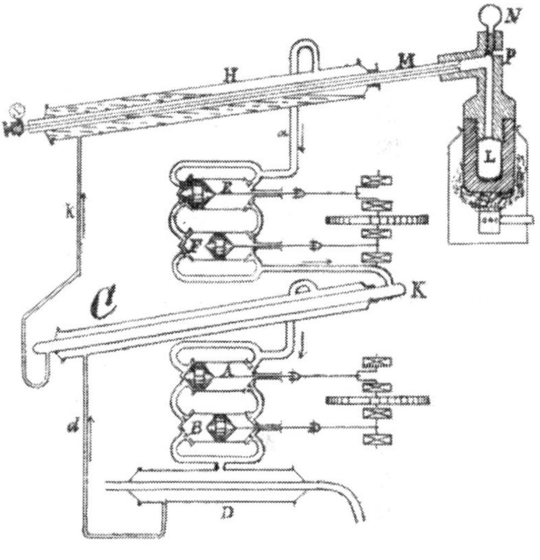

Fig. 78. Schema des Apparates von PICTET zur Gasverflüssigung nach der Kaskadenmethode.

Die Kohlensäuredämpfe werden für sich verflüssigt, indem sie komprimiert und gleichzeitig durch verdampfende SO_2 abgekühlt werden. Die letztere, welche eine hohe kritische Temperatur hat (157°), wird durch Wasser abgekühlt. Der Apparat besteht aus drei Teilen:

Der untere Teil zeigt die Anordnung[1], die zur Verdampfung und Verflüssigung der schwefligen Säure dient. Die flüssige schweflige Säure befindet sich in dem Rohre *C* und wird durch eine Saug- und Druckpumpe *AB* aus *C* abgesogen und in den Kondensator *D* hineingepreßt, wo sie durch kaltes Wasser wieder kondensiert wird und durch das Rohr *d* wieder nach *C* hinaufsteigt. Der Prozeß geht kontinuierlich fort, und die Temperatur der schwefligen Säure in *C* sinkt dadurch, je nach dem Dampfdrucke, den die Pumpe in *C* erzeugt, bis auf −65° oder sogar

[1] R. PICTET, C. r. **85**, 1214, 1220 (1877); **86**, 37, 106 (1878).

—75° C. In dem Rohre *C* liegt ein zweites Rohr *K*, welches nun als Kondensator für gasförmige Kohlensäure dient. Die flüssige Kohlensäure befindet sich in der Röhre *H*. Zwischen *C* und *H* spielt sich mit Hilfe der Saug- und Druckpumpe *EF* und der Leitungsröhre *k* und *a* mit der Kohlensäure ein analoger Kreisprozeß ab, die bei der Verdampfung unter niedrigem Druck die Temperatur in *H* bis auf —130° erniedrigt.

Beim Benutzen von Stickoxydul anstatt Kohlensäure als Arbeitsstoff des zweiten Zyklus erreichte Pictet die Temperatur von —140°. In dem Rohre *H* befindet sich das Rohr *M*, in dem das dem Rezipienten *L* entstammende Gas strömt. Der mit dem Manometer *N* versehene starkwandige Rezipient *L* enthält Kaliumchlorat, das beim Erhitzen Sauerstoff unter erheblichem Druck entwickelt, der in *M* unter seine —118° betragende kritische Temperatur abgekühlt wird.

In demselben Apparat wurde auch der durch Erhitzen von ameisensaurem Kali und Ätzkali hergestellte Wasserstoff den Verflüssigungsversuchen unter dem Entwicklungsdruck von 150 Atm. ausgesetzt. Bei Druckentlastung des auf —140° abgekühlten Wasserstoffs bis auf 1 Atm. glaubte Pictet einen dunklen stahlblauen Flüssigkeitsstrahl zu erkennen, der bald aufhörte und beim Sinken auf den Boden einen metallähnlichen Klang gab. Wenn man aber auch die von der Expansion herrührende Temperaturabnahme in Rechnung zieht, so resultiert noch eine Temperatur, die höher ist als die kritische Temperatur des Wasserstoffs (—240.8°). Es liegt zweifellos in diesem Falle eine irrtümliche Beobachtung vor.[1]

In seinem Kältelaboratorium in Berlin[2] benutzt Pictet anstatt der Kohlensäure die sogenannte „Flüssigkeit Pictet" — eine Mischung von Dämpfen wasserfreier schwefliger Säure und Kohlensäure im molekularen Gewichtsverhältnis. Pictet behauptet, daß auf Grund der unter Verwendung seiner Mischung im Kreisprozesse auftretenden chemischen Zustandsänderungen bei gleicher Kältewirkung eine geringere Betriebsarbeit und geringere Kühlwassermenge erforderlich sei, als bei Dämpfen einfacher Flüssigkeiten.[3] Beim Verdampfen dieses Gemisches unter vermindertem Drucke sinkt die Temperatur bis auf —100° C. Bei dieser Temperatur und einem Drucke von 10—12 Atm. wird Stickstoffoxydul verflüssigt, bei dessen Verdampfung im Vakuum eine Temperatur von —140° erreicht wird. Ebenso wird im dritten Zyklus mit flüssiger Luft verfahren. Die auf —140° abgekühlte Luft wird unter Druck verflüssigt; beim Verdampfen derselben wird die Temperatur von —213° erzielt.

In dem Kryogenlaboratorium von Kamerlingh Onnes in Leyden ist die Kaskadenmethode zu hoher Vollkommenheit ausgebaut.[4] Durch die Einführung von Regeneratorröhren, in denen die angesaugten Dämpfe in Wärmeaustausch mit den zuströmenden Gasen treten, wird eine besonders

---

[1] K. Krzyanowski, Bull. Intern. Cracovie, Jan. 1889; Phil. Mag. [5] **39**, 206 (1896).
[2] Dr. M. Altschul, Zeitschr. für die gesamte Kälteindustrie II, 1895, S. 201.
[3] R. Pictet, Über Kälteerzeugungsmaschinen. Leipzig 1883; vgl. auch Ad. Bluemke, Wied. **34** (1888); R. Pictet, ibid. S. 734.
[4] Communications from the physical Laboratory of the Univ. Leyden Nr. 14 (1895).

große Ausbeute an verflüssigten Gasen erreicht, was für die Ergebnisse der späteren Versuche über Heliumverflüssigung sehr wesentlich war.

Im Jahre 1894 wurden in Leyden drei Kreisprozesse mit Chlormethyl (—90°), Äthylen (—165°) und Sauerstoff (—217°) ausgeführt. Als es im Jahre 1898 DEWAR gelungen ist, den Wasserstoff zu verflüssigen, wurde die Herstellung eines Kreisprozesses mit Wasserstoff zum Hauptproblem des Leydenschen Laboratoriums. Ein solcher Kreisprozeß mit flüssigem Wasserstoff stellt aber so außerordentlich hohe Anforderungen an die Reinheit des umlaufenden Wasserstoffs und an die Apparatur, daß es erst im Jahre 1906 gelang, befriedigende Resultate in dieser Hinsicht zu erhalten. Die Durchführung eines kontinuierlichen Kreisprozesses mit dem Wasserstoff ermöglichte eine ziemlich lange Zeit eine Temperatur von —258° auf 0,01° konstant aufrecht zu erhalten.

c) Kälteerzeugung durch Leistung innerer Arbeit.

Jede Anordnung, durch welche ein hochgespanntes Gas zur Leistung von Arbeit ohne Wärmezufuhr gezwungen wird, kann als Mittel zur Kälteerzeugung benutzt werden. Die dabei der geleisteten Arbeit im Sinne des ersten Hauptsatzes äquivalente Wärmemenge wird der inneren Energie des Gases entnommen. Entsprechend der Expansion eines komprimierten Gases mit Leistung äußerer oder innerer Arbeit sind zwei Arten der Entspannung bei der Gasverflüssigung angewandt worden.

Bei der ersteren — historisch älteren — Entspannungsart tritt die Abkühlung des Gases als Folge der Entspannungsarbeit $\int p\,dv$ auf, die vom komprimierten Gase geleistet wird, sobald die Energiezufuhr seitens des Kompressors ausbleibt. Diese Arbeitsweise, welche durch Expansion des Gases in einem Motor verwirklicht werden kann, ist wegen der Reversibilität der dabei sich abspielenden Vorgänge thermodynamisch die vollkommenste, bietet aber große technische Schwierigkeiten, die erst vor etwa acht Jahren von GEORGE CLAUDE mit Erfolg überwunden worden sind.

Die zweite Expansionsart mit der Leistung innerer Arbeit beruht auf der Abweichung der wirklichen Gase von den idealen, dem damit im Zusammenhang stehenden JOULE-THOMSONschen Effekt und der Inversionstemperatur. Die beiden Methoden werden im folgenden getrennt behandelt.

1. Das Verfahren von Linde und Hampson. Der Joule-Thomsonsche Effekt und die Inversionstemperatur.

Die thermodynamische Konsequenz des JOULE-THOMSONschen Effektes[1] läßt sich dahin zusammenfassen, daß die Unabhängigkeit der Gesamtenergie eines Gases vom Volumen mit Strenge nur für ideale Gase gültig ist. Bei praktischen Gasen existieren Abweichungen, die der inneren

[1] W. THOMSON (Lord KELVIN) u. P. JOULE, Phil. Transact. R. S. London (1853) 357; (1854) 321; (1862) 579.

Arbeit der Anziehungskräfte zwischen den Molekülen zuzuschreiben sind und an der Hand der VAN DER WAALSschen Vorstellungen rechnerisch verfolgt werden können.

Nach den Angaben von JOULE und THOMSON besteht zwischen der Temperaturerniedrigung ΔT beim Ausströmen eines Gases vom Druck p_1 auf den Druck p_2 einerseits, der Druckdifferenz und der Ausströmungstemperatur T andererseits folgender Zusammenhang:

$$\Delta T = K(p_1 - p_2)\left(\frac{273}{T}\right)^2,$$

wo K eine für das Gas charakteristische Größe bedeutet. Für Luft und Kohlensäure wurden für K die Werte 9,276 und 1,05 gefunden. Ein Zusammenhang von allgemeiner Bedeutung ergibt sich mit Hilfe von folgender Überlegung. Da der gesamte Prozeß sich adiabatisch abspielt, wird die Änderung der Gesamtenergie $(-U)$ der geleisteten Arbeit (A) gleich sein. Die letztere ergibt sich, wenn man den Druck, Volumen und Temperatur der Masseneinheit des Gases vor und nach der Expansion durch p_1, v_1, T_1 bzw. p_2, v_2, T_2 bezeichnet, als Differenz der hinter der Öffnung geleisteten Arbeit $(p_2 v_2)$ und der vor der Öffnung zugeführten Arbeit $p_1 v_1$, d. h.

$$A = p_2 v_2 - p_1 v_1 .$$

Die Änderung der Gesamtenergie $(-dU)$, die als Funktion der Temperatur und des Volumens aufzufassen ist, setzt sich aus zwei Gliedern zusammen: $-\frac{DU}{DV}dv$ und $-\frac{DU}{DT}dt$; das erste ist als Arbeit der Anziehungskraft $\frac{a}{v^2}$ anzusehen und berechnet sich zu:

$$-\frac{DU}{DV}dv = -\int_{v_1}^{v_2} \frac{a}{v_2}\,dv = a\left(\frac{1}{v_2} - \frac{1}{v_1}\right);$$

das zweite Glied ist die Änderung des Wärmeinhalts eines Gases, wenn es sich ohne Arbeitsleistung ausdehnt und gleicht $-C_v(T_2 - T_1)$, wo C_v die spezifische Wärme bei konstantem Volumen bedeutet. In dieser Weise ergibt sich für $-U$:

$$-U = -\int U\,dU = -\int \frac{DU}{DT}dt - \int \frac{DU}{DV}dv = -C_v(T_2 - T_1) + a\left(\frac{1}{v_2} - \frac{1}{v_1}\right);$$

schließlich erhalten wir:

$$p_2 v_2 - p_1 v_1 = -C_v(T_2 - T_1) + a\left(\frac{1}{v_2} - \frac{1}{v_1}\right).$$

Ersetzt man in dieser Gleichung $p_2 v_2$ und $p_1 v_1$ durch die entsprechenden Ausdrücke, welche sich für sie aus der VAN DER WAALSschen Gleichung ergeben, C_v durch $C_p - R$ (wenn C_v und C_p sich auf molekulare Mengen beziehen), so ergibt sich, falls $T_1 - T_2$ gegen T_1 zu vernachlässigen ist, schließlich folgendes:

(1) $$C_p(T_1 - T_2) = \left(\frac{2a}{RT} - b\right)(p_1 - p_2) . 24{,}1,$$

wobei für a und b Werte zu setzen sind, die sich ergeben, wenn der Druck in Atmosphären, das Volumen in Litern gemessen wird.[1]

Diese Gleichung, die streng genommen nur für kleinere Druckdifferenzen gültig ist und für die in Betracht kommende Gasverflüssigungsmethode nur mit Annäherung benutzt werden kann, besagt folgendes:

1. Die Abkühlung eines Gases bei Expansion ohne Leistung äußerer Arbeit findet nur dann statt, falls $\frac{2a}{RT} - b > 0$.

2. Es existiert für jedes Gas eine Temperatur T_i, bei der $\frac{2a}{RT} = b$ ist. Bei dieser Temperatur verhält sich das Gas wie ein ideales. Man bezeichnet diese Temperatur als Inversionstemperatur.[2]

3. Oberhalb dieser Temperatur, d. h. bei jedem beliebigen $T > T_i$, wird $\frac{2a}{RT} - b$ negativ, und die Expansion des Gases in der JOULE-THOMSONschen Anordnung wird unter Erwärmung stattfinden.

2. Konstruktionsprinzipien der Verflüssigungsapparate.

An der Hand der oben angeführten Gleichung, die die Vorgänge bei der Expansion eines Gases mit Leistung innerer Arbeit beherrscht, lassen sich die Grundprinzipien ableiten, nach denen Verflüssigungsapparate dieser Art gebaut werden müssen. Zunächst besagt diese Gleichung, daß die Temperaturerniedrigung direkt proportional der Druckdifferenz vor und nach der Expansion ist. Man ist dadurch bei diesem Verfahren auf einen hohen Anfangsdruck p_1 angewiesen. In der Tat benutzen sowohl LINDE wie HAMPSON bei der Luftverflüssigung einen solchen von ca. 200 Atm. Eine Abgrenzung des Eintrittsdruckes des Gases in den Verflüssigungsapparat nach oben wird durch den Umstand gegeben, daß die bei der Expansion entstehende Temperaturerniedrigung teilweise auf Kosten der Differenz $p_1 v_1 - p_2 v_2$ sich bildet.

Bekanntlich ergeben sich, wenn man die pv-Werte als Funktionen von p bei konstanter nicht sehr hoher Temperatur graphisch darstellt, anstatt gerader Linien, wie das für ein ideales Gas sein müßte, Kurven, die ein ausgesprochenes Minimum aufweisen. Mit Ausnahme von Wasserstoff und Helium sinken bei allen übrigen Gasen zunächst die pv-Werte, erreichen dann ihr Minimum, um bei sehr hohen Drucken wieder zu steigen.[3] Bei einem sehr hohen p_1 kann sogar der Fall eintreten, daß die Differenz $p_1 v_1 - p_2 v_2$ positiv ausfallen und die Abkühlung, die von der inneren Arbeit herrührt, teilweise eliminieren wird. Mit Rücksicht

---

[1] A. WINKELMANN, Handbuch der Physik. 1906, III. S. 641; O. SACKUR, Lehrbuch der Thermochemie und Thermodynamik, 1912, S. 77. Vgl. I. ROZIC, Ztschr. f. kompr. u. flüss. Gase 1907, S. 117—121, 133—137.

[2] Genau genommen erscheint die Inversionstemperatur als Funktion des Anfangsdruckes. Für Luft und Stickstoff nehmen die Inversionstemperaturen mit steigendem Druck zu. K. OLSZEWSKI, Ztschr. f. kompr. u. flüss. Gase 1907, S. 69.

[3] A. H. AMAGAT, Ann. chim. phys. [6] **19**, 375 (1880); **29**, 52 (1893); A. W. WITKOWSKI, Bull. de l'Acad. des Sciences de Cracovie 1891, 181.

darauf muß das p so gewählt werden, daß sich der $p_1 v_1$-Wert in der Nähe des Minimums bewegt. Eine Grenze für den Anfangsdruck nach unten ist durch den Umstand gegeben, daß die Inversionstemperatur eine Funktion des Druckes ist, indem sie[1] mit steigendem Druck zunimmt.

Ferner besagt die Gleichung (1), daß die in Betracht kommende Temperaturerniedrigung mit abnehmender Temperatur des Gases zunimmt.

Berechnet man mit Hilfe dieser Gleichung die Temperaturerniedrigung für Sauerstoff bei der Druckdifferenz von 1 Atm., so wird man anstatt a, b und C_p die Werte 1,37, 0,0318 und 6,9 setzen.[2] Es ergibt sich hierbei:

$$T_1 - T_2 = \left(\frac{2,74}{22,4} - 0,0318\right)\frac{24.1}{6,9} = 0,316^0\ C.$$

Bei einer Druckdifferenz von 199 Atm. steigt dieser Wert auf 62,9° C.

Der ausströmende Sauerstoff wird bei einer Anfangstemperatur von 0° C eine Endtemperatur von ca. −62° C haben, die noch bei weitem seine kritische Temperatur übersteigt. Eine Wiederholung der Expansion mit derselben Luftmenge setzt eine Kompression derselben voraus, bei der durch die dabei sich entwickelnde Wärme die gewonnene Kälte teilweise kompensiert wird. Es ergibt sich daraus, daß Expansion mit Leistung innerer Arbeit nur unter Zuhilfenahme des Regenerativprinzips, das eine Akkumulierung von Kälte bewirkt, zu einer Gasverflüssigungsmethode werden kann.

Es ist das große Verdienst von Wilhelm Siemens (1857), das Regenerativprinzip in die Gasverflüssigungstechnik eingeführt zu haben. Es besteht darin, daß die durch Entspannung des komprimierten Gases erzeugte Kälte durch Zurückleitung des kalten expandierten Gases im Gegenstrom zum frischen komprimierten Gase auf das letztere übertragen wird. Bei der nächstfolgenden Entspannung des in dieser Weise vorgekühlten Gases wird eine tiefere Temperatur erreicht. Durch eine vielfache Wiederholung desselben Prozesses resultiert ein fortwährendes Sinken der Temperatur, bis dieser nicht eine Grenze durch das Auftreten der flüssigen Phase und der damit im Zusammenhang stehenden latenten Wärme gelegt wird.

Diese Überlegungen besagen zusammenfassend, daß eine Kompressionsanordnung neben einem nach dem Regenerativprinzip ausgeführten Expansionsapparat die zwei Hauptbestandteile jeder auf Leistung von innerer Arbeit beruhenden Gasverflüssigungsanordnung bilden werden.

3. Druckerzeugung.

Der große Unterschied zwischen den spezifischen Volumina der gasförmigen Stoffe und derjenigen ihrer Verflüssigungsprodukte bringt es mit

---

[1] Vgl. A. W. Witkowski, Bull. Acad. Crac. 1898, 282; A. W. Porter, Phil. Mag. [6] 11, 554 (1906); K. Olszewski, Ztschr. f. kompr. u. flüss. Gase, Heft 5, S. 69.

[2] H. Landolt-Börnstein, Phys.-chem. Tabellen 1905, S. 189; da hierbei die Volum- und Druckeinheiten nach van der Waals gewählt sind, so müssen für unseren Fall (Liter-Atm.) die Werte a mit $22,4^2$, die Werte b mit 22,4 multipliziert werden.

sich, daß man in der Regel die Kompression von bedeutenden Gasvolumina durchzuführen hat und dabei auf maschinelle Einrichtungen angewiesen ist. Von den nassen Kompressoren, bei welchen an Stelle des Kolbens eine Sperrflüssigkeit tritt, kommt nur der mit Quecksilberkolben ausgestattete CAILLETETsche Kompressor in Betracht. Viel häufiger werden die trockenen Kompressoren benutzt. Sowohl aus thermodynamischen Gründen, die das Anstreben einer möglichst isothermen Kompression bedingen, als auch aus rein mechanischen Ursachen — im Interesse der Verminderung des schädlichen Raumes — wird man bei den hohen in Betracht kommenden Drucken mehrstufige Kompressoren heranziehen.

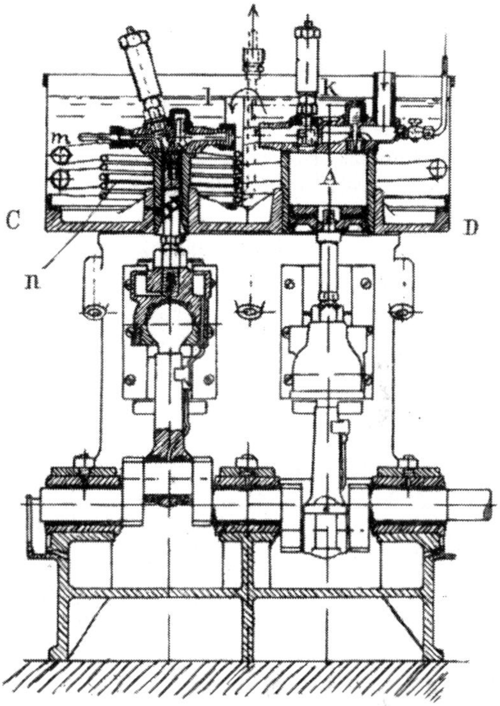

Fig. 79.

Sehr geeignet für Laboratoriumszwecke erscheinen die mehrstufigen Kompressoren stehender Bauart der Firma Whitehead & Co. in Fiume.[1] Einen solchen zweistufigen Kompressor für 200 Atm. Enddruck zeigen Figg. 79 und 80. Die einfachen aus Phosphorbronze hergestellten Rohrzylinder *A* und *B* sind in einen gußeisernen Rahmen *CD* eingepreßt. Der letztere bildet gleichzeitig den Boden für ein aus Blech hergestelltes offenes Kühlwasserbassin, welches die Zylinder, die aufgeschraubten Deckel *k* und *l* mit ihren Ventilen und schließlich die Schlangenröhre der Zwischenkühlung (*m*) und der komprimierten Gase (*n*) umgibt. Dieser obere Rahmen wird gegen einen die Lager der Kurbelwelle

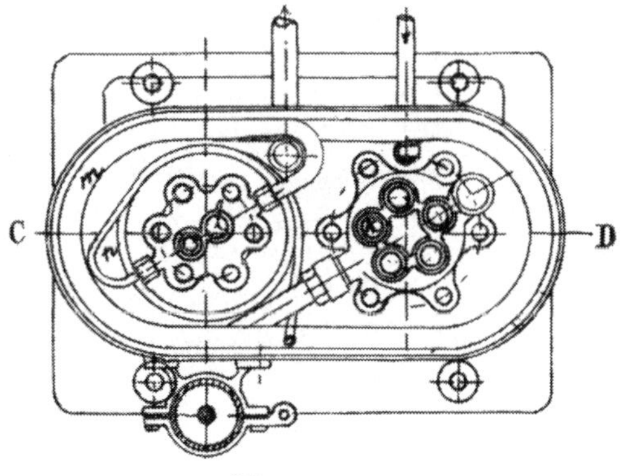

Fig. 80.
Zweistufiger Kompressor Whitehead & Co., Fiume.

[1] HIRSCHLAFF, Ztschr. f. kompr. und flüss. Gase **11**, 25—30 (1908).

aufnehmenden gußeisernen mit dem Fundament verschraubten Sockel hinten durch einen breiten vertikalen, die Gradführung der Kreuzköpfe bildenden Gußträger, vorne durch drei Säulen abgestützt.

Die Ventile sind in den Deckeln untergebracht und zwar im Niederdruckzylinder (bis zu 14 Atm.) drei Saug- und zwei Druckventile, im Hochdruckzylinder (200 Atm.) je ein solches. Je ein Druckventil an beiden Zylindern ist gleichzeitig als Sicherheitsventil gegen Überschreiten des zulässigen Druckes ausgebildet. Der Kompressor besitzt eine Fibre- oder Lederstulpendichtung statt Kolbenringen. Diese Dichtung ist erforderlich, weil im Falle von Luft oder Sauerstoff der Kompressor nicht mit Öl geschmiert werden darf, da dasselbe bei hohem Druck und hoher durch die Kompression erzeugten Temperatur zu explosionsartigen Verbrennungen Anlaß geben kann.

Da die Einlaß- und Auslaßorgane nur an einer Seite der Zylinder angebracht sind, so liegt ein einfach wirkender Zylinder vor. Im Zusammenhang damit wirkt die Kompressionswärme auf den Kolben nur einseitig und zudem nur jeden zweiten Hub; außerdem dauert wegen der hohen Tourenzahl (etwa 200 pro Minute) die Ausgestaltung und Wirksamkeit der hohen Kompressionstemperaturen bei jedem Hub nur eine geringe Zeit. Dieser Umstand ermöglicht die Kompression bis auf 200 Atm. nur in zwei Stufen durchzuführen. Bei der Behandlung dieses Kompressors ist äußerste Aufmerksamkeit auf die Undichtigkeit in den Ventilen, die eine Druckverschiebung in den einzelnen Zylindern veranlassen, und auf die Schmierung der Zylinder zu lenken. Da die Zylinder mit sämtlichen Ventilen im Wasserkasten angebracht sind, so läßt sich jede Undichtigkeit, bis auf die Undichtigkeit der Kolben in den Zylindern, an den aufsteigenden Gasblasen sofort feststellen. Der Austritt des Gases an diesen Stellen läßt sich durch ein eigentümliches Geräusch während des Kompressionshubes wahrnehmen. Die Schmierung des Kompressorgetriebes mit Lageröl muß mit Vorsicht unter Vermeidung eines übermäßigen Schmierens durchgeführt werden, da sonst Tropfen des Schmieröls in die Zylinder geschleudert werden können.

Die Schmierung der Zylinder erfolgt durch destilliertes Wasser oder eine verdünnte Lösung von Seife, säurefreiem Glycerin. Eine reichliche Schmierung ist nicht nur für die Haltbarkeit der Stulpendichtung von Bedeutung, sondern bringt auch durch die Verdampfung eine teilweise Eliminierung der Kompressionswärme hervor. In den Kondensationsflaschen kondensiert sich der Wasserdampf wieder und gelangt zur Abscheidung in einer Stahlflasche, die am Kompressor angebracht ist.

4. Luftverflüssigungsanordnung nach Hampson; nach Linde.

In der Fig. 81 ist ein Laboratoriumsapparat zur Verflüssigung der Luft nach Hampson dargestellt, während in Fig. 82 der wichtigste Bestandteil dieses Apparates, der Verflüssiger, getrennt gezeigt ist. Ein zweistufiger Kompressor liegender Form saugt aus dem mit gelöschtem

Kalk beschickten Zylinder *A* Luft an und komprimiert sie unter Abkühlung in den Kupferspiralen *E* und *C* auf 160—180 Atm. Aus dem Hochdruckzylinder *D* des Kompressors gelangt die Luft durch den Wasserabscheider, aus dem das am unteren Teile angesammelte Wasser von Zeit zu Zeit durch Öffnen des Hahnes *G* abgelassen wird, und durch den mit Ätznatron gefüllten Hochdruckreiniger *H*, in dem Wasserdampf und Kohlendioxyd entfernt werden sollen, in den eigentlichen Verflüssiger *K*. Die Wirkung des Wasserabscheiders beruht darauf, daß die komprimierte Luft bei ihrem Austritt aus der Röhre einen größeren Raum findet, in dem sie eine geringere Geschwindigkeit annimmt und die Dampfteilchen zu Boden sinken läßt. Der Verflüssiger besteht aus zwei oder vier parallel geschalteten in einem mit schlecht leitendem Material gefüllten

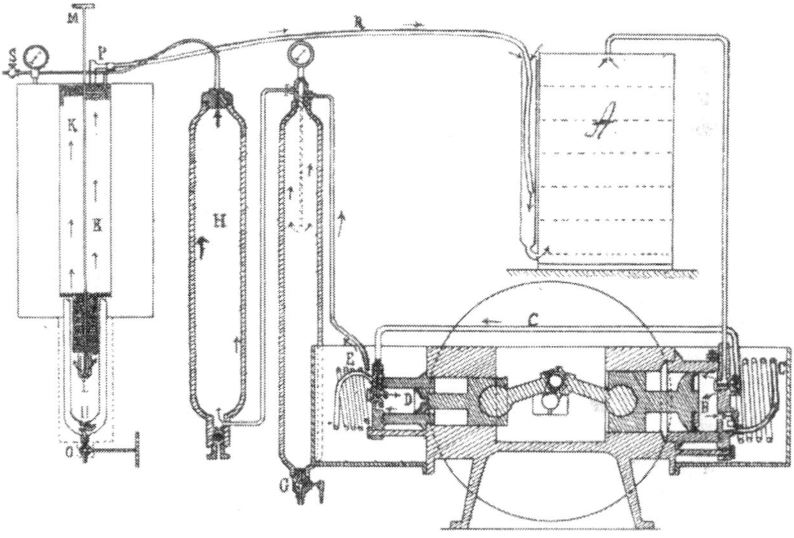

Fig. 81. Apparat von HAMPSON zur Darstellung flüssiger Luft.

Behälter liegenden Kupferröhren, welche um eine gemeinschaftliche Achse herum spiralförmig in vielen Windungen angeordnet sind; die Röhren sind unten in einem gemeinschaftlichen Ventil *D* vereinigt, welches von oben durch das Rad *O* betätigt werden kann. Der untere Teil der Spirale sowie das Ventil sind in einem Vakuumgefäße, das zur Aufnahme von flüssiger Luft dienen soll, angebracht; in einer anderen Ausführung (Fig. 82) gilt für denselben Zweck die Blechkammer *E*, welche unmittelbar an die Spirale angelötet ist. Die verflüssigte Luft wird von Zeit zu Zeit durch den Schraubenhahn *G* mittelst des Griffrädchens *F* in Vakuumgefäße abgelassen. Der entspannte und nicht verflüssigte Anteil der Luft entweicht durch die Zwischenräume des kupfernen Röhrensystems, kühlt dabei die zuströmende Preßluft ab und gelangt durch das weite Rohr *P* und einen Kautschukschlauch *R* nach *A*, um in den Kreislauf wieder aufgenommen zu werden. Um die Menge der flüssigen Luft in E zu erkennen, geht ein Rohr K von dem Boden von E in den oberen Teil des Glycerinbehälters H. Ein zweites Rohr M, welches nahezu bis zum Boden von H reicht, ist durch ein biegsames Rohr mit dem oberen Ende der Ventilstange verbunden. Die letztere ist ausgehöhlt und kommuniziert durch die Öffnung N mit dem inneren Raume von E. Je mehr die flüssige Luft in E steigt, um so mehr steigt das Glycerin in M.

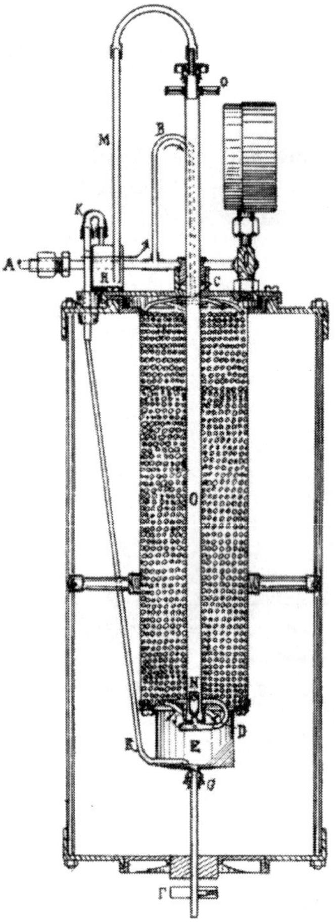

Fig. 82.
Luftverflüssiger von HAMPSON.

Der Apparat muß im Laufe der Arbeit sorgfältig beobachtet werden, denn sollte etwas unerwartet versagen, dann könnte ein großer Unfall stattfinden. Im Interesse der Sicherheit ist das Anbringen von Sicherheitsventilen zu empfehlen.

Der HAMPSONsche Luftverflüssiger hat sich für Laboratoriumszwecke als besonders geeignet gezeigt. Die einstufige Expansion, der Ausschluß von Kühlungsmitteln, die vorzügliche Leistung des Gegenstromapparates, in dem zwischen den zuströmenden und entweichenden Gasen eine Temperaturdifferenz von nur etwa einem Grad erreicht wird, schließlich ein rasches und sicheres Funktionieren bilden die wichtigsten Vorzüge dieses Apparates. In etwa 10 Minuten nach dem Beginn der Expansion tritt die Verflüssigung der Luft ein.

Die Stundenleistung des HAMPSONschen Verflüssigers sowie auch die durch 1 PS. Motorleistung erzeugte Menge flüssiger Luft wird verschieden beurteilt. So wurden z. B. mit dem Normal-Hampsonverflüssiger von HAMPSON[1] — 340 ccm flüssiger Luft, von TRAVERS[2] 200—300 ccm, von OLSZEWSKI[3] 166 ccm, von ALLEN und AMBLER[4] 124 ccm, von G. S. HUDSON und G. M. GARLAND[5] nur gegen 108 ccm pro 1 PS. erzielt. Indessen hat W. P. BRADLEY[6] mit einem nach HAMPSON aus nahtlos gezogenem Kupferrohr von 4,8 mm äußerem Durchmesser und 0,8 mm Wandstärke hergestelltem Luftverflüssiger folgende sehr günstige Resultate erzielt:

[1] HAMPSON, Scient. Amer. Suppl. 1899.
[2] TRAVERS, Experiment. Untersuch. von Gasen, 1905, S. 198—201.
[3] OLSZEWSKI, Ztschr. f. kompr. u. flüss. Gase, VII. Jahrg. 1903, Heft 1, S. 9—12.
[4] ALLEN und AMBLEN, Phys. Rev. 1902, S. 184.
[5] Ztschr. f. kompr. u. flüss. Gase, XI. Jahrg., 1908, Heft 8, S. 130.
[6] Ztschr. f. kompr. u. flüss. Gase, XII. Jahrg., 1909, Heft 1, S. 3.

Temperatur der zugeführten Luft	+ 2° C.
Kompressordruck in kg-cm²	186
Verflüssigte Luft in Litern in der Stunde	2,69
Verhältnis der verflüssigten zur angesaugten Luft in %	8,4
Auf 1 PS. Motorleistung erzeugte flüssige Luft in ccm	439.

Die eben angeführten Zahlen sind als Mittelwerte von einer größeren Versuchsreihe anzusehen.

Der Luftverflüssigungsapparat von Linde ist wegen seiner komplizierten Ausführung für Laboratoriumszwecke weniger geeignet; da er aber als Vorbild für größere Anlagen gilt, soll er hier kurz beschrieben werden. Das Lindesche Verfahren unterscheidet sich vom Hampsonschen durch die Vorkühlung der Luft vor ihrem Eintritt in den Regenerator und durch die zweifache Expansion. Die Vorkühlung bezweckt neben einer sicheren Wasserabscheidung hauptsächlich auch eine günstigere Abkühlungswirkung der Expansion. Die zweistufige Expansion besteht darin, daß die bis auf 200 Atm. komprimierte Luft zunächst auf 15 Atm. expandiert und nach der Expansion dem Kompressor zurückgeführt wird; die an der zweiten Expansion von 15 Atm. auf den atmosphärischen Druck anteilnehmende Luft entweicht, ohne vom Kompressor aufgenommen zu werden.

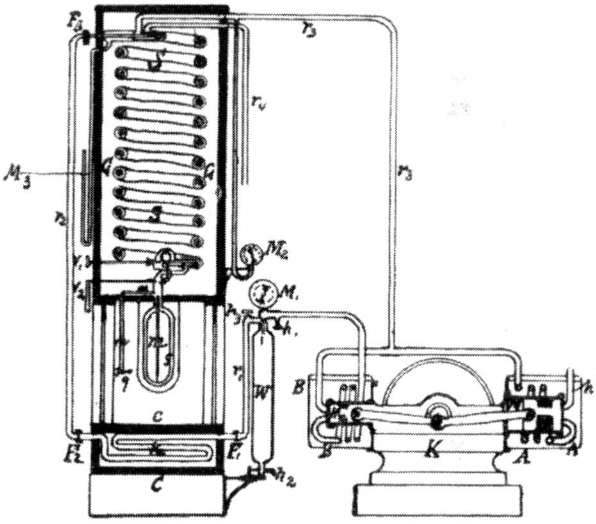

Fig. 83. Apparat von Linde zur Darstellung flüssiger Luft.

Im Zusammenhang damit, daß die produzierte Kältemenge der Differenz der Drucke (200—15) proportional ist[1], während der Aufwand von Kompressionsarbeit nur vom Verhältnisse der Drucke $\left(\ln \frac{200}{15}\right)$ abhängig ist, gestaltet sich bei dieser Arbeitsweise der thermodynamische Wirkungsgrad des gesamten Prozesses bedeutend günstiger.

Einen Luftverflüssigungsapparat nach Linde findet man in der Fig. 83 dargestellt.[2] Die im Kompressor K auf 200 Atm. komprimierte Luft gelangt durch den Wasserabscheider W und den Kühler S, welcher mit

[1] Vgl. S. 94; Wied. **57**, 328 (1896).

[2] Mueller, Ztschr. f. kompr. u. flüss. Gase, III. Jahrg., 1899, Heft 6, S. 91.

Eiskochsalz oder Chlorcalcium Eismischung gekühlt wird und durch das mit Kork isolierte Rohr r_2 in das innerste der drei ineinander geschlossenen spiralförmig gebogenen Röhren S, welche den Gegenstromapparat bilden. Von der innersten Röhre expandiert die Luft mittelst des Regulierventils V_1 in den Zwischenraum zwischen der innersten und der zweiten Röhre, indem der Druck von 200 Atm. auf 15 Atm. sinkt. Auf ihrem Wege die zuströmende Preßluft abkühlend, gelangt die expandierte Luft durch das Rohr r_3 zurück nach dem Kompressor, um von da aus den früheren Kreislauf zu passieren. Nachdem die Drucke die richtigen Werte erreicht haben, wird das Ventil V_2 geöffnet, wobei die Luft von 15 Atm. auf den atmosphärischen Druck expandiert. Die Luft der zweiten Expansionsstufe entweicht durch die dritte Spirale, den Inhalt der zweiten abkühlend, und gelangt durch die Röhre r_4 in die Außenluft. Nach etwa $1^1/_2$ Stunden beobachtet man im Sammelgefäß G bei Öffnung des Ventils V_2 eine Nebelbildung und nach wenigen Minuten darauf erscheinen schon die ersten Tropfen verflüssigter Luft. Diese verschwinden bald wieder, da sich das Gefäß G abkühlt; erst nach etwa zwei Stunden tritt der Beharrungszustand ein. Die in G gesammelte flüssige Luft kann aus demselben durch das Rohr m und den Hahn q durch Herstellung eines geringen Überdruckes entfernt werden. Nach Einstellung des Betriebes ist es vorteilhaft, eine längere Zeit den Apparat durch einen Strom getrockneter Luft aufzutauen.

5. Gasverflüssiger mit Vorkühlung.

Der exzeptionelle Gang der Isothermen von Wasserstoff und Helium (vgl. S. 95) verleiht diesen Gasen auch eine besondere Stellung unter den übrigen Gasen bei ihrer Verflüssigung nach dem Linde-Hampsonschen Verfahren. Wasserstoff und Helium erweisen sich bei allen Drucken weniger kompressibel als ein ideales Gas, wodurch das pv-Produkt mit steigendem Druck zunimmt. Infolgedessen wird der eine Faktor — die Differenz der pv-Produkte, der die Temperaturänderung bei freier Expansion mitbestimmt, positiv ausfallen; im Zusammenhang damit expandieren diese Gase bei gewöhnlicher Temperatur unter Temperaturerhöhung. Erst bei relativ tiefen Temperaturen überwiegt der zweite Faktor — die Arbeitsleistung der intramolekularen Kräfte, und der integrale Wärmeeffekt wird negativ. Für Wasserstoff wurde die Inversionstemperatur des Joule-Thomsonschen Effektes von Olszewski[1] zu etwa -80^0 bestimmt. Dieser Umstand bringt es mit sich, daß bei der Verflüssigung dieser beiden Gase nach dem Prinzip der Leistung innerer Arbeit eine genügende Vorkühlung vor der Expansion angewandt werden muß. Dementsprechend sind die betreffenden Verflüssiger in ihrem Bau komplizierter.

---

[1] K. Olszewski, Wied. 7, 818 (1902).

α) Wasserstoffverflüssiger.

Der erste, auf dem LINDE-HAMPSONschen Prinzip beruhende Wasserstoffverflüssiger, welcher erlaubte größere Mengen Wasserstoff in statischem Zustande zu erhalten, rührt von DEWAR her (1898).[1]

Bald darauf folgten die Apparate von TRAVERS[2], OLSZEWSKI[3] und KAMERLINGH ONNES.[4] Im wesentlichen beruhen alle diese Wasserstoffverflüssiger auf demselben Prinzip der Expansion von vorgekühltem Wasserstoff und unterscheiden sich in Konstruktionseinzelheiten und nach der Art und Weise der Vorkühlung. Bei sämtlichen Apparaten gelangt zur Anwendung die flüssige Luft als Abkühlungsmittel; je nach der Konstruktion schwanken die Kälteverluste und damit auch die Menge der flüssigen Luft, die zur Verflüssigung einer und derselben Wasserstoffmenge notwendig ist. So benötigt der TRAVERSsche Wasserstoffverflüssiger in der Ausführung der British Oxygen Company in London 5 Liter flüssiger Luft zur Verflüssigung von 1 Liter Wasserstoff, während LILIENFELD[5] in einem Apparat von OLSZEWSKI für 1 Liter flüssigen Wasserstoff etwa 2 kg flüssige Luft verbrauchte.

Da sich der Wasserstoffverflüssiger von OLSZEWSKI neben dieser relativ guten Kühlwirkung auch durch seine Einfachheit auszeichnet, so ist er für Laboratoriumszwecke sehr geeignet und soll hier näher beschrieben werden. OLSZEWSKI hat seinen Wasserstoffverflüssiger im Laufe der Zeit immer verbessert; wir lassen hier dessen Beschreibung in der Ausführung folgen, in welcher er in letzter Zeit in seinem Institute in Krakau Verwendung findet.[6] Die Vorkühlung des zu expandierenden Wasserstoffs erfolgt in drei Stufen und dementsprechend bilden die zwei Regeneratoren *f* und *d* und der dazwischenliegende Kühler *e* die drei Hauptbestandteile des in Figur 84 dargestellten Apparates. Sie sind sämtlich in einer langen DEWARschen Röhre angebracht, die sich in einem Holzgestell befindet. Der untere Regenerator *f* — der eigentliche Verflüssiger — hat zur Aufgabe, die Temperatur des expandierten Wasserstoffs von —252° C[7] bis auf die Temperatur des aus dem Kühler zuströmenden Gases (—190° C) zurückzuführen, während der obere Regenerator den Temperaturausgleich

---

[1] J. DEWAR, J. Chem. S. **73**, 529 (1898). Im Jahre 1884 zeigte v. WROBLEWSKI (Rosprawy der Krakauer Akad. **81**, 11 [1884]), daß bei Entspannung des mit flüssigem Sauerstoff abgekühlten Wasserstoffs von dem Drucke von 100 Atm. auf 1 Atm. es sich teilweise verflüssigte und in Form von Nebel oder Flüssigkeitsstaub erschien. Ähnliche Resultate ergaben die analogen Versuche von OLSZEWSKI (Phil. Mag. [5] **39**, 199; **40**, 202 [1895]; Ztschr. f. kompr. u. flüss. Gase 1908). Es handelte sich aber in beiden Fällen um dynamische Zustände des flüssigen Wasserstoffs. (Vgl. K. OLSZEWSKI, Ztschr. f. kompr. u. flüss. Gase 1908, S. 108.)

[2] M. W. TRAVERS, Phil. Mag. [6] **1**, 411 (1901). Ausführlich in TRAVERS, Experimentelle Untersuchungen von Gasen, 1905, S. 204.

[3] K. OLSZEWSKI, Bull. Intern. de l'Acad. de Cracovie 1902, S. 619; ebd. 1903, S. 242.

[4] KAMERLINGH ONNES, Comm. of the Leyden Lab. **94** (1906).

[5] E. LILIENFELD, Ztschr. f. kompr. u. flüss. Gase **13**, 186 (1911).

[6] K. OLSZEWSKI, Ztschr. f. kompr. u. flüss. Gase **14**, 94 (1912); vgl. Wied. **12**, 196 (1903).

[7] Siedetemperatur des flüssigen Wasserstoffs.

zwischen dem ausströmenden Wasserstoff von -190^0 und dem aus dem Kompressor zuströmenden Gas von Zimmertemperatur zu besorgen hat. Im Zusammenhang damit beträgt die kühlende Oberfläche des unteren Regenerators beinahe die Hälfte des oberen. Beide sind aus mehreren (3—4 mm) engen (von 1,2—2 mm lichter Weite) parallel gewundenen Kupferröhren hergestellt. Die Röhren des unteren Regenerators *f* münden in das Schraubenventil *o*; dieses Ventil, welches mittelst des Griffrades *z* reguliert werden kann, dient zum Entspannen des Wasserstoffs. Der Regenerator *d* paßt nur mit seinem unteren Teil in die DEWARsche Röhre, während der obere breitere Teil sich im doppelwandigen Messingrohr *o o* durch Flanell abgedichtet befindet. Dieses Rohr *o o*, welches im oberen Teile an die Deckplatte *m m* angeschraubt ist, ruht unten auf dem Kautschukringe *n n*, so daß ein gasdichter Abschluß zwischen der Röhre *o o* und der Vakuumröhre *i* hergestellt wird. Zum Zwecke des besseren Wärmeaustausches in den Regeneratoren ist auch der Raum zwischen den Kupferröhrenwindungen und den Wänden der DEWARschen Röhre mit Flanell dicht ausgefüllt, so daß das entspannte Gas nur an den Windungen entweichen kann.

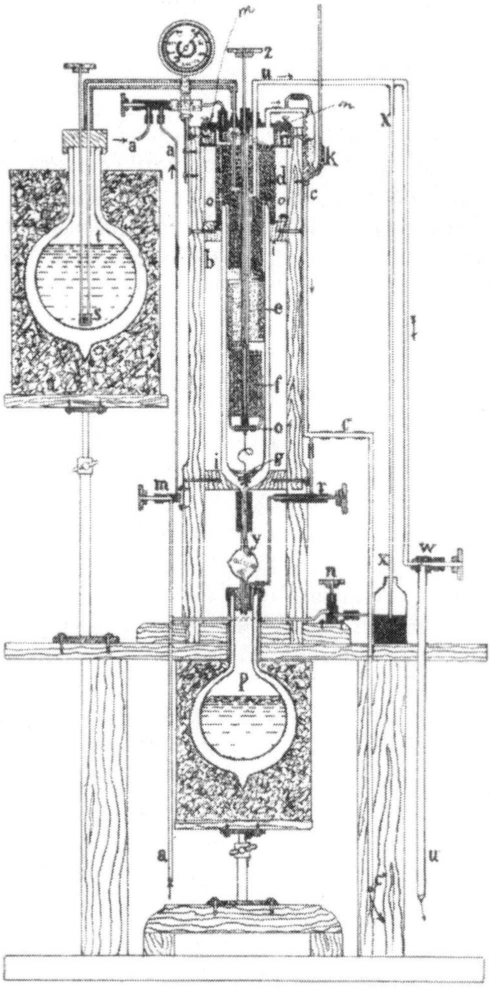

Fig. 84. Wasserstoffverflüssiger von OLSZEWSKI.

Die zur Vorkühlung des Wasserstoffs dienende flüssige Luft, die sich im Vakuumbehälter *t* befindet, kann dem Kühler *e* entweder durch Absiphonieren oder mittelst einer größeren Vakuumpumpe, die an das Rohr $u u_1$ angesetzt ist, zugeführt werden. Die Höhe des Vakuums wird durch das Ventil *w* und das Quecksilbermanometer *x x*, die Zuströmung der flüssigen Luft in den Kühler durch das Ventil *s* reguliert.

Der aus dem Kompressor durch Öffnen des Ventils *m* strömende, auf 200 Atm. komprimierte Wasserstoff gelangt durch die Röhre *a a* in den oberen Regenerator *d* und darauf durch die mittelst flüssiger Luft gekühlte Spirale *e* in den Verflüssiger *f*, wo er bei offenem Ventil *z o* sich entspannt. Das entspannte Gas strömt auf dem Rückwege zwischen den Windungen des Verflüssigers, gelangt durch im Kühler befindliche Röhrchen zwischen die Windungen des Regenerators *d*, um durch das Rohr *c c'* zum Gasometer bzw. zum Kompressor zu entweichen.

Die Durchführung der Wasserstoffverflüssigung beginnt mit der Vorkühlung des Apparates. Am besten eignet sich dazu auf 100 Atm. komprimierte trockene und kohlensäurefreie Luft, die man aus einem Stahlzylinder dem Apparate durch das Ventil *a* zuführt und durch Entspannung zur Verflüssigung bringt.[1] Der Regenerator *f* wird auf diese Weise in kurzer Zeit auf die Temperatur der siedenden Luft gebracht. Ist dies erreicht, so wird die flüssige und gasförmige Luft durch Wasserstoff bei offenem Entspannungsventil *z o* verdrängt; darauf wird bei geschlossenem Ventil *z o* der Kompressor in Gang gesetzt. Wenn der Druck auf 200 Atm. gestiegen ist, schreitet man zur Expansion und Verflüssigung des Wasserstoffs, welche bei dieser Vorkühlung in der Regel in wenigen Minuten erfolgt. Der im unteren Teile der Vakuumröhre *i* gesammelte flüssige Wasserstoff wird durch vorsichtiges Öffnen des Ventils *r* zuerst tropfenweise, dann in rascherem Strom durch das feste Luft zurückhaltende Filtertuch *g* in den Vakuumbehälter *p* gebracht.

Unter den Umständen, die das gute Funktionieren des Apparates bedingen, ist die genügende Reinheit des Wasserstoffs besonders hervorzuheben. Enthält der zu verflüssigende Wasserstoff etwa 2 °/₀ Luft, so verstopft sich der Apparat in kürzester Zeit. LILIENFELD[2] hat durch eine sehr zweckmäßige Anordnung der Wasserstoffleitungsröhren eine leichte Beseitigung dieser häufig auftretenden Störung ermöglicht. Außerdem muß auf die Dichtigkeit der Leitungsröhren, Hähne, Ventile und auf eine Wasserverdichtung des Ansaugzylinders des Kompressors gegen Luftansaugung besonderes Gewicht gelegt werden.[3]

Der Hauptnachteil des beschriebenen Apparates ist darin zu erblicken, daß die Dämpfe der zur Vorkühlung benutzten flüssigen Luft unausgenutzt fortziehen, so daß praktisch gegen 50 °/₀ der Kühlwirkung verloren gehen. Indessen ist es ganz vor kurzem OLSZEWSKI gelungen, auch diese Kälteverluste zu vermeiden, indem er die zur Kühlung benötigte flüssige Luft im Verflüssiger selbst darstellt. Die Dämpfe der flüssigen Luft entweichen durch die Windungen eines dritten Regenerators, der den Wärmeaustausch zwischen ihnen und der frisch zuströmenden Luft zustande bringt.

Ein nach diesem Prinzip ausgeführter Wasserstoffverflüssiger ist in Figur 85 dargestellt.[4] In den Wasserstoffverflüssiger *c d e* ist ein Luftverflüssiger *x* eingebaut: die Expansionsventile *f f'* und *y y'* sind konaxial

---

[1] Übrigens kann zur Vorkühlung auch die Expansion des Wasserstoffs benutzt werden.
[2] I. E. LILIENFELD, Ztschr. f. kompr. u. flüss. Gase **13**, 188 (1911).
[3] M. W. TRAVERS, Experimentelle Untersuchungen von Gasen, 1905, S. 214.
[4] K. OLSZEWSKI, Ztschr. f. kompr. u. flüss. Gase **14**, 1 (1911); **15**, 113 (1912).

angebracht. Jeder dieser Verflüssiger besitzt eine besondere Gasleitung, deren Anordnung ohne weiteres der Zeichnung zu entnehmen ist. Die Handhabung des Apparates unterscheidet sich kaum von dem oben beschriebenen Wasserstoffverflüssiger; er liefert etwa 1,5 Liter flüssigen Wasserstoff pro Stunde und verbraucht pro Liter etwa 16 cbm Luft, die von einem Anfangsdruck von etwa 160 Atm. expandieren.

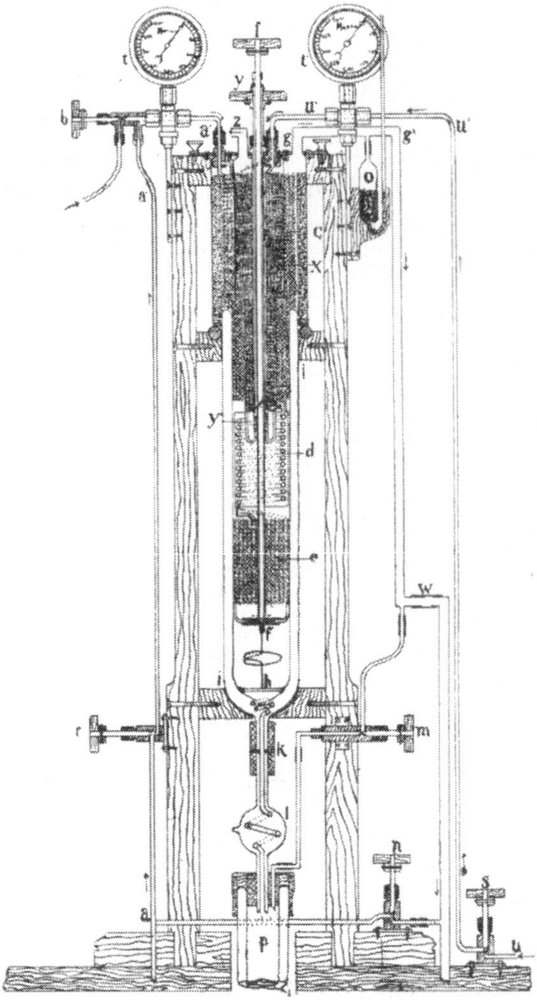

Fig. 85. Kombinierter Luft-Wasserstoffverflüssiger nach Olszewski.

Einen durch seine Einfachheit besonders ausgezeichneten Apparat, der zur Darstellung von flüssigem Wasserstoff in kleineren Quantitäten sehr geeignet ist, hat Nernst konstruiert. In der Fig. 86 findet man die Abbildung dieses Apparates in derjenigen Anordnung, wie er zur Bestimmung von spezifischen Wärmen bei der Temperatur des siedenden Wasserstoffs benutzt wurde.

Durch das Druckrohr *A* gelangt der auf etwa 150 Atm. komprimierte Wasserstoff in das Bad von flüssiger Luft, welches er in einer größeren Anzahl von Windungen passiert, um darauf in das Blechgefäß *C* zu treten, in dem durch die abziehenden Dämpfe des flüssigen Wasserstoffs eine weitere Abkühlung stattfindet. Der in dieser Weise vorgekühlte Wasserstoff expandiert durch ein nicht gezeichnetes Ventil bei *V* und tritt durch eine Anzahl von Windungen, die im Sinne des Gegenstromprinzips den Wasserstoffzufuhrröhren gegenüber angebracht sind, ins Freie.

Die zuzuführende flüssige Luft strömt aus dem Gefäß *B*, während die Dämpfe derselben mit Rücksicht auf den kalorischen Nutzeffekt durch die vielen Windungen des Rohres *d* ins Freie entweichen.

An das zentrale durch einen passend durchbohrten Kork nicht luftdicht abgeschlossene Neusilberrohr K ist ein offener Quecksilbermanometer angeschlossen, der den im Inneren des Messinggefäßes herrschenden Druck angibt und somit auch ein annäherndes Maß der jeweiligen Strömungsgeschwindigkeit liefert. Der zweite Stutzen des Neusilberrohres ist ebenfalls durch einen Kork abgeschlossen und gilt als Sicherheitsventil für den Fall, daß im Innern des Messinggefäßes durch irgend einen Zufall ein gefährlicher Druck sich ausbilden würde. Durch das Neusilberrohr können in dem flüssigen Wasserstoff Gefäße zur Ausführung von Messungen bei der Temperatur des siedenden Wasserstoffs eingeführt werden. Die allgemeine Arbeitsweise ist hier dieselbe wie bei anderen nach dem LINDEschen Verfahren arbeitenden Apparaten.

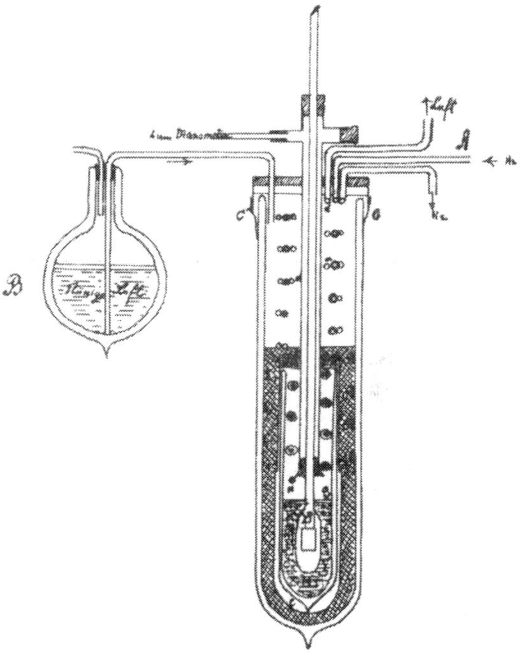

Fig. 86. Wasserstoffverflüssiger von NERNST.

Der Apparat liefert trotz seiner kleinen Ausführung bei einer Strömungsgeschwindigkeit von **2—3** cbm Wasserstoff **300—400** ccm flüssigen Wasserstoff pro Stunde; es entspricht dies einer Verflüssigung von etwa 10% des durchströmenden Wasserstoffs.

Der Verbrauch von flüssiger Luft ist wegen der guten Ausnutzung relativ klein; im Betriebe beträgt er nur etwa 1/3 Liter pro Stunde.

Schließlich sei noch erwähnt, daß HUGO ERDMANN[1] ein Verfahren zur Verflüssigung von Wasserstoff beschrieben hat, das lediglich auf Wärmeaustausch beruht. Er gibt an, daß Wasserstoff sich bei geringen Drucken von 1—20 Atm. leicht und vollständig verflüssigt, wenn man ihn der Abkühlung mit flüssigem, unter vermindertem Druck siedendem Neon aussetzt.

Neon besitzt die kritische Temperatur von etwa -220^0 und die Siedetemperatur von -243^0, die unter dem Übergang des Gases in festem Zustand bis auf -287^0 bei einer Dampfspannung von 2,5 mm herabgesetzt werden kann.[2]

Die üblichen Verunreinigungen des käuflichen Wasserstoffs, O_2, N_2 und CO_2, sinken als schwerer Niederschlag zum Boden des Verflüssigers,

[1] D.R.P. 222631, 10. Aug. 1909; vgl. Ztschr. f. kompr. u. flüss. Gase **13**, 81 (1911).

[2] TRAVERS und JAQUEROD, Proc. Roy. Soc. **70**, 490 (1902).

während der flüssige Wasserstoff sich durch Absiphonieren oder Abgießen leicht von ihnen trennen läßt. Die entweichenden Neondämpfe werden gesammelt, verflüssigt und dem Verflüssiger wieder zugeführt, so daß ein beschränkter Vorrat von Neon ausreicht, um größere Mengen von Wasserstoff zu verflüssigen.

β) Die Verflüssigung des Heliums.

Kurz nach seiner Entdeckung im Jahre 1895 wurde das Helium zum Gegenstand ausgedehnter Verflüssigungsversuche gewählt. Aber bis zum Jahre 1908 waren die dahin gerichteten Bemühungen von Olszewski[1], Dewar[2] und Travers[3] erfolglos. Behufs Verflüssigung haben die genannten Forscher das komprimierte und mittelst flüssiger Luft oder erstarrendem Wasserstoff vorgekühlte Helium im Cailletschem Apparat der adiabatischen Expansion unter Leistung äußerer Arbeit unterworfen. Die Verflüssigung trat nicht ein, obwohl die Berechnung der Endtemperatur mit Hilfe der bekannten Formel von Laplace und Poisson Werte ergab, die in einigen Fällen nur etwa 2—3° über dem absoluten Null lagen. In der Tat findet wegen des sehr niedrigen kritischen Druckes des Heliums (2 Atm.) am Ende des Prozesses nur eine langsame Expansion statt, die nicht mehr adiabatisch verläuft, und deshalb ist auf diesem Wege eine Verflüssigung des Heliums kaum möglich.[4] Die irrtümliche Mitteilung von Dewar über die Heliumverflüssigung mittelst flüssigem Wasserstoff wurde später von ihm zurückgezogen.

Diese Versuche wiesen bloß darauf hin, daß der kritische Punkt des Heliums bei etwa — 263° liegt und veranlaßten im Lindeschen Prinzip den einzigen Weg zu erblicken, auf dem die Verflüssigung des Heliums möglich ist. Die Anwendung dieses Prinzips setzte aber eine Reihe von mühevollen Vorarbeiten über die physikalischen Eigenschaften des Heliums voraus, die mit glänzendem Erfolg im Kryogenen Laboratorium von Kamerlingh Onnes in Leyden durchgeführt worden sind. Die Aufnahme der Isothermen des Heliums bei Temperaturen bis zu — 259°[5] und die im Zusammenhang damit stehende Aufklärung der Inversionstemperatur des Joule-Thomsonschen Effektes für Helium haben die theoretischen und experimentellen Grundlagen der Heliumverflüssigung geliefert, die am 10. Juli 1908 auch durchgeführt worden ist. Die dazu benutzte, einem Artikel von Dr. P. Nordmayer[6] entnommene Anordnung ist in der Fig. 87 dargestellt.

Das aus Monazit durch Erhitzen hergestellte, auf physikalischem Wege durch Abkühlung mit flüssiger Luft gereinigte und mit einer Cailletetschen Pumpe auf 100 Atm. komprimierte Helium wird in einer

[1] K. Olszewski, Wied. 59, 184 (1896); Ztschr. f. kompr. u. flüss. Gase, 9, 54. (1908).
[2] J. Dewar, Ann. chim. phys. 14, 145—154 (1898); 23, 423 (1901).
[3] M. W. Travers, Phil. Trans. 200 A., 176 (1902).
[4] K Olszewski, Bull. Intern. Acad. Crac. 1891, 192; 1895, 192.
[5] Communications from the Phys. Lab. Leyden, Nr. 102a.
[6] Dr P. Nordmeyer. Ztschr. f. kompr. u. flüss. Gase 12, 35—46 (1909).

Reihe von Kühlern auf -258^0, die Temperatur des unter 60 mm Druck verdampfenden flüssigen Wasserstoffs, gebracht und tritt darauf in eine Regeneratorspirale ein, in der es zur Expansion gelangt. Das entspannte Helium sammelt sich, nachdem es in inneren Wärmeaustausch mit den zuzuführenden Gasen getreten ist, in einem Gasbehälter, aus dem es mit Hilfe des Kompressors wieder in den Kreislauf aufgenommen wird.

Der eigentliche Verflüssiger — die HAMPSONsche Regeneratorspirale A mit dem Expansionsventil M_1 — einerseits, der Wasserstoffkühler F, in den der Wasserstoff unter vermindertem Drucke zur Verdampfung gelangt, anderseits, bilden die Hauptbestandteile des Apparates und befinden sich im Vakuumgefäß Ea, dessen oberer Teil in einen Zylinder aus Neusilber eingelassen ist, der die entweichenden Heliumdämpfe aufnimmt und mit dem Heliumgasbehälter in Verbindung steht. Dem Wasserstoffkühler F, in dem der Wasserstoff auf der richtigen Höhe gehalten werden soll, wird der flüssige Wasserstoff aus einem Vorratsbehälter durch das Vakuumgefäß C_p mittelst des Regulierhahns P_2 zugeführt. Die Anordnung des Heliumthermometers N_1, N_2, N_3, N, dessen neusilberner Behälter bei N_1 an die Spirale angelötet ist, welche das auf -190^0 vorgekühlte Helium zuführt, ist so getroffen, daß der Quecksilberstand in N_3 das Niveau des flüssigen Wasserstoffs in F erkennen läßt.

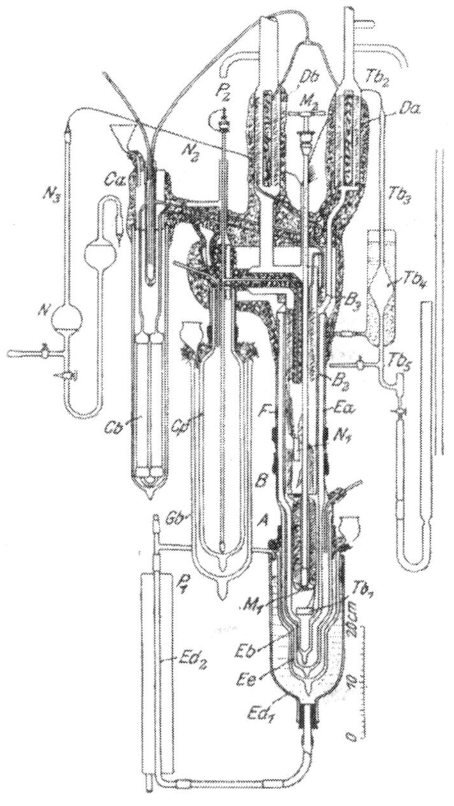

Fig. 87.
Heliumverflüssiger von KAMERLINGH ONNES.

Die an F angesetzte Vakuumpumpe schafft die Wasserstoffdämpfe durch Db, wo sie das zuströmende Helium abkühlen, weg und führt sie dem Wasserstoffgasbehälter zurück. Der Weg des Heliums ist folgender: Das auf 100 Atm. komprimierte Gas gelangt zunächst in die am unteren Ende mit flüssiger Luft gekühlte Röhre Ca; es verläßt dieses Rohr vollkommen getrocknet, um in zwei parallel angeordneten Kühlschlangen Da und Db zu treten; in Da wird das Gas durch die strömenden Heliumdämpfe, in Db durch Wasserstoffdämpfe gekühlt. Die beiden Schlangen vereinigen sich in einer gemeinschaftlichen Röhre, die das Helium der mit entgaster Holzkohle gefüllten und in flüssige Luft tauchenden Röhre Cb

zuführen, in welcher die Spuren von Luft aufgehalten werden, die beim Kreislauf möglicherweise aufgenommen worden sind. Von da aus strömt das Gas durch die Schlangen B_3, B_2 und B, die mit flüssiger Luft, Wasserstoffdämpfen und flüssigem Wasserstoff gekühlt werden, um in die HAMPSONsche Regeneratorspirale A zu gelangen, wo es schließlich expandiert wird. Das verflüssigte Helium sammelt sich in dem in seinem unteren Teile unversilberten DEWARschen Gefäß Ea, welches durch drei weitere DEWARsche Gefäße Eb, Ec und Ed mit flüssigem Wasserstoff, flüssigem Sauerstoff und Alkohol, geschützt ist. Die im unteren Teile des Verflüssigers herrschende Temperatur wurde durch ein in einiger Entfernung unter dem Expansionsventil M_1 angebrachte Heliumthermometer gemessen. In dieser Weise wurde der Siedepunkt des flüssigen Heliums zu etwa -269^0 bestimmt. Sein Erstarrungspunkt ist noch nicht erreicht: er dürfte bei etwa -272^0, also nur einen Grad über dem absoluten Nullpunkt, liegen.

d) Kälteerzeugung durch Leistung äußerer Arbeit. Anordnung von Cailletet. Verfahren von Claude.

Für einen umkehrbaren Expansionsprozeß eines idealen Gases, das adiabatisch ohne Zufuhr und Abfuhr von Wärme — vom Druck p_1 und Volumen v_1 bei der Temperatur T_1 auf das Volumen v_2 und Druck p_2 sich ausdehnt, wobei die Temperatur auf T_2 sinkt, ist nach dem potenzierten MARIOTTEschen Gesetz folgende Beziehung gültig:

$$p_1 v_1^k = p_2 v_2^k,$$

wo k das Verhältnis $\frac{c_p}{c_v}$ der spezifischen Wärmen des Gases bei konstantem Druck und konstantem Volumen bedeutet. Ersetzt man in dieser Gleichung v_1 und v_2 durch die entsprechenden Ausdrücke $\frac{R\,T_1}{p_1}$ und $\frac{R\,T_2}{p_2}$, so ergibt sich die Gleichung:

$$p_1^{1-k} T_1^k = p_2^{1-k} T_2^k; \text{ oder } \frac{T_1}{T_2} = \left(\frac{p_2}{p_1}\right)^{\frac{1-k}{k}},$$

welche den Zusammenhang zwischen der beim adiabatischen Expansionsprozeß resultierenden Endtemperatur T_2 und Anfangstemperatur T_1 und den entsprechenden Drucken p_2 und p_1 zum Ausdruck bringt. Benutzt man für k den Wert von 1,405[2], so ergibt sich für $\frac{1-k}{k}$ der Wert von $-0{,}288$. Berechnet man mit Hilfe dieser Zahl die Temperaturänderungen, welche bei adiabatischer Expansion eines Gases mit der Anfangstemperatur von $T_1 = 273^0$ C und bei den Druckverhältnissen $\frac{p_2}{p_1} = 10$, 100 ein-

[1] A. WINKELMANN, Handb. d. Phys. III. 1906 S. 619.
[2] W. C. RÖNTGEN, Pogg. **141**, 552 (1870); **148**, 580 (1873).

treten werden, so ergeben sich die für $T_2 - T_1$ Werte von -134^0 und -201^0. Man ersieht daraus, welche mächtige Kälteerzeugungsmethode die adiabatische Expansion mit Leistung äußerer Arbeit darbietet. In der Tat war sie auch die Methode, welche CAILLETET[1] die ersten Erfolge bei der Verflüssigung der permanenten Gase ermöglicht hatte. Der dazu benutzte Apparat ist in Fig. 88 abgebildet. Das zu kondensierende Gas wird bei Atmosphärendruck in das Glasrohr T_1 gebracht, welches oben in eine geschlossene Capillarröhre übergeht und unten durch Quecksilber abgesperrt wird.[2] Dieses Rohr wird durch einen eingeschraubten Deckel in den starken Stahlzylinder B eingeführt. Der Druck wird durch

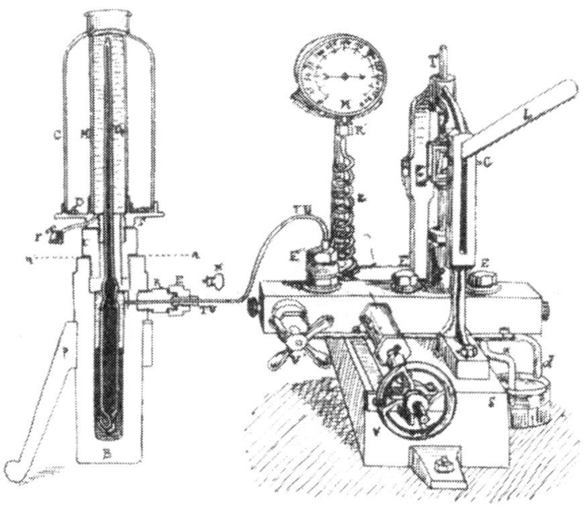

Fig. 88.

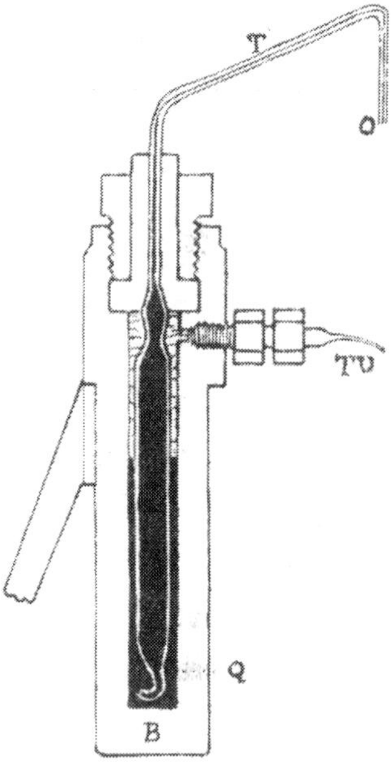

Fig. 89.

Apparate von CAILLETET zur Gasverflüssigung.

eine hydraulische Presse erzeugt, durch welche Wasser aus dem Reservoir S mittelst eines Stahlrohres UT in den Stahlzylinder B eingepumpt wird. Das hineingepreßte Wasser drückt das Quecksilber, welches sich als Kolben betätigt, in das Glasrohr T_1 und komprimiert das Gas bis auf einen Druck, der am Manometer M abgelesen werden kann. Die Capillare ist mit einem Mantel umgeben, der Wasser oder eine Kältemischung enthält und durch eine am Boden mit Chlorcalcium versehenen Gasglocke vom Beschlag mit Reif geschützt wird. Die Entspannung des Gases geschieht durch Drehen des Handrades V, wodurch dem Wasser der Austritt in das Reservoir S ermöglicht wird. Diese plötzliche Aus-

[1] L. CAILLETRT, Ann. chim. phys. (5) **15**, 138 (1878).

[2] Bei späteren Versuchen wurde die Capillarröhre T umgebogen, wie Fig. 89 zeigt, so daß dieselbe in das Kältebad von oben eingetaucht werden konnte.

dehnung geschieht annähernd adiabatisch, weil während der kurzen Zeit der Expansion Wärme von außen nur in sehr geringem Betrage in die Gasmasse eintreten kann.

Cailletet benutzte Drucke von etwa 300 Atm. und hat Abkühlungen um ungefähr 200° erreicht. Es gelang ihm in dieser Weise bei Sauerstoff, Kohlenoxyd, Stickstoff und Luft deutliche Nebelbildung mit Spuren von feinen Tröpfchen hervorzurufen. Eine kontinuierliche Gestaltung der Cailletetschen Verflüssigungsmethode dürfte wohl vom theoretischen Standpunkte die vollkommenste Anordnung zur Kälteerzeugung liefern. In der Tat hat schon Siemens[1] versucht durch Expansion komprimierter Luft in einem Motor der rationellen Luftverflüssigung näher zu kommen. Die dabei auftretenden technischen Schwierigkeiten sind aber so enorm, daß es erst im Jahre 1902 Georges Claude in Paris gelungen ist, auf diesem Wege einige Liter flüssiger Luft zu erhalten.

Drei Jahre später konnte die Expansion in einem Motor für industrielle Zwecke mit Erfolg verwertet werden. In der Tat haben auch die Versuche durch adiabatische Expansion der Preßluft im Motor bis zum Erreichen der Verflüssigungstemperatur zu keinen praktisch durchführbaren und brauchbaren Ergebnissen geführt. Einerseits verursacht die Schmierung des Arbeitszylinders, welche durch leichte Kohlenwasserstoffe (Pentan, Hexan) oder durch die erzeugte flüssige Luft besorgt wird, bei den in Betracht kommenden niederen Temperaturen große Schwierigkeiten. Anderseits eignet sich ein Gas in der Nähe seines Verflüssigungspunktes kaum als Arbeitsstoff für einen Motor, wie folgende Überlegung zeigt. Im Zusammenhang damit, daß die spezifische Wärme eines Gases mit sinkendem Druck abnimmt, wird eine geringe Volumzunahme stets mit einer ganz bedeutenden Abkühlung des Gases verbunden sein, die eine Kontraktion hervorruft, so daß die Arbeit des Motors stoßweise erfolgt. Man ist deshalb darauf angewiesen, die Verflüssigung des Gases außerhalb des Motors durchzuführen und die Expansion des Gases so zu gestalten, daß die dem dort herrschenden Enddruck entsprechende Verflüssigungstemperatur nicht erreicht wird. Eine schematische Darstellung der dazu von Claude[2] benutzten Anordnung findet man in der Fig. 90 Die auf 40 Atm. komprimierte Preßluft gelangt durch den Gegenstromapparat nach *a* mit einer Temperatur von etwa $-100°$ an, wo sie sich

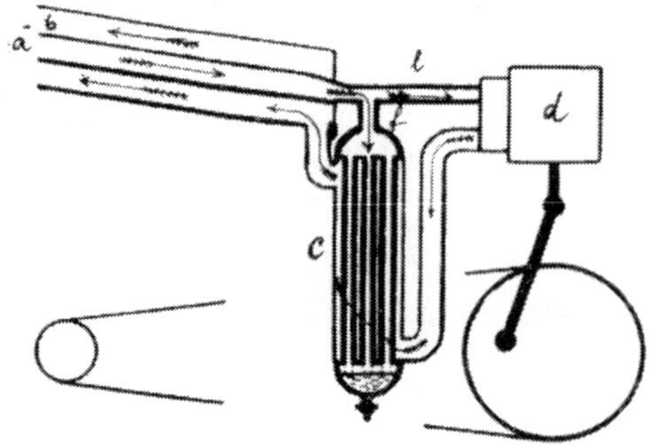

Fig. 90. Schema des Apparates von Claude zur Darstellung flüssiger Luft.

[1] W. Siemens, D. R.-P. 2064 vom Jahre 1857; vgl. auch Solvay, D. R.-P. 39280.
[2] G. Claude, Air liquide Oxygene, Azote 1909 S. 152—194, D. R.-P. 179782.

in zwei Richtungen, die weiter getrennt geführt werden, verteilt. Der eine durch *f* strömende Teil wird zur direkten Verflüssigung unter Druck verwendet, während der andere zur Expansion bestimmte Teil durch *l* in die Expansionsmaschine eintritt. Er verläßt sie, um im Verflüssiger *C* die zuströmende Preßluft abzukühlen und in den Gegenstromapparat zu treten. Die Temperatur von -100^0, mit der das Gas in den Arbeitszylinder gelangt, ist deshalb gewählt, weil dabei während der Expansion seine Temperatur nicht wesentlich tiefer als die kritische Temperatur zu liegen kommt, und eine Verflüssigung nicht stattfindet. Durch die Durchführung der Expansion in zwei hintereinander geschalteten Motoren und durch die Anwendung des leichter koerziblen Sauerstoffs als Arbeitsstoff anstatt der Luft, gelang es Claude größere Anlagen zu bauen, die etwa 0,9 kg flüssiger Luft pro PS. Stunde liefern und somit den Verfahren von Hampson mit 0,3 kg und Linde mit 0,5 kg in ökonomischer Hinsicht überlegen sind.

V. Das Aufbewahren verflüssigter Gase.

Für die Aufbewahrung verflüssigter Gase sind diejenigen allgemeinen Gesichtspunkte zu berücksichtigen, die für die Koexistenz der flüssigen und gasförmigen Phasen eines Stoffes maßgebend sind. In diesem Falle wird die kritische Temperatur des betreffenden Stoffes die ausschlaggebende Rolle abspielen. Bei solchen Gasen, deren kritische Temperatur höher als die Temperatur der Umgebung liegt, wie z. B. SO_2, NH_3, CO_2, Cl_2, N_2O, läßt sich durch eine entsprechende Druckerhöhung bis auf den Sättigungsdruck ein im stabilen Gleichgewicht befindliches System herstellen, das bei konstanter Temperatur eine unbegrenzte Zeit bestehen kann. Praktisch wird dann die Aufgabe der Aufbewahrung verflüssigter Gase auf die Herstellung von Behältern, die auf Druck beansprucht werden, zurückgeführt. Anders liegen die Verhältnisse bei den verflüssigten Gasen, deren kritische Temperatur bedeutend tiefer als die Temperatur der Umgebung liegt. Bei solchen Temperaturverhältnissen erscheinen die koexistierenden flüssig-dampfförmigen Phasen als dynamische Gebilde, die mit größerer oder kleinerer Geschwindigkeit einem Gleichgewichtszustande zustreben, der bei Zimmertemperatur erst nach vollständiger Verdampfung erreicht ist. Man kann deshalb solche Flüssigkeiten nur innerhalb einer beschränkten Zeit aufrecht erhalten, deren Dauer durch die Geschwindigkeit, mit der das Temperaturgleichgewicht sich einstellt, bestimmt wird. Eine zweckmäßig durchgeführte Isolation ist das einzige Mittel, mit dem man solche Flüssigkeiten vom Zutritt äußerer Wärme schützen und damit die Verdampfungsgeschwindigkeit möglichst herabsetzen kann. Es ist vorteilhaft, offene Gefäße zu diesem Zwecke zu benutzen, da dann die von außen zugeführte Wärme durch die verdampfenden Mengen des verflüssigten Gases kompensiert wird.

Der bedeutende Unterschied in den Aufbewahrungsbedingungen der beiden erwähnten Gruppen verflüssigter Gase kommt praktisch dadurch zum Ausdruck, daß viele Gase von der ersten Gruppe, wegen der Leichtigkeit, mit der sie transportiert werden können, als technische Produkte hergestellt werden und als Handelswaren zu finden sind. Die dazu benutzten als Flaschen bezeichneten Behälter sind als eiserne zylindrische mit Abschlußventilen versehene Gefäße ausgeführt. Die genügende Widerstandsfähigkeit des benutzten Materials den verflüssigten Gasen und ihren Dämpfen gegenüber, sowie dessen hohe Bruchfestigkeit und große Dehnbarkeit neben einem geringen Gewicht sind die Hauptanforderungen, denen bei der Herstellung solcher Behälter Rechnung getragen werden muß. In hohem Maße besitzen diese Eigenschaften die nahtlosen Mannesmann-Stahlröhren, deren Enden durch einen Walzprozeß einerseits zu einer Spitze verjüngt, anderseits zu einem gewölbten geschlossenen Boden vereinigt werden. In das verjüngte Ende wird das Ventil eingeschraubt, welches durch eine besondere Schutzkappe vor Beschädigung bewahrt wird. Für die Füllung der Behälter mit verflüssigten Gasen sind gesetzliche Vorschriften maßgebend, welche die den Gewichtseinheiten der einzelnen Stoffe zukommenden Fassungsräume vorschreiben. Die letzteren sind so gewählt, daß in der Flasche bei den gewöhnlichen Temperaturverhältnissen neben der flüssigen auch eine dampfförmige Phase existiert, deren Spannung den in der Flasche herrschenden Druck bestimmt. Die Änderung dieses Druckes mit der Temperatur wird durch die Dampfspannung — Temperaturkurve der betreffenden Flüssigkeit zum Ausdruck gebracht. Sobald aber die Flasche mit der Flüssigkeit voll gefüllt wird, so wird — zufolge des hohen Temperaturausdehnungskoeffizienten der verflüssigten Gase neben der geringen Kompressibilität derselben — einer geringen Temperaturerhöhung eine erhebliche Drucksteigerung entsprechen, die gefährliche Folgen mit sich bringen kann.[1] Daher ist ein Überfüllen der Flaschen auf das sorgfältigste zu vermeiden.

Das Problem der Aufbewahrung verflüssigter Gase, deren kritische Temperatur sehr tief liegt, wurde von Dewar gelöst, der die isolierende Eigenschaft des Vakuums zu diesem Zwecke benutzt hat. In doppelwandigen Gefäßen wird die zwischen den Wandungen des Mantels und des Aufnahmegefäßes befindliche Luft möglichst herausgepumpt, wodurch die Wärmezufuhr durch Konvektion auf ein Minimum reduziert wird.[2] Einen weiteren Fortschritt bedeutete das Bedecken der inneren Oberfläche der Gefäße mit Quecksilber oder Silber, das zur Verhinderung der Verluste durch strahlende Wärme dienen soll.

Abgesehen von der großen Zerbrechlichkeit solcher Gefäße, welche besonders leicht dann eintritt, wenn die am Halse befindliche Lötstelle vom verflüssigten Gase getroffen wird, erweisen sie vorzügliche Dienste. Die ausgezeichnete Isolationswirkung geht z. B. daraus hervor, daß beim Aufbewahren von flüssiger Luft, deren Temperatur um ca. 200° tiefer als

[1] Vgl. H. Teichmann, Komprimierte und verflüssigte Gase, Halle 1908, S. 44—48.
[2] O. Kausch, Zeitschr. für komprim. u. flüss. Gase 7, 81—90 (1903).

die Temperatur der Umgebung liegt, an der Außenseite des Gefäßes keine Kondensation von Wasserdämpfen eintritt. D'ARSONVAL konnte 28 Tage lang flüssige Luft im DEWARschen Gefäße aufbewahren.[1]

VI. Kondensation von Gasgemischen.

Die Vorgänge bei der Kondensation von Gasgemischen gestalten sich bedeutend mannigfaltiger als bei einheitlichen Stoffen und treten auch im einfachsten Falle von zwei Komponenten, die im flüssigen Zustande in allen Verhältnissen mischbar sind, in komplizierter Form hervor. Der Grund dieser Komplikation liegt darin, daß im allgemeinen, abgesehen von Minimum- und Maximumpunkten der Dampfspannungskurven solcher Gemische, die Zusammensetzung der flüssigen Phase von der gasförmigen verschieden ist. In Zusammenhang damit geht die isotherme Kondensation nicht unter konstantem, sondern steigendem Druck vor sich. Die beiden Endordinaten desjenigen Abschnittes der Grenzkurve, der sich auf die Koexistenz beider Phasen bezieht, entsprechen dem Anfangsdruck, bei dem sich die flüssige Phase zu bilden beginnt, und dem Enddruck, bei dem das sämtliche System flüssig wird, und werden nach DUHEM als Taupunkt und Siedepunkt des Gemisches bezeichnet.

Auch die kritischen Erscheinungen treten bei Gasgemischen in eigentümlicher Form zutage. Sie sind nicht, wie bei einheitlichen Stoffen, an einen einzelnen Temperaturpunkt gebunden, sondern kommen bei zwei Temperaturpunkten zur Geltung.[2] Neben der sogenannten maximalen Temperatur, die auch als Temperatur des kritischen Kontaktes bezeichnet wird und welche die Grenze darstellt, oberhalb deren keine Spaltung in zwei Phasen möglich ist, existiert der sogenannte kritische Faltenpunkt, bei dem die eigentlichen kritischen Erscheinungen zutage treten, indem dort Flüssigkeit und Gas gleiche spezifische Volumina besitzen. Zwischen diesen beiden Temperaturen spielen sich die von KUENEN als retrograde Kondensation bezeichneten Erscheinungen ab, die wesentlich darin besteht, daß bei Druckerhöhung das Dampfgemisch zunächst teilweise flüssig wird, um bei weiterer Erhöhung des Druckes homogen zu werden. So fand VAN DER WAALS[3], daß ein Gemisch von 9 Vol. Luft und 1 Vol. CO_2 bei 23,5° schon beim Drucke von 73 Atm. sich zu kondensieren beginnt. Wurde das Volumen weiter vermindert, so nahm der Druck zu und erst bei 95 Atm. war wieder Homogenität vorhanden. Eine vollständige Übersicht über den Kondensationsverlauf eines Gasgemisches liefert die von DUHEM[4] angewandte Drucktemperaturkurve, welche die Dampfdrucke des Gemisches als Temperaturfunktion zum Ausdruck bringt. In der Fig. 91 sind solche Kurven für eine Reihe von Gemischen der Kohlensäure mit

[1] G. CLAUDE, Air liquide, Oxygène, Azote, 1909, S. 194—219.

[2] J. P. KUENEN, Verdampfung und Verflüssigung von Gemischen, 1906, S. 59—62.

[3] VAN DER WAALS, Die Kontinuität des gasförmigen und flüssigen Zustandes, Leipzig 1881, S. 143.

[4] P. DUHEM, J. phys. (2) 7, 158 (1888).

schwefliger Säure[1] neben den Grenzkurven der reinen Bestandteile angeführt. Bei näherer Betrachtung dieser Kurven ergibt sich, daß ein Gasgemisch im Gegensatz zu einheitlichen Stoffen bei gegebener Temperatur zwei Dampfdrucke aufzuweisen hat, den Druck des Taupunktes, bei dem das dampfförmige Gemisch mit einer Spur von Flüssigkeit im Gleichgewicht steht, und den Druck des Siedepunktes, wo dasselbe Gemisch im flüssigen Zustande mit einer Spur von Dampf koexistiert. Die unteren Äste dieser Kurven, welche die Taupunkte eines gegebenen Gemisches verbinden, können als Taulinien, die oberen als Siedelinien bezeichnet werden. Auf jeder dieser Kurven treten die Punkte maximaler Temperatur (C_1) neben den Faltenpunkten (C) auf. Die umhüllende Kurve $C_a C C_b$, welche die kritischen Punkte C_a und C_b der Komponenten verbindet, be-

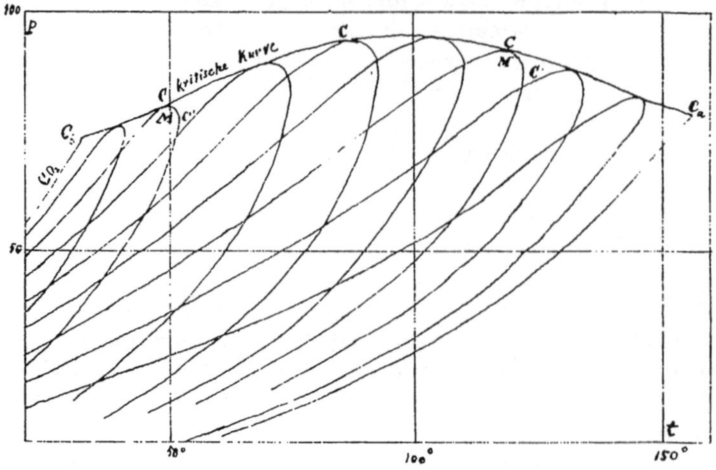

Fig. 91. PT-Kurve von Gasgemischen ($CO^2 + SO^2$).

rührt die einzelnen Kurven in ihren Faltenpunkten und wird als kritische Kurve oder Faltenpunktskurve des Gemisches bezeichnet.

Die PT-Kurve ist diejenige, welche die Kondensationserscheinungen für die Reihe sämtlicher Gemische zweier Stoffe bei allen Temperaturen und Drucken in übersichtlicher Weise zur Anschauung bringt. Die Zusammensetzung der flüssigen und gasförmigen Phasen, die bei gegebenem Druck (P) und Temperatur (T) im Gleichgewicht stehen, werden ohne weiteres durch die Siedelinie und Taulinie bestimmt, die sich im Punkte der Fläche, deren Koordinaten P und T sind, schneiden. Der Verlauf der kritischen Kurve, wie er in der Fig. 91 gezeigt wurde, ist der normale Verlauf für Gemische von zwei Stoffen, deren kritische Temperaturen nicht zu nahe aneinander liegen. Der deutliche Parallelismus, welcher zwischen dem Verlauf der Taulinien und Siedelinien einerseits, dem Verlauf der Grenzkurven der leichter und schwieriger kondensierbaren Kom-

[1] Nach F. Gaubert, Z. phys. Ch. 10, 284 (1902).

ponenten andererseits besteht, besagt, daß die erstere für den Beginn, die letztere für das Ende der Kondensation von maßgebendem Einfluß ist. Dieser Parallelismus tritt desto deutlicher hervor, je höher der Gehalt der einen oder anderen Komponente im Gemische steigt. Da eine und dieselbe Taulinie mehrere Siedelinien von Gemischen mit steigendem Gehalte der schwieriger kondensierbaren Komponente schneidet, so wird eine und dieselbe Dampfphase sich im Gleichgewicht mit einer Reihe von flüssigen Phasen befinden, deren Zusammensetzung mit abnehmender Temperatur bzw. Druck sich zugunsten der leichter kondensierbaren Komponente verschiebt. Im entgegengesetzten Sinne liegt der Sachverhalt für die Schnittpunkte einer und derselben Siedelinie mit verschiedenen Taulinien.

Was die Größe der kritischen Daten eines Gemisches betrifft, so liegt im allgemeinen seine kritische Temperatur zwischen den beiden stark voneinander abweichenden kritischen Temperaturen der einzelnen Komponenten, so daß es nicht möglich ist ein Dampfgemisch bei einer Temperatur zu kondensieren, bei der die leichter kondensierbare Komponente an und für sich verflüssigt werden kann. So beobachtete CAILLETET[1], daß ein Gemisch von 1 Vol. Luft und 5 Vol. Kohlensäure erst bei Temperaturen unter 21° C verflüssigt werden konnte, während die kritische Temperatur der Kohlensäure 31,5° C beträgt. Andererseits zeigte ANDREWS[2], daß das Gemisch $6CO_2 + N_2$ schon bei 3,5° C (kritische Temperatur des Stickstoffs −146° C) unter einem Drucke von 48,3 Atm. sich zu kondensieren beginnt, um bei 102 Atm. sich vollständig zu verflüssigen. Im allgemeinen wird eine schwerer kondensierbare Beimischung die kritische Temperatur erniedrigen und den kritischen Druck erhöhen; eine leichter kondensierbare Substanz erhöht sowohl die kritische Temperatur wie den kritischen Druck. Die von STRAUSS[3] aufgestellte und nach PAWLEWSKI[4] bezeichnete Regel, nach der die kritische Temperatur eines Gasgemisches eine additive Eigenschaft ist und nach der einfachen Mischungsregel berechnet werden kann, ist zwar in vielen Fällen bestätigt worden, kann aber keine allgemeine Gültigkeit beanspruchen.

[1] CAILLETET, Wied. Beibl. **4**, 332 (1880).
[2] G. CLAUDE, Air liquide, Oxygène, Azote, 1909, S. 330.
[3] Journ. der russ. phys.-chem. Gesellsch. **12**, 207 (1880); **14**, 511 (1882).
[4] Ber. **15**, 2463 (1882); **16**, 2633 (1883); vgl. C. SCHMIDT, Ann. **266**, 266 (1891).

Herstellen verschiedener Temperaturen.

Temperaturbestimmung.

Von

F. Hoffmann-Berlin.

Inhalt.

Seite

Temperaturbestimmung.

I. Temperaturbegriff und Temperaturskala.

1. Temperaturbegriff.

Die Wärmezustände eines Körpers lassen sich ihrem sinnlichen Eindruck nach als warm und kalt unterscheiden. Dabei zeigt die Erfahrung, daß ein Körper aus dem kalten in den warmen Zustand und umgekehrt überführt, d. h. erwärmt oder abgekühlt werden kann. Am einfachsten geschieht das dadurch, daß man ihn mit einem andern, wärmeren oder kälteren Körper in Berührung bringt, z. B. ihn den heißen Gasen einer Flamme aussetzt oder ihn in kaltes Wasser taucht. Die Wärmelehre bedient sich dabei des Ausdruckes: Zwischen den beiden Körpern, die sich in verschiedenen Wärmezuständen befinden, findet ein Wärmeaustausch und zwar derart statt, daß Wärme von dem wärmeren zu dem kälteren fließt.

Die Gesetze des Wärmeaustausches geben ein Mittel an die Hand, die Wärmezustände eines Körpers derartig anzuordnen, daß die beim Erwärmen des Körpers durchlaufenen Zustände eine stetig fortlaufende Reihe bilden. Diejenige, den Wärmezustand eines Körpers charakterisierende Größe, die seine Stelle in dieser Reihe angibt, heißt seine Temperatur.[1]

2. Temperaturmessung.

Zwei Körper, die hinreichend lange miteinander in Berührung gewesen sind, zeigen, falls keine chemische Reaktion zwischen ihnen stattfindet und äußere Einflüsse ferngehalten sind, keine Änderung ihres Wärme-

[1] Vgl. z. B. E. Mach, Die Prinzipien der Wärmelehre, Leipzig 1896, S. 39f.

zustandes mehr. Der Wärmeaustausch zwischen ihnen hat aufgehört und man sagt, sie sind im Wärmegleichgewicht. Dabei gilt erfahrungsgemäß der Satz, daß zwei Körper, die mit einem dritten im Wärmegleichgewicht sind, es auch miteinander sind. Auf Grund dieses Satzes hat man ein Recht, die Temperaturen zweier verschiedener Körper als gleich zu bezeichnen, wenn sie im Wärmegleichgewicht stehen.

Zugleich ist damit die allgemeine Grundlage für die Messung der Temperatur gegeben: Der Körper, dessen Temperatur bestimmt werden soll, wird mit einem Meßkörper, der thermometrischen Substanz, in Berührung gebracht, und seine Temperatur nach Eintreten des Wärmegleichgewichtes zwischen beiden gleich der des Meßkörpers gesetzt. Für diesen muß dann freilich die Temperatur an irgend einem Merkmal besonders festgelegt sein.

Dafür reichen die Gesetze des Wärmeaustausches nicht aus. Nach ihnen können zwar Temperaturen als gleich, und eine Temperatur als höher als die andere erkannt werden; es kann jedoch nicht angegeben werden, um wieviel eine Temperatur höher ist als eine andere. Dazu bedarf es noch weiterer Festsetzungen. Die Möglichkeit dazu bietet die Erfahrungstatsache, daß alle physikalischen Eigenschaften in mehr oder minder hohem Grade von der Temperatur abhängig sind. Eine solche Eigenschaft, deren Änderung sich messend erfolgen läßt, ist z. B. die Raumerfüllung, kurz das Volumen, das bei der weitaus größten Zahl von Körpern mit steigender Temperatur eine Vergrößerung erfährt. Durch diese Erkenntnis ist man in den Stand gesetzt, die Temperatur eines Körpers an seinem Volumen also z. B. die eines Metallstabes an seiner Länge festzulegen. Damit ist zunächst ein objektives Merkmal gegeben, das von den Täuschungen, denen das Wärmegefühl unterliegt, befreit ist und naturgemäß weit über den engen Bereich hinaus gebraucht werden kann, in dem unser Gefühl Angaben zu machen imstande ist. Dazu kommt, daß die Beobachtung einer weitgehenden Verfeinerung fähig ist und daß durch die Größe der Änderung ein allerdings vollständig willkürlicher Maßstab für die Änderung der Temperatur gewonnen ist.

3. Die Temperaturskala.

Die Festlegung eines Gesetzes, nach dem die Temperaturen fortschreiten sollen, begründet eine Temperaturskala. Wir sahen, wie die Temperatur eines beliebigen Körpers auf die eines Meßkörpers bezogen und wie an diesem irgend eine mit der Temperatur meßbar veränderliche Größe, z. B. sein Volumen als Maßstab für die Änderung der Temperatur gesetzt werden kann. Dabei verfährt man, um von den individuellen Abmessungen des Meßkörpers unabhängig zu sein, zweckmäßig so, daß man die *relativen* Volumenänderungen als maßgebend für die Temperaturänderung ansieht. Als Bezugsvolumen ist dann das Volumen bei einer bestimmten reproduzierbaren Temperatur, z. B. der des schmelzenden Eises zugrunde zu legen. Man erhält so zugleich einen Ausgangspunkt für die Zählung der Temperatur, den ersten Fundamentalpunkt, und es bleibt nur noch übrig, anzugeben, in welcher Einheit die Temperaturzunahme gemessen werden soll. Dazu wird ein zweiter Fundamentalpunkt festgesetzt, der mit dem ersten zusammen ein Fundamentalintervall begrenzt. Ein bestimmter Teil dieses Fundamentalintervalls, gemessen an der thermometrischen Eigenschaft, gibt dann die Einheit dieser Skala, den Temperaturgrad. So kann man z. B. eine hundertteilige Skala mit dem Eispunkt und Wassersiedepunkt als Fundamentalpunkte durch die Längenausdehnung eines Platinstabes definieren. In dieser Skala wächst die Temperatur um einen Grad, wenn sich der Platinstab, der an der Temperaturänderung teilnimmt, um $^1/_{100}$ des Betrages ausdehnt, um den er sich beim Erwärmen vom Eispunkt zum Wassersiedepunkt ausdehnt.

Zur vollständigen Definition einer Temperaturskala gehören mithin folgende vier willkürlich zu wählenden Stücke:[1] [2]

1. Eine Substanz, die als Meßkörper dienen soll (die „thermometrische Substanz").
2. Eine Eigenschaft dieser Substanz, deren Änderung ein Maß für die Änderung der Temperatur sein soll (die „thermometrische Eigenschaft").
3. Eine Fundamentaltemperatur, von der aus die Zählung beginnen soll („erster Fundamentalpunkt").
4. Eine Einheit, nach der die Zählung fortschreiten soll („Temperaturgrad" als Teil des durch den „zweiten Fundamentalpunkt" begrenzten „Fundamentalintervalls").

Die erste Aufgabe der Temperaturmessung ist es, diese vier Stücke in geeigneter Weise festzulegen.

4. Die thermometrische Substanz und die thermometrische Eigenschaft.

Trotz der zunächst außerordentlich groß erscheinenden Zahl von thermometrischen Eigenschaften haben sich zur wirklichen Temperaturmessung nur eine verhältnismäßig kleine Zahl als geeignet erwiesen. Es sind das hauptsächlich: Ausdehnung, thermoelektrische Erregung, elektrische Leitfähigkeit und Strahlung. Der Grund dafür ist der, daß es keineswegs genügt, daß die Eigenschaft durch ein geeignetes Instrument hinreichend genau meßbar ist; es ist vielmehr weiter zu fordern, daß die Angabe des Instrumentes, das sie zu messen erlaubt, eindeutig, reproduzierbar und von anderen Einflüssen als der zu messenden Temperatur möglichst unabhängig ist. So ist z. B. die Volumenänderung des Wassers in der Nähe von $+4^0$ als thermometrische Eigenschaft nicht zu gebrauchen, da sich das Wasser, das bei dieser Temperatur ein Dichtemaximum besitzt, sowohl bei steigender wie bei sinkender Temperatur

[1] Streng genommen gehört auch noch ein „Zuordnungsprinzip" der Temperaturen zu den Wärmezuständen dazu, vgl. z. B. E. Mach, a. a. O. S. 46. Wir setzen voraus, daß die Temperatur proportional den Änderungen der thermometrischen Eigenschaft zugeordnet wird und lassen andere Versuche (z. B. Dalton u. a.) beiseite.

[2] Vgl. z. B. K. Meyer, Z. phys. chem. Unterr. 23, 162 (1910).

ausdehnt, so daß einem bestimmten Volumen nicht eindeutig eine bestimmte Temperatur zugeordnet ist. Etwas Analoges gilt von der Thermokraft des LE CHATELIERschen Thermoelementes, die bei etwa -140^0 ein Minimum hat. Natürlich hindert das keineswegs die Verwendung in anderen Temperaturgebieten, wie die vorzügliche Brauchbarkeit des LE CHATELIERschen Thermoelementes in hohen Temperaturen beweist. Die Reproduzierbarkeit der Angaben eines Instrumentes ist durch die verschiedensten Ursachen gefährdet: langsame Umlagerungen im Glase ändern z. B. den Stand von Quecksilberthermometern, allmähliche Verunreinigung der Drähte die thermoelektrische Kraft eines Thermoelementes, usw. Dazu treten vorübergehende Änderungen, die als Nachwirkungserscheinungen anzusprechen sind und die z. B. beim Quecksilberthermometer lange Zeit hindurch die Genauigkeit der Messungen aufs empfindlichste beeinträchtigt haben. Schon die angeführten Beispiele zeigen, daß in vielen Fällen andere Faktoren als die Temperatur auf die Angaben des Instrumentes von Einfluß sind. Nicht immer haben sie jedoch den Charakter mehr oder minder unkontrollierbarer Störungen, sondern gehen als wohl definierte Größe in die Messung selbst mit ein. Das Volumen eines Gases ist z. B. nicht allein von der Temperatur sondern auch von dem Druck abhängig, unter dem es steht. Natürlich wird dadurch die Messung umständlicher und infolge einer neuen Fehlerquelle unsicherer. Daß das Gasthermometer trotz seiner bedeutenden Vorzüge hinter vielen anderen Instrumenten beim praktischen Gebrauche vollständig zurücktreten muß, beruht zum größten Teile hierauf.

5. Die beiden Fundamentalpunkte und der Temperaturgrad.

Als erster Fundamentalpunkt, d. h. als die Temperatur, von der als Nullpunkt die Zählung der Temperatur beginnen soll, ist jetzt allgemein die Temperatur des reinen schmelzenden Eises, der sogen. „Eispunkt" angenommen worden. Die Leichtigkeit, Wasser in reinem Zustand zu beschaffen und die Sicherheit der Einstellung seines Schmelzpunktes lassen diesen Punkt als hervorragend geeigneten Fixpunkt erscheinen.[1] Verschiedene Versuche, tiefere Temperaturen als Anfangspunkt zu wählen (FAHRENHEIT u. a.), um eine doppelte Zählung nach auf- und abwärts zu vermeiden, haben ihre Bedeutung mit der Erschließung des Gebietes der allertiefsten Temperaturen verloren. Aus theoretischen Gründen nimmt man freilich noch einen anderen „absoluten Nullpunkt" an, der die unterste überhaupt erreichbare Temperaturgrenze darstellen soll, indessen ist auch seine Lage praktisch gegen die des Eispunktes festgelegt.

Als zweiter Fundamentalpunkt dient ebenso allgemein der normale Siedepunkt des Wassers. Es ist dies die Temperatur, die im

[1] Die Verwendung des Eispunktes und des Wassersiedepunktes als thermometrischer Fixpunkte verdankt man OLE RÖMER, s. K. MEYER, Arch. f. d. Gesch. der Naturw. u. d. Technik 2, 323f. (1910).

gesättigten Dampf über reinem, unter Normaldruck siedendem Wasser herrscht. Unter Normaldruck versteht man den Druck einer Quecksilbersäule von 760 mm Höhe und der Temperatur des Eispunktes im Niveau des Meeres unter 45° geographischer Breite.

Das durch diese beiden Punkte begrenzte Fundamentalintervall wird der bequemen Zählung halber in der hundertteiligen, auch nach Celsius benannten Skala in hundert Teile, „Grade", bezeichnet mit °C, geteilt, und zwar derart, daß der Eispunkt die Bezeichnung 0° C und der Siedepunkt 100° C erhält. Für diese Teilung ist natürlich eine bestimmte thermometrische Eigenschaft zu wählen. Ist deren Zahlenwert E_0 bei 0°, E_{100} bei 100° und E bei einer noch näher zu bestimmenden Temperatur t, so soll diese Temperatur t definiert sein als proportional der relativen Zunahme von E also:

$$t = p \cdot \frac{E - E_0}{E_0}$$

und da

$$100 = p \frac{E_{100} - E_0}{E_0}$$

ist, so folgt:

$$t = \frac{E - E_0}{E_{100} - E_0} \cdot 100 .$$

Beispiel: Ist V das scheinbare Volumen des Quecksilbers im Glase bei der Temperatur t^0 und entsprechend V_0 und V_{100} bei 0° und 100°, so ist in der durch das Quecksilberthermometer definierten Temperaturskala

$$t = \frac{V - V_0}{V_{100} - V_0} \cdot 100 .$$

Es leuchtet ein, daß sich auf diese Weise so viele verschiedene Skalen definieren lassen, wie es thermometrische Eigenschaften gibt, da von vornherein kein Grund dafür ersichtlich ist, daß die Änderung aller dieser Eigenschaften mit der Temperatur gleichartig erfolgt.

6. Die gasthermometrische und die thermodynamische Skala. Absolute Skala.

Die Willkür, die in der Wahl einer beliebigen thermometrischen Eigenschaft zur Definition der Skala liegt, wird in gewissem Sinne durch die wichtige Erfahrung beseitigt, daß verschiedene Gase, besonders die schwer kondensierbaren, wie Wasserstoff, Stickstoff, Helium u. a., in weiten Temperaturgrenzen einen sehr nahe übereinstimmenden Gang der thermischen Ausdehnung zeigen. Dazu kommt noch, daß nach Gay-Lussac[1] auch der absolute Ausdehnungskoeffizient für alle diese Gase nahe gleich groß ist. Man glaubte deshalb ein Recht zu der Annahme zu haben, daß diese Übereinstimmung begründet sei in einer besonders einfachen Konstitution der Gase, und daß sich ihre thermische Volumenänderung in besonders hohem Grade zur Definition einer Temperaturskala eigne. Zugleich ließ die kinetische Gastheorie, die das übereinstimmende Verhalten der Gase verstehen lehrte, erhoffen, daß sich auf Grund der erkannten Gesetz-

[1] Ostw. Klass. Nr. 44, S. 23.

mäßigkeit eine „absolute Temperaturskala“ d. h. eine solche, die von der Wahl einer bestimmten thermometrischen Substanz und Eigenschaft überhaupt unabhängig ist, würde aufstellen lassen.

In der Tat ist denn auch die Einführung der gasthermometrischen Skala von außerordentlicher Bedeutung für die Vereinheitlichung der Temperaturskala geworden. Indessen stellte sich bei genauerer Untersuchung heraus, daß die Gültigkeit der Gasgesetze nicht ganz streng ist. Weder sind die Ausdehnungskoeffizienten aller Gase wirklich ganz gleich groß, noch ist der Gang der Ausdehnung bei allen Gasen genau der gleiche. Es war somit bei einem hohen Anspruch an die Genauigkeit der Skala im Grunde dasselbe geblieben, daß man unter den vorhandenen Gasen eine als thermometrische Substanz wählen mußte, und daß für diese Wahl ein innerer Grund nicht maßgebend war.

Eine wirkliche absolute Temperaturskala war somit auch durch die gasthermometrische Skala nicht gegeben; sie ließ sich erst auf Grund der beiden Hauptsätze der Thermodynamik aufstellen und wird deshalb als die „thermodynamische Temperaturskala“ bezeichnet.

Daß sie die endgültige sein wird, auf die schließlich alle Temperaturen zu beziehen sein werden, steht wohl außer Zweifel. Indessen bedarf man doch, um die Skala zu verwirklichen, eines bestimmten Meßinstrumentes und zu diesem Zwecke ist das Gasthermometer vor allem geeignet und zwar hauptsächlich deshalb, weil die Gase als thermometrische Substanz eine Skala ergeben, die durch besonders enge Beziehungen mit der thermodynamischen Skala verknüpft ist.

7. Die Gasgesetze.

Das Verhalten der Gase gegenüber Druck-, Volumen- und Temperaturänderungen ist durch folgende Gesetze bestimmt:

1. Das Gesetz von BOYLE-MARIOTTE[1]: Bei konstanter Temperatur ist das Volumen einer Gasmasse dem Drucke umgekehrt proportional. Es ist also

$$\frac{V_1}{V_2} = \frac{p_2}{p_1}$$

oder das Produkt aus Volumen und Druck ist konstant:

$$p_1 \cdot V_1 = p_2 \cdot V_2 .$$

2. Das Gesetz von GAY-LUSSAC[2]: Bei konstantem Druck ist der mittlere Ausdehnungskoeffizient α zwischen 0^0 und 100^0, d. h. der hundertste Teil der relativen Volumenzunahme beim Erwärmen von 0^0 auf 100^0 für alle Gase gleich groß und zwar

$$\alpha = \frac{V_{100} - V_0}{100\, V_0} = \frac{1}{273} = 0{,}00366 .$$

[1] R. BOYLE, New Experiments touching the Spring of Air, London 1660; MARIOTTE, Second Essay de Physique 1679, Ges. W. Haag 1740 S. 151.

[2] GAY-LUSSAC, Ann. chim. phys. **43**, 137f. (1802); Ostw. Klass. Nr. **44**, S. 3f.

Definiert man die Temperatur t durch die Gleichung

$$t = \frac{V - V_0}{V_{100} - V_0} \cdot 100,$$

so folgt:

$$\alpha = \frac{V - V_0}{t \cdot V_0}$$

oder

$$V = V_0 (1 + \alpha t).$$

3. Vereinigung der Gesetze von BOYLE-MARIOTTE und GAY-LUSSAC: Für den allgemeinen Fall, daß sich Druck, Volumen und Temperatur eines Gases ändern, gilt das Gesetz

$$p \cdot V = p_0 V_0 (1 + \alpha t)$$

oder, indem man das Volumen der Masseneinheit $\frac{V}{M} = v$ setzt:

$$p \cdot v = p_0 v_0 (1 + \alpha t).$$

Hierin sind das Gesetz von BOYLE-MARIOTTE für $t = 0$ und von GAY-LUSSAC für $p = p_0$ als Sonderfälle enthalten. Zugleich läßt sich für den dritten Fall, daß $v = v_0$ ist, das Gesetz ableiten

$$p = p_0 (1 + \alpha t).$$

Definiert man in Analogie zum Ausdehnungskoeffizienten α den Druckkoeffizienten

$$\beta = \frac{p - p_0}{t \cdot p_0},$$

so folgt:

$$\alpha = \beta,$$

d. h. für ein Gas, das dem Gesetze von BOYLE-MARIOTTE und GAY-LUSSAC gehorcht, ist der Ausdehnungskoeffizient gleich dem Druckkoeffizienten.

Der Gleichung

$$p v = p_0 v_0 (1 + \alpha t)$$

läßt sich auch die einfache Form geben

$$p \cdot v = k \cdot T,$$

indem man setzt

$$p_0 v_0 \alpha = k$$

und

$$T = t + \frac{1}{\alpha} = t + 273.$$

Die Größe k ist für alle Zustandsänderungen eines gegebenen Gases konstant, jedoch von Gas zu Gas verschieden. Die Größe T ist die um den konstanten Betrag $\frac{1}{\alpha} = 273$ vermehrte Temperatur t; es ist also die an der Ausdehnung eines Gases definierte Temperatur, nur daß sie von einem um 273° unter 0° liegenden Punkt, also von − 273° an gezählt wird. Man bezeichnet T als „absolute Temperatur“ und den Punkt − 273° als „absoluten Nullpunkt.“[1] Die Einführung der absoluten Temperatur

[1] Nach AMONTONS 1703, vgl. E. MACH, Prinz. d. Wärmelehre S. 48.

kommt offenbar darauf hinaus, daß man die Temperatur nicht durch die Volumen- oder Druckänderung, sondern durch das Volumen oder den Druck selbst mißt.

5. Das Gesetz von AVOGADRO[1]: Nach AVOGADRO enthalten alle Gase unter gleichen Bedingungen der Temperatur und des Drucks in der Volumeneinheit die gleiche Anzahl von Molekülen. Es ist also, wenn M die Gasmenge, m das Molekulargewicht des Gases und $n = \frac{M}{m}$ die Anzahl der Moleküle ist,

$$\frac{n}{V} = \frac{M}{m \cdot V}$$

für alle Gase gleich groß. Dies erlaubt dem Gesetz,

$$p \cdot v = p \cdot \frac{V}{M} = k \cdot T$$

die Form zu geben

$$p \cdot v = \frac{R}{m} \cdot T,$$

worin die neue Konstante R eine für alle Gase gleiche Größe ist, die als „Gaskonstante" bezeichnet wird und den Zahlenwert hat

$$R = 8{,}316 \cdot 10^7,$$

wenn als Einheit der Arbeit das Erg, und

$$R = 1{,}985$$

wenn als Einheit der Arbeit die Grammkalorie gewählt wird.

8. Temperaturmessung mit idealen Gasen.

Ein Gas, das das Gesetz von BOYLE-MARIOTTE erfüllt und die Eigenschaft hat, daß es bei Expansion ohne äußere Arbeitsleistung und ohne Wärmezufuhr von außen seine Temperatur nicht ändert, bezeichnet man als „Ideales Gas". Ein solches Gas erfüllt zugleich auch alle die im vorangehenden Abschnitt aufgeführten Gesetze.[2] In Wirklichkeit gibt es zwar kein Gas, das in diesem Sinne „ideal" ist, wohl aber nähern sich alle Gase bei großer Verdünnung oder geringem Drucke und einer Temperatur, die hinreichend weit vom Kondensationspunkte entfernt liegt, in ihrem Verhalten dem eines idealen Gases. Es lassen sich deshalb viele Gase als thermometrische Substanz gebrauchen, indem man die Gesetze der idealen Gase auf sie anwendet und die Abweichungen, die sie von diesen Gesetzen aufweisen, als Korrektionen an den mit ihnen gemessenen Temperaturen in Rechnung setzt.

Aus den Gasgesetzen lassen sich für die Temperaturmessung mit idealen Gasen folgende Sätze ableiten:

---

[1] AVOGADRO, Ostw. Klass. Nr. 8.

[2] Die Definition des „Idealen Gases" kann auf verschiedene Weise geschehen. Vgl. z. B. G. H. BRYAN, Enzykl. Math. Wiss. V, 3, Art. 22; ferner E. BUCKINGHAM, Bull. Bur. Stand. **6**, 409f. (1909—10); H. KAMERLINGH-ONNES, Enzykl. Math. Wiss. V, 10, Anm. **417** u. a.

1. Die Temperaturskala ist von der Wahl des Volumens oder des Druckes als thermometrischer Eigenschaft unabhängig, d. h. die nach der Volumenänderung definierte Temperaturskala ist identisch mit der nach der Druckänderung definierten.

Definiert man also die Temperatur:

1. durch

$$t = \frac{1}{\alpha}\,\frac{v_t - v_0}{v_0}, \quad \text{worin } \alpha = \frac{v_{100} - v_0}{100\, v_0}$$

und 2. durch

$$t = \frac{1}{\beta}\,\frac{p_t - p_0}{p_0}, \quad \text{worin } \beta = \frac{p_{100} - p_0}{100\, p_0} \text{ ist,}$$

so erhält man im ganzen Bereiche übereinstimmende Werte für die Temperaturen t, da $\alpha = \beta$ ist.

2. Die Temperaturskala ist von der Wahl des Gases als thermometrischer Substanz unabhängig, d. h. die nach der Volumen- oder Druckzunahme eines idealen Gases definierte Temperaturskala stimmt für alle idealen Gase überein.

3. Die Temperaturskala ist von der Dichte des Gases bei 0° unabhängig, d. h. es ist die nach der relativen Volumen- oder Druckzunahme eines idealen Gases definierten Skala von den absoluten Werten des Volumens oder Druckes unabhängig.

Der Satz ist eine unmittelbare Folge des Boyle-Mariotteschen Gesetzes, nach dem das Produkt $p \cdot v$ lediglich von der Temperatur, aber nicht von p oder v selbst abhängig ist.

9. Das Verhalten der wirklichen Gase.

Von dem durch die Gasgesetze charakterisierten Verhalten der idealen Gase zeigen die wirklichen Gase, wenn auch geringe, so doch merkliche Abweichungen:

1. Der Ausdehnungskoeffizient ist von dem Druckkoeffizient verschieden. So fand Regnault zwischen 0° und 100° folgende Werte[1]:

	Ausdehnungskoeffizient α	Druckkoeffizient β
Wasserstoff	0,0036613	0,0036678
Luft	0,0036706	0,0036645
Kohlensäure	0,0037099	0,0036871

2. Sowohl der Ausdehnungskoeffizient wie der Druckkoeffizient ist von Gas zu Gas etwas verschieden. Diese Tatsache ergibt sich ebenfalls aus den soeben angeführten Werten Regnaults. Dabei ist bemerkenswert, daß die leicht kondensierbaren Gase erheblich andere Werte ergeben als die schwer kondensierbaren, für die beide Koeffizienten einem Grenzwerte zuzustreben scheinen.

[1] Die Zahlen von V. Regnault findet man in seiner „Relation des expériences pour déterminer les lois et les données physiques nécessaires au calcul des machines à feu" (1847—70), 3 Bde. u. z. T. i. Ostw. Klass. Nr. 44, S. 147, 156 u. 161.

3. Sowohl der Ausdehnungs- wie der Druckkoeffizient hängt von der Dichte des Gases, oder, was auf dasselbe hinauskommt, von dem Drucke des Gases bei 0°, dem sogen. Anfangsdrucke, ab. So fand REGNAULT[1] für atmosphärische Luft:

Druck in Millimeter	Ausdehnungskoeffizient α	Druck bei 0° in Millimeter	Druckkoeffizient β
760	0,0036706	109,72	0,0036482
2525	0036944	375,23	0036572
5000	0037320	1678,40	0036760
11000	0038036	2144,18	0036894
13000	0038243	3655,56	0037091

Beide Koeffizienten, α und β, steigen also mit steigendem Druck etwas an.

10. Das Normalgasthermometer.

Die Abweichungen, die die wirklichen Gase von den Gasgesetzen zeigten, erlaubten zwar nicht, wie ursprünglich erwartet wurde, eine absolute gasthermometrische Temperaturskala aufzustellen, die von jeder Willkür frei war. Trotzdem erschien es, als es sich um die Frage handelte, welche Temperaturskala bei der Vereinheitlichung der Temperaturmessungen zugrunde gelegt werden solle, zweckmäßig, der gasthermometrischen vor jeder anderen den Vorzug zu geben. Der Grund dafür lag einmal darin, daß die Abweichungen der verschiedenen Gasthermometer voneinander relativ gering sind, sodann in der hauptsächlich durch die kinetische Gastheorie gestützten Ansicht, daß die Gase besonders einfach konstituierte Körper seien, bei denen der Zusammenhang zwischen den Zustandsvariablen und der zugeführten Wärme ein besonders einfacher sei. Die spätere Entwicklung zeigte denn auch, daß die Entscheidung für das Gasthermometer durchaus zweckmäßig war. Bei den individuellen Abweichungen der verschiedenen Gase voneinander und bei dem verschiedenen Verhalten gegenüber Volumen- und Druckänderungen bei verschiedenen Anfangsdrucken war es jedoch erforderlich, noch weitere Festsetzungen zu treffen 1. bezüglich der Wahl des Gases, 2. bezüglich der Zustandsänderung und 3. bezüglich des Anfangsdruckes.

Die Grundlage dafür bildeten umfangreiche gasthermometrische Vergleichungen, die besonders von REGNAULT[1] und CHAPPUIS[2] ausgeführt wurden. Das Ergebnis dieser Untersuchungen läßt sich dahin zusammenfassen:

1. Von den beiden prinzipiell möglichen gasthermometrischen Methoden: die Volumenänderung bei konstantem Drucke oder die Druck-

[1] V. REGNAULT, Mémoires de l'Institut de France **21**, 329 (1847).

[2] P. CHAPPUIS, Travaux et Mémoires du Bureau international des Poids et Mesures **6** (1888) und **13** (1907); vgl. auch den Bericht von CHAPPUIS, Procès Verbaux des Séances du Comité international des Poids et Mesures 1888—91 S. 26f. und S. 96f.

änderung bei konstantem Volumen zu messen, läßt sich die letztere mit größerer Genauigkeit ausführen.

2. Von den verschiedenen hauptsächlich untersuchten Gasen: Luft, Stickstoff, Wasserstoff und Kohlensäure ist der Wasserstoff das geeignetste Gas, da es dem Zustand eines idealen Gases am nächsten kommt und von seinem Kondensationspunkt am weitesten entfernt ist.

Auf Grund dieser Ergebnisse wurde vom Comité international des Poids et Mesures im Oktober 1887 folgender Beschluß gefaßt[1]:

Das Comité nimmt als Normalthermometerskala für den internationalen Gebrauch die hundertgradige Skala des Wasserstoffthermometers mit konstantem Volumen an, die auf folgenden Fixpunkten beruht: 1. der Temperatur des schmelzenden Eises (0°), 2. der Temperatur des gesättigten Dampfes des bei Normaldruck siedenden Wassers (100°). Der Wasserstoff soll unter dem Anfangsdruck einer Quecksilbersäule von 1 m Länge, d. h. unter $\frac{1000}{760} = 1{,}3158$ des atmosphärischen Normaldruckes (vgl. Nr. 5 Abs. 2) stehen.

Die hiermit geschaffene Temperaturskala wurde in der allgemeinen Konferenz im Jahre 1889 als Normalskala angenommen und ist seitdem überall als Grundlage der Thermometrie anerkannt worden.

11. Grenzen für den Gebrauch des Normalwasserstoffthermometers.

Der Beschluß des Comité international, die Skala des Wasserstoffthermometers bei konstantem Druck als Normalthermometerskala anzusehen, war zu der Zeit, als er gefaßt wurde, durchaus gerechtfertigt. Die neueren Untersuchungen haben sogar gezeigt, daß die Wahl in noch viel höherem Grade, als sich zunächst erwarten ließ, zweckmäßig war, da sich die Abweichungen der so geschaffenen konventionellen Skala von der thermodynamischen als außerordentlich gering erwiesen haben.[2] Es war deshalb kein theoretischer Grund vorhanden, irgend ein anderes Gasthermometer diesem vorzuziehen. Wohl aber stellten sich der praktischen Verwirklichung der gewählten Skala in weiteren Temperaturgrenzen erhebliche Schwierigkeiten entgegen. Diese Schwierigkeiten, die teils in der Wahl des Wasserstoffs als thermometrischer Substanz, teils in der Meßmethode bei konstantem Volumen begründet sind, sind folgende:

1. Der Wasserstoff durchdringt in höheren Temperaturen fast alle für die Gefäße in Betracht kommenden Substanzen (Platin, Glas, Quarz).

2. Der Wasserstoff wirkt chemisch auf die Gefäßmaterialien ein; so reduziert er zum Teil die Kieselsäure in Glas, Porzellan und Quarz.

3. Der Wasserstoff zeigt in tiefen Temperaturen ziemlich erhebliche Abweichungen vom Verhalten eines idealen Gases, während er in sehr hohen Temperaturen wegen der Zweiatomigkeit seines Moleküls der Dissoziation unterliegt.

---

[1] Procès Verbaux etc. de 1887 (Par. 1888) S. 84—86; vgl. auch Ch. Ed. Guillaume, Traité pratique de la Thermométrie de Précision, Par. 1889, S. 259.

[2] Guillaume, Procès Verbaux etc. 1905, S. 7.

4. Die Methode des konstanten Volumens hat den Nachteil, daß das Gas in hohen Temperaturen unter relativ hohem Druck steht, so daß die Gefäßwandungen deformiert und die Diffusion (1) beschleunigt wird.

Aus allen diesen Gründen kann das Wasserstoffthermometer mit konstantem Volumen nur in einem verhältnismäßig kleinen Bereich benutzt werden. In der Tat ist denn auch die genaue Temperaturmessung mit dem Normalwasserstoffthermometer im wesentlichen auf das Intervall von -25^0 bis $+100^0$ beschränkt geblieben. Für die Gebiete oberhalb und unterhalb dieser Grenzen sind verschiedene andere Gase wie Luft, Stickstoff, Helium und zum Teil auch Thermometer nach dem Prinzipe des konstanten Drucks verwendet worden.

12. Fortsetzung der thermometrischen Skala über die Grenzen des Wasserstoffthermometers hinaus.

Um den beim Gebrauche des Wasserstoffthermometers auftretenden Schwierigkeiten aus dem Wege zu gehen, bietet sich in hohen Temperaturen zunächst die Benutzung des Stickstoffthermometers dar. Nach den Messungen von CHAPPUIS[1] ist nämlich die Änderung des Druckes, der von einer auf konstantem Volumen erhaltenen Menge Stickstoff ausgeübt wird, in Abhängigkeit von der Temperatur durch eine Kurve gegeben, deren Krümmung bei niederen Temperaturen zwar noch merklich ist, bei höheren Temperaturen aber mehr und mehr verschwindet. Bei einem Anfangsdruck von einer Atmosphäre ist sie bereits oberhalb 80^0 linear. Bestimmt man also für ein Stickstoffthermometer den Gradwert zwischen zwei Temperaturen, die oberhalb 80^0 liegen, also z. B. zwischen 100^0 und 200^0, so sind die Angaben des Thermometers in höheren Temperaturen innerhalb der Beobachtungsfehler in Übereinstimmung mit denen des Normalthermometers. Dasselbe läßt sich übrigens angenähert auch dadurch erreichen, daß man die Fundamentalpunkte 0^0 und 100^0 wählt und den Nullpunkt um $0{,}02^0$ tiefer annimmt. Rechnet man mit dem so ermittelten Gradwert, so sind alle Temperaturen oberhalb 100^0 in genauer Übereinstimmung mit dem Wasserstoffthermometer.

In tiefen Temperaturen existiert eine ähnliche einfache Regel für den Gang des Stickstoffthermometers nicht, da die Abhängigkeit des Druckes von der Temperatur erheblich vom linearen Verlauf abweicht. Hier ist man aber auch auf die Verwendung des Stickstoffs nicht angewiesen, da sich ein anderes sehr vollkommenes Gas als thermometrische Substanz darbietet, das Helium.[2]

Je näher ihrem Kondensationspunkt, desto weiter entfernen sich im allgemeinen die Gase von dem idealen Gaszustand. Will man deshalb sehr tiefe Temperaturen messen, so wird man ein Gas wählen müssen, das einen möglichst tiefen Kondensationspunkt oder Siedepunkt hat. Der Vergleich der Siedepunkte

[1] GUILLAUME, Procès Verbaux etc. 1905, S. 7.

[2] OLSZEWSKI, Wied. 59, 184 (1896); TRAVERS und JAQUEROD, Phil. Trans. **200 A**, 138f (1902).

N_2	$-195,7^0$,
H_2	$-252,6^0$,
He	-268^0

zeigt, wie hier das Helium sowohl dem Stickstoff wie dem Wasserstoff überlegen ist. Mit dem Heliumthermometer hat man deshalb auch die tiefsten bisher erreichbaren Temperaturen messen können.[1] Das Helium würde demnach als einatomiges Gas die beste gasthermometrische Substanz sein, wenn es nicht wie der Wasserstoff in hohen Temperaturen die Eigenschaft hätte, die Wände der Gefäße zu durchdringen. Bei gewöhnlicher Temperatur bietet es vor dem Wasserstoff, der sich verhältnismäßig leicht rein gewinnen läßt und in großer Annäherung die thermodynamische Skala darstellt, keine Vorteile. Da das Heliumthermometer ungefähr bei denselben hohen Temperaturen versagt wie das Wasserstoffthermometer, während dieses andererseits eine höherliegende untere Grenze der Brauchbarkeit hat, und das Stickstoffthermometer, das sich in hohen Temperaturen als geeignet erweist, in tiefen Temperaturen erheblich früher als das Wasserstoffthermometer unbrauchbar wird, so ist keines dieser Gase, und wohl überhaupt kein Gas im ganzen Temperaturbereiche gleich gut brauchbar.

Für die praktische Darstellung der Skala scheint es deshalb zurzeit am zweckmäßigsten zu sein, den für das Gasthermometer zugänglichen Bereich in drei Teile zu teilen, von denen der mittlere durch das internationale Wasserstoffthermometer dargestellt wird, während in tiefen Temperaturen das Helium- und in hohen das Stickstoffthermometer an seine Stelle tritt. Durch diese Festsetzungen leistet man den Forderungen der praktischen Realisierung der Temperaturskala Genüge; als endgültige können sie jedoch kaum angesehen werden, da der letzte Schritt in der Vereinheitlichung der Temperaturskala ohne Frage der Übergang zur thermodynamischen Skala sein wird.

13. Die thermodynamische Temperaturskala.

Die Grundlage für eine absolute Temperaturskala bilden die Erfahrungssätze, die als der erste und zweite Hauptsatz der Wärmelehre bezeichnet werden, und die daraus gewonnenen Anschauungen vom Wesen der Wärme. Für den vorliegenden Zweck lassen sie sich so formulieren.

1. Wärme ist eine Form von Energie. Beim Übergang von mechanischer Energie in Wärme und umgekehrt besteht ein bestimmtes festes Verhältnis, das „mechanische Wärmeäquivalent" und zwar entsprechen der 15^0-Grammkalorie. $4,189 \cdot 10^7$ Erg, oder 0,4272 mkg, wenn die Schwerkraft bei 45^0 und an der Meeresoberfläche zugrunde gelegt wird. Durch diese Beziehung ist es möglich, Wärmemengen in mechanischem Maße zu messen.

2. Läßt man zwischen zwei Körpern von verschiedenen Temperaturen einen vollkommen umkehrbaren thermodynamischen Kreisprozeß vor sich

[1] H. Kamerlingh-Onnes, Comm. Phys. Lab. Leiden Nr. 119, 12 (1911), schätzt die tiefste von ihm erreichte Temperatur zu $1,15^0$ abs.

gehen. so ist das Verhältnis der Wärmemengen Q_1 und Q_2, die zwischen den Körpern ausgetauscht werden, lediglich abhängig von dem Verhältnis ihrer Temperaturen und unabhängig von den Körpern, die in den Kreisprozeß eingehen oder den Eigenschaften der Körper, die sich dabei ändern.

Der Vorschlag von W. THOMSON[1], dem man die Einführung der thermodynamischen Skala verdankt, geht nun dahin, das Verhältnis der Temperaturen nach dem Verhältnis dieser Wärmemengen zu messen. Die Temperaturen θ in dieser Skala sollen also definiert sein durch

$$\frac{\theta_2}{\theta_1} = \frac{Q_2}{Q_1}.$$

Durch diese Definition ist zunächst nur das Verhältnis zweier Temperaturen gegeben. Nimmt man die weitere Bestimmung hinzu, daß das Intervall zwischen den Fundamentalpunkten der Celsiusskala, also zwischen dem Eispunkt und Wassersiedepunkt, 100 Grade umfassen soll, so ist damit die Skala vollständig bestimmt.[2]

14. Die Beziehungen zwischen der thermodynamischen und der gasthermometrischen Skala.

Wählt man ein Gas als thermometrische Substanz, so erhält man, je nachdem man die Volumenänderung bei konstantem Druck oder die Druckänderung bei konstanten Volumen mißt, die Beziehung:

$$(T)_p = \frac{1}{\alpha}\frac{v}{v_0} = (T_0)_p \cdot \frac{v}{v_0}$$

oder

$$(T)_v = \frac{1}{\beta}\frac{p}{p_0} = (T_0)_v \cdot \frac{p}{p_0}.$$

Für ideale Gase, für die $\alpha = \beta$ ist (vgl. Nr. 7) ergibt sich für die absoluten Temperaturen

$$\left(\frac{T}{T_0}\right)_p = \left(\frac{T}{T_0}\right)_v.$$

Bezeichnet man in analoger Weise die absoluten Temperaturen in der soeben definierten thermodynamischen Skala mit θ und θ_0, so läßt sich leicht zeigen, daß

$$\frac{\theta}{\theta_0} = \left(\frac{T}{T_0}\right)_p = \left(\frac{T}{T_0}\right)_v$$

ist, d. h. daß die drei Temperaturskalen für ein ideales Gas identisch sind. Würde also ein ideales Gas als thermometrische Substanz zur Verfügung stehen, so würde man mit ihm die thermodynamische Skala unmittelbar darstellen können. Da aber alle Gase, streng genommen, Abweichungen vom idealen Gaszustand zeigen, so erhebt sich die Frage:

[1] Die Arbeiten von W. THOMSON (Lord Kelvin) über die absolute Temperatur finden sich hauptsächlich in Phil. Mag. 1848 und Phil. Trans. 1854. Gesammelt sind sie in W. THOMSON, Mathematical and Physical Papers Cambridge 1882 f. 3 Bde.

[2] Die von THOMSON geschaffene Skala wird auch wohl „Kelvinskala" genannt und die Temperatur in ihr (von KAMERLINGH-ONNES) mit °K bezeichnet.

Wie stellt man streng die thermodynamische Skala dar, und wie lassen sich die Angaben eines Gasthermometers auf diese thermodynamische Skala reduzieren?

Es gibt im wesentlichen zwei Wege zur Realisation der thermodynamischen Skala durch das Gasthermometer:

1. Man benutzt die Tatsache, daß die Gasgesetze Grenzgesetze darstellen, denen sich die wirklichen Gase in ihrem Verhalten um so mehr nähern, je geringer der Druck ist, unter dem sie stehen.[1] Das Produkt $p \cdot v$, das bei idealen Gasen nur von der absoluten Temperatur abhängt, ist bei wirklichen Gasen auch noch eine Funktion des Druckes. Indem man diese Abhängigkeit vom Drucke ermittelt und auf unendlich kleinen Druck extrapoliert, kann man die nötigen Daten dafür herleiten, um die Angaben eines beliebigen Gasthermometers auf die thermodynamische Skala zu reduzieren.[2]

2. Man sucht die Abweichung in dem Verhalten eines beliebigen Gases von dem eines idealen durch eine solche gut meßbare Größe darzustellen, die eine unmittelbare Reduktion der Angaben des Gasthermometers auf die thermodynamische Skala erlaubt. Die Abweichungen von den Gasgesetzen selbst sind nur wenig genau meßbar, da sie sich stets als Differenzen zwischen zwei beobachteten und nur wenig verschiedenen Größen ergeben. Es ist deshalb von großer Bedeutung, daß sich eine charakteristische, der Messung zugängliche Größe angeben läßt, die bei einem idealen Gase in aller Strenge verschwinden muß, bei jeder Abweichung vom idealen Verhalten aber meßbare Werte erhält, die einen Schluß auf die Größe der Abweichungen zu ziehen gestatten. Es ist dies die Temperaturänderung, die ein Gas erleidet, wenn es ohne Wärmezufuhr von außen und ohne äußere Arbeitsleistung expandiert (Gay-Lussac-Effekt).[3] Die Beobachtung dieser Erscheinung nach einer recht vollkommenen stationären Methode und die Verwertung der Ergebnisse für die Aufstellung der thermodynamischen Temperaturskala verdankt man W. Thomson und Joule. Der dabei auftretende Effekt heißt deshalb der Thomson-Joule-Effekt.[4]

15. Der absolute Nullpunkt und die thermodynamische Korrektion des Gasthermometers.

Es muß hier genügen, den Weg angedeutet zu haben, auf dem man zur Aufstellung einer absoluten Skala aus den Angaben des Gasthermometers gelangte und die Resultate zusammenzustellen, die sich dabei ergaben. Die thermodynamische Korrektion eines Gasthermometers um-

---

[1] V. Regnault, Relation des expériences etc. 1, 120 (1847). — P. Chappuis, Trav. et Mém. 13, (1907).

[2] D. Berthelot, Trav. et Mém. 13, (1907).

[3] Gay-Lussac, Ann. chim. phys. 43, 137f. (1802). Ostw. Klass. Nr. 44, S. 3f.

[4] W. Thomson, Trans. Roy. Soc. Edinb. 20, 294 (1851). Phil. Mag. [4] 4, 481 (1852). Exper. in Verbindung mit Joule: Phil. Trans. 143, 357 (1853); 144, 321 (1854); 152, 579 (1862); vgl. auch W. Thomson, Math. Pap. 1, 333—455 (1882f.).

faßt zwei wesentliche Teile[1]: 1. die Bestimmung des Eispunktes in der absoluten Skala in Teilen des Fundamentalintervalls oder die Bestimmung des absoluten Nullpunktes, 2. die Bestimmung des Abstandes aller anderen durch das Gasthermometer gemessenen Temperaturen von diesem Eispunkt, wiederum gemessen in Teilen des Fundamentalintervalls oder die Bestimmung der Korrektion der gasthermometrischen Skala auf die absolute thermodynamische Skala.

1. Der absolute Nullpunkt.

Aus den Zahlen von REGNAULT für den Ausdehnungskoeffizient α und den Druckkoeffizient β für verschiedene Gase (vgl. Nr. 4, 1) ergeben sich folgende Werte für den absoluten Nullpunkt:

Gas	$(T_0)_p = \frac{1}{\alpha}$	$(T_0)_v = \frac{1}{\beta}$
Wasserstoff	273,1°	272,7°
Luft	272,4	272,8
Kohlensäure	296,5	271,2

Die Beobachtungen über den THOMSON-JOULE-Effekt zeigten nun, daß die hierin vorhandenen Unterschiede erheblich kleiner werden, wenn man eine von der Theorie zu fordernde Korrektion daran anbringt. So erhält man aus dem REGNAULTschen Ausdehnungskoeffizienten α für Wasserstoff, Luft und Kohlensäure folgende Werte für den Nullpunkt in der thermodynamischen Skala θ_0[2]:

Gas	$(T_0)_p = \frac{1}{\alpha}$	korrig. Wert θ_0
Wasserstoff	$273{,}1_3$°	$273{,}0_0$°
Luft	$272{,}4_4$	$273{,}1_4$
Kohlensäure	$296{,}5_5$	273,9

Die geringe Abweichung der Kohlensäure wäre bei dem wenig idealen Verhalten dieses Gases wohl zu verstehen; sie hat sich aber sogar noch wesentlich verringern lassen durch neue Messungen des Ausdehnungskoeffizienten.[3] Nimmt man den Wert von CHAPPUIS, so erhält man:

$$\text{Kohlensäure} \quad . \;.\; . \;.\; \quad (T_0)_p = \frac{1}{\alpha} = 267{,}24^\circ \qquad \theta_0 = 273{,}04^\circ,$$

in vorzüglicher Übereinstimmung mit den Werten für Wasserstoff und Luft.

An weiteren Berechnungen seien genannt:

von BERTHELOT[4] an H_2, Luft und CO_2	$\theta_0 = 273{,}11$°
„ BUCKINGHAM[5] an H_2, N_2, Luft und CO_2 . . .	$273{,}17_4$
„ ROSE-INNES[6] an H_2 und N_2	$273{,}13_4$

[1] H. L. CALLENDAR, Phil. Mag. [6] 5, 55f. (1903).
[2] H. L. CALLENDAR, Phil. Mag. [6] 5, 55f. (1903).
[3] W. THOMSON, Math. Pap. 3, 175f. (1882f.). — D. BERTHELOT, Trav. et Mém. 13, 93 (1907).
[4] D. BERTHELOT, Trav. et Mém. 13, 93 (1907).
[5] E. BUCKINGHAM, Bull. Bur. Stand. 3, 273 (1907).
[6] J. ROSE-INNES, Phil. Mag. [5] 45, 227 (1898).

Ähnliche Werte haben sich auch aus den Druckkoeffizienten herleiten lassen.

Auf dem Wege der Extrapolation der Zustandsgleichung der Gase auf unendlich kleinen Druck hat BERTHELOT den absoluten Nullpunkt berechnet, indem er die Messungen von CHAPPUIS über die Ausdehnungs- und Druckkoeffizienten, α und β, von Stickstoft und Wasserstoff und die Kompressibilitäten der Gase bei 0° benutzte. Er fand

für Stickstoff . . . . $\theta_0 = 273{,}088^0$
„ Wasserstoff . . . . $= 273{,}069$
im Mittel $\theta_0 = 273{,}079^0$

Eine Zusammenstellung aller Werte, die für θ_0 berechnet sind, ergibt einen Mittelwert, der nicht weit entfernt ist von

$$\theta_0 = 273{,}1^0$$

Der absolute Nullpunkt liegt demnach sehr nahe bei $-273{,}1^0$.

2. Die thermodynamische Korrektion des Gasthermometers.

Auf die zahlreichen Berechnungen der Korrektionen der gasthermometrischen Skala auf die thermodynamische durch W. THOMSON[1] JOCHMANN[2], WEINSTEIN[3], ROWLAND[4], CALLENDAR[5], LEHFELD[6], ROSE-INNES[7] BERTHELOT[8], KAMMERLINGH-ONNES[9], BUCKINGHAM[10] u. a. kann hier nicht näher eingegangen werden. Es seien deshalb lediglich zur Darstellung des Hauptergebnisses die Werte in verkürzter Form mitgeteilt, die von CALLENDAR (1903) berechnet wurden (siehe nebenstehende Tabelle).

Aus dieser Tabelle ergibt sich, daß die Angaben des Wasserstoff- und des Heliumthermometers in hohem Grade mit der absoluten Skala übereinstimmen, während die des Stickstoffthermometers etwas größere, aber immer noch für die weitaus meisten Zwecke zu vernachlässigende Abweichungen aufweisen. Bemerkenswert ist, daß die Abweichungen des Thermometers mit konstantem Volumen etwas geringer sind als die des Thermometers mit konstantem Druck.

Die von CALLENDAR berechneten Werte haben zwar durch die neueren

[1] J. P. JOULE und W. THOMSON, Angenäherte Berechnung 1854 (mit $T_0 = 273{,}72^0$). Genauer 1862, s. W. THOMSON, Math. Pap. a. a. O.
[2] E. JOCHMANN, Beiträge zur Theorie der Gase. Progr. d. Köln. Real.-Gymn. Berlin 1859, SCHLÖMILCHS Z. f. Math. u. Phys. 5, S. 24—39 und 96—131.
[3] B. WEINSTEIN, Metron. Beiträge Nr. 3 (Berlin 1881), S. 65.
[4] H. A. ROWLAND, Proc. Amer. Acad. 7, 114 (1880).
[5] H. L. CALLENDAR, Phil. Mag. [6] 5, 48—95 (1903).
[6] R. A. LEHFELDT, Phil. Mag. [5] 45, 363—379 (1898).
[7] J. ROSE-INNES, Phil. Mag. 14, 301 (1908).
[8] D. BERTHELOT Trav. et. Mém. 13, 93 (1907). Z. Elektrochem. 10, 621 (1904).
[9] H. KAMERLINGH-ONNES und C. BRAAK Comm. Phys. Lab. Leiden Nr. 97 (1907).
[10] E. BUCKINGHAM, Bull. Bur. Stand. 3, 273—293 (1907).

Temperatur Centigrade	Const. Druck, $p = 760$ mm				Const. Volumen, $p_0 = 1000$ mm			
	He	Luft	N_2	H_2	He	Luft	N_2	H_2
0	0	0	0	0	0	0	0	0
− 250	+ 0,56	—	—	+ 1,43	− 0,10	—	—	+ 0,10
− 200	+ 0,17	—	—	+ 0,20	− 0,05	+ 0,44	+ 0,46	+ 0,03
− 150	+ 0,073	+ 0,901	+ 0,945	+ 0,064	− 0,026	+ 0,186	+ 0,195	+ 0,013
− 100	+ 0,030	+ 0.314	+ 0,328	+ 0,022	− 0,012	+ 0,076	+ 0,080	+ 0,005
− 50	+ 0,009	+ 0,086	+ 0,090	+ 0,006	− 0,004	+ 0,023	+ 0,024	+ 0,002
− 20	+ 0,003	+ 0,024	+ 0,025	+ 0,002	− 0,001	+ 0,007	+ 0,007	+ 0,000
+ 20	− 0,0016	− 0,0134	− 0,0141	− 0,0009	+ 0,0008	− 0,0041	− 0,0043	− 0,0003
+ 40	− 0,0022	− 0,0186	− 0,0195	− 0,0013	+ 0,0011	− 0,0056	− 0,0059	− 0,0004
+ 60	− 0,0021	− 0,0172	− 0,0180	− 0,0012	+ 0,0011	− 0,0053	− 0,0054	− 0,0004
+ 80	− 0,0013	− 0.0108	− 0,0113	− 0,0008	+ 0,0007	− 0,0034	− 0,0036	− 0,0002
+ 150	+ 0,005	+ 0,041	+ 0,043	+ 0,003	− 0,003	+ 0,014	+ 0,014	+ 0,001
+ 200	+ 0,013	+ 0,096	+ 0.101	+ 0,007	− 0,008	+ 0,033	+ 0,035	+ 0,002
+ 300	+ 0.033	+ 0,232	+ 0,243	+ 0,016	− 0,020	+ 0,084	+ 0,088	+ 0,006
+ 450	+ 0,07	+ 0,47	+ 0,49	+ 0,03	− 0,05	+ 0,18	+ 0,19	+ 0,01
+ 1000	+ 0,24	+ 1,46	+ 1,53	+ 0,10	− 0,19	+ 0,62	+ 0,65	+ 0,04

Berechnungen einige Änderungen erfahren, indessen mag es hier genügen, auf die angeführte Literatur zu verweisen.[1]

16. Die thermodynamische Skala ohne Gasthermometer.

Da die Grundlage der thermodynamischen Skala lediglich die beiden Hauptsätze der Wärmelehre bilden, so muß umgekehrt auch jede Folgerung, die sich aus diesen beiden Sätzen herleiten läßt und meßbare Größen in Beziehung zur Temperatur setzt, eine Temperaturmessung ermöglichen. So ergibt sich beispielsweise[2] aus der Thermodynamik eine Beziehung zwischen dem Dampfdruck einer Flüssigkeit und der spezifischen Wärme der Flüssigkeit und der ihres Dampfes. Mißt man nun den Dampfdruck bei zwei Temperaturen, z. B. bei 0° und 100°, so kann man, vorausgesetzt daß die übrigen thermischen Daten bekannt sind, den Dampfdruck für alle Temperaturen daraus berechnen oder umgekehrt die Temperatur, die zu einem bestimmten gemessenen Dampfdruck gehört, bestimmen. In ähnlicher Weise geben auch die thermodynamischen Formeln für das chemische Gleichgewicht in Gasen Beziehungen, aus denen sich Temperaturen ableiten lassen. In der Tat ist es NERNST und seinen Schülern[3] möglich gewesen, das Gebiet der gasthermometrischen Messungen auf diesem Wege nach oben hin wesentlich zu erweitern.

---

[1] Vgl. Land. Börnst. 4. Aufl. S. 330 (1912), für die tiefen Temperaturen: H. KAMERLINGH-ONNES u. C. BRAAK, Comm. Leid. Nr. 97 b. S. 38 (1907).

[2] W. NERNST, Berl. Akad. Ber., 1911, I. 69.

[3] W. NERNST u. v. WARTENBERG, Dissoziation von Schwefeldampf, und W. NERNST, u. O. PIER, Dissoziation von Wasserdampf durch Explosionsdrucke, vgl. Verh. D. Phys. Ges. 8, 97 (1906). Phys. Ztschr. 5, 734 (1903). Z. phys. Ch. **62** 385 (1908) u. a.

Bei tiefen Temperaturen erwies sich die CLAUSIUS-CLAPEYRONsche Formel als außerordentlich brauchbar. Bei einer kritischen Betrachtung, die HENNING[1] der Frage widmet, wie sich die praktische Brauchbarkeit der Formel für die Temperaturmessung gestalten würde, kommt er zu dem Ergebnis, daß sie unter Umständen bessere Resultate liefert als das Gasthermometer und daß sie vor allem bei den tiefen Temperaturen, bei denen das Gasthermometer versagt, besondere Vorteile darbietet.

Bei hohen Temperaturen, bei denen das Gasthermometer und schließlich alle Methoden versagen, die eine unmittelbare Berührung des Meßapparates mit den heißen Körpern erfordern, bilden die Strahlungsgesetze die einzige, sehr wichtige Grundlage für Temperaturbestimmungen. Diese Strahlungsgesetze sind, wie später gezeigt wird, unmittelbare Folgerungen aus der Thermodynamik und geben so ein Mittel an die Hand, die absolute, thermodynamische Temperaturskala weit über die Grenzen der Brauchbarkeit des Gasthermometers hinaus fortzusetzen. Da jedoch für die tiefen Temperaturen das Gasthermometer die praktische Grundlage für jede Temperaturmessung bildet, so muß auch die strahlungstheoretische Skala an die gasthermometrische angeschlossen werden. Das geschieht so, daß die in den Strahlungsgesetzen auftretenden Konstanten, durch welche die Temperaturskala erst festgelegt wird, in dem Gebiet gemeinsamer Brauchbarkeit beider Methoden bestimmt werden. Nun nimmt sowohl die Wärmestrahlung wie auch die sichtbare optische Strahlung mit sinkender Temperatur stark ab, so daß ihre Verwendung für Temperaturmessungen nur bis etwa 900° hinab möglich ist. Es ist daher von großer Wichtigkeit, daß die gasthermometrischen Messungen bis zu so hohen Temperaturen fortgesetzt werden, daß ein möglichst sicherer Anschluß der Strahlungspyrometer, der selbst eine weitgehende Extrapolation erlaubt, gewährleistet ist.[2] Ein großer Teil der Arbeiten zur Festlegung der Temperaturskala im Gebiet hoher Temperaturen ist deshalb neben dem Gasthermometer der Übertragung der damit gewonnenen Ergebnisse auf die Strahlungspyrometer gewidmet worden. Die Resultate, die zur Begründung einer strahlungstheoretischen Temperaturskala geführt haben, werden später besprochen werden.

II. Gasthermometer.

Die geschichtliche Entwicklung der Thermometrie wie auch theoretische Erwägungen weisen dem Gasthermometer eine besondere Stellung an: Dies spricht sich schon darin aus, daß das Gasthermometer in dem Gebiete, in dem die Skala international festgelegt ist, zum Normalthermometer gewählt wurde; aber auch über dieses Gebiet hinaus bildet es die praktische Grundlage der Skala überhaupt. Erst in sehr hohen Temperaturen (über 1550°) versagen die gasthermometrischen Methoden. Aber

[1] F. HENNING, Verh. D. Phys. Ges. **13**, 645—650 (1911).

[2] A. L. DAY und R. B. SOSMAN, High Temp. Gas Therm. Wash. Carnegie Inst. 1911 S. 12—14.

hier erweisen sich die auf den Strahlungsgesetzen beruhenden Meßmethoden als hervorragend geeignet, die Temperaturskala fortzusetzen, so daß ein unmittelbares Bedürfnis für die Benutzung des Gasthermometers nicht besteht.

Trotz seiner hervorragenden Stellung in der Thermometrie ist das Gasthermometer für die praktische Messung nur wenig geeignet: die umständliche Handhabung, die zahlreichen Korrektionen und Fehlerquellen, die eine große Umsicht des Beobachters erfordern, um eine verhältnismäßig geringe Genauigkeit zu erzielen, beschränken den Gebrauch des Apparates ausschließlich auf Laboratoriumsarbeiten und auch dort nur auf solche, die grundlegend sein sollen. Eine Reihe sekundärer Instrumente: Quecksilberthermometer, Widerstandsthermometer, Thermoelemente, erlauben die einmal durch das Gasthermometer festgelegte Skala in viel bequemerer und sicherer Weise zu reproduzieren und zu messen als das Gasthermometer selbst. Man verfährt deshalb meist so, daß man diese Instrumente entweder unmittelbar oder mit Hilfe anderer oder auch durch Fixpunkte an die durch das Gasthermometer dargestellte Skala anschließt und bei wirklichen Temperaturmessungen sich dieser so geeichten Instrumente bedient.

Der Stellung des Gasthermometers in der praktischen Thermometris entsprechend soll auch hier keine vollständige Theorie des Instrumentes gegeben werden, sondern es sollen nur einige Typen beschrieben und die bei seinem Gebrauche hauptsächlich in Betracht kommenden Gesichtspunkte dargelegt werden.

1. Grundprinzip.

Ein Gas kann, wie wir sahen, in zweifacher Weise als thermometrische Substanz benutzt werden:

1. Man hält das Volumen einer abgeschlossenen Gasmenge konstant und beobachtet die Druckänderung, die sich bei der Temperaturänderung einstellt: „Gasthermometer in konstantem Volumen."

2. Man hält den Druck, unter dem das Gas steht, konstant und beobachtet die Volumenänderung, die das Gas bei der Temperaturänderung erfährt: „Gasthermometer mit konstantem Druck."

Von diesen beiden Meßmethoden wird die erste bei weitem am meisten gebraucht, zumal, wenn es sich um Messungen höherer Genauigkeit handelt. Indessen sind auch Gasthermometer mit konstantem Druck konstruiert worden, die eine große Meßgenauigkeit zulassen.

2. Das Gasthermometer mit konstantem Volumen.

Grundformeln. Für die Druckänderung eines Gases mit der Temperatur bei konstantem Volumen ergibt sich:

$$p = p_0(1 + \beta t),$$

wenn p_0 und p die Drucke des Gases bei der Temperatur 0^0 und t^0 und

β den Druckkoeffizient des Gases bedeutet. Nimmt man β als gegeben an, so ist t bestimmt durch

$$t = \frac{p - p_0}{p_0 \beta} = \frac{p}{p_0} \frac{1}{\beta} - \frac{1}{\beta}.$$

Es würde mithin genügen, den Druck bei 0° und der zu bestimmenden Temperatur zu messen. Man kann jedoch auch so verfahren, daß man β aus dem Fundamentalintervall bestimmt, daß man also mißt:

$$p_{100} = p_0 (1 + \beta \cdot 100)$$

und

$$p = p_0 (1 + \beta t)$$

und daraus berechnet

$$t = \frac{p - p_0}{p_{100} - p_0} \cdot 100.$$

Die Bestimmung von β aus p_0 und p_{100} nach

$$100 \beta = \frac{p_{100}}{p_0} - 1$$

ergibt dann eine wertvolle Kontrolle, ob das Instrument richtig arbeitet.

3. Hauptformen der Thermometer mit konstantem Volumen.

Die wesentlichen Bestandteile des Gasthermometers mit konstantem Volumen sind das Gasthermometergefäß, in dem das Gas der zu messenden Temperatur ausgesetzt wird und das Manometer, das eine bestimmte Gasmenge in dem Gefäß so abzuschließen erlaubt, daß ihr Volumen trotz der Temperaturänderungen konstant bleibt und der Druck, unter dem sie dann steht, gemessen werden kann. Gasthermometergefäß und Manometer stehen durch eine enge Capillarröhre, die mit dem Meßgase angefüllt ist, und zur Übertragung des Druckes dient, in Verbindung.

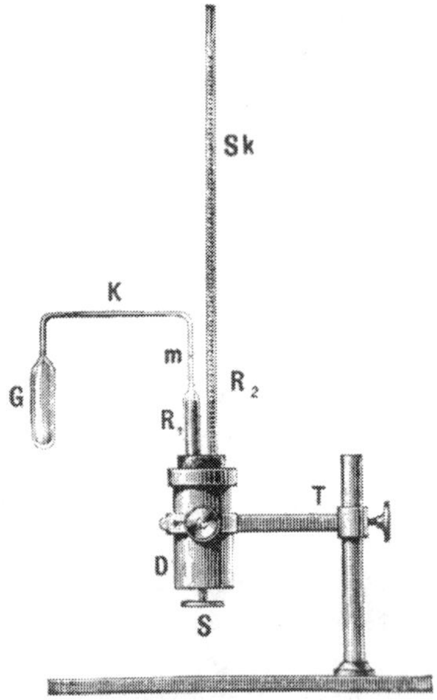

Fig. 92. Gasthermometer mit konstantem Volumen nach RUDBERG.

Von den älteren Gasthermometerformen, die zwar nur noch historische Bedeutung haben, für alle späteren aber vorbildlich sind, seien nur die Instrumente von RUDBERG, MAGNUS, REGNAULT und JOLLY erwähnt.

F. RUDBERG[1] benutzte zur Bestimmung der Ausdehnung der trockenen Luft zwischen 0 und 100° folgenden Apparat (s. Fig. 92): Das zylindrische Gefäß G, das mit trockener Luft gefüllt ist, steht durch die enge Röhre K in Verbindung mit dem Manometer. Dieses besteht aus den

[1] F. RUDBERG, Kgl. Svenska Vetenskaps Akademiens Handlingar för 1837, S. 140 und 194; Pogg. Ann. **44**, 119—123 (1838); Ostw. Klass. Nr. **44**, S.62—66.

beiden Röhren R_1 und R_2, die in den Deckel der Dose D eingekittet sind. D enthält einen ledernen Quecksilberbeutel, dessen Volumen wie bei dem FORTINschen Barometer durch die Schraube S verändert werden kann. Auf K ist bei m ein feiner Diamantstrich gezogen, bis zu dem das Quecksilber hinaufgeschraubt wird, so daß das Volumen der abgeschlossenen Luft konstant ist. Zur Messung der Quecksilberhöhe in R_2 dient eine messingne Skala Sk, die unmittelbar hinter R_2 liegt.

Das Thermometer von G. MAGNUS[1] ist dem von RUDBERG in allen wesentlichen Stücken nachgebildet, nur ist bei ihm das Rohr, an dem sich die Einstellungsmarke m für das Quecksilber befindet, um Unregelmäßigkeiten durch die Capillardepressionen zu vermeiden, erheblich weiter.

Auch der Apparat von V. REGNAULT[2] weist keine prinzipiellen Neuerungen auf. Verändert ist bei ihm die Art der Einstellung des Quecksilbers: Bei einer ersten Konstruktion ist der Lederbeutel durch eine Stahlschraube ersetzt, bei einer späteren wird die Einstellung durch Ablassen von Quecksilber mit Hilfe eines Dreiwegehahnes bewirkt. Die lichte Weite des kurzen Schenkels bei der Marke m wählte REGNAULT genau so groß, wie die des Manometerrohres, um gleiche Capillardepressionen zu erhalten.

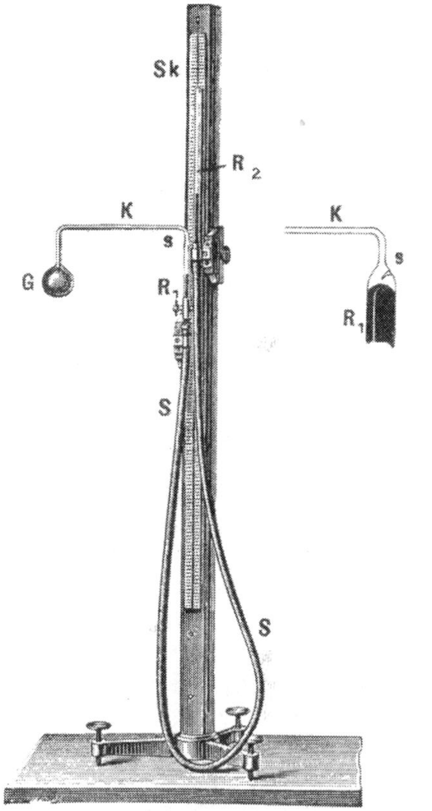

Fig. 93. Gasthermometer mit konstantem Volumen nach JOLLY.

Unter den zahlreichen anderen Konstruktionen zeichnet sich ein Apparat von JOLLY[3] hauptsächlich dadurch aus, daß er eine besonders handliche Form hat, die ihn bei einem mäßigen Anspruch an Genauigkeit für Laboratoriumsmessungen geeignet erscheinen läßt. Bei diesem Apparat (s. Fig. 93) sind die beiden zylindrischen, gleich weiten Schenkel des Quecksilbermanometers durch einen biegsamen Schlauch S miteinander verbunden. Hierdurch läßt sich die Einstellung des Quecksilbers auf die Marke durch einfaches Heben und Senken des beweglichen Schenkels bewirken. Als Marke wählt JOLLY eine kleine Glasspitze s, die dicht unterhalb der Mündung der Capillare in dem festen Schenkel angebracht ist. Diese sog. „JOLLYsche

[1] G. MAGNUS, Pogg. **55**, 1—27 (1842); Ostw. Klass. Nr. **44**, S. 67—87.
[2] V. REGNAULT, Ann. chim. phys. **4**, 1—63 (1842); Ostw. Klass. Nr. **44**, S. 88—134.
[3] PH. JOLLY, Pogg. Jubelband, S. 82 (1874).

Spitze" ist in veränderter Form bei fast allen späteren Instrumenten beibehalten worden.

In neuerer Zeit hat das Gasthermometer in den Händen zahlreicher Forscher eine Ausbildung erfahren, durch die die Meßgenauigkeit erheblich erhöht werden konnte. Wir nennen als die wichtigsten Arbeiten:[1]

Für das Fundamental-Intervall 0° bis 100°:

CHAPPUIS 1888 und 1900—1902.[2]

Für höhere Temperaturen:

BARUS 1889 (bis etwa 1100°).[3]
WIEBE und BÖTTCHER 1890 (von 100° bis 300°).[4]
HOLBORN und WIEN 1892 und 1895 (bis etwa 1480°).[5]
HOLBORN und DAY 1899 und 1900 (von 250° bis 1150°).[6]
JAQUEROD und PERROT 1905 (bis etwa 1100°).[7]
HOLBORN und VALENTINER 1906 (bis 1600°).[8]
DAY und CLEMENT 1908 (400° bis 1100°).[9]
DAY und SOSMAN 1910 (400° bis 1550°) und 1912 (300° bis 630°).[10]
HOLBORN und HENNING 1911 (200° bis 450°).[11]

Für tiefe Temperaturen:

TRAVERS, SENTER und JAQUEROD 1902.[12]
DEWAR 1905.[13]
KAMERLINGH-ONNES seine Mitarbeiter 1906ff.[14]

Von ihm wurde die tiefste bis jetzt erreichbare Temperatur im flüssigen Helium gasthermometrisch zu $1{,}1_5$° absolut bestimmt.

Unter allen den Gasthermometern, die von den genannten Forschern verwendet sind, spielt das von CHAPPUIS deshalb eine besondere Rolle, weil es als Normalthermometer für die Festlegung der Temperaturskala zwischen 0° und 100° gewählt wurde. Es sei deshalb hier kurz beschrieben (s. Fig. 94). Das zylindrische Gefäß *G* aus Platiniridium von über 1 Liter Inhalt steht durch die biegsame Capillarröhre *K* mit dem Manometer in

[1] Die hier genannten Arbeiten werden im folgenden nur noch mit Nennung der Jahreszahl zitiert.

[2] P. CHAPPUIS, Études sur le thermomètre à gaz usw. Trav et Mém. **6** (1888); vgl. GUILLAUME TRAITÉ, Paris 1889 S. 228ff.

[3] C. BARUS, Bull. U. S. Geol. Survey Nr. 54 1889, Wash. 313 S. und C. BARUS, Die phys. Behandlung und die Messung hoher Temperaturen. Lpz. 1892. 92 S. Vgl. BURGESS u. LE CHATELIER, The Measurement of High Temp. New York 1912 S. 66.

[4] H. F. WIEBE u. A. BÖTTCHER, Z. Instr. **10**, 16—28 und 233—246 (1890).

[5] L. HOLBORN u. W. WIEN, Wied. **47**, 107—134 (1892); Wied. **56**, 360—396 (1895).

[6] L. HOLBORN u. A. DAY, Ann. Phys. **68**, 817—852 (1899); Ann. Phys. **2**, 505—545 (1900).

[7] A. JAQUEROD u. F. L. PERROT, Arch. de Genève **20**, 454—455 (1905).

[8] L. HOLBORN u. S. VALENTINER, Ann. Phys. **22**, 1—48 (1907).

[9] A. L. DAY u. S. K. CLEMENT, Am. J. Science [4] **26**, 405 (1908).

[10] A. L. DAY u. R. B. SOSMAN, Am. J. Science [4] **29**, 93—161 (1910); Ann. Phys. **38**, 849—869 (1912).

[11] L. HOLBORN u. F. HENNING, Ann. Phys. **35**, 761—764 (1911).

[12] M. W. TRAVERS, A. JAQUEROD u. G. SENTERS, Z. phys. Ch. **45**, 385—460 (1903).

[13] J. DEWAR, Proc. Roy. Soc. (A) **76**, 316 und 325 (1905).

[14] H. KAMERLINGH-ONNES, zahlreiche Arbeiten in den Comm. Phys. Lab. Leiden.

Verbindung. Das Manometer besteht aus den beiden vertikalen Röhren R_1 und R_2 die durch den Hahn H miteinander und mit dem Gefäß N kommunizieren. Die Quecksilberfüllung läßt sich durch Heben und Senken des Gefäßes N verändern. Eingestellt wird auf eine kleine, dicht unter der Einmündung der Capillare K in dem kurzen Schenkel R liegenden Spitze s. Neuartig ist die Messung des Druckes, unter dem das in G abgeschlossene Gas steht. Wäre das Rohr oben einfach offen, so würde sich dieser Druck zusammensetzen aus dem Drucke der Quecksilbersäule, der durch die Höhendifferenz in R_1 und R_2 gegeben ist und dem atmosphärischen Druck. Jede Messung würde sich also aus vier Ablesungen, nämlich den Ständen des Quecksilbers in R_1 und R_2 und den entsprechenden Ständen des Quecksilbers in einem besonders aufzustellenden Barometer zusammensetzen. CHAPPUIS reduziert diese Ablesungen auf zwei, indem er den offenen Schenkel des Manometers R_1 zugleich zum Gefäß des Barometers B macht. Der Druck ergibt sich so unmittelbar aus der Höhendifferenz in R_1 und B. Um den Barometerstand für sich ablesen zu können, ist auf das Rohr R_1, das Rohr R_1' aufgesetzt, das mit R_2 kommuniziert. Die drei zur Ablesung bestimmten Quecksilberkuppen liegen der genaueren kathetometrischen Ablesung wegen in derselben Vertikalen.

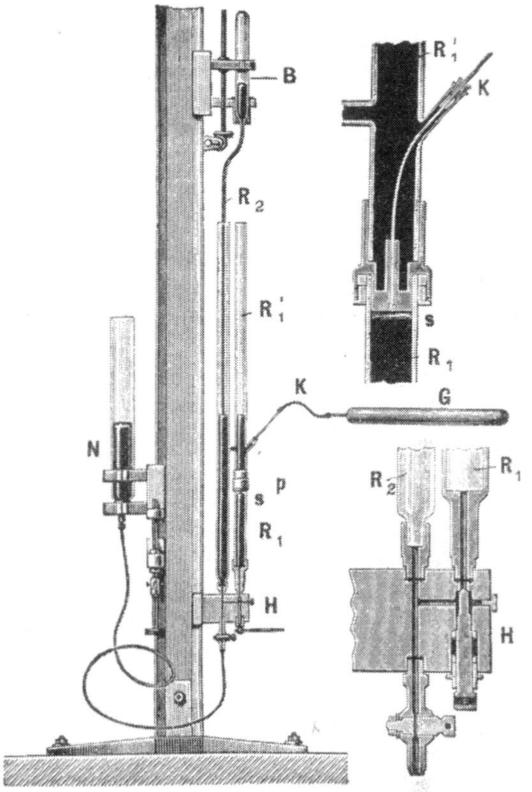

Fig. 94. Gasthermometer mit konstantem Volumen nach CHAPPUIS. Normalinstrument des Bureau international des poids et mesures.

4. Die einzelnen Teile des Gasthermometers mit konstantem Volumen.

a) Das Thermometergefäß.

Einer der allerwichtigsten Teile des Gasthermometers ist das Thermometergefäß, in dem das zur Messung verwendete Gas abgeschlossen wird. Die Anforderung an sein Material sind besonders in hohen Temperaturen recht hoch und schließlich von keinem Material mehr zu erfüllen, so daß der Verwendung des Gasthermometers in sehr hohen Temperaturen durch das Fehlen einer das Gas hinreichend sicher umschließenden Hülle eine kaum zu übersteigende Grenze gesetzt ist.

Das Gefäßmaterial. Im idealen Falle sollte das Gefäß die eingeschlossene Gasmenge bei allen Temperaturen und Drucken unverändert auf demselben Volumen erhalten. Da es kein Material gibt, das diese Bedingungen ganz erfüllt, ist zu fordern, daß die Volumenänderungen, die das Gefäß erleidet, möglichst gering und in allen Fällen genau bekannt sind. Besonders sollen auch die Nachwirkungserscheinungen (vgl. III. Nr. 10) bei den Volumenänderungen möglichst klein sein. Daneben darf die Gefäßwandung weder durchlässig für das Gas sein, noch merkliche Mengen ad- oder absorbieren oder chemisch von ihm angegriffen werden. Endlich wäre noch eine gute Wärmeleitfähigkeit erwünscht.

Glas. Für tiefe und mittlere Temperaturen liegt es am nächsten, Gefäße aus Glas zu verwenden. Die gute Verarbeitbarkeit des Glases, seine trefflichen thermischen, elastischen und chemischen Eigenschaften machen es auch hier zu dem durchweg vorherrschenden Material. In hohen Temperaturen setzt die Erweichung seinem Gebrauch bald eine Grenze. Jenaer Borosilicat-Glas 59''' ist bis 450° von Holborn und Henning (1911) gebraucht worden. Die obere Grenze seiner Brauchbarkeit dürfte bei etwa 500° liegen. Schon etwas unterhalb dieser Temperatur beginnt es für Gase durchlässig zu werden. Für Helium ist es bei 400° schon merklich durchlässig, aber die Durchlässigkeit ist immerhin so gering, daß an den Temperaturmessungen mit Glasgefäßen eine Korrektion angebracht werden kann. Für Wasserstoff wurde von Holborn und Henning im Gegensatz zu anderen Beobachtern keine merkliche Durchlässigkeit gefunden.

Porzellan. Um höhere Temperaturen erreichen zu können, ist von Verschiedenen bis etwa 1100° Porzellan (Bayeux-Porzellan, Hechtsche Masse u. a.) verwendet worden. Aber dieses Material hat sich als wenig zuverlässig erwiesen. Ohne Glasur ist es porös und mit Glasur erweicht es bereits frühzeitig. Dabei erleidet es nach dem Erhitzen auf höhere Temperaturen unregelmäßige Volumenänderungen, die einen Fehler bis zu 5° bei 1000° nach sich ziehen können, und endlich gibt es Gase ab, die entweder schon ursprünglich in der Masse vorhanden waren oder später absorbiert sind. Aus allen diesen Gründen kommt es für genauere Messungen in höheren Temperaturen nicht mehr in Betracht.

Quarz. Seine außerordentlich kleine thermische Ausdehnung (nur etwa $^1/_{12}$ vom Jenaer Glas) und das Fehlen jeder Nachwirkung würden das Quarzglas zum bevorzugten Material machen, wenn dem nicht als schwerwiegender Nachteil gegenüberstünde, daß es in noch höherem Grade für Gase durchlässig ist als Glas. Nach Jaquerod und Perrot[1] läßt

---

[1] A. Jaquerod und F. L. Perrot, C. r. **139**, 789—790 (1904). Arch. de Genève **34**, 255—257 (1912).

es Helium schon bei 200° in merklichem, bei 1100° in recht erheblichem Maße hindurch; aber auch für Wasserstoff und Stickstoff ist es durchaus nicht undurchlässig. Trotzdem ist ein Quarzgefäß mit Stickstofffüllung von HOLBORN und HENNING (1911) bis 450° gebraucht worden, und es ist den damit gewonnenen Zahlen sogar der Vorrang vor denen mit Jenaer Glas gegeben worden.

Alle drei Materialien, Glas, Porzellan und Quarz zeigen übrigens in hohen Temperaturen die Erscheinung, daß sie von Wasserstoff reduziert werden.

Platin. Reines Platin ist nur vorübergehend (von POUILLET) verwendet worden. Es hat wegen seiner Weichheit nur beschränkte Bedeutung, während seine Legierungen um so wichtiger geworden sind.

Platiniridium und Platinrhodium. Durch den Zusatz von etwa 10—20% Iridium oder Rhodium erhält das Platin eine ganz erheblich größere Festigkeit. Dabei sind die Legierungen dieser Zusammensetzung widerstandsfähig gegen hohe Temperaturen und von ziemlicher Undurchlässigkeit für Gase. Eine 10%-Platiniridiumlegierung ist für das Normalthermometer im Bureau international für die Messungen zwischen 0° und 100° gewählt worden. Eine wichtigere Rolle spielen diese Legierungen aber im Gebiete hoher Temperaturen: HOLBORN gebrauchte 20%-Platiniridium mit Stickstofffüllung bis 1600°, DAY 10%-Platiniridium, ersetzte aber später diese Legierung durch 20%-Platinrhodium, weil das Iridium durch Verflüchtigung in hohen Temperaturen die Thermokraft der Thermoelemente aus Platin gegen Platinrhodium, die zur Übertragung der Meßresultate des Gasthermometers dienten, empfindlich beeinflußte (vgl. IV, Nr. 7 u. 12). Das Gefäß aus Platinrhodium hat sich als außerordentlich brauchbar bis 1500° erwiesen.

Iridium. Reines Iridium verwendete HOLBORN und VALENTINER (1906) zu Beobachtungen bis zu 1680°. Nach Ansicht der Verff. ließe es sich sogar bei noch höheren Temperaturen gebrauchen. Schwierigkeiten bereitet nur die Messung mit dem Thermoelement, dessen Thermokraft stark verändert wird. Durch Spülung mit Stickstoff kann der schädliche Einfluß des Iridiums zwar herabgesetzt, aber nicht ganz beseitigt werden.

Die Form des Gefäßes. Bei älteren Instrumenten findet man öfter kugelförmige Gefäße; neuerdings wird durchweg die zylindrische Form mit halbkugeligen Enden bevorzugt. Der Grund dafür liegt wohl hauptsächlich in der Verwendung elektrischer Röhrenöfen, denen sich diese Form am besten anpaßt.

In vielen Fällen findet man Einstülpungen an dem Gefäß angebracht, die dazu dienen, die Temperatur an einer Stelle zu messen, die möglichst allseitig von dem Gase umspült wird. So brachte BARUS das zu vergleichende Thermoelement so an, daß seine Lötstelle im Mittelpunkte eines kugelförmigen Gefäßes lag. DAY traf eine ähnliche Anordnung bei einem zylindrischen Gefäß und ermöglichte außerdem die Bestimmung der Temperatur des Hohlraumes. der in das Innere des Gasgefäßes führt, auf optischem Wege.

Temperatur des Gefäßes und des eingeschlossenen Gases. Das verhältnismäßig große Volumen, das beim Gasthermometer die thermometrische Substanz einnimmt, erfordert besondere Vorsicht, um eine gleichmäßige Temperatur der ganzen Gasmasse zu erzielen. Die Schwierigkeiten fallen vor allem in hohen Temperaturen, wo die Verwendung von Flüssigkeitsbädern ausgeschlossen ist, ins Gewicht. Hier bedeutete es einen ganz wesentlichen Fortschritt, als von Holborn und Day (1899) an Stelle der früher allgemein gebräuchlichen Gasheizung die elektrische Heizung eingeführt wurde. Mit dieser ließ sich nicht nur eine viel größere Temperaturkonstanz und Gleichförmigkeit der Temperatur über das ganze Gefäß hin erzielen, sondern es wurde auch der störende Einfluß der Verbrennungsgase, den diese auf die Thermoelemente und dadurch ausüben, daß sie in das Thermometergefäß eindringen, beseitigt. Die Gleichförmigkeit der Temperatur läßt sich besonders noch durch eine geeignete Wicklung des Widerstandsdrahtes erheblich steigern (Day), wobei zur Kontrolle der Temperaturverteilung längs des Gefäßes eine größere Anzahl von Thermoelementen angebracht wird.

Der Ausdehnungskoeffizient des Gefäßes. Jede Temperaturänderung zieht auch eine Volumenänderung des Gefäßes nach sich. Dem relativ großen Ausdehnungskoeffizienten des Gases gegenüber ist diese Volumenänderung zwar nur gering, aber trotzdem für genauere Messungen durchaus nicht zu vernachlässigen.

Die Messung des Ausdehnungskoeffizienten des Gefäßmaterials erfolgt im allgemeinen in der Weise, daß Stäbe aus demselben Material von etwa $^1/_2$ m Länge in einem besonderen Ofen erhitzt und ihre lineare Längenausdehnung mikrometrisch bestimmt werden.[1] Man nimmt dann für den kubischen Ausdehnungskoeffizienten des Gefäßes das Dreifache des so gewonnenen linearen Ausdehnungskoeffizienten an. Neuerdings hat Callendar[2] gezeigt, daß diese Annahme z. B. bei einer Röhre aus geschmolzenem Quarz nicht genau zutrifft, indessen sind diese Abweichungen recht klein.

Der Druckkoeffizient des Gefäßes. Da die Wandungen des Gefäßes dem im allgemeinen einseitig wirkenden Drucke nachgeben, ist es von Bedeutung, daß das Material hinreichend fest ist. Elastische Dehnungen, die mit dem Aufhören des Druckes wieder zurückgehen, sind nicht so gefährlich wie dauernde Dehnungen, die bei Erreichen der Erweichungsgrenze des Materials auftreten. Die Bestimmung des Druckkoeffizienten in höheren Temperaturen begegnet großen Schwierigkeiten. Deshalb begnügt man sich damit, ihn bei Zimmertemperatur zu messen und ihn innerhalb der Temperaturen, die unter der Erweichungsgrenze liegen, als konstant anzusehen.

Um den störenden Einfluß des Druckes zu eliminieren, hat Day die Einrichtung getroffen, das Gefäß von außen demselben Druck auszusetzen

---

[1] Holborn und Day, 1900 a. a. O. S. 506 f.

[2] H. L. Callendar, Z. Instr. **32**, 194—195 (1912).

wie von innen. Er erreicht das dadurch, daß er den elektrisch geheizten Ofen in ein größeres gasdichtes Gefäß setzt, und in diesem dasselbe Gas wie das zur Füllung des Gefäßes benutzte (Stickstoff) unter dem jeweils zu messenden Druck hält. Zugleich wird dadurch einer Diffusion der Gase durch die Gefäßwandung vorgebeugt.

b) Der schädliche Raum.

Bei der Anordnung des Gasthermometers ist es unvermeidlich, daß ein Teil des abgeschlossenen Gases, nämlich der in der Verbindungscapillare vom Gefäß zum Manometer und in dem Raume oberhalb der Quecksilberkuppe in dem einen Barometerschenkel nicht dieselbe Temperatur hat wie die Hauptmenge im Gefäß selbst. Der Raum, der diesen Teil des Gases einschließt, wird der „schädliche Raum" genannt. Da die Berechnung voraussetzt, daß die ganze abgeschlossene Gasmenge sich auf derselben Temperatur befindet, ist an dem bei einer bestimmten Temperatur gemessenen Druck eine Korrektion anzubringen, die um so kleiner ist, je kleiner das Verhältnis des Volumens des schädlichen Raumes zu dem des Gefäßes ist. Mit dem Volumen des Gefäßes kann man über gewisse Grenzen nicht hinausgehen, da es, namentlich in hohen Temperaturen, schwer hält, größere Räume hinreichend gleichmäßig zu erhitzen. Man muß deshalb bestrebt sein, das Volumen des schädlichen Raumes nach Möglichkeit zu verkleinern.

Die Verbindungscapillare. Als Material für die Verbindungscapillare wird jetzt meist ein geeignetes Metall gewählt (Stahl, Platin u. a.), das eine zuverlässige und doch biegsame Verbindung sichert.

Ihre Länge ist dadurch bestimmt, daß das Manometer, das vor Temperaturänderungen geschützt werden muß, hinreichend weit von dem Temperaturbad für das Thermometergefäß entfernt sein muß.

Ihrer lichten Weite ist eine untere Grenze dadurch gesetzt, daß der Druckausgleich des Gases nicht allzu langsam erfolgen darf. Dieser Umstand wird besonders in tiefen Temperaturen, wo die Reibung der Gase in engen Röhren erhebliche Beträge annimmt, merklich. So gibt KAMERLINGH ONNES bei Messung tiefer Temperaturen als untere Grenze des inneren Durchmessers 0,5 bis 0,6 mm an, während in hohen Temperaturen mitunter auch noch engere Rohre gebraucht sind.[1]

Den Raum über der Quecksilberkuppe hat man im Laufe der Zeit ganz erheblich zu verringern verstanden. Statt wie ursprünglich (vgl. JOLLY, Fig. 93) die Capillare an den kurzen Schenkel des Manometers anzuschmelzen, kittete man später nach CHAPPUIS' Vorgang eine Stahl- oder Nickelkappe in das obere zylindrische Ende des kurzen Schenkels, die unten eben war und eine sehr kleine, etwa 0,3 bis 0,4 mm lange Spitze als Einstellmarke trug. DAY und SOSMAN gingen noch weiter und gaben der unteren Fläche der Kappe eine Form, die ähnlich gekrümmt war, wie die Quecksilberkuppe.

[1] KAMERLINGH ONNES, Leid. Comm. Nr. 119 S. 9. — HOLBORN u. DAY. 1899, a. a. O. S. 824.

Eine Verringerung des inneren Rohrdurchmessers des kurzen Schenkels, die bei älteren Instrumenten zu finden ist, ist deshalb nicht statthaft, weil die Capillardepression in engen Rohren hohe und unregelmäßige Beträge annimmt. Am sichersten wählt man den Durchmesser im kurzen und langen Schenkel gleich groß und nicht zu klein.

Das Volumen des schädlichen Raumes kann so bestimmt werden, daß die einzelnen Teile, aus denen er sich zusammensetzt, vor Ingebrauchnahme des Thermometers geometrisch ausgemessen werden. Eine andere Methode ist die volumetrische: Zu ihrer Ausführung ist von Holborn und Valentiner in die Verbindungscapillare ein kleines capillares T-Stück eingefügt, an das ein Hilfsschenkel angeschlossen ist. Dieser trägt (Fig. 95) eine Erweiterung *e* und läßt sich durch Quecksilber abschließen, das dann bis zur Marke *b* reicht. Nun wird das Thermometergefäß bis über die Marke *a* hinaus mit Quecksilber gefüllt, so daß nur der schädliche Raum Gas enthält, dessen Druck sich einmal mit und dann ohne Ansetzung des Volumens *e* messen läßt.

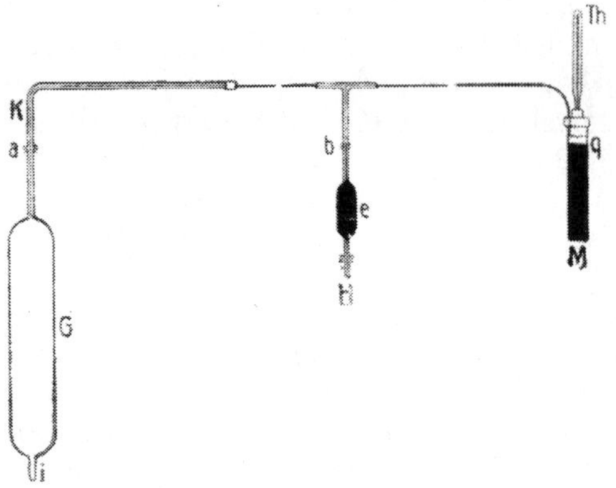

Fig. 95. Einrichtung zur volumetrischen Messung des schädlichen Raumes nach Holborn und Valentiner.

Die Temperatur des schädlichen Raumes ist deshalb schwer zu bestimmen, weil ein Teil der Verbindungscapillare in dem Gebiete starken Temperaturgefälles liegt. Die Verteilung mehrerer Thermometer längs der Capillare führt nur zu einem unsicheren Mittelwert. Zweckmäßiger ist es, wie es Travers, Senter und Jaquerod (1902) getan haben, ein Hilfsgasthermometer zu verwenden, dessen langes zylindrisches Gefäß parallel der Verbindungscapillare bis in das Temperaturbad hineinläuft und dort geschlossen ist. Sicherer als die Temperatur der Verbindungscapillare ist die Temperatur des Gases über der Quecksilberkuppe zu bestimmen. Zu dem Zweck genügt ein in die Kappe des kurzen Schenkels eingelassenes Thermometer.

c) Das Manometer.

Die Messung des von dem eingeschlossenen Gase ausgeübten Druckes erfolgt durchweg mit dem zweischenkligen Quecksilbermanometer, dessen Grundform aus den bereits beschriebenen Instrumenten ersichtlich ist. Der eine kurze Schenkel, an den sich die Verbindungscapillare anschließt, trägt, um das Gas auf ein bestimmtes Volumen bringen zu können, eine feste Marke. Für diese Marke lernten wir bereits den Diamantstrich, die Jollysche Spitze und deren Vervollkommnung durch Chappuis kennen (vgl. Fig. 92 bis 94). Die Einstellung auf die Spitze läßt sich besonders dadurch sehr genau machen, daß die Annäherung des Spiegelbildes an die Spitze sehr scharf erkannt werden kann. Bei kathetometrischer Ablesung läßt sich auch ohne vollständige Berührung die Lage der Kuppe sehr genau ermitteln (KAMERLINGH ONNES).

Die Veränderung des Quecksilberniveaus im Manometer zum Zwecke der genauen Einstellung ist auf verschiedenem Wege erzielt worden. Die älteren Gasthermometer besaßen Vorrichtungen, die im wesentlichen den Barometereinstellungen nachgebildet waren (vgl. Fig. 92). Ihr Nachteil war, daß nur verhältnismäßig kleine Niveauänderungen vorgenommen werden konnten. Für diese sind sie allerdings auch vorzüglich, so daß auch an den neueren Instrumenten die Feineinstellung immer noch auf ähnliche Weise erfolgt (vgl. z. B. WIEBE und BOETTCHER 1899). Um größere Höhendifferenzen zu überwinden, führte REGNAULT einen Dreiweghahn ein, durch den beliebige Mengen Quecksilber zu- und abgelassen werden konnten. Ähnliche Vorrichtungen befinden sich an allen neueren Thermometern. In wesentlich anderer Weise, namentlich durch Heben und Senken des einen Manometerschenkels, der durch einen Kautschukschlauch mit dem anderen verbunden ist, erreichte JOLLY dasselbe (vgl. Fig. 93); indessen ist für genauere Messungen die Verwendung von zwei festen Manometerschenkeln vorzuziehen.

Die Ablesung der Höhe der Quecksilbersäule geschieht an einer unmittelbar daneben angebrachten Skala mit Visier und Lupe oder kathetometrisch. Die Verwendung eines Kathetometers ist genauer und auch deshalb vorzuziehen, weil eine störende Erwärmung der Quecksilbersäule durch die Nähe des Beobachters vermieden wird.

Die Temperatur der Quecksilbersäule, deren Kenntnis zur Ermittlung des wahren Druckes erforderlich ist, erfährt besonders bei der Messung hoher Temperaturen leicht erhebliche Störungen, die durch geeigneten Wärmeschutz, z. B. einen Mantel aus Nickelblech (HOLBORN und HENNIG 1911), fernzuhalten sind. Gemessen wird sie am einfachsten durch eine Reihe von Thermometern, die längs des Rohres angebracht werden und in kleine, mit Quecksilber gefüllte Gefäße tauchen, damit sie in gleicher Weise den Schwankungen der Temperatur folgen, wie die Quecksilbersäule selbst. Von einigen Beobachtern wird parallel zu dem Manometerrohr ein zweites, ganz gleiches Rohr angebracht, in dem auch das Quecksilber stets in gleicher Weise wie in jenem steigt. Man mißt dann durch einige in das Innere dieses Rohres tauchende Thermometer die Temperatur des darin befindlichen Quecksilbers und macht die Annahme, daß die Temperatur des Quecksilbers in dem Hauptmanometerrohr in gleichen Höhen dieselbe sei (WIEBE und BOETTCHER 1890 a. a. O. S. 21).

Der Einfluß des atmosphärischen Druckes. Ist der eine Schenkel des Quecksilbermanometers einfach offen, so setzt sich der Druck, unter dem das eingeschlossene Gas steht, aus dem Drucke des Quecksilbers in dem Manometer und aus dem barometrischen Druck zusammen. Durch die zu diesen beiden Druckmessungen erforderlichen vier

Ablesungen ist natürlich die Genauigkeit beeinträchtigt. Es ist deshalb auf verschiedene Weise versucht worden, die dadurch entstehenden Fehler zu verringern.

1. PFAUNDLER (1875)[1] setzte den langen Manometerschenkel in Verbindung mit einem größeren geschlossenen Reservoir, das mit Gas gefüllt war und dauernd auf konstanter Temperatur (0°) erhalten wurde. Er erreichte auf diese Weise, daß sich zu dem Druck der Quecksilbersäule ein vom atmosphärischen Druck unabhängiger, konstanter Druck addiert.

Ähnliche Vorrichtungen findet man bei CALLENDAR. Der ganze Apparat ist auf diese Weise zu einer Art Differential-Gasthermometer geworden, das die Druckdifferenz eines Gases bei der zu messenden und einer festen Temperatur, z. B. 0° zu bestimmen erlaubt.

2. CHAPPUIS (1888) brachte, wie bereits beschrieben, das Barometer an dem offenen Schenkel des Manometers so an, daß dieser zugleich das untere Gefäß des Barometers bildete. Die Messung wurde dadurch auf die Ablesung der oberen und unteren Quecksilberkuppe beschränkt.

3. Einen vollständigen Abschluß des einen Manometerschenkels von der Atmosphäre findet man bereits bei WEINHOLD (1873).[2] Er evakuierte den Raum über dem Quecksilber und erreichte so vollständige Unabhängigkeit vom atmosphärischen Druck. Dasselbe Prinzip ist später öfter angewendet worden. Da indessen Spuren von Luft, die im Vakuum zurückbleiben, die Messung beeinträchtigen, ist von HOLBORN und HENNING und KAMERLINGH ONNES (1911) an dem einen Manometerschenkel eine Luftpumpe angesetzt worden, wodurch die Möglichkeit gegeben war, das Vakuum dauernd aufrecht zu erhalten und auf seine Güte zu kontrollieren. Der Apparat von ONNES hat noch besonders dadurch Interesse, daß in ihm bei den tiefsten Temperaturen ganz außerordentlich kleine Drucke (bis etwa 0,15 mm) zu messen waren. Hier war das Evakuieren zur Notwendigkeit geworden. In hohen Temperaturen tritt die Unbequemlichkeit ein, daß die Quecksilbersäulen verhältnismäßig lang werden.

5. Erweiterte Theorie des Gasthermometers mit konstantem Volumen.

Die früher angenommene einfache Formel

$$p = p_0(1 + \beta t) \quad \text{oder} \quad t = \frac{p}{\beta p_0} - \frac{1}{\beta}$$

gilt nur für den idealen Fall, daß die ganze abgeschlossene Gasmenge sich auf der zu messenden Temperatur befindet und daß ihr Volumen streng konstant ist. Die vorangegangenen Betrachtungen zeigten jedoch daß diese Bedingungen bei den wirklichen Instrumenten nur angenähert zu erfüllen sind. Sieht man ab von den Fehlern des Manometers, so bleiben, als der Methode des Instrumentes wesentlich anhaftend, folgende

---

[1] L. PFAUNDLER, Wien. Akad. Ber. 72, II, 729 (1876).

[2] WEINHOLD, Progr. Chemn. Gewerb. (1873).

Fehler bestehen, die durch geeignete Korrektionen bei der Messung zu berücksichtigen sind:

1. und 2. Das Volumen der abgeschlossenen Gasmasse bleibt, auch wenn die Einstellung genau auf dieselbe Marke erfolgt, nicht streng konstant, da das Gefäß infolge seiner thermischen und elastischen Ausdehnung eine Volumenänderung erfährt. Zur Messung ist also die Kenntnis des thermischen Ausdehnungskoeffizienten und des elastischen Druckkoeffizienten des Gefäßes erforderlich.

3. Wegen der notwendigen Übertragung des Gasdruckes auf das Manometer kann ein Teil des Gases, nämlich der in der Verbindungscapillare und in dem Raum über der Quecksilberkuppe nicht der zu messenden Temperatur ausgesetzt werden. Zur Anbringung der Korrektion wegen dieses „schädlichen Raumes" ist 1. die Kenntnis des Verhältnisses des Volumens des schädlichen Raumes v_s zu dem des Gefäßes V, 2. die Kenntnis der mittleren Temperatur t_s des schädlichen Raumes erforderlich.

Rechnerisch lassen sich diese drei Einflüsse am einfachsten in der Weise berücksichtigen, daß bei jeder Temperatur der gemessene Druck selbst korrigiert wird und die so korrigierten Drucke in die Grundformel für das Gasthermometer eingesetzt werden.

Eine einfache Rechnung zeigt, daß der korrigierte Druck p_t sich aus dem gemessen Druck p_t' ergibt zu

$$p_t = p_t'\left(1 + 3\gamma t + \varkappa p + \frac{v_s}{V}\,\frac{1+\beta t}{1+\beta t_s}\right),$$

wenn bezeichnet wird:
mit V das Gefäßvolumen,
mit v_s das Volumen
und t_s die mittlere Temperatur des schädlichen Raumes,
mit 3γ der kubische Ausdehnungskoeffizient
und $\varkappa$ der elastische Druckkoeffizient des Gefäßmaterials.

Um den relativen Einfluß der verschiedenen Korrektionen auf die zu messende Temperatur beurteilen zu können, seien noch einige Zahlenwerte mitgeteilt. Bezeichnet man
mit k_{th} die Korrektion wegen der thermischen Ausdehnung,
mit k_e die Korrektion wegen der elastischen Dehnung des Gefäßes, unter der Annahme, daß die Volumenzunahme des Gefäßes 10^{-7} seines Wertes bei einer Druckerhöhung von 1 mm Quecksilber beträgt, und
mit k_s die Korrektion wegen des schädlichen Raumes, unter der Annahme, daß das Verhältnis $v_s/V = 0{,}01$ ist, so ist nach HENNING[1];

Temperatur	k_{th}			k_e	k_s
	Pt. Ir.	Glas 59'''	Quarz		
+ 200°	0,54°	0,38°	0,03°	0,01°	0,69°
500	5,68	3,95	0,32	—	6,85
1000	27,4	—	1,46	0,25	30,8
1500	68,4	—	—	—	71,9

[1] F. HENNING, Z. Elektroch. 19, 187 (1913).

In Wirklichkeit ist das Verhältnis v_s/V bei verschiedenen Beobachtern recht verschieden. Es sei deshalb noch eine Zusammenstellung hinzugefügt, aus der die Werte von v_s/V und die sich daraus ergebenden Korrektionen k_s bei 1100° zu entnehmen sind[1]:

Beobachter	v_s/V	k_s
HOLB. u. DAY	0,0044	20°
JAQU. u. PERROT . . .	0,018	70
HOLB. u. VAL.	0,0042	20
DAY u. SOSM.	0,0015	3—6

6. Das Gasthermometer mit konstantem Druck.

Grundformeln. Für die Volumenänderung eines Gases mit der Temperatur bei konstantem Druck ergibt sich:

$$v = v_0 (1 + \alpha t),$$

wenn v_0 und v die Volumina des Gases bei 0° und $t°$ und α den Ausdehnungskoeffizienten des Gases bedeutet.

Wie bei dem Gasthermometer mit konstantem Volumen ergeben sich dann die entsprechenden Formeln:

$$t = \frac{v}{v_0 \alpha} - \frac{1}{\alpha},$$

oder

$$t = \frac{v - v_0}{v_{100} - v_0} \cdot 100,$$

je nachdem man α anderen Messungen oder eigenen entnimmt.

Hauptformen des Thermometers. Von älteren Gasthermometern mit konstantem Volumen seien nur die von REGNAULT erwähnt. Da sie weniger zu wirklichen Temperaturmessungen als zur Untersuchung der Ausdehnungskoeffizienten der Gase dienten, soll auch nur kurz ihr Prinzip angedeutet werden. Bei einer ersten Anordnung[2] bediente sich REGNAULT eines abnehmbaren Gasthermometergefäßes, das mit dem Meßgase gefüllt, offen der zu messenden Temperatur ausgesetzt wurde. Nachdem es die Temperatur angenommen hatte, wurde es verschlossen, auf Zimmertemperatur gebracht, und es wurde nach Öffnen unter Quecksilber die Luftmenge bestimmt, die darin verblieben war. Bei einer zweiten Anordnung[3] führte die Verbindungscapillare zu einer Bürette, die durch ein Wasserbad auf konstanter Temperatur erhalten wurde, und in die das Gas, das infolge der Ausdehnung aus dem Gefäß entweichen mußte, übertreten konnte. Mit Hilfe von Quecksilber wurde dabei der Druck, unter dem das Gas stand, stets gleich dem Atmosphärendruck, also nahezu konstant erhalten. Aus dem bekannten Volumen der Bürette konnte dann die Volumenvergrößerung des Gases bei konstantem Druck abgeleitet werden.

[1] G. K. BURGESS u. H. LE CHATELIER, Meas. of high Temp. S. 80 (1912).
[2] Ostw. Klass. Nr. 44 S. 89f. [3] Daselbst S. 111f.

In neuerer Zeit ist von CALLENDAR[1] ein Gasthermometer mit konstantem Druck angegeben worden, das Messungen mit großer Genauigkeit auszuführen gestattet. Das Instrument (s. Fig. 96) besteht wie bei REGNAULT aus einem Gefäß *A*, der Verbindungscapillare *a* und der Bürette *B*, in die das sich ausdehnende Gas übertritt und gemessen werden kann. Neu ist die Methode, wie die Druckeinstellung erfolgt. Neben der Bürette *B* ist ein Gefäß *C* angeordnet, das mit demselben Gas wie das Thermometer und auch auf konstanter Temperatur erhalten wird. An *C* ist gefüllt ist eine Capillare *b* angeschmolzen, die dieselben Abmessungen wie *a* hat und ihr parallel bis zum Gefäß *A* läuft. Die Capillaren *a* und *b* stehen einerseits mit dem Gaseinlaßhahn *E*, andererseits mit dem Differentialmanometer *D* in Verbindung. Dieser Manometer besteht aus zwei U-förmigen Röhren, die je einen unteren Einlaßhahn haben; die äußere ist mit Quecksilber, die innere, die ihrer größeren Empfindlichkeit halber zur eigentlichen Messung benutzt wird, mit Schwefelsäure gefüllt. Die Einstellung geschieht so, daß durch Heben oder Senken des mit *B* kommunizierenden Gefäßes *N* Niveaugleichheit in den beiden Schenkeln des Differentialmanometers erzielt und darauf der Stand des Quecksilbers in der Bürette *B* abgelesen wird. Dann stehen, wenn *C* dieselbe Temperatur hat wie *B* die Gasmassen in beiden unter gleichem Druck, wobei zugleich der Einfluß des schädlichen Raumes in *a* durch den gleichgestalteten Raum in *b* kompensiert ist.

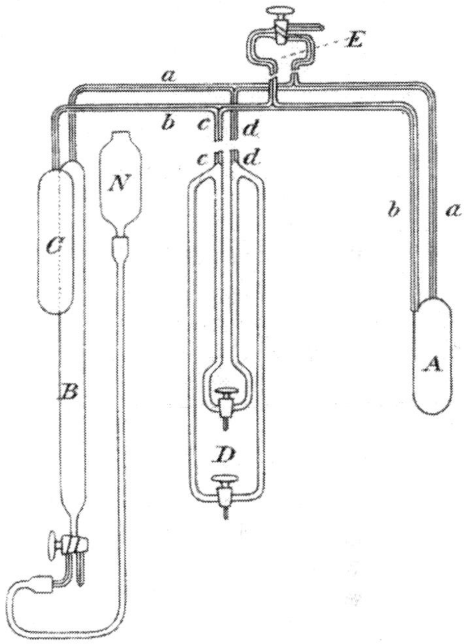

Fig. 96. Gasthermometer mit konstantem Druck nach CALLENDAR.

Der Apparat ist von CALLENDAR und seinen Mitarbeitern zu verschiedenen Messungen benutzt worden, u. a. von EUMORPHOPOULOS zur Bestimmung des Schwefelsiedepunktes[2]. Im übrigen ist das Gasthermometer mit konstantem Druck zu Temperaturmessungen, die einen Anspruch auf größere Genauigkeit machen, nicht verwendet worden. Der größte Vorteil des Thermometers ist wohl der, daß das Gefäß in hohen Temperaturen ganz von einseitigem Druck befreit werden kann. Dieser Vorteil fällt jedoch nicht mehr so stark ins Gewicht, seitdem von DAY auch beim Thermometer mit konstantem Volumen der Einfluß des inneren

[1] H. L. CALLENDAR, Proc. Roy. Soc. **50**, 247 (1891).
[2] N. EUMORPHOPOULUS, Proc. Roy. Soc. **81**, 339 (1908).

Druckes kompensiert worden ist. Dem steht aber als erheblicher Nachteil gegenüber, daß beim Gasthermometer mit konstantem Druck die eingeschlossene Gasmenge mit wachsender Temperatur geringer wird, wodurch die Empfindlichkeit stark abnimmt.

7. Technische Gasthermometer.

Die Einrichtung des für Laboratoriumsmessungen bestimmten Gasthermometers ist viel zu kompliziert, als daß sie für laufende Temperaturmessungen oder gar für technische Messungen in Betracht käme. Dennoch ist wiederholt versucht worden, unter Verzicht auf eine größere Genauigkeit die Ausdehnung der Gase technischen Messungen dienstbar zu machen. Es seien hier nur erwähnt die Apparate von Wiske (D. R. P. 9681 und 10065), F. Fischer[1] Knöfler (D. R. P. 40081 und 43603)[2] und Wiborgh (D. R. P. 43953)[3].

Der Apparat von Wiborgh scheint einigen Eingang in die Technik gefunden zu haben. Bei ihm steht das Luftthermometergefäß, das der zu messenden Temperatur ausgesetzt wird, mit einem zweiten Gefäß, das sich auf Zimmertemperatur befindet, in Verbindung. Vor der Messung werden beide Volumen, die zuvor mit der Atmosphäre kommunizierten, abgeschlossen, und es wird die in dem zweiten Gefäß befindliche Luftmenge in das Thermometergefäß gepreßt. Die dabei auftretende Druckerhöhung, die an einem Manometer abgelesen werden kann, gibt ein Maß für die zu bestimmende Temperatur. Die zur Messung erforderlichen Operationen können automatisch im Wechsel ausgeführt und die Drucke registriert werden.

Zum Schlusse mag noch die gasthermometrische Methode von Berthelot[4] erwähnt werden, bei der die Änderung des Brechungsexponenten der Luft als Maß für die Temperaturerhöhung dient.

III. Flüssigkeitsthermometer.

1. Grundprinzip.

Die Temperaturmessung durch die Volumenänderung einer Flüssigkeit beruht auf der Beobachtung der scheinbaren Ausdehnung der Flüssigkeit in einem Gefäße. Diese scheinbare Ausdehnung setzt sich zusammen aus der wahren Ausdehnung der Flüssigkeit selbst und der des Gefäßes, und zwar ist sie immer gleich der wahren Ausdehnung der Flüssigkeit, vermindert um die des als Gefäß dienenden festen Körpers. Dem Umstande, daß die Ausdehnung der Flüssigkeiten im allgemeinen erheblich größer ist als die der festen Körper, ist es zu danken, daß die scheinbare Ausdehnung der Flüssigkeit gut meßbare Beträge annimmt.

Die Messung der Volumänderung kann nach zwei wesentlich verschiedenen Methoden erfolgen: 1. durch unmittelbare volumetrische Ablesung, oder 2. durch Wägung der aus dem Gefäße bei steigender Temperatur austretenden Flüssigkeitsmenge (Gewichtsthermometer). Die volumetrische

---

[1] Z. angew. Ch. **3**, 591 (1890). [2] Vgl. Z. Instr. 8, 408 (1888).
[3] Vgl. St. u. E. 915 (1891).
[4] D. Berthelot, C. r. **120**, 831 (1895). Ann. Chim. Phys. (7) **26**, 58 (1902).

Methode ist die bei weitem verbreitetste und in den am häufigsten gebrauchten Flüssigkeitsthermometern verwandte.

In seiner einfachsten Form (s. Fig. 97) besteht ein solches Flüssigkeitsthermometer aus einem, meist aus Glas hergestellten Gefäß mit anschließendem engen, zylindrischen Rohr, der „Capillare", das mit der als thermometrischer Substanz dienenden Flüssigkeit so weit gefüllt ist, daß der Flüssigkeitsspiegel, der hier die Form eines Meniscus annimmt, bei der zu messenden Temperatur in der Capillare liegt. Ändert die Flüssigkeit bei eintretender Temperaturänderung ihr Volumen, so tritt eine dieser Ausdehnung entsprechende, jedoch um die Ausdehnung des Gefäßes verminderte Menge Flüssigkeit in die Capillare. Die damit verknüpfte Verschiebung des Meniscus dient dann als Maß für die Temperaturänderung. Als Flüssigkeiten werden in erster Linie Quecksilber, ferner Alkohol, Toluol, Petroläther, Pentan u. a. gebraucht.

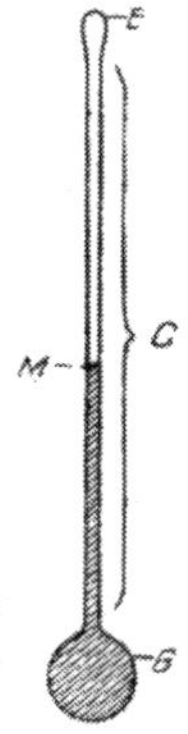

Fig. 97. Schematische Grundform eines Flüssigkeitsthermometers.

G = Gefäß
C = Capillare
E = Obere Erweiterung
M = Meniscus.

2. Elementare Theorie des Flüssigkeitsthermometers.

Es sei zunächst vorausgesetzt, daß das Gefäß mit anschließender Capillare ein unveränderliches Volumen besitze, und daß die Capillare ein zylindrisches Rohr von überall gleichmäßigem Querschnitt sei. Es sei ferner der Stand der Flüssigkeit in der Capillare bei 0° und 100° festgelegt und die Länge zwischen diesen beiden Teilen in 100 gleiche Teile geteilt; diese Teilung sei dann nach beiden Seiten des Intervalls von 0 bis 100 gleichmäßig fortgesetzt.

Hierdurch ist eine willkürliche Temperaturskala festgelegt, die auf der Ausdehnung der Flüssigkeit beruht. Für die der wahren Temperatur t entsprechende Temperatur t_{fl} dieser Skala gilt (vgl. I, Nr. 5):

$$t_{fl} = \frac{V_t - V_0}{V_{100} - V_0} \cdot 100,$$

wenn V_0, V_{100} und V_t die Volumen der Flüssigkeit bei 0°, 100° und der Temperatur t_{fl} oder der wahren Temperatur t bedeutet.

Nimmt man nun hinzu, daß bei der Erwärmung des Thermometers auch das Gefäß eine Volumenänderung erfährt, so läßt sich eine von jener ersten verschiedene Temperaturskala definieren, bei der überall statt der wirklichen Volumen der Flüssigkeit ihre scheinbaren Volumen in dem Gefäße treten, die durch die Volumen des Gefäßes bis zu dem Stande der Flüssigkeit bei 0°, 100° und t^0 gegeben sind.

Die so definierte Skala ist naturgemäß nicht nur von der Wahl der Flüssigkeit sondern auch von der des Gefäßmaterials abhängig, ist also z. B. schon für zwei Quecksilberthermometer von verschiedenem Glas verschieden.

Über den Zusammenhang der Temperatur t_{fl} mit der in irgend einer anderen z. B. der gasthermometrischen Skala festgelegten Temperatur t

läßt sich erst dann etwas aussagen, wenn entweder die Abhängigkeit der Ausdehnung der Flüssigkeit und der des Gefäßes von der Temperatur einzeln oder auch nur die der scheinbaren Ausdehnung der Flüssigkeit in dem Gefäße bekannt ist. Die letztere läßt sich am einfachsten so ermitteln, daß man die Ablesungen t_{fl} an einem in der oben angegebenen Weise geteilten Thermometer unmittelbar vergleicht mit den Angaben eines an die adoptierte Skala angeschlossenen Instrumentes.

Um rechnerisch den Zusammenhang zwischen den Ausdehnungsformeln und den Angaben eines Flüssigkeitsthermometers zu ermitteln, setzen wir für die Änderung des scheinbaren Volumens V_t der Flüssigkeit im Gefäß:

$$V_t = V_0\,(1 + A_t\,t).$$

Setzt man ferner

$$V_t' = V_0'\,(1 + B_t\,t)$$

und

$$V_t'' = V_0''\,(1 + C_t\,t)$$

für die Volumenänderungen der Flüssigkeit und des Gefäßes selbst, so ergibt eine einfache Rechnung die Beziehung:

$$A_t = \frac{C_t - B_t}{1 + B_t \cdot t}, \quad \text{oder sehr nahe} = C_t - B_t.$$

Von den in diesen Formeln vorkommenden Größen

$$A_t = \frac{V_t - V_0}{V_0\,t}, \qquad B_t = \frac{V_t' - V_0'}{V_0'\,t}, \qquad C_t = \frac{V_t'' - V_0''}{V_0''\,t},$$

heißt A_t der scheinbare oder relative (kubische) Ausdehnungskoeffizient der Flüssigkeit in dem Gefäße, B_t und C_t die wahren (kubischen) Ausdehnungskoeffizienten der Flüssigkeit und des Gefäßmaterials. Sie sind selbst Funktionen der Temperatur und werden häufig zur Interpolation in die Form gebracht:

$$A_t = a + b\,t + c\,t^2 + \ldots$$

Da an dem Thermometer das Intervall von 0^0 bis 100^0 in 100 gleiche Teile (Grade) geteilt sein sollte, so ist, wenn L die Länge eines Grades, q der Querschnitt der Capillare ist:

$$100 \cdot L\,q = V_{100} - V_0 = V_0\,A_{100} \cdot 100$$

$$t_{fl} \cdot L\,q = V_t - V_0 = V_0 \cdot A_t \cdot t.$$

Mithin

$$t_{fl} = \frac{A_t}{A_{100}} \cdot t,$$

wobei im allgemeinen t_{fl} von t verschieden ist.

Die Größe $t_{fl} - t$ gibt die Abweichung des Flüssigkeitsthermometers von der adoptierten Temperaturskala z. B. der des Gasthermometers an.

Man erkennt, daß $t_{fl} = t$ ist, wenn $A_t = A_{100}$, also konstant $= A$ ist, wenn also die scheinbare Ausdehnung der Flüssigkeit gegeben ist durch die lineare Beziehung:

$$V_t = V_0\,(1 + A \cdot t)$$

Für die Genauigkeit der Messungen, die mit dem Thermometer angestellt werden können, ist, wenn man von Fehlern des Instrumentes absieht, die Länge L maßgebend, die auf der Teilung des Thermometers einem Temperaturgrad entspricht. Man bezeichnet diese Länge als „Gradlänge“ oder „Empfindlichkeit“ des Thermometers.[1] Für sie ergibt sich aus dem Vorangegangenen:

$$L = \frac{V_0}{q} A_{100}\,.$$

Man erkennt also, daß die Empfindlichkeit um so größer ist, je größer das Gefäßvolumen und je kleiner der Querschnitt der Capillare ist. Der Steigerung der Empfindlichkeit durch Vergrößern des Verhältnisses V_0/q ist eine Grenze gesetzt einerseits durch die leichte Deformierbarkeit allzu großer Thermometergefäße und der thermischen Trägheit der darin befindlichen Flüssigkeitsmasse und andererseits durch die starken und unregelmäßigen Capillarkräfte, denen die Flüssigkeiten in sehr engen Capillaren unterliegen.

Für die Herstellung eines Thermometers, wie auch für viele Rechnungen, ist es von Wichtigkeit, die Größe des Volumens der Capillare zwischen 0 und 100° im Verhältnis zum Gefäßvolumen bis 0° zu kennen. Diese Größe, der mittlere scheinbare Ausdehnungskoeffizient der Flüssigkeit im Glase zwischen 0 und 100°, ergibt sich zu

$$\frac{V_{100} - V_0}{V_0} = A_{100} \cdot 100,$$

wobei für A_{100} folgende Zahlenwerte ausgeführt seien:

Quecksilber in Glas	A_{100}	$\frac{1}{A_{100}}$
Jena 16‴ . .	0,000157	6369
Jena 59‴ . .	164	6100
Jenaer Hartglas	163	6135
verre dur . . .	158	6329
Quarzglas . .	179	5587

Eine anschauliche Bedeutung erhalten diese Zahlen durch folgende Betrachtung: Denkt man sich die Capillare nach unten gleichförmig fortgesetzt, so daß also das Gefäß selbst nur capillare Weite hat (sogen. „Fadenthermometer“, vgl. Nr. 16), so würde das Verhältnis

$$\frac{V_{100} - V_0}{V_0}$$

auch gegeben sein durch das Verhältnis der Länge des Fundamentalintervalls zu Länge des Gefäßes bis 0°, d. h. es würde sein:

$$\frac{l_{100} - l_0}{l_0} = A_{100} \cdot 100$$

oder

$$l_0 = \frac{1}{A_{100}} \cdot \frac{l_{100} - l_0}{100}\,,$$

[1] Wir brauchen hier konsequent „Empfindlichkeit“ nur in dem oben angegebenen Sinne. Über das Folgen des Thermometers bei Temperaturänderungen oder seine „Folgsamkeit“, die leider auch häufig als Empfindlichkeit bezeichnet wird, vgl. Nr. 17.

d. h. es wäre die Länge l_0 des fadenförmigen Gefäßes bis $0^0 = \frac{1}{A_{100}}$ der Länge eines Grades $\left(\frac{l_{100} - l_0}{100}\right)$. So wäre bei Quecksilber in Glas 16''' $l_0 = 6369^0$. Man drückt dies häufig etwas ungenau auch so aus: das Gefäß des Quecksilberthermometers faßt 6369°. Von dieser Betrachtungsweise wird später noch häufig Gebrauch gemacht werden, indem die scheinbare Ausdehnung des Quecksilbers im Glase in der Form

$$l_t = l_0 (1 + A_t \cdot t)$$

angesetzt und unter l_0 die Länge des als fadenförmig gedachten Gefäßes bis $t = 0$ verstanden wird.

3. Das Quecksilberthermometer.

In besonders hohem Grade eignet sich das Quecksilber zur Verwendung als thermometrische Substanz. Es ist verhältnismäßig leicht rein zu erhalten und benetzt die Wände des Thermometerrohres nicht, so daß nicht leicht Teile der Flüssigkeit zurückbleiben und dadurch eine Volumenverminderung vortäuschen. Es hat einen günstig gelegenen Schmelz- und Siedepunkt (— 38,8° und + 357°), wodurch das hauptsächlich gebrauchte Temperaturgebiet ohne weiteres zugänglich ist. Sein Ausdehnungskoeffizient (0,00018) steht freilich hinter dem anderer Flüssigkeiten (z. B. Toluol mit 0,00109) erheblich zurück, indessen wird dieser Mangel durch die übrigen Vorzüge reichlich aufgewogen, so daß das Quecksilberthermometer unter den Flüssigkeitsthermometern den ersten Rang einnimmt und zu den besten Temperaturmessern überhaupt gezählt werden muß.

4. Konstruktion des Quecksilberthermometers.

Quecksilberthermometer, die nur für Temperaturen von — 38° bis etwa + 300° bestimmt sind, haben über dem durch Auskochen möglichst luftfrei gemachten Quecksilber einen luftleeren Raum. Um auch höhere Temperaturen, selbst oberhalb des Siedepunktes des Quecksilbers, messen zu können, bedient man sich des Mittels, den Raum über dem Quecksilber mit einem indifferenten Gas (Stickstoff oder Kohlensäure) unter Druck zu füllen und dadurch den Siedepunkt des Quecksilbers beträchtlich zu erhöhen.[1] Das Glas-Quecksilberthermometer läßt sich so bis an die Erweichungsgrenze des Glases, etwa 500 bis 570°, gebrauchen; Quarz-Quecksilberthermometer werden sogar bis etwa 750° hergestellt.

Es gibt zwei wesentlich verschiedene Formen von Thermometern: Stabthermometer und Einschlußthermometer.

Bei den Stabthermometern ist die an das Gefäß anschließende Capillare so dickwandig (stabförmig), daß ihr äußerer Durchmesser etwa gleich dem des Gefäßes ist. Die Teilung ist unmittelbar auf der Außenseite des Capillarrohres angebracht (s. Fig. 98).

---

[1] Nach Böttcher [D. Mech.-Ztg. (1903) 154] zuerst von Wiebe 1890 und Schott zielbewußt benutzt.

Bei den Einschlußthermometern setzt sich das Gefäß in eine feine Glascapillare fort. Zugleich ist an das obere Ende des Gefäßes ein weiteres Glasrohr, das „Umhüllungsrohr", angeschmolzen, das die Capillare und eine besonders eingefügte Skala umschließt (s. Fig. 100).

Von den beiden Formen ist das Stabthermometer wegen seiner außerordentlichen Einfachheit frei von manchen Fehlern, die dem komplizierteren Einschlußthermometer anhaften. Aus diesem Grunde ist es von Vielen als die allein zulässige Form für Normalthermometer angesehen worden. Zweifellos hat es gegenüber dem Einschlußthermometer große Vorzüge, indessen lassen sich unter Berücksichtigung aller für eine richtige Konstruktion erforderlichen Bedingungen auch Einschlußthermometer herstellen, die Messungen von großer Genauigkeit zulassen.

Für beide Formen kommen folgende allgemeine Gesichtspunkte beider Konstruktion in Betracht[1]:

a) Das Glasmaterial.

Durchaus nicht jedes Glas eignet sich gleich gut zur Herstellung von Thermometern. In erster Linie wird man Gläser, die bei Temperaturwechsel leicht springen und chemisch leicht angegriffen werden, ausscheiden müssen. Weiterhin sind aber auch an die eigentlichen „thermometrischen Eigenschaften" des Glases, d. h. an die Eigenschaften, welche für seine Volumenänderungen im Laufe der Zeit und bei Temperaturschwankungen maßgebend sind, ganz bestimmte Forderungen zu stellen. Eine Reihe sehr umfassender Untersuchungen über die Temperaturangaben genauer Thermometer hatte nämlich Gesetzmäßigkeiten in dem Gange der Volumenänderungen des Glases aufgedeckt, durch deren Erkenntnis das Quecksilberthermometer erst zu dem Präzisionsinstrument wurde, das es heute ist. Unter diesen Volumenänderungen spielt eine besondere Rolle die durch eine Nachwirkungserscheinung hervorgerufene Eispunktsdepression nach dem Erhitzen auf höhere Temperaturen. Obwohl kein Glas von dieser Nachwirkung ganz frei ist, muß doch von einem guten Thermometerglas gefordert werden, daß es möglichst nachwirkungsfrei ist. In dieser Hinsicht überragen gewisse Jenaer Gläser, mit der Bezeichnung 16''' und 59''' alle übrigen.[2] Von einigen wird es ferner als ein Vorzug empfunden, wenn die Skala des Quecksilberthermometers sich recht genau mit der des Gasthermometers deckt. Dies ist z. B. der Fall bei dem englischen „Kew glass" in dem Gebiete zwischen 0° und 100°. Für höhere Temperaturen kommt noch die Erweichungsgrenze in Betracht. Da

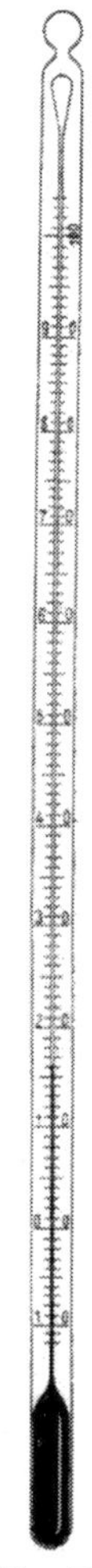

Fig. 98. Stabthermometer.

[1] Vgl.: Prüfungsbest. d. Phys.-Techn. Reichsanstalt Teil W. 1, Thermometer. Zentralbl. f. d. Deutsche Reich **37**, Nr. 18 (30. April 1909).

[2] Die ''' hinter der Nummer wird von dem Jenaer Werk zur Kennzeichnung der Thermometergläser gebraucht.

Thermometer aus Jenaer Glas 16''' nur bis etwa 420° und solche aus 59''' bis etwa 510° gebraucht werden können, ist es von Wichtigkeit, in dem Jenaer Verbrennungsröhrenglas ein Glas zu besitzen, das bis etwa 575° gebraucht werden kann. Thermometer aus Quarzglas sind hinsichtlich ihrer thermometrischen Eigenschaften hervorragend und lassen sich bis 750° gebrauchen; leider steht dem der große Nachteil gegenüber, daß sie bis jetzt, insbesondere was das Kaliber der Capillare betrifft, nicht so vollkommen hergestellt werden können wie Thermometer aus Glas.

b) Form des inneren Raumes.

Das Gefäß soll nicht zu dünnwandig und von solcher Gestalt sein, daß es nicht zu leicht bei Druckänderungen elastisch deformiert wird. Am besten sind kugelförmige und zylindrische Gefäße. Die letzteren haben vor den kugelförmigen den Vorzug, daß sie eine größere Oberfläche haben, also Temperaturänderungen schneller folgen. Nach Regnault[1] werden sie aus passenden, nicht zu dünnwandigen Rohrstücken besonders hergestellt und an das Capillarrohr angesetzt, also nicht aus dem Capillarrohr geblasen, damit sie möglichst gleichmäßige Wandungen erhalten und damit das Glas nicht zu starken Erhitzungen ausgesetzt wird.

Der Übergang vom Gefäß zur Capillare, der sogenannte „Hals" soll möglichst gleichmäßig sein, damit die Entfernung von Luftbläschen, die dort zurückbleiben, keine Schwierigkeiten bietet.

Die Capillare soll überall, wo Teilung angebracht ist, einen möglichst gleichmäßigen, am besten kreisförmigen Querschnitt haben.

Das obere Ende der Capillare soll bei evakuierten Thermometern im allgemeinen birnenförmig erweitert sein; keinesfalls darf die Capillare in ganz feine Spalten auslaufen, da sich darin leicht Quecksilbertröpfchen verfangen, die nur schwer zu entfernen sind. Der Raum der oberen Erweiterung soll hinreichend groß sein, damit bei einer über die Grenzen der Skala hinausgehenden Erwärmung der Gefahr des Zerspringens vorgebeugt wird.

Bei hochgradigen Thermometern, die über dem Quecksilber ein indifferentes Gas unter Druck enthalten sollen, ist der Verschluß nicht ohne weiteres in derselben Weise herzustellen, wie bei evakuierten. Wollte man versuchen das Thermometer von dem Apparat, mit dem das Gas unter Druck hineingepreßt wird, durch Abschmelzen zu entfernen, so würde das eingeschlossene Gas das erweichte Glas auftreiben, ohne daß ein Zuschmelzen einträte. Der Kunstgriff, durch den zuerst auf eine Anregung von Schott hin W. Niehls[2] diese Schwierigkeit überwandt, besteht darin, daß zunächst, noch während das Thermometer an dem Druckapparat angeschlossen ist, ein provisorischer Verschluß herbeigeführt wird, indem man in einem capillaren Ansatzrohr jenseits der oberen Erweiterung ein Stückchen Schellack oder eine leichtschmelzenden Legierung schmelzen

[1] V. Regnault, Relations I, 205; J. J. Pierre, Ann. chim. et phys. [3] 5, 427 (1842).
[2] W. Niehls, D. Mech.-Ztg. (1903), 205—206.

und wieder erstarren läßt. Dann läßt sich das Thermometer vom Druckapparat entfernen, ohne daß das eingeschlossene Gas entweicht, und ohne Schwierigkeit zuschmelzen. Derartig hergestellte Verschlüsse zeigt Fig. 99, I und II. Man erkennt das Ende der Thermometercapillare, die obere Erweiterung und das capillare Stück, mit dem provisorischen, im Thermometer verbleibenden Verschluß. Da die Gefahr besteht, daß von dem zum Verschließen gebrauchten Material Partikelchen losspringen und in die Thermometercapillare gelangen, ist in der Erweiterung eine Falle angebracht worden, die zwar dem Gas beim Füllen den Durchtritt gestattet, ein Herabfallen von Partikelchen jedoch ausschließt. Neuerdings ist es auch gelungen, Thermometer unter Druck ohne einen provisorischen Verschluß zuzuschmelzen. Dies geschieht nach JAHN[1] so, daß der obere Teil des Thermometers während des mit Hilfe eines elektrischen Heizapparates erfolgenden Abschmelzens von außen unter denselben Druck gesetzt wird wie von innen. Fig. 99, III zeigt das Ende eines auf diese Weise verschlossenen Thermometers.

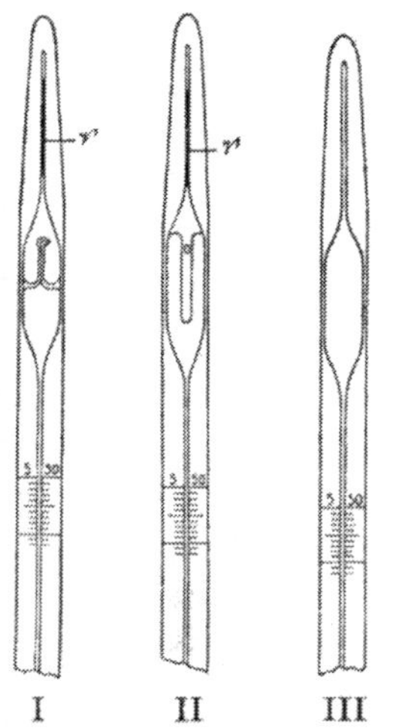

Fig. 99. Verschluß von hochgradigen, unter Druck gefüllten Thermometern.
I und II Herstellung nach dem SCHOTTschen Kunstgriff: Schaffung eines provisorischen Verschlusses V und nachträgliches Zuschmelzen vor der Lampe.
III Herstellung nach dem JAHNschen Patent: Unmittelbares Zuschmelzen auf elektrischem Wege.

c) Die Skala.

Ein großer Vorzug des Stabthermometers ist, daß die Skala unverrückbar gegen Gefäß und Capillare festgelegt ist. Bei Einschlußthermometern, bei denen eine eigene Skala innerhalb des Umhüllungsrohres angebracht ist, müssen besondere Vorkehrungen getroffen werden, um ein Verschieben dieser Skala zu verhindern. Das häufig vorgenommene Einkitten in das obere Ende des Umhüllungsrohres kann nicht als hinreichend zuverlässig angesehen werden, dagegen erfüllen die in Figg. 100, I und II wiedergegebenen Konstruktionen die Forderung der Unverrückbarkeit recht vollkommen. Bei dem Instrument in I ist die Skala an einem im oberen Teile des Umhüllungsrohres zentrisch angebrachten Glasstäbchen angeschmolzen und ragt frei bis an das untere Ende der Capillare. Diese RICHTERsche Skalenbefestigung ist besonders für kürzere Thermometer geeignet. Bei ihr ist darauf zu achten, daß das Skalenende nicht unten an der Verengerung des Umhüllungsrohres aufsitzt, da sonst leicht bei schroffem Temperaturwechsel ein Absprengen des Rohres eintreten kann. II zeigt die FUESsche Skalenbefestigung:[2] hier steht die lose Skala auf einem Becher am unteren Ende der Capillare

[1] W. JAHN, D. R.-P. 250529 (1912).
[2] Vgl. LOEWENHERZ, Z. Instr. 1, 95 (1881).

auf und wird durch eine Feder, die sich am oberen Ende des Umhüllungsrohres befindet, gegen den unteren Becher gedrückt. Bei mangelhafter Ausführung dieser Befestigungsart ist mitunter die Feder zu weich, so daß sie ihren Zweck nicht erfüllt. Man lege deshalb durch einen feinen Strich auf dem Umhüllungsrohr die Lage eines Teilstriches der Skala fest und beobachte, ob eine Verschiebung der Skala gegen diesen Strich in verschiedenen Lagen des Thermometers eintritt. Ein Unterschied der beiden Befestigungsarten liegt darin, daß die Stelle, von der aus die Skala sich frei ausdehnen kann, bei der einen am oberen, bei der anderen am unteren Ende der Capillaren liegt.[1]

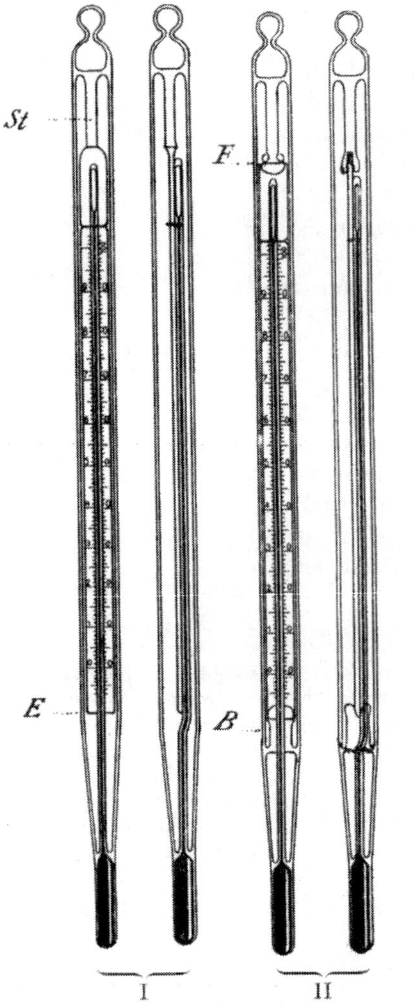

Fig. 100. Einschlußthermometer.
Zwei Typen von Skalenbefestigungen:
I nach Richter: *St* Stäbchen, an welchen die Skala angeschmolzen ist; *E* das untere freie Ende der Skala,
II nach Fuess: *F* Feder, welche die freie Skala gegen den Glasbecher *G* drückt.

Als Material für die Skalen findet man außer Papier, das nur für Temperaturen bis 100° in Betracht kommt[2], auch Metall. Neuerdings werden jedoch überall besondere milchglasartige Skalengläser benutzt, deren Ausdehnung in einigen Fällen genau bestimmt wurde.[3] Am vorteilhaftesten wäre es, für die Skala eine Substanz zu verwenden welche genau die gleiche Ausdehnung hat, wie das für das Thermometer gebrauchte Glas. Der größeren Deutlichkeit bei der Ablesung halber werden jedoch matt weiße Skalengläser vorgezogen, deren Ausdehnungskoeffizient nicht immer mit dem der Thermometergläser übereinstimmt. Bei Quarzglasthermometern sind die anfänglich verwendeten Nickelstahl- und Aluminiumskalen jetzt meist durch solche aus Quarz ersetzt worden, deren Ausdehnungskoeffizient dem des Thermometermaterials jedenfalls sehr nahe kommt.

Bei Stabthermometern findet man häufig die Capillare mit einem weißen Emaillestreifen hinterlegt. Dem

[1] Andere Formen s. z. B. A. Haak, D. Mechan. 7, 215 (1899).
[2] Fr. Grützmacher, D. Mech.-Z. (1902) 84—85.
[3] H. F. Wiebe u. G. Moeller, Z. Instr. 28, 137—139 (1908).

Vorteil einer leichteren Ablesung des Fadens steht hier gegenüber, daß wegen des verschiedenen Ausdehnungskoeffizienten der beiden verschiedenen Glassorten leicht ein Springen eintritt, und daß zu der Ablesung eine „Skalenkorrektion" hinzutreten kann, die zwar gering ist, aber für Normalthermometer in Betracht kommt.

Ist der Emaillestreifen auch über das Gefäß hin fortgeführt, so wird dadurch dessen Erweichungstemperatur herabgesetzt und damit die obere Gebrauchsgrenze des Thermometers eingeschränkt (vgl. Nr. 14).

d) Teilung und Ablesung.

Zur richtigen Ablesung eines Thermometers ist erforderlich:

1. daß das Auge senkrecht zur Thermometerachse über dem Ende des Quecksilberfadens gehalten wird, damit der parallaktische Fehler vermieden wird;

2. daß die Lage der Quecksilberkuppe gegen die Teilstriche richtig geschätzt wird.

Unter parallaktischem Fehler versteht man den Fehler, der dadurch zustande kommt, daß sich bei einer Verschiebung des Auges die Quecksilberkuppe gegen die nicht ganz in derselben Ebene liegende Skala zu verschieben scheint. Übereinstimmende Ablesungen können nur dann erhalten werden, wenn die Sehrichtung stets gleich, am besten senkrecht gegen Capillare und Skala ist. Zunächst leuchtet ein, daß der parallaktische Fehler um so kleiner ist, je näher die Skala an der Capillaren liegt (s. Fig. 101). In dieser Beziehung lassen sich bei Einschlußthermometern viel günstigere Verhältnisse erzielen als bei Stabthermometern, ein Umstand, der ihre Verwendung als Gebrauchsinstrument im Laboratorium und in der Technik sehr empfiehlt. Immerhin sollte man sich bei genaueren Ablesungen auch bei ihnen überzeugen, ob die Blickrichtung nahezu senkrecht ist. Man erreicht das am besten dadurch, daß man einen Streifen Spiegelglas der Rückseite des Thermometerrohres andrückt und so visiert, daß man das Spiegelbild des Auges an der Stelle der Quecksilberkuppe erblickt. Auch kann eine geeignet angebrachte Lupe oder noch besser ein Fernrohr gute Dienste leisten. Bei Stabthermometern muß man bei einigermaßen dicken Stielen immer genau auf die Lage des Auges achten. Am sichersten geht man, wenn man von den Spiegelbildchen der Teilstriche in dem Quecksilberfaden das der Kuppe am nächsten gelegene mit dem zugehörigen Teilstriche selbst zur Deckung bringt. Irrungen um einen ganzen Teilstrich können bei zu engen Teilungen vorkommen und müssen durch ungefähre Orientierung vermieden werden. Eine große

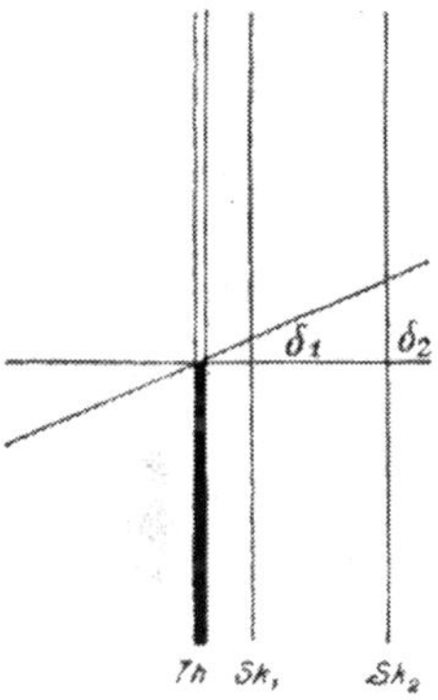

Fig. 101. Darstellung des parallaktischen Fehlers bei der Thermometerablesung. Der parallaktische Fehler δ_2 ist größer als δ_1 entsprechend der größeren Entfernung der Skala Sk_2 als Sk_1 von der Thermometercapillare *Th*.

Hilfe leistet dabei die Beobachtung der Krümmung der auf dem runden Rohr angebrachten Teilstriche, wobei die häufig angewendete Teilungsmethode, nach der die größeren Teilstriche ganz um das Rohr gezogen sind, recht brauchbar ist. Bei Präzisionsbeobachtungen wird empfohlen, das durchsichtige Stabthermometer von vorn und von hinten abzulesen und aus den Ablesungen das Mittel zu nehmen.

Für die richtige Schätzung der Lage der Quecksilberkuppe gegen die Teilung ist es von Wichtigkeit, daß die Entfernung der Teilstriche voneinander weder zu groß noch zu klein ist. Im allgemeinen soll sie nicht über etwa 3—4 mm betragen und nicht unter etwa 0,5 mm, jedenfalls nicht unter $^1/_{10}$ der Strichdicke.

Wichtig ist auch, besonders für Stabthermometer, daß die Farbe der Striche gegenüber der Einwirkung höherer Temperaturen oder der Badflüssigkeiten einigermaßen haltbar ist. Gut haltbare Teilungen werden dadurch erhalten, daß die Teilstriche mit Emaillefarben eingerieben und nachträglich eingebrannt werden. Für Laboratoriumszwecke kann es recht praktisch sein, wenn man das ganze (Stab-)Thermometer in ein nur wenig weiteres Glasrohr einschließt, wobei man zweckmäßig unter das Thermometergefäß etwas Asbestwolle unterlegt. Das äußere Rohr wird man im übrigen, um die Trägheit des Thermometers nicht allzu sehr zu erhöhen, ziemlich dünnwandig wählen (sog. „Stab-Einschlußthermometer").[1]

Zur Erleichterung der Ablesungen wird häufig der Faden dadurch verbreitert, daß dem Querschnitt der Capillaren eine ovale oder noch stärker abgeflachte Form gegeben wird. Eine scheinbare Verbreiterung wird auch vielfach, besonders bei ärztlichen und Fabrikthermometern dadurch herbeigeführt, daß der äußere Querschnitt des Thermometerrohres eine Form erhält, bei der die vordere Fläche nach Art einer Zylinderlinse das Bild des Fadens senkrecht zu seiner Länge vergrößert. Die für diesen Zweck richtige Form ist von MEISSNER[2] berechnet worden.

e) Die Füllung des Thermometers.

Das Quecksilber im Thermometer soll rein und trocken sein. Feuchtigkeitsspuren im Quecksilber, die sich meist durch einen grauen oder gelblichen Beschlag in der Nähe der Zimmertemperatur bemerklich machen, rufen in hohen Temperaturen durch plötzliche Ausdehnung ein unregelmäßiges Ansteigen des Quecksilberfadens hervor. Abhilfe kann nur durch Neufüllung geschaffen werden. Dagegen kommt es öfter vor, daß mikroskopische Luftbläschen an der Glaswandung unter dem Quecksilber zurückbleiben und ein Abreißen des Fadens bewirken. Diese lassen sich ohne Schwierigkeit in den Raum über dem Quecksilber schaffen, indem man das Thermometer so weit abkühlt, daß die Kuppe bis unter die Stelle zu stehen kommt, wo das Quecksilber abriß, und dann langsam erwärmt.

---

[1] Vgl. z. B. H. F. WIEBE, D. Mech.-Ztg. (1911) 79.
[2] W. MEISSNER, Z. Instr. 32, 371—376 (1912).

5. Das fundamental bestimmbare Thermometer.

Als fundamental bestimmbar bezeichnet man ein Thermometer, wenn es den Ausdruck

$$t_q = \frac{V_t - V_0}{V_{100} - V_0} \cdot 100,$$

der die quecksilberthermometrische Skala definiert, vollständig zu berechnen gestattet. Es muß also eine Bestimmung der beiden Fundamentalpunkte 0° und 100° erlauben und so ausgemessen sein, daß an jeder Stelle der Skala das Verhältnis des Volumens $V_t - V_0$ zu $V_{100} - V_0$ angegeben werden kann, d. h. es muß vollständig kalibrierbar sein.

6. Die Ermittelung der Fundamentalpunkte.

Der Eispunkt. Die Temperatur des reinen schmelzenden Eises wird am sichersten erzielt, indem man reines Eis, am besten aus destilliertem Wasser, oder käufliches salzfreies, zerkleinertes und mit destilliertem Wasser übergossenes Eis in einem Gefäß so aufschichtet, daß die zwischen den Eisstücken befindlichen Hohlräume gerade mit destilliertem Wasser ausgefüllt sind.

Das Quecksilberthermometer wird in dieses Eis-Wassergemisch so eingesetzt, daß es bis etwas oberhalb der Quecksilberkuppe eintaucht. Dabei ist darauf zu achten, daß das Eis nicht gegen das Gefäß drückt.

Man verfährt am besten so, daß man das Thermometer, nachdem es längere Zeit im Eis verweilt hat, kurz vor der Ablesung in ein mit einem Stab in das Eis gestoßenes Loch umsetzt. Zur Ablesung zieht man das Thermometer nicht aus dem Eise heraus, da sonst warme Luft nachströmen würde, sondern befreit den oberen Teil so weit von dem aufgehäuften Eise, daß die Kuppe frei wird. Empfehlenswert ist es, um eine gute Kuppenbildung des Quecksilbers zu erzielen, wie bei allen Messungen, so auch bei der Bestimmung des Eispunktes bei steigender Temperatur zu beobachten. Man erzielt das z. B. dadurch, daß man das Thermometer vorm Einsetzen in das Eis durch Einsenken in kaltes Quecksilber auf etwas unter 0° abkühlt.[1]

Der Siedepunkt. Der 100°-Punkt unserer Skala ist als der normale Siedepunkt definiert, d. h. als die Temperatur, die im gesättigten Dampf über reinem, unter normalem Druck siedendem Wasser herrscht. Seine unmittelbare Verwirklichung stößt auf die Schwierigkeit, daß man nicht bei dem normalen Druck selbst beobachten kann. Man läßt deshalb bei dem jeweils herrschenden Atmosphärendruck sieden und bringt auf Grund der bekannten Abhängigkeit des Siedepunktes vom Druck eine Korrektion an dem beobachteten Wert an, der ihn auf den normalen Druck reduziert (vgl. VIII).

Über den Siedeapparat s. VIII. Das Thermometer befindet sich in dem Dampfe des siedenden Wassers. Für sehr genaue Messungen

[1] GRÜTZMACHER a. a. O. 252 (1900).

wird von PERNET[1] u. a. empfohlen, das Thermometer seiner ganzen Länge nach auf die Temperatur des siedenden Wassers zu bringen. Zu dem Zwecke ist der obere Teil des Thermometers der aus dem eigentlichen Siedegefäß herausragen würde, noch von einer Glasglocke umschlossen, die ebenfalls von den Dämpfen durchspült wird, und durch deren Wände hindurch die Ablesung erfolgt. Für gewöhnlich läßt man einen Teil des Thermometerrohres herausragen. Man kann dann entweder so verfahren, daß man das Thermometer bis über die Quecksilberkuppe in den Dampf eintauchen läßt und es zur Ablesung für einen Augenblick herauszieht, oder daß man einen Teil des Quecksilberfadens herausragen läßt, und für die von der zu messenden Temperatur abweichenden Temperatur des herausragenden Fadens eine Korrektion anbringt. Da bei dem ersteren Verfahren in luftfreien Thermometern eine mit der Dauer des Siedens wachsende Menge Quecksilber in den kälteren Teil der Capillare abdestilliert, ist hier der Vorteil des ganz eintauchenden Fadens illusorisch.[2]

7. Bestimmung des Gradwertes.

Bei den hier gegebenen Vorschriften über die Bestimmung der Fundamentalpunkte ist zunächst auf eine durch die Eigenschaften des Thermometers selbst bedingte Veränderlichkeit seiner Angaben keine Rücksicht genommen worden. Von dieser Veränderlichkeit wird im folgenden (Nr. 9) ausführlich zu sprechen sein. Nimmt man fürs erste an, daß eine einwandfreie Bestimmung der Fundamentalpunkte erreicht sei, daß also auf der Skala des Thermometers bei der Temperatur

$t_e = 0^0$ die Lage des Eispunktes zu e
$t_s = 100 + \delta t_s^0$ „ „ „ Siedepunktes zu s

bestimmt sei, so läßt sich hieraus der „Gradwert“ des Thermometers und die an den Ablesungen anzubringenden „Gradwertskorrektion“ berechnen.

Definiert man als wahren Gradwert γ den Wert eines nominellen Grades auf der Teilung in wahren Temperaturen, so ist dieser Wert infolge der ungleichmäßigen Ausdehnung des Quecksilbers im Glase von Grad zu Grad verschieden. Man muß also angeben, für welche Temperatur er gelten soll. Bestimmt man ihn wie gewöhnlich, um eine größere Genauigkeit zu erzielen, aus einem größeren Temperaturintervall, so erhält man für dieses Intervall einen Mittelwert. Wir definieren deshalb:

1. Wahrer mittlerer Gradwert γ_a^b ist der mittlere Wert eines nominellen Grades der Teilung zwischen den Temperaturen t_a und t_b in wahren Temperaturen.

Gehören also zu den Temperaturen t_a und t_b die Ablesungen p_a und p_b an der als gleichmäßig vorausgesetzten Teilung, so ist:

$$\gamma_a^b = \frac{t_b - t_a}{p_b - p_a} .$$

---

[1] Trav. et Mem. Bur. Intern. 1, B. 14f. (1881).
[2] P. SAMEL, Z. Instr. 31, 127—129 (1911).

Setzt man nun die scheinbare Ausdehnung des Quecksilbers an zu

$$l_t = l_0 (1 + A_t \cdot t),$$

so folgt, da

$$p_b - p_a = l_b - l_a = l_0 \cdot (A_b t_b - A_a t_a)$$

ist:

$$\gamma_a^b = \frac{1}{l_0} \frac{t_b - t_a}{A_b t_b - A_a t_a}.$$

Im besonderen wird für den wahren Gradwert zwischen t und $t + 1$:

$$\gamma_t^{t+1} = \frac{1}{l_0} \frac{1}{A_{t+1}(t + 1) - A_t \cdot t}$$

und für den wahren mittleren Gradwert zwischen 0 und 100°:

$$\gamma_0^{100} = \frac{1}{l_0 \cdot A_{100}}.$$

Viel einfachere Verhältnisse ergeben sich, wenn man statt der wahren Temperaturen t die Quecksilbertemperaturen tq zugrunde legt. Auf Grund der Beziehung

$$tq = \frac{V_t - V_0}{V_{100} - V_0} \cdot 100 = \frac{l_t - l_0}{l_{100} - l_0} \cdot 100 = \frac{A_t}{A_{100}} t$$

läßt sich definieren:

2. Gradwert für Quecksilbertemperaturen γ_q ist der Wert eines nominellen Grades in Quecksilbertemperaturen tq.

Es ist also in analoger Bezeichnung:

$$\gamma_q = \frac{tq_b - tq_a}{p_b - p_a}.$$

Der so definierte Gradwert hat den großen Vorzug, bei gleichmäßiger Teilung der Skala unabhängig von der Wahl der Temperaturen t_a und t_b zu sein. Es ergibt sich nämlich:

$$\gamma_q = \frac{1}{l_0 A_{100}} \cdot \frac{A_b t_b - A_a t_a}{A_b t_b - A_a t_a} = \frac{1}{l_0 A_{100}},$$

und da bei den beiden Temperaturen

$$t_a = 0^0 \quad \text{und} \quad t_b = 100^0$$

und nur bei diesen t und tq übereinstimmen, so folgt zugleich

$$\gamma_q = \gamma_0^{100} = \frac{1}{l_0 A_{100}},$$

d. h. der Gradwert für Quecksilbertemperaturen γ_q ist unabhängig von der Temperatur und gleich dem wahren mittleren Gradwert γ_0^{100} für das Fundamentalintervall.

Zur Rechnung mit diesen Größen stellen wir noch die Beziehung auf:

$$\gamma_a^b = \gamma_q \cdot \frac{t_b - t_a}{tq_b - tq_a},$$

und da man gewöhnlich (vgl. Nr. 9) die Werte tq in der Form darstellt, daß man die Abweichungen δq der Quecksilberthermometer von der adoptierten Skala angibt, so daß

$$tq = t + \delta q,$$

wobei

$$\delta q = t \cdot \left(\frac{A_t}{A_{100}} - 1 \right)$$

ist, so folgt:

$$\gamma_a^b = \gamma_q \cdot \frac{t_b - t_a}{(t_b - t_a) + (\delta q_b - \delta q_a)},$$

wofür man häufig, so lange die Werte δq klein gegen die Temperaturen selbst bleiben, angenähert setzen kann:

$$\gamma_a^b = \gamma_q \cdot \left(1 - \frac{\delta q_b - \delta q_a}{t_b - t_a} \right).$$

Im allgemeinen wird man den Gradwert, wo es angängig ist, aus Beobachtungen bei den Fundamentalpunkten 0^0 und dem jeweiligen, durch den Barometerstand gegebenen Wassersiedepunkt t_s ermitteln. Man erhält dann:

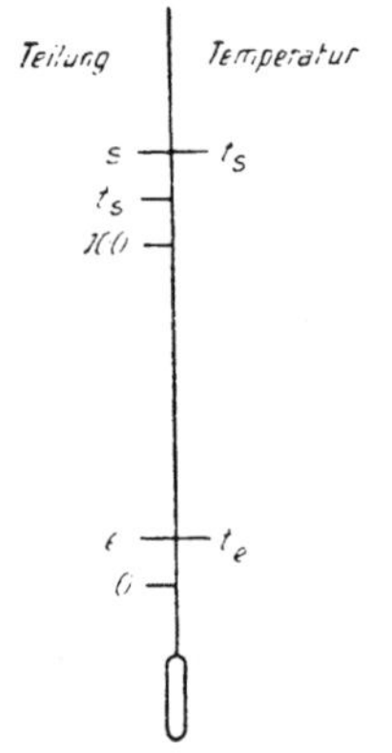

Fig. 102. Lage der Punkte bei der Bestimmung des Gradwertes aus dem Fundamentalintervall.

$$t_a = 0 \qquad p_a = e$$
$$t_b = t_s \qquad p_b = s$$

und es wird:

$$\gamma_0^{100} = \gamma_q = \frac{tq_s}{s - e},$$

worin

$$tq_s = t_s + \delta q_s$$

und δq_s die Abweichung des Quecksilberthermometers von der adoptierten Skala bei t_s bedeutet.

Der so ermittelte Gradwert geht in alle Messungen mit dem Thermometer ein und zwar in folgender Weise: Ist τ eine abgelesene Temperatur, so ist

$$t = tq - \delta q$$

und

$$tq = (\tau - e) \cdot \gamma_0^{100} = (\tau - e) + (\tau - e)\,\varepsilon$$

wenn man γ, das sehr nahe $= 1$ ist, $= 1 + \varepsilon$ setzt. Somit wird

$$t = (\tau - e) + (\tau - e) \cdot \varepsilon - \delta q.$$

Hierin bezeichnet man $(\tau - e) \cdot \varepsilon$ als „Gradwertskorrektion" und $-\delta q$ als Korrektion wegen der Abweichung von der adoptierten Skala.

Zahlenbeispiel: Bestimmung des Gradwertes eines Thermometers aus Glas 16‴ aus Beobachtungen bei den Fundamentalpunkten. Es sei:

$$t_e = 0^0 \qquad\qquad e = -\ 0{,}230^0$$
$$t_s = 98{,}690 \qquad\qquad s = 99{,}800$$
$$\delta q_s = +\ 0{,}004 \qquad\qquad s - e = 100{,}030^0.$$
$$tq_s = 98{,}694^0$$

Mithin wird der Gradwert:

$$\gamma_q = \gamma_0^{100} = \frac{98,694}{100,030} = 0,98664$$
$$= 1 - 0,01336$$

also $$\varepsilon = \quad - 0,01336$$

Welche Temperatur entspricht der Ablesung $\tau = 50$?

Es ist

die Quecksilbertemperatur: $t q = (\tau - e) + (\tau - e)\varepsilon$
$$= 50,230$$
$$- \quad 0,671$$
$$= 49,559^0$$

und die wahre Temperatur: $t = t q - \delta q$
$$= 49,559$$
$$- \quad 0,116 \text{ (nach Nr. 9, Tab. I)}$$
$$= 49,443^0$$

8. Die Kalibration.[1]

Bei einem Thermometer, dessen Capillare überall gleichen Querschnitt, gleiches „Kaliber" hat, würden gleichen Längen l gleiche Volumen V des Capillarenhohlraumes entsprechen. Man wird also unmittelbar setzen können:

$$t q = \frac{V_t - V_0}{V_{100} - V_0} \cdot 100 = \frac{l_t - l_0}{l_{100} - l_0} \cdot 100,$$

d. h. die Temperatur durch die Längen der als gleichmäßig vorausgesetzten Teilung messen können. In Wirklichkeit gibt es keine Capillare, die absolut gleichmäßigen Querschnitt hat, und es erwächst deshalb die Aufgabe aus den Kaliberfehlern der Capillare, die an den Ablesungen des Thermometers anzubringende Korrektion zu ermitteln. Das Verfahren der Kalibration des Rohres besteht in der Ausmessung der Länge von Quecksilberfäden, die man in der Capillare verschiebt.

Die Abtrennung der Quecksilberfäden.[2] Bei luftfreien Thermometern läßt sich meist ohne Schwierigkeiten ein Faden dadurch abtrennen, daß man das Instrument umkehrt und einen leisen Stoß gegen das Ende hin ausführt. Das Quecksilber löst sich dann entweder in der Capillare oder im Gefäß von der Wandung los. Als Ursache für das Loslösen muß ein mikroskopisches Luftbläschen angesehen werden, das an der Wandung haftet. Denn, läßt man das Quecksilber wieder zusammenlaufen, so reißt es zum zweiten Male regelmäßig an der Stelle der Wandung ab, wo die sich verkleinernde Blase verschwand. Diese Erscheinung wird dazu benutzt, um dem Faden die gewünschte Länge zu geben. Man bringt die Blase an eine geeignete Stelle, z. B. in den Hals des Thermometers, läßt

[1] C. E. GUILLAUME, Traité S. 43—99, Paris 1889; WINKELMANN, Handbuch d. Phys. 3, 15—21 (1906); KOHLRAUSCH, Lehrb. d. prakt. Phys. XI, 1910, 151—156 u. a.
[2] M. THIESEN, Z. Instr. 2, 105 (1882).

das Quecksilber sich vereinen, und läßt es dann z. B. durch Abkühlen des Gefäßes an der Vereinigungsstelle vorbeiziehen; im geeigneten Augenblick kehrt man um und klopft. Bei sehr engen Capillaren und kurzen Fäden kann man mit leisem Erwärmen der Abreißstelle nachhelfen. Für gute Instrumente ist dies jedoch bedenklich, da Kaliberänderungen dadurch nicht ausgeschlossen sind.[1]

Beobachtung. Hat man den Faden von gewünschter Länge abgetrennt, so wird das Thermometer auf eine geeignete Unterlage horizontal gelegt und, nachdem man den Faden durch leichtes Neigen des Thermometers verschoben hat, die Lagen seiner Enden auf der Skala bestimmt. Einen für diese Operation zweckmäßigen Kalibrierapparat mit Ablesevorrichtung hat PERNET angegeben.[2]

Eine gefährliche Fehlerquelle bei der Ausführung der Kalibration ist die Änderung der Temperatur im Laufe der Beobachtung. F. E. NEUMANN

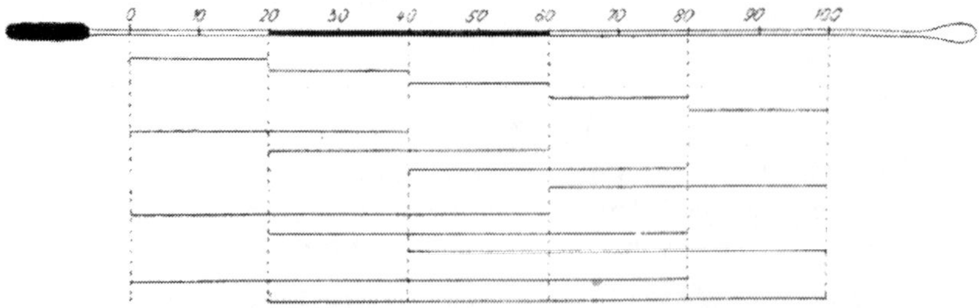

Fig. 103. Schema für eine Kalibration des Fundamentalintervalls.
In der Capillare ist die Lage eines Fadens von 40° Länge zwischen 20 und 60° angedeutet. Die horizontalen Striche unterhalb der Capillaren bedeuten die Lagen der Fäden von 20, 40, 60 und 80° Länge.

empfiehlt deshalb, die Verschiebung des Fadens erst in einer Richtung und dann in entgegengesetzter vorzunehmen. Besser wird man bei einem größeren Anspruch an die Genauigkeit die Temperaturänderung nach FR. GRÜTZMACHER dadurch ausschließen, daß man das Thermometer mit einem zylindrischen Wassermantel umschließt.[3]

Berechnung. Es gibt eine ganze Reihe verschiedener Kalibrationsmethoden, die zum Teil recht komplizierte Rechnungen erfordern. Hier sei nur die Methode von NEUMANN-THIESEN kurz an einem Beispiel dargelegt.[4] Die ursprünglich von NEUMANN angegebene Methode beruht darauf, daß man die Länge der Fäden so wählt, daß sie nahezu ganze Vielfache der Strecken sind, um die sie verschoben werden, also z. B. 20, 40 usw. Teilstriche, wenn die Verschiebung um 10 Teilstriche erfolgt. THIESEN zeigte, daß die Beobachtungen noch besser ausgenutzt werden können, wenn man möglichst alle Verschiebungen verwendet, die sich

[1] FR. GRÜTZMACHER, Wiss. Abh. d. Phys.-Techn. Reichsanstalt **3**, 246 (1900).
[2] WINKELMANN, Handbuch, a. a. O. S. 16 (Abb.).
[3] FR. GRÜTZMACHER, a. a. O. S. 245 (Abb.).
[4] M. THIESEN, Carls Rep. **15**, 285—299 (1879). Das angeführte Beispiel S. 289.

ausführen lassen. Ein von THIESEN angeführtes Beispiel für die Methode geben wir hier (abgekürzt) wieder:

Ein Thermometer soll von 0—100° kalibriert werden. Dazu werden folgenden Fäden gewählt und entsprechend verschoben:

Fadenlänge etwa:	Lagen etwa:				
20°	0—20°	20—40°	40—60°	60—80°	80—100°
40	0—40	20—60	40—80	60—100	
60	0—60	20—80	40—100		
80	0—80	20—100			

entsprechend obiger Figur (103):

An den so benutzten Stellen werden die Lagen a und b der Enden festgelegt und durch Differenzbildung der Überschuß δ_n der gemessenen Fadenlänge über den nominellen Betrag berechnet. So sei z. B. bei dem Faden von 60°:

Ablesung a	Ablesung b	$\delta_n = b_n - a_n - 60$	(in 0,01°)	$\delta_n - \delta_{n-1}$
+ 0,45°	+ 59,55°	− 90	Mittel: − 91	
+ 20,10	+ 80,17	+ 7	+ 8	**+ 99**
+ 40,48	+ 101,28	+ 80	+ 80	**+ 72**
+ 40,41	+ 101,22	+ 81		
+ 20,03	+ 80,12	+ 9		
+ 0,72	+ 59,80	− 92		

Sodann bildet man die Differenzen je zweier aufeinander folgender δ, also $\delta_n - \delta_{n-1}$, und bringt alle diese Differenzen in der Weise in einer Tafel unter, daß jede zweimal an symmetrischer Stelle mit entgegengesetztem Vorzeichen auftritt:

	2	4	6	8	10
2	0	− 55	− 87	**− 99**	− 114
4	+ 55	0	− 26	− 49	**− 72**
6	+ 87	+ 26	0	− 40	− 35
8	**+ 99**	+ 49	+ 40	0	− 20
10	+ 114	**+ 72**	+ 35	+ 20	− 0
$\sum$	+ 355	+ 92	− 38	− 168	− 241
Mittel	+ 71,0	+ 18,4	− 7,6	− 33,6	− 48,2
Δ	+ 71	+ 89	+ 82	+ 48	0

Dann bilde man die Mittel aller in einer Vertikalkolonne stehenden Zahlen und addiere die so gewonnenen Zahlen von links nach rechts auf. Man erhält so in der letzten Zeile die gesuchten Kaliberkorrektionen Δ, d. h. die durch die Kalibration zu bestimmenden Fehler der gewählten Hauptpunkte (hier: 20, 40, 60, 80, 100). Diese Δ haben die Bedeutung, daß die Hauptpunkte, wenn die Skala so geteilt wäre, daß gleichen Ablesungsdifferenzen gleiche Rohrvolumen entsprächen, die Bezeichnung trügen: $0 + \Delta_0$, $20 + \Delta_{20}$ usw. $100 + \Delta_{100}$.

Die in vorstehendem Beispiel gegebene Kalibration ergab also folgende Korrektionen:

Ablesung:	Korrektion:
0°	0,00°
20	+ 0,71
40	+ 0,89
60	+ 0,82
80	+ 0,48
100	0,00

Die Endpunkte müssen identisch die Korrektionen 0,00 ergeben und es ist eine Kontrolle für die Richtigkeit der Rechnung, daß bei dem Aufaddieren, bei dem sich die Δ ergeben, der Schlußwert identisch 0,00 wird. Wegen der näheren Begründung der hier wiedergegebenen Rechenregeln und der Modifikation, der sie in komplizierteren Fällen zu unterwerfen sind, muß auf die Originalabhandlungen verwiesen werden.

9. Die quecksilberthermometrische Skala. Reduktion der Angaben des Quecksilberthermometers auf die adoptierte Skala.

Ein fundamental bestimmbares Quecksilberthermometer, das also die Fundamentalpunkte 0 und 100° enthält und vollständig kalibrierbar ist, stellt nach Korrektion seiner Ablesungen auf Fundamentalpunkts- und Kaliberfehler eine bestimmte, in erster Linie von der Ausdehnung des Quecksilbers und des Glases abhängige „quecksilberthermometrische“ Skala dar. Die Temperatur tq in dieser Skala ist gegeben durch den Ausdruck

$$tq = \frac{V_t - V_0}{V_{100} - V_0}\,100 = \frac{\Delta_t}{\Delta_{100}}\,t,$$

worin

$$\Delta_t = \frac{V_t - V_0}{V_0 \cdot t} \quad \text{und} \quad \Delta_{100} = \frac{V_{100} - V_0}{V_0 \cdot 100}$$

ist und die relative Ausdehnung des Quecksilbers in dem Thermometerglase in Abhängigkeit von der Temperatur t in der adoptierten Temperaturskala, z. B. der gasthermometrischen, darstellt. Wäre diese Ausdehnung Δ vollständig bekannt und z. B. in der üblichen Form gegeben:

$$\Delta = a + b\,t + c\,t^2 + \ldots$$

so ließe sich demnach der Gang eines Thermometers aus dem Glase, für welches Δ bestimmt ist, vollständig berechnen, vorausgesetzt, daß alle, durch die Konstruktion des Thermometers bedingten Korrektionen (z. B. wegen des inneren Druckes, der Skalenausdehnung usw.) berücksichtigt sind.

Zur Bestimmung von Δ kann man Werte für die absolute Ausdehnung des Quecksilbers und des Glases benutzen (vgl. Nr. 2); einfacher ist es jedoch, umgekehrt den Gang des Thermometers durch direkte Vergleichung mit dem Gasthermometer oder mit Instrumenten, die an das Gasthermometer angeschlossen sind, zu ermitteln, und, falls es erwünscht ist, die relative Ausdehnung des Quecksilbers in dem Thermometerglase daraus zu berechnen.

Wir geben zunächst die wichtigsten Ergebnisse derartiger Vergleichungen wieder.[1]

Für das Fundamentalintervall von 0 bis 100° liegen folgende Messungen vor:

CHAPPUIS (1888)[2] verglich Thermometer aus TONNELOTschem verre dur unmittelbar mit dem Gasthermometer (mit Wasserstoff-, Stickstoff- und Kohlensäurefüllung). Die Abweichungen $t_T - t_H$ der Thermometer von dem Wasserstoffthermometer, die sich dabei ergaben, sind in der folgenden Tabelle I, Spalte a enthalten.

WIEBE (1888 und 1889)[3] verglich Thermometer aus verschiedenen Glassorten: Jenaer Glas 16''', Thüringer Glas, englischem Kristallglas und französischem verre dur untereinander und fand, daß das Thüringer Glas bis zu 0,05° höher zeigt als 16''', während das englische Glas stets tiefer zeigt. Da die Beobachtungen mit dem TONNELOTschen Glas Schwierigkeiten machten und deshalb nur bis +30° fortgesetzt wurden, ließ sich eine Reduktion der Werte auf die gasthermometrische Skala mit Hilfe der CHAPPUISschen Werte nicht vornehmen. WIEBE beschritt deshalb den Weg, daß er seine mit BÖTTCHER angestellten luftthermometrischen Beobachtungen an Thermometern aus 16''' von 100 bis 300° auch unter 100° extrapolierte. Die so gewonnenen Werte für 16''' stimmen nach Reduktion auf das Wasserstoffthermometer mit den später von THIESEN, SCHEEL und SELL gewonnenen bis 0° außerordentlich gut überein. Unter der demnach durchaus berechtigten Annahme, daß die von WIEBE berechneten Abweichungen der Thermometer aus 16''' vom Gasthermometer richtig seien, konnte dann GRÜTZMACHER (1895)[4] durch Vergleichung von Thermometern aus den Jenaer Gläsern 59''', 122''' und dem GREINER und FRIEDRICHSschen Resistenzglas mit solchen aus 16''' auch den Gangunterschied der ersteren gegen das Luftthermometer ermitteln. Die Ergebnisse für 122''' und das Resistenzglas — zum Vergleich mit den übrigen Werten auf das Wasserstoffthermometer reduziert — enthält Tab. I, Sp. d und e; die Werte für 59''' stimmen sehr nahe mit denen in Spalte c überein und sind deshalb nicht besonders aufgeführt.

Inzwischen hatten THIESSEN, SCHEEL und SELL (1895)[5] Vergleichungen von Thermometern aus 16''' und 59''' mit solchen aus TONNELOTschem verre dur vorgenommen. Aus dem Gangunterschied dieser Thermometer ließen sich unter Benutzung der CHAPPUISschen Werte für das französische Glas auch die Abweichung der Jenaer Gläser vom Wasserstoffthermometer auf direkterem Wege ermitteln. Diese Werte finden sich in Tab. I, Sp. b und c.

---

[1] Vgl. hierzu: H. HOVESTADT, Jenaer Glas, Jena 1900, S. 300.

[2] P. CHAPPUIS, Trav. et Mem. Bur. Intern. **6**, 116 (1888); Arch. sc. phys. [3] **20**, 1 (1888).

[3] H. F. WIEBE, Z. Instr. **10**, 435 (1890); H. F. WIEBE u. A. BÖTTCHER, ebenda, **13**, 330 (1893).

[4] FR. GRÜTZMACHER, Z. Instr. **15**, 250 (1895).

[5] M. THIESEN, K. SCHEEL u. L. SELL, Wiss. Abh. Phys. Techn. Reichsanst. **2**, 1—71, 73—184 (1895); Z. Instr. **15**, 433 (1895) u. **16**, 49—58 (1896); K. SCHEEL, Wied. **58**, 186 (1896); D. Mech.-Ztg. (1897), 91, 97, 105.

In ähnlicher Weise bestimmte HARKER (1906)[1] durch Vergleichung mit Normalthermometern, die an das Gasthermometer angeschlossen waren, die Abweichungen von Thermometern aus englischem „Kew glass“ vom Wasserstoffthermometer Tab. I, Sp. f.

Für Temperaturen unter 0° liegen unmittelbare Messungen an Thermometern aus verre dur von CHAPPUIS vor Tab. I, Sp. a. Die Werte von THIESEN, SCHEEL und SELL in Spalte a, b und c bis — 35° sind durch Extrapolation der Beobachtungen von 0 bis 100° gewonnen.

Tabelle I.

Abweichungen der Quecksilberthermometer vom Wasserstoffthermometer zwischen — 35 und 100°.

	a	b	c	d	e	f
t_H	$t_T - t_H$	$t_{16} - t_H$	$t_{59} - t_H$	$t_{122} - t_H$	$t_R - t_H$	$t_{Kw} - t_H$
−35°	−0,38°	−0,40°	−0,23°			
−30	−0,30	−0,32	−0,18			
−25	−0,23	−0,25	−0,14			
−20	−0,17	−0,19	−0,10			
−15	−0,12	−0,13	−0,07			
−10	−0,07	−0,03	−0,04			
−5	−0,04	−0,04	−0,02			
0	0	0	0	0°	0°	0°
5	+0.028	+0,031	+0,014	+0,002	+0,035	
10	+0,052	+0,056	+0,024	+0,004	+0,065	0,000
15	+0,070	+0,077	+0,031	+0,005	+0,089	
20	+0,085	+0,093	+0,036	+0,006	+0,108	0,000
25	+0,095	+0,105	+0,037	+0,005	+0,123	
30	+0,102	+0,113	+0,038	+0,003	+0,132	−0,005
35	+0,106	+0,118	+0,036	+0,002	+0,138	
40	+0,107	+0,120	+0,034	±0,000	+0,141	−0,010
45	+0,106	+0,119	+0,030	−0,002	+0,139	
50	+0,103	+0,116	+0,026	−0,004	+0,135	−0,010
55	+0,097	+0,110	+0.021	−0,007	+0,129	
60	+0,090	+0,103	+0,016	−0,010	+0,117	−0,010
65	+0,082	+0,094	+0,012	−0,012	+0,105	
70	+0,072	+0,083	+0,008	−0,013	+0,091	−0,015
75	+0,062	+0,071	+0,004	−0,015	+0,076	
80	+0,050	+0,058	+0,001	−0,014	+0,061	−0,020
85	+0,038	+0,045	−0,001	−0,013	+0,045	
90	+0,026	+0,030	−0,002	−0,011	+0,029	−0,025
95	+0,013	+0,015	−0.001	−0,006	+0,014	
100	+0	0	0	0	0	0

[1] J. A. HARKER, Proc. Roy. Soc. (A) 78, 225—240 (1906); Coll. Res. Nat. Phys. Lab. 2, 215 (1907); Nature 74, 531—532 (1906); vgl. auch: C. W. WAIDNER u. H. C. DICKINSON, Bull. Bur. Stand. 3, 663—723 (1907).

Temperaturgebiet von 100 bis 300°. Unmittelbare Vergleichungen mit dem Luftthermometer haben WIEBE und BÖTTCHER (1890)[1] mit Thermometern aus Glas 16‴ angestellt. Die Ergebnisse enthält Tab. II, Sp. a.

Durch Vergleich von Thermometern aus Glas 59‴ mit den so erhaltenen Normalthermometern aus 16‴ haben dann GRÜTZMACHER[2] und LEMKE (1899)[3] auch für dieses Glas die Abweichungen vom Luftthermometer ermittelt. Tab. II, Sp. b.

Tabelle II.

Abweichungen der Quecksilberthermometer vom Luftthermometer zwischen 100 und 300°.

t_L	a $t_{16} - t_L$	b $t_{59} - t_L$	t_L	a $t_{16} - t_L$
100°	0°	0°	200	+0,04°
110	−0,03	0,00	210	+0,11
120	−0,05	+0,02	220	+0,21
130	−0,07	+0,04	230	+0,32
140	−0,09	+0,08	240	+0,46
150	−0,10	+0,13	250	+0,64
160	−0,10	+0,19	260	+0,84
170	−0,08	+0,28	270	+1,08
180	−0,06	+0,39	280	+1,34
190	−0,02	+0,52	290	+1,63
200	+0,04	+0,66	300	+1,98

Temperaturgebiet über 300°. Die Bestimmung der Skala hochgradiger, also mit Druck gefüllter Quecksilberthermometer, hat zuerst MAHLKE (1895)[4] unternommen. Er verfuhr dabei so, daß er die relative Ausdehnung des Quecksilbers in dilatometerartigen Gefäßen aus Glas 59‴, die mit Druck gefüllt waren, bestimmte. Als Repräsentanten der Temperaturskala benutzte er dabei Thermometer aus 16‴, die von ihm und WIEBE an das Luftthermometer angeschlossen waren. Neuerdings sind diese Messungen nach verbesserten Methoden von MÖLLER, HOFFMANN und MEISSNER (1912)[5] wiederholt worden. Dabei wurden außer Thermometern aus 59‴ auch solche aus Jenaer Verbrennungsröhren-Glas (Hartglas) benutzt. Die Temperaturskala wurde dargestellt durch Platinwiderstandsthermometer, die bei 0°, 100° und dem Schwefelsiedepunkte geeicht waren. Für den normalen Schwefelsiedepunkt wurde der Wert 444,71° angenommen. Die auf diese Weise gewonnenen Werte sind von 300° in der folgenden Tabelle III wiedergegeben.

[1] H. F. WIEBE u. A. BÖTTCHER, Z. Instr. **10**, 16 u. 233ff. (1890).
[2] FR. GRÜTZMACHER, Wied. **68**, 769—775 (1899).
[3] H. LEMKE, Z. Instr. **19**, 33 (1899).
[4] A. MAHLKE, Ann. Phys. **53**, 965 (1894), im Auszuge: Z. Instr. **15**, 171—180 (1895).
[5] G. MÖLLER, FR. HOFFMANN u. W. MEISSNER, Z. Instr. **32**, 217—229 (1912).

Tabelle III.

Abweichungen der hochgradigen Quecksilberthermometer vom Platinwiderstandsthermometer zwischen 300 und 500°.

	a	b
t_W	$t_{59} - t_W$	$t_V - t_W$
300°	+ 4,5°	+ 5,0°
325	+ 6,1	+ 6,6
350	+ 7,9	+ 8,4
375	+10.1	+10,8
400	+12,5	+13,4
425	+15,4	+16,4
450	+18,9	+19,9
475	+22,5	+23,8
500	+26,3	+28,2
525		+33,1
550		+38,6

Überblickt man die vorstehend für den Gang der Quecksilberthermometer mitgeteilten Werte, so erkennt man zunächst, daß in dem Fundamentalintervall das Jenaer Glas 59‴ sich der gasthermometrischen Skala erheblich besser anschließt als verre dur, Glas 16‴ und das Resistenzglas. Am besten ist aber der Anschluß bei dem Glas 122‴, das jedoch wegen seiner schwierigen Bearbeitbarkeit nicht in Aufnahme gekommen ist, und nächst diesem bei dem englischen Kew-glase, bei dem die Abweichungen auch 0,01° nicht überschreiten. In höheren Temperaturen werden die Angaben der untersuchten Quecksilberthermometer erheblich höher als die des Gasthermometers. Da demnach keine, selbst nicht für rein praktische Zwecke ausreichende Übereinstimmung der quecksilberthermometrischen und gasthermometrischen Skalen im weiteren Temperaturgebiet erreicht werden kann, so ist für die Wahl eines Glases der Gang seiner Ausdehnung von viel geringerer Bedeutung als seine übrigen thermometrischen Eigenschaften, wie Verarbeitbarkeit, Unveränderlichkeit, Nachwirkungsfreiheit usw.

Die mitgeteilten Zahlenwerte, die also aussagen, um wieviel ein Quecksilberthermometer bei einer Temperatur, gemessen in der gasthermometrischen Skala höher steht als das Gasthermometer, lassen sich unmittelbar dazu verwenden, ein Thermometer so zu teilen, daß seine Angaben mit denen des Gasthermometers übereinstimmen. Hierbei hat man so zu verfahren, da man zunächst die Fundamentalpunkte festlegt, das Fundamentalintervall in 100 gleiche Teile teilt und z. B. bei einem Thermometer aus Glas 59‴ den Teilstrich 500° nicht bei dem Abstand 500, sondern 526,3 vom Nullpunkt anbringt. Am besten geschieht das in der Weise, daß man sich eine Mutterskala herstellt, bei der die Teilstriche in irgendeinem passenden Maßstab in der Entfernung tq vom Nullpunkt aus angebracht werden, und daß man diese Skala mit Hilfe einer Teilmaschine, so vergrößert oder verkleinert auf das Thermometer überträgt, daß der Teilstrich 0 und 100 an der gewünschten Stelle liegt. In Wirklichkeit verfahren die Fabrikanten meist so, daß sie nur einige Punkte, z. B. von 100 zu 100° auf diese Weise festlegen und zwischen diesen Punkten linear teilen. An solchen Instrumenten sind dann trotz der Anpassung der Hauptpunkte noch an den Zwischenpunkten Korrektionen wegen der Abweichung vom Gasthermometer anzubringen. Es empfiehlt sich, sich bei jedem Instrument, das man benutzt, durch einfache Längenmessung von der Art der Teilung ein Bild zu verschaffen. Wenn die Capillare einigermaßen gleichförmig ist, läßt sich sogar durch Vergleich der Längen mit den aus den hier angegebenen δq zu berechnenden tq die Richtigkeit der Teilung kontrollieren.

Für sehr gute, besonders fundamental bestimmbare Instrumente ist es dagegen durchaus zu empfehlen, die Teilung nicht der gasthermometrischen Skala anzupassen, sondern sie rein linear durchzuführen, und die Abweichung, selbst wenn sie erhebliche Beträge annimmt, als Korrektion bei den Ablesungen nachträglich anzubringen. Die Gründe dafür sind hauptsächlich die, daß nur auf diese Weise eine wirklich einwandfreie Kalibration möglich ist, und daß man nur so vor Teilungsfehlern geschützt ist, da sich eine rein lineare Teilung jederzeit ohne Schwierigkeit nachkontrollieren läßt.

Will man die Angaben eines solchen Thermometers, die also unmittelbar „Quecksilbertemperaturen“ tq darstellen, auf die gasthermometrische Skala reduzieren, so hat man an den Ablesungen eine Korrektion anzubringen, die gleich den oben mitgeteilten Abweichungen $\delta q = tq - t$ mit umgekehrten Vorzeichen sind. Dabei ist jedoch zu beachten, daß man die zu den Ablesungen tq gehörigen Werte $t - tq$ benutzt. Hierzu gebraucht man zweckmäßig Tabellen, in denen $t - tq$ in Abhängigkeit von tq gegeben ist. Solche Tabellen findet man z. B. bei MÖLLER, HOFFMANN und MEISSNER.

10. Veränderlichkeit der Fundamentalpunkte.

Obwohl das dilatometrische Grundprinzip, nach dem die Standänderung der Flüssigkeit im Ausdehnungsthermometer vor sich geht, außerordentlich einfach ist, ist die vollständige Theorie des Instrumentes doch recht kompliziert. Dies liegt hauptsächlich daran, daß das gewöhnlich gebrauchte Material, aus dem die Thermometer angefertigt werden, das Glas, im Laufe der Zeit und bei Temperaturänderungen recht verwickelte Volumenänderungen erleidet. Dadurch sind aber die Angaben des Thermometers keineswegs nur von der Temperatur abhängig, der das Gefäß ausgesetzt wird, sondern auch in durchaus nicht zu vernachlässigender Weise von der Dauer der Erhitzung und von den Zuständen, in denen sich das Thermometer vor der Messung befand. Das Verdienst, die Gesetzmäßigkeiten in den bis dahin regellos erschienenen Vorgängen bei den Volumenänderungen des Glases erkannt und für die exakte Thermometrie nutzbar gemacht zu haben, gebührt J. PERNET.[1] Durch seine Untersuchungen

[1] J. PERNET, Carls Rep. 11, 257—309 (1875). Habil.schr. Breslau, 1876. Trav. et Mem. 1, 1—52 (1881).

wurde festgestellt, daß allerdings die Messung mit Quecksilberthermometern bei kritikloser Verwendung der unmittelbaren Anzeige mit ganz erheblichen Fehlern behaftet sein kann, daß aber durch geeignete Behandlung des Instrumentes und durch zweckmäßige Versuchsanordnung diese Fehler auf außerordentlich kleine Beträge herabgedrückt werden können. Auf den Untersuchungen Pernets fußend ist dann das Verhalten verschiedener Gläser näher untersucht und es sind namentlich in den Jenaer Werkstätten[1] Gläser hergestellt worden, die hinsichtlich ihrer Volumenänderungen ganz hervorragende Eigenschaften besitzen, so daß heute das Quecksilberthermometer mit zu den besten Temperaturmeßinstrumenten gezählt werden muß.

Die Volumenänderungen, denen das Glas infolge thermischer Einflüsse unterliegt, lassen sich durch die ihnen entsprechenden Verschiebungen der beiden Fundamentalpunkte (0° und 100°) folgendermaßen charakterisieren:

1. Es findet nach jeder Erwärmung eine Erniedrigung des Eispunktes statt, die von der Höhe der Erwärmung abhängt und langsam wieder verschwindet. Die Ursache für diese „Eispunktsdepression" ist eine thermische Nachwirkung d. h. ein Zurückbleiben der durch die Temperatursteigerung hervorgerufenen Volumenvergrößerung des Glases über die Zeit der Erhitzung hinaus.

2. Es findet eine allmählich geringer werdende, dauernde Hebung des Eispunktes statt, die bisweilen viele Jahre nach Herstellung des Thermometers fortdauert. Die Ursache für diese „säkulare Änderung" des Eispunktes oder die Erscheinung der „Alterung" des Thermometers ist eine langsame Volumenverminderung, die das Glas von dem Augenblick des Erkaltens an erleidet.

Beide Erscheinungen, die der Eispunktsdepression wie des säkularen Anstieges sind aller Wahrscheinlichkeit nach ganz gleicher Natur: Der großen Erhitzung bei dem Blasen des Glases entspricht eine besonders tiefe Eispunktsdepression, die in dem säkularen Anstieg langsam wieder verklingt.

3. Gleichzeitig mit dem Anstieg des Eispunktes findet auch eine Vergrößerung des Fundamentalabstandes statt. Als Ursache dafür wird allgemein eine Verkleinerung des Ausdehnungskoeffizienten des Glases angenommen.

4. Bei Erhitzen des Thermometers über eine gewisse, für jedes Glas charakteristische Temperatur tritt eine dauernde Erniedrigung des Eispunktes ein, die nicht wieder zurückgeht und die in einer Überschreitung der Elastizitätsgrenze des Glases ihre Erklärung findet.

11. Die thermische Nachwirkung und die chemische Zusammensetzung des Glases.

Zur quantitativen Messung der thermischen Nachwirkung eignet sich die Eispunktsdepression. Dabei ist jedoch folgendes zu beachten: 1. Die

---

[1] H. Hovestadt, Jenaer Glas, Jena 1900, bsd. S. 261 ff.

Eispunktserhebung bei der Alterung des Instrumentes und die Eispunktsdepression nach jedem Erwärmen superponieren sich derart, daß die Depression um so größer wird, je weiter die Alterung vorgeschritten ist. Mithin zeigt nur ein hinreichend gealtertes Instrument den maximalen, wahren Wert der Depression. 2. Die Größe der Eispunktsdepression ist abhängig von der Höhe der vorausgegangenen Erwärmung, und zwar gilt hier mit großer Annäherung das Gesetz, daß die Depression, d. h. die Differenz zwischen dem Eispunkte, den das Thermometer nach langem Verweilen auf 0° (E_0) und dem nach kurz voraufgegangener Erwärmung auf t^0 (E_t) zeigt, dargestellt werden kann durch die quadratische Formel:

$$E_0 - E_t = pt + qt^2.$$

So fanden THIESEN, SCHEEL und SELL[1] für diese „Anfangsdepression nach t^0":

bei Glas	16'''	$0{,}065\,t + 0{,}0003\,t^2$
	59'''	$0{,}049\,t + 0{,}00015\,t^2$
	verre dur	$0{,}100\,t + 0{,}00009\,t^2$

Um eine einheitliche Messung der Eispunktsdepression zu ermöglichen, muß also die Höhe der Temperatur angegeben werden, auf die das Thermometer kurz vor der Bestimmung des Eispunktes gebracht werden soll. Hiernach definiert man als Depressionskonstante D eines Glases die maximale Eispunktsdepression nach 100°, d. h. die Depression, die ein Thermometer nach vollkommener Alterung und langem Verweilen auf 0° bei unmittelbar voraufgegangenem Erhitzen auf 100° erleidet.

Aus umfangreichen Beobachtungen, die R. WEBER[2] über die Größe der Depressionskonstanten bei Thermometern aus verschiedenen Gläsern anstellte, ging zunächst hervor, daß die chemische Zusammensetzung des Glases von hervorragendem Einfluß ist. Die Fortsetzung dieser Arbeiten von H. F. WIEBE[3] an der Normal-Eichungs-Kommission zu Berlin und O. SCHOTT[4] in dem glastechnischen Laboratorium in Jena ließ dann die für die zur Erzielung kleiner Depressionskonstanten maßgebenden Gesichtspunkte erkennen. Es zeigte sich:

1. daß die Eispunktsdepressionen bei solchen Gläsern, die nur ein Alkali enthalten, erheblich geringer (D unter 0,1°) ist, als bei solchen, die mehrere enthalten (D über 1°);

2. daß in zweiter Linie die Beschaffenheit der übrigen glasbildenden Oxyde von Einfluß ist: So wurde ein barytreiches Glas erhalten, dessen Depressionskonstante nur 0,02° betrug.

Auf Grund dieser Beobachtungen und unter Berücksichtigung der Forderung, daß das Glas gut verarbeitbar und haltbar ist, wurden in

---

[1] Z. Instr. **16**, 58 (1896).

[2] R. WEBER, Berl. Akad. Ber. v. Dez. 1883; Sitz. Ber. d. Ver. z. Beförd. d. Gewerbefl., Mai 1888.

[3] H. F. WIEBE, Berl. Akad. Ber. v. Juli 1884 und v. Nov. 1885; Z. Instr. **6**, 167 (1886).

[4] O. SCHOTT, Sitz. Ber. d. Ver. z. Beförd. d. Gewerbefl., Juni 1888.

Jena einige Thermometergläser erschmolzen, unter denen das „Normalthermometerglas" 16''' (gekennzeichnet durch einen feinen rotvioletten Streifen) sich als besonders brauchbar erwies. Seine Depressionskonstante ist $D = 0{,}05^0$.

Später wurden diese Untersuchungen fortgesetzt in der Absicht, ein Glas zu erhalten, das mit den guten thermometrischen Eigenschaften der zunächst gefundenen Gläser noch die verband, daß es 1. einen möglichst hohen Erweichungspunkt hat und 2. daß aus ihm verfertigte Thermometer noch geringere Abweichungen vom Gasthermometer zeigten als solche aus Glas 16'''. Dies führte zur Schaffung des Jenaer „Borosilikatglases" 59''', das eine Depressionskonstante $D = 0{,}03—0{,}04^0$ hat.

Ungefähr gleichzeitig mit den besprochenen Untersuchungen wurde von Tonnelot in Paris ein nahezu reines Natronglas hergestellt, das als „verre dur" bezeichnet wurde und eine Depressionskonstante von etwa 0,10⁰ hat.[1]

Die folgende Tabelle gibt eine Übersicht über die Depressionskonstanten D der genannten und einiger sonst noch gebräuchlichen Thermometergläser[2]:

Glas	D
Thüringer Glas	0,5—0,6⁰
Jenaer Normalglas 16''' (mit rotviolettem Streifen)	0,05—0,10⁰
Jenaer Borosilikatglas 59'''	0,03—0,04⁰
Englisches Kristallglas „Kew"	0,2⁰
Französisches Glas „Choisy-le-Roy"	0,2⁰
Französisches Hartglas „verre dur"	0,1⁰
Resistenzglas von Greiner und Friedrich (mit blauem Streifen)	0,07—0,10⁰

Hinzugefügt mag noch werden, daß bei einem Jenaer Glase 477''' die außerordentlich kleine Konstante $D = 0{,}014^0$ beobachtet wurde, daß dieses Glas jedoch zur Herstellung von Thermometern wenig geeignet ist, da es eine große Neigung zum Springen zeigt.[3] Ähnliches gilt für das Glas 122'''.

Um den Einfluß der Eispunktsdepressionen ganz zu eliminieren, hat L. Marchis[4] ein Thermometer konstruiert, das ein Gefäß aus Platin hat. Auf einem anderen Wege hat O. Schott dasselbe zu erreichen gesucht: Er ließ in das Innere des Thermometergefäßes aus Glas 16''' mit geringer Nachwirkung ein Stäbchen aus Glas 335''' mit großer Nachwirkung und gleichem Ausdehnungskoeffizienten wie 16''' einschmelzen (s. Fig. 13). Die Untersuchung derartiger „Kompensationsthermometer" ergab, daß bei einem Volumenverhältnis von etwa $^1/_{10}$ für Stäbchen und Gefäß bis 300⁰

---

[1] O. Schott, Z. Instr. **11**, 330 u. 334 (1891); ebenda **12**, 402 (1892).

[2] Vgl. u. a.: Fr. Grützmacher, Wiss. Abh. d. Phys.-Techn. Reichsanst. **3**, 260 (1900).

[3] H. F. Wiebe, Z. Instr. **28**, 293 (1908).

[4] L. Marchis, J. phys. [3] **4**, 217 (1895).

die Nullpunktsänderungen nicht größer waren als 0,01°.[1] Für praktische Zwecke mögen solche Konstruktionen von Bedeutung sein, für Normalthermometer haben sie den Nachteil, daß die Korrektionen auf das Gasthermometer für jedes Thermometer ermittelt werden müssen.

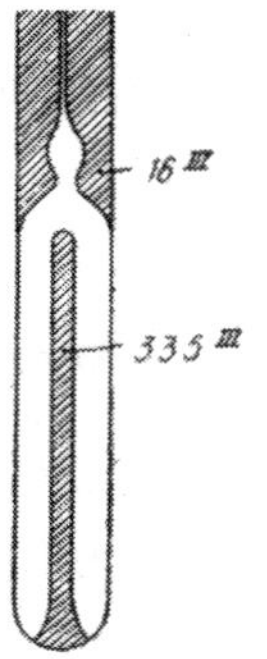

Fig. 104. Kompensationsthermometer nach O. SCHOTT.

In das Gefäß des aus Glas 16''' hergestellten Thermometers ist ein Stäbchen aus Glas 335''' eingeschmolzen.

12. Der säkulare Anstieg und die künstliche Alterung.[2]

Die mit dem Zurückgehen der Eispunktsdepression in engem Zusammenhang stehende säkulare Erhebung des Eispunktes findet bei Thermometern, die lange Zeit bei Zimmertemperatur ruhen, selbst über Jahre hinaus statt. Wesentlich beschleunigt kann diese Alterung dadurch werden, daß man das Thermometer längere Zeit auf eine höhere Temperatur erhitzt. Entsprechend der geringeren Depressionsfähigkeit erleiden dabei die Jenaer Gläser auch eine geringere Erhebung des Eispunktes. So fand WIEBE bei 16-stündigem Erhitzen von zwei neuen Thermometern auf 360—370° einen Gesamtanstieg des Eispunktes

bei Glas 16'''	Thüringer Glas
um 2,2°	7,3°

Bei länger andauerndem Erhitzen steigt der Eispunkt immer langsamer und strebt einer oberen Grenze zu. Nach dem Erreichen dieser Grenze, die bis zu 40° über dem ursprünglichen Eispunkt liegen kann[3], ist seine Lage verhältnismäßig beständig, insbesondere hört die säkulare Änderung des ruhenden Instrumentes auf. Man kann also durch längeres Erhitzen auf höhere Temperaturen die anfänglich vorhandenen Eispunktsänderungen beseitigen. Dies Verfahren wird als „künstliche Alterung" bezeichnet. Dabei ist es wesentlich, daß die Abkühlung langsam erfolgt, um das Auftreten von Spannungen im Glase zu vermeiden.[4] Zur Ausführung der Alterung wird von einigen, z. B. von BAUDIN in Paris, ein Erhitzen in siedendem Schwefel (etwa 445°) vorgenommen. Ein erheblicher Nachteil dabei ist, daß nicht leicht im selben Bad eine langsame Abkühlung erfolgen kann. Neuerdings verwendet man wohl meist elektrisch geheizte Öfen. Derartige Feinkühlungen von Thermometern zum Zwecke

[1] W. HOFFMANN, Z. Instr. **17**, 257 (1897); G. MÜLLER, Z. angew. Ch. **2**, 29 (1898); H. F. WIEBE, Z. Instr. **30**, 245—254 (1910). C. RICHTER, D. Mech. Ztg. 157 (1910). Die Instrumente werden als Kompensationsthermometer von der Phys. Techn. Reichsanstalt beglaubigt, wenn sie keine größere Depression als 0,02° zeigen.

[2] H. F. WIEBE, Metr. Beitr. Nr. 3 Berlin 1888; Z. Instr. 8, 373 (1888) und **11**, 207 (1890); F. ALLIHN, Z. anal. Ch. **28**, 435 (1890); O. SCHOTT, Z. Instr. **11**, 330 (1891).

[3] FR. GRÜTZMACHER, Z. Instr. **15**, 262 (1895); A. BÖTTCHER, D. Mech. Ztg. (1903) 154—160.

[4] O. SCHOTT, Z. Instr. **11**, 207 (1891).

der Alterung werden ausgeführt von der Großherzogl. Prüfungsanstalt zu Ilmenau.[1]

13. Die Berücksichtigung der Änderung der Fundamentalpunkte bei der Temperaturmessung und die Pernetsche Beobachtungsmethode.

Wären die Angaben eines Thermometers so konstant, daß die Fundamentalpunkte ihre Lage auf der Skala unverändert beibehielten, so wäre die Eispunkts- und Siedepunktskorrektion bei der Messung derart zu berücksichtigen, daß man von der abgelesenen Temperatur τ den abgelesenen Eispunkt e subtrahiert und die so gefundene Differenz mit dem Gradwert multipliziert. Hiernach wäre also (vgl. Nr. 7):

$$t\,q = (\tau - e)\,\gamma_0^{100} = (\tau - e)\cdot\frac{t\,q_s}{s - e}\,.$$

Da jedoch die Lage der Fundamentalpunkte auf der Skala des Thermometers dauernden Änderungen unterworfen ist, so erhebt sich die Frage, welche Werte für den Eis- und Siedepunkt der Messung und der Gradwertbestimmung zugrunde zu legen sind. Die Antwort Pernets hierauf lautet: Die Temperaturablesung auf dem Thermometer ist von demjenigen Nullpunkte aus zu rechnen, den man unmittelbar nach der Temperaturbeobachtung findet oder finden würde. Ihre Begründung findet diese Beobachtungsvorschrift darin, daß erfahrungsgemäß das Intervall zwischen einer Ablesung und dem zugehörigen deprimierten Eispunkt viel konstanter bleibt als das Intervall zwischen der Ablesung und einem festen Eispunkt. In konsequenter Anwendung auf die Bestimmung auch des Siedepunktes ergibt sich hieraus eine neue, schärfere Definition des Fundamentalintervalles und des Gradwertes: Hatten wir bisher für den Gradwert gefunden:

$$\gamma_0^{100} = \frac{t\,q_s}{s - e}\,,$$

so ist nun zu setzen:

$$\gamma_0^{100} = \frac{t\,q_s}{s - e_s}\,,$$

worin e_s der deprimierte Eispunkt nach t_s bedeutet. Man erhält somit für die Temperatur $t\,q$:

$$t\,q = (\tau - e_t)\cdot\gamma_0^{100}$$
$$= (\tau - e_t)\cdot\frac{t\,q_s}{s - e_s}\,,$$

worin τ die Ablesung auf dem Thermometer bei t^0,
e_t den deprimierten Eispunkt nach t^0
und γ den soeben genauer definierten Gradwert bedeutet.[2]

---

[1] Großherzogl. Sächs. Prüfungsanstalt zu Ilmenau, Prüfungsbestimmungen § 18. Die so gealterten Thermometer werden durch Aufätzung des folgenden Stempels gekennzeichnet: Gekühlt, Großherzogl. Sächs. Landeswappen, laufende Nummer, Jahreszahl.

[2] Vgl. u. a. J. Pernet, Trav. et Mem. Bur. Intern. 1, S. B. 39 (1881); C. E. Guillaume, Trav. et Mem. 5, 40 (1887).

Obwohl die Methode der Beobachtung mit steter Nullpunktsbestimmung die zuverlässigsten Werte für die zu messende Temperatur ergibt, ist sie doch in der Praxis recht umständlich. Man wird deshalb selbst bei genaueren Messungen oft auskommen, wenn man, nachdem die Abhängigkeit der Eispunktsdepression von der Temperatur einmal ermittelt ist, die danach zu berechnenden Eispunkte an der Ablesung anbringt. Tabellen für diese Abhängigkeit der Depressionen von Temperaturen von 0 bis 100° sind von THIESEN, SCHEEL und SELL aufgestellt worden.[1]

14. Die Erweichungsgrenze der Thermometergläser.

Wird ein Thermometer noch höheren Temperaturen ausgesetzt als der Alterungstemperatur, so wird schließlich der Punkt erreicht, bei dem eine Erweichung des Glasgefäßes eintritt, die dessen Aufweitung und eine dauernde Erniedrigung des Eispunktes zur Folge hat. Es mag hier genügen, auf Grund neuerer Untersuchungen für einige für die Messung höherer Temperaturen besonders in Betracht kommende Gläser die Erweichungstemperaturen und diejenigen Temperaturen, bis zu denen Thermometer aus diesen Gläsern höchstens gebraucht werden sollen, anzugeben[2]:

Glas	Erweichungstemperatur	Gebrauchstemperatur
16‴	etwa 450°	etwa 420°
59‴	515°[3]	510°
Jenaer Verbrennungsröhrenglas (gekennzeichnet durch eine milchige Trübung)[4]	580°	575°

Bei dem Gebrauch der Thermometer in Temperaturen, die der Erweichungsgrenze nahe kommen, sei noch besonders darauf hingewiesen, daß man bei Nichtberücksichtigung des niedrigeren Standes infolge der Korrektion für den herausragenden Faden leicht die zulässige Grenze erheblich überschreiten kann.

15. Die Standänderungen des Thermometers infolge äußeren und inneren Druckes.

Durch seine elastischen Eigenschaften erleidet das Thermometergefäß auch Form- und Volumenänderungen infolge des Druckes, der von außen und von innen auf seine Wandungen ausgeübt wird. Bei ungünstiger Gestaltung des Gefäßes können die dadurch hervorgerufenen Standänderungen recht erhebliche Beträge erreichen. So beobachtete z. B. EBERMAYER[5] bei einem allerdings sehr ungünstig geformten, flach gedrückten

---

[1] M. THIESEN, K. SCHEEL und L. SELL, Wiss. Abh. d. Phys. Techn. Reichsanstalt 2, 73—184 (1895); Z. Instr. 16, 49—58 (1896).

[2] A. BÖTTCHER, D. Mech.-Ztg. (1903) 154; H. C. DICKINSON, Bull. Bur. Stand. 2, 189—223 (1906); H. F. WIEBE, D. Mech. Ztg. (1912) 21—23, 33—40.

[3] Für Thermometer mit eingeschmolzenem Emaillestreifen etwas niedriger.

[4] GRIESHAMMER, D. Mech.-Ztg. (1905) 256.

[5] Z. Instr. 2, 134 (1882).

Gefäß von 5—6 cm Länge und 2 cm Breite um $0{,}8^{0}$ höhere Werte bei hohem Barometerstand als bei niedrigem. Bei guten Thermometern verwendet man deshalb kugelförmige oder besser zylindrische Gefäße mit halbkugelförmigen Enden, bei denen die Standänderung infolge des Druckes innerhalb sehr viel engerer Grenzen bleibt.

Bei dem Einfluß des Druckes ist zu unterscheiden: die Wirkung des äußeren und die des inneren Druckes.

Der äußere Druck setzt sich zusammen aus dem Druck der Atmosphäre und dem des Mediums, in welches das Thermometer taucht.

Der innere Druck ist komplizierterer Natur. Er setzt sich zusammen:

1. aus dem hydrostatischen Druck der Quecksilbersäule,
2. aus dem Capillardruck des Quecksilbermeniscus,
3. aus dem Druck des Quecksilberdampfes oder des über dem Quecksilber befindlichen Gases.

Seine Wirkung besteht jedoch nicht nur in einer Deformation des Gefäßes, sondern auch in einer Kompression des Quecksilbers, durch die ebenfalls eine Standerniedrigung hervorgerufen wird.

Um den Einfluß des Druckes zahlenmäßig angeben zu können, bedient man sich folgender Definition:

Der „äußere Druckkoeffizient" β_e und der „innere Druckkoeffizient" β_i heißt die Änderung des Standes des Thermometers in Graden, die einer Änderung des äußeren oder inneren Druckes von 1 mm Quecksilber entspricht.

Der Einfluß des äußeren Druckes läßt sich experimentell dadurch ermitteln, daß man das Thermometer in ein Rohr einschließt und es bei konstanter Temperatur abwechselnd dem atmosphärischen und einem gemessenen Über- und Unterdruck aussetzt.[1] Die Beobachtungen der dabei auftretenden Standänderungen ergeben dann diejenige Korrektion in Graden, die bei gegebenem äußeren Druck an der Ablesung anzubringen ist, um sie auf den Normaldruck von 760 mm Hg zu reduzieren. Für Normalthermometer ergab sich so je nach der Dicke der Wandung β_e etwa $= 0{,}0001—0{,}0004^{0}$ für 1 mm Hg.[2] Sollen Tausendstel Grade gemessen werden, so ist also schon die Änderung des atmosphärischen Druckes zu berücksichtigen. Andererseits wird die Korrektion in den weitaus meisten Fällen außer Acht bleiben können, falls nicht die Eintauchtiefe groß ist oder wie z. B. bei Destillationen unter vermindertem Druck ungewöhnliche Verhältnisse vorliegen.[3] Sehr erhebliche Korrektionen erleiden z. B. die Tiefseethermometer.

Der Einfluß des inneren Druckes läßt sich im allgemeinen nicht so einfach bestimmen, wie der des äußeren. Hat man es mit evakuierten

---

[1] J. Marek Carls Rep. **17**, 593 (1881); Trav. et Mem. **3**, D. 12 (1884); C. E. Guillaume, Trav. et Mem. 5, 32f. (1886); J. Pernet, W. Jaeger und E. Gumlich, Z. Instr. **15**, 83 (1895) (Abb.).

[2] Z. B. J. Pernet, Trav. et Mem. **4**, 57 (1885).

[3] Vgl. z. B.: A. Smith und A. W. C. Menzies, Z. phys. Chem. **75**, 498 (1911).

Quecksilberthermometern zu tun, die in mäßig hohen Temperaturen gebraucht werden sollen, so daß fast allein die Höhe der Quecksilbersäule für den inneren Druck maßgebend ist, so läßt sich der innere Druckkoeffizient dadurch ermitteln, daß man das Thermometer bei konstanter Temperatur in vertikaler und horizontaler Lage beobachtet. Einen Apparat zur Ausführung dieser Messungen bei 100° findet man bei PERNET, JAEGER und GUMLICH.[1] Die damit angestellten Beobachtungen ergaben in Übereinstimmung mit theoretischen Überlegungen, daß der innere Druckkoeffizient um etwa 10% größer ist als der äußere.

Ist mit dem Ansteigen der Quecksilbersäule im Thermometer eine andere Druckänderung als die Zunahme des hydrostatischen Druckes nicht verknüpft, so kann man bei gebräuchlichen Thermometersorten mit einer Standänderung von etwa $^1/_{8000}{}^0$ für einen Anstieg des Quecksilbers um 1 mm rechnen. Diese Standänderung ist allemal dann von Bedeutung, wenn man mit dem Thermometer Beobachtungen in einer anderen Lage machen will, als in der es geeicht ist. Die Phys. Techn. Reichsanstalt gibt deshalb bei einem Hauptnormalthermometer, das in vertikaler Lage geprüft ist, an, daß es in horizontaler Lage um

$$m \cdot \beta_i \text{ Grad}$$

höher zeigt. Hierin bedeutet m die in Millimeter ausgedrückte Länge der Quecksilbersäule, gemessen von der Mitte des Gefäßes bis zum Fadenende.

Eine schwer zu kontrollierende Fehlerquelle hierbei bildet die capillare Einwirkung der Quecksilberkuppe. Eine regelmäßige Ausbildung der Kuppe findet nur bei langsam steigender Temperatur statt, bei fallender variiert ihre Form und damit auch der innere Druck auf das Gefäß so erheblich, daß sich bei feinen kalorimetrischen Thermometern unter Umständen der Stand sprungweise um mehrere Hundertstel Grade ändert, wenn das Thermometer nicht beständig geklopft wird (sog. „toter Gang“ des Thermometers, Nr. 17).

Bei Thermometern für höhere Temperaturen läßt sich der innere Druckkoeffizient nicht mehr in einfacher Weise aus dem äußeren ableiten. Bei evakuierten Thermometern übt die Dampfspannung des Quecksilbers, bei solchen, die ein komprimiertes Gas über dem Quecksilber enthalten, der Druck dieses Gases durch Vermittlung des Quecksilbers auf das Gefäß ein. Dabei ist zu berücksichtigen, daß infolge des Ansteigens des Fadens der Gasraum verkleinert wird, und daß häufig auch durch die Nähe des Ofens eine Erwärmung des eingeschlossenen Gases eintritt. Beide Umstände führen zu einer Steigerung des inneren Druckes. Um konstante Verhältnisse zu schaffen, hält man deshalb bei genaueren Messungen mit hochgradigen Thermometern zweckmäßig die obere Erweiterung etwa durch eine Wasserspülung auf konstanter Temperatur.[2]

---

[1] Z. Instr. 15, 81 (1895).

[2] G. MÖLLER, FR. HOFFMANN u. W. MEISSNER, Z. Instr. 32, 220 (1912).

16. Der herausragende Faden.

Voraussetzung für die richtige Angabe eines Thermometers ist im allgemeinen, daß die ganze Quecksilbermasse sich auf derselben zu messenden Temperatur befindet. Im besonderen soll auch die Temperatur des in der Capillare enthaltenen Quecksilbers gleich der im Gefäße sein. In vielen Fällen ist es jedoch nicht möglich, dieser Anforderung zu genügen. Die Undurchsichtigkeit der Flüssigkeit oder auch des Gefäßes, in die das Thermometer eintaucht, macht es oft unmöglich, das Ende des Fadens unmittelbar zu beobachten. Häufig ist auch bei veränderlichen Temperaturen ein Verändern der Lage des Thermometers wegen der Art der Montierung ausgeschlossen, oder es ist der Raum, dessen Temperatur gemessen werden soll, nicht groß genug, das ganze Thermometer bis zum Ende des Fadens aufzunehmen. Vermieden werden kann der dann entstehende Fehler dadurch, daß man das Thermometerrohr durch eine besondere Vorrichtung auf nahezu derselben Temperatur erhält wie das Bad. So hat Pernet seinen Wassersiedeapparat oben mit einer Glasglocke versehen[1], in welche die Thermometer ganz eintauchten; und Waidner und Dickinson hatten eine besondere Heizvorrichtung zu demselben Zwecke angebracht.[2] Auch sind bei den Thermometerprüfungen in der Reichsanstalt solche kleine Zusatzapparate benutzt worden, die mit Wasserdampf oder mit dem Dampfe anderer Flüssigkeiten geheizt werden.[3] Die Gefahr, daß Quecksilber abdestilliert, ist nicht vorhanden, wenn das ganze Thermometer bis über die obere Erweiterung auf derselben Temperatur erhalten wird.

Ein anderes Mittel, den Fehler durch den herausragenden Faden auszuschalten, besteht darin, daß man das Thermometer bis über den Meniscus in die zu messende Temperatur tauchen läßt, und es nur zum Zwecke der Ablesung soweit, wie dazu unbedingt erforderlich ist, herauszieht. Geschieht die Ablesung schnell genug, so findet keine merkliche Temperaturänderung des kurzen Capillarstückes statt. Als praktische Regel beachte man dabei, daß man zu allererst die Schätzung der kleinsten Teile, die man noch bestimmen will, vornimmt und dann erst die größeren Intervalle abliest. Man vermeidet dadurch nicht nur, daß sich der Stand des Thermometers während der Ablesung ändert, sondern auch, daß man sich in der Eile um größere Beträge irrt.

Ist ein Herausragen des Fadens aus dem Bade, dessen Temperatur gemessen werden soll, nicht zu umgehen, so handelt es sich darum, die durch die abweichende Temperatur des Fadens hervorgerufene Korrektion („Korrektion für den herausragenden Faden") zu bestimmen.

Es sei: t die Temperatur des Bades und T die Temperatur der weiteren Umgebung, so herrscht längs der Quecksilbersäule ein Temperatur-

---

[1] J. Pernet, Trav. et Mem. **1**, B 16 (1881); vgl. auch J. Pernet, W. Jaeger u. C. Gumlich, Z. Inst. **15**, 124 (1895) (Abb.).

[2] Bull. Bur. of Stand. **3**, 682 (1907) (Abb.).

[3] Z. Instr. **28**, 376 (1907).

gefälle von t nach T zu, das von den Wärmeleitvermögen der Quecksilbersäule und der äußeren Temperaturverteilung längs des Thermometerstieles abhängt. Es sei zunächst angenommen, daß die dabei resultierende mittlere Temperatur t' des Fadens bekannt sei. Bezeichnen wir dann noch mit τ die abgelesene Temperatur am Thermometer, n' die Länge des herausragenden Fadens in Graden bei der Temperatur t', n_0 dieselbe bei der Temperatur 0, n dieselbe bei der Temperatur t und endlich mit α den mittleren scheinbaren Ausdehnungskoeffizienten des Quecksilbers im Glase, so daß also:

$$n = n_0(1 + \alpha t) \quad \text{und} \quad n' = n_0(1 + \alpha t')$$

ist. Dann ist die an der Ablesung anzubringende Korrektion

$$c = t - \tau = n - n'$$

und mit Auslassung einfacher Umformungen

$$c = (t - t')\cdot\alpha\cdot n_0 = (\tau - t')\frac{n'}{\frac{1}{\alpha} + t' - n'}.$$

Dabei ist $1 + \alpha(t' - n')$ nahezu gleich 1, so daß man mit großer Annäherung setzen kann:

$$c = (\tau - t')\cdot\alpha n'.$$

Hierin ist zu setzen (vgl. Nr. 2):

für Glas 59‴	α	$= {}^1/_{6100}$	=	0,000164
„ „ 16‴		$= {}^1/_{6370}$	=	157
Quarzglas		$= {}^1/_{5600}$	=	179

Streng genommen gelten diese Faktoren nur für 0 bis 100°; für höhere Temperaturen werden sie etwas kleiner. Indessen ist diese Änderung wohl stets zu vernachlässigen.

Zur Erläuterung mögen folgende, den Prüfungsscheinen der Reichsanstalt entnommenen Beispiele dienen:

Thermometer aus Glas 16‴	Beispiel 1	Beispiel 2
Abgelesene Temperaturen τ	78°	400°
Länge des herausragenden Fadens n' .	28°	150°
Seine mittlere Temperatur t'	30°	50°
	$c = +0{,}21°$	$+8{,}3°$

Die größte Unsicherheit bei Anwendung dieser Formeln liegt in der Bestimmung der mittleren Temperatur t' des Fadens. KOPP[1] und REGNAULT[2] brachten etwa in der Mitte des Fadens ein kleines Thermometer an und setzten für t' dessen Temperaturangabe ein. Es leuchtet ein, daß die Temperaturdifferenz des Fadens gegen die des Bades infolge der Wärmeleitung vom Bade her namentlich bei Einschlußthermometern nicht so groß sein wird, wie das Hilfsthermometer angibt, daß also die so ermittelte Korrektion zu groß ausfallen wird. Um diesen

[1] H. KOPP, Lieb. Ann. **94**, 262.
[2] V. REGNAULT, Mem. Acad. Fr. **21**, 225 und Rel. **1**, 225 (1847).

Fehler auszugleichen, erniedrigte HOLTZMANN den Wert für α von 0,000154 auf 0,000135 und THORPE, nachdem durch Versuche von LANDOLT gezeigt war, daß der HOLTZMANNsche Koeffizient zu niedrige Korrektionen ergab, auf 0,000143. MILLS endlich will an Stelle einer Konstanten für α eine lineare Funktion der Länge des herausragenden Fadens in die Formel einsetzen. Um dem Einfluß der Wärmeleitung Rechnung zu tragen, wandten MOUSSON und WÜLLNER[1] die Gesetze der Wärmeleitung in Stäben auf die Quecksilbersäule an und erhielten im wesentlichen gleiche Formeln, deren Konstanten sich durch Versuche ermitteln ließen. RIMBACH[2], der die verschiedenen Vorschläge zur Berechnung der Fadenkorrektion einer experimentellen Prüfung unterwarf, fand jedoch, daß keiner zu völlig richtigen Werten führt. Er schlägt deshalb vor, die von ihm für die gebräuchlichen Thermometertypen empirisch ermittelten Korrektionen nach den von ihm aufgestellten Tabellen zu benutzen.

Daß damit die Aufgabe keine völlig befriedigende Lösung gefunden hat, liegt auf der Hand und ist von RIMBACH selbst betont worden. Bei Thermometern, die erheblich von den von ihm benutzten Typen abweichen oder bei Temperaturbädern, die in ganz anderer Weise Wärme an die Umgebung abgeben, sind seine Angaben nicht zu verwenden. Dagegen ist das Ziel mit einer für die meisten praktischen Fälle in zufriedenstellender Genauigkeit erreicht worden durch zwei Instrumente, die in jedem Einzelfalle die mittleren Fadentemperaturen zu bestimmen erlauben: die GUILLAUMEsche Korrektionsröhre und das MAHLKEsche Fadenthermometer. Der Grundgedanke ist der, daß neben dem Hauptthermometer ein zweites Rohr unter möglichst denselben Bedingungen für die Wärmezu- und ableitung angeordnet wird, und daß in diesem die mittlere Temperatur längs des Fadens bestimmt wird. Versuche in dieser Richtung hat bereits THIESEN gemacht, indem er in einem solchen Rohre kleine Thermometer anbrachte. Indessen ist eine wirklich übereinstimmende Temperaturverteilung in dem Rohre und dem Thermometerstiel natürlich keineswegs vorhanden. GUILLAUME[3] verfuhr deshalb so, daß er das Rohr dem Thermometerstiel vollständig gleichgestaltete, also Umhüllungsrohr und Quecksilberfaden gleichmachte. Er erreichte das, indem er ein dem ersten völlig gleiches Thermometer konstruierte, dem nur das Gefäß fehlte. Die mittlere Temperatur ergibt sich dann unmittelbar aus der Länge des Fadens. Die Empfindlichkeit eines solchen Instrumentes ist natürlich bei der geringen Menge Quecksilbers recht gering. MAHLKE[4] suchte es deshalb dadurch zu vervollkommnen, daß er an das fadenförmige Gefäß der GUILLAUMEschen Röhre wiederum eine feinere Capillare ansetzte, so daß das Ganze einem gewöhnlichen Quecksilberthermometer mit sehr langem fadenförmigen Gefäß glich. Die Genauigkeit der Ablesung kann allerdings dadurch be-

---

[1] WÜLLNER, Exper. Phys. **2**, 385 (1896). Dort auch die übrige Literatur.

[2] E. RIMBACH, Z. Instr. **10**, 153 (1890).

[3] C. E. GUILLAUME, Z. Instr. **12**, 69 (1892) und **13**, 155 (1893). Die Idee ist, wie GUILLAUME selbst zeigt, viel älter (1777), jedoch inzwischen vergessen worden.

[4] A. MAHLKE, Z. Instr. **13**, 58 (1893).

trächtlich erhöht werden, indessen treten neue Fehlerquellen auf, die den gewonnenen Vorteil fraglich erscheinen lassen.[1]

Die Anwendung der GUILLAUMEschen Röhre ist sehr einfach (Fig. 105): das Instrument wird so neben dem zu beobachtenden Thermometer angebracht, daß das Ende seiner Quecksilbersäule auf gleicher Höhe mit dem Quecksilbermeniscus in dem Hauptthermometer ist. Bei dem MAHLKEschen Fadenthermometer muß man das obere Ende seines Gefäßes etwas tiefer setzen wegen des in seiner Capillare befindlichen Quecksilbers. Bei der vorauszusetzenden gleichen Temperaturverteilung ergibt das Fadenthermometer, wenn seine Angaben bei ganz eintauchendem Gefäß richtig sind, unmittelbar die mittlere Temperatur der Quecksilbersäule des Thermometers, die seiner Gefäßlänge entspricht. In die Formel S. 185 ist mithin für t' die Angabe des Fadenthermometers und für n' die Anzahl der Grade einzusetzen, die an dem Hauptthermometer der Gefäßlänge des Fadenthermometers entspricht.

Beispiel: Thermometer aus Glas 59‴

Temperaturangabe des Thermometers . .	$\tau = 200^0$
Länge des Fadenthermometergefäßes 5 cm;	
1^0 am Hauptthermometer = 0,1 cm, mithin	$n' = 50^0$
Temperatur des Fadenthermometers . . .	$t' = 120^0$

$$c = \frac{50 \cdot 80}{6100} = +0{,}66^0$$

Für die Anwendbarkeit der Formel ist es offenbar gleichgültig, ein wie großer Teil des Fadenthermometers sich auf der Temperatur des Bades selbst befindet, so daß die Eintauchtiefe an sich beliebig groß sein kann. Da ferner unter der Voraussetzung, daß im Bade selbst überall die gleiche Temperatur herrscht, die Verteilung der Quecksilbermasse im Bade keinen Einfluß auf den Stand des Thermometers ausüben kann, so darf das Fadenthermometer auch bis unter eine etwa am Hauptthermometer vorhandene Erweiterung E_1, ja selbst bis unter das Gefäß des Hauptthermometers reichen (Fig. 105). Dagegen darf das Hauptthermometer keine Erweiterung in dem Gebiete des Temperaturgefälles, also etwa bei E_2 besitzen, da die in dieser Erweiterung enthaltene Quecksilbermenge eine Standänderung hervorrufen würde, die bei dem Fadenthermometer nicht zum Ausdruck käme. Natürlich wird die Genauigkeit der Korrektion durch ein unnötig tiefes Eintauchen des Fadenthermometergefäßes beeinträchtigt: die Differenz $(\tau - t')$ wird kleiner, und damit fallen die Ablesefehler stärker ins Gewicht. Dagegen ist es andererseits nicht richtig, das Gefäß an oder gar oberhalb der Oberfläche des Bades enden zu lassen, da dadurch die Wärmeleitung vom Bade her von der beim Hauptthermometer erheblich verschieden sein kann.

Bei der Anwendung des Fadenthermometers von MAHLKE ist zu beachten, daß eine gewisse Unsicherheit darin liegt, daß die Höhe, bis zu

[1] E. BUCKINGHAM, Journ. Wash. Acad. 1, 167 (1911); Bull. Bur. of Stand. 8, 239 (1912).

der das Gefäßende eingestellt werden soll, wegen des in seiner Capillare befindlichen Quecksilbers nicht ohne weiteres angebbar ist. Die richtige Höhe würde sich so ergeben, daß man sich das Gefäß um so viel verlängert denkt, daß es die Quecksilbermenge in der Capillare noch aufnehmen würde und daß man dann das obere Ende dieses Gefäßes in gleiche Höhe bringt wie den Meniscus im Hauptthermometer. Diese Höhe läßt sich aus den Ablesungen am Fadenthermometer jederzeit ermitteln. Zur Ersparung jeder Rechnung hat ADAM[1] bei dem Fadenthermometer neben der eigentlichen Skala eine Hilfsskala angebracht, auf der angegeben ist, bis zu welcher Stelle das Quecksilber stehen würde, falls das Fadengefäß oben nicht zu der engeren Capillare verjüngt wäre (vgl. Fig. 106). Der Gebrauch erhellt am besten aus folgendem Beispiel: Es sei

$$n' = 505 - 420^0 = 85^0$$
$$\tau = 505^0 \qquad t' = 300^0,$$

hieraus ergibt sich nach der genaueren Formel (S. 185):

$$c = (\tau - t') \cdot \frac{n'}{\frac{1}{\alpha} + t' - n'}$$

$$= 205 \cdot \frac{85}{6370 + 300 - 85} = 2{,}65^0.$$

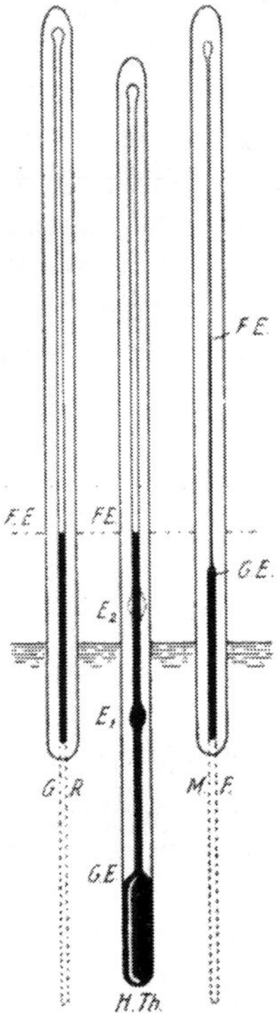

Fig. 105. Anordnung einer GUILLAUMEschen Röhre (*G.R.*) und eines MAHLKEschen Fadenthermometers (*M. F.*) neben dem Hauptthermometer (*H.Th.*)
F.E. = Fadenende
G.E. = (oberes) Gefäßende beim Haupt- und Fadenthermometer
E_1 und E_2 = Erweiterungen am Hauptthermometer.

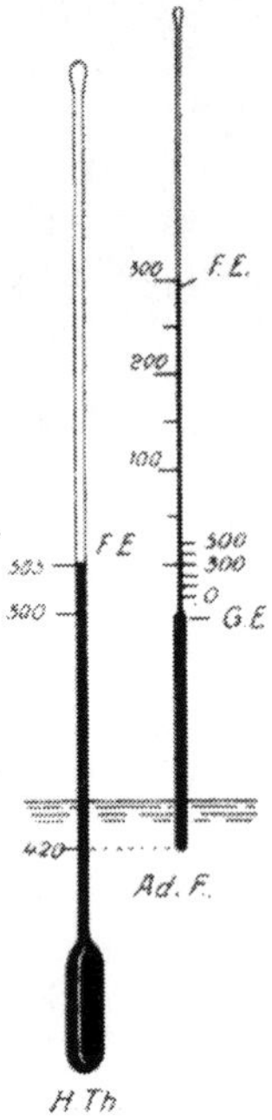

Fig. 106. Anordnung eines ADAMschen Fadenthermometers (*Ad.F.*) neben einem Hauptthermometer (*H. Th.*)
F.E. = Fadenende
G.E. = (oberes) Gefäßende beim Fadenthermometer.

In diesem Falle ist das Fadenthermometer, das die Temperatur 300⁰ anzeigt, so einzustellen, daß der Teilstrich 300 auf der Hilfsskala in der Höhe des bei 505⁰ stehenden Meniscus im Hauptthermometer liegt.

Für die richtige Konstruktion eines Fadenthermometers ergeben sich nach dem Vorangegangenen folgende Gesichtspunkte: 1. Haupt- und Fadenthermometer müssen möglichst gleichartig, d. h. beide entweder Einschluß oder Stabthermometer sein und aus gleichem Glase bestehen.

[1] J. ADAM, Z. Instr. 27, 101 (1907).

2. Das Gefäß des Fadenthermometers muß möglichst denselben Durchmesser wie die Capillare des Hauptthermometers haben, von gleichmäßigem Kaliber sein und insbesondere an dem oberen Ende keine merklichen Erweiterungen oder Verengerungen haben. 3. Das Gefäß des Fadenthermometers soll etwas länger sein als der herausragende Faden des Hauptthermometers. Bei den käuflichen Instrumenten ist im allgemeinen die Bedingung 2. am wenigsten erfüllt: der Durchmesser des Fadenthermometergefäßes ist meistens erheblich größer als derjenige der Capillare des Hauptthermometers, sowohl um eine größere Empfindlichkeit zu erzielen, wie auch um die Capillare des Fadenthermometers nicht allzueng nehmen zu müssen.

17. Trägheit und toter Gang des Thermometers.

Wird ein Thermometer in ein Bad getaucht, so nimmt es dessen Temperatur nicht sogleich an. Ist die Temperatur des Bades absolut konstant, so wird sie sogar theoretisch von dem Thermometer niemals vollständig erreicht. Für die Praxis genügt es indessen, die Zeit zu kennen, nach welcher der Unterschied zwischen der Temperatur des Bades und der des Thermometers kleiner ist als der Meßfehler. Dies ist meist schon nach einem Bruchteil einer Minute der Fall.

Die Ursache für das Zurückbleiben der Angabe des Thermometers hinter der Temperatur der Umgebung ist doppelter Art:

1. Die eintauchenden Teile des Thermometers, sein Gefäß und die Quecksilbermasse müssen erwärmt werden und diese Erwärmung beansprucht eine gewisse Zeit. Die Erscheinung wird als „thermische Trägheit“ bezeichnet.

2. Die Standänderungen des Thermometers werden durch Reibungen bei den Bewegungen des Quecksilbers gehemmt, so daß die Verschiebung des Meniscus einige Zeit erfordert, und sie werden durch Haftenbleiben des Quecksilbers in der engen Capillare ganz verhindert, so daß bei kleinen Temperaturdifferenzen der letzte Ausgleich gar nicht mehr eintritt. Man bezeichnet dieses als „toten Gang“ des Thermometers. Der Einfluß der Reibung bei der Bewegung läßt sich von dem der thermischen Trägheit nicht trennen, und muß deshalb, obwohl seine Ursache ganz anderer Natur ist als jene, ihr zugerechnet werden.

a) Die thermische Trägheit.[1]

Will man die Erscheinung der thermischen Trägheit unmittelbar durch schnelles Eintauchen in ein Bad von höherer Temperatur beobachten, so zeigt das Thermometer im allgemeinen zunächst ein plötzliches Sinken

[1] F. KOHLRAUSCH u. LOOMIS, Pogg. **141**, 487 (1870); DAHLANDER, Öfvers. af kgl. vetensk. akad. förh. (Stockholm) **9**, 26 (1876); M. THIESEN, Metron. Beitr. **3**, 13 (1881); CH. ED. GUILLAUME, Séances de la Soc. franç. de phys. **7**, Paris (1891); JAEGER u. v. STEINWEHR, Verh. D. phys. Ges. **5**, 50 u. 353 (1903); Z. phys. Ch. **54**, 428 (1906); RICHARDS, HENDERSON u. FORBES, Z. phys. Ch. **52**, 551 (1905); HARTMANN, Z. Instr. **17**, 131 (1897); HERGESELL, Meteor. Z. **14**, 433; ebenda **17**, 14 (1897) u. a. meteorol. Arbeiten.

des Fadens und erst darauf einen Anstieg, der immer langsamer wird und schließlich ganz aufhört. Das anfängliche Sinken ist darauf zurückzuführen, daß sich zuerst das Gefäß erwärmt und ausdehnt und darauf erst das darin enthaltene Quecksilber.

Für gewöhnlich wird man es mit so plötzlichen Änderungen nicht zu tun haben. Aber auch dann ist die Trägheit von Einfluß auf die Messung. Denkt man sich, daß das Bad, in welches das Thermometer taucht, seine Temperatur gleichförmig ändert, so folgt das Thermometer der wahren Temperatur des Bades erst in einem bestimmten Abstande. Dieser Abstand ist abhängig von der Natur des Mediums, in welches das Thermometer taucht, von seiner Bewegung (durch Gerührtwerden, Fließen usw.), von der Geschwindigkeit der Temperaturänderung und endlich von einer durch das Material und die Abmessungen des Thermometers bestimmten individuellen Konstanten, die seine thermische Trägheit charakterisiert. Ihr Gegenteil bezeichnen wir als „thermische Folgsamkeit“.[1]

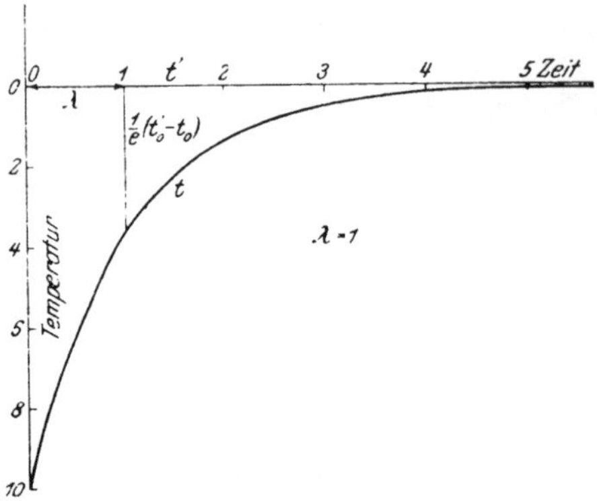

Fig. 107. Temperaturgang eines Thermometers mit der thermischen Trägheit $\lambda = 1$ bei Eintauchen in ein Bad von konstanter Temperatur.

t' Temperatur des Bodens,
t Temperatur des Thermometers,
λ Trägheitskonstante des Thermometers = Zeit, nach welcher seine Temperatur von der des Bades um $1/e$ der anfänglichen Differenz abweicht.

Die Trägheit ist im wesentlichen bestimmt durch die Wärmekapazität des eintauchenden Teiles oder seinen „Wasserwert“ und durch das Verhältnis seines Volumens zur Oberfläche.

Um den Einfluß der Trägheit rechnerisch verfolgen zu können setzt man im allgemeinen das Newtonsche Abkühlungsgesetz als gültig voraus, nachdem die Änderungsgeschwindigkeit der Temperatur t in der Zeit x proportional ist dem in jedem Augenblick herrschenden Temperaturunterschied zwischen dem Thermometer und seiner Umgebung.[2] Hiernach ist:

$$\lambda \frac{dt}{dx} = t' - t,$$

wenn t die Temperatur des Thermometers.
t' die der Umgebung und
λ eine Konstante ist.

[1] Für den Gebrauch des Wortes ist ein Bedürfnis vorhanden. Da sich bisher ein Positiv zu dem Negativ der „Trägheit“ nicht eingebürgert hat, so wird häufig als Ersatz dafür der Ausdruck „Empfindlichkeit“ gebraucht, wodurch dieses Wort eine unleidliche Doppelsinnigkeit erhält. Wir gehen auf den von Thiesen [Metron Beitr. Nr. 3, S. 13 (1881)] gebrauchten Ausdruck: „das Folgen des Thermometers“ zurück und nennen die Eigenschaft, die den Grad seines Folgens bestimmt, seine „Folgsamkeit“.

[2] Über die Gültigkeit des Gesetzes vgl. Thiesen, Hartmann l. c.

Es mögen nun folgende beiden Fälle betrachtet werden:

1. Es sei die Temperatur der Umgebung t' konstant (Fig. 107). Dann ergibt die Integration:

$$t' - t = (t' - t_0) \cdot e^{-\frac{x}{\lambda}},$$

worin t_0 die Anfangstemperatur des Thermometers und $e = 2{,}718$, die Basis der natürlichen Logarithmen bedeutet. Die Gleichung ergibt nach sehr langer Zeit, d. h. für $x = \infty$

$$t' - t = 0\,.$$

Dies bedeutet, daß die Differenz $t' - t$ nach Art einer Exponentialfunktion verschwindet, d. h. daß sich die Temperatur des Thermometers asymptotisch der konstanten Temperatur der Umgebung t' nähert.

Für $x = \lambda$ wird

$$t' - t = \frac{1}{e}(t' - t_0)\,.$$

Die für die Trägheit charakteristische Konstante λ bedeutet also die Zeit, nach der unter den vorliegenden Bedingungen die Temperaturdifferenz zwischen Thermometer und Umgebung auf den Bruchteil $\frac{1}{e}$ des Anfangswertes gesunken ist.

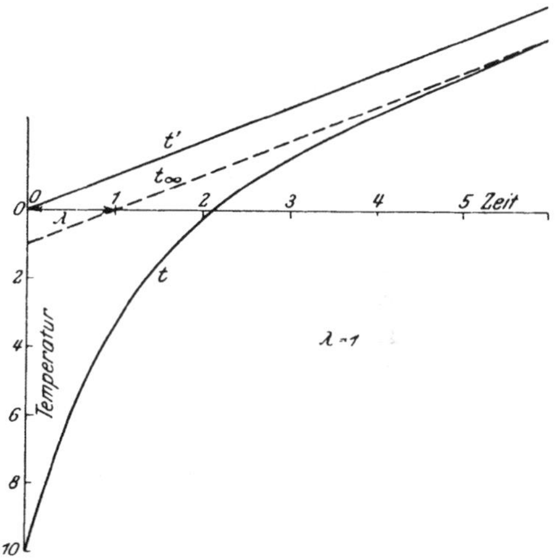

Fig. 108. Temperaturgang eines Thermometers mit der thermischen Trägheit $\lambda = 1$ bei Eintauchen in ein Bad, dessen Temperatur gleichförmig ansteigt.

t' Temperatur des Bades
t Temperatur des Thermometers,
λ Trägheitskonstante des Thermometers = Zeit, um welche die Temperatur des Thermometers nach sehr langer Zeit (t_∞) der Temperatur des Bades nachhinkt.

2. Es ändere sich die Temperatur der Umgebung t' von einem Anfangswert t'_0 an proportional der Zeit (Fig. 108). Es sei also:

$$t' = t'_0 + A x\,.$$

Dann ergibt die Integration:

$$t' - t = A\lambda + (t'_0 - t_0 - A \cdot \lambda) \cdot e^{-\frac{x}{\lambda}}.$$

Nach Verlauf einer sehr langen Zeit, d. h. für $x = \infty$ ergibt sich jetzt:

$$t' - t = A \cdot \lambda, \text{ d. h. konstant.}$$

Dies bedeutet, daß die Differenz $t' - t$ bis auf ein konstantes Glied $A \cdot \lambda$ nach Art einer Exponentialfunktion verschwindet, d. h. daß sich die Temperatur des Thermometers bei steigender Temperatur der Umgebung asymptotisch einem Werte t_∞ nähert, der stets um $A \cdot \lambda$ tiefer liegt als die Temperatur der Umgebung.

Nehmen wir an, das Thermometer sei bereits so lange in dem Bad, daß dieser Zustand erreicht sei, dann folgt aus

$$t' - t = A \cdot \lambda \quad \text{und} \quad t' - t'_0 = A \cdot x,$$

für $\lambda = x$

$$t = t'_0 .$$

Die Konstante λ gibt hiernach auch die Zeit an, nach deren Verlauf irgendeine Temperatur, die das sich gleichmäßig ändernde Bad zuvor gehabt hat, von dem Thermometer erreicht wird. Man drückt sich für gewöhnlich so aus: das Thermometer „hinkt um die Zeit λ der Temperatur des Bades nach".

Hiernach bieten sich zwei Wege, die Trägheit eines Thermometers zu bestimmen:

1. Man taucht das Thermometer in ein Bad, dessen Temperatur konstant erhalten wird und bestimmt die Zahl von Sekunden, nach denen die Temperatur des Thermometers von der des Bades nur noch um $\frac{1}{e}$ des Anfangswertes abweicht.

2. Man läßt das Thermometer lange Zeit in ein Bad tauchen, dessen Temperatur gleichförmig ansteigt, und bestimmt die Zahl von Sekunden, die von dem Augenblick an, wo das Bad eine Temperatur erreicht hat und bis zu dem, wo das Thermometer diese Temperatur anzeigt, verstreicht.

Bei der zweiten Methode liegt eine Schwierigkeit darin, daß die Kenntnis der wahren Temperatur des Bades erforderlich ist und daß diese sich nur mit einem Instrumente bestimmen ließe, das ganze ohne Trägheit ist. Dünne Thermoelemente, auch wohl besonders konstruierte Widerstandsthermometer von sehr kleiner Masse erfüllen die Bedingung nahezu, jedoch nie ganz streng. Die erste Methode, bei der sich die Temperatur des Bades einwandfrei bestimmen läßt, verdient jedenfalls den Vorzug. Zur Beobachtung des Temperaturganges werden hier entweder die Ablesungen in bestimmten Zeitintervallen ausgeführt oder es werden, wohl genauer mit dem Chronographen die Zeiten ermittelt, in denen gleiche Temperaturanstiege erfolgen. Zur Berechnung kann man sich dabei mit großem Vorteil graphischer Methoden bedienen.

Zahlenwerte. Für die Trägheitskonstante fand Thiesen (l. c.) durch Eintauchen in ruhendes Wasser an Einschlußthermometern die Werte $\lambda = 7$ bis 30 Sekunden und Jaeger und v. Steinwehr (l. c.) in dem gerührten Wasser ihres Kalorimeters $\lambda = 5$ bis 13 Sekunden.

Genauere Angaben über den Einfluß der Natur der Flüssigkeit, in die das Thermometer taucht, und der Geschwindigkeit, mit der sie sich an dem Thermometer vorbeibewegt, findet man in einer Note des Bureau of Standards,[1] der wir folgende Tabelle entnehmen:

---

[1] Bur. of Stand., Journ. Frankl. Inst. **173**, 641 (1912).

Chemisches Thermometer mit kleinem Gefäß; λ in Sekunden.

Geschwindigkeit in cm/sek.	0	1	5	10	50	100	500 bis 1000	∞
Wasser	10,0	5,1	3,3	2,9	2,4	2,3	—	2,2
Öl	40—50	13,4	7,5	6,4	4,8	—	—	in jedem
Luft	190	170	148	128	71	58	33—25	Medium

b) Der tote Gang.

Es ist wiederholt darauf hingewiesen worden, daß das Quecksilberthermometer zur Erzielung übereinstimmender Angaben stets bei schwach steigender Temperatur beobachtet werden muß. Nur dann zeigt der Meniscus immer die gleiche Form, wodurch dieselbe Einstellung gewährleistet ist. Ändert man die Temperatur der Umgebung des Thermometers nur sehr wenig, läßt man sie z. B. nach dem Fallen ganz schwach steigen, so ändert sich nur der Randwinkel des Quecksilbermeniscus, während die Stellung der Kuppe fast unverändert bleibt. Dabei tritt eine Vergrößerung des auf das Gefäß wirkenden inneren Druckes ein, dem eine Gefäßaufweitung entspricht. Die Erscheinung ist abhängig von den Abmessungen der Capillare und des Gefäßes.[1] So wies GUILLAUME nach, daß die Verzögerungen im Anstieg unter normalen Verhältnissen etwa der Quadratwurzel aus der Größe der Gradlänge $l_0 = \frac{V_0}{q} \cdot A_{100}$ oder der Empfindlichkeit (vgl. Nr. 2) proportional sind, wobei es gleichgültig ist, ob die Empfindlichkeit durch eine Vergrößerung des Gefäßes (V_0) oder durch eine Verengerung der Capillare (Verkleinerung von q) erreicht ist.

Im übrigen sind die Capillarkräfte, die das Haftenbleiben des Meniscus bedingen, in hohem Grade von der Reinheit der inneren Capillarwände abhängig.[2] Selbst bei besten Instrumenten können die durch die Capillardepression bedingten Fehler auf das Doppelte ihres Wertes ansteigen. Hieraus folgt, von welcher Wichtigkeit es ist, daß sowohl die Innenwand der Capillare wie auch das zur Füllung verwandte Quecksilber von höchster Reinheit ist. GUILLAUME empfiehlt deshalb, die Thermometerrohre vor dem Fertigstellen des Thermometers mit kochendem Wasser zu waschen, damit die obere Schicht des Glases entfernt wird.

Die Erscheinungen des toten Ganges lassen sich am einfachsten bis zu einem gewissen Grade dadurch beseitigen, daß man kurz vor der Beobachtung leise seitlich gegen das Thermometer klopft.[3] Man findet für diesen Zweck geeignete Klopfeinrichtungen im Handel, die automatisch in bestimmten Zeiträumen die erforderlichen, gleichmäßig schwachen Schläge ausführen. Zu beachten ist nur, daß die Ablesung bald nach der Er-

[1] S. A. SWORN u. A. SCHUSTER, Proc. Roy. Soc. **66**, 86—94 (1900); CH. ED. GUILLAUME, Soc. franç. de phys. Nr. **159**, 3—4 (1901).

[2] WERTHEIM, Ann. chim. phys. [3] **63**, 168 (1861); SP. U. PICKERING, Phil. Mag. [5] **21**, 330 (1886); ebenda **23**, 401 (1887); CH. ED. GUILLAUME, Traité S. 174 (1889).

[3] Vgl. z. B. E. H. LOOMIS, Wied. **51**, 506 (1894).

schütterung erfolgt, da sonst bei weiter steigender Temperatur ein erneutes Zurückbleiben eintritt.

Im übrigen muß der Fehler infolge von Trägheit und totem Gang durch die Beobachtungsmethode möglichst ausgeschaltet werden. Es muß also z. B. stets bei langsam steigender Temperatur beobachtet werden. Am gefährlichsten ist es, wenn die Temperaturänderung im Laufe der Beobachtung ihr Vorzeichen wechselt. Man richtet es deshalb z. B. bei calorimetrischen Versuchen so ein, daß die Temperatur sowohl in der Vor- wie Nachperiode steigt.

Es mag nicht unerwähnt bleiben, daß auch versucht worden ist, die Fehler durch die Capillarkräfte dadurch zu vermeiden, daß man über den Quecksilbermeniscus eine zweite Flüssigkeit geschichtet hat, wodurch die Unregelmäßigkeiten in der Kuppenbildung aufgehoben werden sollen. So hat Duclaux[1] ein Thermometer hergestellt, bei dem sich über dem Quecksilber etwas verdünnte Schwefelsäure befand und behauptet, daß dieses eine Temperaturdifferenz von 0,002° mit einer Genauigkeit von 4 % zu messen erlaubt. Bedenklich ist dabei, ob die von der Temperatur stark abhängige Dampfspannung der Säure nicht neue Fehler in die Messung bringt.

18. Thermometer mit verschiedenem Skalenumfang. Satzthermometer.

Den außerordentlich mannigfaltigen Verwendungszwecken entsprechend, denen die Quecksilberthermometer im Laboratorium, in technischen Betrieben usw. dienen, ist auch ihr Formenreichtum fast unbegrenzt. Es muß deshalb hier genügen, die leitenden Gesichtspunkte darzulegen, die für die Konstruktion der besonderen Thermometertypen maßgebend sein sollen.

Soll ein Thermometer als allgemeines Gebrauchsinstrument dienen, ohne daß von seinen Angaben eine besondere Genauigkeit gefordert wird, so gibt man ihm einen weiten Skalenumfang, wobei die Gradlänge und Empfindlichkeit naturgemäß nur klein ausfallen kann. So findet man häufig Laboratoriumsthermometer, deren Skala 0 bis 360° und darüber umfaßt, wobei die Gradlänge 1 mm und weit darunter beträgt. Dementsprechend ist der Teilstrichabstand $^1/_1$ bis $^{10}/_1$ und mehr Grade. Derartige Thermometer sind auch dann am Platze, wenn man Temperaturgänge über größere Gebiete hin verfolgen will, ohne das Meßinstrument auszutauschen.

Handelt es sich jedoch darum, in einem beschränkten Temperaturbereich eine Temperatur genauer zu messen, so wird man umgekehrt ein Instrument benutzen, bei dem die Empfindlichkeit auf Kosten des Skalenumfanges erheblich gesteigert ist. Ein Extrem nach dieser Richtung hin bilden z. B. die Eispunkts- und Siedepunktsthermometer, bei denen die Gradlängen oft mehrere Zentimeter betragen. Dementsprechend kann hier

[1] J. Duclaux u. A. Hamelin, Journ. de phys. 9, 600 (1910).

ein Teilstrichabstand von $^1/_{10}$ bis $^1/_{100}$ Grad gewählt werden, so daß der Ablesefehler bis zu $^1/_{1000}$ Grad und weniger betragen kann.

Zwischen diesen Extremen bilden solche Thermometer die Mitte, die bei einem mäßigen Skalenumfang von 100, 50 usw. Graden eine für die meisten Zwecke ausreichende Ablesegenauigkeit von $^1/_{10}$ bis $^1/_{100}$ Grad ergeben.

Wird somit Skalenumfang und Empfindlichkeit durch den jeweiligen Zweck des Thermometers in erster Linie bestimmt sein, so ist es doch rationell, ein größeres Temperaturgebiet so auf eine Anzahl von Instrumenten zu verteilen, daß die einzelnen Teile sich lückenlos, mit Überdeckung von einigen Graden aneinander anschließen. Man erhält so „Satzthermometer", deren Verwendung immer dann der eines Thermometers mit umfassenderer Skala vorzuziehen ist, wenn ein Austausch der Instrumente beim Übergang von einer im Bereiche eines Teilthermometers zu einer im Bereiche eines anderen liegenden Temperatur möglich ist.

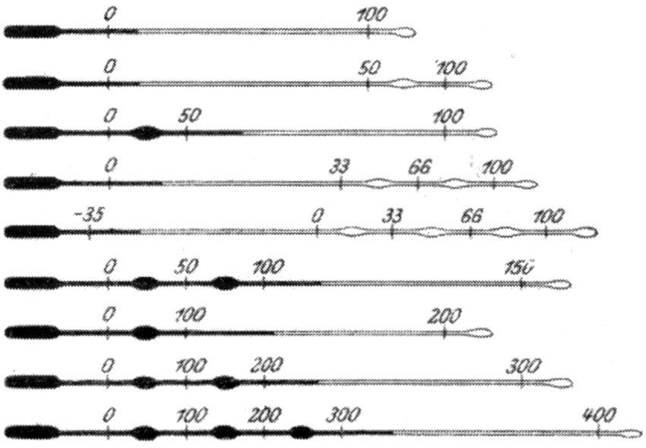

Fig. 109.
Thermometer mit verschiedenem Skalenumfang.

Stellt man die höchsten Anforderungen an die Thermometer eines solchen Satzes, so wird man fordern müssen, daß jedes Instrument fundamental bestimmbar ist. Dies erreicht man dadurch, daß man eine geeignete Reihe von Erweiterungen einschaltet, deren Volumen in einem einfachen Verhältnis zu dem des Fundamentalintervalles und des Skalenumfanges steht. Man erhält so z. B. die in der Fig. 109 dargestellten Typen. (Sätze nach ALLIHN[1], WIEBE[2] u. a.)

Bei einem geringeren Anspruch an die Genauigkeit kann man die vollständige Kalibrierbarkeit fallen lassen und außerhalb der zu benutzenden Skala lediglich den Eispunkt zur Kontrolle der Unveränderlichkeit der Angaben oder zur Berücksichtigung der Depression an dem Instrument beibehalten. Derartige Thermometer sind in den mannigfachsten Ausführungen, je nach dem besonderen Anwendungszweck, für den sie bestimmt sind, in Gebrauch. (Sätze nach ANSCHÜTZ, GRAEBE u. a.)

Häufig wird auch der Eispunkt noch fortgelassen. Der Vorzug liegt darin, daß solche Instrumente viel kürzer und handlicher hergestellt werden können. Indessen beraubt man sich dadurch eines sehr wichtigen Mittels, Standänderungen durch Volumänderungen des Glases, Abdestillieren von Quecksilber usw., an den Änderungen der Eispunktslagen zu erkennen.

[1] F. ALLIHN, Chem. Ztg. **12**, 1555 (1888).

[2] H. F. WIEBE u. A. BÖTTCHER, Z. Instr. **10**, 23 (1890).

19. Thermometer mit veränderlicher Quecksilberfüllung — Beckmann-Thermometer.[1]

So zweckmäßig die Verteilung eines großen Temperaturgebietes auf verschiedene Thermometer auch ist, so findet sie doch ihre natürliche Grenze in der allzugroßen Zahl von Instrumenten, die erforderlich wäre, um bei einem hohen Grad von Genauigkeit ein einigermaßen umfangreiches Temperaturgebiet zu beherrschen. Nimmt man beispielsweise bei den Teilinstrumenten an, daß sie in hundertstel Grade geteilt sind, so werden sie bei einer Länge von 30 bis 40 cm und einer deutlichen Teilung höchstens 7° umfassen können. Es würden also allein für das Intervall von 0 bis 100° fast 20 Instrumente erforderlich sein. Die hierin liegende Schwierigkeit umgeht man, wenn man Thermometer verwendet, bei denen ein Teil des Quecksilbers von der Hauptmenge abgetrennt werden kann, so daß sich dasselbe Instrument für die verschiedensten Gebiete einstellen läßt. Die ersten derartigen Thermometer, die von Walferdin konstruiert und „metastatische" Thermometer genannt wurden, zeigten an dem oberen Ende der Capillare eine kegelförmige Erweiterung, die an dem Übergang zur Capillaren eine kleine Einschnürung hatte. Sollte das Thermometer bei einer höheren Temperatur gebraucht werden, als der normalen Füllung entsprach, so wurde es etwas über diese zu messende Temperatur erwärmt, so daß Quecksilber in die Erweiterung trat. Dann wurde durch seitliches Klopfen eine geeignete Menge Quecksilber von der Hauptmenge abgetrennt und das Gefäß in wagerechter Lage abgekühlt, wobei sich der Faden aus der Erweiterung zurückzog, ehe eine Wiedervereinigung erfolgen konnte. Beim Aufrichten blieb das abgetrennte Quecksilber in der Erweiterung liegen, konnte aber jederzeit mit der Hauptmenge wieder vereinigt werden, indem man das Thermometer so weit erwärmte, daß der verkürzte Faden wieder in die Erweiterung trat. Dasselbe hier benutzte Prinzip ist dann von Pernet zur Konstruktion fundamentalbestimmbarer, streng kalibrierbarer Instrumente verwendet worden. Eins dieser Pernetschen Thermometer hatte z. B. außer dem Hilfsreservoir am Ende der Capillare noch vier Erweiterungen, von denen jede etwas weniger als 50° enthielt. Diese Erweiterungen lagen zwischen 0 und 50°, 50 und 100°, 150 und 200° und 200 und 250°. Hierdurch war es möglich, mit den Instrumenten von verhältnismäßig geringer Länge und dementsprechend großer Empfindlichkeit im ganzen Bereiche von −37 bis +300° recht genaue Messungen auszuführen.

Eine besondere Bedeutung erhielt das Thermometer mit veränderlicher Füllung durch die Methoden der Molekulargewichtsbestimmung, die auf der Messung der Gefrierpunktserniedrigung und der Siedepunktserhöhung beruhen. Hier bedurfte man eines Instrumentes, das bei einem ungewöhnlich hohen Anspruch an die Genauigkeit verhältnismäßig kleine

---

[1] E. Beckmann, Z. phys. Chem. **2**, 643 (1888); ebenda **15**, 674 (1894); ebenda **21**, 252 (1896); ebenda **51**, 329 (1905); Fr. Grützmacher, Z. Instr. **16**, 171 (1896). Vgl. auch: H. Biltz, Die Praxis der Molekulargewichtsbest. Berlin 1898, S. 50f.

Temperaturdifferenzen zu messen erlauben mußte. Dazu war das metastatische Thermometer in hervorragendem Maße geeignet, insbesondere nachdem es durch E. BECKMANN eine wesentlich vollkommenere Form erhalten hatte.

Das BECKMANNsche Thermometer, das im allgemeinen als Einschlußthermometer hergestellt wird, ist vor allem dadurch charakterisiert, daß die Capillare am oberen Ende zunächst abwärts und dann wieder aufwärts gebogen ist, wobei der mittlere Teil eine zylindrische Erweiterung trägt (Fig. 110). Hierdurch ist erreicht, daß von dem Quecksilber, das von oben in die Erweiterung tritt, leicht ein bestimmter Teil abgetrennt werden, und daß der abgetrennte Teil nie von selbst — etwa durch Erschütterungen — in die Capillare zurücktreten kann. Für die Messung bei tiefen Temperaturen ist es dabei von Bedeutung, daß bei dem unvermeidlichen Erwärmen auf Zimmertemperatur zwischen den einzelnen Messungen das Quecksilber sogar in die Erweiterung treten kann, ohne daß es sich bei vorsichtiger Handhabung mit der im Reservoir befindlichen Menge vereinigt. Ist dagegen eine Wiedervereinigung beabsichtigt, so kehrt man, nachdem man durch Erwärmen des Gefäßes die Hauptquecksilbermasse bis in die Erweiterung hat treten lassen, das Thermometer schnell um, und bringt das abgetrennte Quecksilber durch leichtes Schleudern zum Zusammenfließen mit der Hauptmenge, worauf es beim Abkühlen mit in die Capillare gesogen wird.

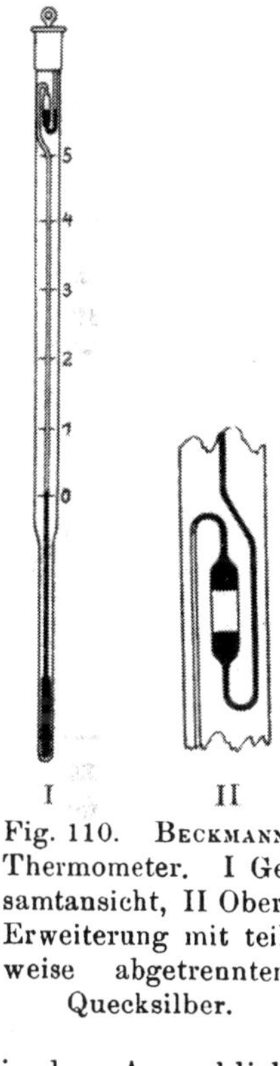

Fig. 110. BECKMANN-Thermometer. I Gesamtansicht, II Obere Erweiterung mit teilweise abgetrenntem Quecksilber.

Im Laufe der Zeit hat das Thermometer einige Änderungen erfahren, die sich hauptsächlich darauf erstrecken, die Einstellung auf eine bestimmte Temperatur beim Abtrennen des Quecksilbers zu erleichtern.[1] Zu diesem Zwecke ist von KÜHN (Fig. 111) an der Erweiterung eine Hilfsteilung angebracht, die in folgender Weise benutzt wird (s. Fig. 111, I): Man läßt bei aufrechtstehendem Thermometer das Quecksilber durch Erwärmen in die Erweiterung treten und klopft in dem Augenblick, wo die Kuppe der hängenden Quecksilbersäule gerade auf der Temperatur einsteht, bei der die Messung erfolgen soll, die übergetretene Quecksilbermenge vom Faden ab. Da das Abreißen des Quecksilbers stets sehr nahe an der Stelle erfolgt, wo die Capillare in die am oberen Ende etwas kugelförmig aufgeblasene Erweiterung übergeht, so läßt sich die gewünschte Temperatur ziemlich genau, nämlich auf etwa 1^0 bei einer Einteilung der Hilfsskala in zweifache Grade, treffen. Um eine noch feinere Einstellung zu ermöglichen, und dabei des für das Instrument nicht ungefährlichen seitlichen Klopfens überhoben zu sein, hat die Firma Dr. Siebert und Kühn

[1] E. BECKMANN a. a. O. (1905); A. KÜHN, Chem. Z. **36**, 843 (1912).

neuerdings noch die Anordnung getroffen, daß die in eine Spitze auslaufende Capillare in die aufrechte zylindrische Erweiterung hineinragt (Fig. 111, II). Die Abtrennung des Quecksilbers kann nun entweder wie vorher unter Ablesen des Standes der Quecksilberkuppe auf der

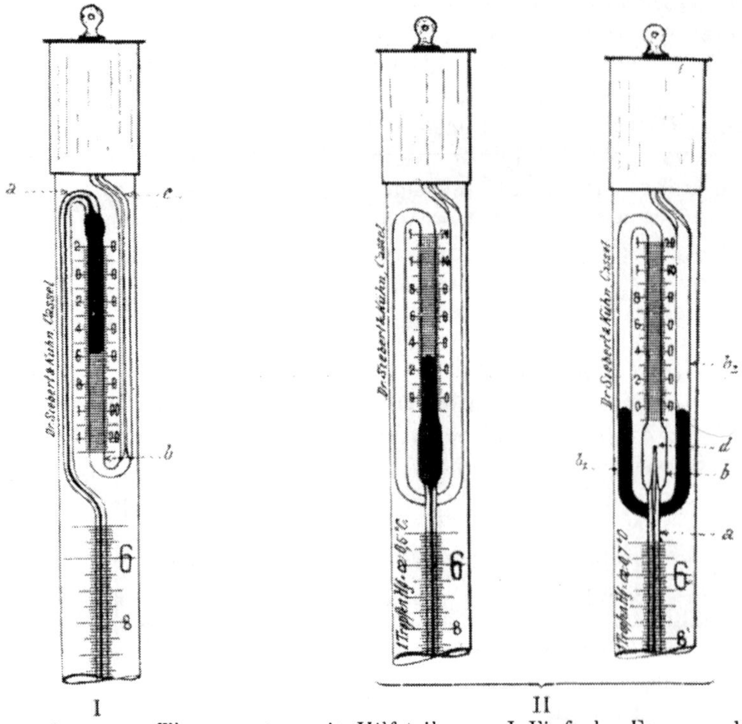

Fig. 111. Beckmann-Thermometer mit Hilfsteilung. I Einfache Form nach Kühn, II Form von Dr. Siebert u. Kühn mit Tropfspitze (*d*).

Hilfsteilung und Umkehren des Instrumentes oder so geschehen, daß man die aus der Spitze austretenden Tropfen, deren Größe in Graden ein für allemal bestimmt ist, zählt.

Da es sich bei dem Gebrauch des Beckmann-Thermometers in erster Linie um die Messung von Temperatur*differenzen* handelt, so wird man in den seltensten Fällen die bei einer gegebenen Einstellung einem bestimmten Stande entsprechende Temperatur gebrauchen. Es genügt deshalb, die Teilung so auszuführen, daß die Gradlänge einer Temperaturänderung von einem Grad entspricht, daß im übrigen die Bezifferung willkürlich ist.

An Korrektionen sind bei dem Beckmann-Thermometer alle bei feinen Instrumenten in Betracht kommenden zu berücksichtigen. Hierzu tritt jedoch noch eine für Thermometer mit veränderlicher Füllung charakteristische Korrektion, die daher rührt, daß sich der Gradwert mit der Höhe der Temperatur ändert, auf die das Thermometer eingestellt ist, weil die in Gefäß und Capillare verbleibende wirksame Quecksilbermenge je nach der Füllung verschieden groß ist.

Der Anschaulichkeit halber denken wir uns wieder ein Fadenthermometer mit überall gleichmäßiger Capillare. Dann ist die Länge l_t des Quecksilberfadens bei der Temperatur t:

$$l_t = l_0 \cdot (1 + A_t \cdot t),$$

wenn A_t der mittlere scheinbare Ausdehnungskoeffizient des Quecksilbers in dem Glase zwischen 0 und t^0 ist. Dabei ist z. B. für Glas 16''':

$$A_{100} = 0{,}000157 \quad \text{und} \quad \frac{1}{A_{100}} = 6370^0.$$

Nun handelt es sich darum, die Gradwerte bei verschiedenen Füllungen, also nach Abtrennung verschiedener Mengen Quecksilber zu ermitteln. Bezeichnet man zunächst allgemein die zwei Ablesungen p_a und p_b entsprechenden Temperaturen bei der ersten Füllung mit t_a und t_b, bei der zweiten mit t'_a und t'_b, so sind die Gradwerte

$$\gamma = \frac{t_b - t_a}{p_b - p_a} \quad \text{und} \quad \gamma' = \frac{t_b' - t_a'}{p_b - p_a}$$

also durch die Ablesungen bei je zwei Temperaturen bestimmt. Indessen ist theoretisch γ' schon vollständig gegeben, falls γ und eine der Temperaturen t' bekannt ist. Denn definiert man die „Füllung“ des Thermometers als die Länge des Quecksilberfadens bei 0° in Teilen (p) der Skala, so ist das Verhältnis der 2. zur 1. Füllung $l'_0 : l_0$ durch je eine Ablesung gegeben. Da andererseits Gradwert und Füllung auf einfache Weise zusammenhängen, ist damit auch das Verhältnis der Gradwerte bestimmt.

Sind t und t' die bei zwei verschiedenen Füllungen einer und derselben Skalenstelle entsprechenden Temperaturen, so ergibt sich aus der Beziehung

$$l'_0 \cdot (1 + A_{t'} \cdot t') = l_0 \cdot (1 + A_t \cdot t)$$

das Verhältnis der Füllungen

$$\frac{l'_0}{l_0} = \frac{1 + A_t \cdot t}{1 + A_{t'} \cdot t'},$$

oder bei Einführung der Quecksilbertemperaturen tq und $t'q$

$$\frac{l'_0}{l_0} = \frac{1 + A_{100} \cdot tq}{1 + A_{100} \cdot t'q}.$$

Nun ist der Gradwert für Quecksilbertemperaturen (nach Nr. 7)

$$\gamma_q = \frac{1}{l_0 \cdot A_{100}} \quad \text{und} \quad \gamma'_q = \frac{1}{l'_0 \cdot A_{100}}.$$

Mithin wird

$$\frac{\gamma'_q}{\gamma_q} = \frac{l_0}{l'_0} = \frac{1 + A_{100} \cdot t'q}{1 + A_{100} \cdot tq}.$$

Um zu den wahren Gradwerten γ und γ' überzugehen, benutzt man die Formeln (vgl. Nr. 7)

$$\gamma = \gamma_q \left(1 - \frac{\delta q_b - \delta q_a}{t_b - t_a}\right)$$

$$\gamma' = \gamma'_q \left(1 - \frac{\delta q'_b - \delta q'_a}{t'_b - t'_a}\right),$$

worin die δq die Abweichungen des Thermometers bei der zugehörigen Temperatur vom Gasthermometer bezeichnen.

Zahlenbeispiel.[1]

Es sei ein BECKMANN-Thermometer aus Glas 16‴ gegeben, dessen Skala 5° umfaßt und von 0 bis 5 gleichmäßig geteilt ist. Zur Gradwertbestimmung bei der ersten Füllung, bei welcher der Quecksilbermeniscus bei der Temperatur 0° bei 0 einsteht, seien die Temperaturen 0 und 5° benutzt, wobei sich die Ablesungen 0 und 5,016 ergeben. Es soll der Gradwert bei dieser ersten Füllung und bei einer zweiten berechnet werden, bei welcher der Meniscus bei 245° bei 0 einsteht.

Hiernach ist zu setzen:

$$A_{100} = 0{,}000175$$
$$t_a = 0 \qquad p_a = 0 \qquad \delta q_a = 0$$
$$t_b = 5 \qquad p_b = 5{,}016 \qquad \delta q_b = 0{,}031;$$

ferner für die zweite Füllung

$$t'_a = 245 \qquad p'_a = 0 \qquad \delta q'_a = 0{,}546$$
$$t'_b = 250 \qquad \delta q'_b = 0{,}632,$$

wenn man die von GRÜTZMACHER benutzten Werte für die Abweichungen δq von der Wasserstoffskala gebraucht. Hieraus folgt für den Gradwert für Quecksilbertemperaturen bei der ersten Füllung

$$\gamma_q = \frac{tq_b - tq_a}{p_a - p_b} = 1{,}003$$

und bei der zweiten

$$\begin{aligned} \gamma'_q &= \gamma_q \cdot (1 + A_{100} \cdot t'q_a) \\ &= 1{,}003\,(1 + 0{,}000175 \cdot 245{,}546) \\ &= 1{,}042. \end{aligned}$$

Die beiden wahren Gradwerte γ_0^5 und γ_{245}^{250} ergeben sich hieraus zu

$$\begin{aligned} \gamma_0^5 &= 1{,}003 \left(1 - \frac{0{,}031 - 0}{5}\right) \\ &= 0{,}997 \\ \gamma_{245}^{250} &= 1{,}003 \left(1 - \frac{0{,}632 - 0{,}546}{5}\right) \\ &= 1{,}025. \end{aligned}$$

Für ein Instrument aus Glas 16‴, dessen Gradwert für wahre Temperaturen zwischen 0 und 5° genau 1,000 wäre, ergeben sich folgende Gradwerte für Quecksilbertemperaturen γ_q und wahre mittlere Gradwerte γ:

				γ_q	γ
von	0	bis	5°	1,006	1,000
	45		50	1,013	1,014
	95		100	1,020	1,023
	145		150	1,029	1,030
	195		200	1,037	1,031
	245		250	1,045	1,028

[1] Nach GRÜTZMACHER, Z. Instr. **16**, 171 (1896), Über die Korrektion für den herausragenden Faden, ebenda 202.

20. Thermometer mit anderen Füllflüssigkeiten als Quecksilber.

Neben dem Quecksilber sind von alters her auch noch einige andere Flüssigkeiten, besonders Alkohol, in Gebrauch. Der Vorzug des Alkohols ist vor allem darin zu sehen, daß man Temperaturen unterhalb des Erstarrungspunktes des Quecksilbers mit ihm erreichen kann. Dem steht jedoch als schwerwiegender Nachteil gegenüber, daß die Flüssigkeit die Wände der Capillare benetzt, wodurch leicht ein zu niedriger Stand vorgetäuscht wird. Aus diesem Grunde kommen auch andere Flüssigkeiten als Quecksilber fast ausschließlich dort in Betracht, wo es sich darum handelt, Gebiete zu beherrschen, die mit dem Quecksilber nicht oder nur schwer zugänglich sind. Dies sind in erster Linie die tiefen Temperaturen. Hier ist dem Gebrauch des Quecksilbers durch seinen Erstarrungspunkt (— 38,9°) eine unübersteigliche Grenze gesetzt. Es ist deshalb von großer Wichtigkeit, daß es Flüssigkeiten gibt, die noch erheblich tiefer gebraucht werden können. Es sind das hauptsächlich Alkohol und Toluol bis etwa — 100° und „Petroläther" und „technisches Pentan" bis zur Temperatur der flüssigen Luft. Daneben hat man neuerdings auch versucht, den Erstarrungspunkt des Quecksilbers durch den Zusatz gewisser Metalle zu erniedrigen.[1] So ließ sich ein $8^1/_2$ $^0/_0$ iges Thalliumamalgam bis etwa — 60° gebrauchen. Ob solchen Thermometern eine größere Bedeutung zukommt, muß abgewartet werden.

Für höhere Temperaturen ist die Brauchbarkeitsgrenze des Quecksilberthermometers durch die Füllung mit Druck erheblich hinaufgerückt worden, zumal in dem Quarzglas ein Material gegeben ist, das den erforderlichen recht hohen Drucken standhält. Trotzdem könnte es eine gewisse Bedeutung haben, geeignete Füllflüssigkeiten zu besitzen, deren Dampfspannung in hohen Temperaturen viel niedriger ist als die des Quecksilbers. Versuche nach dieser Richtung hin, z. B. Blei[2], Zinn, Kalium, Natrium[3] u. a. in Quarz zu verwenden, haben jedoch bisher keine befriedigenden Resultate gezeitigt.

Es seien deshalb hier nur die zur Zeit hauptsächlich gebrauchten Thermometer für tiefe Temperaturen besprochen.

Alkohol, der früher fast allgemein für tiefere Temperaturen gebraucht wurde, hat sich später als in mancher Beziehung wenig günstig erwiesen. Sein verhältnismäßig niedriger Siedepunkt (+ 78°) gestattet nicht, bei evakuierten Thermometern den oberen Fundamentalpunkt (100°) anzubringen. Ferner ziehen schon geringe Unreinheiten, besonders Feuchtigkeitsspuren, beträchtliche Unterschiede in der Ausdehnung nach sich, so daß verschiedene Instrumente starke Gangunterschiede zeigen. Auch nimmt die Zähigkeit in tiefen Temperaturen schnell zu, wodurch die Gefahr, daß durch Hängenbleiben von Flüssigkeit in der Capillare Einstellungsfehler auftreten, wächst.

[1] MC INTOSCH u. G. JOHNSON, Journ. Amer. Chem. Soc. **34**, 910 (1912).
[2] A. DUFOUR, C. r. **130**, 775 (1900).
[3] G. SIEBERT, Z. Elektr. **10**, 158 (1904).

Toluol, das von LOUGUININE und CHAPPUIS vorgeschlagen wurde, hat dem Alkohol gegenüber erhebliche Vorzüge. Bei der günstigen Lage seines Siedepunktes (+110°) läßt sich auf dem Thermometer das Fundamentalintervall anbringen. Dabei kann man die Flüssigkeit verhältnismäßig leicht so rein darstellen, daß verschiedene Thermometer sehr nahe denselben Gang zeigen.

Beide Füllflüssigkeiten, Alkohol und Toluol, sind von CHAPPUIS[1] in ihren thermometrischen Eigenschaften genau untersucht worden. Die Ergebnisse der von ihm angestellten Vergleichungen mit dem Wasserstoffthermometer enthält folgende Tabelle:

Wasserstofftherm.	Alkohol rektif.	Alkohol a. d. Handel	Toluol
+100°	—	—	+100°
+ 30	+30°	+30°	26,84
0	0	0	0
−10	− 9.31	− 9,44	− 8,54
−20	−18,45	−18,71	−16,90
−30	−27,44	−27,84	−25,10
−40	−36,30	−36,84	−33,15
−50	−45,05	−45,74	−41,08
−60	−53,71	−54,55	−48,90
−70	−62,31	−63,31	−56,63

Hierin ist als Gradwert bei Alkohol $^1/_{30}$ des Intervalls von 0 bis 30°, bei Toluol $^1/_{100}$ des Intervalls von 0 bis 100° gewählt.

Zur Erreichung noch tieferer Temperaturen bieten sich nur wenig Flüssigkeiten dar. Als verhältnismäßig günstig erwies sich ein Gemisch von Kohlenwasserstoffen, das als „Petroläther" bezeichnet wird.[2] Stellt man aus dem käuflichen Petroläther durch fraktioniertes Destillieren ein Produkt dar, das bei 20—30°, oder nach BAUDIN[3] bei etwa 15° siedet, und hält es frei von Feuchtigkeit, so bleibt es bis zur Temperatur der flüssigen Luft hinreichend beweglich. Den Gang seiner Ausdehnung hat HOLBORN durch Vergleich mit dem Platinwiderstandsthermometer ermittelt, wobei sich ergab:

Widerstandstherm.	Petroläther
0°	0°
− 50	− 42,6
−100	− 80,2
−150	−113,0
−200	(−140,7)

Die Zahlen beziehen sich auf einen Gradwert von $^1/_{100}$ des aller-

[1] P. CHAPPUIS, Arch. sci. phys. et nat. 65e Sess. 20 (1892).

[2] L. HOLBORN u. W. WIEN, Wied. **59**, 226 (1896); F. KOHLRAUSCH, Wied. **60**, 463 (1897); L. HOLBORN, Ann. phys. **6**, 225 (1901).

[3] L. BAUDIN, C. r. **133**, 1207 (1901).

dings nur durch Extrapolation ermittelten, nicht realisierbaren Fundamentalabstandes von 0 bis +100°.

Noch besser als Petroläther eignet sich, wie R. ROTHE[1] zeigte, für sehr tiefe Temperaturen „technisches Pentan". Auch diese Flüssigkeit stellt ein Gemisch dar, dessen Erstarrungspunkt tiefer liegt als der seiner Komponenten. Thermometer, die mit dem käuflichen, von der Firma C. A. F. Kahlbaum, Berlin, für thermometrische Zwecke reservierten, absolut wasserfreien Produkt gefüllt sind, zeigen auch bei der Temperatur der flüssigen Luft nicht die geringste Trübung und eine hinreichende Beweglichkeit des Meniscus. Der Gang der Thermometer wurde von ROTHE und später genauer von ROTHE und HOFFMANN[2] durch Vergleich mit dem Platin-Widerstandsthermometer ermittelt. Hierbei ergaben sich folgende Werte:

Widerstandstherm.	Pentan	Widerstandstherm.	Pentan
0°	0°	−100°	−100,00°
− 10	− 11,79	−110	−108,47
− 20	− 23,08	−120	−116,79
− 30	− 33,91	−130	−124,98
− 40	− 44,31	−140	−133,06
− 50	− 54,34	−150	−141,05
− 60	− 64,01	−160	−148,98
− 70	− 73,39	−170	−156,86
− 80	− 82,49	−180	−164,70
− 90	− 91,35	−190	−172,52
−100	−100,00	−200	(−180,33)

In der vorstehenden Tabelle sind die Temperaturen des Pentanthermometers so berechnet worden, daß der Stand bei −100° willkürlich gleich −100 gesetzt, als Gradwert also $^1/_{100}$ des Intervalls von 0 bis −100° angenommen wurde. Der Gang verschiedener Thermometer ist nicht ganz gleich. So wiesen schon zwei der Versuchsinstrumente Unterschiede bis zu 0,3° auf. Es ist deshalb erforderlich, daß jedes Instrument für sich geeicht wird.

Bei allen Thermometern mit benetzenden Füllflüssigkeiten ist übrigens, besonders in tiefen Temperaturen zu beachten, daß bei schnellem Abkühlen Teile der Flüssigkeit an den Wänden der Capillare hängen bleiben können, worauf sie sich infolge der Zähigkeit auch nach längerer Zeit nur schwer mit der Hauptmenge wieder vereinigen. Man tauche deshalb solche Thermometer stets so langsam in das Bad ein, daß der Meniscus in ruhigem Gange vorschreitet. Zu schnelles Abkühlen erkennt man meist daran, daß der Meniscus beim tiefsten Stande stark ausgehöhlt erscheint, während er bei schwach steigender Temperatur, z. B. in flüssiger Luft fast eben aussehen muß. Von Wichtigkeit ist auch, daß beim Liegen der Thermometer in Zimmertemperatur größere Mengen Flüssigkeit sich

[1] R. ROTHE, Z. Instr. 22. 192 (1902); ebenda 24, 47 (1904).
[2] FR. HOFFMANN u. R. ROTHE, Z. Instr. 27, 367 (1907).

in der oberen Erweiterung ansammeln und dort während der Messung hängen bleiben können. Man sorge deshalb vor dem Abkühlen, durch längeres Aufrechtstehenlassen und leichtes seitliches Klopfen dafür, daß alle Flüssigkeit herabgelaufen ist. Befolgt man alle diese Vorsichtsmaßregeln, so lassen sich mit den Instrumenten ohne Schwierigkeit recht genaue und zuverlässige Messungen, z. B. mit dem Pentanthermometer auf etwa 0,1° bei der Temperatur der flüssigen Luft anstellen.

IV. Thermoelemente.

1. Grundprinzip.

Wird in einem aus verschiedenen metallischen Leitern zusammengesetzten Stromkreis die Verbindungsstelle („Lötstelle") von zweien dieser Leiter auf eine andere Temperatur gebracht als die aller übrigen, so wird sie dadurch Sitz einer elektromotorischen Kraft, die thermoelektrische Kraft oder auch Thermokraft genannt wird. Die thermoelektrische Methode der Temperaturmessung benutzt diese Erscheinung, um umgekehrt aus der Größe der Thermokraft einen Rückschluß auf die Temperatur der Lötstelle zu ziehen.

2. Grundgesetze des thermoelektrischen Stromkreises.

Ohne eine bestimmte theoretische Vorstellung über das Wesen der thermoelektrischen Erscheinung damit zu verknüpfen, lassen sich die Gesetzmäßigkeiten, die den thermoelektrischen Stromkreis beherrschen, so weit sie für den vorliegenden Zweck in Betracht kommen, aus folgender Auffassung ableiten: Man nimmt an, daß jede Verbindungsstelle zweier metallischer Leiter bei allen Temperaturen der Sitz einer thermoelektrischen Kraft ist, die lediglich von der Natur der beiden Leiter und der Temperatur der Verbindungsstelle, jedoch nicht von der Verteilung der Temperatur längs der als homogen vorausgesetzten Leiterstücke abhängt. Da erfahrungsgemäß in einem aus metallischen Leitern zusammengesetzten Kreise, dessen sämtliche Teile sich auf derselben Temperatur befinden, keine elektromotorische Kraft auftritt, so muß angenommen werden, daß in diesem Falle die trotzdem vorhandenen einzelnen Thermokräfte sich gegenseitig aufheben.

Auf Grund dieser Annahme führen wir zum Zwecke der zahlenmäßigen Darstellung der thermoelektrischen Erscheinungen die Größe

$$(E_{ab})^t$$

ein und bezeichnen damit die Thermokraft, die an der Verbindungsstelle zweier Leiter a und b bei der Temperatur t herrscht. Dabei sei das Vorzeichen dieser Größe positiv, wenn der durch die Thermokraft hervorgerufene Strom an der Verbindungsstelle die durch die Reihenfolge der Indices gekennzeichnete Richtung, also von dem Leiter a zum Leiter b haben würde. Hiernach gilt zugleich

$$E_{ab} = -E_{ba}$$

und es lassen sich folgende Sätze aufstellen:

Satz 1. In einem aus beliebigen metallischen Leitern $a, b, c \ldots n$ zusammengesetzten Stromkreis (Fig. 112), in dem eine ganz beliebige Temperaturverteilung herrscht, setzt sich die resultierende Thermokraft E additiv zusammen aus den an den Verbindungsstellen der verschiedenen Leiter herrschenden Thermokräften. Es ist also:

$$E = (E_{ab})^{t_1} + (E_{bc})^{t_2} + \cdots (E_{na})^{t_n}.$$

Zusatz. In dem besonderen Falle, daß nur zwei Leiter vorhanden sind, ist

$$E = (E_{ab})^{t_1} + (E_{ba})^{t_2}$$

oder

$$= (E_{ab})^{t_1} - (E_{ab})^{t_2}.$$

d. h.: In einem aus zwei Leitern bestehenden Stromkreis ist die Gesamtthermokraft gleich der Differenz der Thermokräfte an der ersten und zweiten Verbindungsstelle. Hinsichtlich des Vorzeichens sei bemerkt, daß entsprechend der Ableitung der Formel ein positiver Wert von E bedeutet, daß der Strom in der Verbindungsstelle 1 mit der Temperatur t_1 die Richtung von a nach b haben würde.

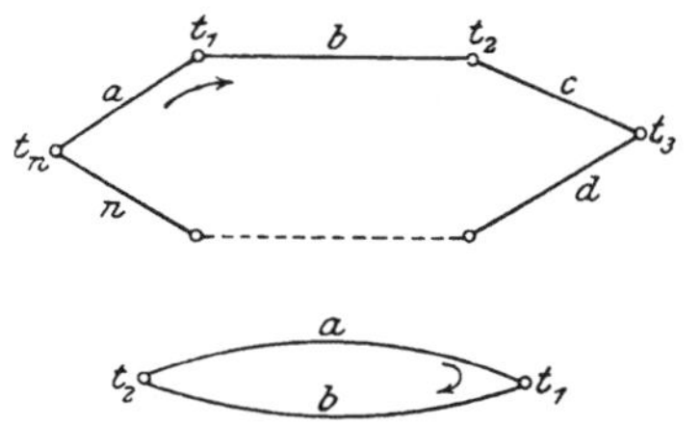

Fig. 112. Schema eines n und 2 gliedrigen thermoelektrischen Kreises. $a, b, \ldots . n$ Leiter des Kreises, $t_1, t_2, \ldots . . t_n$ Temperaturen an den Verbindungsstellen $a\,b$, $b\,c, \ldots .$ Die Pfeile drücken die Richtung der als positiv bezeichneten Thermokraft $(E_{ab})^{t_1}$ an.

Satz 2. Sind in einem aus beliebigen metallischen Leitern bestehenden Stromkreis die Temperaturen aller Verbindungsstellen gleich, so ist die resultierende Thermokraft gleich Null.

Es ist also für alle Temperaturen:

$$E = E_{ab} + E_{bc} + \cdots E_{na} = 0.$$

Hierin sind die Thermokräfte E noch ganz unbestimmte und nur durch die obige Beziehung beschränkte Funktionen der Temperatur.

Zusatz. Man kann dem Satz auch folgende Form geben:

$$E_{ab} + E_{bc} + \cdots E_{mn} = - E_{na} = E_{an}$$

d. h.: Die Thermokraft einer Kette aufeinanderfolgender Glieder ist bei Temperaturgleichheit aller Verbindungsstellen ebenso groß wie die Thermokraft des Anfangsgliedes gegen das Endglied.

Der Sinn der beiden Sätze wird am deutlichsten, wenn man ihren Inhalt folgendermaßen gegenüberstellt: Können nach Satz 1 in den Teilen des Stromkreises, die aus gleichem Material bestehen, beliebige Temperaturen herrschen, so können andererseits nach Satz 2 in den Teilen des Stromkreises, in denen gleiche Temperaturen herrschen, die Leiter in beliebiger Weise zusammengesetzt sein, ohne daß die Gesamtthermokraft dadurch irgendwie beeinflußt wird.

Eine gewisse Einschränkung erfahren die vorgetragenen Sätze, die in aller Strenge gelten, wenn der Leiterkreis stromfrei ist, dann, wenn er von Strömen durchflossen ist. Unter Einwirkung dieser Ströme werden nämlich Temperaturänderungen hervorgerufen, die ihrerseits Anlaß zum Auftreten neuer Thermokräfte geben. Diese Wärmewirkungen des Stromes sind:

1. die JOULEsche Wärme an allen Leiterstellen,
2. der PELTIER-Effekt an der Grenze zweier Leiter.

Es mag hier nur kurz auf diese Erscheinungen hingewiesen werden, da sie bei der thermoelektrischen Temperaturmessung unter gewöhnlichen Umständen, wo die durch die Thermokräfte hervorgerufenen Ströme nur außerordentlich gering sind, kaum je von merklichem Einfluß sein dürften.

3. Die Einzelthermokräfte an den Grenzen zweier Leiter.

Um die Thermokraft an den Grenzen zweier Leiter in Abhängigkeit von der Temperatur zu bestimmen, sei folgende Versuchsanordnung gewählt: Es werde in einem Stromkreis, der aus den Leitern $a, b \ldots n$ zusammengesetzt ist, die Temperatur t einer Verbindungsstelle, z. B. zwischen den Leitern a und b verändert, während die aller übrigen konstant auf t_0 erhalten werde. Dann ist die Thermokraft des Kreises

$$\begin{aligned} E &= (E_{ab})^t + (E_{bc})^{t_0} + \cdots (E_{na})^{t_0} \\ &= (E_{ab})^t + (E_{ba})^{t_0} \\ &= (E_{ab})^t - (E_{ab})^{t_0} \end{aligned}$$

d. h. ebenso groß wie in einem nur aus den Leitern a und b zusammengesetzten Stromkreis, in dem an den beiden Verbindungsstellen die Temperaturen t und t_0 herrschen.

Für die mit der Temperatur veränderliche Thermokraft ergibt sich:

$$(E_{ab})^t = E + (E_{ab})^{t_0}.$$

Sie ist also bis auf eine additive Konstante gleich der Gesamtthermokraft des Kreises. Die Größe der additiven Konstanten $(E_{ab})^{t_0}$ ist von der Höhe der einmal zu wählenden Temperatur t_0 abhängig. Da es sich nun bei allen für die thermoelektrische Temperaturmessung in Betracht kommenden Rechnungen nur um die Differenzen der in einem Kreise auftretenden Thermokräfte handelt, kann man die Thermokraft eines Leiterpaares a, b, bezogen auf die Temperatur t_0, definieren zu

$$(E_{ab})_{t_0}^t = (E_{ab})^t - (E_{ab})^{t_0}.$$

Die Gleichung führt zu der Identität

$$(E_{ab})_{t_0}^{t_0} = 0.$$

Die Definition kommt also auf dasselbe hinaus, als ob man die Thermokraft des Paares bei $t = t_0$ willkürlich $= 0$ gesetzt hätte.

Als unmittelbare Folgerung der Definitionsgleichung läßt sich noch die Beziehung herleiten

$$E_{t_0}^{t_2} = E_{t_0}^{t_1} + E_{t_1}^{t_2}$$

oder

$$E_{t_0}^{t_1} + E_{t_1}^{t_2} + E_{t_2}^{t_0} = 0.$$

Dieser Satz der sukzessiven Temperaturen gilt ganz allgemein für jede cyclische Vertauschung der Temperaturen $t_0, t_1 \cdots t_0$.

4. Die Thermokräfte eines Normalleiters (Platin) gegen verschiedene Leiter.

Das thermoelektrische Verhalten eines Leiters a zu einer Reihe anderer Leiter $b, c \ldots$ wird durch die Funktionen $(E_{ab})_{t_0}^t \cdots (E_{ac})_{t_0}^t$, die den Verlauf der Thermokräfte in Abhängigkeit von der Temperatur festlegen, charakterisiert. Sind aber diese Thermokräfte des einen Leiters, a, gegen alle anderen bestimmt, so ist damit zugleich auch das thermoelektrische Verhalten aller dieser Leiter zueinander gegeben. Denn da ganz allgemein zwischen den Thermokräften dreier Leiter bei jeder Temperatur die Beziehung besteht (Nr. 2 Satz 2):

$$E_{ab} + E_{bc} + E_{ca} = 0$$

oder

$$E_{bc} = E_{ac} - E_{ab},$$

so läßt sich die Thermokraft irgend zweier Leiter b, c in einem gegebenen Temperaturbereich angeben, wenn die Thermokraft eines dritten „Normalleiters“ a gegen sie in diesem Bereiche bestimmt ist. Als Normalleiter wählt man in neuerer Zeit mit Vorliebe reines Platin, das recht rein und homogen dargestellt werden kann und den besonderen Vorzug hat, in sehr weiten Temperaturgrenzen brauchbar zu bleiben. Die folgende Tabelle gibt die Thermokräfte des reinen Platins gegen eine Reihe von Metallen und Legierungen bei 100°, $(E_{Pt,L})_0^{100}$, an.

Tabelle 1.

Thermokraft des reinen Platins gegen verschiedene Leiter L für $t = 100^0$ $t_0 = 0^0$.

L	$(E_{Pt,L})_0^{100}$	
Wismut	− 7,3	Millivolt.
Konstantan (60 Cu, 40 Ni) .	− 3,3 bis − 3,5	„
Nickel	− 1,2 bis − 1,9	„
Palladium	− 0,5	„
Platin	0	„
Blei	+ 0,4	„
Aluminium	+ 0,4	„
Platinrhodium (90 Pt, 10 Rh)	+ 0,6	„
Manganin (84 Cu, 4 Ni, 12 Mn)	+ 0,6 bis + 0,8	„
Kupfer	+ 0,7 bis + 0,8	„
Silber	+ 0,7 bis + 0,8	„
Gold	+ 0,6 bis + 0,8	„
Eisen	+ 1,5 bis + 1,9	„
Antimon	+ 4,7	„

Das Vorzeichen + bedeutet, daß der durch die Thermokraft hervorgerufene Strom in der Lötstelle mit der Temperatur $t = 100^0$ vom Platin zu dem genannten Leiter (*L*) gerichtet ist.

Die Thermokraft irgend zweier, in der vorstehenden Tabelle aufgeführten Leiter bei 100^0 gegeneinander ergibt sich durch einfache Differenzbildung der angegebenen Werte. So ist z. B.

$$E_{\text{Konst, Cu}} = E_{\text{Pt Cu}} - E_{\text{Pt Konst}}$$
$$= + 0{,}8 + 3{,}4 = + 4{,}2 \text{ Millivolt.}$$

Der Strom fließt in der Lötstelle mit der Temperatur $t = 100^0$ vom Konstantan zum Kupfer. An der zweiten Lötstelle mit der Temperatur $t_0 = 0^0$ erscheint also der Konstantandraht positiv gegen den Kupferdraht.

Die in der Tabelle aufgeführten Werte, die das thermoelektrische Verhalten der Leiter gegeneinander bei 100^0 darstellen, geben für die Zwecke der thermoelektrischen Temperaturmessung nur ein unvollkommenes Bild. Hierfür ist die Kenntnis der Abhängigkeit der Thermokraft von der Temperatur erforderlich, die für gewöhnlich für einzelne Leiterpaare durch Tabellen oder empirische Formeln wiedergegeben werden. Dabei empfiehlt es sich, nicht nur die Größe der Thermokraft E^t selbst, sondern auch deren Differentialquotienten dE/dt mit anzugeben. Diese letztere Größe, die wir mit ε bezeichnen und die „Empfindlichkeit" des Thermoelementes nennen, ist für die Genauigkeit der Messung von ausschlaggebender Bedeutung. Denn eine Temperaturmessung mit dem Thermoelement wird unter sonst gleichen Umständen um so genauer ausführbar sein, je größer die Änderung der Thermokraft bei Anstieg der Temperatur um einen Grad ist. Man stellt deshalb häufig geradezu die Thermokraft eines Elementes durch eine Formel für die Größe ε dar.

Auf die zahlenmäßige Darstellung der Thermokräfte in Tabellen und Formeln wird später eingegangen werden; hier sei nur auf die gebräuchliche graphische Darstellung hingewiesen, die zur Veranschaulichung gute Dienste leistet. Trägt man die Thermokräfte $(E_{ab})_{t_0}^t$, $(E_{ac})_{t_0}^t$, ... als Funktionen von t in ein Koordinatensystem ein, so erhält man für jeden der Leiter a, c ... eine Kurve, deren Ordinaten die Thermokräfte des durch die Abszissenachse dargestellten Normalleiters a gegen die Leiter b, c ... angeben. Die Thermokräfte irgend zweier Leiter b, c gegeneinander ergeben sich dann aus der Differenz der zu den Kurven b und c zugehörigen Ordinaten.

5. Das Thermoelement.

Zur praktischen Ausführung der Temperaturmessung auf thermoelektrischem Wege verbindet man zwei Leiter an einem Ende miteinander, setzt diese Verbindungsstelle der zu messenden Temperatur aus und bestimmt die dabei auftretende elektromotorische Kraft. Man bezeichnet ein solches zu Temperaturmessungen dienendes Leiterpaar als „Thermoelement", die beiden Leiter als seine „Schenkel" und die der zu messenden Temperatur ausgesetzte Verbindungsstelle als „Hauptlötstelle". Denjenigen Schenkel, der bei Temperaturen über 0° an den freien Schenkelenden positiv erscheint, nennt man den „positiven Schenkel". Es empfiehlt sich, bei der Bezeichnung der Thermoelemente das Vorzeichen der Thermokraft dadurch zum Ausdruck zu bringen, daß man die Schenkel in der Reihenfolge nennt, in der sie vom Strom an der wärmeren Hauptlötstelle durchflossen werden, z. B. Platin–Platinrhodium. Der an zweiter Stelle genannte Schenkel ist dann der positive Schenkel.

Sobald man die Messung wirklich ausführen will, muß man den Stromkreis durch Leitungen (meist aus Kupfer), Widerstände (Manganin), Galvanometer usw. schließen. Nimmt man nun auch an, daß der ganze äußere Stromkreis zwischen den beiden kupfernen Zuleitungen sich auf Zimmertemperatur befindet, also für sich keine resultierende Thermokraft ergibt, so ist doch immer noch mindestens eine zweite Lötstelle erforderlich, nämlich in dem Falle, daß der eine Schenkel des Elementes ebenfalls aus Kupfer besteht. Diese zweite, „Nebenlötstelle" L' muß, um für die Thermokraft eindeutige Werte zu ergeben, einer bestimmten, im allgemeinen konstanten Temperatur t_0 ausgesetzt sein. Man erhält so das einfachste Schema eines thermoelektrischen Meßkreises (Fig. 113, I).

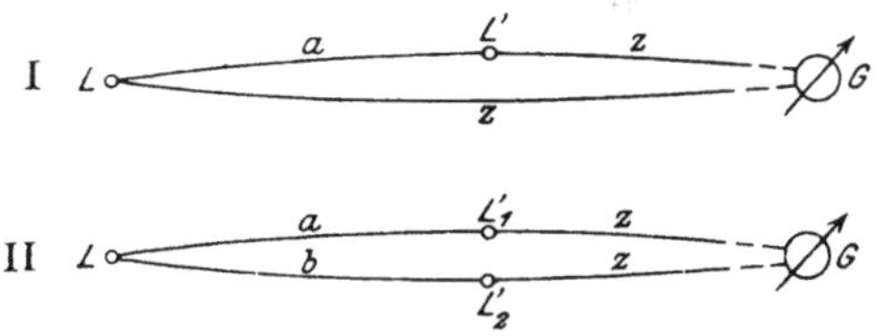

Fig. 113. Schema zweier einfacher thermoelektrischen Kreise. a, b (z) Schenkel des Thermoelementes, z Zuführungen, L Hauptlötstelle: Temperatur t, L' Nebenlötstellen: Temperatur t_0, G Galvanometer.

In allen Fällen, in denen man es jedoch mit Thermoelementen zu tun hat, von denen keiner der beiden Schenkel aus Kupfer besteht, sind mindestens zwei solcher Nebenlötstellen L'_1, L'_2 vorhanden, deren Temperatur ebenfalls in die Messung eingeht. So ergibt sich das gebräuchlichste Schema (Fig. 113, II). Im allgemeinen werden diese beiden Lötstellen auf gleicher, konstanter Temperatur t_0 erhalten.

Man erkennt, daß jede thermoelektrische Messung durch das nicht zu umgehende Auftreten der Nebenlötstellen ihrem eigentlichen Wesen nach eine Methode der Temperaturdifferenzmessung ist. Hierin liegt einerseits ein Nachteil der Methode, da stets noch die Konstanterhaltung einer, übrigens willkürlich zu wählenden Temperatur erforderlich ist, andererseits aber auch ein Vorteil, da es in vielen Fällen gerade erwünscht ist, die Differenz zweier Temperaturen unmittelbar zu bestimmen (vgl. Nr. 16).

6. Die Wahl des Materials für die Schenkel von Thermoelementen.

Für die Wahl des Materials, aus dem ein Thermoelement zusammengesetzt wird, sind folgende Gesichtspunkte maßgebend:

1. Die Leiter müssen sich mechanisch so bearbeiten lassen, daß aus ihnen Drähte, Stäbe oder dgl. mit hinreichender Festigkeit hergestellt

werden können. Es scheiden deshalb für die meisten Fälle solche Körper aus, die eine zu große Sprödigkeit besitzen und infolgedessen allzu brüchig sind. So kann man z. B. trotz ihrer großen Thermokraft gegeneinander Wismut und Antimon im allgemeinen nicht verwenden.

2. Das Material der Leiter muß gegen die Temperaturen, denen es ausgesetzt werden soll, hinreichend widerstandsfähig sein, also nicht schmelzen oder durch Oxydation zerstört werden. Hierdurch ist dem Gebrauche der oxydablen Metalle, die sich bei niederen Temperaturen recht gut bewährt haben, eine obere Grenze gesetzt, so daß in dem Gebiete der hohen Temperaturen fast nur noch Elemente aus Platin und seinen Legierungen in Betracht kommen.

3. Die Leiter müssen in thermoelektrischer Beziehung hinreichend homogen sein und müssen diese Homogenität in den Temperaturen, in denen sie gebraucht werden, beibehalten. Ist diese Bedingung nicht erfüllt, dann treten außer den Thermokräften an den Haupt- und Nebenlötstellen auch solche an Stellen, deren Temperatur nicht bekannt ist, z. B. im Temperaturgefälle auf, die dann zu erheblichen Meßfehlern Anlaß geben können. So sind z. B. das Nickel und viele seiner Legierungen oft recht unhomogen, während andererseits das reine und sehr homogene Platin in hohen Temperaturen leicht verunreinigt und dadurch unhomogen wird (vgl. Nr. 12).

4. Weiterhin ist natürlich die Größe der Thermokraft zwischen den beiden Leitern und ihre Änderung mit der Temperatur, durch welche die Genauigkeit der Messung wesentlich mitbestimmt wird, maßgebend. So ist im allgemeinen das in hohen Temperaturen recht brauchbare Thermoelement aus Platin–Platinrhodium in Temperaturen unter 300° nicht mehr gut zu verwenden. Auch sind Unregelmäßigkeiten im Verlaufe der Thermokraft, die oft auf Umwandlungspunkte des Leitermaterials hindeuten, unerwünscht. Tritt gar, wie das vorkommen soll, bei Temperaturänderung eine Nachwirkung auf, die darin besteht, daß sich bei Erreichung einer gewissen Temperatur je nach den vorangegangenen Erwärmungen eine andere Thermokraft einstellt („thermoelektrische Hysterese"), so sind solche Leiter unbedingt zu verwerfen, da dann eine eindeutige Temperaturbestimmung nicht mehr möglich ist.

Unter Berücksichtigung aller dieser Gesichtspunkte hat sich unter den außerordentlich vielen vorgeschlagenen Kombinationen nur eine verhältnismäßig kleine Zahl als zuverlässig brauchbar erwiesen. Diese bewährten Elemente seien allein hier genauer betrachtet, während die übrigen nur soweit erwähnt werden sollen, als sie nach irgendeiner Richtung hin von prinzipieller Bedeutung sind. Wir stellen die wichtigsten in folgender Übersicht zusammen:

1. Thermoelemente für mittlere und tiefe Temperaturen.
   a) für Temperaturen von etwa − 190° bis + 700° (Nr. 9):
      Konstantan gegen Kupfer, Silber und Eisen.
   b) für besonders tiefe Temperaturen, unterhalb der Temperatur der flüssigen Luft (Nr. 10):
      Gold gegen Silber.

c) für höhere Temperaturen, bis etwa 1000°, unter Ausschluß von Edelmetallen (Nr. 9):
Nickel gegen Nickelchrom, Nickelstahl und Kohle.

2. Thermoelemente für höhere und höchste Temperaturen.

a) für Temperaturen bis etwa 1600° (Nr. 7):
Platin gegen Platinrhodium („Le CHATELIERsches Element") und gegen Platiniridium.

b) für Temperaturen bis etwa 2000° (Nr. 8):
Iridiumruthenium gegen Iridium.

7. Thermoelemente für hohe Temperaturen. Das Le Chateliersche Element aus Platin–Platinrhodium.

In dem Gebiete von etwa 300° bis 1600° hat sich das Thermoelement aus Platin–Platinrhodium (nach LE CHATELIER[1] mit 10% Rhodium) sowohl für wissenschaftliche wie technische Zwecke aufs beste bewährt. Daneben werden auch Elemente aus Platin–Platiniridium (mit 10% Iridium) nach einem Vorschlage von BARUS[2] gebraucht.

Die Elemente bestehen für gewöhnlich aus 0,6 bis 0,4 mm starken Drähten, die an der Hauptlötstelle autogen, ohne Zuhilfenahme eines Lotes miteinander verschmolzen sind. Erheblich dünnere Drähte (unter 0,3 mm) zu verwenden, ist deshalb bedenklich, weil sie beim Gebrauche leicht durch unvermeidliche Zerrungen, besonders im heißen Zustand, gestreckt, ja zerrissen werden können, und weil ein Draht um so schneller durch Verunreinigungen, die von außen an ihn herantreten, seine Thermokraft verändert, je dünner er ist. Kann man beide Nachteile durch geeignete Montierung hinreichend vermeiden, so haben Elemente aus dünnen Drähten den Vorteil, daß die Wärmeleitung längs der Schenkel, durch welche die Lötstellen leicht eine erheblich andere Temperatur annehmen können als die Umgebung, kleiner ist.

Die Herstellung der Lötstellen erfolgt im Leuchtgas–Sauerstoff-Gebläse, wobei man sich zum Schutze der Augen einer dunklen Brille bedienen muß. Man nähert die beiden Enden der Thermoelementschenkel im Mantel der Flamme bis auf 1 bis 2 mm einander und führt sie dann in den heißen Kegel der Flamme. In dem Augenblick, wo die Drahtenden zu schmelzen beginnen, bringt man sie zur Berührung und entfernt die entstandene Lötstelle sogleich aus der Flamme. Man beachte dabei, daß man den Platinrhodiumdraht wegen seines höheren Schmelzpunktes stärker erhitzen muß. Für den Fall, daß es an Sauerstoff fehlt, wird empfohlen, Palladium oder Gold zur Herstellung der Lötstelle zu verwenden; natürlich kann das Element dann nur bei erheblich tieferen Temperaturen gebraucht werden, im letzteren Falle nicht über 1000°.

---

[1] H. LE CHATELIER, C. r. **102**, 819 (1886); J. phys. (2) **6** (1887) u. a.

[2] C. BARUS, Am. J. Science **36**, 427 (1888); ebenda **47**, 366 und **48**, 336 (1894). Phil. Mag. (5) **34**, 15, 376 (1892). D. BERTHELOT, C. r. **134**, 983 (1902).

Von außerordentlicher Wichtigkeit ist es, daß die Schenkel der Elemente nur aus reinen und thermoelektrisch homogenen Materialien bestehen. Man verwende deshalb nur solche Metalle, die einer zuverlässigen Quelle entstammen und besonders für thermoelektrische Zwecke bestimmt sind.[1]

Selbst reine Drähte zeigen infolge der Härtung beim Ziehen in der Regel Inhomogenitäten, die sich aber leicht durch Ausglühen beseitigen lassen. Am besten geschieht dieses Ausglühen auf elektrischem Wege, indem der ausgespannte Draht so mit Strom belastet wird, daß er hell rot glüht.[2] Man gebraucht dabei etwa 25 bis 30 Amp. für Drähte von 0,6 mm.

Unreine Platinmetalle enthalten Bestandteile, die in hohen Temperaturen flüchtig sind und dadurch zu Änderungen der Thermokraft Anlaß geben. Verhältnismäßig stark flüchtig ist auch das Iridium und, in geringerem Maße, das Rhodium. Infolgedessen sind Platiniridiumelemente allein durch die Gegenwart des Iridiums in viel höherem Grade veränderlich als Platinrhodiumelemente und haben, da ihnen besondere Vorzüge nicht zukommen, neben diesen keine Existenzberechtigung mehr. Es wird deshalb im folgenden auf sie auch keine Rücksicht mehr genommen werden.

Beim Gebrauche der Platinelemente ist auf das sorgfältigste darauf zu achten, daß die Schenkel vor Verunreinigungen, die starke Änderungen der Thermokraft zur Folge haben, geschützt werden. Solche Verunreinigungen sind in erster Linie flüchtige Metalle, ferner Silicium, Phosphor usw. Besonders zu fürchten ist dabei eine reduzierende Atmosphäre, da die meisten Metalle nur in ihr als Dämpfe existieren können und da auch die Silicate und Phosphate erst durch Reduktion gefährlich werden. Die Schädlichkeit von Wasserstoff und Kohle scheint wesentlich durch ihre reduzierende Wirkung bedingt zu sein.[3] Läßt sich das Auftreten schädlicher Körper in der Umgebung des Thermoelementes nicht vermeiden, so muß man die Schenkel durch Umhüllungsrohre aus glasierter MARQUARDTscher Masse, Quarz o. dgl., die bis zu einem gewissen Grade undurchlässig sind, schützen.

Die Thermokraft des Platinrhodiumelementes in Abhängigkeit von der Temperatur ist nach LE CHATELIER noch von zahlreichen Forschern eingehend untersucht worden. Seinen Grund hat dies darin, daß das Element bis zur Ausbildung der Strahlungspyrometer das einzige Meßinstrument darstellte, das genauere Messungen bis nahe zum Platinschmelzpunkt auszuführen gestattete. Es wurde deshalb bei fast allen grundlegenden gasthermometrischen Arbeiten dazu benutzt, die gewonnene Skala festzuhalten und zu repräsentieren. Von diesen Arbeiten seien hier

[1] In Deutschland sind in erster Linie die Platinschmelzen von W. C. HERAEUS und G. SIEBERT, beide in Hanau und die größeren elektrotechnischen Firmen zu nennen. Eine Prüfung bei der Physikalisch-Technischen Reichsanstalt (Charlottenburg), die man am besten durch die Bezugsfirma vornehmen läßt, bietet die Gewähr dafür, daß die Elemente allen Anforderungen genügen.

[2] K. NOLL, Wied. 53, 874—911 (1894) u. a.

[3] W. P. WHITE, Phys. Rev. 23, 462 (1906).

nur genannt die von HOLBORN und WIEN[1], HOLBORN und DAY[2], und DAY und SOSMAN.[3] Die einzelnen dabei gewonnenen Wertereihen aufzuführen, kann hier unterbleiben, da die Unterschiede in den verschiedenen Temperaturskalen mit berücksichtigt werden müßten. Es seien deshalb in der folgenden Tabelle 2 nur die Werte von HOLBORN und DAY und von DAY und SOSMAN für die von ihnen benutzten Thermoelemente mitgeteilt, die ersteren, weil sie noch heute die Grundlage bilden für die thermoelektrischen Prüfungen der Physikalisch-Technischen Reichsanstalt, die letzteren, weil sie auf den zurzeit umfangreichsten und in den hohen Temperaturen wohl auch zuverlässigsten gasthermometrischen Beobachtungen beruhen. Im übrigen sind diese Thermokräfte nur als Beispiele anzusehen. Bei Elementen, die aus Drähten verschiedener Schmelzen zusammengesetzt sind, kommen Abweichungen von über 2 % vor, während andererseits Elemente, deren Drähte derselben Schmelze entstammen, bis auf etwa 0,02 % übereinstimmende Thermokräfte zeigen.

Tabelle 2.

Thermokräfte von LE CHATELIERschen Elementen aus Platin–Platinrhodium.

	HOLBORN-DAY		DAY-SOSMAN		
t °C	E_0^t Millivolt	$\varepsilon = dE/dt$ Mikrovolt/Grad	E_0^t Millivolt	$\varepsilon = dE/dt$ Mikrovolt/Grad	$\varepsilon_0/\varepsilon$[4]
0°	0	—	0	5,4	1,00
20	—	—	$0{,}11_2$	5,8	0,93
100	—	—	0,64	7,2	0,74
200	—	—	1,43	8,4	0,64
300	2,26	9,0	2,31	9,1	0,59
400	3,18	9,4	3,25	9,6	0,56
500	4,14	9,8	4,23	9,9	0,54
600	5,14	10,2	5,23	10,2	0,53
700	6,17	10,5	6,27	10,5	0,51
800	7,23	10,8	7,33	10,8	0,50
900	8,33	11,2	8,43	11,2	0,48
1000	9,46	11,5	9,57	11,5	0,47
1100	10,63	11,8	10,74	11,8	0,46
1200	11,83	12,1	11,93	12,0	0,45
1300	13,06	12,5	13,13	12,0	0,45
1400	14,33	12,8	14,34	12,1	0,44
1500	15,63	13,2	15,55	12,1	0,44
1600	—	—	16,75	12,0	0,45
1700	—	—	17,95	12,0	0,45

[1] L. HOLBORN und A. WIEN, Wied. **47**, 107 (1892); ebenda **56**, 360 (1895).

[2] L. HOLBORN und A. L. DAY, Wied. **68**, 815 (1899); Am. J. Science (4) **8**, 303 (1899); Ann. Phys. (4) **2**, 505 (1900).

[3] A. L. DAY und R. B. SOSMAN, Sill. J. (4) **29**, 93—101 (1910); High Temp. Gas-Therm. Wash. 1911 (Carnegie-Inst.). R. B. SOSMAN, Am. J. Science (4) **30** (1910).

[4] Wegen der Bedeutung der Größe $\varepsilon_0/\varepsilon$ vgl. Nr. 11.

Die vorstehenden Werte von HOLBORN und DAY beruhen auf Messungen mit dem Luftthermometer von etwa 300⁰ bis 1100⁰. Die Beobachtungen selbst ließen sich mit einer Genauigkeit von etwa 1⁰ durch folgende Gleichung darstellen:

$$E^t_0 = -310 + 8{,}048 \cdot t + 0{,}001\,72 \cdot t^2,$$

aus der die Werte der Tabelle berechnet sind. Nimmt man an, daß die Formel auch noch oberhalb des Gebietes, aus dem sie abgeleitet ist, Gültigkeit behält, so läßt sich eine thermoelektrische Skala herleiten, die in Ermanglung anderer Methoden eine Zeitlang zur Festlegung hoher Temperaturen wertvolle Dienste leistete. Zur Orientierung über die Lage dieser Skala sei hier nur mitgeteilt, daß sich nach ihr für die Schmelzpunkte des Goldes, Palladiums und Platins folgende Temperaturen ergeben:

Gold	1064⁰
Palladium	1535⁰
Platin	1710⁰

Die Werte von DAY und SOSMAN beruhen auf Messungen mit dem Stickstoffthermometer bis etwa 1550⁰. Die Beobachtungen in dem Intervall von 300⁰ bis 1100⁰ ließen sich wieder durch eine Formel zweiten Grades darstellen:

$$E^t_0 = -302 + 8{,}2356 \cdot t + 0{,}001\,639\,3 \cdot t^2.$$

Es zeigte sich jedoch, daß sie bei Extrapolation nach höheren Temperaturen zu erheblich falschen Werten führte. Einen recht guten Anschluß in dem Bereiche von 300⁰ bis 1550⁰ ergab eine Formel dritten Grades:

$$E^t_0 = -169 + 7{,}57 \cdot t + 0{,}002\,648 \cdot t^2 - 0{,}000\,000\,472 \cdot t^3.$$

Die Extrapolation mit dieser Formel bis zu dem nur noch wenig über 200⁰ entfernten Platinschmelzpunkt führte zu 1752⁰, während sich aus optisch-pyrometrischen Daten 1755⁰ ergab. Bringt man diese kleine Korrektion an der Skala an, so ist sie durch folgende Werte für die drei genannten Schmelzpunkte charakterisiert:

Gold	1062,4⁰
Palladium . . .	1549,2⁰
Platin	1755⁰

Auf weitere Formeln zur Darstellung der Abhängigkeit der Thermokraft von der Temperatur kann hier nicht eingegangen werden.

Hat sich somit das Platin–Platinrhodiumelement bei der wissenschaftlichen Untersuchung als verwendbar bis hinauf zum Platinschmelzpunkt erwiesen, so ist der praktische Gebrauch doch wesentlich einzuschränken. Sollen Messungen mit einer Genauigkeit von etwa 1⁰ ausgeführt werden, so dürfen die sorgfältig ausgesuchten Schenkel nicht wesentlich über 1200⁰ erhitzt werden. Bei Ausdehnung der Messungen bis etwa 1500⁰ kann man wegen der unvermeidlichen Änderung des Elementes durch längeres Verweilen in den hohen Temperaturen nur mit einer Genauigkeit von höchstens 5⁰ rechnen. In noch höheren Temperaturen ist den

Messungen nur durch wiederholte Kontrollen einige Zuverlässigkeit zu verschaffen. Nur kurz sei erwähnt, daß auch die Thermokräfte von Platinrhodium-Legierungen anderer Konzentration eingehend untersucht sind[1] und daß auch Elemente anderer Zusammensetzung zur Benutzung vorgeschlagen sind. So hat z. B. ein Element, das aus zwei Platinrhodium-Legierungen verschiedener Konzentration zusammengesetzt ist, vor dem LE CHATELIERschen Element den Vorzug, daß der gegen Verunreinigungen besonders empfindliche Schenkel aus reinem Platin fortfällt, während andererseits der allgemeinen Einführung seine geringere Empfindlichkeit hindernd im Wege steht.[2]

8. Thermoelemente für extrem hohe Temperaturen. Das Element aus Iridiumruthenium–Iridium.

Das Gebiet der Temperaturen über 1600° ist für thermoelektrische Messungen nur schwer zugänglich. Dennoch gibt es ein Element, nämlich das aus Iridiumruthenium–Iridium, das auch in Temperaturen bis über den Platinschmelzpunkt unter bestimmten Bedingungen recht brauchbare Messungen anzustellen erlaubt.[3]

Die Schenkel dieses Elementes bestehen, da sich die Metalle wegen ihrer Härte nicht zu Drähten ausziehen lassen, aus kantigen, etwa 1 mm starken Stäbchen, die außerordentlich spröde und daher sehr zerbrechlich sind. Schon aus diesem Grunde muß für eine gute Montierung Sorge getragen werden. Die Homogenität der Schenkel, die schon an sich nicht sehr gut ist, ändert sich in hohen Temperaturen durch das verdampfende Iridium leicht, so daß die Angaben von der Eintauchtiefe und der Temperaturverteilung längs der Schenkel abhängig sind. Trotz alledem lassen sich recht befriedigende Resultate erzielen, wenn man das Element in der Weise benutzt, daß es während der Messungen unverrückt an seiner Stelle bleibt und daß es auch in dieser Lage geeicht wird. So gebrauchten es ROTHE und HOFFMANN[4] im Iridium-Widerstandsofen von HERAEUS, indem sie es mit den Schmelzpunkten des Goldes, Palladiums und Platins nach der „Drahtmethode" (vgl. VIII, Nr. 3) eichten. Dabei ergaben sich für die Thermokraft des Elementes folgende Werte:

Tabelle 3.
Thermokräfte des Elementes aus Iridiumruthenium–Iridium.

beim Schmelzpunkt von	E^t_{20} Millivolt	$\varepsilon = dE/dt$ Mikrovolt/Grad
Gold	2,58	2,8
Palladium . . .	3,73	2,0
Platin	4,10	1,6

[1] A. L. DAY und R. B. SOSMAN, High Temp. S. 120.

[2] H. LE CHATELIER, C. r. 102, 819 (1886); J. phys. (2) 6 (1887) u. a. R. PAUL, Electrician 69, 994 (1912).

[3] W. C. HERAEUS, Z. angew. Ch. 18, 49 (1905). C. W. WAIDNER u. G. K. BURGESS, Bull. Bur. Stand. 3, 200 (1907).

[4] FR. HOFFMANN, Ber. Ver. D. Fabr. feuerf. Prod. 29, 45 (1909), Abb. S. 47.

Die Empfindlichkeit $\varepsilon = dE/dt$ ist also beim Goldschmelzpunkt nur etwa $^1/_4$ von der des Platinrhodium-Elementes und nimmt mit steigender Temperatur noch ab.

9. Thermoelemente für mittlere Temperaturen. Elemente aus Konstantan–Kupfer, –Eisen und –Silber u. a.[1]

Unter den Leitern, die sich für thermoelektrische Messungen eignen, zeichnet sich das Konstantan, eine Legierung aus etwa 60 % Kupfer und 40 % Nickel, durch seine verhältnismäßig hohe Thermokraft gegen die gebräuchlichen reinen Metalle aus (vgl. Tab. 1, S. 207). Es wird deshalb mit Vorliebe als negativer Schenkel bei einer Reihe von Thermoelementen verwendet, deren positiver Schenkel meist gebildet wird aus Kupfer, Eisen oder Silber.

Die Elemente bestehen aus Drähten von 0,5 mm bis zu Stäben von einigen Millimetern Stärke. Vorwiegend für technische Zwecke findet man auch die Anordnung, daß der eine Schenkel die Gestalt einer Röhre hat, durch die der andere Schenkel (meist der aus Konstantan) isoliert hindurchgezogen und mit dessen einem Ende verlötet ist. Die Lötstelle wird entweder mit Hartlot, oder, z. B. bei Konstantan–Silber, besser autogen hergestellt. Im letzteren Falle bringt man einen Tropfen Silber in der Leuchtgas–Luft-Gebläseflamme auf das Ende des Konstantandrahtes, der anfänglich davon nur schwer benetzt wird und hält ihn einige Zeit im Schmelzen, wobei das Konstantan reichlich gelöst wird. Dann führt man den Silberdraht in die geschmolzene Perle ein und entfernt die Lötstelle sogleich aus der Flamme. Zu beachten ist dabei, daß der Konstantandraht in der Nähe der Lötstelle nicht zu stark verbrennt.

An thermoelektrischer Homogenität läßt der Konstantandraht des Handels meist recht zu wünschen übrig, während die reinen Metalle im allgemeinen befriedigend sind. Zur Beseitigung der anfänglich vorhandenen, starken, auf die mechanische Behandlung zurückzuführenden Inhomogenität sind die Drähte stets sorgfältig auszuglühen, wobei man sie am besten auf elektrischem Wege einige Minuten auf dunkler Rotglut erhält und langsam abkühlen läßt. Beim Konstantan bleiben auch dann noch oft recht erhebliche Inhomogenitäten zurück, die nötigenfalls durch Herausschneiden der schlechten Stellen zu beseitigen sind.

Beim Gebrauche in höheren Temperaturen bedecken sich die hier verwendeten Leiter mit Ausnahme des Silbers mit einer spröden Oxydschicht, die bei Knickungen und Zerrungen der Drähte leicht abspringt. Da auf diese Weise der weiteren Oxydation und Korrosion der Schenkel Vorschub geleistet wird, so kann man durch geeignete Montierung, welche die Elementenschenkel vor mechanischer Beanspruchung bewahrt, die Lebensdauer nicht unbeträchtlich erhöhen. Aber auch bei vorsichtigster Behandlung schreitet bei Temperaturen über 600° der Oxydationsprozeß

---

[1] W. P. White, Phys. Rev. **31**, 135—158 (1910); W. P. White, H. C. Dickinson und C. F. Müller, ebenda. 159—164 (1910), (Konstantan-Kupfer zwischen 0 und 100°).

merklich fort und führt schließlich zur Zerstörung. Dabei ist es jedoch von wesentlicher Bedeutung, daß die Thermokraft sich, selbst bei recht starker Korrosion der Schenkel nur in geringem Maße zu ändern scheint.

Die Thermokraft verschiedener Elemente zeigt, hauptsächlich wegen der wechselnden Zusammensetzung des Konstantans ziemlich große Unterschiede. Es lassen sich deshalb auch allgemein gültige Zahlen nicht angeben. So können bei käuflichen Elementen von den in der folgenden Tabelle mitgeteilten Werten Abweichungen bis zu mehreren Prozenten vorkommen. Dagegen ist der Verlauf der Thermokraft auch bei verhältnismäßig stark voneinander abweichenden Elementen immer nahezu derselbe.

Tabelle 4.

Thermokraft von Thermoelementen aus Konstantan–Kupfer, –Silber und –Eisen.

	Konstantan–Kupfer			Konstantan–Silber			Konstantan–Eisen		
t °C	E_0^t Millivolt	$\varepsilon = \frac{dE}{dt}$ Mikrovolt/Grad	$\frac{\varepsilon_0}{\varepsilon}$	E_0^t Millivolt	$\varepsilon = \frac{dE}{dt}$ Mikrovolt/Grad	$\frac{\varepsilon_0}{\varepsilon}$	E_0^t Millivolt	$\varepsilon = \frac{dE}{dt}$ Mikrovolt/Grad	$\frac{\varepsilon_0}{\varepsilon}$
− 192°	− 5,21	+ 16,7	2,18	− 5.20	+ 15,5	2,38	− 7,52	+ 19,5	2,55
− 78	− 2,60	29.4	1,24	− 2.59	29,1	1,27	− 3,60	41,5	1,20
0	0	36,5	1,00	0	37.0	1,00	0	49,7	1,00
+ 20	+ 0.76	38,0	0,96	+ 0.77	38,8	0,95	+ 1,02	51,0	0,97
100	4.07	44,5	0,82	4.09	44,9	0,82	5,20	54,0	0,92
200	8,79	50,0	0.73	8.85	50,7	0,73	10,68	54,6	0,91
300	14.03	54,9	0.67	14,16	55,2	0,67	16,09	55,0	0,90
400	19.63	58.0	0,63	19,92	59,3	0,62	21,55	55,5	0,90
500	25.54	60,0	0,61	26,04	63.0	0,59	27,14	55,8	0,89
600	—	—	—	32,50	66,3	0,56	32,75	56,2	0,88

Die vorstehenden Werte beruhen auf (unveröffentlichten) eigenen Beobachtungen. Sie sind hier deshalb gewählt, weil in der Literatur keine Wertereihe für das ganze Gebiet von − 200° bis + 700° für dasselbe Element zu finden ist. An weiteren Messungen seien noch genannt für Konstantan–Kupfer von REICHARDT[1] (0° bis 250°), von PÉCHEUX[2] (0° bis 920°) und für Konstantan–Kupfer und –Eisen von SCHWARTZ (0° bis etwa 800°), die untereinander ziemlich erhebliche Unterschiede aufweisen.[3]

Der Verlauf der Thermokraft oberhalb 0° ist bei den Konstantan–Eisenelementen sehr nahe linear, die Empfindlichkeit $\varepsilon = \frac{dE}{dt}$ ist also fast konstant (etwa 50 Mikrovolt/Grad). Bei den Konstantan–Kupfer und –Silberelementen nimmt ε jedoch mit steigender Temperatur nicht unbeträchtlich zu (von etwa 35 bis 65 Mikrovolt/Grad). Zur Darstellung der Thermokraft in diesem Gebiete bedient man sich häufig einer Formel

[1] G. REICHARDT, Ann. Phys. (4) 6. 832—855 (1901).

[2] H. PÉCHEUX, Pyromètre thermoélectrique. Paris 1909, S. 173f.

[3] A. SCHWARTZ, Zschr. Ver. D. Ing. 56, 223—229 und 259—264 (1912).

zweiten Grades nach *t*. PÉCHEUX zeigte jedoch, daß sich eine Formel dieser Art auch hier den Beobachtungen nicht völlig anschließt.

Unterhalb 0° nimmt die Empfindlichkeit des Konstantan–Eisenelementes stark ab, während die beiden anderen Konstantanelemente einen gleichmäßigen Verlauf zeigen.

Die Genauigkeit der Messungen mit den Konstantanelementen beträgt unter normalen Verhältnissen etwa 1°. Sie kann aber außerordentlich gesteigert werden, wenn man die hauptsächlich durch die Inhomogenität der Drähte hervorgerufenen Fehler nach Möglichkeit ausschaltet. So hat WHITE[1] bei Verwendung mehrfacher Elemente eine Genauigkeit von 0,004° bei Temperaturen bis etwa 40° erzielt. In höheren Temperaturen nimmt jedoch die erreichbare Genauigkeit erheblich ab.

Als obere Gebrauchsgrenze ist für Elemente aus dünneren Drähten 600°, für Konstantan–Silberelemente etwa 700° anzusehen. Es machen sich jedoch neuerdings Bestrebungen geltend, Thermoelemente aus unedlen Metallen auch bis zu weit höheren Temperaturen zu gebrauchen, indem man sich darauf stützt, daß sich die Thermokraft bei fortschreitender Oxydation nur verhältnismäßig wenig ändert. So wird das Konstantan–Stahlelement häufig bis etwa 900° benutzt, wobei allerdings die Genauigkeit etwas niedriger (etwa 5°), aber für technische Zwecke ausreichend ist. Weiterhin sind besonders für den Gebrauch in höheren Temperaturen zu nennen: Elemente aus Nickel–Kupfer (PÉCHEUX), Nickel–Silber (HEVESY und WOLF)[2], Neusilber–Kupfer (PÉCHEUX)[3], Nickel–Kohle[4] u. a.[5]. Das letztere zeigt jedoch keine hinreichende Konstanz, während die Nickelelemente einen unregelmäßigen Verlauf der Thermokraft aufweisen. Das Nickel-Silberelement soll den Vorzug haben, chemisch recht unangreifbar zu sein.

In neuerer Zeit ist zu den genannten Elementen noch eine weitere Gruppe getreten, die für technische Zwecke eine größere Bedeutung zu gewinnen scheint. Die dabei gebrauchten Leiter, fast ausschließlich Nickellegierungen (Nickelstahl, Nickel–Aluminium, –Chrom, –Kupfer u. a.) sind zwar auch noch oxydabel, sollen aber doch in höherem Grade hitzebeständig sein als die gewöhnlich verwendeten, so daß sie selbst längere Zeit hindurch Temperaturen von 1000° ausgesetzt werden können. Wir geben nur für einige der von HOSKINS Co. auf den Markt gebrachten Elemente die Thermokraft bei 1065° an:[6]

Ni—Ni·Cr (10 % Cr)	E_{25}^{1065} = 41,80 Millivolt
Ni·Al (10 % Al)—Ni·Cr	46,20
Ni·Cu (65 % Cu)—Ni·Cr	75,40

Die Thermokräfte sind also 4 bis 6 mal so groß wie bei dem Platin–Platinrhodiumelement.

[1] W. P. WHITE, Phys. Rev. **23**, 468 (1906); ebenda **31**, 135f. (1910).
[2] G. v. HEVESY und E. WOLFF, Phys. Ztschr. **11**, 473—476 (1910).
[3] H. PÉCHEUX, Pyr. therm. S. 161f.
[4] HIRSCHSON, Z. Appar. **2**, 622 (1907).
[5] Vgl. u. a. L. UBBELOHDE, D. Mech. Ztg. 166 (1913).
[6] A. L. MARSH nach LE CHATELIER und BURGESS, High Temp. Meas. New Y. 1912, S. 170.

10. Thermoelemente für extrem tiefe Temperaturen.

Für den Gebrauch in Temperaturen bis zum Siedepunkte der flüssigen Luft eignen sich, wie sich aus den Zahlen der Tabelle 4 ergibt, die Elemente aus Konstantan–Kupfer, –Eisen und –Silber recht gut. Die Thermokraft des Konstantan–Eisenelementes ist von HOLBORN und WIEN[1] beim Sublimationspunkte der Kohlensäure und dem Siedepunkte der Luft durch unmittelbare Vergleichung mit dem Wasserstoffthermometer ermittelt worden, die des Konstantan–Kupfer und –Eisenelementes durch Vergleich mit einem an das Gasthermometer angeschlossenen Platinwiderstandsthermometer bei denselben Temperaturen von ROTHE.[2] Eine genauere Untersuchung des Konstantan–Stahlelementes von 0° bis – 250° unternahm KAMERLINGH ONNES und CROMMELIN[3], wobei sich ergab, daß sich der Verlauf in dem ganzen Gebiet durch eine fünfgliedrige Interpolationsformel darstellen läßt.

In noch tieferen Temperaturen wird jedoch das Konstantan–Stahlelement ebenso wie das Element aus Neusilber–Kupfer von WROBLEWSKI[4] und das aus Neusilber–Platin von DEWAR[5] zu unempfindlich für genauere Messungen. Dafür zeigte aber nach KAMERLINGH ONNES und CLAY ein Element aus Silber–Gold, das bei gewöhnlicher Temperatur außerordentlich unempfindlich ist, eine mit sinkender Temperatur sehr rasch zunehmende Thermokraft, so daß es sich im Gebiete der Temperaturen des flüssigen Wasserstoffs als recht geeignet erwies.[6]

Wir geben hier nur einige Werte wieder, die den Verlauf der Thermokraft dieses Elementes charakterisieren sollen.

Tabelle 5.
Thermokraft des Thermoelementes Silber-Gold.

t °C	E_0^t Millivolt	ε Mikrovolt Grad
– 258,61°	0,289 12	– 4,654
– 204,68	0,098 72	– 1,948
– 153,95	0,015 28	– 0,312
– 70,5	0,013 7	– 0,186
0	0	– 0,016
+ 56	0,004 2	0,144
+ 100	0,011 5	0,192

Hiernach zeigt das Element die bemerkenswerte Eigentümlichkeit, daß seine Empfindlichkeit in der Nähe von 0° (bei + 18°) gerade am geringsten ist.

[1] L. HOLBORN und W. WIEN, Ann. Phys. 59, 222 (1896).
[2] R. ROTHE, Z. Instr. 22, 14—21, 33—40 (1902).
[3] H. KAMERLINGH ONNES und C. A. CROMMELIN, Comm. Phys. Lab. Leid. Nr. 95 und 95a (Appendix) (1906).
[4] S. v. WROBLEWSKI. Wied. Ann. 25, 371—407 (1885); H. KAMERLINGH ONNES, Comm. Nr. 14, 27 (1894).
[5] DEWAR, Proc. Roy Soc. A 76, 316 (1905).
[6] H. KAMERLINGH ONNES und J. CLAY, Comm. Nr. 107d (1908).

11. Die Temperatur der Nebenlötstellen.

Die Gesamtthermokraft eines Elementes setzt sich, wie bereits gezeigt wurde (Nr. 5, Schluß), zusammen aus den Thermokräften an der Haupt- und den beiden Nebenlötstellen. Erst dadurch, daß man eine bestimmte Festsetzung trifft über die Temperatur der letzteren, läßt sich die der Hauptlötstelle eindeutig aus der gemessenen Thermokraft herleiten. Beim Gebrauche des Elementes zu Temperaturmessungen hat man somit entweder dafür zu sorgen, daß die Nebenlötstellen auf derselben Temperatur wie bei der Eichung konstant erhalten werden, oder man hat an der Messung eine Korrektion anzubringen, welche die Abweichung der Temperatur der Nebenlötstellen von der bei der Eichung zugrunde gelegten berücksichtigt.[1]

Als konstante Temperatur für die Nebenlötstellen benutzt man im Laboratorium am besten 0°. Recht zweckmäßig bedient man sich dabei als Eisbehälters eines versilberten Vacuumgefäßes, in das man die am besten durch enge Glasröhren isolierten Lötstellen zwischen den Elementschenkeln und Zuleitungsdrähten etwa 10 bis 15 cm tief eintaucht. In technischen Betrieben wird man an den Anschlußklemmen meistens eine Wasserkühlung vorziehen, die man vorteilhaft an der Montierung des Elementes anbringt.[2] Es empfiehlt sich deshalb, bei Elementen, die für technische Messungen bestimmt sind, um die Korrektionen möglichst klein zu halten, von vornherein bei der Eichung eine Temperatur von 20° für die Nebenlötstellen zugrunde zu legen. Die beim Gebrauche wirklich auftretende Temperatur mißt man mit einem kleinen, in der Nähe der Anschlußklemmen angebrachten Quecksilberthermometer.

Die Korrektion wegen der Temperatur der Nebenlötstellen kann auf zweifache Weise berechnet werden. Entweder man korrigiert die gemessene Thermokraft und berechnet die zu dem korrigierten Werte gehörige Temperatur oder man berechnet zunächst aus der gemessenen Thermokraft die Temperatur und korrigiert diese nachträglich.

Die an der Thermokraft anzubringende Korrektion ergibt sich folgendermaßen: Ist die Temperatur der Nebenlötstellen, die der Eichung zugrunde lag, t_0, die wirkliche $t_0' = t_0 + \delta t_0$, so unterscheidet sich die gemessene Thermokraft $E^t_{t_0'}$ von $E^t_{t_0}$ um den Betrag

$$\delta E = E^t_{t_0'} - E^t_{t_0} = E^{t_0}_{t_0'}.$$

Die anzubringende Korrektion $k(E) = -\delta E$ ist also

$$k(E) = E^{t_0'}_{t_0} = \varepsilon^{t_0'}_{t_0} \delta t_0,$$

worin $\varepsilon^{t_0'}_{t_0}$ die mittlere Empfindlichkeit zwischen t_0 und t_0' bedeutet.

---

[1] C. Offershaus und E. H. Fischer, Elektroch. and Met. Ind. **6**, 362 (1908). C. Vogel, Z. anorg. Ch. **45**, 13 (1905). Schultze und Koepsel, Zentralbl. f. Akk. 8, 102 (1907).

[2] Derartige Kühlvorrichtungen werden von allen Firmen, die Thermoelemente liefern, in verschiedenster Ausführung hergestellt.

Die gemessene Thermokraft ist also um den Betrag zu vergrößern, den das Element zeigen würde, falls sich seine Haupt- und Nebenlötstellen auf t_0 und t_0' befänden. Diese Thermokraft ist entweder durch einen besonderen Versuch zu ermitteln oder, falls die Eichtabelle bis t_0 durchgeführt ist, dieser zu entnehmen. Sie läßt sich auch berechnen aus der mittleren Empfindlichkeit zwischen t_0 und t_0' und der Temperaturdifferenz δt_0.

Will man die Korrektion unmittelbar in Graden ausdrücken, so läßt sich die Beziehung benutzen

$$\delta E = \varepsilon_t^{t'} \delta t - \varepsilon_{t_0}^{t_0'} \delta t_0,$$

worin wieder die ε die mittleren Empfindlichkeiten zwischen den angegebenen Grenzen bedeuten. Es folgt

$$\frac{\delta E}{\delta t} = \varepsilon_t^{t'} \text{ und } \frac{\delta E}{\delta t_0} = -\varepsilon_{t_0}^{t_0'}$$

und man erhält für dasselbe δE

$$\delta t = -\frac{\varepsilon_{t_0}^{t_0'}}{\varepsilon_t^{t'}} \delta t_0$$

und für die an der zunächst berechneten Temperatur $t' = t + \delta t$ anzubringende Korrektion $k(t) = -\delta t$

$$k(t) = \frac{\varepsilon_{t_0}^{t_0'}}{\varepsilon_t^{t'}} \delta t_0.$$

Die aus der gemessenen Thermokraft $E_{t_0'}^t$ berechnete Temperatur t' ist also um einen Betrag zu vermehren, der größer oder kleiner ist als δt_0, je nachdem die Empfindlichkeit des Elementes bei der Temperatur der Nebenlötstellen größer oder kleiner ist als bei der zu messenden Temperatur.

Zum praktischen Gebrauche berechnet man zweckmäßig bei Aufstellung der Eichtabelle $\varepsilon_0/\varepsilon$, woraus sich $\varepsilon_{t_0}^{t_0'}/\varepsilon_t^{t'}$ leicht durch Interpolation finden läßt und bestimmt die Empfindlichkeit des Elementes in der Nähe der Temperatur der Nebenlötstellen. In den oben wiedergegebenen Tabellen der Thermokräfte sind deshalb $\varepsilon_0/\varepsilon$ und E_0^{20} hinzugefügt worden. Für $\varepsilon_t^{t'}$ kann man die Empfindlichkeit bei der mittleren Temperatur setzen, also z. B. ε_{10} für ε_0^{20}.

Zahlenbeispiel: Mit dem Platin–Platinrhodiumelement, für das die auf $t_0 = 0^0$ bezogenen Thermokräfte der Tab. 2 nach DAY und SOSMAN gelten, sei gemessen:

die Thermokraft . . . . $E_{t_0'}^t = 9{,}46$ Millivolt.
die Temperatur der Nebenlötstellen . . . $t_0' = 20^0$

Es soll die Temperatur der Hauptlötstelle berechnet werden.

Erster Weg. Man bestimmt die Korrektion $k(E)$ und ermittelt die zu dem korrigierten Wert von E gehörige Temperatur t:

nach der Tabelle ist . . . . . $k(E) = E_0^{20} = 0{,}11$ Millivolt.
die korrigierte Thermokraft also . $E_0^t = 9{,}57$
und die zugehörige Temperatur . . $t = 1000{,}0^0$

Zweiter Weg. Man ermittelt die Temperatur t', die zu der unkorrigierten Thermokraft E gehört, und bringt an dieser die Korrektion $k(t)$ an

die unkorrigierte Thermokraft . . $E_{t_0'}^t = 9{,}46$ Millivolt.
ergibt die Temperatur . . . . . $t' = 990{,}4^0$
die Temperaturkorrektion ist . . .

$k(t) = \varepsilon_{10}/\varepsilon_{995} \cdot \delta t_0 = \frac{5{,}6}{11{,}5} \cdot 20 \qquad = \quad 9{,}7$

mithin die gesuchte Temperatur . . $t = 1000{,}1^0$.

Statt $\varepsilon_{10}/\varepsilon_{995}$ unmittelbar zu berechnen, kann man auch die in der Tabelle angegebenen Werte $\varepsilon_0/\varepsilon$ benutzen. Man erhält dann

$$\frac{\varepsilon_{10}}{\varepsilon_{995}} = \frac{\varepsilon_0}{\varepsilon_{995}} : \frac{\varepsilon_0}{\varepsilon_{10}} = \frac{0{,}47}{0{,}97} = 0{,}49$$

also wie vorher

$$k(t) = 0{,}49 \cdot \delta t_0 = 9{,}7^0.$$

Der Verlauf der Größen $\varepsilon_0/\varepsilon$ gibt ein Bild von dem Einfluß, den ein Fehler in der Bestimmung der Temperatur der Nebenlötstellen auf die Messung hat. Bei dem Platin—Platinrhodiumelement ist die Temperaturkorrektion δt in dem ganzen Gebiete von 300 bis 1700° sehr nahe $= 0{,}5 \cdot \delta t_0$. Ein Fehler von 1° in t_0 ruft also einen Fehler von etwa 0,5° im Resultat hervor. Bei den Konstantanelementen ändert sich bei Temperaturen über 0° der entsprechende Fehler von 1,0 bis etwa 0,5°, während er bei Temperaturen unter 0° bis zu 2,5° anwächst. Hier geht also die Temperatur der Nebenlötstelle sogar mit erheblich größerem Gewicht in die Messung ein als die der Hauptlötstelle. Man wird somit auf ihre Konstanterhaltung ganz besondere Sorgfalt verwenden müssen. Als außerordentlich günstig nach dieser Richtung hin erweist sich das Silber—Goldelement, bei dem der Fehler bei — 260° nur etwa 0,003° beträgt, so daß hier die Temperatur der Nebenlötstellen nur ganz unerheblich ins Gewicht fällt.

Die Forderung, die Temperatur der Nebenlötstellen auf konstanter Temperatur zu erhalten, wird sich im Laboratorium meist ohne Schwierigkeit erfüllen lassen. In technischen Betrieben kann man bei Elementen aus unedlen Metallen die Schenkel so lang wählen, daß die Anschlüsse für die Zuleitungen an einer Stelle liegen, die der Wärmewirkung des Ofens möglichst entzogen ist. Bei Elementen aus Edelmetallen ist dies der hohen Kosten wegen nicht angängig. Man hat deshalb nach Mitteln gesucht, den Einfluß der Temperaturschwankungen an den Anschlußklemmen auf die Messung möglichst auszuschalten. Am einfachsten bedient man sich der „Kompensationsleitungen" nach PEAKE.[1] Diese bestehen aus

[1] R. S. WHIPPLE, Electrician 68, 132—134 (1911). SIEMENS und HALSKE, Preisliste 55 Nachtr. IV (1913).

zwei Drähten aus Kupfer und Kupfer–Nickel (mit 1 bis 5% Ni), die bei der Temperatur der Anschlußklemmen gegeneinander dieselbe Thermokraft haben wie die Elementenschenkel. Schließt man diese Leitungen an die freien Enden des Elementes an, so ist die Summe der beiden hier auftretenden Thermokräfte gleich Null. Die Verbindungsstellen mit den Zuleitungen, an denen nunmehr die zusätzliche Thermokraft auftritt, läßt sich auf diese Weise an eine Stelle verlegen, die von der Temperatur des Ofens hinreichend unbeeinflußt bleibt.

Andere Anordnungen, die ähnlichen Zwecken dienen, wie die Kompensationsvorrichtungen von CHAUVIN und ARNOUX[1], der Kompensator von BRISTOL[2] u. a. können hier nur erwähnt werden.[3]

12. Parasitäre Thermokräfte. Inhomogenität der Elementenschenkel.

Außer an Haupt- und Nebenlötstellen können im Kreise des Thermoelementes auch noch an anderen Stellen Thermokräfte auftreten, die unter Umständen zu erheblichen Fehlern Anlaß geben. Diese „parasitären Thermokräfte" haben entweder ihren Sitz im äußeren Stromkreise an den Stellen, wo verschiedene Metalle zusammenstoßen, oder auf den Schenkeln des Elementes selbst, wenn diese nicht völlig homogen sind.

Die Thermokräfte des äußeren Kreises sind meistens so klein, daß sie nur bei genaueren Messungen eine Rolle spielen. Trotzdem wird man gut tun, Anschlußklemmen, an denen z. B. Kupfer und Messing zusammenstoßen, vor stärkeren Temperaturschwankungen zu schützen. Für Präzisionsmessungen sind auch die Thermokräfte am Kompensator und Galvanometer zu beachten (vgl. den thermokraftfreien Kompensator von DIESSELHORST Nr. 15). Vom Vorhandensein der Thermokraft im äußeren Kreise kann man sich leicht durch Kurzschließen der Anschlußklemmen des Thermoelementes überzeugen; nötigenfalls läßt sich ihre Größe durch Kommutieren bestimmen und für die Messung eliminieren.

Die Thermokräfte infolge der Inhomogenität der Elementenschenkel sind im allgemeinen von sehr viel größerer Bedeutung.[4] Dies hat seinen Grund darin, daß es einerseits schwer ist, ganz homogene Materialien zu erhalten, oder sie vor Einflüssen, die ihre Homogenität gefährden, sicher zu bewahren, und daß andererseits die Temperaturverteilung längs der notwendigerweise im Temperaturgefälle liegenden Schenkel nicht nur von der Höhe der Temperatur, sondern auch von der Dauer der Erhitzung, der Geschwindigkeit ihrer Änderung u. a. abhängt. Infolgedessen sind die Thermokräfte, die an den Inhomogenitätsstellen auftreten, von einer Reihe unkontrollierbarer Faktoren abhängig, die weder eine rechnerische Berücksichtigung noch Elimination ermöglichen.

---

[1] CHAUVIN und ARNOUX, Bull. Soc. d'Encourag. **109**, 1171 (1907).

[2] BRISTOL, Am. Soc. Mech. Eng. **27**, 552 (1906); Electroch. and Met. Ind. **4**, 115 (1906).

[3] LE CHATELIER und BURGESS, High Temp. New Y. 1912 S. 176 u. 157 u. a.

[4] MAGNUS, Pogg. Ann. **83**, 469 (1851); W. P. WHITE, Phys. Rev. **23**, 449 (1906); ebenda **31**, 135f. (1910) u. a.

Die Ursache für die Inhomogenität der Schenkel kann entweder eine mechanische oder chemische Verschiedenheit des Materials sein, wobei auch molekulare Umwandlungen eine Rolle spielen können.

Die auf mechanische Ursachen zurückzuführenden Inhomogenitäten sind meist entstanden durch Biegungen und Zerrungen, wie sie insbesondere beim Ziehen von Drähten auftreten. Sie verschwinden ziemlich rasch, wenn man das Material einige Zeit hindurch seiner ganzen Länge nach erhitzt. Daher sollten alle Leiter für thermoelektrische Zwecke vor Ingebrauchnahme sorgfältig, am besten auf elektrischem Wege ausgeglüht werden.

Inhomogenitäten infolge chemischer Verschiedenheiten können dem Leiter ursprünglich zukommen oder im Gebrauche erworben sein. Von den Leitern des Handels sind im allgemeinen die Legierungen, wie z. B. Konstantan, nicht so homogen wie die reinen Metalle. Veränderungen der Homogenität beim Gebrauche sind besonders in hohen Temperaturen zu fürchten (durch Ofengase, flüchtige Metalle usw.). Zur Beseitigung der entstandenen Verunreinigung ist wiederholtes elektrisches Ausglühen vorgeschlagen worden, doch ist der Erfolg zweifelhaft.

Inhomogenitäten infolge molekularer Umwandlungen, wie sie z. B. bei Nickel und seinen Legierungen vorkommen sollen, bewirken, daß die Thermokraft des Elementes nicht eindeutig von der Höhe der Temperatur abhängt (thermoelektrische Hysterese[1]). Leiter, die diese Erscheinung zeigen, sind in der Nähe des Umwandlungspunktes zu genaueren Messungen nicht zu gebrauchen.

Eine Prüfung der Elementenschenkel auf thermoelektrische Homogenität ist außerordentlich wichtig, einmal um die Brauchbarkeit der zu verwendenden Leiter überhaupt beurteilen und dann um unbrauchbare Stücke erkennen und nötigenfalls beseitigen zu können, so z. B. um an einem gebrauchten Element, wenn es an seinen Enden angegriffen ist, festzustellen, wie weit es verkürzt werden muß. Die gebräuchliche Methode der Prüfung besteht darin, daß man einen Teil des Leiters erhitzt und beobachtet, ob an den Enden eine Thermokraft auftritt. Noch besser ist es, mit einem Prüfdraht die erhitzte Stelle zu berühren und, indem man die Thermokraft zwischen Prüfdraht und zu untersuchendem Draht ermittelt, eine punktweise Abtastung des letzteren vorzunehmen (Fig. 114). Doch ist diese Abtastung nur möglich bei Edelmetallen, die sich nicht oberflächlich mit einer isolierenden Oxydschicht bedecken.

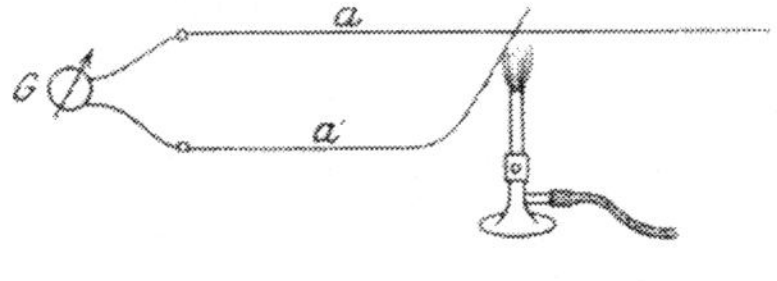

Fig. 114. Methode der Homogenitätsprüfung bei Edelmetallen (*Pt*, *PtRh*) durch Abtasten mit einem Prüfdraht. *a* zu untersuchender Drath, *a'* Prüfdraht aus gleichem Material wie *a*, *G* empfindliches Galvanometer.

Die Ausführung der Homogenitätsprüfung ist nicht ganz leicht und erfordert, da es sich um Thermokräfte von nur einigen Mikrovolt handelt,

[1] z. B. HARRISON, Phil. Mag. (6) 3, 177 (1902).

gute Meßeinrichtungen, vor allem ein empfindliches Galvanometer. Sind diese vorhanden, so empfiehlt sie sich jedoch, wenn eine größere Genauigkeit angestrebt wird, außerordentlich, da die Meßgenauigkeit mit Thermoelementen in allererster Linie durch die Fehler infolge der Inhomogenität der Schenkel beeinträchtigt wird. In vielen Fällen wird man sich jedoch auch auf anderem Wege von den Fehlern befreien können. Läßt sich nämlich das Thermoelement so anordnen, daß es stets unverrückt dieselbe Lage beibehalten kann, so daß also die Temperaturverteilung längs der Schenkel bei derselben Temperatur immer die gleiche ist, und kann man das Element in dieser Lage z. B. optisch oder durch Schmelzpunkte eichen, so lassen sich einwandfreie Messungen erzielen, sofern man den Gang der Temperatur hinreichend klein hält.

13. Thermoelektrische Meßmethoden.

Die Methoden für die Messung der verhältnismäßig kleinen elektromotorischen Kräfte des Thermoelementes zerfallen in zwei Gruppen, die man als „Ausschlagsmethode" und „Kompensationsmethode" bezeichnen kann. Bei der Ausschlagsmethode schließt man die Schenkel des Thermoelementes oder seine Zuführungen unmittelbar an die Klemmen eines Galvanometers und mißt die Spannung an dem Ausschlag dieses Instrumentes. Bei der Kompensationsmethode wird die Thermokraft des Elementes durch eine meßbare, mit Hilfe einer besonderen Stromquelle hervorgerufenen elektromotorischen Kraft so kompensiert, daß das Element selbst stromlos ist. Von den beiden Methoden ist die Ausschlagsmethode die einfachere und beim praktischen Gebrauche der Thermoelemente weitaus am meisten gebrauchte. An Genauigkeit wird sie jedoch von der Kompensationsmethode übertroffen, die daher besonders für Laboratoriumsmessungen den Vorzug verdient.

Die beiden Methoden können auch mit Vorteil so kombiniert werden, daß man den größten Teil der Thermokraft abkompensiert und den Überschuß als Ausschlag mißt.

14. Die Ausschlagsmethode.

Schließt man das Thermoelement mit seinen Zuführungen an die Klemmen eines Galvanometers, so ergibt sich das in Fig. 113 (S. 209 wiedergegebene einfache Schaltungsschema.

Durch die Thermokraft E des Elementes wird in dem Kreise ein Strom hervorgerufen von der Stärke

$$i = \frac{E}{W},$$

wenn $W = w_e + w_z + w_g$ der Gesamtwiderstand des Kreises, bestehend aus dem Widerstand des Elementes w_e, dem der Zuleitungen w_z und des Galvanometers w_g, ist. Nun gilt

$$\sum E - \sum i w = 0$$

und

$$\sum E = E = E^t - E^{t_0}.$$

mithin:

$$E - i \cdot (w_e + w_z) = i \cdot w_g = e.$$

Die Klemmenspannung e am Galvanometer ist also um den Spannungsabfall $i(w_e + w_z)$ kleiner als die Thermokraft des Elementes.

Die Gleichung läßt sich auch schreiben

$$E \cdot \left(1 - \frac{w_e + w_z}{W}\right) = e$$

oder

$$E \cdot \frac{w_g}{W} = e.$$

Ist das Galvanometer als Spannungsmesser geeicht, so läßt sich aus der Ablesung die Klemmenspannung e ermitteln. Man erhält dann aus dieser die Thermokraft

$$E = e \cdot \frac{W}{w_g} = e \cdot \left(1 + \frac{w_e + w_z}{w_g}\right).$$

Die an der Ablesung anzubringende Korrektion $k(e)$ wegen des Spannungsabfalls ist also

$$k(e) = e \cdot \frac{w_e + w_z}{w_g}.$$

Sie ist um so größer, je kleiner der Widerstand w_g des Galvanometers im Vergleich zu dem Widerstande des übrigen Stromkreises ist.

Zahlenbeispiele:

Ablesung $e = 10$ Millivolt.

1) Es sei $w_e + w_z = 2$ Ohm

$w_g = 500$ „

dann ist $k(e) = 10 \frac{2}{500} = 0{,}04$ Millivolt,

also $E = 10{,}04$ Millivolt.

2) Es sei $w_e + w_z = 5$ Ohm

$w_g = 50$ „ ,

dann ist $k(e) = 10 \frac{5}{50} = 1$ Millivolt,

also $E = 11$ Millivolt.

Im ersten Falle beträgt also die Korrektion $0{,}4\,\%$, im zweiten $10\,\%$, beim Platinrhodiumelement also etwa 4^0 und 100^0. Hieraus erhellt, wie wichtig es ist, Galvanometer von hohem Widerstande zu verwenden.

Widerstandsänderungen im Stromkreise. Da bei der Ausschlagsmethode der Widerstand des Stromkreises mit einem unter Umständen recht erheblichen Betrage in die Messung eingeht, so muß er mit hinreichender Genauigkeit bekannt sein. Nun befinden sich Galvanometer und Zuleitungen des Elementes im allgemeinen auf einer nur wenig veränderlichen Temperatur, so daß die Änderungen des Widerstandes dieser

Teile des Stromkreises nur klein sind. Im übrigen besteht bei besseren Galvanometern der größte Teil des Widerstandes aus Manganin mit verschwindend kleinem Temperaturkoeffizienten. Anders liegen jedoch die Verhältnisse bei den Schenkeln des Elementes. Diese sind zu einem großen Teile der zu messenden Temperatur ausgesetzt und zeigen dadurch beträchtliche Widerstandsänderungen, und da außerdem längs der Schenkel ein Temperaturgefälle besteht, dessen Verlauf nicht einmal genau angegeben werden kann, so läßt sich diese Widerstandsänderung allgemein nicht berechnen. Dazu kommt, daß bei unedlen Metallen infolge der Oxydation eine Querschnittsverminderung eintritt, die zu einer dauernden Widerstandsänderung des Elementes führt.

Macht man gewisse Voraussetzungen über die Temperaturverteilung, so läßt sich die Größe der Korrektion infolge der Widerstandsänderung der Elementenschenkel angeben.

Es sei ein Thermoelement mit den beiden Schenkeln a und b gegeben, deren Länge l (in m) und Querschnitt q (in qmm) gleich sei. Der Widerstand der Schenkel sei

$$w_a = \frac{l}{q}\sigma_a \qquad w_b = \frac{l}{q}\sigma_b,$$

worin σ_a und σ_b der spezifische Widerstand des Leitermaterials ist.

Diese Größen σ sind von der Temperatur abhängig, wobei gelten mag

$$\sigma_{at} = \sigma_{ao}(1 + \alpha t) \qquad \sigma_{bt} = \sigma_{bo}(1 + \beta t).$$

Der Widerstand des ganzen Elementes wird hiernach bei 0^0

$$w_o = w_{ao} + w_{bo}$$
$$= \frac{l}{q}(\sigma_{ao} + \sigma_{bo})$$

bei t^0

$$w_t = w_{at} + w_{bt}$$
$$= \frac{l}{q}(\sigma_{ao} + \sigma_{bo})\cdot\left(1 + \frac{\sigma_{ao}\alpha + \sigma_{bo}\beta}{\sigma_{ao} + \sigma_{bo}}t\right)$$

oder

$$w_t = w_o(1 + \gamma t),$$

wenn

$$\gamma = \frac{\sigma_{ao}\alpha + \sigma_{bo}\beta}{\sigma_{ao} + \sigma_{bo}} \text{ ist.}$$

Befindet sich von dem Element $\frac{1}{n}$ der Schenkellänge auf t^0, während der Rest sich auf 0^0 befindet, so wird

$$w_t = w_o\left(1 + \frac{1}{n}\gamma t\right).$$

Zahlenbeispiel. Ein Platin–Platinrhodiumelement aus 0,6 mm starken Drähten und von 1,5 m Schenkellänge tauche bis zu 1 m tief in eine Temperatur von 1000^0 ein.

Der spezifische Widerstand σ und sein Temperaturkoeffizient ist

für Platin	$\sigma_a = 0{,}108$	$\alpha = 3{,}9 \cdot 10^3$
für Platinrhodium	$\sigma_b = 0{,}20$	$\beta = 1{,}7$ „

Mithin wird

der Widerstand bei 0°: $w_o = \frac{1,50}{0,28} \cdot 0,308 = 1,65$ Ohm

$$\gamma = \frac{0,761}{0,308} \cdot 10^{-3} = 2,47 \cdot 10^{-3}$$

der Widerstand bei t^0: $w_t = 1,65 \cdot \left(1 + \frac{2}{3} \cdot 2,47 \cdot 10^{-3} \cdot 1000\right)$
$= 4,37$ Ohm.

Bei genaueren Messungen wird man also die Änderung des Widerstandes mit der Temperatur bei Berechnung des Spannungsabfalles mit berücksichtigen müssen. Am besten bestimmt man jedoch den Widerstand des Elementes bei verschieden hohen Temperaturen unmittelbar in der Anordnung, in der es gebracht wird.

Pyrometer — Galvanometer. Als Ausschlagsinstrument zur Messung der Thermokraft herrscht ganz allgemein das Drehspulinstrument (nach DEPREZ-d'ARSONVAL) vor. Zwischen den Polen eines starken Magneten ist eine leichte Spule drehbar so angebracht, daß ihre Windungen in der Ruhelage parallel zu den Kraftlinien liegen. Im Innern der Spule befindet sich meist noch ein weicher Eisenkern. Der durch das Instrument fließende Strom ruft eine Drehung der Spule hervor, die entweder unmittelbar an einem Zeiger oder mit Hilfe eines Spiegels abgelesen wird.

Die Spiegelinstrumente sind im allgemeinen nur für Laboratoriumsgebrauch bestimmt. Ihre Empfindlichkeit läßt sich erst voll ausnützen, wenn man sie in Verbindung mit einer Kompensationsschaltung gebraucht (Nr. 15). Für die meisten praktischen Zwecke reicht das Zeigergalvanometer, das in neuerer Zeit mit einer dem Spiegelgalvanometer fast gleichkommenden Empfindlicheit hergestellt wird, vollkommen aus. Man unterscheidet hier zwei Typen: Bei der einen ist die Spule an einem sehr feinen Metallbändchen, das gleichzeitig als eine Zuführung dient, aufgehängt (Fig. 115), bei der anderen ist sie mit einer Achse in Spitzen gelagert. Bei den Instrumenten mit Spitzenlagerung läßt sich eine gleiche Empfindlichkeit wie bei den Instrumenten mit Aufhängung nur durch einen kleineren Widerstand erzielen; dagegen brauchen sie aber nicht so genau horizontal gestellt zu werden wie jene und sind auch gegen Erschütterungen weniger empfindlich, eignen sich also besonders für technische Betriebe.

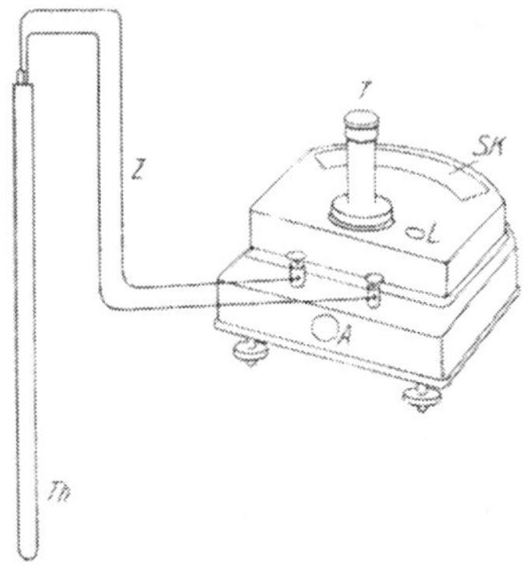

Fig. 115. Millivoltmeter mit Fadenaufhängung für thermoelektrische Zwecke. *T* Turm für die Aufhängung mit Torsionskopf für Einstellung des Nullpunktes. *SK* Skala, *A* Arretierungsschraube, *L* Libelle, *Th* Thermoelement in Schutzrohr, *Z* Zuführungen zum Galvanometer.

Die Zeigerinstrumente tragen im allgemeinen eine doppelte Skala:

eine in Millivolt geteilte, an der die Klemmenspannung und eine in Grade geteilte, an der die Temperatur des Thermoelementes abgelesen werden kann. Das Vorhandensein der Spannungsskala ermöglicht den Gebrauch des Instrumentes für verschiedene Thermoelemente und läßt eine sichere Nachprüfung zu. Für die Teilung der Temperaturskala muß der Verlauf der Thermokraft für ein zugehöriges Thermoelement unter Annahme einer bestimmten Temperatur der Nebenlötstellen sowie der äußere Widerstand des Stromkreises bekannt sein. Ändert sich eine dieser Größen, so wird die Ablesung an der Temperaturskala falsch, ohne daß die Angaben des Instrumentes in Millivolt fehlerhaft sind.

Sehr zweckmäßig ist es, wenn auf der Temperaturskala bei dem Teilstrich 0 der Millivoltskala die Temperatur der Nebenlötstellen, für die das Instrument geeicht ist (z. B. 20°), nebst einigen benachbarten Werten verzeichnet ist. Ist die Ruhelage des Zeigers veränderlich, so kann an den Einfluß der Temperatur der Nebenlötstellen dadurch eliminieren, daß man vor der Messung den Zeiger auf die Temperatur t_0' einstellt, die man an den Nebenlötstellen gemessen hat. Voraussetzung für die Richtigkeit dieser Methode ist natürlich, daß die Teilung dem Verlaufe der Thermokraft bei t_0 entsprechend ausgeführt ist.

Von besonderer Bedeutung für den praktischen Gebrauch ist, daß die Galvanometer auch mit Einrichtungen zum selbsttätigen Registrieren ausgeführt werden. Bei den gebräuchlichen Instrumenten (Siemens & Halske, Hartmann & Braun u. a.) wird der Zeiger in kurzen Zwischenräumen (bis herab zu 12^{sec}) niedergedrückt, wobei er jedesmal einen Punkt auf ein darunter fortgeführtes Papierband verzeichnet. Die Registrierinstrumente werden mit Vielfachumschaltern zur Aufzeichnung der Thermokraft einer größeren Anzahl von Elementen in technischen Betrieben mannigfach verwendet.

15. Kompensationsmethoden.

Das Grundschema, auf das alle gebräuchlichen Kompensationsmethoden zurückgeführt werden können, ist in Fig. 116 wiedergegeben. Kreis I besteht aus Galvanometer G, Thermoelement Th und einem Widerstand w, an dessen Enden mit Hilfe einer Batterie B eine Spannung erzeugt wird. In dem Falle, daß diese Spannung $e = iw$ gleich der Thermokraft E des Elementes und ihr entgegengesetzt gerichtet ist, fließt durch das Thermoelement und das Galvanometer G kein Strom. Ist die Spannung e bei vollständiger Kompensation bekannt, so ist damit auch die Thermokraft des Elementes gegeben.

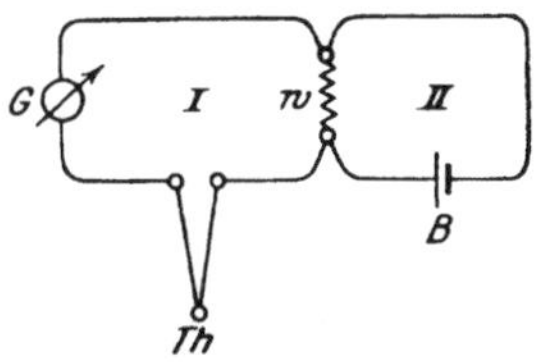

Fig. 116. Grundschema für die Kompensationsmethode der Messung von Thermokräften. Th Thermoelement, G Galvanometer als Nullinstrument, w Verzweigungswiderstand, B Batterie.

Der wesentlichste Vorteil der Methode liegt darin, daß unmittelbar die Thermokraft gemessen wird, daß also der Spannungsabfall längs der Schenkel des Elementes nicht in die Rechnung eingeht. Das Galvanometer G kann demgemäß ein hoch empfindliches Instrument mit kleinem Widerstande sein.

Bei der praktischen Ausführung der Messung bieten sich zwei Wege dar: 1) Man hält den Widerstand w konstant und mißt den Strom, der zur Kompensation erforderlich ist, oder 2) man hält die Stromstärke im Kreise II konstant und variiert den Widerstand w so lange, bis die Kompensation erreicht ist.

Die erste Methode führt zu dem in Fig. 117 wiedergegebenen Schaltungsschema. In den Kreis II ist ein Galvanometer G_i eingeschaltet, das die Stromstärke zu messen erlaubt. Der Widerstand w besteht aus mehreren Teilen von dem Betrage runder Vielfache oder Teile eines Ohms. Die Anbringung verschiedener Verzweigungswiderstände hat den Zweck, die Empfindlichkeit des Instrumentes G_i, von der die Genauigkeit der Methode wesentlich abhängt, voll ausnützen zu können.

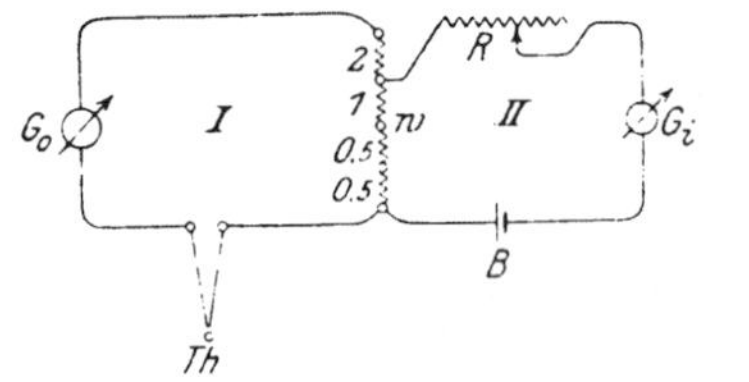

Fig. 117. Schema für die Kompensationsmethode mit Strommessung. R Regulierwiderstand, G_i Galvanometer zur Strommessung, sonst Bezeichnungen wie in Fig. 116.

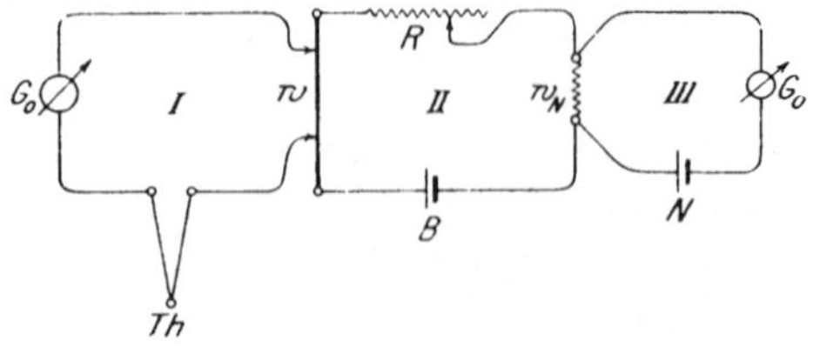

Fig. 118. Schema für die Kompensationsmethode mit Widerstandsmessung (Kompensationsapparat) w Kompensationsapparat, w_N Widerstand zur Kompensation des Normalelements N, sonst Bezeichnung wie in Fig. 116.

Schaltungen dieser Art sind u. a. von HOLMAN[1] benutzt und von LINDECK und ROTHE[2] in einer für thermoelektrische Zwecke besonders geeigneten Form ausgebaut worden.

Die zweite Methode ergibt in ihrer einfachsten Form das Schaltungsschema der Fig. 118. An Stelle des festen Verzweigungswiderstandes w befindet sich hier ein Widerstand, der so eingerichtet ist, daß ein ablesbarer Teil in den Kreis des Thermoelementes eingeschaltet werden kann. Im einfachsten Falle kann ein Schleifdraht mit verschiebbaren Kontakten diesen Zweck erfüllen. Für genauere Messungen verwendet man jedoch einen „Kompensationsapparat". Bedingung ist, daß der eingeschaltete Widerstand w bei allen Messungen mit einem konstanten, genau bekannten Strom belastet ist. Als Stromquelle dient die Batterie B, als Regulierwiderstand R. Um die Belastungsstromstärke bestimmen zu können, ist in den Kreis II der Widerstand w_N eingeschaltet, dessen Größe so bemessen ist, daß die bei der vorgeschriebenen Stromstärke an seinen Enden herrschende Spannung gerade so groß ist wie die eines WESTONschen Normalelementes N,

[1] S. W. HOLMAN, R. LAWRENCE und L. BARR, Phil. Mag. 42, 37 (1896).
[2] ST. LINDECK und R. ROTHE, Z. Instr. 20, 285 (1900); SIEMENS & HALSKE, Preisliste 55, S. 16 (1909).

das in internationalen Volt geeicht ist. Da ein solches Normalelement durch Strom nicht belastet werden darf, ist es in dem Kreise III wiederum so geschaltet, daß es bei Niederdrücken der Taste T durch die Spannung an den Enden von w_N gerade kompensiert wird.

Der Kompensationsapparat stellt im wesentlichen einen Satz von Widerständen dar, der so eingerichtet ist, daß automatisch der Gesamtwiderstand konstant bleibt, während durch die Einstellung von Schleifkontakten beliebige Teile des Ganzen zwischen zwei Klemmen gebracht werden können. Derartige Apparate sind von FEUSSNER[1], RAPS[2], HAUSRATH[3], DIESSELHORST[4] u. a. angegeben worden. Der Apparat von DIESSELHORST zeichnet sich durch Freisein von Thermokräften und einen kleinen Gesamtwiderstand aus.

16. Das Differentialthermoelement.

Es ist schon (Nr. 5) darauf hingewiesen worden, daß das Thermoelement ganz besonders dazu geeignet ist, Temperaturdifferenzen zu messen. Die einfachste Schaltung, die sich für diese Zweck edarbietet, zeigt Fig. 119. Zwischen die beiden gleichen Schenkel a ist ein Stück des Leiters b geschaltet. Die beiden entstehenden Lötstellen L_1 und L_2 werden den beiden Temperaturen t_1 und t_2 ausgesetzt, deren Differenz gemessen werden soll. An den beiden Nebenlötstellen L_1' und L_2' stoßen die gleichen Leiter a und z zusammen. Die Thermokraft eines solchen „Differentialthermoelementes" ist somit:

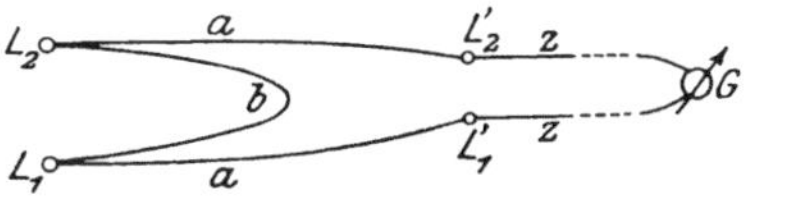

Fig. 119. Schema des Differentialthermoelementes. a, b, a Elementsschenkel, z Zuleitungen, L'_1, L'_2 Hauptlötstellen, Temperatur t_1 und t_2, L_1, L_2 Nebenlötstellen, Temperatur t_0, G Galvanometer als Ausschlaginstrument.

$$E = (E_{ab})^{t_1} - (E_{ab})^{t_2} + (E_{az})^{t_0} - (E_{az})^{t_0}$$
$$= (E_{ab})^{t_1} - (E_{ab})^{t_2} = (E_{ab})_{t_1}^{t_2}.$$

Die Temperatur der Nebenlötstellen ist also auf die Messung ganz ohne Einfluß, sofern sie nur an beiden gleich ist.

Ist die Abhängigkeit der Thermokraft von der Temperatur für das Thermoelement gegeben, so läßt sich ohne weiteres t_2 berechnen, wenn t_1 bekannt ist. Kommt es auf die Temperatur selbst nicht an, so kann man die Temperaturdifferenz auf folgende Weise finden: Da die mittlere Empfindlichkeit $\varepsilon_{t_1}^{t_2}$ des Elementes zwischen t_1 und t_2 gegeben ist durch

$$\varepsilon_m = \varepsilon_{t_1}^{t_2} = \frac{E^{t_2} - E^{t_1}}{t_2 - t_1},$$

so folgt

$$t_2 - t_1 = E \cdot \frac{1}{\varepsilon_m}.$$

[1] K. FEUSSNER, Z. instr. **10**, 113 (1890).

[2] RAPS, Z. Instr. **15**, 215 (1895); Elektrotechn. Ztschr. **16**, 507 (1895); Elektrotechn. Ztschr. **24**, 978 (1903).

[3] H. HAUSRATH, Ann. Phys. **17**, 735 (1903); Z. Instr. **27**, 309 (1907).

[4] H. DIESSELHORST, Z. Instr. **26**, 173 u. 297 (1906); ebenda **28**, 1 (1908).

Die Temperaturdifferenz zwischen den beiden Hauptlötstellen ist also gleich der gemessenen Thermokraft dividiert durch die Empfindlichkeit des Elementes bei der mittleren Temperatur der beiden Lötstellen.

Besonders ausgedehnten Gebrauch hat die Metallographie von dem Differentialelement gemacht, da es sich außerordentlich gut zur Auffindung von Umwandlungstemperaturen eignet.[1] Bettet man nämlich die eine Lötstelle in einen Körper, der eine unter Wärmetönung verlaufende Umwandlung erleidet, während man die andere in einen neutralen Körper verlegt, und setzt beide einem stärkeren Temperaturgange aus, so zeigt eine plötzlich anwachsende Thermokraft das Auftreten der Umwandlung an. Das Verfahren, das von Roberts-Austen[2] u. a. zur Untersuchung von Eisen angewendet wurde, hat in neuerer Zeit durch Spezialapparate[3] eine hohe Vervollkommnung erfahren.

Auch zur Messung kleiner Temperaturdifferenzen, wie z. B. Gefrierpunktserniedrigungen[4], ist das Differentialelement mit Erfolg verwendet worden. Dabei hat man durch Hintereinanderschaltung einer Reihe von Elementen die Empfindlichkeit ganz erheblich steigern können.

V. Widerstandsthermometer.

1. Grundprinzip.

Der elektrische Widerstand metallischer Leiter ist im allgemeinen von der Temperatur abhängig, und zwar nimmt er bei allen reinen Metallen bei Erhöhung um 1° C um nahezu denselben Betrag, etwa $^4/_{1000}$ seines Wertes bei 0° C zu. Die widerstandsthermometrische Methode der Temperaturmessung benutzt diese Erscheinung, um umgekehrt aus der Größe der Widerstandsänderung eines geeignet montierten Leiters ein Rückschluß auf die Temperatur zu ziehen, auf der sich der Leiter befindet.

2. Wahl des Leitermaterials.

Unter allen in Betracht kommenden Leitern spielt das reine Platin eine besondere Rolle. Die große Unveränderlichkeit des Metalles läßt seine Verwendung bis zu Temperaturen von etwa 1000° zu; die große Reinheit, mit der es dargestellt werden kann, ermöglicht die Herstellung von Thermometern, die untereinander sehr nahe übereinstimmen; der regelmäßige Gang der Widerstandsänderung endlich läßt die Anwendung verhältnismäßig einfacher Rechenmethoden zur Ermittlung der Temperatur aus dem gemessenen Widerstande zu. Das Platinthermometer ist deshalb vor allen Widerstandsthermometern, besonders bei Präzisions-

[1] G. K. Burgess, Bull. Bur. Stand. **5**, 199 (1908).

[2] Roberts-Austen, Proc. Roy. Soc. **49**, 347 (1891); J. Soc. Ch. Ind. **46**, 1 (1896) Metallographist **2**, 186 (1899).

[3] Saladin, Iron and Steel Metallogr. **7**, 237 (1904); Siemens & Halske, Preisliste **55**, 17 (1909). (Abb.)

[4] W. Nernst und R. Abegg, Z. phys. Ch. **25**, 681 (1894); H. Hausrath, Ann. Phys. (4) **9**, 522 (1902); Fr. Flügel, Z. phys. Ch. **79**, 577 (1912).

messungen, entschieden bevorzugt und stellt überhaupt in dem Gebiete von etwa -200 bis $+500^0$ C eines der zuverlässigsten und genauesten Temperaturmeßinstrumente dar.[1]

Von der Verwendung andrer Metalle als Platin wird später (10) gesprochen werden.

3. Die Abhängigkeit des Widerstandes reinen Platins von der Temperatur.

In dem Gebiet von 0^0 bis etwa 600^0 läßt sich der Widerstand W_t des reinen Platins in Abhängigkeit von der Temperatur darstellen durch die Formel:[2]

$$W_t = W_0 \cdot (1 + \alpha t + \beta t^2),$$

worin W_0 den Widerstand bei $t = 0^0$ und α und β Konstanten bedeuten von etwa folgenden Werten:[3]

$$\alpha = 3{,}965 \cdot 10^{-3}$$
$$\beta = -5{,}868 \cdot 10^{-7}$$

Die Eichung eines Platinthermometers für den Gültigkeitsbereich dieser Formel läuft somit auf eine Ermittlung seines Widerstandes W_0 bei 0^0 und der beiden Konstanten α und β hinaus. Hierzu ist eine Prüfung bei drei Temperaturen erforderlich, von denen eine 0^0, während die beiden anderen willkürlich gewählt werden können. Für gewöhnlich nimmt man hierzu den Wasser- und den Schwefelsiedepunkt (etwa 100 und 445^0). Sind auf diese Weise die individuellen Konstanten des Instrumentes ermittelt, so läßt sich sein Widerstand bei jeder anderen Temperatur angeben und umgekehrt aus einem gemessenen Widerstand die Temperatur berechnen, der es ausgesetzt ist.

Für die praktische Ausführung dieser Rechnung ist jedoch die obige Formel wenig geeignet. Man verfährt besser nach CALLENDAR so, daß man zunächst die „Platintemperatur" ermittelt und an dieser nachträglich eine Korrektur anbringt, die sie auf wahre Temperaturen reduziert. Die „Platintemperatur" tp, d. h. die in einer durch die Widerstandsänderung des Platins definierten Temperaturskala gemessene Temperatur ist entsprechend früheren Definitionen (vgl. I, Nr. 5)

$$tp = \frac{W_t - W_0}{W_{100} - W_0} \cdot 100.$$

---

[1] Hauptarbeiten über das Platinthermometer: H. L. CALLENDAR, Phil. Trans. (A), **178**, 160 (1887); und **182**, 119 (1891); P. CHAPPUIS und J. A. HARKER, Trav. et Mem. Bur int., **12**, 898 (1902); L. HOLBORN und F. HENNING, Ann. Phys. (4) **26**, 833—883 (1908); (4) **35**, 761—774 (1911); F. HENNING, Ann. Phys. (4) **40**, 635—667 (1913); H. KAMERLINGH ONNES und J. CLAY Comm. Phys. Lab. Leiden Nr. 99 und 101 (1907); H. KAMERLINGH ONNES ebd. Nr. 119, (1911); C. W. WAIDNER und G. K. BURGESS, Bull. Bur. Stand. **6**, 150—230 (1910).

[2] H. L. CALLENDAR a. a. O. (1887); P. CHAPPUIS und J. A. HARKER a. a. O. (1902) und Phil. Trans. **194**, 37 (1900).

[3] Vgl. a. Z. Instr. **31**, 186 (1911).

Mithin wird:

$$t_p = \frac{100\,\alpha}{\alpha + 100\,\beta}\,\frac{t}{100} + \frac{100^2\,\beta}{\alpha + 100\,\beta}\left(\frac{t}{100}\right)^2$$

und die Abweichung der Platintemperatur von der wahren Temperatur:

$$\delta t = t_p - t = \delta \cdot \left[\left(\frac{t}{100}\right)^2 - \frac{t}{100}\right],$$

wenn man setzt:

$$\delta = -\frac{10000\,\beta}{\alpha + 100\,\beta}.$$

Als Zahlenwert ergibt sich für reines Platin sehr nahe: $\delta = 1{,}5$.

Zur praktischen Ausführung der Rechnung gibt HARKER[1] eine Tabelle an, aus der sich, wenn die Platintemperatur gegeben ist, die wahre Temperatur unter der Voraussetzung entnehmen läßt, daß die Konstante genau den Wert $\delta = 1{,}5000$ hat. Eine zweite Tabelle gibt dann die Korrektion $k(t)$ an, die an der so ermittelten Temperatur anzubringen ist, falls δ von dem Werte 1,5 um $\Delta\delta = +\,0{,}01$ abweicht. Wir geben diese beiden Tabellen hier abgekürzt und etwas verändert wieder:

Tabelle 1.

t_p	t
− 50°	− 48,91° C.
0	0
+ 50	+ 49,62
100	100,00
150	151,16
200	203,14
250	255,99
300	309,75
350	364,46
400	420,18
450	476,97
500	534,89
550	594,03
600	654,43

Tabelle 2.

t	$\frac{k(t)}{\Delta\delta}$ für $= +0{,}01$
− 50° C.	+ 0,008° C.
0	0
+ 50	− 0,002
100	0
150	+ 0,008
200	0,021
250	0,044
300	0,065
350	0,097
400	0,134
450	0,179
500	0,231
550	0,391
600	0,359

Um den Gebrauch dieser Tabellen zu erläutern, geben wir folgendes Zahlenbeispiel:

Es sei $W_0 = 10{,}000$ Ohm

$W_{100} = 13{,}898$ „ $\quad\delta = 1{,}518$, also $\Delta\delta = +\,0{,}018$

$W_t = 25{,}592$ „

Hieraus ergibt sich $t_p = \frac{W_t - W_0}{W_{100} - W_0} \cdot 100 = 400{,}00^0$

ferner aus Tabelle 1: $t = 420{,}18^0$ C

und aus Tabelle 2: $k(t) = 0{,}151 \cdot 1{,}8 = +0{,}17^0$

$t + k(t) \quad 420{,}35^0$ C.

[1] J. A. HARKER, Phil. Trans. (A) 203, 343—384 (1904) und Nat. Phys. Lab. Coll. Res. 1, 105—148 (1095).

In dem Gebiet unter 0° kann die oberhalb 0° gültige Formel bis etwa − 40° als richtig angesehen werden. Bei − 78° erhält man mit ihr bereits eine um 0,08° zu tiefe Temperatur. Von da an wachsen die Abweichungen rasch an und betragen bei der Temperatur der flüssigen Luft bereits über 2°. Ein analytischer Ausdruck, der den Verlauf der Widerstandsänderung bis zu den tiefsten Temperaturen mit hinreichender Genauigkeit wiedergibt, ist bisher nicht gefunden worden. Bis − 193° hat jedoch HENNING (1913)[1] für ein von ihm verwendetes Platinthermometer eine empirische Tabelle aufgestellt, die den Widerstand in Abhängigkeit von der Temperatur wiedergibt und hat gezeigt, daß sich daraus für jedes andere Platinthermometer eine entsprechende Tabelle herleiten läßt, wenn man mit diesem außer einer Bestimmung seines Widerstandes bei 0 und 100° noch eine Vergleichung z. B. bei der Temperatur der flüssigen Luft vornimmt.

4. Konstruktion des Widerstandsthermometers.

Bei den gewöhnlich gebrauchten Platinthermometern besteht der eigentliche Widerstand, dessen Temperatur gemessen werden soll, aus einem dünnen Draht, der auf eine geeignete isolierende Unterlage nach CALLENDAR Glimmer gewickelt, oder, nach HERAEUS, in Quarzglas eingeschmolzen ist. Daneben finden sich noch besondere Formen, unter ihnen solche, die sich durch eine erheblich geringere Trägheit vor den anderen auszeichnen und deshalb für kalorimetrische Zwecke bevorzugt werden.

a) Widerstandsthermometer nach Callendar.[2]

Das vornehmlich für Laboratoriumszwecke bestimmte Thermometer besteht aus einem zylindrischen unten geschlossenen Rohr aus Glas, Porzellan oder dergl., in dessen unterem Ende sich der eigentliche Widerstand befindet. Von diesem führen Zuleitungsdrähte zu den in einem besonderen Kopfe untergebrachten Anschlußklemmen. Fig. 120 zeigt ein Thermometer dieser Art, wie es für Präzisionsmessungen in der Physikalisch-Technischen Reichsanstalt gebraucht wurde.[3] Der Widerstand besteht aus einem 0,1 — 0,3 mm starken Draht aus reinstem Platin, der bifilar auf einem Glimmerkreuz gewickelt ist. Dieses Glimmerkreuz ist in der Fig. 121 dargestellten Weise aus drei an den Außenkanten gekerbten Blättern zusammengesetzt. Die Wicklung muß hinreichend locker ausgeführt werden, damit der Draht vor Zerrungen bewahrt wird, die seinen Widerstand merklich beeinflussen würden. Von den beiden Enden des Widerstandsdrahtes gehen je zwei Zuführungen bis zu dem Kopfe des Instrumentes. Diese Zuführungsdrähte können, wenn das Thermometer nur bis etwa 500° benutzt werden soll, aus Silber, oder, wenn der Bereich auf noch tiefere Temperaturen beschränkt bleiben soll, auch aus Kupfer bestehen; sonst werden sie am besten ebenfalls aus Platin her-

[1] F. HENNING, Ann. d. Phys. (4) **40**, 635—667 (1913).
[2] H. L. CALLENDAR a. a. O. (1887), (1891) und Phil. Mag. **32**, 104 (1891).
[3] G. MÜLLER, F. HOFFMANN und W. MEISSNER, Z. Instr. **32**, 217—229 (1912).

gestellt, das ohne Verwendung von Lot mit dem Widerstandsdraht ver-

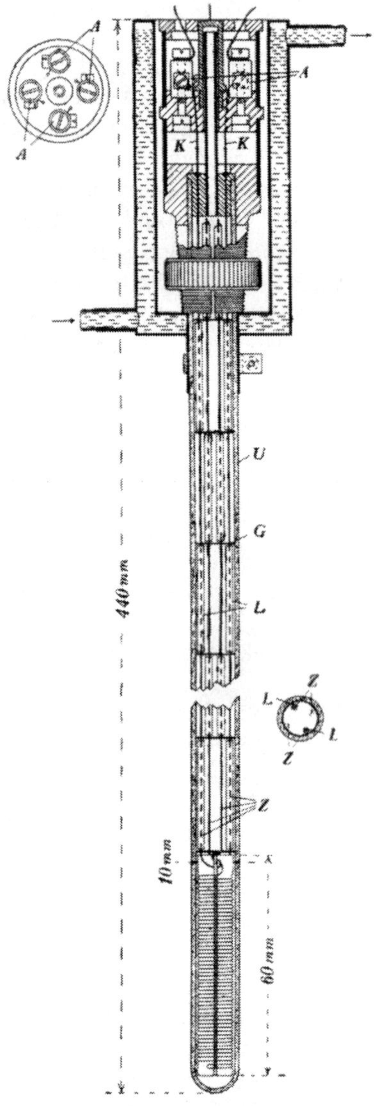

Fig. 120. Platin-Widerstandsthermometer für Präzisionsmessungen. *U* Umhüllungsrohr, *Z* Zuleitungsdrähte, *G* Glimmerscheibchen, *H* Anschlußklemmen.

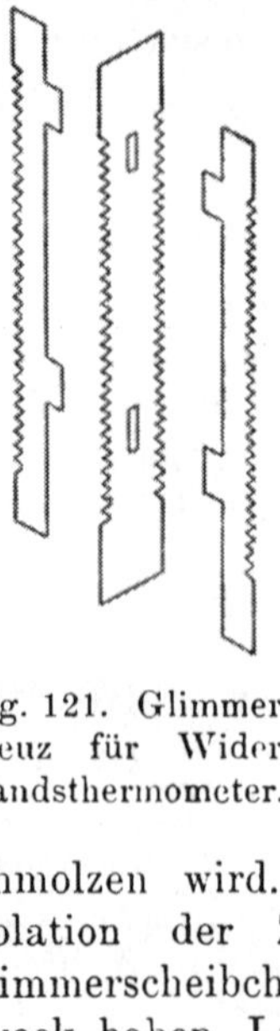

Fig. 121. Glimmerkreuz für Widerstandsthermometer.

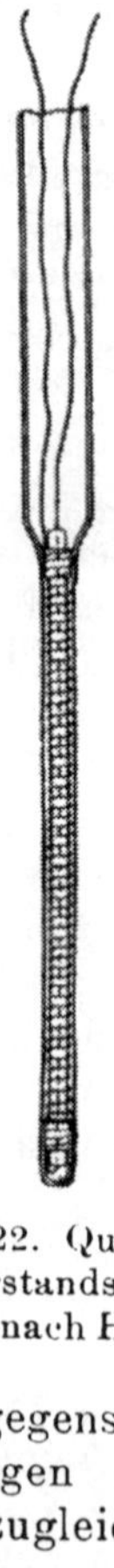

Fig. 122. Quarzglas-Widerstandsthermometer nach Heraeus.

schmolzen wird. Zur gegenseitigen Isolation der Zuführungen dienen Glimmerscheibchen, die zugleich den Zweck haben, Luftströmungen im Innern des Rohres zu verhindern. Im Kopfe setzen sich an die vier Zuleitungen Kupferdrähte an, die zu den vier Anschlußklemmen führen. Die Lötstellen zwischen Platin und Kupfer liegen tunlichst nahe beieinander, um die Temperaturdifferenzen und die dadurch hervorgerufenen störenden Thermokräfte möglichst gering zu machen.

b) Quarzglas-Widerstandsthermometer nach Heraeus.[1]

Bei dieser besonders für praktische Zwecke recht brauchbaren Form ist der Platindraht so in Quarzglas eingeschmolzen, daß er in engen

[1] E. Haagn, Z. angew. Chem. **20**, 565—568 (1907).

Windungen dicht unter der Oberfläche des nur wenige Millimeter starken zylindrischen Quarzkörpers hinläuft (Fig. 122). Da die Wicklung nicht bifilar ist, so ist die zweite Zuführung im Innern axial nach oben geführt. Durch das Einschmelzen erhält die Drahtspule bei sehr geringem Volumen eine außerordentliche Festigkeit. Auch ist die Trägheit, besonders durch die fehlende Luftschicht, sehr viel geringer als bei der CALLENDARschen Form. Andererseits zeigen die Quarzglasthermometer nicht dieselbe Konstanz wie die Instrumente, bei denen der Platindraht frei gelagert ist, so daß gegen ihre Verwendung als Präzisionsthermometer Bedenken bestehen. Endlich sind die Konstanten in der Formel für die Abhängigkeit des Widerstandes von der Temperatur von denen, die für reines Platin gelten, nicht unerheblich verschieden und zeigen von Instrument zu Instrument beträchtliche Unterschiede. Der Wert von δ liegt im allgemeinen etwas höher, bis zu etwa 1,61.[1] und darüber.

c) Kalorimetrische Widerstandsthermometer.

Für die Temperaturmessung bei kalorimetrischen Beobachtungen ist es von Wichtigkeit, ein Instrument zu besitzen, das dem Temperaturgange schnell zu folgen imstande ist und eine kleine Wärmekapazität („Wasserwert") hat. Die Widerstandsthermometer nach CALLENDAR verhalten sich nach dieser Richtung hin ziemlich ungünstig: ihre Trägheit ist etwa so groß wie die eines empfindlichen Quecksilberthermometers mit großem Gefäß. Viel weniger träge sind die Quarzglasthermometer. Instrumente, die ganz besonders vorteilhaft für kalorimetrische Messungen sind, wurden u. a. von JAEGER und v. STEINWEHR und von DICKINSON angegeben. Bei dem ersteren[2] ist ein nackter Platindraht von etwa 0,01 qmm Querschnitt durch ein fein ausgezogenes Glasröhrchen oder bei einer späteren Form ein mit Seide umsponnener schellackierter Platindraht durch ein sehr dünnes Metallröhrchen gezogen, das zu einer U-förmigen Schleife gebogen ist. Bei dem Instrument von DICKINSON[3] liegt der Platinwiderstand, durch dünne Glimmerscheibchen isoliert, in einer flachen metallnen Scheide mit äußerst dünnen Wänden.

5. Meßmethoden.

Die Anforderungen, die an die Widerstandsmessung gestellt werden, sind ziemlich hoch. Da die Widerstandszunahme bei 1^0 Temperaturerhöhung etwa $^4/_{1000}$ beträgt, so muß die Meßgenauigkeit, wenn der Fehler kleiner als $0{,}01^0$ sein soll, schon $^4/_{100\,000}$ erreichen. Für genauere Messungen werden daher durchweg Nullmethoden unter Verwendung empfindlicher Spiegelgalvanometer benutzt.

Eine für die widerstandsthermometrische Messung charakteristische Schwierigkeit liegt darin, daß der eigentliche Widerstand in der Spule

---

[1] Tätigk. Phys. Techn. Reichsanst., Z. Instr. **31**, 136 (1911) und ebenda **32**, 199 (1912).

[2] W. JAEGER und v. STEINWEHR, Verh. D. Phys. Ges. **5**, 353—362 (1903); Z. Instr. **26**, 237—249 (1906); Ann. d. Phys. (4) **21**, 23—63 (1906).

[3] H. C. DICKINSON und E. F. MÜLLER, Bull. Bur. Stand. **3**, 641—663 (1907).

des Thermometers sich meist auf einer Temperatur befindet, die von der der Anschlußklemmen erheblich verschieden ist. Dadurch liegen die Zuführungen von den Klemmen zur Spule in einem Gebiete großen Temperaturgefälles. Es muß deshalb dafür gesorgt sein, daß deren Widerstand nicht mit einem größeren Betrage in die Messung eingeht, da sonst eine Unsicherheit von ähnlichem Charakter wie die infolge des herausragenden Fadens beim Quecksilberthermometer auftritt. Für viele Zwecke reicht es aus, wenn als Zuleitungen dickere Drähte aus gutleitenden Metallen (Kupfer, Silber u. a.) gewählt werden, deren Widerstand gegen den der Spule, der gewöhnlich 10—15 Ohm beträgt, verschwindet. Für genauere Messungen trifft man jedoch besondere Maßnahmen, um ihren Einfluß ganz zu eliminieren, worauf im folgenden eingegangen werden wird.

Von den gebräuchlichen Meßmethoden nennen wir: die Messung in der WHEATSTONEschen Brücke, durch Spannungsvergleichung und mit dem Differentialgalvanometer.

1. Bei der Messung in der WHEATSTONEschen Brücke[1] kann man den Einfluß der Zuleitungen von den Klemmen des Thermometers zur Spule auf folgende Weise eliminieren: man bringt in dem Thermometer eine sog. Kompensationsleitung an, die aus demselben Material besteht, wie die Zuleitungen selbst und parallel zu diesem bis zu dem oberen Ende der Spule zurückgeführt ist, und schaltet diese in denjenigen Zweig der Brücke, in dem der gegen das Thermometer abzugleichende Widerstand liegt. Die hierbei gemachte und bei richtiger Konstruktion auch zutreffende Voraussetzung ist, daß der Widerstand der Kompensationsleitungen stets gleich dem der Zuführungen zur Spule ist, wie auch das Temperaturgefälle sein mag. Eine etwas andere, im Grunde auf dasselbe Kompensationsprinzip hinauslaufende Schaltung zeigt Fig. 123. Hier ist der eine Verzweigungspunkt 1, der aus den festen Widerständen A und B, dem abzugleichenden Widerstand W und dem Platinthermometer P bestehenden Brücke an das eine Ende der Widerstandsspule des Thermometers verlegt. Das Thermometer erhält dadurch drei Zuleitungen, von denen die beiden äußeren einander kompensieren, da sie in verschiedenen Zweigen der Brücke liegen. Von diesen ist also zu fordern, daß ihr Widerstand stets möglichst gleich ist, während der der dritten Zuführung belanglos ist.

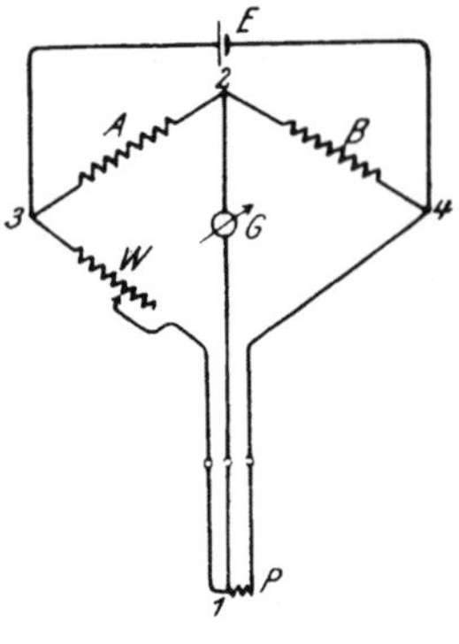

Fig. 123. Widerstandsthermometer mit drei Zuführungen in der WHEATSTONEschen Brücke.

2. Bei der Methode der Spannungsvergleichung schaltet man das Widerstandsthermometer P und einen Normalwiderstand W von annähernd gleichem Betrage wie das Thermometer selbst, hintereinander

[1] W. JAEGER, ST. LINDECK und C. DIESSELHORST, Z. Instr. **23**, 33 und 65 (1903) C. W. WAIDNER und G. K. BURGESS, Bull. Bur. Stand. **6**, 152f. (1910).

und belastet beide mit demselben Strom J. Mißt man jetzt die Spannungen an den Enden des Thermometers und des Normalwiderstandes, so gilt:

$$J = \frac{E_P}{P} = \frac{E_W}{W}, \quad \text{mithin} \quad P = \frac{E_P}{E_W} \cdot W,$$

wenn E_P und E_W die Spannungen an den Enden des Thermomemeters P und des Widerstandes W bedeuten. Die Spannungsmessung wird zweckmäßig mit einem Kompensationsapparat in Verbindung mit einem empfindlichen Spiegelgalvanometer ausgeführt.

Der Einfluß der Zuleitungen kann bei dieser Methode auf einfache Weise dadurch eliminiert werden, daß man die zur Messung der Spannung dienenden Drähte nicht von den Klemmen des Thermometers, sondern von den Enden der Spule selbst abzweigt. Man erhält so ein Instrument mit vier Zuführungen, wie es oben bereits beschrieben wurde.

Die Methode läßt sich außerordentlich genau ausführen; sie setzt jedoch voraus, daß die zu messende Temperatur sich nicht zu schnell ändert, weil die nacheinander erfolgenden Ablesungen der Spannungen an den beiden Widerständen einige Zeit beansprucht.

3. Messung mit dem Differentialgalvanometer.[1] Das Differentialgalvanometer ist ein Nadelinstrument, bei dem die Multiplikatorwindungen in zwei möglichst gleiche Hälften unterteilt sind. Die Nadel bleibt in Ruhe, wenn diese Hälften von gleichen Strömen in entgegengesetzter Richtung durchflossen werden. Beim Gebrauch des Galvanometers für widerstandsthermometrische Zwecke kann auf verschiedene Weise verfahren werden. Wir führen nur eine der gebräuchlichen Schaltungen an, die sich an die Methode der Spannungsvergleichung anschließt. Legt man die Spannungsdrähte vom Thermometer und vom Vergleichswiderstand an die Klemmen des Galvanometers, so steht bei richtiger Schaltung die Nadel auf Null ein, wenn beide Widerstände genau gleich sind. Die Abgleichung erfolgt häufig dadurch, daß man zu dem größeren der beiden einen veränderlichen Widerstand parallel legt.

4. Methoden zum praktischen Gebrauche. Die geschilderten Nullmethoden sind für den Gebrauch im praktischen Betriebe wenig geeignet. Hier will man die Temperatur unmittelbar an einem Ausschlaginstrument ablesen und nicht gezwungen sein, erst vor jeder Ablesung eine Einstellung zu machen. Die Schwierigkeit, die das Widerstandsthermometer in diesem Falle bietet, ist die, daß seine Anzeige auch von der Stärke des Stromes abhängt, mit dem das Thermometer belastet wird. Da man sich auf die Konstanz der Stromquelle nicht verlassen kann, muß man die Belastungsstromstärke kontrollieren und nötigenfalls nachregulieren können.

Als Beispiel einer für technische Zwecke geeigneten Schaltung sei die von W. C. HERAEUS verwendete hier kurz beschrieben (Fig. 124). Das Platinthermometer P bildet einen Zweig der WHEATSTONEschen Brücke,

---

[1] W. JAEGER, Z. Instr. 24, 288—296 (1904).

deren Zweige $A\ B\ C$ aus drei gleichen unveränderlichen Widerständen bestehen. Die Größe dieser Widerstände ist gleich der des Thermometers bei 0°. Infolgedessen spielt das Galvanometer G auf Null ein, wenn das Thermometer der Temperatur 0° ausgesetzt ist. Bei anderen Temperaturen ist das Gleichgewicht der Brücke gestört und G zeigt einen Ausschlag an. Dieser Ausschlag ist aber außer von der Höhe der Temperatur auch von der Spannung abhängig, die an der Brücke liegt. Um diese auf einen bestimmten konstanten Wert einzustellen, verfährt man so, daß man an Stelle des Thermometers P einen Ersatzwiderstand P_0 einschaltet, und den Vorschaltwiderstand R so lange verändert, bis das Galvanometer auf eine bestimmte Marke einspielt.

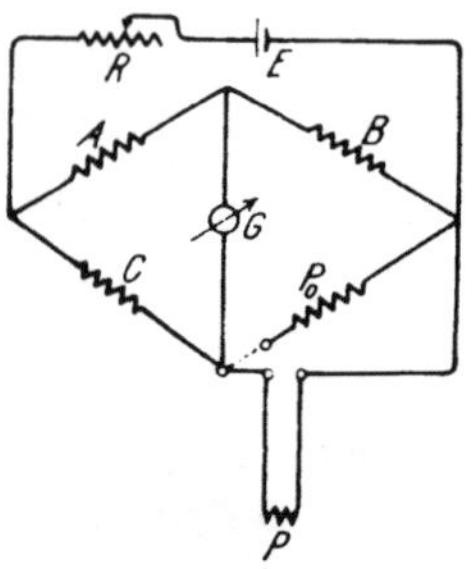

Fig. 124. Widerstandsthermometer mit zwei Zuführungen in der WHEATSTONEschen Brücke.

6. Verschiedene Fehlerquellen.

Bei richtiger Konstruktion und sachgemäßer Behandlung ist das Platinwiderstandsthermometer einer so hohen Präzision fähig, daß es, besonders in dem Gebiete bis 600° aufwärts, von keinem anderen Thermometer übertroffen wird. Soll jedoch ein solcher Genauigkeitsgrad erreicht werden, so sind eine Reihe von Fehlerquellen zu vermeiden, von denen hier genannt seien: Veränderungen des Widerstandes durch mechanische und chemische Einflüsse; Erwärmung durch den Meßstrom; Thermokräfte im Stromkreis; Wärmeleitung durch die Zuleitungen; mangelnde Isolation; Einfluß des Widerstandes der Zuleitungen; thermische Trägheit des Instrumentes u. a. Die wichtigsten dieser Fehler werden, soweit nicht bereits davon die Rede war, im folgenden besprochen werden.

7. Veränderlichkeit des Nullwiderstandes und der Konstanten des Thermometers.

Als Ursachen für eine Veränderung des Widerstandes kommen in Betracht: mechanische Beanspruchung des Drahtes, Flüchtigkeit des Platins und chemische Angreifbarkeit in hohen Temperaturen.

Der Widerstand eines Metalles erscheint in nicht unbeträchtlichem Maße durch molekulare Spannungen, die infolge mechanischer Beanspruchung (Pressung, Dehnung, Zerrung) in ihm zurückbleiben. Alle diese Spannungen verschwinden jedoch, wenn das Metall einige Zeit auf eine höhere Temperatur erhitzt wird. Bei Herstellung eines Widerstandsthermometers ist deshalb dafür zu sorgen, daß die anfänglich durch das Ziehen und Wickeln des Drahtes vorhandenen Spannungen ausgeglichen werden, und daß der gewickelte Draht nicht durch Veränderungen seiner isolierenden Unterlage neuen Zerrungen ausgesetzt wird. Auf das letztere ist bei der Konstruktion Rücksicht zu nehmen, indem die Wicklung hinreichend locker gemacht wird und die Abmessungen des Glimmerkreuzes so gewählt werden, daß es mit möglichst geringem Spielraum in das Umhüllungsrohr paßt. Vor Ingebrauchnahme ist das Thermometer einer sorgfältigen Erhitzung zu unterwerfen, der sog. „künstlichen Alterung", die so lange fortgesetzt wird, bis der Nullwiderstand keine merklichen Änderungen mehr zeigt.

Beim Gebrauche des Platinthermometers in Temperaturen von etwa 1000° und darüber tritt infolge der Flüchtigkeit des Platins eine geringe, mit der Zeit wachsende, dauernde Widerstandsänderung ein, die sich durch einen Anstieg seines Nullwiderstandes bemerkbar macht. Da die gewöhnlichen Begleiter des Platins (Iridium, Osmium usw.) in höherem Grade flüchtig sind, als das Platin selbst, ist die Änderung um so größer, je unreiner das Metall ist. Da in diesem Falle auch die Zusammensetzung der Legierung geändert wird, werden auch die Temperaturkoeffizienten in Mitleidenschaft gezogen. Endlich kann auch das Platin, besonders in hohen Temperaturen, chemisch angegriffen werden, wobei in erster Linie Kieselsäure und Metalldämpfe in reduzierender Atmosphäre in Betracht kommen. Aus diesem Grunde muß das Umhüllungsrohr genügend undurchlässig sein. Die an sich ziemlich poröse MARQUARDTsche Masse wird deswegen beispielsweise mit einer Außenglasur versehen, während eine Innenglasur nicht ratsam ist.

8. Erwärmung durch den Meßstrom.

Alle Widerstandsmeßmethoden setzen voraus, daß der zu messende Widerstand mit einem Strome von bestimmter Stärke belastet wird. Nun ist die Empfindlichkeit der Messung unter sonst gleichen Umständen um so größer, je stärker dieser Meßstrom ist, und zwar ist sie nach JAEGER (1906)[1] proportional $i\sqrt{W}$, wenn W der Widerstand des Thermometers ist. Die Empfindlichkeit läßt sich demnach an sich durch Erhöhung der Belastungsstromstärke beliebig steigern. Eine Grenze ist dieser Steigerung jedoch sehr bald dadurch gesetzt, daß sich der Widerstand infolge der in ihm entwickelten JOULEschen Wärme erwärmt. Durch diese wird bewirkt, daß die Temperatur des Drahtes um einen bestimmten Betrag höher ist als die der Umgebung, und zwar wächst dieser Betrag Δt etwa mit dem Quadrate der Belastungsstromstärke i und ist andererseits um so größer, je schlechter die Wärmeabgabe nach außen ist. Als Extremwerte seien hier folgende Zahlen angeführt:

Thermometer	Temperaturerhöhung Δt bei Belastung mit i Milliamp.	2 Milliamp.	10 Milliamp.
nach CALLENDAR[2]	$i^2 \cdot 0{,}000700^0$	0,003°	0,070°
nach JAEGER und v. STEINWEHR[3] (für kalorim. Zwecke)	$i^2 \cdot 0{,}000022$	0,000	0,002

[1] W. JAEGER, Z. Instr. **26**, 278—284 (1906).
[2] L. HOLBORN u. F. HENNING, Ann. d. Phys. (4) **26**, 846 (1908).
[3] W. JAEGER u. v. STEINWEHR, Ann. d. Phys. (4) **21**, 42 (1906).

Man erkennt hieraus die große Überlegenheit des kalorimetrischen Thermometers nach dieser Richtung hin, die sich vor allem dadurch geltend macht, daß die Empfindlichkeit ganz bedeutend gesteigert werden kann.

Indessen sind die mitgeteilten Zahlen nicht etwa so aufzufassen, als ob jede Messung mit dem Thermometer mit einem Fehler von der Größe Δt behaftet ist. Belastet man nämlich das Instrument stets mit derselben Stromstärke, so geht die Temperaturerhöhung des Widerstandes in die Eichung mit ein. Erst beim Übergang von einer Belastungsstromstärke zur anderen braucht auf die Möglichkeit eines Fehlers durch die Stromwärme Rücksicht genommen zu werden.

Bei kalorimetrischen Messungen kommt ferner noch in Betracht, daß die Wärmemenge, die in dem Draht entwickelt wird, den Temperaturanstieg erhöht. Der Einfluß ist jedoch im allgemeinen an sich nur sehr gering und außerdem von derselben Wirkung wie eine etwas höhere Außentemperatur.

9. Thermokräfte im Stromkreis.

Bei genaueren Messungen ist auf das sorgfältigste darauf zu achten, daß das Ergebnis nicht durch Thermokräfte im Meßstromkreis gefälscht wird. Hierauf ist sowohl bei der Konstruktion der Thermometer (s. oben) wie auch bei der Anordnung der Meßapparate, Schalter und Leitungen Rücksicht zu nehmen. Auf alle Fälle ist es ratsam, geeignete Kommutatoren einzuschalten, die es gestatten, die Richtung des Stromes sowohl im Belastungs- wie im Meßstromkreise umwenden zu können. Durch aufeinanderfolgende Beobachtungen bei verschiedenen Lagen des Kommutators kann man so den Einfluß der Thermokräfte ganz eliminieren.

10. Widerstandsthermometer mit anderen Metallen.

Andere Metalle als Platin sind aus verschiedenen Gründen benutzt worden. Hier können nur als die wichtigsten genannt werden: das Nickelthermometer, hauptsächlich zu technischen Zwecken, das Gold- und Bleithermometer für sehr tiefe Temperaturen, und endlich das Quecksilberwiderstandsthermometer, das neuerdings auch zur Darstellung der Temperaturskala benutzt wird.

1. Nickel ist wiederholt als billiger Ersatz für Platin zu widerstandsthermometrischen Zwecken vorgeschlagen und benutzt worden. Es empfiehlt sich jedoch nicht für Temperaturen über 300°, da das Metall dort Umwandlungserscheinungen zeigt, die den regelmäßigen Verlauf der Widerstandsänderung mit der Temperatur stören. Bis 300° folgt es nach Marvin[1] einem einfachen logarithmischen Gesetze.

2. Gold und Blei sind für tiefe Temperaturen von Kamerlingh Onnes[2] vorgeschlagen worden, weil bei diesen Metallen die Änderung des

[1] C. F. Marvin, Phys. Rev. 30. 522—528 (1910).

[2] B Meilink, Comm. Phys. Lab. Leiden Nr. 93 (1904); H. Kamerlingh Onnes u. J. Clay, ebenda Nr. 107 (1908) und Nr. 119 (1911).

Widerstandes mit der Temperatur einem einfacheren Gesetze folgt als bei Platin. Später hat NERNST[1] das Bleithermometer mit gutem Erfolge benutzt. HENNING,[2] der das Thermometer einer genaueren Untersuchung unterwarf, fand jedoch, daß es nicht in gleichem Maße zuverlässige Werte ergibt wie das Platinthermometer. Übrigens ist es aussichtslos, ein Widerstandsthermometer für sehr tiefe Temperaturen zu finden, da nach KAMERLINGH ONNES der Widerstand aller Metalle bei Annäherung an den absoluten Nullpunkt verschwindend klein wird.

3. Das Quecksilber ist von JAEGER und v. STEINWEHR[3] zu widerstandsthermometrischen Zwecken in mittleren Temperaturen empfohlen worden. Der Grund für die Wahl dieses Metalls ist, daß es in großer Reinheit hergestellt werden kann und vor allem, daß bei ihm, weil es flüssig ist, Strukturänderungen keine Rolle spielen können.

VI. Strahlungspyrometer.

1. Grundprinzip.

Alle Körper beginnen, wenn man sie höher und höher erhitzt, bei einer Temperatur von etwas über 500° sichtbare Strahlen auszusenden, zu „glühen". Das ausgesendete Licht, das zunächst dunkelrot erscheint, nimmt mit steigender Temperatur außerordentlich stark an Helligkeit zu und ändert dabei seine Farbe derart, daß sie sich immer mehr dem Weiß nähert. Unterhalb der Temperatur des beginnenden Glühens strahlen die Körper ebenfalls; die ausgesendeten Strahlen gehören jedoch dem ultraroten Spektralgebiet an und lassen sich deshalb nicht mit dem Auge, wohl aber durch ihre Wärmewirkung nachweisen. Die Temperaturmessung benutzt die Erscheinungen der Strahlung der Körper, und zwar die der Wärmestrahlung sowohl wie die der Lichtstrahlung, um aus ihrer Intensität oder deren spektraler Verteilung Rückschlüsse auf die Temperatur des Körpers zu ziehen, der diese Strahlen aussendet.

2. Der schwarze Körper.

Soll die Bestimmung der Temperatur aus der von dem Körper ausgesandten Strahlung zu einwandfreien Werten führen, so muß die Intensität dieser Strahlung eindeutig von der Temperatur und nur von dieser abhängen. Das ist nun im allgemeinen nicht der Fall. Alle Körper sind in mehr oder minder hohem Grade befähigt, fremde Strahlung, die auf sie fällt, durch Reflexion wieder abzugeben. Um den Betrag dieser reflektierten Strahlung erscheint also die Eigenstrahlung des Körpers zu hoch und um einen entsprechenden Betrag wird auch die Temperatur zu hoch gemessen. Ganz frei von diesem Fehler ist nur ein Körper, der jede auffallende Strahlung vollkommen absorbiert und keine reflektiert. Einen

---

[1] W. NERNST, Berl. Akad. Ber. **1**, 314f. (1911); Ann. d. Phys. (4) **36**, 395 (1911).

[2] F. HENNING, Ann. d. Phys. (4) **40**, 662 (1913).

[3] W. JAEGER und v. STEINWEHR, Z. Instr. **30**, 111 (1910); Ann. d. Phys. (4) **43**, 1165—1185 (1914).

solchen Körper, der also bei Zimmertemperatur im Tageslicht vollkommen dunkel erscheint, nennen wir „ideal schwarz".

Eine außerordentlich wichtige Eigenschaft aller schwarzen Körper, die mit ihrer Fähigkeit, vollständig zu absorbieren, aufs engste zusammenhängt, ist die, daß die von ihnen ausgesendete Strahlung gewissen theoretisch wohlbegründeten Gesetzen gehorcht und ganz unabhängig von der Natur des Körpers ist, sofern dieser nur wirklich schwarz ist. Man hat somit ein Recht, den „idealen schwarzen Körper" als Normalstrahler anzusehen und alle Betrachtungen über den Zusammenhang zwischen Temperatur und Strahlung zunächst auf ihn zu beschränken. Inwieweit die Schlüsse zu modifizieren sind, falls der strahlende Körper, dessen Temperatur bestimmt werden soll, nicht vollkommen schwarz ist, wird dann eine besondere Frage sein.

Von den Substanzen, die man gewöhnt ist, als schwarz zu bezeichnen, zeigen selbst die besten (Platinmohr, Kohle) noch ein Reflexionsvermögen von einigen Prozenten. Die von ihnen ausgesandte Strahlung ist dementsprechend von derjenigen des Normalstrahlers noch merklich verschieden. Trotzdem gelingt es, einen ideal schwarzen Strahler herzustellen, indem man sich eines von Kirchhoff angegebenen Kunstgriffes bedient.[1] Kirchhoff zeigte nämlich, daß ein Hohlraum mit gleichmäßig temperierten Wänden und einer verhältnismäßig kleinen Öffnung selbst dann, wenn seine Wände nicht vollkommen schwarz sind, eine Strahlung aussendet, die als ideal schwarz anzusehen ist. Die praktische Verwirklichung eines solchen Hohlraumstrahlers erfolgte erst in neuerer Zeit durch W. Wien, O. Lummer, F. Kurlbaum und E. Pringsheim.[2] Seitdem ist der „schwarze Körper" Gegenstand zahlreicher wichtiger Untersuchungen über den Zusammenhang zwischen seiner Temperatur und der von ihm ausgesendeten Strahlung geworden, die ihrerseits eine zuverlässige Grundlage für die Messung hoher und höchster Temperaturen abgegeben haben.

Der schwarze Körper für niedere Temperaturen[3] besteht in der Regel aus doppelwandigen Hohlgefäßen, bei denen der die innere Wandung umgebende Raum mit einer geeigneten, auf konstanter Temperatur erhaltenen Flüssigkeit (siedender Luft, Wasser, geschmolzenem Salpeter oder dgl.) angefüllt ist. Für Temperaturen über 700° verwendet man durchweg elektrisch heizbare Öfen. Bis etwa 1600° eignen sich zylindrische Rohre aus feuerfester Masse (Marquardtscher Masse, Magnesia oder dgl.), die mit einer Heizfolie aus Platin umgeben sind; für noch höhere Temperaturen benutzt man Strahlungsrohre aus Kohle, die selbst vom Strom durchflossen sind und so zugleich Heizkörper und Umhüllungsrohr bilden. Bei all diesen Körpern ist das eigentliche Strahlungsrohr zur Erzielung eines guten Wärmeschutzes von außen mit einer Reihe von konzentrischen

[1] G. Kirchhoff, (1859 f.) s. Gesammelte Werke, Leipzig (1882); Ostw. Klass. Nr. 100. (1898); B. Stewart, Edinb. Trans. 22, 1 (1865); L. Boltzmann, Wied. 22, 31 (1864) u. a.

[2] W. Wien und O. Lummer, Wied. 56, 451 (1895); O. Lummer und E. Pringsheim, Wied. 63, 395 (1897); Verh. d. D. Phys. Ges. 5, 6 (1903); O. Lummer und F. Kurlbaum, ebenda 17, 106 (1898) und Ann. Phys. 5, 829 (1901).

[3] F. Kurlbaum, Wied. 65, 746 (1898).

Rohren umgeben; bei dem Kohlekörper hat man, um ein Verbrennen zu verhüten, Spülung mit einem indifferenten Gas oder Evakuation angewendet.[1] Im letzten Falle muß die Strahlung durch ein durchsichtiges Fenster treten, dessen Absorption bei allen Messungen in Rechnung zu setzen ist. Für sehr hohe Temperaturen sind auch Körper aus Nernstscher Masse vorgeschlagen worden.[2]

Fig. 125 zeigt die Ansicht eines schwarzen Körpers nach Lummer und Kurlbaum mit einigen Meßinstrumenten, Fig. 126 die innere Einrichtung. Das innerste Rohr aus schwer schmelzbarer Masse hat 6 Diaphragmen und in der Mitte eine Querwand 7, von denen 6 und 7 den eigentlichen Strahlungshohlraum begrenzen. Im Inneren dieses Raumes, unmittelbar vor der Querwand, befindet sich die Lötstelle eines Thermoelementes aus Platin–Platinrhodium, dessen Schenkel nach hinten durch die Diaphragmen *a b c d* hinausgeführt sind. Über das Rohr ist eine Heizfolie aus Platin gezogen, durch die es bei

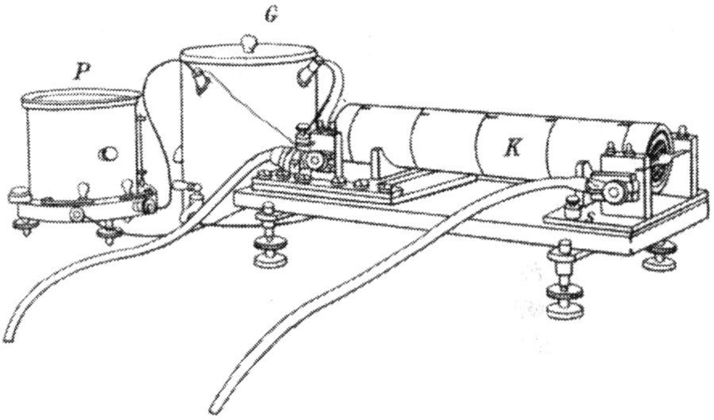

Fig. 125. Schwarzer Körper nach Lummer und Kurlbaum (Außenansicht mit Hilfsapparaten).

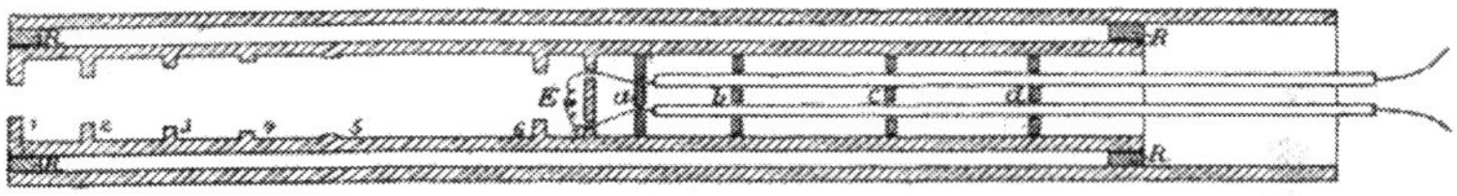

Fig. 126. Schwarzer Körper nach Lummer und Kurlbaum (Querschnitt).

einem Strom von etwa 100 Amp. auf etwa 1400° erhitzt wird. Ein weiteres Rohr, das auf den Ringen *R* aufliegt, dient zum Schutz gegen Wärmeabgabe nach außen.

3. Die Gesetze der Strahlung des schwarzen Körpers.

Von den Strahlungsgesetzen seien hier nur als die beiden wichtigsten genannt:[3] das Wien-Plancksche Gesetz, das die spektrale Intensitätsverteilung der Strahlungsenergie und das Stefan-Boltzmannsche Gesetz, das die Größe der gesamten ausgestrahlten Energie in Abhängigkeit von der Temperatur des schwarzen Strahlers angibt.

Das Wien-Plancksche Strahlungsgesetz. Bezeichnet man mit *T*

[1] E. Warburg und G. Leithäuser, Z. Instr. **30**, 119 (1910).

[2] F. Kurlbaum und G. Schulze, Verh. d. D. Phys. Ges. **5**, 428 (1903).

[3] M. Planck, Theorie der Wärmestrahlung, Leipzig (1906) u. zahlr. a. Über die Konstanten s. a.: W. W. Coblenz, Jahrb. Radioakt. **10**, 340—367 (1913).

die absolute Temperatur und mit $J_\lambda\, d\lambda$ die Intensität der Strahlung zwischen den Wellenlängen λ und $d\lambda$, so ist nach PLANCK im Beugungsspektrum des schwarzen Körpers

$$J_\lambda = c_1\, \lambda^{-5} . (e^{\frac{c_2}{\lambda T}} - 1)^{-1},$$

wobei

$$e = 2{,}718$$

die Basis der natürlichen Logarithmen und c_1 und c_2 Konstanten sind mit den Zahlenwerten:

$$c_1 = 0{,}83 . 10^{-12}\ \mathrm{cal\ cm^2/sec},$$
$$c_2 = 1{,}43\ \mathrm{cm . grad},$$

wenn die Wellenlänge λ in Zentimeter gemessen wird.

Schon vor PLANCK hatte W. WIEN die einfachere Gleichung aufgestellt:

$$J_\lambda = c_1\, \lambda^{-5} . e^{-\frac{c_2}{\lambda T}},$$

die sich von der PLANCKschen nur durch das Fehlen des Summanden -1 neben der Exponentialfunktion unterscheidet. Sie kann in den meisten praktischen Fällen, besonders im sichtbaren Gebiet als ausreichende Näherung angesehen werden, da neben $e^{\frac{c_2}{\lambda T}}$, das im sichtbaren Gebiet und bei Temperaturen unter 3000° von der Größenordnung 1000 ist, die 1 vernachlässigt werden kann.

Der Inhalt der Spektralgleichung wird am anschaulichsten in einer graphischen Darstellung. In Fig. 127 sind die Intensitäten J_λ der Strahlung des schwarzen Körpers in Abhängigkeit von der Wellenlänge für verschiedene Celsius-Temperaturen aufgetragen. Alle so entstandenen „isothermischen" Kurven beginnen bei $\lambda = 0$ bei 0, dem Koordinatenanfangspunkt, steigen bis zu einem Maximum an und nähern sich bei unbegrenzt wachsendem λ wieder dem Werte 0. v und r geben den Bereich des sichtbaren Spektrums an. Man erkennt, wie außerordentlich klein selbst bei hohen Temperaturen der sichtbare Teil der Gesamtstrahlung ist; der bei weitem überwiegende Teil gehört dem ultraroten Gebiete an.

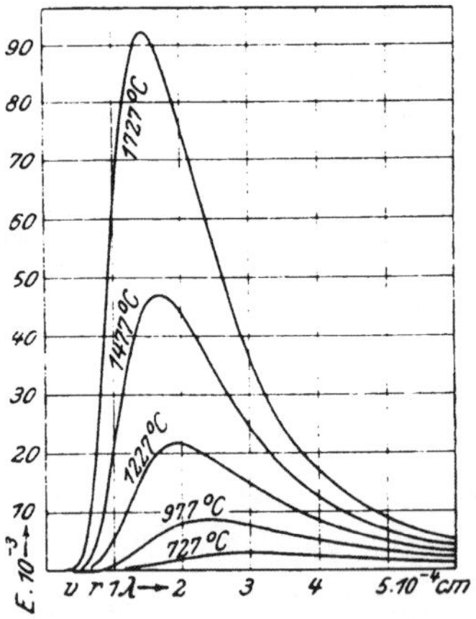

Fig. 127. Intensität der Strahlung des schwarzen Körpers in Abhängigkeit von der Wellenlänge.

2. Das STEFAN-BOLTZMANNsche Strahlungsgesetz.[1] Die gesamte bei einer bestimmten Temperatur des schwarzen Körpers ausgestrahlte Energie ergibt sich aus dem WIEN-PLANCKschen Gesetz durch Integration aller Einzelstrahlungen über den ganzen Wellenlängenbereich oder graphisch die Fläche, die

[1] J. STEFAN, Wien. Akad. Ber. **79**, II 391 (1879); L. BOLTZMANN, Wied. **22**, 291 (1884).

von der für die betreffende Temperatur geltenden Energiekurve und der Abszissenachse umschlossen wird. Für die Abhängigkeit der Gesamtintensität von der Temperatur wurde empirisch folgendes Gesetz von STEFAN aufgestellt und später von L. BOLTZMANN theoretisch begründet:

$$J = C . T^4,$$

d. h. die Gesamtstrahlung ist proportional der 4. Potenz der absoluten Temperatur. Die Konstante C hat den Zahlenwert:

$$C = 1{,}3 . 10^{-12} \text{ cal/cm}^2 . \text{sec} . \text{grad}^4 .$$

Jedes dieser Strahlungsgesetze kann dazu dienen, eine Temperaturskala zu definieren, in der besonders die hohen Temperaturen gemessen werden können. So läßt sich z. B. nach dem letzten Gesetz die absolute Temperatur durch die 4. Wurzel aus der Gesamtstrahlungsintensität darstellen. Es fragt sich, welche Beziehung zwischen dieser Skala und der bereits angenommenen gasthermometrischen oder thermodynamischen Skala besteht. Für die Beantwortung dieser Frage ist es von grundlegender Bedeutung, daß die theoretischen Voraussetzungen, aus denen sich die Strahlungsgesetze ableiten lassen, genau dieselben sind wie diejenigen, die zur Aufstellung der thermodynamischen Skala geführt haben, nämlich der I. und II. Hauptsatz der Wärmetheorie. Jede strahlungstheoretische Skala muß also mit jener in Übereinstimmung sein und kann demgemäß unmittelbar als eine neue Darstellung derselben angesehen werden. Für die praktische Realisierung liegt die Hauptschwierigkeit darin, die in den Strahlungsgesetzen vorkommenden Konstanten so zu bestimmen, daß die Übereinstimmung mit dem Gasthermometer gewährleistet ist. Auf die umfangreichen Arbeiten, die dieser für die Messung hoher Temperaturen fundamentalen Frage gewidmet sind, kann hier nicht eingegangen werden.

4. Methoden der Temperaturmessung auf Grund der Strahlungsgesetze.[1]

Von den zahlreichen möglichen und verwendeten Methoden seien hier nur die beiden, für den praktischen Gebrauch wichtigsten, besprochen. Wir können sie als die „photometrische“ und die „energetische“ Methode kennzeichnen.

1. Die photometrische Methode beruht auf einer Messung der Zunahme der Helligkeit eines (nahezu) monochromatischen Anteiles der von dem glühenden Körper ausgesendeten Strahlung. Für die Zunahme der Strahlungsintensität des schwarzen Körpers bei der Wellenlänge λ läßt sich aus der WIENschen Spektralgleichung folgende Formel herleiten:

$$\lg \frac{J_1}{J_2} = \frac{M c_2}{\lambda} \left(\frac{1}{T_1} - \frac{1}{T_2} \right),$$

worin J_1 und J_2 die von der Flächeneinheit des Körpers ausgestrahlten Ener-

[1] Zusammenfassende Darstellungen, besond. C. W. WAIDNER und G. K. BURGESS, Optical Pyrometry, Bull. Bur. Stand. Wash. 1, 189—254 (1905); G. K. BURGESS und H. LE CHATELIER, deutsch von G. LEITHÄUSER, Die Messung hoher Temperaturen, Berlin (1913).

gien bei der Temperatur T_1 und T_2 und $M = 0{,}4343$ den Modul der natürlichen Logarithmen bedeuten. Im sichtbaren Gebiete kann nun die Flächenhelligkeit als Maß für die ausgestrahlte Energie J dienen, z. B. in der Weise, daß man den Betrag mißt, um den man die Intensität J_2 schwächen muß, um sie gleich J_1 zu machen. Hierzu läßt sich im Prinzip jede der gebräuchlichen photometrischen Methoden verwenden, bei denen die von der zu messenden und die von einer Vergleichslichtquelle herrührenden Strahlungen durch meßbare Schwächung der einen oder der anderen auf gleiche Helligkeit gebracht werden. Die wichtigsten, bei der praktischen Temperaturmessung gebrauchten, auf diesem Prinzip beruhenden Instrumente sind das Pyrometer nach HOLBORN-KURLBAUM (5) und nach WANNER (6).

2. Die energetische Methode beruht darauf, daß die von dem zu messenden Körper ausgehende Strahlung in einem möglichst schwarzen Empfänger absorbiert wird und daß die infolge der Verwandlung der Strahlungsenergie in Wärme auftretende Temperaturerhöhung des Empfängers gemessen wird. Als Empfänger dienen ihrer geringen Masse wegen für gewöhnlich Thermoelemente oder für Strahlungsmessungen besonders geformte Wiederstandsthermometer („Bolometer"). Die Methode kann in der Weise angewendet werden, daß die Strahlung zunächst spektral zerlegt wird und die Strahlungsintensität eng begrenzter Spektralbereiche gemessen wird. Die Temperatur läßt sich dann aus der relativen Strahlungsintensität verschiedener Spektralbereiche, insbesondere aus der Lage des Maximums ermitteln. In dieser Form ist die energetische Methode für die Erforschung der Strahlungsgesetze von großer Bedeutung gewesen; für die praktische Temperaturmessung ist es jedoch einfacher, die gesamte ausgestrahlte Energie zu messen, für deren Temperaturabhängigkeit das STEFAN-BOLTZMANNsche Gesetz gilt. Auf diesem Prinzip beruht das Pyrometer nach FÉRY (7).

5. Pyrometer nach Holborn-Kurlbaum.[1]

Das photometrische Prinzip des Pyrometers besteht darin, daß eine kleine elektrische Glühlampe in den Weg der von dem anvisierten glühenden Körper kommenden Strahlung gebracht und so mit Strom belastet wird, daß die hellste Stelle des bügelförmigen Fadens auf dem hellen Hintergrunde gerade zu verschwinden scheint. Zur Monochromatisierung dienen farbige, meist rote Gläser.

Die Anordnung im einzelnen zeigt Fig. 128. Die Objektivlinse L_1 eines einfachen Fernrohres entwirft von der glühenden Fläche, deren Temperatur gemessen werden soll, ein reelles Bild an der Stelle, wo sich der Faden der Glühlampe (in der Figur um 90° gedreht) befindet. Durch die Linse L_2 mit dem vorgesteckten roten Glas G wird das Bild der leuchtenden Fläche betrachtet, von der sich der Faden der Glühlampe zunächst schwarz abhebt. Zur Einregulierung der Belastungsstromstärke dient der Widerstand W_1, während die eingestellte Stromstärke an dem empfindlichen Zeigergalvanometer S abgelesen wird.

[1] L. HOLBORN und F. KURLBAUM, Ann. Phys. 10, 225—241 (1903).

Als Glühlampen werden im allgemeinen kleine 4-Volt-Kohlefadenlampen verwendet; Metallfadenlampen bieten keinen ersichtlichen Vorteil. Die Lampen sollen eine reine blasenfreie Glashülle haben; ihr Faden soll an der höchsten Stelle des Bügels am hellsten glühen und nach beiden Enden hin gleichmäßig dunkler werden. Sehr störend ist es, wenn das an der Glashülle reflektierte Bild des leuchtenden Fadens in der Nähe der hellsten Stelle liegt. Neue Lampen ändern anfänglich ihre Helligkeit bei gleicher Strombelastung, müssen daher vor Ingebrauchnahme bis zur Konstanz bei höherer Temperatur geglüht werden („künstliche Alterung"). Bei längerem Gebrauch in höheren Temperaturen können ebenfalls Änderungen auftreten, indessen ist die Haltbarkeit, falls 1500° nicht überschritten wird, vorzüglich. Trotzdem empfiehlt es sich, die Lampe nur während der Beobachtung eingeschaltet zu lassen; vor der eigentlichen Messung muß sie jedoch schon etwa 2 Minuten gebrannt haben, damit sie ihren stationären Helligkeitszustand erreicht hat.

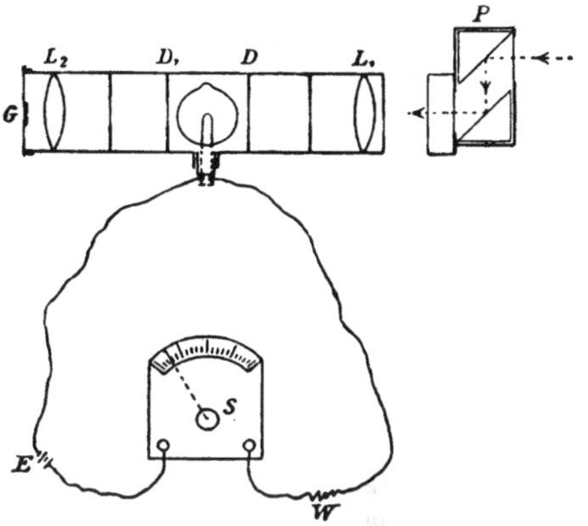

Fig. 128. Optisches Pyrometer nach HOLBORN-KURLBAUM (schematisch).

Der Zusammenhang zwischen Lampenstromstärke und Temperatur des anvisierenden schwarzen Körpers muß empirisch bei mehreren Temperaturen ermittelt werden. Die Abhängigkeit läßt sich mit einer für die meisten Zwecke ausreichenden Genauigkeit durch Interpolationsformeln vom zweiten oder dritten Grade wiedergeben. Streng genommen ist die Gültigkeit der bei der Eichung gewonnenen Beziehung zwischen Stromstärke und Temperatur an die Verwendung desselben farbigen Glases und derselben Objektivlinse, durch welche die eintretende Strahlung in bestimmtem Maße geschwächt wird, gebunden. Da jedoch die Einstellung sich nur sehr wenig mit der Farbe ändert und verschiedene Objektive sehr nahe übereinstimmende Absorption zeigen, kann dieselbe Lampe unbedenklich in verschiedenen Pyrometern derselben Konstruktion verwendet werden.

Die zur Monochromatisierung benutzten Gläser sollen aus dem kontinuierlichen Spektrum des glühenden Körpers einen möglichst engen Bereich aussondern. Von den ursprünglich verwendeten Jenaer Farbgläsern verhält sich nach dieser Richtung hin am besten ein rotes Kupferoxydulglas, bei dem für das hindurchgelassene Licht die Wellenlänge $\lambda = 0{,}643\ \mu$ angenommen werden kann. Für Temperaturen bis etwa 1200° wird von diesem Glas ein etwa 2 mm starkes Plättchen vor das Okular gesetzt; für höhere Temperaturen verdoppelt man, um Blendung zu vermeiden, die Gläser, während man unterhalb 800° ohne Glas beobachten kann, da hier der glühende Körper selbst hinreichend homogenes Licht aussendet. Man kann so bis etwa 650° hinab messen, was ein besonderer Vorteil des Pyrometers ist. Neuerdings hat v. PIRANI (1913)[1] verschiedene Farbfilter auf ihre Brauchbarkeit für pyrometrische Zwecke untersucht und gefunden, daß außer einem roten Glas auch ein grünes Gelatinefilter, das Licht von der Wellenlänge $\lambda = 0{,}575\,\mu$ hindurchläßt, recht brauchbar ist.

Sollen Temperaturen über 1500° gemessen werden, so wird das Licht des anvisierten Körpers vor dem Eintritt in das Pyrometer geschwächt. Hierzu ist dem Instrument ein Satz von 2 Prismen beigegeben, das vor das Objektiv gesetzt wird und in dem das Licht eine doppelte Reflexion unter 45° erleidet, wobei es erheblich an Helligkeit einbüßt (vgl. Fig. 128: *P*). Die Anordnung ist so getroffen, daß die Strahlen keine Änderung ihrer Richtung, sondern nur eine seitliche Verschiebung erfahren. Um aus der beobachteten Stromstärke der Glühlampe bei Benutzung der Lichtschwächung und der daraus berechneten scheinbaren Temperatur T_s die wahre Temperatur T des anvisierten Körpers herzuleiten, benutzt man die aus der WIENschen Spektralgleichung sich ergebende Beziehung (Nr. 4), derzufolge für eine gegebene Lichtschwächung bei konstanter Wellenlänge der Ausdruck $\frac{1}{T_s} - \frac{1}{T}$ konstant sein muß. Zur Eichung der Lichtschwächung genügt es deshalb, vor dem schwarzen Körper bei einer geeigneten Temperatur desselben die zugehörige scheinbare Temperatur aus der Einstellung der Glühlampe unter Benutzung der Lichtschwächung zu bestimmen. Da die Lichtschwächung des Prismensatzes von der Orientierung der Prismen zueinander und zur Fernrohrachse abhängig ist und die Wellenlänge des von verschiedenen scheinbar gleichgefärbten Gläsern verschieden sein kann, so muß die Prismenschwächung stets in Verbindung mit demselben zugehörigen Pyrometerrohr und demselben farbigen Glas benutzt werden, mit dem es geeicht ist.

Für das Laboratorium ist in vielen Fällen mit großem Vorteil als Schwächung der sog. „Rotierende Sektor“ zu verwenden.[2] Es ist das eine rotierende Scheibe mit sektorförmigem Ausschnitt, die so in den Strahlengang gebracht wird, daß bei einer Umdrehung abwechselnd Abblendung und ungehindertes Hindurchtreten der Strahlung stattfindet. Wird die Rotationsgeschwindigkeit hinreichend groß gewählt, so hört das anfänglich infolge des intermittierenden Lichtes auftretende Flimmern auf und das Auge erhält einen kontinuierlichen Lichteindruck, dessen Helligkeit sich zu der des ungeschwächten Lichtes verhält wie der Öffnungswinkel des Sektors zu 360° (TALBOTS Gesetz). Ein großer Vorteil des Sektors ist, daß sich seine Schwächung aus rein geometrischen Abmessungen bestimmen und durch Veränderung des Öffnungswinkels auch will-

[1] M. v. PIRANI, Verh. D. Phys. Ges. **15**, 826 (1913).

[2] TALBOT, Pogg. Ann. **35**, 457 (1835) u. a. Während der Rotation verstellbar: O. LUMMER und E. BRODHUN, Z. Instr. **16**, 305 (1896); E. BRODHUN, ebd. **24**, 313 (1904); und **27**, 8 (1907); Rotierender Sektor in Verbindung mit dem Holborn-Kurlbaum-Pyrometer s. MENDENHALL, Phys. Rev. **33**, 74 (1911).

kürlich einstellen läßt. Ein Nachteil ist, daß die Schwächung nicht sehr weit getrieben werden kann (bis etwa $^1/_{100}$).

Dasselbe photometrische Prinzip wie im Pyrometer nach HOLBORN-KURLBAUM ist auch in dem Spektralpyrometer von HENNING[1] benutzt, nur wird das Licht nicht durch Absorption in Farbgläsern, sondern durch spektrale Zerlegung monochromatisiert. Dem Vorteil, daß die Wellenlänge genauer begrenzt und daß der Spektralbereich beliebig eingestellt werden kann, steht als Nachteil gegenüber, daß es erst von etwa 1000° C benutzt werden kann.

6. Pyrometer nach Wanner.[2]

Das Wannerpyrometer ist im wesentlichen ein Polarisations-Photometer KÖNIG-MARTENSscher Konstruktion[3] (Fig. 129). Bei diesem Photo-

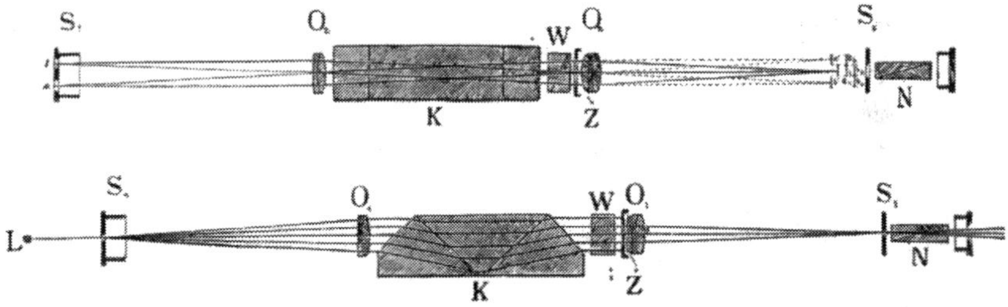

Fig. 129. Optisches Pyrometer nach WANNER (Strahlengang in zwei Querschnitten).

meter wird die von dem anvisierten glühenden Körper und die von einer konstanten Vergleichshelligkeit herrührende Strahlung spektralanalytisch zerlegt (Kollimatorspalt S_1, in zwei Hälften geteilt, Okularspalt S_2, Dispersionprisma K) und je in zwei entgegengesetzt polarisierte Anteile zerlegt (Wollastonprisma W als Polarisator). Durch ein Zwillingsprisma Z werden von den so entstandenen vier übereinanderliegenden Spektren zwei, deren Licht von verschiedenen Spalthälften herrührt und senkrecht zueinander polarisiert ist, nach dem Okularspalt hin abgelenkt, während die beiden andren abgeblendet sind. Durch den Okularspalt wird aus dem Spektrum beider Strahlungen ein bestimmter, verhältnismäßig eng begrenzter und bei beiden gleicher Wellenlängenbezirk herausgeschnitten. Vor dem Spalt ist ein um einen meßbaren Winkel drehbarer Nicol angebracht, der in einer Stellung (0°) die Strahlung von dem anvisierten Objekt, in der darauf senkrechten (90°) die von der Vergleichshelligkeit völlig auslöscht. Zwischen diesen beiden gibt es stets eine Stellung, in der die beiden Gesichtsfeldhälften gleich hell erscheinen. Stellt man auf diesen Winkel bei verschiedenen Helligkeiten des anvisierten Körpers ein, so besteht folgende einfache Beziehung

$$H = H_0 \operatorname{tg}^2 \varphi,$$

[1] F. HENNING, Z. Instr. **30**, 61 (1910).

[2] H. WANNER, Phys. Ztschr. **3**, 112 (1901).

[3] A. KÖNIG, Wied. **53**, 785 (1894); F. F. MARTENS, Verh. D. Phys. Ges. **1**, 280, (1899); Ann. Phys. (4) **12**, 984 (1903).

wenn H und H_0 diese Helligkeiten und φ^0 und 45^0 die zugehörigen Einstellungen bedeuten.

Seine handliche Form (Fig. 130) dem ursprünglichen KÖNIGschen Photometer gegenüber hat das Pyrometer hauptsächlich dem zu verdanken, daß ein gradsichtiges Prisma, d. h. ein Dispersionsprisma, das die Strahlen nicht ablenkt, gewählt ist, so daß die Achse des Pyrometers nicht geknickt zu sein braucht, und daß als Vergleichshelligkeit eine kleine Glühlampe G mit Mattscheibe fest vor der einen Kollimatorspalthälfte angebracht ist. Um von den Helligkeitsänderungen dieser Glühlampe unabhängig zu sein, ist dem Pyrometer noch eine Amylazetatlampe N mit Visier V für die Flammenhöhe und mit Mattscheibe beigegeben, auf die von Zeit zu Zeit eingestellt werden soll.

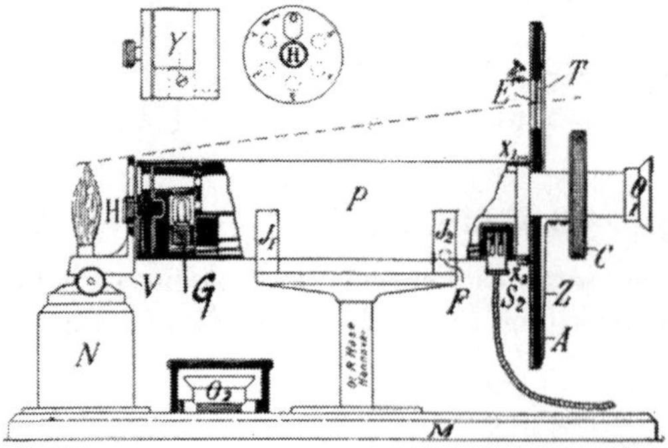

Fig. 130. Optisches Pyrometer nach WANNER (Gesamtansicht).

Der Zusammenhang zwischen Einstellungswinkel φ und Temperatur des anvisierten schwarzen Körpers ergibt sich aus der WIENschen Spektralgleichung (Nr. 4) und der oben photometrischen Beziehung zu

$$\lg \operatorname{tg}^2 \varphi = \frac{M c_2}{\lambda}\left(\frac{1}{T_0} - \frac{1}{T}\right),$$

wenn T und T_0 die den Einstellungswinkeln φ und 45^0 entsprechenden absoluten Temperaturen bedeuten. Man erkennt, daß für jeden Winkel die zugehörige Temperatur gegeben ist, falls die zu 45^0 gehörige, T_0, einmal festgelegt ist. Über T_0 kann man aber, da die Strombelastung der Vergleichslampe willkürlich ist, bis zu einem gewissen Grade frei verfügen. Bei der Eichung in der Reichsanstalt wird die Stromstärke so reguliert, daß der Einstellung von 45^0 die Temperatur 1200^0 C ($T_0 = 1473$) entspricht. Wegen der möglichen Helligkeitsänderung der Lampe wird aber nicht diese Stromstärke mitgeteilt, sondern die als „Normalzahl" bezeichnete Winkeleinstellung, die man erhalten muß, wenn man das Pyrometer auf die von der Amylazetatlampe erhellte Mattscheibe richtet. Durch die an sich willkürliche Festsetzung, daß dem Winkel 45^0 die Temperatur 1200^0 C entsprechen soll, wird erreicht, daß der Zusammenhang zwischen Einstellungswinkel und Temperatur, der zum praktischen Gebrauch in einer nach gleichen Winkeln fortschreitenden Tabelle angegeben wird, für alle Pyrometer derselbe ist.

Die Empfindlichkeit, d. h. die einem Temperaturgrade entsprechende Änderung der Einstellung, ist vom Winkel selbst abhängig, und zwar nimmt sie sowohl nach 0^0 wie nach 90^0 zu stark ab. In den mittleren Gebieten entsprechen einem Winkelgrad etwa 7^0 C, so daß die Einstellung dort im allgemeinen auf wenige Temperaturgrade genau vorgenommen werden kann. Unterhalb 5° und oberhalb 80° ist die Messung unsicher und zwar weniger wegen der geringen Empfindlichkeit als hauptsächlich deshalb, weil etwa vorhandenes fremdes Licht im Gesichtsfelde hier besonders stark ins Gewicht fällt. Der Meßbereich ist dadurch auf etwa 850 bis 1650° C beschränkt.

Die obere Grenze läßt sich jedoch dadurch unschwer beliebig erweitern, daß man eine Lichtschwächung benutzt. Dem Pyrometer werden deshalb Rauchgläser beigegeben, die vor diejenige Spalthälfte geschaltet werden, durch die das Licht vom anvisierten Körper tritt (durch Drehen des Knopfes *H* in Fig. 130 vorzuschalten). Auf diese Weise kann man jede in Betracht kommende Temperatur in ein Gebiet verlegen, in dem das Instrument eine ausreichende Meßgenauigkeit besitzt. Aus der photometrisch bestimmten Lichtschwächung des Rauchglases ergibt sich eine zweite Tabelle, aus der sich die zu der Ablesung gehörige Temperatur bei Beboachtung mit dem Rauchglase entnehmen läßt.

Die untere Grenze ist hauptsächlich durch die starke Schwächung der Strahlen im Pyrometer selbst bedingt. Um eine Erweiterung des Meßbereiches nach tiefen Temperaturen hin zu erzielen, ist deshalb eine wesentliche Änderung der Konstruktion erforderlich. Eine solche liegt denn auch vor in den „neueren Ausführungsformen" des Wannerpyrometers von Dr. R. HASE-Hannover) für Temperaturen bis 650° C, bei denen die Monochromatisierung des Lichtes statt durch das lichtschwache Prisma durch ein rotes Farbfilter bewirkt wird. Die Einstellung auf gleiche Helligkeit erfolgt jedoch wie früher durch Drehung eines analysierenden Nicols.

7. Pyrometer nach Féry.[1]

Bei dem FÉRYschen Pyrometer wird die Temperatur eines strahlenden Körpers nach der energetischen Methode (Nr. 4, 2) an der Erwärmung gemessen, die ein absorbierender Empfänger durch die auffallende Gesamtstrahlung erfährt.

Die Anordnung im einzelnen bei der gebräuchlichsten Form ist aus Fig. 131 ersichtlich. Die von dem anvisierten Körper kommende Strahlung wird von einem auf der Oberfläche vergoldeten Hohlspiegel *a* nach *b* reflektiert. Hier befindet sich am Boden eines kurzen Röhrchens, dessen Rand einen bestimmten Strahlenkegel begrenzt, die geschwärzte scheibenförmige Lötstelle eines Thermoelementes. Die Schenkel des Elementes sind zu den Klemmen *k* für den Anschluß eines Millivoltmeters geführt. Zur Justierung ist das Okular *O* angebracht, mit dem man durch eine

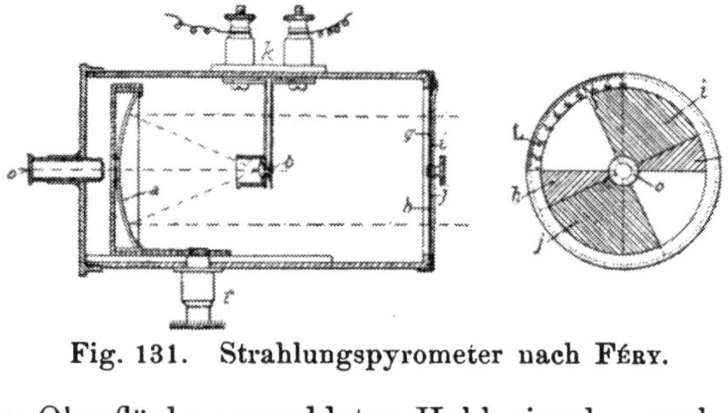

Fig. 131. Strahlungspyrometer nach FÉRY.

[1] CH. FÉRY, C. r. **134**, 977 (1902).

gegeneinander geneigte Spiegelchen erblickt, die sich unmittelbar vor der Lötstelle des Elementes befinden und in der Mitte nur ein kleines Loch für den Durchtritt der Strahlen haben. In den Spiegeln sieht man das Bild des anvisierten Körpers und zwar die obere Hälfte ein wenig gegen die untere verschoben, solange der Hohlspiegel nicht die richtige Ent-
Öffnung in dem Hohlspiegel zwei kleine, unter einem kleinen Winkel
fernung hat. Man hat diesen daher mit Hilfe des Triebes *t* in der Achse des Pyrometerrohres zu verschieben, bis das Bild in der oberen und unteren Hälfte ununterbrochene Konturen zeigt. Weiter ist darauf zu achten, daß das Bild der gleichmäßig glühenden Fläche die Öffnung in den Spiegeln reichlich ausfüllt, da nur dann die Messung von der Ausdehnung des glühenden Körpers und der Entfernung unabhängig ist.

Das Millivoltmeter umfaßt bei 4 Millivolt etwa 1400°. Um den Meßbereich nach oben zu erweitern, kann vor die kreisförmige Eintrittsöffnung für die Strahlen ein Diaphragma gesetzt werden, das aus zwei festen und zwei beweglichen Sektoren besteht (Fig. 131). Man kann so mit demselben Millivoltmeter beliebig hohe Temperaturen messen.

Da das Instrument, wenn es einmal justiert ist, keine subjektiven Einstellungen mehr erfordert, kann es auch in Verbindung mit einem Registrierapparat gebraucht werden, ein Vorteil, der es vor den optischen Pyrometern auszeichnet. Ein weiterer Vorteil ist der, daß die Messung schon von erheblich tieferen Temperaturen (etwa 400° C) an möglich ist. Andererseits ist es einNachteil des Instrumentes, der sich besonders im Laboratorium fühlbar macht, wo man es nur mit verhältnismäßig kleinen Öfen zu tun hat, daß eine ziemlich große Öffnung des strahlenden Körpers verlangt wird.

Bei einer neueren Form des Pyrometers[1] ist das Thermoelement durch eine aus zwei Metallen bestehende Spirale ersetzt, die bei Erwärmung ihre Krümmung ändert und dadurch einen Zeiger in Bewegung setzt. Ein dem Féryschen ähnliches Pyrometer ist auch von Foster[2] angegeben worden.

8. Temperaturmessung an nicht schwarzen Körpern.

Bei allen Meßmethoden der Temperatur auf Grund der Strahlungsgesetze ist vorausgesetzt, daß der strahlende Körper ideal schwarz ist. In der Praxis ist die Bedingung der Schwärze oft erfüllt, z. B. in ziemlich weitgehendem Maße, wenn man in das Innere eines größeren Ofens hineinvisiert. Sicherer ist es, in den Ofen einen schwarzen Körper einzuführen, und dessen Temperatur zu messen, nachdem sich das Wärmegleichgewicht hergestellt hat. Eine recht brauchbare Anordnung ist z. B. die Einführung eines zylindrischen, einseitig geschlossenen, innen geschwärzten Rohres aus feuerfester Masse, dessen Boden anvisiert wird.

Ist der Körper nicht schwarz, so mißt man mit den Strahlungspyrometern nicht die wahre Temperatur des Strahlers, sondern diejenige

[1] Ch. Féry, Bull. Soc. Franç. Phys. Nr. 261, 7 (1907).
[2] Foster, Trans. Amer. Electroch. Soc. 17, 223 (1910).

niedrigere Temperatur, die ein schwarzer Körper haben müßte, um dieselbe Strahlungsintensität zu haben wie der untersuchte. Man nennt diese Temperatur nach HOLBORN und KURLBAUM[1] seine „schwarze Temperatur". Der Unterschied zwischen wahrer und schwarzer Temperatur ist am größten bei Körpern mit starkem Reflexionsvermögen, z. B. blanken Metallen. So beträgt er bei blankem Platin im Rot bei dunkler Rotglut nur einige Grade, steigt aber nahezu linear auf etwa 150° bei 1500° C an. Über die Beziehungen zwischen schwarzer und wahrer Temperatur sind zahlreiche Untersuchungen gemacht worden, auf die hier nur verwiesen werden kann.[2]

VII. Verschiedene Methoden der Temperaturmessung.

Außer den bisher im Zusammenhang betrachteten Methoden gibt es noch zahlreiche andere, von denen hier nur einige der wichtigsten besprochen werden können.

1. Ausdehnungsthermometer.

Neben der Ausdehnung der Gase und Flüssigkeiten wird in sehr viel geringerem Umfange auch die Ausdehnung fester Körper zur Temperaturmessung benutzt. Bei einer für technische Zwecke mitunter verwendeten Form, dem „Metallpyrometer" und dem „Graphitpyrometer"[3] dient der Unterschied in der Längenausdehnung zweier Metallstäbe oder eines Metall- und eines Graphitstabes gegeneinander, der durch ein Hebelwerk vergrößert auf einen Zeiger übertragen wird, zur Temperaturanzeige. Alle derartigen Instrumente sind nur wenig zuverlässig.

Bei einer zweiten Art von Metallthermometern[4] wird die ungleiche Ausdehnung verschiedener Metalle dadurch sichtbar gemacht, daß eine Spirale, die aus den beiden der Länge nach zusammengelöteten Metallen besteht, unter dem Einfluß der Temperaturänderung Krümmungsänderungen erfährt, die auf einen Zeiger übertragen werden. Derartige Instrumente finden mitunter zur Registrierung von Temperaturen Verwendung.

2. Dampfdruckthermometer.

Der Druck eines gesättigten Dampfes, d. h. der Druck, der in einem mit dem Dampf erfüllten abgeschlossenen Raum bei Gegenwart kondensierter Flüssigkeit herrscht, ist allein durch die Temperatur bestimmt und ganz unabhängig von der Größe des dem Dampf zur Verfügung stehenden

---

[1] L. HOLBORN und F. KURLBAUM, Drudes Ann. **10**, 225 (1903).

[2] L. HOLBORN und F. HENNING, Berl. Akad. Ber. (1905), 311; R. LUCAS, Phys. Ztschr. **6**, 418 (1905); G. K. BURGESS, Bull. Bur. Stand. Wash. **1**, 443 (1905); H. v. WARTENBERG, Verh. D. Phys. Ges. **12**, 121 (1910); F. HENNING, Z. Instr. **30**, 614 (1910) u. a.

[3] S. Preisliste von Schäffer & Budenberg, Magdeburg; von Steinle & Hartung, Quedlinburg u. a. Kritisches s. WEINHOLD, Pogg. Ann. **149**, 186 (1873); BOLZ, Die Pyrometer. Berlin 1888.

[4] Vgl. z. B. MÜLLER-PFAUNDLER, Lehrb. d. Phys. II, 2, S. 60 (1898).

Raumes. Die manometrische Messung des Sättigungsdruckes geeignet ausgewählter Substanzen gibt also, wenn der Zusammenhang zwischen Dampfdruck und Temperatur einmal ermittelt ist, ein Mittel, die Temperatur zu bestimmen.

Von den technischen Apparaten, die auf diesem Prinzip beruhen, sei das Fernthermometer von FOURNIER erwähnt.[1] Es besteht aus einem Tauchkörper, der mit einer biegsamen metallischen Capillare mit einem Manometer verbunden ist. Manometerrohr, Capillare und ein Teil des Tauchkörpers sind mit einer zur Druckübertragung dienenden Flüssigkeit angefüllt, die bei den zu messenden Temperaturen keine merkliche Dampfspannung hat. In dem Tauchkörper befindet sich außerdem etwas von der Flüssigkeit, deren Dampf den zu messenden Druck entwickelt. Die Thermometer gestatten auf weitere Entfernung hin die unmittelbare Ablesung der Temperatur des Tauchkörpers und können auch mit Registriervorrichtung versehen werden.

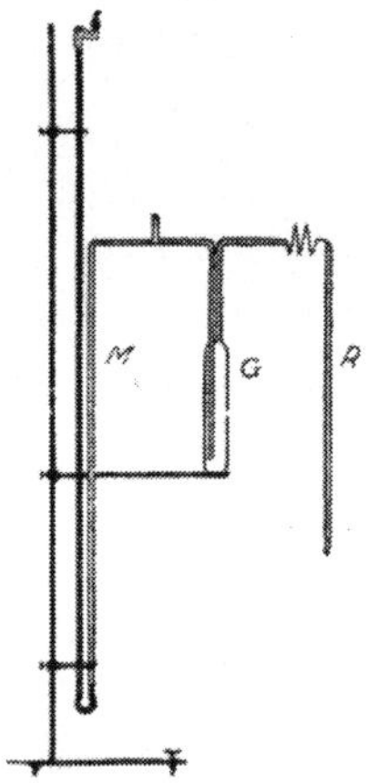

Fig. 132. Dampfdruckthermometer nach STOCK-V. SIEMENS.

Ganz besondere Vorteile bietet das Dampfdruckthermometer in dem Gebiete tiefer Temperaturen. Da nämlich in einem Raume, der mit gesättigtem Dampf erfüllt ist, der Druck allein bestimmt ist durch die Stelle tiefster Temperatur, so mißt man auch dann, wenn Teile des Dampfgefäßes aus der zu messenden tiefen Temperatur herausragen, doch nur diese selbst. Die Einschaltung einer besonderen Substanz zur Übertragung des Druckes auf das Manometer fällt damit fort, und der Apparat erhält eine Gestalt, die wie beim Gasthermometer nur aus Reservoir, Capillare und Manometer besteht.

Die Anregung zur Benutzung des Dampfdruckthermometers in tiefen Temperaturen ging von A. STOCK aus.[2] Das Instrument ist dann von NERNST und seinen Mitarbeitern benutzt und vervollkommnet worden. Eine neuere Form nach v. SIEMENS[3] zeigt Fig. 132. An das zweischenklige Quecksilbermanometer *M* ist ein Gefäß *G* angeschmolzen, und an dieses unter Einschaltung einer Glasfeder das Rohr *R*, das in die zu messende Temperatur getaucht wird. In *R* kondensiert ein Teil des in dem von Quecksilber abgeschlossenen Teile enthaltenen Dampfes (Gases). Der über der Flüssigkeit herrschende Druck wird an der Höhendifferenz der Quecksilbersäulen im Manometer abgelesen. Um den Barometerstand zu eliminieren, ist der lange Schenkel des Manometers evakuiert. Als Substanzen für die Entwicklung des Dampfes erwiesen sich Schwefelkohlenstoff, Kohlensäure, Sauerstoff, Stickstoff und Wasserstoff als geeignet.

---

[1] S. Preisliste von Gebr. Schmidt, Reutlingen (Vertreter von Fournier & Co., Paris). Ähnliche Apparate sind das „Thalpotasimeter", s. Preisliste von Schäffer & Budenberg, Magdeburg.

[2] A. STOCK und C. NIELSEN, Ber. **39**, 2066 (1906).

[3] H. v. SIEMENS, Ann. Phys. (4) **42**, 871 (1913).

3. Calorimetrische Thermometer.

Wird ein Körper von bekannter Masse und bekannter spezifischer Wärme des Materials, aus dem er besteht, der zu messenden Temperatur ausgesetzt, und darauf in ein Calorimeter geworfen, so läßt sich aus dem Temperaturanstieg der calorimetrischen Flüssigkeit die Temperatur, auf die er erhitzt war, berechnen. Die Methode ist schon frühzeitig (von COULOMB, POUILLET, WEINHOLD, VIOLLE u. a.[1]) benutzt worden und findet auch heute noch mitunter in der Technik Verwendung. Die zu erhitzenden Körper bestehen aus Platin oder häufiger aus Nickel, Eisen, auch wohl aus Kupfer. Ein für praktische Zwecke geeigneter Apparat rührt von W. SIEMENS her.[2] Ein Nachteil ist die verhältnismäßig lange Dauer der Beobachtung, die Unmöglichkeit, kontinuierliche Messungen zu machen und die Veränderlichkeit der für die Praxis allein in Betracht kommenden oxydierbaren Metalle.

4. Schmelzpunktspyrometer; Segerkegel.

Die Erreichung einer bestimmten Höchsttemperatur in einem Ofen kann bei steigendem Gange auch dadurch festgestellt werden, daß man beobachtet, wann ein eingesetzter Probekörper niederschmilzt. In dieser Weise sind von PRINSEP (1827) nichtoxydierende Metalle, wie Silber, Gold, Palladium und Platin und Legierungen daraus gebraucht worden.[3] Legierungen mit niedrigerem Schmelzpunkt finden ziemlich ausgedehnte Verwendung in Dampfkesselsicherheitsapparaten (SCHWARZKOPFFsche Legierungsringe und BLACKsche Warnpfeifen).[4] Neuerdings benutzt man in ähnlicher Weise auch Salze und Salzgemische[5]. Eine ungleich größere Bedeutung hat aber diese Methode durch die Einführung der Schmelzkegel von SEGER in die keramische Industrie gehabt.

Die Segerkegel[6] sind keramische Schmelzköper in Form dreiseitiger Pyramiden („Kegel"), die an dem Ort des Ofens aufgestellt werden, an dem die Temperatur gemessen werden soll. Bei fortschreitender Hitze erweichen sie mehr und mehr und neigen schließlich die Spitze. Sie gelten als geschmolzen, wenn die sich umbiegende Spitze die Unterlage

[1] COULOMB, Pogg. Ann. **14**, 530 (1828); POUILLET, C. r. **3**, 782 (1836); WEINHOLD, Pogg. Ann. **149**, 186 (1873); VIOLLE, C. r. **85**, 543 (1877); **87**, 982 (1878); **89**, 702 (1879); LE CHATELIER, 16 Cong. Soc. techn. de l'industrie du gaz. Juni 1889 u. a.

[2] W. SIEMENS, Dingl. **117**, 291 (1875).

[3] PRINSEP, Pogg. Ann. **13**, 576 (1828); **14**, 529 (1828) u. a. Metalle und Legierungen für diesen Zweck sind zu beziehen von der Deutschen Gold- und Silber-Scheideanstalt, vorm. Rößler, Frankfurt a. Main.

[4] Die Prüfung und Beglaubigung leichtflüssiger Metallegierungen für Dampfkessel-Sicherheitsapparate, Zentralbl. f. d. Deutsche Reich (1899) Nr. 31 S. 264. Vgl. auch R. SCHWIRKUS, Mitt. a. d. Praxis d. Dampfkessel- und Dampfmaschinen-Betr. **26**, 1033 (1903).

[5] z. B. H. BREARLEY und F. C. MOORWOOD, Journ. Iron. Steel Ind. **1**, 201 (1907).

[6] H. SEGER, Gesamm. Schriften, Verl. d. Tonind.-Ztg. Berlin (1908) und zahlr. Abh. i. d. Tonind.-Ztg. Sprechsaal u. a.

leicht berührt (Fig. 133). Die Kegel werden in der Kgl. Porzellanmanufaktur zu Berlin hergestellt[1] und bilden eine im ganzen aus 59 Nummern bestehende Reihe, an Schwerschmelzbarkeit zunehmender Silicatgemenge im Umfange der Temperaturen von etwa 600—2000° C. Um die Angaben der Kegel richtig deuten zu können, muß berücksichtigt werden, daß ihr Erweichungspunkt von der Dauer der Erhitzung, von den Ofengasen u. a. abhängt, so daß sie nicht immer bei derselben, mit einem anderen Pyrometer gemessenen Temperatur niedergehen.[2] Indessen ist dieses Verhalten beim praktischen Gebrauch in keramischen Betrieben als besonderer Vorteil anzusehen, da das Brenngut ein ähnliches Verhalten zeigt wie der Kegel, so daß der Brand nach der Kegelnummer sicherer erfolgt, als nach der Temperaturangabe irgend eines anderen Pyrometers.

Fig. 133. Segerkegel. Drei aufeinanderfolgende Nummern (7, 8, 9) im Brande. Die Temperatur ist durch Kegel 8 bestimmt.

VIII. Eichung von Temperaturmeßapparaten; thermometrische Fixpunkte.

1. Methoden der Eichung.

Unter Eichung eines Temperaturmeßinstrumentes oder Apparates versteht man die Festlegung des Zusammenhanges zwischen seinen Angaben und der wahren Temperatur, der es ausgesetzt ist, d. h. der Temperatur in der adoptierten Temperaturskala. Die Aufgabe zerfällt mithin in die beiden Teile: 1. die Darstellung der Temperaturskala und 2. den Anschluß des zu eichenden Instrumentes an diese Skala.

Von der Temperaturskala selbst und ihrer Darstellung durch das Gasthermometer ist bereits ausführlich die Rede gewesen. Es wurde aber auch schon betont, daß das Gasthermometer selbst nur zu grundlegenden Untersuchungen herangezogen wird, bei denen dann zur Messung geeignetere sekundäre Instrumente (Quecksilberthermometer, Widerstandsthermometer, Thermoelemente u. dgl.) angeschlossen werden. Diese „Normalinstrumente", in der Regel mehrere, die sich gegenseitig kontrollieren, repräsentieren dann die Skala und dienen zur Übertragung derselben auf die Gebrauchsinstrumente. Die Schaffung und Erhaltung derartiger Normale bildet eine Hauptaufgabe der staatlichen Institute, die sich mit der Eichung von Thermometern befassen. Es sind dies in Deutschland in erster Linie die Physikalisch-Technische Reichsanstalt zu Charlottenburg, und die Prüfungsanstalten zu Ilmenau und Gehlberg in Thüringen. Im

[1] Zu beziehen durch d. Chem Lab. d. Tonind.-Ztg. Berlin N.W., 21.

[2] Vgl. besonders R. Rothe, Ber. Ver. Dtschr. Fabr. feuerf. Prod. **27**, 60 (1907); F. Hoffmann, ebd. **29**, 45 (1909); **31**, 53 (1911) u. a.

Interesse einheitlicher Temperaturbezeichnung ist es in hohem Grade wünschenswert, daß Wissenschaft und Technik nach Möglichkeit den Anschluß an die in diesen Instituten aufgestellte Skala suchen. Trotzdem wird auch an den Benutzer der Meßinstrumente häufig die Aufgabe herantreten, verschiedene Apparate miteinander zu vergleichen. Es seien deshalb die gebräuchlichsten Vergleichsmethoden kurz zusammengestellt. (Nr. 2.)

Ein anderes außerordentlich wichtiges Mittel, die einmal gewonnene Temperaturskala so festzulegen, daß sie jederzeit reproduziert werden kann, besteht darin, daß man die Lage geeigneter Fixpunkte (Schmelz-, Siede- und Umwandlungspunkte) in dieser Skala ermittelt. Genau genommen sind dadurch allerdings nur gewisse diskrete Punkte der Skala festgelegt; indessen läßt sich ihre Zahl so häufen, daß zwischen ihnen keine erhebliche Unsicherheit mehr besteht, zumal wenn man außerdem angibt, welches Instrument zur Interpolation verwendet werden soll. So läßt sich z. B. die Temperaturskala zwischen 0° und 500° C mit großer Genauigkeit in der Weise festlegen, daß man ein Platinwiderstandsthermometer an den Punkten 0°, 100° und dem Schwefelsiedepunkte (etwa 445°) eicht und für die Abhängigkeit des Widerstandes von der Temperatur eine quadratische Formel zugrunde legt, deren Konstanten aus den bei der Eichung ermittelten Werten berechnet sind.

2. Apparate zur thermometrischen Vergleichung.

Um Temperaturmeßinstrumente miteinander zu vergleichen, benutzt man „Thermostaten", d. h. Bäder, die eine Einregulierung mit Konstanterhaltung der Temperatur gestatten und eine Gleichheit der Temperatur mindestens innerhalb des Bereiches, in dem sich die zu vergleichenden Instrumente befinden, gewährleisten.

Am vorteilhaftesten sind Flüssigkeitsbäder, die mit Rührvorrichtungen versehen sind.[1] Als Badflüssigkeit verwendet man Wasser für Temperaturen fast von 0° bis 100°, Palmin von 50° bis etwa 225°, ein Gemisch aus Natron- und Kalisalpeter von etwa 250° bis 600°, verschiedene Salze, besonders Bariumchlorid allein oder gemischt mit anderen bis etwa 1300°, Zinn von etwa 250° bis 900° C. In Temperaturen unter 0° Alkohol bis −80°, Petroläther bis −130° und Pentan bis −150° C.

Zur Heizung der Bäder für höhere Temperaturen verwendet man häufig Gas, viel vorteilhafter jedoch elektrische Energie. Als Widerstandsmaterial dienen im allgemeinen Drähte aus Konstanten bis etwa 600°, Nickel und Nichrom bis etwa 1000°, für noch höhere Temperaturen Platin, besonders in Form von dünnen Folien. Die Widerstandsdrähte werden außen auf das Gefäß gewickelt, nötigenfalls auf isolierender Unterlage (Asbestpapier) oder auf ein besonderes meist zylindrisches Rohr, das in die Flüssigkeit getaucht wird. Im letzteren Falle kann man den Draht nackt verwenden, wenn die Flüssigkeit selbst hinreichend isoliert. Das ganze Bad ist nach außen gut gegen Wärmeabgabe zu schützen.

[1] R. ROTHE, Z. Instr. **19**, 143 (1899); F. GRÜTZMACHER, Dtsch. Mech. Ztg. (1902) 184, 193, 201; u. a. m.

Zum Rühren dient entweder ein Ringrührer mit auf- und abwärtsgehender Bewegung oder viel wirksamer ein Turbinenrührer mit einer in einem zylindrischen Rohre befindlichen Schiffsschraube.

Flüssigkeitsbäder für tiefe Temperaturen müssen entsprechend gekühlt werden. Die Abkühlung kann dadurch erzielt werden, daß man das Gefäß mit der Badflüssigkeit in ein weiteres setzt, in das man eine Kältemischung aus Eis und Salz[1], feste Kohlensäure und Alkohol oder flüssige Luft bringt. Bäder, die bei Verwendung flüssiger Luft eine große Temperaturkonstanz erzielen lassen, sind von Rothe[2], Henning u. a.[3] angegeben worden. Die kondensierten Gase selbst, insbesondere die flüssige Luft, im Vakuumgefäß bei Atmosphärendruck siedend, stellen recht brauchbare Temperaturbäder dar. Durch Verändern des Druckes, unter dem das Sieden stattfindet, lassen sich sogar innerhalb ziemlich weiter Grenzen willkürliche Temperaturen erzielen. So benutzt Kammerlingh Onnes[4] Methylchlorid von -25 bis -88^0, Äthylen von -108 bis -159^0, Äthan von -165 bis -180^0, Luft von -193 bis 259^0 und Helium von -268 bis -272^0 C. Die zur Erzielung aller dieser Temperaturen erforderliche Apparatur ist jedoch so kompliziert, daß sie für gewöhnliche Laboratorien nicht in Betracht kommt.

In extremen, besonders sehr hohen Temperaturen, werden auch häufig Luftbäder verwendet. Wegen der geringen Wärmekapazität der Luft stehen sie an Konstanz und Gleichmäßigkeit der Temperaturverteilung hinter den Flüssigkeitsbädern erheblich zurück. In hohen Temperaturen wirkt die Wärmestrahlung in starkem Maße ausgleichend. Um in größeren Lufträumen, wie sie z. B. bei gasthermometrischen Beobachtungen benötigt werden, eine möglichst gleichmäßige Temperaturverteilung zu erzielen, wird die Heizung angemessen verteilt, z. B. bei Röhrenöfen mit elektrischer Heizung in der Weise, daß man an den Enden den Heizdraht enger wickelt, besondere Hilfsheizungen anbringt u. dgl.[5]

3. Schmelz- und Erstarrungspunkte.[6]

Beim Übergang eines Körpers aus dem festen in den flüssigen Aggregatzustand und umgekehrt bleibt die Temperatur so lange konstant, wie noch die feste und flüssige Form nebeneinander vorhanden ist. Im einfachsten Falle, z. B. bei Eis, genügt es, ein Gemisch aus beiden herzustellen, das hinreichend lange Zeit hindurch konstante Temperatur behält, um Vergleichungen auszuführen. Bei Metallen und Salzen verfährt man, wenn größere Mengen zur Verfügung stehen, so, daß man die Substanzen in einen Tiegel bringt und die Temperatur regelmäßig ansteigen oder sinken läßt („Tiegelmethode“). Bei Eintritt des Schmelzens

---

[1] Über Kältemischungen s. Landolt-Börnstein. 4. Aufl. 318 (1912).

[2] R. Rothe, Z. Inst. **22**, 14 (1902); F. Hoffmann und R. Rothe, ebd. **27**, 265 (1907).

[3] F. Henning, Z. Instr. **33**, 33 (1913).

[4] H. Kamerlingh Onnes, Comm. Phys. Lab. Leiden. Suppl. Nr. 21 zu Nr. 121—132 (1910) u. zahlr. and.

[5] S. z. B. A. L. Day und R. B. Sosman. High Temp. Gas Therm. Wash. (1911). S. 54 f.

[6] Bei der sehr umfangreichen Literatur über Fixpunkte kann hier nur auf die Tabellen von Landolt-Börnstein verwiesen werden.

oder Erstarrens bleibt die Temperatur des Schmelzgutes, wie man an dem eingetauchten zu eichenden Temperaturmeßinstrument erkennt, eine Zeitlang konstant. Es empfiehlt sich, gleichzeitig den Temperaturgang des Ofens zu beobachten.

Ein Ofen mit elektrischer Heizung für Schmelzpunktsbestimmungen ist in Fig. 134 wiedergegeben.[1] Ein Hohlzylinder aus feuerfester Masse (Porzellan, MARQUARDTscher Masse oder dgl.) ist mit einem Heizdraht aus Nickel, Nichrom oder Platin oder auch mit Platinfolie bewickelt und nach außen gut gegen Wärmeabgabe geschützt. Im Innern befindet sich der Schmelztiegel, gefüllt mit der einzuschmelzenden Substanz und bedeckt mit einem zweiten umgekehrten und an seinem Boden durchbohrten Tiegel. Durch die Öffnungen in den Deckeln wird das Thermometer oder das Rohr für das Thermoelement eingeführt. Die Tiegel bestehen entweder aus Porzellan, MARQUARDTscher Masse, Magnesia oder bei Salzen auch aus Platin, falls man in oxydierender Atmosphäre, aus Graphit, wenn man in reduzierender Atmosphäre beobachten will.

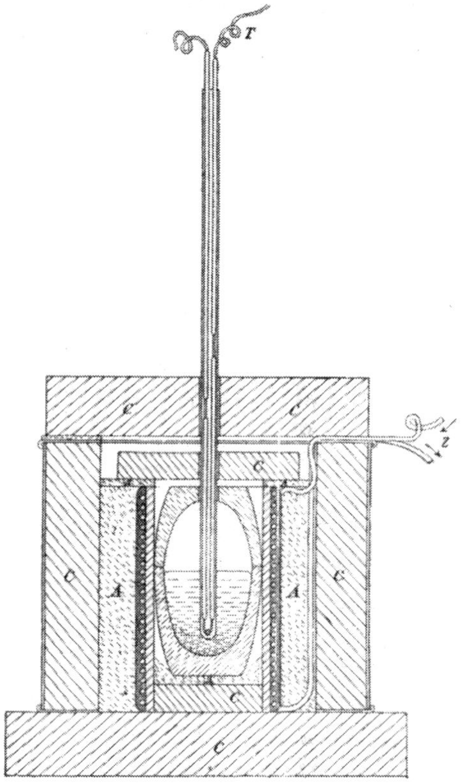

Fig. 134. Ofen für Schmelzpunktbestimmungen mit elektrischer Heizung.

Stehen nur geringe Mengen eines nicht oxydablen Metalles zur Verfügung, z. B. von Gold, Palladium, Platin, so bietet sich bei Beobachtung mit dem Thermoelement eine besondere, recht zweckmäßige Methode dar, die als „Drahtmethode" bezeichnet wird.[2] Man schneidet die Schenkel eines Thermoelementes an der Hauptlötstelle auseinander und schmilzt ein kurzes Stückchen des Schmelzdrahtes dazwischen. Dann bringt man es in einen Ofen und beobachtet bei steigender Temperatur die Thermokraft bis zum Durchschmelzen, was an dem plötzlichen Verschwinden der Spannung an den Schenkelenden erkannt wird. Der Wert der Thermokraft im letzten Augenblick vor der Unterbrechung gibt den gesuchten Wert, den das Element bei unmittelbar verbundenen Schenkeln bei der Temperatur des Schmelzpunktes zeigen würde.

[1] Nach L. HOLBORN und A. DAY, Ann. Phys. (4) **2**, 514 (1900).
[2] L. HOLBORN und W. WIEN, Wied. **56**, 366 (1895).

Die thermische Bestimmung des Schmelzpunktes, besonders nach der Tiegelmethode, ist einer großen Präzision fähig. Bedingung ist allerdings, daß die Substanz rein ist, und daß der Gang der Temperatur im Schmelzofen genau geregelt wird. Ein besonderer Vorzug im Gegensatz zum Siedepunkt ist, daß die Abhängigkeit vom äußeren Druck so klein ist, daß sie für alle praktischen Zwecke außer acht bleiben kann.

Wichtigere Schmelz- und Erstarrungspunkte.

Substanz	Temperatur	Substanz	Temperatur
Quecksilber . .	− 37,7° C	Silber	+ 961° C
Eis	0	Gold	+ 1064
Zinn	+ 231,8	Kupfer . . .	+ 1084
Cadmium . . .	+ 320,9	Diopsid . . .	+ 1392
Zink	+ 419,4	Nickel . . .	+ 1460
Antimon . . .	+ 630	Palladium . .	+ 1560
Aluminium . .	+ 658	Platin	+ 1760

4. Siedepunkte und Sublimationspunkte.

Beim Sieden einer Flüssigkeit entwickeln sich im Innern Dampfblasen, die emporsteigen und den Raum über der Oberfläche bis zur Sättigung mit Dampf erfüllen. Würde kein Siedeverzug eintreten, so würde die Temperatur der Flüssigkeit wie des gesättigten Dampfes über ihr, solange das Sieden anhält, gleich und allein von dem Drucke, unter dem das Sieden stattfindet, abhängig sein. Zur Bildung der Blasen ist jedoch stets, besonders bei sehr reinen, gasfreien Flüssigkeiten, eine gewisse Überhitzung erforderlich. Die Temperatur der Flüssigkeit zeigt daher unregelmäßige Schwankungen, die sich in dem Dampfraum nur noch in dem Maße bemerkbar machen, als infolge der stoßweisen Dampfentwicklung Druckschwankungen auftreten. Man beobachtet daher stets so, daß man die Temperaturmeßinstrumente in den beim Sieden entwickelten Dampf bringt. Dabei hat man dafür Sorge zu tragen, daß der Dampf nicht durch zu heiße Wandungen überhitzt, noch durch zu kalte allzu frühzeitig kondensiert wird.

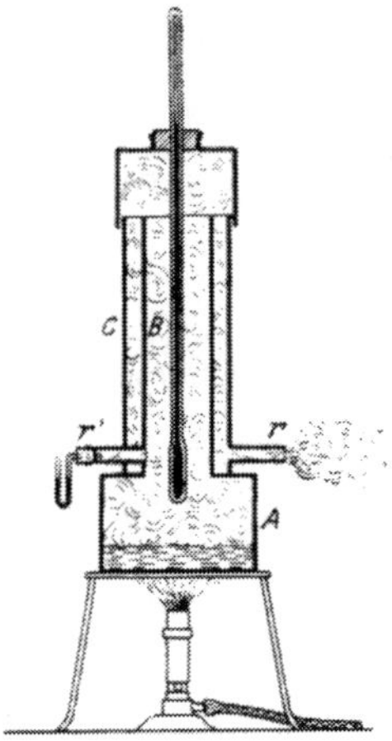

Fig. 135. Wassersiedeapparat.

Ein einfacher Wassersiedeapparat ist in Fig. 135 wiedergegeben. Der in dem mit Gas geheizten Kessel *A* entwickelte Dampf steigt in dem inneren Rohr *B*, in dem sich auch die Thermometer befinden, auf und in dem Mantelraum *C* abwärts, um durch das Rohr *r* den Apparat zu verlassen. Zur Messung des Überdruckes im eigentlichen Dampfraum ist an dem Rohr *r'* ein Wassermanometer angebracht. Diese einfache Form des Siedeapparates ist in mannigfacher Weise modifiziert worden.

Bei einigen Apparaten strömt der Dampf zuerst durch den Mantelraum und dann durch das innere Rohr; bei anderen wird der Dampf in einem besonderen Kessel erzeugt und durch Wasser geleitet, das sich infolge der Kondensation bis zum Sieden erhitzt. Diese Anordnung bezweckt, ein Überhitzen des Wassers, wie es bei direkter Heizung auftritt, zu verhüten.[1] Vielfach finden sich Einrichtungen, um den Druck im Dampfraum innerhalb gewisser Grenzen variieren zu können. An Apparaten, die zur genauen Siedepunktsbestimmung an Quecksilberthermometern dienen, sind mitunter Fenster angeordnet, die eine Ablesung der Quecksilberkuppe gestatten, ohne daß ein Teil des Fadens herauszuragen braucht (vgl. S. 163).

Ein Schwefelsiedeapparat ist in Fig. 136 dargestellt. Ein zylindrisches Glasrohr enthält in seinem unteren Teile den Schwefel, der durch Gasflammen oder durch elektrische Heizkörper zum Schmelzen und Sieden gebracht wird. Die Dämpfe steigen auf, kondensieren an den Wandungen und fließen zu der Flüssigkeit am Boden des Rohres zurück. Damit die Kondensation nicht zu früh erfolgt, ist der obere Teil des Rohres mit einem Wärmeschutz umgeben. Das eingesetzte Thermometer (in der Figur ein Widerstandsthermometer) muß an seinem unteren Teile von einer Schutzhülle aus Eisen oder Asbest umgeben sein, da sonst Fehler infolge von Ausstrahlung gegen die kühlere Wandung auftreten.[1]

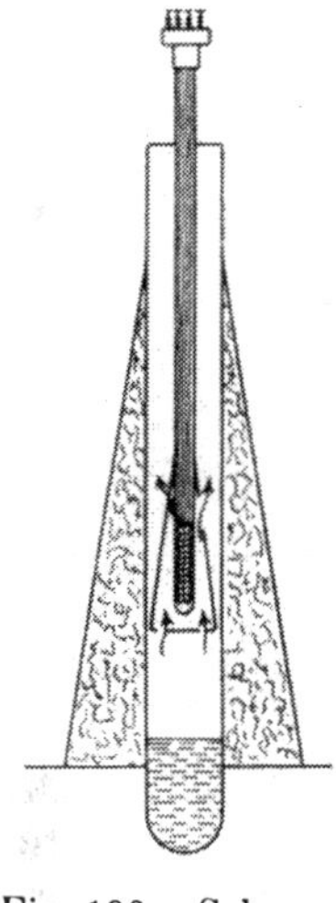

Fig. 136. Schwefelsiedeapparat.

Der Apparat läßt sich außer für Schwefel auch für Naphthalin, Benzophenon und ähnliche Substanzen verwenden. Bei wiederholtem Gebrauche ist darauf zu achten, daß die erstarrten Körper sich beim Schmelzen ausdehnen. Man muß daher die Röhren, um sie vor Zerspringen zu schützen, nach dem Versuch entleeren oder so weit neigen, daß die erstarrende Substanz an keiner Stelle einen Querschnitt ganz erfüllt.

Der Siedepunkt ist im allgemeinen nicht mit derselben Genauigkeit zu bestimmen wie der Schmelzpunkt. Dies liegt hauptsächlich daran daß er in ziemlich beträchtlichem Maße vom Druck abhängig ist. Auf alle Fälle ist der Barometerstand zu beobachten, zu dem unter Umständen der Überdruck im Dampfraum hinzuzuzählen ist. Die in dem gesättigten Dampfe herrschende Temperatur ergibt sich dann, wenn $(760 + p)$ der Druck ist, unter dem das Sieden stattfindet, zu:

$$t = t_n + \alpha p + \beta p^2 ,$$

wobei t_n den „normalen Siedepunkt“, d. h. den Siedepunkt unter dem Druck einer Quecksilbersäule von 760 mm Höhe und α und β zwei für die Substanz charakteristische Konstanten bedeuten, die aus der folgenden Tabelle zu entnehmen sind.

---

[1] F. GRÜTZMACHER, Dtsch. Mech. Ztg. (1902) Nr. 20 u. a.

[2] W. MEISSNER, Ann. Phys 39, 1230 (1912).

Den Siedepunkten ganz analog verhalten sich die Sublimationspunkte, von denen als wichtigster der Übergangspunkt der festen Kohlensäure zur gasförmigen genannt sei.

Wichtigere Siede- und Sublimationspunkte.

Substanz	Temperatur	
Helium	−268,5° C	
Wasserstoff . . .	−252,7	$+0{,}005\,p$
Sauerstoff . . .	−182,9	$+0{,}013\,p$
Kohlensäure . . .	− 78,3	$+0{,}017\,p$
Wasser	+100	$+0{,}037\,5\,p$
Naphthalin . . .	+218,0	$+0{,}058\,5\,p - 0{,}000\,025\,p^2$
Benzophenon . .	+305,9	$+0{,}063\,8\,p - 0{,}000\,025\,p^2$
Schwefel	+444,5	$+0{,}091\,0\,p - 0{,}000\,043\,p^2$

5. Umwandlungspunkte.

In gleicher Weise wie beim Schmelzen, Sieden und Sublimieren ist auch sonst das gleichzeitige Auftreten zweier Phasen an eine bestimmte Temperatur geknüpft; so bei Substanzen, die in verschiedenen Modifikationen auftreten können oder bei Systemen, die aus mehreren unabhängigen Bestandteilen (z. B. reine Salze mit Wasser oder Salzgemische) bestehen. Wie beim Schmelzen tritt z. B. bei Salzen, die mehrere Hydrate bilden, bei steigender Temperatur an der Grenze der Stabilitätsbereiche zweier Hydrate Konstanz ein, die so lange dauert, bis die Umwandlung sich vollständig vollzogen hat. Die Beobachtungsmethode ist der des Schmelzpunktes durchaus analog. Um z. B. den Umwandlungspunkt zu beobachten bei dem $Na_2SO_4 . 10\,aq$ in $Na_2SO_4 + 10\,aq$ übergeht, bringt man das sorgfältig gereinigte, kristallwasserhaltige, aus möglichst kleinen Kristallen bestehende Salz in ein zylindrisches Glasgefäß, setzt dieses in ein Wasserbad und läßt dessen Temperatur langsam ansteigen. Am Umwandlungspunkt wird das Salz infolge des abgeschiedenen Wassers breiig, so daß es durchgerührt werden kann. Die Temperatur bleibt lange Zeit hindurch auf $^1/_{1000}{}^0$ konstant.[1] Einige der bekannten Umwandlungspunkte gehören zu den besten thermometrischen Fixpunkten, nur muß auf die Reindarstellung der Salze die größte Sorgfalt verwendet werden.

Wichtigere Umwandlungspunkte.

Substanz	Temperatur
$Na_2CrO_4 + 10\,H_2O$	$+ 19{,}52_5{}^0$ C
$Na_2SO_4 + 10\,H_2O$	$+ 32{,}38_3$
$NaBr + 2\,H_2O$	$+ 50{,}67_4$
$MnCl_2 + 4\,H_2O$	$+ 58{,}08_9$

[1] Th. W. Richards u. s. Mitarbeiter, Z. phys. Ch. **26**, 690 (1890); **43**, 465 (1903); **56**, 348 (1906); **61**, 313 (1907) u. a.

Allgemeines über Erhitzen und Abkühlen.

Von

A. Stähler-Berlin.

Inhalt.

A. Erhitzen.

I. Erhitzen unter Ausschluß des Gefäßmaterials.

Mit Rücksicht darauf, daß die meisten chemischen Stoffe bei höheren Temperaturen mit den Materialien der Gefäße bezw. der Heizkörper reagieren, so daß die Gefahr einer Aufnahme von Verunreinigungen eintritt, strebt man bei exakten Reinigungsmethoden danach, die Substanzen unabhängig von der Umgebung zu erhitzen. In idealer Weise läßt sich dies bei absolutem Vakuum mittelst der Sonnenstrahlen oder elektrischer Scheinwerfer bewirken.[1] Hiermit nahe verwandt ist die Heizung mit Kathodenstrahlen, wie sie für Leiter von WEHNELT und v. WARTENBERG, für feste Körper jeglicher Art von CROOKES und TIEDE, vorgeschlagen wurde. Der Ofen von TIEDE[2] ist in Fig. 137 wiedergegeben.

In den eisernen Sockel f ist ein Glasschliff g eingesetzt, in den das Messingrohr e eingekittet ist, auf welches sich die Anode aus Aluminium aufschieben läßt. Das Rohr e kann bis in den massiven Teil der Anode hinein durch eingelötete Messingröhren von Wasser durchspült und so die Anode sehr gut gekühlt werden. Letztere ist in der Mitte durchbohrt und trägt ein Quarzrohr von etwa 7 cm Länge und 1 cm Querschnitt, welches oben als Träger für den beispielsweise aus Porzellan gefertigten Schutztiegel T ausgebildet ist. Der Abstand zwischen Anode und Tiegelboden beträgt 3 cm. Durch eine in T vorhandene Bohrung wird ein kleiner, weiterer Quarzträger geschoben, der den Tiegel t mit der zu bearbeitenden Substanz trägt. Das Hauptgefäß besteht aus einem in der Mitte zu einer Kugel aufgeblasenen Quarzrohr, welches mittels Schliffs in einem auf g aufgeschliffenen Glaskörper sitzt, an dem sich der Auslaß zu den Hochvakuumpumpen befindet. Vermittelst zweier Glasschliffe kann oben die Kathode in das Quarzrohr eingesetzt werden. Diese besteht aus Aluminium und wird durch ein bei c in ein Glasrohr eingekittetes Messingrohr gehalten, welches, isoliert von der Anode, durch Wasser, welches aus

[1] s. Bd. I S. 390. [2] Ber. **46**, 2229 (1913).

dem Röhrchen *b* eintropft und durch das Glasrohr *a* abgesaugt wird, gekühlt werden kann. Dadurch wird bewirkt, daß auch bei Dauerbeanspruchung die Kathode und somit alle oberen Schliffteile völlig kalt bleiben. *h* ist ein Schutzrohr aus Glas, das auch die Kathode auf der Oberseite umschließt. *d* sind Glasscheiben, die verhindern, daß von der bei *c* angelegten Hochspannung etwa ausgehende Gleitfunken das Rohr gefährden. Die Quarzkugel schließlich, die einen Durchmesser von 10 cm hat, ist mit einem Schaurohr zum Anvisieren der Substanz, wenn die Glocke sich durch destillierende Produkte beschlagen sollte, versehen. — Zum Betreiben des Ofens dient ein Induktorium von 20 cm Schlagweite unter Benutzung eines Wehnelt-Unterbrechers von durchschnittlich 15 Amp. Die Anode wurde geerdet. — Mit dieser Vorrichtung konnten schwer schmelzbare Elemente der Eisen- und Platingruppe, ferner Tantal, Bor u. a. geschmolzen, sowie thermische Dissoziationen bewirkt werden.

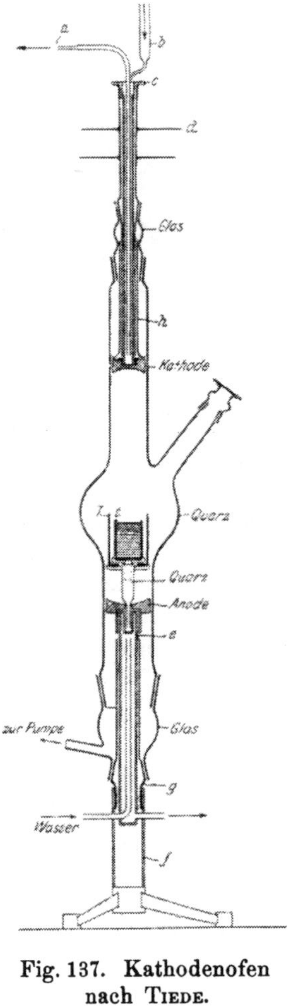

Fig. 137. Kathodenofen nach Tiede.

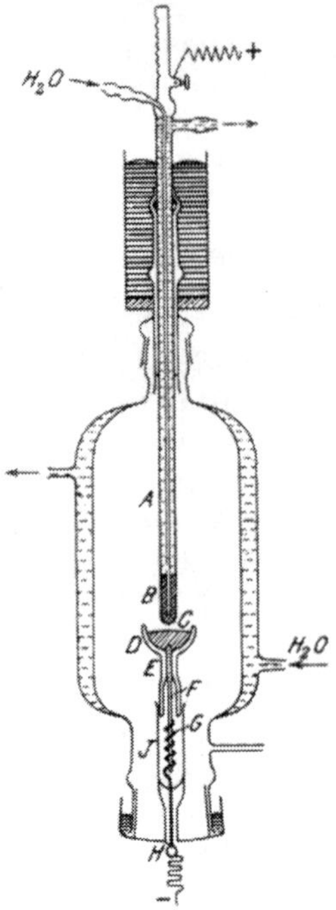

Fig. 138. Heizung mit dem elektrischen Lichtbogen nach Fischer u. Schröder.

Namentlich für die Darstellung reinster Substanzen zum Zwecke der Bestimmung physikalischer Konstanten, wo es weniger auf die Ausbeute als auf die Qualität ankommt, dürfte diese Vorrichtung wertvolle Dienste leisten. Über das Verfahren von Wehnelt und v. Wartenberg vgl. Bd. I S. 392.

Eine andere Methode besteht in der elektrischen Heizung von Drähten, Stäbchen, gepreßtem Pulver usw. im Vakuumofen, die in den Händen von L. Weiss (s. Bd. I S. 436ff., IV S. 284ff.) zur Darstellung duktiler schwerschmelzender Metalle geführt und neuerdings besonders in der Industrie der Glühlampenfäden bedeutende praktische Anwendung gefunden hat.

Zum Studium des Verhaltens von Metallen gegen gewisse Gase (z B. Stickstoff) kann man auch vorteilhaft eine direkte Lichtbogenheizung verwenden. Ein hierzu geeigneter Apparat ist in Fig. 138 dargestellt.[1] Als Reaktionsgefäß dient ein senkrecht stehender, von Kühlwasser umströmter Zylinder. Die verstellbare Anode besteht aus einem innen mit Wasserkühlung versehenen Messingkühler *A* mit einem angelöteten Kupferrohr *B*, dessen Ende *C* geschlossen wird. Die Kathode wird folgendermaßen hergestellt: Ein etwa 1 cm weites, halbkugelförmiges Näpfchen *D* aus Quarz mit Ansatzcapillare *E* und darin eingeschliffenem Nickelstahlstift *F* wurde mit dem betr. eingeschmolzenen oder pulverförmigem Metall gefüllt. Es wurde in eine Glasröhre *J* so eingesetzt, daß der Nickelstahlstift *F* in die Platinspirale *G* hineingedrückt wurde. Da diese mit der Öse *H* in Verbindung stand, bei welcher die Stromleitung angelegt wurde, so war für einen sicheren Kontakt des Kathodenmetalls mit dem Platin gesorgt, und beim Herunterstellen der Anode, bis *C* das Kathodenmetall berührte, ging der Strom durch das Ganze hindurch. Bei den Versuchen wurde Stickstoff von etwa halbem Atmosphärendruck verwendet, der Lichtbogen mit Gleichstrom von 1,5 bis 3 Amp. betrieben.

II. Erhitzen von Substanzen einschließlich des Gefäßmaterials.

Leider sind die soeben beschriebenen Heizarten nur ausnahmsweise zu gebrauchen, in der Regel wird man daher das Erhitzen von Stoffen unter gleichzeitigem Miterhitzen irgendwelchen Gefäßmaterials vornehmen bzw. unerwünschte Beeinflussungen der Reaktionsprodukte durch die heiße Umgebung in Kauf nehmen müssen. Hier gibt es so viele Arbeitswege, daß nur das Allerwichtigste in diesem zusammenfassenden Kapitel darüber gebracht werden kann. Über die Gefäßmaterialien und Heizquellen, sowie über die Temperaturintervalle, innerhalb deren man die verschiedenen Materialien verwenden kann, findet man an anderen Stellen des Handbuches ausführliche Angaben.[2]

Man unterscheidet zwei Hauptmethoden des Erhitzens in Gefäßen: Innen- und Außenheizung.

1. Innenheizung.

Dieser Weg wird im Laboratorium verhältnismäßig selten beschritten, obwohl er ökonomischer ist als die Außenheizung. Als einfachstes Beispiel eines Innenheizkörpers erwähne ich den bekannten elektrischen Heizkolben des Handels, den man in geeigneter Modifikation (mit passendem Umhüllungsmaterial) wohl recht gut auch im chemischen Laboratorium verwenden könnte.

a) Innenheizung bei gasförmigen Stoffen.

Gasförmige Stoffe lassen sich sehr günstig erhitzen, indem man sie einen Heizkörper umströmen läßt. Dieses Prinzip ist am populärsten bei dem Röhrendampfkessel verwirklicht. Besonders empfiehlt sich diese Heizung bei Anwendung elektrischer Energie, und zwar wenn es auf den

[1] Fischer und Schröter, Ber. 43, 1473 (1910).
[2] Vgl. Bd. I S. 84ff., sowie den Anhang zu diesem Kapitel (S. 285) Groschuff.

völligen Ausschluß der atmosphärischen Luft ankommt, oder Dissoziationen nach dem Prinzip der kalt-warmen Röhre von SAINT CLAIRE-DEVILLE vorgenommen werden sollen. Während letzterer seine Apparatur so anordnete

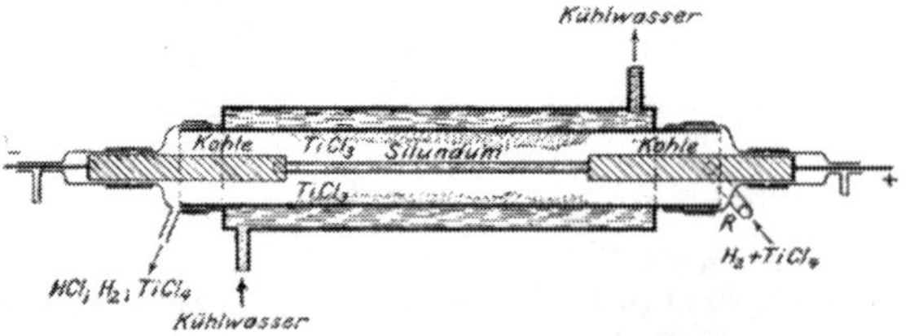

Fig. 139. Innenheizung von Gasen.

daß das Abschreckungsrohr in eine von außen geheizte Zone gebracht wurde, ist bei den meisten modernen Apparaturen der umgekehrte Weg beschritten worden. Eine zweckmäßige Vorrichtung dieser Art ist in Fig. 139 wiedergegeben.[1] Der Apparat leistet in allen Fällen gute Dienste, wo aus einem Gasgemisch nach eingestelltem Gleichgewicht eine feste oder flüssige Substanz aus der heißen Zone herausgebracht werden soll. Ein Heizrohr aus Kohle, Silundum[2] usw. von 25 cm Länge und 12 mm äußeren und 4 mm innerem Durchmesser wurde an seinen beiden Enden in dicke Kohlenstäbe eingelassen, die ihrerseits mit einer Starkstromleitung verbunden wurden. Diese Heizvorrichtung wurde von einem doppelten Kupfermantel oder Glaskühler umgeben, durch dessen Wandung kaltes Wasser geleitet werden konnte; die Kohlenstäbe ragten etwa zu einem Drittel aus dem Kupferkühler hervor und waren dort mit je zwei Glaskappen versehen, die den Raum zwischen Heizkörper und Kühler luftdicht abschlossen. Die notwendigen Verbindungen werden durch Gummiringe hergestellt, die mit Kollodium überstrichen wurden.

Diese Heizungsmethode hat sich auch bewährt bei Umsetzungen unter höheren Drucken (s. d. [Bd. II] sowie die Vorrichtungen von HABER und LE ROSSIGNOL, STÄHLER und ELBERT, STÄHLER [KURT] u. a.). Auch die elektrischen Vakuumöfen (s. d. Bd. I) sowie die Kalorimeterbomben (Bd. III S. 689) sind mit elektrischer Innenheizung ausgestattet.

Eine einfache derartige Vorrichtung zur Innenheizung ist ferner die bekannte HEMPELsche Verbrennungspipette, die dazu dient, die Vereinigung von Wasserstoff und Sauerstoff durch einen glühenden Platindraht einzuleiten. In den Gasraum werden von unten her zwei parallele Messingstäbe durch einen Gummistopfen geführt, die oben durch eine kleine Platinspirale miteinander verbunden sind. Ein Strom von zwei Akkumulatoren genügt, letztere zum Glühen zu bringen, sobald das zunächst darum befindliche Wasser durch das von oben eingeführte Gasgemisch von der Spirale zurückgedrängt wird.

In ähnlicher Weise bewirken HARRIES und GOTTLOB[3] die Behandlung gewisser Dämpfe, z. B. von Isopren mit glühenden Drähten. Die Heiz-

---

[1] Vgl. STÄHLER und GOERGES, Ber. **42**, 3216 (1909) Fig. 4, sowie STÄHLER und BACHRAN, Ber. **44**, 2907 (1911).

[2] Bezogen von der Firma „Prometheus“, Frankfurt a. M.

[3] Ann. **383**, 228 (1911).

vorrichtung (Fig. 140) ist im oberen Teile eines Rundkolbens, der mit einem Rückflußkühler versehen ist, eingebaut und besteht aus einem 120 cm langen Platindraht, der bei 220 Volt Spannung mit einem Strom von 5 Amp. auf dunkle Rotglut gebracht wird. Er ist nach Art der Tantallampen aufgewickelt. Die im Rundkolben zum Sieden erhitzte Flüssigkeit entsendet ihre Dämpfe über die Heizvorrichtung, wo eine partielle Umwandlung der Gase erfolgt. Der Rückflußkühler sorgt für die Zurückschaffung des Materials nach dem Rundkolben.

Analog hat vor Jahren A. W. v. HOFMANN einen Vorlesungsapparat angeordnet, in dem die

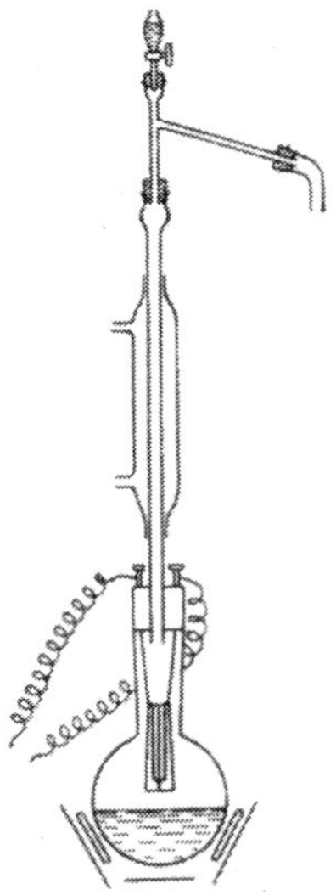

Fig. 140. Erhitzen von Dämpfen mittels glühender Drähte nach HARRIES und GOTTLOB.

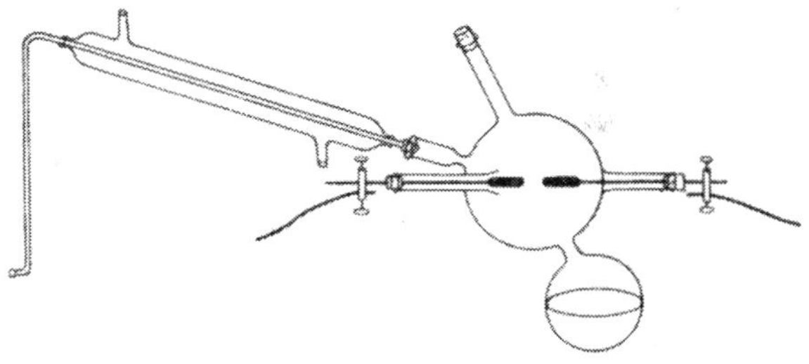

Fig. 141. Behandlung von Dämpfen mit dem elektrischen Lichtbogen.

Zerlegung von Wasserdampf durch einen glühenden Platindraht demonstriert wird.[1]

Für höhere Temperaturen tritt an Stelle der Widerstandsheizung die Lichtbogenheizung, die besonders in der technischen Stickoxyd-Synthese neuerdings großartige Entwickelung erfahren hat.

Der Apparat von v. LENGYEL zur Darstellung von Kohlensubsulfid[2] (Fig. 141) dient ähnlichen Zwecken wie die Isoprenlampe von HARRIES, nur daß an Stelle der Widerstands- die Lichtbogenheizung getreten ist.

Gelegentlich wendet man auch beim Trocknen von Substanzen die Innenheizung an. So ist eine Reihe von Exikkatoren damit ausgestattet, worüber das Nähere im Kapitel „Trocknen“ (Bd. II) zu finden ist.

b) Innenheizung bei Flüssigkeiten.

Bei Flüssigkeiten lassen sich, entsprechend modifiziert, dieselben Heizvorrichtungen anwenden wie bei Gasen. Stoßende Flüssigkeiten, Lösungen mit schweren Niederschlägen sind häufig nur durch Innenheizung auf höhere Temperaturen zu bringen. In diesem Fall stellt man eine von

---

[1] Abbildung z. B. in STÄHLER, Einf. i. d. anorg. Ch. (1910) S. 32 Fig. 20.

[2] Ber. 26, 2962 (1894).

überhitztem Dampf oder heißer Chlorcalciumlösung durchströmte Kupferschlange als Heizkörper direkt in die Flüssigkeit.

Zum Erhitzen größerer Mengen ist neuerdings auch ein durch flammenlose Verbrennung geheizter Einsatz vorgeschlagen worden.[1] Der

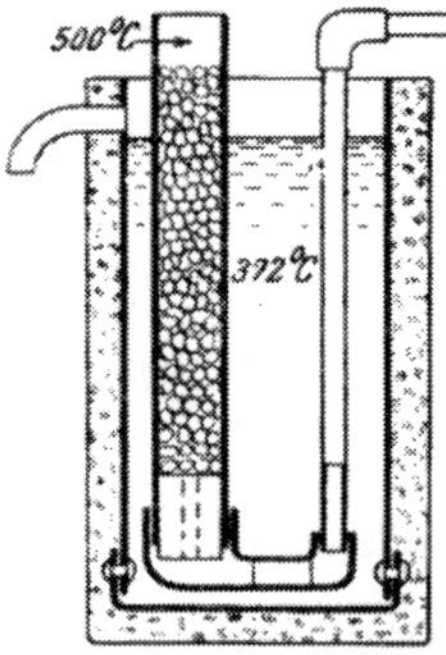

Fig. 142. Innenheizung mittels flammenloser Verbrennung nach Bone.

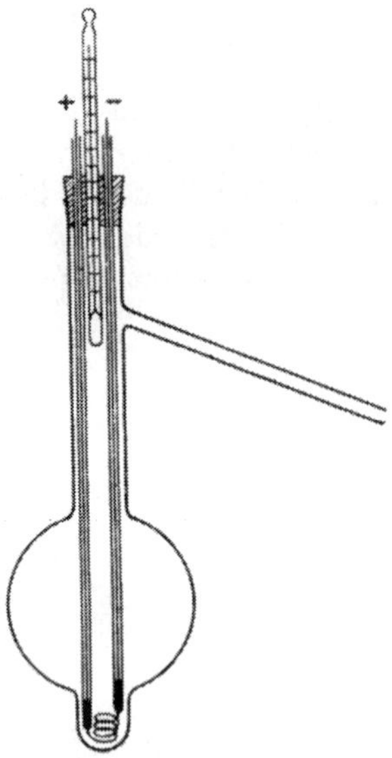

Fig. 143. Destillation mittels heißer Platinspirale nach Richards und Matthews.

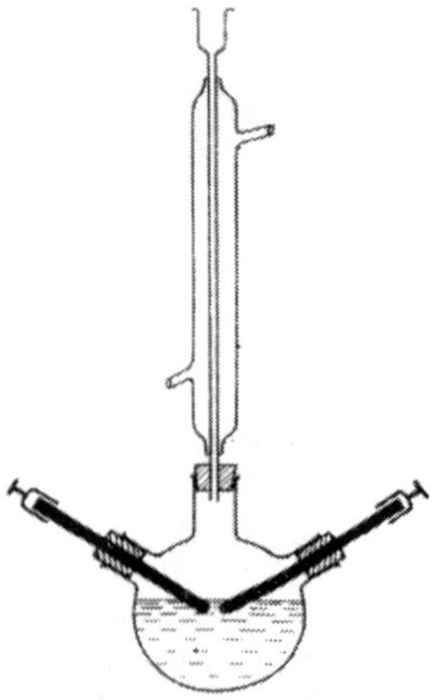

Fig. 144. Behandlung von Flüssigkeiten mit Lichtbögen.

in Fig. 142 dargestellte Apparat nach Bone[1] hält z. B. Blei in dauerndem Schmelzfluß.

Elektrische Innenheizvorrichtungen für Flüssigkeiten sind von Bredt[2], sowie von Richards und Mathews[3] beschrieben. Der Heizkörper von Bredt soll bei der Destillation fester Stoffe die Verstopfung des Austrittsrohres durch abgeschiedenes Destillat verhindern. Eine passend angebrachte Heizspirale hält die Temperatur oberhalb des Schmelzpunktes der betreffenden Substanz.

Richards und Mathews wenden die Innenheizung bei der Destillation von Flüssigkeiten an und befolgen im Prinzip die oben beschriebene Hempelsche Methode. Der Apparat ist in Fig. 143 wiedergegeben.

Die elektrische Innenheizung hat sich ferner bewährt bei Flüssigkeitsthermostaten (s. d.) sowie bei den osmotischen Methoden der Molekulargewichtsbestimmung (s. d.).

Besondere Effekte werden erzielt, wenn man in Flüssigkeiten einen elektrischen Lichtbogen erzeugt, eine Methode, die sich bei der Gewinnung stark endothermischer Substanzen als geeignet erwiesen hat. So sind die

---

[1] Zentr. 1909 II 1290, Abbildung. [2] Ber. **46**, 27 (1913).
[3] Z. phys. Ch. **64**, 120 (1908) Abbildung.

unbeständigen gelben Modifikationen des Arsens und Antimons mittels solcher Lichtbögen dargestellt worden. Eine zweckmäßige Apparatur dieser Art ist in Fig. 144 skizziert. Zwei aus geeignetem Material hergestellte Elektroden werden durch gegenüberstehende Tubusse in einen Rundkolben geführt, der am Hals einen Rückflußkühler trägt.

Ein anderer Apparat ist von STOCK und SIEBERT[1] beschrieben (Fig. 145) und diente zur Darstellung von gelbem Arsen aus Schwefelkohlenstofflösung.

In dem mit Eis und Wasser gefüllten Filterstutzen *A* steht auf einem Glasfuß ein etwa 800 ccm fassendes Becherglas *B*, in welches 500 ccm Schwefelkohlenstoff gebracht werden. Über der 3 cm langen, von einem starken Kupferdraht gehaltenen Kohlenanode *C* hängt die Arsen–Antimon-Kathode *D*, welche ebenfalls an einen Kupferdraht gelötet ist. Der Draht wird durch ein Glasrohr isoliert, von der Klammer *E* gehalten, die durch einen Zahntrieb *F* auf und ab bewegt wird. Als Stromquelle dient die 110 Volt-Leitung des Institutes, mit eingeschaltetem Regulierwiderstand. Durch Abwärtsschrauben von *E* wird der Lichtbogen zwischen *C* und *D* erzeugt und mittels des Zahntriebes *F* in passender Weise reguliert. Diese Erhitzungsart läßt sich in analoger Weise auch auf andere Stoffe und Lösungen übertragen.

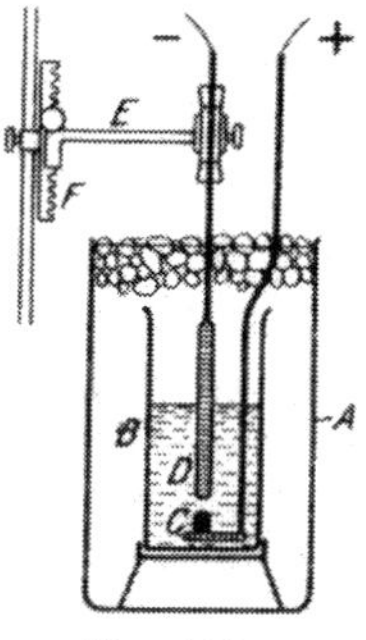

Fig. 145. Behandlung von Flüssigkeiten mit Lichtbögen.

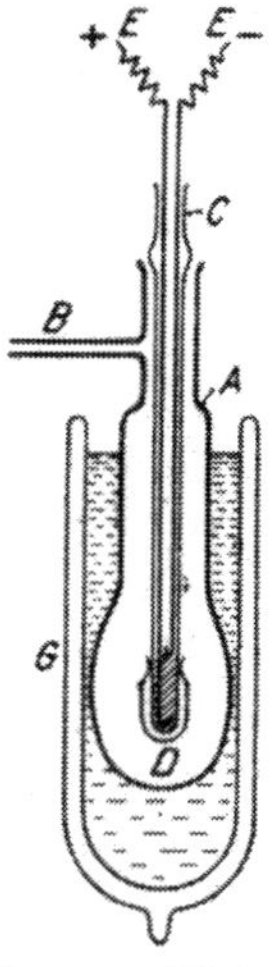

Fig. 146. Elektrische Heizvorrichtung nach STOCK und SIEBERT.

Auch unbeständige Nitride lassen sich mit Hilfe von Lichtbögen gewinnen und zwar wendet man in diesem Falle flüssigen Stickstoff als Reaktions- sowie gleichzeitig als Abkühlungsmittel an. Eine zu diesem Zwecke geeignete Vorrichtung ist von FRANZ FISCHER und GEORGE ILIOVICI[2] angegeben worden.

c) Innenheizung bei festen Stoffen.

Will man feste Stoffe durch Innenheizung zur Reaktion veranlassen, so bringt man sie, falls sie den Strom leiten, am bequemsten durch JOULEsche Wärme auf die erforderliche Temperatur. In anderen Fällen muß man einen Leiter passend in der Substanz anordnen. Ein auf elektrischem Wege glühend gemachter Kohlestab (BORCHERS, HEMPEL), oder in der ganzen Masse verteiltes Graphitpulver genügt oft dem besagten Zweck. Bei dem in Fig. 146 dargestellten Apparat von STOCK und SIEBERT[3] wird Arsen in *D* durch Heizung mit Kryptol verdampft.

Das Glasgefäß *A* kann vom Ansatz *B* aus evakuiert werden. In *A* wird von oben her luftdicht ein Rohr *C* eingeführt, das im Innern mittels der Heizmasse Kryptol[3] durch die beiden Stromzuführungen $+E$ und $-E$

[1] Ber. **38**, I, 967 (1905). [2] Ber. **41**, 3802 (1908).
[3] Ber. **37**, 4572 (1904).

elektrisch geheizt werden kann. Das Rohr C trägt unten ein kleines Glasbecherchen D, in welches man vorher das zu erhitzende Pulver bringt. Nach dem Evakuieren taugt man A in ein mit flüssiger Luft gefülltes Weinhold-Dewarsches Gefäß G und erwärmt jetzt das Rohr C auf dem angedeuteten elektrischen Wege. Über diese und ähnliche Arten der Erhitzung findet sich näheres in dem Kapitel „Elektrische Heizvorrichtungen" Bd. I dieses Handbuches.

Temperaturmessung bei Innenheizung.

Da sich bei Innenheizung die Temperatur durch Glasthermometer nicht sehr bequem bestimmen läßt, zieht man in den meisten Fällen vor, Widerstandsthermometer oder Thermodrähte einzubauen. Für höhere Temperaturen werden optische Ablesungsvorrichtungen (Pyrometer) angebracht. Bei einer großen Anzahl von analogen Versuchen mit einem und demselben elektrisch geheizten Apparat, wo es nicht auf eine ganz exakte Temperaturbestimmung ankommt, genügt vielfach auch eine vorherige Eichung, indem man die Stromstärke bestimmt, die man ein für alle Male durch den Heizkörper hindurchschicken muß, um eine gewünschte Temperatur zu erzielen.

2. Außenheizung.

Trotz ihrer Zweckmäßigkeit und des guten Nutzeffektes hat sich die elektrische Innenheizung doch nur in spezielleren Fällen anwenden lassen. Weit allgemeiner und bequemer ist die Außenheizung von Gefäßen. Wie bei der Innenheizung so richtet sich auch hier die Wahl der Erhitzungsart nach dem Aggregatzustande des in Frage kommenden Stoffes und der Höhe der gewünschten Temperatur. Ferner spielen die chemische Natur der zu erhitzenden Substanzen und ihrer Begleiter, sowie deren Mengenverhältnisse dabei eine Rolle.

Kleinere Substanzmengen erhitzt man am Platindraht direkt in der Flamme. Etwas größere Mengen werden auf dem Platinblech, Tiegeldeckel, Uhrglas, Objektträger usw. behandelt. Für Schmelzpunktsbestimmungen, zur Feststellung der Flüchtigkeit usw. benutzt man kleine, an dem einen Ende zugeschmolzene Capillarrohre. Weiteres über die Behandlung kleiner Substanzmengen findet man in dem Kapitel Mikrochemie Bd. II. Bei qualitativ-analytischen Arbeiten erhitzt man die Substanzen in Kolben, Reagensgläsern, Bechergläsern, Retorten, Schalen, Tiegeln u. a. Bei quantitativen Arbeiten müssen Schutzvorrichtungen angebracht werden gegen die Flammengase, gegen Staub usw. Bei präparativen Arbeiten werden für die erforderlichen größeren Gefäße entsprechend größere Öfen herangezogen. Besonders haben sich die Öfen nach Rössler (s. Bd. I Heizquellen) bewährt.

a) Erhitzen von Gasen.

Gase werden fast nur in Röhren oder kugelförmigen Gefäßen erhitzt. Hierbei ist als einer der wichtigsten Punkte die Durchlässigkeit der Gefäßwandung für Gase zu beachten, worüber man genaue Angaben unter Gefäßmaterialien in Bd. I findet. Fürchtet man beim Arbeiten mit bestimmten Gasströmen die Beimengung von unerwünschten Gasen durch Diffusion von außen her, so empfiehlt es sich, das Gas im Innern auf einen kleinen Überdruck einzustellen, was man am besten dadurch erreicht, daß man es mittelst einer Druckpumpe einpreßt. Die Anwendung einer Saugvorrichtung ist in diesem Falle nicht zweckmäßig. Treten beim Behandeln von Substanzen mit Gasen Flüssigkeiten auf, so sorge man dafür, daß das Rohr in der Richtung des Gasstromes etwas geneigt ist, damit die Flüssigkeit nicht zurückströmen kann, wodurch das erhitzte Rohr zum Bersten gebracht werden könnte.

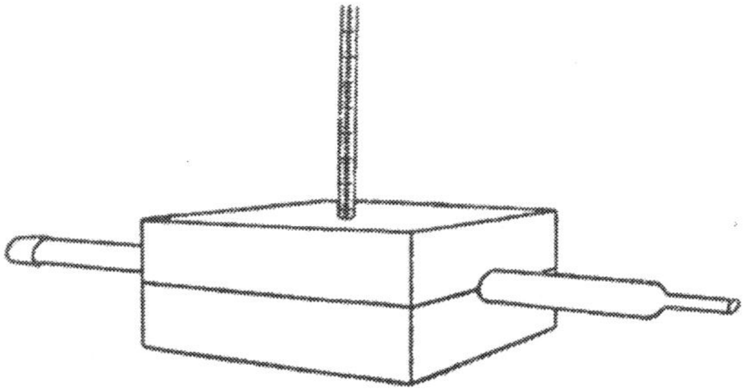

Fig. 147. Heizblock für Röhren nach STOCK.

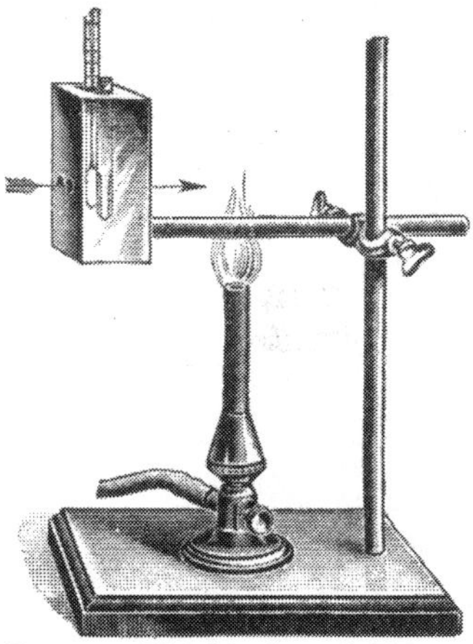

Fig. 148. Heizblock nach THIELE.

Als Heizvorrichtungen für Röhren dienen bei mäßigen Temperaturen entweder Dampf- oder Flüssigkeitsbäder, z. B. die Wasserbad-Kanone (Bd. I), Anilin-Toluol-usw. Bäder oder ausgehöhlte Metallblöcke. Der in Fig. 147 dargestellte, aus zwei Teilen bestehende Aluminiumblock nach STOCK[1] gestattet Temperaturen von fast 600° anzuwenden.

Derartige Blöcke weisen infolge der guten Wärmeleitung des Metalls eine überall ziemlich gleichmäßige Temperatur auf, so daß ein in die Masse gestecktes Thermometer zur Bestimmung derselben genügt. Zwecks Beobachtung des erhitzten Materials lüftet man bei dem STOCKschen Aluminiumblock die obere Hälfte oder bringt nach dem Vorschlag von THIELE (Fig. 148) geeignete Visierlöcher an.

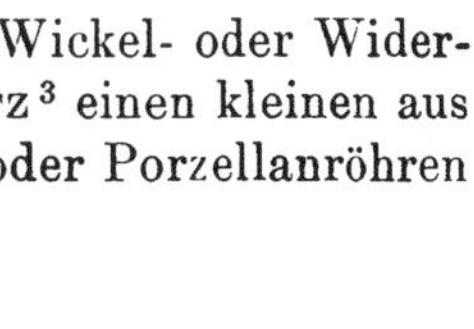

Fig. 149. Asbestkasten für Röhren nach BILTZ.

Zum Erhitzen von Röhren auf höhere Temperaturen empfehlen sich die sogenannten Reihenbrenner nach SANDMEYER[2] sowie Verbrennungsöfen, elektrische Wickel- oder Widerstandsöfen (s. d.) usw. Für kurze Röhren wendet BILTZ[3] einen kleinen aus Astbestpappe hergestellten Ofen (Fig. 149) an. Glas- oder Porzellanröhren

[1] Ber. **42**, 2845 (1909); Abb. nach BAXTER.
[2] Zu beziehen von der Firma Desaga in Heidelberg.
[3] Einführung in d. anorg. Chemie S. 2, Fig. 3.

steckt man in Ermangelung von Heizblöcken häufig in ein Eisenrohr, um die Gefahr des Zerspringens bei zu schnellem Erhitzen zu mindern. Auch eine Schicht von feucht aufgeklebtem und in einem Dampfschrank getrocknetem Asbestpapiere leistet gute Dienste, und hält beim Glase außerdem das Zusammenfallen beim Punkte des Weichwerdens auf.[1]

Als Material für Röhren kommen folgende in Betracht: Gewöhnliches Glas (bis zu etwa 500°), Jenaer oder böhmisches schwer schmelzbares Glas (bis zu etwa 750°), Rubidiumglas nach STOCK (bis zu etwa 1000°), Quarzglas bis oberhalb 1400° in oxydierendem Gase anzuwenden, unbeständig), ferner die verschiedenen Porzellanarten: glasiertes Porzellan (bis etwas über 1000°) unglasiertes (bis 1400°). Noch feuerbeständiger sind Röhren aus MARQUARDscher Masse und Magnesiumoxyd. Röhren aus Metall werden seltener verwendet, z. B. solche aus Eisen, Nickel, Silber, Platin und Iridium sowie Wolfram. Wegen der guten Wärmeleitungsfähigkeit der Metalle müssen die an diesen Röhren angebrachten Stopfenverbindungen gekühlt werden. Für hoch feuerfeste Zwecke werden gelegentlich auch Röhren aus Kohle oder Siliciumcarbid verwendet, wenn auch nur unter gewissen Vorsichtsmaßregeln. Über die Verbindungen von Röhren sowie die geeigneten Stopfen, gekühlte Verschlüsse usw. informiere man sich im Kapitel: „Zusammensetzen von Apparaten“ Bd. I dieses Handbuches.

b) Erhitzen von Flüssigkeiten.

Kleinere Mengen von Flüssigkeiten werden in Reagensgläsern, größere in Bechergläsern, Retorten, Tiegeln, Kolben, Schalen und Kasserollen erhitzt. Je nachdem ob die Flüssigkeit ganz oder teilweise eingedampft werden soll, bringt man Vorrichtungen an zum Kondensieren der entwichenen Anteile. Soll das Verdampfen verhindert werden, so erhitzt man bei Dauerversuchen im Rundkolben mit aufgesetztem Rückflußkühler oder besser im Einschlußrohr. Bei siedenden Flüssigkeiten sind Maßregeln zu treffen, die das Stoßen verhindern. Kleine Platin-Tetraeder (vgl. Bd. III, S. 136—138), Siedecapillaren, Tonstückchen usw. leisten hier gute Dienste.[2] Bei gewünschter großer Temperaturkonstanz bringt man die Gefäße in Luftbäder oder Thermostaten (s. d. Bd. I). Gelegentlich lassen sich Flüssigkeiten auch sehr günstig mit strahlender Wärme behandeln, z. B. beim Abdampfen (s. S. 316). Beim Erhitzen leicht brennbarer Stoffe müssen alle Vorsichtsmaßregeln getroffen werden zur Verhinderung des Entzündens der Dämpfe. Geeignete Heizquellen findet man in Bd. I S. 323 beschrieben.

c) Erhitzen fester Substanzen.

Zum Erhitzen fester Substanzen kann man dieselben Gefäße benutzen, wie bei Flüssigkeiten, nur ist bei Glas- und Porzellangefäßen vorsichtiger anzuheizen, da durch die ungleichmäßige Bedeckung der Gefäßwandung

[1] Über andere derartige Mittel s. Bd. I, S. 591, 592.

[2] Vgl. auch WOLPERT, Z. anal. Ch. **34**, 161, sowie die Kapitel Abdampfen und Destillieren (Bd. II).

durch das feste Material die Wärme nicht so gleichmäßig verbreitet wird wie bei Flüssigkeiten. Durch Umkleiden der Außenwand durch Asbestpapier oder Einbauen des Gefäßes in ein gleichmäßig temperiertes Bad vermindert man diese Gefahr. Die am häufigsten für feste Substanzen angewandten Gefäße sind Tiegel, Schiffchen, Röhren, Schalen und Retorten.

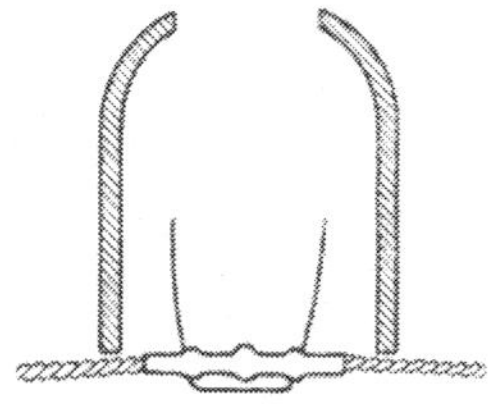

Fig. 150. Tonesse von CL. WINKLER.

Beim Erhitzen von Tiegeln ist zu beachten, daß die Temperatur im Innern des Tiegels nur bei aufgesetztem Deckel das gewünschte Maximum erreicht. Eine zweckmäßige Vorrichtung zum gleichmäßigen Erhitzen von Tiegeln ist die kleine in Fig. 150 dargestellte Tonesse von CLEMENS WINKLER, die jetzt auch aus Quarzglas fabriziert wird.[1] In etwas eleganterer, jedoch teuerer Weise erzielt man denselben Effekt durch den elektrischen Tiegel-Ofen von W. C. HERAEUS (Bd. I S. 398). Die sogenannten Finger-Tiegel werden verwendet, wenn die Verflüchtigung der im unteren Teile des Gefäßes erhitzten Substanz vermieden werden soll, indem man den oberen Teil des Tiegels kühl hält. Auf sehr einfache Weise erreicht man dies, indem man in eine Asbestpappe ein passendes Loch schneidet, so daß der Tiegel nur mit dem unteren Teile hindurchragt. Man ist so besonders bei schräg gestellten Tiegeln leicht imstande, den Boden glühend zu halten, während der obere Teil wesentlich kälter bleibt.

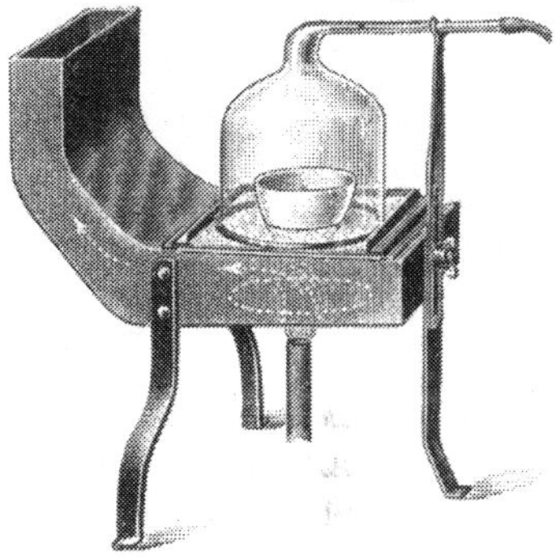

Fig. 151. Glühofen von WISLICENUS.

Zum Schutz gegen die schädlichen Einflüsse der Flammengase stellt man die Tiegel mit der zu erhitzenden Substanz in einen größeren bedeckten Tiegel („Doppeltiegel", vgl. die Abbildung in Bd. III S. 1248) oder verwendet nach WISLICENUS den in Fig. 151 dargestellten Glühofen, in welchem etwas vollkommener, als oben beschrieben, der untere Teil des Tiegels durch eine Asbestplatte in die Heizzone gesteckt wird, während die Flammengase seitlich abgesaugt werden. Eventuell kann nach der Abbildung durch eine daraufgestülpte Glocke trockene Luft oder ein indifferentes Gas über den Tiegel geleitet werden.

Röhrentiegel aus Porzellan, Magnesia usw. werden von TAMMANN zur Aufnahme von Erstarrungskurven empfohlen, da sie den Einbau eines Thermoelements gestatten (vgl. Bd. I).

Als Material für Tiegel verwendet man bei größeren Substanzmengen Schamotte, gebrannten Ton oder Graphit, gelegentlich auch Eisentiegel, bei kleineren solche aus Porzellan, Quarzglas, Platin. Für sehr hohe

[1] BRUNCK, Z. anal. Ch. **45**, 80 (1906). Zu beziehen von der Kgl. Sächs. Muldenhütte bei Freiberg i. S.

Temperaturen benutzt man auch Tiegel aus gebrannter Magnesia[1], Aluminiumoxyd, Zirkon oder Thoriumoxyd, die heute im Handel zu haben sind. Auch Tiegel aus gebranntem Kalk werden gelegentlich empfohlen. So fand bereits im Jahre 1866 FORBES[2] die Resultate bei solchen Tiegeln äußerst befriedigend. Eisen, Nickel und Kobalt wurden darin weit reiner als aus Tontiegeln erhalten. FORBES fertigt die Kalktiegel in der Weise an, daß er einen Tontiegel mit Lampenruß anfüllt und letzteren feststampft. Dann nimmt er mit einem Messer einen Kern heraus, so daß ein dem Maße des herzustellenden Tiegels entsprechendes Futter verbleibt, in die Höhlung bringt er Ätzkalk, der festgestampft wird, und schneidet dann in der Mitte wieder eine passende Höhlung aus. Dieser Tiegel ist zunächst noch weich, wird aber beim Erhitzen fest und kompakt.

Für pyroelektrische Versuche, z. B. zur Darstellung von Calciumcarbid, hat ERICH MÜLLER einen Kohletiegel konstruiert[3] (Fig. 152), der aus zwei Hälften besteht, die gut zueinander passend gearbeitet sind und in das zentrale Loch eines Kohleblockes eingepaßt werden kann. Nach Beendigung der Reaktion kann man die Tiegelhälften leicht voneinander entfernen.[4]

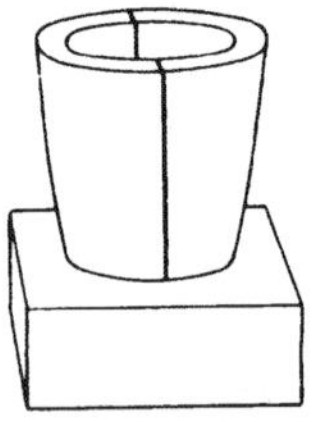

Fig. 152. Kohletiegel nach ERICH MÜLLER.

Beim Arbeiten mit mehreren gleichen Tiegeln empfiehlt sich zur Vermeidung von Verwechselungen das Anbringen von Kennzeichen an denselben.

REINHARDT[5] numeriert zu diesem Zweck Porzellantiegel durch Schmelzfarbe, die aus Kieselsäure, Mennige, Borsäure und einem färbenden Metalloxyd z. B. Chromoxyd oder Kobaltoxyd besteht. Man reibt die feinstpulverisierte Farbe mit etwas Anis- oder Lavendelöl aufs feinste zu einem dicken Brei an und malt die Nummern damit auf die Tiegel. Auf einer allmählich erhitzten Eisenplatte läßt man die Farbe trocknen und brennt sie dann in einer Muffel vollständig ein. Die Schrift wird schön emailleartig. Man soll die Farbe nicht zu dick auftragen, da sie sonst später leicht abspringt.

Schiffchen werden zum Erhitzen von festen Substanzen hauptsächlich dann verwendet, wenn die Operation in einem Rohr, eventuell in einem gewünschten Gasstrom auszuführen ist. Bei mäßigen Temperaturen wird man glasierte Porzellanschiffchen nehmen, bei höheren solche ohne Glasur bzw. aus den bei den Tiegeln genannten Stoffen.[6] Um das Anbacken von Porzellanschiffchen im Porzellanrohr zu vermeiden, bestreut man das letztere im Innern mit etwas Magnesiumoxyd.

---

[1] Über Magnesiatiegel vgl. CARON, Z. anal. Ch. 5, (1866). Über Schmelztiegel aus Speckstein s. KRÄTZER, Z. anal. Ch. 24, 80 (1885).

[2] Z. anal. Ch. 5, 337. Die große Glühbeständigkeit des Kalkes veranlaßte auch SAINTE-CLAIRE DEVILLE in der Mitte des vorigen Jahrhunderts auf der Drehbank Tiegel aus gebranntem Kalk herzustellen.

[3] Z. Elektr. 13, 105.

[4] Zu beziehen von der Firma Albert Lessing in Nürnberg.

[5] Z. anal Ch. 25, 42 (1884).

[6] Über Schiffchen aus Kalk vgl. Bd. IV Kapitel „Silber“.

Zum Erhitzen von Substanzen in Gasströmen benutzt man gelegentlich die sogenannten Rosetiegel, das sind Tiegel aus glasiertem oder besser unglasiertem Porzellan, die einen durchbohrten Deckel besitzen, durch welchen ein gebogenes Porzellanrohr in das Innere führt. Durch das Rohr wird der gewünschte Gasstrom eingeführt. Bei der Modifikation des ROSEschen Tiegels von WOLCOTT-GIBBS[1] (Fig. 153) wird über das zu glühende Material ein Deckel aus porösem Porzellan oder Steinzeug gedeckt, so daß durch den eintretenden Gasstrom keine Verluste eintreten können.

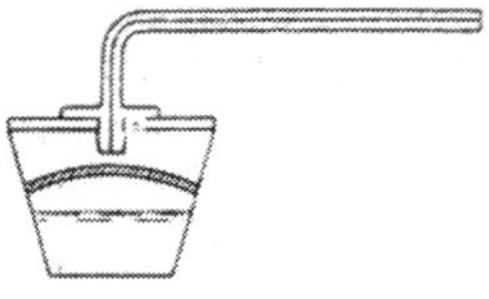

Fig. 153. Erhitzen im Gasstrom nach GIBBS.

Sollen filtrierte Substanzen später erhitzt werden, so empfiehlt sich die Anwendung des bekannten Filtertiegels von GOOCH, bzw. falls das Erhitzen im Gasstrom auszuführen ist, der Filtrierröhren (s. Bd. I S. 668).

Seit Einführung der elektrischen Röhrenöfen, die neuerdings in recht großen Dimensionen gebaut werden, nimmt die Verwendung von Retorten zum Erhitzen von Substanzen von Jahr zu Jahr ab. Bei gläsernen Kolben und Retorten besteht noch mehr als bei Röhren die Gefahr des Einfallens, wenn die Temperatur zu hoch steigt. Zur Vermeidung dieses Übelstandes umkleidet man die Gefäße außen mit einem geeigneten feuerfesten Material. Hierzu kann man feuchten Asbest, Ton oder dergl. verwenden.

SCHAAL empfiehlt folgenden Retortenbeschlag[2]: Ein Teil Infusorienerde wird mit vier bis fünf Teilen Wasser gemischt. Man überzieht hiermit die betreffenden Gegenstände $^1/_2$ bis 1 mm dick und läßt bei nicht zu hoher Temperatur trocknen.

Beim Erhitzen fester Substanzen in Röhren beachte man eine eventuell eintretende Volumvergrößerung derselben und klopfe vor der Operation einen sogenannten „Kanal". Die gleichmäßige Verteilung der Substanz im Rohre erzielt man auf die Bd. I S. 196 beschriebene Weise.

Zum Ausglühen größerer Substanzmengen in Röhren benutzt C. P. DROSSBACH[3] die in Fig. 154 wiedergegebene Vorrichtung. Sie be-

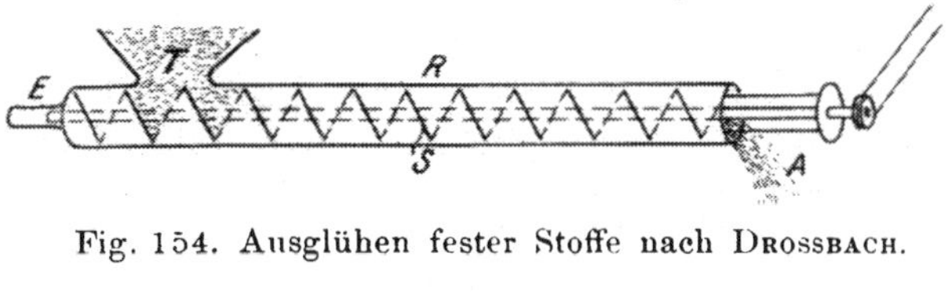

Fig. 154. Ausglühen fester Stoffe nach DROSSBACH.

steht aus einer (Glas- oder Porzellan-) Röhre *R*, in der sich eine Transportschnecke *S* befindet, welche durch eine Schnurscheibe angetrieben wird. Man heizt *R* an und führt dann das Material in *T* ein, wobei zugleich von *E* aus das für die Reaktion erforderliche Gas eingeführt

---

[1] Z. anal. Ch. **12**, 302 (1875).
[2] Zentr. 3. Folge **14**, 349.
[3] Ber. **33**, 486 (1900).

werden kann; bei *A* fällt dann die noch glühende Substanz heraus. DROSSBACH hat die Leistungsfähigkeit dieser Vorrichtung berechnet, unter der Annahme, daß das Material eine Minute in dem glühenden Rohre verbleiben soll. Wenn das Rohr 30 cm Länge und 1 qcm Durchmesser hat und die Schnecke sich in der Sekunde einmal um ihre Achse dreht, hat er sie zu 1,8 l pro Stunde bestimmt. Verwendet man ein 80 cm langes, $2^1/_2$ cm starkes Glasrohr, so lassen sich damit an einem Tage etwa 100 kg Substanz ausglühen.

Zur Bestimmung der Temperatur in den genannten Gefäßen kann man sich je nach den Umständen geeigneter Meßvorrichtungen bedienen (s. Temperaturbestimmung Bd. II).

B. Abkühlen.[1]

I. Abkühlen fester und flüssiger Stoffe.

Wie beim Erhitzen, so spielt auch beim Abkühlen von Substanzen der Aggregatzustand eine erhebliche Rolle, insbesondere ist die mit den Phasen wechselnde spezifische Wärme, sowie die Wärmeleitungsfähigkeit zu berücksichtigen. Flüssigkeiten und Gase lassen sich wegen ihres homogenen Zustandes im allgemeinen bequemer abkühlen als feste Stoffe.

Das Abkühlen von festen bzw. flüssigen Substanzen erfolgt zu verschiedenen Zwecken. In manchen Fällen ist ein schnelles Abkühlen notwendig. So schreckt man natürliche Silicate in glühendem Zustande durch kaltes Wasser ab, um ihre nachherige Zerkleinerung zu erleichtern. Schmelzen im Platintiegel lassen sich nach dem Erstarren leichter aus dem Tiegel entfernen, wenn man vorher den noch heißen Tiegel mit seiner äußeren Fläche in kaltes Wasser getaucht hat. Metalle, gewisse feste Stoffe kühlt man direkt durch Wasser oder andere Flüssigkeiten ab, z. B. zum Zwecke des Granulierens oder Abschreckens, um bestimmte Zustände zu erhalten.[2] Besonders starke Effekte erzielt man hier, wenn man die Abschreckung durch verflüssigte Gase herbeiführt, gelegentlich auch durch Gasströme[3], in letzterem Falle, weil das bei Flüssigkeiten leicht auftretende LEIDENFROSTsche Phänomen nicht zu befürchten ist.

In zahlreichen anderen Fällen ist ein langsames Abkühlen der Substanzen erforderlich, z. B. wenn gut ausgebildete Kristalle aus Schmelzen, Lösungen usw. gewünscht werden. Hierzu umgibt man den abzukühlenden Gegenstand mit schlechten Wärmeleitern, und zwar bei höheren Temperaturen mit Asbest, Schamotte usw., bei tieferen Temperaturen mit Filz, Watte usw. Gelegentlich leistet hier ein DEWARsches Gefäß oder auch eine einfache Kochkiste gute Dienste.

Wässerige Lösungen können von außen oder von innen gekühlt werden. Im ersteren Falle stellt man das betreffende Gefäß in Wasser, Eis, Kälte-

[1] Vgl. Kühlvorrichtungen Bd. I S. 507.
[2] Vgl. Metallographie Bd. III S. 365, sowie Darstellung von Diamanten Bd. IV.
[3] Vgl. Kapitel Diamanten Bd. IV.

mischung. Rundkolben werden auch unter fließendem Wasser abgekühlt. Bei Innenkühlung erzielt man durch hineingeworfenes Eis, wenn dies angängig ist, oder durch Einleiten kalter indifferenter Gase bzw. Einstellen eines Schlangenrohrs aus Glas oder anderem geeigneten Material in die Flüssigkeit, durch welches man kaltes Wasser oder bei tiefen Temperaturen stark gekühlte Salzlösungen ($NaCl$, $CaCl_2$) oder kalte Gase (z. B. Ammoniak, Kohlendioxyd) hindurchleitet.

Gase und Dämpfe.

Mit der Abkühlung von Gasen und Dämpfen verfolgt man mehrere Zwecke: Erstens lassen sich dadurch aus ihnen leicht kondensierbare Verunreinigungen entfernen und die betreffenden Gase reinigen. Man leitet hierzu das Gas durch ein Schlangenrohr der in Fig. 155 wiedergegebenen Gestalt und taucht letzteres in eine geeignete Kühlflüssigkeit, die man je nach den zu entfernenden Verunreinigungen temperiert. Um z. B. Wasserdampf aus einem Gase zu entfernen, genügt bereits Vorkühlung durch eine gute Kältemischung oder durch flüssiges Ammoniak (s. d. Bd. II). Leicht kondensierbare Gase lassen sich entfernen, wenn man das Schlangenrohr in flüssige Luft taucht, Wasserstoff und Helium werden gereinigt, indem man das Schlangenrohr durch verflüssigten Wasserstoff abkühlt. Besonders wirksam ist diese Methode, wenn man zugleich ein Verdichtungsmittel für Gase, z. B. Kokosnußkohle in das Kühlgefäß hineinbringt (vgl. Bd. IV Edelgase). Andere geeignete Kondensationsvorrichtungen sind in den Fig. 156—161 dargestellt.

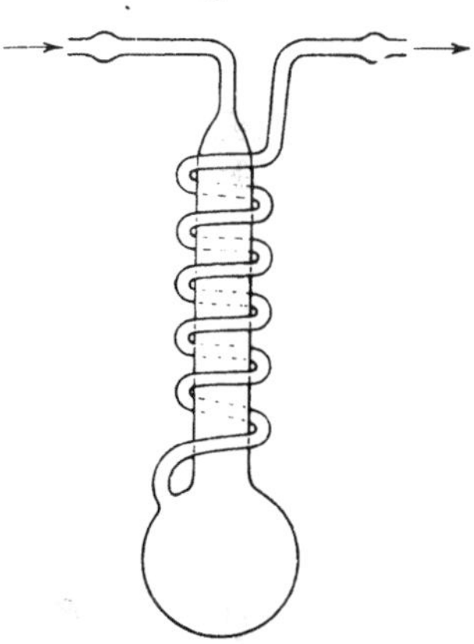

Fig. 155. Kondensationsgefäß zum Reinigen von Gasen.

Zweitens kühlt man Gase oder Dämpfe ab, um sie zu Flüssigkeiten zu verdichten. Hierzu kann man sich der soeben beschriebenen Kondensationsgefäße bedienen. Wie diese Operation bei tiefen Temperaturen am besten ausgeführt wird, findet man in den Kapiteln „Verdichten von Gasen" sowie „Umsetzungen mit verflüssigten Gasen" (Bd. II dieses Handbuches) beschrieben.[1]

Um in den gebräuchlichsten Temperaturintervallen Dämpfe in Flüssigkeiten zu verwandeln, benutzt man die sogenannten Kühler, die besonders beim Destillieren von Flüssigkeiten eine große Rolle spielen. Zur Ergänzung des im Kapitel „Destillieren" über Kühler Mitgeteilten (s. d. Bd. II) sollen hier noch einige kurze Angaben gemacht werden:

Man unterscheidet Innen- und Außenkühler. Der Innenkühler besteht aus einem röhren- oder kugelförmigen, von einem kalten Flüssigkeits-

[1] Vgl. auch MOISSAN, Zur Reindarst. v. Gasen, Apparat: Kondensationsröhre. Zentr. 1903 II, 755. C. r. **137**, 363 (1903).

strom durchflossenen Gefäß, welches so in die Dämpfe hineingebracht wird, daß letztere die kalte Fläche passieren müssen und dabei als Flüssigkeit niedergeschlagen werden.

Je nach der Anordnung der Kühler kann das Kondensat in die siedende Flüssigkeit zurückgeleitet (Rückflußkühler) oder in eine Vorlage übergeführt werden (absteigender oder Abflußkühler).

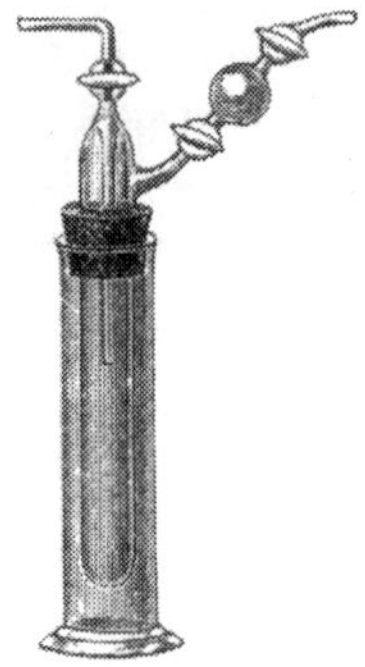

Fig. 156.

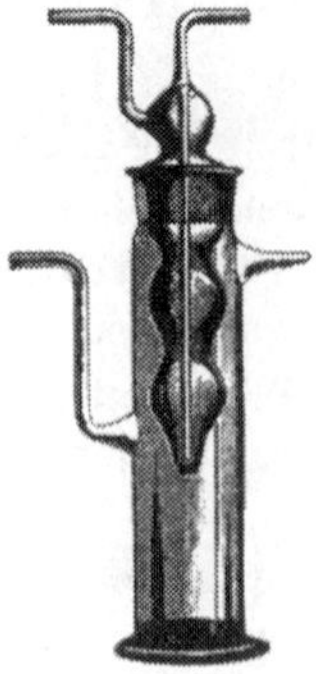

Fig. 157.

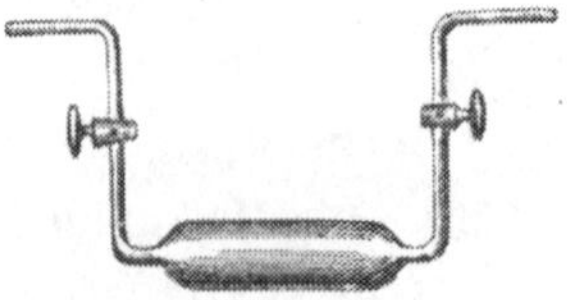

Fig. 158.

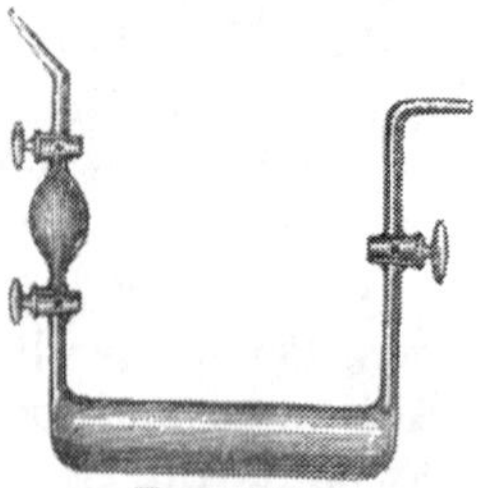

Fig. 158a.

Fig. 159.

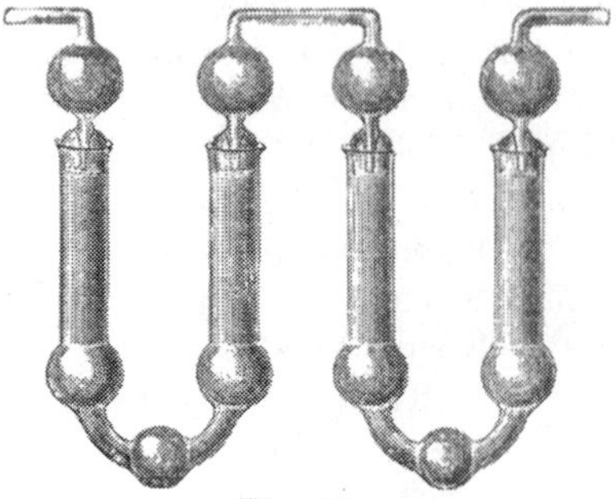

Fig. 160.

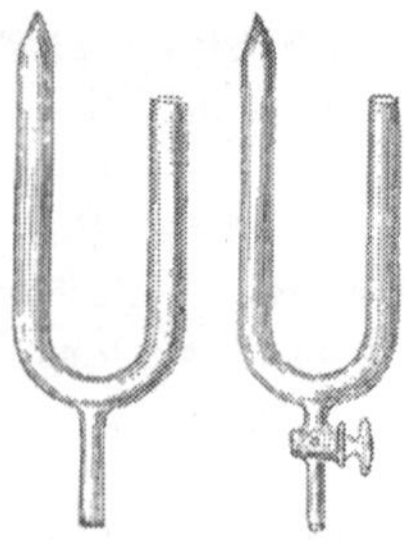

Fig. 161.

Fig. 156—161. Kondensationsvorrichtungen.

Innenkühler sind in zahlreichen Formen konstruiert worden; der bekannteste ist der von F. Walter.[1] Eine vollständig verblasene Ausführung ist in Fig. 162 dargestellt. Der Dampf wird bei Benutzung des Kühlers als Rückflußkühler bei *b*, als Abflußkühler bei *a* eingeleitet, das Kühlwasser strömt in der Richtung der Pfeile. Energischer wirken diese Kühler, wenn statt Glas ein besser leitendes Gefäßmaterial z. B. Kupfer oder Silber gewählt wird.

Man kann sich einen solchen Innenkühler für Arbeiten unter Rückfluß leicht aus einem Reagensglas selbst herstellen (Fig. 163), das man an den Ansatzröhren in den Hals des Siedekolbens hängt.

[1] Z. anal. Ch. **24**, 241 (1885) sowie Kreusler ebendort S. 80. Dingl. **251**, 367.

Der vollkommenste Innenkühler dieser Art ist von R. WALTHER angegeben worden und folgendermaßen konstruiert[1] (Fig. 164 und 165): Zwei ineinander geschobene Metall- oder Glasröhren *b*, *b'* umschließen einen Hohlraum, der bei *b'* geschlossen ist und nur durch die Rohransätze *c*, *c* sich nach außen öffnet. An den Enden des Durchmessers, der senkrecht steht auf dem Durchmesser, der die beiden Rohrstutzen verbindet, laufen zwei Metallstreifen vom oberen Boden bis in die Nähe des unteren Bodens *b*. Hierdurch wird der Hohlraum in zwei getrennte, nur bei *b'* zusammenstoßende Teile geschieden, so daß Wasser, das auf einer Seite abwärts einläuft, auf der gegenüberliegenden wieder aufwärts

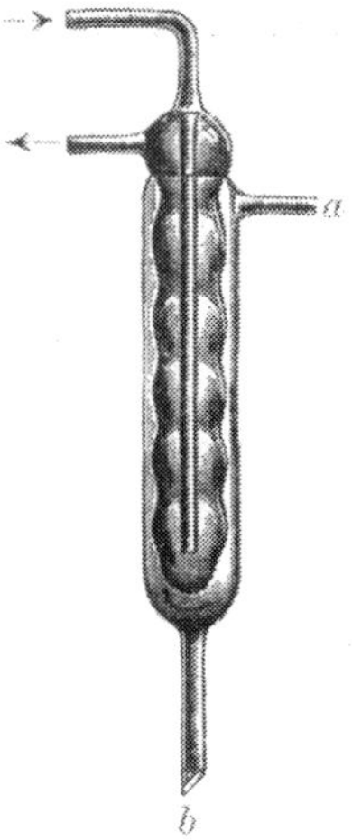

Fig. 162. Innenkühler nach WALTHER.

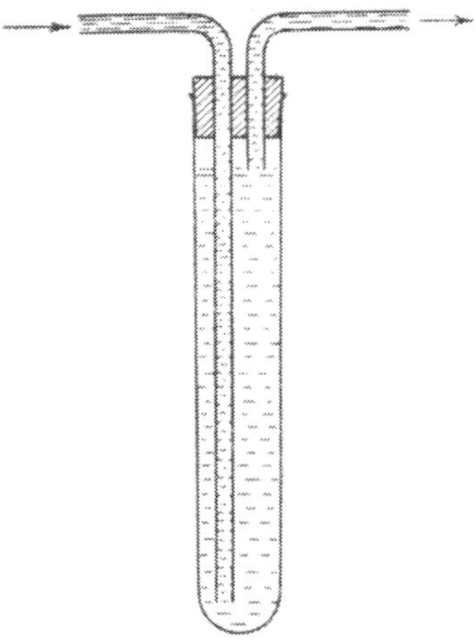

Fig. 163. Innenkühler aus einem Reagensglas.

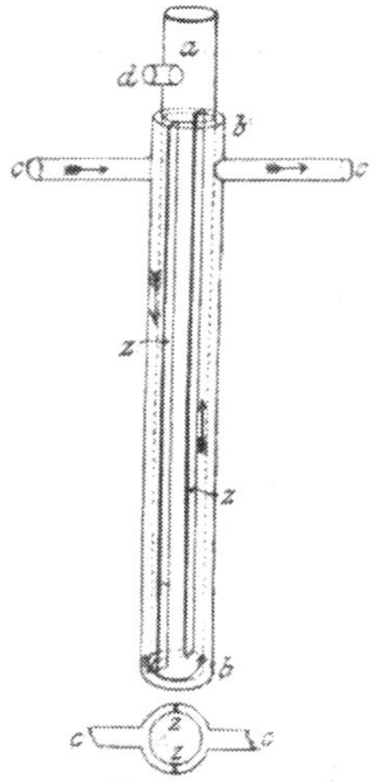

Fig. 164.

Fig. 165.

Innenkühler nach WALTHER.

strömt. Der Kühler wirkt also sowohl mit der Innenfläche wie mit der Außenfläche. Damit es möglich ist, Gase aufzufangen, die sich während des Arbeitens entwickeln, ist er am oberen Teile durch das Rohr *a* verlängert, durch dessen Ansatz *d* die Gase entweichen, wenn *a* verschlossen und der Kühler durch einen Stopfen luftdicht in das Entwickelungsgefäß eingesetzt wird.

Die Befestigung des Kühlers durch einen Stopfen ist nur dann nötig wenn Gase aufgefangen werden sollen oder wenn er mit einem Extraktionsapparat verbunden wird. Sonst bedarf es gar keines Stopfens. Man steckt den Kühler in den Hals des Kolbens und läßt ihn auf den Ansätzen *c* ruhen.

Die WALTHERsche Vorrichtung kann auch als Abflußkühler dienen. Die Wirkung ist so kräftig, daß man damit Äther völlig verdichten kann.

[1] Ch. Z. **1896** Nr. 47. (Zu beziehen von Bender und Hobein in München).

Auch beim Abdampfen aus Retorten kann man Innenkühler verwenden, indem man sie direkt im Retortenhals unterbringt.[1]

Die Bequemlichkeit, bei Innenkühlung ohne verbindende Stopfen auszukommen, veranlaßte auch die Konstruktion von Kühlern, die ohne weiteres auf weithalsige Gefäße, z. B. Bechergläser, Erlenmeyerkolben usw. gesetzt werden können. Eine solche Vorrichtung kann man sich jederzeit

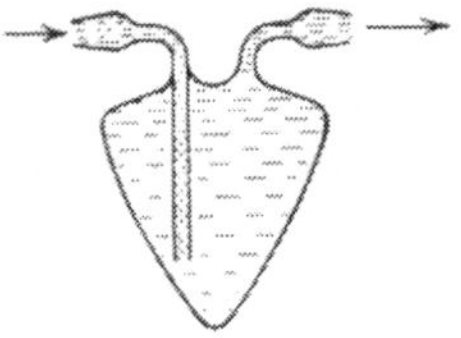

Fig. 166. Innenkühler nach Goeckel.

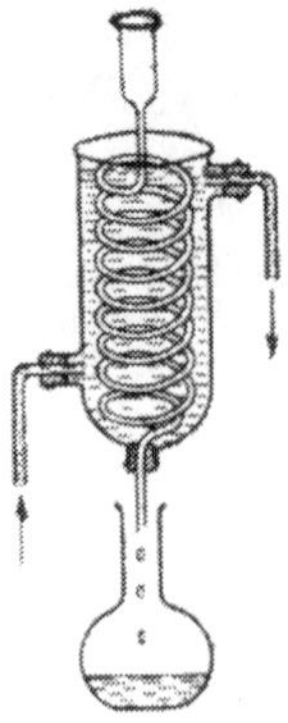

Fig. 168. Schlangenkühler für flüssige und feste Kühlmittel.

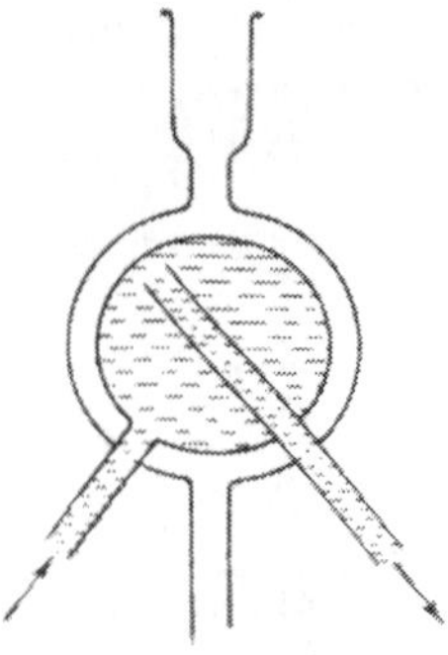

Fig. 170. Einfacher Kugelkühler.

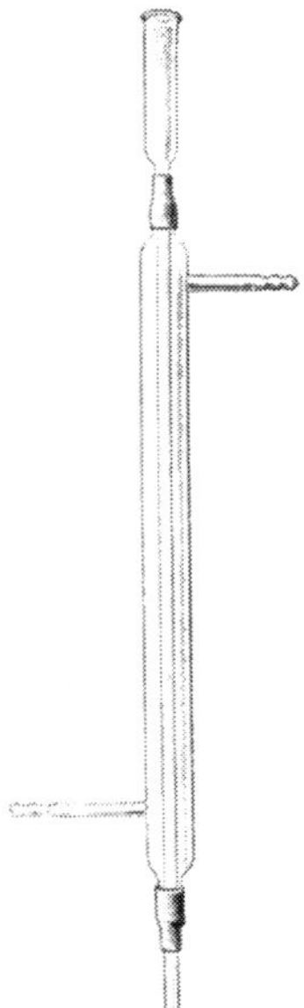

Fig. 167. Liebigkühler.

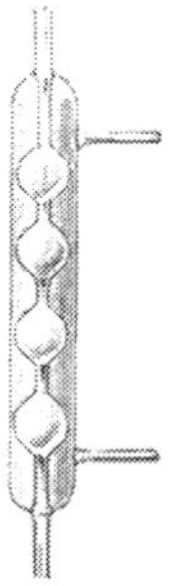

Fig. 169. Allihnscher Kühler.

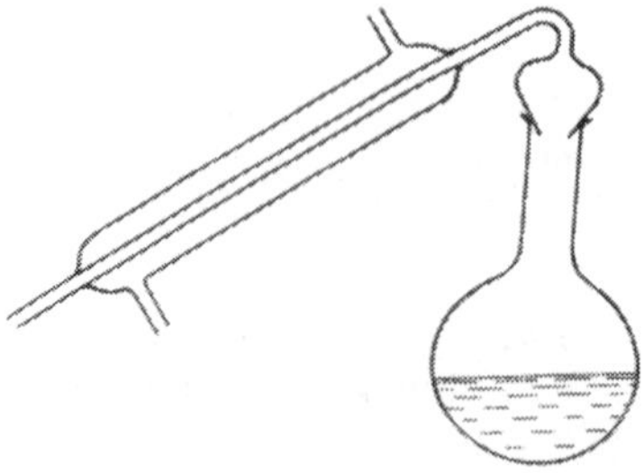

Fig. 171. Kühlerverbindung nach Hinden.

selbst herstellen, indem man einen gewöhnlichen Destillierkolben in einen Kugelkühler verwandelt. Von Goeckel ist eine etwas vollkommenere Form nach demselben Prinzip vorgeschlagen worden (Fig. 166).

Bei den Außenkühlern werden die Dämpfe durch ein dünnwandiges gerades (Liebig) oder spiralförmiges Rohr (Fig. 167 u. 168) geleitet, welches

[1] Vgl. hierzu F. Walter, Z. anal. Ch. **24**, 241 (1885). Vgl. auch die Kühler von Friese, Zentr. 1910 I, 881 (Abb.) und Kob ebendort.

von einem kalten Flüssigkeitsstrom durchflossen ist. In Fig. 169 ist der ALLIHNsche Kühler wiedergegeben, der ganz aus Glas gefertigt ist und an Stelle eines zylindrischen Kühlerrohres ein Kugelrohr besitzt.[1] Sehr wirksam sind auch Kugelkühler von der in Fig. 170 dargestellten Art. Auch diese Formen können als Rückfluß- oder Abflußkühler angeordnet werden.

Bei Rückfluß wird der Kühler senkrecht oder im Winkel von 45° aufwärts auf das Siedegefäß gesetzt, so daß die kondensierte Flüssigkeit in das Gefäß zurückfließen muß, bei Abfluß läßt man die Dämpfe von oben her in den ebenso gestellten Kühler eintreten. Das Kühlwasser läßt man, wenn möglich, in entgegengesetzter Richtung wie die Dämpfe strömen (Gegenstromprinzip). Die Verbindung zwischen Kühler und Kolben braucht nicht immer unbedingt hermetisch zu sein. Bei den RICHARDS-Kolben steckt man das Kühlerende oder den Vorstoß direkt in die trichterförmige Erweiterung des Kolbenhalses (Fig. 226 S. 331), bei der in Fig. 171

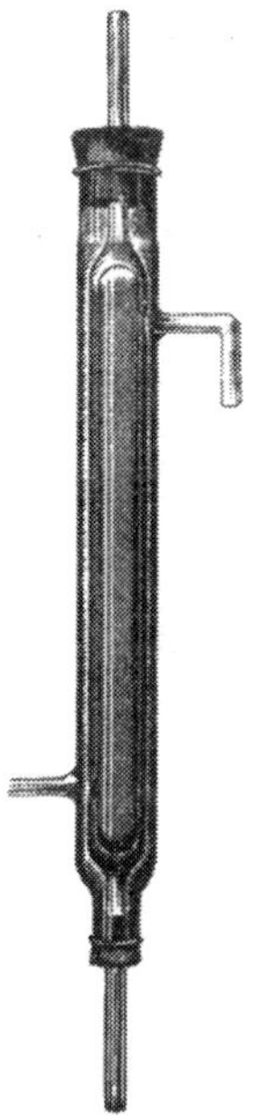

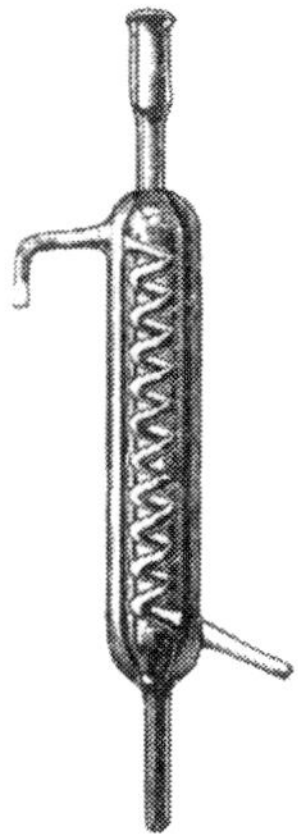

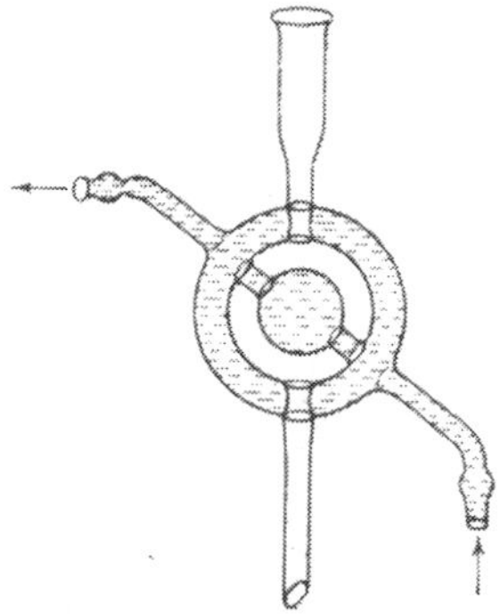

Fig. 172. Fig. 173. Energiekühler.

Fig. 174. Energiekugelkühler.

skizzierten Vorrichtung wird das Ableitungsrohr mit einer kugelartigen Ausbuchtung auf den Kolben gesetzt.[2]

Als eine Kombination der Innen- und Außenkühlung zu betrachten sind die sogenannten Energiekühler, die in zahlreichen Modifikationen konstruiert worden sind. Einige der gebräuchlichsten Formen sind in Abbildungen 172—174 wiedergegeben.

Das Erhitzen am Rückflußkühler findet im anorganisch-chemischen Laboratorium nur gelegentlich Anwendung, z. B. bei der Behandlung siedender Flüssigkeiten mit reduzierenden oder oxydierenden Agentien, beim Aus-

[1] Z. anal. Ch. **25**, 35 (1886).
[2] HINDEN, Ch. Z. **29**, 809 (1905).

treiben von Gasen aus siedenden Flüssigkeiten, beim Auskochen fester Substanzen mit gewissen Lösungsmitteln zwecks Entfernung von Verunreinigungen (z. B. Si mit HCl, roter Phosphor mit CS_2, Trennung von $NH_2OH \cdot HCl$ und KCl durch Alkohol u. a. m.), wie überhaupt in Verbindung mit Extraktionsapparaten. Über analoge Anwendung bei verflüssigten Gasen (z. B. NH_3) vgl. den Abschnitt: Verflüssigtes Ammoniak als Hilfsmittel im Laboratorium (Bd. II).

Es soll schließlich noch erwähnt werden, daß man auch Kombinationen zwischen Rückfluß- und Abflußkühler vorgeschlagen hat, bei denen der Kühler, ohne aus seiner Lage gebracht zu werden, durch

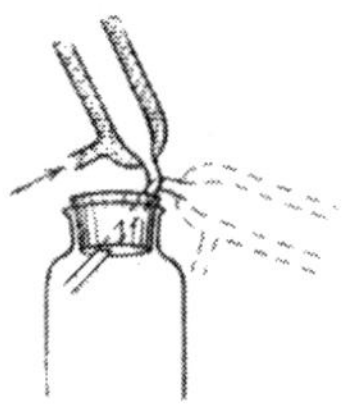

Fig. 175. Kombinierter Rückfluß- u. absteigender Kühler.

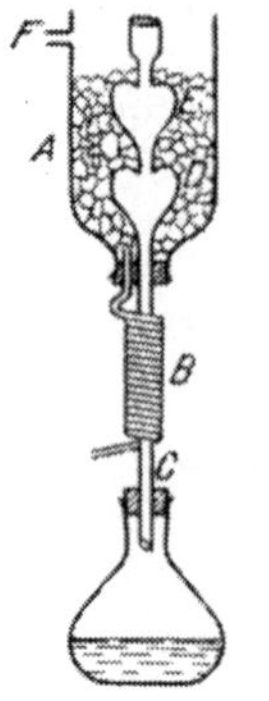

Fig. 176.

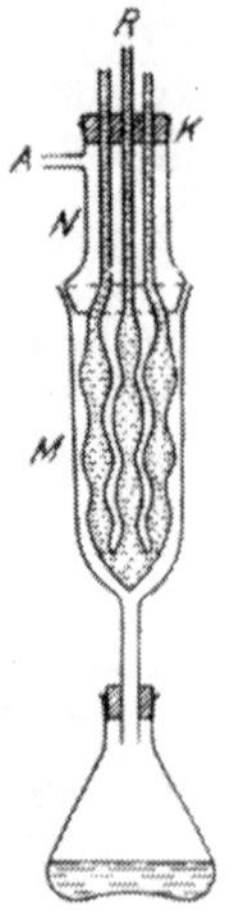

Fig. 177.

Kühlvorrichtungen nach Kryz.

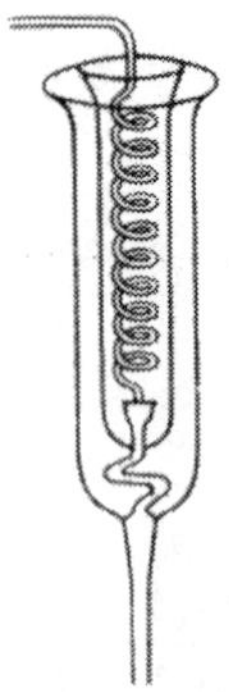

Fig. 178. Kühlung durch verflüssigte Gase.

geeignet angebrachte Ansatzrohre und Hähne bald als Rückfluß-, bald als Abflußkühler verwendet werden kann.

So lassen sich die modifizierten Liebigkühler von Simand[1], sowie von Shenstone[2] sowohl als Rückfluß- als auch als Destillationskühler benutzen. Ein anderer Vorschlag dieser Art ist in Fig. 175 veranschaulicht.[3]

Für größere Dampfmengen sind von Kryz[4] mehrere Kühlvorrichtungen angegeben worden. Fig. 176 stellt z. B. einen Eisrückflußkühler dar. Zur Aufnahme des Eises bzw. der Kältemischung dient das Gefäß *A*, das Schmelzwasser fließt durch das Bleirohr *B* ab und kühlt das Rohr *C*, so daß die Dämpfe, die später in die Erweiterungen *D* und *E* übergehen, schon hier vorgekühlt werden. Man kann diesen Kühler natürlich auch für die Wasserkühlung verwenden, indem man das Kühlwasser durch die Bleischlange *B* zufließen läßt und durch das Ansatzrohr *F* ableitet. In Fig. 177 ist ein „Multiinnenkühler“ dargestellt. Der weite Mantel *M*

[1] Dingl. **248**, 463.
[2] J. Chem. S. **43**, 123 (1883, Abb.).
[3] Kempf-Abderhalden,
[4] Öst. Ch.-Ztg. **5**, 75 (1901); Zentr. 1902 I, 704

steht mittelst eines Glasschliffs mit dem Rohr *N* in Verbindung, das oben einen fünffach durchbohrten Kork *K* trägt. Durch das mittlere Rohr, mit dem unten vier Kugelröhren verbunden sind, welche nach Passierung des Korkes *K* mit einem Wasserabfluß in Verbindung gebracht werden. (In der Abbildung ist der Kork nur mit drei Öffnungen dargestellt.) Soll der Apparat als Abflußkühler verwendet werden, so verbindet man ihn in Schiefstellung mittels des Ansatzrohres *A* mit dem Destillationskolben.

Auch mit verflüssigten Gasen (Ammoniak, flüssige Luft usw.) kann man Kühler beschicken. Man baut dann das Kühlrohr in ein mit einem Abfluß versehenes Dewargefäß ein (Fig. 178) (vgl. auch Bd. I S. 508).

Über Kältemischungen vgl. Bd. I S. 500ff. sowie S. 507ff.

Über schnelles Abkühlen von Gasen, „Abschrecken“ vgl. S. 268 (Erhitzen).

Anhang:
Feuerfeste Massen und Gefäße für hohe Temperaturen.

Von

E. Groschuff-Berlin.

Für Arbeiten bei hohen Temperaturen bedarf es besonderer Massen, welche als feuerfeste Massen bezeichnet werden. Hierunter werden solche Stoffe zusammengefaßt, welche im Feuer fest bleiben, d. h. in der Hitze ihre Form bewahren, ohne zu schmelzen oder zu reißen, und, in kleine Kegel geformt, einen Schmelzpunkt von mindestens SK 26 (ca. 1650°) besitzen. Auch unter den früher besprochenen Gefäßmaterialien würden manche als feuerfest bezeichnet werden können[1]. Es sei hier besonders an das Quarzglas (Bd. I, S. 106) und an das korundhaltige Steinzeug (Bd. I, S. 127) erinnert. Das Anwendungsgebiet derselben ist jedoch bedeutend größer als bei den feuerfesten Materialien im engeren Sinn, die nur oder hauptsächlich bei hohen Temperaturen (über 800°) verwendet werden. In der folgenden Tabelle sind die Schmelz- bzw. Erweichungstemperaturen der meisten früher besprochenen Gefäßmaterialien zusammengestellt.

[1] Neuerdings werden von Händlern mit keramischen Gebrauchsgeschirr, Kochgefäße, die eine größere thermische Widerstandsfähigkeit als das gewöhnliche irdene Küchengeschirr besitzen sollen, als „Geschirr aus hochfeuerfester Masse“, „feuerfestes Kochgeschirr“, „feuerfestes Porzellan“ angeboten, welche diese Bezeichnung nicht verdienen. Korrekter würde man dieses Geschirr nur als „backfest“, „hochkochfest“ oder „feuerbeständig“ bezeichnen können.

Keramische Materialien	Erweichungstemperatur	
Glas	je nach Qualität 400–800°	Bd. I, S. 93
Quarzglas	ca. 1400°	111
Porzellan	1500—1600°	119
MARQUARDTsche Masse	ca. 1800°	123
Masse P 57 der Meißener Königl. Manufaktur	ca. 1700°	123
Edelmetalle	**Schmelztemperatur**	
Platin	1775° (1744°)	Bd. I, S. 139
Palladium	1575°	147
Ruthenium, Osmium	höher als Ir	147
Iridium	2400°	147
Rhodium	1970°	149
Gold	1064°	156
Silber (im Vakuum)	961°	160
Tantal (im Vakuum)[1]	3100° (2850°) ?	163
unedle Metalle	**Schmelztemperatur**	
reines Kupfer (im Vakuum)	1084°	Bd. I, S. 166
Messing	etwa 900°	167
Neusilber	etwa 1000°	167
Bronze	etwa 900°	168
Nickel	1470°	168
reines Eisen	1500—1600° ?	169
Stahl	etwa 1400°	170
Gußeisen	1100—1300°	170
Chrom	1550°	174
Wolfram[2]	3350° (3100°) ?	175
Aluminium	657°	175
Zinn	232°	176
Blei	327°	176
Zink	419°	176

Die Verwendung der feuerfesten Materialien als Gefäßmaterial für wissenschaftliche Zwecke liegt noch in den Anfängen. Es kann deshalb hier im wesentlichen nur eine allgemeine Übersicht, hauptsächlich in Anlehnung an die unten[3] angegebene Literatur, gegeben werden.

[1] v. PIRANI, Verhandl. Phys. Ges. **12**, 301 (1910); v. PIRANI u. MEYER, Z. Elektr. **17**, 908 (1911).

[2] v. PIRANI, Verhandl. Phys. Ges. **12**, 301 (1910); v. WARTENBERG, Ber. **40**, 3287 (1907); Verhandl. Phys. Ges. **12**, 121 (1910); Z. angew. **24**, 224 (1911).

[3] CRAMER und HECHT, Muspratt VIII, 846 (1905); GINTL in KARMARSCH und HEERENS Technisches Wörterbuch IX, 371 (1888); KERL, Metallurg. Probierkunst, 2. Aufl., Leipzig 1882, bei Arthur Felix, S. 90; KERL, Handbuch der gesamten Tonwarenindustrie, 3. Aufl.

Die ältesten feuerfesten Erzeugnisse lehnen sich an die Tonwaren (Bd. I, S. 124) an. Im Gegensatz zu dem eigentlichen Tongeschirr wird bei ihnen von einem Flußmittelzusatz ganz abgesehen. Dagegen werden, um dem Schwinden und Reißen der gebrannten aus feuerfestem Ton gefertigten Waren entgegenzuwirken und die Porösität herabzusetzen, möglichst viel Magerungsmittel zugegeben. Je nach der Art des Magerungsmittels[1] unterscheidet man: Schamottegefäße, quarzhaltige Gefäße, kohlenstoffhaltige Gefäße. Im Laufe der Zeit sind dann einerseits zahlreiche andere Stoffe als Magerungsmittel herangezogen worden; andererseits ist auch der als Bindemittel für die Magerungsstoffe dienende Ton durch andere Materialien ersetzt, seltener auch ganz fortgelassen worden.

Quarzhaltige Gefäße[2] werden aus einer Mischung von 2—17 Teilen scharfkörnigem Quarzsand auf etwa ein Teil Ton, gelegentlich mit anderen Zusätzen, wie Kalk oder Eisenoxyd, hergestellt. Besonders bekannt sind die sogen. hessischen Tiegel[3] (von C. W. Goebel & Söhne, Großalmerode), sowie die englischen Tiegel (Cornish-Tiegel von JULEFF in Redruth oder von MITCHELL in Truro), ferner Oberharzer Bleischmelztiegel aus Goslar.[4] Diese Tiegel, oft ebenso wie die Schamottetiegel kurzweg Tontiegel genannt, sind im allgemeinen weniger feuerfest als die übrigen hier zu besprechenden Materialien. Ja sie werden darin sogar von geringeren Porzellansorten, z. B. dem sogen. grauen Meißener Porzellan, erheblich übertroffen. Nach Versuchen in dem Laboratorium von TAMMANN lassen sich für Metallschmelzen hessische Tiegel etwa bis 1100°, englische etwa bis 1300° verwenden. Gegen Schmelzen, die leichter oxydierbare Metalle, wie Aluminium, Zink, enthalten, sind englische Tiegel widerstandsfähiger als hessische.[5] Von Metalloxyden, namentlich Bleioxyd, Alkalien werden sie stark, und zwar die hessischen mehr als die englischen, angegriffen. Bei manchen Versuchen ist auch die Rauhheit und Porösität der Tontiegel

von CRAMER und HECHT, Berlin 1907, Verlag der Tonindustrie-Ztg.; BISCHOF, Die feuerfesten Tone, 3. Aufl. Leipzig 1904; ROHLAND, Abegg-Auerbach III, 1, S. 115; Berzelius X, 518; BARADUC-MÜLLER, Öst. Ch. Ztg. [N. F.] **12**, 173 (1909). Ferner vgl. SEGER, Gesammelte Schriften, 2. Aufl., Berlin 1908, Verlag der Tonindustrie-Ztg.; GRANGER, La ceramique industrielle, Paris 1905; deutsch unter dem Titel: Die industrielle Keramik, Berlin 1908, bei Springer; BENFEY, feuerfeste Erzeugnisse, Hannover 1911, bei Jänecke; J. BRONN, Der elektrische Ofen im Dienste der Keramik, Halle a. S. 1910, bei W. Knapp; sowie in diesem Handbuche die Abschnitte über „Heizen", besonders J. BRONN, Widerstandsheizung. — Über die Wärmeleitfähigkeit feuerfester Massen s. SIMONIS, Sprechsaal **41**, 547 (1908); WOLOGDINE, Sprechsaal **42**, 611 (1909).

[1] Die Bezeichnung „Zement", welche man gelegentlich noch für Magerungsmittel findet, sollte vermieden werden, da man unter Zement allgemein ein „Bindemittel" zu verstehen pflegt.

[2] Dingl. **164**, 114 (1862).

[3] Zusammensetzung etwa 54% SiO_2, 41% Al_2O_3, 2% CaO, 1% Fe und 2% sonstige Bestandteile. Schmelzpunkt SK 33—34. Die Anfänge der Fabrikation reichen bis ins Mittelalter. Vgl. Tonindustrie-Ztg. **36**, 1436 (1912).

[4] BERZELIUS erwähnt (Lehrbuch X, S. 518) noch Waldenburger und Helsingborger Tiegel.

[5] Vgl. z. B. PETRENKO, Z. anorg. Ch. **46**, 50 (1905); **48**, 320 (1906); VOGEL, Z. anorg. Ch. **48**, 320 (1906); LOSSEW, Z. anorg. Ch. **49**, 58 (1906).

störend. Wenn der angewandte Quarzsand die richtige Korngröße hat (nicht zu feinkörnig ist), vertragen sie den Temperaturwechsel gut; der Quarz bildet dann ein starres Skelett, welches dem Tiegel den erforderlichen Halt gibt.

Zu den quarzhaltigen Materialien gehören auch die Dinassteine oder Quarzziegel (Dinas-briks oder Flintchiresteine). Die besten Sorten enthalten 94—99% Kieselsäure. Man unterscheidet[1] je nach dem Bindemittel hauptsächlich

1. Kalkdinassteine (in Steiermark als Kalkziegel, in Amerika als Silicasteine bezeichnet), auch englische oder echte Dinassteine oder reine Quarzsteine genannt, welche hoch kieselsäurehaltig sind und Kalk[2] als Bindemittel enthalten;
2. Tondinassteine, auch deutsche Dinassteine oder Silicasteine, in England Gomnister, in Amerika Quarzit genannt, ebenfalls sehr kieselsäurehaltig, mit Ton als Bindemittel;
3. Naturdinassteine, d. h. Steine aus Dinassandstein usw.

Sie werden in der Technik vielfach zur Ausfütterung von Öfen und Retorten gebraucht. Für das Laboratorium kommen sie kaum in Betracht, da man dann das Quarzglas oder Quarzgut vorziehen wird.[3]

Schamottewaren. Diese bestehen nur aus Ton; als Magerungsmittel dient gebrannter Ton, Schamotte genannt. Nach Ferd. Fischer[4] kommt dieses Wort aus dem Italienischen und zwar von „scarmo" „mager" her, weshalb es eigentlich Scharmotte heißen müßte. Für die Schamotte wird in der Regel ein anderer besonders feuerfester Ton verwendet als für den Bindeton, für welchen große Plastizität Haupterfordernis ist. Je tonerdereicher[5] der Ton ist, je höher gebrannt die Schamotte ist, und je weniger Bindeton gebraucht wird, desto feuerbeständiger sind die Schamottewaren. Auf 1 Teil Bindeton wendet man in der Regel 1—2 Teile Schamotte an.

Die Schamottegefäße, ebenso wie die hessischen Tontiegel, auch kurz als Tonwaren bezeichnet, übertreffen die gewöhnlichen quarzhaltigen Tongefäße hinsichtlich der Feuerfestigkeit sehr, stehen ihnen jedoch in der Widerstandsfähigkeit gegen Temperaturschwankungen vielfach nach. Um die letztere zu steigern, wird gelegentlich der Schamottemasse auch grober scharfkantiger Quarzsand zugesetzt; doch geschieht dies auf Kosten der

[1] Vgl. Muspratt VIII, 876; Heintz, Tonindustrie-Ztg. **11**, 161 (1887). — Eine andere Einteilung schlägt Havard, Transact. Amer. Ceram. Soc. **14**, 480 (1912); Sprechsaal **46**, 701 (1913) vor.

[2] An Stelle von Kalk wird auch Gips angewendet, vgl. Dammer, Handbuch der chem. Technologie I, S. 854 (1895).

[3] Über eine feuerfeste und wasserdichte Masse aus Kieselgur, Wasserglas, Asphalt mit einem Zusatz von Dextrin, wolfram- und phosphorsaurem Natrium s. Lissauer, D. R. P. 228706; Zentr. 1910, II, 1844.

[4] Ferd. Fischer, Handbuch der chem. Technologie. 4. Aufl., Leipzig 1900, bei Otto Wigand, S. 757. — Die Schreibart „Chamotte" ist nicht richtig, da ein derartiges Wort weder im Französischen noch im Englischen vorkommt.

[5] Im Maximum enthält gebrannter Ton etwa 46% Al_2O_3.

Feuerbeständigkeit. Besser ist es, die Brenntemperatur der zugesetzten Schamotte zu steigern, weil die Schwindung, mit der das durch die Temperaturschwankungen veranlaßte Reißen in Zusammenhang steht, um so mehr herabgesetzt wird, je höher die Brenntemperatur ist (vgl. auch Bd. I, S. 124). Neuerdings werden zur Erhöhung der Feuerbeständigkeit auch noch Tonerde (Bauxit) und andere feuerfeste Stoffe zugesetzt.[1]

Die beste Schamotteware ist die F-Schamottemasse der Berliner Königlichen Porzellanmanufaktur,[2] welche aus MARQUARDTscher Masse und Rakonitzer Tonschiefer hergestellt wird und bei etwa SK 37 (ca. 1825°) schmilzt. Gegen schroffen Temperaturwechsel ist sie sehr widerstandsfähig; sie ist aber nicht gasdicht. Sobald sie erweicht, wird sie elektrisch leitend. Sehr feuerbeständige (SK 32—33 und 35) Schamottemassen, welche auch in geglühtem Zustand mechanisch fest und dabei noch leicht zu bearbeiten sind, so daß sie sich besonders für dichte Verschlüsse und andere genau herzustellende Formen[3] eignen, liefert die Firma W. Haldenwanger in Spandau. Auch die Schamottewaren der Deutschen Gold- und Silber-Scheide-Anstalt in Frankfurt a. M. zeichnen sich durch gute Qualität aus. Die gewöhnlichen Schamottewaren schmelzen zwischen 1670° und 1740°.[4] Die bekanntesten von ihnen sind Freiburger Schamotte, sogen. französische (von DEJEUX und BEAUFAY[5]) und belgische Schmelztiegel[6] (von COSTE in Tilleur bei Lüttich), englische Schamottetiegel[6] (von HAUSTON in Texas, KING in Birmingham, RUEL in High Hoborn, London). Schamottetiegel werden in hoher Temperatur besonders von Eisenoxyd, weniger von Kieselsäure, Phosphorsäure, Manganoxyden angegriffen.[7] In der Technik wird Schamotte namentlich für Glashäfen[8], Flammöfen, Hochöfen[9], Zinkdestillationsapparate, Gasretorten gebraucht.

Kohlenstoffhaltige Gefäße. Als Magerungsmittel wird vielfach auch Graphit verwendet, der bei den billigeren Gefäßen zuweilen ganz oder teilweise durch Koks oder Kohle ersetzt wird. Für Schmelztiegel eignet sich besonders großblättriger Graphit (namentlich der von Ceylon, ferner von Passau, Ticonderoga N. Y. usw.). Man nimmt etwa 1 Teil Gra-

[1] Vgl. KANOLT, Technol. Papers of the Bureau of Standards Nr. **10**, 1 (1912); Silikat-Ztschr. **1**, 141 (1913).

[2] SIMONIS und RIEKE, Sprechsaal **39**, 591 u. 635 (1906); Z. angew. Ch. **19**, 1232 (1906). — Über eine andere von HECHT zusammengesetzte, ebenfalls erst oberhalb 1800° schmelzende Schamottenmasse (Masse 7 der Königl. Porzellanmanufaktur) s. H. BILTZ, Z. phys. Ch. **19**, 401 (1896).

[3] Vgl. HOLBORN, Wied. **68**, 837 (1899).

[4] HERAEUS, Z. angew. Ch. **18**. 51 (1905); **19**, 65 (1906); ferner KANOLT, l. c. Anm. 1.

[5] Nach KERL, Metallurg. Probierkunst, 2. Aufl. 1882, S. 99, sind die Tiegel von BEAUFAY tonerdereicher und feuerfester als die von DEJEUX.

[6] Dingl. **164**, 114 (1862).

[7] FERD. FISCHER, Handbuch der chem. Technologie, 4. Aufl. 1900, I, 758.

[8] Feuerfeste Materialien für Glassätze s. DRALLE, Die Glasfabrik, München und Berlin 1911, bei Oldenburg, II, S. 701.

[9] Für Öfen zur Herstellung oder zum Einschmelzen von Stahl werden jetzt ausschließlich basische (Magnesit, Dolomit) oder saure (Dinas) Steine zum Ausfüttern gebraucht. (Zusatz von Herrn J. BRONN-Rombach.)

phit auf 1—3 Teile Ton. Gelegentlich setzt man auch Quarz oder Schamotte zu. Durch den Kohlezusatz wird die Feuerbeständigkeit der Tiegel und der Widerstand derselben gegen schroffen Temperaturwechsel wesentlich erhöht. Außer auf der Unschmelzbarkeit der Kohle beruht diese Beständigkeit hauptsächlich auf dem geringen Schwindungsvermögen und der besseren Wärmeleitfähigkeit derselben. Die Wärmekapazität des Graphits ist etwa doppelt so groß wie die des Tons.[1] Bei Luftzutritt, selbst in Sauerstoff, verbrennt Graphit nur langsam. Von Mineralsäuren, alkalischen Flüssigkeiten wird er nicht angegriffen. Mit konzentrierter Salpetersäure befeuchtet, bläht er sich beim Erhitzen auf. Durch Schmelzen mit Salpeter, noch energischer beim Erhitzen mit Chromsäure (Kaliumchromat und verdünnte Schwefelsäure) wird fein verteilter Graphit in Kohlensäure übergeführt.[2] Die ersten mit Gaskoks versetzten Tontiegel wurden 1762 Anstey, die ersten mit Graphit versetzten 1822 Sidney Smith patentiert.[3]

Die bekanntesten Graphittiegel[4] sind die sogen. Passauer oder Ipser Tiegel, Achenrainer Schmelztiegel, Duisburger Graphittiegel, Hainsdorfer Tiegel, Berliner Gußstahltiegel, Graphittiegel der Deutschen Gold- und Silber-Scheide-Anstalt in Frankfurt a. M., englische Graphittiegel (der Patent Plumbago Crucible Compagny in Battersea, von Hynam in Tanners-Hill, Deptford, von Juleff in Redruth, von Hauston), amerikanische Tiegel (der Joseph Dixon Crucible Co. in New Jersey). Die Graphittiegel zeigen hauptsächlich zwei Übelstände[5]: sie ziehen infolge ihrer porösen Beschaffenheit Feuchtigkeit an und müssen vor dem Gebrauch ausgeglüht werden; im Laufe der Zeit verbrennt der Graphit an der Außenseite, wobei sich die Farbe allmählich ändert (meist in Gelbrot). Graphittiegel sind hauptsächlich für Metallschmelzen zu empfehlen. Salze kann man in der Regel nicht darin schmelzen, da sie zu porös sind. Zur Elektroanalyse empfiehlt Turrentine[6] Graphitschalen (von der Firma Eimer und Amend in New York) an Stelle von Platinschalen. Ein äußerst dankbares Material[7] ist der künstliche Graphit von Acheson (ca. 96—99 °/₀ C), welcher wenig spröde ist und sich sehr gut verarbeiten läßt. Er wird jetzt auch in der elektrischen Großindustrie als Elektrodenmaterial verwendet.

Sehr feuerfest sind Tiegel aus reiner Kohle, welche entweder aus Gasretortenkoks auf der Drehbank hergestellt oder meist mit Hilfe eines Bindemittels, besonders Teer, geformt werden. Leider sind sie sehr porös,

[1] Muspratt VIII, 370. [2] l. c. Anm. 1.

[3] Vgl. Havard, Transact. Amer. Ceram. Soc. **14**, 480 (1912); Sprechsaal **46**, 701 (1913).

[4] Graphittiegel wurden bereits 1599 von dem Italiener Ferranto Imperato erwähnt (vgl. Dammer, Technologie I, 878).

[5] Zur Verhinderung derselben sind verschiedene Mittel angegeben worden; näheres s. Kerl, Metallurg. Probierkunst. 2. Aufl. 1882, S. 99.

[6] Turrentine, J. Physic. Chem. **13**, 438 (1909); Chem. N. **100**, 13 (1909).

[7] Zusatz von Herrn J. Bronn-Rombach. — Über Herstellung und Verarbeitung, vgl. Fritz Gerald, Künstlicher Graphit, Halle a. S., bei Knapp; Amberg, Elektrothermie, Braunschweig 1910, bei Vieweg & Sohn. — Bezugsquelle in Deutschland z. B. Gebr. Siemens & Co. in Charlottenburg.

so daß sie z. B. für Silicatschmelzen nicht verwendet werden können. Auf Veranlassung von TAMMANN[1] stellen Gebr. Siemens & Co. in Lichtenberg bei Berlin neuerdings oberflächlich besonders gedichtete Kohleröhren in Reagierglasform her, welche selbst für dünnflüssige Silikatschmelzen völlig dicht sind. Auch Kohlenstoffsteine, welche zum Ausfüttern von Hochöfen dienen, werden neuerdings[2] nur aus Koks ohne Ton mit einem Zusatz von etwa 20 % Teer hergestellt und stellen nach dem Brennen eine Kohlemasse mit einem Aschengehalt von etwa 13 % dar.

Vielfach wird auch bei den gewöhnlichen Tontiegeln, besonders bei den englischen, der Tonmasse außer Sand, bzw. Schamotte, etwas Koks oder Kohle (2 bis höchstens 10 %) zugegeben, um die Haltbarkeit zu erhöhen. Beim Brennen der Tiegel läßt man die Kohle im Gegensatz zu den Graphittiegeln, größtenteils verbrennen; die zurückbleibende Asche befördert die Verkittung der Masse. Tiegel mit einem größeren Kokszusatz dienen als Ersatz der Graphittiegel. So werden z. B. in Stourbridge Tiegel aus 1 Teil Koks und 2 Teilen Ton hergestellt (oft kurz als englische Tiegel bezeichnet). Ferner kann man, um die chemische Widerstandsfähigkeit der feuerfesten Ton-, besonders der Schamottewaren, gegen Schlacken zu erhöhen, die Gefäße durch Kochen in Teer mit Teer tränken.

Silicierte Kohle (Siliciumcarbid).[3] Silicium und Kohle geben im elektrischen Ofen je nach den Herstellungsbedingungen drei verschiedene Produkte: Carborundum, Silundum und Siloxicon, welche alle drei als feuerfeste Materialien empfohlen worden sind. Das bekannteste von ihnen ist das Carborundum (oder Carborund). Seinen Namen (aus carbo und corundum zusammengezogen) verdankt es dem Umstand, daß ACHESON es 1892 zuerst beim Zusammenschmelzen von Kohle und Tonerde durch einen elektrischen Strom erhielt und deshalb, da zunächst keine Analyse ausgeführt wurde, als eine Verbindung von Kohle und Tonerde ansah. Nach MABERG[4] gebührt die Priorität der Erfindung nicht ACHESON, sondern EUGÈNE H. und ALFRED H. COWLES (1884). Das Carborundum stellt ein kristallisiertes (wahrscheinlich hexagonales), infolge Beimischung von Kohle meist dunkelbraunschwarz bis schwarz gefärbtes, in reinerem Zustand ein lebhaftes Farbenspiel zeigendes Carbid, CSi, von der Dichte 3,12—3,22 dar. Ganz reine Kristalle sind völlig klar durchsichtig und farblos und

[1] Vgl. STEIN, Z. anorg. Ch. **55**, 160 (1907).

[2] BERGER, Tonindustrie-Ztg. **36**, 1942 (1912).

[3] AMBERG, Elektrothermie (Bd. I der Einführung in techn. Elektrochemie, herausgegeben von ASKENASY), Braunschweig 1910, bei Vieweg & Sohn, S. 157; AMBERG, Z. Elektr. **15**, 725 (1909); FITZGERALD, „Carborundum“, Monographien über angew. Elektrochemie XIII (1904); HUTTON, Trans. English Ceram. Soc. **5** [2] 110 (1905/6); DAMMER, Handbuch der chem. Technologie I, 880 (1895); Gmelin-Kraut-Friedheim-Peters III, 1, S. 211 und 1276; TONE, Metallurg. Chem. Eng. **11**, 484 (1913); Z. angew. Ch. **27**, 680 (1914). — Nach einem Verfahren von TONE (Verein. Staaten-P. Nr. 869 276) stellt die Carborundum Co. in Niagara Falls, New York, auch chemische Utensilien aus gegossenem Silicium her; hinsichtlich Feuerbeständigkeit und chemischer Widerstandsfähigkeit steht es den Siliciumcarbiden nach; Silikat-Ztschr. **1**, 106 (1913).

[4] MABERG, J. Am. Ch. S. **22**, 706 (1900). Auch SCHÜTZENBERGER und COLSON l. c. **114**, 1089 (1892) stellte bereits vor ACHESON Siliciumcarbid dar.

stärker lichtbrechend als Diamant. Besonders bemerkenswert ist die große Härte, welche der des Diamanten ziemlich nahe kommt, das elektrische Leitvermögen (Leiter zweiter Klasse mit einem geringeren Temperaturkoeffizienten als Kohle), die Wärmeleitfähigkeit, welche der des Graphits nahekommt, und der geringe Ausdehnungskoeffizient. Die Norton Company in Chippowa (Ontorio) bringt ein Siliciumcarbid unter dem Namen „Crystolon" in den Handel.[1]

Bei sehr hoher Temperatur zersetzt sich Carborundum in Kohle und Siliciumdampf. Nach Lampen und Tucker[2] liegt die Umwandlungstemperatur $SiC \longrightarrow Si + C$ bei etwa 2220°; doch ist die Zersetzung des Carbids infolge der Dampftension des Siliciums bereits bei 1400—1500° nachweisbar.[3] An der Luft mit dem Gasgebläse erhitzt, wird das Carborundum fast gar nicht angegriffen. Im Knallgasgebläse mit überschüssigem Sauerstoff verbrennt es bei Weißglut langsam zu Kohlensäure und Kieselsäure. Bei 1000° wird es von Schwefel nicht, von Sauerstoff erst bei sehr langer Einwirkung oberflächlich verändert. Carborundumkristalle, eine Stunde im Sauerstoffstrom auf Rotglut erhitzt, nahmen nur um 0,41 % an Gewicht ab. Chlor wirkt bei 600° langsam, bei 1200° rasch zerstörend[4] ein. Durch Wasserdampf wird es bei 1300—1400° unter Bildung von Kohlensäure, Kohlenoxyd, Wasserstoff oxydiert. Wässerige Säuren, auch Flußsäure und Gemische von Flußsäure mit Salpetersäure oder mit Kaliumchlorat, greifen es nicht an. Ebenso verhält es sich gegen viele Oxydationsmittel indifferent. Geschmolzene Ätzalkalien, sowie geschmolzene Alkalisalze schwacher Säuren zersetzen das Carbid unter Bildung von Silicat und Carbonat, bzw. freien Kohlenstoff; durch Zusatz von Nitrat oder Natriumsuperoxyd wird die Reaktion beschleunigt. Ebenso wirken Metalloxyde, wie Eisenoxyd und Kupferoxyd, oxydierend ein; in geschmolzenem Bleioxyd löst es sich leicht. Ein Gemisch von Kaliumdichromat und Bleichromat reagiert beim Erhitzen mit Carborundum explosionsartig. Ferner zersetzt sich Siliciumcarbid beim Erhitzen mit einem Gemisch von Natriumfluorid und Kaliumbisulfat über dem Gebläse. Auch wird es durch geschmolzene Metalle, besonders Eisen, zerstört.

Dem Carborundum sehr ähnlich ist das amorphe Siliciumcarbid. Es stellt eine in der Regel graugrünliche Masse dar, die sich ebenfalls beim Erhitzen von Kohle mit Silicium (oder Kieselsäure) im elektrischen Ofen, aber bei einer etwas niedrigeren Temperatur als das kristallisierte Carbid bildet. Beim Erhitzen auf etwa 1900—2000° kristallisiert es und geht in Carborundum über.[5] Eine Abart des amorphen Siliciumcarbids

---

[1] Vgl. Fitzgerald, Metallurg. Chem. Eng. **10**, 519 (1912); Z. angew. Ch. **26**, 412 (1913); Tone, Sprechsaal **48**, 323 (1915). — Über das Siliciumcarbid „Sifrax" vgl. Tone, ebenda.

[2] Lampen, J. Am. Ch. S. **28**, 846 (1906); Tucker und Lampen, J. Am. Ch. S. **28**, 853 (1906); ferner Kanolt, l. c. S. 289, Anm. 1.

[3] Geiper, Tonindustrie-Ztg. **33**, 296 und 297 (1909).

[4] Moissan, Le four électrique, Paris 1897, S. 354.

[5] Lampen, sowie Tucker und Lampen, l. c. Anm. 2.

ist das Silundum (oder Silund), welches nach einem von F. BÖLLING[1] ausgearbeiteten Verfahren von der chemisch-elektrischen Fabrik „Prometheus" in Frankfurt a. M.-Bockenheim hergestellt wird. Das Verfahren beruht darauf, daß Siliciumdämpfe bei hoher Temperatur (etwa 1800—1900°) auch kompakte Kohlestücke vollständig durchdringen. Die Gegenstände werden zunächst aus Kohle hergestellt und diese dann im elektrischen Ofen mit Siliciumdampf behandelt. Die Form der Kohlestücke bleibt bei der Silicierung völlig unverändert.

Das Silundum stellt eine sehr dichte, amorphe Masse von grauer bis grünlicher Farbe und metallischem Glanz dar. Es läßt sich lange, ohne zu kristallisieren, auf 1600°, vorübergehend auch auf 1700° erhitzen. Bei etwa 1750—1800° scheidet sich das Silicium in Dampfform aus. Im übrigen ist es in physikalischer und chemischer Hinsicht dem Carborundum sehr ähnlich. Es kann, auf Weißglut erhitzt, in kaltem Wasser abgeschreckt werden, ohne zu springen oder zu reißen. Ferner ist es gegen heißes Chlor beständig, da die außerordentlich dichte Struktur den chemischen Angriff erschwert. Das Silundum wird in sehr mannigfaltigen Formen geliefert. Besonders bemerkenswert ist, daß es sich auch löten[2] läßt: man trägt ein fein gepulvertes und mit Wasser angerührtes Gemisch aus 90 % Silicium, 3 % Titanoxyd, 2 % Kaolin, 1 % Feldspat, 2 % Borsäure, 1 % Calciumoxyd, 1 % Siliciumcarbid auf die Lötstelle auf und schmilzt mit dem Knallgasgebläse zusammen. Das Silundum läßt sich auch als Elektrodenmaterial zur Metallelektrolyse verwerten. Über die Verwendung für elektrische Öfen s. Bd. I, Elektrische Widerstandsheizung I und II.

Das dritte oben erwähnte Produkt des elektrischen Ofens, das Siloxicon[3], bildet sich statt des Siliciumcarbids, wenn die Ofentemperatur zu niedrig ist. Es besitzt die Zusammensetzung Si_2C_2O bis Si_7C_7O und die Dichte 2,4—2,75 und wird meist für unreines amorphes Siliciumcarbid, von manchen auch für ein Gemisch von Siliciumcarbidoxyden gehalten. Es ist nicht so widerstandsfähig wie das Carborundum. Mit Wasser angemacht, besitzt es die Fähigkeit zum Selbstabbinden und kann gebrannt werden. Bei hoher Temperatur (etwa 1900—2000°) gibt es Silicium und Kohlenoxyd ab und geht in kristallisiertes Siliciumcarbid über. Das Siloxicon soll weder durch saure und basische Schlacken noch durch Feuergase und flüssige Metalle angegriffen werden und in geschmolzenem Eisen unlöslich sein. Von Säuren wirkt nur Flußsäure sehr langsam ein. Für wissenschaftliche Zwecke hat es gegenüber dem Silundum als Gefäßmaterial kaum Vorzüge.

Ferner sei erwähnt, daß Siliciumcarbid teils allein, teils mit Natriumwasserglas und Schamotte angemacht, als Ofenfutter, besonders für Messing-

---

[1] BÖLLING, Ch. Z. 32, 1104 (1908); D. R. P. 204123. — Ferner vgl. TUCKER, KUDLICH und HEUMANN, Z. angew. Ch. 23, 762 (1910).

[2] BÖLLING, D. R. P. 204123; Zentr. 1908 II, 1792.

[3] KRELL, Z. angew. Ch. 17, 591 (1904); The Acheson Company in Niagara-Falls D. R. P. 160101; Zentr. 1905 I, 1446. Über ein ähnliches Material (Zusammensetzung SiCO) s. Allgem. Elektr. Ges. D. R. P. 286990; Z. angew. Ch. 28, 521 (1915).

gießereien, empfohlen wird.[1] Auch findet es in der Technik zum Auskleiden von Zinkdestillationsretorten und für Gußformen, z. B. beim Gießen von Aluminium, Verwendung.

Die Firma Gebr. Siemens & Co. in Charlottenburg[2] formt gepulvertes Siliciumcarbid, indem sie dieses mit freiem Silicium mischt und, zweckmäßig unter Beigabe eines Bindemittels (Glycerin oder eine Auflösung von Borsäure in Glycerin), in Formen preßt und stark erhitzt, bis die Masse zu einem einheitlichen, nicht mehr porösen Körper („Silit") zusammenfrittet. Nach Simonis[3] läßt sich Siliciumcarbid auch mit Kaolin verformen.

Verwendung von Tonerde.[4] Zur Erhöhung der Feuerfestigkeit der Schmelzgefäße und der Ofensteine hat man vielfach versucht den keramischen Massen statt der Schamotte Tonerde in Gestalt von Bauxit und anderen tonerdereichen Mineralien zuzufügen. Allein man machte früher damit insofern schlechte Erfahrungen, als solche Massen, in denen die Tonerde in amorpher Form vorlag, eine besonders große Neigung zum Schwinden und Reißen zeigten.[5] Ebensowenig werden aus reiner amorpher Tonerde ohne Anwendung eines mineralischen Bindemittels hergestellte Gegenstände, selbst bei hohen Temperaturen nicht, dicht. Besser wurde dies, als man dazu überging, geschmolzene oder stark gebrannte Tonerde, welche nur einen kleinen Ausdehnungskoeffizienten besitzt, zu verwenden.

Reines Aluminiumoxyd schmilzt bei etwa 2010°[6] und kristallisiert leicht beim Abkühlen. Die Schmelzung gelingt auch mit dem Knallgasgebläse, und zwar trotz des höheren Schmelzpunktes leichter als bei der Kieselsäure. Im Vakuum erhitzt, sublimiert es bereits bei 1900.[7] Die sehr dünnflüssige Schmelze läßt sich ohne Schwierigkeiten in Formen gießen.[8] Trotzdem wird dies Verfahren kaum angewendet. Auch die sogen. „Gefäße aus geschmolzener Tonerde" werden nicht direkt durch Schmelzen von Aluminiumoxyd hergestellt, sondern man zerkleinert die geschmolzene und wieder erstarrte Masse (meist Bauxit oder „Thermitkorund") und macht sie mit einem Bindemittel an. Die ersten Tonerdetiegel stellte 1856 Deville aus gelatinöser Tonerde und geglühter Tonerde mit und ohne Kalkzusatz her. Bauxit wurde zuerst von Berthier 1869 als Tiegelmaterial benutzt.

---

[1] Amberg, Elektrothermie S. 158.

[2] D. R. P. 177252; Zentr. 1907 I, 1002; Z. Elektr. **21**, 91, 126, 174 (1914). Silit läßt sich feilen, sägen, bohren.

[3] Simonis, Sprechsaal **40**, 3 (1907).

[4] Gmelin-Kraut-Friedheim-Peters II, 2, S. 593. Havard, Transact. Amer. Ceram. Soc. **14**, 480 (1912); Sprechsaal **46**, 701 (1913).

[5] Vgl. Muspratt, VIII S. 867; Arndt, Ch. Z. **35**, 214 (1911). — Über ein Verfahren zur Herstellung eines für Schmelzgefäße geeigneten amorphen Aluminiumoxyds s. Caspar, D. R. P. 210085; Zentr. 1909 II, 164.

[6] Ruff und Goecke, Ber. **43**, 1571 (1910). Ruff, Z. anorg. Ch. **82**, 378 (1913); Kanolt, Technol. Papers of the Bureau of Standards Nr. **10**, 1 (1912); Journ of the Washinghton Acad. of Science **3**, 315 (1913); Silikat-Ztschr. **1**, 154 (1913). Nach Tiede und Birnbräuer, Z. anorg. Ch. **87**, 157 u. 164 (1914), liegt der Schmelzpunkt bei 1890°.

[7] l. c. Anm. 7. Die Verdampfung macht sich bereits bei 1750° bemerkbar.

[8] Chem. Thermoindustrie, G. m. b. H., D.R.P. 104928; Zentr. 1899 II, 1004.

Feuerfeste Ziegel aus Thermitkorund sind zuerst von GOLDSCHMIDT in Essen angefertigt worden. Die Firma „Dynamidon" G. m. b. H. stellt außer dem korundhaltigen Steinzeug, auf dessen vorzügliche Eigenschaften bereits (S. 127) hingewiesen wurde, noch einige andere korundhaltige Massen[1] („Dynamidon" oder „Korundmasse") dar, welche je nach ihrer Verwendung eine verschiedene Zusammensetzung haben und in der Hauptsache aus Korund und einem Bindemittel (Zement, Gips, Kalk oder dergl.) bestehen; es können Massen geliefert werden, die noch bei SK 39 fest bleiben, aber stets etwas porös sind. Hinsichtlich der chemischen und physikalischen Eigenschaften gilt das bereits bei dem korundhaltigen Steinzeug Gesagte. Auch Alundum (Alund)[2], Alusil[3], Diamantidin[4] und Diamantin[5] sind Produkte aus zerkleinerter geschmolzener Tonerde mit einem keramischen Bindemittel. Der Schmelzpunkt von Alundum (99 % Al_2O_3) liegt zwischen 1950° und 2000°, seine Wärmeleitfähigkeit ist 2,1 mal so groß wie die von glasierter Schamotte und 1,6 mal so groß wie die von Porzellan; auch bei hohen Temperaturen bleibt es ein besserer Isolator als letzteres. Es ist mechanisch sehr widerstandsfähig und zeigt eine sehr geringe (lineare) Ausdehnung. Es läßt sich sowohl porös (Filter) als völlig dicht herstellen.[6] Die Firma Gebr. Siemens & Co. in Lichtenberg bei Berlin stellt Gefäße aus reiner und technischer Tonerde her, bei welchen als Bindemittel nur eine Lösung von Borsäure in Glycerin benutzt wird; bei der Brenntemperatur sintert die Tonerde ohne zu schmelzen, zusammen, während sich das Bindemittel verflüchtigt.[7] Gefäße aus Tonerde werden ferner hergestellt von der Königlichen Porzellanmanufaktur in Berlin, der Deutschen Gold- und Silberscheideanstalt in Frankfurt a. M., sowie von der Firma E. Merck in Darmstadt. Tiegel aus Tonerde mit feuerfesten Ton als Bindemittel fertigt auch das Chemische Laboratorium für Tonindustrie (SEGER und CRAMER) in Berlin an. Aus Kaolin und scharf gebrannter Tonerde stellt die Königliche Porzellanmanufaktur in Berlin[8] ferner eine weiße porzellanartige gesinterte und deshalb als „feuerfestes Porzellan" bezeichnete Masse her, welche erst gegen etwa SK 38 (1800 bis 1900°) schmilzt. Durch schmelzende Silicate wird sie weniger leicht als das gewöhnliche Hartporzellan angegriffen.

Will man sich Tonerdetiegel selbst herstellen, so nimmt man Gemische von Tonerde mit Kalk und etwas Kieselsäure, oder mit Magnesia. Nach

---

[1] BUCHNER, Z. angew. Ch. **17**. 985 (1904); Tonindustrie-Ztg. **31**, 1412 (1907); D. R. P. 188499; Zentr. 1907 II, 1882; vgl. auch HUTTON, Trans. English Ceram. Soc. 5 [2], 110 (1905/6); KEPPELER, Keramisches Jahrb. **1**, 111 (1909).

[2] SCHWARZ, Öst. Ch. Ztg. **14**, 126 (1911); Z. angew. Ch. **24**, 1657 (1911); NORTHRUP, Metallurg. Chem. Eng. **12**, 125 (1914); Z. angew. Ch. **28**, 207 (1915). — Hersteller: Norton Compagny.

[3] HAVARD, Sprechsaal **46**, 702 (1913); Transact. Amer. Ceram. Soc. **14**, 480 (1912).

[4] BOECK, Vers. Amer. Chem. Soc. Indianapolis, Juni 1911; Science **34**, 251; Z. angew. Chem. **25**, 1444 (1912).

[5] Vgl. AMBERG, Elektrothermie, Braunschweig 1910, bei Vieweg & Sohn, S. 187.

[6] Vgl. LUEGER, Lexikon der gesamten Technik, 2. Aufl., VIII, S. 559.

[7] D. R. P. 220394; Zentr. 1910 I, 1311.

[8] HEINECKE, Sprechsaal **46**, 433 (1913).

Deville[1] sind Tiegel, die nach folgendem Verfahren dargestellt wurden, recht brauchbar. Man mischt gleiche Teile Tonerde und Marmor, glüht heftig, mengt einen Teil dieser Mischung mit einem Teil geglühter Tonerde (aus Sulfat oder Bauxit, und einem Teil gefällter gelatinöser Tonerde (aus Alaun mit NH_3), formt die Masse, trocknet und brennt sie.

Reine geschmolzene Tonerde ist in Säuren unlöslich; nach Mitscherlich[2] wird Korund beim Kochen mit Schwefelsäure (8 Teile konz. H_2SO_4 und 3 Teile Wasser) etwas angegriffen und beim Erhitzen im zugeschmolzenen Rohr auf 210° vollständig aufgelöst. Durch Schmelzen mit Kaliumbisulfat wird Tonerde ebenfalls aufgeschlossen. Magnesium und Kalium reduzieren Aluminiumoxyd bei hoher Temperatur. Bauxit hat sich in der Metallurgie des Eisens und Bleis vielfach dem Magnesit und der Schamotte als überlegen gezeigt.[3]

Magnesia, Magnesit und Magnesiasilicate.[4] Magnesiahaltige Steine, wie Magnesit, Dolomit, Speckstein, Talkschiefers, Serpentin, Seifenstein, werden schon lange für feuerfeste Zwecke, entweder allein oder mit Zusatz von feuerfestem Ton, verwendet. Durch Erhitzen bis zur Rotglut verliert Magnesit die Kohlensäure und es entsteht sogenannte kaustische, schwachgebrannte oder hydraulische Magnesia, welche Wasser unter Bildung von Magnesiahydrat aufzunehmen vermag und dabei eine gewisse Plastizität und Formbarkeit erhält. Bei weiterem Brennen in höherer Temperatur schwindet die Magnesia bedeutend und wird dicht, hart und unbildsam (sogen. totgebrannte Magnesia). Magnesiasteine werden aus totgebrannter Magnesia mit hydraulischer Magnesia als Bindemittel hergestellt. Je mehr von der schwachgebrannten Magnesia in der Masse enthalten ist, desto leichter lassen sich Steine formen, desto mehr schwinden sie aber beim späteren Brennen. An Stelle der kaustischen Magnesia werden als Bindemittel vielfach auch andere Magnesiumverbindungen, wie Magnesiumchlorid, -fluorid, -hydrat, -sulfat, -acetat, ferner Serpentin, Talk, sowie Teer verwendet. Statt Magnesit wird gelegentlich auch Dolomit zu Steinen verarbeitet. Die erhaltenen Produkte sind jedoch weniger widerstandsfähig; sie ziehen infolge ihres Calciumoxydgehaltes leicht Wasser an und zerfallen zu Pulver.[5] Um das Schwinden der Masse möglichst einzuschränken, gebraucht man neuerdings statt der totgebrannten im elektrischen Ofen geschmolzene Magnesia, welche keinen wesentlich größeren Ausdehnungskoeffizienten als Quarz besitzt. Tiegel[6] und Schalen können ebenso wie die Ziegel durch Formen mit einem

[1] Vgl. Kerl, Metallurg. Probierkunst, 2. Aufl. 1882, S. 102; Karmarsch und Heeren, Technisches Wörterbuch, 3. Aufl., IX, 380 (1888).

[2] Mitscherlich, J. pr. Ch. 81, 110 (1860).

[3] Havard, l. c. S. 295 Anm. 3.

[4] Muspratt VIII, 887; Dammer, Handbuch der chem. Technologie I, 854 (1895); Gmelin-Kraut-Friedheim-Peters II, 2, S. 387; Goodwin u. Mailey, Trans. Am. Electrochem. Soc. Ithaka 1906; Z. angew. Ch. 19, 2029 (1906); Arndt, Ch. Z. 30, 211 (1906); Wedekind, Ch. Z. 30, 329 (1906).

[5] Zusatz von Herrn J. Bronn-Rombach.

[6] Die ersten Tiegel hat Thilorier um 1845 für Platinschmelzen benutzt; vgl. Caron, C. r. 62, 298 (1866); Z. anal. Ch. 5, 337 (1866).

Bindemittel, außerdem aber auch durch Ausschneiden oder vorsichtiges Ausdrehen auf der Drehbank aus größeren Stücken starkgebrannter Magnesia hergestellt werden.

Am schwersten schmelzen die Magnesiageräte der Königlichen Porzellanmanufaktur, welche aus gereinigter technischer Magnesia hergestellt werden. Sie enthalten gewöhnlich noch Reste des organischen Bindemittels, mit dem sie geformt wurden und sehen infolgedessen noch mehr oder weniger gelb aus, brennen sich aber durch starkes Erhitzen allmählich weiß. Leider sind sie gegen Temperaturschwankungen und namentlich auch gegen einseitiges Erhitzen sehr empfindlich. Größere Stücke (Retorten), die im Gebläse auf Rotglut erhitzt werden, zerbrechen leicht. Werden sie dagegen gleichmäßig und allmählich ansteigend auf hohe Temperaturen erhitzt, so halten sie selbst eine Hitze von über 2000°, ohne sich zu verziehen oder zu reißen, aus. Besonders geeignet ist hierzu elektrische Heizung, die eine sehr gleichmäßige Steigerung der Temperatur erlaubt; in einem elektrisch geheizten Kohlerohr z. B. lassen sich Tiegel von Reagierrohrform, ohne Schaden zu nehmen, in etwa 25 Minuten auf ca. 2000° erhitzen. Dünnwandige Magnesiagefäße vertragen das Anheizen erheblich besser als dickwandige. Ebenso wie beim Erhitzen sind die Magnesiagefäße auch beim Abkühlen vorsichtig zu behandeln. Durch einmaliges Erhitzen auf volle Weißglut kann man die Magnesiagefäße haltbarer machen, so daß sie auch weniger gleichmäßiges Anheizen gut vertragen. Ein anderer Nachteil ist, daß die Gefäße sehr porös und infolgedessen nicht gasdicht sind.

Ebenso wie Geräte aus gewöhnlicher reiner (amorpher) Magnesia, sind auch Geräte aus geschmolzener Magnesia gegen Temperaturschwankungen empfindlich. Da sich die amorphe Magnesia in der Hitze stark zusammenzieht, die geschmolzene aber, wenn auch wenig, ausdehnt, so stellt die Firma E. Merk in Darmstadt[1] Magnesiagefäße, welche nicht schwinden und hitzebeständiger sind, aus einer Mischung von geglühter amorpher und pulverisierter geschmolzener Magnesia her. Gefäße aus Magnesit und geschmolzener Magnesia stellt ferner die Deutsche Gold- und Silberscheideanstalt in Frankfurt a. M., Gefäße aus eisenhaltiger, sowie chemisch reiner Magnesia die Firma Gebr. Siemens & Co. in Lichtenberg bei Berlin her.

Gefäße aus reiner Magnesia sind stets porös und gasdurchlässig, auch wenn sie lange auf hohe Temperatur erhitzt werden. Dichte Massen erhält man bei Verwendung unreiner Materialien (Magnesit) oder bei absichtlichem Zusatz mineralischer im Feuer sinternder Bindemittel.[2] So zeichnen sich z. B. sogen. Magnesiastifte und -ringe für Gasglühlicht bekanntlich durch große mechanische Festigkeit aus. Wedekind[3] empfiehlt derartige

---

[1] D. R. P. 225472; Zentr. 1910 II, 935.

[2] Über Zusatz von Kaolin s. Rieke, Sprechsaal **38**, 1867, 1910, 1951 (1905.) Vgl. auch Wedekind, folgende Anm. — Hersteller: Vereinigte Magnesia Co. und Ernst Hildebrandt A. G. in Berlin-Pankow.

[3] Wedekind, Ber. **45**, 382 (1912); Z. angew. Ch. **26**, I, 303 (1913).

Magnesiastifte als Ersatz für Platindraht bei Flammenreaktionen. Nach einem Patent von WESTINGHOUSE[1] werden Magnesiumoxyd, Magnesit und ähnliche feuerbeständige Massen zur Herstellung eines Ofenfutters für metallurgische Zwecke mit einer Mischung von Calciumchlorid und Wasserglas versetzt. Dichte Massen können auch durch Zusatz von Kieselsäure oder Silicaten, ferner aus Magnesiasilicaten erhalten werden.[2] Specksteintiegel aus Göpfersgrün (Steatit, Talk) sind durch Feuerbeständigkeit ausgezeichnet und werden von Alkalien wenig angegriffen.[3] Aus einem plastischen Magnesiasilicat werden die „Asbestintiegel" von LOBLEY hergestellt.[4] Von KÜHLEWEIN[5] wird ein wasserundurchlässiger, feuer- und rauchsicherer „Asbestzement" angegeben, der gegen Kohlensäure, Ammoniak, Säuren und Alkalien, wie sie in städtischen Abwässern vorkommen, unempfindlich ist und auch schroffen Temperaturwechsel verträgt. Als Ausfütterung für Öfen, in denen Alkalien und Schwefelalkalien geschmolzen werden, hat sich Topfstein (ein Gemisch von Talk, Chlorit und Dolomit) sehr gut bewährt; ein Stück gebrannter Topfstein verlor in schmelzender Soda in einer Stunde 0,4 %, in Schwefelnatrium 0,02 %.[6] Ähnlich wirkende Massen lassen sich aus entsprechend zusammengesetzten Mischungen von Lehm mit Magnesia oder Dolomit herstellen.[6]

Ein zur Selbstherstellung von Magnesiageräten brauchbares Verfahren hat E. CRAMER[7] ausgearbeitet. Besonders geeignet[8] ist hierfür Magnesit aus Veitsch (Steiermark).[9] Sein Gehalt an Verunreinigungen setzt zwar den Schmelzpunkt der Magnesia herab, erleichtert aber dafür die Herstellung dichter gesinterter Massen. Man erhitzt einmal zur vollen Weißglut, pulvert die abgekühlte Magnesia fein, rührt sie mit einer kalt gesättigten Chlormagnesiumlösung an und preßt den Brei in nicht saugende Formen. Die Masse erhärtet in 1—2 Tagen unter Bildung von Oxychlorid und wird am besten gleich nach dem Hartwerden gebrannt. Beim Abbinden zieht sich die Masse zusammen. Daher muß, falls ein fester Kern beim Formen verwendet wird, dieser vor dem Abbinden herausgenommen werden. Bei komplizierteren Formen führt man das Abbinden durch einstündiges Erhitzen im Luftbade auf 150° in einer Messingform und das Brennen

---

[1] D. R. P. 157876; Zentr. 1905 I, 641.

[2] Dichte silicathaltige Magnesiagefäße liefert z. B. die Firma Hildebrandt in Pankow bei Berlin.

[3] Polyt. Centralblatt 1862, S. 282; vgl. KARMARSCH und HEEREN, Techn. Wörterbuch, 3. Aufl. 1888, IX, 381; KERL, Metallurg. Probierkunst, 2. Aufl. 1882, S. 101.; HAVARD, Transact. Amer. Ceram. Soc. **14**, 480 (1912); Sprechsaal **46**, 702 (1913); KRÄTZER, Z. anal. Ch. **24**, 80 (1885).

[4] Illustr. Gew.-Ztg. **165**, 238; vgl. KARMARSCH und HEEREN, Techn. Wörterbuch IX, 381 (1868).

[5] Vgl. H. FISCHER, Z. angew. Ch. **17**, 519 (1904).

[6] FERD. FISCHER, Handbuch der chem. Technologie, 4. Aufl. 1900, I, 759.

[7] Vgl. VICTOR MEYER und v. RECKLINGHAUSEN, Ber. **30**, 1930 (1897). Nach diesem Verfahren wurden Gefäße aus Magnesia für Dampfdichtebestimmungen hergestellt; doch bereitete das Gasdichtbrennen Schwierigkeiten.

[8] Vgl. auch SEGER, Tonindustrie-Ztg. **15**, 700 (1891); **17**, 143 (1893).

[9] Bezugsquelle: C. SPÄTER in Koblenz.

in einer mit grobem weißen Magnesiapulver bestreuten Magnesiaform aus. Im Laboratorium von TAMMANN in Göttingen werden Magnesiagefäße für den Laboratoriumsgebrauch aus Magnesia usta mit einem Zusatz (etwa 10%) von fein gemahlenem Biskuitporzellan und einem organischen Bindemittel hergestellt. Für hohe Temperaturen sind letztere weniger zu empfehlen, da sie infolge Schmelzen des Bindemittels und Sublimation der Kieselsäure undicht werden. WATTS[1] stellt Magnesiatiegel her, indem er mit Wasser befeuchtete calcinierte Magnesia in einem Tiegel aus Acheson-graphit feststampft, dann in einem Gasofen trocknet und in einem elektrischen Kohlegriesofen fertig brennt. Nach dem Brennen läßt sich die steinartig harte kristallinische Magnesiaauskleidung herausheben; beim Gebrauch wird sie jedoch zweckmäßig wieder in den Graphittiegel gestellt.

Das aus Magnesia alba durch mäßiges Glühen hergestellte Magnesiumoxyd bildet ein weißes, weiches und sehr voluminöses Pulver von ungefähr der Dichte 3,2. Durch Erhitzen nimmt die Dichte immer mehr ab. Bei längerem Erhitzen auf Weißglut wird die Masse schließlich kristallinisch und die Dichte sinkt im Maximum bis etwa 3,6. Der Schmelzpunkt liegt nach ARNDT[2] höher als bei der Tonerde oder dem Kalk, vielleicht bei etwa 2500°. Nur unreine Magnesia ist im Knallgasgebläse schmelzbar, Magnesiaziegel schmelzen nach LAMPEN[3] zwischen etwa 1900° und 2000°, Magnesitsteine nach KANOLT[4] bei 2165° unter starkem Verdampfen. Nach RUFF[5] verdampft reine Magnesia bei etwa 2000° und schmilzt bei 2550°; nach KANOLT[6] liegt der Schmelzpunkt erst bei 2800°. Nach TIEDE und BIRNBRÄUER[7] verdampft Magnesia schon bei 1900° heftig. Die geschmolzene Magnesia gibt beim Erkalten eine rein weiße, sehr harte (Härte 6) kristallinische Masse, welche sich auch gut polieren läßt.[8] Die elektrische Leitfähigkeit ist, wenigstens bis 1100°, geringer als beim Porzellan.[9]

Stark geglühte oder geschmolzene Magnesia wird von verdünnten Säuren in der Kälte nur sehr langsam angegriffen. Konzentrierte Säuren sind weniger wirksam als verdünnte. Die geschmolzenen Nitrate, Sulfate, Chloride, Bromide der Alkalien, ferner Silber- und Bariumnitrat, Zinkchlorid sind nach GOODWIN und MAILEY[10] auf (geschmolzene) Magnesia ohne merkliche Einwirkung, während Bariumchlorid etwas, Alkalicarbo-

[1] WATTS, Wisconsin Eng. Nov. 1912; Silikat-Ztschr. **1**, 60 (1913).

[2] ARNDT. Ch. Z. **30**, 211 (1906).

[3] LAMPEN, J. Am. Ch. S. **28**, 846 (1906); Zentr. 1906 II, 828.

[4] KANOLT, Technol. Papers of the Bureau of Standards Nr. **10**, 1 (1912); Silikat-Ztschr. **1**, 141 (1913).

[5] RUFF u. GOECKE, Ber. **43**, 1571 (1910). RUFF, Z. anorg. Ch. **82**, 376 u. 379 (1913).

[6] KANOLT, Journ. of the Washinghton Acad. Science **3**, 315 (1913); Silikat-Ztschr. **1**, 154 (1913).

[7] TIEDE und BIRNBRÄUER, Z. anorg. Ch. **87**, 156 u. 162 (1914).

[8] GOODWIN und MAILEY, Z. angew. Ch. **19**, 2029 (1906).

[9] GOODWIN und MAILEY, l. c. Anm. 8; s. auch J. BRONN, Dieses Handbuch, Elektr. Widerstandsheizung II. — Eine Wiederholung und Erweiterung der GOODWINschen Versuche würde von großem Wert sein.

[10] GOODWIN u. MAILEY, Z. angew. Ch. **19**, 2029 (1906).

nate, Kaliumhydroxyd, Kryolith beim Schmelzen stark angreifen. Durch Calciumsilicatschlacken[1], geschmolzenes Porzellan, geschmolzene Schamotte[2] wird Magnesia aufgelöst. Porzellan, sowie Schamotte, geben mit Magnesia eine Schmelze, die leichter als die Komponenten schmilzt. Bei hohen Temperaturen (z. B. beim Erhitzen von Magnesiaschiffchen in Porzellanröhren) muß man deshalb eine direkte Berührung zwischen den Materialien vermeiden, etwa durch Zwischenlegen eines Platin- oder Nickelblechs[3] oder durch Einstreuen von Graphit, Ruß[4], Tonerde[5], Chromit oder Chromoxyd.[6] Gegen die bei den Eisenhüttenprozessen sich bildenden Schlacken sind Magnesiasteine widerstandsfähiger als Kalk- oder Dolomitziegel.[7] In Berührung mit Zirkondioxyd tritt nach RUFF bei 2000° Verflüssigung ein.

Spinellgefäße. Gegenstände aus reiner Tonerde und reiner Magnesia lassen sich nicht dichtbrennen. Eine feuerfeste, kieselsäurefreie, porzellanähnliche Masse kann man aus einem Gemisch von Tonerde und Magnesia herstellen. Die Feuerfestigkeit derartiger Massen wurde bereits von GAUDIN[8] gerühmt. Neuerdings hat die Königliche Porzellanmanufaktur in Berlin[9] die Herstellung von Gefäßen aus sogen. Spinell- (oder HEINECKE-)masse aufgenommen. Reine Tonerde und reine Magnesia, welche vor der Verarbeitung auf hohe Temperatur erhitzt wurden, werden mit Hilfe eines organischen Bindemittels (5% Roggenmehl und eine Aufkochung von 3% Saleplösung) verformt und bei SK 32 porzellanartig gesintert. Die gebrannte Masse ist durchscheinend wie ein viel Flußmittel enthaltendes Biskuitporzellan. Der Schmelzpunkt derselben liegt bei SK 37, also noch über dem Schmelzpunkt des Platins. Zur Herstellung größerer Gefäße wird der Spinellmasse, um den Brand in den üblichen Porzellanöfen zu ermöglichen, etwas Kalk zugesetzt.[10] Nach orientierenden Versuchen soll die Masse gegen Alkalien widerstandsfähiger als gesinterte Silicatgemische sein. Durch Schmelzen mit Kaliumbisulfat läßt sie sich aufschließen. Nach STEINWEG[11] wird die Spinellmasse durch Calciumfluorid und Calciumphosphat zerstört. Spinell[12] wird von Kohle nicht reduziert, von Flußsäure, Salzsäure, Schwefelsäure, Chlor, Brom, Jod nur schwer angegriffen, von Fluor in der Wärme. Kalium- und Natriumhydroxyd zersetzen ihn

[1] WANJUKOFF, Metallurgie **9**, 6 (1912).
[2] VICTOR MEYER u. v. RECKLINGHAUSEN, Ber. **30**, 1934 (1897).
[3] LEVIN u. TAMMANN, Z. anorg. Ch. **47**. 137 (1905).
[4] FORBES, Dingl. **183**, 383 (1867); vgl. KERL, Metallurg. Probierkunst, 2. Aufl. 1882, S. 101.
[5] SIEVERTS u. KRUMBHAAR, Z. phys. **74**, 284 (1910).
[6] BENFEY, Feuerfeste Erzeugnisse, Hannover 1911; bei Jänecke, S. 107.
[7] FERD. FISCHER. Handbuch der chem Technologie, 4. Aufl. 1900. I. 759.
[8] GAUDIN, Dingl. **179**, 194 (1866).
[9] HEINECKE, Sprechsaal **41**, 160 (1908); **46**, 433 (1913).
[10] l. c. Anm. 9. — Gasdichtigkeit s. HILPERT und KOHLMEYER, Ber. **42**, 4584 (1909).
[11] STEINWEG, Metallurgie **9**, 37 (1912).
[12] Vgl. Gmelin-Kraut-Friedheim-Peters II, 2, S. 695; DUFAU, J. Pharm. Chim. (6) **14**, 25 (1901); Zentr. 1901 II, 392.

beim Schmelzen, Alkalicarbonate jedoch nicht. Nach MITSCHERLICH[1] löst sich natürlicher Spinell bei zweistündigem Erhitzen in 75 %iger Schwefelsäure.

Gefäße aus Kalk[2] benutzte zuerst DEVILLE beim Erhitzen der Edelmetalle. Man stellt sie durch Ausdrehen von dichten Stücken Ätzkalk auf der Drehbank her oder kleidet andere Gefäße[3] damit aus. Beim Auskleiden von Ton- oder Porzellangefäßen mit Kalk ist eine Schutzschicht (wie bei Magnesia, vgl. S. 300) dazwischen zu bringen, da diese Materialien bei hohen Temperaturen mit Kalk in Reaktion treten. Als Gefäße für Innenheizung (z. B. mit elektrischen Lichtbogen) kann man sehr gut ungebrannten Kalkstein (z. B. Rügener Kalkstein, der sich leicht sägen und bohren läßt) verwenden.[4] Gegenüber der Magnesia hat Kalk besonders den Nachteil, daß er gegen Luftfeuchtigkeit und Säuren sehr empfindlich ist. Ferner reagiert er beim Erhitzen mit Chlor, Schwefel, Phosphor, Silicium, Kohle, Bor, verschlackt sich leicht mit Kieselsäure, Fe_2O_3, Al_2O_3, oxydiert Titan, Chrom, Mangan, Eisen, Nickel, Kobalt, dagegen nicht die Edelmetalle.[5] Kalk ist daher zum Schmelzen von Edelmetallen besonders geeignet. Der Schmelzpunkt von Kalk ist niedriger als der der reinen Magnesia. Nach RUFF[6] beginnt Kalk gegen 1400 bis 1600° zu verdampfen und schmilzt im Vacuum selbst bei 2450° noch nicht. Nach KANOLT[7] liegt der Schmelzpunkt bei 2570°.

Chromit und Chromoxyd. Zu den feuerfesten Materialien gehört auch Chromeisenstein (Chromit). Es wird gelegentlich in hüttenmännischen Betrieben in Form von feuerfesten Steinen gebraucht.[8] Die wichtigste Anwendung finden sie als neutrale Trennungsschicht zwischen basischen Magnesia- oder Dolomitziegeln und Dinas bzw. Schamotte, um zu verhindern, daß die basischen Steine mit den sauren zusammenschmelzen.[9] Das Mineral wird dazu mit einem Bindemittel (Ton, Kalk, kaustische Magnesia, Teer usw.) verformt. BACH[10] empfiehlt feuerfeste Gegenstände aus Chromerz mit einem Gemisch von Schamotte und Tonerdehydrat, die gegebenenfalls unter Zusatz von kohlenstoffreichen Stoffen (Harz, Zucker, Kohle) gebrannt werden. Diese Masse soll sehr feuerfest sein, nicht springen und nicht

[1] MITSCHERLICH, J. pr. Ch. **81**, 108 (1860).

[2] FORBES, Dingl. **183**, 383 (1867).

[3] Über Herstellung von Gefäßen mit einer Schicht chemisch reinen Kalk zum Schmelzen von Silber für Atomgewichtsbestimmungen s. RICHARDS und WELLS, Z. anorg. Ch. **47**, 81 (1905). Vgl. auch dieses Handbuch Bd. IV, Abschnitt Silber.

[4] Zusatz von Herrn J. BRONN-Rombach.

[5] Vgl. Gmelin-Kraut-Friedheim-Peters II, 2, S. 204.

[6] RUFF und GOECKE, Ber. **43**, 1564 (1910); RUFF, Z. anorg. Ch. **82**, 384 (1913); vgl. auch TIEDE und BIRNBRÄUER, Z. anorg. Ch. **87**, 156 (1914).

[7] KANOLT, Journ. of the Washington Acad. Science **3**, 315 (1913); Silikat-Ztschr. **1**, 154 (1913).

[8] Muspratt VIII, 893.

[9] BENFEY, l. c. Anm. 6 S. 300. HAVARD, Transact. Amer. Ceram. Soc. **14**, 480 (1912); Sprechsaal **46**, 703 (1913).

[10] BACH, D. R.-P. 154750, 158268; Zentr. 1905 II, 1272; 1905 I, 844; Z. angew. Ch. **18**, 106, 708 (1905).

schwinden, die Wärme infolge seiner Porösität schlecht leiten, gegen Säuren und Basen indifferent sein und keine Schlacken ansetzen. Für Ofenfutter aus Chromit, Chromoxyd und ähnlichen Stoffen verwendet WESTINGHOUSE[1] eine Mischung aus Calciumchlorid und Wasserglas als Bindemittel. Je chromoxydreicher das Chromerz ist, desto feuerbeständiger ist es. Nach SIMONIS[2] schmilzt reines Chromit, $Cr_2O_3 \cdot FeO$, höher als Platin, etwa in der Nähe des Schmelzpunktes von reiner Tonerde. Nach KANOLT[3] schmelzen Chromitsteine zwischen 2050° und 2180°. Reines geglühtes Chromoxyd[4] ist ebenfalls schwer schmelzbar; es schmilzt erst im Knallgasgebläse, nach RUFF[5] bereits unter 2000°, nach KANOLT[6] bei 1990°. In Säuren und Alkalien ist es unlöslich; durch Kaliumbisulfat wird es aufgeschlossen, bei Gegenwart von Chromsäurespuren[7] auch durch Schwefelsäure und Flußsäure. Durch Alkalimetalle, Magnesium, Aluminium, Bor, in Weißglut durch Kohle wird es reduziert, dagegen nicht durch Kohlenoxyd und Wasserstoff.[4] Geschmolzenes Oxyd wird nach TIEDE und BIRNBRÄUER[8] chemisch weit schwerer als das ungeschmolzene angegriffen.

Zirkongefäße. Zirkonerde ist eines der feuerfestesten Materialien und wird nur von Kohle und Graphit übertroffen. Die ersten Zirkongefäße stellte das Nernstlampenwerk der Allgemeinen Elektrizitäts-Gesellschaft in Berlin dar, welches aber nach wenigen Jahren die Herstellung aus Mangel an keramischen Einrichtungen wieder eingestellt hat. Die Anfertigung geschah wahrscheinlich mit Hilfe eines mineralischen Bindemittels, da sie nach Analysen von WEISS und LEHMANN[9] etwas Magnesia und Alkali enthielten. Gefäße aus reiner Zirkonerde und aus Zirkonmineral werden jetzt von der Königlichen Porzellanmanufaktur in Berlin nach dem Verfahren von RIEKE[10] ohne Verwendung von anorganischen Bindemitteln nur unter Zusatz von etwas Mehl oder Stärke hergestellt. BAYER[11] stellte Gefäße unter Zusatz von gallertartiger Zirkonerde und organischen Klebemitteln dar. WEISS und LEHMANN[12] verwendeten als Bindemittel Magnesia und Phosphorsäure und veranlaßten die „Hessische Schmelztiegel- und Schamottesteinfabrik C. W. Goebel & Söhne“ in Großalmerode (Hessen-Nassau) Zirkongefäße mit Ton als Bindemittel anzufertigen. Die Firma E. Merk in Darmstadt beabsichtigt ebenfalls die

[1] WESTINGHOUSE, D. R.-P. 157876; Zentr. 1905 I, 641.
[2] SIMONIS, St. E. 28, 334 (1908).
[3] KANOLT, Technol. Papers of the Bureau of Standards Nr. 10, 1 (1912); Silikat-Ztschr. 1, 141 (1913).
[4] Gmelin-Kraut-Friedheim-Peters III, 1, S. 345.
[5] RUFF, Z. anorg. Ch. 82, 398 (1913).
[6] KANOLT, Journ. of the Washinghton Acad. Science 3, 315 (1913); Silikat-Ztschr. 1, 154 (1913).
[7] WEISE, D. R.-P. 134103; Zentr. 1902 II, 774.
[8] TIEDE und BIRNBRÄUER, Z. anorg, Ch, 87, 162 (1914).
[9] WEISS und LEHMANN, Z. anorg. Ch. 65, 223 (1910); vgl. auch LEHMANN, Diss. München 1908.
[10] RIEKE, Sprechsaal 41, 214 (1908); Z. angew. Ch. 23, 1019 (1910).
[11] BAYER, Z. angew. Ch. 23. 485 (1910). [12] l. c. Anm. 9.

Fabrikation von Zirkongefäßen aufzunehmen. Drossbach[1] verwandte Borsäure als Bindemittel. Über die Herstellung von Gefäßen aus reinem und rohem Zirkon mit und ohne Zusatz eines Bindemittels (Stärke, Magnesia, Borax) hat Ruff[2] bemerkenswerte Untersuchungen angestellt.

Stark (bei ca. 2000°) gebrannte Zirkongefäße sind gegen mechanische Einflüsse ziemlich widerstandsfähig und besonders gegen Temperaturschwankungen unempfindlich. Sie vertragen Erhitzen im Knallgasgebläse und können hellglühend in kaltes Wasser geworfen werden, ohne zu springen. Je höher die Brenntemperatur war und je reiner die Masse ist, desto größer ist die Widerstandsfähigkeit. Durch langes Erhitzen auf hohe Temperaturen destillieren die Verunreinigungen allmählich fort, so daß die Masse immer mehr gereinigt wird; dabei sintert sie gleichzeitig weiter zusammen. Das Maximum an Beständigkeit besitzt reines geschmolzenes Zirkondioxyd. Jedoch bietet die Herstellung von Gefäßen aus geschmolzenem Zirkondioxyd vorläufig infolge der außerordentlich hohen Schmelztemperatur (weit oberhalb 2300°, nach Tiede und Birnbräuer[3] 2430°, nach Ruff[4] bei etwa 2585°) noch unüberwindliche Schwierigkeiten. Reines Zirkondioxyd läßt sich erst im elektromagnetischen Gebläse[5] bei Verwendung eines kräftigen Lichtbogens völlig zusammenschmelzen. Bei Verwendung eines unter starken Druck brennenden Blaugas-Sauerstoff-Gebläses läßt sich rohe Zirkonerde schmelzen, während reine nur spurenweise Schmelzung zeigt. Ein starkes Acetylen-Sauerstoff-Gebläse zeigte auch auf rohe Zirkonerde nur eine geringe Schmelzwirkung.[6]

Zirkondioxyd besitzt in vieler Hinsicht große Ähnlichkeit mit Quarz, z. B. in der geringen Wärmeleitfähigkeit und der Schwerflüssigkeit der Schmelze. Auch der Ausdehnungskoeffizient des geschmolzenen Oxyds ist nahe der gleiche wie beim Quarz. Ferner können Gläser, die statt oder neben Kieselsäure Zirkondioxyd enthalten, dargestellt werden.[7] Zirkondioxyd ist der einzigste bis jetzt bekannte Isolator für Ströme mäßiger Spannung bei 2000°[8], tritt aber bei dieser Temperatur mit Kohle in Reaktion und wird dann für Ströme von 100 Volt leitend.[9] Nach Greenwood[10] beginnt die Reduktion durch Kohle bereits bei 1400°. Bei 2200°

---

[1] Drossbach, Ch. Z. **15.** 328 (1891).

[2] Ruff, Seiferheld, Bruschke, Z. anorg. Ch. **86**, 389 (1914); Ruff, Lauschke, Z. anorg. Ch. **87**, 198 (1914).

[3] Tiede und Birnbräuer, Z. anorg. Ch. **87**, 159 (1914).

[4] Ruff, **82**, 378 u. 390 (1913).

[5] Zerener, D. R.-P. 68958. [6] Weiss und Lehmann, Z. anorg. Ch. **65**, 212 (1910).

[7] Nach Versuchen von Weiss und Grünzweig, vgl. Weiss, Z. anorg. Ch. **65**, 225 (1910). Das sogen. Zirkonglas der Zirkonglas-Gesellschaft in Frankfurt a. M. (vgl. Bd. I, S. 115) führt diesen Namen insofern mit wenig Recht, als es im wesentlichen Quarzglas ist und nur geringe Mengen Zirkondioxyd (etwa 0,5—1,0 %) enthält.

[8] Bayer, l. c. S. 302, Anm. 11; Weiss, Z. anorg. Ch. **65**, 224 (1910). Vgl. auch Sohlmann, Elektrotechn. Ztschr. **21**, 675 (1900).

[9] Simonis, Sprechsaal **41**, 210 (1908); Rieke, Sprechsaal **41**, 214 (1908); Z. angew. Ch. **23**, 1019 (1910).

[10] Greenwood, J. Chem. S. **93**, 1493 (1908).

wird das Zirkondioxyd im Kohlenrohrofen nach RUFF[1] zu einem niederen Oxyd reduziert, ohne das dadurch die Brauchbarkeit als feuerfestes Material leidet. Silicium und Bor wirken im elektrischen Ofen ebenfalls reduzierend auf Zirkondioxyd ein. In Säuren, außer HF, ist stark geglühte Zirkonerde unlöslich. Geschmolzene Alkalien, Alkalicarbonate, Alkali- und Ammoniumbisulfat, Chloride, besonders der Erdalkalien und des Lithiums, wirken dagegen stark angreifend.[2] In Berührung mit CaO, MgO, Al_2O_3, schmilzt Zirkon bereits gegen 2000°; ferner reagiert es heftig mit geschmolzenen Zinndioxyd.[3] Zirkonerde wird wegen seiner Widerstandsfähigkeit im besonderen als Gefäßmaterial zum Schmelzen von Quarz[4], sowie von Eisen[5] empfohlen.

Seltene Erden. Die Oxyde der seltenen Erden zeichnen sich zum Teil ebenfalls durch Schwerschmelzbarkeit aus. Von HERAEUS[6] ist Thorerde als Gefäßmaterial zum Schmelzen von Kieselsäure empfohlen worden. Nach SOHLMANN[7] ist Thoriumdioxyd ein noch schlechterer elektrischer Leiter als Zirkondioxyd. Bemerkenswert ist, daß Gemische von Zirkon-, Thor- und Lanthanerde in der Wärme gute Leiter sind. VOGEL[8] wählt deshalb zum Schmelzen von Quarz als Gefäßmaterial ein Gemisch aus diesen Oxyden, um das Gefäß direkt durch den elektrischen Strom erhitzen zu können. Nach RUFF[9] sind Thoroxyd, Yttriumoxyd, Titandioxyd als Gefäßmaterial im Kohlenrohrofen nicht brauchbar (infolge Reduktion zu Carbiden, resp. leicht schmelzenden Oxyden). Cerdioxyd, Vanadium-, Niob- und Tantalpentoxyd verdampfen, bzw. schmelzen bei zu niedrigen Temperaturen. Nach TIEDE und BIRNBRÄUER[10] wird Lanthanoxyd, ohne zu schmelzen, zu einen niederen Oxyd reduziert, während Thordioxyd erst bei Weißglut verdampft und schmilzt.

Berylliumoxyd. Nach RUFF[11] ist endlich auch Berylliumoxyd wegen seines hohen Schmelzpunktes (ca. 2525°, im Kohlenrohrofen etwa 2190°) als feuerfestes Material brauchbar.

Formen der Gefäße. Hinsichtlich der im Handel vorrätigen Gefäße aus feuerfesten Massen wird in erster Linie auf die Bedürfnisse der Metallurgen Rücksicht genommen. Man unterscheidet hauptsächlich Probier-

---

[1] RUFF l. c. S. 303, Anm. 4.

[2] Gmelin-Kraut-Friedheim-Peters VI, S. 16.

[3] RUFF, Z. anorg. Ch. 82, 393 (1913).

[4] HERAEUS, D. R.-P. 179570; Zentr. 1907 I, 1473.

[5] WEISS, Z. anorg. Ch. 65, 220 (1910).

[6] HERAEUS, D. R.-P. 179570; Zentr. 1907 I, 1473. Das chemische Verhalten vgl. Gmelin-Kraut-Friedheim-Peters VI, S. 108.

[7] SOHLMANN, Elektrotechn. Ztschr. 21, 675 (1900). Herstellung von Thoriumoxydtiegeln s. Weintraub, V. St. P. 1022011; vgl. WATTS, Wisconsin Eng. Nov. 1912; Silikat-Ztschr. 1, 60 (1913).

[8] VOGEL, D. R.-P. 209421.

[9] RUFF, Z. anorg. Ch. 82, 378 (1913).

[10] TIEDE und BIRNBRÄUER, Z. anorg. Ch. 87, 158 und 160 (1914).

[11] RUFF, Z. anorg. Ch. 82, 378 (1913). Vgl. auch TIEDE und BIRNBRÄUER, Z. anorg. Ch. 87, 155 (1914). Herstellung von Röhren vgl. FICHTER und BRUNNER, Z. anorg. Ch. 93, 86 (1915).

scherben, Probiertuten und Schmelztiegel.[1] Probierscherben sind flache schüsselförmige Gefäße. Je nach ihrer Hauptverwendung haben sie besondere Namen. Ganz flach und innen glatt sind die sogenannten „Röstscherben" (vgl. Fig. 179), etwas tiefer und dicker in den Wänden und namentlich am Boden die sogenannten „Eintränk- oder Ansiedescherben" (Fig. 180); zwischen beiden stehen die sogenannten „Mehlscherben". Sie werden meist aus Schamotte, seltener aus graphit- oder quarzhaltigen Ton hergestellt. Außer runden Formen sind auch viereckige (Röstscherben) im Handel.

Probiertuten (oder -tutten) sind Schmelztiegel mit Fuß von vasenartigen Formen (Fig. 181 u. 182). Der Fuß erleichtert das Anfassen mit Zangen und gestattet ein sicheres Einstellen in Wind- und Gebläseöfen, ohne einen Untersatz nötig zu machen. Die bauchige Form, nach ihrer gebräuchlichsten Verwendung auch als Blei- oder Kupfertute bezeichnet

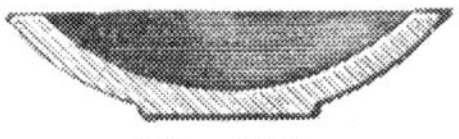

Fig. 179. Sogen. Röstscherben.

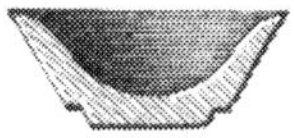

Fig. 180. Sogen. Eintränk- oder Ansiedescherben.

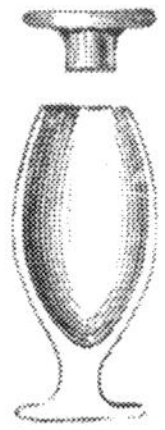

Fig. 181. Probiertute, bauchige Form (sogen. Blei- oder Kupfertute).

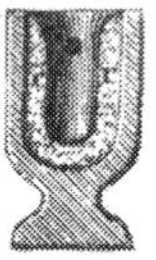

Fig. 182. Probiertute, zylindrische Form (sogen. Eisentute) mit Kohlefutter.

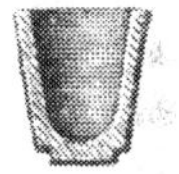

Fig. 183. Oberharzer Bleierzschmelztiegel (sog. Bleischerben).

Fig. 184. Cornischer Kupfertiegel.

(Fig. 181), wird bei sich blähendem Inhalt angewendet, oder wenn der Luftzutritt gehemmt werden soll. Man stellt sie aus Schamotte oder quarzhaltigem Ton her. Zur besseren Ansammlung des Probekorns bei metallurgischen Versuchen erhält die Tute oft noch eine besondere kleine Vertiefung (sogenannte Spur) am Boden. Als Deckel gebraucht man den abgeschlagenen Fuß einer Tute. Die zylindrische Form (Eisen- oder Kelchtute) wird gewöhnlich verwendet, wenn die Tute mit einer Ausfütterung (Kohle usw.) versehen werden soll (vgl. Fig. 182).

Die Schmelztiegel sind meist in der Wandung und besonders am Boden ziemlich dick. Die einzelnen Metallhütten brauchen vielfach von alters her besondere, ihrem Betriebe angepaßte Formen (vgl. Fig. 183—186). So haben die Oberharzer Bleierzschmelztiegel (auch „Bleischerben" genannt) eine fußartige Verengerung am Boden (vgl. Fig. 183), welche bezweckt, das Einsetzen der Tiegel in die Öfen, bzw. das Herausnehmen derselben mittelst gabelartigen eisernen Stangen zu ermöglichen. Die Cornischen Tiegel (Fig 184) haben einen besonders starken Boden. Die dreieckigen hessischen Tiegel (Fig. 186) haben unten am Boden runden

[1] Vgl. KERL, Metallurg. Probierkunst, 2. Aufl., Leipzig 1882, S. 95; Muspratt I, 1496; III, 1717; ferner in diesem Handbuch „Probiermethoden".

Querschnitt und sind nur oben eckig; die eine Ecke ist gewöhnlich etwas stärker ausgebogen, um als Ausguß dienen zu können. Die weiteren Figuren (Fig. 187—189) geben moderne Formen wieder. Auch bei ihnen ist der Boden meist bedeutend dicker als die Seitenwände. Häufig besitzt der Innenraum die Form eines spitzen Kegels, um das Zusammenfließen des Metallkornes zu erleichtern. Für die Tiegeldeckel hat man

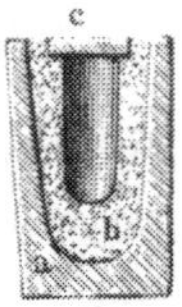

Fig. 185. Sog. Eisensteinschmelztiegel (*a*) m. Kohlefutter (*b*) und Deckel (*c*).

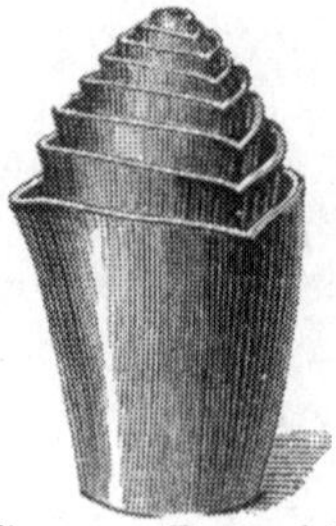

Fig. 186. Dreieckige hessische Tiegel.

Fig. 187. Tiegel ohne Ausguß aus Graphit, Schamotte usw., schlanke Form.

im wesentlichen zwei Formen: übergreifende (Fig. 189) oder in den Tiegel eingreifende (Fig. 209, Bd. I, S. 171). Vielfach werden als Deckel nur flache runde Platten (Fig. 185) oder kleine abgestumpfte Kegel verwendet.

Außer diesen Gefäßformen werden Retorten öfter gebraucht. Für wissenschaftliche Zwecke sind Gefäße von Reagierrohrform besonders ge-

Fig. 188. Tiegel mit Ausguß aus Schamotte, Graphit usw., breite Form.

Fig. 189. Tiegel mit übergreifendem Deckel (Tiegel mit eingreifendem Deckel s. Fig. 209 in Bd. I, S. 171).

Fig. 190. Coupelle aus Knochenasche.

eignet, da sie das Fixieren von Röhren (z. B. für das Thermoelement) sehr erleichtern. Loebe[1] empfiehlt Schmelzgefäße (aus Kohle), bei denen im Boden ein nach innen gerichteter Rohransatz zur Aufnahme des Thermoelementes angebracht ist; um das Ausbringen der erstarrten Schmelze ohne Zerstörung des Tiegels zu ermöglichen, ist der Innenraum und der Rohransatz konisch gestaltet. Henry Weissbrodt[2] versieht den Tiegelausguß mit einer dickwandigen „Brücke", welche Schlacken und

---

[1] Loebe, Metallurgie 7, 5 (1910). Bezugsquelle: Vereinigte chem.-metallurg. und metallogr. Laboratorien, Berlin C. 10, Adlerstr. 7.

[2] Weissbrodt, Das Metall 1914, 270. — Hersteller: Joseph Dixon Crucible Comp. of Jersey City N.-J.

Fremdstoffe (Koks, Kohle) beim Ausgießen des Metalls zurückhalten soll, indem die Tiegelwandung an der Ausgußstelle 2—3mal dicker hergestellt und mit einer schräg nach oben führenden, als Ausguß dienenden Durchbohrung versehen wird. Einen zerlegbaren Kohletiegel beschreibt ERICH MÜLLER (vgl. dieses Handbuch II, S. 276).

Kapellen. Eine besondere Abart der Gefäße sind die sogenannten Kapellen oder Coupellen (von coupe = flache Schale), kleine Gefäße mit mehr oder weniger halbkugelförmiger Vertiefung (Fig. 190). Während man sonst meist wünscht, daß die Gefäße möglich dicht und wenig porös sind, wird bei diesen eine gewisse Porösität gefordert. Man benutzt sie in der Metallurgie zur Vornahme oxydierender Schmelzungen, wobei die gebildeten Oxyde von der porösen Coupellenmasse aufgesogen werden sollen, ohne sich chemisch mit dieser zu verbinden. Als Material dient meist Knochenmehl, Holzasche, Seifensiederasche (Äscher). Für manche Zwecke werden gelegentlich auch Coupellen aus Ton, Holzkohle, Cokes verwendet. Näheres über Herstellung und Verwendung der Coupellen s. das in der Fußnote S. 309 zitierte Werk von KERL. Coupellen aus Knochenmehl sind auch im Handel zu haben.

Es sei darauf hingewiesen, daß die Coupellen, welche bisher fast nur in der Metallurgie (z. B. zum Abtreiben von Gold und Silber) gebraucht werden, einer allgemeineren Anwendung fähig sind, zumal da sich wahrscheinlich fast alle feuerfesten Massen in hinreichend poröser Form, wie es für die Coupellen erforderlich ist, werden herstellen lassen. So könnten die Coupellen gelegentlich zum Umkristallisieren aus dem Schmelzfluß, zur Trennung der Kristalle von anhaftender Mutterlauge, zur Scheidung zweier nicht miteinander mischbarer Schmelzen von verschiedener Viskosität usw. verwendet werden.

Selbstherstellung feuerfester Gefäße. Beim Arbeiten bei hohen Temperaturen wird man öfter in die Lage kommen, sich Gefäße oder Apparate aus feuerfesten Massen selbst herstellen zu müssen, sei es, daß man neue, bisher nicht gebrauchte Massen verwenden will, sei es, daß die gewünschten Formen nicht im Handel erhältlich sind. Bei den einzelnen feuerfesten Massen ist oben gelegentlich auf Verfahren für die Herstellung feuerfester Gefäße hingewiesen worden. Hier mögen noch einige allgemeinere Winke Platz finden.[1]

Die in Aussicht genommene feuerfeste Masse ist zunächst in einer Zerkleinerungsmaschine (Kollergang oder Kugelmühle) zu einem gleichmäßig feinen Pulver zu zerreiben, eine Operation, welche man am besten in einer Fabrik ausführen läst, falls man das Material nicht gleich in der erforderlichen Beschaffenheit beziehen kann. Bei manchen Stoffen muß die Masse möglichst feinkörnig sein, während in anderen Fällen, wie z. B. bei Schamotte, Quarz, totgebrannten oder geschmolzenen Stoffen, ein

[1] Weitere Angaben finden sich in der keramischen Literatur; vgl. besonders S. 286, Anm. [3]. Die von RUFF und seinen Mitarbeitern (vgl. S. 303, Anm. [2]) mit Zirkon angestellten Versuche dürften auch für andere feuerfeste Massen beachtenswerte Anregungen geben.

gröberes, scharfkantiges Pulver geeigneter ist. Das gröbere Korn erhöht bei Stoffen, die keine Feuerschwindung zeigen, die Feuerfestigkeit, das feinere Korn (und die stärkere Sinterung) dagegen die Beständigkeit gegen Korrosion[1].

Vielen feuerfesten Massen setzt man noch ein keramisches Bindemittel, sowie einen organischen Klebstoff zu. Das Bindemittel bezweckt durch Sinterung bei der Brenntemperatur die einzelnen Teilchen der Masse miteinander zu verkitten und die Porösität zu vermindern; der Klebstoff dagegen soll der Masse beim Trocknen und Brennen Halt geben, bis die Sinterungstemperatur erreicht ist. Da das keramische Bindemittel die Schmelzbarkeit erleichtert, und der Klebstoff die Porigkeit vergrößert, wird man möglichst wenig von ihnen zusetzen, bzw. ganz ohne sie auszukommen suchen. Den Zusatz eines keramischen Bindemittels kann man oft dadurch umgehen, daß man einen Klebstoff mit größerem Aschengehalt wählt oder Kuhhaare, Stroh, Pferdemist und dergleichen beimengt; die Verkittung wird dann durch die Aschenbestandteile hervorgerufen. Andererseits machen stark plastische Bindemittel den Zusatz eines Klebstoffes unnötig.

Das bequemste Bindemittel ist Ton oder Kaolin, welche man am besten gebrauchsfertig (ungebrannt) von einer keramischen Fabrik bezieht. Wegen ihres höheren Schmelzpunktes ist besonders ungebrannte MARQUARDTsche Masse[2] zu empfehlen. Um ein Zusammenschmelzen schon bei niedrigeren Temperaturen zu erzielen, können Wasserglas, Glasurmasse, Borsäure, Boraxglas verwendet werden. Aus gebrannter, gesinterter oder geschmolzener Magnesia, Tonerde, natürlichem und künstlichem Korund, Schmirgel, Zirkon, Chromeisenstein, Karborund und ähnlichen Stoffen, sowie Mischungen derselben lassen sich ohne tonige Bindemittel Gegenstände herstellen, wobei allerdings in der Formgebung Schwierigkeiten zu überwinden sind.[3] Oft kann die Verkittung bewirkt werden, indem man einen Teil der Masse in besonders staubfeiner[4] Form, wie sie z. B. durch längeres Verreiben mit Wasser erhalten wird, zusetzt oder eine kolloide, bzw. amorphe Modifikation derselben beimengt. Als Klebstoffe können Glycerin, Zucker, Stärke[5], Mehl, Salep, Dextrin, Tragant[6], Gummi arabicum (Akaziengummi), Kirschgummi, Gelatine, Agar-Agar, Knochenleim[7], Lederleim (Hautleim), Celloidin in Amylacetat[8], Teer, (verdorbenes) Bier ver-

---

[1] Zur Prüfung gegen Korrosion schmilzt man nach KERL (Metallurg. Probierkunst, 2. Aufl. 1882, S. 93) mit einem Gemisch von Bleioxyd und Kupferoxyd aus.

[2] Bezugsquelle: Königliche Porzellan-Manufaktur in Berlin.

[3] SIMONIS, Sprechsaal **40**, Nr. 29 (1907); ferner RUFF u. Mitarbeiter, vgl. S. 303, Anm. 2.

[4] Vgl. auch SEEMEN, D. R. P. 195772; Zentr. **1908** I, 1352.

[5] 2—0,5 prozentige Lösungen; das Schimmeln derselben kann man durch Zusatz einiger Tropfen einer 10 prozentigen weingeistigen Lösung von β-Naphthol verhindern.

[6] 2 prozentige Lösungen; Verhütung des Schimmelns vgl. vorige Anm.

[7] Wäßrige Lösungen faulen leicht.

[8] Wird in der Glühlampenindustrie für Metallfäden verwendet.

wendet werden. Den Klebstoff fügt man entweder trocken oder in Form einer (meist wäßrigen) Lösung zu. Nach RUFF und seinen Mitarbeitern[1] verhalten sich Mehlkleister und Rohrzucker ungünstiger als Stärke, und Stärkekleister ungünstiger als trockene Stärke, indem sie die Porigkeit erhöhen.

Nachdem man durch Aussieben und Mischen (am besten in einer Mischmaschine) die Masse soweit als möglich homogenisiert hat, feuchtet man sie mit soviel Wasser (bzw. mit Klebstofflösung, Tonwasser, Teer, Öl, Petroleum) an, daß sie sich ballen läßt, ohne in der Hand beim Drücken Feuchtigkeit zurückzulassen und formt sie entweder mit der Hand über einen hölzernen Kern oder durch Einstampfen mit einem Stampfholz in eine hölzerne oder eiserne Form oder durch Pressen in einer Form aus Holz, Gips, Metall.[2] Die Formgebung durch Einstampfen wird meist nur bei größeren Gefäßen ausgeführt. Das Formen mit der Hand gibt gleichmäßigere, dichtere und festere Scherben als das Formen in der Schlag- oder Rohrpresse. Die Verwendung einer Presse hat den Vorzug, daß man weniger wasserhaltige „steifere" Massen verarbeiten kann, welche schneller trocknen, weniger stark schwinden und infolgedessen beim Trocknen weniger leicht reißen. Gipsformen haben den Vorteil, saugend auf die Masse zu wirken und sie schneller soweit zu entwässern, daß sie sich selbst trägt.

Für den Laboratoriumgebrauch empfehlen sich Formen aus Holz oder Metall (Messing oder Bronze). Eine einfache Form[3] zeigt Fig. 191. Sie besteht im wesentlichen aus zwei Teilen: der eigentlichen Form (Matrize oder Nonne) und einem Stempel (Patrize oder Mönch). Zweckmäßig gestaltet man die Matrize so, daß der Boden abnehmbar ist, um den Formling leichter herausbringen zu können. Man reibt Matrize und Patrize mit etwas Olivenöl ein, füllt die Masse möglichst ohne schädliche Zwischenräume hinein, setzt den Stempel auf und drückt ihn unter stetem Drehen fest. Ein pfeifender Ton beim Eindrücken kann nach KERL[4] als Kennzeichen für hinreichende Festigkeit gelten. Bei steiferen Massen schlägt man den Stempel mit einem Holzhammer oder man benutzt eine Schraubenpresse. Den Formling nimmt man vorsichtig heraus, trocknet ihn zunächst im Schatten bei Stubenofenwärme, bis er Lederhärte erreicht hat, hierauf bei größerer Wärme, bis er beim Kratzen am Boden hart erscheint, dann bei 120 bis 140° und erhitzt ihn allmählich auf die gewünschte Brenntemperatur. Das Trocknen muß immer auf einen genügend langen Zeitraum ausgedehnt

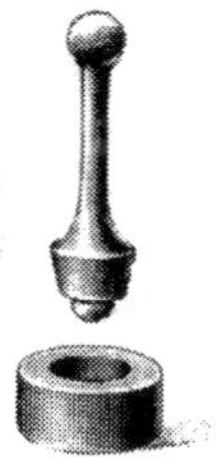

Fig. 191. Einfache Form für Schalen und Tiegel.

---

[1] l. c. S. 303, Anm. 2.

[2] In den keramischen Fabriken erfolgt die Formgebung vielfach auch noch auf der Töpferscheibe.

[3] Andere Formen s. KARMARSCH und HEEREN, Technisches Wörterbuch 7, 63 (1884); RUFF und Mitarbeiter, l. c. S. 303, Anm. 2.

[4] KERL, Metallurg. Probierkunst, 2. Aufl. 1882, S. 96.

werden, um eine gleichmäßige Luftschwindung herbeizuführen, da sonst schon beim Trocknen Risse und Sprünge entstehen. Die Brenntemperatur sollte zweckmäßig so gewählt werden, daß sie etwas höher liegt als die Temperatur, bei welcher die Gefäße später verwendet werden sollen. Bei Massen, welche stark schwinden oder reißen, kann man sich oft dadurch helfen, daß man sie zunächst bei möglichst hoher Temperatur brennt („Totbrennen“) und dann (nach dem Pulvern und Sieben) mit Bindemittel und Klebstoff oder auch mit der ungebrannten Masse versetzt. Festigkeit, Schwindung. Porigkeit werden, außer durch die Brenntemperatur, auch durch die Vorgeschichte (feuchte oder trockne Aufbewahrung, Unreinigkeiten, Alter, Einwirkung von Frost, Hitze usw.) des verwendeten Stoffes, die Gleichmäßigkeit der Mischung, die Korngröße, die Art der Formgebung bestimmt.

Die meisten feuerfesten Massen haben den Nachteil, daß sie mehr oder weniger porös und infolgedessen nicht gasdicht sind. In manchen Fällen kann diesem Übelstande durch Auftragen einer Glasur[1] begegnet werden oder durch Beimengen eines Flußmittels oder eines leichter schmelzenden Tons oder durch Zufügen eines anderen feuerfesten Materials, das bei hohen Temperaturen mit der Hauptmasse in Reaktion tritt (z. B. Kieselsäure zu basischen, Kalk zu sauren Oxyden); freilich wird dadurch die Schwerschmelzbarkeit und die Feuerfestigkeit herabgemindert. In vielen Fällen kommt man zum Ziel, indem man andere Gefäße mit der gewünschten Masse ausfüttert oder umkleidet. So kann man z. B. Porzellan oder Schamotte mit Kohle (vgl. Fig. 182 und 185), Graphit[2], Magnesia[3], Kalk[4], Tonerde, ferner Kohlegefäße mit Magnesia[5], Kalk auskleiden[6]. Stoffe, die bei der Brenntemperatur miteinander reagieren, sind durch eine Zwischenschicht zu trennen (z. B. Porzellan und Magnesia durch Platin- oder Nickelblech, Tonerde, Chromit). Zur Erhöhung der Feuerbeständigkeit und zur Verhütung des Reißens beschlägt man nach Kerl[7] Tongefäße von außen mit einer Komposition von Ton, Quarzsand, Schamotte und kurzgeschnittenen Adhärenzmitteln (Kuhhaaren, Stroh usw.).

Endlich sei noch darauf hingewiesen, daß sich gelegentlich Reaktionen bei hohen Temperaturen ohne Gefäße ausführen lassen. So reduzierten Prandtl und Bleyer[8] Vanadinpentoxyd nach dem Thermitverfahren in einem aus Flußspatpulver hergestellten Schacht.

---

[1] Kerl, (Metallurg. Probierkunst, 2. Aufl. 1882, S. 100) empfiehlt als Glasur ein Gemisch von 1 Teil Borax und 9 Teilen Lehm oder 2 Teilen Glaspulver.

[2] Wallace, Z. anorg. Ch. **63**, 2 (1909).

[3] Tamaru, Z. anorg. Ch. **62**, 83 (1909).

[4] Vgl. dieses Handbuch II. S. 301.

[5] l. c. Anm. (3).

[6] Vgl. auch Forbes, dieses Handbuch II. S 276. Andere (nicht feuerfeste) Kombinationen: Glimmerblättchen mit Tons. Tammann, Z. anorg Ch. **40**, 55 (1904); Glas mit Asbest und Ton: Grube, Z. anorg Ch. **44**, 118 (1905); Glas in Porzellan, durch Asbestpapier getrennt: Donski, Z. anorg. Ch. **57**, 200 (1908).

[7] Kerl, Metallurg. Probierkunst, 2. Aufl. 1882, S. 100.

[8] Z. anorg. Ch. **64**, 217 (1909); Ber. **43**, 2602 (1910).

Kitte für hohe Temperaturen.[1] Zum Kitten feuerfester Materialien nimmt man am einfachsten geschlemmten Ton, Kaolin oder MARQUARDTsche Masse, die man eventuell mit Magerungsmittel, zermahlenen Scherben von feuerfesten Gefäßen usw. versetzt. Bei geringeren Ansprüchen an Feuerfestigkeit setzt man auch Wasserglas zu. Nach RUER und GOERENS[2] erhärtet ein Kitt aus Pfeifenton und Wasserglas rasch. Für Kohlenstoffsteine empfiehlt GEIGER[3] einen Kitt aus Koksstaub mit Tonmehl (bis zu 20 Proz.) und Wasser oder mit Teer, sowie gewöhnlichen Schamottemörtel.

Bezeichnen der Gefäße. Zum Bezeichnen (Nummerieren) feuerfester Gefäße kann man meist Rötel (Roteisenerz, Toneisenstein), gelegentlich wohl auch weiße Kreide, spanische Kreide (Speckstein), schwarze Kreide (kohlehaltiger Tonschiefer, Zeichenschiefer), Graphit benutzen. Bei weniger hohen Temperaturen ist oft die Schmelzfarbe von REINHARDT[4] verwendbar.

Abdampfen (Eindampfen, Einkochen, Eindunsten, Evaporieren).

Von

A. Stähler-Berlin.

Inhalt.

Unter Abdampfen versteht man die Entfernung einer Flüssigkeit durch Verflüchtigung. Die Operation unterscheidet sich von dem Destillieren (s. d.) dadurch, daß bei ersterer der Hauptwert auf den Rückstand, bei letzterem jedoch auf das Destillat gelegt wird. Durch Abdampfen kann man feste Stoffe aus Lösungen gewinnen, verdünnte Lösungen konzentrieren, sowie Flüssigkeiten auf darin gelöste Verunreinigungen prüfen.

Die praktische Ausführung kann auf verschiedenem Wege erfolgen. Am häufigsten dampft man in offenen Gefäßen ein und greift nur in besonderen Fällen, z. B. bei feuergefährlichen, luftempfindlichen oder schwer

---

[1] Ferner Kitte von VOMÁSKÁ, BERZELIUS, LEHNER s. dieses Handbuch I, S. 590, 591 u. 592. Auch Siloxiton (vgl. S. 293) ist als Kitt brauchbar.
[2] Ferrum **13**, 2 (1915). [3] St. E. **32**, 686 (1912).
[4] Vgl. dieses Handbuch II, S. 276.

flüchtigen Substanzen zu geschlossenen Apparaten. Eine Anzahl Vorrichtungen bezweckt die Beschleunigung des Prozesses, andere die automatische Regulierung.

1. Abdampfen in offenen Gefäßen.

Die offenen Abdampfgefäße sollen eine Form besitzen, die die Ausbreitung der Flüssigkeit auf eine möglichst große Oberfläche gestattet; denn nachweislich steigt die Geschwindigkeit des Abdampfens wesentlich mit der Größe der Flüssigkeitsoberfläche. Am geeignetsten sind daher Schalen, und zwar aus Glas, Porzellan oder widerstandsfähigem Metall. Das in jedem Falle geeignete Gefäßmaterial wählt man sich nach den in Bd. I unter diesem Gegenstand gemachten Angaben, sucht also bei alkalischen Flüssigkeiten eine Schale aus Silber oder Platin aus, während bei neutralen oder sauren Flüssigkeiten Porzellan oder Jenaerglas, bei Präzisionsbestimmungen Quarzglas am Platze sind. Zu beachten ist bei der geplanten Nachbehandlung des Abdampfrückstandes insbesondere auch die Temperatur, auf welche dieser später gebracht werden soll. Bei beabsichtigtem nachherigen Glühen ist oft ein Tiegel der Schale als Abdampfgefäß vorzuziehen, während bei tieferen Temperaturen auch flache Bechergläser verwendet werden können. Ungeeignet sind letztere, wenn der Abdampfrückstand fest haftende Krusten an der Gefäßwandung bildet, da in diesem Falle die Entfernung des Rückstandes schwierig ist.[1]

Bei großen Flüssigkeitsmengen, die nur wenig feste Substanz enthalten, dampft man zunächst in größeren Gefäßen ab und wechselt mit zunehmender Konzentration diese gegen kleinere aus. Es gelingt dann, die zurückbleibenden Stoffe auf einer kleinen Oberfläche und daher mit größerer Ausbeute zu sammeln.

Geht das Abdampfen bei gewöhnlicher Temperatur vor sich, so spricht man von einer Verdunstung.

Eine wesentliche Beschleunigung des Abdampfens wird erzielt, wenn die oberhalb der Flüssigkeit befindliche Atmosphäre ständig durch ein trockenes Gas ersetzt bzw. durch eine Saugvorrichtung entfernt wird. Um z. B. das Abdunsten ätherischer Auszüge bei gewöhnlichen Temperaturen zu beschleunigen, hebert Vulpius[2] den Ätherdampf mit einem Glasheber ab. Eine andere Methode besteht darin, daß man die Schale mit dem zu verdunstenden Inhalt in den etwa auf Handbreite geöffneten Spalt eines gut ziehenden Abzuges stellt (Fig. 192). Die in der Richtung des Pfeiles vorhandene starke Luftbewegung veranlaßt ein schnelles Eindunsten des Schaleninhalts. Mitunter stellt man auch durch ein oberhalb der Schale angebrachtes Glimmerflügelrad die nötige Zirkulation her (Fig. 193).

[1] Über Abdampfschalen und -kessel aus Porzellan s. Bd. I S. 120, aus Glas S. 97, aus Steingut S. 126, aus Platin S. 141, aus Eisen S. 171.

[2] Dingl. **222**, 462.

Bei höherer Temperatur leistet ein über der Schale befindlicher umgekehrter Trichter als Kamin gute Dienste.

VOGEL[1] bringt über der Schale einen Trichter mit abgesprengtem Halse an und läßt ein rechtwinklig gebogenes Stück Glasrohr hineinmünden. Es entsteht eine Luftzirkulation, wodurch das Abdampfen wesentlich beschleunigt wird (vgl. auch GIRDWOOD).[2]

Die bekannteste Vorrichtung dieser Art ist der VICTOR-MEYER-Trichter,[3] bei dem nach dem Prinzip der bekannten Fliegenfänger der untere Rand nach innen gebogen ist, so daß die an den Innenwänden kondensierte Flüssigkeit sich darin ansammeln und von Zeit zu Zeit durch einen vorhandenen Seitentubus abgelassen werden kann (Fig. 194).

Bei präparativen oder qualitativen Arbeiten wird man wäßrige Lösungen meist über freier Flamme einkochen; bei quantitativen Arbeiten benutzt man ein Dampf- (Wasser-) oder Heißluftbad. Auch elektrische Heizvorrichtungen sind hier zu empfehlen.

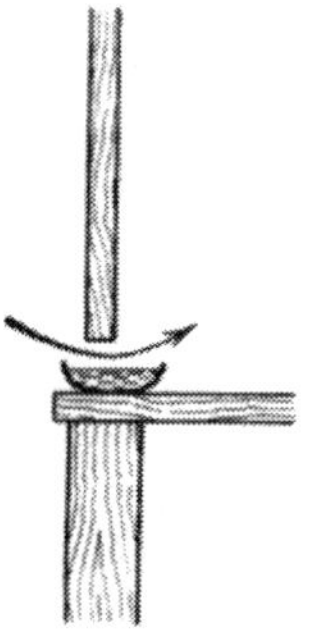

Fig. 192. Verdunsten im Luftzug.

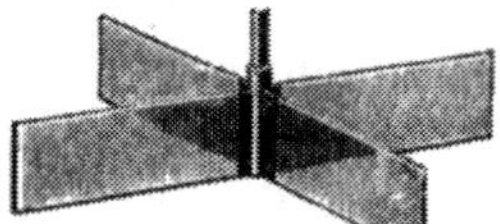

Fig. 193. Glimmerflügelrad zum Beschleunigen des Abdampfens.

Fig. 194. Schutztrichter nach V. MEYER.

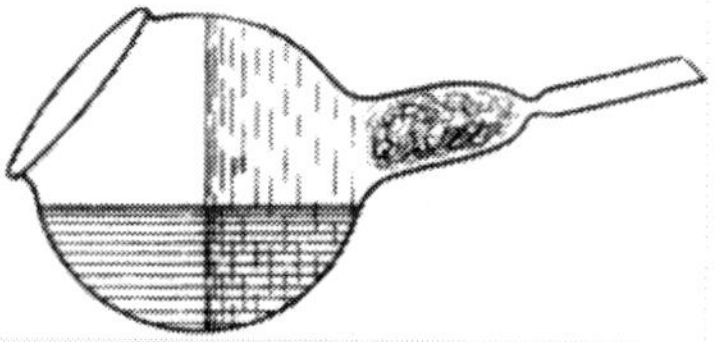

Fig. 195. Kombination von Abdampfschale und Trichter.

Bei Verwendung von Gasheizung sind die in Bd. I S. 327 (Figg. 457 und 458) angegebenen Abdampföfen geeignet. Auch die S. 465 ff. beschriebenen Vorrichtungen werden gelegentlich gute Dienste leisten.

Die elektrisch heizbare Abdampfvorrichtung von RUDOLF KRAHÉ (Stahl u. Eisen **28**, 1547 [1908]) besteht aus einer mit Steckkontakt versehenen Aluminiumplatte, die auf einer Eichenholzplatte befestigt ist und einige Glühlampen nebst den nötigen Ausschaltern trägt. Über den Glühlampen befinden sich Glaszylinder, auf welche man Porzellanringe verschiedener Größe bringen kann.

Eine Abart des Abdampfens ist das Trocknen feuchter, d. h. mit Mutterlauge behafteter Kristalle (s. „Trocknen"). Zwecks Eindampfens zur Kristallisation hat BOSNJAKOVIĆ[4] einen Apparat konstruiert, der gleichzeitig als Abdampfschale und Trichter verwendet werden kann (Fig. 195). Nach dem Auskristallisieren der Substanz dreht man das Gefäß um 90°, filtriert die Kristalle ab und trocknet sie gewünschten Falls in einem Gas- oder Luftstrom.

[1] Repert. d. analyt. Chem. **3**, 9 (1883).
[2] The Analyst **35**, 16. Jan. 1910.
[3] V. MEYER u. TREADWELL, Ber. **16**, 3000 (1883).
[4] Z. anal. Ch. **37**, 30 (1898).

Schutzvorrichtungen beim Eindampfen.

Um beim Abdampfen das Hineinfallen von Staub usw. in die Flüssigkeit zu verhindern, bringt man darüber entweder einen VICTOR-MEYER-Trichter[1] (s. o.) oder einen mit Filtrierpapier bespannten Holzrahmen an.[2]

Zur Vermeidung des Stoßens und Spritzens konzentrierter Lösungen, wobei nicht nur Substanzverluste eintreten, sondern auch die Gefäße springen können, muß man die Flüssigkeit möglichst gleichmäßig erhitzen und ständig dabei umrühren. TH. SCHUMANN[3] will das Stoßen siedender Flüssigkeiten dadurch vermeiden, daß er in dieselbe eine oben geschlossene, unten offene mit Luft gefüllte Glasröhre hängt. Die beim Erwärmen sich ausdehnende Luft perlt durch die Flüssigkeit und bewirkt tagelanges gleichmäßiges Sieden. E. WINKELHOFER[4] empfiehlt eine schwache Elektrolyse der siedenden Flüssigkeit zur Verhinderung von Siedeverzügen, H. MÜLLER[5] ein bis auf den Boden des Siedegefäßes reichendes Capillarrohr, durch welches ein kontinuierlicher Strom von CO_2 oder H_2 geleitet wird. Wenn angängig, bringt er statt dessen in die Flüssigkeit etwas Natriumamalgam oder bei sauren Flüssigkeiten Zinnnatrium. Die Methode von PELLOGIO[6], der mit einem weiten, fast bis auf den Boden des Gefäßes reichenden, außen rechtwinkelig umgebogenen und zu einem mit der Außenluft kommunizierenden Capillarrohr ausgezogenen Glasrohr günstige Erfahrungen gemacht hat, ist nach G. HAGER[7] unzureichend.

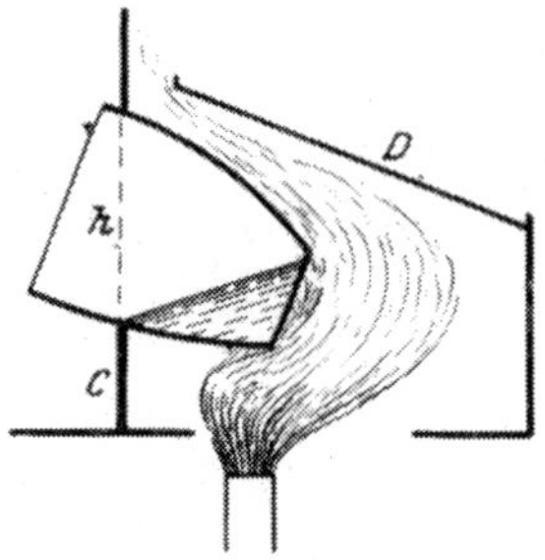

Fig. 196. Abdampfvorrichtung nach JÜPPNER.

BERZELIUS empfiehlt für stoßende Flüssigkeiten einen schief gestellten Platintiegel, der von oben her erhitzt wird. Dem gleichen Zwecke dient der von JÜPPNER[8] vorgeschlagene Apparat zum Erhitzen von Platintiegeln (s. Fig. 196). Bei einigen Flüssigkeiten, z. B. bei Schwefelsäure ist diese Art des Eindampfens fast immer notwendig. Man kann sie in der Weise vervollkommnen, daß man den betreffenden Tiegel mit seinem oberen Teile in einen Ringbrenner (s. Bd. I S. 322 Fig. 445) hineinhängt.

Die Vorteile der Anwendung von Oberhitze kann man sich auch in anderer Weise zunutze machen. So befestigt H. J. S. SAND[9] zu diesem Zwecke eine Platte aus geschmolzenem Quarzglas über der Abdampfschale und erhitzt sie mittelst eines Brenners. Mit Hilfe dieser Vorrich-

[1] l. c. [2] Vgl. STOCK-STÄHLER S. 12 Fig. 8 (1909).
[3] Am. J. Pharm. **41**, 527. Z. anal. Ch. **9**, 148 (1870).
[4] Ber. **2**, 194 (1869). Dingl. **193**, 30. Z. anal. Ch. **9**, 247 (1870).
[5] Chem. N. **20**, 53. Dingl. **194**, 40. Z. anal Ch. **9**, 248 (1870).
[6] Z. anal. Ch. **6**, 396 (1867).
[7] Pharm. Zentr. **9**, 105. Z. anal. Ch. **8**, 61 (1869).
[8] Zentr. 1889 II, 1011.
[9] J. Soc. Ch. Ind. **26**, 1225 (1907). Zentr. 1908 I, 506.

tung kann man Wasser $1^1/_2$ mal schneller als bei Verwendung eines Wasserbades mittlerer Größe eindampfen.

Bei kleinen Flüssigkeitsmengen läßt sich dasselbe Prinzip durch Benutzung des in Fig. 197 wiedergegebenen Apparates von W. Hempel verwirklichen.[1] *A* ist ein umgekehrt aufgestellter Argandbrenner, *D* ein Porzellanrohr, welches durch *G* gehalten wird. Oberhalb *D* sitzt ein gläserner Schornstein *F*. *M* ist ein auf- und abschiebbares Tischchen. *L* ist ein umgekehrtes Becherglas mit abgesprengtem Boden. Die abzudampfende kleine Flüssigkeitsmenge kommt in einen Porzellantiegel *T*, der in das umgestülpte Becherglas gestellt wird.

Um diesen Apparat in Tätigkeit zu setzen, verfährt man nach Hempel folgendermaßen. Das Porzellanrohr *D* und das Glasrohr *F* werden zunächst so hoch gestellt, daß sich die Öffnung des ersteren ungefähr in der Mitte des Argandbrenners befindet. Das Gas wird nunmehr entzündet und der Strom so reguliert, daß nur ganz kleine Flammen entstehen, dadurch wird erreicht, daß der Brenner das Porzellan- und das Glasrohr nicht sehr stark erwärmt. Man bringt dann den gefüllten Tiegel auf den Teller *M*, zweckmäßig mit Anbringung einer Asbestschicht *m*. Über den Tiegel stülpt man dann das Becherglas *L* um und schiebt den Tisch so hoch, daß der Tiegelrand etwa 7 mm unter den Brennerrand zu stehen kommt. Senkt man jetzt das Porzellanrohr *D* bis dicht an die Oberfläche der Flüssigkeit hinab, so wird die Flamme, gezwungen unmittelbar über letztere zu streichen. Das Porzellanrohr wird allmählich dunkel rotglühend. Da die Luft am oberen Rande des Becherglases und zwischen den Brenner und das Porzellanrohr eindringt, so wird dieses vorgewärmt. Das gleiche gilt für das Glasrohr. In dem Maße, wie die Erwärmung vor sich geht, rückt man den Tiegel näher an das Porzellanrohr heran.

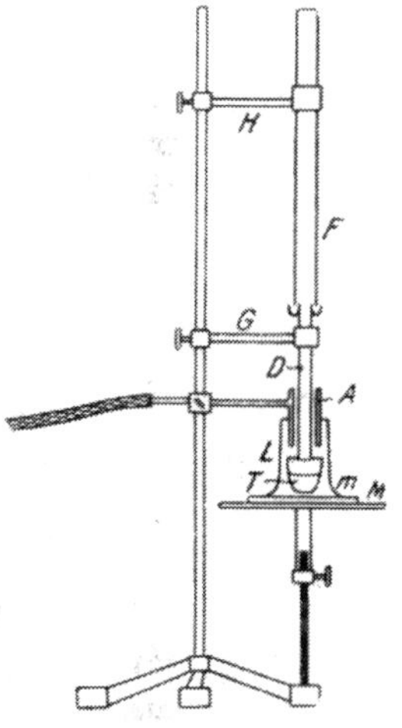

Fig. 197. Eindampfen mittels Oberhitze nach Hempel.

Man kann in derartigen Apparaten die konzentriertesten Säuren eindampfen, auch Silicate usw. mit größter Leichtigkeit aufschließen. Verwendet man Lösungen, die beim Eindampfen Kristalle abscheiden, so tritt bekanntlich beim Trocknen der letzteren infolge Dekrepitation ein Verschleudern von Substanz ein (z. B. Kochsalz). Dies kann man verhindern, indem man den Tiegel in eine kleine Porzellanschale mit Wasser stellt und das verdampfende Wasser durch Nachgießen allmählich ersetzt, man hat dann gewissermaßen ein Warmbad mit Oberhitze. — Beim Eindampfen auf Schalen läßt man das Becherglas fort und stellt die Schale direkt unter den Brenner.

[1] Zentr. **1888**, 568. Ber. **21**, 900 (1888); **22**, 2479 (1889).

Dieses Verfahren läßt sich auch in größerem Maßstabe ausführen, besonders in Verbindung mit einem durch Oberflächenverbrennung betriebenen Heizapparat. Von BONE[1] wird zu diesem Zwecke die in Fig. 198 dargestellte Heizplatte empfohlen, die beim Gebrauche mit der ganzen Fläche über die zu verdampfende Flüssigkeit gebracht wird.

Ein unangenehmer Übelstand, der namentlich beim Eindampfen von Ammoniumsalzen eintritt, ist das Hochkriechen oder Effloreszieren der kristallisierten Substanz. Man kann diese Erscheinung nur dadurch vermeiden, daß man die Seitenwände der Schale heißer als die Flüssigkeit erhält. Auf diese Weise trocknet die sich hochziehende Salzmasse vollkommen aus, bevor sie den oberen Rand des Gefäßes erreicht.

Zum Schutze gegen Belästigungen durch übelriechende oder die Atmungsorgane angreifende Dämpfe wird das Abdampfen in offenen

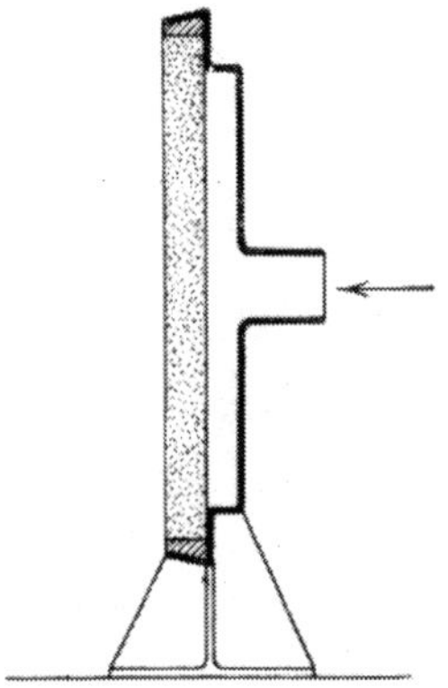

Fig. 198. Heizplatte mit Oberflächenverbrennung.

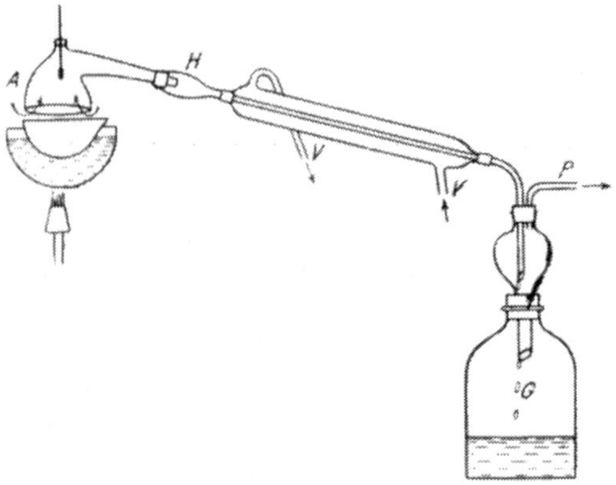

Fig. 199. Abdampfen feuergefährlicher Flüssigkeiten.

Schalen oder Tiegeln unter dem Abzug angeführt. Eine zweckmäßige Einrichtung hierzu ist auch bereits in Bd. I S. 562 Fig. 719 (vgl. ebendort STUART) beschrieben worden.

Schädliche oder unangenehm riechende Dämpfe beim Verdampfen von Flüssigkeiten kann man nach COOLEY[2] auch entfernen, wenn man über der Schale einen Trichter anbringt, welcher mit der Wasserstrahlpumpe in Verbindung steht, eventuell schaltet man noch eine mit Wasser gefüllte Waschflasche dazwischen.

Die in Fig. 199 wiedergegebene Vorrichtung von A. KALECSINSZKY[3] dient zum Abdampfen übelriechender oder leicht feuerfangender Flüssigkeiten aus Schalen. Auch wird hier das Prinzip angewandt, die aufsteigenden Dämpfe in einem Luftstrom möglichst schnell zu entfernen. Ein umgekehrter Retortenteil A oder auch Trichter wird in seinem untersten Teile mit einem LIEBIGschen Kühler HV verbunden. Letzterer

---

[1] Ber. **46**, 20 (1913).
[2] Z. anal. Ch. **24**, 410 (1885).
[3] Zentr. 1891 I, 300, Fig. 1.

ührt in einen Vorstoß, welcher auf einer Flasche *G* aufsitzt, in der sich das Destillat ansammelt. Das Rohr *P* steht mit einer Saugpumpe in Verbindung.

Über eine Modifikation dieses Apparates für Vakuumdestillationen s. unten (S. 318).

Über Heizvorrichtungen für feuergefährliche Stoffe s. Bd. I „Heizquellen“ (S. 304).

Das Abdampfen aus offenen hohen Gefäßen geht nur bei siedender Flüssigkeit einigermaßer schnell vonstatten, andernfalls muß man im Gasstrom oder im luftverdünnten Raum arbeiten.

Fig. 200. Kochbecher nach ZENGHELIS.

Zum schnellen Einkochen von Flüssigkeiten aus Kolben hat ZENGHELIS einen Apparat konstruiert[1] (Fig. 200), der aus einem etwa 300—400 ccm fassenden Philippsbecher besteht, welcher an beiden Seiten des Ausgusses 3 cm vom Bodenrande entfernt zwei sich gegenüberliegende Löcher besitzt, deren Ränder nach innen gebogen sind, so daß kein Verspritzen eintreten kann. Man bedeckt das Gefäß mit einem Uhrglas, die konkave Seite nach unten, und steckt durch die Bohrung einen unten zugespitzten Glasstab, der eine Verdickung besitzt, so daß er etwa bis zu 1 cm vom Boden in den Kolben hineinragt.

GAWALOVSKI wendet zum raschen Eindampfen im Kolben folgenden einfachen Apparat an.[2] In einem weithalsigen Glasballon wird ein Trichterrohr mit Kondensatorenkugel verkehrt an starken Platindrähten aufgehängt. Dieses Rohr wirkt wie ein Kamin.

2. Eindampfen in geschlossenen Gefäßen.

a) Im Gas- oder Luftstrom.

Das Eindampfen im geschlossenen Gefäß ist in mehrfacher Beziehung vorteilhaft, vor allem aus dem Grunde, weil man das Destillat auf mitgerissene Substanzteilchen prüfen und außerdem bei übelriechenden Flüssigkeiten leicht Auffangvorrichtungen anbringen kann. Die Schwierigkeit der langsamen Diffusion überwindet man entweder durch Einleiten geeigneter trockener Gase oder durch Anwendung eines luftverdünnten Raumes. Man benutzt hierzu z. B. eine tubulierte Retorte[3], deren Hals man mit einer Kühlvorlage verschließt, und leitet durch den Tubus das indifferente Gas über die im Bauch der Retorte befindliche Flüssigkeit, deren Temperatur wenig unterhalb des Siedepunktes gehalten werden muß. Diese Art des Eindampfens ist seit mehr als hundert Jahren bekannt und hat sich besonders bei Präzisionsarbeiten bewährt. Man findet einige Vorrichtungen in dem Kapitel „Atomgewichtsbestimmungen“ Bd. III 2. Hälfte S. 1264, 1269, 1273 beschrieben.

---

[1] Z. anal. Ch. **45**, 758 (1906). [2] Z. anal. Ch. **12**, 181 (1875) Abb.
[3] BRUGNATELLI, Ber. **11**, 345 (1878).

Das Abdampfen muß in diesen Apparaten so geleitet werden, daß ein blasenförmiges Aufsieden der Flüssigkeit unbedingt unterbleibt. Achtet man hierauf peinlichst, so wird man in den angeschlossenen Vorlagen nicht die geringste Spur mitgerissener Substanz vorfinden. Trotzdem ist es natürlich zweckmäßig, Vorlagen anzubringen, um gegen alle Eventualitäten gewappnet zu sein, zumal sie ohnehin notwendig sind, da die der Operation des Abdampfens vorausgehende Ausführung der eigentlichen Reaktion in der Regel mit Gasentwickelung verbunden ist, die bei Abwesenheit von Vorlagen leicht zu Verlusten führt.

Über das Mitgerissenwerden von festen Substanzteilchen beim Abdampfen von Lösungen siehe auch: C. r. **103**, 1128.

b) Im luftverdünnten Raum.

Zum Abdampfen von Flüssigkeiten in Schalen unter Verwendung eines luftleeren Raumes hat Donath[1] folgenden Apparat vorgeschlagen (Fig. 201). Die Vorrichtung besteht aus einem unteren Teil *a* und einem

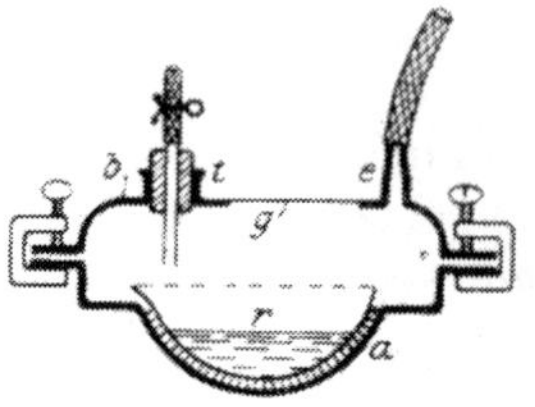

Fig. 201. Abdampfglocke nach Donath.

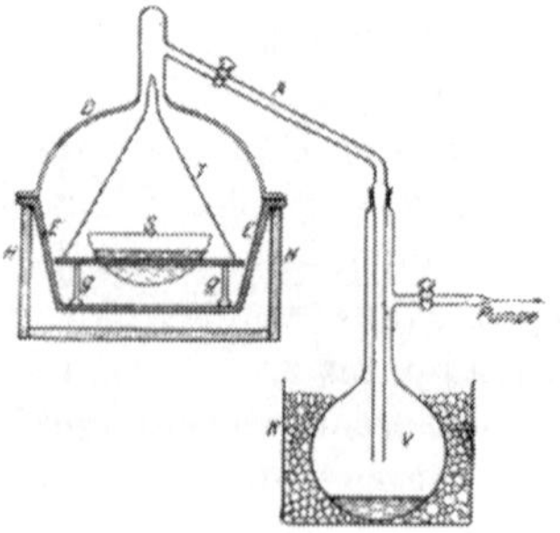

Fig. 202. Abdampfvorrichtung nach Stähler und Tesch.

oberen Teil *b* aus starkem Kupfer. In *b* befindet sich ein Tubus *t* für einen durchbohrten Stopfen mit Ansatzrohr. *a* und *b* sind gut aufeinander geschliffen und können mittelst eines Asbestpappen- oder Gummiringes durch sechs Schrauben luftdicht aufeinander gepreßt werden. Zum Kontrollieren des Inhalts befindet sich oben eine dicke durchsichtige Glimmer- oder Glasplatte *g'*. In *a* bringt man zunächst eine Schicht Asbest und darüber eine Porzellan- oder Platinschale *r* mit der Flüssigkeit, dann wird *b* aufgeschraubt und an den Tubus *t* mittelst eines Kautschukschlauches die Vorratsflasche angeschlossen. Man evakuiert von *e* aus und erhitzt die Flüssigkeit gerade zum Sieden. Das Kondensat wird jenseits *e* in einer zwischengeschalteten Kühlvorlage aufgefangen.

Ähnlich ist die Vorrichtung von Stähler und Tesch[2] (Fig. 202). Die Abdampfschale *S* hängt in einem Glasgestell *g*, *g*, auf dem der abgesprengte Schutztrichter *T* ruht. Das Ganze wird in einem Porzellan-

[1] Ch. Z. **32**, 1107.

[2] Vgl. auch Gawalowsky, Z. anal. Ch. **38**, 30 (1899).

behälter *E* mit aufgeschliffener Glashaube *D* untergebracht. Von letzterer führt oben das Ableitungsrohr *A* zu dem als Vorlage dienenden Kolben *V*, der mit der Pumpe in Verbindung steht. *H H* ist eine elektrische Heizvorrichtung, *K* ein Kältebad.[1]

Ohne Saugpumpe kann man nach Prescott[2] im luftverdünnten Raum in folgender Weise ein rasches Abdampfen erzielen. Der Kolben wird durch Kautschukstopfen luftdicht mit einer vier- bis achtmal so großen Vorlage verbunden, in die letztere bringt man etwas Wasser und erhitzt das Ganze auf dem Wasserbad genügend vor. Dann erhitzt man den Inhalt der Vorlage zum Sieden, bis der Dampf aus einer gerade aufsteigenden Glasröhre, welche noch durch den Stopfen der zum Abdichten bestimmten Flasche hindurchgeht, in lebhaften Strahlen austritt. In diesem Augenblick schließt man die letztgenannte Röhre mit einem Glasstab und löscht die Flamme unter der Vorlage aus. Nachdem die Vorlage kalt geworden ist, wird sie in passender Weise gekühlt. Diese Vorrichtung funktioniert nur dann tadellos, wenn alle Verbindungen völlig luftdicht sind.

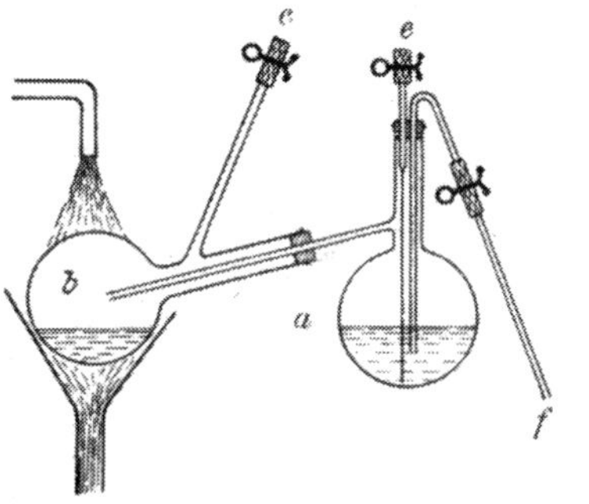

Fig. 203.
Abdampfen im luftverdünnten Raum.

Um größere Flüssigkeitsmengen im Vakuum einzudampfen, kombiniert man zwei Destillierkolben *a* und *b* in der durch Fig. 203 veranschaulichten Weise miteinander. *b* wird durch einen Wasserstrahl oder eine Eispackung gekühlt, von *c* her gesaugt. Zur Erleichterung des Siedens führt man in *a* eine durch den Quetschhahn und Druckschlauch *e* regulierbare Capillare *d* ein. Neue Flüssigkeit kann von Zeit zu Zeit von *f* her nachgesaugt werden. Als Heizbad für *a* benutzt man ein Dampf- oder Ölbad.

Schulze und Tollens[3] haben einen etwas kompendiösen Apparat zum Verdampfen und Konzentrieren im Vakuum konstruiert, der in Fig. 204 wiedergegeben ist.

Die einzudampfende Flüssigkeit saugt man wie soeben aus einem abseits stehenden Gefäß mittelst eines heberartigen Rohres in das in einem Wasserbade erhitzte Kupferschlagenrohr *a*. Man kann den Strom auch durch den Glashahn regulieren und zugleich mittelst des gläsernen Aufsatzes auf der Mündung der Kupferschlange beobachten. Eine Wasserstrahlpumpe erzeugt das erforderliche Vakuum. Der größere Teil der

[1] Auch der Vakuum-Abdampfapparat von R. Fessenden besteht aus einer luftleer zu pumpenden Glasglocke mit einer elektrisch geheizten Platinspirale als Wärmequelle. Chem. N. **61**, 4. Z. anal. Ch. **29**, 587 (1890).

[2] Chem. N. **20**, 222.

[3] Ann. **271**, 46.

übergehenden Dämpfe wird in dem Kühlerrohr kondensiert und von *b* nach *c* und *d* durch die Wasserstrahlpumpe entfernt. Die konzentrierte Lösung fließt nach der Vorlage *f* ab.

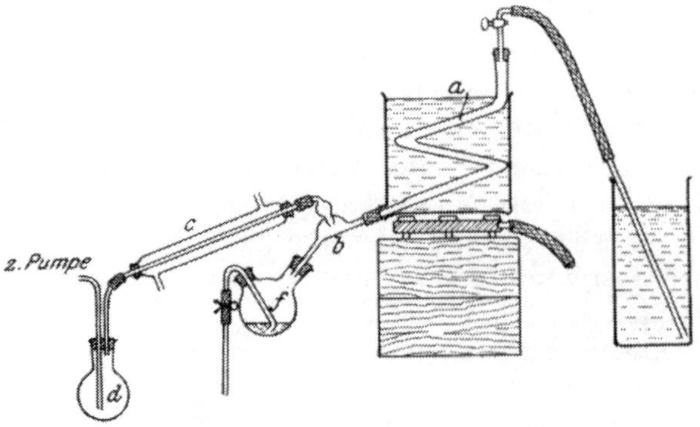

Fig. 204. Abdampfapparat von SCHULZE und TOLLENS.

Man kann dort nach Belieben mittelst einer Hebervorrichtung die konzentrierte Flüssigkeit ablassen. Mit dem Apparat lassen sich in einer Stunde 4—5 Liter Flüssigkeit auf 1 Liter konzentrieren.

3. Automatische Abdampfvorrichtungen.

Zum automatischen Abdampfen von Flüssigkeiten sind einige Vorrichtungen ersonnen worden, die den bereits in Bd. I beschriebenen Filtriervorrichtungen ähneln und wie diese z. T. mit Thermoregulatoren (vgl. S. 520 Bd. I) verbunden sind.

Fig. 205. Automatische Abdampfvorrichtung.

WAGNER[1] hat einen selbsttätigen Regulator zum Abdampfen oder Destillieren von Flüssigkeiten beschrieben, welcher aus einem Wagebalken besteht, an dessen einem Ende sich die Schale oder Retorte mit der zu verdampfenden Flüssigkeit befindet. Am anderen Ende des Wagebalkens wird ein Gewicht angebracht, welches der Flüssigkeitsmenge entspricht, die in der Retorte zurückbleiben soll. Sobald dieser Betrag erreicht ist, senkt sich das Gewicht und löst eine Hebelvorrichtung aus, welche die Flamme löscht. Ganz ähnlich ist ein Apparat von E. F. RAY sowie die in Fig. 205 dargestellte Abdampfwage (Hugershoff).[2]

[1] Z. anal. Ch. **13**, 460 (1879).
[2] Pharm. Record **34**, 706 Abb. Zentr. 1890 I, 202 Fig. 24.

Destillieren und Sublimieren.

Von

F. Krafft-Heidelberg.

Inhalt.

I. Destillation und Sublimation bei gewöhnlichem Druck.

1. Geschichtliches.

Zu den wichtigsten Operationen, deren man in der Chemie für die Darstellung reiner Substanzen aus Gemischen und für die Untersuchung derselben bedarf, gehören die Destillation und die Sublimation. Diese beiden lateinischen Bezeichnungen geben nur dasjenige an, was dabei als Resultat am meisten in die Augen fällt: denn „destillare“ heißt wörtlich übersetzt „abtropfen“, und „sublimare“, das Zeitwort für „sublim“ oder erhaben, bedeutet „in die Höhe heben“. Erhitzt man nämlich in einem unentbehrlichen Apparate besonders früherer Zeiten, der Retorte, eine flüchtige Flüssigkeit hinreichend, dann geht dieselbe in meist farblose und durchsichtige Dämpfe über — was bei Vermeidung von Überhitzung sich in kaum wahrnehmbarer Weise und nur von der Oberfläche der Flüssigkeit aus vollzieht — und diese Dämpfe verflüssigen sich im schräg abwärts gerichteten Retortenhals oder in einer Kühlröhre wieder, um in eine tiefer stehende Vorlage oder Gefäß „abzutropfen“, und das Endresultat hat der aus einer Reihe von Vorgängen bestehenden Operation ihren Namen, „Destillation“, gegeben. Andererseits gehen zahlreiche feste Körper, in einer Retorte von unten her angemessen erhitzt, ohne vorherige Schmelzung in den dampfförmigen Zustand über — gleichfalls bei normaler Arbeitsweise nur von ihrer Oberfläche aus und daher am leichtesten in fein zerteilter Form — um sich an den oberen, durch die Luft abgekühlten Teilen der Retorte und des Retortenhalses unmittelbar aus dem dampfförmigen in festem Zustande wieder anzusetzen: und wenn man diesen Prozeß für die angewandte Substanzmenge bis zu Ende führt, kann man, da die intermediären Dämpfe meistens nicht sichtbar sind, nur feststellen, daß der betreffende Körper aus dem Bauch der Retorte „in die Höhe gehoben“ oder „sublimiert“ worden ist.

Daß das Wesentlichste und Augenfälligste der genannten Kreisprozesse durch ihre Benennung einem jeden vorgeführt wird, hat schon Geber (etwa 700 n. Chr.) in seiner „Summa perfectionis, lib. I cap. 49“ festgestellt: „Est distillatio vaporum aqueorum in suo vase elevatio . . . Descendet distillatio in vas sibi suppositum“, d. h. „Bei der Destillation werden die aus einer Flüssigkeit entweichenden Dämpfe zunächst im Gefäß in die Höhe gehoben . . . Und alsdann wird ein Abtropfen derselben in ein untergestelltes Gefäß stattfinden“. Außer der „Destillation“ unter Anwendung von Feuer, also der Operation im heutzutage ausschließlichen Sinne des Wortes, kannte Geber übrigens auch noch eine solche ohne Feuer, die man jetzt als „Filtration“ bezeichnet, indem auch hier meistens ein Abtropfen (destillare) der filtrierten Flüssigkeit stattfindet. Endlich berichtet derselbe l. c. cap. 43: „Sublimatio est rei siccae per ignem cum adhaerentia sui vasis elevatio“, d. h. „Unter Sublimation versteht man das Emporheben eines festen Körpers vermittelst des Feuers, wobei derselbe sich an die oberen Teile des Gefäßes ansetzt". Mit diesem kleinen Tun des Menschen suchten die Philosophen die größten Naturprozesse zu vergleichen.

Die Kenntnis des Destillationsprozesses selbst, voran die Reinigung des Wassers, läßt sich daher weit zurück verfolgen. So spricht beispielsweise schon ARISTOTELES (384—322 v. Chr.) in seinem Werk über die Lufterscheinungen (Meteorologica II, cap. 3) von der Genießbarmachung des Meerwassers als etwas allgemein Bekanntem: „Durch die eigene Erfahrung belehrt, kann ich angeben, daß das Meerwasser durch die Verdampfung trinkbar wird, und daß das verdampfte, sobald es sich wieder verflüssigt, sich nicht wieder zu Salzwasser verdichtet. Ebenso verhalten sich auch die anderen Flüssigkeiten; denn aus Wein und vielen anderen Säften entsteht durch Verdampfung und Wiederverflüssigung Wasser. Alle diese Flüssigkeiten sind nur Wasser, welchem dies oder jenes beigemischt ist, und gerade die Beimischung bestimmt die besondere Natur solcher Säfte". Interessant ist die Anffassung des Altertums und Mittelalters, wonach es nur eine Flüssigkeit, das „Wasser", geben sollte und alle Unterschiede der Flüssigkeiten durch Beimengungen hervorgebracht würden: ebenso mangelte es am Bedürfnis und an den Mitteln zur Unterscheidung und Trennung der zahlreichen „Erdarten" im heutigen Sinne: und weiter hatte man bekanntlich bis in die Neuzeit auch nur die eine „Luft", welche durch Beimengungen aller Art die verschiedensten Dämpfe und Gasarten bilden sollte. Mit dem Eintritt der Chemie in ihre heutige Entwicklungsphase, das Zeitalter des periodischen Systems der chemischen Elemente, haben die technischen Anforderungen an die Leistungsfähigkeit von Destillation und Sublimation, wie auch das Können, im Vergleich mit früher bedeutend und verhältnismäßig rasch zugenommen. Denn nunmehr wurde die einzige elementare „Flüssigkeit", das Wasser, durch eine große Anzahl voneinander völlig verschiedener und beim Destillieren individuell zu behandelnder Flüssigkeiten ersetzt.

2. Destillation des Wassers.

Ehe man die verschiedenen Aufgaben der Destillation und Sublimation sowie die Mittel zu deren Lösung näher ins Auge faßt, erscheint es nicht unzweckmäßig, den historisch und praktisch wichtigsten Fall, den des Wassers, näher zu betrachten.

Obwohl die Verdampfung des Wassers bei gewöhnlicher Temperatur und unter gewöhnlichem Druck in der Natur eine wesentliche Phase im Kreislauf dieses „Weltelements" bildet, setzt dieser Prozeß doch Verdampfungs- und Kondensationsflächen von bedeutender Größe voraus. Zwar macht man ihn sich seit alters, durch Auffangen des Regenwassers, oder des geschmolzenen Schnees und Eises, dienstbar, aber man ist alsdann sehr von äußeren Umständen abhängig, und es läßt außerdem die Reinheit des gewonnenen Wassers meist viel zu wünschen übrig.

Um möglichst reines Wasser, „destilliertes Wasser", zu gewinnen, erhitzt man natürliches Wasser in einem geeigneten Apparat zum Sieden und kondensiert den Dampf wieder in der Vorlage. Bei dieser Operation kommt zunächst in Betracht, daß das Wärmeleitungsvermögen des Wassers, wie aller tropfbaren Flüssigkeiten, nur ein sehr geringes ist. Man kann die oberen Schichten des Wassers, mit welchem ein Reagenszylinder nahezu gefüllt ist, mittelst eines Bunsenbrenners zum lebhaftesten Sieden erhitzen, ohne daß die Temperatur der unteren Schichten sich während der Versuchsdauer merklich erhöht, oder ein durch Drahtumwicklung am Boden festgehaltenes Eisstück rascher zum Schmelzen kommt, als das sonst der Fall wäre. Gießt man auf Wasser, in welchem sich nur 2 oder 3 mm unterhalb der Oberfläche in horizontaler Lage ein empfindliches Thermometer befindet, heißes Öl, so steigt die Temperatur des Quecksilbergefäßes doch nur sehr langsam. Man pflegt daher schlecht leitende Flüssigkeiten (Nichtmetalle), oder geschmolzene Substanzen, die man destillieren, oder verdampfen, oder auch nur schmelzen will, in der Regel von unten her zu erhitzen. Notwendig ist dies insbesondere dann, wenn auch das Siedegefäß aus nichtmetallischem, die Wärme schlecht von oben nach unten leitendem Material besteht. Die derart erwärmten unteren Flüssigkeitsschichten strömen infolge ihrer Ausdehnung durch die Wärme und ihres dadurch erniedrigten spezifischen Gewichts nach oben und übertragen die von ihnen aufgenommene Wärme während ihrer Mischung mit den oberen Schichten auf diese letzteren. Erhitzt man beispielsweise einen mit Wasser nahezu gefüllten gläsernen Rundkolben durch eine mitten darunter gestellte Flamme, dann strömt das Wasser in der Mitte nach oben, und der Ausgleich erfolgt durch Abwärtsströmen an den Außenwänden, was man nach Einwerfen von Sägespänen, die von diesen Strömungen mitgenommen werden, leicht wahrnehmen kann. Diese Erwärmung der Flüssigkeiten durch Strömungen vollzieht sich rasch. Man ist daher in der Lage, für den Destillationsprozeß die verschiedensten Heizquellen (siehe oben) in ökonomischer Weise völlig auszunutzen, sei es, daß man unter Berücksichtigung der jeweiligen Verhältnisse mit Gas oder Brennölen, mit Holz-, Kohlen- oder Koksfeuerung arbeiten muß; in südlichen Ländern hat man sich schon vor geraumer Zeit „Verfahren und Apparate zur Destillation von Wasser und anderen Flüssigkeiten mittelst Sonnenwärme“ patentieren[1] lassen, und ein noch höheres Interesse verdienen die neuen Versuche über elektrische Heizung.[2] Die Destillation des Wassers erfordert einen im Verhältnis zum nicht allzu hohen Siedepunkt großen Aufwand von Heizmaterial, infolge der großen spezifischen Wärme und Verdampfungswärme dieser Substanz.

In der Praxis verhält es sich heutzutage mit der Gewinnung destillierten Wassers wie mit beispielsweise derjenigen von Salpetersäure oder Schwefelsäure: die Billigkeit des Produktes und sein starker Konsum machen das Arbeiten in kleinem Maßstabe völlig unrentabel. Obwohl

---

[1] (D. R.P. 47446 [1888]).

[2] Ramsay und Marshall, Phil. Mag. [5] **41**, 38 (1896); Hinning, Ann. Phys. **21**, 849 (1906). U. a. a. O.

man nun auch hier mit einer einfachen Retorte oder einem Siedekolben und einer Kühlröhre (aus Kupfer, verzinnt, oder aus widerstandsfähigem Glase) zum Ziele kommt, bedient man sich überall da, wo der Bedarf an reinem Wasser ein andauernder ist, also in chemischen Laboratorien und Fabriken, namentlich aber auf Seeschiffen, größerer Destillierapparate. Insbesondere in den Tropen, wie in süßwasserarmen Gegenden Rußlands (Wladiwostok, Baku) befinden sich große Meerwasserdestillationsanlagen, um Trinkwasser und Wasser für Eisenbahnlokomotiven zu gewinnen

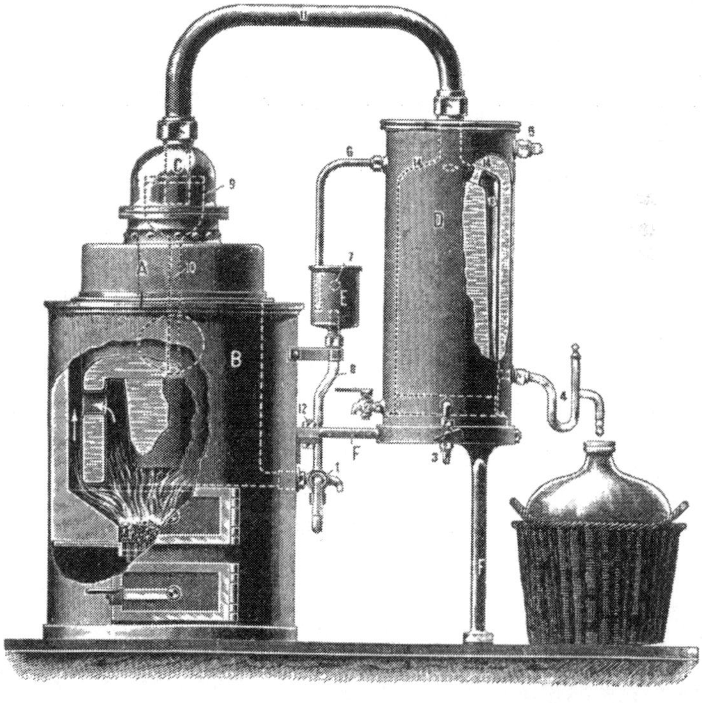

Fig. 206. Automatischer Wasserdestillierapparat.

(System Jagn-Koppel; andere neuere Konstruktionen: Pape, Henneberg & Co.; C. A. Schmidt Söhne; Niemeyer-Hamburg; usw.).

Von den Apparaten, zur Herstellung größerer Mengen destillierten Wassers, die sich im Gebrauch praktisch bewährt haben, mögen hier zwei verschiedene Typen kurz beschrieben werden.

Zunächst sei erwähnt ein automatischer Wasser-Destillierapparat (Fig. 206) für Kohlen- oder Koksfeuerung, der je nach seiner Größe eine Zehnstundenleistung von 100—1000 Liter aufweist. In dem innen ausgemauerten Ofen *B* ist ein gußeiserner Heizkörper und ein kupferner Kessel *A* eingesetzt, im Innern stark verzinnt und in seinem Dom *C* mit einem Wasserabscheider versehen, welcher das Mitreißen von Wasser und Beimengungen durch den in das weite Dampfableitungsrohr und in den

Kühler *D* abziehenden Dampf verhindert. In den Kühler strömt das Kühlwasser durch den Hahn 3, erwärmt sich, indem es den zuströmenden Dampf kondensiert und das Kondensat bis zum Hahn 4 abkühlt, von unten bis oben hin auf etwa 95° und fließt oben durch ein Abflußrohr 6 in den Niveauhalter *E* und den Kessel *A*; dabei läuft der Überschuß durch 7 ab. Der Kessel hat sehr große Heizflächen, kann übrigens auch mit Gasfeuerung geheizt werden und ist nach einfachem Abnehmen der Oberteile leicht zu reinigen. Das resultierende Wasser wird meist in großen Ballons oder Korbflaschen aufgefangen, denen man den Bedarf entweder mit Hilfe von Ballonentleerungsapparaten, oder von Ballonkippern entnimmt, die das Ausleeren erleichtern.

Einen Wasserdestillierapparat für Gasheizung mit hochstehendem Kühler zeigt sodann Fig. 207. Die Kühltonne aus Kupfer mit Zinnschlange ist mittelst dreier Schienen über dem Ofen befestigt, weshalb

Fig. 207. Wasserdestillierapparat mit hochstehendem Kühler.

Fig. 208. Automatisch wirkender Destillierapparat.

der Apparat nur geringen Flächenraum beansprucht. Die kupferne innen verzinnte Destillierblase, mit 10—100 Liter Inhalt, besitzt Ablaufhahn mit Wasserstandszeiger, sowie Speisungsröhre für den Zufluß vorgewärmten Wassers aus dem Kühler. Letzterer hat Anschlußschrauben für Zu- und Ableitung des Kühlwassers, sowie Entleerungshahn. — Einen automatisch wirkenden Destillierapparat für Gasheizung, mit selbsttätigem Ersatz des überdestillierten Wassers durch vorgewärmtes Kühlwasser, zeigt die Fig. 208.

Destillierapparate für Laboratorien werden auch aus gutem böhmischen Glase angefertigt.

Die Arbeitsweise in diesen ähnlichen Apparaten wird durch die jeweilige Beschaffenheit des Wassers bedingt. Wasser, als Lösungsmittel für die meisten Substanzen, kommt in der Natur niemals rein vor, vielmehr enthält dasselbe stets Gase oder Flüssigkeiten oder feste Körper in Lösung. Auch Wasserdampf und Eis treten kaum irgendwo in chemisch reinem Zustande auf. Mit Rücksicht auf die Reinigung des Wassers durch Destillation sind seine Beimengungen von Interesse.

Die Niederschläge des Wassers aus der atmosphärischen Luft enthalten deren Komponenten, entsprechend ihren Löslichkeitsverhältnissen, namentlich Sauerstoff, Stickstoff, Kohlendioxyd und Verbindungen des Stickstoffs, insbesondere Ammoniak, salpetrige und Salpetersäure. Je nach den örtlichen Umständen treten im Regenwasser bisweilen auch nichtflüchtige Beimengungen auf. Ein Teil des niedergeschlagenen Wasses, welcher nicht wieder verdunstet, dringt in den Boden und löst je nach der Zusammensetzung der durchflossenen Bodenschichten von deren festen Bestandteilen auf, vorzüglich Carbonate und Sulfate des Calciums und Magnesiums, Natriumsulfat und Natriumchlorid, ferner Huminsubstanzen: was alles sich daher in den Bach- und Flußwässern vorfindet und dem Ozean zuströmt. Das Meerwasser, dessen Destillation für die Schiffahrt von großer Bedeutung ist, enthält da, wo keine großen Flußläufe zuströmen, gegen 4 % feste Salze, hauptsächlich Chlornatrium, sodann Chlormagnesium, Magnesiumsulfat und Calciumsulfat, dagegen nur wenig Kalisalze.

Mit den zuerst überdestillierenden Anteilen des Wassers entweichen die flüchtigen Beimengungen, namentlich Kohlendioxyd (wobei sich die zuvor gelösten Bicarbonate als Carbonate ausscheiden) und Ammoniak; für die Benutzung des destillierten Wassers zu Trinkzwecken (wozu man es nach der Kondensation mittelst einer Luft hindurchsaugenden Pumpe wieder lufthaltig macht) ist von Wichtigkeit, daß schon beim ersten Erwärmen auf Siedetemperatur alle häufiger vorkommenden Krankheitserreger rasch vernichtet werden. Die Beseitigung aller dieser Beimengungen wird indessen noch sicherer erreicht, wenn man dem Wasser von Anfang an etwas Kaliumpermanganat und Ätzkali oder Kalkmilch zugibt: ersteres zerstört die organischen Substanzen, letztere binden die Kohlensäure vollständig und setzen alles Ammoniak aus seinen weniger flüchtigen Verbindungen in Freiheit. Bei der Destillation des Wassers beseitigt man die zuerst übergehenden 5—10, mitunter auch mehr Prozente, welche die flüchtigen Bestandteile mitnehmen, und fängt erst dann das überdestillierende Wasser als rein auf. Bevor indessen die letzten Anteile des Wassers übergehen, wird die Operation unterbrochen, teils damit die beigemengten Salze in Lösung bleiben oder sich nicht zersetzen, was beispielsweise beim Magnesiumchlorid durch Hydrolyse unter Salzsäureentbindung eintreten kann, teils damit auch die meist vorhandenen noch nicht beseitigten organischen Stoffe beim Eintrocknen und Überhitzung des Rückstandes nicht aufs neue flüchtige Beimengungen bilden.

3. Laboratoriumsapparate für gewöhnliche Destillation.

Im Laboratorium bedient die Destillation unter gewöhnlichem Druck sich in der Regel äußerst einfacher Apparaturen. In manchen Fällen, bei mischbaren Flüssigkeiten von benachbarten Siedetemperaturen, wie

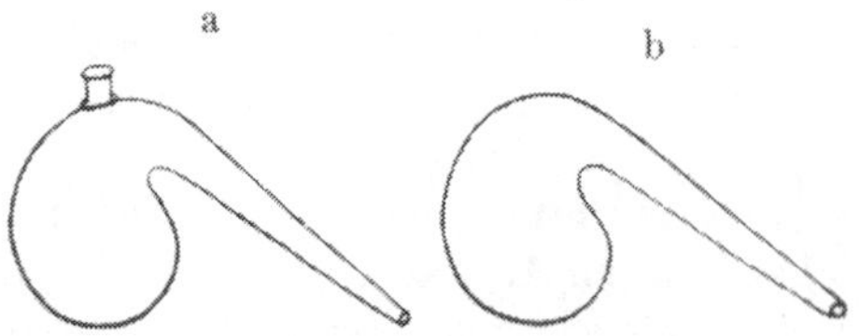

Fig. 209.
Retorten aus widerstandsfähigem Glas.

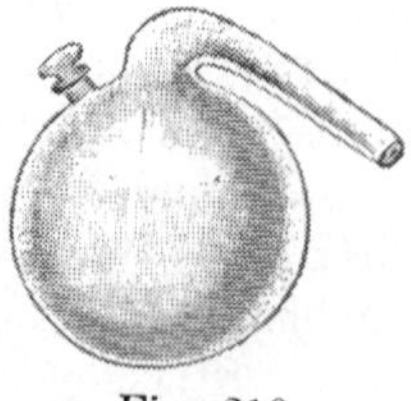

Fig. 210.

Fig. 211.
Retorten aus Ton und Porzellan.

bei der Trennung von flüssigem Sauerstoff und Stickstoff, von Wasser und Wasserstoffsuperoxyd, von Wasser und Hydroxylamin, spielt auch in der anorganischen Chemie die fraktionierte Destillation eine wichtige Rolle. Indessen hat dieselbe namentlich beim Arbeiten unter gewöhnlichem

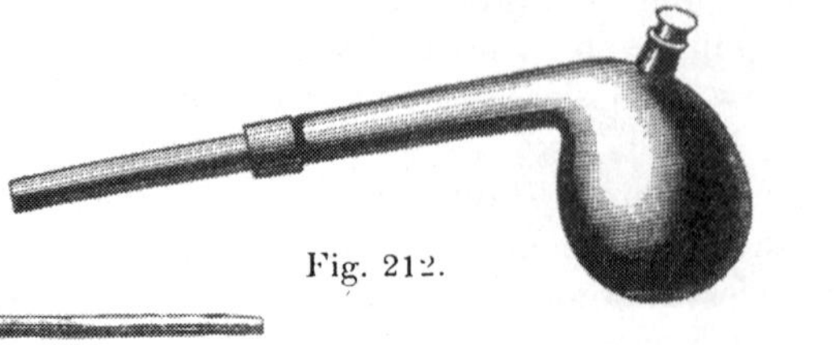

Fig. 212.

Fig. 213.

Fig. 214.

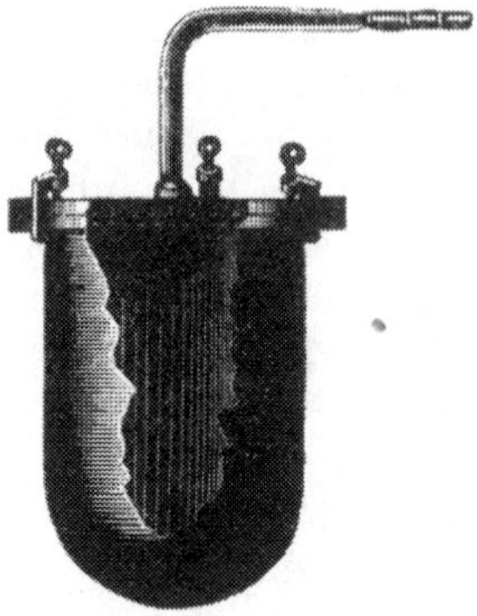

Fig. 215.
Figg. 212—215. Retorten aus Gußeisen.

Fig. 216. Retorte aus Kupfer.

Druck nicht entfernt die Bedeutung, welche sie in zahlreichen Gebieten der organischen Chemie besitzt; und aus diesem Grunde ist die Verwendung von Apparaten mit größerer Steighöhe, wie sie für das Fraktionieren erforderlich ist, eine ganz zurücktretende. Die **Retorte**, d. h. der Destillationsapparat ohne große Steighöhe für die entweichenden

Dämpfe, in verschiedenen Formen vom Rundkolben bis zum liegenden oder stehenden Zylinder, ist nach wie vor ein Hauptapparat des Anorganikers geblieben: je nach den Zwecken wird die Retorte aus widerstandsfähigem Glas (Fig. 209), Ton oder Porzellan (Figg. 210 und 211), für die Destillation von Metallen, wie Zink, auch aus noch widerstandsfähigern Materialien, z. B. neuerdings aus geschmolzenem Quarz, oder Graphit, oder Carborundum (D. R.P. 154536) angefertigt, andererseits verwendet man für Retorten auch Metalle, voran Gußeisen (Figg. 212, 213, 214, 215) oder Schmiedeeisen, ferner von Kupfer (Fig. 216), Blei (Fig. 217) und Platin (Fig. 218), letztere u. a. zur Destillation von Flußsäure.

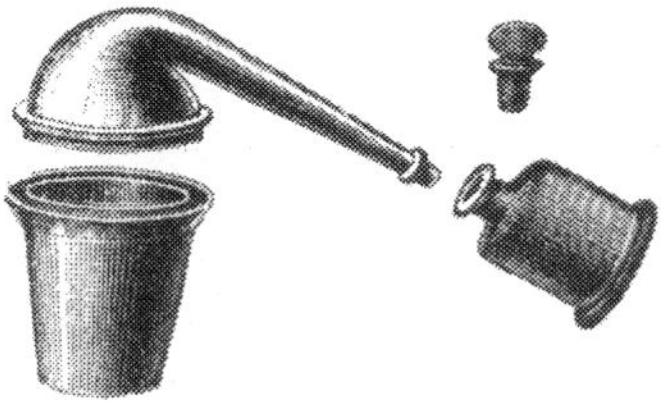
Fig. 217. Retorte aus Blei.

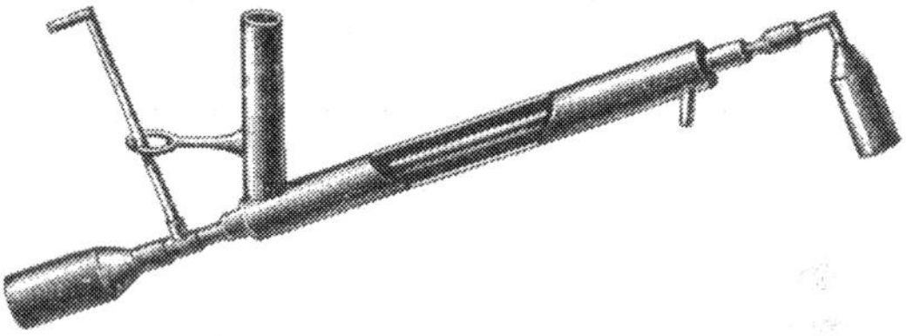
Fig. 218. Retorte aus Platin.

Die Erhitzung der Destillationsgefäße geschieht teils durch direkte Feuerung mittelst Gas (Leuchtgas, Wassergas, Generatorgas), oder Kohlen- und Koksfeuerung, teils unter Zuhilfenahme von Bädern, meist Schalen aus starkem Eisenblech. Die Bäder finden entweder Verwendung als Luftbäder, die man mit Asbest auslegen kann, oder als Wasserbäder, Ölbäder, Woodbäder, Graphitbäder, usw., und kann man ihre Temperatur leicht thermometrisch beobachten und durch Regulieren der Heizung beliebig einstellen.

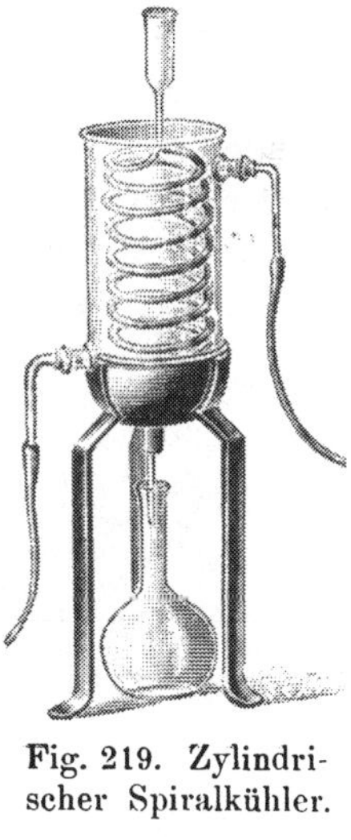
Fig. 219. Zylindrischer Spiralkühler.

Die am häufigsten verwendete Kühlflüssigkeit — mitunter genügt übrigens einfache Luftkühlung, um das Destillat im Hals der Retorte oder in dessen Verlängerung zu kondensieren, ist das Wasser, hierzu schon wegen seiner großen Wärmekapazität hervorragend geeignet. Man verflüssigt die Dämpfe und kühlt deren Kondensat auf gewöhnliche Temperatur meist so ab, daß die Dampfableitungsröhren in geeigneter Art (für Wasserdampf selbst s. o. Fig. 206) durch Behälter meist zylindrischer Form geleitet werden, durch welche (Fig. 219) das Kühlwasser den zutretenden Dämpfen entgegenströmt, so daß es unten kalt aus der Leitung oder dem Reservoir hinzutritt und aus dem Kühlbehälter oben, mehr oder weniger erwärmt, abfließt. Für alle flüchtigen Substanzen benutzt man hier in erster Linie die sog. „LIEBIGschen Kühler", deren inneres Rohr meistens aus Glas besteht, im einfachsten Fall einer Röhre (Figg. 220, 221, 222), die aber zur Vergrößerung der Kühlfläche beim „Kugelkühler" zu kugelförmigen Erweiterungen aufgeblasen (Fig. 223), oder beim

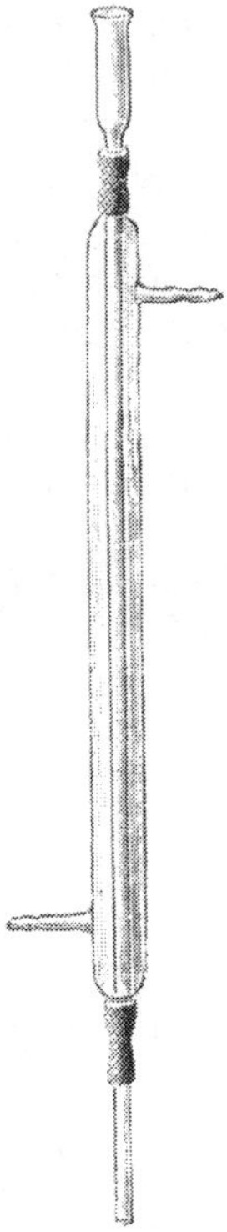

Fig. 220.
Kühler aus Glas nach LIEBIG.

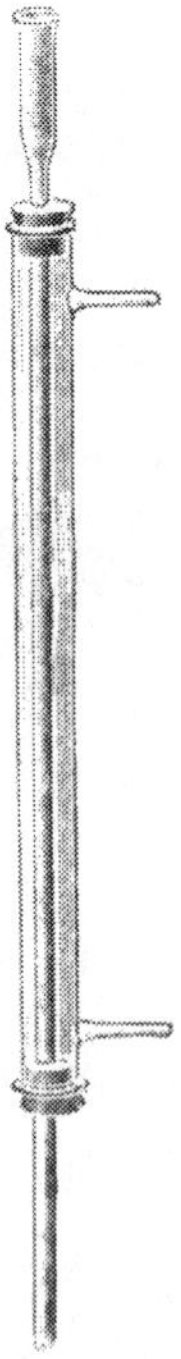

Fig. 221.
Kühler aus Glas mit Gummistopfen.

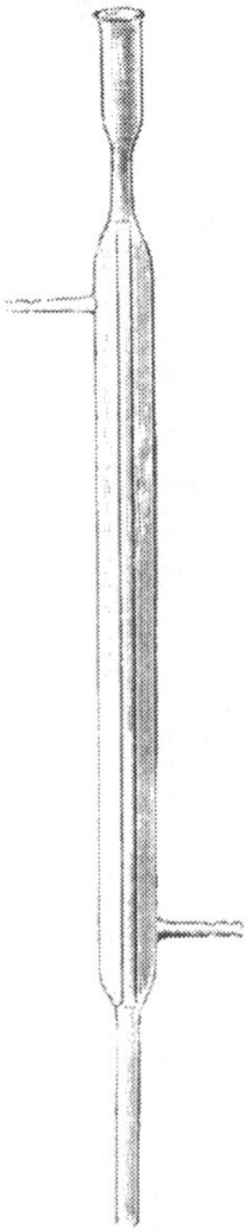

Fig. 222. Glaskühler mit eingeschmolzenem Kühlrohr.

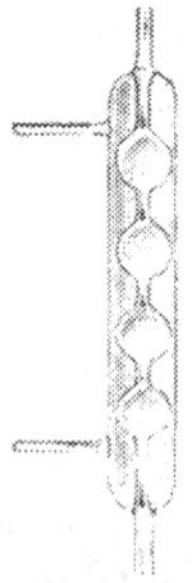

Fig. 223.
Kugelkühler.

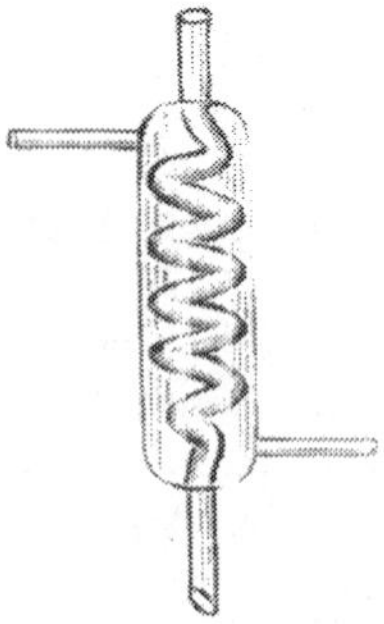

Fig. 224.
Schlangenkühler.

„Schlangenkühler" spiralförmig (Fig. 224, 225a u. b) in den Mantel des Kühlers eingesetzt sein kann.

Zur, erforderlichenfalls luftdichten Verbindung von Retorte, Kühlröhren und Vorlagen (für welche letzteren die verschiedenartigsten Gefäße, je nach Bedarf, Verwendung finden) dienen Korke, Schliffe und häufig außerdem noch zwischengeschaltete Vorstöße, d. h. weite Röhren usw.), die nach dem unteren Ende hin sich bis zu einer angemessenen Verengung verjüngen. Die Destillation unter gewöhnlichem Druck gestaltet sich sonach sehr einfach: eine häufig benutzte Laboratoriumsform der Apparatur zeigt die beifolgende Fig. 226. Noch einfacher ist es, wenn

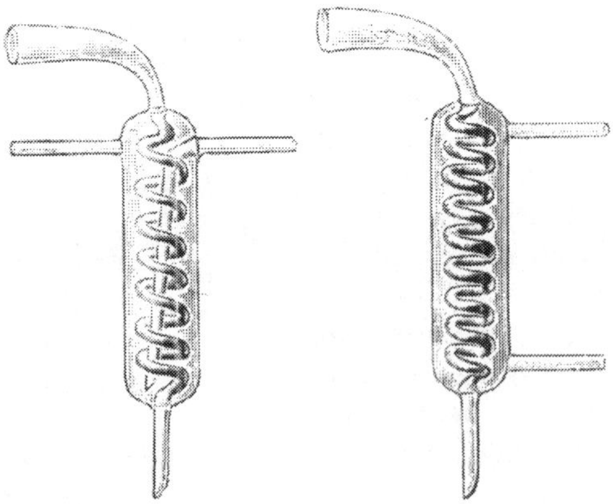

a b

Fig. 225.
Glaskühler mit eingeschmolzenem Kühlrohr.

man Kondensation und Kühlung direkt in der Vorlage, beispielsweise einem großen, der Retorte angepaßten Rundkolben, vornimmt, indem man über diese Vorlage direkt Kühlwasser fließen läßt, wie die beistehend abgebildete Destillation von Brom zeigt, welche man zweckmäßig, wie alle Arbeiten mit ätzenden Dämpfen und Flüssigkeiten in einer Abzugsnische oder im Freien vornimmt, um für den Fall von Störungen irgendwelcher Art keiner Belästigung ausgesetzt zu sein (Fig. 227).

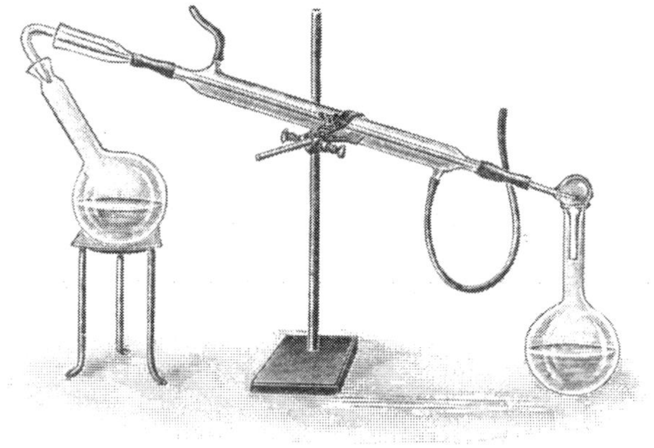

Fig. 226. Destillation unter gewöhnlichem Druck.

Gewöhnliches Leitungswasser kann man behufs stärkerer Kühlung der Dämpfe auch durch Eiswasser ersetzen, das man einem Reservoir entnimmt (Fig. 228). Dieses ist besonders dann zweckmäßig, wenn den zu kondensierenden Dämpfen Gase, die die Kondensation erschweren, beigemengt sind.

Ebenso gehören Kühlungen durch eine Eis-Kochsalzmischung (— 21°), Kohlendioxyd-Äthermischung (— 80°), flüssige Luft (— 190°) zu den oft angewendeten Hilfsmitteln des Anorganikers.

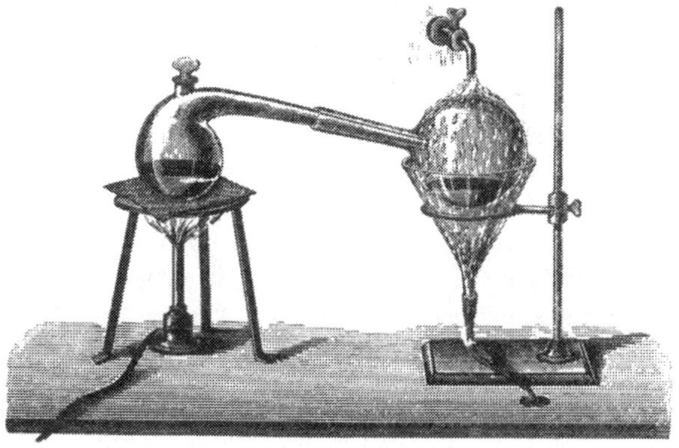

Fig. 227. Destillation von Brom.

Über Fraktionierapparate, die in der anorganischen Chemie, wie oben bemerkt, verhältnismäßig selten, dann meist in Verbindung mit Minderdruckdestillation benutzt werden, wird das Wesentliche weiter unten bei Besprechung der letzteren bemerkt werden.

Um Siedepunkte möglichst genau unter 760 mm zu bestimmen, bzw. Destillationen unter diesem konstanten Druck auszuführen, kann man ein von H. BUNTE[1] angegebenes Verfahren benutzen. Dasselbe besteht darin, daß ein Luftdruck, der niedriger als der normale ist, durch

[1] Ann. 168, 139 (1873).

eine entsprechende Wassersäule in einer vorgelegten Druckflasche auf 760 mm ergänzt wird.

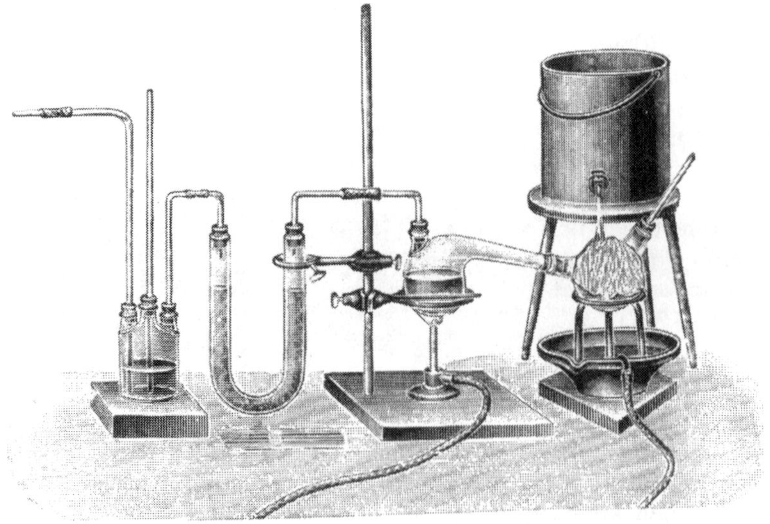

Fig. 228. Destillation unter Kühlung von Eiswasser.

4. Destillation nichtmetallischer Substanzen.

Die Begrenzung des Raumes gestattet nicht, ein vollständiges Bild zu geben von der großen Mannigfaltigkeit der in der anorganischen Praxis üblichen Operationen, welche die große Temperaturskale von -273^0 (dem absoluten Nullpunkt nähern sich die Arbeiten mit Helium, Wasserstoff usw., vgl. den Abschnitt über Verdichtung der Gase) bis zu 3000^0 und darüber (elektrische Öfen) ausfüllen. Einen Überblick über die wichtigsten Methoden und den Weg zur allseitigen raschen Orientierung erhält man am leichtesten durch Besprechung einer Anzahl der wichtigsten chemischen Elemente. Auch empfiehlt sich Kenntnis der im großen benutzten Methoden, wenn man im kleinen stets das Richtige treffen will.

Von den nichtmetallischen Elementen ist einzig das Brom bei gewöhnlicher Temperatur und gewöhnlichem Druck flüssig und außerdem sehr flüchtig: sein Siedepunkt liegt bei 63^0 und sein Dampf hält bereits bei 18^0 einer Quecksilbersäule von 150 mm das Gleichgewicht. Für seine Gewinnung und Reinigung kommt daher stets die Destillation in Betracht.

Wenn man das Brom in kleinen Mengen aus seinen Salzlösungen, beispielsweise durch Erwärmen mit Braunstein und verdünnter Schwefelsäure, in Freiheit setzt, dann benutzt man hierzu tubulierte gläserne Retorten mit Glasstopfen und ebensolche Vorlagen, die man durch kaltes Wasser abkühlt.

Als Destillationsgefäße verwendete Frank, der 1865 die Bromfabrikation in Deutschland einführte, Steinkufen aus säurefestem Sandstein,

[1] Jahr. 1871, 292; 1880, 328; 1883, 369.

als Kühlschlangen hartgebranntes Steingut.[1] In Amerika erwärmt man die hinreichend konzentrierte bromhaltige Mutterlauge der Kochsalzgewinnung in steinernen Retorten mit konzentrierter Schwefelsäure und Kaliumchlorat, und destilliert das freigemachte Brom ab.[1]

Aus den Chlormagnesiumlaugen der Staßfurter Carnallitindustrie, die stets 0,3—0,4 Proz. Brommagnesium enthalten, wird das Brom durch Behandeln mit Chlor in Rieseltürmen in Freiheit gesetzt, indem man die bromhaltige Lauge von oben, das Chlor zugleich mit Wasserdampf im Gegenstrom von unten eintreten läßt. Dabei wird das Brom von dem aufsteigenden Dampfstrom durch ein oben im Turm befindliches Dampfableitungsrohr in ein Kondensationsgefäß geführt, wo es sich zugleich mit dem Wasser größtenteils verdichtet; nur die letzten Mengen des Bromdampfes gelangen bis in ein mit feuchten Eisenfeilspänen beschicktes Gefäß, wo sich Fe_3Br_8, für die Versendung besonders geeignet, bildet. Das rohe Brom enthält gewöhnlich noch Chlorbrom, welches man entweder durch Rektifizieren über Bromeisen oder Bromkalium, oder durch andauerndes Erhitzen des Broms auf 55—59[2] entfernt. Jod läßt sich, wenn es zugegen ist, am besten vor Ausscheidung des Broms aus den betreffenden Salzlösungen, durch ein Cuprosalz als Cuprojodid CuJ ausfällen; die freien Halogene sind durch Fraktionieren nur schwer zu trennen. Von Wasser befreit man das Brom mittelst konzentrierter Schwefelsäure, mit welcher man es destilliert, oder durch geglühtes Chlorcalcium.

Neuerdings tritt auch die elektrolytische Bromabscheidung mehr und mehr in den Vordergrund, da die Bromide wesentlich leichter zerfallen, als die Chloride.[3] Dabei erfolgt die Abtreibung des Broms in einem mit Tonkugeln gefüllten Sandsteinturm.[4] Man kann auch die mit Brom genügend gesättigte Anodenlauge periodisch ablassen und auf dem Wasserbade abdestillieren.[5]

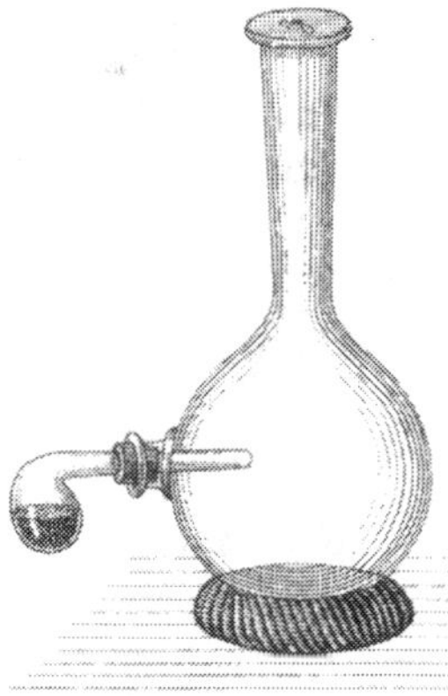

Fig. 229. Destillation kleiner Schwefelmengen.

In der sechsten Gruppe des periodischen Systems ist der **Schwefel**, der bei 114,5° schmilzt und unter gewöhnlichem Druck bei ca. 448° siedet, das einzige Element, bei dessen Reinigung die Destillation nicht umgangen werden konnte, solange der sizilianische Schwefel das fast ausschließlich in Betracht kommende Auftreten war. Neuerdings sind jedoch noch andere mächtige Lager entdeckt worden, namentlich in Louisiana, in Kalifornien und Mexiko, deren erstgenanntes durch bloßes Ausschmelzen einen nahezu reinen, nur noch etwa 0,4 % Beimengungen enthaltenden Schwefel liefert, der für industrielle Zwecke nicht mehr raffiniert zu werden braucht.

[1] Ch. Ind. **30**, 85 (1907). [2] D. R.-P. 205448 (1908).
[3] Z. Elektr. 5, 159 (1898). [4] D. R.-P. 103641 (1897); Jahrb. 1899, 404.
[5] D. R.-P. 182298 (1906); Zentr. 1903, II, 1035).

In kleineren Mengen kann man den Schwefel leicht aus einer Retorte destillieren, welche in die seitliche Tubulatur eines größeren Kolbens eingeführt ist (Fig. 229), indem man unter anfangs vorsichtigem Anwärmen mittelst eines Bunsenbrenners zum Sieden erhitzt. Will man nur Schwefeldampf in den Ballon eintreten lassen, wobei derselbe sich als feines Kristallmehl an den Wänden des Ballons niederschlägt, dann gibt man dem Kolben samt der Retorte eine schräge Stellung, so daß der Hals der letzteren etwas nach oben gerichtet ist, und kein flüssiger Schwefel in den Kolben abfließt (Darstellung von Schwefelblumen, „Sublimation" des Schwefels).

In größerem Maßstabe befreite man den sizilianischen Schwefel durch Umschmelzen in einem gußeisernen, in einen Ofen eingemauerten Kessel von seinen erdigen, am Boden des flüssigen Schwefels sich absetzenden Beimengungen.[1] Eine noch bedeutendere Leistungsfähigkeit besitzen offene, zylindrische, bis 3000 cbm fassende Schmelzöfen (Calcaroni), deren Sohlen gegen die Ausflußöffnung stark abfallen. Man füllte dieselben locker mit den Schwefel haltenden Gesteinstücken, bedeckte mit bereits ausgeschmolzenem Material und zündete den Schwefel an, so daß bei geringem Luftzutritt ein Teil verbrennt, während die Hauptmenge, durch die so entwickelte Wärme geschmolzen, sich am Boden des Ofens ansammelt und abgelassen wird. Seit 1875 gibt man für das Ausschmelzen den vollständig ausgemauerten Öfen von Gill den Vorzug, die nur mäßigen Kubikinhalt haben und zu mehreren um einen Kamin gruppiert sind. Man unterwarf früher den so vorgereinigten Schwefel der Destillation aus irdenen Töpfen, die mit ihrem Dampfableitungsrohr reihenweise in Öfen eingemauert waren. Für eine zweite, vollständig reinigende Destillation benutzte man sodann den Apparat von Michel (1815), indem man aus eingemauerten gußeisernen Kesseln oder Retorten mittelst Kohlenfeuerung destilliert und die Dämpfe in großen gemauerten Kammern auffängt (Fig. 230). An deren Wänden, solange dieselben noch nicht auf die

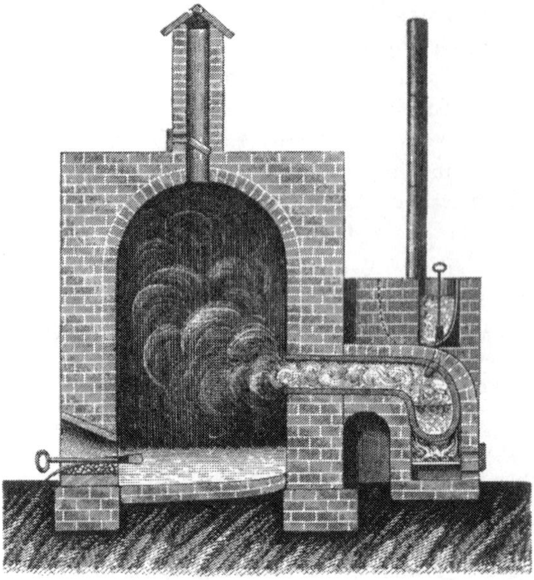

Fig. 230. Destillation von sizilianischem Schwefel.

[1] Dictionn. technolog. Paris. 13, 490 (1831); Planche 73).

Schmelztemperatur des Schwefels erhitzt sind, setzen sich dann Schwefelblumen an, die man nach rechtzeitiger Unterbrechung des Prozesses und dem Erkaltenlassen abnimmt; setzt man dagegen das Destillieren bis zur Durchwärmung der ganzen Kammer fort, dann resultiert nur flüssiges Destillat, das sich am Boden ansammelt und von Zeit zu Zeit abgelassen werden kann. Dieser reine Schwefel wird, in zylindrische oder konische Formen gegossen, als Stangenschwefel in den Handel gebracht.

Beim Destillieren des Schwefels ist stets darauf Rücksicht zu nehmen, daß derselbe an der Luft sich schon bei gewöhnlicher Temperatur langsam oxydiert[1] und über 250° erhitzt sich entzündet. In den Destillationsapparaten wird indessen die Luft durch einen geringen Bruchteil zu SO_2 oxydierten Schwefels alsbald so weit verzehrt, daß bei Verwendung nicht zu unreinen Schwefels Explosionen fast ausgeschlossen sind. Schon kleine Beimengungen von Schwefeldioxyd zur Luft erhöhen die Entzündungstemperatur des Schwefels ganz wesentlich.

Zu den Elementen, deren Isolierung eine weit über ihrem Siedepunkt liegende Temperatur erfordert, welche deshalb in dampfförmigem Zustande in Freiheit gesetzt werden und alsdann kondensiert werden müssen, gehört auch der **Phosphor**, dessen gewöhnliche, fast farblose reguläre Modifikation bei 44,4° schmilzt und unter gewöhnlichem Druck bei 278° siedet. Diesen rohen Phosphor reinigt man häufig noch durch Destillation aus gußeisernen Retorten. Wegen der großen Entzündlichkeit des Phosphors an der Luft, infolge deren er sich schon beim Liegen und unter anfangs langsamer Oxydation bis zum Schmelzen und auf die Entzündungstemperatur von 60° erhitzt, ist eine Destillation irgend erheblicher Mengen der Substanz aus Glasgefäßen nicht ratsam. Die Apparatur dazu ist sehr einfach (Fig. 231).

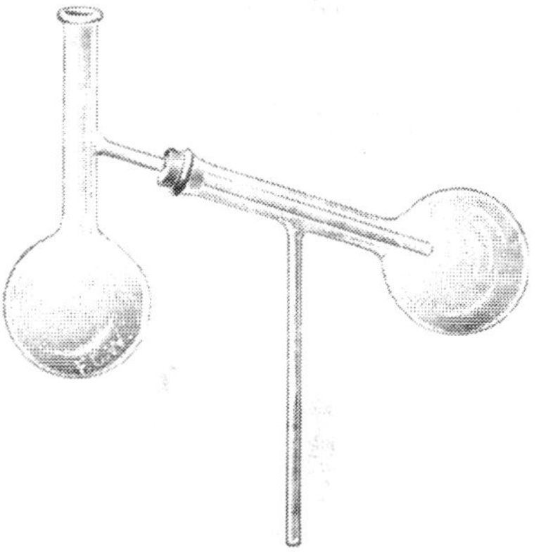

Fig. 231. Destillation von Phosphor.

Die zur Reinigung des Phosphors dienenden gußeisernen Retorten stellt man auf Dreifüße von Schmiedeeisen, und mauert sie mit dem Halse in einen Ofen ein. Der Hals taucht eben in Wasser mit regulierbarem Niveau ein. Den Phosphor, in Mengen von 5 - 6 kg, mengt man unter heißem Wasser mit 12—15 % seinen Gewichtes angefeuchtetem Sand, so daß er sich beim Füllen der Retorte nicht entzündet. — Einen Apparat zur Destillation von Phosphor im Wasserstoffstrome beschreiben REMSEN und REISER[2]; die Vorlage ist mit einem Eisbrei gefüllt und die Destillation so langsam zu führen, daß die Dämpfe aus dem etwas auf-

---

[1] MOISSAN, C. r. **137**, 547 (1903).

[2] Am. Ch. J. **4**, 459 (1883); Ber. **16**, 1095 (1883).

wärts gerichteten Retortenhalse nicht abtropfen, wobei der Phosphor als schneeweiße plastische Masse resultiert. — Die teilweise Umwandlung des gewöhnlichen in roten Phosphor läßt sich leicht demonstrieren, indem man in einem starkwandigen durch Quecksilber von der Luft abgesperrten gläsernen Kugelrohr gelben Phosphor anfangs vorsichtig und sodann zum Sieden erhitzt; zuerst wird der Luftsauerstoff verzehrt und nach kurzer Zeit nimmt man die Rötung der Substanz im Kugelrohr auch auf die Entfernung wahr (Fig. 232).

Neuerdings wird der Phosphor mehr und mehr auf elektrischem Wege isoliert und abdestilliert. Der sog. Köhlerprozeß, bei welchem die nur schwarz gebrannten kohlehaltigen Knochen mit Quarzsand erhitzt werden, gestattet allen Phosphor in Freiheit zu setzen und ist praktisch im großen ausführbar, wenn man nach READMAN und PARKER dabei elektrische Öfen mit Innenheizung anwendet: alsdann wird durch den Lichtbogen die Reaktion hervorgebracht und der Phosphor in die Vorlage überdestilliert. Auch durch Widerstandsheizung in gemauerten Öfen, indem durch den Strom ein dünner Kohle- oder Graphitstab von hohem Widerstand zum stärksten Glühen erhitzt wird, destilliert der freiwerdende Phosphor aus den Reaktionsmischungen ab.[1] Treten die Phosphordämpfe zu glühend in das Wasser der Vorlage ein, so wird dasselbe zersetzt, weshalb man auch die Kondensation trocken in der durch die Reduktion gebildeten Kohlendioxydatmosphäre bewirkt.[2]

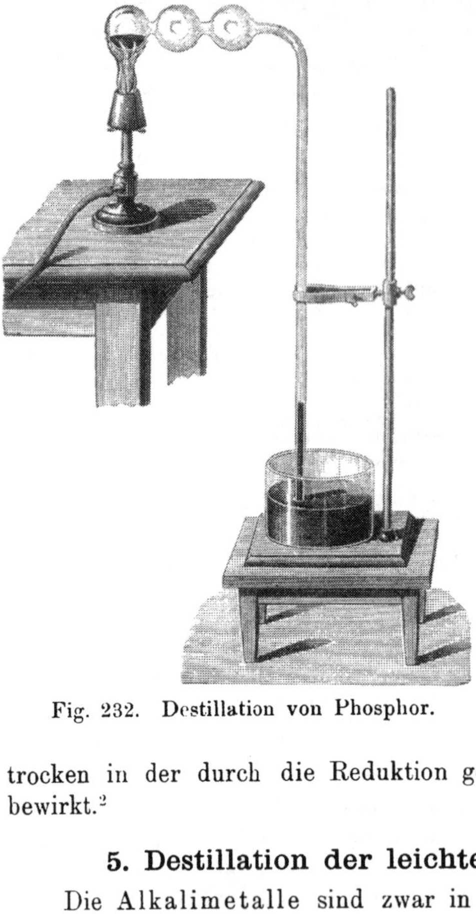

Fig. 232. Destillation von Phosphor.

5. Destillation der leichter flüchtigen Metalle.

Die Alkalimetalle sind zwar in eisernen Gefäßen und in Kohlenoxyd- oder Wasserstoffgas leicht destillierbar und kennt man daher zahlreiche, auf Destillation beruhende Darstellungsmethoden: jedoch gibt man neuerdings wieder dem Verfahren ihres Entdeckers DAVY — der Ätznatron zur Gewinnung des technisch wichtigsten freien Metalls, des Natriums,

[1] D. R.-P. 112832.

[2] D. R.-P. 106498.

elektrolysierte — den Vorzug. Man kann Natrium und Kalium auch dadurch gewinnen, daß man in einer stehenden Retorte über stark glühende Kohle die geschmolzenen Ätzkalien fließen läßt: das entstandene Carbonat fließt dabei unten ab, während die Metalldämpfe aus einer oberen Öffnung entweichen.[1] Lithium wird ebenfalls nur elektrolytisch, aus Chlorlithium, gewonnen. Dagegen ist für Rubidium und Cäsium die Destillation ihrer Hydroxyde mit Magnesiumfeile im Wasserstoffstrom empfohlen worden.[2] Für das zu den letztgenannten gehörende Kalium ist auch von Interesse das neuere Verfahren der Zersetzung von Fluorkalium mit Calciumcarbid[3], wobei das zunächst entstandene Kaliumcarbid das Metall abgibt; mehr historische als technische Bedeutung hat dagegen das ältere Verfahren von GAY-LUSSAC und THÉNARD, verbessert durch SAINTE-CLAIRE DEVILLE[4], bestehend in Destillation von Kalihydrat mit Eisenspänen aus einer schmiedeeisernen Quecksilberflasche bei Weißglut[5]; und die früher fabrikmäßig ausgeführte Reduktion von Natriumcarbonat (oder Kaliumcarbonat) mittelst Kohle in schmiedeeisernen Röhren von 1,2 m Länge, 0,14 m innerer Weite, 1 cm Wandstärke, die in gegen direktes Feuer schützende Tonröhren geschoben wurden.[6]

Quecksilber, Cadmium und Zink sind die flüchtigen Metalle, bei welchen Identität von Atomen und Molekülen vermittelst Dampfdichtebestimmung zuerst festgestellt werden konnte, und es sind auch noch jetzt fast die einzigen, bei deren Gewinnung und Reindarstellung die Destillation ein unentbehrliches Hilfsmittel ist. Da die zur Reduktion der Erze dieser Metalle erforderliche Temperatur deren Siedepbnkt übersteigt, erhält man sie in Verbindung mit einem Destillationsprozeß.

Das Quecksilber ist flüssig und schon bei gewöhnlicher Temperatur unter Atmosphärendruck merklich flüchtig. Sein Sulfid, der Zinnober ist das wichtigste Vorkommen und wird bei Luftzutritt in großen Flamm- oder Schachtöfen, deren Konstruktion und Betrieb sich nach dem Prozentgehalt der zu verarbeitenden Erze richtet, geröstet: dabei verbrennt der Schwefel, und das überdestillierende Quecksilber setzt sich in wassergekühlten, röhrenförmigen und mit Zement ausgekleideten Kondensatoren ab (Idria). In Almaden benutzt man zylindrische Schachtöfen und fügt zur Kondensation der entweichenden Dämpfe birnförmige, an beiden Enden offene Gefäße von gebranntem Ton, sog. Aludeln, in langen Reihen so ineinander, daß das engere Ende des einen Gefäßes in das weitere des folgenden paßt: aus diesem schräg abwärts geneigten Kondensationssystem fließt das Quecksilber in steinerne Kammern.

---

[1] D. R.-P. 45105 von NETTO.
[2] ERDMANN u. KÖTHNER, Ann. **294**, 56 (1897); MENKE, J. Am. Ch. S. **21**, 259 (1900).
[3] Chem. Fabrik Griesheim-Elektron, D. R.-P. 138368.
[4] C. r. **45**, 857 (1857); Ann. **105**, 386 (1858).
[5] Die entsprechende Reduktion von Natronhydrat s. Ann. chim. phys. [3] **43**, 5 (1855).
[6] SAINTE-CLAIRE DEVILLE, Ann. chim. phys. [2] **46**, 415 (1856).

Käufliches Quecksilber preßt man zur Reinigung durch Leder und destilliert es alsdann unter Minderdruck (s. u.).

Zur Herstellung eines chemisch reinen Zinks ist man zwar auf Elektrolyse einer Chlorzinklösung, aus welcher zuerst die übrigen Metalle ausgeschieden wurden, angewiesen, jedoch wird weitaus das meiste Metall (Siedepunkt 920°) durch Destillation von Zinkoxyd mit Kohle gewonnen. Die Zinkdämpfe leitet man aus dem Destillationsgefäß, dessen Größe von der Widerstandsfähigkeit des Materials abhängt und daher gewisse Grenzen nicht übersteigt, in eine stark abgekühlte Vorlage, die zur Vermeidung von Luftzutritt und Wiederoxydation des Zinks nicht zu groß sein darf. In gemauerten Öfen aus feuerfestem Material werden die Destillierröhren aus gebranntem Ton (belgisches System seit etwa 1807), etwa 1,10 m lang und 15 cm weit, reihenweise nebeneinander und übereinander geschichtet, indem ein Ofen etwa 70 Röhren aufnimmt. Die erforderliche hohe Temperatur wird durch Steinkohle- oder Gasfeuerung erreicht. Zur Aufnahme des überdestillierenden Zinks sind die Destillationsröhren mittelst kleiner Röhren mit den Vorlagen verbunden. In Schlesien wurde seit 1798 die Destillation aus Muffeln von 1,3 m Länge, 0,55 m lichte Höhe und 0,15 m lichte Weite ausgeführt: diese Muffeln haben an der schmalen Vorderwand zwei Öffnungen, deren untere, durch Tonplatten verschließbare, zum Wegräumen der Destillationsrückstände dient, während die obere Öffnung die Vorlage aufnimmt, in welche die Zinkdämpfe eintreten, sich kondensieren, um nach dem Erstarren zu „Tropfzink" nochmals umgeschmolzen und in Formen gegossen zu werden.

Das metallische Cadmium siedet etwa 140° tiefer als Zink und wird, da sein Sulfid in vielen Zinkblenden vorkommt, als Nebenprodukt des Zinkhüttenbetriebs gewonnen, oder findet sich in den ersten Portionen des fraktioniert destillierten Zinks.

Die Gruppe der Alkalimetalle und die Zinkgruppe sind das Gebiet, auf welchem die Flüchtigkeit der geschmolzenen Metalle, und ihre Destillation unter gewöhnlichem Druck eine wesentliche Rolle spielt; von den nichtmetallischen Elementen gilt dasselbe in dem beschriebenen Sinne für Brom, Schwefel und Phosphor bei der Darstellung und Verwendung im großen Maßstabe.

Mit Hilfe des Knallgasgebläses lassen sich Silber und Blei, letzteres unter Luftabschluß, noch rasch destillieren: die Siedetemperatur liegt indessen so hoch, daß von einer praktischen Bedeutung dieser interessanten Versuche vorläufig noch nicht die Rede ist. Dasselbe gilt auch von einer großen Versuchsreihe Moissans, dem es gelungen ist, auch die am schwersten flüchtigen Metalle im elektrischen Ofen zum flotten Sieden zu bringen. Die höchsten Temperaturen (3000—3500°) kann man erreichen mittelst des elektrischen Lichtbogens in Graphittiegeln oder andern mit Kohle ausgekleideten Schmelz- und Destillationsräumen, durch deren Wände zwei verstellbare Kohleelektroden hindurchgeführt werden (siehe oben). Führt man in einen solchen Raum eine von Wasser durchflossene Kupferröhre ein bis dicht über den Lichtbogen, dann kondensieren sich auf der kalten Metallröhre die glühenden Metalldämpfe sofort. Wie nun Moissan[1] beobachtete, destillieren Kupfer und Gold in einem solchen Ofen noch mit Leichtigkeit, das Gold jedoch höher, als das Kupfer: denn aus einer Legierung der beiden Metalle destilliert verhältnismäßig mehr Kupfer, als flüchtigeres Metall ab. Ebenso ist Gold etwas schwerer flüchtig, als mit ihm legiertes Zinn. Alle sechs Platinmetalle schmelzen und sieden in dem elektrischen Ofen: am schwersten flüchtig ist das Osmium. Nach demselben Forscher[2] lassen sich auch die sämtlichen Metalle der Eisengruppe destillieren und haben voneinander stark abweichende Siedepunkte. Unter ihnen ist am flüchtigsten das Mangan und destilliert leicht noch vor dem Kalk. Ihm zunächst in bezug auf Flüchtigkeit steht das Nickel, dann folgt das Chrom, das man regelrecht mittelst eines Stroms von 500 Amp. und 110 Volt destillieren kann. Etwas schwieriger ist das Sieden des Eisens durchzuführen, weil das Metall zuvor eine Menge gelöster Gase unter sehr stürmischem Aufkochen entweichen läßt; immerhin kann man mittelst eines Stroms von 1000 Amp. und 110 Volt in 20 Minuten 400 g Eisen regelrecht destillieren. Noch schwerer flüchtig als Eisen ist das Uran, und Molybdän und Wolfram setzen dem Sieden, obwohl auch sie dazu zu bringen sind, den größten Widerstand entgegen. Diese Versuchsergebnisse zeigen deutlich, daß für die Metalle eine Zukunft nur auf dem Gebiet der Vakuumdestillation (s. u.) zu erwarten ist, da im Vakuum die Siedepunkte um 5—800° tiefer liegen, als unter gewöhnlichem Druck.

6. Fraktionierte Destillation.

Dieses Verfahren findet zur Trennung anorganischer Substanzen verhältnismäßig selten Anwendung, beispielsweise bei der Zerlegung der flüssigen Luft in Sauerstoff und Stickstoff (besonders unter Minderdruck), häufiger bei Trennung anorganischer von organischen Körpern. — Handelt es sich bei der Destillation nur um die Reinigung einer Substanz, dann kommt man sehr oft auch in einer einzigen Operation zum Ziele, indem man zunächst einen kleinen „Vorlauf“ abtrennt, und, nachdem die Hauptmenge bei möglichst konstanter Thermometereinstellung überdestilliert ist, schließlich auch einen „Nachlauf“ von höherem Siedepunkt gesondert auffängt: man rektifiziert die Substanz. In der überwiegenden Mehrzahl der Fälle bezweckt die Destillation anorganischer Substanzen die Trennung einer flüchtigen von einer andern nicht oder viel weniger flüchtigen. — Hat man dagegen auf demselben Wege die Trennung von nicht zu ungleichen Quantitäten zweier Flüssigkeiten von nicht weit auseinander liegenden Siedepunkten und daher auch ähnlichen Tensionen auszuführen, so kann man ein solches Gemisch in mehrere, in der Vorlage besonders aufzufangende „Fraktionen“ zerlegen. Destilliert man aus einer Retorte, dann gehen zuerst vorwiegend Dämpfe der leichter flüchtigen Substanz über, während die höher siedende sich hauptsächlich in den letzten Kon-

[1] Bull. [3] **35**, 261, 265; 272 (1906). [2] Moissan, Bull. [3] **35**, 944 (1906).

densaten befindet, und zwischen diesen beiden Hauptfraktionen bei einer intermediären, allmählich vom Siedepunkt der flüchtigeren bis zu dem der weniger flüchtigen ansteigenden Siedetemperatur eine Gemenge beider Körper erhalten wird. Unterwirft man nun jede dieser drei Fraktionen für sich, unter nochmaliger genauer Innehaltung der schon das erstemal festgehaltenen Temperaturintervalle, einer zweiten Fraktionierung, dann nehmen die beiden Hauptfraktionen zu, und die aus beiden Substanzen gemischte Zwischenfraktion nimmt ab. Durch häufigere Wiederholung des Verfahrens gelingt es meistens, die beiden anfangs gemischten Substanzen voneinander zu trennen und jede für sich in annähernder Reinheit zu isolieren. — Ganz analog kann man für die Trennung von drei und mehr Substanzen verfahren.

Statt jedoch eine solche trennende Destillation aus Retorten oder andern Destillationsgefäßen mit niedriger Steighöhe drei-, fünf- oder zehnmal zu wiederholen, führt man bequemer und sicherer diese Zerlegungen in besonderen Apparaten aus, die eine, aus vielen Einzeldestillationen, welche sich in röhrenförmigen Aufsätzen übereinander auftürmen, „zusammengesetzte Destillation" in eine einzige Operation zu vereinigen gestatten. In den aufeinandergesetzten Etagen eines solchen „Kolonnenapparats" nimmt die Siedetemperatur von unten nach oben in jeder höheren Etage ab, infolge der beim Hinaufdestillieren aus der nächst tieferen Stufe geleisteten Arbeit, das Höhersiedende fließt zurück und oben destilliert die flüchtigere Substanz mit nahezu konstanter Siedetemperatur und in annähernder Reinheit ab. Derartige Apparate haben eine besondere Vollkommenheit erlangt und sind die unentbehrliche Grundlage geworden der Spiritusgroßindustrie, in welcher u. a. bereits Pistorius 1817 einen sehr wirksamen Apparat für zusammengesetzte Destillation konstruierte, dem mehr und mehr verbesserte Apparaturen gefolgt sind, aus denen oben fast reiner Alkohol abdestilliert, während unten die wässerige Flüssigkeit (das Phlegma — daher Dephlegmatoren) vollständig zurückbleibt. Analoge Konstruktionen tun die besten Dienste für die Zerlegung der Erdöle (Petroleumbenzin) und Teeröle (Benzolkohlenwasserstoffe). Neuerdings hat man, wie gesagt, dasselbe Verfahren auf die technisch äußerst wichtige Gewinnung von Sauerstoff und Stickstoff aus flüssiger Luft (s. unten) ausgedehnt, und auch die Gewinnung von Wasserstoff aus dem Wassergas beruht auf der sehr großen Flüchtigkeit dieses Elementargases.

Um auch im Laboratorium im kleineren Maßstabe zu fraktionieren, muß man wie im großen die Dämpfe in den Steigröhren allmählich nach obenhin abkühlen, so daß das schwerer Flüchtige stets zurückfließt. Auch in diesen kleinen Apparaten wird an Zeit und Arbeit sehr wesentlich gespart, wenn sie zwar einen verhältnismäßig großen Aufwand an Heizmaterial erfordern, da infolge des starken Rückflusses in der Steigröhre eine relativ große Flüssigkeitsmenge, im Vergleich mit dem schließlich überdestillierenden Quantum, im Sieden unterhalten werden muß. Man kann die Dämpfe durch ein aufsteigendes Schlangenrohr hindurchgehen lassen, das durch die umgebende Luft, oder ein erwärmtes Luftbad gekühlt wird, bevor die Dämpfe in den Kühler eintreten. Oder man verbindet den Siedekolben mit Destillations- oder Fraktionieraufsätzen, welche für die Reinigung von Substanzen oft ebensoviel in einer Operation bewirken, als eine größere Anzahl von Destillationen aus einfachem Fraktionierkolben. Solche Aufsätze sind namentlich empfohlen worden von WURTZ, HEMPEL, LINNEMANN, LE BEL und HENNINGER und anderen.

Die Wirksamkeit der einzelnen Steigröhren ist natürlich eine verschiedene bei verschiedenen Flüssigkeiten. Untersuchungen hierüber sind insbesondere von V. MEYER und KREIS[1] angestellt worden, denen zufolge bei Substanzen, die in der Nähe von 100° sieden, die Aufsätze von HEMPEL und LINNEMANN die beste Wirksamkeit zeigten.

Falls die Siedepunkte der zu trennenden Flüssigkeiten einander sehr nahe liegen, empfiehlt es sich, von Anfang an nicht eine, sondern zwei Zwischenfraktionen aufzufangen. Hat man z. B. aus SO_2 und PCl_5 ein Gemisch von Thionylchlorid $SOCl_2$, Sdp. 79°, und von Phosphoroxychlorid $POCl_3$, Siedep. 108°, bekommen, dann destilliert man aus einem Rundkolben mit Fraktionieraufsatz langsam in einem Bade ab und fängt dabei vier Fraktionen gesondert auf: 1. bis 82°, 2. bis 92°, 3. bis 104°, 4. bis 114°. Von diesen Fraktionen sind die beiden mittleren die größten und diese fraktioniert man nun jede für sich aus einem kleineren Kolben, indem man wieder genau wie vorher in vier Fraktionen auffängt. Dadurch reichern sich die Destillate 1. und 4. an und bei mehrfacher Wiederholung der Operation werden 2. und 3. immer kleiner. Schließlich erhält man etwa durch Rektifizieren von 1. und 4. scharf siedendes Thionylchlorid bzw. Phosphoroxychlorid.

Für anorganische Verbindungen wird man das Fraktionieren, mit größtem Vorteil noch öfter als unter gewöhnlichem Druck, unter Minderdrucken oder auch im Vakuum vornehmen können (s. u.). Vergessen darf man schließlich nicht, daß eine jede Destillation von nicht ganz reinen Substanzen mit einer Fraktionierung derselben verbunden ist.

7. Sublimation unter gewöhnlichem Druck.

Eine sehr wichtige Rolle spielt die Sublimation unter gewöhnlichem Druck unter den Elementen beim Arsen, das nur unter hohem Druck schmelzbar ist, und beim Jod, das sich wohl destillieren läßt, in der Regel jedoch bei seiner Darstellung und Reinigung sublimiert wird.

Die Sublimationstemperatur des Arsens unter gewöhnlichem Druck läßt sich leicht in einem Destillationskolben aus schwer schmelzbarem Glase, mit niedrig angeschmolzener weiter Vorlage bestimmen, in dessen Steigrohr eine lange, bis an den inneren Boden des Kolbens führende und unten zugeschmolzene Glasröhre zur Aufnahme eines Thermoelements, von oben her eingeschmolzen ist. Man beobachtet bei einer inneren Tem-

[1] Ann. **224**, 268 (1884).

peratur von 554—556° unter 760 mm lebhaftes Sublimieren des nicht geschmolzenen Arsens, das sich in Form einer dichten und kompakten, halbkugelförmigen Kristallkruste in der oberen Hälfte des Kolbens ansetzt.[1] Das Arsen wurde früher aus Arsentrioxyd durch Reduktion mit Kohle gewonnen; jetzt stellt man es fast nur noch dar durch Erhitzen von Arsenkies $Fe_2As_2S_2$ in tönernen Röhren, die reihenweise in einem Galeerenofen liegen: das Material zerfällt in zurückbleibendes Schwefeleisen und übersublimierendes Arsen. In die Vorlage schiebt man ein durch Zusammenrollen von Eisenblech verfertigtes Rohr, in welchem sich das Arsen als feste Kristallmasse ansetzt, die man durch Aufrollen des Blechs ablöst. Zur Reinigung sublimiert man das Arsen nochmals, nachdem man etwas pulverisierte Kohle zugegeben hat, und erhält es in stahlgrauen, glänzenden, spitzen Rhomboedern.

Zur Gewinnung des Jods laugt man die Asche von Meeresalgen und Tangen mit Wasser aus, zersetzt gelöste Carbonate, Sulfite und Thiosulfate mit Schwefelsäure, sammelt den ausgeschiedenen Schwefel und destilliert alsdann unter Zusatz von Braunstein. Das Jod sammelt sich in flaschenförmigen Vorlagen, die nach unten eine Öffnung zum Abfluß des mitkondensierten Wassers besitzen. Oder man leitet, zur Abscheidung des Jods aus den bei der Verarbeitung des Chilisalpeters verbleibenden Laugen, in diese zunächst Schwefeldioxyd zur Reduktion des Natriumjodats ein, und zersetzt alsdann die Jodide mittelst Chlor. Das ausgeschiedene Jod wird nach dem Filtrieren und Auswaschen durch Sublimation gereinigt, welche man in großen eisernen Retorten vornimmt, die in geräumige Vorlagen einmünden, in denen das Jod sich kristallinisch absetzt.

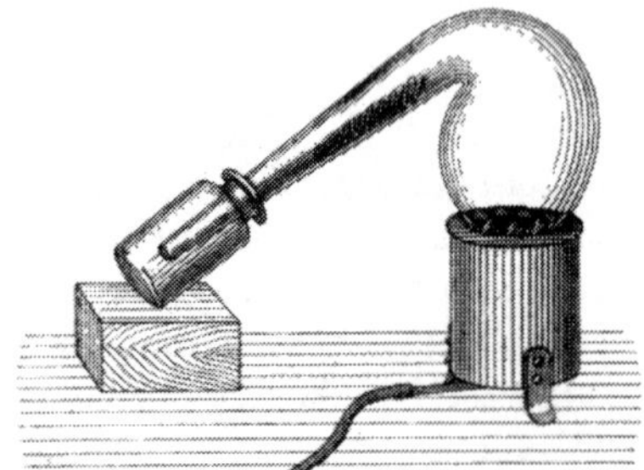

Fig. 233.
Sublimation von Jod.

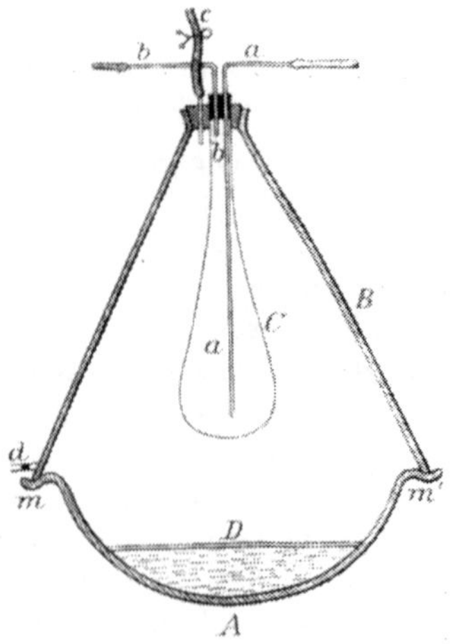

Fig. 234. Sublimierapparat mit Innenkühlung.

Im Laboratorium sublimiert man mittelgroße Mengen von Jod in einer Retorte, wie die beifolgende Fig. 233 zeigt; oder[2] man bedient sich

[1] Ber. 42, 203 (1909).
[2] Hertkorn, Zentr. 1892 II, 195.

einer flachen Schale *A* aus emailliertem Eisenblech (Fig. 234), welche am oberen Rande eine Rinne *mm* hat, in welche man einen kegelförmigen Aufsatz *B* stellt, durch dessen obere Öffnung ein Glasgefäß *C* eingeführt ist; dasselbe wird mittelst kalten Wassers, welches bei *a* eintritt und bei *b* abfließt, gekühlt, worauf sich an seiner Oberfläche reichliche Jodmengen ansetzen.

Sublimationsversuche mit geringen Mengen irgend einer Substanz führt man aus, indem man dieselbe auf ein kleines Uhrglas bringt, darüber ein kreisrundes Filter, für höhere Temperaturen auch Asbestpapier, legt, und nun mit einem zweiten Uhrglas, dessen gewölbte Seite nach oben, zudeckt: durch eine Klammer aus Metalldraht fixiert man das kleine System und erhitzt mittelst Bunsensbrenners auf einem mit Asbest durchsponnenen Drahtnetz oder einem Sandbad. Zur Sublimation etwas größerer Substanzmengen verwendet man ein größeres Uhrglas, das man mit einem umgestülpten Trichter zudeckt, indem man ebenfalls eine Papierscheibe zwischenlegt. ODDO[1] setzt ein kleines Becherglas oder einen Tiegel in eine, in der Mitte kreisrund ausgeschnittene Asbestscheibe, deckt mit zwei übereinander gestellten, verschieden großen Bechergläsern zu und schützt gegen die Flamme durch eine zweite Asbestscheibe, unter die erstere gelegt.

Die Darstellung zahlreicher Körper ist mit einer Sublimation verbunden. Beispielsweise wird „Sublimat" oder Mercurichlorid durch Sublimation aus Mercurisulfat und Chlornatrium gewonnen; Arsentrioxyd entsteht beim Rösten arsenhaltiger Erze und setzt sich in gemauerten Kanälen, den sogenannten Giftfängen, ab; auch das Chlorammonium, der „Salmiak", sublimiert oberhalb 300°, ohne vorher zu schmelzen.

Der Kohlenstoff geht nach Versuchen von MOISSAN[2] direkt aus dem festen in den dampfförmigen Zustand über. Der aus dem Dampf sich wieder abscheidende Kohlenstoff ist immer Graphit. Dabei reichen chemische Wärmequellen nicht mehr aus, sondern es bedarf eines elektrischen Stromes von 370 Amp. und 80 Volt. Auch das Bor geht im elektrischen Flammenbogen nach Versuchen MOISSANS[3] aus dem festen in den dampfförmigen Zustand über, ohne vorher flüssig zu werden. Das Silicium sublimiert dagegen nicht, sondern schmilzt in stärkster Weißglut und ist bedeutend flüchtiger als Kohlenstoff (VIGOUROUX, ACHESON), obwohl man auch bei ihm bereits zu elektrischen Heizquellen seine Zuflucht nehmen muß. Auch das Titan schmilzt zunächst im elektrischen Ofen und läßt sich sodann regelrecht destillieren.[4]

---

[1] Gazz. **22**, II, 313; Zentr. 1894 I, 129.
[2] C. r. **119**, 776 (1894); Ber. **28**, Ref. 7 (1896); Ann. chim. phys. [7] **9**, 133 (1896).
[3] C. r. **117**, 423 (1893); Ber. **26**, Ref. 764 (1894); Ann. chim. phys. [7] **6**, 296 (1895).
[4] MOISSAN, Bull. [3] **35**, 950 (1906).

II. Destillation und Sublimation im hohen Vakuum.

1. Destillation und Sublimation beim Vakuum des Kathodenlichts in den gewöhnlichen Apparaten.

Die von einzelnen Theoretikern diskutierte Ansicht, aus welcher alle Substanzen bis zum absoluten Nullpunkt (−273°) eine zuletzt freilich kaum mehr meßbare Tension besitzen sollen, verlor ihre praktische Bedeutung für das Pentadecylparatolylketon $C_{15}H_{31}.CO.C_6H_4.CH_3$, eine Verbindung, welche in nur annähernd reinem Zustande durch ihre auffallenden Triboluminiszenzerscheinungen (Aufleuchten beim Zerbrechen) die Aufmerksamkeit von F. Krafft[1] erregt hatte. Dieses Keton wurde von Lenard[2] als phosphoreszenzfähiges Reagens auf Kathodenstrahlen in Räumen benutzt, welche Materie nur mehr in jener äußersten Verdünnung enthielten, in welcher alle bekannten Wirkungen derselben verschwinden. Daraus schloß der erstere, daß ein so weitgehendes Vakuum, wie das des Kathodenlichts, in Gegenwart nicht nur der genannten, sondern auch sehr vieler anderen Substanzen über dem siedenden und sich alsdann wiederkondensierenden Körper möglich sein müsse. Seitdem kann man bequem Destillationen und Sublimationen im Vakuum des Kathodenlichts ausführen. Für das Arbeiten im Laboratorium benutzt man zur Messung des Vakuums in der Regel die damals (l. c.) beschriebene, 6 cm lange und 2 cm weite Röhre mit kleinen, 3 cm voneinander entfernten Platinelektroden, in welcher durch ein Bunsenelement und einen Funkeninduktor bei genügend evakuiertem Apparat apfelgrünes Licht an der Wand auftritt, das bei fortgesetztem Evakuieren wieder verschwindet. Dieses Messungsverfahren erfordert nur wenige Sekunden und verdient daher in der Laboratoriumspraxis den Vorzug vor genaueren Methoden.

Eine Destillation oder Sublimation schwerflüchtiger Substanzen in Glasgefäßen mit niedrigen oder höheren, aber stets genügend weiten Steigröhren, die durch Quecksilberpumpen evakuiert worden sind, ist nun deshalb möglich, weil sich eine gesättigte Dampfschicht von scharfer Abgrenzung gegen das darüber oder davor befindliche Vakuum, von der Oberfläche der im Vakuum siedenden Substanz aus bildet. Die Sättigung dieser Dampfsäulen ergibt sich schon daraus, daß an der Gefäßwand reichliche Flüssigkeitsmengen kondensiert werden. In den Steigröhren nimmt die Temperatur der Dampfsäulen nach oben hin mit Schnelligkeit ab. Es erfahren diese Erscheinungen auch bei gutem Wärmeschutz keine wesentliche Änderung.

Damit die Tension einer Substanz von einer Annäherung an Nullmillimeterdruck bis auf 1 mm Quecksilber ansteige, ist bekanntlich eine große Temperatursteigerung erforderlich und dieser nie fehlende Umstand gibt die Erklärung dafür, daß der Siedepunkt einer Flüssigkeit in einem auf annähernd 0 mm evakuierten Destillationsapparat um so tiefer liegen

[1] Ber. 28, 1316 (1896). [2] Wied. 51, 230 (1894).

wird, je weniger in dem betreffenden Apparate die Möglichkeit zur Bildung einer höheren Dampfsäule gegeben ist. Will man daher bei zersetzlichen Substanzen die Vorteile des niedrigen Siedepunkts im Vakuum ganz ausnutzen, dann muß man auf Grund der eingehenden Studien KRAFFTS[1] hohe Dampfsäulen vermeiden und in flachen und niedrigen Apparaten arbeiten. Allerdings ist die Trennung zweier Substanzen durch Vakuumdestillation unter diesen Umständen nur dann glatt möglich, wenn die Siedepunkte weit auseinander liegen: Substanzen von ähnlicher Tension wird man im Vakuum nur dann durch fraktionierte Destillation in befriedigender Weise voneinander trennen können, wenn man auch hier eine gewisse, übrigens meistens nicht sehr beträchtliche Steighöhe für die Dämpfe benutzt.

Wie einfach das Verfahren sich bei sehr hoch (im Kathodenlichtvakuum oberhalb ca. 80°) siedenden Körpern gestaltet, zeigt die beistehende Fig. 235. Für Siedepunktsbestimmungen oder Reinigungsversuche mit kleinen Substanzmengen bedient man sich eines Destillierkolbens von ca. 15 ccm Inhalt. Das Thermometer wird so eingesetzt, daß es sich 20 bis 30 mm über der siedenden Flüssigkeit befindet, so daß über der Quecksilberkugel bis zum Abflußrohr eine Dampfsäule von 25 bis 30 mm Höhe ist, und die Dämpfe noch weitere 35—40 mm hoch steigen. Letztere Höhe wird übrigens bei flottem Destillieren auch stets innegehalten, wenn der Hals des Kolbens noch einige Zentimeter höher ist, wodurch der Kautschukpfropfen geschont wird. Vergleichbare Destillationen werden sonach mit einer Dampfsäule von 60—70 mm Höhe über der Thermometerkugel ausgeführt. Der Destillierkolben steht durch Kautschukschlauch oder durch einen Schliff mit einer Glasröhre in Verbindung, an welche die HITTORFsche Röhre in der gezeichneten Weise angeschmolzen ist: die Vakuumablesung wird somit im Destillierapparat selbst gemacht und man kann sicher sein, daß über den destillierenden Dämpfen stets der gleiche, sehr geringe Druck sich befindet. Für die Bestimmung werden jedesmal 3—4 g Substanz eingefüllt, und der Versuch abgebrochen, sobald sich noch etwa 1 g Substanz im Kolben befindet. Die Vorlage bedeckt man mit nassem Fließpapier und Eisstücken, was in den meisten Fällen zur vollständigen Kondensation ausreicht. Man hat sich den Apparat rechts in Verbindung mit einer BABOschen oder einer anderen Quecksilberpumpe zu denken, an welch letztere ein ohne besondere Sorg-

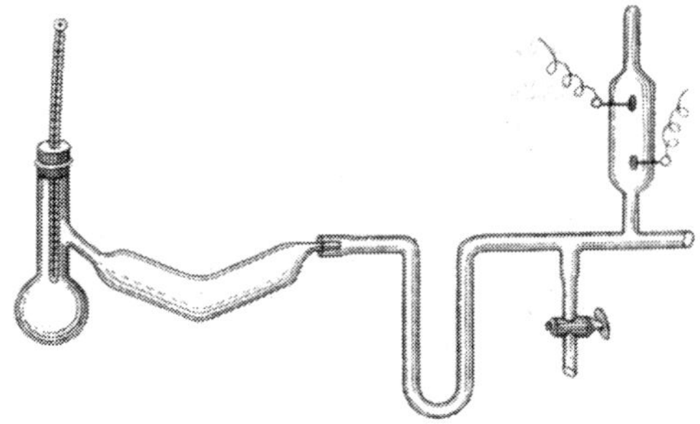

Fig. 235.
Destillation im Vakuum des Kathodenlichts.

[1] Ber. **32**, 1623 (1899); KRAFFT und P. LEHMANN, Ber. **38**, 242 (1905).

falt gefülltes Quecksilbermanometer angeschlossen sein kann. Dieses kann bei der ersten Einstellung mit Kathodenlicht leicht für spätere Ablesungen mit Nullpunkt versehen werden und dient lediglich dazu, den Gang der Pumpe zu kontrollieren und etwaige Störungen ohne Zeitverlust anzuzeigen.

Zur Dichtung der Schliffe und Hähne verwendet man stets weißes Wachs und Adeps lanae (Wollfett), für Temperaturen oberhalb 15° im Verhältnis 2:1; man bekommt so ein dem weichen Adeps lanae für sich allein an Zähigkeit wesentlich überlegenes Hahnfett von vorzüglichster Qualität, das sich für die verschiedensten Zwecke bewährt hat. Überhaupt kann man für die Destillation im Vakuum des Kathodenlichts fast jeden Apparat (auch Metallapparate) benutzen, der sonst dient.

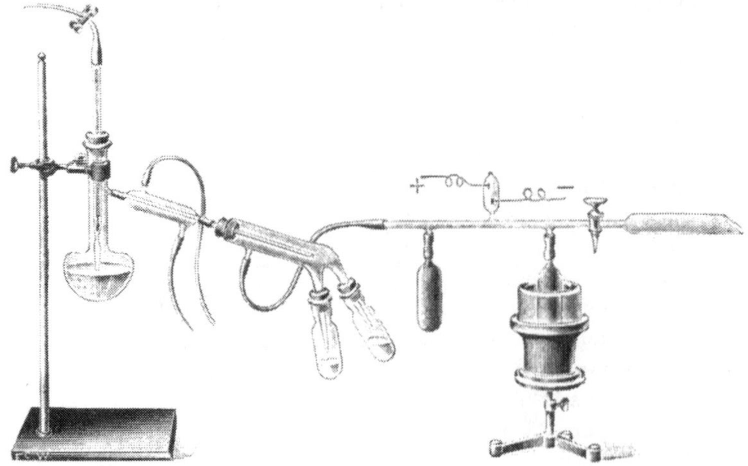

Fig. 236. Destillation beim Vakuum des Kathodenlichts.

vorausgesetzt, daß alle Verbindungsstellen entweder mit dem von Krafft angegebenen zähen, aber auch im Vakuum nicht verdampfenden Hahnfett oder mit Quecksilberverschlüssen gedichtet werden, ferner, daß die Gefäße hinreichende Wandstärke besitzen, und man für eine sehr regelmäßige, durch Thermometer zu kontrollierende Wärmequelle gesorgt hat (am empfehlenswertesten sind Woodbäder, die man noch in ein mit Asbest ausgelegtes Luftbad einsetzen kann; auch dienlich sind Graphitbäder, Luftbäder usw.; weniger direkte Heizung von unten). Als Beleg hierfür diene der von Schroeter empfohlene Apparat (Fig. 236), dessen Benutzung ohne weiteres verständlich ist, an welchem man jedoch die etwas enge Stelle, die von der Steigröhre zur säbelförmigen Vorlage führt, behufs Vermeidung von Dampfstauungen durch eine weitere Dampfableitungsröhre ersetzen kann.

Das Vakuum des Kathodenlichts ist ein sehr weitgehendes, mit Quecksilbermanometern in der Praxis und in wenigen Sekunden kaum mehr meßbares. Trotzdem darf man es nur sehr mit Vorbehalt als „absolutes Vakuum" bezeichnen im Gegensatz zu der häufig, und oft genug irreleitend, als „Vakuumdestillation" bezeichneten Minderdruckdestillation (s. u.): denn nach Versuchen von KRAFFT kann man zur Unterhaltung regelmäßigen Siedens z. B. dicker, schwerflüchtiger Öle, einen äußerst feinen Luft- oder Gasstrom vermittelst einer haarfeinen, kaum sichtbaren Capillare (s. u.) hindurchsaugen, ohne daß das grüne Licht in der Hittorfröhre dadurch wesentlich beeinträchtigt würde.

Am bequemsten und zeitsparendsten ist die durchgehende Benutzung von Hähnen und Schliffen, die man nur einmal anzuschmelzen hat, bei Zusammensetzung von Vakuumapparaten; jedoch erhält man ein gutes Vakuum leicht auch mit Kautschukstopfen, besonders mit gefettefen, oder mit Korken, die durch Überziehen mit nicht zu weichem Siegellack gedichtet werden müssen. Gegen heiße Gase usw. kann man solche Verschlüsse durch Abblenden mittelst Asbestpapierschichten leicht schützen.

Für kleine Apparate genügt die verbesserte v. BABOsche Quecksilberluftpumpe um so eher, als Luft und Gase von den Wänden des zu evakuierenden Apparates sich ohnehin nur langsam ablösen. Sonst verwendet man eine oder die andere der neuerdings empfohlenen, starkwirkenden Quecksilberpumpen (siehe oben). Ein Destillationsverfahren für größeren Maßstab wurde von E. FISCHER und K. HARRIES[1] ausgearbeitet, unter Anwendung der Gerykluftpumpe, einer mechanischen Stiefelpumpe, welche in Öl von sehr geringer Tension läuft und mehrere Liter in wenigen Minuten bis auf ca. 0,1—0,2 mm auspumpen kann; das nach diesem noch wenig benutzten, weil sehr teuren, aber zweifelsohne sehr leistungsfähigen Verfahren erreichbare mäßige „Vakuum" dürfte in vielen Fällen, wo man die Kosten der Apparatur nicht zu scheuen hat, ausgezeichnete Dienste leisten. Endlich sei noch kurz darauf hingewiesen, daß man das Vakuum des grünen Kathodenlichts auch ohne starkwirkende Luftpumpen durch Anwendung von möglichst reinem Kohlendioxyd, das man entweder mittelst Kalihydrat absorbiert oder durch flüssige Luft kondensiert, erreichen kann. Derartige Apparaturen wurden beschrieben und benutzt von ERDMANN[2] und von KRAFFT.[3] Ferner hat WOHL[4] eine Apparatur angegeben, die bei Anwendung von Blutkohle, welche man mit flüssiger Luft kühlt, es ermöglicht, rasch ein gutes Vakuum zu erreichen: es beruht dies auf einer schon früher von DEWAR[5] gemachten Beobachtung, wonach im luftleeren Raum ausgeglühte Holzkohle in sehr tiefen Temperaturen nur eine äußerst geringe Dampfspannung besitzt, wenn sie mit Luft und Gasen teilweise gesättigt wird.

Bereits 1896 wurde auch die Flüchtigkeit solcher Substanzen geprüft, die nicht schmelzen, sondern rasch unter Entsendung gesättigter Dämpfe sublimieren.[6] Hier kann man ebenfalls die Temperatur möglichst niedrig halten, dadurch, daß man in nicht sehr hohen, oder auch in völlig hori-

---

[1] Ber. **35**, 2158 (1902). [2] Ber. **36**, 3456 (1903). [3] Ber. **37**, 95 (1904).
[4] Ber. **38**, 4149 (1905). [5] Soc. Roy. Edinb. 1875; Ber. **38**, 4149 (1905).
[6] KRAFFT und WEILANDT, Ber. **29**, 2240 (1896).

zontalen Apparaturen, ohne Steighöhe für die Dämpfe, z. B. in Röhren, arbeitet. In dieser Weise ließen sich auch die tiefsten, praktisch noch zu ermittelnden Verdampfungstemperaturen[1] von Metallen (Cd [156,5°], Zn [184°], Pb [335°] usw.) in horizontalen Glasröhren feststellen, die am Ende zusammengeschmolzen waren und durch einen umgeschmolzenen Glasmantel an ihrem geschlossenen hinteren Ende, wo sich die Substanz befand, erhitzt werden konnten. Bei etwas oberhalb 700° hört die unbedingte Widerstandsfähigkeit des schwer schmelzbaren Glases gegen den äußeren Luftdruck auf, indem Röhren, Kolben usw. alsdann wie weiche Pappe mit steigender Temperatur langsam zusammengedrückt werden. Die niedrigste Verdampfungstemperatur des Kupfers im Vakuum liegt aber nach den letztgenannten Autoren bei ca. 960°, die des Goldes bei ca. 1070°, und für die Anstellung solcher Beobachtung verwendet man daher Quarzglasgefäße (s. u.). Dagegen kann man die unterste Flüchtigkeitsgrenze des Silbers im Vakuum, ca. 680°, noch sehr wohl in Glasgefäßen feststellen, und Knocke[2] gelang es sogar, eine sehr bemerkliche Flüchtigkeit im Vakuum für das Platin (Platinmohr) in Glasgefäßen schon bei 540°, für Iridium bei 700°, für Palladium bei 735°, für Eisen bei 755°, für Kobalt bei 670°, für Nickel eine mittlere Flüchtigkeit zwischen beiden letzteren, festzustellen. Aber diese Versuche beweisen gleichzeitig, daß es mit den gewöhnlichen Hilfsmitteln im allgemeinen nicht möglich sein wird, Metalle im Vakuum wie die leichtflüchtigen organischen Substanzen in Glasgefäßen rasch zu destillieren oder sublimieren.

Viele Oxyde, die unter gewöhnlichen Bedingungen relativ glutbeständig sind, wie Cadmiumoxyd, Bleioxyd, Wismutoxyd und Antimonoxyd, gehen im Vakuum unter Sauerstoffabgabe mehr oder weniger vollständig durch Autoreduktion in abdestillierende Metalle über. Wesentlich flüchtiger sind manche Sulfide. Im Vakuum liegt die Sublimationstemperatur des Zinnobers bei 400°, Cadmiumsulfid verflüchtigt sich im Vakuum sehr rasch bei 770—780°, Bleisulfid gibt Beschläge oberhalb 600°. Wismuttrisulfid verflüchtigt sich im Vakuum unzersetzt bei 740°; Antimontrisulfid sublimiert im Vakuum schon bei 230°. Auf diese beträchtlichen Unterschiede in der Flüchtigkeit im Vakuum lassen sich annähernd quantitative Trennungen begründen, beispielsweise auch für Schwefel, Selen und Tellur.[3] Der (rhombische) Schwefel destilliert in Mengen von 30—40 g in Siedekolben mit niederer Steighöhe (ca. 40 mm) vorsichtig erwärmt (Temperatur des Woodbades 155°), ohne seine Dünnflüssigkeit und hellgelbe Färbung zu verlieren, im Vakuum des Kathodenlichts bei 136—138° (Thermometer im Dampf) über; 30 g Selen lassen sich in derselben Vorrichtung in 12 Minuten bei 310—312° überdestillieren, und 25 g Tellur gingen unter gleichen Bedingungen binnen 5 Minuten vollständig zwischen 471—472° (unkorrigiert; für 58 mm Steighöhe 478°, korrigiert) über.

---

[1] Krafft und Bergfeld, Ber. **38**, 254 (1905).

[2] Ber. **42**, 206 (1909); vgl. R. Kempf, J. pr. Ch. **78**, 201 (1908).

[3] F. Krafft und L. Merz, Ber. **36**, 4344f. (1903); F. Damm und F. Krafft, Ber. **40**, 4777f. (1907).

Die Destillation der Metalle wird noch dadurch erleichtert, daß dieselben nicht nur durch Strömungen, wie schlechte Leiter, sondern auch durch Leitung, die an der Gefäßwand erhaltene Wärmemenge überallhin führen. Von den zahlreichen Verbindungen, deren Destillation im hohen Vakuum ohne Zersetzung möglich erscheint, seien hier nur noch Schwefelsäure und Selensäure genannt. Dergestalt läßt sich leicht, durch Fraktionieren im Vakuum eine schwächere, z. B. 91,5 %ige Schwefelsäure in eine 99,9 %ige, oberhalb 7° schmelzende Säure, wahrscheinlich auch in 100 %ige, überführen: das Produkt siedet unter ca. 0 mm bei 145—146° (Badtemperatur 165—170°; Steighöhe der Dämpfe ca. 85 mm); Selensäure siedet ganz entsprechend (Badtemperatur 200°) bei 172° und schmilzt dann, in der Vorlage großkristallinisch erstarrt, bei 61—62°.[1]

2. Vakuumdestillation in Quarzglasgefäßen.

Trotz mancher mühevoller Studien über Verflüchtigung der Metalle im Vakuum, unter denen besonders diejenigen von DEMARÇAY[2], von SCHULLER[3] und von KAHLBAUM[4] zu erwähnen sind, herrschte lange Unklarheit über die Prozesse des langsamen Verdampfens einerseits und andererseits des energischen Siedens als Vorbedingung rascher Destillation der Metalle in leeren Räumen. Lediglich die meist schon für den gewöhnlichen Druck, mitunter im größten Maßstabe, festgestellte Flüchtigkeit vieler Metalle wurde von den genannten Autoren auch für das Vakuum konstatiert und in einer oft nutzbringenden Weise die Luft ausgeschlossen: nähere Angaben über den Prozeß der Verflüchtigung selbst, über die dazu erforderlichen Temperaturen und ähnliches fehlten dagegen so gut wie vollständig. Die zuverlässige Beschaffung derartiger Daten und vor allem einer bequemen Methode zu ihrer Ermittelung und Ausnutzung dürfte aber den eigentlichen Ausgangspunkt für eine rationelle Metalldestillation bilden.

Die ersten derartigen Beobachtungen[5] wurden in den Versuchslaboratorien von W. C. HERAEUS in Hanau durch F. KRAFFT, R. KÜCH und E. HAAGN ausgeführt. Dieselben betrachteten es als erste und wichtigste Aufgabe, die genaue Siedetemperatur der verschiedenen Metalle im Vakuum, zweckmäßig bei dem sehr konstanten Vakuum des grünen Kathodenlichts, festzustellen. Im Besitze der genauen Siedetemperatur eines Elements in leeren Räumen kann man die Frage erörtern, ob es möglich sein wird, dasselbe in kurzer Frist und bei konstanter Temperatur kiloweise zu destillieren, genau so, wie man das etwa beim Wasser unter gewöhnlichen Bedingungen schon lange zu tun pflegt; man kann untersuchen, ob die Siedepunkte zweier Elemente im Vakuum weit genug auseinanderliegen, um dieselben in geeigneten Apparaten und in einer

---

[1] M. STOCKER und F. KRAFFT, Ber. **39**, 2198 (1906).
[2] C. r. **95**, 183 (1882). [3] Ann. Phys. **18**, 317 (1883).
[4] Z. anorg. Ch. **29**, 177 (1902).
[5] F. KRAFFT, Ber. **36**, 1690 (1903).

Operation ganz oder annähernd zu trennen; man wird endlich in manchen Elementen noch Beimengungen, vielleicht auch unbekannter Art, suchen können, die sich bisher wegen ihrer Geringfügigkeit dem Nachweis entzogen.

Die ersten Ergebnisse kamen wesentlich durch das Zusammenwirken von drei neuen Hilfsmitteln, teils theoretischer, teils experimenteller Art zustande.

1. Das Sieden im Vakuum als „Atmosphärenbildung". Die bereits genannten Untersuchungen, aus welchen sich die beim Sieden im Vakuum herrschenden Regelmäßigkeiten mit größter Schärfe ergeben[1], führen zu der bemerkenswerten Konsequenz, daß die Überwindung des atmosphärischen Luftdrucks beim Sieden einer Substanz etwas zwar unter terrestrischen Bedingungen stets Erforderliches, aber trotzdem für das Wesen des Siedephänomens ganz Nebensächliches ist. Um nicht zu sehr von der alten einseitigen Anschauungsweise, die das Sieden als Überwindung des atmosphärischen Drucks definiert, abzuweichen, kann man auf Grund der zitierten Untersuchungen einstweilen die Definition, wonach das Sieden in einer „Atmosphärenbildung" besteht, gleichviel, ob nebenher auch noch der Luftdruck zu überwinden ist oder nicht, als durch obige Arbeit streng experimentell bewiesen und als die bis auf weiteres umfassendere Definition betrachten. Es wird also bei Anwendung eines der üblichen Destillationsapparate die mit Sieden oder gleichbedeutend mit Destillieren einer Flüssigkeit bezeichnete Operation sich — vorausgesetzt, daß die Flüssigkeit auch im Vakuum noch als solche existenzfähig ist — ganz unabhängig vom Luftdruck stets unter denselben Erscheinungen, wie auch unter diesem, vollziehen: die Flüssigkeit wird zunächst langsam verdampfen und dabei äußerst verdünnte Dämpfe abgeben; mit steigender Temperatur wird die Dichtigkeit der Dämpfe durch immer rascheres Nachströmen von Molekülen mehr und mehr zunehmen und, wenn für einen seitlichen Abfluß gesorgt ist, schließlich einen solchen Grad erreichen, daß die nachströmenden Dämpfe die über ihnen befindliche Dampfschicht — die man als eine gesättigte bezeichnen darf, wenngleich kein Druck darüber zu lasten scheint — nicht wesentlich mehr komprimieren, sondern nur noch in den seitlichen Abfluß und in den Kondensator drängen können. Solange nun dieser Destillationsprozeß durch regelmäßige Wärmezufuhr fortgesetzt wird, bleibt die Temperatur der in leeren Räumen siedenden Flüssigkeit, wie auch der darüber befindlichen Dampfsäule, völlig konstant, und läßt sich bei hochmolekularen oder schwerer flüchtigen Substanzen, die das Phänomen in seiner Vollständigkeit schon bei niedrigen Dampfsäulen und mittleren oder hohen Temperaturen zeigen, mit der gleichen Leichtigkeit bestimmen, wie die Siedetemperatur unter gewöhnlichem Druck. Dasselbe Ergebnis hinsichtlich Dampfdichte und Siedetemperatur wird durch Sieden unter Rückfluß bis zu einer bestimmten Steighöhe erzielt. Daß die so bestimmte Siedetemperatur im Vakuum in hohem Grade von der Steig-

[1] F. Krafft, Ber. 32, 1623 (1899); Krafft und P. Lehmann, Ber. 38, 242 (1905).

höhe der Dämpfe beeinflußt wird, geht aus den oben bereits angestellten Erörterungen (S. 344) klar und deutlich hervor.

Alle Metalle, die sich im Vakuum zu einer Flüssigkeit schmelzen lassen, zeigen tatsächlich wie eine jede Flüssigkeit zunächst Verdampfungserscheinungen, die mit steigender Temperatur immer lebhafter werden und zuletzt in ein ganz normales Sieden, im Sinne der obigen Definition übergehen.

2. Destillationsgefäße aus Quarzglas. Zum Besitz einer wesentlich vervollkommneten Auffassung des Siede- oder Destillationsprozesses kommt zugunsten der Vakuumdestillation der weitere Umstand, daß in den neuerdings mit großer Vollkommenheit angefertigten Quarzglasgefäßen und in den elektrisch geheizten Öfen technische Hilfsmittel zur Verfügung stehen, mit denen die bescheidenen Mittel der früheren Arbeiter auf dem Felde der Metalldestillation sich kaum vergleichen lassen.

Das in den Handel gebrachte Quarzglas (s. S. 352) ist für die Destillation der zahlreichen Metalle, welche das Quarzglas nicht angreifen, im leeren Raume ohne weiteres verwendbar. Eine angemessene Behandlung des gegen basische Oxyde und geschmolzene Salze in höherer Temperatur empfindlichen Quarzglases, beispielsweise das Abwischen alkalischer Fingergriffe, ist anzuempfehlen. Man kann dann bis zu Temperaturen von 1200° in größeren und kleineren Gefäßen aus Quarzglas, die evakuiert sind, Destillationen von Metallen vornehmen, deren ganzer Verlauf bis in die kleinsten Details sichtbar ist; und auch zwischen 1200—1400° kann man noch mit gewissen Einschränkungen hinsichtlich Gefäßgröße und Substanzmenge vollkommen sichere und rasch verlaufende Beobachtungen über die Verflüchtigung beispielsweise der edleren Metalle anstellen. Ein weiterer, besonders großer Vorteil für die Metalldestillation ist aber der, daß man das Destillationsgefäß in jedem beliebigen Momente zur Vornahme irgend einer Manipulation abkühlen lassen kann, wobei nur Erstarren des Metalls meistens zu vermeiden ist; hat man dann die gewünschte Manipulation ausgeführt, beispielsweise einen Beschlag von Cadmium oder Zink, von Blei oder Silber in der Vorlage bei Vorversuchen weitergetrieben, so bringt man das Gefäß wieder direkt in die vorher benutzte konstante Wärmequelle, den elektrischen Ofen, und hat dann 2 oder 3 Minuten nach Beginn der Unterbrechung die verlassene Temperatur von beispielsweise 600° oder 1200° auch schon vollkommen genau wieder erreicht.

Eine noch offene Frage ist es, ob nicht größere Quarzglasgefäße beim Erstarren gewisser, darin geschmolzener Metalle häufig in ähnlicher Weise springen dürften, wie das etwa bei gewöhnlichem Glas, in welchem man geschmolzene Hartparaffine erstarren läßt, der Fall ist; indessen wird man sich auch hiergegen, auf Grund der guten Eigenschaften des Quarzglases, schon durch Warmhalten des Kondensationsraumes und nachheriges Herausschmelzen des Metalls stets schützen können. Quarzglasschliffe — mit denen man das Destillationsgefäß leicht an ein- oder aufgepaßte Glasschliffe mittelst geeigneter Fettung (s. o.) vollkommen vakuumdicht anschließen kann — darf man beim Herausschmelzen des Metalls rücksichtslos selbst bis zu sehr starkem Glühen erhitzen, denn sie springen dabei nicht und deformieren sich bei einiger Vorsicht auch nicht. Um Oxydbildung und Angreifen des Quarzglasgefäßes zu vermeiden, wird in den meisten Fällen, wo Gefahr droht, Einlassen von Kohlendioxyd oder Stickstoff aus einem Syphon, statt der atmosphärischen Luft, vollkommen genügen. Das Manipulieren mit glühenden Destillationsgefäßen ist auch nicht schwierig, denn man kann sie z. B. beim Herausschmelzen des Metalls mit nassen Asbesthandschuhen anfassen oder zwischen nasse Asbestpappe einklemmen, und muß das geschmolzene Metall nur rasch über die kalte Stelle fließen lassen, um Erstarren zu vermeiden. Kurz, die Quarzgefäße sind, bei sachkundiger Handhabung und wenn man ihre Schwerzerbrechlichkeit berücksichtigt, vielleicht die ausdauerndsten Gefäße, über die man verfügt: es sind die Gefäße des Arbeitens bei hohen Temperaturen und bei großen Temperaturdifferenzen in sehr zahlreichen Fällen, besonders da, wo Platin samt seinen Legierungen versagt.

Mit den beschriebenen Vorteilen geht auch derjenige Hand in Hand, daß beispielsweise der obere oder untere Teil des Gefäßes in einem Abstand von wenigen Millimetern von einer stark glühenden Stelle in die kalte Luft ragen oder abgekühlt werden darf, da ein Temperaturunterschied unmittelbar benachbarter Stellen von 1000° und darüber — für den Versuch vielleicht eine Notwendigkeit — dem Gefäße selbst nicht im geringsten schadet.

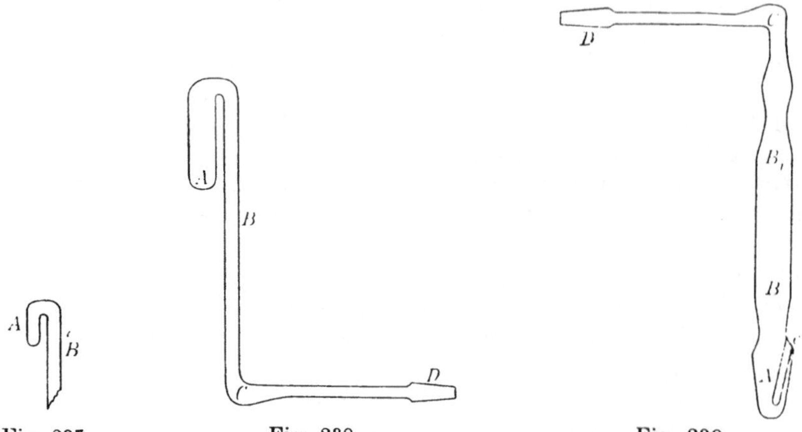

Fig. 237. Fig. 238. Fig. 239.
Fig. 237—239. Quarzglasgefäße, bis zirka 1300° brauchbar.

Für die bisherigen Beobachtungen dienten zwei empfehlenswerte Gefäßtypen, von denen der erstere zum Verdampfen und Überdestillieren mancher Metalle benutzt werden kann, und zwar in einer größeren, dünnwandigen Form (Fig. 237) und in einer engeren, röhrenförmigen und starkwandigen (Fig. 238). Die erstere wurde wiederholt und ohne im allergeringsten zu leiden bis 1200° benutzt. Letztere ist, wenn dickwandig genug, mit Sicherheit bis 1400° brauchbar; beide wurden von unten in den Heizraum des elektrischen Ofens eingeführt. In diesen Gefäßen werden kleinere Metallmengen (1—5 g) auf Verdampfen und Sieden geprüft bzw. Trennung vorgenommen und die Heiztemperatur stets außerhalb neben den bei *A* befindlichen Metallen und 1—2 mm vom Quarzglas entfernt, gemessen. Der zweite Gefäßtypus ist ein langes Siederohr (Fig. 239), in dessen Siedegefäß ein enges, unten geschlossenes Quarzglasröhrchen *e* eingeführt ist, welches ein Thermoelement aufnimmt, so daß man auf diese Weise die Temperatur eines bei Gelb- oder Weißglut siedenden Metalls durch eine Galvanometerablesung kaum weniger bequem und nicht viel weniger genau bestimmen kann, wie die Temperatur des siedenden Äthers oder Alkohols durch ein eintauchendes Quecksilberthermometer; dieses Quarzglasrohr (Fig. 239) wird von oben in den zylindrischen Heizraum gebracht und je nach der gewünschten Steighöhe für die Dämpfe des siedenden Metalls mehr oder weniger tief, beispielsweise bis *B* oder bis B_1, in den elektrischen Ofen eingesenkt.

3. Destillation im elektrisch geheizten Laboratoriumsofen. Ein Auf- und Absteigen in der großen Temperaturskale von 14—1400°, von der Zimmertemperatur bis zur Haltbarkeitsgrenze des evakuierten Quarzglasgefäßes, binnen wenigen Minuten und mit einer bis auf wenige (2—3) Celsiusgrade möglichen Treffsicherheit, eine fast beliebig lange konstante Einstellung auf jede Temperaturhöhe — fast ohne daß der Arbeiter die hohe Temperatur spürt, mit der er operieren muß, vermag man doch einen nur wenige Zentimeter seitwärts von dem glühenden Heizraume und oberhalb desselben befindlichen, gefetteten Schliff durch Umwickeln mit einem befeuchteten Leinewandstreifen und Unterlagen von etwas nasser Asbestpappe stundenlang gegen die Schmelzung des Fettes, welches das Vakuum des Kathodenlichts mit voller Sicherheit garantiert, zu schützen — das sind die Bequemlichkeiten und Vorzüge dieser neuen, überaus billigen Heizmethode[1], von der man bei der Vakuumdestillation der Metalle den ausgiebigsten Gebrauch machen kann.

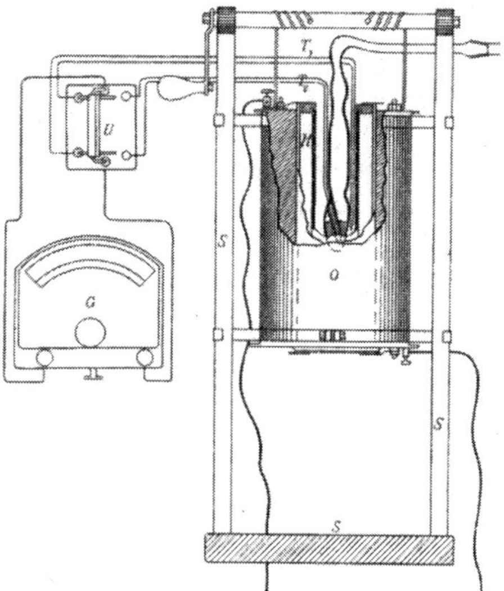

Fig. 240. Vakuumdestillation im elektrischen Laboratoriumsofen.

Der vertikal verschiebbare Röhrenofen *O* von W. C. HERAEUS wird

[1] D.R.P. 142152.

für Metalldestillationen in kleinerem Maßstabe in einer aus der beigesetzten Fig. 240 leicht ersichtlichen Weise an einem Gestell S befestigt und an zwei Drahtseilen aufgehängt, so daß er mit der Kurbel K leicht auf und ab bewegt und in jeder Höhe festgestellt werden kann. Diese Einrichtung ermöglicht es, einen beliebigen Apparat in aller Ruhe unter oder über dem Ofen zusammenzusetzen und dann den Ofen mittelst der Kurbel hinab- oder heraufzuwinden, so daß der Apparat sich in irgend einer Höhe des Ofens befindet. Dieser kann schon vorher angeheizt werden und ist zur Verhinderung der Luftzirkulation oben oder unten mit einer Glimmerplatte verschlossen, durch die sich alles bequem, eventuell mit Hilfe einer am anderen Ende befindlichen Glühlampe und eines schräg gestellten Spiegels beobachten läßt. Man kann sich so einen raschen Überblick über die im Einzelfalle für Verdampfen und Sieden von Elementen im Vakuum erforderlichen Lufttemperaturen des zylinderförmigen Heizraumes, also wenn man will, über die Badtemperaturen, verschaffen, beispielsweise für Selen, Tellur, Cadmium, Zink, Antimon, Wismut, Blei, Silber, Kupfer, Gold usw. Dabei handelt es sich um möglichst angenäherte Feststellung der Lufttemperaturen, bei denen diese Elemente aus dem geschlossenen kürzeren Schenkel A eines Quarzglasgefäßes wie Figg. 237 oder 238 in den offenen, mit der Quecksilberpumpe verbundenen Schenkel nach B langsam hinüberdampfen oder flott destillieren. Um nun jede Kondensation und jeden Rückfluß der Dämpfe, sobald diese auch nur in den geringsten Spuren auftreten, an den Wänden des Quarzgefäßes zu vermeiden und dieselben sofort in den längeren, offenen Schenkel, oder dessen Kondensationsraum C hinüberzutreiben, führt man das Verdampfungsgefäß von unten in den oben mit einer Glimmerplatte geschlossenen Heizraum ein, bzw. läßt den Ofen über das darunter aufgestellte Gefäß hinabsinken, so daß die Temperatur des letzteren von der Stelle A, wo sich das geschmolzene Metall befindet, nach oben hin stetig zunimmt um 10—60^0 und darüber. Man hat dann einen Verdampfungs- oder Destillationsapparat, in welchem nicht die geringste wägbare Substanzspur sich an den aufsteigenden Wänden kondensieren kann, vielmehr der Dampf unverzüglich im Absteigerohr bis neben das Verdampfungsrohr, an die Stelle B, in der Regel noch etwas unter dieselbe, bei flüchtigen Beimengungen aber noch bedeutend tiefer getrieben wird. Eine solche Versuchsanordnung ist, wenn es sich hauptsächlich um Übertreiben der verdünnten oder gesättigten Dämpfe eine Substanz handelt, eine geradezu ideale zu nennen, denn von irgend welchem den regelmäßigen Verlauf des Prozesses oft so sehr störenden Rückfluß oder irgend welcher Kondensation an den aufsteigenden Wänden ist hier absolut nichts zu bemerken. Die Temperaturdifferenz zwischen den verschiedenen Teilen des Siedeapparats kann man durch Höher- oder Tieferwinden des Ofens zu einer größeren oder kleineren machen, auch jederzeit durch ein oder zwei Thermoelemente aufs genaueste messen.

Kommt es im Gegenteil darauf an, die Temperatur des unter Rückfluß siedenden Metalls selbst festzustellen, teils um die Siedetemperatur desselben in Apparaten von der betreffenden Steighöhe zu ermitteln, teils aber auch um den gesetzmäßigen Wechsel der Siedetemperatur zugleich mit wechselnder Steighöhe der Dämpfe wiederholt in einer Operation beobachten zu können, so wird der Ofen ebenfalls in vertikaler Stellung benutzt, diesmal aber die untere Öffnung des Porzellanzylinders mit der Glimmerplatte verschlossen und das Siederohr von Quarzglas, Fig. 239, über dem Heizraum aufgehängt, so daß durch Aufwinden des Ofens größere oder kleinere Längen des Siederohrs erwärmt werden können, dabei aber die äußere Temperatur um dasselbe von unten nach oben um ein geringes abnimmt. An der Stelle, wo das Quarzglasrohr aus dem Heizraum, den man für hohe Temperaturen übrigens auch oben mit zurechtgeschnittenen Glimmerplättchen verdecken kann, herausragt, pflegen sich die glühenden Metalldämpfe zu kondensieren, falls nicht unnötig stark überhitzt wurde; diese Kondensation ist mühelos zu verfolgen und in diesem Falle ein Überdestillieren wegen der ganz oben relativ enormen Abkühlung des Quarzglasrohrs fast ausgeschlossen, so daß der Versuch mit verhältnismäßig kleinen Metallmengen, sehr bequem schon mit 20 bis 30 g, ausgeführt werden kann.

Die beigegebene Fig. 240 (S. 353) zeigt die apparative Zusammenstellung, in der man die Siedetemperatur eines Metalls, mit beliebiger Regulierung der Steighöhe, scharf bestimmen kann. Dabei ist T_1 dasjenige Thermoelement, mit dessen Hilfe die Heiztemperatur außen neben dem Quarzglasrohr gemessen wird, während das zweite Thermoelement T_2 sich in dem ins Siedegefäß eingelassenen engen Quarzglasröhrchen (*e* der Fig. 239) befindet und die Temperatur des im Vakuum schmelzenden, verdampfenden oder siedenden Metalls jederzeit abzulesen gestattet. Die langen (auch teilweise durch Leitungsdraht ersetzbaren) Drähte (aus Platin und aus Platin-Rhodium) dieser beiden Thermoelemente gehen, wie auf der Fig. 240 unter Verkürzung dieser Drähte nur schematisch gezeichnet ist, zum Umschalter *U*, so daß man mit Hilfe desselben Galvanometers *G* die äußere (T_1) oder die innere (T_2) Versuchstemperatur ermitteln kann.

Wenn die Fig. 240 auch nur die Anordnung der zweiten Versuchsreihe mit Benutzung des Gefäßes Fig. 239 zeigt, so ist nach dem Gesagten doch ohne weiteres verständlich, wie gearbeitet wird, wenn man mit den Destillationsröhren Figg. 237 oder 238 beobachtet. Diese letzteren Gefäße werden wie bemerkt nicht von oben, sondern von unten in den elektrischen Ofen eingeführt, indem man sie unter demselben aufstellt und dann den Ofen herabläßt.

Unter vollkommen denselben Erscheinungen, wie bei Destillationen leicht flüchtiger Substanzen unter gewöhnlichem Druck, bei Temperaturen, die unter ähnlichen Bedingungen und namentlich bei Innehaltung gleicher Steighöhen für die Dampfsäulen immer wieder dieselben sind, aber oft um mehrere hundert Grade tiefer liegen wie unter gewöhnlichem Druck, lassen sich im Vakuum viele Metalle destillieren, die sich an der Luft oxydieren. Cadmium beispielsweise siedet im Vakuum des Kathodenlichts bei einer Steighöhe der Dämpfe von etwa 10 cm bei etwa 440°; Zink siedet unter einer Dampfsäule von 10 cm bei 550°, unter 14,5 cm bei 553°; Wismut unter einer Dampfsäule von 5 cm bei 995°, unter 14 cm bei 1009°; Blei siedet im Vakuum unter einer Dampfsäule von 7 cm bei etwa 1144° [1].

Mehrfach wurden elektrisch geheizte Öfen, auch für Vakuumdestillation, konstruiert und findet man darüber regelmäßige Bericht in den Zeitschriften für Elektrochemie. In der Regel dienen diese Öfen chemischen Umsetzungen. Nachstehend sei daher nur ein besonders leistungsfähiger Typus erwähnt, der da einsetzt, wo das Quarzglas und der Heraeusofen versagen.

3. Vakuumdestillation und Sublimation oberhalb 1400° in besonderen Apparaturen.

Einen elektrischen Vakuumofen, dessen Wände geschützt sind gegen das Eingedrücktwerden durch den Atmosphärendruck, welchem selbst Röhren aus Quarz oder Porzellan in höheren Temperaturen leicht unterliegen, hat W. C. ARSEM [2] neuerdings konstruiert. Der Autor setzt seinen Ofen in einen evakuierten Raum, einen geschlossenen Zylinder aus Metall der ausgepumpt werden kann, so daß die obere Temperaturgrenze dann, nur durch die beginnende Verdampfungstemperatur der Kohle (im Vakuum etwa 2700°) gegeben ist. Dieser Ofen besteht aus einer spiralförmig aufgeschnittenen, senkrecht stehenden Röhre aus Graphit oder Kohle, und bildet somit eine den in sie gestellten Tiegel umgebende, elektrisch geheizte Spirale. In demselben kann Al_2O_3 geschmolzen, MgO, Fe und Al verdampft werden.

Auf ähnliche Weise konstruierten FRANZ FISCHER und E. TIEDE [3] einen Wolfram-Widerstandsofen, bei welchem die Heizquelle im Vakuum im Innern des Destillationsraumes angeordnet ist. Sie bedienen sich dabei u. a. eines 8 cm langen, 1,6 cm im Durchmesser betragenden Rohres von 3 mm Wandstärke, in welches sich kleine Tiegel aus Magnesia zur Aufnahme der zu destillierenden Substanz einsetzen lassen. Mit dieser Vorrichtung gelingt es, 1,5 g Zinn, das im Quarzglasrohr trotz seines verhältnismäßig tiefen Schmelzpunktes bei etwa 1200° noch keine Verdampfung zeigt, in 5 Minuten vollständig vom Boden des Magnesiatiegels zu verdampfen oder zu destillieren.

Sehr erwünscht wäre für alle derartigen Neukonstruktionen, bei denen bereits große Schwierigkeiten überwunden wurden, noch eine möglichst genaue Temperaturbestimmung und damit der Anschluß an die bereits vorliegenden Temperaturmessungen mittelst des für Platindrähte bis etwa 1500° benutzbaren Galvanometers. Sobald eine bequeme und genaue Messung noch höherer Temperaturen in den übrigens schon angebahnten Richtungen (s. o. S. 353) möglich sein wird, werden sich die Grenzen für

---

[1] Ber. 38, 250 (1905).

[2] J. Am. Ch. S. 28, 921—935 (1907), vgl. a. d. Hdbch. Bd. I Elektr. Vakuumöfen.

[3] Ber. 44, 1717 (1811).

die Laboratoriumsarbeit auch auf dem Gebiet der Vakuumdestillation noch wesentlich erweitern.

Der beifolgend abgebildete Destillierofen der Deutschen Gold- und Silber-Scheide-Anstalt in Frankfurt a/M. wird zum Destillieren von flüchtigeren Substanzen, sowie zum Verdampfen von Metallen wie Silber, Gold und Kupfer empfohlen und ist für Ströme von 150 bis 500 Ampère und 50—60 Volt berechnet. Je nach der Größe des Ofens hat der Schmelzraum 10—20 cm Durchmesser und 12—35 cm Höhe, während das Gewicht des Ofens etwa 100—600 kg beträgt. Soll eine Metalldestillation bewerkstelligt werden, so legt man das betreffende Metall in den Kohlentiegel, oder setzt einen kleinen Kohlentiegel in den großen ein und stampft ihn mittelst Graphitpulver fest, so daß beide Tiegel Kurzschluß bilden. Dann setzt man den Kohledeckel auf, unter Dichtung der Fugen mit Asbestpappe, und verschraubt ihn mit dem Ofen. Die von oben zutretende (+) Elektrodenkohle wird von einem luftdicht darum geschraubten Wasserabschluß festgehalten, in den das Kühlwasser unten eintritt, während es oben abfließt. Dem Ofenraum kann durch ein Leitungsrohr Gas zugeführt werden. Durch ein abwärts geführtes, mit gebranntem Ton ausgefüttertes Eisenrohr wird das vom elektrischen Lichtbogen erzeugte Destillat in einen Wasserbehälter übergeleitet. Man kann das Material auch durch einen seitlichen Trichter einfüllen und an der Auslauföffnung abstechen, oder nach Öffnen des Deckels herausnehmen.

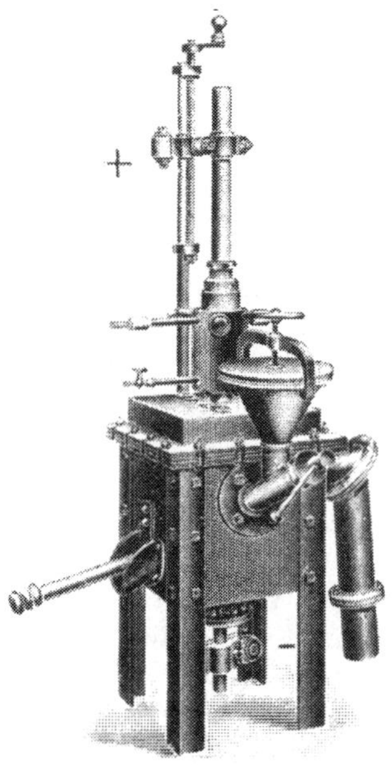

Fig. 241. Destillierofen für das Vakuum.

III. Minderdruckdestillation.

1. Allgemeines und praktisch wichtige Beispiele.

Während die Destillation im hohen Vakuum, z. B. im Vakuum des grünen Kathodenlichts, eine der wichtigsten Arbeitsmethoden für die anorganische Chemie zu werden verspricht, ist die Minderdruckdestillation in den letzten dreißig Jahren eines der wesentlichen Hilfsmittel für die organische Chemie gewesen. Zum Beweise dessen braucht man z. B. nur eine verdienstliche Monographie von ANSCHÜTZ und REITTER[1] über diesen Gegenstand anzusehen. Am Ende dieser Broschüre findet man die Siedepunkte unter vermittelst Wasserluftpumpen vermindertem Druck

[1] Die Destillation unter vermindertem Druck im Laboratorium, 2. Aufl., Bonn 1895.

(meist ca. 12—200 mm) für 20 anorganische und hierauf weiterhin für nicht weniger als 610 organische Substanzen tabellarisch zusammengestellt: von diesen 610 Kohlenstoffverbindungen konnten von F. Krafft und Mitarbeitern über 180 fast nur gerade mit Hilfe der Minderdruckdestillation erstmals dargestellt oder zugänglich gemacht werden und ähnliches gilt auch für einen Teil der von anderen Seiten untersuchten 430 übrigen organischen Substanzen. Demgegenüber ist man bei den 20 aufgeführten anorganischen Verbindungen kaum für 5—6 auf die Minderdruckdestillation als wesentliches Hilfsmittel angewiesen.[1] Dieses Verhältnis besteht nun annähernd auch heute noch, so daß der eingangs vorgebrachte Satz vollkommen gerechtfertigt erscheint, obwohl auch die Destillation im hohen Vakuum mitunter bei Kohlenstoffverbindungen nutzbringend ist. Es kommt diese relativ begrenzte Anwendbarkeit der Minderdruckdestillation in der anorganischen Chemie daher, daß die Zahl der zwischen etwa 120° und 300° unter gewöhnlichem Druck nicht unzersetzt siedenden anorganischen Verbindungen eine verhältnismäßig geringe ist. Für alle noch höher siedenden Körper empfiehlt sich aber Destillation im hohen Vakuum. Da jedoch eine Anzahl von hervorragend wichtigen Verbindungen, wie z. B. Salpetersäure und Hydroxylamin, unter gewöhnlichem Druck nicht unzersetzt flüchtig sind, bedient man sich bei diesen und anderen Substanzen mit wachsendem Vorteil der Minderdruckdestillation. In wieder anderen Fällen ist dieselbe zur hervorragenden Ersparnis von Heizmaterial, oder aus anderen Gründen, vorgeschlagen worden.

Letzteres ist u. a. bereits 1814 geschehen für einen der beständigsten unter allen zusammengesetzten Körpern, nämlich das Wasser, von Smithson Tennant.[2] Derselbe macht darauf aufmerksam, wie die Versuche Blacks zeigen, daß die Umwandlung des siedenden Wassers in Dampf etwa das Sechsfache derjenigen Wärmemenge verbraucht, welche für das Erhitzen des Wassers von 50° auf den Siedepunkt erforderlich ist. Diese „latent“ werdende Verdampfungswärme kann bei der Kondensation des Dampfes anderes Wasser wohl bis zum Siedepunkt erhitzen, aber nicht zum Destillieren desselben benutzt werden, denn sowie der Dampf diesem „Kühlwasser“ seine eigene Temperatur mitgeteilt hat, gibt er demselben keine weitere Wärme mehr ab, sondern geht durch dasselbe hindurch, ohne sich weiter zu kondensieren. Vermindert man jedoch den Luftdruck über der zweiten Wassermenge, dann sinkt deren Siedepunkt, und sie läßt sich durch den sich kondensierenden Dampf der ersten Wassermenge zum Destillieren bringen.

Zu dem Zweck verbindet Smithson Tennant das mit Wasser beschickte erste Destillationsgefäß (Fig. 242 *a*) luftdicht mit einem zweiten, etwas tiefer gestellten Destillationsgefäß *b* als Vorlage, durch welche das Ableitungsrohr *c* für den Dampf des ersten Destillationsgefäßes (ein Metallrohr) in Spiralwindungen hindurchgeht. Das zweite gleichfalls mit Wasser

[1] Namentlich für H_2O_2, $NH_2 \cdot OH$, PSBr, $SbCl_5$.
[2] Vgl. Ann. chim. phys. **93**, 314 (1815).

gefüllte Gefäß ist mit Kühler *d* und Vorlage verbunden, so daß dieses ganze zweite System durch zwei Hähne luftdicht verschlossen werden kann, und man erhält in diesem letzteren System einen dauernd luftverdünnten Raum dadurch, daß man zum Sieden erhitzt, bis die Dämpfe aus den Metallhähnen austreten, worauf man die Hähne schließt. Setzt man nun die Destillation in dem ersten Gefäß in Gang, so wird auch das Wasser im zweiten Gefäß, weil es dort unter Minderdruck tiefer siedet, zum Destillieren gebracht und kondensiert sich wieder in der kalt gehaltenen Vorlage; bei einem Versuch erhielt der Autor durch die zweite Destillation nochmals, auch ohne jeden Wärmeschutz des Apparates, drei Viertel des bei der ersten Destillation resultierenden destillierten Wassers. Er empfiehlt seinen Apparat namentlich auch für den Gebrauch auf hoher See.

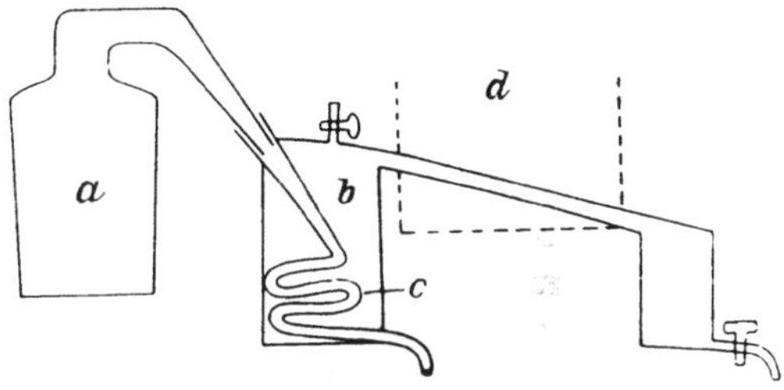

Fig. 242. Ausnutzung der Kondensationswärme des Wasserdampfes.

Ein typisches Beispiel für den Nutzen der Minderdruckdestillation ist die bei 86° nicht ganz unzersetzt destillierbare Salpetersäure. Die Darstellung derselben geschah früher fast ausschließlich durch Destillation unter gewöhnlichem Druck von Chilisalpeter mit 1 Mol. konz. Schwefelsäure, aus gußeisernen liegenden Zylindern von 3 m Länge. Dabei wird das Destillat in einer Reihe von Ballons aus Steinzeug kondensiert, die letzten Spuren in einem Rieselturm oder Plattenturm durch entgegenströmendes Wasser absorbiert. Die mittleren Ballons eines solchen Kondensationssystems enthalten die reinste Salpetersäure, deren Färbung durch Stickstoffperoxyd man mittelst eines Luftstroms in der Wärme beseitigt. Diese partielle Zersetzung der Salpetersäure vermeidet man neuerdings mit immer steigendem Erfolge, indem man die ganze Operation nach VALENTINER[1] seit etwa 1893 im luftverdünnten Raume vornimmt. Dabei ist eine stehende Retorte luftdicht mit einer Kühlschlange und diese ebenso luftdicht mit den Kondensatoren, gewöhnlichen Turills, verbunden. Die das System abschließende Vakuumpumpe wird durch eine zwischengeschaltete Flasche mit Natronlauge geschützt. Zur Vermeidung von Schäumen in der Retorte läßt man die erforderliche Schwefelsäure nur allmählich zufließen und der dazu benutzte, mit Bimssteinstücken gefüllte Rieselbehälter im oberen Teil der zylindrischen stehenden Retorte dient gleichzeitig zur Waschung und Konzentration der entweichenden Salpetersäuredämpfe. Für Gewinnung höchst konzentrierter Säure wird dann noch eine zweite Destillation des Produktes ausgeführt. — Auch unreine

---

[1] D.R.P. 63207, 88321, 144633. Den diesbezüglichen Vorschlag von LUNGE, s. Z. angew. Ch. 4, 167 (1891).

Salpetersäure vom spez. Gewicht 1,40 gibt bei der Destillation im luftverdünnten Raume, mit etwa zwei Dritteln ihres Gewichtes konzentrierte Schwefelsäure, an diese letztere fast alles Wasser, sowie die übrigen Verunreinigungen ab, da die Temperatur unter 100° bleibt.

In einzelnen Fällen, für welche Minderdruckdestillation empfohlen wird, z. B. beim Hydroxylamin, Siedepunkt 57° unter 22 mm, lassen sich oft erhebliche Verluste trotz des Minderdrucks nicht vermeiden. Man zersetzt Hydroxylaminchlorhydrat mit der äquivalenten Menge Natriummethylat, verjagt den Methylalkohol zuerst unter 100 mm, und rektifiziert hierauf den Rückstand in Fraktionierkolben, bei etwa 40 mm Druck, in kleineren Portionen so rasch als möglich. Explosionsgefahr ist stets, aber besonders dann vorhanden, wenn Luft zu dem noch warmen Hydroxylamin in den Destillationskolben eintritt; man schützt sich in solchen Fällen durch Aufstellen starker Glasscheiben, Benutzung von Gesichtsmasken, Handschuhen usw. Die Ausbeute erreicht so nur 17 % der Theorie.[1] Verwendet man von Anfang an möglichst hohes Vakuum, und kühlt mit Eis und Kältemischung, dann steigt die Ausbeute auf 66 % der Theorie.[2]

Man bedient sich der Minderdruckdestillation gelegentlich auch bei sehr tiefen Temperaturen. Zur Gewinnung des Luftstickstoffs hat Mewes[3] vorgeschlagen, flüssige Luft unter Anwendung von Minderdrucken durch Fraktionieren in Sauerstoff und Stickstoff zu zerlegen. Man kann hierbei mit solchen Vorrichtungen, wie sie bei der Alkoholrektifikation für dauernden Betrieb Anwendung finden, arbeiten, und zwar mit verhältnismäßig wenig Stufen: denn bei den durch das Vakuum erniedrigten Siedetemperaturen wird das Mischungsverhältnis, in welchem Stickstoff und Sauerstoff verdampfen, für die Abtrennung des Stickstoffs immer günstiger. Die Tension des Sauerstoffs beträgt bei −195° nur 142 mm, die des Stickstoffs dagegen 741 mm; und bei −214° ist die Tension des Sauerstoffs 3,8 mm, die des Stickstoffs dagegen 60 mm. Im letzteren Falle ist das Tensionsverhältnis wesentlich größer (gleich 16, gegenüber 5 im ersten Falle), so daß 16 mal mehr Stickstoff als Sauerstoff bereits bei einmaliger Destillation und dem entsprechenden Druck abgedampft wird. Der Minderdruck wird bei diesem Verfahren, wie bei den meisten Minderdruckdestillationen, durch Pumpen auf mechanischem Wege hergestellt und mittelst Druckregulators in gewollter Tiefe gehalten.

2. Apparate und Arbeitsmethoden.

Zur Herstellung eines teilweisen oder möglichst vollständigen Vakuums kann man die in dem betreffenden Raume enthaltenen Gase entweder mechanisch entfernen (mittelst Luftpumpen), oder absorbieren (Kohlendioxyd mittelst Kalihydrat und Ätzbaryt), oder durch Kondensation und genügende Abkühlung tensionslos (durch flüssige Luft, Wasserstoff usw.) machen. Nachdem Sprengel 1865 praktisch brauchbarerweise durch

[1] Lobry de Bruyn, Rec. trav. chim. Pays. Bas, **10**, 100 (1891); **11**, 18 (1892).
[2] Brühl, Ber. **26**, 2508 (1893).
[3] D.R.P. 209848

Quecksilber in engen Glasröhren leere Räume zu erzeugen gelehrt hatte[1], konstruierte BUNSEN 1868 Wasserluftpumpen, indem er zum Absaugen der Luft Wasser in engen Röhren in ein im Hof seines Laboratoriums befindliches Senkloch fallen ließ, das nach seiner Angabe[2] 36 Fuß tief war. Man erhält mit diesem, wie mit ähnlichen Verfahren einen Raum, in welchem die Druckverminderung so weit geht, als die Tension der saugenden Flüssigkeit, die unaufhörlich Dampf, z. B. Wasserdampf, entwickelt, dieses gestattet. Man kann wohl den nach Wirkung der Wasserluftpumpe hinterbleibenden Druck (den Wasserdampf) durch nachträgliches Einbringen von Schwefelsäure auf 1 mm herabsetzen, hat dann aber mit dem Verdampfen von Schwefelsäure zu rechnen: besser verwendet man alsdann Bariumoxyd. Für Minderdruckdestillationen, zwischen 10 und 760 mm, verwendet man neuerdings fast ausschließlich das längst bekannte Prinzip[3] der Wasserstrahlpumpen, welche kein Gefälle unterhalb der Wasserluftpumpe beanspruchen, dagegen einer Hochdruckwasserleitung oder eines Reservoirs auf einem Turme bedürfen. KRAFFT kombiniert, um Drucke zwischen 0 und 10 mm zu erhalten, seine Regulierungsvorrichtung (s. unten) direkt mit dem Vakuum einer oder der anderen der neueren Quecksilberpumpen.

Pumpen, in denen der aus einer engen röhrenförmigen Öffnung unter mehr oder weniger starkem Druck austretende Wasserstrahl in eine Ab-

Fig. 243. Wasserstrahlluftpumpe.

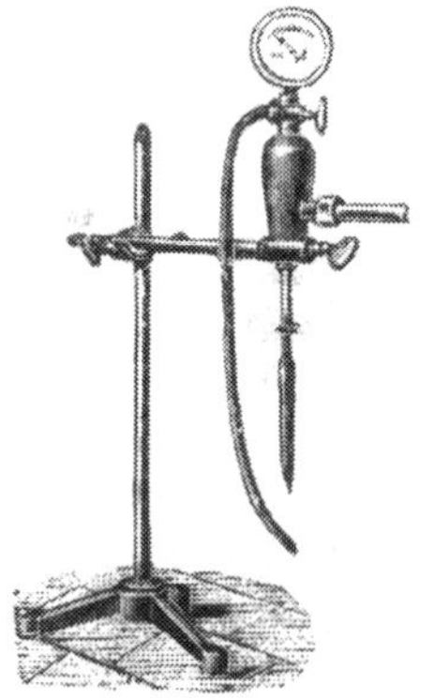

Fig. 244. Wasserstrahlluftpumpe.

flußröhre ausströmt, in welche er die Luft aus dem Destillierapparat mit sich reißt, sind von GEISSLER und anderen in ebenso brauchbarer, als wohlfeiler Form aus Glas angefertigt worden (vgl. S. 49 ff.). Man bringt dieselben mittelst starkwandigen Gummischlauchs, den man mit Draht umwickelt, an Hähnen an, die reichlich Wasser liefern und keiner Störung durch in der Nähe befindliche Ausflüsse ausgesetzt sind.

Bedeutend leistungsfähiger als gläserne Pumpen sind große Wasserstrahlluftpumpen aus Metall, wie solche von ARZBERGER und ZULKOWSKY

[1] J. Chem. S. 18, 9 (1865). [2] Ann. 148, 277 (1868).
[3] GIFFARD konstruierte 1859 seinen Injektor oder die Dampfstrahlpumpe.

in Vorschlag[1] gebracht worden sind, schon bei 3—4 m Überdruck der Wassersäule eine sehr weitgehende Druckverminderung erreichen lassen, und nicht nur zum Destillieren, sondern auch zum Auskochen des Quecksilbers, zum Filtrieren, zum Trocknen im luftverdünnten Raum usw. verwendbar sind. Dieselben bestehen aus Messing, das poliert und vernickelt ist (Fig. 243). Häufige Verwendung finden auch die Pumpen von Körting, die eine Wassersäule von 4,5 m und einen Wasserverbrauch von etwa 8 Litern in der Minute erfordern (Fig. 244). Auf viele andere Formen ist hier nicht einzugehen, da der Gegenstand bereits S. 48ff. erschöpfend behandelt worden ist.

Da die Wasserstrahlpumpen wohl ein gewisses Minimum des Drucks, das aber auch bei recht kaltem Wasser kaum unter 8—9 mm sinkt, mit Leichtigkeit zu erreichen und festzuhalten gestatten, jedoch nicht ohne weiteres erlauben, auf beliebige Minderdrucke einzustellen, bedarf man bei Minderdruckdestillationen zum Festhalten irgend eines Drucks, z. B. von 15 mm oder 100 mm, noch einer besonderen Regulierungsvorrichtung. Um solche niedrigen Pressionen stets wieder bis auf mindestens 0,1 bis 0,5 mm genau im Apparat herstellen zu können, schaltet man an passender Stelle zwischen Rezipienten, Destillationsapparat usw. und der Luftpumpe eine starkwandige Flasche ein, welche bei genügender Größe zugleich den Gang etwa einmal ausnahmsweise unregelmäßig arbeitender Pumpen nahezu vollkommen reguliert, die also, wenn man will, als „Vakuumreservoir“ fungiert. Kommuniziert nun dieser Raum mit der Atmosphäre (bzw. einem Wasserstoff- oder Kohlensäuregasometer) vermittelst einer Röhre, in der sich zwei gut eingeschliffene und mit Lanolin (Wollfett, Adeps lanae) gefettete Hähne befinden und die außerdem noch in eine feine Öffnung endigen kann, so vermag man mit sehr geringer Übung durch kombinierte Stellung dieser beiden Hähne den Stand des Manometers auf jeden beliebigen Punkt zu fixieren. Die Manipulationen werden noch erleichtert, wenn man schon die Luftpumpe z. B. durch Änderung des Wasserabflusses annähernd so arbeiten lassen kann, daß sie nur wenige Zentimeter (bzw. Millimeter bei geringen Drucken) mehr als gerade gewünscht wird, evakuiert. Um eine solche genaue Druckeinstellung auszuführen, öffnet man, nachdem zunächst mehr als genügend ausgepumpt worden ist, den einen der beiden Hähne vollständig und hierauf den andern so weit, daß ein langsamer Gasstrom eintritt, wodurch das Quecksilber des Manometers stetig fällt und unter den gewollten Stand zu sinken droht. Ehe dies jedoch geschieht, verringert man durch partielles Schließen des ganz geöffneten Hahns den Gasstrom wiederum so viel als nötig ist, um das Sinken der Quecksilbersäule immer langsamer werden zu lassen, und schließlich genau beim gewünschten Punkte zu sistieren. Hierbei bildet sich zwischen den beiden Hähnen ein Raum von intermediärer Gasverdünnung, so daß also der eine Hahn nur als approximativer, der andere als

[1] Ann. **176**, 327 (1875).

[2] F. Krafft, Ber. **15**, 1693 (1882); vgl. Ber. **22**, 819 (1889).

ergänzender feiner Regulator wirkt (Fig. 245). Noch bequemer fast und das allereinfachste ist es, ein starkwandiges Kautschukrohr vermittelst zweier Klemmschrauben zu sperren: durch Einstellung der letzteren ist man, wie oben, leicht und sicher imstande, Luft- oder Gasströme von beliebiger Stärke in den hinreichend evakuierten Apparat zur Regulierung des Druckes eintreten zu lassen.

Das Zurücksteigen von Wasser usw. aus der Pumpe in den Destillationsapparat verhindert man durch Einschalten eines Glasventils, oder eines BUNSENschen Kautschukventils. Die ganze Regulierungseinrichtung

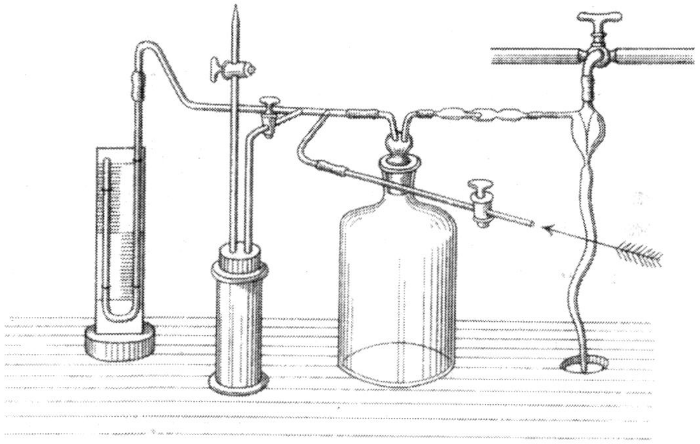

Fig. 245. Regulierungsvorrichtung für Minderdrucke.

ist aus der beistehenden Fig. 245 ersichtlich, in welcher indessen die kombinierten zwei Hähne in einen kleinen Glaszylinder — den man mit Schwefelsäure füllen und als Blasenzähler benutzen kann — eingesetzt sind. Zwischen ca. 10 mm und 200 mm liest man den Druck stets am Quecksilber ab.

Was die Vorlagen anbetrifft, deren sich der Anorganiker bedient, so finden im großen wie im kleinen Maßstab der Minderdruckdestillation je nach Umständen die verschiedensten Gefäße aus verschiedenen Materialien Anwendung. Arbeitet man nur mit unbedeutenden Substanzmengen, dann kann man einfach zwei Fraktionierkolben (vgl. Fig. 231 oben S. 335) durch einen Kork- oder Kautschukstopfen miteinander verbinden. In den bei Kohlenstoffverbindungen alltäglichen, in der anorganischen Chemie dagegen — mit Ausnahme von wäßrigen Lösungen — sehr seltenen Fällen der „fraktionierten Destillation“ verwendet man drehbare Vorlagen, wie sie von BRÜHL (welcher der Anregung von KONOWALOW und von BILLETER folgte), von RAIKOW und von anderen konstruiert worden sind; bei diesen drehbaren Vorlagen, deren Benutzung sich aus den beifolgenden Figg. 246 und 247 ergibt, muß jedoch die Tension der aus dem Kühler oder dem Hals des Destillationsgefäßes abtropfenden Flüssigkeit eine geringe sein

Das „Vakuumreservoir“ dient zugleich als Sicherheitsflasche gegen das Zurücksteigen des Leitungswassers beim Gebrauch von Wasserluftpumpen: es reguliert auch den innegehaltenen Druck gegenüber mehr oder weniger raschem Aufkochen der siedenden Flüssigkeit, die in einem geschlossenen System durch plötzliche Dampfentwickelung den Druck sehr

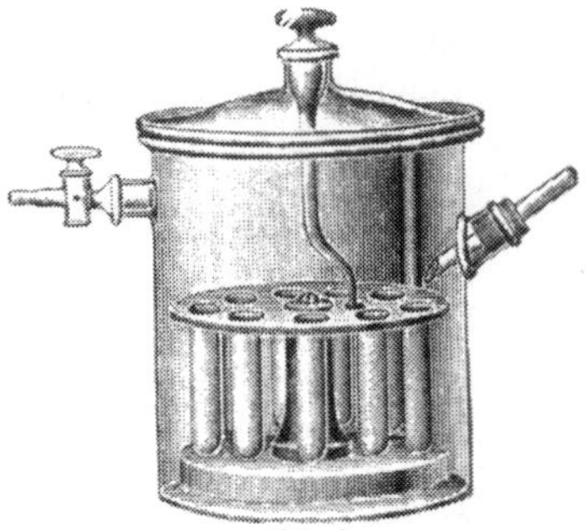

Fig. 246. Vorlage zum Fraktionieren unter Minderdrucken.

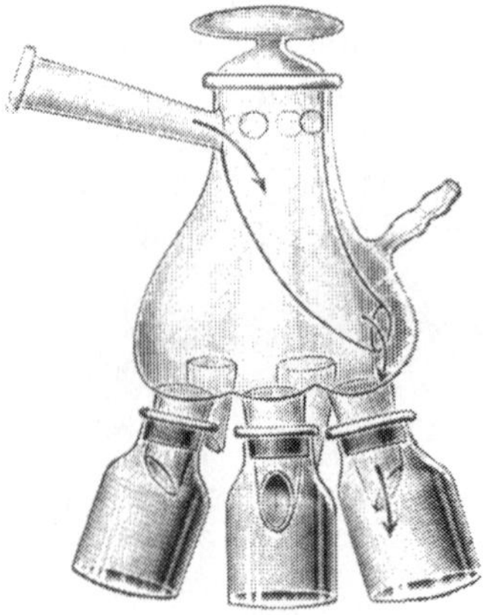

Fig. 247. Vorlage zum Fraktionieren unter Minderdrucken.

stark erhöhen kann, wenn die Apparatur kein großes Volumen einnimmt.[1] Eine zur Abnahme des vorgelegten Kolbens, ohne Unterbrechung der

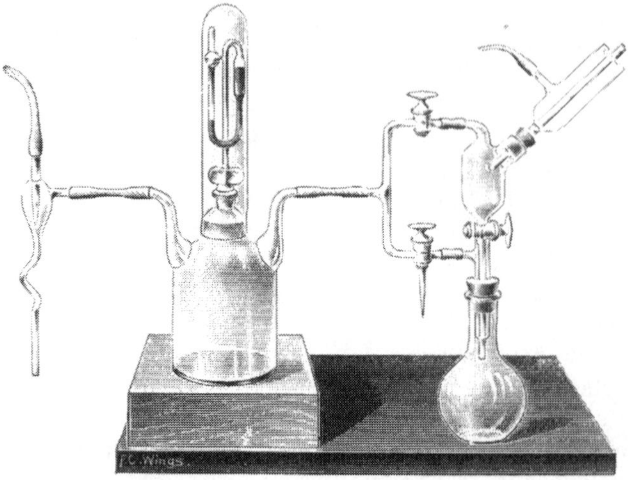

Fig. 248. Apparatur für Minderdruckdestillation.

Minderdruckdestillation, geeignete Zusammenstellung, die von Meyer und von Kolbe herrührt, zeigt die beifolgende Fig. 248. Ähnliche Vorrich-

[1] Zur Vermeidung dieses Übelstandes bei der Destillation der Schwefelsäure schaltete Dittmar (Z. f. Ch., N. F. 6, 1 [1870]) „eine Flasche von 5 Liter Inhalt" zwischen Pumpe und Vorlage ein, benutzte dieselbe aber nicht als Hilfsmittel zu einer genaueren Regulierung der Drucke, die er nur in Zentimetern angibt. Für die

tungen zur Abnahme des Destillats sind vielfach beschrieben worden, im Interesse einer ununterbrochenen fraktionierten Destillation; u. a. von THÖRNER.[1]

Bei gleichmäßiger Erhitzung durch passend gewählte Bäder wird man durch Schleudern und plötzliches Aufkochen der siedenden Substanz kaum gestört, wenn der benutzte Minderdruck sehr konstant bleibt, die Steighöhe des Siedegefäßes nicht höher, als für fortwährenden Rückfluß der Beimengungen nötig ist, gewählt wurde, und äußere plötzliche Abkühlung (Luftzug usw.) durch Wärmeschutz des Siedegefäßes (wozu im kleinen Maßstab Umwickeln mit Asbestpapier oft genügt) vermieden wird. Ein regelmäßiges Sieden kann man auch unterhalten durch Zugabe fester Körper, an deren Oberfläche kleine Luft- oder Gasmengen adsorbiert sind, namentlich Talk oder Bimsstein, gepulvertes Glas oder Porzellan, Siedestäbchen aus Glas oder Platin, Platindraht oder Platintetraëder usw.; mitunter gibt man auch mehrere dieser Objekte nebeneinander in die Flüssigkeit: die sich langsam von der Oberfläche dieser „Siedeerleichterer" ablösenden äußerst kleinen Luft- oder Gasbläschen veranlassen die Bildung ebenso vieler Dampfblasen in der siedenden Flüssigkeit und verhindern dadurch Überhitzung im Innern derselben, wie sie infolge zu langsamer Strömungen oder zu geringen Wärmeleitungsvermögens leicht eintreten kann. Vergessen darf man dabei indessen nicht, daß ein ganz normales Sieden nur von der Oberfläche einer siedenden Flüssigkeit aus stattfindet.

In die Kategorie der Siedeerleichterer gehört auch die gläserne Capillare, welche um 1870, anscheinend von mehreren Chemikern gleichzeitig und unabhängig voneinander, in Gebrauch genommen wurde. Die Einführung perlenschnurartig, unter Wirkung des äußeren Luftdrucks, in eine unter Minderdruck siedende Flüssigkeit eintretender Luftbläschen oder anderer Gasbläschen bewirkt nicht nur die Entwickelung ebenso vieler Dampfblasen, welche Überhitzung im Innern der Flüssigkeit verhindern, sondern vor allem dadurch auch Beschleunigung der Strömungen nach der Oberfläche und rascheres Sieden von dieser aus. Man kann das bei der Minderdruckdestillation benutzte Thermometer nach ANSCHÜTZ und REITTER[2] in ein zur Capillare ausgezogenes Glasrohr einsetzen, das man in die einfache Durchbohrung eines Korkstopfens einsetzt, mit welchem man die obere Öffnung (Hals, Tubulatur) des Destillationsgefäßes verschließt. — Noch bequemer verfertigt man sich Capillarröhrchen von beliebiger Feinheit folgendermaßen. Aus einem bleistiftdicken Glasrohr zieht man vor dem Gebläse eine 1—2 mm weite starkwandige Röhre aus und verengt diese an zwei, 2—3 cm auseinanderliegenden Stellen zu feinen Capillaren vor einer kleinen Flamme, in welcher man die 1—2 mm weite Röhre erweichen läßt, um sie unmittelbar nach dem Herausnehmen aus

Regulierung des Drucks bis auf 0,1 oder 0,5 mm (s. oben) bedarf man bei gut wirkenden Pumpen so großer „Vakuumreservoire" meistens nicht; Flaschen von $^1/_2$ bis 1 Liter genügen in der Regel.

[1] Ber. 9, 1868 (1876). [2] l. c. S. 28.

der Flamme rasch auszuziehen; den Kork, in welchem man bereits die Durchbohrung für das Thermometer angebracht hat, durchsticht man mittelst einer engen, am besten vernickelten, und schwach glühenden Stricknadel. Nachdem man das Thermometer alsdann eingesetzt hat, zieht man auch die Capillare durch die Durchbohrung des Stopfens und bricht sie unten so ab, daß sie gerade noch den Boden des Siedegefäßes berührt. Minderwertige Korke überzieht man behufs Dichtung mit nicht zu weichem Siegellack, nachdem man sie bereits auf das Destilliergefäß aufgesetzt hat, und blendet sie gegen heiße Flammengase durch ausgeschnittenes Asbestpapier ab. Weniger empfehlenswert ist das Dichten der Stopfen mit Kollodiumlösung.

Außerordentlich groß und von spezieller Bedeutung für das Fraktionieren von Kohlenstoffverbindungen ist die Zahl der verschiedenartigen gläsernen Fraktionierkolben für Arbeiten in kleinem, wie in mittlerem Maßstabe. Einige der auch für anorganische Verbindungen gebräuchlichen Formen sind hier abgebildet (Figg. 249, 250). Erstarrt das Destillat in

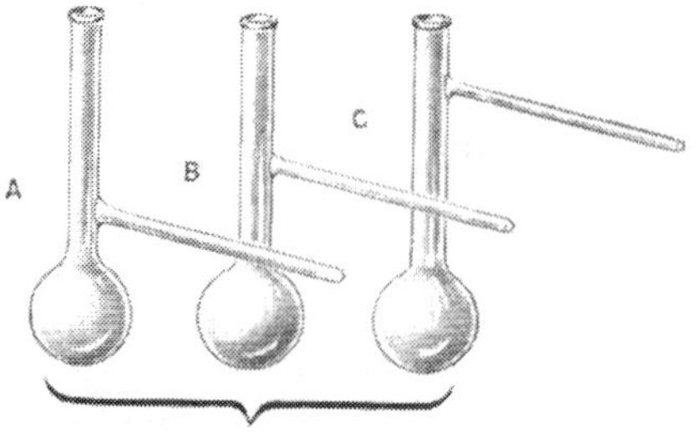

Fig. 249. Fraktionierkolben.

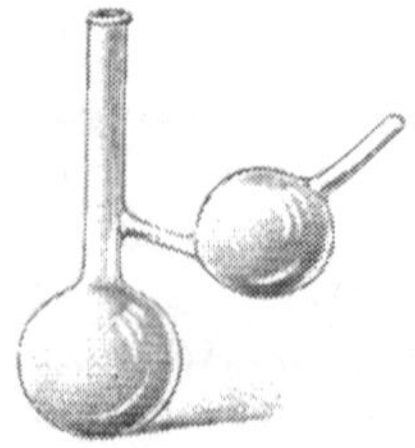

Fig. 250. Fraktionierkolben.

der Vorlage, dann schmilzt man diese, unter Weglassung eines längeren Dampfableitungsrohrs, direkt an den Siedekolben an.

Starke Gasentwickelung bei Minderdruckdestillationen zu beseitigen, erscheint der schon oben (S. 347) genannte, mit flüssiger Luft gekühlte Apparat von E. Fischer und Harries sehr geeignet, der beistehend (Fig. 251) abgebildet ist und auf der Abbildung mit einem von Claisen vorgeschlagenen Fraktionierkolben arbeitet. In diesem Apparat ist es möglich, bei sehr geringen, sich dem hohen Vakuum nähernden Drucken flüchtige Lösungsmittel, wie Alkohol oder Äther, rasch abzudestillieren, ohne daß deren Tension sich bis in die Pumpe oder das Manometer erstreckt. Will man größere Mengen solcher flüchtigen Flüssigkeiten entfernen, ohne die Operation unterbrechen zu müssen, dann setzt man in den Hals des Claisenschen Kolbens, welcher nicht das Thermometer enthält, einen Tropftrichter ein, aus welchem man die Lösung so nachströmen läßt, daß sie im Destilliergefäß niemals einen höheren Stand erreicht.

Man kann für denselben Zweck, unter weniger tiefen Drucken und mit noch bequemeren Kühlmitteln, wie Kohlendioxyd und Äther, oder einer Eis-Kochsalzmischung auch die beifolgende Zusammenstellung (Fig. 252), von PROSKAUER, die für leicht zersetzliche Flüssigkeiten geeignet ist, benutzen; besonders wenn man den Destillierkolben in das Wasserbad eintaucht und dessen Temperatur mittelst Thermometer reguliert.

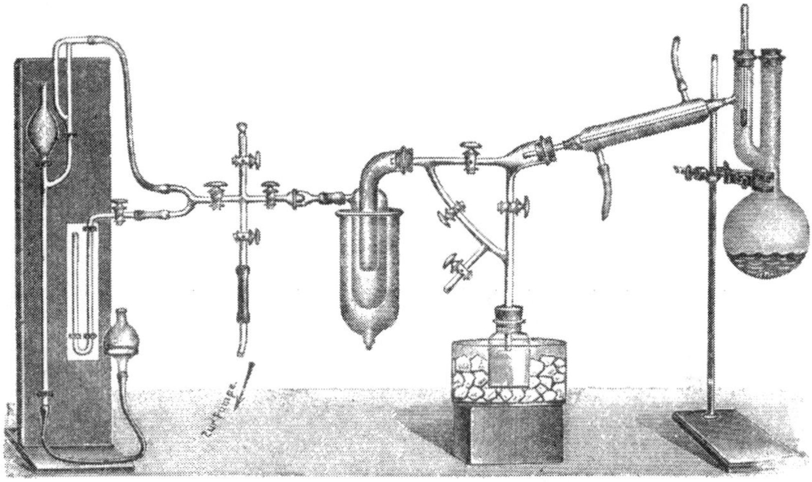

Fig. 251. Destillation unter Minderdruck. Kühlung: flüssige Luft.

Einen aus Metall angefertigten Vakuumdestillierapparat, der von BRIEGER vorgeschlagen und vielfacher Anwendung fähig ist, zeigt die bei-

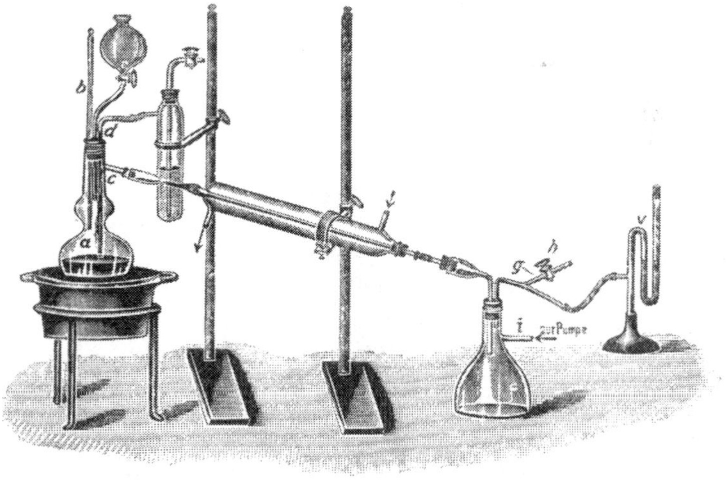

Fig. 252. Destillation unter Minderdruck.

stehende Fig. 253. Die aufeinander geschliffenen Ränder der Destillierblase kann man auf verschiedene Weise, z. B. durch Zwischenlegen von passend ringförmig geschnittenem Pappendeckel, den man mit auf ca. 300° erhitztem Ricinusöl imprägniert hat, vollkommen dichten.

Auch für sehr hohe Temperaturen hat man bisweilen unter Minderdrucken gearbeitet, z. B. unter 5 mm. In solchen Fällen dürfte es sich empfehlen, die Vorteile des hohen Vakuums immer dann vollständig auszunutzen, wenn infolge eben desselben Vakuums keine weitergehende Dissoziation der siedenden oder sublimierenden Substanz eintritt. Hier

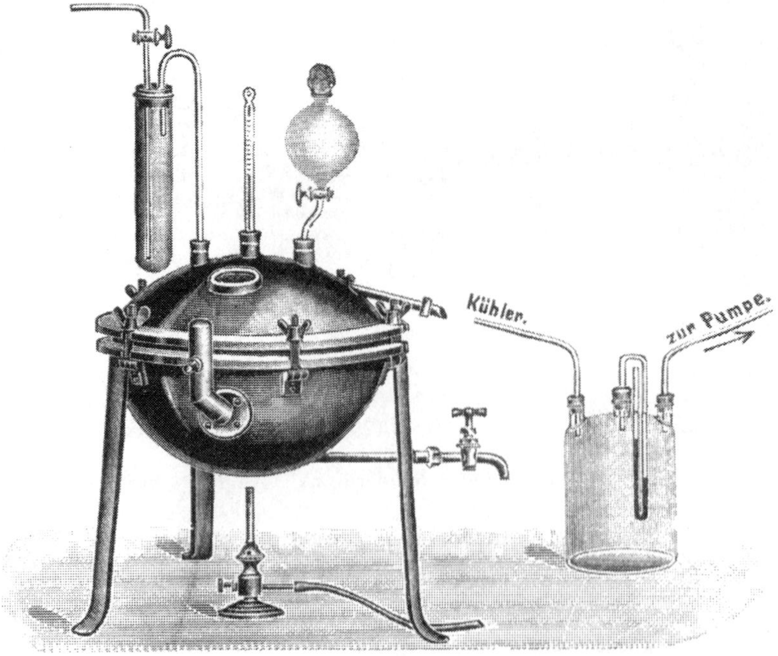

Fig. 253. Destillierapparat unter Minderdruck.

kann nur kurz auf die neuesten interessanten Arbeiten im elektrischen Vakuumofen hingewiesen werden, insbesondere auf diejenigen von O. Ruff.[1] Derselbe konnte zeigen, daß Aluminiumoxyd, Magnesiumoxyd und Calciumoxyd viel leichter flüchtig und schmelzbar sind, als die vorliegenden Angaben vermuten ließen. Ihre Flüchtigkeit war schon unterhalb ihrer Schmelztemperatur so groß, daß bei geringem Druck im Ofen und bei Verwendung kleinerer Substanzmengen ein Schmelzen überhaupt nicht beobachtet werden konnte. In wenigen Minuten verschwanden bei 5 mm Druck 0,5 g Tonerde bei etwa 1960°; Kalk begann schon gegen 2000° lebhaft zu verdampfen, ohne bei einer Heiztemperatur von 2260° zu schmelzen; und auch Magnesiumoxyd begann schon von etwa 2000° ab sich erheblich zu verflüchtigen, ließ sich aber auch bei höherer Temperatur bis auf etwa 2400° Tiegeltemperatur, nicht zum sichtbaren Schmelzen bringen; dagegen erwies sich Magnesia, nach dem Erhitzen auf 2100° in Stickstoff von Atmosphärendruck, als durchscheinend kristallinisch und äußerlich gerundet: es verdampfte aber bei dieser Temperatur so schnell, daß sein Dampfdruck bei derselben Atmosphärendruck schon überschritten

[1] Ber. 43, 1564 (1910). Ebendaselbst Literaturnachweis für andere Öfen.

haben dürfte — wenn die hohe Temperatur nicht eine „Autoreduktion" des Oxyds zur Folge hatte, im Sinne der von DAMM und KRAFFT[1] für andere, vorher als beständig erachtete, und auch an der Luft oder in Sauerstoff relativ beständigere, Oxyde. Nach obigen interessanten Beobachtungen hat es nichts Auffallendes mehr, daß GAUDIN[2] bereits 1869 Schmelzen und Sieden des Aluminiumoxyds schon im Knallgasgebläse beobachten konnte. Wenn erst einmal, und Aussichten dazu sind vorhanden, auch das Gefäßmaterial der noch weitergehenden Wärmequelle, der Elektrizität, Stand hält, ist auf diesen Gebieten eine Fülle auch praktisch wichtiger Beobachtungen zu erwarten.

IV. Destillieren und Sublimieren bei Überdrucken.

Der Chemiker kommt täglich in die Lage, mit der Möglichkeit einer Gas- oder Dampfentwicklung unter erhöhtem Druck beim Arbeiten zu rechnen.

Verflüchtigt man eine Substanz bei einer Temperatur oberhalb ihres normalen Siedepunktes (unter 760 mm), dann entstehen stets höhere Drucke, sobald man in geschlossenen Gefäßen arbeitet, die vollständig von den Gasen oder Dämpfen erfüllt werden. In diesem Falle befindet man sich schon immer, wenn man ein Gas oder einen Dampf, oberhalb seiner kritischen Temperatur, entwickelt: in jedem KIPPschen Gasentwicklungsapparat wird beim Schließen der Entbindungshähne durch das sich entwickelnde Gas, das man in gewissem Sinne als überhitzten Dampf betrachten kann, die wässerige Entwickelungsflüssigkeit durch einen den Druck überwindenden Überdruck in die obere Kugel emporgehoben. In diesem Falle ist der Überdruck freilich nur sehr gering und direkt durch die Höhe der gehobenen wässerigen Lösung, meist Säuren, meßbar, wenn man deren spezifisches Gewicht kennt.

Ein Destillieren unter geringem Überdruck ist es beispielsweise auch, wenn man Braunstein behufs quantitativer Bestimmung mit Salzsäure destilliert und das sich entwickelnde Chlorgas samt der abdestillierenden wässerigen Salzsäure nach BUNSEN in wässerige Jodkaliumlösung einleitet, die man bei längerem Andauern des Prozesses durch Einstellen in Wasser abkühlt: dabei ist der geringe Druck der vorgelegten Salzlösung zu überwinden. Ein Destillieren unter geringem Überdruck findet also immer statt, wenn man die aus einer, dann etwas über ihren normalen Siedepunkt überhitzten, Flüssigkeit sich entwickelnden Dämpfe oder Gase zum Zweck ihrer Kondensation oder Absorption in eine gleichartige oder andersartige Flüssigkeit direkt einleitet und dabei den Druck einer Flüssigkeitssäule von Wasser oder Quecksilber überwindet.

Zu den gewöhnlichen Vorsichtsmaßregeln, wie sie jede Destillation erfordert, kommen dann noch namentlich diejenigen hinzu, welche ein Zurücksteigen der Kondensations- oder Absorptionsflüssigkeit zu ver-

---

[1] Ber. **40**, 4775 (1907). [2] C. r. **69**, 1342 (1869).

hindern haben. In dem letztgenannten Beispiel wird man sich hiergegen stets mit Erfolg durch eine ununterbrochene Erhitzung der siedenden Flüssigkeit wahren können.

Ein mäßig überhitzter Dampfstrom kommt stets auch dann zur Anwendung, wenn man Körper, die zwar für sich allein unter gewöhnlichem Druck nicht, wohl aber mit Wasserdampf flüchtig sind, mit Wasserdampf in einem System: Dampfentwickler-Destillierkolben-Kondensationseinrichtung, verflüchtigt, — „Wasserdampfdestillation" — ein Verfahren, das zu den häufigeren Operationen der synthetischen organischen Chemie gehört, in der anorganischen Praxis aber nur sehr selten, z. B. um gewöhnlichen Phosphor überzudestillieren, benutzt wird. Der mit dem Wasserdampf übergehende Phosphor leuchtet hierbei in einer vorgelegten Kühlröhre an der Stelle, wo das überdestillierende Wasser sich verdichtet und die Luft wieder Zutritt erhält, besonders im Dunkeln sehr deutlich; außerdem sammelt er sich in dem Wasser der Vorlage in kleinen, bald erstarrenden Tröpfchen an (Nachweis bei Vergiftungen). Mit geringem Erfolg kann man in solchen Fällen indessen auch ohne Einleiten von Dampf, durch einfaches Aufkochen der wässerigen Suspension, operieren.

Hat man eine Dampfleitung, an welche man unter Zwischenschaltung einer Sicherheitsflasche den Destillationskolben nur anzuschließen braucht nicht zur Verfügung, dann benutzt man für die Entwicklung des Wasserdampfes einen genügend großen Metallkessel (meist aus Kupferblech), mitunter genügen auch gläserne Kochflaschen), der mit Wasserstandszeiger und einem senkrecht eingeführten genügend langen „Sicherheitsrohr" versehen ist: sobald die Dampfentwicklung nachläßt, oder aufhört, treten durch das Sicherheitsrohr, welches bis dahin den im Apparat herrschenden Überdruck angegeben hatte, Luftblasen in den Dampfkessel. Derart wird das durch die unterbrochene Dampfentwicklung entstehende Vakuum sofort mit Luft erfüllt, und der Inhalt des mittleren Destillierkolbens nicht durch den vor und über demselben befindlichen Luftdruck in den entleerten Dampfentwickler zurückgedrängt. Man kann auch die Vorrichtung von Raabe[1] (Fig. 255) benutzen, die aus der beifolgenden Figur ohne weiteres verständlich ist.

Für einzelne Operationen braucht man stärker überhitzten Wasserdampf, der leicht von entsprechenden größeren Dampfkesseln geliefert wird. Stehen aber solche nicht zur Verfügung, dann leitet man Wasserdampf, um ihn zu überhitzen, durch spiralförmig gewundene Kupferschlangen oder andere Metallröhren, die man entweder direkt mit einer genügend großen Bunsenflamme erhitzt oder in einem Heißbad von bestimmter Temperatur eingesetzt hat. Die Benutzung des beistehend abgebildeten Überhitzers versteht sich hiernach ohne weiteres (Fig. 254).

Treibt man beispielsweise gespannten Wasserdampf durch geschmolzenen dünnflüssigen Schwefel, so kann man hierdurch dessen Mitführung unter äußerst feiner Zerteilung bewirken.[2]

[1] Z. angew. Ch. 12, 372 (1899).
[2] O. N. Witt, D.R.P. 186332 (1905); Z. angew. Ch. 21, 793 (1908).

Einen **Regulator**, der auf einem 90 cm hohen und 40 cm breiten Brett, das in einen Fuß eingelassen ist, sich befindet und der gestattet, unter mäßig erhöhtem Druck, etwa bis zu einer halben Atmosphäre, zu destillieren, haben STÄDEL und HAHN[1] konstruiert. Dieser Regulator be-

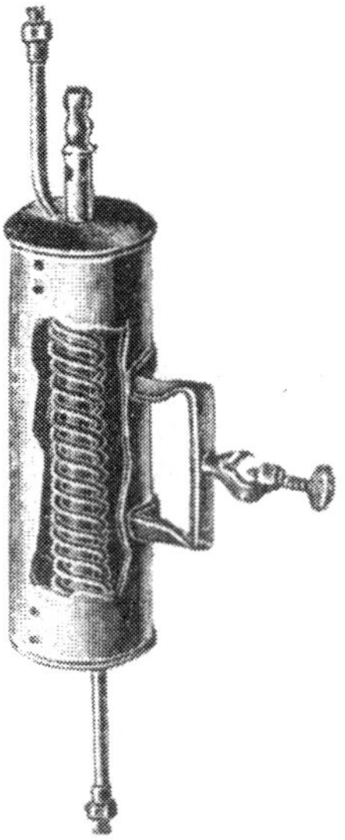

Fig. 254.

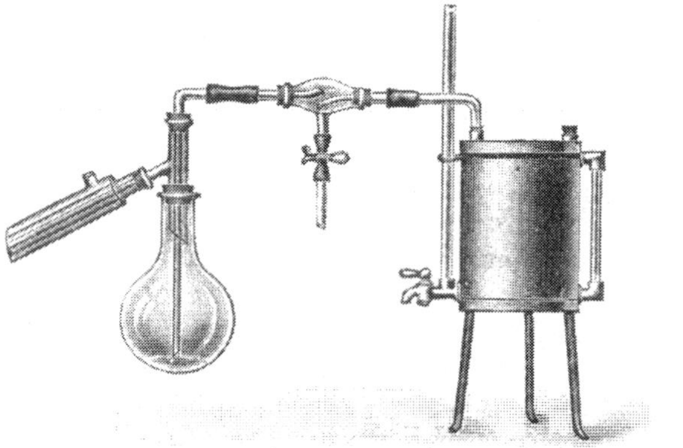

Fig. 255. Destillation mit Wasserdampf.

steht im wesentlichen in einem mit Quecksilber mehr oder weniger gefüllten, 2,5 cm breiten und genügend langem Glasrohr, das in luftdichter Verbindung mit dem Destillierapparat steht und um eine Achse drehbar ist, so daß die Höhe der Quecksilbersäule und damit der vor den Destillierapparat vorgelegte Druck beliebig variiert werden kann. Der Überdruck im Apparat selbst wird durch Zuströmenlassen von Kohlendioxyd in denselben erzeugt, dessen Überschuß kontinuierlich durch die vorerwähnte, in gewollter Weise eingestellte Quecksilbersäule mittelst enger, bis auf den Boden des Quecksilbers führender Glasröhren entweicht. So herrscht im Apparate stets derselbe Überdruck, den man noch durch ein, etwa auf der Rückseite des Brettes angebrachtes Barometer bequem kontrollieren kann.

Im allgemeinen streben die Destillations- und Sublimationsmethoden in der anorganischen Chemie aus Zweckmäßigkeitsgründen für alle nicht sehr leicht flüchtigen Substanzen vielmehr eine Beseitigung des Druckes mittelst der Vakuum- und Minderdruckdestillation an, als eine zwecklose Erhöhung des Druckes für einfache Destillations- und Sublimationsprozesse, durch kostspielige und stärkeren Wärmeverbrauch erfordernde, geschlossene Apparaturen. Solche kommen aber dann naturgemäß zur Verwendung, wenn es sich um Substanzen wie Chlor, Schwefeldioxyd,

[1] Ann. **193**, 218 (1878); Zentr. [3] **10**, 305 (1879).

Ammoniak usw. handelt, deren Siedepunkt merklich unterhalb der gewöhnlichen Temperatur liegt, und deren Kondensation daher höhere, oft recht bedeutende Drucke erfordert. Jedoch darf die kritische Temperatur, oberhalb welcher eine Verdichtung des Gases oder Dampfes zu tropfbarer Flüssigkeit nicht mehr möglich ist, in solchen Apparaten niemals erreicht werden. Es ist daher gefahrbringend, und wird niemals ausgeführt z. B. Wasserstoff oder Sauerstoff in geschlossenen Glasröhren in solchen Mengen zu entwickeln, oder entstehen zu lassen, daß der auch ohne Temperaturerhöhung immer mehr zunehmende Druck schließlich die stärksten Gefäße sprengen muß. Wesentliche Erfolge sind indessen, zuerst von H. Davy und Faraday, bei der Destillation namentlich aus Lösungen und Kondensation unter Überdruck für solche Substanzen erreicht worden, die ihre kritische Temperatur noch nicht erreicht haben. Hierüber hat der Abschnitt „Verdichten von Gasen" näher zu berichten, und genügen daher an dieser Stelle wenige Bemerkungen über jene zum Abdestillieren unter Überdruck eingeschlagene Verfahren, deren Benutzung mit Varianten jederzeit wünschenswert werden kann.

In Wasser löst sich bei 20° etwa das doppelte Volumen, bei 8° das dreifache Volumen Chlorgas mit grüngelber Farbe auf. Leitet man das Chlor bei der letzteren Temperatur, bei welcher es sich überhaupt am reichlichsten auflöst, unter Kühlung in Wasser ein, so scheiden sich

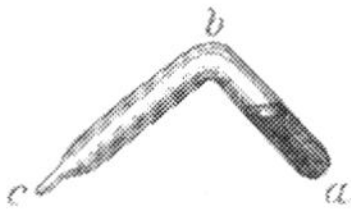

Fig. 256.

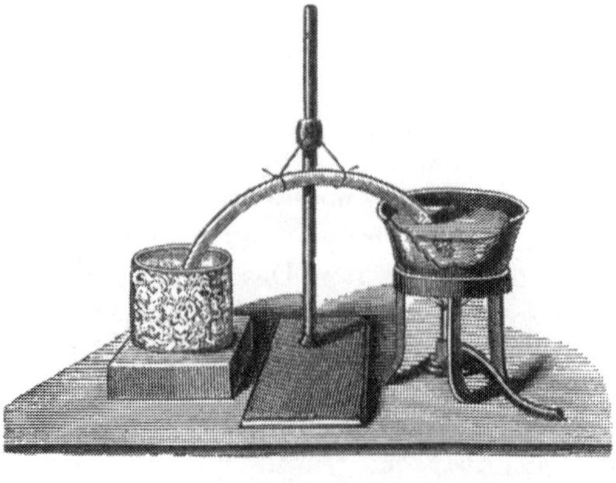

Fig. 257. Ammoniakdestillation unter Druck.

Kristalle des Chlorhydrats $Cl_2 + 8H_2O$ aus, welche man durch Absaugen des flüssigen Teils und rasches Auspressen zwischen Filtrierpapier bei Winterkälte rein erhalten kann. Bringt man dieses Chlorhydrat in den einen geschlossenen Schenkel einer rechtwinklig oder halbkreisförmig gebogenen, dann auch auf der anderen Seite zuzuschmelzenden Schenkelröhre, taucht dann den leeren Schenkel in eine Kältemischung, und den das Chlorhydrat enthaltenden in Wasser von 30—40°, so dissoziiert sich das Chlorhydrat zunächst in zwei Schichten, deren obere gesättigtes Chlorwasser und deren untere flüssiges Chlor ist. Dann destilliert dieses letztere über und sammelt sich alsbald in dem stark abgekühlten Schenkel an. — Auch Chlorwasserstoff, Ammoniak, Kohlendioxyd, Schwefeldioxyd, Dicyan, salpetrige Säure hat Faraday mittelst ähnlicher Verfahrungsarten durch Abdestillieren unter Überdruck in flüssigem Zustand isoliert[1] (Figg. 256 und 257).

Eine noch größere Wärmemenge als beim Schmelzen von festen Substanzen, wird beim Verdampfen von Flüssigkeiten gebunden. Als Kälteerzeugungsmittel benutzbar sind wasserfreies, flüssiges Ammoniak oder Schwefeldioxyd. bzw. die sogenannte PICTETsche Flüssigkeit, welche man in einer „Kompressionsmaschine" durch eine Druckpumpe und Abkühlung mit Wasser sich verflüssigen und hierauf wieder durch Druckverringerung verdampfen läßt — wobei dieselben sich und ihre Umgebung stark abkühlen. Oder man arbeitet in „Absorptionsapparaten", in denen die Flüssigkeit durch ein nebenan befindliches Absorptionsmittel zu raschem Verdampfen gebracht wird, wie Ammoniak durch Wasser in der CARRÉschen Eismaschine (Fig. 258). Die Benutzung derartiger Apparate ergibt

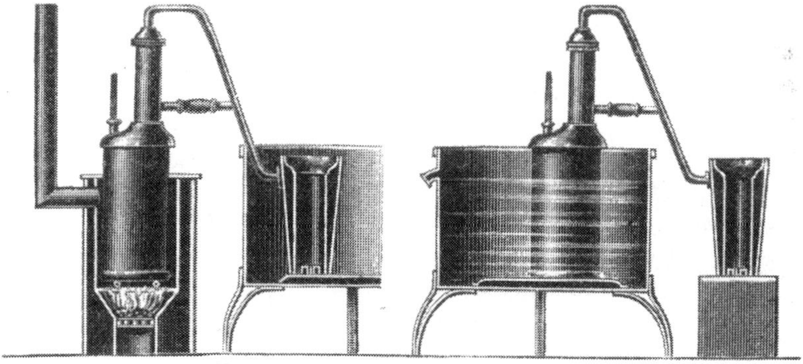

Fig. 258. CARRÉsche Eismaschine.

sich am einfachsten aus der Betrachtung einer kleineren Maschine. Dieselbe besteht aus dem luftdicht abgeschlossenen, starkwandigen, eisernen Zylinder (*A*), welcher mit einem minder großen, gleichfalls vollkommen luftdichten Hohlzylinder (*B*) vermittelst eines Rohres in Verbindung steht. Der Zylinder *A* enthält konzentrierte wässerige Ammoniaklösung, die man während der ersten Hälfte des Prozesses auf etwa 130° erwärmt, wobei man gleichzeitig den kleineren Hohlzylinder *B* durch Einstellen in kaltes Wasser abkühlt, so daß das aus dem Wasser ausgetriebene Ammoniak sich in diesem, unter Mitwirkung des im ganzen Apparate befindlichen starken Druckes (7—8 Atmosphären) kondensiert. Hierauf ändert man die Stellung des Apparates, indem man umgekehrt den Zylinder *A* abkühlt, worauf in demselben zurückgebliebenes Wasser das in *B* angesammelte Ammoniak wieder absorbiert. Letzteres kühlt sich während seiner Verdunstung wieder auf eine sehr tiefe Temperatur ab, und wenn man in den Hohlzylinder *B* eine Blechbüchse mit Wasser einsenkt, wird auch diesem von dem verdampften äußerst kalten Ammoniak soviel

[1] Näheres hierüber siehe „Verflüssigtes Ammoniak und Schwefeldioxyd als Hilfsmittel im Laboratorium" (Bd. II).

Wärme entzogen, so daß der Inhalt der Büchse alsbald gefriert — künstliches Eis.

Während die soeben beschriebene Maschine als „Absorptionsmaschine“, zu bezeichnen ist, hat man auch mit „Kompressionsmaschinen“, in denen z. B. nach LINDE trockenes flüssiges Ammoniak (bisweilen auch nach PICTET schweflige Säure) in einem spiralförmigen Röhrensystem unter einem Druck von 2—3 Atmosphären rasch verdunstet und die umgebende Salzlösung (die dann Wasser zum Gefrieren bringt) oder Luft sehr stark abgekühlt; das verdunstende Ammoniak wird dann vermittelst einer Saugdruckpumpe im andern Teil der Maschine unter einem Druck von 8 bis 12 Atmosphären und mit Hilfe von Kühlwasser kondensiert, um durch einen Regulierhahn wieder in den Verdunstungsraum einzutreten.

V. Siedeerleichterung durch mechanisches Abschleudern der Flüssigkeitsteilchen.

Wenn man mit F. KRAFFT annimmt, daß das Sieden im wesentlichen eine Überwindung der Schwerkraft ist (vgl. Bd. III, S. 433, wo die Bestimmung von Siede- und Sublimationspunkt eingehend behandelt wird), indem die einzelnen Moleküle von der Erdoberfläche emporgehoben und mit der erforderlichen Geschwindigkeit in den Raum geschleudert werden: dann muß eine erhebliche Siedeerleichterung eintreten, sowie man irgend einen geeigneten starken mechanischen Effekt auf die oberen Schichten einer siedenden Flüssigkeit einwirken läßt. Zugleich wird hierbei auch eine Überwindung der Kohäsion der Flüssigkeitsteilchen ausgeübt. — Zahlreiche durch den Genannten und andere in dessen Laboratorium ausgeführte Versuche haben ausnahmslos gezeigt, daß man schon durch Eintauchen von rasch rotierenden Rührern aller Art in siedende Flüssigkeiten ein sofortiges Fallen der Siedetemperaturen herbeiführen kann. Druckverminderung ist sonach nicht das einzige Mittel, den Kochpunkt einer homogenen Flüssigkeit zu erniedrigen. — Beim Wasser ist allerdings die Depression wegen dessen eigentümlicher, kolloidaler Natur nicht bedeutend, um so größer dagegen oft bei anderen Substanzen. Die Siedepunktserniedrigung beträgt schon bis zu 60—80°, wenn man den teilweise eintauchenden Rührer nur durch den Druck einer gewöhnlichen Wasserleitung, wie üblich, in Bewegung setzt; mit elektrischem Antrieb und großer Rotationsgeschwindigkeit der in und über der Flüssigkeit rotierenden Propeller resultieren sehr starke Depressionen des Siedepunkts. Auch bei Kohlenstoffverbindungen ist die Erscheinung leicht wahrzunehmen und auszunutzen (z. B. bei Kohlenwasserstoffen, Alkoholen, Säuren, Anilinen, Chinolinen usw.). Die praktische Anwendung dieser „KRAFFTschen Methode“ in den verschiedensten Fällen bietet keine Schwierigkeit.

Fällen.

Von

T. W. Richards-Cambridge (Mass. U. S. A.).

Die wichtigste Methode zur Entfernung von Verunreinigungen besteht bei anorganischen Stoffen in der fraktionierten Kristallisation. Bei der praktischen Ausführung der Reindarstellung einer Substanz strebt man jedoch gewöhnlich danach, möglichst schon vor dem Kristallisieren den größten Teil der Verunreinigung auf einfacherem Wege zu entfernen. Der üblichste und gangbarste Prozeß für diesen Zweck ist die gegenseitige Fällung.

Die gebräuchlichen Fällungsreaktionen der analytischen Chemie können bei der Reindarstellung von Substanzen in Lösungen auf zweierlei Weise Anwendung finden: erstens kann man die Verunreinigungen fällen, wonach die Lösung mehr oder weniger befreit davon zurückbleibt, oder aber man kann die Substanz selbst, die man zu reinigen sucht, fällen und die Verunreinigungen durch Filtrieren entfernen. Jede dieser Methoden hat ihre Vor- und Nachteile und kann als Reinigungsmittel sowohl für Säuren als auch für Basen angewendet werden. Im allgemeinen ist die Reindarstellung einer Base aus deren Mischung mit anderen Basen weit häufiger als diejenige einer Säure, da die Basen so ungemein zahlreicher sind, als gewöhnliche Säuren, so daß die Wahrscheinlichkeit des Auftretens einer Verunreinigung bei letzteren weniger groß ist, als bei ersteren. Nichtsdestoweniger muß man bei der Reindarstellung einer Substanz sowohl die Säure, als auch die Base in jedem Stadium des Prozesses berücksichtigen.

Bei der Betrachtung der Fällung von Verunreinigungen durch ein zu der Lösung hinzugefügtes Reagens erkennen wir nun, daß hier wie in anderen Fällen ganz bestimmte Einschränkungen bezüglich der Wirksamkeit des Prozesses existieren. Da die Verunreinigung als Niederschlag entfernt wird, so ist klar, daß die Vollständigkeit dieser Entfernung von der Schwerlöslichkeit des Niederschlags abhängt. Ferner kommt hinzu, daß der Niederschlag durch die Einführung irgend einer fremden Substanz, nämlich des Fällungsmittels, erzeugt wird. Der Nutzen der Reindarstellung hängt daher auch in hohem Maße davon ab, ob dieser Zusatz für die Lösung wünschenswert ist oder nicht. Die Besprechung einiger weniger spezieller Beispiele wird dies klarer machen, so daß wir daraufhin die allgemeine Regel, die man auf die meisten Fälle dieser Art anwenden kann, deutlicher formulieren können.

Z. B. ist die wohlbekannte Reindarstellung kaustischen Alkalis aus Carbonat durch Zusatz von Bariumhydroxyd ein Vorgang, der keineswegs immer zufriedenstellende Ergebnisse ergibt. Wenn man gerade genügend Bariumhydroxyd hinzufügt, um das Carbonat zu bilden, so bleibt ein Teil des Kohlendioxyds noch in Lösung. Demgemäß vermindert nach dem Konzentrationsgesetz der Zusatz von mehr Bariumhydroxyd die Löslichkeit des Bariumcarbonates wegen der wachsenden Konzentration des ionisierten Bariums. Während dieser gesteigerten Konzentration des ionisierten Bariums muß das ionisierte Carbonat abnehmen, damit das Löslichkeitsprodukt ungefähr konstant bleibt. Daher müßte das Kohlendioxyd fast ganz entfernt werden. Um aber diesen erwünschten Endpunkt zu erzielen, müßte wieder ein größerer Überschuß von Bariumhydroxyd hinzugefügt werden, und die Anwesenheit dieser Verunreinigung könnte für manche Zwecke weit schädlicher sein, als diejenige von Kohlendioxyd, das man doch zu entfernen wünschte. Wird dagegen das Barium durch ein Sulfat entfernt, dann bleibt ein Teil von dem letzteren ebenfalls in Lösung.

Manche Niederschläge sind also selbst unter den besten Bedingungen zu schwer löslich, um gänzlich aus der Lösung zu verschwinden, aus der sie gebildet worden sind. Es ist daher klar, daß diese Lösung gewöhnlich mit den in Frage stehenden Niederschlägen notwendigerweise gesättigt oder gar übersättigt werden muß, und demnach große Wahrscheinlichkeit besteht, daß nach dem Eindampfen zum Zwecke der Kristallisation noch mehr desselben Niederschlages entsteht. Unannehmlichkeiten aus dieser Quelle sind keineswegs ungewöhnlich und werden später erörtert werden. In einigen Fällen, z. B. bei der Fällung von Sulfiden gewisser Schwermetalle durch einen Überschuß von Schwefelwasserstoff, ist die Löslichkeit der Niederschläge so gering, daß sie ganz vernachlässigt werden kann. Dieser Vorgang stellt einen Typus des vorteilhaftesten Falles der Entfernung von Verunreinigungen durch Fällung dar, nicht nur weil der Niederschlag so unlöslich ist, sondern auch weil das überschüssige Fällungsmittel so vollständig in gasförmigem Zustande ausgetrieben werden kann. Diese beiden wünschenswerten Bedingungen sollte man bei jedem Versuch der Reindarstellung einer Substanz durch Fällung zu erhalten suchen.

Wenn wir die Fällung von der anderen Seite aus betrachten, nämlich als ein Mittel, reines Material auf diesem Wege in Form eines Niederschlages zu isolieren, so ist leicht zu sehen, daß gewöhnlich die Fällung einer unlöslichen Metall- oder Säureverbindung, die man zu reinigen wünscht, zufriedenstellender ist, als der Versuch, die V e r u n r e i n i g u n g e n zu fällen. In ersterem Fall schadet der geringe lösliche Rest des Niederschlages nur insofern, als man seinetwegen bloß einen ganz kleinen Teil des Materials zu verwerfen braucht. Noch weiter, wenn das Fällungsmittel sorgfältig ausgewählt wird, dann gehen andere schädliche Substanzen zusammen mit der verlangten Substanz nur in sehr geringer Menge in den Niederschlag hinein, und außerdem werden alle Verunreinigungen auch nahezu vollständig in der Mutterlauge zurückbleiben. So können wir mit einem Schlage sehr viele verschiedene Substanzen entfernen, anstatt sie teilweise, eine nach der anderen, mit großem Aufwand an Zeit und Arbeit fortzubringen.

Die Form des Niederschlages ist ebenfalls von wesentlichem Einfluß auf die Wirksamkeit des Prozesses. Die meisten Niederschläge schließen in ihren Zellen winzige Tropfen von Mutterlauge ein. Bei einem kristallinischen Niederschlag können diese Tropfen unter Umständen so festgehalten werden, daß sie erst nach dem Zersetzen oder Schmelzen des Stoffes zugänglich werden. Daher muß man in Erwägung ziehen, daß in jedem Niederschlag, den man aus einer Lösung erhalten hat, Lösungsmittel in geringer Menge anwesend ist, und sehr oft Spuren der Verunreinigungen, die in der Lösung vorhanden waren, auf diese Weise festgehalten werden können. Nur amorphe Niederschläge, wie z. B. die Silberhaloide lassen sich gründlich auswaschen; und selbst hier muß das Auswaschen noch unternommen werden, bevor der Niederschlag Zeit gehabt hat, sich zusammenzuballen und eine fremde Substanz in seinem Innern einzuschließen.

Schließlich kommt mitunter noch die Möglichkeit, daß ein Niederschlag eine Substanz aus der Lösung adsorbiert, d. h. auf seiner festen Oberfläche eine in der überstehenden Flüssigkeit vorhandene Substanz kondensiert, als wesentliches Moment für die Wirksamkeit der Reinigung einer Substanz durch Fällung in Betracht. Diese oft unerwünschte Tatsache muß stets berücksichtigt werden. Substanzen, die sehr leicht adsorbiert werden, werden auch sehr leicht mit dem Niederschlag eingeschlossen, wenn die Teilchen dieses Niederschlages an Größe zunehmen. Die adsorbierte Substanz wird in den größeren Partikeln eingekapselt. Wie wohl bekannt ist, variiert die mögliche Adsorption und Aufnahme von Substanzen erheblich mit den verschiedenen Materialien und verlangt in jedem einzelnen Falle eine besondere Behandlung. Weitere Betrachtungen betreffs einiger dieser Punkte werden im Kapitel „Kristallisation“ gegeben worden, einem Prozeß, der selbstverständlich in vielen Beziehungen der Fällung ähnelt, da beide im Grunde genommen identisch miteinander sind, nur daß es sich dort um eine verhältnismäßig lösliche, hier jedoch um eine relativ schwer lösliche Substanz handelt.

Kristallisieren.

Von

T. W. Richards-Cambridge (Mass. U. S. A.).

Inhalt.

Als wichtigste Methoden der Reindarstellung von Substanzen sind die Destillation (Sublimation) und Kristallisation anzusehen. Bei der ersteren ist der Zusatz irgend einer anderen Substanz nicht erforderlich; außer den Verunreinigungen ist nur eine Komponente anwesend und die Reindarstellung wird bewerkstelligt, indem man aus dem möglichen Übergange einer Phase in eine andere Nutzen zieht, was man durch Veränderung des Energiegehaltes des dort vorhandenen einfachen Systems herbeiführt.

Anders bei der Kristallisation von Lösungen. Hier wird durch den notwendigen Zusatz von Lösungsmittel eine Verunreinigung eingeführt, mit der man bei der Reinigung einer Substanz rechnen muß.

In der anorganischen Chemie ist die wiederholte Kristallisation eine der wichtigsten Methoden zur Reindarstellung von Stoffen. Zugleich soll bemerkt werden, daß bei diesem Prozeß, einerlei, ob er durch Abkühlung einer geschmolzenen Substanz oder durch Abscheidung der Kristalle aus einem flüchtigen Medium, in dem die Substanz aufgelöst worden ist, ausgeführt wird, fast stets zum mindesten ein Teil der Verunreinigung zurückbleibt. Die Kristallisation ist gewöhnlich der letzte einer Reihe anderer vorbereitender Prozesse zur Reindarstellung des Materials.

Vor Beginn einer Kristallisation sind bei akkuraten Arbeiten stets eingehende Erwägungen anzustellen, da sie bei mangelnder sorgfältiger Durchführung sich außerordentlich zeitraubend gestaltet, und außerdem zahlreiche komplizierende Umstände oft die Entfernung der Verunreinigungen und die Erzielung eines reinen Produktes verhindern. Es ist daher, noch bevor man eine Untersuchung anfängt, bei der man Substanzen durch Kristallisieren zu reinigen hat, wohl der Mühe wert, jeden speziellen Fall, sowohl experimentell, als auch durch eine theoretische Betrachtung der bereits verfügbaren Daten zu studieren. Wir wollen zunächst verschiedene Komplikationen, die den Kristallisationsprozeß beeinflussen können, erörtern.

Mischkristalle.

Der erste komplizierende Umstand bei der Reindarstellung von Substanzen durch Kristallisation ist die häufige Bildung von Mischkristallen, d. h. solchen Kristallen, in denen irgend eine ähnliche fremde Substanz zusammen mit der Substanz, deren Reinigung gesucht wird, niedergeschlagen wird. Die Bildung von Mischkristallen tritt, wie wohl bekannt ist, gewöhnlich auf, wenn zwei Substanzen nahezu dieselbe Struktur und Kristallform besitzen, wie z. B. bei den Doppelsulfaten des Kaliums mit Mangan, Eisen, Zink usw. Aus der Lösung derartiger ähnlicher isomorpher Substanzen können oft Kristalle erhalten werden, welche die verschiedenen Konstituenten nahezu in jedem Verhältnis gemäß der Konzentration dieser Konstituenten in der Mutterlauge enthalten.

Der Ausdruck, welcher für derartige Mischungen von VAN'T HOFF vorgeschlagen worden ist (nämlich „feste Lösungen"), kennzeichnet hinreichend den weiten Spielraum der relativen Konzentration, der möglich ist.

Gelegentlich findet man, daß eine fremde Substanz sich ungefähr in demselben Verhältnis zwischen Lösung und Kristalle verteilt, wie die Substanz, welche man zu reinigen wünscht. In solchem Falle wird man selbstverständlich durch keinerlei Kristallisation imstande sein, eine vollkommene Scheidung zu bewerkstelligen. Andererseits tritt dort, wo die relative Löslichkeit sehr verschieden ist, oft der Fall ein, daß selbst bei isomorphen Substanzen die Kristalle weniger Verunreinigungen enthalten als die Mutterlauge. Hier leistet die wiederholte Kristallisation gute Dienste, wenn auch der Prozeß sehr langwierig ist und zu viel Zeit und Material in Anspruch nimmt, als daß er zur praktischen Anwendung bei der Reindarstellung empfehlenswert wäre. Noch andere Fälle gibt es, bei denen Mischkristalle zwar unter gewissen Umständen entstehen, nicht aber unter anderen, wie z. B. bei den Alkalihaliden. Diese bilden zwar aus der geschmolzenen Masse Mischkristalle, aber aller Wahrscheinlichkeit nach nicht aus wässeriger Lösung.[1]

Es ist daher offenbar anzuraten, schon gleich am Anfang zwecks Reinigung eines gegebenen Metalles ein Salz zu wählen, dessen wesentlichste Verunreinigung nicht mit dem in Frage stehenden Salz unter den betreffenden Umständen isomorph ist. Bezüglich dieser Auswahl gibt die Literatur des Gegenstandes oft nur vage und unbefriedigende Ratschläge. Nichtsdestoweniger empfiehlt es sich, immer gleich zuerst in den Handbüchern nach den Kristallformen aller Fremdkörper, die eventuell anwesend sein könnten, nachzuforschen, um vor allem den voraussichtlichen Nutzen der Kristallisation einer gegebenen Substanz, ob aus geschmolzenem Zustande oder aus einer Lösung, zu überblicken.

Auf diesem Wege vorgehend, kann man oft sehr viel Zeit sparen, die man sonst auf fruchtlose Versuche verschwenden würde. Hat man sich von vornherein durch gründliche Erwägungen darüber orientiert, ob die vermuteten

[1] KURNAKOW und ZEMCZUZNYJ, Z. anorg. Ch. 52, 186 (1907). — KLICKMEYER, Z. phys. Ch. 21, 5.

Verunreinigungen der vorliegenden Substanz durch Kristallisation entfernt werden können, dann soll man doch stets noch den speziellen Fall durch wirkliches Experiment prüfen, um sicher zu sein, daß kein Irrtum bei der Auswahl begangen worden ist. Dieser praktische Beweis ist notwendig, da Substanzen, die gewöhnlich nicht isomorph sind, dies bei gegenseitiger Berührung werden können, wie z. B. Kupfer- und Eisensulfat.

Die Probe kann man leicht ausführen, indem man einer kleinen Menge der zu reinigenden Substanz die verschiedenen vermuteten Verunreinigungen in Beträgen beimengt, die groß genug sind, um leicht und bequem entdeckt zu werden, und dann die Kristallisation wirklich durchführt, um zu entdecken, ob die Verunreinigungen nach den Kristallen oder nach der Mutterlauge hin wandern. Man kann wohl sicher annehmen, daß eine Tendenz in der einen oder anderen Richtung sich bei Wiederholung des Prozesses noch steigern würde; und daher kann schon durch eine einzige Kristallisation leicht bewiesen werden, ob der Weg zur Reinigung geeignet ist.

Um den Gegenstand klarer zu machen, soll hier ein spezieller Fall angeführt werden, um den Weg zu zeigen, auf dem der Prozeß im Falle einer wässerigen Lösung ausgearbeitet werden könnte.

Das Problem bestand darin, reines Calciumsalz herzustellen für eine Untersuchung, die vor einigen Jahren über das Atomgewicht des Calciums im chemischen Laboratorium der Harvard-Universität begonnen wurde. Nachforschungen in der Literatur über den Gegenstand schienen dafür zu sprechen, daß Calciumnitrat als bestes Salz für die Umkristallisation in Betracht kam, da sowohl Barium- als auch Strontiumnitrat, die wahrscheinlichsten Verunreinigungen bei Calciumsalzen, aus Wasser in Anhydridform kristallisieren, während das Calciumnitrat sich mit viel Kristallwasser abscheidet. Die Entfernung des Magnesiumnitrates war indessen weniger sichergestellt. Diese Substanz hätte zwar in der Hauptsache zusammen mit etwas Eisen, das hätte anwesend sein können, durch Zugabe von Calciumhydroxyd entfernt werden können, ein Prozeß, der auch tatsächlich angewendet wurde. Aber es war nichtsdestoweniger wünschenswert, sich zu vergewissern, ob auch wirklich jede kleine Spur Magnesium, die eventuell hätte zurückbleiben können, auf diese Weise entfernt worden war. Demgemäß wurden 200 g reines Calciumnitrat in reinem Wasser aufgelöst und zu der Lösung je 2 g Barium-, Strontium- und Magnesiumnitrat zugesetzt. Die Lösung wurde eingedampft, abgekühlt und mit einem kleinen Kristall der Verbindung $Ca(NO_3)_2 \cdot 4H_2O$ geimpft. Ungefähr die Hälfte der Substanz ließ man kristallisieren; dann wurde die Mutterlauge abgegossen. Alle drei Verunreinigungen konnten danach in der Mutterlauge sehr deutlich nachgewiesen werden, während die Kristalle nur Spuren dieser Substanzen ergaben. Daraus war zu schließen, daß eine Wiederholung des Prozesses ein reineres Produkt ergeben würde. Um dies zu prüfen, wurden die Kristalle wieder aufgelöst und zweimal nacheinander umkristallisiert. Da keine qualitative Reaktion auf eine der drei hinzugesetzten Verunreinigungen im letzten Kristallanteil erhalten werden konnte, war die Annahme bewiesen.

Man kann daraus wohl den Schluß ziehen, daß eine weitere Wiederholung des Prozesses eine noch größere Abscheidung dieser Verunreinigung bewirkt hätte, da jede Beimengung von Kristallen ein Verteilungsprozeß zwischen der flüssigen und der festen Phase ist, und offenbar eine geringere Konzentration in der Flüssigkeit auch stets eine geringere Konzentration in der festen Phase hervorrufen und daher die erste Abscheidung intensiver gestalten muß. Wenn der Prozeß viele Male über den Zeitpunkt hinaus fortgesetzt worden ist, bei welchem die Verunreinigungen verschwinden, wie durch gewöhnliche qualitative Reagentien festzustellen ist, dann ist die Annahme wohl gerechtfertigt, daß der zurückbleibende Betrag so klein ist, daß er selbst auf die akkurateste quantitative Arbeit keinen Einfluß mehr ausübt.

Diese Extrapolation kann im Falle eines Studiums des relativen Anwachsens der Reinheit bei jeder Art von Umkristallisationen so lange ziemlich genau angebracht werden, als die Verunreinigung noch durch die üblichen Proben entdeckt werden kann. Man braucht natürlich hierzu nicht erst eine genaue Analyse auszuführen; es würde z. B. schon hinreichen, bei der Entdeckung einer Beimengung von Bariumnitrat im Calciumnitrat, die Menge des Bariumsulfates ungefähr abzuschätzen, indem man in einem engen Reagenzglas die sichtbaren Niederschlagsmengen, die gleiche Mengen Calciumnitrat aus den Kristallen und aus der Mutterlauge hervorrufen, miteinander vergleicht. Wenn der Betrag des Bariumsulfates z. B. in dem einen Reagenzrohr anscheinend nur $^1/_{10}$ desjenigen in dem anderen wäre, und nahezu dasselbe Verhältnis bei der nächsten Kristallisation erhalten würde, dann könnte man wohl annehmen, daß man beim Fortschreiten des Prozesses eine nicht weit davon abweichende Proportion erhalten würde. Daher wird nach fünf Umkristallisationen nur noch $^1/_{100000}$ der ursprünglichen Verunreinigung zurückbleiben. Soweit ich mich erinnere, ist bisher keine quantitative Bestimmung dieser Art ausgeführt worden, aber zweifellos hat diese allgemeine Regel qualitative Gültigkeit. Sie würde auch quantitativ gelten, wenn die Verunreinigung in demselben Molekularzustande in fester, wie in flüssiger Lösung existierte.

In dem vorliegenden speziellen Fall, bei dem man reines Calciumsalz zu erhalten wünschte, wurden, um sicher alle Verunreinigungen zu entfernen, außergewöhnliche Vorsichtsmaßregeln ergriffen. Das ursprüngliche Präparat reinen Calciumnitrates, in welchem man keine dieser Verunreinigungen entdecken konnte, war für einige Versuche zehnmal und für andere zwanzigmal umkristallisiert worden, so daß man wohl annehmen konnte, daß die Anwesenheit einer der obigen drei Verunreinigungen vollständig außer Betracht kam. Zugleich waren natürlich auch sämtliche Spuren aller sonstigen, weniger mit Calciumnitrat verwandten Substanzen vollkommen entfernt worden. Tatsächlich wurde diesem Schluß gemäß auch gefunden, daß jede Probe innerhalb der Fehlergrenze genau dieselben quantitativen Resultate ergab.

Als ein anderes Beispiel dieser Art vorbereitenden Prüfens soll ein neuerer Fall der Darstellung reiner Kaliumsalze erörtert werden. Dieser ist interessant, weil die ersten Versuche zur Verwerfung der anfangs gewählten Substanz führten und das Suchen nach anderen besser geeigneten Substanzen veranlaßten.[1]

Zuerst wurde nämlich Kaliumchlorat zur Umkristallisation angewendet, da dessen Kristallform, als verschieden von der des Natriumchlorates, eine prompte und leichte Trennung erwarten ließ. Dies war nun, wie sich herausstellte, in der Tat der Fall. Natrium wurde mit der größten Leichtigkeit beim Umkristallisieren des Kaliumchlorates entfernt. Auf der anderen Seite war jedoch zweifelhaft, ob auch Cäsium und Rubidium auf diese Weise entfernt werden könnten. Die Literatur über diesen Gegenstand gab hierfür keine Aufklärung. Diese erhielt man erst, als man irgend ein Cäsium- oder Rubidiumsalz wirklich mit Kaliumchlorat vermischte und das Gemenge umkristallisierte. Man fand dann unter dem Spektroskop in den aus dieser Lösung erhaltenen Kristallen die ersteren beiden Metalle in ungefähr demselben Verhältnis als in der Mutterlauge vor. Zwar enthielt nun das für unsere Versuche in Betracht kommende Kaliumsalz keine nachweisbare Verunreinigung in Form einer Verbindung dieser beiden Metalle. Da man jedoch von deren Abwesenheit ganz sicher sein wollte, wurde das Chlorat als ein Mittel für die Darstellung reinen Kaliummaterials schließlich verworfen.

Ein weiteres Studium der Literatur der Kaliverbindungen gab Grund zu der Hoffnung, daß das Nitrat hierzu geeignet wäre, da die vorhandenen Angaben dafür sprachen, daß nicht nur Natriumnitrat, sondern wahrscheinlich auch Cäsium- und Rubidiumnitrat heteromorph mit Kaliumnitrat sind. Angestellte Versuche zeigten bald, daß — ob dies nun der Fall war oder nicht — die drei Verunreinigungen in die Mutterlauge hineingehen. Nach zwei Kristallisationen wurden nämlich sehr beträchtliche Mengen, sowohl von dem hinzugefügten Natrium-, als auch von dem Cäsium- und Rubidiumsalz, vollständig aus den Kristallen des Kaliumnitrates entfernt. Demgemäß wurde daher dieses Salz voller Vertrauen als Kristallisationsmittel angewendet, um das in Frage stehende Alkalimetall von seinen nächsten Verwandten zu befreien. Später zeigte sich, daß Kaliumoxalat hierzu in gleicher Weise geeignet war. Von diesen beiden Salzen stellte man eine Reihe gleich reiner Kaliumpräparate dar. Auch beim Kaliumoxalat wurde natürlich die Vorsichtsmaßregel angewendet, das Umkristallisieren noch weiter fortzusetzen, als die letzten Spuren der vermuteten Verunreinigungen nach der qualitativen Probe verschwunden waren.

Die praktischen Methoden, die man zur Prüfung der Wirksamkeit einer Kristallisation anwendet, können, soweit Beimengungen in fester Lösung in Frage kommen, natürlich auch auf diejenigen weniger häufigen Fälle, wo die Kristalle durch teilweises Gefrierenlassen eines geschmolzenen Salzes erhalten werden, übertragen werden.

Einschluß von Substanzen („Inklusion").

Ein weiterer Fall der Verunreinigung von Kristallen rührt von einer ganz anderen Erscheinung her, nämlich derjenigen, welche die Mineralogen

[1] Richards und Stähler, Ber. 1906.

als „Inklusion" bezeichnen. Es ist wohl bekannt, daß Mineralien aller Art oft im Innern mit kleinen Zellen, angefüllt mit Mutterlauge oder Gasen, gefunden werden, wahrscheinlich der Flüssigkeit oder dem Gase, aus dem die Kristalle gebildet waren.

Diese Erscheinung kann geeignetenfalls im Laboratorium wiederholt werden. Jeder kennt das Zerknistern von Kochsalz beim Erhitzen. Ganz allgemein gesprochen, enthalten Kristalle, besonders solche, welche in Zwillingen wachsen und unregelmäßige Massen mit vielen einspringenden Winkeln bilden, leicht hier und da Zellen mit eingeschlossener Mutterlauge. Es ist klar, daß, wenn die Mutterlauge rein ist, d. h. wenn sie außer der betreffenden Substanz und dem Lösungsmittel nichts weiter enthält, nur diese beiden in den Zellen eingeschlossen werden; daß aber, wenn andere Verunreinigungen anwesend sind, diese wahrscheinlich ebenfalls mit hineingehen und das Produkt in einem, je von der anwesenden Menge abhängigen, schädlichen Maße beeinflussen.

Der Betrag der aus dieser Quelle stammenden Verunreinigung hängt so sehr von der Art der Kristallisation und der Gestalt der Kristalle ab, daß keine bestimmte Regeln hierüber festgelegt werden können. Nicht selten bestehen zwei oder drei Zehntel Gewichtsprozente der Kristalle aus derartig eingeschlossener Mutterlauge, wenn auch für gewöhnlich der Betrag viel kleiner sein mag und mitunter $^1/_{100}$ % nicht überschreitet. Die Zellen können in der Hauptsache, jedoch nicht völlig, durch grobes Pulvern zerbrochen werden. Die hierdurch erzielte Verbesserung habe ich vor einigen Jahren beim Bariumchlorid geprüft. Ich fand, daß große Kristalle 14,79 %, grobes Pulver 14,77 % und feines Pulver 14,76 % Wasser enthielten.[1] Die theoretische Zahl ist etwa 14,75 %. Über das Zermahlen wird an anderer Stelle mehr gesagt werden.

Der Grund für die Verbesserung durch Zermahlen liegt offenbar in der Tatsache, daß ein Schlag oder Stoß in der Regel den Kristall gerade an dem Punkte, wo eine derartige Zelle existiert, zerbrechen wird, da dies der schwächste Teil des Kristalles ist. Sollten sich die Kristalle in Zwillingsgruppen bilden, dann ist zu raten, sie vor dem üblichen Waschen und dem Behandeln mit der Zentrifuge (siehe weiter unten) grob zu pulvern.

Für praktische Zwecke können die in dem vorigen Abschnitt beschriebenen Proben, die dort zur Bestimmung der Behandlung von Substanzen, die in fester Lösung niedergerissen werden, benutzt wurden, auch zur Vermeidung der soeben besprochenen Verunreinigungsquelle angewendet werden. Eine einzige Versuchsreihe ermöglicht schon nicht nur die Entdeckung der Anwesenheit dieser theoretisch sehr verschiedenen Verunreinigungsquellen, sondern auch die Kenntnis, in welchem Grade diese bei wiederholter Behandlung entfernt werden. Daher brauchen wir zur Heilung dieser experimentellen Krankheit kein Rezept weiter.

Die obigen praktischen Methoden, die man zur Prüfung der Wirksamkeit einer Kristallisation anwendet, sind, soweit Beimengungen von

[1] RICHARDS, Proc. Am. Philos. Soc. 42, 30, (1903).

Verunreinigungen in Frage kommen, natürlich ebensogut auch auf die weniger häufigen Fälle, wo die Kristalle durch teilweises Gefrierenlassen eines geschmolzenen Salzes erhalten werden, anzuwenden.

Das gleichzeitige Kristallisieren von Verunreinigungen.

Eine weitere Erschwerung der Reinigung von Substanzen durch Kristallisation liegt in dem gleichzeitigen Kristallisieren von Verunreinigungen. Wir wählen hier die Bezeichnung „gleichzeitiges Kristallisieren“, um jene besonders schwierigen Fälle zu bezeichnen, bei denen zwei Substanzen von vollständig verschiedenem Charakter ungefähr dieselbe relative Löslichkeit in heißen und kalten Lösungsmitteln besitzen, und sich daher gleichzeitig bei der Abkühlung einer gesättigten Lösung abscheiden. Werden beide nach weiterer Zugabe von heißen Lösungsmitteln vollkommen gelöst und die Lösung abgekühlt, dann erscheint jede von ihnen in ihren besonderen Kristallen wieder. Ist die relative Löslichkeit zufällig in beiden Fällen genau dieselbe, dann könnte man bis ins Unendliche in dieser Weise fortfahren, ohne die geringste Reinigung der Substanz, deren Verbesserung man erstrebt, zu erzielen, und das letzte Zentigramm des Produktes würde nach hundert Kristallisationen nicht reiner sein, als das Kilogramm, mit dem man den Prozeß begonnen hat. Solche vollständige Übereinstimmung der relativen Löslichkeit wird natürlich niemals eintreten, aber nichtsdestoweniger verursacht dieses gleichzeitige Erscheinen zweier vollständig verschiedener Substanzen häufig Unannehmlichkeiten. Z. B. wurde in einem Falle, der neuerdings im Laboratorium der Harvard-Universität studiert wurde (als es sich darum handelte, reines Natriumchromat zu erhalten), mit aller Gewalt versucht, dieses durch Umsetzung von reinem Natriumchlorid mit reinem Silberchromat darzustellen. Das Silberchlorid fiel vorschriftsmäßig aus, worauf ein Überschuß von Silberchromat hinzugefügt wurde, um sicher zu sein, daß in der darüberstehenden Lösung von Natriumchromat kein Chlor mehr enthalten wäre. Nach dem Abdampfen war, wie zu erwarten war, das auskristallisierende Natriumchromat durch Silberchromat verunreinigt. Die Hoffnung, durch weiteres Umkristallisieren die Verunreinigung zu entfernen, erwies sich jedoch als trügerisch. Nach dem Auflösen, Filtrieren und Umkristallisieren erschien dieselbe Verunreinigung wieder. Auch eine weitere Kristallisation ergab dasselbe Resultat, und dieses Mal war die Ausbeute schon so gering, daß der Prozeß offenbar als mißlungen zu betrachten war.

In derartigen Fällen muß irgend eine radikale Änderung der Versuchsbedingungen angebracht werden, um wirksam die Reindarstellung der gesuchten Substanz zu erzielen. Solch eine Änderung kann man z. B. erreichen, indem man das Lösungsmittel vollständig wechselt, oder auch durch Veränderung des Zustandes der gelösten Substanz, indem man irgend ein passendes Reagens einführt, oder auch, indem man vollständig die störende Substanz eliminiert, bevor man versucht, die Mischung zu kristallisieren. So wurde in dem oben erwähnten besonderen Falle die Schwierigkeit überwunden, indem man glänzenden Kupferdraht in die Lösung der Mischung von Natrium- und Silberchromat brachte. An diesen Drähten wurde mit der Zeit der größte Teil des Silbers niedergeschlagen, und das so gebildete Kupferchromat war so viel löslicher als das Silberchromat, daß es sich ohne Schwierigkeit durch Kristallisation entfernen ließ. Diese Anordnung ist natürlich nur ein Beispiel der einen Behandlungsmethode. Die zweite Methode hätte vielleicht angewendet werden können, indem man einen kleinen Säurebetrag hinzugefügt hätte. Hierdurch würde nun zwar die Kristallisierung des Silberchromats verhindert, zugleich jedoch auch eine ziemlich große Menge einer anderen Verunreinigung hineingebracht worden sein, größer, als die des ursprünglich anwesenden Silbers war. Solch ein Umstand war unerwünscht, da ein neutrales Salz verlangt wurde. Die Anwendung der zuerst erwähnten Methode würde andrerseits zu einem ganz anderen Lösungsmittel geführt haben, etwa zu Alkohol, welcher das Silberchromat nur in kleinem Maße auflöst. Hiervon wurde jedoch in dem vorliegenden besonderen Falle keine Anwendung gemacht, weil die Löslichkeit — auch die des Natriumchromats — darin zu gering und die Gefahr einer Zersetzung zu groß war, um diese Anwendung bequem oder praktisch zu gestalten. In anderen Fällen indessen dürfte vielleicht Alkohol gute Dienste leisten.

Die betrachtete Schwierigkeit tritt besonders leicht dann auf, wenn die Lösung des zu reinigenden Salzes vorher mit irgend einem Reagens behandelt wurde, durch das man eine ungewünschte Säure oder Base niederschlagen wollte. Die Lösung wird dann mit der gefällten Substanz gesättigt; bei einer zum Zwecke der Gewinnung des gesuchten Salzes unternommenen Verdampfung werden schließlich ebenfalls Spuren der Verunreinigung mit auskristallisieren. Diese Aufeinanderfolge der Operationen findet bei fast allen Darstellungen reinen Materials statt. Die obige, auf gleichzeitiges Niederschlagen verschiedener Substanzen zurückzuführende Schwierigkeit dürfte, wenn sie auch in den soeben beschriebenen Wegen umgangen werden könnte, sich oft praktisch noch auf andere Weise vermeiden lassen.

In der Regel bestehen gemischte Substanzen größtenteils aus der zu reinigenden Substanz und nur zu einem kleinen Betrage aus der verhältnismäßig schwerlöslichen Verunreinigung, ja gewöhnlich wird der größte Teil der unlöslichen Substanz nicht in den Kristallen der löslicheren eingeschlossen, sondern bleibt eher als ein Pulver für sich zurück. Beim Absaugen oder besonders beim Abschleudern wird nun ein großer Teil dieses Pulvers zusammen mit der Mutterlauge fortgejagt, da es leicht durch die reichlich weiten Poren der Zentrifuge hindurchgeht. Daher würde, selbst wenn der Rückstand völlig aufgelöst würde, beim Beginn einer neuen Kristallisation die Lösung weniger Verunreinigungen enthalten als vorher. Verfährt man also beim Wiederauflösen etwas geschickt, so braucht man auch nicht einmal diesen ganzen Rückstand aufzulösen. Jedermann weiß, daß die Löslichkeitsgeschwindigkeit bei den verschiedenen Substanzen sehr variiert und daß, wenn die Subsanz nur wenig löslich ist, stets einige Zeit verstreichen muß, bevor ihre Lösung gesättigt wird. Daher wird nach der nächsten Kristallisation nur wenig, vielleicht überhaupt keine Verunreinigung mehr vorhanden und nach der zweitnächsten vollkommen entfernt sein. Die meisten Experimentatoren kennen zwar diese praktische Tatsache, aber nicht viele von ihnen berücksichtigen hinreichend die Schritte des Prozesses. Trotzdem bedeutet ihre Beachtung eine große Hilfe bei der prompten und wirksamen Ausführung der Reindarstellung durch Kristallisation.

Als eine weitere Vorsichtsmaßregel gegen diese Gefahr des gleichzeitigen Kristallisierens ist, wenn möglich, stets zu empfehlen, Metallsalze in der Weise zu reinigen, daß man sie zuerst in einer Verbindung und dann in einer anderen kristallisieren läßt. Die Eventualität, daß eine Verunreinigung durch zwei derartig veränderte Kristallisationen durchhält, ist äußerst gering. Dieser Prozeß bietet außerdem einen ausgezeichneten Schutz gegen die zuerst erwähnte Verunreinigungsquelle (welche auf die Bildung von Mischkristallen zurückzuführen war); denn es ist unwahrscheinlich, daß Salze zweier Metalle auch mit zwei verschiedenen Säuren Mischkristalle bilden würden.

Wenn ein Doppelsalz darzustellen ist, dann ist die Situation natürlich eine andere. Gemäß der Phasenregel erfordert die Einführung einer neuen Komponente für das vollständige Gleichgewicht das Vorhandensein einer anderen Phase. Dadurch wird eine beträchtliche Komplikation eingeführt.

Das praktische Ergebnis hängt hier völlig von der relativen Löslichkeit der einzelnen Salze bei Gegenwart eines anderen, und derjenigen des

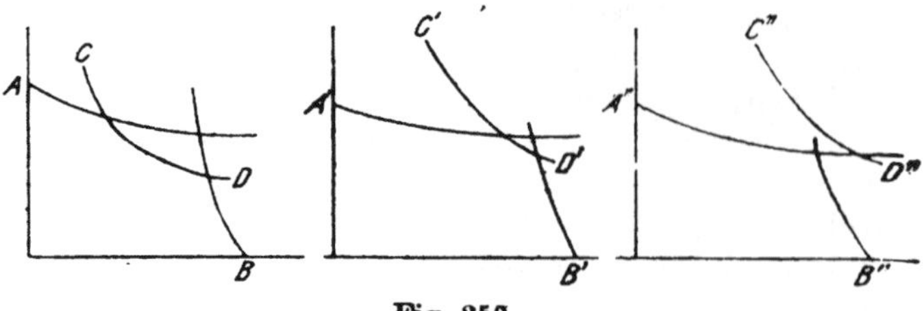

Fig. 259.

Doppelsalzes bei Gegenwart wechselnder Beträge jedes einzelnen dieser Salze ab. Die Situation wird am klarsten mit Hilfe einiger typischer Zeichnungen (Fig. 259).

In jeder dieser Zeichnungen, welche die isotherme Löslichkeit der beiden Salze *A* und *B* und eines einfachen Doppelsalzes ($A + B$) darstellen, wird ein konstanter Betrag, angenommen 1000 g Wasser, als anwesend gedacht, indem die Quantität *A*, die in der Lösung vorhanden ist, als Ordinate, und die Quantität *B* als Abszisse aufgetragen wird. Die Kurven nehmen ihren Ausgang bei *A*, *A'* . . . *B*, *B'* . . . und stellen solche Punkte dar, die gesättigten Lösungen von *A* und *B* bzw. entsprechen.

und die Kurve *CD* repräsentiert die Löslichkeit des Doppelsalzes im Gegensatz von verschiedenen Konzentrationen von *A* und *B*. In Zeichnung I wird das Doppelsalz leicht erhalten, in Zeichnung II ist es nur dann rein, wenn es aus einer Lösung abgeschieden wird, die einen Überschuß des löslicheren Salzes enthält: in III überhaupt nicht.[1]

Die Wirkung der anhaftenden Mutterlauge.

Die erste der vorhin erwähnten Quellen von Verunreinigungen, nämlich die Bildung einer festen Lösung oder von Mischkristallen, tritt zwar nur gelegentlich im Laufe der experimentellen Arbeit auf, man muß jedoch stets ihre Möglichkeit im Auge haben.

Die an zweitnächster Stelle genannte Inklusion ereignet sich weit häufiger, und zwar stets dann, wenn eine Substanz aus einer Mutterlauge kristallisiert, welche eine von den Kristallen abweichende Zusammensetzung besitzt. Eine vierte Verunreinigungsquelle jedoch erschwert noch weit ernster und häufiger die Darstellung reiner Substanzen; sie ist auf eine einfachere und verständlichere Erscheinung zurückzuführen, nämlich auf das Anhaften der Mutterlauge an der Oberfläche der Kristalle.

Offenbar schwankt das Verhältnis des Gewichtes der anhaftenden Mutterlauge zu dem Gewicht der Kristalle in den einzelnen Fällen beträchtlich, da es nicht nur durch die Dichte der Kristalle und der Lösung bestimmt wird, sondern auch in hohem Maße von der exponierten Oberfläche und dem eigentümlichen Verhalten jeder Substanz abhängt. Selbst bei verhältnismäßig kompakter Substanz überschreitet der Betrag an Mutterlauge, welcher von den Kristallen, die man in einen Trichter vermittelst der Schwerkraft abtropfen läßt, gehalten wird, 20% des Gewichtes der Kristalle und kann bis zu 50% steigen. Ein Teil davon könnte natürlich durch poröses Papier ausgepreßt und entfernt werden, aber durch diesen Prozeß werden offenbar die Kristalle verunreinigt, so daß er, wenn man sehr reines Material wünscht, nicht empfehlenswert ist.

Mit Hilfe einer Filterpumpe, die jedoch große Mengen Luft und damit auch Staub über die Kristalle saugt, könnte der Betrag auf 10—20% des Gewichtes der Kristalle reduziert werden, einen noch sehr großen und bedeutenden Anteil, welcher gewöhnlich hinsichtlich seiner schädlichen Wirkung den Einfluß der drei im vorigen Abschnitt behandelten Schwierigkeitsquellen zusammengenommen weit überschreitet.

Auch durch gründliches Waschen der Substanz unter gelegentlichem Umrühren, um eventuelle, zum Teil zwischen benachbarten Kristallen eingeschlossene Flüssigkeitsmengen, die dort vorübergehend Zellen bilden, aufzurühren, könnte man natürlich in gewissem Grade die Entfernung

[1] Für weitere Einzelheiten und den Einfluß der Temperaturänderung (welche oft bewirkt, daß einer dieser Fälle in den anderen übergeht), wird auf van't Hoffs Einführungsbuch hingewiesen: „Über die Bildung und Spaltung von Doppelsalzen".

dieser Art von Verunreinigungen beschleunigen, zumal da, wenn das Waschen mit einer Flüssigkeit ausgeführt werden darf, in welcher die Kristalle unlöslich, die Verunreinigungen jedoch löslich sind, kein größerer Substanzverlust dabei eintreten würde. In der Regel ist indessen das Ausfindigmachen solcher Flüssigkeiten nicht leicht, so daß wir für gewöhnlich eine Flüssigkeit, welche mehr oder weniger große Mengen der gewünschten Kristalle auflöst, anwenden müssen, um die Fällung von Verunreinigungen während des Waschens zu vermeiden. Dieses Auflösen bringt daher einen schweren Substanzverlust mit sich, so daß, wenn die Kristallisation vielmals wiederholt wird, die schließliche Ausbeute äußerst klein wird.

Aus diesem Grunde wird seit geraumer Zeit im chemischen Laboratorium der Harvard-Universität die Behandlung mit der Zentrifuge als ein Mittel, die Mutterlauge von den Kristallen zu entfernen, angewendet, und zwar nicht nur bei dem letzten Stadium, wenn die Kristalle zu trocknen sind, sondern auch schon vorher nach jeder Umkristallisation.

Zuerst wurde 1889 meine Aufmerksamkeit auf die Vorteile dieser Prozedur durch Professor Landolt gelenkt Damals wurden jedoch keine Versuche gemacht, den genauen Betrag des so bewirkten Reinigungsfortschrittes zu bestimmen. Erst neuerdings ist eine Reihe annähernder quantitativer Messungen ausgeführt worden, die durch ihr Ergebnis große Beweiskraft besitzen. Die Einzelheiten dieser Untersuchungen und Winke betreffs vorteilhafter Formen der Apparate sind Bd. I angegeben.

Das Abschleudern ist so wirksam, daß es bei jeder Art akkurater quantitativer Arbeit als ein Hilfsmittel zur Reindarstellung des Materials angewendet werden sollte. Es ist wahr, daß auch ohne diese Hilfe reine Substanzen dargestellt werden können, aber der Zeitaufwand und Materialverlust ist, wenn die Behandlung mit der Zentrifuge unterlassen wird, unnötig groß.

Gegenwart von Lösungsmittel.

Wir haben uns bisher mit der möglichen Einführung von Verunreinigungen zusammen mit dem Lösungsmittel während der Kristallisation einer zu reinigenden Substanz beschäftigt. Das Lösungsmittel selbst ist jedoch hierbei nicht als Verunreinigung aufgefaßt worden. In vielen Fällen muß man indessen auch auf diesen Punkt achten und bei der Behandlung von Kristallen die Natur des Lösungsmittels, aus dem sie gebildet worden sind, mit in Betracht ziehen, weil praktisch feststeht, daß ein Teil der Flüssigkeit stets innerhalb der Kristalle zurückbleibt. Ein Salz, das aus Alkohol kristallisiert wird, enthält Alkohol und darf daher überall dort nicht verwendet werden, wo Alkohol später schädlich wirken könnte. Ein Salz, das aus Wasser kristallisiert wird, ist niemals ganz frei von Wasser, bevor nicht die winzigen Zellen, in denen die Mutterlauge enthalten ist, völlig zertrümmert werden und das Salz einer intensiven Trocknung unterworfen wird. Keine Prozedur, die durch die Anwesenheit von Wasser beeinträchtigt würde, könnte an einer derartigen Substanz vorgenommen werden, bevor sie nicht durch und durch trocken wäre.

Aus dem, was schon betreffs des Einschlusses von Mutterlauge gesagt worden ist, soll hier noch erwähnt werden, daß ein großer Teil dieses eingeschlossenen Lösungsmittels entfernt werden kann, wenn man die Kristalle zerbricht oder grob pulvert. Daß dieser Effekt nicht vollständig ist, wird später gezeigt werden, wenn die „Inklusion" vom quantitativen Standpunkt aus behandelt wird. Augenblicklich genüge die Feststellung, daß man, um sicher die Gegenwart eines gegebenen Lösungsmittels auszuschließen, die Substanz wieder aufzulösen und wenigstens zweimal aus solch einem anderen Lösungsmittel zu kristallisieren hat, in welchem sie zum mindesten etwas löslich ist. Wenn demnach Lithiumchlorid aus Alkohol umzukristallisieren wäre und man den Wunsch hätte, die Kristalle von diesem Lösungsmittel zu befreien, dann müßte man sie noch zweimal aus Wasser umkristallisieren. Sie würden dann allerdings in kleinen Zellen in ihrem Innern etwas Wasser eingeschlossen enthalten, so daß also gewissermaßen eine Verunreinigung von einer anderen abgelöst worden wäre.

Die einzige Methode, wirksam alles Lösungsmittel zu entfernen, besteht im **Schmelzen** des Salzes, vorausgesetzt, daß das letztere wasserfrei kristallisiert. Dieses Schmelzen wird jedoch nur dann eine reine Substanz ergeben, wenn das Lösungsmittel, das in den Zellen innerhalb der Kristalle enthalten ist, nicht imstande ist, auf das Salz bei der Schmelztemperatur einzuwirken. Wenn aber eine derartige Einwirkung möglich ist, dann wird sie natürlich bereits eintreten, bevor der Wasserdampf aus dem geschmolzenen Material entweicht, und man muß daher Schritte unternehmen, diese Einwirkung zu vermeiden, indem man die geschmolzene Masse mit irgend einer Substanz behandelt, die geeignet ist, das zersetzte Material wieder in die reine Substanz zurück zu verwandeln. Z. B. tritt, wenn Lithiumchlorid bei Anwesenheit von Wasser geschmolzen wird, eine doppelte Zersetzung ein, indem Hydroxyd und freie Salzsäure gebildet werden. Dies kann nur verhindert werden, wenn man das Salz in einem größeren Überschuß an Chlorwasserstoff schmilzt, da letzterer die energische Tendenz hat, das Hydroxyl durch Chlor zu ersetzen, so daß schließlich das Salz völlig rein wird. Dieser Gegenstand wird im Zusammenhang mit der quantitativen Behandlung der Substanzen nach deren Reinigung wieder aufgenommen werden.[1] Er ist hier nur der Vollständigkeit halber vorgebracht worden, da der Einschluß von Lösungsmitteln mitunter einen wichtigen Einfluß auf die Reindarstellung des Materials ausübt.

Kristallisationsmethoden.

Oben haben wir kurz erörtert, auf welche Weise gewöhnlich Kristalle Verunreinigungen aufnehmen können. Wir wollen uns nunmehr der Betrachtung der Ausführung des Kristallisationsprozesses zuwenden.

---

[1] Vgl. Bd. III Atomgewichtsbestimmung.

Es existieren mehrere Wege, auf denen gelöste Substanzen aus ihrer Lösung zur Kristallisation gebracht werden können. Der am meisten bekannte und allgemein angewandte Weg ist der, daß zunächst die Lösung bei hoher Temperatur mit der Substanz gesättigt, dann — um von der Löslichkeitsänderung mit der Temperatur Gebrauch zu machen — die heiße gesättigte Lösung abgekühlt und schließlich eine Ausbeute an Kristallen erzielt wird, welche die Differenz der Löslichkeit zwischen diesen beiden Temperaturen darstellt.

Eine weitere Kristallisationsmethode beruht darauf, daß man die Verdampfung vollständig bei einer und derselben Temperatur stattfinden läßt, wobei man die Kristalle in dem Maße erhält, wie der Überschuß an Lösungsmittel in der Lösung nachläßt (isotherme Kristallisation).

Als dritte Methode ist noch diejenige zu erwähnen, bei welcher man zu der Lösung irgend eine unschädliche Substanz setzt, durch deren Gegenwart die Löslichkeit der ursprünglichen rein darzustellenden Substanz vermindert wird. Solch eine Abnahme der Löslichkeit kann zwei Ursachen zugeschrieben werden.

Die erste tritt ein, wenn die hinzugefügte Substanz ein mit dem zu fällenden Salz gemeinsames Ion besitzt. Dies bewirkt in vielen Fällen, wie wohl bekannt ist, die Abscheidung des in Frage stehenden Salzes, da das Gleichgewicht der Lösung verändert wird. Die Wirkung wird in ihrem einfachsten Ausdruck nur bei verdünnten Lösungen beobachtet. Z. B. bewirkt die Zugabe von Kaliumchlorid zu einer gesättigten Lösung von Kaliumplatinchlorid das Ausfallen des letzteren Salzes.

Wird andererseits eine beträchtliche Menge Fällungsmittel hinzugefügt, dann kann die zweite Ursache eintreten. Die Verminderung der Löslichkeit rührt hier nämlich von einem Wechsel innerhalb der Natur des Lösungsmittels her. Das einfachste Beispiel, bei dem man sie beobachten kann, ist der Fall, wenn man ein leicht mischbares Lösungsmittel, wie z. B. Alkohol, zu einer gesättigten wässerigen Lösung hinzufügt. Wird das gelöste Salz in Alkohol unlöslich, so wird die teilweise Änderung der Natur des Lösungsmittels bewirken, daß das Salz zum Teil gefällt wird. So kann z. B. Bariumchlorid in großer Reinheit durch Zugabe von Alkohol zu seiner gesättigten wässerigen Lösung erhalten werden. Wahrscheinlich kommt in vielen Fällen, wie oben schon angegeben wurde, zu dem Einfluß, den ein gemeinsames Ion ausübt, das zur Steigerung der Fällung hinzugesetzt wird, wenn die Lösungen konzentriert sind, noch dieser zweite Fall hinzu. Daher ist, wenn viel Salzsäure zu einer Lösung von gewöhnlichem Kochsalz hinzugefügt wird, der Schluß nicht ganz einwandfrei, das Lösungsmittel noch als Wasser aufzufassen. Die reichlich eintretende Fällung des Salzes könnte vielmehr sowohl auf die Veränderung innerhalb des Lösungsmittels, als auch auf die Gegenwart eines gemeinsamen Ions zurückgeführt werden.

Bevor wir diese Kristallisationsmethoden im einzelnen erörtern, könnten vielleicht ein paar Worte über das Auflösen von Kristallen zum Zwecke der Bereitung der Lösung, die zur Kristallisation gebracht werden soll, gesagt werden. Erscheint dieses Problem auch ziemlich einfach, so ist es trotzdem einer gewissen Beachtung wert.

Offenbar tritt der Lösungsvorgang nur auf der Oberfläche der Kristalle ein. Nach Analogie aller Vorgänge wird daher die Lösungsgeschwindigkeit offenbar proportional der Oberflächenausdehnung sein. Daher wird, wenn man die Oberfläche durch Pulvern der Substanz erheblich vergrößert, diese Geschwindigkeit sich ebenfalls erheblich steigern. Selbstverständlich ist wichtig, das Pulvern so auszuführen, daß die Substanz hierbei nicht verunreinigt wird.

Die Oberflächenausdehnung ist indes nicht der einzige Umstand, welcher die Geschwindigkeit bestimmt. Ist die Flüssigkeit in der Nachbarschaft der Oberfläche gesättigt, dann kann keine weitere Lösung stattfinden, ehe die erstere nicht entfernt und frisches Lösungsmittel herbeigeschafft wird, es sei denn, daß die Oberflächenausdehnung unendlich groß wäre. Aus diesem Grunde ist, wie Nernst auseinandergesetzt hat, die Lösungsgeschwindigkeit in ruhigen Mischungen oft fast vollständig abhängig von der Diffusionsgeschwindigkeit. Die Diffusion, die ein langsamerer Prozeß ist als die Sättigung, setzt die Geschwindigkeit des kombinierten Prozesses herab. In solchen Fällen muß, wenn man die Geschwindigkeit zu erhöhen sucht, die gesättigte Lösung mechanisch von der Oberfläche der Kristalle entfernt werden, und zwar wird, je schneller man dies tut, auch der Lösungsakt um so schneller vor sich gehen. Durch Rühren der Lösung wird man das erstrebte Ziel schneller erreichen, oder man kann, da in der Regel die Lösung schwerer als das reine Lösungsmittel ist, die Schwerkraft zu diesem Zwecke benutzen, indem man die Kristalle in einer Art Trichter im oberen Teil des Gefäßes, in welchem sich das Lösungsmittel befindet, unterbringt.[1] Diese letztere Methode hat den Vorteil, daß sie keine Aufsicht erfordert, sondern automatisch vor sich geht. Die schwerere Lösung sinkt auf den Boden und frische Flüssigkeit wird beständig in den oberen Teil geschafft.

Bekanntlich ist ein Erwärmen der Lösung gewöhnlich aus zweierlei Gründen von Nutzen: erstens weil die Löslichkeit fast stets mit der Temperatursteigerung wächst, und zweitens weil die Geschwindigkeit der Einstellung aller Gleichgewichte sich ständig mit der Temperatur steigert. Andererseits bringt das Erwärmen auch Nachteile insofern mit sich, als das Gefäß durch die Lösung der größeren Gefahr einer Korrosion ausgesetzt wird; denn auch hier ist die Einwirkung schneller, wenn das System heiß ist.

Ein anderer Gegenstand, der in größerem oder geringerem Grade bei allen Kristallisationsmethoden in Anwendung kommt, könnte hier noch erörtert werden, bevor die Methoden im einzelnen besprochen werden. Angenommen, daß die Substanz gelöst und auf irgend eine der mannigfaltigen Methoden ihre Lösung übersättigt worden wäre; keineswegs kristallisiert nun auch die Substanz immer daraus, noch erscheint sie, falls

[1] Richards, Am. Chem. Journ. 20, 189 (1898).

sie dies tun sollte, immer in der erwünschten Form. Die einzige Methode, das Erscheinen der Substanz aus einer übersättigten Lösung mit Sicherheit zu regulieren, besteht darin, die Lösung mit einem Kristall dieser Substanz zu impfen, welcher die gewünschte Form besitzt. Der Kristall braucht nur sehr klein zu sein, so klein, daß absolute Reinheit nicht für ihn erforderlich ist. Daher erfüllt ein Kristall, der nur $^1/_{10}$ mg wiegt, seinen Zweck mehr als genügend[1] und könnte mehrere Prozent Verunreinigungen enthalten, ohne wesentlich der Substanz zu schaden. Man kann auch eine ganz andere, aber isomorphe Substanz benutzen, um die Kristallisation einzuleiten. In diesem Falle sollte zunächst nur eine ganz kleine Portion eingeimpft werden und dann ein kleiner Kristall dieses Anteils zum Zwecke der Impfung der gesamten Substanzmenge genommen werden. Z. B. ist die Darstellung von Kristallen der Verbindung $Na_2CrO_4 . 10\ H_2O$ mitunter schwierig. Man kann sie jedoch leicht ausführen, wenn ein kleiner Teil der übersättigten Lösung auf einem Uhrglas mit einer kaum sichtbaren Prise des isomorphen Salzes $Na_2SO_4 . 10\,H_2O$ unterhalb 20° behandelt wird. Vom Rande dieses Uhrglases wird dann von dem sich schnell bildenden Chromat ein winziges Kriställchen entnommen, um die Kristallisation der gesamten Menge einzuleiten. Nach Wunsch könnte man noch ein zweites Uhrglas voll als ein weiteres Zwischenstadium anwenden. Eine kurze Überlegung wird indes zeigen, daß dies unnötig ist, vorausgesetzt, daß man sehr kleine Kristalle genommen hatte.

Nachdem wir demnach gewisse allgemeine Fragen kurz besprochen haben, wollen wir uns nunmehr dem Studium der besonderen Methoden zur Erzielung von Kristallen zuwenden.

Kristallisation durch Abkühlen.

Die Kristallisation durch Abkühlen ist unter den drei Methoden der Kristallbereitung aus Lösungen die erste und wohl die am häufigsten angewendete. Der Prozeß wird so oft gewählt, daß es wichtig erscheint, genau die Umstände zu kennen, unter denen eine Kristallisation mit größter Sparsamkeit, Wirksamkeit und Geschwindigkeit vollzogen werden kann. Sehr oft wird solch eine Arbeit ohne bestimmte Systematik ausgeführt, indem jedesmal ein kleiner Betrag an Lösungsmittel hinzugefügt wird, etwa wie von einem Koch Salz und Pfeffer zu seinen Fleischspeisen gegeben werden. Für gewöhnliche Zwecke, wenn es auf die Ausbeute nicht sonderlich ankommt, ist dies vielleicht der bequemste Weg; wenn jedoch das Material kostbar ist, und man Zeit und Material nicht unnütz verschwenden möchte, dann muß ein etwas rationellerer Prozeß angewendet werden. Die Kristallisation ist, wie oben erwähnt, gewöhnlich die Endmethode der Behandlung einer Substanz, nach einer Reihe anderer schon vorher angewandter Reinigungswege. Mittlerweile ist die Substanz zum Kristallisieren

[1] Ostwald, Z. phys. Ch. 22, 289 (1897).

reif geworden und hat so viel Nachdenken und Sorgfalt gekostet und so viel Zeit ist auf sie verwendet worden, daß sie, wie gesagt, oft ihr Gewicht in Gold an Wert vielmals überschreitet. Die sparsame Behandlung dieser kostbaren Substanz ist wohl wert, etwas überdacht zu werden.

Die Ausbeute an Kristallen, die aus einer heißen gesättigten Lösung durch Abkühlen zu erhalten ist, hängt offenbar von der Differenz zwischen der Löslichkeit der Substanz im heißen und kalten Lösungsmittel ab. Die Berechnung des erforderlichen Betrages an Wasser würde zu dem einfachsten Problem gehören, vorausgesetzt, daß alle Salze in wasserfreier Form kristallisieren. Dies ist nun aber selten der Fall. Wenn ein Salz mit Kristallwasser oder -alkohol kristallisiert, dann nimmt es aus der Lösung einen Teil des Lösungsmittels mit sich. In manchen Fällen könnte das gesamte Lösungsmittel zusammen mit der gelösten Substanz beim Abkühlen auf diese Weise fest werden. Dann löst sich die Substanz beim Erwärmen in ihrem eigenen Kristallwasser, oder der Kristall „schmilzt“. Offenbar hat eine derartige Kristallisation, wenn sie auch eine quantitative Kristallausbeute gibt, nicht den geringsten Einfluß auf die Reinigung des Materials. Hierzu ist vielmehr nötig, daß ein gewisser Betrag der Mutterlauge flüssig zurückbleibt, um die Verunreinigungen aufzunehmen, die von den Kristallen zurückgelassen werden; die richtige Bemessung dieses Betrages an Mutterlauge ist von ziemlicher Wichtigkeit.

Zur Vorbereitung der Kristallisation der Substanz sollte man sich über die Löslichkeit ihrer verschiedenen Hydrate, sowie des wasserfreien Salzes sorgfältig informieren und in einer Zeichnung Temperatur und Konzentration als Koordinaten auftragen, wie dies vor einiger Zeit MEYERHOFFER für viele Substanzen in LANDOLT und BÖRNSTEINS physiko-chemischen Tabellen getan hat. Hat man dies ausgeführt, dann soll man den Betrag an Wasser, der für das Lösungsmittel erforderlich ist, berechnen, um eine rationelle Substanzmenge kristallisiert zu bekommen. Wenn sich ergeben sollte, daß die Substanz nur eine geringe Löslichkeitsänderung mit der Temperatur besitzt, dann würde die Kristallisation nach obiger Methode ein so verschwenderischer Prozeß sein, daß man davon abraten muß. Der Experimentator sollte dann entweder irgend eine andere Kristallisationsmethode anwenden oder aber irgend eine andere Verbindung des Elementes, das er zu reinigen wünscht, auswählen. Gesetzt den Fall, daß die Löslichkeitsänderung hinreichend ist, um eine Kristallisation durch Abkühlen als nutzbringend zu erachten, so ist es dennoch unmöglich, eine scharfe Grenze zwischen den Fällen zu ziehen, die auf diesem Wege, und solchen, die besser auf andere Weise behandelt würden. In der Praxis hat sich jedoch die erprobte Tatsache ergeben, daß, wenn die Hälfte der gelösten Substanz durch Abkühlen wieder gewonnen werden kann, die Kristallisation nach dieser Methode nutzbringend ist, besonders wenn die Mutterlauge sowie die Kristalle einer weiteren fraktionierten Kristallisation unterworfen werden.

Wir wollen jetzt ein paar einfachere Formeln zur Bestimmung der Kristallausbeute und der bei jedem nachfolgenden Versuch hinzuzufügenden

Wassermengen entwickeln. Angenommen, das Gewicht der in 100 g heißem Wasser aufgelösten Substanz wäre a, und b das Gewicht, das durch 100 g kalten Wassers aufgelöst wird, ferner möge die Substanz in wasserfreier Form kristallisieren, dann wird unter der Voraussetzung, daß die Lösungen gesättigt, aber nicht übersättigt sind, das Gewicht a — b g beim Abkühlen erhalten werden. Dieses wird zur Auflösung $100 \frac{a-b}{a}$ g heißes Wasser erfordern und nach nochmaligem Kristallisieren wird eine Ausbeute von $\frac{(a-b)^2}{a}$ g erhalten werden, und diese wird ihrerseits zu ihrer Lösung den Betrag von $100 \frac{(a-b)^2}{a^2}$ Wasser erfordern; und so weiter. Diese Berechnungsmethode setzt nicht nur die Tatsache der vollkommenen Sättigung der oben erwähnten Lösungen voraus, sondern auch die vollständige Befreiung der Kristalle von der anhaftenden Mutterlauge, eine Bedingung, die nahezu, aber nicht ganz verwirklicht wird, wenn die Zentrifuge gebraucht wird. Eine geringe Einschränkung kann für die Tatsache gemacht werden, daß ein kleiner Betrag Wasser in der Regel an den Kristallen haften bleibt.

Wenn die Substanz nun Kristallwasser niederreißt, so wird der Gegenstand weit komplizierter. Hier tritt nämlich das Kristallwasser als ein Teil des Lösungsmittels auf, sobald die Temperatur zum Zwecke der Wiederauflösung der Kristalle erhöht wird, und muß daher bei der Berechnung des hinzuzufügenden Wassers berücksichtigt werden. Wegen dieser Komplikation kann man die Formeln der Berechnung des hinzuzufügenden Wasserbetrages weit einfacher nicht vom Gewicht der Kristalle, sondern besser vom Gewicht der aufgelösten Substanz ableiten, die man in der Mutterlauge zu haben wünscht. Z. B. im Falle der Wiederauflösung von Natriumsulfat $Na_2SO_4 . 10 H_2O$ wird das Sulfat zwar bei 32,38° wasserfrei, aber löst sich nahezu vollständig im Kristallwasser auf. Es sei angenommen, daß 1 kg des Salzes angewendet würde, und daß man die Substanz derart zu kristallisieren wünschte, daß noch $^1/_{10}$ des Materials in der Mutterlauge nach dem Abkühlen auf 0° vorhanden wäre. Die Löslichkeit des Natriumsulfates beträgt nun bei 0° etwa 4,5 Teile wasserfreien Salzes in 100 Teilen Wasser oder etwa 11 Teile Hydrat in 100 Teilen Wasser. Diese zweite Menge hat nun zwar zu der ersteren nicht das einfache Verhältnis: $\frac{Na_2SO_4 \cdot 10 H_2O}{Na_2SO_4}$, weil im zweiten Falle etwa 6 Teile Wasser zum Lösungsmittel hinzugefügt wurden; nichtsdestoweniger kann jedoch offenbar eine aus der anderen berechnet werden. Das zweite dieser Daten ist für den vorliegenden Zweck am bequemsten, nämlich, daß ein Gramm kristallisiertes Salz bei 0° 9,1 g Wasser zur Lösung braucht. Es ist ohne weiteres klar, daß, wenn zu 1000 g Natriumsulfat 910 g Wasser hinzugefügt werden, dann 100 g oder ein Zehntel der Kristalle bei 0° aufgelöst werden; oder dieser Betrag wird aufgelöst zurückbleiben, wenn man die Lösung auf 0° abkühlt. Hat man einmal auf diese Weise eine solche Bestimmung gemacht, so kann man einen Faktor für die zu benutzende Wassermenge aufstellen (in diesem Falle 0,91) und ihn bei sämtlichen späteren Kristallisationen benutzen, indem man die erzeugten Kristalle jedesmal wägt. Wenn der Prozeß mit absoluter Genauigkeit durchgeführt würde, unter Vermeidung der Über- oder Untersättigung, dann könnte man von Anfang an die aus jeder Kristallisation zu erwartenden Kristalle berechnen, sowie das Gewicht der hinzuzufügenden Mutterlauge; und tatsächlich haben seinerzeit Herr J. B. Churchill und ich eine solche Berechnung ausgeführt, die man in allgemeiner Ausdrucksweise für alle Substanzen anwenden könnte. Die Formeln sind indessen außerordentlich kompliziert, obgleich sie sichtlich nur die einfachsten mathematischen Operationen enthalten. Sie sollen hier nicht wiederholt werden und sind auch niemals publiziert worden, da die wesentlichen Bedingungen, unter denen sie von Nutzen sein können, gewöhnlich nicht vollständig beim Versuch verwirklicht werden. Die beim Reinigungsprozeß erhaltenen Kristalle entsprechen fast nie genau dem Sättigungspunkt. Bekanntlich erfordert die Bestimmung der Löslichkeit einer Substanz viel Zeit und Sorgfalt; die Ursachen von Unregelmäßigkeiten, die schon bei der exakten Bestimmung der Löslichkeit vorliegen, treten nun in unserem Falle in gleichem oder vielleicht noch größerem Umfange auf, weil in der Regel ein Umrühren vermieden wird. Demgemäß ist anzuraten, jeden Kristallkuchen zu wägen und die Berechnungen auf die oben beschriebene Weise auszuführen.

Es ist ferner oft empfohlen worden, die zu kristallisierende Lösung zu rühren, um ganz feine Kristalle zu bekommen. Nach meiner Erfahrung ist dies jedoch ein durchaus zweifelhafter Prozeß, weil die Oberfläche der Kristalle dabei sehr vergrößert und die Entfernung der anhaftenden Mutterlauge dadurch erschwert wird. Auch wenn isomorphe Substanzen voneinander zu trennen sind, gibt eine schnelle Kristallisation unbefriedigende Resultate. Bei sehr schneller Abkühlung haben die wenig verschiedenen Anziehungskräfte der verschiedenen Substanzarten nicht Zeit, diese Substanzen voneinander zu trennen.

Isothermische Kristallisation.

In solchen Fällen, wo die Löslichkeitsänderung mit der Temperatur nur gering ist, oder wo eine Temperatursteigerung eine Zersetzung der Substanz bewirkt, oder die Einwirkung auf die Gefäßwände zu sehr gesteigert wird, könnte die zweite oder isothermische Kristallisationsmethode mit Vorteil angewendet werden. Diese besteht, wie gesagt, darin, daß man das Lösungsmittel bei konstanter Temperatur verdampfen läßt, wodurch eine Anreicherung der Lösung und schließliche Abscheidung der Kristalle bewirkt wird. Offenbar ist hierzu nicht notwendig, die Temperatur vollständig konstant zu erhalten, wenn nicht die Kristalle in einer besonders vollendeten Gestalt gewünscht werden. Die in einem gewöhnlichen Laboratorium erzielbare Konstanz ist meist hinreichend groß.

Da das Gewicht des Dampfes, welcher ein gewöhnliches Gefäß ausfüllt, sehr gering ist, und demgemäß die Atmosphäre innerhalb des Gefäßes schnell gesättigt wird, so bedeutet es eine wesentliche Beschleunigung, wenn man irgendwie für die Entfernung des Dampfes oberhalb der Flüssigkeitsoberfläche Sorge trägt. Diese Entfernung wird offenbar schneller stattfinden, wenn die gesättigte Atmosphäre unmittelbar über der Flüssigkeit so schnell als möglich fortgejagt wird. Jedermann weiß, daß eine Flüssigkeit schneller aus einem Becherglase verdampft als aus einem geschlossenen Gefäß, und schneller aus einer flachen Schale als aus einem Becherglase. Die Geschwindigkeitsdifferenz ist nämlich nur auf die Differenz zurückzuführen, die in der größeren oder geringeren Bequemlichkeit liegt, mit welcher die oberhalb der Flüssigkeit gesättigte Luft entweichen kann.

Gewöhnlich bringt man daher die abzudampfende Substanz in eine flache Schale, meist „Kristallisierschale“ genannt, indem man diese mit einem Deckel schützt, derartig, daß eine mäßig freie Luftzirkulation möglich ist. Oft nimmt man hierzu Filtrierpapier oder Uhrgläser, die man so anbringt, daß sie an den Seiten weiten Spielraum frei lassen.

Diese übliche Methode wird hier nur besprochen, um ihre Nachteile darzutun und auf eine etwas zufriedenstellendere Methode hinzuweisen Die beiden Hauptnachteile liegen vornehmlich darin, daß alle Verunreinigungen gasförmiger Natur, sowie winzige Staubpartikelchen sehr leicht zu einer derartig exponierten Flüssigkeit Zugang finden und sie verunreinigen können. Außerdem beansprucht eine solche Verdampfung sehr viel Zeit. Diese beiden Nachteile werden völlig vermieden, wenn man einen Vakuumexsikkator gebraucht, das wohlbekannte und bei chemischen Arbeiten häufig angewendete Gefäß. Seine Wichtigkeit kann nicht genug betont werden. Eine Flüssigkeit, die bei niedriger Temperatur in einem Vakuumexsikkator eingedampft wird, kann niemals Verunreinigungen aus der äußeren Luft aufnehmen. Ferner ist die Eventualität geringer, daß das Gefäß, in dem sie enthalten ist, davon angegriffen wird, da die chemische Einwirkung auf Apparate aller Art mit der Temperatur zunimmt. Schließlich verdampft sie darin in weit kürzerer Zeit, und zwar soll noch betont werden, daß es richtig ist, ein möglichst vollkommenes Vakuum herzustellen, weil das Maß der Verdampfung ungemein durch den Grad der Evakuierung gesteigert wird. Ein kurzes Nachdenken zeigt, warum dem so ist. Ist noch irgendwelche Luft im Exsiccator vorhanden, so kann der Wasserdampf aus der Lösung zu dem hygroskopischen Material im Exsikkator nur dringen, indem er diese Luft beiseite schiebt. Der Übergang aus der Lösung in das Trockenmittel ist dann weiter nichts als ein Diffusionsprozeß, welcher bekanntlich sehr langsam ist. Wenn andererseits jede Spur Luft entfernt wird, dann existiert kein Hindernis für die Austreibung des Dampfes. Bei seiner Absorption wird dann ein teilweises Vakuum geschaffen, welches sofort von der zu verdampfenden Flüssigkeit ausgefüllt wird, und der Prozeß geht daher mit größter Geschwindigkeit vor sich. Die Annahme ist sicher, daß das Trocknen zum mindesten zehnmal so schnell vor sich geht, wenn der Luftdruck im

Exsiccator weniger als 1 mm Quecksilbersäule beträgt, als wenn dort 10 mm vorhanden sind, wenn auch niemals Experimente zur Bestimmung der relativen Geschwindigkeit angestellt sein sollten. Solch ein Zeitgewinn ist von großer Wichtigkeit, und daher geschieht das Evakuieren des Exsiccators durch eine mechanische Pumpe besser als durch eine Wasserstrahlpumpe. Natürlich muß die Pumpe vor dem Wasserdampf (bzw. anderen Dämpfen) durch einen Absorptionsturm geschützt werden (vgl. die Kapitel Trocknen und Abdampfen).

Kristallisation durch Hinzufügung einer dritten Substanz.

Die Kristallisation durch Hinzufügung einer neuen Substanz in der Absicht, die Natur des Gleichgewichts in der Lösung der zu reinigenden Substanz zu ändern, ist ein Prozeß, der weitgehender und praktischer Anwendung fähig ist. Wie schon gesagt wurde, kann diese Methode in zwei verschiedenen Arten angewendet werden. Die eine hängt im wesentlichen von der Veränderung der elektrolytischen Verhältnisse der gelösten Substanz und die zweite von der Änderung der Natur des Lösungsmittels ab. Diese beiden verschiedenen Mittel zur Bewerkstelligung der teilweisen Fällung einer gesättigten Lösung treten in einigen Prozessen zusammen auf, wo es sich um konzentrierte Lösungen handelt. Sie können indes jede in ihrer besonderen Form wie z. B. einerseits bei der Fällung von Silberchlorid aus seiner Lösung durch eines seiner Ionen und andererseits z. B. bei der Fällung von Naphtalin aus Alkohol durch Wasser erkannt werden.

Aus praktischen Gründen tut man gut daran, zwischen diesen beiden Fällungsarten, die durch Hinzufügung einer neuen Substanz bewerkstelligt werden, zu unterscheiden.

Um dies klar zu machen, soll ein spezifischer Fall angeführt werden, z. B. die Reinigung von Kaliumchlorid, welches Kaliumplatinchlorid enthält. Eine gesättigte Lösung dieser Mischung setzt nach Hinzufügung von Salzsäuregas das Chlorid fast frei von Chloroplatinat ab. Gibt man jedoch Alkohol hinzu, dann werden beide Salze zusammen gefällt. Der erste Prozeß stellt tatsächlich ein sehr wirksames Mittel der Reinigung des Chlorides dar; der zweite dagegen nicht im geringsten. Der Grund für diesen Unterschied ist ohne weiteres klar. Salzsäure besitzt mit Kaliumchlorid ein gemeinsames Ion, verhindert daher die eventuelle Konzentration des ionisierten Kaliums in der Lösung und bewirkt somit die Fällung des größten Teiles des vorher ionisierten Salzes. Auf der anderen Seite besitzt diese Säure kein gemeinsames Ion mit Kaliumplatinchlorid und sucht daher diese Substanz löslicher, anstatt weniger löslich zu machen. So ist die schöne Hypothese von ARRHENIUS oft sehr nützlich. Wahrscheinlich ändert nun die Hinzufügung großer Mengen Salzsäure auch noch die Natur des Lösungsmittels, so daß dieser Einfluß, der nicht vorausgesehen werden kann, zu dem ersteren hinzukommt. Daß der Einfluß des gemeinsamen Ions nichtsdestoweniger bei dieser Abnahme der Löslichkeit wirklich mitspielt, kann aus der Tatsache geschlossen werden, daß sowohl Kaliumhydroxyd[1] als auch Natriumchlorid[2] erheblich die Löslichkeit des Kaliumchlorids vermindern.

Die Zugabe von Alkohol vermindert durch Veränderung des Lösungsmittels die Löslichkeit beider Salze zusammen. Daher verursacht dieser die Fällung beider und bewirkt demgemäß keine Reinigung.

Andererseits könnte man sich wohl vorstellen, daß mitunter Alkohol ein besseres Fällungsmittel als Salzsäure sein könnte. Z. B. angenommen, man wünschte Bariumchlorid von Strontiumchlorid zu befreien. Von diesen beiden ist Bariumchlorid in Alkohol unlöslich, Strontium dagegen löslich. Beide würden durch Salzsäure gefällt werden, aber nur das Bariumchlorid durch Alkohol.[3])

Man muß demnach jedesmal das Fällungsmittel sorgfältig auswählen, indem man die speziellen Eigenarten jeden Falles und die Natur der zu entfernenden Verunreinigung in Betracht zieht.

Fraktionierte Kristallisation.

Die Methode der fraktionierten Kristallisation ist so wohlbekannt, daß es kaum nötig ist, hier viel darüber zu sagen. Besonders in den Fällen des Isomorphismus ist diese Methode empfehlenswert; aber sie kann auch sonst viel gebraucht werden. Wenn die Ausbeute einer Kristallisation nicht sehr groß oder wenn die Substanz sehr kostspielig ist, so muß man sie fast immer anwenden. Es kommt nur darauf an, ob die jedenfalls nicht sehr große Verschwendung an Zeit kostspieliger als das sonst nicht brauchbare Material ist.

Bekanntlich besteht diese Methode in einer systematisch ausgeführten Umkristallisation unter Berücksichtigung sowohl der Mutterlaugen, als der Kristalle. Bei dieser Ausführung sind die Kristalle einer Fraktion stets zur Mutterlauge der nächst reinen Fraktion hinzuzufügen, gemäß der beigefügten Zeichnung (Fig. 260). Die weniger reinen Kristalle aus der Mutterlauge sind dann noch ein weiteres Mal als die besten umzukristallisieren, um etwa einen gleichen Grad der Reinheit zu erreichen.

In der Zeichnung wird angenommen, daß jedesmal die Hälfte der Substanz xx in der festen Form sich abscheidet (M = Mutterlauge).

Demgemäß werden 282 g reinstes, mindestens viermal umkristallisiertes Material, ferner 218 g in einer sehr reinen Mutterlauge und schließlich 500 g in roher Mutterlauge erhalten. Zwecks Information über die Theorie der fraktionierten Kristallisation, sowie über einen interessanten Vorschlag zur vollständigen Trennung zweier Elemente mittels eines dazwischen geschobenen dritten Elementes („Element separateur“) wird der Leser auf eine neuere Arbeit von URBAIN[4] verwiesen (vgl. auch dieses Handbuch

[1] Engl. Bull. Soc. 131, S. 6 u. 16.
[2] Ber. 14, S. 1667 (1881).
[3] RICHARDS, Proc. Am. Acad. 29, 55 (1893).
[4] J. chim. phys. 5, 36 (1907).

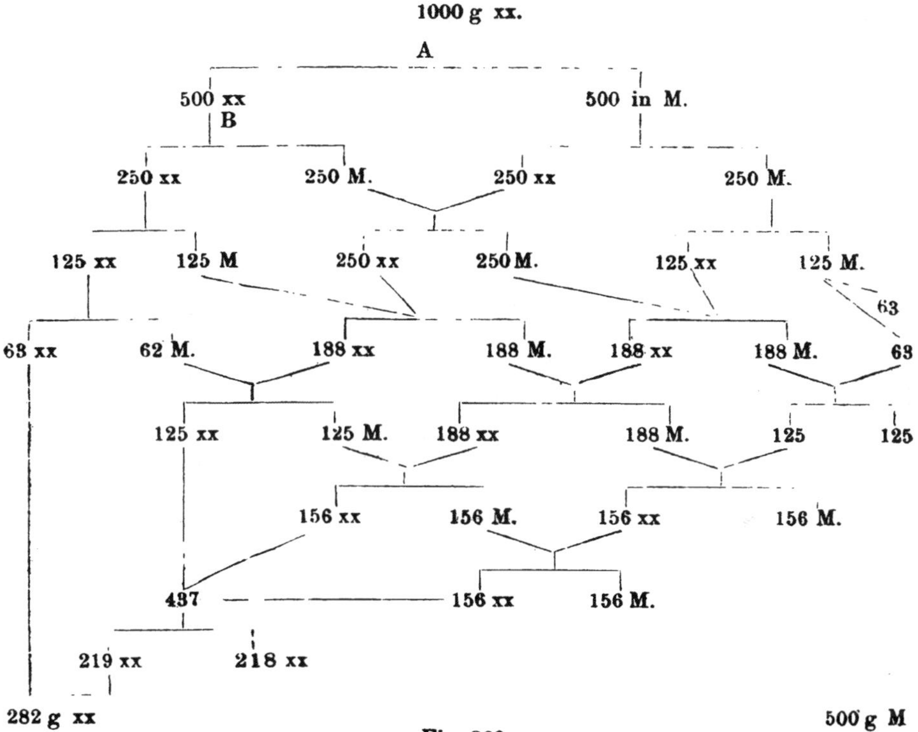

Fig. 260.

„Seltene Erden"). Diese Methoden sind besonders von Forschern der seltenen Erden angewendet worden, und fast jede Untersuchung über diese eigentümlichen Substanzen dürfte Winke hinsichtlich gewisser Einzelheiten liefern.[1]

[1] Vgl. z. B. BAXTER u. CHAPIN, Das Atomgewicht des Neodymiums, Z. anorg. Ch.

Schmelzen.

Von

H. v. Wartenberg-Berlin.

Die Operation des Schmelzens wird teils zu physikalischen Zwecken durchgeführt, um mechanisch Stoffe voneinander zu scheiden oder kompakter zu machen, teils zu chemischen, um wegen der erhöhten Temperatur und Diffusionsgeschwindigkeit in Flüssigkeiten Reaktionen zu beschleunigen. Für Laboratoriumszwecke kommen in letzter Hinsicht das oxydierende Schmelzen, z. B. bei der Bleiabtreibung, und das reduzierende z. B. bei der Gewinnung von Metallen aus Oxyden, in Betracht. Die Ausführung der Operationen ist außerordentlich verschieden, so daß sich kaum etwas allgemeines angeben läßt. Am häufigsten kommt das aufschließende Schmelzen vor, das dazu dient in Wasser und Säuren unlösliche Substanzen in lösliche Verbindungen überzuführen. Es werden dazu benutzt z. B. Ätznatron und Salpeter oder Natriumsuperoxyd für Chromeisenstein, Kaliumbisulfat für Oxyde oder Thoriumoxyd, am meisten kohlensaures Kalium und Natrium für Sulfate und Silikate. Letztere können auch zweckmäßig mit Borsäureanhydrid[1] aufgeschlossen werden, wobei man den Vorteil hat, nicht soviel überschüssige Salze nachher in Lösung zu haben. Alle diese in der analytischen Chemie gebräuchlichen Methoden können hier nicht beschrieben werden,[2] sondern nur einige auch sonst nötige Handgriffe erwähnt werden. Als Tiegelmaterial kommt neben Porzellan und den für gröbere Zwecke dienenden hessischen und Graphittiegeln neuerdings in Betracht Quarz (nicht für Basen), Magnesia (nicht für Säuren), Zirkonerde (chemisch und gegen Temperaturänderungen äußerst stabil,[3] von der A. E. G. in Berlin zu beziehen), Nickel (anstatt der früher benutzten Silbertiegel) und hauptsächlich Platin. Letztere werden durch Ausscheuern mit Sand, eventuell Ausschmelzen mit Kaliumbisulfat stets gut blank erhalten. Dann geht auch stets der Schmelzkuchen leicht heraus, wenn man die heißen Tiegel auf eine kalte Eisenplatte oder in Wasser stellt, während nicht ausgescheuerte Tiegel den Kuchen festhalten. Zu behüten sind sie vor Metallen, Phosphor, Schwefel, Arsen, Chlor, ätzenden Alkalien, Silicum oder Mischungen, aus denen sich diese Stoffe ausscheiden können. In der Glut geht Wasserstoff wie durch ein Sieb durch sie hindurch, so daß man also in Flammen stets reduzierend in

---

[1] Jannasch, Ber. 24, 360 (1896).

[2] Neben den Lehrbüchern vgl. besonders: Hillebrand, Analyse der Silicat- und Carbonatgesteine. Leipzig, 1910. S. 77 ff. Vgl. ferner die Kapitel Metallographie, Schmelzpunktsbestimmung, Atomgewichtsbestimmung Bd. III dieses Handb.

[3] Weiss, Z. anorg. Ch. 65, 218 (1909).

ihnen schmilzt. Bei genauen Analysen ist ihre partielle Verdampfbarkeit (bei ca. 1100—1200° im elektrischen Ofen) zu berücksichtigen.[1] Durch manche Substanzen werden überhaupt alle bekannten Tiegelmaterialien angegriffen, was besonders häufig bei der Schmelzelektrolyse zutage tritt. Hier wendet man dann den Kunstgriff von BORCHERS an, die Substanz elektrisch durch Lichtbögen einzuschmelzen und dann durch ihren Eigenwiderstand im Schmelzfluß zu erhalten in einem von außen gekühlten Kupfertiegel, dessen Wände sich mit einer Rinde der Schmelze bekleiden, so daß diese sich gleichsam in einem Tiegel aus gleichem Material befindet.[2] Überhaupt sind durch derartige Innenheizung Schwierigkeiten mit dem Tiegel leicht zu heben, z. B. auch beim Thermitverfahren, wo man die Mischung in einen oben und unten offenen Glaszylinder füllen kann, der mit Flußspatpulver umgeben ist. Vor dem Abbrennen wird der Zylinder herausgezogen, so daß nun die Mischung in einem Tiegel aus losem Pulver fest ruht.[3]

Trocknen.

Von

A. Stähler-Berlin,

mit einigen Bemerkungen von **T. W. Richards**-Cambridge (Mass.).

Inhalt.

Allgemeines und Apparate.

Unter Trocknen versteht man die Entfernung von Wasser oder anderen Flüssigkeiten aus feuchten Stoffen. Da in der anorganischen Chemie in weitaus überwiegendem Maße mit wässerigen Lösungen gearbeitet wird, soll in folgendem nur die Entfernung von Wasser besprochen werden.

Hat man eine Substanz aus nassem Medium isoliert, so ist zunächst die Hauptmenge des anhaftenden Wassers zu entfernen. Feste Stoffe läßt

---

[1] Vgl. z. B. HILLEBRAND, l. c. S. 90.

[2] Vgl. z. B. MUTHMANN, HOFER u. WEISS, Ann. 320, 231 (1902).

[3] Vgl. PRANDTL u. BLEYER, Z. anorg. Ch. 64, 221 (1900); vgl. auch dieses Handbuch Bd. II, Abschnitt: Umsetzungen bei höheren Temperaturen.

man zu diesem Zwecke abtropfen oder filtriert bzw. zentrifugiert sie oder endlich preßt sie mit Fließpapier aus. Daran schließt sich der eigentliche physikalische Trocknungsprozeß an, darin bestehend, daß die feuchten Stoffe mit wasserentziehenden Mitteln, sog. „Trockenmitteln", behandelt werden.

Eine bequeme, leider nicht immer anwendbare Methode, feste Substanzen zu trocknen, beruht auf der Verdrängung des Wassers durch leichter flüchtige Stoffe, z. B. Alkohol und Äther, indem man sie nacheinander hiermit wäscht. Die Trocknung bewirkt dann die Luft oder ein anderes trockenes Gas in kürzester Zeit. Bei Hydraten, die durch Alkohol ihr Kristallwasser verlieren würden, ist dieses Verfahren natürlich nicht anwendbar. Hier wird man zu der einfachen Methode greifen, die wohl bei anorganischen Salzen am üblichsten ist, indem man die Substanzen zwischen Fließpapier an der Luft oder im Exsiccator (s. u.) trocknet. Bei weniger reinen Stoffen leisten auch Saugteller aus Ton, Papiermasse, Holzwolle u. dgl. gute Dienste.[1] Peter H. Broadhurst schlägt hierfür poröse Platten aus einem Gemisch von gleichen Teilen gebranntem Kieselgur und Gips vor. Man läßt diese Masse auf Glas erstarren, wodurch sie eine glatte Oberfläche erhält und Flüssigkeiten sehr schnell aufsaugt.[2] Zu achten ist auf die Möglichkeit der Aufnahme von Verunreinigungen aus der Saugmasse sowie auf die Auswahl eines staubfreien Ortes für diese Art Trocknung.

Eine wesentliche Beschleunigung des Trocknens erhielt man durch Anwendung von Wärme. Hierzu eignet sich am besten ein gutes Heizbad, wie sie in großer Anzahl in Bd. I dieses Handbuchs beschrieben sind. Ein guter Wärme-Trockenschrank soll aus möglichst säurefestem Material konstruiert sein — eventuell legt man das Innere mit Schieferplatten oder Porzellan aus[3] — und ferner im Innern eine möglichst gleichmäßige Temperatur aufweisen. Das letztere ist besonders dann wichtig, wenn man bei bestimmter Temperatur, z. B. für gewisse Hydrate, zu trocknen hat. Man erreicht dies durch Anbringung von Thermostaten (vgl. Bd. I) und zweckmäßige Konstruktion des Heizbades. So liefert ein um den Kasten gewickelter elektrisch erhitzter Nickeldraht oder eine darum angebrachte Doppelwandung, die durch Dampf oder die Heizgase eines Brenners durchströmt wird, eine sehr gleichmäßige Temperatur. Zum Zwecke der guten Zirkulation gibt man dem Trockenschrank unten und oben kleine Öffnungen, die der trocknen Luft den Zugang und der feuchten Luft den Austritt gestatten. Die Öffnungen sind so anzubringen, daß keine Verunreinigung des Inneren des Schranks durch die Heizgase eintreten kann. Oft ist es zweckmäßig, durch die Öffnungen indifferente trockene Gase einzuleiten.

Von diesen Gesichtspunkten geleitet, hat man zahlreiche Heizbäder konstruiert, die als Trockenvorrichtungen gute Dienste leisten.

Leider besitzen die in den meisten Laboratorien in täglichem Gebrauch befindlichen gewöhnlichen Trockenschränke aus Kupfer oder Asbest mit

[1] Vgl. Vogel, Z. anal. Ch. **4**, 409 (1865). Kammerer, Z. anal. Ch. **29**, 576 (1890).
[2] J. Am. Ch. S. **17**, 472.
[3] Vgl. Treadwell, Quant. Analyse 1913 21.

Metallfassung, die durch Gas geheizt werden, mehr oder weniger ungleiche Temperatur im Innern, kurze Lebensdauer und geringen Erhitzungsbereich. Sehr bewährt hat sich dagegen der in Fig. 260 abgebildete Intensivtrockenschrank, der nach dem Prinzip der VIKTOR MEYERschen Heizbäder[1] konstruiert ist und Stoffe noch bei 400° gleichmäßig zu trocknen gestattet.

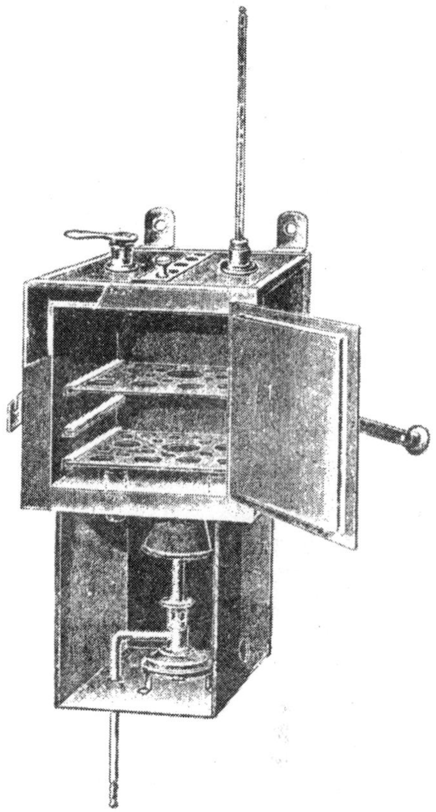

Fig. 260. Trockenschrank mit Doppelwandung.

Der innere Kasten besteht aus Aluminiumblech, das recht starkwandig gewählt ist, damit erstens die Widerstandsfähigkeit gegen die Einflüsse der Luft oder anderer Agentien gesteigert wird, zweitens aber vor allem das Wärmeleitungsvermögen möglichst hoch wird. Die Heizgase strömen von unten nicht direkt auf den Aluminiumboden, sondern verteilen vorher ihre Wärme auf eine starke Kupferplatte. Dadurch wird verhindert, daß dort das Aluminium durch lokale Überhitzung ins Schmelzen gerät. Das Ganze ist in ein Gehäuse von dickwandigem Asbestschiefer gestellt. Die Heizgase gelangen von der Kupferplatte aus in den Raum zwischen dem Aluminiumkasten und dem Asbestgehäuse, umstreichen den ersteren vollständig und entweichen oben durch eine Reihe regulierbarer Abzugsöffnungen. Der innere Kasten hat unten zwei Zuleitungen aus Kupferrohr (15 mm Durchmesser), die durch den Heizraum ins Freie münden und ein ständiges Zuströmen trockener, vorgewärmter Luft ermöglichen. An der Decke befinden sich zwei korrespondierende Abzugskanäle, von denen der eine regulierbar ist, der andere mit einem Thermometer versehen werden kann. Die Tür ist gleichfalls doppelwandig und mit Asbestwolle gefüllt. In diesem Schrank, der die lichten Dimensionen 18 × 1·5 × 15 cm besitzt, konnte mit einer gewöhnlichen, 8—10 cm hohen Bunsenflamme in kurzer Zeit eine konstante Temperatur von 250—260° C erzielt werden. Mit einem kleinen Allihubrenner stieg die Wärme bis auf 410° C. Ein größerer Brenner derselben Art lieferte nach 5 Minuten 100° C, nach 9 Minuten 200° C, nach 17 Minuten 300° C, nach 30 Minuten 400° und nach 40—50 Minuten 460° C in der Mitte des Kastens. Die Temperaturunterschiede zwischen Boden

[1] Siehe den Bd. I.

(1 cm oberhalb) und Decke (1 cm unterhalb) betrugen, bei 300° C gemessen, etwa 20° C, sind also sehr gering. Obiger Bunsenbrenner gab bei einem gewöhnlichen Aluminiumtrockenschrank mit Asbestbekleidung nur eine Temperatur von maximum 180° C, also 70—80° C weniger. Als Einlagen sind dem Schrank starke Aluminiumplatten beigegeben, welche möglichst verschieden große Löcher besitzen, damit Tiegel und Trichter usw. jeglicher Größe eingehängt werden können.

Säuren kann man im allgemeinen natürlich hierin nicht entfernen. Diesem Zweck dienen zwei andere, elektrisch geheizte Vorrichtungen[1], die aus Glas oder Porzellan hergestellt werden können. Solche Bäder kann sich jedermann im Laboratorium aus Bechergläsern selbst anfertigen und wird sich ihrer gern bedienen.

Die Wände des ersten Heizbades (Figg. 261 u. 262) bestehen aus zwei konzentrischen Glas- bzw. Porzellanzylindern, deren Zwischenwand mit Asbest

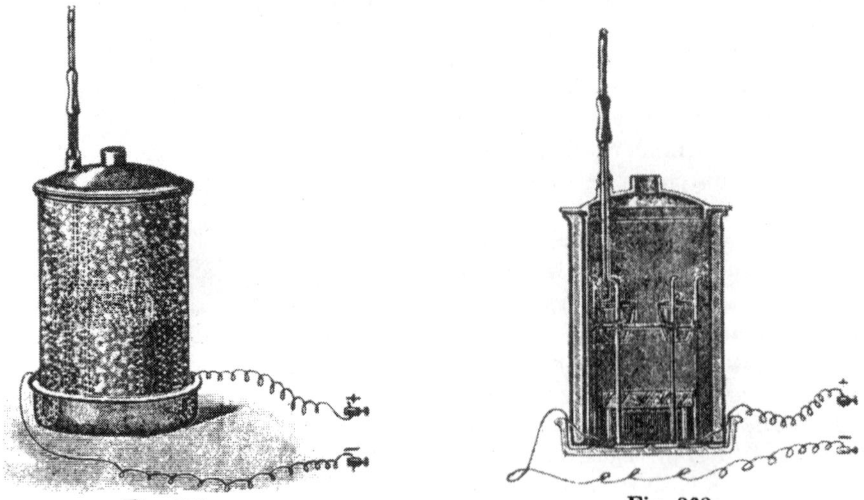

Fig. 261. Fig. 262.

Figg. 261 u. 262. Elektrisches Heizbad nach Richards.

ausgefüllt ist. Die Erhitzung geschieht durch Elektrizität, vermittelst eines feinen, um ein Porzellanbänkchen gewundenen Platindrahtes. Die Wärme wird durch ein kleines, festliegendes Windrädchen aus Glimmer gleichmäßig verteilt. Die zu erwärmenden Gegenstände stehen auf einem Halter aus Glas und Platindraht. Das Thermometer ist so angebracht, daß der Kork oder Gummistopfen kalt bleibt. Demnach besteht das Innere des Heizbades ganz aus Platin, Glas oder Glimmer. Es wird sehr wenig Strom zum Erhitzen gebraucht, weil die Temperatur unmittelbar dort erzeugt wird, wo sie gebraucht wird. Der Ofen arbeitet sehr ökonomisch.

Die Konstruktion des zweiten Ofens (Fig. 263) gleicht im äußeren Aufbau dem Richardsschen Heizbade. Der Heizkörper ist jedoch aus

[1] Richards-Stähler.

billigerem Material hergestellt und befindet sich in einer dichten Asbestumkleidung an der Außenwand des inneren Zylinders. Das Heizbad enthält demnach im Innern keinen besondern Heizkörper, wodurch mehr Raum gewonnen wird.

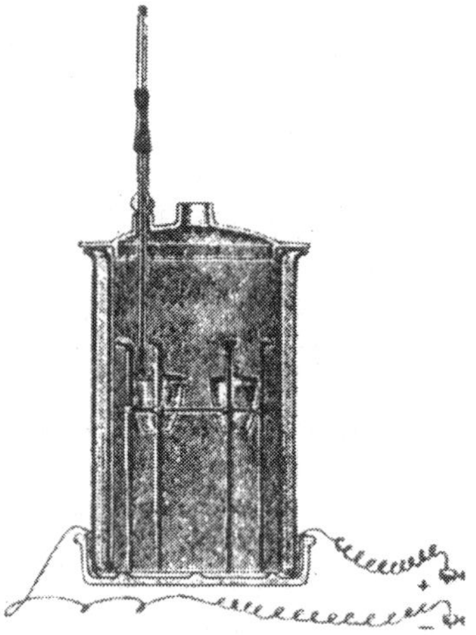

Fig. 263. Heizbad nach STÄHLER.

Sehr gleichmäßige Temperatur liefern auch Trockenkästen, die durch den Dampf konstant siedender Flüssigkeiten, z. B. Wasser, Petroleum usw. geheizt werden (vgl. Bd. I, l. c.).

Von nahezu unbegrenzter Lebensdauer sind Heizbäder aus massivem Metall, z. B. Kupfer oder Aluminium, nach Art des Heizblocks von STOCK für Röhren und von STOCK-STÄHLER[1] für Tiegel. Diese gestatten das Trocknen bei 600° und höher und sind außerdem mit Vorrichtungen zum Einleiten von indifferenten Gasen versehen.

Auf einfache Weise läßt sich jeder gewöhnliche Trockenschrank elektrisch heizbar machen, indem man durch den Boden eine stark abgebrauchte Kohlenfadenlampe steckt. Mittelst eines kleinen Regulierwiderstandes stellt man auf verschiedene Temperaturen ein.

Trockenschränke mit besonderen Trockenmitteln sind die sogenannten Exsiccatoren, das sind Glasgefäße mit abnehmbarer Haube, die in mannigfachster Form je nach der Verwendungsart konstruiert worden sind.

In seiner einfachsten Gestalt besteht der Exsiccator aus einer einseitig geschlossenen Röhre, deren hinterer Teil mit dem Trockenmittel ($CaCl_2$)

Fig. 264. Trockenröhre.

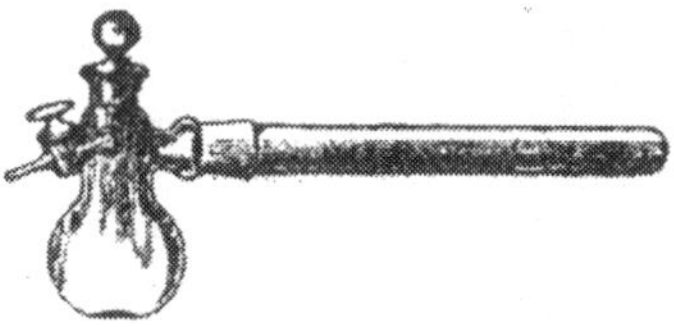

Fig. 265. Trockenröhre.

beschickt wird und in welche die Substanz auf einem Schiffchen gestellt wird[2] (Fig. 264). Die in Fig. 265 dargestellte Form erlaubt die Benutzung von Schwefelsäure, P_2O_5 u. a. flüssigen oder leicht zerfließenden Trockenmitteln. Beide Vorrichtungen lassen sich ohne Schwierigkeiten erwärmen.

Ein anderer Apparat dieser Art ist von J. HABERMANN angegeben worden[3] und besteht aus einer an einem Ende zugeschmolzenen, am andern Ende etwas verjüngten Glasröhre (der eigentlichen Trockenröhre) zur Aufnahme der Substanz. Um dieselbe bequem einführen zu können, ist das

---

[1] Bd. I, S. 506.

[2] GAWALOWSKI, Z. anal. Chem. **26**, 346 (1887).

[3] J. anal. Ch. **20**, 265 (1881); Z. Instr. [3] **10**, 287.

Rohr nahe seinem ausgezogenen Ende glatt durchgeschnitten, und durch einen über beide dicht aneinander stoßende Stücke gezogenen Kautschukschlauch wieder zusammengehalten. An das verjüngte Ende ist ein $CaCl_2$-Rohr angefügt, welches seinerseits wieder mit der Wasserluftpumpe in Verbindung gesetzt werden kann. Über das Trockenrohr ist ein etwas weiteres, gleichfalls am Ende zugeschmolzenes Rohr geschoben und an der offenen Seite durch ein (wie bei einem Glaskühler) über beide Röhren gezogenes Stückchen Kautschukschlauch geschlossen. Durch zwei seitliche Ansatzröhren steht es einerseits mit einem Kochkolben, andererseits mit einem Kondensationskolben in Verbindung, so daß der ringförmige Raum zwischen beiden Röhren immer mit Dampf erfüllt ist. Das Trocknen geschieht durch Erhitzen und abwechselndes Auspumpen der feuchten sowie Einlassen von getrockneter Luft.[1] Eine bequeme Vorrichtung zum Erhitzen von Röhrenexsiccatoren ist der Heizschrank von K. Voigt.[2]

Die ältesten Exsiccatoren bestanden aus einfachen Pulvergläsern, an deren Korkstopfen im Innern des Gefäßes ein kleines Anhängegläschen mit dem Trockenmittel befestigt war.[3] Die heutzutage gebräuchlichen Exsiccatoren kann man in drei Arten einteilen, Exsiccatoren für gewöhnlichen Druck und solche für verminderten Drnck (Vakuumexsiccatoren), sowie endlich heizbare Exsiccatoren. Die Vakuumexsiccatoren sind mit dicht schließenden Glashähnen versehen, von denen aus das Innere des Exsiccators unter verminderten Druck gesetzt werden kann. In der Form

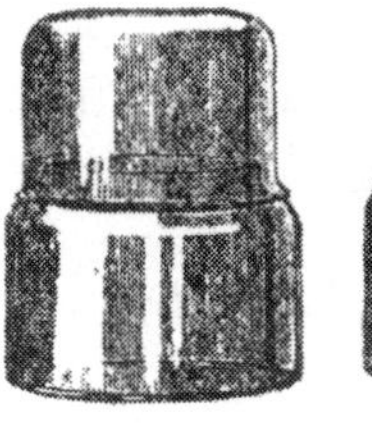

Fig. 266.

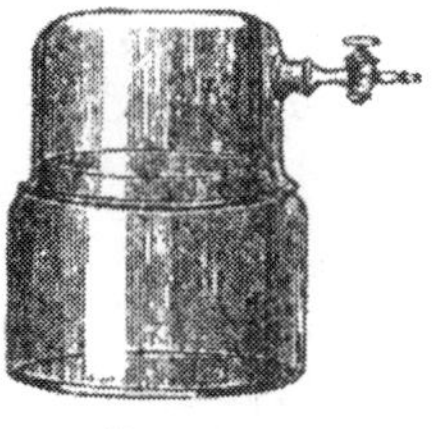

Fig. 267.

Figg. 266 u. 267. Exsiccatoren.

Fig. 268. Exsiccatorglocke.

schließen sie sich im übrigen den gewöhnlichen Exsiccatoren an (Figg. 266 bis 269), von denen besonders die Formen Figg. 270 u. 271 sowie der Kastenexsiccator (Fig. 272) gebräuchlich sind.

Walter Hempel wies zum erstenmal auf einen prinzipiellen Fehler hin, welchen die gebräuchlichen Exsiccatoren haben.[4] Da bekanntlich feuchte Luft leichter als trockene ist, empfiehlt Hempel, das Trockenmittel oberhalb der zu trocknenden Substanz anzubringen. Man erhält z. B.

---

[1] Zentr. [3] 10, 287; Z. anal. Ch. 20, 265.

[2] Ch. Z. 1905, 691.

[3] Artopé, Z. anal. Ch. 12, 209 (1873).

[4] Ber. Phys. Ges. 23, 3566.

einen sehr wirksamen Exsiccator (Fig. 273),[1] wenn man auf eine mattgeschliffene Glasplatte eine starkwandige Glasglocke mit abgeschliffenem

Fig. 270. Exsiccator.

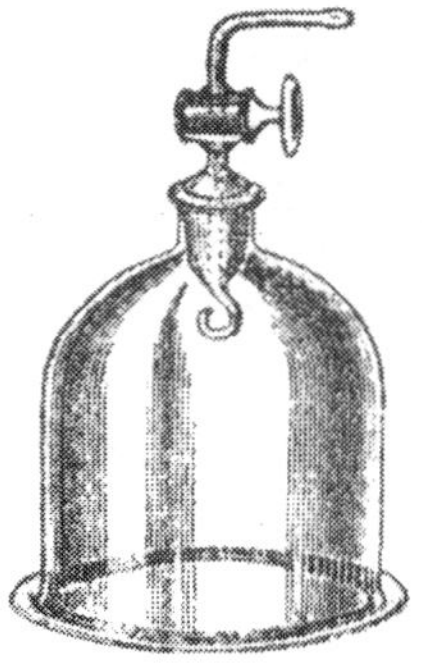

Fig. 269. Glocke für Vakuumexsiccatoren.

Fig. 271. Vakuumexsiccator.

Fig. 272. Trockenkasten.

Rande stellt und dahinein auf einem eisernen Dreifuß so hoch wie möglich eine Schale mit Stücken von Calciumchlorid bringt. Bei Verwendung von Schwefelsäure gibt man in die Schale Glas- oder Porzellanstücke. Ein derartig zusammengestellter Apparat wirkt aus dem Grunde so außerordentlich stark trocknend, weil die im oberen Teil gebildete schwere Luft fortwährend die in den Substanzen befindliche feuchte Luft verdrängt. Hempel stellt fest, daß ein solcher Exsiccator dreimal so schnell trocknend wirkt, als die sonst gebräuchlichen.

Dieselbe Erwägung führte Hempel später zur Konstruktion des in Fig. 274 wiedergegebenen Exsiccators.[2] Er besteht aus einem zylindrischen Glase und dem Deckel, welcher die Form der bekannten Fliegenfänger hat. In die Rinne bringt man das Trockenmittel, z. B. Schwefelsäure, von dem eingeschliffenen Stöpselhahn aus kann man den

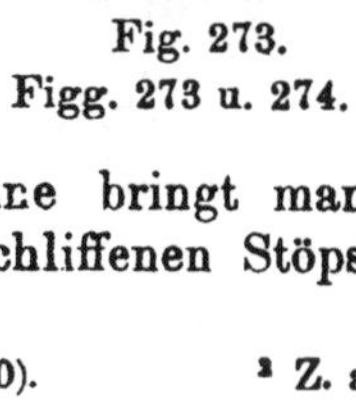

Fig. 273.

Fig. 274.

Figg. 273 u. 274. Exsiccatoren nach Hempel.

[1] Ber. Phys. Ges. 23, 3567 (1890). [2] Z. angew. Ch. 1891, 200.

Apparat luftleer pumpen. Die eigentümliche Form des Deckels gestattet, den letzteren nach dem Öffnen des Apparates auf den Tisch zu legen, ohne den unteren Rand auflegen zu müssen, wodurch man leicht eine Verunreinigung der Schliffläche erhält. Man wähle die Rinne möglichst weit und biege den inneren Rand möglichst stark nach innen um.

Der HEMPELsche Exsiccator ist von HAAS modifiziert worden. Um das Einbringen und Entfernen des Trockenmittels zu erleichtern, wird im unteren Gefäß des Exsiccators eine Rinne angebracht.[1]

Dasselbe Prinzip ist von KÄHLER bei dem in Fig. 275 wiedergegebenen Exsiccator benutzt worden.[2] Er besteht aus einem mit zwei nach innen liegenden Rillen versehenen Glaszylinder von 16 cm Höhe und 15 cm innerem Durchmesser, auf den ein Deckel aufgeschliffen ist und der im Inneren eine Glasschale mit umgebogenem Rande zur Aufnahme der Schwefelsäure, des Chlorcalciums usw. besitzt. Auf den unteren Rand des Glaszylinders kommt eine Platte aus porösem Ton, welche die zu trocknende Substanz aufnehmen soll.

Fig. 275. Exsiccator nach KÄHLER.

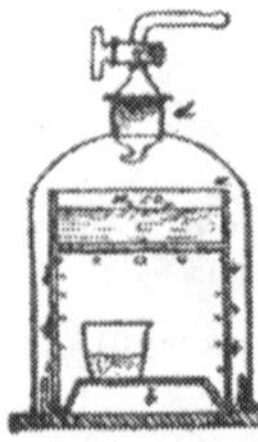

Fig. 276. Exsiccator nach C. MÜLLER.

Bei dem ebenfalls hierher gehörigen Exsiccator von C. MÜLLER[3] wird eine möglichst große Oberfläche der austrocknenden Flüssigkeit (Schwefelsäure) erstrebt. Zu diesem Zweck wird in die Exsiccatorhaube, die auf einer dicken Spiegelglasplatte (s. Fig. 276) aufgestellt ist, eine poröse Tonzelle *a* gebracht, die im oberen Drittel durch einen Boden geteilt ist. Die Zelle steht auf einem ringförmigen Glasuntersatz *b*, der eine kreisförmige Rinne besitzt. Wird in den Behälter der Tonzelle Schwefelsäure gegossen, so durchdringt diese die poröse Wandung und es tropft schließlich allmählich die Schwefelsäure in die Rinne des Glasuntersatzes. Auf diese Weise wird eine sehr große Oberfläche erzielt und das Austrocknen der im Exsiccator befindlichen Substanz beschleunigt.

Auch die Exsiccatoren von F. COCHIUS sollen sich durch große Trockenwirkung auszeichnen. Um die Oberfläche zu erhöhen, buchtet COCHIUS die Seitenwände des Exsiccators aus, indem er zugleich ringförmige Scheidewände anbringt, wodurch der in der Mitte des Exsiccators befindliche kreisförmige Behälter für das Trockenmittel vorbehalten bleibt. In derselben Weise wird auch der Boden ausgebuchtet. Bei einem praktischen Versuch wurden in einem solchen Exsiccator 5 g Wasser aus einem Porzellantiegel in 77—80 Stunden verdunstet. Wurde nur der Boden mit

---

[1] Ch. Z. 20, 274. [2] Ch. Z. 27, 1273.
[3] Ch. Z. 22, 450.

Schwefelsäure beschickt, dann nahm der Vorgang 125 Stunden in Anspruch, während die Austrocknung in einem gewöhnlichen Exsiccator 153 Stunden dauerte. 10 g Wasser benötigten 155 Stunden. Versieht man einen derartigen Exsiccator mit zwei solchen seitlichen Ausbuchtungen, so sinkt die Trockenzeit für 5 g auf 48 Stunden, für 10 g Wasser auf 108 Stunden.

Zahlreiche Vorschläge betreffen die Vermeidung des Abspringens der Deckel von Exsiccatoren, wenn erwärmte Gefäße, Tiegel usw. in den letzteren gestellt werden. Die Vorrichtungen sind meist so kompliziert, daß sie sich nicht eingebürgert haben.[1] EHRMANN[2], NALENY[3], JULIUS[4], LEEDS[5], RAITMAIER[6], DOWYARD.[7]

O. ERNST hat ferner einen Hahn für Vakuum-Exsiccatoren ausgegeben, der in Fig. 277 wiedergegeben ist.[8] Der Hahn soll gleichzeitig das Durchgangsrohr für die Luft bilden und ist aus Glasrohr hergestellt. Das eine Ende mit erweitertem eingeschliffenen Teil ist geschlossen, während das andere offene Ende zum Überstecken des Schlauches dient und gewellt ist. Seitlich befinden sich zwei Ansätze, die beim Drehen des Hahnes als Griffe dienen. In der Mitte der Schliffläche hat er einen Tubus *a*, an derselben Seite befindet sich Tubus *b*, welcher am inneren Rande liegt. Es besteht also zwischen der äußeren Luft und dem Hahn eine Verbindung, wenn der Einschnitt des Hahn und der Tubusse zusammenfällt. Beim Eintritt der Luft hört diese Verbindung auf. Als Schmiermittel empfiehlt der Verfasser ein Gemisch von Lanolin und etwas Vaseline.

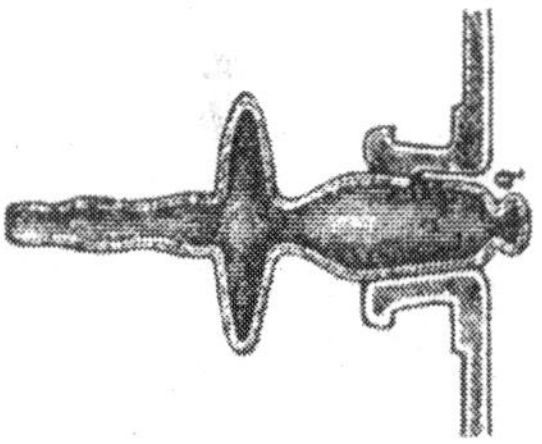

Fig. 277. Hahn für Vakuumexsiccatoren.

Der Vakuum-Exsiccator von WIESE besitzt einen Sicherheitshahn, der das lästige Zerstäuben bei zu starkem Luftzutritt verhindern soll.[9]

Exsiccatoren lassen sich auf verschiedene Weise heizen.

Bei dem heizbaren Vakuum-Exsiccator von RICHARD ANSCHÜTZ[10] wird in die Glasglocke ein dünnes Bleirohr eingeführt, durch welches ein Dampfstrom geleitet wird. Vgl. hierzu auch WOLLNY.[11]

Ähnlich ist der Exsiccator von WALTER.[12]

---

[1] Vgl. SÜSS, Z. anal. Ch. **17**, 319 (1878).
[2] EHRMANN, Ch. Z. **15**, 202.
[3] NALENY, Ch. Z. **30**, 696.
[4] JULIUS, Z. anal. Ch. **22**, 525 (1883).
[5] LEEDS, Chem. N. **23**, 177.
[6] RAITMEIER, Z. angew. Ch. **1896**, 613.
[7] DOWYARD, J. Am. Ch. S. **80**, 588.
[8] O. ERNST, Ber. Phys. Ges. **26**, 1698.
[9] Ch. Z. **33**, 738.
[10] Z. anal. Ch. **25**, 397 (1886).
[11] Z. anal. Ch. **24**, 209.
[12] J. pr. Ch. **32**, 527 (1885).

Der Vakuum-Exsiccator von A. Skita[1] enthält im Innern eine regulierbare Glühlampenheizung, welche eine Erwärmung des Innern auf beliebige Temperaturen bis auf 100° gestattet. Die Glühlampen werden zweckmäßig aus rotem Glas gefertigt, ein Asbestschirm regelt die gleichmäßige Verteilung der Wärme.

Auch der Exsiccator von Scheermesser[2] (Fig. 278 u. 279) hat eine Heizvorrichtung.

Fig. 278.

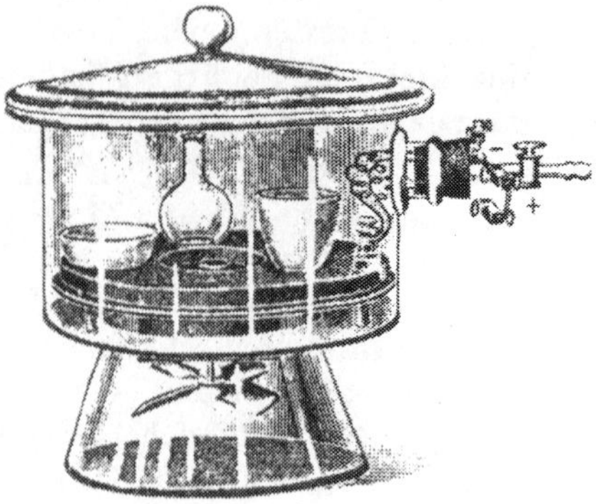

Fig. 279.

Figg. 278 u. 279. Elektrisch heizbarer Exsiccator.

In einen gewöhnlichen Exsiccator wird eine elektrisch zu erhitzende Platte gelegt. Unter der letzteren befindet sich eine durchlöcherte Platte aus schlechtleitendem Material, an welcher ein elektrisch zu betreibendes Flügelrad angebracht ist. Dieses soll die im oberen Teil des Exsiccators befindliche schlechte Luft nach unten befördern und so dem Trockenmittel, das sich auf dem Boden des Glases befindet, zuführen.

Über einen heizbaren Exsiccator zum Verdunsten ammoniakalischer Flüssigkeiten siehe Muck.[3]

Trockenmittel.

Die bekanntesten flüssigen Trockenmittel sind Schwefelsäure, glasige Phosphorsäure, sowie Alkohol und Äther. Zu den festen Trockenmitteln zählt man Calciumchlorid, Natrium-, Kaliumhydroxyd, Natronkalk, Phosphorpentoxyd, Natrium, Kalium, Calcium, Calciumoxyd, Bariumoxyd u. v. a. Vor ihrer Anwendung hat man in jedem einzelnen Falle genau den Charakter der zu trocknenden Substanz, d. h. sowohl die chemischen Eigenschaften als auch das physikalische Verhalten zu prüfen; denn die genannten Trockenmittel sind nicht universell zu gebrauchen.

Der Wirksamkeit nach ordnen sich die gebräuchlichsten Trockenmittel etwa in folgende Reihe[4]: Calciumoxyd-bröckliges Calciumchlorid (21 $\%$ H_2O)

---

[1] Ch. Z. 26, 898. [2] Ch. Z. 72, 1.
[3] 75 Z. anal. Ch. 26, 599 (1887).
[4] Fresenius, Z. anal. Ch. 4, 177 (1865); Ostwald-Luther, 253.

— geschmolzenes Calciumchlorid — Schwefelsäure — Phosphorpentoxyd.[1] Calciumchlorid wirkt noch mit über 20% Wasser stark trocknend. Der Dampfdruck wächst jedoch schnell mit der Temperatur, was bei heizbaren Exsiccatoren beachtet werden muß. Ein Liter Luft, die bei 0° an Chlorcalcium mit 26% H_2O nichts mehr abgibt, kann noch etwa 0,31 mg Wasser enthalten. Bei 20° beträgt der Dampfdruck solchen Calciumchlorids 1,55 mm Quecksilber.[2] Calciumchlorid absorbiert auch Ammoniak, Amine und Alkohol.

FLEISCHER hat die Trockenheit der im Exsiccator befindlichen Luft mittelst eines Hygrometers gemessen[3] und durch vergleichende Versuche gefunden, daß Chlorcalcium eine sehr anfechtbare Exsiccatorsubstanz ist und der konzentrierten Schwefelsäure weit nachsteht. Es war nur dann einigermaßen wirksam, wenn es von dem zu trocknenden Gase überströmt wurde. Im Exsiccator vermochte die Schwefelsäure viermal so rasch zu trocknen als Chlorcalcium, wobei außerdem noch in Betracht zu ziehen ist, daß das Hygrometer bei Austrocknung mit Schwefelsäure nach ungefähr 1½ Stunden auf 0%, bei Chlorcalcium dagegen auf 18% tiefsten Stand gelangte.

Andererseits ist Schwefelsäure nach JOHNSON im Vakuumexsiccator merklich flüchtig.[4] Dies ist darauf zurückzuführen, daß Schwefelsäure eine merkliche Tension besitzt, namentlich nach Beobachtungen von REBENSTORFF[5] in feuchter Atmosphäre schneller verdampft. Ferner tritt bei Verwendung von Fett als Dichtungsmasse für Exsiccatoren leicht die Bildung einer schwefelhaltigen flüchtigen Substanz ein[6], die natürlich das Vakuum verschlechtert. Man soll diese schädliche Wirkung durch Zusatz von Chromsäure zur Schwefelsäure vermeiden können.

Dampfdrucke von wässeriger Schwefelsäure bei 0°: [7]

Konz. in Normalitäten:	Dampfdruck in mm Quecksilber:
0,607	4,535
1,903	4,284
4,908	3,238
8,164	2,077
11,69	1,206
16,19	0,569
22,18	0,164

Reine Schwefelsäure ($d^{18}_4 = 1,838$) hat bei Zimmertemperatur die Tension 0,0021 mm (MORLEY, SCHEEL).

[1] Vgl. auch MÜLLER-ERZBACH, Ber. Phys. Ges. 14, 1093 (1881).
[2] OSTWALD-LUTHER, l. c.
[3] Z. anal. Ch. 22, 53 (1885).
[4] Chem. N. 63, 151 (1891); vgl. auch KÖNIG, Chem. N. 63, 151 (1891); Jahr. 1891, 410 und COLEFAX, Chem. N. 63, 179 (1891); Jahr. 1891, 410.
[5] Phys. Ztschr. 6, 101; Zentr. 1905, I, 796.
[6] JOHNSON, Chem. N. 68, 211 (1893); Jahr. 1863, 261.
[7] DIETERICI, Wied. Ann. 50, 60 (1893); Jahr 1894, 49; Gm.-K.-Fr.-P. I, 1, 525.

Bei langsamem Durchleiten von 100 l Luft durch Schwefelsäure von gewöhnlicher Temperatur werden etwa $^1/_4 - ^1/_5$ mg Wasserdampf mitgenommen.[1]

Bei wenig höherer Temperatur steigt die Menge jedoch bald bedeutend. So trocknete nach Dibbits[2] konzentrierte Schwefelsäure, welche nicht mehr als $^1/_2$ Mol. Wasser enthielt, bei allen Lufttemperaturen, bis etwa 25° die Luft so vollständig aus, daß 100 l damit getrockneter Luft an Phosphorsäureanhydrid nur 0,002 g Wasser abgaben. Erst bei höheren Temperaturen als 25—30° trocknet Schwefelsäure die Luft nicht mehr so vollständig, jedoch beträgt die Quantität Wasserdampf, welche 1 l durch konzentrierte Schwefelsäure bei 50° getrocknete Luft noch enthält, viel weniger als 0,001 g.

Eine große Beschleunigung der Trockenwirkung der Schwefelsäure und ähnlicher Flüssigkeiten wird erzielt, wenn man sie durch Bimssteinpulver, Infusorienerde u. dgl. aufsaugen läßt. Letztere vermag z. B. das 3—4 fache Gewicht an Schwefelsäure derart aufzunehmen, daß ein trockenes Pulver entsteht, welches vorzüglich trocknet.[3]

Das kräftigste Trockenmittel für Exsiccatoren ist Phosphorpentoxyd, welches in 10000 l Luft bei vorsichtigem Durchleiten kaum mehr als 0,25 mg Wasser zurückläßt.[4] Phosphorpentoxyd und Schwefelsäure absorbieren auch Ammoniak. Um dieses zu trocknen, kann man Natrium, Kalium oder das Haassche Trockenmittel anwenden, das man durch Glühen von Salpeter mit dem doppelten Gewicht Kupferpulver erhält.

Calciumnitrat eignet sich zum Trocknen von Jod, wasserfreies Kupfersulfat für Chlor.

Organische Flüssigkeiten, wie Schwefelkohlenstoff, Äther, Chloroform, Benzol lassen sich nach Liebermann durch Paraffin in Exsiccatoren absorbieren.[5] So vermag z. B. Paraffin mehr als sein dreifaches Gewicht an Schwefelkohlenstoff und mehr als ein zweifaches an Äther aufzunehmen.

Für die völlige Entfernung des Wassers aus festen Stoffen genügt in der Regel nicht die Behandlung im Exsiccator oder Trockenschrank. Hierbei bleibt vielmehr stets noch ein kleiner Rest Wasser inkludiert zurück. Um diesen zu entfernen, muß man die Substanz schmelzen, eventuell auch sublimieren. Diese Operation spielt bei der Darstellung reinster anorganischer Stoffe eine wichtige Rolle und ist eingehend im Kapitel Atomgewichtsbestimmung (s. d. Band III, S. 1230ff.) beschrieben.

---

[1] Morley, Z. anal. Ch. 24, 535 (1885); 27, 1 (1888); vgl. auch dieses Handbuch Bd. IV, Gase.

[2] Z. anal. Ch. 15, 169 (1876).

[3] Vorster und Grüneberg, Polyt. Notizbl. 39, 312; Pharm. Z. f. Rußl. 24, 168; Z. anal. Ch. 25, 550 (1886).

[4] Morley, Vgl. Bd. IV, Gase.

[5] Dingl. 228, 279.

Einige Bemerkungen über das Trocknen von Kristallen.

Von

T. W. Richards-Cambridge (Mass. U. S. A.).

Zum Trocknen der Kristalle ist ein gewöhnlicher Exsiccator oder besser ein Vakuumexsiccator zu empfehlen. Wenn die Kristalle Kristallwasser besitzen, so ist möglichst ein solches Trockenmittel zu wählen, welches eine Dampftension besitzt, die zwar etwas größer als die des Kristallwassers, sicher aber geringer als die der gesättigten Lösung ist. Je näher die Temperatur dem Übergangspunkt ist, um so peinlicher muß die Auswahl der Dampftension getroffen werden.

Alles dies geht aus der bekannten Zeichnung (Fig. 280) hervor, welche die Tension des wässerigen Dampfes eines typischen Salzes und seiner Lösung bei verschiedenen Temperaturen wiedergibt.

In der Zeichnung sind die Drucke als Ordinaten und die Temperaturen als Abszissen aufgetragen. *FA* ist die Dampftensionskurve von Wasser, *FO* die von Eis, *DU* diejenige der gesättigten Lösung der Kristalleund *UV* die der gesättigten Lösung anderer Kristalle, welche weniger Kristallwasser enthalten. *U* stellt den Übergangspunkt dar, das Feld *ODU* ist das Gebiet, innerhalb welchem die reinen trockenen Kristalle erhalten werden können. Bei jeder gegebenen Temperatur *T* sollte demnach der Exsiccator eine wässerige Dampftension zwischen *M* und *N* besitzen.

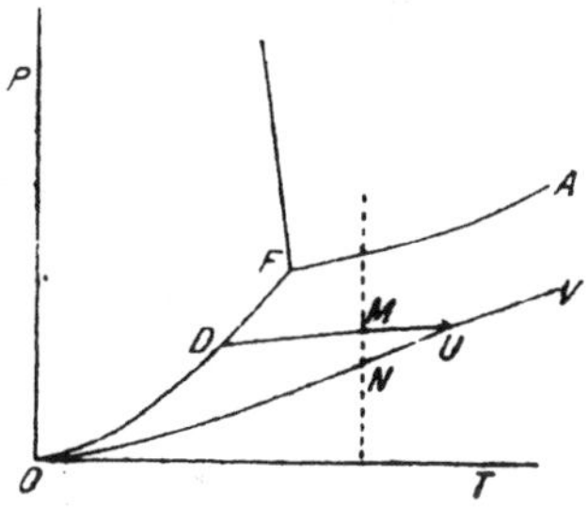

Fig. 280.

Als Trockenmittel empfiehlt sich in derartigen Fällen verdünnte Schwefelsäure, da die Werte ihrer wässerigen Dampftensionen bei verschiedenen Konzentrationen und Temperaturen sehr gut bekannt sind. Die folgende Tabelle, die aus Resultaten von REGNAULT und von LUNGE stammt, gibt diese Werte in bequemer Form zu unmittelbarem Gebrauch wieder.[1] Wahrscheinlich ist die Gefahr einer Verunreinigung der Substanz durch Schwefelsäure wenig oder gar nicht vorhanden, da der Betrag an Säure in der Dampfphase verschwindend klein sein muß, wenn eine einigermaßen beachtenswerte Wassermenge anwesend ist.

Da das Trocknen einige Zeit in Anspruch nimmt, soll das Gefäß, das zur Aufnahme sehr reiner Kristalle bestimmt ist, aus solchem Material hergestellt sein, das nicht durch die Mutterlauge angegriffen wird. Im allgemeinen ist natürlich Platin oder Quarz für diesen Zweck das Beste.

---

[1] RICHARDS, Proc. Am. Acad. 33, 26 (1897).

Tabelle.

Tension mm	20° C	25° C	30° C
0	1,838	1,838	1,838
0,50	1,69	1,71	1,73
1,00	1,64	1,67	1,69
1,50	1,60	1,63	1,65
2,00	1,57	1,60	1,63
2,50	1,54	1,57	1,60
3,00	1,51	1,55	1,59
4,00	1,47	1,51	1,55
5,00	1,43	1,48	1,53
7,00	1,38	1,43	1,48
10,00	1,31	1,39	1,43
15,00	1,16	1,28	1,35

Jedermann weiß, daß Kristalle, die auf diese Weise oberflächlich getrocknet werden, noch eine große Menge besonderen Wassers enthalten, eingeschlossen in Zellen, die sich in Zwischenräumen innerhalb der Kristalle gebildet haben. Zwar verläuft das Trocknen weit zufriedenstellender, wenn die Kristalle vorher gut in der Zentrifuge abgeschleudert sind, aber selbst dann bleiben Spuren von diesem besonderen Wasser zurück. Man kann dann durch gelindes Zermahlen der Masse die Mehrzahl dieser Zellen öffnen und das grobe Pulver noch einmal dem Trockenmittel aussetzen.

Feuchte Kristalle einer sehr reinen Substanz sollen niemals in einer Glasflasche aufgehoben werden. Die Flüssigkeit wird in diesem Falle auf das Glas einwirken und dadurch schließlich die Substanz verunreinigen. In der Tat sollte man sogar trockene Substanzen nur unmittelbar vor ihrem Gebrauch herstellen; denn selbst feste Körper greifen mitunter merklich das Glas an, wenn sie darin längere Zeit aufgehoben werden.

Flaschen mit empfindlichen Substanzen (und das sind bekanntlich fast alle Substanzen) sollen immer mit einem Streifen geschmolzenen Paraffins abgedichtet werden. Natürlich muß letzteres sehr sorgfältig vor dem Öffnen der Flasche entfernt werden.

Lösen (Auflösen, Absorbieren, Extrahieren).[1]

Von

A. Stähler-Berlin.

Inhalt.

Unter Lösen oder Auflösen versteht man die homogene Verteilung eines (gasförmigen, flüssigen oder festen) Stoffes in einem flüssigen, seltener festen oder gasförmigen Medium. Mit dieser Arbeitsmethode verbindet man verschiedene Zwecke. So werden z. B. feste Substanzen vor ihrer qualitativen oder quantitativen Untersuchung fast stets in einer passenden Flüssigkeit aufgelöst. In anderen Fällen löst man eine Substanz auf, um sie in reinerem Zustande wieder zu gewinnen, ein Prozeß, dessen Wirksamkeit auf der verschiedenen Löslichkeit der Stoffe beruht. Hiermit steht im Zusammenhang die Reinigung oder Trennung von Substanzen durch Extraktion. Auch bei der Bestimmung physikochemischer Konstanten ist die Herstellung von Lösungen sehr häufig erforderlich. Schließlich dienen Lösungen als wichtige Hilfsmittel zum qualitativen oder quantitativen Nachweis oder zur Trennung von Stoffen, z. B. in der Gasanalyse durch Absorptionsflüssigkeiten, in der Maßanalyse bei den Normallösungen u. a. m.

Das Lösen ist im Grunde genommen ein physikalischer Vorgang und auf das Bestreben der Stoffe, ihre Molekeln in flüssigen Medien zu verbreiten, zurückzuführen. Trotzdem unterscheidet man doch gern zweierlei Arten desselben: erstens das rein physikalische Auflösen, bei welchem die Verteilung des Stoffes so erfolgt, daß er nach Entfernung des Lösungsmittels (z. B. durch Eindampfen) wieder daraus unverändert regeneriert wird, und zweitens das chemische Auflösen, bei dem im Augenblick der Operation eine chemische Umwandlung der Substanz eintritt, so daß sie beim Eindampfen der Lösung wesentlich verändert zurückbleibt. Hierher rechnet man das Auflösen von Metallen, z. B. Zink in Säuren.

Als Lösungsmedien dienen überwiegend Flüssigkeiten. Feste Stoffe werden selten hierzu verwendet Desgleichen sind Auflösungen von Stoffen in Gasen nur vereinzelt bei chemischen Reaktionen herangezogen worden.

---

[1] Vgl. auch Bd. III Bestimmung der Löslichkeit sowie Bestimmung der Lösungsgeschwindigkeit.

Das wichtigste Lösungsmittel ist im anorganisch-chemischen Laboratorium das Wasser. Alkohol, Äther, Chloroform und andere organische Flüssigkeiten sind im anorganischen Laboratorium mehr Auswaschmittel als Lösungsmittel. Dagegen haben sich gewisse verflüssigte Gase, z. B. Ammoniak, neuerdings als gute Lösungsmittel für gewisse Substanzen[1] erwiesen und besondere Effekte ermöglicht bei wasserempfindlichen Stoffen.

Bei der großen Mannigfaltigkeit des Lösungsvorganges ist es schwierig, alle die soeben erwähnten Fälle nach einer strengen Disposition zu behandeln, zumal die praktische Ausführung bei den einzelnen Methoden oft ineinander übergreift. Am bequemsten dürfte eine Anordnung nach dem Aggregatzustande der zu lösenden Stoffe sein.

I. Auflösen fester Stoffe.

1. Auf physikalischem Wege.

Feste Stoffe werden in Lösung gebracht entweder, um sie der analytischen Behandlung zugänglich zu machen oder zum Zwecke der Umkrystallisation. Für analytische Zwecke digeriert man das zu extrahierende Ausgangsmaterial in einem schräggestellten Kolben oder in einem bedeckten Becherglas — am besten aus Jenaer Glas — mit etwas Wasser, zunächst in der Kälte, später in der Wärme, so lange, als noch Substanz in Lösung geht, was man leicht feststellt, indem man das Wasser portionsweise hinzugibt und nach dem jedesmaligen Digerieren die Lösung durch ein Filter dekantiert. Ein auf einem Uhrglas eingedampfter Tropfen dient dann als Probe auf die Vollständigkeit der Extraktion. Bei akkuraten Arbeiten ist hierbei die Löslichkeit des Glases im Wasser zu berücksichtigen.[2]

Etwas anders gestaltet sich die Operation, wenn eine gesättigte Lösung herzustellen ist, z. B. zum Umkrystallisieren. In diesem Falle hat man in der Regel mit größeren Substanzmengen zu tun, so daß das Kochen bei Verwendung von Glas- oder Porzellangefäßen in Anbetracht der großen, den Boden des Gefäßes bedeckenden Menge der Substanz leicht zum Stoßen der Flüssigkeit und zum Bersten des Gefäßes führt.[3] Es ist daher empfehlenswert, zunächst in einem geeigneten Gefäß eine kleine Menge Wasser zum Sieden zu erhitzen und die feste Substanz in kleinen Anteilen hinzuzufügen, bis diese Portion gesättigt ist. Dann gibt man wiederum etwas Wasser hinzu, erhitzt weiter zum Sieden und wiederholt den Vorgang bis zur Sättigung. Die gesamte Lösung wird dann von

---

[1] Vgl. Kap. „Umsetzungen mit flüssigem Ammoniak". Bd. II.

[2] Vgl. hierzu Bd. I unter „Glasgefäße".

[3] Um das heftige Stoßen von siedenden Flüssigkeiten, in denen schwere Substanzen suspendiert sind, aufzuheben, wird von Mastbaum (Chem. Ztg. **31**, 329) ein Kolben verwendet, an welchem im unteren Drittel eine kleine Ausbuchtung ausgeblasen ist. Sobald das Stoßen beginnt, läßt man die suspendierten Teilchen in dieser Kalotte sich sammeln, dreht den Kolben ein wenig und kocht nunmehr weiter.

den nicht gelösten Beimengungen der Substanz durch Filtration befreit. Sind die Löslichkeitsunterschiede in der Kälte und Wärme sehr groß, so besteht bei diesem Filtrieren die Gefahr der Ausscheidung der Substanz im Trichterrohr. Hiergegen schützt man sich durch Verwendung von Heißtrichtern, wie sie im Band I S. 653ff beschrieben sind.

Statt nach der soeben beschriebenen Art der Herstellung gesättigter Lösungen kann man auch so verfahren, daß man die gesamte Krystall-

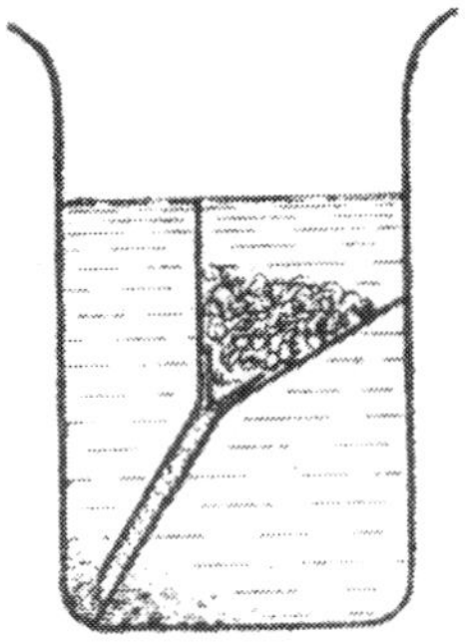

Fig. 281.

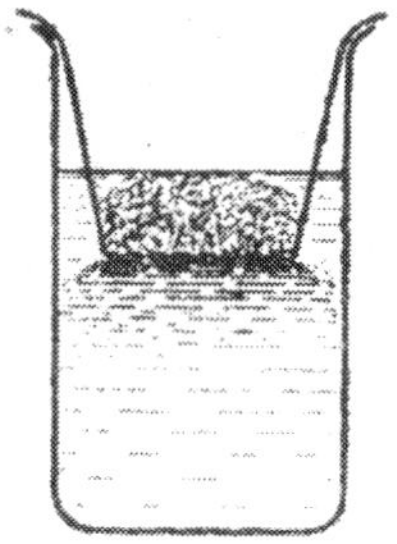

Fig. 282.

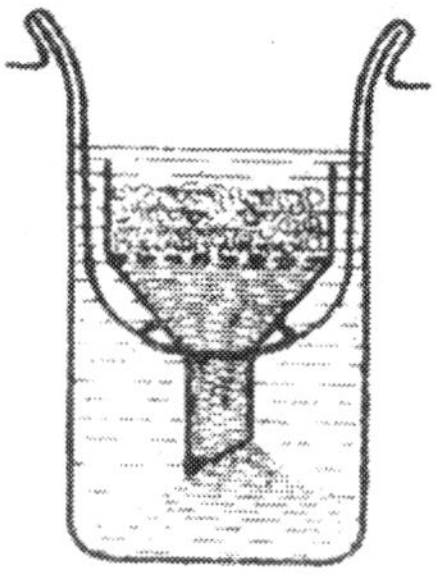

Fig. 283.

Herstellung von Lösungen.

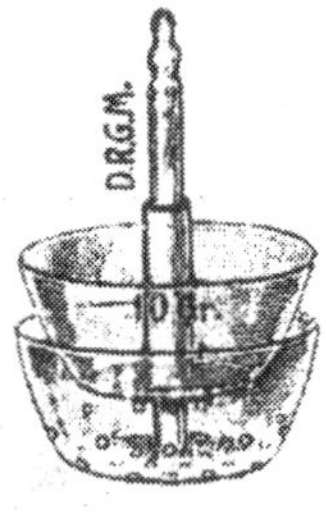

Fig. 284. Lösungsgefäß nach WOLFF.

menge in einem Trichter, Vorstoß oder nutschenartigen Gefäß (Fig. 281 bis 283) unterbringt, und das Ganze in die ungefähr berechnete Wassermenge hineinstellt oder -hängt, so daß die Krystalle vollständig von siedendem Wasser bedeckt sind. Die im oberen Teile gebildete gesättigte Lösung fließt infolge ihrer höheren Dichte ständig nach unten, während frisches Lösungsmittel von oben her auf die Krystalle gelangt, so daß nach kurzer Zeit eine gesättigte Lösung gewonnen wird.

Eine schwimmende Löseschale hat FERDINAND RADEY konstruiert.[1] Die Schale besteht aus einem siebartig durchlochten Behälter, welcher oben mit einer ringförmigen, als Schwimmer dienenden Abteilung versehen ist. In den Behälter kommt die zu lösende Substanz. Die Vorrichtung wird dann in die in einem größeren Gefäß befindliche Lösungsflüssigkeit gebracht. Man kann mit diesem Apparat sehr leicht konzentrierte Lösungen herstellen Ähnlichen Zwecken dient das Lösungsgefäß nach WOLFF (Fig. 284). Diese Vorrichtungen bilden eine Art Übergang zu den sogenannten Extraktionsapparaten, die uns weiter unten beschäftigen sollen.

Zu bemerken ist noch, daß bei Verwendung organischer Lösungsmittel, wie Alkohol, Äther, Benzol u. a. auf die Feuergefährlichkeit dieser Stoffe Rücksicht genommen werden muß.

Zur Erhöhung der Auflösungsgeschwindigkeit von Substanzen ist ferner von T. W. RICHARDS[2] folgender Apparat angegeben worden (Fig. 285):

Durch das Rohr *J* gelangt das Lösungsmittel (z. B. Wasser) zu den Krystallen, z. B. Kupfervitriol, die sich in *A* befinden, die gesättigte

[1] Ch. Z. **30**, 884. [2] Am. Ch. J. **20**, 189.

Lösung sammelt sich am Boden an. Durch den in der Wassersäule *H* befindlichen Druck wird die Lösung aus dem Heberrohr *E* herausgepreßt und fließt kontinuierlich ab. Man kann *E* durch einen Glasstopfen unten verschließen, so daß man gleichzeitig eine automatische Funktion erzielt.

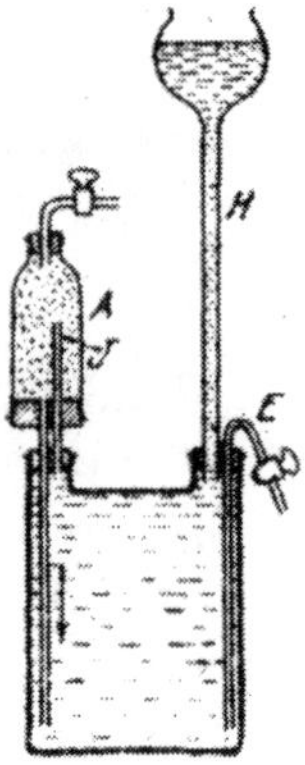

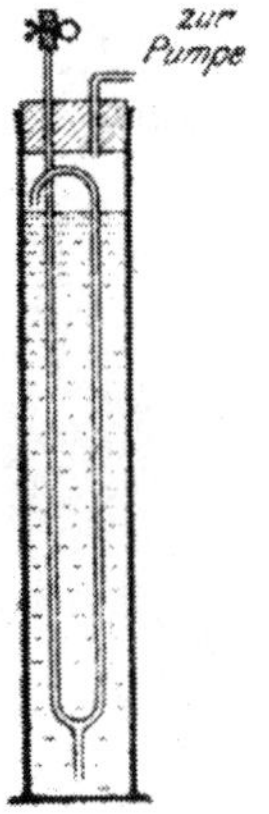

Fig. 285. Fig. 286.
Lösungsapparate.

Diese Vorrichtung ist nur dann anwendbar, wenn die zu lösende Substanz Salze bildet, deren Dichte wesentlich größer ist als die des Lösungsmittels. Dies veranlaßte Arthur John Hopkins[1] zur Konstruktion des in Fig. 286 wiedergegebenen allgemein anwendbaren Apparates.

Ein hoher Glaszylinder besitzt oben einen doppelt durchbohrten Stopfen, durch dessen eine Bohrung ein Glasrohr von 6 mm Weite geht, das oben mit einem Schlauch und Quetschhahn verbunden ist, während es unten Y-förmig gestaltet ist und in der durch die Fig. 286 wiedergegebene Weise nach oben führt. Die zweite Bohrung des Stopfens trägt ein kurzes Rohr, das mit einer Luftpumpe verbunden wird. Saugt man von hier aus, so reißt der Luftstrom durch das Y-förmig gebogene Rohr die gesättigte Lösung nach oben, es kommt neues Lösungsmittel mit dem Salz in Berührung, wodurch die Lösungsgeschwindigkeit wesentlich erhöht wird.

Unter **Extrahieren** versteht man das allmähliche Herauslösen von Substanzen aus einem Gemisch unter Benutzung der Löslichkeitsverschiedenheit in gewissen Flüssigkeiten. In der anorganischen Praxis ist die Operation verhältnismäßig selten. Wir können uns daher im folgenden in der Behandlung dieses Gegenstandes Beschränkung auferlegen.

Eine einfache Extraktionsvorrichtung, die gelegentlich zur Befreiung von Sulfiden von beigemengtem Schwefel benutzt wird, besteht darin, daß das in einem Goochtiegel gesammelte Produkt in feuchtem Zustande, bzw. falls die Extraktion mit einem organischen Lösungsmittel erfolgen soll, nach Verdrängung des Wassers durch Alkohol mit der aus einem Rückflußkühler tropfenden Flüssigkeit behandelt wird. Am bequemsten führt man die Operation in der Weise aus, das man den Goochtiegel in ein Glasdreieck hängt und letzteres in ein Becherglas stellt, auf welches ein Rückflußkühler gesetzt wird (Fig. 287). In das Becherglas bringt man das Extraktionsmittel und erhitzt zum Sieden, wonach der gewünschte Effekt eintritt.

In etwas anderer Weise arbeitet die in Fig. 288 wiedergegebene Vorrichtung, bei welcher der Goochtiegel in dem weiten Halse eines Kolbens durch drei einspringende Glasdornen festgehalten wird, darunter mittels

[1] Am. Ch. J. 22, 407. — Zentralbl. 1900, I. S. 83.

Stopfens oder Schliffs ein Rückflußkühler montiert wird, der für die Zuführung frischen Lösungsmittels zu dem Goochtiegel sorgt. Über Benutzung von flüssigem Ammoniak als Extraktionsmittel vgl. Kapitel Umsetzungen mit flüssigem Ammoniak (Bd. II).

Dasselbe Prinzip ist beim Extraktionsapparat von MEDICUS[1] angewendet worden, an welchem ein kleines Filtrierröhrchen an Platindrähten unterhalb der Kühlermündung aufgehängt wird. Man beschickt das Filtrierröhrchen mit etwas Asbest und der zu extrahierenden Substanz.

Von WILHELM BÜTTNER[2] ist ein einfacher Extraktionsapparat für analytische Arbeiten angegeben worden, den sich jedermann im Labo-

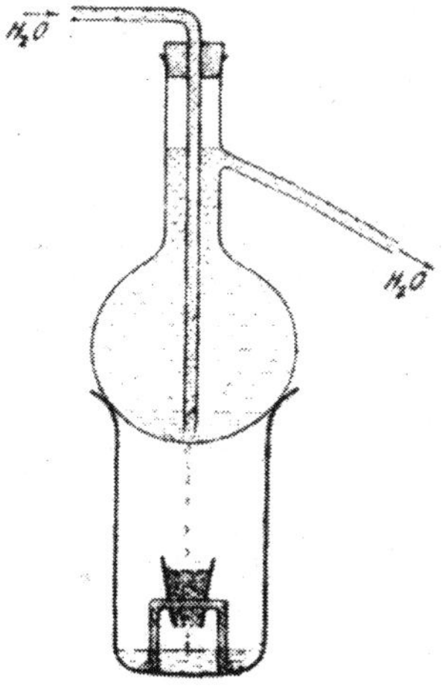

Fig. 287.

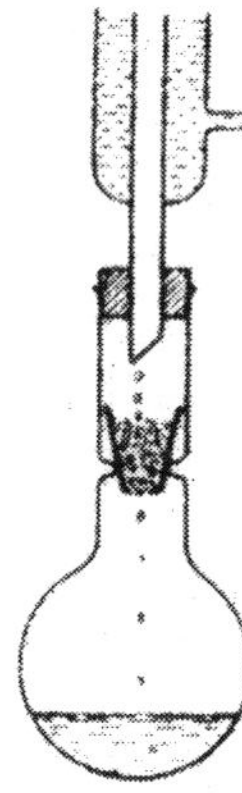

Fig. 288.

Extraktion im Filtertiegel.

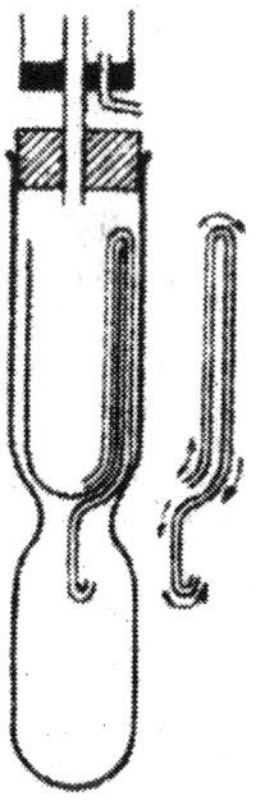

Fig. 289.

Extraktionsvorrichtung.

ratorium ohne Mühe selbst herstellen kann. Der Apparat (Fig. 289) besteht aus einem Rückflußkühler, einem weiten Reagensglas, einem kürzeren Glaszylinder und einem isolierten kapillaren Heberröhrchen. Ein 15–16 cm langes und 30—35 mm weites, nicht zu dünnwandiges Reagensrohr wird in der Mitte ausgezogen, so daß der obere Teil etwas länger wird als der untere. Den inneren Einsatzzylinder stellt man durch Absprengen eines kleinen Probierrohres her. Das Heberröhrchen fertigt man aus einem starkwandigen, 12 mm weiten Glasrohr, welches man zu einer 1,5—2 mm starken Kapillare auszieht und dann in der durch Fig. 289 angegebenen Weise biegt. Die Wirkungsweise und Zusammensetzung des Apparates geht aus der Zeichnung hervor.

Man kann diesen Apparat vereinfachen, indem man den äußeren Zylinder nicht verengt, sondern mit einigen nach innen gehenden Buckeln versieht,[3] etwa wie in Fig. 288, dadurch wird die Form des Heberröhrchens wesentlich einfacher. In das innere Glasgefäß bringt man eine SCHLEICHER-

---

[1] Z. anal. Ch. 18, 163, (1880). [2] Z. angew. Ch. 1393, 634.
[3] Zentr. 1900, I. S. 82.

SCHÜLLsche Hülse (vgl. S. 682, Bd. I). Über weitere Verbesserungen dieses Apparates siehe: Pharm. Zentrlbl. 41, 243. Vgl. ferner SESTINI, Zentr. 1890, II. S. 569

Beim Auflösen von Substanzen zu quantitativen Zwecken sind einerseits Vorsichtsmaßregeln gegen Verluste durch Verspritzen usw. zu treffen, als auch auf Vollständigkeit der Lösung bzw. des Extraktionsprozesses zu achten. Ferner ist, falls die Lösung später eingedampft und der Rückstand quantitativ bestimmt werden soll, die Wahl des Gefäßmaterials von Wichtigkeit. Bei alkalischen Lösungen wird man daher Silber- oder Platingefäße wählen, während für neutrale oder saure Flüssigkeiten vorher sorgfältig ausgekochte Glas- oder Porzellangefäße genügen. Bei Präzisionsbestimmungen sind hier Platingefäße oder solche aus Quarzglas zu nehmen. Über die besonderen Vorsichtsmaßregeln, die man bei exakten Arbeiten zu beachten hat, wird auf Bd. III Kap. Atomgewichtsbestimmung verwiesen.

Will man bei Luftabschluß auflösen, so wählt man als Gefäß einen Kolben und leitet durch einen doppelt durchbohrten Stopfen Kohlensäure, Wasserstoff oder ein anderes indifferentes Gas ein. Gute Dienste leisten hier ventilartige Abschlüsse wie das bekannte Gummiventil nach BUNSEN. Am sichersten wird der Luftabschluß durch Verwendung von Einschlußröhren erzielt, die außerdem noch das Auflösen unter höherem Druck gestatten.

Die Darstellung von Titrierlösungen kann übergangen werden, da dieser Gegenstand in den Handbüchern der analytischen Chemie ausführlich behandelt wird.

Über die Löslichkeit anorganischer Substanzen in verschiedenen Flüssigkeiten informiere man sich in den Büchern von ABEGG-AUERBACH, LANDOLT-BÖRNSTEIN sowie in dem Werk: A Dictionary of Chemical Solubilities by ARTHUR MESSINGER COWEY, London, Macmillan and Comp. 1896.

2. Auf chemischem Wege.

Substanzen, die sich auf rein physikalischem Wege nicht lösen lassen, führt man auf chemischem Wege in lösliche Form über. Die Mittel sind hier sehr mannigfaltig, je nach der chemischen Natur der betreffenden Substanz. Am häufigsten wendet man Säuren als chemische Lösungsmittel an. So kann man unlösliche Oxyde, Carbonate, Sulfide usw. sowie auch Metalle oder andere in Wasser nicht lösliche Elemente durch Behandlung mit Säuren in Lösung bringen. Hierbei macht es wiederum einen Unterschied, ob man nur das Wasserstoffion als wirksames Agens anwendet, oder ob man zugleich auch eine oxydierende oder chlorierende Wirkung wie bei der Verwendung der Salpetersäure, konzentrierter Schwefelsäure oder Königswasser zu erzielen trachtet. Bei qualitativen Operationen dieser Art kommt es im wesentlichen nur darauf an, daß man eine reine, möglichst von festen Verunreinigungen freie Säure anwendet und ein Gefäßmaterial auswählt, das gegen die Säure beständig ist. Als Reinigungsweg für Metalle kann die chemische Auflösung insofern dienen, als man das betreffende Metall nach bewirkter Auflösung in Form eines geeigneten Salzes umkrystallisieren und aus dem reinen Salz das Metall zurückgewinnen kann. Rein äußerlich gestaltet sich diese Operation genau so wie die physikalische Lösung. Bei der Auswahl des sauren Lösungsmittels verfährt man in folgender Reihenfolge: 1. Salz- oder Salpetersäure, 2. Königswasser, 3. Schwefelsäure konz. Als wirksame Säure ist ferner das sogenannte „Kaiserwasser“, d. i. Salpeterflußsäure, vorgeschlagen worden (Wedekind).

Auch extrahieren kann man auf chemischem Wege. So dient bekanntlich Scheidewasser zur Extraktion des Silbers vom Golde; mit Hilfe von Königswasser läßt sich Platin von Iridium trennen, da letzteres darin schwerer löslich ist, Reinigung von Quecksilber durch Salpetersäure u. a. m

Die quantitative Auflösung auf chemischem Wege erheischt größere Vorsichtsmaßregeln als die entsprechende physikalische Operation, da durch Gasentwicklung leicht Verluste eintreten können. Als Schutz hiergegen versieht man die Gefäße mit entsprechenden Aufsätzen. Am besten führt man die Operation in einem Rund- oder Erlenmeyerkolben mit engem Halse aus und setzt auf die Öffnung entweder ein Trichterrohr oder ein Kugelrohr der in Fig. 604, Bd. III, S. 1246 wiedergegebenen Form. Bei ganz exakten Arbeiten fängt man die entweichenden Gase auf und untersucht sie auf mitgerissene Substanzmengen.

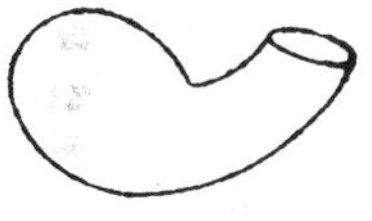

Fig. 290. Lösungsgefäß n. Gawalovsky.

Nach Gawalovski[1] lassen sich gewogene Mengen kohlensaurer Salze in Säuren in kleinen dünnwandigen Retorten, deren Hals man nach Fig. 290 abgesprengt hat, ohne Verlust auflösen.

In vielen Fällen muß dem eigentlichen Lösungsprozeß ein Aufschließen der Substanz vorausgehen. (Vgl. hierzu Kapitel „Schmelzen“, S. 400).

II. Auflösen von Flüssigkeiten.

Wegen der verhältnismäßig geringen Zahl von anorganischen Flüssigkeiten kommt man ziemlich selten in die Lage, solche auflösen zu müssen. Wird eine völlige Lösung erstrebt, so ist der Prozeß sehr einfach; man gibt die Flüssigkeit in hinreichend viel Lösungsmittel und schüttelt um, wobei man natürlich im Falle einer beabsichtigten quantitativen Bestimmung sich vor Verlusten hüten muß. Sollen Flüssigkeiten teilweise gelöst (extrahiert) werden, wie z. B. beim Herauslösen von Chlor, Brom und Jod, aus wäßriger Lösung durch organische Lösungsmittel, so verwendet man Scheidetrichter (s. Bd. I, S. 713) oder hierzu besonders konstruierte Extraktionsapparate. Da dieser Gegenstand für die anorganische Chemie von untergeordneter Bedeutung ist, sollen hier nur einige derartige Vorschläge berücksichtigt werden.

Fig. 291 gibt den schon von Berzelius beschriebenen Scheidetrichter

[1] Z. anal. Ch. 14, 173, (1875).

(Lehrb. Bd. 10, S. 493) in seiner einfachsten Gestalt wieder. Man schließt den unten befindlichen Hahn, gibt das Flüssigkeitsgemenge hinein, schüttelt gut durch und läßt die Trennung der Schichten vor sich gehen. Darauf öffnet man den Hahn und läßt die schwerere Flüssigkeit bis zum trennenden Niveau abfließen, die leichtere wird aus dem umgekehrten Scheidetrichter abgegossen. Diese Operation wird mehrere Male wiederholt.

Die in Fig. 292 u. 293 wiedergegebenen Trichter sind besonders zum Extrahieren kleiner Mengen geeignet.

Bei dem Scheidetrichter von BOLLAND (Fig. 294) kann man die obere Flüssigkeitsschicht bei jeder Höhe des Scheidetrichters erneuern, ohne

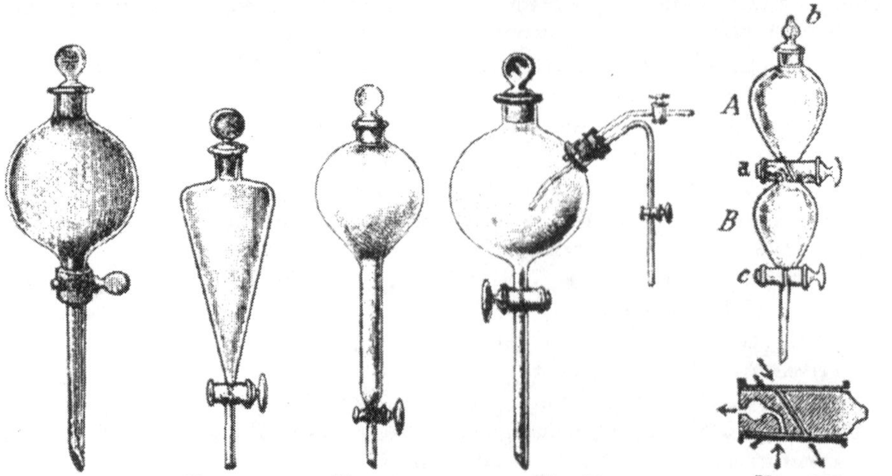

Fig. 291. Fig. 292. Scheidetrichter. Fig. 293. Fig. 294. Trichter n. BOLLAND. Fig. 295. Trichter n. POSNER.

vorher die untere Schicht entfernen zu müssen, indem man ein seitlich angebrachtes Heberrohr benutzt.[1]

Der Scheide- und Schütteltrichter von THEODOR POSNER[2] hat einen Reserveraum für mehrfache Ausschüttlungen einer Flüssigkeitsmenge und dient dazu, bei wiederholtem Ausschütteln einer Flüssigkeit das lästige Umgießen bzw. Abpipettieren der Schichten zu vermeiden.

Der Apparat (Fig. 295) besteht im wesentlichen aus einer Kombination zweier Schütteltrichter *A* und *B*, die durch einen besonders konstruierten Hahn *a* in Verbindung gebracht werden können. Der Hahn hat eine Durchbohrung für die Flüssigkeit und eine rechtwinklig gebogene für die Kommunikation mit der Luft. *A* wird durch einen Stopfen *b* verschlossen, während *B* einen einfach geschlossenen Hahn *c* trägt. Man schüttelt zunächst bei geschlossenen Hähnen die Flüssigkeit in *A* aus, öffnet den Stopfen *b* und Hahn *a* und läßt die untere Schicht nach *B* fließen. Nach Schließen von Hahn *a* saugt man das Extrakt aus *A* bei *b* ab. Nunmehr bringt man eine neue Portion der zu extrahierenden Flüssigkeit hinein, läßt durch Um-

[1] Ch. Z. 35, 373. (HUGERSHOFF.) [2] Ch. Z. 22, 868.

drehen des Trichters bei entsprechender Stellung von *a* (*b* geschlossen, *c* offen) die zu extrahierende Flüssigkeit aus *B* nach *A* zurückfließen und schüttelt sie von neuem durch.

Auch der Scheidetrichter von Spaeth[1] (Fig. 296) besitzt einen mit zwei Kanälen versehenen Hahn. Der eine Kanal ist schräg, der andere gerade, beide münden in je zwei an den Hahn angeschmolzene kurze Abflußröhren, von denen die eine gerade, die andere schräg verläuft. Man stellt den Scheidetrichter auf ein Glasgestell *B*, das eventuell auch durch ein Metallgestell ersetzt werden kann. Mit Hilfe dieser Vorrichtung kann der Scheidetrichter auf ein Wasserbad oder in einen Trockenschrank gebracht

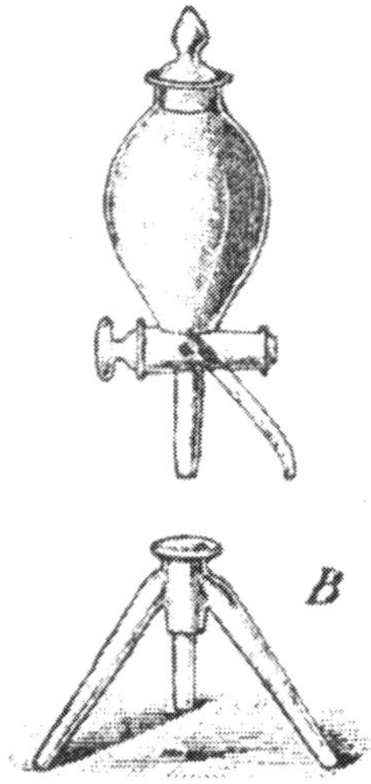

Fig. 296. Trichter n. Spaeth.

Fig. 297. Trichter n. Beysen.

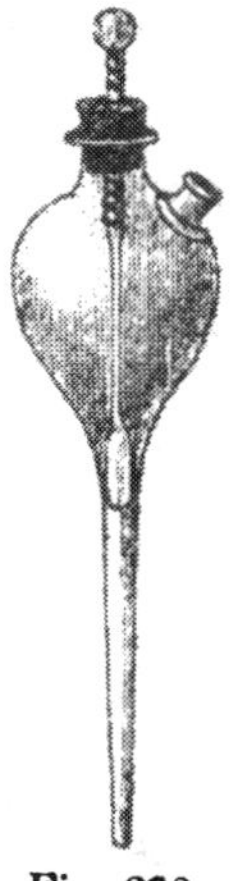

Fig. 298. Trichter mit innerem Hahnrohr.

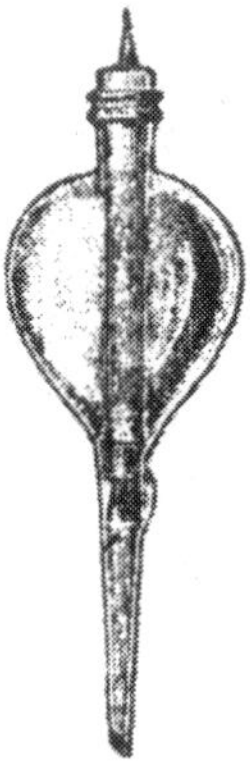

Fig. 299. Trichter n. Thön.

werden, was sich bei schwer zu trennenden Emulsionen mitunter empfiehlt. Der Apparat soll eine vollkommene Trennung zweier Flüssigkeiten und deren verlustlose und reine Gewinnung ermöglichen, während bei gewöhnlichen Scheidetrichtern die obere Flüssigkeit sehr leicht durch die untere verunreinigt wird.

Um den Nachteil zu beseitigen, daß beim Ausschütteln mit leichteren Flüssigkeiten durch das Nachspülen der Gefäße die Flüssigkeitsmenge unnötig verdünnt wird, hat Kurt Beysen[2] den in Fig. 297 wiedergegebenen doppelten Scheidetrichter konstruiert. Durch Öffnen des Hahnes und Neigen oder Saugen des einen Schenkels kann die Flüssigkeit vollständig in den einen oder anderen Schenkel gebracht werden.

Bei den genannten Scheidetrichtern wird der Hahnverschluß — namentlich bei langem Stehen — leicht undicht. Aus diesem Grunde hat man auch Trichter mit innerem Hahnrohr konstruiert, wie dies Fig. 298 in

[1] Ztschr. z. Unters. von Nahr.- und Genußmitt. 1898, 96.
[2] Pharm. Z. 52, 841.

einfachster Form wiedergibt. Durch Heben des inneren Stopfens kann man das Ablaufen der Flüssigkeit bis zur trennenden Schicht veranlassen. Neue Extraktionsflüssigkeit gießt man durch den Tubus ein.

Bequemer, aber komplizierter ist der Scheidetrichter von E. THON.[1] bei welchem der am oberen Tubus und dem Ansatzrohr des Trichters gleichzeitig eingeschliffene Hahn ebenfalls von oben her eingeführt wird (Fig. 299). Das **hohle Hahnküken** gestattet, daß man die Flüssigkeit durch dessen Inneres in den Trichter gießen kann. Der Apparat ist nach Verschluß des Hahnkükchens mit einem eingeschliffenen Glasstopfen gebrauchsfertig. Das Ablassen der Flüssigkeit wird reguliert, indem man nach Abnahme des Glasstopfens den oben befindlichen Ring so einstellt, daß die im unteren Schliff angebrachte Einbuchtung mit einer Ausbuchtung in der Trichterwandung gleichsteht. Im oberen Teil des Hahnes befindet sich ein Luftloch, wodurch das gleichmäßige Ablaufen der Flüssigkeit erreicht wird.

Nach einem ähnlichen Prinzip sind die Scheidetrichter von RAIKOW[2] konstruiert.

Hierher gehört auch der Schüttel- und Tropftrichter von EDMUND THIELE.[3] Den Abfluß der Flüssigkeit bewirkt man hier durch Drehen einer Verschlußhülse. Die Konstruktion gestattet, den Trichter auch als einen sehr gut regulierten Tropftrichter zu verwenden.

Über die Scheidetrichter von DRECHSEL[4] vgl. J. prakt. Ch. **15**, 351, KAHLBAUM.[5]

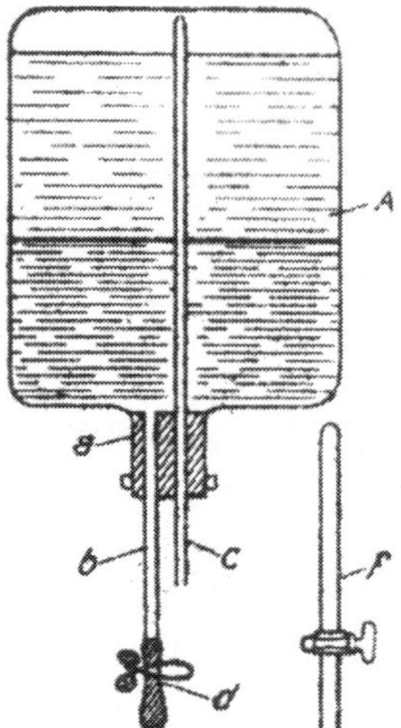

Fig. 300.
Scheidevorrichtung n. HOLDE.

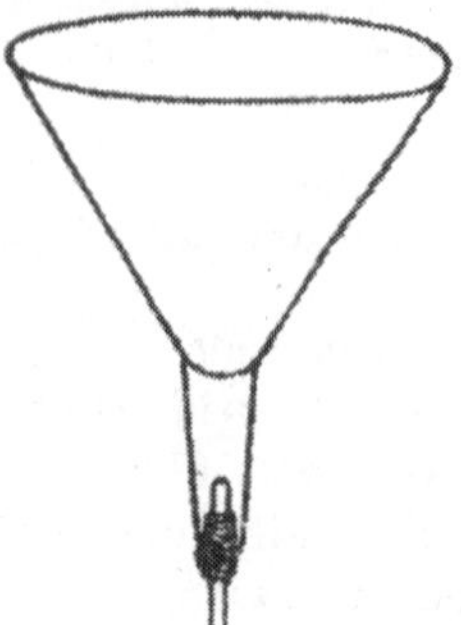

Fig. 301.
Trichter n. HART.

In Ermangelung eines Scheidetrichters kann man nach einem Vorschlag von G. HOLDE[6] verfahren (Fig. 300). Ein beliebiges Gefäß A wird mit einem doppelt durchbohrten Stopfen verschlossen. Durch die eine Bohrung führt das mit der Mündung a endende Ablaßrohr b, durch die

[1] Ch. Z. **27**, 796.
[2] Ch. Z. **24**, 1089.
[3] Ch. Z. **25**, 397.
[4] Z. anal. Ch. 1877, Tafel IV.
[5] Ber. **32**, 509 (1899).
[6] Z. anal. Ch. **34**. 54.

andere das bis zum Boden des Gefäßes reichende Luftzuführungsrohr *c*, welch letzteres im Innern spitz ausgezogen ist. An dem Rohr *b* sitzt ein mit Hilfe eines Quetschhahnes *d* verschließbares Röhrchen *e* bzw. ein Hahnrohr *f*.

Nach HART[1] (Fig. 301) läßt sich auch ein gewöhnlicher Trichter als Scheidetrichter verwenden, wenn man in die untere Öffnung mittels Stopfens eine mit einem Loch versehene, oben zugeschmolzene Glasröhre steckt. Durch eine geringe Verschiebung kann das Loch abgeschlossen bzw. geöffnet werden.

Kleinere Substanzmengen kann man sehr gut mittels des in Fig. 302 wiedergegebenen kleinen Apparates von DOHT[2] ausschütteln. Das Röhrchen *a* wird bis zum Ansatz von *b* mit der auszuschüttelnden Flüssigkeit

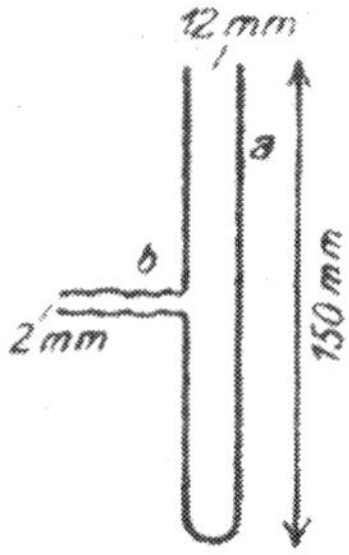

Fig. 302.
Schüttelröhrchen n. DOHT.

Fig. 303.

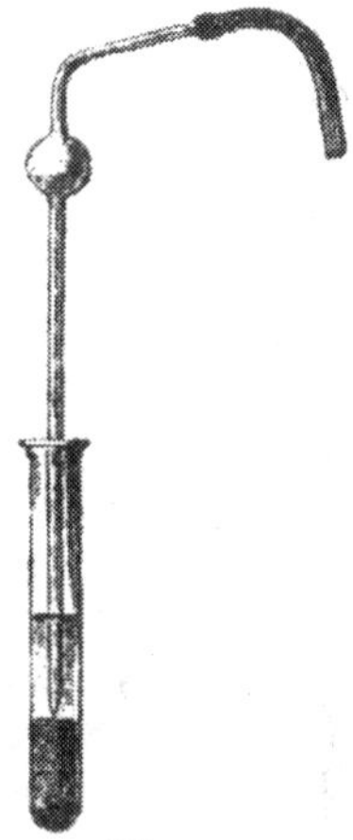

Fig. 304.

Ausschütteln kleiner Mengen.

angefüllt. Man verschließt dann *b* mit dem Mittelfinger der rechten Hand, bringt Äther darüber und schüttelt, indem man *a* mit dem Daumen verschließt. Nach dem Ausschütteln wird das ätherische Extrakt beim Ansatzrohr abgelassen.

Bequemer ist die in GATTERMANNS „Praxis des Org. Chemikers" (1917, S. 41) beschriebene Vorrichtung. Man schüttelt in einem Reagenzglas die beiden Flüssigkeiten durch und hebt nach der völligen Trennung die oberste ab, wobei man mit einem Schlauch saugt (Fig. 303 u. 304).

Die chemische Lösung von Flüssigkeiten kommt selten in Frage. Gelegentlich werden flüssige, wasserfreie Chloride in wässriger Salzsäure oder Wasser gelöst. Man mildert in diesem Falle die Heftigkeit der Reaktion durch starkes Abkühlen. In einigen Fällen läßt sich auch Alkohol hierbei mit Vorteil anwenden, z. B. beim Silicium- und Titanchlorid.

[1] Z. anal. Ch. **24**, 78 (1885). Fig. 22.
[2] Ch. Z. **29**, 309.

III. Auflösen von Gasen.

Gase werden zu verschiedenen Zwecken aufgelöst. Einerseits lassen sich die Lösungen oft bequem statt der Gase als Reagenzien benutzen, andererseits aber bietet das verschiedene Verhalten der Gase gegenüber einem Lösungsmittel oft ein gutes Mittel zu ihrer Reinigung oder quantitativen Trennung bzw. Bestimmung.

Physikalische Auflösungen von Gasen werden fast nur bei verhältnismäßig leicht löslichen Stoffen verwendet. Hierzu gehört z. B. Chlor- oder Schwefelwasserstoffwasser, das man herstellt, indem man die reinen Gase eine hohe Wassersäule passieren und dabei durch ein mit feinen Öffnungen versehenes Einleitungsrohr in die Flüssigkeit treten läßt. Bei sehr leicht löslichen Gasen NH_3, HCl usw. sind Vorsichtsmaßregeln gegen das Zurücksteigen der Flüssigkeit zu treffen. Man schützt sich davor, indem man die Mündung des Einleitungsrohres unter Quecksilber steckt, oder in dieselbe ein einfaches Rückschlagventil bringt, z. B. ein hohles Glaskügelchen.[1]

Eine wesentliche Beschleunigung der Auflösung von Gasen in Flüssigkeiten sowie Erhöhung der Konzentration erzielt man durch Steigerung des Druckes. Man arbeitet in diesem Falle mit einer geschlossenen Apparatur, indem man nach Füllung des Gefäßes mit dem betreffenden Gase das Ableitungsrohr am Ende des Apparates verschließt, so daß die Flüssigkeit nunmehr unter dem gesammten Druck des Gasentwicklers oder Vorratsgefäßes steht.

Auch die teilweise Auflösung von Gasen wird häufig ausgeführt ein Prozeß, der im Prinzip der Extraktion von festen und flüssigen Stoffen an die Seite zu stellen ist. Hierzu gehört das Waschen der Gase, indem man sie durch geeignete Flüssigkeiten strömen läßt, in denen die Verunreinigungen leichter löslich sind als das Hauptgas (vgl. Kapitel „Gase“, Bd. IV), sowie die Reinigung der Gase, indem man diese selbst zunächst in geeigneten Lösungsmitteln auflöst, in denen die Verunreinigungen weniger löslich sind, und später aus der Lösung wieder austreibt. So gewinnt man ein sehr reines Ammoniakgas durch vorherige Absorption in Calciumchlorid oder konzentrierter Calciumchloridlösung, sowie einen sehr reinen Wasserstoff durch Absorption im Palladiumblech (vgl. Bd. III S. 1300).

[1] Vgl. auch dieses Handbuch Bd. I „Ventile“.

Mikroskopie.

Von

Joh. Ehlers-Jena.

Inhalt.

Die Mikroskopie ist die Lehre von dem Beschauen des Kleinen. Klein ist ein relativer Begriff. Die Entscheidung, ob ein Gegenstand klein ist oder nicht, trifft unser Sehorgan, das Auge. Es ist selbst ein und zwar ein verhältnismäßig unvollkommener optischer Apparat. Es entwirft von den Gegenständen unserer Umgebung Bilder auf seinem Hintergrunde, der Netzhaut. Die Größe dieser Bilder hängt von der Größe des Gegenstandes und von seiner Entfernung ab. Gemessen wird diese Größe durch den Gesichtswinkel ω. Es ist der Winkel, welchen man erhält, wenn man von den Endpunkten des zu beschauenden Gegenstandes aus zwei Geraden nach der Mitte der Augenpupille zieht (Fig. 305). Je größer der Gesichtswinkel ist, desto größer ist das Bild auf der Netzhaut, und desto größer erscheint uns der Gegenstand. Je weiter entfernt ein Gegenstand ist, oder je kleiner er wird, desto mehr nimmt die Größe des Gesichtswinkels und damit die Größe des Netzhautbildes ab. Es gibt hierbei eine Grenze der Wahrnehmungsfähigkeit; wenn das Netzhautbild unter eine bestimmte Größe sinkt, so wird der Gegenstand von unserem Auge nicht mehr wahrgenommen. Diese Grenze hängt von der Sehschärfe des beobachtenden Auges ab. Unter günstigen Umständen kann das Auge noch bei einem Winkel von 10″ Unterschiede wahrnehmen. Für eine bequeme Beobachtung jedoch ist die Grenze weit eher zu ziehen. Man nimmt hier als Grenzwinkel einen solchen von 2′, eventuell auch schon einen Winkel von 4′ an. Einzelheiten eines Objektes, welche unter noch kleinerem Winkel erscheinen, wenn wir sie auch so nahe wie möglich an das Auge heranbringen, vermag das Auge im allgemeinen nicht mehr zur Wahrnehmung zu bringen. Sie müssen wir daher zur Welt des Kleinen rechnen, zu dessen Wahrnehmung das Auge durch äußere Hilfsmittel unterstützt

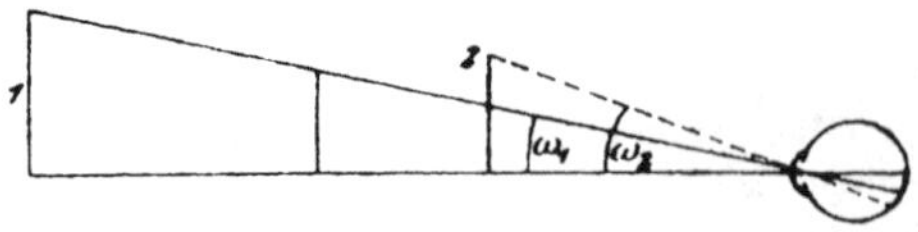

Fig. 305. Gesichtswinkel ω.

werden muß. Diese Hilfsmittel müssen geeignet sein, den Gesichtswinkel der kleinen Objekte zu vergrößern, diese also bzw. ihr Detail auf eine größere Fläche auszudehnen. Diese Hilfsmittel sind die Lupe und das Mikroskop.

Die Lupe heißt auch das einfache Mikroskop (Simplex) im Gegensatz zum zusammengesetzten Mikroskope, jetzt Mikroskop schlechtweg genannt. Das einfache Mikroskop hat lange Zeit hindurch eine vorherrschende Stellung gegenüber dem zusammengesetzten eingenommen. Indes mit der Nutzbarmachung der Fortschritte der geometrischen und technischen Optik für die Konstruktion des Mikroskopes hat letzteres die Lupe, von den ganz schwachen Vergrößerungen abgesehen, heute völlig aus dem Felde geschlagen. Unter einer Lupe versteht man im allgemeinen ein sammelndes, optisches System, welches zwischen dem zu beobachtenden Gegenstande und dem Auge des Beschauers, dem letzteren möglichst nahe gehalten, in der deutlichen Sehweite des Beobachters ein vergrößertes, aufrechtes Bild des betreffenden Gegenstandes entwirft. Die Stärke einer Lupe hängt von ihrer Brennweite ab; sie ist dieser umgekehrt proportional.

Das zusammengesetzte Mikroskop dagegen besteht aus zwei optischen Systemen, dem Objektiv und dem Okulare, welche sich in größerer Entfernung (etwa 180 mm) voneinander befinden. Beide zusammen bieten dem Auge ein vergrößertes, umgekehrtes Bild des zu beobachtenden Gegenstandes dar. Die Vergrößerung ist auch hier der Brennweite umgekehrt proportional. Unter den Vorzügen des Mikroskopes gegenüber der Lupe wollen wir folgende nennen:

1. Die Gesamtbrennweite des zusammengesetzten Mikroskopes ist bedeutend kleiner als die Brennweite der beiden es zusammensetzenden Einzelsysteme; daher sind bei gleicher Vergrößerung die Brennweiten der Einzelbestandteile größer als bei der Lupe. Die Teile sind leichter herzustellen.

2. Das Objekt kommt beim zusammengesetzten Mikroskope in größere Entfernung, sowohl vom Auge des Beobachters als auch vom abbildenden optischen Systeme (dem Objektive).

3. Die Bestandteile des Mikroskopes, Objektive sowohl als Okulare, sind bez. unter sich austauschbar und jederzeit ergänzbar; dadurch steht bei dem gleichen Instrumente eine große Reihe verschiedener Vergrößerungen zur Verfügung.

4. Das Mikroskop läßt ein reelles Zwischenbild des Gegenstandes zustande kommen, welches z. B. einer genauen Ausmessung unterworfen werden kann.

Auf das Mikroskop als optisches Instrument sind die Gesetze der geometrischen Optik anzuwenden. Sie geben dem Konstrukteur die Richtschnur für seine Arbeiten; sie zeigen dem Beobachter, wie er einzelne Teile des Instrumentes zu handhaben hat, und wie stark vergrößert er die Objekte im Instrumente sieht. Sie lassen aber nicht erkennen, wie weit das, was man sieht, ein getreues Abbild des zu untersuchenden Gegenstandes ist, oder ob es überhaupt ein Abbild ist. Gerade diese

Frage ist aber beim Mikroskop die allerwichtigste, weil sich seine Objekte, ihrer Kleinheit wegen, einer anderen Prüfung entziehen. Das Mikroskop stellt sich hierin dem astronomischen Fernrohre an die Seite. Die Beantwortung der Frage liefert wenigstens teilweise die Anwendung beugungstheoretischer Erkenntnisse auf das Mikroskop. Es ist dabei zu unterscheiden zwischen verhältnismäßig groben und stark gefärbten Objekten einerseits und jenen feinen Gebilden, bei deren Wiedergabe an die Leistungsfähigkeit des Mikroskopes die höchsten Ansprüche gestellt werden.

Der mechanische Aufbau.

Die Mikroskope werden heutzutage sowohl in sehr einfacher Form ausgeführt als auch mit mancherlei Einrichtungen versehen, welche ihnen eine große Genauigkeit und vielseitige Verwendbarkeit verleihen. Es ist nicht möglich, im einzelnen alle Formen moderner Mikroskopstative zu beschreiben. Fig. 306 gibt daher nur eine schematische Darstellung des Mikroskopes und des Strahlenverlaufs in ihm.

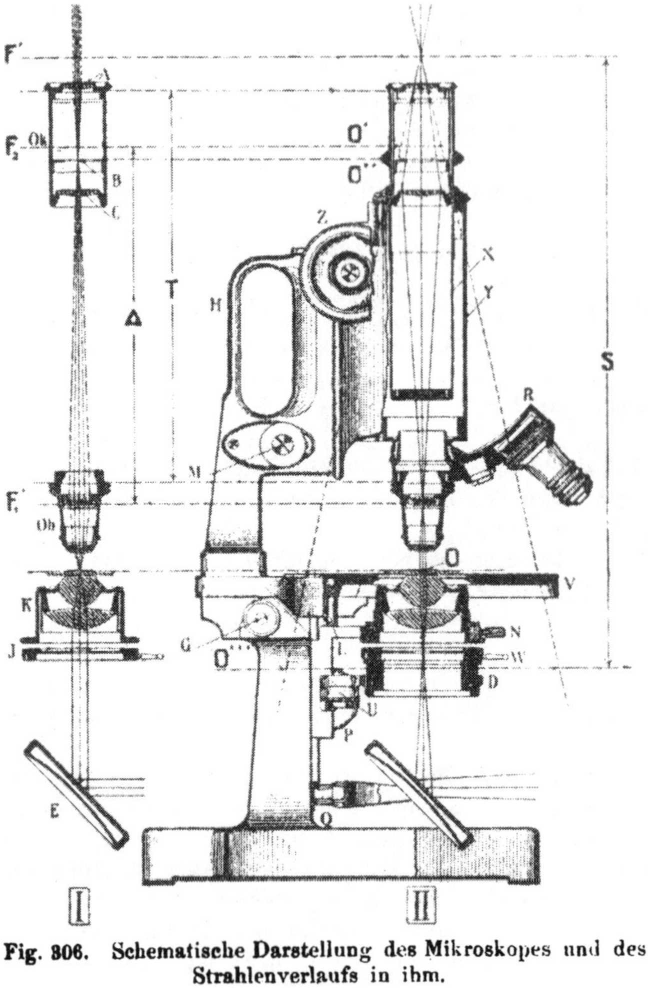

Fig. 306. Schematische Darstellung des Mikroskopes und des Strahlenverlaufs in ihm.

Das Objekt liegt ungefähr in halber Höhe des Instrumentes, so daß das Mikroskop äußerlich in drei Teile mit sehr verschiedenen Funktionen zerfällt: 1. in das Unterteil des Mikroskopes, welches der Beleuchtung des Objektes dient, 2. in den Objekttisch mit den Vorrichtungen zur Sicherung und zum Bewegen des Präparates und 3. in das Oberteil, welches das eigentliche Beobachtungsinstrument umfaßt.

Das schematisch dargestellte Stativ ist mit dem Abbeschen Beleuchtungsapparate ausgerüstet. Zwischen den Schenkeln des in der Regel hufeisenförmigen Fußes befindet sich der Spiegel *E* am Spiegelträger *Q*. Der Spiegel ist auf der einen Seite ein Planspiegel, auf der anderen ein Hohlspiegel; er ist mit großer Beweglichkeit ausgestattet: neigbar und um die horizontale Achse drehbar. Seine Aufgabe ist, das Licht der vor dem Mikroskope befindlichen Lichtquelle (Himmel, Lampe) so auf das Präparat zu werfen, als befände sich die Lichtquelle unterhalb des Präparates, was der handlichen Anordnung wegen nicht der Fall ist. Wenn möglich, bedient man sich des von den Wolken reflektierten Tageslichtes zur Beleuchtung und benutzt dabei den Planspiegel. Wird die Wirkung dieser Lichtquelle dadurch beeinträchtigt, daß Fensterrahmen oder hohe Gebäude die Ausdehnung der Lichtquelle verringern und dadurch einen Teil des Gesichtsfeldes unbeleuchtet lassen, so nimmt man den Hohlspiegel, welcher auch noch bei kleinerer Ausdehnung der Lichtquelle ein gleichmäßig beleuchtetes Gesichtsfeld darbieten kann.

Die beleuchtenden Strahlen passieren oberhalb des Spiegels den Blendenträger *D*, welcher ein Klappteil ist und um die Achse *U* zur Seite aus dem Strahlengang ausgeklappt werden kann. Der Blendenträger dient zur Aufnahme von Hilfsapparaten, wenn besondere Wirkungen bei der Beleuchtung erzielt werden sollen, so von Blenden, farbigen Gläsern, einer Mattscheibe oder des Polarisators und des Gypsblättchens bei Beobachtung im polarisierten Lichte. Er trägt auf seinem oberen Rande die Irisblende *J*, welche mit dem Griffe *W* geöffnet und geschlossen werden kann. Die Irisblende ist für den wirksamen Durchmesser des vom Spiegel kommenden Beleuchtungsbündels bestimmend. Sie ist mit dem Blendenträger drehbar und kann durch eine in der Figur nicht sichtbare Zahn- und Triebbewegung exzentrisch zur Achse des Mikroskopes gestellt werden.

Oberhalb der Irisblende dient eine Schiebhülse zur Aufnahme von Kondensorsystemen *K*; diese werden durch die Klemmschraube *N* gehalten, nachdem sie von unten eingeschoben worden sind. Die Kondensorsysteme sind auswechselbar, damit sie stets dem Beleuchtungszwecke angepaßt werden können; der Blendenträger ist vor dem Wechsel zur Seite zu schlagen. Blendenträger und Kondensorschiebhülse sitzen an einem Triebkasten, welcher mit dem Triebe *P* auf einer prismatischen Zahnstange, dem Kondensorschwanze, auf- und abbewegt werden kann.

Der beschriebene Abbesche Beleuchtungsapparat gewährt die Möglichkeit, die Art der Beleuchtung dem jeweiligen Bedürfnisse gut anzupassen. Abgesehen von dem Wechsel der Kondensorsysteme erlaubt die verstellbare Irisblende in Verbindung mit dem Kondensor das vom Spiegel kommende Lichtbündel zentrisch oder von der Seite her auf das Präparat fallen zu lassen. Bei zentraler Stellung der Iris kann wieder die volle Öffnung wirksam sein: gerade (zentrale) Beleuchtung mit weit geöffnetem Lichtbündel (konvergentes Licht), oder die Iris wird mehr und mehr geschlossen, so daß die Lichtbündel immer schmäler werden; bei kleiner Öffnung der Iris ist gerade (zentrale) Beleuchtung mit sehr engen, spitzen Beleuchtungskegeln (paralleles Licht). In exzentrischer Stellung wird die Iris meist ziemlich eng zugezogen, so daß ein enger Beleuchtungskegel seitlich der Achse durch den Kondensor hindurchtritt und das Präparat von einer Seite her beleuchtet: einseitige schiefe Beleuchtung. Da die Iris drehbar ist, so kann das schiefe Beleuchtungsbüschel in einem Kreise bzw. auf einem Kegelmantel um das Objekt herumgeführt werden. Der Winkel zwischen der Symmetrieebene des Mikroskopes und der Ebene, welche durch die Mikroskopachse und den Mittelpunkt der Irisblendenöffnung gelegt werden kann, heißt das Azimut der Beleuchtung; es kann von 0° bis 360° verändert werden. In der geraden Beleuchtung mit weiten Beleuchtungskegeln ist die schiefe Beleuchtung mit enthalten und zwar in allen Azimuten gleichzeitig. Würde man die mittlere Partie durch eine ringförmige Blende herausblenden, so erhielte man allseitige schiefe Beleuchtung. Sie ist der einseitigen Beleuchtung überlegen.

Es ist daher der vollständige Abbesche Beleuchtungsapparat am Mikroskope nicht unbedingt nötig. Es genügt, daß der in der Höhe verstellbare Beleuchtungsapparat Spiegel, Blendenträger, eine zentrisch befestigte Irisblende und die Möglichkeit, den Kondensor zu wechseln, darbietet, wenn er allen Anforderungen gerecht werden soll; die Verstellung kann mit einer seitlichen Schnecke erfolgen. Bei einfacher ausgestatteten Instrumenten läßt man noch das eine oder andere fort, z. B. die mechanische Verstellung oder den Blendenträger. Wird der Beleuchtungsapparat auf den Spiegel reduziert, so ist der Öffnungswinkel der beleuchtenden Strahlen im Maximum durch die von einem Objektpunkte nach dem Spiegelrande gezogenen Strahlen bestimmt. Die Apertur der Beleuchtung, welche gewöhnlich zur Charakterisierung dient, in diesem Falle der Sinus des halben Öffnungswinkels dieser Strahlen, wird den Wert 0,3 bei Spiegelbeleuchtung kaum übersteigen und reicht für konvergente Beleuchtung nicht aus. Nur bei schwachen Vergrößerungen wird man auf die Beleuchtung mit dem Kondensor verzichten. Soll schiefe Beleuchtung angewendet werden, so muß der Spiegel aus der Achse des Mikroskopes herausbewegt werden.

Unter Umständen ist es wichtig, vom Präparate nur gerade den Teil zu beleuchten, welchen man bei der Beobachtung ohne Verschieben des Präparates übersehen kann. Bei einfacher Spiegelbeleuchtung wendet man zu diesem Zwecke die Zylinderblenden oder die Revolverblenden an, welche unmittelbar unter dem Objektträger in der Tischebene oder gleich unterhalb des Tisches angebracht werden; statt mehrerer Zylinderblenden ist eine Iris-Zylinderblende vorteilhaft. Bei den Beleuchtungsapparaten mit Kondensorsystem kann die Größe des beleuchteten Feldes durch Benutzung von Kondensoren verschiedener Brennweiten verändert werden. Bei starken Vergrößerungen ist das Gesichtsfeld klein; man kann dann einen Kondensor kleiner Brennweite benutzen, welcher ein kleines beleuchtetes Feld gibt. Bei schwächeren Vergrößerungen und demgemäß größerem Sehfelde, muß die Brennweite des Kondensors größer gewählt werden; deshalb ist die Auswechselbarkeit des Kondensors von Vorteil. In der Regel bestehen die Kondensoren aus mehreren (zwei oder drei) Linsen; man benutzt dann bei starken Vergrößerungen den ganzen Kondensor; bei schwächeren Vergrößerungen schraube man die obere Linse (die Frontlinse) des Kondensors ab, eventuell auch die beiden oberen Linsen! Die verbleibende Linse stellt für sich einen Kondensor schwächerer Brennweite zur Beleuchtung bei schwächeren Vergrößerungen dar.

Bei der geschilderten Art der Beleuchtung handelt es sich um durchsichtige Gegenstände, welche man im durchfallenden Lichte beobachtet. Undurchsichtige, opake Gegenstände, wie z. B. Metallschliffe, müssen von oben her beleuchtet werden; sie werden im auffallenden Lichte betrachtet. Wir verweisen hierzu auf das Kapitel Metallographie, werden aber an etwas späterer Stelle noch kurz darauf zurückkommen.

Oberhalb des Beleuchtungsapparates ist das Objekt *O* angebracht. Als Halt dient ihm der Objekttisch *V*. Er ist in seiner einfachsten Ausführung eine runde oder viereckige Metallplatte, welche durch den Tischträger mit der Säule des Mikroskopes verbunden ist. Das Präparat in seiner gewöhnlichsten Form wird auf ihm durch Tischfedern gehalten. Der Tisch trägt in der Mitte eine Öffnung von 2—3 cm Durchmesser, damit genügend Platz für die Annäherung des Kondensors oder von Sehfeldblenden an das Präparat bleibt. Die Oberfläche des Kondensors soll bei höherer Apertur des Beobachtungsobjektivs in der Regel nur ein oder zwei zehntel Millimeter unter der Tischoberfläche liegen. Auf dem einfachen Tische wird das Präparat während der Beobachtung mit der Hand verschoben. Man läßt es dabei zweckmäßig mit den Tischfedern angeklemmt, damit dadurch die Unsicherheit der Handbewegung gemildert wird. Bei starken Vergrößerungen wird die Verschiebung des Präparates mit der Hand sehr viel schwieriger als bei schwächeren, weil die Bewegung leicht zu stark ist. Es sind deshalb mechanische Vorrichtungen konstruiert worden, welche die Bewegung des Präparates leicht und sicher in der gewünschten Weise auszuführen gestatten. Sie gliedern sich in Schlittenführungen, welche dem vorhandenen festen Tische aufgesetzt werden und das Präparat über der Tischfläche hin und her schieben, oder in Tische, deren Platten selbst verschiebbar sind, und welche daher an die Stelle der festen Tische treten. Man faßt sie gewöhnlich unter der Bezeichnung „bewegliche Objekttische“ oder „Kreuztische“ zusammen. Es ist nicht möglich, die zahlreichen Vorrichtungen hier einzeln zu beschreiben. Es muß diesbezüglich auf die Kataloge der mikroskopischen Werkstätten verwiesen werden, aus welchen das Nähere ersichtlich ist. Die feineren Vorrichtungen, bei welchen die Bewegung in zwei zueinander senkrechten Richtungen erfolgt, sind mit Skalen versehen, damit die Verschiebung der Präparate möglichst genau abgelesen werden kann (Koordinatenabmessung). Es können damit die Präparate unter dem Mikroskope ausgemessen werden. Derartige Teilungen können auch dazu dienen, bestimmte Stellen in einem

Präparate festzulegen, damit sie später wieder leicht aufzufinden sind (Finder).

Bei Beobachtungen mit polarisiertem Lichte (Kapitel Mikrochemie) ist es notwendig, drehbare Tische zu haben, damit die ungleichwertigen Richtungen des Präparates in alle Lagen zu den Polarisationsebenen des Mikroskopes gebracht werden können. Dann ist in der Regel auch eine Zentriervorrichtung für die Tischplatte notwendig. Die Zentriervorrichtung dient dazu, die Drehungsachse des Tisches mit der Achse der Beobachtungssysteme zusammenfallen zu lassen, damit eine mitten im Gesichtsfelde befindliche Präparatstelle auch während der Drehung dort verbleibt. Fehlt diese Zentriervorrichtung am Tische, so ist sie am Beobachtungsrohre anzubringen, damit nunmehr dessen Achse mit der der Tischdrehung zusammengebracht werden kann.

Der Tisch ist in der Regel in der Höhe nicht verstellbar. Erwünscht ist dieses nur bei metallographischen Untersuchungen. Üblich ist es, die zu beobachtenden Gegenstände auf Objektträger zu legen, dünne Glasplatten verschiedenen Formates. Gebräuchlich sind das englische Format (76 mm × 26 mm) und das Gießener Format (48 mm × 28 mm). Die Stärke der Objektträger variiert etwa zwischen 0,9—2 mm, von speziellen Fällen abgesehen. Es ist der Beobachtung wegen oft vorteilhaft, die Stärke nicht wesentlich über 1 mm zu wählen. Die Objekte werden in der Regel auf diesen Objektträgern durch Einbetten in geeignete Medien fixiert und dann durch ein Deckglas bedeckt, ein dünnes Gläschen von 0,1—0,2 mm Stärke und quadratisch von 18—24 mm Seitenlänge oder rund von entsprechendem Durchmesser. Nähere Vorschriften hierüber oder über besondere Vorrichtungen zum Halten der Objekte gehören in die speziellen Kapitel über die Untersuchung der einzelnen Substanzen oder in die Kapitel, welche mikroskopische Untersuchungen unter besonderen Bedingungen behandeln. Daß eine große Mannigfaltigkeit in Vorrichtungen zum Halten der Präparate usw. besteht, zeigt ein Blick in die Kataloge der optischen Werkstätten.

Die Mikroskope können entweder nur vertikal stehend benutzt werden (Mikroskopstative ohne Kippe), oder sie können geneigt werden (Mikroskopstative mit Kippe). Die Neigung geht in der Regel so weit, daß das Oberteil horizontal liegt und der Tisch vertikal steht (umgelegtes Mikroskop). Das Unterteil trägt die Kippe (das Gelenk zum Neigen des Mikroskopoberteils) in unserem Schema bei *G*. Das darauf ruhende Oberteil ist der Träger des eigentlichen Beobachtungsrohres mit seinen Verschiebungs-Vorrichtungen. Das Beobachtungsrohr selbst, welches das optische Beobachtungssystem enthält, heißt der Tubus des Mikroskopes.

Das optische System scheidet sich in zwei Hauptsysteme, welche als solche in besondere Fassungen gebracht werden, und von denen das eine mit dem unteren, das andere mit dem oberen Tubusende verbunden wird. Das dem Objekte zunächst liegende Linsensystem heißt das Objektiv (Ob), das vor dem Auge des Beobachters befindliche das Okular (Ok). Die Fassung des Objektives hat oben ein Außengewinde, welches in das Innengewinde am unteren Tubusende paßt. Das Okular hat am oberen Ende seiner Fassung einen überstehenden Rand. Es hat einen etwas kleineren Durchmesser als der Tubus an seinem oberen Ende und kann daher von oben in den Tubus hineingesteckt werden: durch den überstehenden Rand wird es im Tubus gehalten. Okular und Objektiv sind somit durch den Tubus voneinander getrennt. Seine Länge, die mechanische Tubuslänge *T*, soll im allgemeinen einem bestimmten Werte entsprechen; dieser ist bei Mikroskopen verschiedener Werkstätten verschieden: 160 oder 170 mm. Englische Mikroskope haben weit größere Tubuslängen.

Der Tubus besteht in der Regel aus zwei Teilen, der weiteren, unteren Hälfte *Y* und dem engeren, oberen Teile. Der letztere ist der ersteren entweder fest aufgeschraubt, oder er ist als Ausziehtubus *X* in einer Schiebhülse, welche dem oberen Rande des weiteren Tubus aufsitzt, verschiebbar. Die mechanische Tubuslänge ist dann variabel; eine Teilung an dem Ausziehtubus gestattet, die jeweilige Länge abzulesen. Diese Verschiebungsmöglichkeit muß vorhanden sein, wenn das Objektiv nicht stets unmittelbar an den Tubus angeschraubt wird und es sich um empfindliche Objektive handelt, für welche die vorgeschriebene Tubuslänge unbedingt eingehalten werden muß. Auch unser Schema zeigt rechts zwischen dem Objektive und dem unteren Tubusende eine besondere Vorrichtung *R*, eine Objektivwechselvorrichtung. Das untere Ende des Ausziehtubus trägt wie der äußere Tubus das gewöhnliche Tubusgewinde zum Anschrauben von Objektiven. Man kann sonach diesen Ausziehtubus auf diese Weise zu einem Hilfsmikroskope ausgestalten, mit welchem man Erscheinungen verfolgen kann, welche sich in der hinteren Brennebene der Objektive (F_1' im Schema) zeigen. —

Das Mikroskop ist ein optisches Instrument, welches den großen Vorzug besitzt, in bezug auf das optische System jederzeit ergänzbar zu sein. Das Objektiv kann abgeschraubt und ein anderes an seine Stelle geschraubt werden; das Okular kann aus dem Tubus gezogen und durch ein anderes ersetzt werden. Neue Objektive und Okulare, welche unmittelbar passen, können jederzeit nachbezogen werden. Man hat somit die Möglichkeit, an einem und demselben Stative durch den Wechsel der optischen Systeme eine größere Anzahl verschiedener Vergrößerungen zu haben und verhältnismäßig rasch von einer zur anderen überzugehen.

Bei Untersuchungen eines Präparates ist es oft nötig, daß man zunächst mit einem schwachen Objektive das Präparat durchmustert, um einen Überblick über das Objekt zu bekommen und diejenigen Stellen herauszufinden, welche ein Interesse für die Beobachtung darzubieten scheinen. Man bringt eine solche Stelle möglichst in die Mitte des Gesichtsfeldes und wünscht nun, diese Stelle mit einem stärkeren Objektive genauer anzusehen. Dazu ist es dann nötig, das erste Objektiv vom Tubus abzuschrauben und das zweite anzuschrauben, während man später zur Aufsuchung neuer Stellen wieder das erste Objektiv anschrauben muß usf. In solchen Fällen ist das An- und Abschrauben lästig. Oder es kommt darauf an (z. B. bei veränderlichen Objekten), den Wechsel sehr schnell erfolgen zu lassen. Da ist eine Wechselvorrichtung erwünscht, welche das An- und Abschrauben erspart. Am bekanntesten ist als solche der sogenannte Revolver (*R* in Figg. 306 und 307). Der Revolver besteht aus einer festen Scheibe, welche im unteren Tubusende angeschraubt ist und als Deckel dient; unmittelbar unter dieser dreht sich eine zweite Scheibe, welche sich dem Deckel dicht anschließt und zwei, drei oder vier Öffnungen mit dem englischen Gewinde zum Anschrauben der Objektive trägt. Der Deckel schützt die nicht in Gebrauch befindlichen Objektive vor dem Verstauben. Die Figur 307 gibt einen Revolver für drei Objektive wieder. Die Revolver sitzen manchmal fest am Tubus und sind nicht abnehmbar; dann ist ihre Länge in der mechanischen Tubuslänge einbegriffen. In der Regel ist jedoch der Revolver ein besonderer Zubehörteil zum Mikroskopstative, welcher wie ein Objektiv selbst in das englische Gewinde des Tubus einzuschrauben ist. In solchem Falle läßt sich der Revolver, wenn es nötig ist, abnehmen. Auch lassen sich derartige Revolver später für Mikroskopstative, welche ohne Revolver bezogen worden sind, nachbeziehen. Es ist dann aber zu beachten, daß durch den Revolver der Tubus des Mikroskopstatives verlängert wird. Der Ausziehtubus muß dann so gestellt werden, daß an ihm nicht die normale Tubuslänge abgelesen wird, sondern ein Wert, welcher um die Höhe des Revolvers niedriger als die mechanische Tubuslänge ist. Die Höhe des Revolvers ist aus dem Kataloge der betreffenden Werkstätte zu entnehmen.

Fig. 307. Dreiteiliger Revolver.

Fig. 308. Schlitten-Objektivwechsler.

Der Revolver mit den verschiedenen Objektiven bewirkt eine bedeutende Gewichtsvermehrung des Tubus. Dem muß bei der Einstellung des Ganges der groben Bewegung Rechnung getragen werden (S. 437).

Eine zweite Art der Wechselvorrichtung ist der Schlittenwechsler. Die Vorrichtung besteht aus zwei Teilen, dem Tubusschlittenstücke und den Objektivschlittenstücken. Das Tubusschlittenstück *a* wird an das untere Ende des Mikroskoptubus angeschraubt. Es trägt an der Unterseite zwei seitliche Backen (Fig. 308), welche als Führung für das Objektivschlittenstück dienen. Die Schlittenfläche selbst bildet einen Winkel von etwa 84° mit der Achse des Tubus. Das Objektivschlittenstück trägt an seiner Unterseite das englische Gewinde zum Anschrauben des Objektives. Da seine Schlittenfläche denselben Winkel mit der Achse bildet, so gleitet das Objektiv beim Einschieben des Schlittens in das Tubusschlittenstück von oben nach unten in seine richtige Lage: beim Herausziehen bewegt sich das Objektiv nach oben, so daß jede Verletzung des Präparates vermieden wird.

Für jedes Objektiv ist ein Objektivschlittenstück zu verwenden. Das Objektivschlittenstück ist mit einer Zentriervorrichtung versehen, welche gestattet, die optische Achse der Objektive unter sich genau auszurichten, so daß beim Wechseln der Objektive die eingestellte Präparatstelle stets wieder genau in der Mitte des Gesichtsfeldes erscheint. Diese Zentrierung kann vom Beobachter selbst vorgenommen und jederzeit erneuert werden, während sie beim Revolver in der optischen Werkstätte zu erfolgen hat und nicht mit der gleichen Genauigkeit wie beim Schlittenwechsler ausgeführt werden kann. Mit Schlittenwechslern kann eine unbeschränkte Anzahl von Objektiven gewechselt werden, während sich ihre Zahl beim Revolver auf 4 beschränkt.

Eine dritte gebräuchliche Wechselvorrichtung ist der Zangenwechsler. Dieser wird allerdings fast ausschließlich bei mineralogischen Mikroskopen verwendet. An das untere Tubusende wird ein Stück angeschraubt, welches senkrecht zum Tubus eine Gabel trägt. Diese wird durch eine außerachsiale Feder gegen den Tubus gedrückt. Beim Zusammendrücken der Feder klappt die Gabel nach unten. Die Fassung des Objektives muß so gearbeitet sein, daß es beim Niederdrücken der Feder in die Gabel gelegt werden kann und von dieser dann gegen den Tubus gedrückt wird. Auch diese Vorrichtung gestattet, eine unbeschränkte Anzahl von Objektiven zu wechseln. —

Die wichtigsten Vorrichtungen des Mikroskopoberteils sind die Einstellvorrichtungen. Im allgemeinen sind jetzt stets zwei vorhanden: eine grobe Verstellung und eine feine Verstellung. Die grobe Verstellung ist eine Zahn- und Triebbewegung. Die Zähne der Zahnstange sollen schräg geschnitten sein, damit der Gang gleichmäßig ist und der tote Gang vermieden wird. Die grobe Verstellung dient dazu, den Tubus dem Präparate rasch so weit zu nähern, daß ein verschleiertes Bild zu sehen ist; die weitere Einstellung soll mit der feinen Verstellung erfolgen. Desgleichen wird man mit ihr auf die verschiedenen Schichten des Präparates nacheinander genau einstellen. Eine sauber und gut gearbeitete Zahn- und Triebbewegung läßt ein bequemes Einstellen bis zu 4—500 facher Vergrößerung zu. Der Gang der Grobbewegung wird je nach dem Gewichte des Tubus leichter oder schwerer eingestellt (S. 436). Ist der Gang etwas zu leicht eingestellt, so kann sich der Tubus von selbst ganz allmählich senken. Man bemerkt dieses daran, daß das Bild eines eingestellten Objektes nach kurzer Zeit undeutlich wird und vollständig verschwindet. Die Ursache ist nicht ein Fehler der Feinbewegung, sondern ein zu leichter Gang der Grobbewegung, welcher durch vorsichtiges Anziehen von zwei Druckschrauben richtig einreguliert werden kann.

Die Konstruktion der feinen Verstellung ist jetzt sehr verschiedenartig. Sie soll einen durchaus gleichmäßigen Gang und keinen Spielraum beim Übergange von der Rückwärts- in die Vorwärtsbewegung haben. Wünschenswert ist es, daß das Heben bzw. Senken des Tubus durch ein gleichsinniges Drehen der Antriebknöpfe der beiden Bewegungsvorrichtungen erfolgt. —

Wie bei Objektivwechslern tritt eine Verlängerung des Tubus durch den Vertikalilluminator ein. Wir kommen damit auf die Beleuchtung undurchsichtiger Objekte zurück. Diese liegen auf dem Objekttische und sind von oben zu beleuchten. Bei schwacher Vergrößerung bleibt zwischen der Oberfläche des Objekts und dem unteren Rande des Beobachtungsobjektives (diese Strecke heißt der freie Objektabstand) genügend Platz, so daß die zu beobachtende Stelle vom Tageslichte oder direkt von einer Lampe genügend erhellt wird. Die Lichtstrahlen können durch eine vor das Mikroskop gesetzte Linse ev. auf das Gesichtsfeld konzentriert werden. Bei stärkeren Vergrößerungen wird der freie Objektabstand so klein, daß ein Vertikalilluminator zwischen dem Objektive und dem Tubus eingeschaltet werden muß (Fig. 309). Er ist ein Rohrstück von etwa 30 mm Länge mit einer seitlichen Öffnung, vor welcher noch zweckmäßig eine Irisblende angebracht wird; im Innern sitzt unmittelbar hinter der Öffnung ein Reflexionsprisma oder ein Planglas, welches das Licht durch das Beobachtungsobjektiv auf das Präparat wirft. Die Länge des Vertikalilluminators ist beim Tubusauszug zu berücksichtigen. Hinzu kommt aber, daß die Objektive gewöhnlich besonders kurz gefaßt werden, damit die Linsen dem Prisma oder Planglase möglichst nahe kommen. Die stärkeren Objektive für metallographische Beobachtungen sind für gewöhnliche Beobachtungen nicht verwendbar.

Fig. 309. Vertikalilluminator mit Irisblende.

Die optische Einrichtung.

Das mikroskopische Bild entsteht durch das Zusammenwirken von Objektiv und Okular. Die Objektive werden so konstruiert, daß sie, rein schematisch betrachtet, wie Fig. 2 zeigt, in richtige Entfernung zum Objekte gebracht, ein reelles umgekehrtes Bild des Gegenstandes in größerer Entfernung ($\Delta = 180$ mm, optische Tubuslänge) von ihrer hinteren Brennebene (F_1') entwerfen. Wird diese Bildebene (F_2) mit der vorderen Brennebene eines Okulares zusammengebracht, so liefert dann das Okular ein virtuelles, aufrechtes Bild des Zwischenbildes, also ein umgekehrtes, stark vergrößertes Bild des Gegenstandes im Unendlichen zum Wahrnehmen mit dem akkomodationsfreien Auge. Der nicht Normalsichtige verlegt das scharfe Bild durch eine geringe Verstellung der Feinbewegung in die ihm passende Sehweite. Die Vergrößerung ergibt sich auf Grund dieser Zerlegung wie folgt. Es ist die Objektivvergrößerung: $\frac{O'}{O} = V' = \frac{\Delta}{f_1}$, unter f_1 die Brennweite des Objektives verstanden. Es ist die Okularvergrößerung: $\frac{O''}{O'} = V'' = \frac{250}{f_2}$, unter f_2 die Okularbrennweite verstanden. Also ist die Gesamtvergrößerung:

$$N = V' V'' = 250 \frac{\Delta}{f_1 f_2} = 250 \cdot \frac{1}{f} \cdot \tag{1}$$

$f = \frac{f_1 \cdot f_2}{\Delta}$ ist die Gesamtbrennweite des Mikroskopes. Die Vergrößerung ist ihr umgekehrt proportional.

In den Katalogen vieler Werkstätten werden sich diese Angaben als die Anteile von Objektiv und Okular an der Vergrößerung finden. Doch schon ABBE[1] ist auf Grund einer genaueren Analyse des Abbildungsvorganges zu dem Schlusse gekommen, daß das Verhältnis von Objektiv und Okular besser erfaßt wird, wenn man als ersten Teil der Abbildung die Erzeugung eines unendlich entfernten virtuellen Bildes durch das Objektiv wie durch eine Lupe betrachtet, und zweitens die Übervergrößerung in Betracht zieht, welche der Rest des Objektives, in Verbindung mit dem um Δ entfernten Okulare als Fernrohr wirkend, ausübt. Dann zerlegt sich die Gesamtvergrößerung: $N = \frac{250}{f} = 250 \cdot \frac{\Delta}{f_1 \cdot f_2}$ in die Eigenvergrößerung des Objektives:

$$N_1 = \frac{250}{f_1} \tag{2}$$

und in die Übervergrößerung, hervorgerufen durch die optische Tubuslänge und das Okular:

$$N_2 = \frac{\Delta}{f_2}, \ \Delta = \text{etwa 180 bei kontinentalen Mikroskopen.} \tag{3}$$

Dieser Zerlegung folgt der andere Teil der optischen Werkstätten in seinen Katalogen. ABBE hat die sich aus dieser Definition ergebenden Vergrößerungswerte für seine Kompensationsokulare unmittelbar als Bezeichnung eingeführt. Der in der Gesamt- und Lupenvergrößerung auftretende Faktor 250 ist dadurch bedingt, daß man sich das zum Vergleiche mit dem Objekte herangezogene mikroskopische Bild in eine bestimmte Entfernung vom Auge (hinterem Brennpunkte) projiziert denken muß; als solche ist die (vereinbarungsgemäße) normale Sehweite von 250 mm gewählt.

Ihrer verschiedenen Bestimmung entsprechend sind Objektive und Okulare sehr ungleich gebaut. Das Objektiv soll bereits das in allen Einzelheiten fertige Bild des Gegenstandes entwerfen. Das Okular soll ihm nichts Neues mehr hinzufügen; es soll die Einzelheiten nur so ausbreiten, daß sie uns unter dem für die Wahrnehmung genügend großen Gesichtswinkel erscheinen. Es muß daher das vom Objektiv entworfene Bild an sich schon möglichst objektähnlich und frei von Fehlern sein, wie sie die Abbildung durch Linsen mit sich bringt. Auch die Fehler des Objektivbildes werden im allgemeinen durch das Okular vergrößert, so daß derjenige Objektivtypus als der beste zu betrachten ist, bei welchem sich die verbleibenden Fehlerreste auch bei der stärksten Übervergrößerung durch das Okular nicht störend bemerkbar machen.

Betrachten wir die Abbildung eines leuchtenden Punktes durch eine einfache Sammellinse, so sehen wir, daß von dem Punkte P (Fig. 310) nach allen Seiten des Raumes Lichtstrahlen ausgehen, welche je einen bestimmten

[1] E. ABBE, Beiträge zur Theorie des Mikroskops und der mikroskopischen Wahrnehmung. M. SCHULTZES Arch. mikr. Anat., 9, 413—468, 1878; Gesamm. Abh. 1, 50—56, Jena 1904.

Winkel u mit der Achse bilden, und von denen ein Teil die Linse trifft. Wenn die Linse ein Bild des Punktes geben soll, so müssen die Strahlen, welche durch sie hindurchgehen, hinter ihr wieder in einem Punkte vereinigt werden. Die divergierenden Strahlen müssen also durch die Linse Richtungsänderungen erfahren, und zwar müssen die Strahlen,

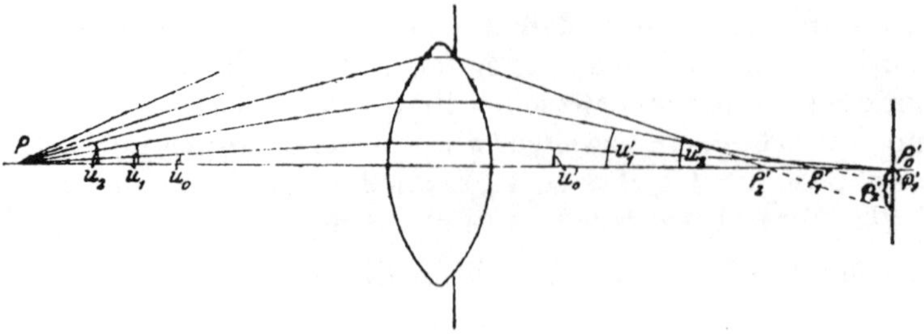

Fig. 310. Abbildung eines Punktes P durch eine einfache Sammellinse.

welche größere Winkel mit der Achse bilden, eine bedeutend stärkere Richtungsänderung erfahren als die Strahlen mit kleinem Neigungswinkel u. In der Tat werden die Lichtstrahlen an den Grenzen verschiedener Medien nach dem Snelliusschen Brechungsgesetze:

$$n \sin i = n' \sin i' \qquad (4)$$

gebrochen, wenn i und i' bez. die Einfallswinkel vor und hinter der Grenzfläche sind. Dieses ergibt für die Strahlen von größerem Neigungswinkel stärkere Brechungen; indes ist die Abstufung der Brechung weder bei einer Planfläche noch bei einer Kugelfläche derart, daß die Vereinigung aller Strahlen in einem Punkte erfolgt. Die Strahlen treten vielmehr aus der Linse derart aus, daß sich nur die Strahlen mit sehr kleinem Neigungswinkel u im Punkte P'_0 vereinigen; je größer u wird, desto mehr rückt dagegen der Schnittpunkt der Strahlen mit der Achse an die Linse heran. Die Strahlen der mittleren Partie schneiden sich etwa in P'_1, die der Randpartie in P'_2. Der leuchtende Punkt wird also in dem gezeichneten Schnitte durch die leuchtende Linie $P'_2\, P'_0$ wiedergegeben. Die Brechung durch die Linse ist bereits zu stark; die Randstrahlen treffen die Achse näher der Linse als die Zentralstrahlen; die Linse nennt man „unterkorrigiert". Eine Fläche, welche alle Strahlen in einem Punkte wieder vereinigen soll, darf keine Kugelfläche, also keine Fläche konstanter Krümmung sein. Man nennt die Erscheinung, daß durch Linsen gebrochene Strahlenbündel verschiedene Schnittpunkte mit der Achse haben, die „sphärische Aberration". Ihre Wirkung geht dahin, daß in der durch P_0 senkrecht zur Achse gelegten Ebene, in welcher die Zentralstrahlen den Punkt P abbilden, die durch die Mittel- und Randzone der Linse gehenden Strahlen leuchtende Ringe, sogenannte Zerstreuungskreise, entstehen lassen, welche sich dicht aneinander anschließen und im ganzen ein leuchtendes Scheibchen von bestimmtem Durchmesser (z. B. $2\varrho'_2$) als Bild des Punktes P geben. Durch diese Zerstreuungskreise muß die Darstellung aller derjenigen Einzelheiten des Objektes beeinträchtigt werden, deren Abstand voneinander so klein ist, daß ihre Bildpunkte innerhalb der Zerstreuungskreise von Nachbarpunkten fallen. Das Bild wird dann dem Objekte nur in groben Zügen ähnlich; es werden gewissermaßen die kleinen, feinen Bausteine des Objektes im Bilde durch gröbere ersetzt. Es erscheinen also im Bilde größere Teile als gleichmäßig, als es im Objekte der Fall ist. Mit Rücksicht hierauf muß die sphärische Aberration nach Möglichkeit herabgesetzt werden. Die Schwierigkeit, sie zu beseitigen, wächst mit der Größe des Winkels u, den die Randstrahlen mit der Achse bilden, ganz bedeutend. Der gesamte Winkel $2u$ ist der Öffnungswinkel des Strahlenbündels oder des abbildenden Systems.

Wie die sphärische Aberration bringt die chromatische Aberration Unzuträglichkeiten für die Abbildung mit sich. Das Snelliussche Brechungsgesetz, nach welchem die Ablenkung der Lichtstrahlen aus ihrer Richtung beim Übergang von einem in ein anderes Medium vor sich geht, enthält als Faktoren deren Brechungsexponenten. Da diese mit der Farbe, also der Wellenlänge des Lichtes, sehr stark veränderlich sind, folgt, daß die Ablenkung für die Lichtstrahlen je nach ihrer Farbe sehr verschieden sein muß. Ein weißer Lichtstrahl wird daher wie beim Durchgange durch ein Prisma in seine Bestandteile zerlegt und zerteilt sich in einen farbigen Fächer, welcher beim Austritt aus der Linse an der nach der Achse zu gelegenen Seite violett, an der anderen rot ist (Fig. 311). Die brechbareren Strahlen die blauvioletten, schneiden die Achse eher als die weniger brechbaren, die roten. Bei den Prismen wird die Dispersion des Lichtes planmäßig ausgenutzt, bei der Linse ist sie eine unangenehme Zugabe. Sie beeinflußt nicht nur die Schnittweite der Strahlen und damit die Bildörter, sondern auch die Brennweite der Linse und damit die Vergrößerung. Der Bildort im roten Lichte liegt weiter von der Linse entfernt als im blauvioletten. Wir erhalten daher bei Beleuchtung mit weißem Lichte keine scharfen Bildpunkte. In der Bildebene der violetten Strahlen z. B. entsteht eine Anzahl farbiger Ringe, Zerstreuungskreise der chromatischen Aberration, von denen die äußeren rot sind; in der Bildebene der roten Strahlen dagegen entstehen Zerstreuungskreise mit violettem Rande. Dabei sind die Bildpunkte für die einzelnen Farben an sich aber auch nur dann einigermaßen scharf, wenn die sphärische Aberration für die einzelnen Farben beseitigt ist. Andernfalls tritt für jede Farbe der früher erwähnte Lichtfleck an die Stelle eines Schnittpunktes mit der Achse. Bei weißem Lichte legen sich diese dann in der Ebene, auf welche man als Bildebene seine Aufmerksamkeit richtet, teilweise aufeinander. So entsteht ein Lichtscheibchen, welches in der Mitte weiß sein kann, wenn sich dort alle Farben überdecken, weiterhin irgendwelche Mischfarbe zeigt und am Rande je nach der Lage der Ebene rot, gelbgrün oder violett sein kann.

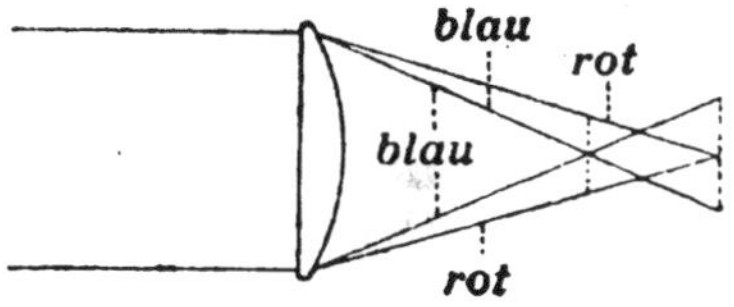

Fig. 311. Chromatische Aberration einer Linse.

Die Wirkung ist dabei auch hier, wie bei der sphärischen Aberration die, daß das Bild nicht alle Feinheiten des Objektes aufweisen kann. Die Struktur im Bilde ist gröber als die des Objektes.

Diese Andeutungen müssen genügen darzutun, daß derartige sphärische und chromatische Fehler in der Abbildung geeignet sind, diese aufs ärgste zu schädigen, wenn es nicht gelingt, sie durch die Konstruktion der Objektive so weit herabzudrücken, daß sie auch nach der Vergrößerung durch die Okulare nicht störend hervortreten.

Die schwächsten Objektive bestehen daher schon aus einer sogenannten achromatischen Linse, einem System von zwei verkitteten Linsen, einer Positiv- oder Sammellinse und einer negativen oder zerstreuenden Linse. Die beiden Linsen sind aus verschiedenen Glasarten hergestellt, welche sich in bezug auf den Brechungsindex und das Dispersionsvermögen stark voneinander unterscheiden. Das Bild weist nicht so große Mängel infolge sphärischer und chromatischer Abweichungen wie das einer einfachen Linse auf, weil die Glassorten und Radien so gewählt werden, daß einmal für zwei, ziemlich weit auseinanderliegende Farben zwei an einem Orte zusammenfallende Bilder entstehen. Gleichzeitig wird ferner für eine mittlere Farbe die sphärische Aberration in der Achse behoben, d. h. bei ihr läßt man die Zentral- und die Randstrahlen die Achse im gleichen Punkte schneiden. Infolgedessen müssen die in der Bildebene als Bausteine des Bildes entstehenden Zerstreuungskreise der chromatischen und sphärischen Aberration bedeutend kleiner als bei der Einzellinse sein, und das Bild wird dementsprechend feiner. Es können mehrere solcher achromatischen Linsen, welche für sich selbst auch als Objektive brauchbar sind, durch Zusammensetzen zu einem stärkeren Systeme vereinigt werden, wobei die einzelnen Teile abschraubbar anzuordnen sind, so daß in einer Objektivfassung verschieden starke Systeme zur Verfügung stehen. Über einen gewissen, verhältnismäßig niedrigen Wert der Vergrößerung hinaus ist jedoch der Gebrauch solcher Objektive nicht üblich. Er beschränkt sich heute in der Regel auf sehr einfach gebaute Instrumente.

Denn bei der mikroskopischen Beobachtung handelt es sich nicht nur um Abbildung von Achsenpunkten allein, sondern es sind flächenhafte Elemente abzubilden. Ein Flächenelement wird aber nur dann ohne Entstellung abgebildet, wenn einmal die sphärische Aberration beseitigt wird, und wenn weiter die Strahlen des in das abbildende System eintretenden und des aus ihm austretenden Lichtbündels so geleitet sind, daß das Verhältnis der Sinus der Neigungswinkel u_h konjugierter Strahlen konstant ist:

$$\frac{\sin u'_0}{\sin u_0} = \frac{\sin u'_1}{\sin u_1} = \frac{\sin u'_2}{\sin u_2} \text{ (Fig. 310).} \tag{5}$$

Eine solche Abbildung nennt man eine aplanatische, und optische Systeme, welche sie hervorbringen, aplanatische Systeme. Die Erzielung einer aplanatischen Abbildung ist um so schwieriger, je größer der Öffnungswinkel der abbildenden Systeme wird. Da dieser aber bei den stärkeren Mikroskopobjektiven, wie sich später zeigen wird, sehr groß gewählt werden muß, so reicht das Korrektionsprinzip der achromatischen Linse bei ihnen nicht mehr aus. Es ist vielmehr nötig, das Objektivsystem aus mehreren Teilen zusammenzusetzen, welche einzeln für sich nicht korrigiert sind. Ja, man führt gegebenenfalls in einzelnen Teilen absichtlich einen besonders großen Betrag von Abweichungen herbei, nur um durch Anhäufung eines gleichen Betrages entgegengesetzter Abweichungen in einem anderen Teile des Systemes im Gesamtsystem die Fehler verschwindend klein werden zu lassen. Dabei steigt die Zahl der Einzellinsen und der zusammengesetzten Linsen, aus welchen ein solches Objektivsystem besteht, sehr erheblich, zum Beispiel auf 7.

Durch die Benutzung von Flußspat außer Glas kann bei den stärkeren Systemen die Korrektion der chromatischen Abweichungen besonders gut vorgenommen werden. Diese Fluoritsysteme, auch Semiapochromate genannt, geben daher schöne Bilder, bei denen die Farbenränder auch bei intensiver Beleuchtung nur wenig hervortreten.

Von diesen achromatischen Objektiven, zu denen auch die Fluoritsysteme gehören, unterscheidet man die apochromatischen Objektive. Wenn nur zwei Farben in bezug auf ihre Schnittpunkte mit der Achse zusammengelegt werden, so liegen die Schnittpunkte für die anderen Farben zwar auch wesentlich dichter zusammen als bei einer gewöhnlichen Linse, aber immerhin noch merklich getrennt von dem Hauptschnittpunkte. Diese Abweichungen bilden das „sekundäre Spektrum", eine Erscheinung, welche am Rande der Objekte bei heller Beleuchtung (mit Nernst- oder Bogenlicht) noch deutlich wahrnehmbare, vornehmlich violette Farbensäume sichtbar werden läßt. Dieses sekundäre Spektrum wird aufgehoben, wenn nicht nur zwei, sondern drei Farben mit ihren Schnittpunkten in der Achse zusammengelegt werden. Dabei muß aber auch dafür gesorgt werden, daß nicht infolge der sphärischen Aberration die Randstrahlen gegenüber den Zentralstrahlen merkliche und noch dazu für die verschiedenen Farben verschieden große Abweichungen aufweisen. Es werden deswegen auch zwei Farben über die ganze Öffnung des Objektives sphärisch korrigiert. Unter solchen Umständen werden die vom Objektive entworfenen Bilder in allen Farben nahezu gleich scharf, so daß es keinen Unterschied macht, ob man mit monochromatischem oder mit weißem Lichte arbeitet. Auch macht es keinen wesentlichen Unterschied mehr, ob die Abbildung durch die zentrale Partie des Objektives, die Mittelzone oder die Randteile erfolgt; auch bei schiefer Beleuchtung bemerkt man kein störendes Hervortreten von Farben. Man nennt Objektive, welche diese Eigenschaften aufweisen, apochromatische Objektive. Die bedeutende Vervollkommnung in der Strahlenvereinigung verleiht ihnen bei der Beobachtung schwieriger Objekte eine bedeutende Überlegenheit über andere Objektive. Ihr Aufbau ist noch komplizierter als der der starken Achromate, die Zahl der Linsen steigt bis auf 10.

Bei den apochromatischen Mikroskopobjektiven kann auch noch ein den stärkeren Objektiven gemeinhin verbleibender Farbenfehler, welcher in Vergrößerungsdifferenzen für die verschiedenen Farben besteht, unschädlich gemacht werden. Die einzelnen übereinander gelegten Bilder der verschiedenen Farben sind verschieden groß; die blauen Bilder sind größer als die roten, so daß die Bilder schwache, farbige Ränder aufweisen, welche seitlich der Achse stärker hervortreten als in der Mitte des Gesichtsfeldes. Diese Vergrößerungsdifferenz nimmt im allgemeinen (bei den achromatischen Systemen) in den Randzonen des Objektives zu; bei den Apochromaten ist die Vergrößerungsdifferenz der verschiedenen Farben für die einzelnen Zonen des Objektives nicht mehr verschieden. Sie läßt sich sogar für alle Objektive dieses Typus gleich groß machen. Diese gleichmäßige Farbenabweichung läßt sich dann dadurch beseitigen, daß man diese Objektive mit besonderen Okularen benutzt, welchen eine ebensolche, nur entgegengesetzte Vergrößerungsdifferenz für die einzelnen Farben zuerteilt worden ist. In ihrer Gesamtwirkung heben sich die beiden Fehler dann auf, und für die Kombination der Apochromate mit solchen Okularen, den Kompensationsokularen, ist auch die chromatische Differenz der Vergrößerung beseitigt. Die Kombination liefert also hervorragend scharfe Bilder. Daß die Kompensationsokulare für sich nicht farbenfreie Bilder liefern, ersieht man beim Hineinsehen in die Okulare an der Okularblende; diese das Gesichtsfeld begrenzende Blende zeigt ganz deutlich einen gelbroten Rand. Das ist nicht als ein Mangel des Okulares aufzufassen. Die apochromatischen Objektive sind nur mit den Kompensationsokularen zu benutzen.

Im allgemeinen werden an die Okulare keine großen Ansprüche gestellt. Sie dürfen ihrerseits das zu vergrößernde Objektivbild nicht verschlechtern. Das läßt sich schon mit einfachen Mitteln erreichen. Die gewöhnliche Form der Okulare ist die HUYGENSsche. Wie unser Schema (Fig. 306) zeigt, besteht sie aus zwei Linsen. Die untere, die Kollektivlinse (*C*) macht die von den einzelnen Objektpunkten ausgehenden Hauptstrahlen konvergent und leitet sie dem Auge zu. Wird dadurch das reelle Zwischenbild auch etwas kleiner, so wird anderseits das Gesichtsfeld des ganzen Mikroskopes etwas größer und am Rande lichtstärker. Die obere Linse, die Augenlinse (*A*), wirkt wie eine Lupe. Am Orte des reellen Zwischenbildes, in der Brennebene der Augenlinse, ist die Blende *B* angebracht; sie wird mit dem Objekte scharf gesehen und gibt die scharfe Begrenzung des Gesichtsfeldes (Sehfeldblende).

Bei anderen Okulartypen, wie den orthoskopischen Okularen und den stärkeren Kompensationsokularen, entsteht das reelle Zwischenbild bereits unterhalb des Linsensystems. Auch bei ihnen ist in der Bildebene die Sehfeldblende angebracht. Das Sehfeld ist bei ihnen im Verhältnis größer als bei den HUYGENSschen Okularen. Sie haben neben Einzellinsen auch mehrfache Linsen. Der einfachere Typus dieser Okulare, das RAMSDENsche, besteht wie das HUYGENSsche aus zwei Einzellinsen; es wird in der Regel nur bei Meßvorrichtungen benutzt.

Dicht oberhalb des Okulares wird, wenn man aus der Entfernung der deutlichen Brennweite auf die Augenlinse des Okulares hinabsieht, ein kleiner, heller, scharfbegrenzter Lichtkreis sichtbar, Augenkreis oder

Ramsdenscher Kreis genannt. Es ist die Austrittspupille des Mikroskopes, gelegen in dessen hinterer Brennebene F'. Durch die Austrittspupille gehen sämtliche Strahlen, welche das Mikroskop durchsetzen. Es ist daher die Eintrittspupille des Auges, d. i. das Bild der Augenpupille, welches das Kammerwasser und die Hornhaut des Auges nach vorn hin entwerfen, und welches noch etwas hinter der Hornhaut gelegen ist, bei der Beobachtung in diese Ebene zu bringen. Dann nimmt das Auge sämtliche Strahlen auf und übersieht in bequemer Weise das Sehfeld. Die Austrittspupille soll deshalb nicht zu dicht über der Augenlinse liegen.

Der Abbildungsvorgang.

Für die Beurteilung der mikroskopischen Abbildung ist die Beugung des Lichtes im Präparate von entscheidender Bedeutung. Es ist zwar nicht möglich, für die komplizierten mikroskopischen Strukturen den Vorgang in allen Einzelheiten klarzulegen. Man muß sich damit begnügen, das Präparat zu idealisieren, indem man eine regelmäßige Struktur aus einfachen Elementen, ein Gitter, der Beobachtung zugrunde legt. Das dabei gefundene Prinzip bleibt auch bei den unregelmäßigen Strukturen der Wirklichkeit in Geltung. Man muß auch für die Beleuchtung zunächst die einfachsten Verhältnisse annehmen.

Bei der mikroskopischen Untersuchung von Objekten handelt es sich in den weitaus meisten Fällen um nicht selbstleuchtende Objekte, um Objekte also, welche von einer Lichtquelle mit oder ohne Hilfe von Beleuchtungslinsen (Kondensoren) beleuchtet oder durchleuchtet werden. Zur Schematisierung des Vorganges nehmen wir an, daß eine sehr kleine, weit entfernte Lichtquelle das mikroskopische Präparat unmittelbar durchleuchtet. Es wird dann im parallelen Lichte beobachtet. Dieser Anordnung kommt es gleich, wenn bei eingeschaltetem Kondensor die Irisblende eng zugezogen wird; sie wird durch den Kondensor im Unendlichen abgebildet und vertritt die lichtgebende Fläche. Dem Mikroskop-Objektive sind damit zwei Objekte dargeboten: einmal das auf dem Mikroskoptisch liegende, eigentliche mikroskopische Objekt und zweitens die weit entfernt angenommene Lichtquelle von geringer Ausdehnung. Letztere wird durch das Mikroskop-Objektiv in dessen hinterer Brennebene abgebildet und zwar durch das mikroskopische Präparat hindurch. Man kann sich davon überzeugen, wenn man das Mikroskop-Okular herausnimmt und mit dem Auge direkt in den Tubus blickt. Man sieht dann unten unmittelbar über dem Objektive, wenn die Lichtquelle klein genug ist, einen hellen zentralen Fleck, das Abbild der Lichtquelle. Eventuell sieht man das Bild der eng zugezogenen Irisblende unter dem Kondensor. Das in der hinteren Brennebene sichtbare Bild heißt das Öffnungsbild des Objektives.

Im allgemeinen pflanzt sich das Licht geradlinig fort. Abweichungen davon werden, abgesehen von dem Übergange aus einem Medium in ein anderes, erst wahrnehmbar, wenn der Querschnitt des Lichtbüschels sehr klein wird. Man erreicht dies z. B. dadurch, daß man das Lichtbündel auf eine Platte mit einer sehr feinen, spaltförmigen Öffnung auffallen läßt. Man sieht dann, wenn es dunkel genug ist, auf einem Schirme dahinter nicht nur den hellen weißen Streifen, welcher durch geradlinige Fortpflanzung des Lichtes durch den Spalt hindurch hervorgerufen wird, sondern daneben noch eine Reihe farbiger Streifen, symmetrisch zu dem Mittelstreifen und mit nach den Seiten hin stark abnehmender Intensität. Beobachtet man statt mit weißem Lichte mit einfarbigem, so bemerkt man mehrere helle Streifen mit dunklen Zwischenräumen. Das Licht hat sich also von dem Spalte aus nach beiden Seiten hin fächerförmig mit periodisch ab- und zunehmender Helligkeit verteilt. Die Erscheinung bleibt im Prinzip die gleiche, wenn zwei oder mehrere Spalte an die Stelle eines treten; der gesetzmäßige Ausdruck dafür ändert sich aber, und im einzelnen sieht auch die Erscheinung anders aus. Ist aus dem einen Spalte ein sogenanntes Gitter geworden, dessen beugende Elemente (die feinen hellen oder dunklen Striche) die Entfernung d voneinander haben, so erfolgt für einfarbiges Licht von der Wellenlänge λ die fächerförmige Ausbreitung derart, daß in den Richtungen φ_h Helligkeit wahrgenommen wird, welche entsprechen:

$$n \cdot \sin \varphi_h = \frac{h \cdot \lambda}{d}; \; h = 0, 1, 2, 3 \ldots \qquad (6)$$

Die Richtungen, in welchen Helligkeit herrscht, liegen hiernach symmetrisch zur Achse um so weiter auseinander, je kleiner d ist, und einander um so näher, je größer der Abstand d der einzelnen Elemente des Objektes wird. n ist der Brechungsindex des Mediums hinter den beugenden Elementen. Den verschiedenen, getrennten Richtungen φ_h entspricht in der hinteren Brennebene des Mikroskopobjektives die gleiche Anzahl heller Stellen, wenn alle Strahlenrichtungen φ_h in das Objektiv eintreten können und nicht zum Teil an ihm vorbeigehen. Auch sie liegen symmetrisch zur Mitte und haben von ihr einen Abstand e_h gemäß:

$$e_h = f_1 \cdot \sin \varphi_h = f_1 \cdot \frac{h \cdot \lambda}{n \cdot d}, \qquad (7)$$

unter f_1 die Brennweite des Mikroskopobjektives verstanden. Die seitlichen hellen Stellen sind wie der Lichtfleck in der Mitte der hinteren Brennebene des Objektives Bilder der Lichtquelle, welche durch die Abbeugung des Lichtes an der Struktur des Präparates entstanden sind (Nebenbeugungsbilder). Ihre Konturen müssen denen der Lichtquelle entsprechen; sie werden daher bei einfarbigem Lichte im allgemeinen kreisförmig sein, weil die Lichtquelle in der Regel nicht in ihrer ganzen Ausdehnung zur Wirkung kommt, sondern aus ihr durch eine Blende ein kreisförmiger Teil herausgeblendet zu werden pflegt. Ist das Licht nicht einfarbig, sondern ist es weißes Licht, so tritt bei der Beugung eine Zerlegung des Lichtes in seine farbigen Bestandteile ein. Die einzelnen Lichtflecke in der hinteren Brennebene des Objektives sind dann in der Mitte mehr oder weniger rein weiß, am Rande aber nach der Mikroskopachse zu blau-violett und am anderen rot; nur das Mittelbild ist ganz weiß. Die Nebenbeugungsbilder erscheinen dabei nunmehr als langgezogene Kreise (Fig. 312); man bezeichnet sie als Bilder der ersten, zweiten usw. Ordnung. Sie liegen desto dichter zusammen, je größer der Abstand d der einzelnen Elemente im Präparate ist. Je kleiner d wird, je feiner also die Struktur des Präparates wird, desto mehr rücken sie dagegen auseinander. Wenn das äußerste von ihnen gerade den Rand der hinteren Brennebene berührt, ist die Grenze in der Strukturfeinheit erreicht, bei welcher noch der ganze Beugungsfächer des Präparates aufgenommen wird; es kann also noch gerade das sämtliche vom Präparate kommende Licht an der Bildentstehung teilnehmen. Wird die Struktur noch feiner, so dehnt sich der Beugungsfächer noch weiter aus, und sein äußerster Teil wird vom Objektive nicht mehr aufgenommen (Fig. 312); das vorher am Rande der Brennebene sichtbare Beugungsbild ist verschwunden. Die Erzeugung des Präparatbildes in der Okularebene geschieht jetzt nicht mehr von dem vollen, vom Präparat kommenden Lichtkegel, sondern nur noch von einem Teile desselben. Wird die Struktur immer feiner, rücken also in unserem Beispiele die Gitterstriche immer dichter zusammen, so tritt ein Augenblick ein, in welchem außer dem zentralen Bilde auf den beiden Seiten nur noch je ein Beugungsbild sichtbar ist, welches sich mehr und mehr dem Rande der Brennebene nähert. Bei einem bestimmten Abstande d wird dann $n \cdot \sin \cdot \varphi_1$ so groß, daß das dem Winkel φ_1 entsprechende Beugungsbüschel noch gerade eben in das Objektiv eintreten kann. Bei noch feineren Einzelheiten im Präparate würde abgebeugtes Licht überhaupt nicht mehr ins Objektiv eintreten und daher auch zur Erzeugung des Abbildes vom Präparate nicht beitragen können.

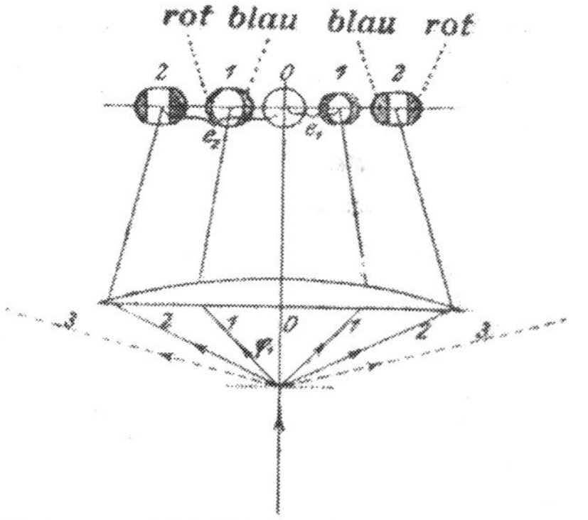

Fig. 312. Abbildung der Lichtquelle in der hinteren Brennebene des Mikroskopobjektives infolge der Beugung im mikroskopischen Präparate.

Bei welcher Feinheit der Struktur dies eintritt, hängt von der numerischen Apertur $a = n \cdot \sin u$ des Objektives ab. Der Begriff der „numerischen Apertur" ist 1873 von Abbe eingeführt worden, um diejenige Funktion der Objektivöffnung darzustellen, welche ein vergleichbares Maß für den Wert der Objektivöffnung in bezug auf den Strahlengang gibt. In dem Ausdrucke $n \sin u$ bedeuten n den Brechungsindex des zwischen dem Objektive und dem Präparate befindlichen Mediums und u den halben Öffnungswinkel des Objektives. Dies ist der Winkel, welchen die vom Objekte ausgehenden Strahlen mit der Achse bilden, wenn ihre Neigung zur Achse so groß ist, daß sie noch gerade durch das Objektiv hindurchtreten können (Fig. 310). Dieser Winkel kann theoretisch bei unendlicher Annäherung des Objektives an das Objekt den Wert 90° erreichen, bleibt aber praktisch stets unter etwa 72°; das entspricht in Luft ($n = 1$) einem

Werte der numerischen Apertur von etwa 0,95. Objektive, bei welchen das Medium zwischen ihrer Frontlinse und dem Deckglase des Präparates bzw. dem Objekte selbst Luft ist, heißen Trockensysteme. Der Wert der numerischen Apertur kann nur dann größer als 1 werden, wenn das Zwischenmedium zwischen dem Objektive und dem Präparate nicht Luft, sondern eine Flüssigkeit mit einem Brechungsindex größer als 1 ist, meist Wasser ($n = 1{,}34$) oder Zedernholzöl ($n = 1{,}52$). Solche Objektive nennt man Immersionsobjektive und unterscheidet sie als Wasserimmersionen und homogene Immersionen. Bei geringerem Öffnungswinkel als in Luft lassen sich hier Werte der numerischen Apertur von 1,25 bzw. 1,4 erzielen.

Der Ausdruck für die numerische Apertur eines Objektives hat die gleiche Form wie der Ausdruck für die Richtungen, in welchen sich die Lichtbewegung hinter einem mikroskopischen Präparate bei einfarbigem Lichte fortpflanzt. Darum ist auch die numerische Apertur bestimmend dafür, ein wie großer Bruchteil des abgebeugten Lichtes das Objektiv durchdringen kann. Ist dies für die Bilderzeugung von Wichtigkeit, so muß auch die numerische Apertur für die Abbildung von höchster Bedeutung sein. In der Tat hat Abbe durch eingehende Experimente gezeigt, daß es für das mikroskopische Bild von größter Wichtigkeit ist, ein wie großer Teil des Beugungsfächers, und welche Teile des Beugungsfächers bei der Entstehung des Bildes mitwirken. Abbe hat zum Studium dieser Erscheinungen eine besondere Vorrichtung, den Diffraktionsapparat, angegeben.

Damit ein in jeder Beziehung objektähnliches, mikroskopisches Bild entsteht, muß streng genommen der gesamte Beugungsfächer vom Objektiv aufgenommen werden; in praxi genügt es, daß der Beugungsfächer in derjenigen Ausdehnung aufgenommen wird, in welcher noch eine im Vergleich zur Gesamtintensität für unser Auge merkbare Helligkeit vorhanden ist. Denn das mikroskopische Bild entsteht dadurch, daß das in den einzelnen Beugungsbildern der hinteren Objektivbrennebene vereinigte Licht gleichzeitig in der Bildebene des Mikroskopes ausgebreitet wird, und daß sich in dieser Ebene alle diejenigen Lichtbewegungen, welche von den gleichen Punkten der Lichtquelle ausgehen (kohärente Strahlen), bei der Übereinanderlagerung nicht einfach verstärken, sondern sich je nach dem Wegunterschiede und der dadurch bedingten Phasenverzögerung, welche sie erlitten haben, verstärken, schwächen oder gar auslöschen. Diesen Vorgang nennt man Interferenz der Lichtwellen. Das mikroskopische Bild ist eine achromatische Interferenzerscheinung der das Objekt durchsetzenden Lichtstrahlen in der Bildebene des Mikroskopes. Das ist von Abbe vor etwa 40 Jahren durch eingehende Versuche festgestellt worden.[1]

Das Licht des hellen Mittelbildes der Objektivbrennebene allein vermag in der dem Präparate konjugierten Bildebene des Objektives nur eine gleichmäßige Helligkeitsverteilung hervorzurufen. Erst dadurch, daß von

[1] Eine instruktive Anleitung zur Anstellung der Abbeschen Versuche über die Theorie des Mikroskopes gibt das Büchelchen: Übungen zur wissenschaftlichen Mikroskopie, Heft 2, von H. Ambronn und H. Siedentopf. Leipzig, S. Hirzel, 1913.

den Nebenbeugungsbildern gleichfalls Licht in diese Ebene gelangt und mit dem des zentralen Bildes interferiert, macht sich in der Bildebene eine Differenzierung bemerkbar, welche desto ausgeprägter wird, je mehr Nebenbeugungsbilder zusammenwirken. Wirkt außer dem zentralen Bilde nur noch beiderseits ein Nebenbeugungsbild mit, so entsteht ein Abbild der Struktur, welches gewissermaßen nur eine grob schematische Zeichnung des Objektes und keineswegs in den Einzelheiten maßgetreu ist. Erst durch das Mitwirken noch weiterer Nebenbeugungsbilder wird das Bild auch in den Maßverhältnissen objektähnlich. Wie wichtig es für die Entstehung mikroskopischer Bilder ist, den Beugungsfächer lückenlos aufzunehmen, zeigt wohl am deutlichsten ein von ABBE angestelltes Experiment. Hat man als Objekt eine Teilung von solcher Feinheit, daß noch je zwei Nebenbeugungsbilder in der hinteren Brennebene des Objektives symmetrisch zum zentralen Bilde sichtbar werden, so erhält man ein ziemlich deutliches Bild der Teilung. Legt man nun in die hintere Brennebene des Objektives eine Blende mit verschiedenen Öffnungen, welche derartig angeordnet sind, daß je die Nebenbeugungsbilder erster Ordnung rechts und links vom Hauptbilde verdeckt werden, aber auch nur diese allein, so ändert sich das mikroskopische Bild ganz gewaltig. Alsbald erscheint als Bild eine Teilung von doppelter Strichzahl. Die Striche erscheinen außerdem nicht so scharf und präzise. Wir können sonach dem obigen Satze folgenden hinzufügen. Damit ein angenähert objektähnliches Bild durch das Mikroskop erhalten wird, ist es unbedingt nötig, daß wenigstens zwei aufeinanderfolgende Beugungsbilder des Präparates zusammenwirken, also die Bilder 0. (Hauptbild) und erster oder erster und zweiter usw. Ordnung, nicht aber 0. und zweiter oder erster und dritter zum Beispiel.

Nach allem gewinnt die numerische Apertur in der Tat die Bedeutung, daß sie bestimmend für das Auflösungsvermögen des Mikroskopes ist, das ist für die Fähigkeit, benachbarte, aber getrennt liegende Struktureinheiten auch wieder als solche dem Auge darzustellen. Der geringste, auflösbare Abstand zweier Objektpunkte bestimmt sich, wenn man die numerische Apertur a als gegeben betrachtet, zu

$$d = \frac{\lambda}{a}. \tag{8}$$

Je kleiner die Wellenlänge des Lichtes und je größer die numerische Apertur des Objektives ist, desto feinere Objekteinzelheiten werden noch aufgelöst. Für die subjektive Beobachtung ist im allgemeinen Licht mittlerer Wellenlänge, etwa $\lambda = 550\,\mu\mu$, maßgebend. Im monochromatischen Lichte mag man etwa Licht von der Wellenlänge $\lambda = 436\,\mu\mu$ verwenden. Hiernach würde die Grenze der Auflösbarkeit des Mikroskopes, wenn $a = 1{,}4$ angenommen wird, etwa bei 0,0004 mm = $0{,}4\,\mu$ bzw. $0{,}3\,\mu$ liegen. Für die Mikrophotographie lassen sich diese Grenzen wegen des zu verwendenden kurzwelligen Lichtes noch weiter herabsetzen.

Aber auch der subjektiven Beobachtung bietet das Mikroskop Mittel dar, diese Grenze noch etwas herunterzudrücken. Denn die bisherigen

Ausführungen setzten voraus, daß das Licht senkrecht zum Präparate einfällt, daß die Lichtquelle also in der Mikroskopachse gelegen ist (gerade Beleuchtung). Das weiße Hauptbild der Lichtquelle liegt in dem Falle im Zentrum der hinteren Brennebene des Objektives und die Nebenbeugungsbilder gruppieren sich symmetrisch zu beiden Seiten. Der Abstand zwischen dem Haupt- und dem Nebenbeugungsbilde erster Ordnung ist in diesem Falle höchstens gleich dem Radius der hinteren Brennebene des Objektives (Fig. 313). Er kann nur dann größer werden, wenn das Hauptbild seitlich der Achse fällt. Allerdings wird dann die Anordnung unsymmetrisch und, sobald die Entfernung des Beugungsbildes erster Ordnung vom Hauptbilde größer als der Radius der hinteren Brennebene wird, gelangt das Beugungsbüschel erster Ordnung nur auf der einen Seite ins Objektiv. Dafür kann aber im äußersten Falle die Entfernung zwischen dem ersten Nebenbeugungsbilde und dem Hauptbilde der Lichtquelle in der hinteren Brennebene des Objektives nahezu gleich ihrem Durchmesser werden (Fig. 313), und der Winkel zwischen dem Beugungsbüschel und dem Hauptbüschel wird nahe gleich dem gesamten Öffnungswinkel des Objektives. Die Apertur des Objektives ist dann ausgenutzt, so weit es noch eben geht. Objekte, welche auch bei solcher Ausnutzung von Objektiven der größtmöglichen Apertur noch nicht aufgelöst werden können, entziehen sich der eigentlichen mikroskopischen Beobachtung.

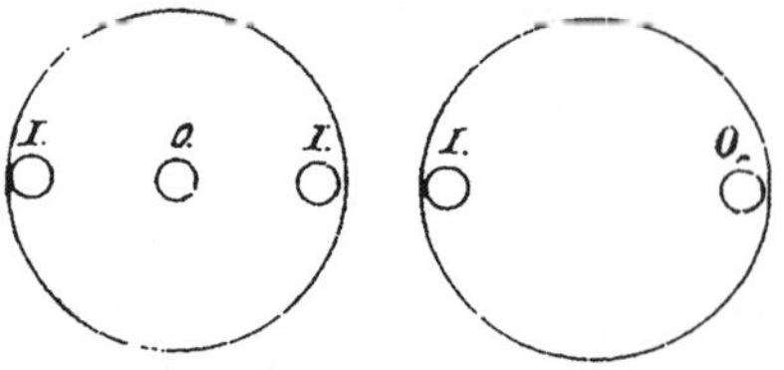

Fig. 313. Öffnungsbild bei größtmöglicher Ausnutzung des Mikroskopobjektives durch gerade bzw. schiefe Beleuchtung mit engen Büscheln.

Diese Ausnutzung der Mikroskop-Objektive erzielt man durch die schiefe Beleuchtung. Die Formel (8) geht im Falle der schiefen Beleuchtung über in

$$(9) \qquad d = \frac{\lambda}{a_1 + a_2} \quad \text{oder} \quad d = \frac{\lambda}{2a_2}.$$

Es bedeuten darin a_1 und a_2 die numerischen Aperturen des Kondensors oder der beleuchtenden Strahlen und des Beobachtungsobjektives. Wird die numerische Apertur des Beleuchtungssystems gleich der des Objektivs, so ist möglichst schiefe Beleuchtung und größtmögliche Ausnutzung des Auflösungsvermögens erreicht. Die Grenzwerte der Auflösung sinken auf die Hälfte der früheren, 0,2 bzw. 0,15 μ, herab.

Benutzt man statt eines engen Beleuchtungskegels einen weiten durch völlige Öffnung der Irisblende unter dem Kondensor, so kann dieser als aus einer großen Zahl enger Beleuchtungskegel von verschiedener Neigung gegen die Mikroskopachse zusammengesetzt gedacht werden. Wir haben dann sowohl gerade Beleuchtung als auch schiefe jeden Grades. In der hinteren Brennebene überlagern sich die den einzelnen Büscheln entsprechenden Erscheinungen und ebenso weiterhin in der Bildebene. Die Auflösung des Mikroskops ist deshalb bei Beleuchtung mit weit geöffneten Lichtbündeln die gleiche wie bei schiefer Beleuchtung.

Da die im Mittelbilde des Beugungsspektrums vereinigte Lichtmenge in der Bildebene selbst eine gleichmäßig helle Lichtverteilung hervorbringt, so entstehen die Bilder bei der gewöhnlichen Beleuchtung dunkel auf hellem Untergrunde als sog. negative Bilder. Die Beleuchtung bezeichnet man als Hellfeldbeleuchtung. Wählt man schiefe Beleuchtung mit engem Kegel, so verlegt man das helle Hauptbild des Beugungsspektrums mehr nach dem Rande der Objektivöffnung, und wenn die numerische Apertur der Beleuchtung größer als die des Beobachtungssystems wird, so fällt das Hauptbild außerhalb der Objektivöffnung, weil die das Präparat ungebeugt durchsetzenden Strahlen an dem Objektive vorbeigehen müssen. In das Objektiv treten nur noch abgebeugte Strahlenkegel ein, und diese geben nur an den den Umrissen des Objektes entsprechenden Stellen des Gesichtsfeldes eine als Abbild des Objektes anzusprechende Lichtverteilung bestimmter Art. Der Untergrund bleibt dunkel; auf ihm entsteht ein helles, positives Abbild des Objektes, welches sich infolge des auf diese Weise sehr stark wirkenden Kontrastes außerordentlich deutlich abhebt. Diese Art der Beleuchtung nennt man Dunkelfeldbeleuchtung. Auch kleine Körperchen können bei ihr mit wenig Anstrengung wahrgenommen werden. Da aber in diesem Falle nur die lichtschwächeren Nebenbeugungsbilder das Bild erzeugen und das Mittelbild mit seiner hohen Lichtintensität ausfällt, so ist das Bild unvollkommen, was z. B. in der starken Betonung der Konturen hervortritt. Es werden vor allem diejenigen Stellen des Objektes deutlich hervorgehoben, an welchen eine starke Änderung des Brechungsindex vorhanden ist. Das Dunkelfeldbild ist trotzdem als Ergänzung des Hellfeldbildes von außerordentlichem Werte.

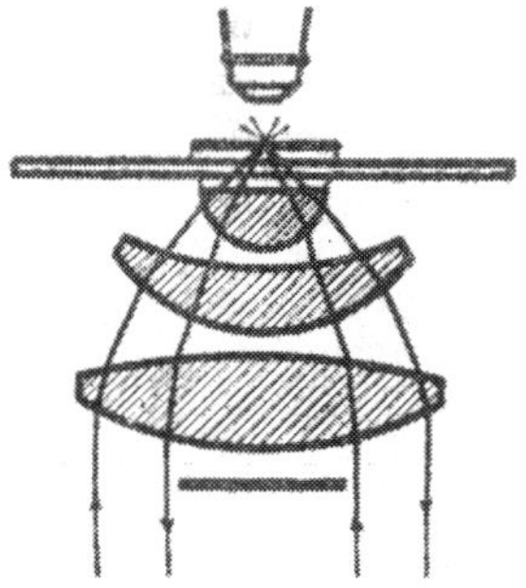

Fig. 314. Immersionskondensor für Dunkelfeldbeleuchtung.

Die Dunkelfeldbeleuchtung soll möglichst ringförmig sein. Man stellt sie am einfachsten her, indem man einen Immersionskondensor verwendet, und aus dem Strahlenkegel die mittlere Partie durch eine zentrale Blende im Diaphragmenträger abblendet (Fig. 314), so daß nur Licht aus dem Kondensor austreten kann, wenn zwischen ihm und dem Objektträger durch Wasser oder Öl eine luftfreie Verbindung hergestellt wird.

Infolge innerer Reflexionen im Kondensor tritt leicht eine Verschleierung des Dunkelfeldes ein, auch sind die chromatischen Aberrationen des Kondensors hinderlich, so daß man sich besser spezieller Dunkelfeldkondensoren, der Spiegelkondensoren (S. 476), bedient. Die Dunkelfeldbeleuchtung darf nicht einseitig sein; denn dann werden nur solche Richtungen im Objekte (z. B. Kanten, Risse u. dergl.) sichtbar gemacht, welche senkrecht oder nahezu senkrecht zum Azimute der Beleuchtung stehen (Azimutfehler)[1].

[1] H. Siedentopf, Die Sichtbarmachung von Kanten im mikroskopischen Bilde. Z. wiss. Mikr. 25, 424—431 (1908).

Handhabung des Mikroskops.

Aus der Erkenntnis des Abbildungsvorganges sind völlig erschöpfende Schlüsse für die Handhabung der einzelnen Teile bis jetzt noch nicht gezogen. Bezüglich der Beleuchtung sind einige Regeln schon genannt. Zu beachten ist noch, daß die Irisblende des Beleuchtungsapparates bei Hellfeldbeleuchtung nicht weiter geöffnet wird, als daß die numerische Apertur der Beleuchtung der des Beobachtungsobjektivs gleichkommt. Man überzeugt sich davon dadurch, daß man nach Herausnahme des Okulars die obere Objektivöffnung unmittelbar betrachtet. Das Bild der Irisblende ist darin sichtbar; die Lamellen dürfen höchstens soweit geöffnet werden, daß sie am Rande der Objektivöffnung gerade verschwinden. Andernfalls überlagert sich dem Hellfeldbilde das der Dunkelfeldbeleuchtung. Die Irisblende soll soweit geöffnet sein, wenn die Objektstruktur durch das Objektiv nicht ganz aufgelöst wird; sie soll nicht soweit geöffnet werden, wenn die Objektivapertur zur Auflösung der Struktur ausreicht. Es ist zu raten, durch Ausprobieren bei jedem Präparate die günstigste Öffnung festzustellen. Wenn es sich um die Beobachtung stark gefärbter, kleiner Teilchen in ungefärbter Masse handelt, ist die Irisblende wiederum so weit als zulässig zu öffnen. Bei Benutzung von Immersionsobjektiven soll dann auch die Kondensoröffnung durch Herstellung der gleichen Immersion zwischen Objektträger und Kondensoroberfläche nach Möglichkeit ausgenutzt werden. Diese vollen Beleuchtungskegel lassen aber Unterschiede im Brechungsindex verschwinden, so daß die Bestimmung der Brechungsindizes z. B. mit engen Beleuchtungskegeln zu erfolgen hat.

Fig. 315. Objektiv mit Korrektionsfassung.

Die starken Trockenobjektive und die Wasserimmersionen sind sehr empfindlich gegenüber der Deckglasdicke. Eine gute sphärische Korrektion und damit eine gute Abbildung ist bei ihnen nur dann gesichert, wenn das Deckglas diejenige Dicke hat, für welche sie bei der Herstellung korrigiert worden sind, und welche an der Objektivfassung eingraviert ist. Deckgläser dieser Dicke müssen mit Hilfe eines Deckglastasters aus den Schächtelchen ausgesucht werden. Um diese manchmal lästige Vorschrift zu mildern, liefern die Werkstätten diese Objektive auch mit sog. Korrektionsfassungen (Fig. 315). Der Korrektionsring *b* ist drehbar, wobei ein Index auf einer Teilung von 10—20 spielt. Diese Teilung gibt die Deckglasdicke an, für welche das Objektiv bei der jeweiligen Indexstellung korrigiert ist, und zwar in Hundertstel Millimetern. Mit dem Korrektionsringe wird die Stellung der oberen Doppellinse des Objektives gegen die andern geändert. Es ist zunächst das Deckglas mit dem Deckglastaster zu messen und dann der Index auf den gemessenen Wert einzustellen. Nur Deckgläser unter 0,1 und über 0,2 mm sind zu verwerfen.

Da die starken Achromatobjektive über 0,7 numerischer Apertur eine starke Vergrößerungsdifferenz für die verschiedenen Farben aufweisen, so ist bei ihnen die Benutzung von Kompensationsokularen vorteilhaft, weil dadurch der Fehler herabgesetzt wird. Bei den schwachen Achromaten, welche den Fehler nicht haben, würde der Gebrauch dieser Okulare ihn erst in das Bild hineintragen; die Benutzung der Okulare ist bei ihnen daher unzulässig.

Beleuchtungsvorrichtungen für das Mikroskop.

Bei gutem Tageslichte ist das von den Wolken reflektierte Licht für die allgemeinen mikroskopischen Beobachtungen ausreichend. In speziellen Fällen müssen besondere Lichtquellen Verwendung finden. Mikroskopierlampen werden in den verschiedensten Formen von den optischen Werkstätten geliefert; die Kataloge geben ausführliche Auskunft. Petroleum- und Gaslampen, besonders als Glühlicht, mit mattierten Zylindern oder mit vorgesetzter Hohlkugel, die mit einer wäßrigen Lösung gefüllt ist, sind im allgemeinen schon ausreichend; auch elektrische Glühlampen mit mattierten Gläsern sind bequeme und verhältnismäßig große Lichtquellen. Man wird nicht das Bild der Lichtquelle selbst mit dem Objekte zusammenfallen lassen, damit sich ihre Struktur nicht der des Objektes überlagere; grobe farbige Striche und dergleichen im Sehfelde sind oft die Folge. Intensivere Lichtquellen (für Dunkelfeldbeleuchtung, sehr hohe Vergrößerungen bei schwierig zu durchleuchtenden Objekten) bieten die Nernst- und Bogenlampen mit passenden Linsensystemen. Da diese Lampen für schwache Vergrößerungen ein zu kleines beleuchtetes Gesichtsfeld liefern, sind Mattscheiben unmittelbar vor der Lampe oder im Blendenträger des Beleuchtungsapparates einzuschalten. Diese treten als sekundäre Lichtquelle an die Stelle der ersteren; gleichzeitig geben sie die für schwächere Vergrößerungen wünschenswerte Herabsetzung der Intensität.

Spezielle Lichtquellen sind die Quecksilberdampflampen, welche kein kontinuierliches Spektrum, sondern ein Linienspektrum darbieten. Durch geeignete Flüssigkeitsfilter läßt sich Licht von ganz bestimmter Wellenlänge, homogenes Licht, wie bei den Wasserstoffröhren, aussondern. Bei den weißen Lichtquellen gelingt die Aussonderung durch Flüssigkeitsfilter oder durch Farbscheiben, welche man in den Blendenträger des Beleuchtungsapparates einlegt, nicht so vollkommen. Man kann die Zerlegung aber auch durch Spektralvorrichtungen erzielen, welche statt der Kondensoren in die Beleuchtungsapparate eingesetzt werden. Von einem Spalte entwirft ein Objektiv durch ein dispergierendes Prismensystem hindurch ein Bild in der Präparatebene, sodaß in ihr das Licht spektral zerlegt ist. Durch eine Zentriervorrichtung kann das Spektrum so verschoben werden, daß im Gesichtsfelde an der zu beobachtenden Stelle die gewünschte Farbe vorhanden ist. Von diesen Einrichtungen seien hier nur kurz genannt das Mikrospektralobjektiv nach ENGELMANN[1] und der Spektropolarisator nach ROLLET-DIPPEL[2]. Letzterer, mit Polarisator, Spalt und dispergierendem Prisma ausgestattet, erlaubt, den Charakter und die Stärke

[1] Bot. Zeit. 40, 419—426 (1882); PFLÜGERS Arch. ges. Physiol. 27, 485—490 (1882).
[2] DIPPEL, Das Mikroskop, 2. Aufl., I, 619. Braunschweig 1882.

der Doppelbrechung (Abschnitt Mikrochemie) mikroskopischer Objekte auch im spektral zerlegten Lichte zu bestimmen. Auch für die Bestimmung der Brechungsindizes im einfarbigen Lichte kämen die Vorrichtungen in Frage.

Dem im Kapitel Mikrochemie über Beobachtungen im polarisierten Lichte Gesagten sei hier hinzugefügt, daß sich im allgemeinen dem gewöhnlichen Mikroskope eine Polarisationseinrichtung anfügen läßt. Der Polarisator wird in den Blendenträger des Beleuchtungsapparates eingehängt und der Analysator drehbar auf das Okular aufgesetzt. Die Verwendung von Gips- und Glimmerplättchen ist möglich; in der Regel werden sie in den Blendenträger über dem Polarisator eingelegt. Bei

Fig. 316. Lumineszenzmikroskop.

fehlendem Blendenträger läßt sich häufig der Polarisator direkt dem Kondensorsysteme anpassen; Gips- und Glimmerblättchen werden in dem Falle unter den Analysator unmittelbar auf das Okular gelegt. Notwendig ist noch, daß das Mikroskop mit einem drehbaren Tische versehen ist oder versehen werden kann. Letzteres ist nicht immer ohne große Umarbeitung des Mikroskops möglich.

Auch die Beobachtung mit dem Fluoreszenz- oder Lumineszenzmikroskope (Fig. 316) ist im Kapitel Mikrochemie geschildert. Hier ist noch zu erwähnen, daß es insofern kein besonderes Mikroskop ist, als das gewöhnliche Mikroskop mit seinen ganzen Beobachtungseinrichtungen, Objektive und Okulare eingeschlossen, unverändert bleibt. Der Schwerpunkt liegt in der Einrichtung der Beleuchtung. Da hierfür ultraviolettes Licht erforderlich ist, so sind als Lichtquellen solche zu verwenden, welche reich an ultravioletten Strahlen sind. Als solche eignen sich Bogenlampen mit besonders präparierten Kohlen oder die Quarzlampe der Quarzlampengesellschaft Hanau. Als Bogenlampen werden zweckmäßig Handreguliertlampen mit senkrecht zueinander angeordneten Kohlen benutzt; die untere

Kohle dient als Anode und ist eine Dochtkohle, deren Docht mit Nickelsalzen getränkt ist. Früher wurden Eisenlichtkohlen gebrannt. Eine Handregulierlampe wird deshalb genommen, weil die entstehenden Dämpfe auf den Reguliermechanismus der Bogenlampen von schädlichem Einflusse sind; automatisch regulierende Lampen benutzt man daher nur vorübergehend. Als Ersatz für letztere käme die Quarzlampe in Betracht. Die Lampen sind mit geeigneten Kollektoren (2) und (5) zu benutzen. Die Aussonderung des Lichtes erfolgt durch die Filter (3) und (4). Vom hochgestellten Mikroskope ist der gewöhnliche Spiegel abzunehmen und durch ein Bergkristallprisma zu ersetzen, weil Glas die ultraviolette Strahlung absorbiert. Auch als Kondensor dient ein Bergkristallkondensor, der mit zentrischer Irisblende und Zentriervorrichtung versehen ist. Die Präparate werden auf kleine Objektträger aus Bergkristall in Metallfassung gebettet und mit einem Deckglase aus Euphosglas bedeckt. Dieses ist notwendig, weil es die beleuchtenden ultravioletten Strahlen absorbiert und sie so vernichtet, bevor sie in das Glasobjektiv eindringen; dort würden sie störende Fluoreszenz erregen.

Das Ganze ist an sich eine besondere Art Dunkelfeldbeleuchtung, weil das Deckglas die beleuchtenden Strahlen hindert, an der Erzeugung des mikroskopischen Bildes mitzuwirken. Nur da, wo aus bestimmten Gründen die Verwendung des Euphosdeckglases ausgeschlossen und ein anderer Ersatz dafür nicht möglich wäre, würde es z. Z. notwendig sein, sich der besonderen Methoden der Dunkelfeldbeleuchtung durch Anwendung von Spiegelkondensoren aus geschmolzenem Quarze oder einer zentralen Blende unter dem Kondensor zu bedienen.

Das Mikroskop bei hohen oder tiefen Temperaturen.

Handelt es sich bei mikroskopischen Beobachtungen nur um geringe Temperaturerhöhungen (bis etwa 45°), so sind die sog. Heizschränke sehr vorteilhaft. Es sind Thermostaten, in welche das Mikroskop eingesetzt wird, und aus welchen es nur mit dem oberen Teile des Tubus mitsamt den Einstellvorrichtungen herausragt. Die Heizung erfolgt durch Gas oder Elektrizität. Ein in den Heizraum hineinragendes Thermometer zeigt die Temperatur des Raumes an. Vorrichtungen, welche der Erzielung und Erhaltung einer bestimmten Temperatur dienen, sind in der Regel vorgesehen.

Beobachtungen an chemischen Substanzen erfordern aber häufig weit höhere Temperaturen (Abschnitt Mikrochemie). Namentlich die Arbeiten O. Lehmanns[1] über die flüssigen Kristalle und die zugehörigen Erscheinungen führten zu besonderen Konstruktionen auf diesem Gebiete. Als Heizkörper dienen kleine Gasbrenner, denen nach Bedarf auch Luft zugeführt werden kann, so daß eine sehr heiße Flamme ermöglicht wird. Der Brenner wird unter dem Mikroskoptische ein- und ausklappbar an-

[1] O. Lehmann, Flüssige Kristalle. Leipzig, 1904.

geordnet; Gas- und Luftzufuhr sind regulierbar. Die üblichen Kondensoren sind unter solchen Umständen nicht verwendbar. Fig. 317 zeigt eine Konstruktion, welche unterhalb des Gasbrenners *d* die Anordnung einer Irisblende (Griff *g*) und unmittelbar darüber einer Kondensorlinse längerer Schnittweite vorsieht, so daß bei Anwendung von Bogenlicht genügende Helligkeit auch für Projektion und Mikrophotographie der Erscheinungen da ist. Ein großer, drehbarer Polarisator kann nach Bedarf eingeklappt werden. Der Heiztrichter *l* läßt die erwärmte Luft sicher zu der zu beobachtenden Stelle des Präparats aufsteigen. In dieser Form ist die Erhitzungsvorrichtung dem Beleuchtungsapparate eines gewöhnlichen

Fig. 317. Gasheizkondensator.

Fig. 318. Luftkühlvorrichtung.

Mikroskopes nach Belieben einzufügen und wieder aus ihm herauszunehmen. Andere Konstruktionen sehen eine feste Verbindung der Teile mit dem Mikroskope vor (chemische Mikroskope), so daß dessen Anwendung für andere Arbeiten nicht immer möglich ist.[1] Damit die für bequeme Beobachtung notwendige konstante Temperatur beliebig lange im Sehfelde erhalten werden kann, dient als Ergänzung zum Heizapparat eine Luftkühlvorrichtung (Fig. 318). Die über dem Mikroskoptische um die Säule des Mikroskopes gelegte Vorrichtung hat zwei Blasrohre, welche unmittelbar über dem Präparate zu beiden Seiten des Gesichtsfeldes endigen und den Luftstrom einer Gebläsevorrichtung in fein regulierbarer Weise auf das Präparat von oben zu lenken gestatten.

Wichtig ist es, zu starke Erwärmung der Mikroskopteile zu verhüten und eine Ableitung der Wärme aus dem Präparate durch Berührung mit den Metallteilen des Tisches zu vermeiden. Deshalb wird das Präparat nicht unmittelbar auf den Tisch gelegt, sondern ein besonderer Präparatentisch mit langen spitzen Säulen als Auflagepunkte für das Präparat dem Mikroskoptische aufgesetzt. Die Objektive werden andererseits durch Wasserkühlvorrichtungen geschützt. Zur Beobachtung im polarisierten Lichte entspricht dem Polarisator des Kondensors ein auf das Okular aufsetzbarer Analysator oder ein über dem Objektiv an den Tubus angeschraubter, dreh- und ausschaltbarer Analysator mit Gipsblättchen.

[1] Vgl. z. B. O. Lehmann, Die scheinbar lebenden Kristalle; Esslingen u. München, 1907 im Anhange u. Lehmann, Das Kristallisationsmikroskop, Braunschweig 1910.

Temperaturmessungen sind in der Weise möglich, daß in das Präparat die Kontaktstelle eines Thermoelementes (Platin- Platinrhodium) eingebettet wird. Die Kontaktstelle ist ganz platt zu hämmern. Millivoltmeter lassen dann in bekannter Weise eine Temperaturablesung zu.

Der Ersatz der Gasheizung durch elektrische Heizung ist gemacht.[1] Es muß dahingestellt bleiben, ob die Temperaturregulierung damit in gleich feiner und anschmiegbarer Weise vorgenommen werden kann. Elektrische Heiztische und andere heizbare Objekttische sind weiter für weniger hohe Temperaturen in sehr verschiedenen Konstruktionen ausgeführt worden. Ein Blick in die Kataloge der optischen Werkstätten zeigt das. Den Vorzug verdienen davon die, welche möglichst niedrigen Aufbau zeigen, sodaß der Regulierung der Beleuchtung und der Beobachtung selbst auch bei stärkeren Vergrößerungen keine Schwierigkeiten erwachsen. Denn leicht lassen die Konstruktionen wohl gute Temperatur-Regulierung, Messung und Erhitzung zu, die Anwendung wird aber deshalb schwierig, weil die üblichen Mikroskopkonstruktionen entweder nicht genügenden Platz für die Unterbringung zulassen oder die Vergrößerung wegen des erforderlichen Abstandes der Beleuchtungs- und Beobachtungslinsen vom Präparate auf kleine Werte beschränkt wird. Die Mikroskope werden dann zu Spezialapparaten.

So hat das Kristallisationsmikroskop für hohe Temperaturen von DOELTER[2] als Heizvorrichtung einen kleinen Vertikalofen von HERÄUS (54 mm hoch bei 1260°, 80 mm hoch bis etwa 1400°) auf dem Drehtische des Mikroskops. Der Mikroskoptubus eines mineralogischen Mikroskops ist an einem besonders hohen Träger befestigt; unter dem Tische sind Polarisator, Irisblende und Spiegel. Das Präparat wird in einem Quarzglasschälchen in den Ofen gebracht; die Temperaturmessung erfolgt mit einem Thermoelemente.

Für Beobachtungen bei niederen Temperaturen führt BOEKE[3] eine Vorrichtung an, bei welcher zwei zylindrische, ringförmige Gefäße von 5 bzw. 4 cm Höhe, mit einem kleinen Zwischenraum übereinandergestellt, in einen Nickelmantel eingeschlossen werden. Durch eine seitliche Öffnung kann das Präparat in den Zwischenraum geschoben werden. Der in der Mitte der Gefäße verbleibende zylindrische Raum von 2 cm Durchmesser, dient unten zur Aufnahme des Beleuchtungsrohres; von oben ragt der Beobachtungstubus hinein. Die Objektive müssen mit Zwischenstücken am Tubus angeschraubt und der Tubusträger erhöht über dem Tische angebracht werden. Als Kühlmittel dienen feste Kohlensäure und Äther oder flüssige Luft. Das Instrument wurde für Polarisationsbeobachtungen im parallelen und konvergenten Lichte benutzt.

---

[1] Vgl. z. B. F. JENTZSCH: Ein elektrischer Heizapparat für mikroskopische Beobachtungen, O. LEHMANN, Das Kristallisationsmikroskop, S. 76—78! Dr.-Ing. R. BRANDT, Über einen neuen, an jedes Mikroskop anzubringenden elektrischen Heizapparat. Z. wiss. Mikr. 30, 479—484, 1913.

[2] C. DOELTER, Die Silikatschmelzen. Sitzgb. Wien, m.-n. Kl. 113, I, 495—498 (1904).

[3] H. E. BOEKE, Vorrichtung für mikroskopische Beobachtungen bei tiefen Temperaturen; Z. Instr. 29, 72—74 (1909).

Das Mikroskop als Meßapparat.

Die Schraube der Feinbewegung der Mikroskope muß eine sehr exakt gearbeitete Meßschraube sein. Es liegt daher nahe, die Feinbewegung für Meßzwecke (Dickenmessungen) auszunutzen. In der Tat sind die Schraubenköpfe der Feinbewegungen bei den größeren Stativen mit Teilungen versehen, an welchen die Verstellung des Tubus in vertikaler Richtung abzulesen ist. Die einzelnen Skalenteile haben bei den verschiedenen Mikroskopen verschiedene Werte: 0,001, 0,002, 0,05 mm. Es können hiernach Dickenmessungen von ziemlicher Genauigkeit ausgeführt werden. Man muß zu dem Zwecke einmal auf die Unterseite und einmal auf die obere Fläche des zu messenden Objektes einstellen und jedesmal die zugehörige Indexstellung an der Teilung der Mikrometerschraube ablesen, wobei genau darauf zu achten ist, wie viel ganze Umdrehungen der Schraube dabei vorgenommen werden. Die Differenz der Ablesungen ergibt zunächst nicht die wirkliche Dicke des Präparates. Je nachdem die Messung mit einem Trockensysteme, einer Wasserimmersion oder einer homogenen Immersion vorgenommen wird, gibt die Differenz nur diejenige Luft-, Wasser- oder Ölschicht an, welche der gemessenen Objektdicke optisch äquivalent ist. Man muß den Brechungsexponenten des Objektes kennen, damit man die wahre Dicke ausrechnen kann. Sie ist:

$$D = \frac{n \cdot d}{n_0},$$

worin n der Brechungsindex des Objekts, d die abgelesene Einstellungsdifferenz und $n_0 = 1$ bei einem Trockensysteme, $= 1{,}34$ bei einer Wasserimmersion und $= 1{,}515$ bei einer homogenen Immersion zu setzen ist. Wenn andererseits die Dicke D des Objektes auf anderem Wege gemessen werden kann, so läßt sich aus der abgelesenen Einstellungsdifferenz der Brechungsindex des Objekts als $n = \frac{n_0 \cdot D}{d}$ entnehmen. Man stellt bei diesen Messungen auf adsorbierte Teilchen, anhängende Staubkörner oder sonstige Kennzeichen der Objektflächen bzw. bei Flüssigkeiten der angrenzenden Kammerwände scharf ein.

Zur Messung der Längen- und Breitendimensionen der Objekte bedient man sich der Objektmikrometer und der Okularmikrometer. Beides sind in der Regel Glasmaßstäbe. Die Teilungen der Objektmikrometer werden meistens wie ein mikroskopisches Präparat zwischen einem Objektträger und einem Deckglase eingeschlossen. Sie sind in Millimeter, $^1/_{10}$-Millimeter oder $^1/_{100}$-Millimeter unterteilt. Die gröberen Teilungen könnte man direkt auf oder unter das Objekt legen und sie so als Ablesemaßstab benutzen. Das geht aber nur bei der Beobachtung mit schwachen Objektiven von großem Objektabstande; wünschenswert ist dabei, daß Skala und Objekt ohne Deckglas benutzt werden, damit sie in unmittelbare Berührung miteinander kommen. Sonst benutzt man die Objektmikrometer nur mittelbar zum Messen. Es geschieht in Verbindung mit Zeichenapparaten oder bei der Mikrophotographie. Man zeichnet zunächst das Objekt, legt dann an seine Stelle das Objektmikrometer und zeichnet es unter genau denselben Verhältnissen auf. Das vergrößerte Skalenbild dient entweder als Maßstab, oder man bestimmt aus ihm durch Vergleich mit einem Maßstabe den genauen Wert der absoluten Vergrößerung, mit welcher die Zeichnung ausgeführt worden ist. Nach Ausmessung der Zeichnung mit einem passenden Maßstabe sind die Werte dann unter Benutzung der gefundenen Vergrößerungsziffer auf das Objekt zu beziehen.

Mittelbare Messungen sind auch die mit den Okularmikrometern Im Mikroskope entsteht ja im vorderen Brennpunkte der oberen Okularlinse (Fig. 306) bzw. in dem des ganzen Okulars ein reelles Bild des Objektes. Bringt man an dieselbe Stelle einen kleinen Maßstab, so kann mit ihm unmittelbar das Zwischenbild ausgemessen werden. Diese Skalen werden auf die Okularblende gelegt; sie werden dort entweder befestigt oder sind herauszunehmen und auszuwechseln. Es sind runde Glasplättchen von etwa 19—21 mm Durchmesser und etwa 1 mm Stärke, auf welche die auf dünnem Deckglase befindliche Teilung geschützt aufgekittet ist. Bei gewöhnlichen Okularen schraubt man die Augenlinse oder das ganze Linsensystem ab und läßt das Mikrometerplättchen von oben vorsichtig auf die Blende gleiten. Es soll dort mit der Teilung nach unten liegen, was man daran erkennt, daß beim gebrauchsfertigen Okulare die Bezifferung aufrecht gesehen wird. Die Blende wird in den Okularen in der Regel so angebracht, daß ein normalsichtiges Auge die Teilung des Okularmikrometers scharf sehen wird. Damit auch andere Augen sie scharf sehen können, ist eine Einstellvorrichtung erforderlich. Fig. 319 zeigt ein Okular, bei welchem die Augenlinse in ein Rohrteil geschraubt ist, das sich in dem äußeren Okularrohre verschieben läßt, sodaß die Augenlinse auf die Ebene der Okularblende von jedem Beobachter scharf eingestellt werden kann. Dies genügt, wenn das Mikrometer auf der Blende befestigt ist. Soll es aber auswechselbar sein, so ist es vorteilhaft, daß noch das Oberteil des Okulares abschraubbar ist, damit man die Blende freilegen und das Mikrometer bequem auflegen und herausnehmen kann. Die Figur 319 zeigt das Gewinde neben der Blende.

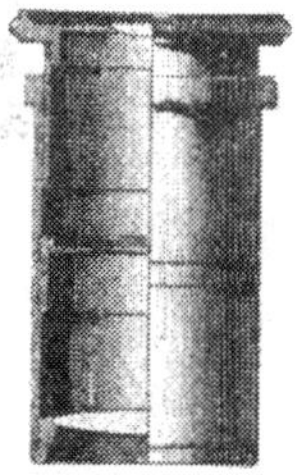

Fig. 319. Einstellbares Okular.

Die Okularmikrometer sind in der Regel nach Art gewöhnlicher Maßstäbe als Strichmikrometer gearbeitet. Die Intervallwerte sind absolut genommen 0,2, 0,1 oder 0,05 mm; unter letzteren Wert geht man meistens nicht hinunter. Die Teilung pflegt sich auf eine Strecke von 5 oder 10 mm zu erstrecken. Bei der Messung ist aber zu beachten, daß die absoluten Werte des Mikrometers nicht maßgebend sind, weil das durch das Objektiv und ev. noch durch die Kollektivlinse des Okulars entworfene Bild und nicht das Objekt selbst ausgemessen wird. Man muß daher wissen, welcher Größe ein Skalenteil des Mikrometers im Objekte selbst entspricht. Dieser Wert hängt davon ab, welches Objektiv benutzt wird, mit welcher optischen Tubuslänge und ev. mit welchem Okulare gearbeitet wird. Die Objektmikrometer dienen dazu, die Intervallwerte des Okularmikrometers für die

Kombinationen der eigenen Objektive und Okulare festzulegen. Man legt das Objektmikrometer als Objekt auf, stellt scharf ein und liest ab, mit wieviel Intervallen des Objektmikrometers z. B. 10 oder mehr Skalenteile des Okularmikrometers zusammenfallen. Man notiert sich den Wert, auf ein Skalenteil reduziert, für die betreffende Kombination, indem man gleichzeitig die mechanische Tubuslänge (Skala des Ausziehtubus) vermerkt und festlegt, ob Objektivwechsler benutzt sind oder nicht. Die festgestellten Werte gelten für andere Objektive und Okulare der gleichen Bezeichnung und der gleichen optischen Werkstätte nicht unbedingt, auch wenn die mechanische Tubuslänge genau wie bei der Auswertung eingehalten wird. Denn die Brennweiten der Objektive und Okulare unterliegen geringen Schwankungen; es ändert sich damit der Abstand der Brennpunkte (die optische Tubuslänge). Dies tritt auch ein, wenn Objektive z. B. für den Gebrauch an einem Objektivwechsler untereinander abgestimmt werden. Infolge dieser Umstände stimmen die Eichungen für gleichwertige Objektive und Okulare nur ungefähr. Das gilt naturgemäß auch für die Tabellen und die sonstigen Angaben, welche von den optischen Werkstätten den Mikrometern beigegeben werden; denn diese können nicht in jedem Einzelfalle besonders festgestellt werden, sondern sind Mittelwerte, welche sich nach Festlegung der Konstruktionsdaten bei der Ausmessung einer Anzahl von Objektiven und Okularen ergeben. Es ist nicht ausgeschlossen, daß im Einzelfalle Abweichungen von einigen Prozenten möglich sind. Jeder, der auf genaue Messungen Wert legt, sollte die Mikrometerwerte für seine Objektive und Okulare selbst festlegen.

Zur Erleichterung der Messungen ist bei den Meßtrommelokularen ein seitlicher Schieber angebracht, durch welchen die Mikrometerskala seitlich verschoben werden kann. Es ist so auch dann leicht möglich, wenigstens ein Ende der auszumessenden Strecke mit einem passenden Teilstriche zusammenfallen zu lassen, wenn man keinen beweglichen Objekttisch zur sicheren Verschiebung des Objektes besitzt.

Da die feinen Teilstriche bei länger andauernden Arbeiten ermüdend wirken können, zumal bei Objekten, welche selbst feine Strichkonturen besitzen, werden Mikrometer hergestellt, deren Skalenteile größere Flächenelemente in schwarzer oder roter Farbe darstellen. Die Kontrastmikrometer[1] sind photographische Teilungen, deren Elemente auf die eine Ecke gestellte Quadrate in größerer oder feinerer Ausführung sind. Die Auswertung erfolgt wie bei den Strichmikrometern. Das Stufenmikrometer[2] hat als Elemente auf einer Kathete ruhende rechtwinklige Dreiecke, deren Hypothenusen treppenförmig ausgebildet sind; die einzelnen Stufen setzen sich nach oben in einzelne Striche fort.

Damit man die Intervallwerte für eine bestimmte Objektiv- und Okularvereinigung in runden Zahlenwerten erhält, sind besondere Maß-

---

[1] Prof. Dr. Gebhardt, Über neue leicht sichtbare Mikrometerteilungen. Z. wiss. Mikr. 24, 366—369 (1907).

[2] C. Metz, Das Stufenmikrometer mit vereinfachter Mikronteilung. Z. wiss. Mikr. 29, 72—79 (1912).

nahmen erforderlich. Es können einmal die absoluten Werte der Skalenteile dafür berechnet und ausgeführt werden. Oder es wird die Tubuslänge von der normalen etwas abweichend gewählt (kürzer oder länger); Vorbedingung ist nur, daß das Objektiv die Abweichung ohne Einbuße der Bildgüte zuläßt. Endlich können bestimmte Okulare dafür konstruiert werden (z. B. Kompensationsokular 6 für die Apochromate).

Die Bruchteile der Skaleneinheit sind bei den Messungen meist bei einiger Übung auf $^1/_{10}$ zu schätzen. Mit größerer Sicherheit führt man die Messung mit einem Okularschraubenmikrometer (Fig. 320) aus.

Fig. 320. Okular-Schraubenmikrometer.

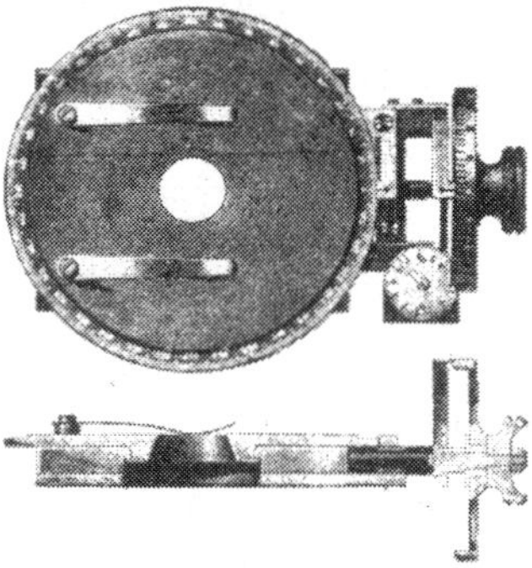

Fig. 321. Objekt-Schraubenmikrometer.

Es besitzt eine feststehende Skala (etwa Millimeterskala); unmittelbar unter dieser Skala wird durch eine Mikrometerschraube ein Signal (Fadenkreuz) bewegt, welches man nacheinander mit dem Anfange und dem Ende des auszumessenden Objektes zusammenfallen läßt. Die Zahl der ganzen Umdrehungen, welche die Mikrometerschraube während der Verschiebung gemacht hat, liest man unmittelbar an der Teilung im Gesichtsfelde ab, die Bruchteile einer Umdrehung werden bis auf $^1/_{100}$ mit Hilfe eines Index aus einer Teilung entnommen, welche auf einer mit der Mikrometerschraube sich drehenden Trommel angebracht ist. Weitere Bruchteile können noch geschätzt werden. Der einem Trommelteile entsprechende Wert der Verschiebung, bezogen auf das Präparat selbst, muß für jedes Objektiv mit Hilfe eines Objektmikrometers bestimmt werden. Der ganze Meßbereich ist auf den Teil des Gesichtsfeldes beschränkt, welchen die Skala einnimmt; er ist bei starken Objektiven ziemlich klein.

Für Objekte, welche nicht in einem Sehfelde des Mikroskopes zu übersehen sind, bedient man sich daher eines Objektschraubenmikrometers (Fig. 321). Mit Hilfe einer Mikrometerschraube wird hier ein Schlitten bewegt, mit welchem ein Objekttisch fest verbunden ist, so daß das daraufliegende Präparat selbst verschoben wird. Die Verschiebung wird an der seitlichen Trommel mit Teilung gemessen; jeder Skalenteil entspricht einer Verschiebung von 0,002 mm. Die ganzen Umdrehungen der Schraube (0,2 mm Verschiebung) werden auf einem Zifferblatte angezeigt. Es können Längen bis zu 10 mm gemessen werden. Während aber das Okularschraubenmikrometer ohne weiteres statt eines Okulares in den

Mikroskoptubus eingesetzt werden kann, muß das Objektschraubenmikrometer dem Mikroskoptische in der Regel besonders angepaßt werden.

Für etwas gröbere Messungen, welche aber über längere Strecken (3—5 cm) ausgedehnt werden, dienen die verschiebbaren Objekttische (Kreuztische) mit Skalen.

Zur Winkelmessung läßt sich das Mikroskop mit zwei Einrichtungen versehen. Die eine ist ein drehbarer Mikroskoptisch mit Gradteilung am Rande. Notwendig ist noch eine Strichmarke (Fadenkreuz) im Okulare, welche als Signal dient. Die Schenkel des am Objekte auszumessenden Winkels werden durch die Tischdrehung nacheinander der Strichmarke im Okulare parallel gestellt. Die Tischdrehung muß gegen die optische Achse des Beobachtungsrohres gut zentriert sein (Zentriervorrichtung am Tisch oder Tubus). Auch das obige Objektschraubenmikrometer läßt eine solche Winkelmessung zu. Die zweite Einrichtung ist ein Goniometerokular. Ein solches Okular gleicht einem Mikrometerokulare; auf der Sehfeldblende liegt ein Glasplättchen mit mehreren parallelen Strichen und einem Querstriche. Das Okular wird gedreht, so daß die Parallelstriche einmal dem einen, alsdann dem anderen Schenkel des Winkels parallel liegen. Gemessen werden die Winkel also an dem reellen Zwischenbilde des Objekts; die Winkel sind darin denen im Objekte gleich. Am Rande des Okulares ist ein Zeiger befestigt, welcher bei der Drehung über einem Teilkreise bewegt wird; letzterer wird mit drei Schrauben auf dem Okulartubus befestigt, wenn das Instrument nicht bereits als Polarisationsmikroskop einen Teilkreis besitzt. —

Als Zählapparat läßt sich das Mikroskop verwenden, wenn ihm Vorrichtungen ähnlich den Objekt- und Okularmikrometern hinzugefügt werden. Die Auszählung eines Körpers (flüssigen oder festen) nach seinem Gehalte an Fremdkörpern erfordert zunächst die Abgrenzung eines genau bestimmten Volumens in dem Körper. Flüssigkeiten bringt man deshalb in Kammern von ganz bestimmter Höhe (0,01, 0,05, 0,1 auch 0,5 oder 1 mm). Enthält die Kammer auf ihrer Grundfläche eine Netzteilung von bekannter Größe, so ist in der über dieser Teilung stehenden Flüssigkeit ein genau bestimmtes Volumen abgegrenzt. Die Kammer heißt eine „Zählkammer" oder ein Objektnetzmikrometer.[1] Die Zählung ist am einfachsten, wenn sich die zu zählenden Bestandteile nach einiger Zeit zu Boden setzen und dort innerhalb der deutlich sichtbaren Netzteilung abgezählt werden. Kennt man die Größe der gesamten Grundfläche und sucht diese völlig ab, so ist auch ohne Teilung das Volumen festgelegt; die Teilung gestattet, je nach den Umständen ein größeres oder kleineres Volumen in Betracht zu ziehen oder die Zählung zu unterbrechen; sie kann in der mannigfachsten Weise (Felderteilung bis zu 1/400 mm^2 oder noch kleiner) ausgeführt werden (Fig. 322).

Kammern ohne Teilung werden in der Regel mit Okularnetzmikrometern kombiniert. Es sind wie die Okularmikrometer runde Plättchen

[1] Curt Kühn, Über den Wert der Zählung feinkörniger Substanzen. Z. angew. Ch. 28, 126—128 (1916).

mit geschützter Netzteilung, welche in die Blendenebene der Okulare eingelegt werden, und deren Werte im Objekte durch Vergleich mit einem Objektmikrometer für jede Objektiv- und Okularkombination festgelegt werden müssen; im übrigen ist die Wirkung der Teilung so, als ob diese im Präparate selbst angebracht wäre. An ihre Stelle können runde oder viereckige Blenden treten, welche dann ohne Unterteilung einen bestimmten Flächeninhalt im Präparate abgrenzen. Senken sich die Teilchen nicht zu Boden, so muß durch Heben oder Senken des Tubus nacheinander auf die einzelnen Präparatschichten eingestellt werden; ein Okularnetzmikrometer ist dann vorteilhaft. Um die Zählungen ohne Anstrengung ausführen zu können, zieht man starke Okulare bei der Zählung vor.

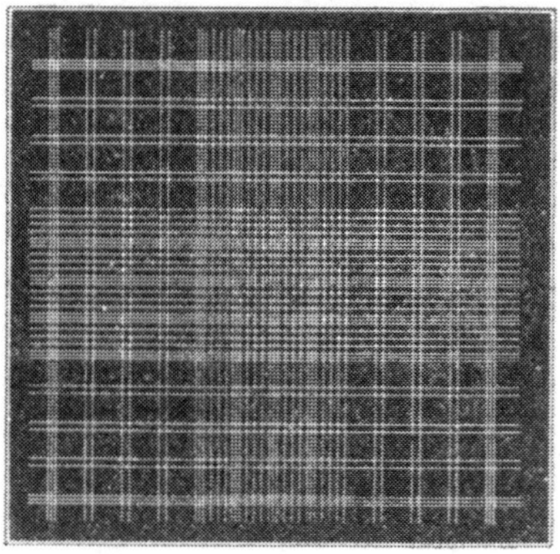

Fig. 322. Objektnetzmikrometer ($^1/_{16}$ mm² und $^1/_{400}$ mm²).

Beobachtung von Absorptionsspektren mit dem Mikroskope.

Der qualitativen Untersuchung der Absorptionsspektra mikroskopischer Präparate dienen die Mikrospektralokulare, der quantitativen das Mikrospektralphotometer. Für beide Apparate findet das übliche Prinzip der spektralen Zerlegung des Lichtes durch Prismen- oder Gitterwirkung unter Abbildung eines engen Spaltes Anwendung. Der Spalt wird in die Ebene des reellen, mikroskopischen Zwischenbildes gelegt. Es bleibt damit die Zusammensetzung des Mikroskopes bis zum Objektive einschließlich in der üblichen Weise gewahrt. Es ist eine intensive Beleuchtung des Präparates durch eine kräftige Lichtquelle erforderlich; die Irisblende des Beleuchtungsapparates wird der Apertur des Beobachtungsobjektives entsprechend geöffnet. An die Stelle des Okulares wird eines der obigen Instrumente eingesetzt.

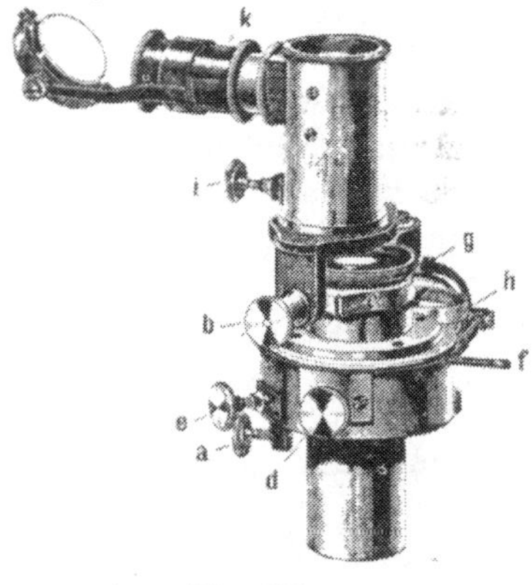

Fig. 323. Mikrospektralokular nach ABBE.

Bei dem nebenstehend (Fig. 323) abgebildeten Mikrospektralokular (Mikrospektroskop) nach ABBE sitzt in dem in den Tubus hineinragenden unteren Rohre zunächst die Kollektivlinse des Okulars; die (achromatische) Augenlinse ist etwas höher über *c* sichtbar; sie ist verschiebbar, so daß sie scharf auf den Spalt eingestellt werden kann. In der Trommel *A* dazwischen ist die Spaltvorrichtung untergebracht. Die Spaltbacken sind durch Drehen der Schraube *d* symmetrisch verstellbar; sie sind auf einem Schieber angeordnet und können durch Herausziehen von *d* seitlich aus dem Strahlengange herausgezogen werden, so daß auch ohne Spalt beobachtet werden kann. Über dem Okulare befindet sich die Hülse *B* mit einer geradsichtigen Prismenanordnung (Amiciprisma, Fig. 324). Diese Hülse kann nach Wunsch zur Seite geklappt oder mit dem federnden Stifte *b* zentrisch über dem Okulare festgehalten werden. Das von oben in das Prisma blickende Auge wird, wenn der Spalt in den Strahlengang eingeschaltet ist, ein Spektrum erblicken.

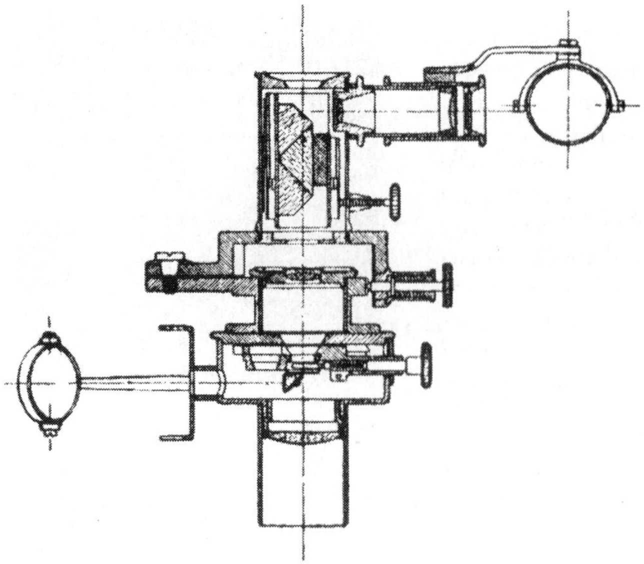

Fig. 324. Mikrospektralokular im Schnitt.

Ältere Spektralokulare enthalten nicht mehr als die aufgeführten Teile; der Spalt ist nicht zur Seite zu ziehen, sondern wird ganz geöffnet und das Amiciprisma auf das Okular aufgesetzt. Bei ihnen ist die Orientierung im Spektrum schwierig. Abbe hat dem dadurch abgeholfen, daß er das virtuelle Bild einer Wellenlängenskala auf das Spektrum projizierte. Das Rohr *k* enthält am äußeren Ende eine Glasplatte mit einer Wellenlängenskala, welche durch den Spiegel *C* beleuchtet wird. Durch ein Linsensystem wird ein Bild der Skala entworfen, welches nach Reflexion an der oberen Fläche des Amiciprismas zugleich mit dem Spektrum scharf gesehen werden kann. Man stellt zunächst mit der Augenlinse des Okulars das Spektrum scharf ein, so daß bei Beleuchtung mit Sonnenlicht die Fraunhoferschen Linien oder etwa die *D*-Linie bei Beleuchtung mit Na-Licht scharf erscheinen; alsdann ist das Röhrchen *k* so zu verschieben, daß auch die Skala scharf gesehen wird. Die Schraube *i* dient dazu, die Skala nach den Fraunhoferschen Linien oder anderen bekannten Spektrallinien so auszurichten, daß an jeder Stelle des Spektrums die Wellenlänge des dort wirksamen Lichtes abgelesen werden kann. Die Skala umfaßt den Bereich von 0,40—0,70 μ mit Einheiten der zweiten Dezimale. In Brownings Spektralokular[1] wird das Spektrum dadurch ausgemessen, daß

[1] Browning, Spectrum apparatus for the microscope, 1870; Dippel, Grundzüge der allg. Mikroskopie, 277ff., Braunschweig 1885.

eine feine Linie darin verschoben wird, deren Stellung an einer Meßtrommel abzulesen ist. Diese wird nach den FRAUNHOFERschen Linien geeicht.

Beide Apparate gestatten unmittelbare Vergleiche von zwei Spektren. Es kann zu dem Zwecke vor die eine Hälfte ein rechtwinkliges Prisma vorgeklappt werden (Hebel *f*). Es empfängt dann nur die andere Hälfte Licht vom Präparate auf dem Objekttische, während durch das Prisma von der Seite her Licht nach oben reflektiert wird, so daß neben dem Spektrum der zu untersuchenden Substanz zum Vergleich ein normales Spektrum oder das einer zweiten absorbierenden Substanz, welche vor der Seitenöffnung zu befestigen ist, entworfen wird. Die dann für das mikroskopische Präparat bleibende Spalthälfte kann durch eine Blende verkürzt werden, so daß das Bild des Objektes den Spalt ganz ausfüllt; es ist das nötig, wenn einzelne gefärbte Körperchen untersucht werden. Die Beobachtung der Spektren von gleichmäßig gefärbten Objekten ohne morphologische Strukturen oder von Substanzen, welche in einem Medium gleichmäßig verteilt sind, kann ohne Objektiv erfolgen; jedenfalls ist es zu vermeiden, in diesem Falle ein scharfes Bild der Struktur auf dem Spalte zu entwerfen.

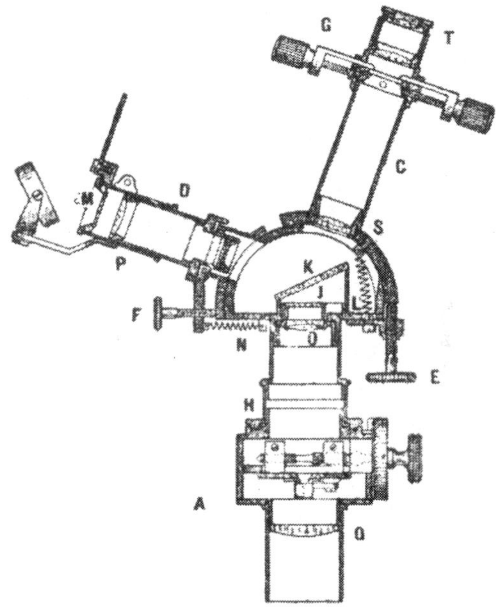

Fig. 325.
Mikrospektralphotometer mit Gitterprismen.

Auch beim Mikrospektralphotometer[1] ist der Spalt oberhalb der Kollektivlinse eines Okulares angeordnet (Fig. 325). Er besteht aus zwei unabhängig voneinander verstellbaren Hälften s und s_1. Die Spaltbreiten beider Hälften werden durch Meßtrommeln bis auf 0,01 bzw. durch Schätzung bis auf 0,001 mm gemessen, so daß die hindurchgelassenen Intensitäten nach Maßgabe der Spaltbreiten miteinander verglichen werden können. Das vom absorbierenden Körper hindurchgelassene Licht wirkt nur auf die eine Spalthälfte s, die andere s_1 läßt das Licht für das normale Vergleichsspektrum hindurch. Während beim Absorptionsspektrum die Spaltbreite s während der Messungen unverändert bleibt, wird die Spaltbreite (s_1) an jeder Stelle des Vergleichsspektrums so weit verringert, daß die Hellig-

[1] Th. W. ENGELMANN, Untersuchungen über Beziehungen zwischen Absorption des Lichtes und Assimilation in Pflanzenzellen. Bot. Ztg. 1884, 81—87. — Derselbe. Das Mikrospektrometer. Z. wiss. Mikr. 5, 289—296 (1888).

keit der beiden Spektren an der betreffenden Stelle gleich groß zu sein scheint. Das Verhältnis der Spaltbreiten $\frac{s_1}{s}$ gibt unmittelbar das Verhältnis der Lichtstärken $\frac{J_1}{J}$ der beiden Spektren. Damit man den Vergleich gut vornehmen kann, sind besondere Vorrichtungen getroffen. Nach Abnahme des oberen Teiles mit dem Prisma usw. kann eine Lupe bei H aufgesetzt und auf den Spalt scharf eingestellt werden; es ist dann möglich, den Mikroskoptubus so einzustellen, daß das Bild des Objektes in die Spaltebene fällt. Das Objekt ist dabei so zu verschieben, daß eine seiner Konturen genau mit der Grenzlinie der beiden Spalthälften zusammenfällt. Nach Abnahme der Lupe und Aufsetzen des Oberteils des Apparates passiert das Licht eine Kollimatorlinse O und sodann die dispergierende Prismenvorrichtung, ein RUTHERFORDsches Prisma (Fig. 326) oder ein Gitterprisma (Fig. 325).[1] Zur Beobachtung der Spektren dienen die Fernrohre B bzw. C. In der Brennebene ihrer Okulare sind zwei kreuzweise übereinandergelegte verstellbare Blendenpaare, durch welche das Gesichtsfeld an jeder Stelle des Spektrums beliebig eingeschränkt werden kann. Man kann es also stets einrichten, daß die zu messende Partie im Gesichtsfelde annähernd gleichmäßige Absorption zeigt. Das Vergleichslicht kann entweder an dem Objekte vorbei von unten durch das Objektiv auf den Vergleichsspalt s_1 fallen, oder es kann wie beim Spektralokulare durch eine seitliche Öffnung mit Hilfsspiegel und Vergleichsprisma dem Spalte s_1 zugeführt werden. Man benutzt in der Regel dieselbe Lichtquelle für das Absorptions- und Vergleichsspektrum. Stets hat man sich davon zu überzeugen, ob beide Spalte ohne Objekt gleichmäßig beleuchtet sind; Unterschiede sind zu berücksichtigen. Eine Wellenlängenskala (Rohre c bzw. D) kann nach Reflexion an der Oberseite der Prismen gleichzeitig mit dem Spektrum im Gesichtsfelde scharf gesehen werden. Sie ist mit Hilfe bekannter Spektrallinien zu justieren (w bzw. F).

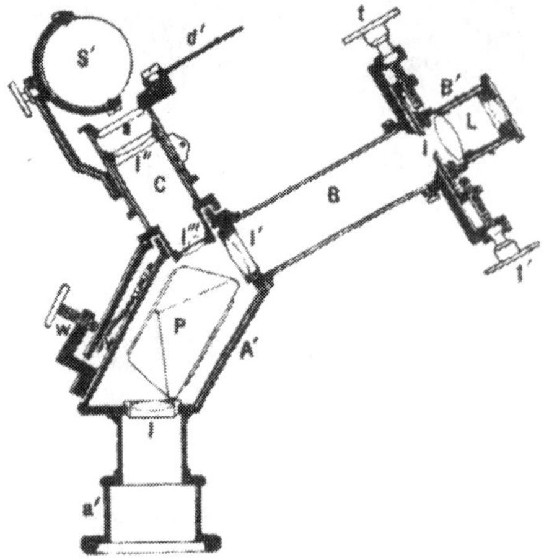

Fig. 326.
Mikrospektralphotometer nach ENGELMANN.

Zeichenapparate am Mikroskope.

Zum Festhalten der unter dem Mikroskope gesehenen Bilder sind zwei Verfahren anwendbar. Das eine, die photographische Aufnahme, wird in

[1] H. SIEDENTOPF, Über ein Mikrospektralphotometer nach ENGELMANN mit Gitterspektrum. Sitzgb. Berlin 32, 706—710 (1902).

dem Kapitel Mikrophotographie beschrieben, das andere ist das Aufzeichnen. Die Zeichenapparate gliedern sich in die Camera lucida genannten Apparate, bei welchen gleichzeitig mit dem virtuellen, mikroskopischen Bilde ein virtuelles Bild der Zeichenfläche und der Spitze des Zeichenstiftes wahrgenommen wird, und in die Projektionszeichenapparate. Von den ersteren sind heute noch das Zeichenprisma und der Abbesche Zeichenapparat die gebräuchlichsten. Diese Apparate werden in mehrfachen Modifikationen von den Werkstätten gefertigt; die Prinzipien erläutern die Figuren 327 und 328. Beim Zeichenprisma ist über der Augenlinse des Okulars ein schräges Prisma derart angebracht, daß seine scharfe Kante die Austrittspupille des Mikroskops gerade halbiert. Es wird sonach das mikroskopische Bild direkt vom Auge gesehen und gleichzeitig die Zeichenfläche mit der Bleistiftspitze, welche nach zweimaliger Reflexion an den Prismenflächen durch die vom Prisma bedeckte Hälfte der Austrittspupille in derselben Richtung wie das Mikroskopbild erscheinen. Das Zeichenprisma wird aus zwei Teilen oder besser aus einem Stücke gefertigt. Damit die Zeichnungen unverzerrte Bilder darstellen, ist es notwendig, daß die Verbindungslinie von der Mitte der Austrittspupille bis zur Mitte der Zeichnung, über die spiegelnden Flächen gezogen, senkrecht zur Zeichenfläche steht. Beim Zeichenprisma muß daher die Zeichenfläche beträchtlich (bis zu etwa 31°) gegen die Horizontalebene geneigt werden, oder es muß die Konstruktion so sein, daß das Mikroskop selbst um einen entsprechenden Winkel geneigt wird.[1] Es ist vorteilhaft, daß das Zeichenprisma nicht fest mit dem Okulare verbunden ist, damit beim Zeichnen verschiedene Okularvergrößerungen zur Verfügung stehen. Wichtig ist es stets, die Helligkeit des mikroskopischen Bildes und der Zeichenfläche gut gegeneinander abzustufen. Es kann dazu die Beleuchtung des Mikroskopes und der Zeichenfläche mit verschiedenen Lichtquellen ratsam sein; eventuell sind Rauchgläser einzuschalten.

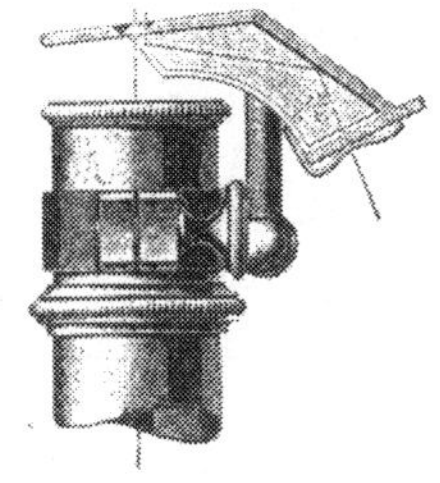

Fig. 327. Zeichenprisma.

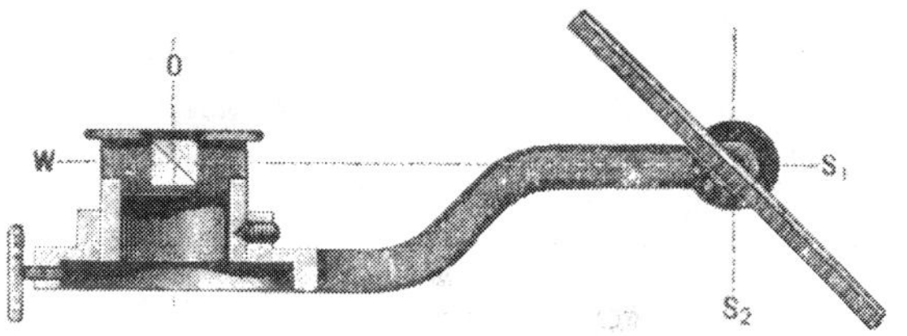

Fig. 328. Zeichenapparat nach Abbe.

Beim Abbeschen Zeichenapparat bleibt die ganze Austrittspupille für die Betrachtung der mikroskopischen Bilder frei. Zu dem Zwecke ist der Apparat so eingerichtet, daß sich über der Augenlinse des Okulars das sog. Abbesche Würfelchen befindet, welches aus zwei rechtwinkligen Prismen zusammengekittet ist. Die Hypothenusenfläche des

---

[1] P. Schiemenz, Die neuen Zeichenokulare von Leitz. Z. wiss. Mikr. 12, 289 bis 292 (1895).

unteren Prismas ist versilbert; in der Silberschicht ist aber eine Öffnung in der Mitte gelassen, so daß das Würfelchen in der Mitte durchsichtig ist, ringsherum aber alle von der Seite herkommenden Lichtstrahlen um 90° nach oben ablenkt. Der Zeichenapparat wird etwa mit einer federnden Hülse über den Okulartubus geschoben und ist dort in solcher Höhe festzuklemmen und seitlich so auszurichten, daß die Austrittspupille des Mikroskops genau mit der Öffnung in der Silberschicht des Würfelchens zusammenfällt. Die Zeichenfläche und den Zeichenstift erblickt man nach Reflexion am Spiegel und an der Silberschicht des Würfelchens. In mechanischer Hinsicht ist die jetzige Ausführung anders als in der Figur. Es wird darauf Bedacht genommen, daß das Würfelchen zur Seite geschlagen oder umgeklappt werden kann, damit man jederzeit auch direkt ins Mikroskop sehen kann. Rauchglasscheiben von verschieden starkem Absorptionsvermögen sind in Schiebern vorzuschalten bzw. auf drehbaren Scheiben oder in ähnlicher Weise vorgesehen. Der Spiegel ist drehbar, so daß auf horizontaler Zeichenfläche (Spiegel unter 45°) oder auf einer zum Mikroskope hin geneigten gezeichnet werden kann. Die Neigung der Zeichenfläche muß das Doppelte der Abweichung des Spiegels aus der 45°-Stellung sein. Die Entfernung der Zeichenfläche vom Spiegel muß so reguliert werden, daß die Zeichnung mit dem mikroskopischen Bilde zugleich deutlich erscheint, ohne daß man mit dem Auge anders akkommodieren muß; eventuell ist ein passendes Brillenglas zwischen dem Würfelchen und dem Spiegel einzuschalten.

Vergleichsmikroskop.

Für vergleichende Untersuchungen ist es angenehm, gleichzeitig das Bild eines Musterobjektes und das des zu untersuchenden Gegenstandes nebeneinander zu sehen. Dem trägt das THÖRNERsche Vergleichsmikroskop[1] Rechnung. Es besteht aus zwei Mikroskoptuben mit zugehörigem Unterbau und einem gemeinsamen Okulare. Im Gesichtsfelde des letzteren erscheinen dicht nebeneinander die Bilder der beiden unter den Objektiven auf dem gemeinsamen Objekttische liegenden Präparate. Der Beleuchtungsapparat unter dem Objekttische muß auch doppelt vorhanden sein.

Vorteilhafter müssen die neueren Konstruktionen erscheinen, bei welchen zwei vollständige Mikroskope nebeneinander gestellt und durch einen Vergleichsaufsatz verbunden werden; in ihm erscheinen die Bilder der beiden Mikroskope unmittelbar nebeneinander.

Binokulare Mikroskope.

Dem Mikroskope für einäugige Beobachtung tritt das binokulare Mikroskop an die Seite (Fig. 329). Bei dem abgebildeten Modelle sind zwei vollständige Mikroskoptuben unter dem Konvergenzwinkel der beiden Augen

[1] Z. wiss. Mikr. **29**, 368 (1912)

(etwa 15⁰) gegeneinander geneigt und auf einer gemeinsamen Zahnstange mit Triebführung befestigt. Die beiden Tuben haben gleiche, aber entgegengesetzte Neigung zur Tischebene. Das Oberteil sitzt auf einem Unterteile mit viereckigem Tische. Der Gebrauch von zwei vollständigen Mikroskopen nebeneinander beschränkt sich auf schwache Vergrößerungen (bis etwa 60fach bei gewöhnlichen Okularen, bis 100- bzw. 170fach bei sehr starken Okularen), bei denen der freie Objektabstand sehr groß ist

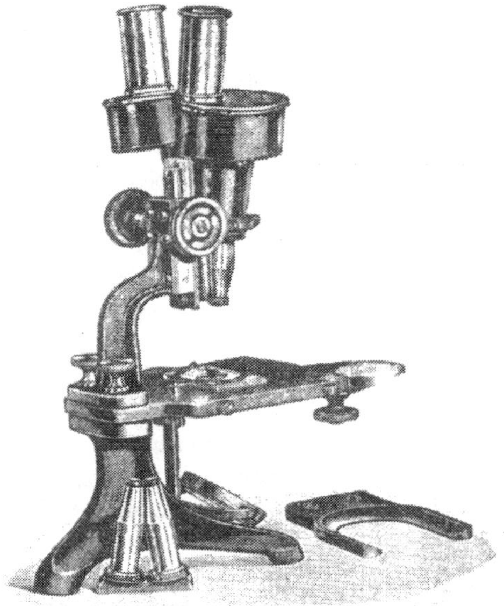

Fig. 329.
Binokulares Mikroskop.

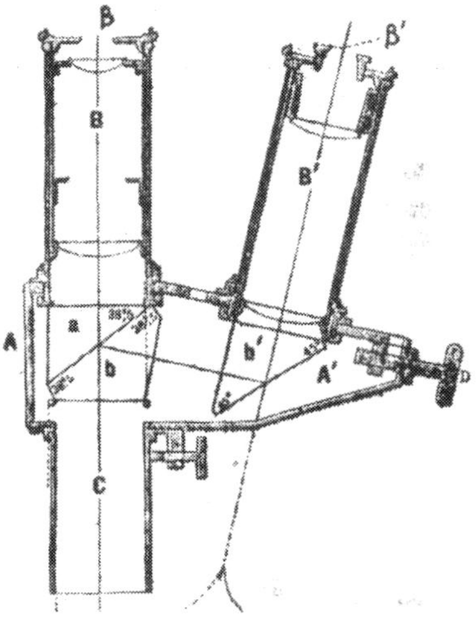

Fig. 330.
Stereoskopisches Okular nach ABBE.

(30—70 mm), so daß die Objektive nebeneinander Platz haben. Der Beleuchtungsapparat kann so auf einen Spiegel reduziert werden. Die Tuben haben je eine trommelförmige Erweiterung, in welchen PORROsche Prismenpaare untergebracht sind; diese bewirken eine Umkehrung des mikroskopischen Bildes, so daß diese binokularen Mikroskope virtuelle, aufrechte Bilder, wie eine Lupe, liefern. Da jedem Auge infolge der Neigung der Tuben zur Tischebene ein anderes Bild des Gegenstandes geboten wird, ist die Wahrnehmung eine stereoskopische (körperliche); die räumliche Gliederung des Objektes tritt außerordentlich deutlich in die Erscheinung. Es ist notwendig, die Entfernung der beiden Okulare voneinander gleich dem Augenabstande des Beobachters zu machen; die beiden Trommeln sind daher verstellbar.

Für Metalluntersuchungen ist nur das Oberteil notwendig; man befestigt es auf einer Metallgabel, welche auf den zu untersuchenden Gegenstand direkt aufgesetzt werden kann. Die Befestigung des Doppeltubus an einem Gestelle mit weitausladendem Arme läßt auch die Untersuchung großer Gegenstände mit ganz unregelmäßiger Oberfläche, denen ein Mikroskop nicht aufgesetzt werden kann, zu.

Bei Anwendung stärkerer Objektive ist es nicht mehr möglich zwei vollständige Mikroskope, welche unmittelbar eine körperliche Wahrnehmung vermitteln, anzuordnen; es muß dann eine Teilung der von einem Objektive herrührenden Strahlenbündel erfolgen. Zu dem Zwecke finden sich in englischen und französischen Instrumenten geeignete Prismenanordnungen dicht über dem Objektive. Andere Konstruktionen sehen teils reflektierende, teils lichtdurchlässige Schichten nahe über dem Objektive oder in größerem Abstande von ihm vor. Hierzu gehört z. B. das stereoskopische Okular nach Abbe (Fig. 330). Es wird an Stelle eines gewöhnlichen Okulares in den Tubus des monokularen Mikroskopes eingesteckt. Die beiden Prismen *a* und *b* sind nicht miteinander verbunden, sondern durch eine äußerst dünne Luftschicht voneinander getrennt, so daß ein Teil der Lichtstrahlen durch Reflexion nach *A'* und in das Okular *B'* abgelenkt wird, während der andere Teil ins Okular *B* gelangt. Der Abstand der beiden Okulare ist nach dem Augenabstande des Beobachters einstellbar. Die Objektive sind auszuwechseln, die Okulare nicht; die Veränderung der Vergrößerung erfolgt also durch den Wechsel der Objektive. Das Instrument ermöglicht so ein Beobachten von zwei identischen Bildern mit beiden Augen gleichzeitig; eine stereoskopische Wahrnehmung tritt erst dann ein, wenn durch Blenden in den Austrittspupillen β' und β deren innere Hälften abgeblendet und so dem Auge zwei verschiedene Bilder geboten werden. Das gleiche gilt für eine Konstruktion[1], bei welcher die Teilung nach beiden Seiten durch Reflexionen an Silberschichten symmetrisch erfolgt. Bei ihr können auch die Okulare ausgewechselt werden; das Instrument ist nicht als Zusatzinstrument zum gewöhnlichen Mikroskope, sondern als ein selbständiges Mikroskop gebaut.

Ultramikroskopie.

Das Ultramikroskop ist keine Fortbildung des Mikroskops in der Steigerung der Vergrößerung oder in wesentlichen Teilen der Beobachtungseinrichtung, sondern vornehmlich in der Beleuchtung des Objektes. Die Grenze mikroskopischer Abbildung regelmäßiger Strukturen liegt bei einem Abstande $d = \frac{\lambda}{2\alpha}$ (S. 450); sie ist von der Wellenlänge des Lichtes abhängig und kann nur durch die Mikrophotographie mit Licht kleiner Wellenlänge herabgedrückt werden. Es lassen sich aber auch noch unmittelbar für unser Auge Teilchen mit dem Mikroskope wahrnehmbar machen, trotzdem sie kleiner sind, als daß das Mikroskop eine Abbildung von ihnen geben kann, aus welcher Schlüsse auf ihre Gestalt und Größe möglich sind. Teilchen, deren Ausmaße nach allen Richtungen kleiner als $\lambda/2\alpha$ sind, nennt man ultramikroskopische Teilchen oder

[1] F. Jentzsch, Beobachtungen an einem binokularen Mikroskope. Phys. Ztschr. 15, 56—62 (1914); u. Das binokulare Mikroskop. Z. wiss. Mikr. 30, 299—318 (1913).

Ultramikronen.[1] Sie zerfallen wieder in submikroskopische Teilchen oder Submikronen, welche sich durch Mikroskope mit besonderen Einrichtungen dafür (Ultramikroskope) sichtbar machen lassen, und in amikroskopische Teilchen oder Amikronen, welche auch mit dem Ultramikroskope nicht mehr einzeln sichtbar gemacht werden können. Fällt hinreichend intensives Licht auf ein Ultramikron, so beugt dieses Licht ab, welches sich in Form einer Kugelwelle[2] nach allen Richtungen des Raumes hin fortpflanzt. Das Teilchen verhält sich damit wie ein selbstleuchtendes Teilchen und wird wie ein solches im Mikroskope abgebildet. Von der Beugungswelle dringt ein der numerischen Apertur des Objektives entsprechender Teil in dieses ein, wie es in Fig. 331 schematisch angedeutet ist. Die ausgezogenen Strahlen sind darin die beleuchtenden, die gestrichelt gezeichneten die abgebeugten; die Objektive usw. sind durch einfache Linsen angedeutet. Das Licht füllt die hintere Brennebene des Objektives gleichmäßig aus und bildet in der der Objektebene konjugierten Ebene einen runden Lichtfleck, welcher je nach den Umständen von einem oder mehreren konzentrischen, hellen Ringen umgeben ist oder nicht. Diese Erscheinung bezeichnet man als ein Beugungsscheibchen; es ist das, was an die Stelle des Bildes des Ultramikrons tritt. Beim Auftreten eines solchen Beugungsscheibchens in der Bildebene des Mikroskops ist der Rückschluß auf ein gesondertes Ultramikron in der Präparatebene zulässig. Die Beugungsscheibchen sind weiß oder farbig, je nachdem, ob keine einzelne Farbe bzw. welche von den Teilchen insbesondere abgebeugt wird; sie können unpolarisiert oder polarisiert, insbesondere auch dichroitisch sein, je nach dem Einfluß, welchen die Ultramikronen auf die Schwingung des Lichtes ausüben. Die Beugungsscheibchen werden ruhig erscheinen, wenn die Ultramikronen ruhen (kolloide Verteilung in festen Körpern), sie verändern ihren Platz, wenn die das Licht abbeugenden Teilchen beweglich sind (kolloide Verteilung in Flüssigkeiten).

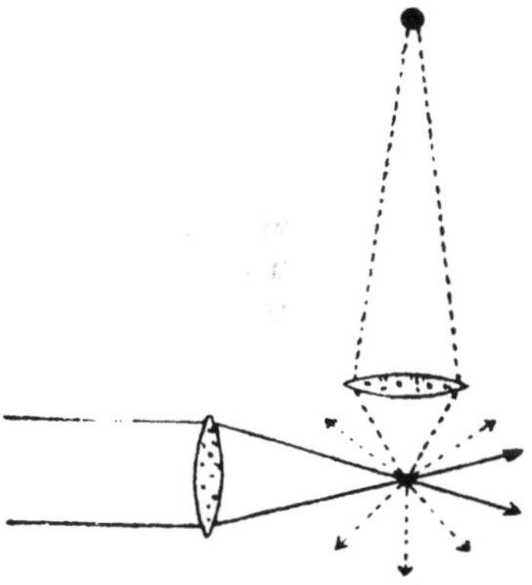

Fig. 331. Beugung des Lichtes an einem Ultramikron.

Der Durchmesser der Beugungsscheibchen ist der Wellenlänge direkt, der numerischen Apertur des Objektives indirekt proportional; er ist also bei starken Objektiven kleiner als bei schwachen. Bei Einwirkung von Wärme, Licht, Druck, Elektrizität usw. auf die Ultramikronen werden die Beugungsscheibchen beobachtbaren Änderungen unterliegen, bei deren Vorhandensein in anderen Fällen wieder ein Rückschluß auf die Ultra-

[1] H. SIEDENTOPF, Über die physikalischen Prinzipien der Sichtbarmachung ultramikroskopischer Teilchen. Berlin. kl. Wochenschr. 1904, Nr. 32.

[2] H. SIEDENTOPF, Über ultramikroskopische Abbildung linearer Objekte. Z. wiss. Mikr. 29, 1—47 (1912).

mikronen möglich ist. Trotzdem also eine irgendwie ähnliche Abbildung nicht stattfindet, so daß eine direkte Aussage über die Form und Größe der Teilchen unmöglich ist, lassen sich doch verschiedenartige Beobachtungen anstellen, welche dann ev. indirekt auch zu einer Aussage über die Form führen können. Das Kapitel über Darstellung und Behandlung kolloider Stoffe enthält die Schilderung einer Anzahl von Beobachtungs- und Meßverfahren, welche hier nicht wiederholt werden sollen.

Das von den Ultramikronen abgebeugte Licht ist bedeutend lichtschwächer als das auffallende Licht und nimmt proportional dem Quadrate des Volumens der Teilchen mit der Teilchengröße ab. Die Beugungsscheibchen werden daher in der gleichmäßigen Helligkeit, welche das durchfallende Licht in der Bildebene erzeugt, in der Regel nicht sichtbar sein und dies um so weniger, je stärker die Beleuchtung zur Erzielung hinreichender Intensität der Beugungsbüschel gewählt wird. Es wird daher die Beobachtung der Ultramikronen im Dunkelfelde vorgenommen. Eine gute Dunkelfeldbeleuchtung ist ein wesentlicher Faktor für ein Ultramikroskop. Denn auf tiefschwarzem Untergrunde heben sich die hellen Beugungsscheibchen infolge der Kontrastwirkung sehr deutlich ab, so daß auch noch die lichtschwachen Scheibchen sehr kleiner Ultramikronen, welche sich nur noch als feine Pünktchen darstellen, wahrgenommen werden können. Wie groß die Dimensionen der Teilchen dazu mindestens sein müssen, hängt wesentlich von der Intensität der Beleuchtung und von der Differenz der Lichtbrechung zwischen den Ultramikronen und dem Lösungsmittel ab. Es ist daher wohl möglich, schon mit Nernstlicht gröbere Ultramikronen sichtbar zu machen; eine genauere Untersuchung kann jedoch des elektrischen Bogenlichtes bei der Prüfung nicht entraten. Ist dies die uns verhältnismäßig leicht zur Verfügung stehende, spezifisch hellste Lichtquelle, so wird sie in dem Sichtbarmachungsvermögen jedoch noch erheblich durch die Sonne übertroffen. Wenn reines, unverschleiertes Sonnenlicht benutzt werden kann, so ist der Erfolg in der Auflösung feiner kolloider Verteilungen am größten. Der Abstand der Teilchen voneinander muß natürlich so groß sein, daß die Beugungsscheibchen voneinander getrennt wahrgenommen werden. Wo das nicht der Fall ist, muß durch Konzentrationsänderungen der für die mikroskopische Beobachtung geeignete Abstand herbeigeführt werden. Wenn möglich, wird man namentlich bei Zählung der Teilchen weitgehend verdünnen, damit die Teilchenzahl im Gesichtsfelde leicht übersichtlich wird. Werden miteinander auf Teilchenzahl zu vergleichende Lösungen stets so weit verdünnt, daß gerade eine bestimmte Anzahl Teilchen im Gesichtsfelde sichtbar bleibt, so gibt die Verhältniszahl der Verdünnungen auch das Verhältnis der Teilchenzahlen an.

Sind die Teilchen so klein, daß sie nicht so viel Licht abbeugen, daß ein deutlich wahrnehmbares Beugungsscheibchen erzeugt wird, so bezeichnet man sie als Amikronen. Eine amikroskopische Verteilung beugt, wenn die Teilchen nicht sehr weit unter der Wahrnehmungsgrenze liegen, in Summa so viel Licht ab, daß bei genügender Konzentration im Gesichtsfelde ein schwacher Lichtkegel sichtbar ist. Optisch leer ist eine Lösung, welche auch bei intensivster Beleuchtung gleichmäßig dunkel erscheint. —

Das zuerst konstruierte Ultramikroskop ist das Spaltultramikroskop nach Siedentopf und Zsigmondy[1] (Fig. 332 und Fig. 42 in Band IV S. 147). Die Herstellung des Dunkelfeldes beruht auf der orthogonalen Anordnung der Beleuchtung und Beobachtung (s. auch Fig. 331!). Zur Erzielung gut regulierbarer und meßbarer Verhältnisse im Präparate sind verschiedene Einzelteile vorgesehen. Der Krater der Bogenlampe wird auf dem engen

Fig. 332. Spaltmikroskop zur Untersuchung fester Körper.

horizontalen Spalte *g* abgebildet. Dieser Spalt wird wieder stark verkleinert im Präparate abgebildet, und so wird im Präparate eine dünne, intensiv beleuchtete, horizontale Schicht geschaffen, in der die Ultramikronen vermöge der Abbeugung des Lichtes wie kleine selbstleuchtende Teilchen sichtbar sind. Das Licht tritt auf der Rückseite des Präparates horizontal aus; in das vertikal angeordnete Beobachtungsmikroskop treten die beleuchtenden Strahlen nicht ein. Die Ultramikronen heben sich daher auf dem dunklen Untergrunde deutlich ab. Durch die Abbildung des Spaltes im Präparate wird gewissermaßen aus diesem auf optischem Wege ein Dünnschnitt hergestellt; denn nur die Ultramikronen der beleuchteten Schicht werden erleuchtet. Es ist ein wichtiges Erfordernis, die Höhe des Spaltes so einzustellen, daß die Schichtdicke des Dünnschnittes im Präparate genau der Sehtiefe des Beobachtungsobjektives entspricht, damit alle beleuchteten Teilchen auch wirklich ein Beugungsscheibchen in der Bildebene des Mikroskopes entstehen lassen und nicht bloß einen hellen, verschleiernden Lichtschein über die Bildebene werfen, weil sie sich selbst nicht in der Brennebene des Mikroskopes befinden. Deshalb ist die Spaltweite meßbar zu verändern. Die Verstellvorrichtungen *l* und *m* dienen dazu, die Stelle der engsten Einschnürung des Beleuchtungskegels im Gesichtsfelde zu zentrieren.

Die Fig. 332 zeigt das Mikroskop zur Untersuchung von Ultramikronen in festen Körpern, Fig. 42 (Band IV S. 147) stellt das Mikroskop zur Be-

[1] Ann. Phys. (4) **10**, 1—39 (1903).

obachtung von Flüssigkeiten dar. Diese werden in Küvetten untersucht, welche (Fig. 333) ein leichtes Durchfließen gestatten, so daß schnell hintereinander verschiedene Proben der gleichen Flüssigkeit oder auch verschiedene Flüssigkeiten untersucht werden können. Eine Schlauchklemme verhindert das Abfließen während der Beobachtung. Zwei Fenster c_1 und c_2, unter rechtem Winkel zueinander angeordnet, dienen dem Eintritte der beleuchtenden bzw. dem Austritte der abgebeugten Strahlen. Die Küvette wird in einem besonderen Halter mit dem Beobachtungsobjektive verbunden; es ist im allgemeinen ein Wechsel der Objektive nicht angängig. Zur Ermöglichung von Zählungen können in das Okular ein Strichmikrometer oder ein Netzmikrometer eingelegt werden; die Höhe des optischen Dünnschnittes ist an den Mikrometern abzulesen, wenn der Spalt um 90° gedreht wird, so daß seine Weite nun mehr horizontal in die Objektebene des Mikroskops projiziert wird. Die Küvettenfenster sind aus geschmolzenem Quarze, damit die in lebhafter Bewegung befindlichen Ultramikronen nicht so stark adsorbiert werden wie am Glase; die Küvette wird deshalb auch sehr geräumig gewählt. Bei nur kleinen Flüssigkeitsmengen sind andere Küvetten zu wählen. Das Beobachtungsobjektiv ist eine Wasserimmersion der numerischen Apertur 0,75.

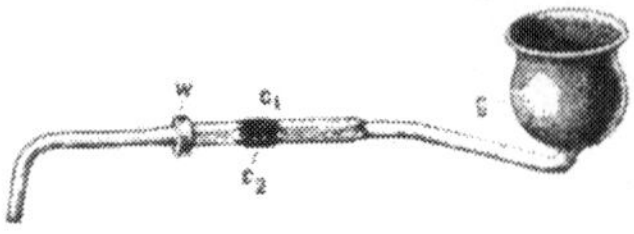

Fig. 333. Küvette für das Spaltultramikroskop.

Bei der Untersuchung fester Körper (z. B. Goldrubinglas, Steinsalz) sind die Präparate so vorzubereiten, daß sie analog den Küvettenfenstern zwei zueinander senkrechte, polierte Flächen als Ein- und Austrittsfläche für das Licht erhalten. Eine weitere Vorbereitung ist nicht nötig, weil der Dünnschnitt auf optischem Wege hergestellt wird. Als Auflage für das Präparat ist im allgemeinen auf dem Mikroskoptische ein besonderer Unterbau erforderlich, damit das Präparat in die Höhe der beleuchtenden Strahlen gebracht wird. Es ist zweckmäßig, dazu einen in der Höhe verstellbaren Objekttisch zu nehmen, damit man das Präparat so einstellen kann, daß der Dünnschnitt möglichst hoch zu liegen kommt; nur so vermeidet man es, daß die Farbe des abgebeugten Lichtes durch die Absorption des Präparates in den zu durchsetzenden, unbeleuchteten Schichten beeinflußt wird. Je dünner die zu durchsetzende Schicht ist, desto reiner kommt die Eigenfarbe der Ultramikronen zum Ausdruck. Die Ultramikronen beugen am stärksten das Licht ab, welches die Substanz absorbiert. Sie erscheinen also, wenn ihre Farbe rein zur Geltung kommt, in der Komplementärfarbe der vom Körper hindurchgelassenen Farbe. Infolge der Lagerung des Präparates frei vom Objektiv ist ein Wechsel der Beobachtungsobjektive bequem möglich.

Bei der Beobachtung fester Körper hat Siedentopf[1] mit Vorteil die Untersuchung der Polarisationsverhältnisse benutzt, um über die Form der Teilchen annähernden Aufschluß zu gewinnen. Man läßt in das Präparat

[1] Verhdl. D. Phys. Ges. 7, 268—286 (1905); 12, 6—47 (1910).

linear polarisiertes Licht einfallen, indem man einen Polarisator (p in Fig. 332) vor der ersten Beleuchtungslinse oder vor dem Spalte einschaltet; ein auf das Okular aufsetzbarer Analysator gibt die Analyse des abgebeugten Lichtes. Isotrope Kügelchen, welche von linear polarisiertem Lichte getroffen werden, beugen Licht ab, dessen Schwingungsrichtung parallel der Schwingung des einfallenden Lichtes ist. In der Richtung dieser Schwingungen selbst kann kein Licht abgebeugt werden, sondern darin herrscht Dunkelheit. Das ist im Mikroskope wahrnehmbar, sobald man das Okular aus dem Tubus herausnimmt und auf die hintere Objektivöffnung hinabsieht. In ihr muß deutlich ein dunkler Fleck wahrnehmbar sein, dessen Abstand vom Mittelpunkte von dem Winkel abhängt, welchen die Schwingungsrichtung des Lichtes mit der durch die Richtungen der Beleuchtung und der Beobachtung gelegten Symmetrieebene bildet. Er liegt in der Mitte, wenn die Schwingungen des Lichtes parallel zur Mikroskopachse erfolgen. Das Objektiv soll bei der Beobachtung hohe Apertur besitzen, womöglich ein Immersionssystem sein. Von dem dunklen Flecke aus nimmt die Helligkeit seitwärts allmählich zu.

Dagegen läßt sich beim Auftreten merklich dichroitischer Ultramikronen und Fehlen der obigen Erscheinung auf eine längliche Gestaltung der Teilchen schließen. An gedrücktem Steinsalze wurde mit Hilfe des Analysators festgestellt, daß parallel der kurzen Erstreckung der Ultramikronen Licht kleiner Wellenlänge schwingt, parallel der langen Erstreckung aber das Licht größerer Wellenlänge, wenn die Annahme zutrifft, daß die Ultramikronen in der Druckrichtung abgeplattet, senkrecht dazu aber ausgedehnt wurden, so daß sie etwa Rotationsellipsoiden glichen.

Das Spaltultramikroskop für die Untersuchung fester Körper bietet infolge der Herstellung eines Dünnschnittes auf optischem Wege den großen Vorteil, daß das Präparat frei ist von den Polierfehlern, welche sich gar nicht vermeiden lassen würden, wenn tatsächlich der erforderliche Dünnschliff durch Schleifen und Polieren hergestellt werden sollte. Gerade im Dunkelfelde lassen sich Kritzchen und Polierfehler mit größter Sicherheit nachweisen; deshalb sind sie aber auch hier um so verderblicher für die Beobachtung, weil sie verhältnismäßig intensives Licht abbeugen und darin Einzelheiten der Umgebung verdecken. Für die Untersuchung von Flüssigkeiten bleibt der rasche Wechsel ein Vorzug. Dagegen ist der Aufbau des Spaltultramikroskops in der geschilderten Form ein etwas umständlicher, und das Vermögen, kleine Ultramikronen sichtbar zu machen, ist dadurch beschränkt, daß diese nur einseitig beleuchtet werden, und daß die numerische Apertur der Beleuchtung eine verhältnismäßig geringe ist. Beide Faktoren zeitigen eine wenig intensive Beleuchtung. Hinzu kommt noch, daß das Licht im Präparate noch ziemlich große, der Beobachtung entzogene Schichten durchsetzen muß, so daß die Farbe der Teilchen nicht ganz rein zur Geltung kommt.

Von Änderungsversuchen übergehen wir alle die, welche andere einseitige Beleuchtungsvorrichtungen ohne wesentliche Vorteile schufen. Erwähnt soll werden, daß die in neuerer Zeit hergestellten Bogenlampen geringer Stromstärke (ca. 2—5 Ampere) gut verwendbar sind, weil die Größe des Kraters bei Lampen höherer Stromstärke nicht ausgenutzt wird. Einen merkbaren Helligkeitsgewinn gibt sodann die von ZSIGMONDY beschriebene[1] Anwendung von Immersionsobjektiven hoher Apertur zur Beleuchtung und Beobachtung. Es sind Wasserimmersionen der numerischen Apertur 1,05; die Frontlinsen sind besonders gefaßt, und teilweise abgeschliffen, damit die Objektive einander genügend genähert werden können. Ein Stoß bringt hier sofort eine Dezentrierung hervor. Die Küvette ist halb offen und wird durch die Frontlinsen selbst geschlossen. —

Von wesentlicher Bedeutung für die Beobachtung flüssiger Substanzen wurde die Anwendung einer anderen Methode der Dunkelfeldbeleuchtung, der ringförmigen Beleuchtung mit Spiegelkondensoren. Infolge allseitiger Beleuchtung ist die Intensität der Beleuchtung und damit auch der abgebeugten Lichtmenge erheblich größer als bei der einseitigen Beleuchtung; die untere Grenze der Sichtbarmachung wird dadurch herabgesetzt. Andererseits durchsetzt infolge der koaxialen Anordnung der Achsen der beleuchtenden und der zur Beobachtung dienenden abgebeugten Strahlen das helle primäre Licht der Lichtquelle das Präparat in seiner ganzen Schichtdicke. Einen dunklen Untergrund erzielt man infolgedessen nur dann, wenn die Schichtdicke so weit reduziert wird, daß ihre obere und untere Grenzfläche noch gleichzeitig mit dem Objektive nahezu scharf gesehen werden. Dazu sind bei quantitativen Untersuchungen besondere Vorrichtungen nötig.

Die für die ringförmige Dunkelfeldbeleuchtung benutzten Spiegelkondensoren, auch Dunkelfeldkondensoren genannt, haben entweder eine oder zwei gekrümmte Flächen als Spiegel. Die Benutzung reflektierender statt brechender Systeme macht die Kondensoren streng achromatisch; es findet keine Zerlegung des Lichtes in seine farbigen Bestandteile statt. Wohl aber unterscheiden sich die Kondensoren dadurch voneinander, daß die sphärische Aberration verschieden ist. Der Kondensor nach STEPHENSON (Fig. 334) besitzt als wirksame reflektierende Fläche eine Kugelfläche.[2] Die zweite reflektierende Planfläche hat nur den Zweck, den Schnittpunkt des Lichtbündels außerhalb des Kondensors zu verlegen. Wie man sieht, zeigen die Schnittpunkte der den verschiedenen Zonen des Kondensors angehörenden Strahlen größere Abstände voneinander; das ganze beleuchtende Büschel wird somit nicht an einer Stelle konzentriert und die größt-

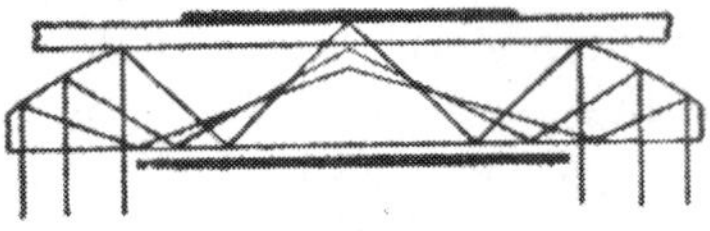

Fig. 334. Spiegelkondensor nach STEPHENSON.

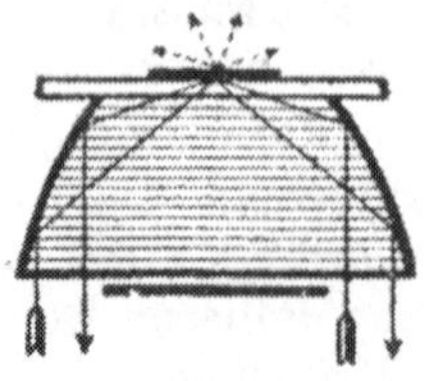

Fig. 335. Paraboloidkondensor.

[1] R. ZSIGMONDY, Über ein neues Ultramikroskop. Phys. Ztschr. 14, 975—979 (1913).

[2] C. REICHERT, Neuer Spiegelkondensor zur Sichtbarmachung ultramikroskopischer Teilchen. Öst. Ch.-Ztg. 10, 5—7 (1907).

mögliche Helligkeit der Beleuchtung nicht erzielt. Wenn ein gemeinsamer Schnittpunkt vorhanden sein sollte, so müßte theoretisch die reflektierende Fläche eine Paraboloidfläche sein. Der Paraboloidkondensor[1] (Fig. 335), bei dem die Paraboloidfläche in der technischen Herstellung durch eine torische Fläche approximiert wird, weist eine bedeutend bessere Strahlenvereinigung auf. Der theoretisch besten (aplanatischen) Strahlenvereinigung am nächsten kommen jedoch die bisphärischen Spiegelkondensoren, Kondensoren mit zwei spiegelnden Kugelflächen. Fig. 336 zeigt das Schema eines solchen. Streng aplanatische Kondensoren würden allerdings verlangen, daß die zweite Reflexion nicht an einer Kugelfläche, sondern an der Fläche einer Kardioide stattfände. Es lassen sich jedoch die Radienverhältnisse der reflektierenden Kugelflächen und der Abstand ihrer Mittelpunkte voneinander so wählen, daß der Strahlenverlauf ein fast aplanatischer wird. Es kommt ja immer nur bei diesen Spiegelkondensoren eine schmale konzentrische Zone, entsprechend einem Aperturbereiche von 1 bzw. 1,05 bis 1,33 oder 1,4 in Betracht, und in diesem Bereiche sind die theoretisch bei richtig gewählten Kugelflächen vorhandenen Abweichungen vom idealen Strahlenverlaufe so gering, daß sie praktisch gar nicht in Betracht kommen. Die einzelnen Werkstätten geben ihren Kondensoren z. T. besondere Bezeichnungen wie z. B. Kardioidkondensor[2], konzentrischer Spiegelkondensor[3], Ultrakondensor.[4] Die Fig. 336 bezieht sich insbesondere auf den Kardioidkondensor.

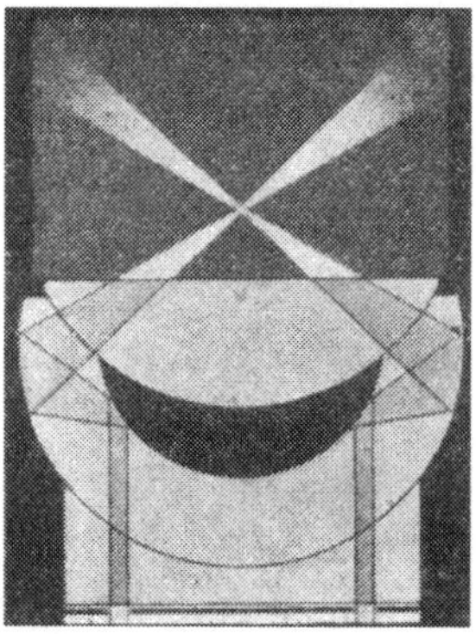

Fig. 336. Bisphärischer Spiegelkondensor (Kardioidkondensor).

Bei allen bisphärischen Spiegelkondensoren werden analog dem Schema von Fig. 336 parallel zur Achse verlaufende Strahlen einer ringförmigen Zone (das Zentrum ist stets ausgeschlossen) zunächst an der konvexen Seite der ersten Kugelfläche reflektiert und etwas zerstreut, alsdann an der konkaven Seite der zweiten, seitlich gelegenen Kugelfläche reflektiert, so daß sie nunmehr konvergent in einem hochgelegenen Punkte vereinigt werden. Dieser Vereinigungspunkt hat eine feste Lage; infolgedessen haben die Kondensoren eine bestimmte Schnittweite. Sie gibt die Entfernung an, in welcher sich die zu untersuchende Substanz vom oberen Rande des Kondensors befinden muß. Bei ebener Oberfläche des Kondensors können die Strahlen, da die numerische Apertur höher als 1 ist, nicht in Luft austreten. Es ist notwendig, zunächst eine Immersionsflüssigkeit (Zedernholzöl, ev. auch Wasser) aufzubringen und alsdann den

---

[1] H. Siedentopf, J. Roy. Micr. Soc. London 1903, 573—578; Z. wiss. Mikr. 24, 104—108 (1907).

[2] H. Siedentopf, Verhdl. D. Phys. Ges. 12, 14 (1910).

[3] F. Jentzsch, Verhdl. D. Phys. Ges. 12, 975—991 (1910).

[4] F. Jentzsch, Verhdl. D. Phys. Ges. 12, 992—994 (1910).

Objektträger, auf welchem sich die Untersuchungssubstanz befindet. Der Objektträger muß die genau vorgeschriebene Stärke besitzen.

Für einfache qualitative Untersuchungen genügt es, einen gewöhnlichen Objektträger vorgeschriebener Dicke zu nehmen, auf ihn einen Tropfen der Untersuchungssubstanz zu bringen und durch Auflegen eines Deckglases die Flüssigkeitsschicht so dünn zu pressen, daß die Beobachtung möglich ist. Am Deckglase werden die beleuchtenden Strahlen total reflektiert, wenn mit einem Trockensysteme beobachtet wird, wenn sich also über dem Deckglase Luft befindet. Auf diese Weise ist eine gute Dunkelfeldbeleuchtung gewährleistet. Die Kontrastwirkung wird bei

Fig. 337. Kardioidultramikroskop.

Trockensystemen hoher Apertur noch dadurch erhöht, daß man die Randpartien der Objektive durch eine in das Objektiv von oben eingeführte Blende bis etwa zur Apertur 0,8 ausschaltet. Benutzt man Immersionsobjektive zur Beobachtung, so kann die Dunkelfeldbeleuchtung überhaupt nur dadurch erzielt werden, daß ein großer Teil dieser Objektive, soweit er die Apertur 0,8 überschreitet, abgeblendet wird. Wenn die Abblendung erst durch eine einsteckbare Blende in der hinteren Öffnung vorgenommen wird, so ist es sogar gut, noch stärker abzublenden. Bei Verwendung geeigneter Wasserimmersionen ist es nicht unbedingt nötig, ein Deckglas zu benutzen. Ist die Schichtdicke des Präparates klein genug $\left(\text{wenige } \mu = \frac{\text{mm}}{1000}\right)$, so ist die Beobachtung unter Verwendung der Spiegelkondensoren besonders geeignet, die Eigenfarbe der Ultramikronen hervortreten zu lassen; die Untersuchung kann mit beliebigen Objektiven und Okularen erfolgen. Auch sehr starke Okulare können bei günstiger Beleuchtung Anwendung finden.

Für quantitative Untersuchungen ist es nicht gut angängig, ein einfaches dünnes Deckglas auf den Objektträger zu legen, weil es durch Adhäsion stark durchgebogen wird und sich teilweise direkt auf dem Objektträger auflegt.

Beim Kardioidultramikroskop (Fig. 337) ist daher besonderer Wert auf Herstellung einer Kammer gelegt, so daß stets die gleichen Beobachtungsverhältnisse vorwalten. Der Objektträger (Fig. 338) weist eine ebene Mittelpartie (Sockel) auf, welche von einer tieferen Rinne umgeben ist. Der Rand ist um 2—3 μ höher als der Sockel. Wenn dieser Objektträger mit einem starken Deckglase, das sich nicht durchbiegt, bedeckt wird, so ist in der Mitte eine sehr dünne gleichmäßige Flüssigkeitsschicht für die Beobachtung abgegrenzt, die Rinne dient zur Aufnahme der überschüssigen Flüssigkeit. Am Rande darf sich keine Flüssigkeit zwischen Objektträger und Deckglas hinziehen; deshalb darf man nur einen Tropfen davon in die Mitte bringen, bevor das Deckglas aufgelegt wird.

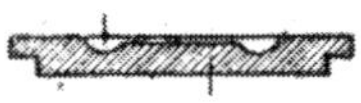

Fig. 338. Objektkammer für das Kardioidultramikroskop.

Diese Kammer wird zur Sicherung der gegenseitigen Lage der Teile in einen Metallhalter gelegt und durch eine Überfangmutter darin festgehalten. Damit steht eine durchaus säurefeste Kammer, welche das Ausglühen verträgt, zur Verfügung; denn die Kammerteile werden aus geschmolzenem Quarze hergestellt, damit die Adsorptionswirkung auf die Ultramikronen möglichst gering ist. Die Tiefe der Kammer wird jeweilig mit der Mikrometerschraube des Mikroskopes (S. 458) ausgemessen, die Flächenbegrenzung eines bestimmten Kammervolumens erfolgt durch Mikrometer oder Blenden im Okulare (S. 459—463). Die Objektive müssen dem starken Deckglase angepaßt sein (Spezialobjektive, z. B. eine Glyzerinimmersion von 0,8 Apertur).

Die Benutzung eines Deckglases mit zwei kleinen Durchbohrungen läßt die Verwendung des Kardioidultramikroskopes zur unmittelbaren Beobachtung des Verlaufes mikrochemischer Reaktionen im ultramikroskopischen Gebiete zu[1], während im Spaltultramikroskope nur die Wirkung der vollzogenen Reaktion wahrnehmbar ist. Die im Präparate wirksame Lichtmenge ist so groß, daß auch durch ihre Licht- und Wärmewirkung Reaktionen ausgelöst werden (Veränderung der Gold- und Silberultramikronen, Umwandlung des weißen in roten Phosphor[2]).

Zur Auslösung elektrolytischer Vorgänge und Beobachtung bei höheren Temperaturen wird die Kardioidkammer durch ein Deckglas geeignet, welches mit eingebrannten Platinelektroden oder einem Platinüberzug behufs Widerstandserhitzung versehen ist.

---

[1] Verhdl. D. Phys. Ges. 12, 38 ff. (1910).
[2] H. SIEDENTOPF, Ber. D. Chem. Ges. 43, 692—694 (1910).

Spektroskopie.

Von

H. Konen-Münster i. W.

Inhalt.

Literatur.

Die Literatur der Spektroskopie ist außerordentlich ausgedehnt. Vollständige Angaben findet man in dem *Handbuche* der Spektroskopie von H. KAYSER und H. KONEN (Leipzig, S. Hirzel), dessen erster Band in zweiter Auflage unter der Presse ist, während weitere 5 Bände in erster Auflage vorliegen, drei fernere Bände noch nicht erschienen sind. Für chemische Zwecke kommen vorzugsweise in Frage die Bände I (Methoden), III (Absorption), V und VI (spezielle Spektroskopie). Ein kürzeres modernes *Lehrbuch* der Spektroskopie ist dasjenige von H. KONEN (Leipzig, Veit & Comp.).

Abbildungen der meisten Emissionsspektra bringen die folgenden Werke: A. HAGENBACH und H. KONEN, Atlas der Emissionsspektren der meisten Elemente nach photographischen Aufnahmen (Jena, bei Fischer, 1905). — J. M. EDER und E. VALENTA, Atlas typischer Spektren, Wien 1911. — Dieselben: Beiträge zur Spektrochemie und Spektralanalyse. Wien 1904. — A. DEMARÇAY, Spectres électriques. Paris 1895 (Funken nach Lösungen).

Absorptionsspektra bei H. S. Uhler und R. W. Wood, Atlas of absorption spectra. Washington, Carnegie Institution 1907 (ausgewählte Substanzen, meist organische Farbstoffe). — H. A. Rowland, Photographic Map of the Solar Spectrum, John's Hopkins Press, Baltimore. — *Tabellen organischer Farbstoffe* bei J. Formánek und E. Grandmougin, Untersuchung und Nachweis organischer Farbstoffe auf spektroskopischem Wege, Zweite Auflage. Berlin 1908—1912. — *Spektroskopie der seltenen Erden* bei J. Böhm, Die Darstellung der seltenen Erden. 2 Bde. Leipzig, bei Veit & Comp., 1905, 493 u. 482 S. — *Wellenlängenkataloge* findet man am vollständigsten in den Bänden des schon genannten Handbuches von Kayser und Konen, ferner: F. Exner und E. Haschek, Die Spektren der Elemente. 2. Aufl. Wien 1911. — W. M. Watts, Index of Spectra. London 1911. — F. Stanley, Lines in the arc Spectra, London 1911, außerdem in den oben genannten Atlanten von Hagenbach und Konen, Eder und Valenta und in dem Lehrbuche von Konen. — Für *qualitative Spektralanalyse* vgl. auch A. de Gramont, Notions d'analyse spectrale. Paris 1911. — G. Urbain, Introduction à l'étude de la spectrochémié. Paris 1911. Deutsche Übersetzung 1913. — H. W. Vogel, Praktische Spektralanalyse. I. Teil. II. Aufl. Berlin 1889. — H. und P. Krüss, Kolorimetrie und quantitative Spektralanalyse. 2. Aufl. Hamburg 1909. — J. Formánek, Die qualitative Spektralanalyse. 2. Aufl. Berlin 1905. — E. Baur, Abriß der Spektroskopie und Kolorimetrie. Leipzig 1907. — K. Schaum, Photochemie und Photographie. Leipzig 1908. — Für Gesetzmäßigkeiten in Spektren neben den Werken von Kayser und Konen, besonders H. Konen, Das Leuchten der Gase und Dämpfe. Braunschweig 1913.

Die Anwendung der Spektroskopie im Laboratorium setzt den Gebrauch von ausführlicheren Wellenlängentabellen voraus, als sie hier gebracht werden können. Die üblichen Tabellenwerke chemischer und physikalischer Konstanten bringen nur ein sehr geringes und durchaus unzureichendes, die jährlichen Tabellen der letzten Jahre ein ungesichtetes Material an Wellenlängen. Ferner ist es schon aus technischen Schwierigkeiten unmöglich, das Aussehen der Spektra durch Abbildungen genügend zu kennzeichnen. Es wird daher vorausgesetzt, daß bei eingehenderen Untersuchungen neben dem Inhalt des folgenden Kapitels sowohl ein Atlas wie auch ein ausführlicheres Tabellenwerk für Wellenlängen zu Rate gezogen werden. — Zitate sind so weit wie irgend möglich beschränkt worden.

I. Einteilung und Methode der Spektroskopie.

Die Anwendung der Spektroskopie in der anorganischen Chemie beruht auf der Tatsache, daß die Emission und die Absorption zahlreicher Körper charakteristisch für ihre chemische Zusammensetzung sind, und zwar derart, daß im allgemeinen aus jeder Änderung der Absorption bzw. der Emission auch auf eine Änderung der chemischen Beschaffenheit geschlossen werden kann, wenn man diese weit genug faßt. Dieser Satz gilt mit wenigen Ausnahmen für die gasförmigen Körper, er gilt auch für eine große Zahl von Lösungen oder Flüssigkeiten, dagegen nur für eine verhältnismäßig geringe Zahl von festen Körpern, so daß die ältere Spektroskopie sogar die Regel aufstellte, man müsse einen Körper, um ein charakteristisches Spektrum zu erhalten, zuerst in Dampfform bringen.

Noch in einer anderen Hinsicht unterscheiden sich die drei Aggregatzustände hinsichtlich ihres spektroskopischen Verhaltens. Während nämlich die Absorption oder Emission fester Körper sich in der Regel über weite Bezirke des Spektrums erstrecken und daher weniger durch ihre Ausdehnung oder eine bestimmte Lage im Spektrum gekennzeichnet sind als durch den Verlauf der Emission oder Absorption bzw. das Gesetz der Verteilung beider, pflegt die Emission und Absorption von Gasen in der Regel nur sehr schmale Bereiche im Spektrum einzunehmen, die durch mehr oder minder große Zwischenräume getrennt sind, in denen weder Emission noch Absorption auftreten. Anders ausgedrückt würde man dasselbe bezeichnen, indem man sagt: die Emission oder Absorption der festen Körper geschieht in der Regel in kontinuierlichen oder Streifenspektren, diejenige der Gase in Linien. Infolgedessen muß man die Spektra der festen Körper durch ihre Intensitätsverteilung kennzeichnen, diejenigen der Gase können jedoch durch die Wellenlängen gekennzeichnet werden, die den einzelnen Linien zukommen. Geschieht die Bestimmung der Wellenlänge genau genug, so lehrt die Erfahrung, daß in der Regel eine einzige oder wenige Wellenlängen genügen, um die Zuordnung eines Linienspektrums zu einem bestimmten Element mit Sicherheit vornehmen zu können. Die Spektra der flüssigen Körper nehmen im allgemeinen eine Zwischenstellung zwischen denjenigen der festen Körper und denjenigen der Gase ein. Während sich diese in der Regel aus einzelnen Linien zusammensetzen, jene alle Wellenlängen umfassen, also kontinuierlich sind, pflegen die Spektra von Lösungen oder Flüssigkeiten diskontinuierlich zu sein, ohne aus Linien zu bestehen. Sie setzen sich aus mehr oder minder breiten Stücken eines kontinuierlichen Spektrums, oder wie wir sagen können, aus Streifen zusammen.

Die Strahlung und Absorption der Körper findet im ganzen Bereiche der elektromagnetischen Wellen, beginnend mit den längsten Wärmewellen von der Ordnung eines Millimeters an, bis zu den kürzesten Wellen von der Größenordnung 10^{-8} cm statt. Eine vollständige spektroskopische Untersuchung muß daher den ganzen Bereich dieser Wellen umfassen, und es kann zu groben Irrtümern führen, wenn man sich auf einen engen Bereich der Emission oder Absorption beschränkt, um daraus Schlüsse zu ziehen. Dennoch ist eine vollständige Untersuchung eines Spektrums eine so umständliche und schwierige Aufgabe, daß man sich in der Praxis in der Regel auf den Bereich der bequem zugänglichen Strahlenarten, d. h. etwa den Bereich 1 μ—200 $\mu\mu$ beschränken muß. Bei okularer Beobachtung ist dieser Bereich sogar noch viel kleiner. Er reicht hier nur etwa von 800—400 $\mu\mu$.

Da die Zusammensetzung des Lichtes leuchtender Körper von verschiedener chemischer Zusammensetzung verschieden ist, so gilt dies im allgemeinen auch für die Farbe des von leuchtenden Körpern gelieferten Lichtes. In der gleichen Weise ändert sich im allgemeinen die Farbe von in der Durchsicht oder Aufsicht betrachteten Körpern mit ihrer Absorption. Desgleichen ändert sich die Helligkeit einer bestimmten Farbe mit der Konzentration und Schichtdicke einer absorbierenden Lösung. Es lassen sich daher schon aus der Farbe von leuchtenden und absorbierenden Körpern, sowie aus der Helligkeit des von ihnen durchgelassenen Lichtes bestimmter Farbe gewisse Rückschlüsse auf die Art und Zusammensetzung von Körpern ziehen. Das Verfahren wird Colorimetrie genannt und hat namentlich für die Untersuchung von Lösungen erhebliche technische Bedeutung. Im folgenden Abschnitt soll es nicht besprochen werden, da der Methode das charakteristische Merkmal spektroskopischer Untersuchung, die Zerlegung des Lichtes in ein Spektrum fehlt.

Man kann nun die spektroskopischen Methoden einteilen nach der Art der untersuchten Spektra. Erregt man die zu prüfenden Körper zum Leuchten, so erhält man die Emissionsspektroskopie. Untersucht man die absorbierende Wirkung, die gegebene Körper auf das Licht einer bestimmten Lichtquelle ausüben — man nimmt in diesem Falle in der Regel weißes Licht —, so erhält man die Absorptionsspektroskopie. Die letztere hat vorzugsweise Bedeutung für die Untersuchung von Lösungen, Gläsern, Kristallen. Die Emissionsspektroskopie findet vorzugsweise ihre Anwendung bei der Untersuchung von Gasen oder Proben fester Körper, die verdampft werden können. Bezweckt man mit der spektroskopischen Untersuchung eine Analyse, so gelangt man zur Spektralanalyse, die wiederum qualitativ oder quantitativ sein und auf der Untersuchung der Absorption oder Emission beruhen kann.

Die Untersuchung der Veränderlichkeit der Spektra dient ferner den Aufgaben der Konstitutionsbestimmung.

Stehen nur sehr geringe Mengen von Substanzen zur Verfügung und werden die Reaktionen sowie die spektroskopische Untersuchung etwa unter dem Mikroskop vorgenommen, so gelangt man zu den in diesem Handbuch besonders behandelten Methoden der Mikrospektralanalyse (vgl. den Artikel Mikrochemie).

Der Zusammenhang zwischen Absorptions- und Emissionsspektralanalyse wird durch das Kirchhoffsche Gesetz hergestellt, das aussagt, daß im allgemeinen Emission und Absorption proportional sind, falls man beide bei derselben Temperatur untersucht. Allein es kommt häufig vor, daß bei einer gegebenen Temperatur entweder die Emission oder die Absorption zu gering sind, um beobachtet zu werden, oder daß das Kirchhoffsche Gesetz nicht quantitativ gilt, d. h. also, daß der Quotient Emission/Absorption bei der Untersuchungstemperatur nicht, wie es das Kirchhoffsche Gesetz verlangt, numerisch gleich ist dem Emissionsvermögen eines absolut schwarzen Körpers bei derselben Temperatur. In diesem Falle bezeichnet man die wahrgenommene Strahlung als Lumineszenz. Sie ist in der Regel größer, als man nach dem Kirchhoffschen Gesetze aus der Absorption berechnen würde.

Während es daher viele Fälle giebt, in denen man mit dem gleichen Erfolge entweder die Absorption oder die Emission untersuchen und mittels des Kirchhoffschen Satzes aus den Resultaten der einen Untersuchung unmittelbar diejenigen der zweiten ableiten kann, gibt es andere Fälle, in denen man entweder das eine oder das andere Verfahren wählen muß oder in denen man bei der Wahl verschiedener Verfahren zu verschiedenen Resultaten gelangt. So kann man z. B. bei gewöhnlicher Temperatur Lösungen nur mittels ihrer Absorptionsspektra untersuchen; die der Absorption entsprechende thermische Emission ist zu gering, um wahrgenommen zu werden. Erregt man jedoch dieselben Lösungen durch Licht zu Fluorescenz, so erhält man zwar eine charakteristische Emission. Dieselbe entspricht jedoch nicht dem Absorptionsspektrum.

Endlich kann man bei der Untersuchung der Spektra zwei verschiedene Wege einschlagen, indem man entweder die Intensitätsverteilung in dem Emissions- oder Absorptionsspektrum zahlenmäßig feststellt (Spektrophotometrie) oder den Hauptwert auf die Positionsbestimmung und anderweitige Charakterisierung der Linien und Banden eines Spektrums legt.

Bei der Anwendung der spektroskopischen Methode auf chemische Probleme muß man sich zunächst fragen, welche Art der Untersuchung für die vorliegende Frage geeignet ist und danach Verfahren und Apparate wählen. Wie dies zu geschehen hat, läßt sich nicht allgemein sagen. In manchen Fällen können auch verschiedene Verfahren mit gleichem Nutzen nebeneinander verwendet werden, in anderen ergänzen sie sich (z. B. bei der Untersuchung der seltenen Erden). Oft wird es von dem Geschmack des Beobachters und seiner persönlichen Übung abhängen, welches Verfahren er wählt. Einige Regeln werden im speziellen Teile gegeben.

Im folgenden Kapitel sollen zunächst die notwendigsten allgemeinen Grundlagen aller Verfahren besprochen und dann einige spezielle Anwendungen kurz beschrieben werden.

II. Erregung von Emission und Absorption.[1]

a) Emission.

Es ist zu unterscheiden zwischen der Leuchterregung fester, flüssiger und gasförmiger Körper. Feste Körper lassen sich zum Leuchten erregen durch Erhitzung (Temperaturstrahlung oder Thermoluminescenz), Belichtung, Bestrahlung mit Kathodenstrahlen (Kathodoluminescenz), Kanal-Röntgenstrahlen, Zertrümmern, Reiben (Triboluminescenz), Lösen (Lyoluminescenz), Kristallisieren usw. Dabei zeigen sie entweder kontinuierliche Spektra mit einer von der Intensitätsverteilung im Spektrum schwarzer Körper bei gleicher oder auch bei anderer Temperatur mehr oder minder verschiedener Intensitätsverteilung (farbiges Glühen) oder sie liefern Spektra aus einzelnen breiten Maxima (Streifenspektra) oder Spektra, die sich aus einzelnen sehr schmalen Maxima zusammensetzen (Linienspektra). Für die Zwecke der Laboratoriumspraxis eignen sich nur die Leuchterregung durch Erhitzung, Belichtung oder Kathodenstrahlen, selten die anderen

[1] Für die bei der Leuchterregung der Körper benutzten elektrischen Einrichtungen und die Heizvorrichtungen vgl. man Bd. I dieses Handbuches S. 253—560.

Verfahren, die zu lichtschwach, zu kompliziert, nicht immer empfindlich genug und nicht eindeutig in ihren Ergebnissen sind.

Für die Erscheinungen, die man bei Erhitzen der festen Körper, speziell der Metalle beobachtet, sei auf den Artikel Emissionsvermögen verwiesen. Man führt die Erhitzung in der Regel so aus, daß man die zu untersuchenden Körper in eine Flamme einführt (Bunsenflamme, Knallgasflamme) und unter Umständen fein verteilt (Glühstrumpf des Gasglühlichtes, Kalk- oder Zirkonlicht), oder daß man die Erhitzung durch den elektrischen Strom vornimmt (Metall- und Kohlefäden der Glühlampen, Leiter zweiter Klasse nach Art des Nernstbrenners oder Elektrolytbogenlicht). In der Regel beobachtet man ein kontinuierliches Spektrum, dessen Intensität schnell mit der Temperatur wächst, im übrigen verglichen mit dem Spektrum eines schwarzen Körpers selektive Emission zeigte. Das bedeutet, daß in einigen Bezirken, z. B. beim Auerstrumpf im Bereiche des Grün, die Emission relativ verstärkt, in anderen relativ geschwächt ist. Manche Körper zeigen, wenn erhitzt, auch diskontinuierliche Emission, wie z. B. die Oxyde zahlreicher seltener Erden. Andere senden teilweise polarisiertes Licht aus, z. B. Turmalin. Emissionsuntersuchungen fester Körper haben vorzugsweise für die Beleuchtungsindustrie Interesse. Sie müssen quantitativ, d. h. spektrophotometrisch vorgenommen werden und seien hier übergangen.

Es sei bemerkt, daß es nicht angängig ist, feste Körper in einen Hohlraum, z. B. in einen Ofen einzuschließen, so zu erhitzen und zugleich das Licht zu untersuchen. Denn es strahlen, wie das KIRCHHOFFsche Gesetz zeigt, in einem allseits geschlossenen oder nahezu geschlossenen und gleich temperierten Raume alle Körper gleich stark.

Das Emissionsvermögen der Metalle hat wegen seiner Beziehung zur Leitfähigkeit besonderes Interesse. Auf diese mehr in das Gebiet der reinen Physik fallenden Untersuchungen kann nur hingewiesen werden.

Zahlreiche feste Körper lassen sich auch durch Licht zum Leuchten erregen. Hierhin gehören zunächst die meisten Kristalle, z. B. Flußspat, Rubin, Kalkspat u. a. Weiter ist die ganze Klasse der festen Lösungen, der „Phosphore“, zu nennen, die man erhält, wenn gewissen Oxyden kleine Spuren fremder Körper beigemengt werden. Die Verbindungen der Platinelemente und zahlreiche Uransalze sind weitere Beispiele intensiver Phosphorescenz. Allein die meisten Körper zeigen ähnliches. In der Regel steigern sich die Leuchterscheinungen bedeutend, wenn man die zu untersuchenden Körper auf tiefe Temperatur bringt, z. B. durch Abkühlung mittels flüssiger Luft. Freilich gibt es auch Beispiele, in denen bei starker Abkühlung die Luminescenz verschwindet. Steigerung der Temperatur durch Erwärmen oder durch Bestrahlung mittels ultraroter Strahlen bewirkt zunächst schnelle Ausgabe der aufgespeicherten Leuchtenergie, dann Erlöschen des Leuchtens. Im allgemeinen untersucht man Leuchterscheinungen fester Körper unter dem Einfluß des Lichtes am besten bei tiefer Temperatur.

Zur Erregung des Leuchtens dient am besten ultraviolettes Licht.

Man erhält dasselbe durch Benutzung eines Lichtbogens zwischen Eisenstäben. Derselbe brennt am besten bei Spannungen von 110 Volt aufwärts und einer Stromstärke von 4—6 Amp., wenn man etwas Oxyd auf den Polen ansammelt und den Bogen zwischen den geschmolzenen Oxydkuppen übergehen läßt. In mancher Beziehung bequemer sind Bogen zwischen Stäben aus Kohle, deren Docht aus einer Mischung von Kohlepulver mit Nickel besteht (im Handel zu haben). Man benutzt eine Handbogenlampe mit horizontal stehender Kathode und einen Strom von cr. 20 Amp. Sehr bequem ist auch eine Quarzquecksilberbogenlampe. Der gewöhnliche Kohlebogen ist weniger geeignet. Bei manchen Substanzen eignen sich auch andere Metallbogen oder der Funke besser. Im allgemeinen wird man jedoch mit einer der drei genannten Lichtquellen auskommen können. Zur Konzentration des Lichtes sind Linsen aus Quarz oder wenigstens Uviolglas zu verwenden. Man beobachtet die zu prüfenden Körper so, daß kein direktes reflektiertes Licht ins Auge gelangt, gegen dunklen Hintergrund (schwarzer Samt), mit ausgeruhtem Auge, im verdunkelten Zimmer. In vielen Fällen stört das direkte Licht zu sehr oder die Wärmewirkung setzt die Phosphorescenz herab. Man kann dann zwei Wege zur Untersuchung einschlagen. Entweder untersucht man die Körper kurze Zeit nach der Belichtung. Dies erreicht man mit Hilfe der sogenannten Phosphoroskope, deren Prinzip darauf beruht, daß man durch eine durchlöcherte, schnell rotierende Scheibe den Probekörper belichtet und ihn durch eine zweite, gleiche Scheibe beobachtet, deren Öffnungen gegen diejenigen der ersten versetzt sind, so daß jedesmal, wenn die Beobachtungsöffnung vor dem Auge steht, die erste Scheibe das erregende Licht abblendet (Phosphoroskope, im Handel zu haben). Bequemer noch ist ein Verfahren, das auf der Anwendung eines Absorptionsschirmes beruht, der zwar die ultravioletten Strahlen durchläßt, nicht aber die sichtbaren. Man beobachtet, indem man die Belichtung im sorgfältig verdunkelten Zimmer vornimmt und, wenn die Intensität des ultravioletten Lichtes sehr groß ist, zwischen Auge und Objekt noch ein Filter einschaltet, das zwar die sichtbaren Strahlen durchläßt, nicht jedoch die ultravioletten. Hierzu eignet sich eine schwache wäßrige Lösung von Kaliumbichromat in Glasküvette, deren Konzentration man mittels des Spektroskopes so abstimmt, daß das Blau noch hindurch geht, oder auch sehr gut ein sogenanntes Euphosglas passender Dicke. Für ultraviolettes Licht eignet sich besonders die Kombination von R. W. Wood und H. Lehmann. Der wesentlichste Bestandteil dieser Filter besteht in einer wäßrigen oder alkoholischen Lösung von Nitrosodimethylanilin in der Schichtdicke von einigen Millimetern und der Konzentration 1:5000 bis 1:7500, zusammen mit Jenenser Blauuviolglas passender Dicke (ca. 4 mm) und einer Kupfersulfatlösung (1:4) in Uviolglas- oder Quarzküvette. Das Kupfersulfat absorbiert zugleich die störenden Wärmestrahlen. Fertige Filter dieser Art sind im Handel. Sie eignen sich besonders in Kombination mit dem Nickelbogen, sind für sichtbares Licht nahezu undurchlässig und liefern intensive Phosphorescenz. Für andere Zwecke eignen sich auch Bromdampffilter passender Dicke und Dichte. Das Luminescenzverfahren eignet sich besonders auch zur Anwendung im Mikroskop (Luminescenzmikroskop nach H. LEHMANN, Apparate von ZEISS).

Von der Zusammensetzung des auf die beschriebene Weise erhaltenen Lichtes und den Schlüssen, die sich daraus ziehen lassen, soll in einem späteren Abschnitt noch die Rede sein.

Für viele Zwecke ist es praktischer, die Leuchterregung fester Körper durch Entladungsstrahlen zu bewirken. In der Regel benutzt man Kathodenstrahlen. Dazu bringt man die zu untersuchenden Körper in Vakuumgefäße und konzentriert die Strahlung der Kathode auf ihre Oberfläche. Eine zweckmäßige Form einer solchen Röhre zeigt Fig. 339. Bei *A* ist die ringförmige Anode, bei *K* die als Hohlspiegel ausgebildete Kathode aus Aluminium. Ein Schliff verbindet den unteren abnehmbaren Teil des Rohres mit dem eigentlichen Entladungsrohre. Der untere Teil ist so gestaltet, daß man ihn bequem in eine Kältemischung oder in flüssige Luft eintauchen kann. Man bringt die Probesubstanz in diesen Teil. Die Röhre bleibt am besten in ständiger Verbindung mit einer Hochvakuumpumpe, also einer gewöhnlichen Quecksilberpumpe oder besser einer der neuen Gaedepumpen. Zum Betriebe dient ein Induktorium, das jedoch nicht allzu starke Entladungen liefern darf, weil sich die Probesubstanzen sonst im Brennpunkte der Kathodenstrahlen zu sehr erhitzen. Durch Annähern oder Entfernen eines Magneten kann man die Kathodenstrahlen auf bestimmte Teile der Substanz fallen lassen oder zur Seite ablenken. Handelt es sich um die Untersuchung zahlreicher Probesubstanzen unter den gleichen Bedingungen. z. B. mehrerer Fraktionen, so verbindet man zweckmäßig nach URBAIN mehrere gleiche Röhren und gibt ihnen eine gemeinsame Anode. Unter dem Einfluß der Kathodenstrahlen erleiden zahlreiche Substanzen chemische Veränderungen. So wird z. B. Kochsalz durch Abspaltung von Natriummetall blau gefärbt.

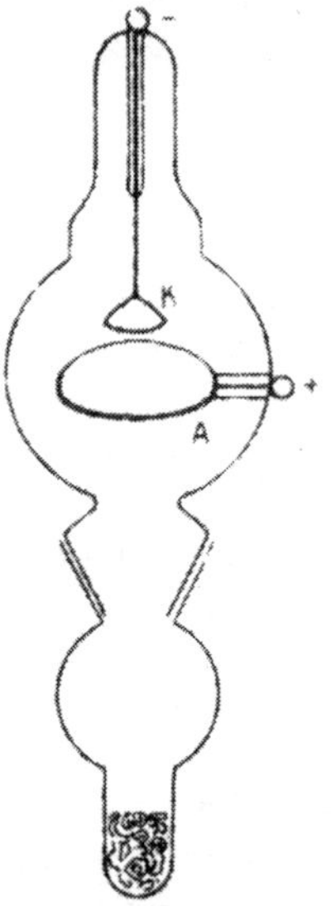

Fig. 339. Röhre zur Untersuchung fester Körper in Kathodenstrahlen (Phosphorescenzspektra).

Das Verfahren eignet sich besonders zur Untersuchung fester Lösungen bzw. zur spektroskopischen Untersuchung seltener Erden und soll später noch eingehender berücksichtigt werden.

Verwendet man feste Körper als Antikathode in einer Röntgenröhre, so erhält man, besonders bei Metallen, eine charakteristische Röntgenstrahlung, die sich aus Wellen der Größenordnung 1 A. $= 1 \times 10^{-8}$ cm zusammensetzt und durch Kristallinterferenz in ein Spektrum aufgelöst werden kann. Die Methode ist zurzeit noch in Entwicklung. Man vgl. z. B. das Lehrbuch von H. KONEN.

Bei der Bestrahlung mit Kanalstrahlen benutzt man eine durchbohrte

Kathode und bringt die Probesubstanzen hinter die Kathode in ähnliche Röhren wie oben beschrieben. Man erhält dann an der Oberfläche der Probesubstanzen Leuchterscheinungen, die mit einer Zersetzung der Körper bzw. der Abspaltung von Metallen aus Salzen Hand in Hand gehen. Auch dies Verfahren befindet sich zurzeit noch in der Entwicklung. Für die Verdampfung fester Körper in Flammen vgl. man weiter unten den Abschnitt „Leuchterregung von Gasen".

Leuchterregung von Flüssigkeiten. In der Regel ist es nicht möglich, Flüssigkeiten durch Erhitzen zum Leuchten zu bringen, wenn man absieht von flüssigen Metallen. Licht und Kathodenstrahlen sind hier die hauptsächlichsten Hilfsmittel. Die Leuchterscheinung, die Flüssigkeiten bei Belichtung zeigen, wird Fluorescenz genannt. Sie ist dem Wesen nach wohl identisch mit der Phosphorescenz. Damit eine Flüssigkeit durch eine Lichtart zum Leuchten erregt werde, muß sie einen Teil des Lichtes absorbieren. Vielfach sind es nur bestimmte Absorptionsbanden, die leuchterregend wirken. Man muß daher solches Licht zur Erregung benutzen, das in den fraglichen Absorptionsbereich fällt. Sonst läßt sich nicht allgemein sagen, welche Lichtquelle bei Fluorescenzversuchen die zweckmäßigste ist. In vielen Fällen wird man mit dem gewöhnlichen Kohlebogen, ja sogar mit dem Nernstbrenner auskommen. In anderen Fällen erweisen sich Lichtquellen mit starker, ultravioletter Strahlung als brauchbarer, z. B. der Quecksilberlichtbogen in Quarzgefäßen, der Eisenbogen, oder der Nickelbogen. Man konzentriert das Licht mittelst kurzbrennweitiger Linsen aus Glas oder Quarz auf die Flüssigkeit, die sich eventuell in Quarzgefäßen befindet, bringt den Fokus der Strahlen in die Nähe der Wand, durch die man beobachten will und in die Nähe derjenigen Flüssigkeitsfläche, durch die das erregende Licht eintritt und läßt das Fluorescenzlicht von dort auf den Spalt des Spektroskops fallen. Ein anderes Verfahren besteht darin, eine Fläche der Flüssigkeit, z. B. die Oberfläche, zu belichten, und tangential dazu, möglichst in der Nähe der Kante zu beobachten. Denn es zeigt sich, daß die Helligkeit der Fluorescenz in der Nähe der Oberfläche und bei Beobachtung in Längsdurchsicht der leuchtenden Schicht am größten ist. Die Helligkeit und Zusammensetzung des Fluorescenzlichtes ist übrigens abhängig von der Konzentration der benutzten Lösung und der Zusammensetzung des erregenden Lichtes. Davon soll noch in dem Abschnitt über Fluorescenz die Rede sein. Im ganzen kann man wohl sagen, daß die Fluorescenzerscheinungen der Flüssigkeiten im Gebiete der organischen Chemie eine größere Bedeutung haben, als in der anorganischen Chemie.

Wie die festen Körper, so kann man auch die Flüssigkeiten durch den Einfluß von Kathodenstrahlen zum Leuchten erregen. Man bringt sie dazu entweder in eine Vakuumröhre oder, wenn dies wegen der Größe der Dampfspannung, auch bei verminderter Temperatur, nicht möglich ist, man macht die Flüssigkeit zur Anode und läßt schwach kondensierte Funken von einem in geringer Entfernung von der Flüssigkeitsoberfläche befindlichen Platindraht nach der Flüssigkeit übergehen. Man beobachtet dann auf der Flüssigkeit eine helle Haut, die der Kathodoluminescenz der Flüssigkeit entspricht.

Die Spektra der Flüssigkeiten sind entweder kontinuierlich oder sie setzen sich aus Streifen kontinuierlichen Lichtes zusammen.

Leuchterregung von Gasen. Die wichtigste Art der Emission für analytische Zwecke ist die Emission der Gase. Man kann zu ihrer Leuchterregung fast alle denkbaren physikalischen oder chemischen Agenzien verwenden, wobei es in vielen Fällen strittig ist, welche Wirkung als direkte Ursache des Leuchtens anzusehen ist. Weiter kann die Leuchterregung in der Weise stattfinden, daß die geprüften Körper gleichzeitig verdampft und in leuchtenden Zustand versetzt werden, oder es können die zu untersuchenden Körper bereits in Gasform vorhanden sein. Während man eine Zeitlang anzunehmen geneigt war, daß die Temperaturerhöhung an sich noch nicht genüge, um Gase zur Emission eines Linienspektrums zu erregen, haben sich in neuerer Zeit Erfahrungen gehäuft, die dahin deuten, daß in einer weit größeren Zahl von Fällen, als man früher annahm, die Temperatur für die Art und Intensitätsverteilung der Emission der Gase maßgebend ist.

Die Leuchterregung von Gasen kann zunächst dadurch erfolgen, daß man sie in Gefäße einschließt und von außen erhitzt, z. B. in Quarzglasgefäße, elektrisch geheizte Kohle- bzw. Graphitrohre (J, S, Se, Tl, Na, Fe u. a.).[1] Dies Verfahren wird man jedoch weniger zu chemischen Zwecken anwenden. Das älteste Mittel besteht darin, daß man die Probesubstanzen, wenn sie gasförmig sind, als Komponente einem der beiden, eine Flamme bildenden Gase beimengt oder in der Flamme verdampfen läßt bzw. als Dampf oder Nebel der Flamme zuführt. Zu Laboratoriumszwecken eignen sich besonders der entleuchtete Bunsenbrenner und die Knallgas- bzw. Leuchtgassauerstoffflamme. Doch sind auch die Acetylensauerstoffflamme, die Halogenflammen und andere Flammen (Ammoniak, Cyan usw.) wiederholt gebraucht werden. Ist ein Gas die Ausgangssubstanz, so mischt man dieses den verbrennenden Gasen bei (CO, H beim Bessemerprozeß, Jod u. a.). Benutzt man eine Flüssigkeit, so kann man zahlreiche Verfahren anwenden. Einige derselben seien genannt. Von einer detaillierten Beschreibung soll dabei abgesehen werden, da die meisten in Frage kommenden Vorrichtungen im Handel zu haben sind.

Das einfachste Mittel besteht darin, einen Tropfen der Probeflüssigkeit an der Öse eines dünnen Platindrahtes einzudampfen und dann in die Flamme einzuführen. Bei Anwendung eines Bunsenbrenners bringt man die Öse des Platindrahtes in das untere Drittel des Außenkegels, bei Benutzung eines Mekerbrenners, der sich für spektroskopische Arbeiten sehr empfiehlt, über die Spitze eines der kleinen grünen Innenkegel am äußeren Saume. Man beobachtet tangential zu dem entstehenden ge-

[1] Für die erforderlichen technischen Hilfsmittel vgl. man dieses Handbuch II, S. 304 ff.; Artikel Heizvorrichtungen (E. Schirm, A. Stähler, v. Wartenberg, Bronn, Weiss).

färbten Dampfstreifen. Statt eines Platindrahtes sind vielfach auch Asbestfäden oder dünne Stäbchen aus Magnesiumoxyd empfohlen worden, wie sie zum Tragen der Glühstrümpfe in Auerbrennern benutzt werden. Doch sind dünne Platindrähte im allgemeinen geeigneter, weil sie höhere Temperatur annehmen und die Flamme nicht in gleichem Maße wie voluminösere Materialien abkühlen. Auf die angegebene Weise erhält man nur kurz dauernde Färbungen, die freilich für viele analytische Zwecke genügen. Stehen größere Mengen der zu prüfenden Lösung zur Verfügung, so kann man z. B. eine länger dauernde Färbung erzielen, indem man ein Glasrohr am unteren Ende in eine Spitze auszieht, dort ein Bündel dünner Platindrähte oder Asbestfasern einpreßt und durch langsames Ausfließenlassen längs der Drähte der Flamme die Lösung zuführt. Längere Zeit arbeiten jedoch derartige Vorrichtungen nicht befriedigend. Die Capillaren verstopfen sich, die Flamme wird ungleichmäßig gefärbt. Dasselbe gilt von allen Verfahren, die dünne Asbestpappe oder ähnliche Materialien mit der Probelösung tränken und so in die Flamme einführen, daß die Flamme die Asbestpappe oder das Drahtgeflecht berührt. Vielfach benutzt man eine Pappe mit runder Öffnung, durch die die Flamme brennt. Eine andere, von EDER und VALENTA gegebene Anordnung verwendet ein kreisringähnliches Drahtnetz, das durch eine Klemmscheibe gehalten und von einem Uhrwerk langsam gedreht wird. Es ist schräg gestellt, taucht am unteren Rande in die Probeflüssigkeit und berührt mit dem oberen Rande die Flamme. Eine weitere Klasse von Verfahren verwendet feinzerstäubte Flüssigkeiten, die als Staub oder Nebel einem der die Flamme bildenden Gase beigemengt werden, in der Regel der Luft. Mit der Luft gelangen alsdann die Flüssigkeitströpfchen in den Innenkegel und von dort in alle Teile der Flamme. Die Zerstäubung kann auf mannigfaltige Weise vorgenommen werden. Ein einfaches Hilfsmittel besteht in der Benutzung eines Zerstäubers. Fig. 340 deutet eine leicht zusammenzustellende Anordnung an. Bei *c* tritt die Druckluft ein, *b* ist die Vorratslösung, *a* der Zerstäuber, *q*, *q* sind Quetschhähne, von *d* gelangt die Druck-

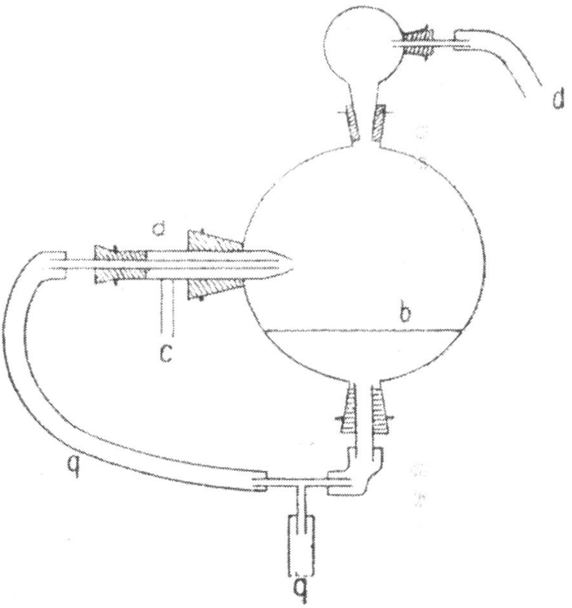

Fig. 340. Anordnung zum Färben von Flammen durch Zerstäubung.

luft zu dem Leuchtgasbrenner. Dies Verfahren arbeitet sparsam und gibt ziemlich gleichmäßige Flammen. Für quantitative bzw. genauere, photometrische Versuche genügt es freilich nicht. Auch wird die Temperatur der Flammen durch die zerstäubte Lösung herabgesetzt. — Eine andere Methode besteht in der Zerstäubung von Flüssigkeiten mittelst durchperlender Gasblasen. Wenn diese an der Oberfläche zerplatzen, gelangen feine Tropfen in die Luft und werden von ihr weggetragen. Ein sehr einfaches Verfahren besteht in der Zerstäubung durch Wasserstoffentwicklung innerhalb der zu untersuchenden Flüssigkeit. So kann man, wie in Fig. 341 angedeutet, einen unten offenen Brenner, am besten aus Porzellan, verwenden und unter ihn eine Schale stellen, in der sich die Salzlösung plus Zink und HCl befinden. Das Verfahren eignet sich namentlich zu Demonstrationszwecken. — Ein aus Glas gefertigter Brenner nach Stolzenberg enthält das Entwicklungsgefäß fest mit dem unteren Teil verbunden. Er gestattet bequemes Auswechseln und Übergang zu verschiedenen Salzlösungen. — Auch die Elektrolyse läßt sich in ähnlicher Weise verwenden. Man bringt dann in dem Fuße eines Bunsenbrenners oder zwischen den beiden Teilflammen eines Flachdoppelbrenners ein Porzellangefäß an, in dem sich die zu elektrolysierende Lösung befindet. Zwei Platindrähte dienen zur Stromzuführung. Sobald die Wasserstoffentwicklung einsetzt, werden die zerstäubenden Flüssigkeitsteilchen von dem Luftstrom des Brenners mitgerissen und gelangen in die Flamme. Diese Apparate sind im Handel und für manche Zwecke bequem. Sie liefern jedoch nur mäßig helle Flammen, eignen sich auch nicht für alle Lösungen. Bei ihrer Benutzung ist darauf zu achten, daß keine Chlordämpfe oder Chlor- bzw. halogenhaltige Gase entwickelt werden, da diese die Leuchthelligkeit vieler Flammen stark herabsetzen. Auch durch Hindurchpressen von Luft kann man Lösungen zweckmäßig zerstäuben. Man führt dann in ein Vorratsgefäß aus Porzellan ein Rohr aus unglasiertem Porzellan ein, durch das Preßluft getrieben wird. Diese und ähnliche von Beckmann[1] konstruierten Apparate sind im Handel zu haben. Kommt es darauf an, möglichst gleichmäßige Färbungen von Flammen zu erzielen und zwar so, daß man die pro Minute zugeführte Dampfmenge einigermaßen genau messen kann, so empfiehlt sich ein von Beckmann und Waentig[2] aus-

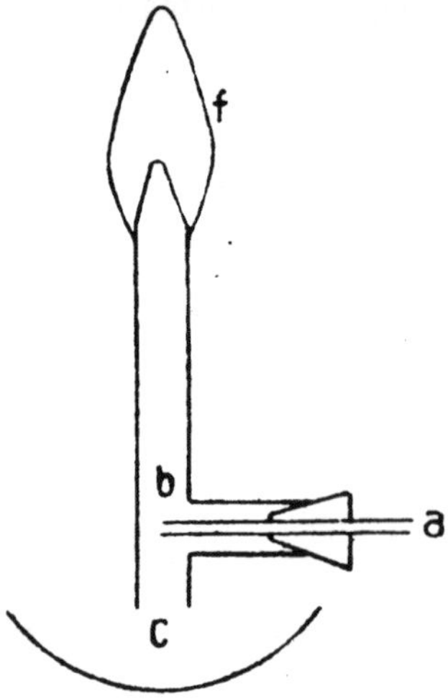

Fig. 341.
Färbung von Flammen durch Wasserstoffentwicklung.

[1] E. Beckmann, Z. phys. Ch. 34, 593 (1900), 35, 443, 652 (1900), 40, 465 (1902), 57, 641 (1907). Z. Instr. 23, 188 (1903). Z. angew. Ch. 20, 56 (1907).

[2] E. Beckmann u. P. Waentig, Z. phys. Ch. 68, 385—439 (1909).

gearbeitetes Verfahren. Bei demselben wird die Vorratslösung durch Zentrifugieren zerstäubt, die Menge der pro Sekunde gelieferten Lösung dadurch bestimmt, daß man durch Spitzenentladung den Flüssigkeitsstaub während gemessener Zeit niederschlägt und durch Wägung bestimmt. Einzelheiten dieser Anordnung müssen hier übergangen werden. Wenn man die Zerstäubungsmethode benutzt, so kann man jede Art von Flammen verwenden. In der Regel wird man indes bei der Untersuchung von Flüssigkeiten vom Bunsenbrenner und seinen Abarten ausgehen.

Ist die in der Flamme zu prüfende Substanz fest, so kann man sie entweder fest oder in Lösung benutzen. Feste Körper führt man in kleinen Stücken am Platindraht direkt in die Flamme ein, oder man mengt sie den Flammengasen als Staub bei, oder endlich, man formt aus ihnen Stäbchen oder Pastillen, die unmittelbar in die Flamme gebracht werden. Bei Verwendung des Platindrahtes empfiehlt es sich, die Probesubstanz, eventuell unter Zusatz geeigneter Flußmittel und nach Befeuchten mit Chlorwasserstoffsäure oder ähnlichen aufschließenden Reagenzien zunächst in der Öse eines dünnen Platindrahtes zu einem Tropfen zusammenzuschmelzen, wenn dies möglich ist, und dann in den Außenkegel eines Bunsenbrenners bzw. das Innere eines Mekerbrenners einzuführen. Bei vielen Salzen beobachtet man dann zugleich die Erscheinung des farbigen Glühens, die in Zusammenhang steht mit der Emission des Metalls im Salze. Zahlreiche Salze und viele Mineralien geben in der Flamme charakteristische Spektra, die je nach dem Metall und der Verbindung, wie nach der Menge der eingeführten Substanz verschieden hell sind und verschieden lange andauern. Einige Einzelangaben findet man weiter unten im speziellen Teile. Kommt es auf größere Helligkeit an und stehen größere Mengen der Probesubstanz zur Verfügung, so füllt man ein Schiffchen aus dünnem Platinblech mit dem geschmolzenen Salz und bringt dies in einen Mekerbrenner. Mit zahlreichen Salzen, z. B. den Halogenverbindungen der Alkalien, erhält man auf diese Weise überaus helle Spektra. Auch die Zündsätze von Feuerwerkskörpern geben sehr helle Spektra. Andere Hilfsmittel sind: man formt aus der Probesubstanz unter Zusatz von Bindemitteln (Gummi, Zuckerlösung) dünne Stäbchen oder Pillen, läßt durch Erhitzen die Bindesubstanz verkohlen und benutzt die entstehenden Stäbchen zur Flammenfärbung. Wieder ein anderes Mittel besteht darin, daß man die Probekörper auf die Spitze vorher gut gereinigter Holzkohlestäbchen bringt und diese in die Flamme einführt; auch Stäbchen oder Löffel aus Nernstmasse sind brauchbar. Dies Verfahren eignet sich besonders bei Benutzung eines Sauerstoff-Leuchtgas- bzw. Sauerstoff-Wasserstoffgebläses. Verwendet man einen Mekerbrenner, so erhält man für viele Zwecke brauchbare Flammenfärbungen, indem man einfach ein Stückchen der Probesubstanz auf den Rost des Brenners legt oder indem man ein Stück Glühstrumpf mit einer Lösung tränkt und auf den Rost legt. Zahlreiche ähnliche Verfahren sind vorgeschlagen worden.

Von Wichtigkeit sind die Methoden, die die Probesubstanz in Pulverform den Flammen zuführen. Dies kann entweder dadurch geschehen, daß man das Pulver, das man untersucht, durch die Flamme hindurchfallen läßt. Dies empfiehlt sich bei Benutzung eines horizontal brennenden Gebläses bzw. einer Sauerstoffleuchtgasflamme. Man füllt die Probesubstanz in einen Trichter mit weitem Ansatzrohr und läßt durch ein kleines Klopfwerk, etwa mit Hilfe einer, einer elektrischen Klingel ähnlichen Anordnung geringe Pulvermengen durch die Flamme fallen. Einzelheiten findet man z. B. bei HARNACK.[1] Unter der Flamme steht eine Schale, in der die nicht verdampfenden Pulverteile wieder aufgefangen werden. Mit heißen Flammen erhält man auf diesem Wege sehr helle Spektra.

Empfehlenswerter ist es für manche Zwecke, die Zerstäubung der Probekörper auf elektrischem Wege vorzunehmen. Dies ist namentlich dann der Fall, wenn es sich um Metalle handelt und wenn diese in solchen Stücken vorhanden sind, daß man zwischen ihnen den Flammenbogen oder den Funken übergehen lassen kann. Man schließt dann einen Bogen oder kondensierten Funken in eine tubulierte Kugel ein, durch die man einen Luftstrom schickt, der die Flamme speist (auch andere Gase sind brauchbar). Unter dem Einfluß des Entladungsvorganges zerstäuben die Elektroden äußerst fein. Der Metall- bzw. der Oxydstaub gelangt in die Flamme und liefert dort sehr intensive und gut entwickelte Spektra. Es ist auf diesem Wege möglich, die Spektra der meisten Metalle sogar im Bunsenbrenner zu erhalten (HEMSALECH und DE WATTEVILLE). Fig. 342 stellt eine einfache Anordnung zu dem beschriebenen Zwecke dar, die unmittelbar verständlich ist. Bei *b* strömt das Gas zu, bei *c* ab; *e*, *e* sind die Elektroden, zwischen denen der Bogen bzw. Funken übergeht, *a* ist Sand, der den Boden der Kugel bedeckt zum Schutze gegen herabfallende glühende Partikel.

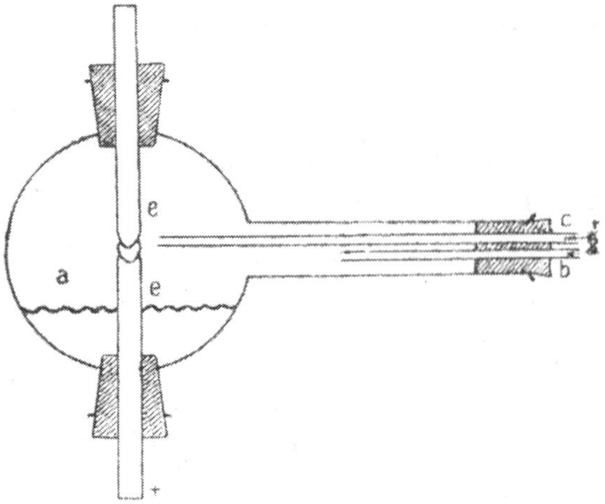

Fig. 342.
Färbung von Flammen durch elektrische Entladung.

Im Laboratorium ist meistens die Bunsenflamme im Gebrauch. Für viele Zwecke bequemer ist der Mekerbrenner. Daneben sollte jedoch das Leuchtgas–Sauerstoff- oder Wasserstoff–Sauerstoffgebläse mehr benutzt werden, als es tatsächlich geschieht. Die heißeren Flammen, die man mit diesen Gebläsen erhält, eignen sich vorzüglich zur Herstellung äußerst

[1] A. HARNACK, Diss. Leipzig 1911. Zs. wiss. Photogr. 10, 281–346 (1912).

heller Spektra und zur photographischen Aufnahme der Emissionsspektra. Man läßt dazu die Flammen horizontal in der Richtung auf den Spalt zu brennen und bildet sie auf diesem mittelst einer Linse ab. Die genannten Flammen sind gleichzeitig sehr geeignet zu analytischen Zwecken und gestatten vielfach eine unmittelbare Analyse von Mineralien, Metallen und technischen Produkten, wie z. B. des Staubes in Hüttenanlagen usw. Darauf wird noch eingegangen werden.

Die Spektra, die man in Flammen erhält, sind ein Gemisch der Spektra der Flammen selbst und der verdampfenden Substanzen. Alle gebräuchlichen Flammen liefern im Ultrarot die Emissionsbanden des Wasserdampfes; werden Kohlenwasserstoffe verbrannt, so kommen noch die Banden der Kohlensäure hinzu. Im Sichtbaren besitzen die Spektra der gebräuchlichen entleuchteten Flammen einen schwachen, kontinuierlichen Grund, der mit steigendem Druck heller wird. Im Bunsenbrenner und in den Kohlenwasserstoffflammen kommen hierzu besondere Spektra, die im Zwischengas, Außenkegel und Innenkegel verschieden sind. Im Innenkegel, der ein helles grünes Licht ausstrahlt, bemerkt man die Banden des Kohlenstoffspektrums gemischt mit den Banden des sog. Kohlenwasserstoffspektrums (das Ganze genannt: Swanspektrum); das Zwischengas liefert ein schwaches Kohlenstoffspektrum, der Außenkegel desgleichen, jedoch mit verstärktem kontinuierlichen Grund. Im Innenkegel und im Außenkegel findet man im Ultraviolett die Banden des sogenannten Wasserdampfspektrums, die relativ sehr intensiv sind. Einige Angaben über diese Spektra folgen noch weiter unten. Benutzt man gespaltene Flammen, so kann man diese verschiedenen Spektra von einander trennen. In gewöhnlichen, ungespaltenen Flammen überlagern sie sich. In der Regel benutzt man den oberhalb des inneren Kegels gelegenen Teil des Bunsenbrenners als Lichtquelle. Für manche Zwecke eignet sich jedoch gerade der grüne Innenkegel trotz seiner zahlreichen und störenden Banden besser. Die Leuchtgas–Sauerstoffflamme zeigt dieselben Spektra wie die Bunsenflamme, nur intensiver. In der Wasserstoffflamme oder in der Wasserstoff–Sauerstoffflamme erhält man dagegen nur im Ultrarot die Wasserdampfbanden und im Ultraviolett die bereits erwähnten sogenannten Wasserdampfbanden. Daher eignen sich die Wasserstoffflammen für viele Zwecke der Analyse besonders. Die Spektra der eingeführten Körper sind in der Regel Gemische von Verbindungsspektren, Banden- und Linienspektren der Elemente. Bringt man z. B. Bariumchlorid in die Knallgasflamme, so beobachtet man neben den Banden des Bariummetalls und des Bariumchlorids die Linien des Bariums. Verwendet man, wie das im allgemeinen wohl die Regel sein wird, Sauerstoffflammen, so erhält man meist neben den Spektren der Dissoziationsprodukte die Spektra der Oxyde. In Haloidflammen findet man in der Regel die Bandenspektra der Haloidverbindungen. Von besonderer Bedeutung sind einige bei technischen Prozessen auftretende Flammen, z. B. die Bessemerflamme. Davon soll später noch die Rede sein.

Die Emission ist in den verschiedenen Flammenteilen keineswegs gleich. Als Beispiel diene der Bunsenbrenner. Sein Innenkegel liefert im Gegensatz zu der weit verbreiteten gegenteiligen Meinung sehr vollständige Linienspektra auch von Elementen mit hohem Siedepunkt wie z. B. Eisen. Die Spektra reichen weit ins Ultraviolett und enthalten vielfach Linien, die man sonst vorzugsweise im elektrischen Funken beobachtet. Im Zwischengas und Außenkegel treten die Banden stärker hervor, einzelne Linien, die sogenannten Flammenlinien, besitzen die Hauptintensität, die übrigen Linien sind schwach. Ähnliches gilt für andere Flammen. Die heißeren unter ihnen liefern Spektra, die sich nach Zusammensetzung und Intensitätsverteilung bereits den Bogenspektren nähern.

Zu Untersuchungen über die Vorgänge in den verschiedenen Flammenzonen eignen sich gespaltene Flammen.[1]

Die Untersuchungen neuerer Zeit haben gezeigt, daß, wenn man von den Vorgängen im Innenkegel, also in der Explosionszone absieht, die Emission der meisten Dämpfe in Flammen den Charakter thermischer Emission trägt und jedenfalls qualitativ, wahrscheinlich auch quantitativ den Regeln des Kirchhoffschen Gesetzes folgt. So ist es möglich, aus der Emission und Absorption von gefärbten Flammen deren Temperatur zu berechnen u. a. m.

In den Flammen finden überaus komplizierte elektrische Ladungs- und Umladungsvorgänge statt, die durchaus nicht den einfachen für Elektrolyte geltenden Regeln folgen. Es besteht daher kein einfacher Zusammenhang zwischen der Leitfähigkeit von Flammen, der Beschaffenheit der auf Grund elektrochemischer Erfahrungen angenommen Ionen und der Helligkeit mit Salzdämpfen gefärbter Flammen. Die in einzelnen Fällen angenähert gültig befundenen Regeln besitzen keine allgemeine Geltung. Am weitesten kommt man bei der Beurteilung der Leuchtvorgänge in Flammen mit thermischen Gesichtspunkten, wobei einzelne Vorgänge, wie die Vorgänge im Innenkegel ausdrücklich ausgenommen seien. Literatur und eingehendere Darlegungen findet man in den obengenannten Werken von Konen bzw. Kayser und Konen.

Elektrische Methoden zur Leuchterregung von Gasen und Dämpfen.[2] Wohl jede Art der elektrischen Entladung ist geeignet, Gase oder Dämpfe zum Leuchten zu erregen. Man kann direkte und indirekte Entladungswirkungen unterscheiden. Zu den ersteren gehören die verschiedenen Formen der Entladung, also die Bogen-, Funken- und Glimmentladung; unter den indirekten Entladungswirkungen sind hier die Wirkungen der Entladungsstrahlen, wie Kathoden-, Kanal-, Röntgenstrahlen usw., sowie die Aureolenwirkungen verstanden. Für analytische und wohl die meisten chemischen Zwecke kommen hauptsächlich die direkten Entladungswirkungen für spektroskopische Arbeiten mit Gasen in Frage.

Zur Herstellung der Bogenentladung ist mindestens eine Spannung von etwa 40 Volt erforderlich, wenn der Bogen stabil brennen soll. Für

---

[1] Man vgl. etwa: A. Reis, Verh. D. Phys. Ges. 15, 1247—1258 (1913).

[2] Man vgl. für die in Frage kommenden Einrichtungen I, S. 253ff. dieses Handbuches (Artikel: Elektrische Einrichtungen von G. Schulze).

die meisten spektroskopischen Zwecke sind etwas höhere Spannungen, also namentlich die üblichen Spannungen von 110 und 220 Volt bequemer. Man brennt die Bogen mit Strömen von etwa 4—6 Amp. bei 220 Volt, indem man einen passenden Widerstand vorschaltet, bei 110 Volt nimmt man etwas höhere Stromstärken. Wechselstrom ist zu spektroskopischen Arbeiten mit Bogenentladungen nicht geeignet, da eine Reihe von Bogen mit Wechselströmen der üblichen Wechselzahl überhaupt nicht brennen (z. B. Bogen zwischen Metallstäben). Die zu untersuchenden Elektroden werden in einer Handregulierlampe benutzt. Im allgemeinen ist es zu empfehlen, ein Bild des Bogens auf den Spalt zu projizieren. Man stellt den Bogen (beide Elektroden) vertikal. Die untere Elektrode ist die positive. Die ganze Anordnung läßt sich auch leicht mit den üblichen Laboratoriumhilfsmitteln improvisieren. Für manche Zwecke ist es empfehlenswerter, die Bogenlampe in ein Gehäuse mit Abzug zu setzen. Etwa an Bogenlampen befindliche Kondensatoren sind zu entfernen. Zur Projektion dient eine einfache Quarzlinse von 4—5 cm Durchmesser und etwa 5—6 Dioptrien, oder eine gleiche Linse aus Uviolglas, am besten eine achromatische Linse aus Quarz–Steinsalz–Quarz oder Quarz–Flußspat (im Handel). Doch sind natürlich auch alle anderen Arten von Linsen, speziell Glaslinsen, brauchbar, wenn auch in ihren Leistungen nicht so vollkommen.

Eine Reihe von Körpern lassen sich auf die angegebene Weise unmittelbar zur Herstellung von Bogen benutzen und liefern so überaus helle und charakteristische Spektra, die sich sowohl zu analytischen Zwecken, wie zur Demonstration, wie als Lichtquellen vorzüglich eignen. In erster Linie ist der Kohlebogen zu nennen. Derselbe liefert ein intensives kontinuierliches Spektrum, das von den beiden glühenden Elektroden herrührt, hauptsächlich von dem weißglühenden positiven Krater. Will man daher intensives weißes Licht haben, so stellt man den Bogen schräg, oder die Anode horizontal und benutzt den positiven Krater als Lichtquelle. Im Ultraviolett ist das kontinuierliche Spektrum jedoch sehr schwach. Es reicht nicht nennenswert unterhalb 350 $\mu\mu$. Außerdem überlagert sich dem Lichte der Elektroden das Licht des eigentlichen Bogens. Dasselbe besitzt ein diskontinuierliches Spektrum, das sich aus Banden und Linien zusammensetzt. Zu den ersteren gehören im sichtbaren Teil des Spektrums die Banden des Kohlenstoffs, die mit ihren feinen Linien fast das ganze Spektrum ausfüllen, besonders aber im Grün und Blau hervortreten. Im Ultraviolett herrschen die sogenannten Cyanbanden vor, die neuerdings dem Stickstoff der Luft zugeschrieben werden. Außerdem findet man je nach den Umständen mehr oder weniger stark die Banden des Siliciumoxyds im Ultraviolett, verschiedene Banden des Stickstoffs und Banden des Stickoxyds. Daneben sind die Linien zahlreicher Elemente vertreten. Silicium liefert eine ultraviolette intensive Gruppe, Kohlenstoff eine starke ultraviolette Linie, auch Bor liefert eine solche Linie, desgleichen der Sauerstoff der Luft. Na, Ca, Mg, Cu, Fe, Hg, Mn und andere Elemente liefern die stärkeren Linien ihrer Linienspektra, so daß man oft Linien verhältnismäßig seltener Elemente im gewöhnlichen Kohlebogen findet.

Die praktische Anwendung des Kohlebogens benutzt ihn entweder als kontinuierliche Lichtquelle oder zur Verdampfung und Leuchterregung anderer Körper. Es gibt kein Element, das nicht in dem positiven Krater verdampfte (Temperatur etwa 4000° C), wenn auch manche Elemente nicht gut brennen, wie z. B. Iridium. Man kann daher Proben der Elemente in den positiven Krater bringen und die Entladung nach ihnen übergehen lassen. Dann beobachtet man Gemische der Spektra des Kohlebogens mit den Spektren der betreffenden Elemente. Statt der Elemente selbst kann man auch Verbindungen benutzen, z. B. die Oxyde, zweckmäßigerweise wasserfreie Salze. Nachdem der Bogen zuerst eingebrannt ist, wird er durch Stromunterbrechung oder auf andere Weise gelöscht und je nach der Menge der Substanz und dem Zweck der Untersuchung eine passende Quantität in den positiven Krater eingeführt. Man bedient sich dazu eines Platinlöffelchens oder besser noch eines kleinen Löffels aus Nernstmasse. Alsdann wird der Bogen durch Berühren und Auseinanderziehen der Elektroden neu gezündet. In vielen Fällen leiten die eingebrachten Körper genügend, um eine solche Zündung zu gestatten. In anderen Fällen isolieren sie jedoch und der Bogen zündet bei Auseinanderziehen der Elektroden nicht. Alsdann führt man die Zündung mittelst einer Hilfselektrode aus Kohle aus. Sobald der Bogen an einer Stelle gezündet hat, schmelzen die meisten Körper. Nichtleiter, die man vorher auf die Anode legte, werden bei der hohen Temperatur leitend, und man erhält den gewünschten gefärbten Bogen.

Ist die zur Verfügung stehende Menge sehr klein, so kann man sie durch Zusätze, z. B. Berylliumoxyd, auflängen. Beryllium gibt ein linienarmes Spektrum und stört daher nicht. In vielen Fällen ist es möglich, schon an der Färbung des Bogenbildes zu erkennen, ob die untersuchte Substanz verdampft. Diese Augenblicke nutzt man aus.

Stehen große Mengen der Probesubstanz zur Verfügung, so kann man eine Bohrung der Anode damit füllen. Es ist zweckmäßig, wasserfreie Salze oder Metallpulver mit Kohlepulver gemengt in die ausgebohrte Höhlung einer Dochtkohle zu stopfen nach Art der Effektkohlen. Man erhält so lang andauernde und helle Spektra.

Nicht jede Substanz eignet sich zum Verbrennen im Bogen gleich gut. In der Regel sind die Oxyde und Carbonate brauchbar, zuweilen auch die Haloidverbindungen. Manche Elemente liefern im Bogen nur schwache Spektra oder nur Banden in den äußeren Teilen der Hüllen, wie z. B. die meisten Gase, Schwefel, Selen, Jod. Andere liefern hauptsächlich intensive Bandenspektra, wie z. B. Bor. Wieder andere Körper liefern neben Linien intensive Verbindungsspektra, z. B. die Fluorverbindungen der Erdalkalien und andere. Im allgemeinen lassen sich jedoch die meisten anorganischen Körper mit Erfolg im Kohlebogen untersuchen und liefern dabei sehr empfindliche Reaktionen, schon bei geringem Materialverbrauch. Die große Helligkeit der erhaltenen

Spektra macht dieselben besonders auch zu photographischen Untersuchungen brauchbar.

Stehen genügend große Stücke von leitenden Materialien zur Verfügung, so kann man diese auch unmittelbar als Elektroden verwenden und den Bogen zwischen ihnen brennen. Auf diese Weise erhält man gut brennende Metallbogen von Fe, Co, Ni, Mn, Mg, Ca, Cu, Ag, Cr, Zn, Pb, Cd, Si u. a., namentlich zahlreicher Legierungen. Es kommt vor, daß Stäbe mit niedrigem Schmelzpunkt nach kurzer Brenndauer des Bogens abschmelzen, z. B. bei Benutzung von Sn-, Bi-, Pb-Bogen. Man steckt dann die Elektroden in durchbohrte, dicke Metallklötze (Kupfer, Messing), die die Wärme ableiten, oder umgibt sie mit einem wasserdurchflossenen Kühlmantel. Gleichzeitig benutzt man die geringste zulässige Stromstärke. Andere Metalle überziehen sich nach kurzem Brennen mit einer nichtleitenden Oxydschicht, so daß man den Bogen nicht wieder zünden kann, wenn er einmal erlischt. Dies gilt z. B. vom Aluminium. Man muß alsdann die Elektroden vor jedem Neuzünden abfeilen. Besser bringt man kleine Aluminiumstücke in den Kohlebogen. Man kann auch an Stelle der Kohlestäbe Metallstäbe benutzen, wenn man die Banden des Kohlebogens bzw. die sogenannten Cyanbanden vermeiden will. Namentlich der Kupferbogen ist vielfach zu diesem Zwecke benutzt worden. Natürlich erhält man alsdann die Linien und Banden des Kupfers als Verunreinigung des Spektrums.

Eine zweckmäßige Art, mit geringen Metallmengen Metallbogen herzustellen, besteht nach PFUND darin, daß man als untere Elektrode (Anode) eine Kohle mit flacher Höhlung benutzt, als obere eine dünnere Kohle. In die flache Höhlung bringt man einen Tropfen geschmolzenen Metalls oder noch besser geschmolzenen Metalloxyds. Diesen Tropfen kann man entweder vorher in einer Flamme herstellen, oder man gewinnt ihn im Bogen selbst, indem man kleine Metallstückchen oder Metalldraht zusammenfließen läßt. Wesentlich für das gute und sparsame Brennen dieser Bogen ist der Umstand, daß sich der Metall- bzw. der Metalloxydtropfen im sphäroidalen Zustand befindet, während der Bogen brennt. Dazu muß man die Stromstärke passend regulieren, was leicht nach kurzem Probieren gelingt. Zündet der Bogen bei Berühren der Elektroden nicht sogleich, so leitet man mittelst einer Kohle zuerst einen seitlichen Bogen ein, der nach kurzer Zeit auf das Metall übergeht. Auch kann man mittelst eines Brenners den Oxydtropfen anheizen, worauf die Zündung ohne weiteres erfolgt. Ein Vorrat von Metalloxydtropfen in Pillenform genügt, um schnell hintereinander die Spektra der verschiedensten Metalle herstellen zu können. Diese sind nicht ganz so hell, wie die Spektra der Bogen zwischen Elektroden aus Metall, doch sind ihre Linien schärfer.

Von besonderer Wichtigkeit ist der Eisenbogen, da er allgemein als Vergleichsspektrum gebraucht wird, und da seine Linien die Normalen für alle Wellenlängenmessungen bilden. Nach internationalem Abkommen sind dabei die folgenden Bedingungen einzuhalten: Die untere Elektrode ist die negative. Die Bogenlänge beträgt etwa 6 mm, die Stromstärke bei Messungen im Bereiche oberhalb der Wellenlänge 4000 A. 6 Amp., unterhalb etwa 4 Amp. Die Spannung beträgt 220 Volt; als Elektroden dienen zwei Stäbe von etwa 7 mm Dicke aus gewöhnlichem Schmiedeeisen, als Lichtquelle benutzt man ein etwa 2 mm langes axiales Stück des vertikal brennenden Bogens. Auf genaue Einhaltung dieser Bedingungen kommt es nur bei Präzisionsmessungen an, die die Sicherstellung der Hundertel Angströmeinheiten erstreben.

Die spektroskopisch benutzten Bogen kommen in verschiedenen Formen vor, die durch die Art ihres Brennens, durch die elektrische Charakteristik und die Art des Leuchtens verschieden sind. Besonders geeignet sind die Bogen, bei denen der Strom zwischen zwei Oxydkappen übergeht, die die beiden Elektroden bedecken. Bei den meisten Metallen kann man dies nach einiger Zeit des Brennens durch Verkürzen des Bogens und passende Regulierung der Stromstärke erreichen. Das Eintreten dieser Bogenformen wird dadurch gekennzeichnet, daß vom Bogen große Mengen fein verteilten Oxyds in die Luft ausgestoßen werden; zugleich treten die Banden der Oxyde in den äußeren Bogenteilen auf.

Die Emission ist im Bogen ungleichmäßig verteilt und hängt vielleicht mit der Verteilung der elektrischen Kraft zusammen, obwohl auch für den Bogen die Regel gilt, daß die Emission im allgemeinen der Verteilung der Temperatur folgt. Bei den Metallbogen kann man zwei Dampfbüschel unterscheiden, die von den beiden Elektroden ausgehen und sich in der Mitte des Bogens vereinigen. Sie sind umgeben von einer Hülle, der sogenannten Aureole, in der man vorzugsweise Bandenspektra und die Flammenlinien der Elemente findet. Daneben findet man die Spektra der Bestandteile der umgebenden Atmosphäre (z. B. die Banden des Stickoxyds, des Stickstoffs) und ihrer Verbindungen. Bei anderen Bogenformen zeigt sich das Metalldampfbüschel nur in der Nähe der Kathode; an der Anode besteht eine Art von Glimmentladung. Für praktische Zwecke kommt vorzugsweise die Bogenform in Betracht, bei der auch die Anode lebhaft verdampft.

In der Nähe der Pole findet man besondere Linien, die sogenannten Pollinien, die im Funken besonders verstärkt sind und vielfach auch mit unklarer Terminologie als Funkenlinien bezeichnet werden. Sie treten um so mehr hervor, je kürzer der Bogen ist, je kleiner man also die Stromstärke nimmt. Ferner sind sie und gewisse, für die Funkenentladung charakteristische Linien (enhanced lines nach Lockyer) stets in der Initialentladung beim Zünden des Bogens vorhanden. Sie treten daher in Wechselstromentladungen besonders stark auf, wenn die Stromschwingungen derart sind, daß die Elektroden in den Strompausen Zeit haben, sich genügend abzukühlen. Geht man vom Innern des Bogens nach außen, so werden im allgemeinen die Spektra weniger linienreich und intensiv. Dies übersieht man einfach, indem man ein Bild des Bogens so auf den Spalt eines Spektralapparates wirft, daß der Spalt auf der Verbindungslinie der beiden Pole senkrecht steht (Methode der langen und kurzen Linien nach Lockyer).

In den mittelst eines punktförmig abbildenden Apparates hergestellten Spektren erhält man alsdann ein Bild, das die Linien verschieden lang zeigt. Die nur im Kern vorkommenden Linien sind die „kürzesten“, die in allen Teilen des Bogens auftretenden die „längsten“, daher für das untersuchte Element besonders charakteristisch, weil man annehmen kann, daß im allgemeinen die Temperatur vom Innern des Bogens nach außen abnimmt, die Emission der Temperatur folgt und man also die fraglichen Linien bei allen Temperaturen erhält. Die langen Linien sind übrigens nicht immer die intensivsten. Außer durch ihre Länge unterscheiden sich bei Anwendung der Methode der langen und kurzen Linien die Spektra der verschiedenen Bogenteile auch durch die Breite ihrer Linien. In der Regel sind die Linien in der Mitte des Bildes, also auch in der Mitte des Bogens, am breitesten, nach außen hin laufen sie spitz zu. Das heißt, man erhält bei der Beobachtung quer durch den Bogen, speziell also bei Benutzung des Lichtes des Bogenkerns, breitere Linien.

Hierdurch findet auch eine Eigentümlichkeit der Bogenspektra ihre Erklärung, die man besonders deutlich wahrnehmen kann, wenn man mit größerer Dispersion Bogenspektra beobachtet. Man findet dann nämlich sehr viele Linien, im Ultraviolett die meisten Linien, selbstumgekehrt, d. h. sie erscheinen als helle Linien mit dunkler Mitte. Die Erscheinung erklärt sich aus dem Kirchhoffschen Gesetz, d. h. auf der einen Seite der höheren Temperatur der inneren Teile des Bogens im Verein mit der Linienverbreiterung der Schärfe der Linien in den äußeren Teilen des Bogens im Verein mit der tieferen Temperatur auf der anderen Seite. Die Inhomogenität der Bogenflammen nach Temperaturverteilung und Dichteverteilung bringt ferner eine große Mannigfaltigkeit im Aussehen der Linien zustande; man beobachtet zahlreiche Formen der Umkehrung, Selbstumkehrung und Verbreiterung, auf die an dieser Stelle nur hingewiesen werden kann.

Von dem Einfluß der umgebenden Atmosphäre macht man sich frei, wenn man den Bogen in abgeschlossenen Räumen entweder in bestimmten Gasen, z. B. in Wasserstoff oder im Vakuum brennen läßt. Bei vermindertem Druck erreicht man zugleich den für manche Zwecke erheblichen Vorteil, daß die Linien schärfer werden. In Wasserstoff wird man von den Oxydbanden der Bogenspektra frei. Allerdings treten dafür andere Bandenspektra auf, auch ändert sich das Spektrum durch Auftreten von Funkenlinien, und viele Bogen brennen schlecht. In hohem Vakuum benutzt man als Kathode eine Wehneltkathode. Doch eignen sich diese Arten von Bogen mehr zu speziellen Untersuchungen als zum allgemeinen Laboratoriumsgebrauch, weil sie zweckmäßig mit höheren Spannungen betrieben werden und nicht so einfach zu handhaben sind, wie die in freier Atmosphäre brennenden Bogen.

Eine besondere Bedeutung besitzen jedoch die Metallvakuumbogen, unter ihnen in erster Linie der Quecksilberlichtbogen. Für Laboratoriumszwecke kommen zwei Formen in Betracht: die Niederdrucklampe, bei der der Druck des Quecksilberdampfes nur geringe

Bruchteile eines Millimeters erreicht, und die Hochdrucklampen, bei denen man Drucke von mehreren Zentimetern Hg, ja, von mehreren Atmosphären anwenden kann. Die erste Art von Lampen wird in der Regel in Glasgefäßen benutzt; Uviolglas ist zweckmäßiger als gewöhnliches Glas. Sie liefern nur wenige Linien, die aber intensiv und scharf sind. In Verbindung mit passend gewählten, im Handel befindlichen Filtern können diese Lampen als monochromatische Lichtquellen benutzt werden.

Die Hochdrucklampen werden in Quarzgefäßen benutzt, für deren Beschreibung auf ein Buch von POLE[1] verwiesen sein möge. Die Zündung erfolgt durch Induktionsstoß, oder durch Kontakt der Quecksilberelektroden, die man zusammenfließen läßt. Das Spektrum ist sehr linienreich und intensiv, reich an ultravioletten Strahlen, liefert Linien bis etwa zur Wellenlänge 2000 A. Mit steigender Belastung nimmt die ultraviolette Strahlung schneller zu als die sichtbare. Man benutzt Gleichstrom von 110—220 Volt mit passendem Vorschaltwiderstand. Auf die richtige Stromrichtung ist zu achten. Die Ansatzstellen des Bogens an der Anode liefern die linienreichsten Spektra. Der Bogen ist besonders brauchbar als Vergleichslichtquelle sowie als Lichtquelle für Versuche über Phosphorescenz und Fluorescenz. Auch zu Versuchen über Absorption ist innerhalb gewisser Grenzen ein Quecksilberbogen zu verwenden.

Statt mit einer Füllung von reinem Quecksilber werden auch Amalgamlampen verwendet, die neben Hg noch Zn, Bi, Pb und andere Metalle enthalten. Diese Bogen sind jedoch nicht so bequem zu handhaben. Sie liefern auch nicht so helle Metallinien wie reine Metallbogen. Endlich kann man auch andere Metalle, wie z. B. Pb, Zn usw. in Quarzglasröhren als Bogen verwenden. Dazu müssen diese Röhren zuerst mit der Gebläselampe angeheizt werden. Auch ist es nötig, die eingeschliffenen Elektroden zu kühlen, und endlich muß man Vorsichtsmaßregeln treffen, damit die erkaltenden Metalle nicht die Röhre zersprengen. Diese Art von Metallbögen sind daher ebenfalls nur zu Spezialuntersuchungen geeignet. Es sei dafür auf die wiederholt genannten Werke über Spektroskopie verwiesen.

Es seien noch einige besondere Formen des Bogens erwähnt, die gleichfalls bei Spezialuntersuchungen benutzt werden. Man kann den Bogen auch in Flüssigkeiten brennen, z. B. in Wasser. In diesem Falle erhält man neben intensiven kontinuierlichen Spektren diskontinuierliche, die im wesentlichen durch das Material der Elektroden bedingt sind; sie gleichen den Spektren, die man auch erhält, wenn man den Bogen in Wasserstoff brennen läßt. — Weiter kann man den Bogen in engen Gefäßen brennen lassen, z. B. in den Bohrungen von Kohle-, Magnesia- oder Kalkblöcken. Man beobachtet alsdann intensive Umkehrungserscheinungen, Absorptionsspektra und die Erscheinungen der anomalen Dispersion. — Mit zunehmender Spannung nimmt auch die Länge

[1] J. POLE, Die Quarzlampe, 84 S. Berlin 1914 bei Springer.

des Bogens zu (die elektrischen Eigenschaften des Bogens müssen hier übergangen werden; man vergl. die Bücher von Kayser und Konen). In demselben Maße treten die Emissionen der beiden Elektroden zurück und die Emission der den Bogen umgebenden Atmosphäre überwiegt. So zeigen sich in Hochspannungsbogen nur in der Nähe der Elektroden die Metallinien, der eigentliche Bogen liefert die Spektra des Stickstoffs, des Sauerstoffs und besonders die Banden des „Stickoxyds", ferner die sogenannten Wasserdampfbanden und die sogenannten Cyanbanden.

Wegen ihrer Helligkeit, der Bequemlichkeit der Handhabung und analytischen Brauchbarkeit verdienten die Bogenspektra eine allgemeinere Benutzung in den chemischen Laboratorien, als sie die Regel zu sein scheint.

Das älteste elektrische Mittel zur Herstellung leuchtender Dämpfe besteht in der Benutzung des elektrischen Funkens. Für praktische Zwecke sind zwei Arten des Funkens zu unterscheiden, der nicht oszillierende Funke und der oszillierende.

Die erste Art des Funkens zeigt sich zu Beginn jeder Funkenentladung und dann, wenn die Bedingungen des Stromkreises und der Funkenstrecke keine elektrischen Schwingungen zulassen. Steigt die elektrische Kraft zwischen den Polen einer Funkenstrecke hoch genug, so tritt infolge von Stoßionisierung nach einiger Zeit Büschel- oder Funkenentladung ein. Hauptsächlich die letztere hat praktische Bedeutung. Sie besteht aus einem einmaligen Stromdurchgang durch das Gas zwischen den Elektroden, bei dem alle betroffenen Luftteilchen gleichzeitig leuchten. Das Material der Elektrode nimmt an dieser Form der Entladung keinen Anteil. Nur wenn mehrere gleiche Entladungen schnell aufeinander folgen, oder wenn, wie dies im allgemeinen zutrifft, der Vorgang nicht streng aperiodisch ist, sondern aus einer Folge weniger Stromstöße besteht, ist Zeit genug, daß sich aus den Elektroden Dämpfe entwickeln; man beobachtet alsdann in der Nähe der Elektroden leuchtende Metalldämpfe, die sich mit ziemlich großer Geschwindigkeit nach dem Innern der Funkenstrecke ausbreiten. Hochgespannte Funken der beschriebenen Art (z. B. die Funken einer Elektrisiermaschine oder die Funken eines Induktoriums bei großer Funkenstrecke) liefern daher vorzugsweise die Linien des umgebenden Gases. Man beobachtet hauptsächlich Linienspektra, und zwar pflegen die Linien derselben diffus zu sein. In Luft findet man die Linien des Sauerstoffs, des Stickstoffs, des Wasserstoffs, des Argons, der Kohle und unter Umständen der Bestandteile des Luftstaubes, z. B. des Na, des Kupfers, des Calciums und andere Metalle. In anderen Gasen erhält man die Linienspektra der betreffenden Elemente. Der Funken ist von einer Aureole umgeben, die nachleuchtet und ein anderes Spektrum liefert als der eigentliche Funke. Im ganzen ist diese Form des Funkens jedoch weniger geeignet zur Untersuchung von Gasen, als die Benutzung des Glimmstromes. In der Regel wird man daher den oszillierenden Funken benutzen.

Verwendet man die Entladung eines Induktoriums ohne Einschaltung einer größeren Kapazität und verkürzt gleichzeitig die Funkenstrecke ausreichend oder benutzt man direkt die Entladung eines Hochspannungstransformators, so erhält man einen Hochspannungslichtbogen oder eine Funken„flamme“, die ein schwach gelbliches Licht aussendet, wenn sie in Luft übergeht und eine gelblich leuchtende Aureole besitzt. Läßt man diese Entladung durch eine gefärbte Flamme gehen oder bläst man nach dem Vorgange von HARNACK[1], am besten in einer Sauerstoffatmosphäre, seitlich Salz- oder Metallstaub in die Funkenbahn, so erhält man eine Art von Flamme, die ziemlich intensiv leuchtet und Spektra der Metalle liefert, die den Flammenspektren gleichen. Man vergleiche weiter unten das im Prinzip gleiche Verfahren von DE GRAMONT.

Der oszillierende Funke ist eine Wechselstromentladung hoher Frequenz und Spannung. Sie folgt daher auch den Regeln für Wechselstromentladungen. Als Stromquelle dient ein Kondensator, der sich oszillatorisch entlädt. Die Ladung des Kondensators kann auf verschiedene Weise vorgenommen werden. Wenig geeignet sind Elektrisier- bzw. Influenzmaschinen wegen der geringen Stromleistungen. Sehr bequem ist ein Hochspannungstransformator von ca. 10000 Volt, der in Verbindung mit Wechselstrom benutzt wird. Man schaltet der Funkenstrecke eine Kapazität parallel (am besten Ölkondensator, sonst Leidener Flaschen), die man so variiert, daß Resonanz eintritt. Es kommt dabei wesentlich auf die Länge der Funkenstrecke und die Stromstärke im Primärkreis des Transformators an. In den Entladungskreis der Sekundärspule des Transformators schaltet man zu manchen Zwecken eine variable Selbstinduktion ein. Bei der Zusammenstellung der Anordnung ist darauf zu achten, daß die Zuleitungsdrähte zwischen Funkenstrecke und Kapazität keine Windungen machen. Sie sind außerdem aus dickem Kupferdraht zu wählen. Die eigentlichen Elektroden werden in einen Halter isoliert eingespannt. Bei intensiven Entladungen müssen die Elektroden dick sein, mehrere Millimeter Durchmesser besitzen, da sie sonst abschmelzen. Zum Halten der Elektroden kann man eine der zahlreichen im Handel befindlichen Anordnungen benutzen, die indes in der Regel nicht für dickere Elektroden eingerichtet sind. Gleiche Dienste tut in der Regel eine isoliert aufgestellte Handbogenlampe, wenn ihre Elektroden durch dickere Stücke Isoliermaterial vom Gestell getrennt sind. Wenn man intensive Funken erhalten will, so ist eine zu starke Erhitzung der Elektroden zu vermeiden. Dies kann geschehen, indem man einen Luftstrom seitlich durch die Funkenstrecke bläst oder die Elektroden mit Kühlrippen aus Blech versieht.

Stehen nur geringe Mengen von Probesubstanz zur Verfügung, so muß man schwächere Entladungen anwenden. Dann ist ein Hochspannungstransformator weniger bequem. Für die meisten Zwecke wird man mit einem Induktorium mittlerer Größe auskommen. Hat man die Wahl, so benutzt man ein solches, das speziell zum Betrieb von Konden-

[1] A. HARNACK, Phys. Ztschr. 15, 578 (1914).

satoren gebaut ist. Man betreibt es entweder mit Wechselstrom oder mittelst Gleichstrom und Unterbrecher. Zum Unterbrechen eignet sich der Wehneltunterbrecher nicht. Man benutzt entweder einen Depretzunterbrecher, oder für größere Leistungen einen der rotierenden Unterbrecher. Die Schaltung ist dieselbe wie oben. Man verbindet die Sekundärklemmen des Induktoriums einerseits mit der inneren und äußeren Belegung einer Leidener Flasche oder eines variablen Kondensators und andererseits mit den beiden Elektroden der Funkenstrecke. Durch Regulierung der primären Stromstärke, der Länge der Funkenstrecke (in der Regel 3—4 mm) und der Unterbrechungszahl des Unterbrechers stellt man auf ungefähre Resonanz ein, die am Verhalten des Funkens ohne weiteres zu erkennen ist. Auch hier gelten die Regeln, daß man dicke Drähte zwischen Kapazität und Funkenstrecke benutzt und Windungen vermeidet, letzteres, um keine Selbstinduktion in den Stromkreis einzuschalten.

Als Elektroden für den oszillierenden Funken eignen sich alle Leiter, die man in Stabform bringen kann. Unter Umständen benutzt man Splitter, die an Metalle angelötet werden. Auch Kohleelektroden sind in ähnlicher Weise bei Funkenentladungen benutzbar wie beim Bogen und können dazu dienen, die Spektra von Salzen zu liefern, mit deren Lösungen sie getränkt sind, oder die man in fester Form auf die Elektroden bringt. Hierbei ist jedoch besonders darauf zu achten, daß die Kohleelektroden gut gekühlt werden (dicke Bogenlampen- oder Gaskohlen, Luftstrom), da sich bei stärkeren Entladungen die Enden der Kohleelektroden leicht zum Glühen erhitzen und dann die Bogenentladung einsetzt. Für manche Zwecke ist es daher empfehlenswerter, die Probesubstanzen auf Kupferelektroden zu bringen.

Bei sehr empfindlichen Untersuchungen mit geringen Proben von Körpern benutzt man schwach kondensierte Funkenentladungen von nicht zu schneller Unterbrechung im Primärkreis, so daß sich die Entladungen im Sekundärkreis aus Gruppen von oszillierenden Entladungen mit verhältnismäßig langen Zwischenräumen zusammensetzen. Verfahren zur Herstellung von geeigneten Kohleelektroden sollen noch bei Besprechung der Methoden der qualitativen Spektralanalyse erwähnt werden.

Endlich kann man auch zwischen Flüssigkeitsoberflächen bzw. zwischen einer Metallelektrode (in der Regel Platin) und einer Flüssigkeit Funken erzeugen. Für analytische Zwecke genügt ein unkondensierter Funke eines Induktoriums. Hat man Lösung im Überfluß, so daß einiges Verspritzen nichts schadet, so läßt man den Funken in freier Luft überspringen, anderenfalls schließt man ihn in ein Glasrohr oder Quarzrohr ein. Die obere Elektrode, die Anode sein muß, wird isoliert eingeführt und aus Platin hergestellt. Als Kathode benutzt man die Flüssigkeit selbst. Dieselbe bedeckt den Boden eines Reagensrohres oder befindet sich in einer kleinen Schale, in die der Strom mittelst eines eingeschmolzenen Platindrahtes eingeführt wird. Damit der Funke nicht unregelmäßig über die Oberfläche der Flüssigkeit hin und her springt, muß man besondere Hilfsmittel anwenden, von denen zahlreiche angegeben worden sind. Ein sehr einfaches besteht darin, daß man den in die Flüssigkeit tauchenden Platindraht mit einem trichterförmigen Glashütchen bedeckt, das mit seiner Spitze 1—2 mm über die Flüssigkeitsoberfläche und nicht mehr als etwa 0,5 mm über den Platindraht hinausragt. In dem capillaren Raume über dem Platindraht steigt die Flüssigkeit empor und der Funke springt zur Flüssigkeitsspitze über. Man erhält freilich unter Umständen auch die Linien des Platins und der Bestandteile des Glases. Es ist daher vielfach besser, nach dem Vorgang von DE GRAMONT ein Hütchen aus Quarzglas zu benutzen, mit enger Capillare, und den Platindraht nur in den unteren, weiteren Teil der Capillare einzuführen, so daß die Flüssigkeit selbst als Zuleitung dient; auch läßt sich gleichzeitig die Anode als Flüssigkeitstropfen herstellen. Dazu benutzt man gleichfalls eine schräg abgeschnittene Siliciumcapillare, der durch einen Gummischlauch mit Quetschhahn als Vorratsgefäß die Lösung und mit dieser der Strom zugeführt wird. Untersucht man den Funken in freier Luft unmittelber vor dem Spalte, so muß man diesen durch eine Glas- oder Quarzplatte schützen, da die Lösungen unter allen Umständen etwas verspritzen.

Funken nach Lösungen liefern neben dem Spektren der Luft (Linien- und Bandenspektrum des Stickstoffs) die Spektra der Bestandteile des Lösungsmittels, deren Intensität freilich von der Natur und Konzentration etwa gelöster Metallsalze abhängt. Man kann so unter Umständen Banden von Tellur, Selen, Schwefel oder anderen Elementen, Banden zahlreicher Verbindungen, wie z. B. von Oxyden und Linien von Metallen oder Metalloiden erhalten. Atlanten dieser Art von Spektren haben LECOQ DE BOISBAUDRAN[1] und DEMARÇAY[2] gegeben. Nicht alle Salze eignen sich gleich gut zur Untersuchung, sind gleich empfindlich. Einzelangaben findet man im speziellen Teile. Angaben über die Empfindlichkeit der Reaktion nach HARTLEY u. a. findet man in dem Abschnitt über quantitative Spekral-analyse.

Kehrt man die Stromrichtung um, so daß die Flüssigkeitselektrode die positive wird, so erhält man die sogenannten „spectres de renversement" (nach LECOQ), d. h. die Phosphorescenzspektra der Flüssigkeiten unter dem Einfluß der Kathodenstrahlen.

Zur direkten Untersuchung von Flüssigkeiten eignet sich nur der nichtkondensierte Funke oder der Funke speziell zu diesem Zwecke gebauter Induktoren. Bei starken kondensierten Entladungen zerspritzt die Flüssigkeit sofort. Es ist daher, wenn man starke Entladungen anwenden will, zweckmäßiger, mit Flüssigkeit getränkte Kohleelektroden oder Graphitelektroden zu verwenden. Freilich erhält man dann unreine Spektra, weil sich den Spektren der Luft die mannigfaltigen Spektra des Kohlenstoffs und seiner Verbindungen überlagern. Es sind daher auch Metallelektroden, speziell Goldelektroden zu demselben Zwecke benutzt worden. Handelt

---

[1] LECOQ DE BOISBAUDRAN, Spectres lumineux. Paris, Gauthier-Villars, 1874. 207 Seiten mit Atlas.

[2] E. DEMARÇAY, Spectres électriques. Paris, Gauthier-Villars, 1895.

es sich indes um intensive Spektra, so ist die Benutzung von Elektroden aus fester Kohle, etwa Gaskohle, in der früher besprochenen Form am bequemsten.

Wie A. de Gramont gezeigt hat, lassen sich auch zahlreiche metallurgische Produkte, Erze und Mineralien mit Metallglanz unmittelbar als Elektroden von Funkenentladungen benutzen und zwar zu analytischen Zwecken. Man benutzt Entladungen eines größeren Induktoriums mit etwa 0,01—0,03 Mikrof. als Kapazität. Die Spektra zeigen neben den Linien der Metalle zugleich diejenigen der Metalloide. Zahlreiche Oxyde, Sulfide usw. lassen sich vorteilhaft auf diese Weise untersuchen. Wir kommen auf die Methode bei Besprechung der qualitativen Spektralanalyse zurück.

Auch nichtleitende Körper, Salze, Suspensionen u. dgl. lassen sich nach de Gramont als Funkenelektroden benutzen, wenn man sie vorher erhitzt. Man bringt sie dazu an das Ende eines dickeren, abgeplatteten Platindrahtes oder in ein Platinlöffelchen und schmilzt, indem man durch einen Bunsenbrenner erhitzt. Eventuell setzt man Flußmittel zu. Lithiumcarbonat ist besonders geeignet, wegen des verhältnismäßig einfachen Spektrums, das es liefert. Ein zweiter Platindraht dient dazu, die Entladung nach dem geschmolzenen Salze zu leiten. Er ist in Form eines **V** gebogen, an der Spitze unterbrochen. Die beiden Schenkel des **V** sind mit den beiden Belegen der Leidener Flasche verbunden. Zwischen ihnen springt unmittelbar an der Oberfläche des geschmolzenen Salzes der Funke über.

Zahlreiche Mineralien, Silicate, Feldspate, Carbonate usw. lassen so eine unmittelbare Untersuchung zu. Mit kondensierten Funken erhält man Gemische der Spektren der in den Mineralien enthaltenen Metalle und der Metalloide („spectres de dissociation“ nach de Gramont). Ohne Kondensator erhält man Spektra, die nach Intensitätsverteilung und Zusammensetzung den Flammenspektren gleichen und wie diese vorzugsweise die Flammenlinien zeigen. Bei Gelegenheit der Spektralanalyse wird noch von den Dissoziationsspektren die Rede sein.

Wie bereits hervorgehoben, enthalten alle mittelst des elektrischen Funkens erzeugten Spektra neben den Linien und Banden der Elektroden die Linien von Verunreinigungen und die Spektra der umgebenden Atmosphäre. Von besonderer Bedeutung ist dabei das Funkenspektrum der Luft. Dasselbe tritt je nach den benutzten Elektroden verschieden stark auf. Al liefert z. B. ein intensives Funkenspektrum der Luft, Fe ein schwächeres, die Alkalien nur schwache Luftlinien. Auch die Zusammensetzung des Luftspektrums ist veränderlich. Je größer die Kapazität und je länger die Funkenstrecke ist, um so intensiver sind in der Regel die Luftlinien. Durchblasen von Luft durch die Funkenstrecke und Kühlung der Elektroden erhöhen gleichfalls ihre Intensität. Das Luftspektrum setzt sich in der Hauptsache aus den Linien des Stickstoffspektrums und des sogenannten elementaren Sauerstoffspektrums zusammen. Die Luftlinien sind sehr unscharf, so daß sie bei Anwendung schwacher Dispersion und starker Entladungen im Blau und Ultraviolett einen nahezu kontinuierlichen Grund zu bilden scheinen. Bei Anwendung großer Dispersion verschwinden manche Luftlinien gänzlich, weil sie wegen ihrer Unschärfe bei Steigerung der Dispersion stärker geschwächt werden als schärfere Linien. Ein großer Teil des Lichtes intensiver Funkenentladungen bei Atmosphärendruck rührt von dem Linienspektrum der Luft her. Dies führt leicht zu Täuschungen über die Helligkeit der Spektra etwa untersuchter Metalle. Man muß in jedem Falle mit dem Spektroskop ausprobieren, bei welcher Kapazität und Funkenlänge die untersuchten Linien am intensivsten sind, wenn man die günstigsten Bedingungen einhalten will.

Wie A. Schuster und Hemsalech gefunden haben, gibt es ein einfaches Mittel, um die Luftlinien stark zu schwächen oder ganz zu beseitigen. Dasselbe besteht in der Einschaltung einer Selbstinduktion in den Entladungskreis des Induktoriums. Als solche benutzt man die in der Technik der drahtlosen Telegraphie gebräuchlichen Selbstinduktionsspulen ohne Eisenkern aus dickem Kupferdraht. Auch lassen sich leicht geeignete Spulen improvisieren, indem man auf eine Kartonrolle einen isolierten Kupferdraht wickelt (50—100 Windungen auf eine Röhre von etwa 4—5 cm Durchmesser). Eine Selbstinduktion von etwa 0,005 Henry genügt im allgemeinen, um die Spektra der Luft zu unterdrücken. Man sieht zugleich, daß schon wenige Windungen in dem Zuleitungsdrahte zwischen der Kapazität und der Funkenstrecke von Einfluß auf das Aussehen eines Funkenspektrums sein können. Zu beachten ist, daß auch die Spektra der Elektroden sich durch Einschaltung von Selbstinduktion ändern. Steigert man diese, indem man von ganz kleinen Werten ausgeht, so verschwinden zuerst die Linien der Luft und, bei der Untersuchung der Dissoziationsspektren, die Linien der Metalloide. Gleichzeitig nimmt auch die Gesamtintensität der Metallinien ab, allein in verschiedenem Maße für die einzelnen Linien. Gewisse Linien, speziell die eigentlichen Funkenlinien werden stark geschwächt und verschwinden ganz. Andere ändern ihre Intensität relativ wenig, wieder andere machen relative Maxima und Minima der Intensität bei steigender Selbstinduktion durch. Im ganzen nähert sich das Spektrum des Funkens dem Bogenspektrum. Benutzt man z. B. Kohleelektroden, so wird mit steigender Selbstinduktion deren Spektrum zuletzt dem Bogenspektrum zwischen Kohleelektroden im ganzen gleich. An die Stelle der Linien treten Banden.

Der Vorgang erklärt sich durch die Verschiedenheit der Emission des Funkens in seinen verschiedenen Phasen. In dem gewöhnlichen Funken überwiegt die Zündungsphase des Bogens die Initialentladung, die jede Gruppe von Schwingungen einleitet. Bei Einschaltung der Selbstinduktion wird der oszillierende Funke in einen Hochspannungswechselstrombogen mit Schwingungen erster und zweiter Art umgewandelt. Die Initialentladung verschwindet oder tritt zurück. Daneben scheint auch die Maximalenergie der Entladung eine Rolle zu spielen. Es ist hier nicht der Ort, auf die Vorgänge näher einzugehen.

Ein Funkenkreis mit entsprechender Selbstinduktion eignet sich im allgemeinen für alle Metallspektra, besonders jedoch für die Alkalien, die im gewöhnlichen kondensierten Funken nur relativ schwache Spektra liefern.

Die Funkenspektren sind sehr veränderlich, sowohl in Hinsicht auf das Verhalten der verschiedenen Elemente und die elektrischen Bedingungen des Entladungskreises, wie in bezug auf die räumliche und zeitliche Verteilung der Emission in der Funkenstrecke. Es sei hier nur angeführt, daß in jeder Schwingungsphase des Funkens von den Elektroden Dampfstrahlen ausgehen, die die Spektra der Elektroden zeigen und die sich mit zum Teil sehr beträchtlichen Geschwindigkeiten in den Entladungsraum des Funkens hineinbewegen. Je nach der Länge dieser Strahlen und der Dauer ihres Nachleuchtens erscheinen die einzelnen Linien im ganzen Funkenraume oder nur in der Nähe der Elektroden. So kommt es, daß manche Linien nur in unmittelbarer Nähe der Elektroden zu sehen sind (sogenannte „tips"). Dies zeigt sich namentlich im Ultraviolett und bei manchen Elementen, wie Wismut, Tellur, Zinn u. a.

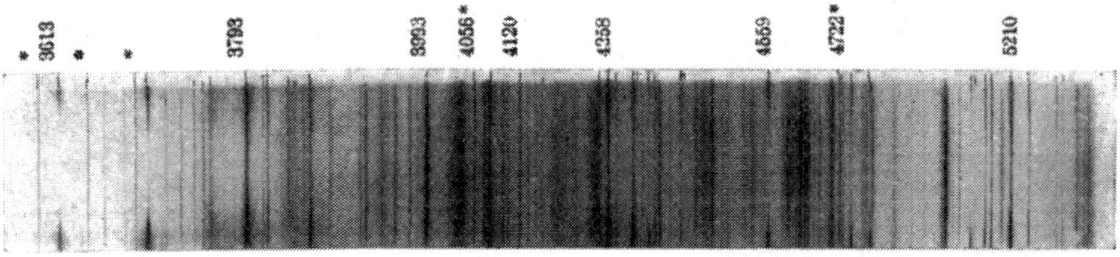

Fig. 348. Funkenspektrum des Wismuts, Aufnahme mit einem Glasprisma. Lange Wellen rechts. * auch im Bogen enthalten.

Es ist unter Umständen möglich, aus dem bloßen Aussehen der Linien Unterscheidungen nach der Zugehörigkeit zu einem bestimmten Elemente zu treffen. Die Luftlinien gehen von einem Pol zum anderen mit etwa der gleichen Stärke. Man vgl. Fig. 343. Dasselbe trifft zu für die Linien mancher Elemente, die sehr leicht auftretende Spektra besitzen, wie z. B. für gewisse charakteristische Linien des Cu, Ag, Ca, Na u. a. Andere Linien, wie z. B. die meisten Linien des Tellurs, oder des Bi sind nur in der Nähe der Elektroden zu sehen. Für die analytische Praxis spielt die Veränderlichkeit der Funkenspektra in mancher Hinsicht eine Rolle, da sich zeigt, daß nicht alle Linien gegen Änderung der Bedingungen gleich empfindlich sind. Die nicht empfindlichen Linien, die man unter allen Umständen erhält und die insbesondere auch bei Einschaltung starker Selbstinduktion bestehen bleiben und sichtbar sind bei Anwesenheit der geringsten Spuren der betreffenden Substanz sind offenbar besonders zu analytischen Zwecken geeignet [„raies ultimes" (DE GRAMONT), „ultimate lines" (HARTLEY) = Restlinien]. Es sind zugleich die Linien, die im Bogen und in heißen Flammen auftreten und dort für das betreffende Element charakteristisch sind.

Zur Herstellung luftlinienfreier Spektra sind mehrere Versuchsanordnungen angegeben worden und im Handel erhältlich. Es sei hier nur die Apparatur nach Hemsalech (Jobin, Paris) genannt und der Apparat von Miethe (Ernecke, Berlin). Mit Hilfe einer regulierbaren Selbstinduktion und Kapazität lassen sich in jedem Falle unschwer die günstigen Bedingungen ausprobieren.

Man kann auch Funkenspektra in abgeschlossenen Röhren bei vermindertem Drucke erzeugen, indem man Salze oder Verbindungen unmittelbar in Geisslerröhren einführt. Man vergleiche dafür den nächsten Abschnitt.

In ähnlicher Weise wie beim Bogen kann man endlich den Funken in verschiedenen Gasen, bei erhöhtem oder vermindertem Drucke oder in Flüssigkeiten überschlagen lassen. Diese Methoden haben jedoch weniger allgemeine Bedeutung für die Laboratoriumspraxis. Man vergleiche dafür die eingangs genannten Lehrbücher.

Das allgemeinste Mittel zur Untersuchung von Gasspektren besteht in der Benutzung der Glimm- oder Funkenentladung in Geisslerschen Röhren. Für die Technik des Glasblasens, der Herstellung von Röhren sowie der Herstellung und Aufbewahrung von Gasen vgl. man Band I dieses Handbuches S. 84, 230, 568. Wenn man auch bei Atmospärendruck Glimmentladungen herstellen kann und durch Anwendung hochgespannten Gleichstroms oder Wechselstroms jedes Gas zum Leuchten erregen kann, so sind doch die Untersuchungen bei vermindertem Drucke von der größeren praktischen Bedeutung. Die Untersuchung der Spektra leuchtender Gase im Glimmstrome erfordert daher eine Einrichtung zur Herstellung von Vakuumröhren. Hier können nur kurze Angaben über die Herstellung von Röhren zu spektroskopischen Zwecken gemacht werden. Man vgl. außer den genannten Kapiteln dieses Handbuches die angeführten Lehrbücher der Spektroskopie und ein Buch von Travers.[1]

Als Material für die Herstellung von spektroskopisch verwendbaren Röhren empfiehlt sich in erster Linie Quarzglas, das das ultraviolette Licht ziemlich weitgehend durchläßt, leicht gereinigt werden kann und hohe Temperaturen aushält. Dagegen hat es den großen Mangel, daß man nicht ohne weiteres Elektroden einschmelzen kann, und daß eine direkte Verbindung mit den Glasteilen einer Pumpe ohne Kitte nicht möglich ist. Den ersten Übelstand vermeidet man durch Anwendung mit Konus eingeschliffener Nickelstahlelektroden. Die Verbindung mit der Pumpe kann man durch Schliffe herstellen, deren einer Teil aus Glassorten mit besonders kleinen Ausdehnungskoeffizienten gewählt wird. Immerhin bieten jedoch auch so noch die Quarzröhren beträchtliche technische Schwierigkeiten im Gebrauche, so daß man im allgemeinen Glasgefäße oder Glasröhren mit aufgekitteten Fenstern aus Quarz oder Flußspat verwenden wird. Einige praktisch erprobte Formen von Röhren

---

[1] W. M. Travers, Experimentelle Untersuchung von Gasen. 372 Seiten. Braunschweig 1905.

sind im nachstehenden abgebildet. Die Mannigfaltigkeit der Formen ist indes nicht zu erschöpfen. Jeder Experimentator wird sich im gegebenen Falle die Röhrenform nach seinem Geschmacke und dem Zweck der Untersuchung auswählen. Fig. 344 zeigt eine seit den Zeiten Hittorfs und Plückers übliche Röhrenform, die von den Pumpen abgeschmolzen wird und sich dadurch auszeichnet, daß sie einen mittleren capillaren

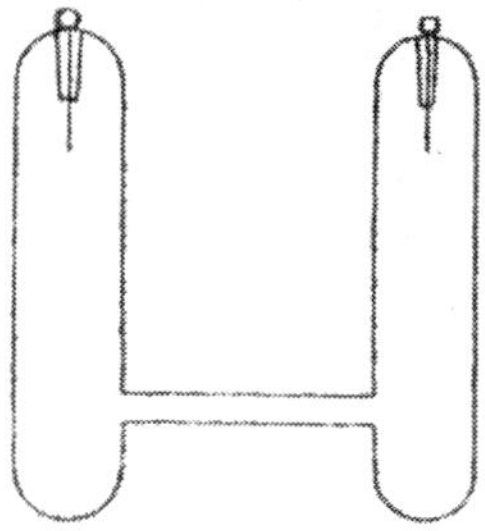

Fig. 345. Röhre für Längsdurchsicht.

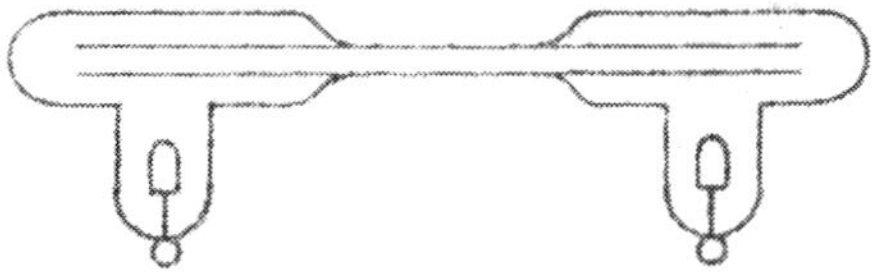

Fig. 344. Geißlerröhre nach Plücker und Hittorf.

Fig. 346. Geißlerröhre für Längsdurchsicht.

Teil besitzt, in dem die Stromdichte und damit auch die Helligkeit der Spektra gesteigert ist. Noch größere Helligkeit erzielt man mit den Röhrenformen, die eine Längsdurchsicht durch die Capillare gestatten. Proben dieser Röhrenformen sind in den Figg. 345—347 gegeben, die unmittelbar verständlich sind. In der Röhre Fig. 347 wird der Innenraum durch eine Querwand bei *a* in zwei Teile geteilt, bei *c*, *e* befinden sich die Elektroden. Endlich zeigt Fig. 348 eine Röhre, die durch einen eingeschliffenen Stöpsel, auch Quarz oder Flußspat, verschlossen ist. Man fettet nur den äußeren Rand des Stöpsels ein. Fig. 349 zeigt schematisch eine Röhre aus Quarzglas mit eingeschliffenen Stahlelektroden, Fig. 350 eine Röhre ohne Elektroden, die bei *mm*

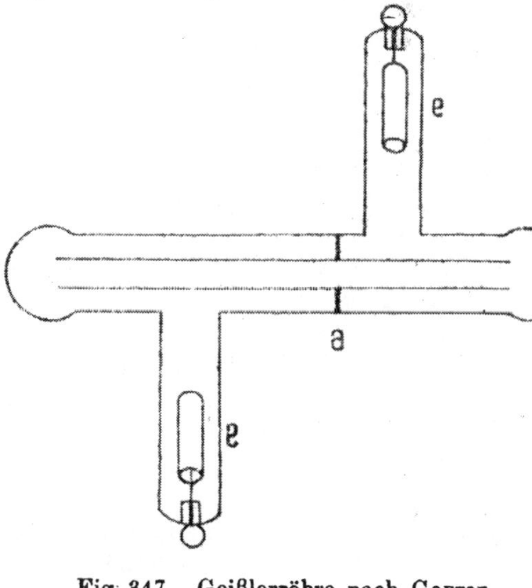

Fig. 347. Geißlerröhre nach Goetze.

mit äußeren Belegungen zur Stromzuleitung verbunden ist. Die abgebildeten Röhrenformen sind gefüllt und ungefüllt im Handel zu haben.

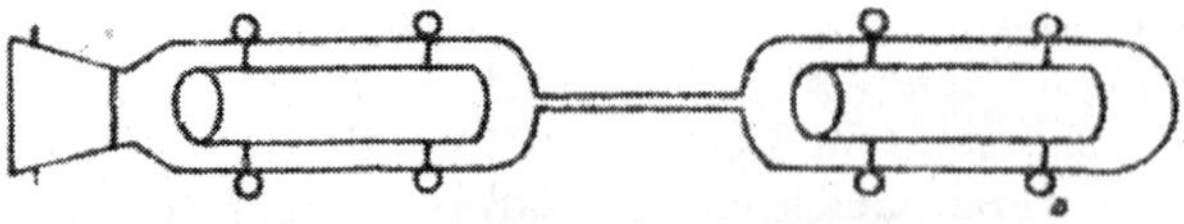

Fig. 348. Geißlerröhre nach V. SCHUMANN.

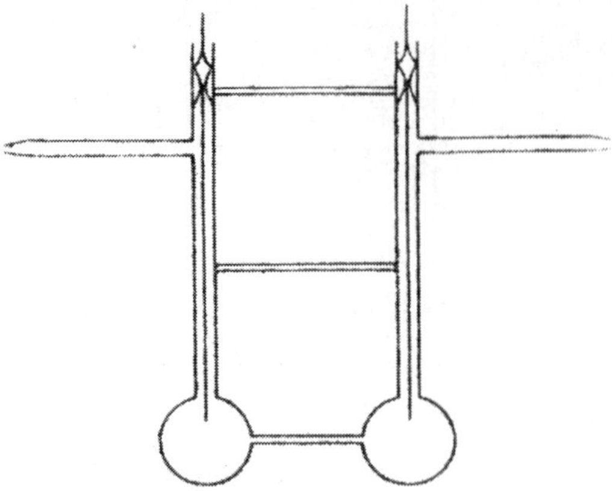

Fig. 349. Quarzröhre nach KONEN und JUNGJOHANN.

Fig. 350. Röhre ohne innere Elektroden.

Als Elektroden verwendet man in der Regel Aluminiumdrähte oder Bleche, die mit einem dünnen Platindraht verbunden sind, den man in die Glaswand einschmilzt. Dies geschieht zur Vermeidung der Schwärzung der Röhrenwände, die infolge der Zerstäubung des Platins beim Durchgang der Entladung eintritt. Je kleiner die Elektroden sind, um so geringer sind die Verunreinigungen, die man in den Röhren durch die in den Elektroden okkludierten Gase erhält. Andererseits schmelzen die Elektroden ab, wenn man sie relativ zur benutzten Stromstärke zu klein nimmt. Für starke Entladungen sind daher Elektroden mit größerer Oberfläche, also etwa zu Zylindern zusammengebogene Bleche zu wählen. Für manche Zwecke liegt der Schmelzpunkt des Aluminiums noch zu niedrig. Dann benutzt man Elektroden aus Stahl oder Tantal und wählt sie so dick (etwa in Form von massiven Stäben), daß sie sich nicht zu sehr erhitzen. Bei sehr starken Entladungen kann man die Elektroden, sei es von außen, sei es durch hindurch geleitetes Kühlwasser auf niedriger Temperatur halten, ähnlich wie dies bei der Antikathode mancher Röntgenröhren geschieht. Je größer die Stromstärken sind, desto größer muß man im allgemeinen Röhren und Elektroden wählen. Die stärksten Belastungen (20 Amp./cm² und mehr) vertragen Quarzglasröhren, die bis zur Weißglut erhitzt werden können.

Bevor eine Spektralröhre gefüllt wird, muß sie so sorgfältig wie möglich gereinigt werden. Man füllt sie dazu der Reihe nach mit wäßrigen

Lösungen von Kalilauge, Chromsäure und destilliertem Wasser, trocknet in einem filtrierten Luftstrome, schmilzt an die Pumpe an und evakuiert unter starkem Erhitzen und Stromdurchgang bei wiederholtem Wechsel der Stromrichtung so weitgehend wie möglich. Die Röhre bleibt am besten längere Zeit, etwa 24 Stunden, an der Pumpe, ehe man das zu prüfende Gas einfüllt.

Zum Evakuieren kann man jede Art der modernen Hochvakuumpumpen benutzen, jedoch ist es auf alle Fälle bequem, wenn man neben einer etwa benutzten rotierenden Gaedepumpe oder einer Molekularpumpe usw. noch eine TÖPLER-HAGENsche Pumpe mit anschließt, da man mit diesen Pumpen den Druck besser regulieren kann, in der Lage ist, mit kleineren Gasmengen zu arbeiten und etwa abgepumpte Gase wieder auffangen kann. In vielen Fällen kommt man auch mit Ölpumpen aus, namentlich dann, wenn man große Gasmengen zur Verfügung hat und das Gas fortdauernd durch die Röhre strömen lassen kann. Dies Verfahren liefert, wenn man gleichzeitig Hochvakuumpumpen benutzt, zugleich die reinsten Spektra. Stehen keine größeren Mengen des Gases zur Verfügung oder will man die Röhre von der Pumpe abschmelzen, so füllt man sie wiederholt unter Stromdurchgang mit dem Gas, indem man gleichzeitig den Druck so reguliert, daß man den gewünschten Effekt erhält. In der Regel wird man einen Druck von 2—3 mm wählen. Doch läßt sich nichts Allgemeines aussagen, da je nach dem Drucke manche Gase verschiedene Spektra geben, und da auch die Helligkeit und die Intensitätsverteilung mit dem Drucke variieren. Hohe Drucke liefern in der Regel reinere Spektra und dauerhaftere Röhren. Allein man kann solche Röhren vielfach nicht mit kondensierten Entladungen betreiben; sie sind meist lichtschwächer und liefern unter Umständen verbreiterte Linien. Auch hängt die Höhe des günstigsten Druckes von der Gestalt und Weite der benutzten Röhren ab.

Liefert eine Röhre, an der Pumpe geprüft, ein reines Spektrum von der gewünschten Helligkeit, so kann sie abgeschmolzen werden. Sie bleibt dann freilich in der Regel nicht unverändert, so daß es, wenn die Verbindung mit der Pumpe nicht stört, im allgemeinen besser ist, eine Röhre mit der Pumpe in Verbindung zu lassen, um jederzeit neues Gas nachfüllen und den Druck regulieren zu können.

Bei manchen Gasen kann man auch vorteilhaft das zu untersuchende Gas in der Röhre selbst bzw. in einem Ansatz entwickeln, nachdem man die Röhre von der Pumpe abgeschmolzen hat. So kann man Wasserstoff durch ein angeschmolzenes Palladiumröhrchen hineindiffundieren lassen, Sauerstoff durch Erhitzen reinsten übermangansauren Kalis entwickeln usw. Auch elektrolytische Darstellung von Gasen im Vakuum selbst ist brauchbar.

Als Stromquellen für den Betrieb von Geisslerröhren kommen in erster Linie Induktorien mittlerer Schlagweite und Gleichstromquellen hoher Spannung in Frage. Als solche sind Akkumulatorenbatterien von etwa 2000 Volt und einer Maximalleistung von etwa 1 Amp. oder Gleichstromdynamos von ähnlicher oder höherer Leistung sehr wertvoll, stehen jedoch in der Regel nicht zur Verfügung. Aus diesem Grunde wird wohl meist ein Induktionsapparat benutzt werden. Man muß mehrere Arten von Unterbrechungen anwenden können; ein Depretzunterbrecher ist auf alle Fälle nicht zu entbehren, da er in einem weiten Stromintervall und mit verschiedenen Perioden gebraucht werden kann. Rotierende Unterbrecher geben für viele Vakuumröhren zu hohe Belastungen, elektrolytische Unterbrecher sind von dem Druck im Entladungsrohre abhängig und eignen sich auch nicht zum Gebrauche in Verbindung mit Kapazitäten. Wechselstromtransformatoren geben unter Umständen brillante Effekte, belasten jedoch die gebräuchlichen Röhren zu stark und liefern in der Regel nicht die nötigen Potentiale, um auch bei höheren Drucken arbeiten zu können. Für gewisse Zwecke kann man sich mit einer Lichtleitung von etwa 440 Volt behelfen, wenn man als Kathode eine Wehneltkathode (glühendes mit Ba-Ca-Oxyd bedecktes Platin- oder Iridiumblech, stromgeheizt) benutzt. Influenzmaschinen liefern in der Regel zu geringe Stromstärken und eignen sich weniger in Verbindung mit Kondensatoren. Für die Laboratoriumspraxis bleibt daher das Induktorium das im allgemeinen empfehlenswerteste Betriebsmittel für Geisslerröhren.

Neben einem Induktorium braucht man eine Kapazität (Leidener Flasche, besser noch eine regulierbare Kapazität). Sie wird nach Bedarf parallel zu den beiden Enden der Sekundärspule des Induktoriums gelegt. Vor die Entladungsröhre schaltet man dann noch eine regulierbare Funkenstrecke. Es ist auf diese Weise möglich, die Röhre mit dem hochfrequenten und stromstarken Wechselstrom zu betreiben, in dem sich die Leidener Flasche durch die Funkenstrecke entlädt. In der Regel beobachtet man charakteristische Unterschiede im Lichte der Geisslerröhren, wenn man die Kapazität mit der Funkenstrecke parallel schaltet. Die Farbe ändert sich, ein Bandenspektrum schlägt in ein Linienspektrum oder ein Linienspektrum eines Gases in ein anderes um. Die Erscheinungen hängen übrigens von der Länge der Funkenstrecke ab.

Die Aufgabe, eine Geisslerröhre mit durchaus reinem Spektrum herzustellen, ist sehr schwierig. Von der Herstellung von reinen Füllgasen soll hier nicht die Rede sein, nur von dem Einfluß der Gefäße. Die Elektroden, die Entladungsgefäße und die Pumpen selbst liefern zahlreiche Gasreste, die unter Umständen spektroskopisch bemerkbar werden und schon oft zu Täuschungen Anlaß gegeben haben. Zunächst sind in den Röhren und in den Elektroden stets Reste von Luft, die nur nach langem Erhitzen und vielfachem Stromdurchgang abgegeben werden. Auch kohlenstoffhaltige Körper haften dem Glase und den Elektroden an und werden in der Hauptsache als Kohlenoxyde allmählich abgegeben. Ein gutes Mittel, sie zu entfernen besteht darin, daß man die Röhren zunächst mehrfach mit Sauerstoff füllt und starke Entladungen hindurch schickt. Die Elektroden geben ferner immer Wasserstoff ab, auch nachdem eine Röhre schon lange Zeit in Betrieb ist. Dies findet namentlich bei massiven Elektroden statt. Hier ist der Wasserstoffvorrat fast unerschöpflich. Aus diesem Grunde kann es unter Umständen nützlich sein, mit äußeren Elektroden (Röhre Fig. 350) zu arbeiten. Ebenso schwierig sind die Reste Wasserdampf und Sauerstoff zu entfernen, die an den Wänden und den Elektroden sitzen. Man trocknet, indem man die Röhre mit Füllung zunächst längere Zeit mit den Phosphorpentoxydgefäßen der Pumpe in Verbindung läßt und zwar bei stark vermindertem Drucke. Ein gutes Mittel besteht in der Benutzung flüssiger Luft, mittelst der man ein Ansatzgefäß der Röhre abkühlt, das mit vorher ausgeglühter Kokosnußkohle gefüllt ist. Man kann so die benutzten Röhren sehr weitgehend evakuieren, ehe man das zu untersuchende Gas einfüllt. Auch die Wirkung mancher Metalle leistet ähnliches. So absorbieren erhitzte Alkalimetalle, z. B. Natrium, Luftreste äußerst vollkommen. GEHLHOFF[1] hat das Verfahren zur Herstellung reiner Edelgasröhren ausgebildet. Auch durch Erhitzen von Calcium im Vakuum kann man ähnliches erzielen. Einzelheiten dieser Verfahren müssen jedoch hier übergangen werden.

Die benutzten Pumpen liefern ebenfalls Verunreinigungen; bei Quecksilberpumpen erhält man stets die Dämpfe des Metalls. Man vermeidet diese durch eine mit flüssiger Luft gekühlte, ev. mit Goldblatt gefüllte Vorlage. Schädlich noch sind ferner die Fettdämpfe der Schliffe und etwa benutzter Pumpen. Man wirkt diesem Fehler durch Verwendung geeigneter Fette, eventuell Vermeidung aller Schliffe, Kittungen mit gekühltem Siegellack und Strömenlassen des Gases vom Rohre nach der Pumpe entgegen. Endlich liefern auch die Wände der Gefäße Linien und Banden. Aus dem Glase werden besonders Natrium, Calcium, Silicium, Chlor, Schwefel frei, zumal, wenn man starke Entladungen benutzt.

Unter den Spektren, die als Verunreinigungen in Geisslerröhren leicht vorkommen und zum Teil wiederholt als neue Spektra beschrieben worden sind, seien die folgenden genannt: Linienspektra des Sauerstoffs und des Stickstoffs, Linien des Wasserstoffs, des Quecksilbers, ferner des Si, Ca, Na, C, Ca, K, Cl, Al, Br, S, A, Banden des „Cy“, C, CO, NO, „H_2O“ u. a.

Die Spektra der Geisslerröhren sind mit der Form der Röhren der benutzten Entladungsart, dem Druck im Rohre und der Stelle in dem Rohre veränderlich. Besteht, wie das in der Regel der Fall ist, die Entladung aus einzelnen Stromstößen, so ändert sich die Emission auch mit der Zeit. Bei mittleren Drucken gehen sowohl der Öffnungs- wie der Schließungsfunke des Induktoriums durch die Röhre. Man erhält also in der Röhre eine wechselnde Polarität von verschiedener Ausbildung. Vorschalten einer Ventilröhre oder Funkenstrecke bewirkt, daß man nur Stromstöße in derselben Richtung hat. Dies tritt bei genügend tiefen Drucken von selbst ein. Doch haben diese tiefen Drucke mehr für Spezialuntersuchungen als für die Laboratoriumspraxis Bedeutung. Will man daher reine Erscheinungen beobachten, so schaltet man zweckmäßig vor die Röhre eine Funkenstrecke oder eine Ventilröhre.

[1] G. GEHLHOFF, Verh. d. Physik. Ges. 12, 492, 963—969, 970—974; 13, 183—192 (1911).

Je höher die benutzte Spannung ist, um so länger kann bei gleicher Weite die Röhre sein. Bei einem bestimmten Drucke ist die Entladungsstromstärke am größten und in der Regel auch die Helligkeit. An verengten Stellen der Röhren nehmen Stromdichte und Helligkeit zu. Hierauf beruht die Wirkung der Capillaren. Freilich ändert sich in verengten Stellen von Röhren manchmal der Charakter des ganzen Spektrums; man beobachtet z. B. in weiten Teilen ein Banden-, in engen Teilen ein Linienspektrum. Es gilt die allgemeine Regel, daß mit der Stromdichte auch die Helligkeit des Leuchtens wächst, bei Bandenspektren etwa proportional der Stromdichte, bei Linienspektren schneller, doch verschieden für die einzelnen Linien desselben Spektrums.

In der Nähe der Kathode, im Bereiche der Kathodenstrahlen, beobachtet man vielfach ein anderes Spektrum, als im eigentlichen Glimmlicht. Auch die erste Kathodenschicht zeigt vielfach ein besonderes Spektrum. Dasselbe trifft auch für die Anodenschicht zu. Ist die positive Säule geschichtet, so variiert nicht nur die Helligkeit in jeder einzelnen Schicht, es kann bei Gemischen von Gasen auch vorkommen, daß man mehrere Systeme von Schichten hat, die verschieden gefärbt sind. Beim Übergang von der gewöhnlichen Entladung eines Induktoriums zur oszillierenden Entladung einer Leidener Flasche bemerkt man in der Regel einen Umschlag des Spektrums im Sinne des Übergangs vom Bandenspektrum zum Linienspektrum. Die Helligkeit der Röhren nimmt vielfach zu, die Linien verbreitern sich. War der Druck vorher zu hoch gewählt, so erhält man bei Einschalten einer Leidener Flasche keinen Stromdurchgang. Hierauf ist bei der Herstellung der Röhren Rücksicht zu nehmen. Bei etwas höheren Drucken erfüllt die Entladung in den weiteren Teilen der Röhren den Querschnitt nicht ganz. Sie wird fadenförmig und ist bei vielen Gasen von einer leuchtenden Hülle umgeben, der Aureole, die nachleuchtet und in der Regel andere Spektra zeigt als die eigentliche Entladungsbahn.

In Geisslerschen Röhren lassen sich alle Gase und viele Dämpfe von Verbindungen untersuchen, z. B. die Edelgase, F, Cl, Br, J, O, N, S, Se, P, zahlreiche Metalle, wie z. B. Na, K, Rb, Cs, Cd, Hg, Zn und Verbindungen wie CO, CO_2, H_2O, Cy usw. Viele Verbindungen zersetzen sich beim Stromdurchgang teilweise oder vollständig, je nach der Intensität der Entladung. Andere Gase verschwinden allmählich aus den Röhren, unter gleichzeitiger Zerstäubung der Elektroden (z. B. die Edelgase, A). Es ist daher bei empfindlichen Gasen zweckmäßig, die Stromstärke nicht zu groß zu wählen und namentlich die Entladungen nicht zu schnell aufeinander folgen zu lassen, so daß eine Erhitzung der Elektroden vermieden wird. Zuweilen ist es auch nützlich, gänzlich von inneren Elektroden abzusehen. Man kann dann, wie es oben in Fig. 350 angedeutet ist, ein Geisslerrohr mit zwei äußeren Belegungen versehen, die mittelst Graphit in möglichst enge Berührung mit den Wänden gebracht wird. Die Belegungen werden wie die innere und äußere Belegung einer Leidener Flasche verwendet. Das Gasinnere dient als Dielektrikum. Freilich sind die auf diesem Wege erzielten Spektra stets verhältnismäßig lichtschwach. Ein anderer Weg zur Vermeidung von Elektroden liegt in der Benutzung eines elektrischen Wechselfeldes oder des elektrodenlosen Ringstromes. Es ist auf diesem Wege möglich, auch sehr leicht zerfallende Verbindungen, z. B. zahlreiche organische Körper zum Leuchten zu erregen.

Die Entladungen in einer Röhre können auch unmittelbar dazu benutzt werden, um eine feste Substanz zu verdampfen, zu dissoziieren und zum Leuchten zu erregen. Das Verfahren ist ganz analog zu der Methode der Dissoziationsspektren von DE GRAMONT. Man bringt nach GOLDSTEIN[1] in die Capillare eines bis auf etwa 0,1 mm evakuierten Rohres das zu prüfende Salz, z. B. NaCl, das man vorher pulverisiert und nach Evakuieren der Röhre aus einem seitlichen Ansatzrohre in die Capillare fallen läßt, an deren einem Ende eine Elektrode eingeschmolzen ist, während das andere Ende in einen weiteren Teil mündet. Geht die Entladung einer kleinen, doch gut abgestimmten Leidener Flasche über, so erhält man Dissoziationsspektren, die sowohl die Linien des Metalls wie diejenigen der Metalloide zeigen.

Ein etwas anderes Verfahren wenden HARTLEY und POLLOCK[2] an. Man füllt ein bekanntes Quantum einer Salzlösung in ein mit Elektroden versehenes Quarzrohr. Dieses wird erhitzt, indem man gleichzeitig evakuiert. So entsteht ein dünner Salzüberzug in der Capillare. Läßt man nun bei vermindertem Drucke den Funken übergehen, indem man nötigenfalls mit dem Brenner gleichzeitig erhitzt, so erhält man, wie eben, ein Spektrum des Metalls und des Metalloids. Das Verfahren ist sehr empfindlich und auch zu quantitativ analytischen Zwecken ausgebildet worden.

Im allgemeinen sind die Spektralreaktionen der Gase in GEISSLERschen Röhren nicht minder empfindlich als die anderen Spektralreaktionen, so daß chemisch nicht nachweisbare Mengen eines Gases genügen, um deutliche spektrale Reaktionen hervorzubringen. Es sei nur an den ersten Nachweis der Abspaltung von Helium aus Radium erinnert.

Die indirekten Entladungswirkungen sollen hier nur kurz erwähnt werden, da sie mehr für spezielle Untersuchungen physikalischer Richtung Bedeutung haben. So kann man durch Kathodenstrahlen manche Gase und Dämpfe zum Leuchten erregen. Man erhält alsdann Spektra, die eine andere Zusammensetzung haben als die Spektra in der positiven Säule und namentlich durch besondere Bandenspektra ausgezeichnet sind (Beispiel Na); auch ist die Intensitätsverteilung der Linien in Linienspektren bei Anregung durch Kathodenstrahlen eine andere als bei Benutzung gewöhnlicher Entladungen. — Läßt man weiter von einem mit einem bestimmten Gase gefüllten Entladungsrohre Kanalstrahlen in einen zweiten Raum eintreten, so leuchten die Kanalstrahlen auf, falls der zweite Raum Gas enthält. Man beobachtet dann sowohl das Licht des ersten Gases, wie dasjenige des zweiten und zwar mit anderer Intensitätsverteilung als

[1] E. GOLDSTEIN, Ann. Phys. (4) 27, 773—796 (1908); Ber. Phys. Ges. 12, 426—443 (1910); J. SCHARBACH, Ztschr. wiss. Phot. 12, 145—206 (1913).

[2] J. H. POLLOCK. Dubl. Proc. (5) 12, 202—218 (1912).

unter gewöhnlichen Umständen. Außerdem zeigen die Linien Besonderheiten, die hier nicht erörtert werden sollen.

Die magnetische und elektrische Analyse der Kanalstrahlen führt, wie J. J. THOMSON und andere gezeigt haben, zu einer elektrischen und chemischen Analyse der in den Untersuchungsgefäßen vorhandenen Gasreste, die an Empfindlichkeit die spektrale Reaktion vielleicht noch übersteigt. Es muß genügen, auf diese noch in der Entwicklung begriffenen Methoden hinzuweisen.[1]

b) Absorption.

Als Lichtquelle für Absorptionsversuche kommt die Sonne für die meisten Zwecke wenig in Frage, da man in der Regel von der Lage des Laboratoriums und den Witterungseinflüssen zu sehr abhängig ist. Für viele Zwecke ist der Kohlebogen (horizontal gestellte positive Kohle) brauchbar, wenn auch die Banden des Kohlenstoffs und die „Cyanbanden" vielfach stören. Unterhalb λ 3900 überwiegt jedoch das Gasspektrum über das kontinuierliche Spektrum. Der Bogen liefert hier nicht mehr ein ausreichend kontinuierliches Spektrum. Kommt es nicht darauf an, daß das Spektrum völlig kontinuierlich ist, so kann man Bogen verwenden, die mit Mischungen von Uransalzen, Cer, Molybdän gefärbt sind. Man füllt dazu die ausgebohrten Elektroden mit einem Gemisch der pulverisierten Salze oder Metalle mit Kohlepulver. Man erhält, da die genannten Elemente äußerst linienreiche Spektra besitzen, bis etwa λ 2600 ein einigermaßen kontinuierliches Spektrum und kann Spektra mit breiteren Absorptionsstreifen gut untersuchen. Für höhere Ansprüche an die Kontinuität der Spektra genügt jedoch auch diese Lichtquelle nicht. Beobachtet man mit dem Auge, und verwendet man nicht zu große Dispersion, so leistet ein Auerbrenner gute Dienste. Damit das Netz des Strumpfes nicht stört, benutzt man einen in der unteren Hälfte mattierten Glaszylinder. Die Lichtquelle ist zugleich so ausgedehnt, daß man sie unmittelbar in einiger Entfernung vor den Spalt der benutzten Spektralapparate setzen kann. Ins Ultraviolett reicht sie jedoch nicht. Ein wenig weiter kommt man mit Glühlampen mit geradem Metallfaden oder mit Nernstbrennern, die man unter Umständen wegen ihrer geraden Form auch unmittelbar ohne Benutzung eines Spaltes gebrauchen kann. Es ist jedoch, falls man die Helligkeit der Apparate ausnutzen will, erforderlich, das Licht der fadenförmigen Lichtquellen auf den Spalt des Spektralapparates zu projizieren. Auch Zirkonlicht ist gut brauchbar. Andere Lichtquellen mit Linienspektren eignen sich immer nur zur Untersuchung ganz bestimmter Spektralteile. So liefert eine Quarzbogenlampe ein stark diskontinuierliches Spektrum; benutzt man intensive oszillierende Funkenentladungen zwischen Elektroden aus Legierungen von Cd, Pb, Zn, Sb oder Kohleelektroden mit Uransalzen, so erhält man verbreiterte Linien in großer Zahl, außerdem eine Reihe von Banden. Bei An-

[1] Man vgl. z. B. T. RETSCHINSKY, Jahrb. Radioakt. **13**, 66—125 (1916).

wendung geringer Dispersion erscheint das Spektrum einigermaßen kontinuierlich und kann daher ebenfalls zu Absorptionsversuchen im Ultraviolett benutzt werden. Die einzige streng kontinuierliche Lichtquelle erhält man jedoch durch kondensierte Funkenentladungen zwischen Aluminiumelektroden in Wasser (andere Metalle sind weniger geeignet). Vor die Funkenstrecke, die sehr festgebaut und fein regulierbar sein muß, wird eine Hilfsfunkenstrecke geschaltet. Das Wassergefäß ist mit einem seitlichen Quarzfenster versehen, durch das das ultraviolette Licht austritt. Man läßt am besten das Wasser fortgesetzt durch die Funkenstrecke strömen, da es durch die Zerstäubung der Elektroden schnell trübe gefärbt wird. Die Flüssigkeitselektroden dürfen nicht zu weit von dem Quarzfenster entfernt sein (Anordnung nach Konen). Eine zweckmäßige Anordnung ist z. B. die folgende. Als Elektroden dienen zwei Aluminiumstäbe von 0,5 cm Durchmesser, die, etwas zugespitzt, sich in einer Entfernung von ca. 0,5 mm gegenüberstehen. Der eine der beiden Stäbe ist durch eine Stopfbüchse in den Boden eines paraffinierten Blechgefäßes eingeführt, der zweite ragt von oben in die Flüssigkeit, ist an einem isolierten Halter befestigt und seitlich und vertikal verstellbar. Das Quarzfenster befindet sich in einem Abstande von etwa 2 cm von der Funkenstrecke. Zum Betriebe dient ein mit einem Primärstrom von etwa 8 Amp., 120 Wechseln und 140 V. betriebener Transformator von 10000 Volt, dem eine Kapazität von ca. 0,1 Mikrofarad parallel geschaltet ist; im Schwingungskreise befindet sich eine regulierbare Hilfsfunkenstrecke und eine kleine, regulierbare Selbstinduktion. Mit kleinen Induktorien erhält man keine günstigen Wirkungen. Je größer die benutzte Energie ist, um so intensiver werden die Lichtwirkungen. Verwendet man Transformatoren spezieller Art, so soll man nach Ciemchowski[1], von Kowalski, Banasinski[2] und Henri[3] etwas längere Funken erhalten.

Unter Anwendung geeigneter Vorsichtsmaßregeln lassen sich alle genannten Lichtquellen auch zu quantitativen Absorptionsversuchen benutzen, sogar der Funke.

Form der absorbierenden Körper. Bei der Untersuchung der Absorption ist zu bedenken, daß die Absorptionsspektra von der Dicke der benutzten absorbierenden Substanz, von der Konzentration der benutzten Lösungen und von der Temperatur abhängig sind. Es genügt daher im allgemeinen nicht, eine einzige Dicke oder eine einzige Konzentration zu untersuchen, da bei größeren Schichtdicken oder größeren Konzentrationen Absorptionsstreifen auftreten, die bei schwächeren Konzentrationen usw. nicht wahrnehmbar sind. So ist es erforderlich, bei festen Körpern Platten von verschiedener Dicke, bei Flüssigkeiten Ab-

---

[1] L. Ciemchowski, Diss. Freiburg (Schweiz) 1911.

[2] v. Kowalski u. F. Banasinski, Krak. Anz. 4, 416—435 (1912)

[3] V. Henri, Phys. Ztschr. 14, 516 (1913). Weiteres bei R. Witte, Diss. Bonn 1914. Z. wiss. Photogr. 14, 347 (1914). — Chr. Strasser, Z. wiss. Photogr. 14, 281 (1914). Die größere Wirksamkeit der Anordnung nach Henri wird hier von Frl. Strasser bestritten.

sorptionströge von verschiedener Dicke und verschieden konzentrierte Lösungen zu verwenden. Bei empfindlichen quantitativen Untersuchungen muß ferner darauf Rücksicht genommen werden, daß die benutzten Gefäße von planparallelen Wänden begrenzt sind, und daß der Strahlengang in ihnen nahezu ein paralleler ist. Derartige Gefäße sind unter allen Umständen vorteilhaft, weil sie eine gleichmäßige Beleuchtung des Spaltes und Ausnutzung der Lichtstärke der Spektralapparate gestatten. Verwendet man kugelförmige Gefäße, so ist es zweckmäßig, mittelst einer Linse die Strahlen der Lichtquelle so zu konzentrieren, daß in dem Mittelpunkt der Kugel ein reelles Bild der Lichtquelle entsteht und die Strahlen ungefähr auf den Kugelwänden senkrecht stehen. Eine zweite Linse konzentriert alsdann die Strahlen wieder auf dem Spalt. Bei langen Absorptionsröhren macht man die durchgehenden Strahlen parallel, indem man die Lichtquelle in den Brennpunkt einer Linse bringt. Eine zweite

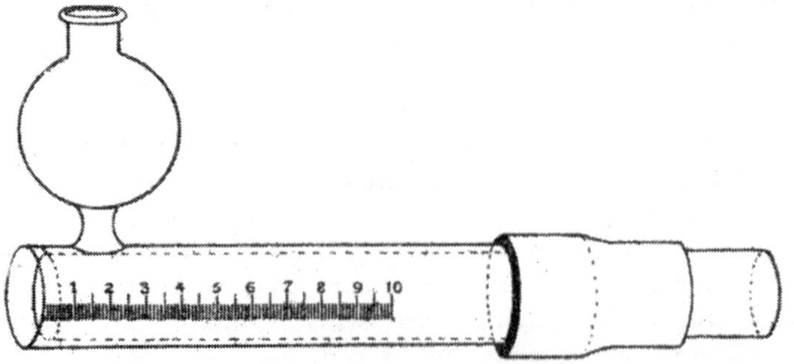

Fig. 351. Absorptionsgefäß.

Linse liefert ein reelles Bild der Lichtquelle auf dem Spalte. Untersucht man Flüssigkeiten in Reagensgläsern, so setzt man diese unmittelbar vor den Spalt, zweckmäßiger schaltet man zwischen Reagenzglas und Spalt eine negative Zylinderlinse ein, die die Linsenwirkung des Reagensrohres teilweise kompensiert. Es sind zahlreiche Gefäßformen zur Untersuchung der Absorption von Flüssigkeiten angegeben worden. Bei sehr stark absorbierenden Flüssigkeiten benutzt man den capillaren Raum zwischen zwei aufeinander gepreßten Glas- oder Quarzplatten, indem man einige Tropfen auf eine Platte bringt und die zweite darauf legt, eventuell nach Zwischenfügung von Stückchen Glimmer. Klammern halten die beiden Platten zusammen. Zweckmäßig für einen weiten Bereich von Schichtdicken ist eine in Fig. 351 schematisch angedeutete, den Einrichtungen der Colorimeter entsprechende Vorrichtung. In einem weiteren Rohre meßbar verschiebbar befindet sich ein engeres Rohr. Ein Stück Gummischlauch dichtet die beiden Teile gegen einander ab. Der Spielraum beider Rohre ist so gering gewählt, daß ihre Endflächen einander parallel bleiben. Die Vorrichtung ist in verschiedenen Formen im Handel zu haben. Für feine Messungen kann man den inneren Teil gegen den äußeren mikrometrisch verstellbar machen und ihn in dem äußeren so einschleifen, daß keine Dichtung erforderlich ist (Anordnung nach H. Ley). Zur schnellen Übersicht über den Einfluß der Schichtdicke benutzt man keilförmige Gefäße, deren Kante senkrecht auf dem Spalte steht, oder planparallele Gefäße, in die man einen Glaskeil entsprechend einlegt. — Einen ähnlichen Zweck erreicht man durch Gefäße, deren Dicke durch eingetauchte Spiegelglasplatten stufenweise verändert ist. Es ist bei dieser Anordnung jedoch nicht möglich, bei der Beobachtung im Gesichtsfelde des Spektroskops die beiden den Gefäßhälften entsprechenden Spektra unmittelbar aneinander grenzen zu lassen. Zu beachten ist beim Vergleich verschiedener Absorptionsgefäße, daß die Zahl der reflektierenden Flächen und die Dicken der durchstrahlten Glaswände gleich sein müssen, wenn man Messungen anstellt, die die Absorption und Reflexion nicht besonders bestimmen. Sehr spitze Keile erhält man, indem man auf eine ebene Glasplatte ein Stück eines Glasrohres von größerem Krümmungsradius auflegt und die Probesubstanz in den capillaren Raum zwischen den beiden Gläsern bringt. An der Kante sind selbst stark absorbierende Substanzen meist durchsichtig genug, um eine Untersuchung zu gestatten.

Gase untersucht man in Kugeln oder besser in Röhren, die mit ebenen und parallelen Endflächen verschlossen sind. Zur Vermeidung von Kittungen kann man gut aufgeschliffene Glasplatten ohne jedes Kittungsmittel verwenden, bei Gasen, die die Röhren angreifen, verwendet man platinierte Metall- oder Glasrohre. Da die Anwesenheit von Fremdgasen und der Druck die Absorption von Gasen beeinflussen, so ist es erforderlich, die benutzten Gefäße vorher zu evakuieren und bei verschiedenen Drucken zu untersuchen.

Aus festen Körpern stellt man Platten oder Dünnschliffe her. Handelt es sich um Kristalle, so erhält man oft gänzlich verschiedene Spektra je nach der kristallographischen Orientierung des Schnittes. Dasselbe trifft für viele Mineralien zu. Kristalle, die man nicht zerschneiden kann, untersucht man an den natürlichen Flächen, event. an den Kanten.

In vielen Fällen kann man statt des Absorptionsspektrums auch das Reflexionsspektrum untersuchen. Durch geeignete Aufstellung des Objektes ist dafür zu sorgen, daß kein direktes reflektiertes Licht in den Spektralapparat gelangt.

Es ist hervorzuheben, daß alle Körper, auch wenn sie dem Auge farblos erscheinen, Absorptionsspektra besitzen, die stets charakteristisch sind für Gase, weniger für Flüssigkeiten und im allgemeinen noch weniger für feste Körper. Bei Flüssigkeiten und festen Körpern bedarf es im allgemeinen einer quantitativen Bestimmung der Absorption, wenn man den Körper durch sein Absorptionsspektrum eindeutig bestimmen will. Bei Linien, Banden- und Streifenspektren ist dies anders. Eine genaue Untersuchung der Absorptionsspektra erfordert im allgemeinen eine Heranziehung des Ultravioletts und des Ultrarots. Näheres darüber folgt weiter unten.

III. Die Herstellung der Spektra.

a) Allgemeines.

In diesem Handbuche soll auf die Vorgänge bei der Zerlegung des durch Emission oder Absorption in irgendwelchen Substanzen gewonnenen Lichtes nur insoweit eingegangen werden, als es die Anwendung im Laboratorium erfordert. Doch müssen einige Bemerkungen vorausgeschickt werden, die man bei der Wahl der spektroskopischen Instrumente und Untersuchungsmethoden im Auge behalten muß.

Die Untersuchung der Strahlung erfolgt bei Anwendung spektroskopischer Methoden wie schon deren Name besagt, durch Zerlegung des Lichtes in ein Spektrum. Ein solches ist der Inbegriff aller monochromatischen Bilder des Objektes oder einer von ihm beleuchteten Öffnung, die man durch Anwendung dispergierender Apparate erhält. Man kann z. B. vor das Objektiv eines photographischen Apparates ein durchsichtiges Gitter oder ein Prisma setzen (Methode des Objektivprismas, spektroheliographische Untersuchung) und das zu untersuchende Objekt, z. B. eine leuchtende Flamme oder ein Geisslerrohr ohne weiteres photographieren. Auf der Mattscheibe entstehen eine Reihe farbiger Bilder des Objektes. Sendet dieses ein kontinuierliches Spektrum aus, so reihen sich die Spektra lückenlos aneinander und man erhält ein Farbband. Ist das Spektrum der Lichtquelle jedoch diskontinuierlich, also etwa aus wenigen Linien zusammengesetzt, so sind die einzelnen Bilder voneinander getrennt, um so mehr, je kleiner bei gleichem Abstande die Lichtquelle und je größer die Dispersion und Brennweite der benutzten photographischen Linse sind. Jedes Bild entspricht der Verteilung der betreffenden Emission in dem Objekte.

Das Verfahren ist daher besonders geeignet zur Untersuchung der Emissionsverteilung in Lichtquellen mit wenig linienreichen Spektren und erfordert nur geringe Hilfsmittel. Vorzüglich geeignet zu dem genannten Zwecke sind die im Handel befindlichen größeren durchsichtigen Abgüsse Rowlandscher Plangitter von Ives, Anderson u. a. Dasselbe Verfahren wird in dem „Fernspektroskop“ nach H. Lehmann (Zeiss) angewendet. Man betrachtet eine entfernte Lichtquelle, z. B. eine Geisslerröhre auf dem Experimentiertisch des Hörsaales oder eine entfernte Bogenlampe unmittelbar durch einen kleinen Prismensatz für gerade Durchsicht. Damit das entstehende Spektrum etwas breiter wird, ist zwischen Auge und Prismensatz eine Zylinderlinse eingeschaltet, damit etwas größere Helligkeit erzielt wird, vor den Prismensatz eine kleine Sammellinse. Nach Umtauschen der Zylinderlinse und Vorsetzen eines Spaltes läßt sich das kleine bequeme Instrument auch als gewöhnliches Spektroskop benutzen.

In der Regel beobachtet man nicht unmittelbar das Bild des zu untersuchenden leuchtenden Gegenstandes, da man bei der beschriebenen

Anordnung stets in ziemlicher Entfernung bleiben muß, Absorptionsspektra auf diesem Wege nicht mit Nutzen untersuchen kann, und da die farbigen Einzelbilder der einzelnen Farben sich überdecken, sobald die Zahl der Linien steigt oder Linien sich nahe kommen. Es ist daher üblich, einen Spalt mit dem zu untersuchenden Licht zu beleuchten und nun das Bild des Spaltes zu betrachten. Dieses optisch durch einen Dispersionsapparat hindurch erzeugte in die Einzelfarben aufgelöste Bild des Spaltes wird als Spektrum im engeren Sinne bezeichnet.

Das Spektralbild kann je nach der Art der Beobachtung ein reelles oder virtuelles sein. Letzteres trifft bei der okularen Beobachtung zu, das erstere bei allen objektiven Verfahren, insbesondere bei der Photographie. Die folgende Zusammenstellung bezieht sich auf objektiv hergestellte Spektra. Bei okularer Beobachtung spielt das Okular die Rolle der Lupe, durch die man das Spektralbild betrachtet. Man kann daher auf Grund der erstgenannten Eigenschaften der Spektra unmittelbar die Eigenschaften der virtuellen Spektralbilder übersehen.

Für die Praxis der Spektroskopie sind von besonderer Bedeutung die folgenden Eigenschaften der Spektra. Es wird davon abgesehen, Beweise für die mitgeteilten Formeln anzugeben. Dafür muß auf die Lehrbücher der Spektroskopie verwiesen werden.

1. Die lineare Ausdehnung. Es sind zwei Ausdehnungen zu unterscheiden, diejenige parallel den Linien und senkrecht dazu. Unter sonst gleichen Umständen hängen beide nur von der Brennweite der benutzten abbildenden Linsen ab und sind dieser proportional. Um große Spektra zu erhalten, muß man also Linsen und Spiegel großer Brennweite verwenden. Dabei ist vorausgesetzt, daß in dem benützten Spektralapparat der Strahlengang ein paralleler sei, wie dies in der Regel der Fall ist. Benutzt man nur eine Linse (Anordnung zur Demonstration der Spektra), so kann man mit dieser innerhalb gewisser Grenzen beliebig ausgedehnte Spektra erzeugen. Die Ausdehnung des Spektrums hat an sich nichts mit der Trennung von Linien zu tun. Man sehe den Artikel Reinheit. Für viele Zwecke darf die Ausdehnung des Spektrums nicht zu klein sein, z. B. bei der Photographie wegen der Größe des Korns der Platten, bei Bolometern wegen des Durchmessers des Streifens usw. Apparate zu okularer Beobachtung haben gewöhnlich so kleine Brennweite, daß die Spektra nach Herausziehen des Okulars zu photographischen Zwecken viel zu klein sind und kaum Details ergeben. Man muß dann die Fernrohrlinse durch eine Linse größerer Brennweite ersetzen oder vor die Fernrohrlinse ein Teleobjektiv schalten. Mit der Vergrößerung nimmt auch die Helligkeit des Spektralbildes ab, und zwar umgekehrt proportional den Quadrate der linearen Vergrößerung. Bei der angebenen Art der Vergrößerung bleibt das Verhältnis der Länge des Spektrums zur Breite ungeändert. Das ist oft aus dem angegebenen Grunde unvorteilhaft. Darum gewinnt man bedeutend an Helligkeit, wenn man durch eine lange Zylinderlinse, deren Achse der Längsrichtung des Spektrums parallel gerichtet wird (unter Umständen genügt ein Glasstab), das Spektralbild in

der Richtung der Linien verkleinert. Bei lichtschwachen Objekten ist das Verfahren von Vorteil. Auch kann man statt sphärischer Linsen zwei gekreuzte Zylinderlinsen in passendem Abstande benutzen.

Im Vorstehenden ist das Spektrum als gegeben vorausgesetzt. Die Breite des Spektrums hängt dabei unter sonst gleichen Umständen von der Länge des beleuchteten Spaltes und den Eigenschaften des Spektroskopes ab; die Länge des Spektrums wird durch die Dispersion des Apparates bedingt. Doch sei hervorgehoben, daß man durch keine Vergrößerungen die Winkel zwischen den verschieden gefärbten Strahlen ändern kann.

Als allgemeine Regel kann man aufstellen: größte Helligkeit durch Anwendung von Linsen mit großer relativer Öffnung (Kinoobjektive) und Zylinderlinse vor der Beobachtungsstelle (Platte). Größte Ausdehnung durch Benutzung von Linsen mit großer Brennweite. Bei gleicher linearer Öffnung nimmt bei der Benutzung derartiger Linsen die Helligkeit ab.

2. Totaldispersion = Winkel zwischen den äußersten Randstrahlen des Spektrums. Dieser Winkel ist von der benutzten Vergrößerung unabhängig, hängt nur von dem benutzten, das Licht zerstreuenden Apparate ab. Bei Prismen ist die Totaldispersion um so größer, je größer der brechende Winkel des Prismas und je stärker die Zunahme des Brechungsexponenten der betreffenden Glassorte mit abnehmender Wellenlänge ist. Auch der Strahlengang im Prisma ist von Einfluß. Bei Gittern bestimmen die Gitterkonstante und der Einfallswinkel die Totaldispersion. Als technisches Maß gilt für die Totaldispersion die Differenz der Brechungsexponenten zwischen zwei in den Grenzbezirken des sichtbaren Spektrums gelegenen Fraunhoferschen Linien. Für spektroskopische Zwecke hat die Totaldispersion nur eine sekundäre Bedeutung.

3. Winkeldispersion. Diese Größe bezieht sich auf eine bestimmte Stelle im Spektrum, z. B. die D-Linien. Bezeichnet r den Ablenkungswinkel der betreffenden Strahlenart, λ die Wellenlänge, so ist die Winkeldispersion gleich $\frac{dr}{d\lambda}$. Für ein Prisma ist $\frac{dr}{d\lambda} = \frac{dr}{dn} \cdot \frac{dn}{d\lambda}$, wenn n den Brechungsexponent für die betreffende Farbe bedeutet. Der erste Faktor hängt nur von der Prismengestalt ab, der zweite nur vom Prismenmaterial und kann aus der für die Prismensubstanz geltenden Dispersionsformel bestimmt werden (Materialdispersion.) Im allgemeinen gilt die Regel, daß $\frac{dn}{d\lambda}$ um so größer ist, je größer die Totaldispersion. Doch gibt es viele Ausnahmen. Im Minimum der Ablenkung ist $\frac{dr}{d\lambda} = \frac{2}{n} \cdot \operatorname{tg} i \cdot \frac{dn}{d\lambda}$, wenn i den Incidenzwinkel bedeutet. Beim Gitter ist $\frac{dr}{d\lambda} = \frac{m}{a \cdot \cos r}$, wenn m die Ordnung des Spektrums, a die Gitterkonstante und r den Winkel bezeichnet, den der betrachtete Strahl mit der Gitternormale bildet. In der Nähe der Gitternormale, also für $r = 0$, $\cos r = 1$, ist somit der Maßstab konstant, das Spektrum normal, d. h. der Abstand der Linien der Wellenlänge proportional, wenn längs des Bogens gemessen wird. Diese

Eigenschaft der Gitterspektra ist für viele Zwecke sehr wertvoll. Eine bestimmte Größe der Dispersion ist unter sonst gleichen Umständen ein gewisses Maß für die Leistungsfähigkeit eines Spektralapparates. Indes gilt dies keineswegs allgemein, und es ist durchaus unrichtig, wie dies vielfach in der Praxis geschieht, die Winkeldispersion als Maß für die Leistung eines Spektralapparates zu bezeichnen. Man vergleiche den Artikel Reinheit.

4. Lineare Dispersion. Von linearer Dispersion spricht man bei der Ausmessung von Spektralbildern, z. B. Photographien. Man versteht unter linearer Dispersion den Wert von $\frac{ds}{d\lambda}$, wenn s einen an einer Photographie oder sonstwie gemessenen Abstand zweier Linien bedeutet. In der Regel ist der Abstand $s = f \cdot r$, wenn f die Brennweite der abbildenden Linse und r den Ablenkungswinkel bezeichnet. Dann ist $\frac{ds}{d\lambda} = f \cdot \frac{dr}{d\lambda}$.

5. Reinheit, Auflösungsvermögen. Die monochromatischen Spaltbilder eines kontinuierlichen Spektrums überdecken sich unter allen Umständen. Zunächst ist der Spalt niemals unendlich schmal, daher sind es auch nicht seine Bilder. Auch wenn er jedoch beliebig schmal gemacht werden könnte, so würden sich die Bilder doch überdecken, weil sie infolge der Wellennatur des Lichtes und der endlichen Öffnungen der abbildenden Linsen stets eine bestimmte Struktur und Breite besitzen.[1] Noch andere Umstände kommen hinzu. Deshalb fallen an eine bestimmte Stelle eines kontinuierlichen Spektrums stets eine Reihe von Wellenlängen, deren Bereich mit $d\lambda$ bezeichnet werden möge. In Bruchteilen der Wellenlänge ausgedrückt, würde der Bereich gleich $\frac{d\lambda}{\lambda}$ sein. Die Reinheit eines Spektrums an einer bestimmten Stelle ist offenbar dem reziproken Werte hiervon, also $\frac{\lambda}{d\lambda}$ proportional. Die wirklich vorhandene Reinheit hängt ab von der Stellung und Beschaffenheit der dispergierenden Apparate, der Form der Flächen, der Größe der Winkel, der Breite des Spaltes, der Stelle im Spektrum, der Zusammensetzung des auf den Spalt fallenden Lichtes. Nimmt man an, daß der Spalt unendlich schmal gemacht werden könnte, ferner daß alle optischen Fehler der Instrumente vernachlässigt werden, und sieht man ab von der Wirkung der Zusammensetzung des einfallenden Lichtes, so wird die Reinheit, die man berechnet, ein Maß für die äußerste Leistung des Spektralapparates, in ähnlicher Weise, wie die numerische Apertur ein Maß der Leistungsfähigkeit eines Mikroskopobjektivs hinsichtlich der Auflösung feiner Strukturen ist. Man nennt daher $\lim \frac{\lambda}{d\lambda}$ das Auflösungsvermögen. Dasselbe ist eine Apparatkonstante. Für ein Prisma ist das Auflösungsvermögen gleich der Winkeldispersion multipliziert mit dem Durchmesser der abbildenden Lichtbüschel. Sind die Linsen der Apparate voll beleuchtet, so ist das Auflösungsvermögen

[1] Eine der Theorie des weißen Lichtes und der Dispersion völlig gerecht werdende Schilderung der Wirkungsweise eines Prismas ist an dieser Stelle nicht möglich.

proportional dem Durchmesser der Linsen und der Winkeldispersion. Ist der Durchmesser der Linsen größer als der Querschnitt des Prismas, so ist bei symmetrischem Durchgang des Lichtes durch das Prisma und voller Beleuchtung das Auflösungsvermögen gleich dem Produkt aus der Substanzdispersion $\frac{dn}{d\lambda}$ in die Basisbreite des Prismas. Es haben daher alle Prismen aus der gleichen Substanz dasselbe Auflösungsvermögen, wenn sie an der Basis gleich dick sind. Beim Gitter ist $\frac{\lambda}{d\lambda} = m \cdot n$ (m die Ordnungszahl, n die Zahl der Gitterstriche). Bei Benutzung derselben Ordnung hängt somit die Leistung des Gitters nur von der Gesamtzahl der Gitterstriche ab. Das Auflösungsvermögen wird praktisch nicht über 400000 gesteigert; durch die Berücksichtigung der endlichen Spaltbreite und der Fehler der Instrumente bleibt man hinter dem theoretischen Wert stets mindestens um 10% zurück. Je näher die Linien eines untersuchten Spektrums einander liegen, um so größer muß man das Auflösungsvermögen wählen. Man vergleiche darüber weiter unten.

6. **Helligkeit** des Spektrums. Die Helligkeit ist zunächst proportional (unter sonst gleichen Umständen) der Helligkeit der benutzten Lichtquelle. Sie hängt weiter ab von dem Verlust durch Reflexion und Absorption an den spiegelnden und brechenden Flächen, von dem Polarisationszustand des Lichtes, von der Stellung und dem Material der dispergierenden Apparate, von der Spaltbreite, von der Brennweite der abbildenden Linsen und deren linearer Öffnung. Eine genaue Diskussion der Wirkung aller Faktoren ist nur von Fall zu Fall und für bestimmte Nebenbedingungen ausführbar. Einige allgemeine Regeln seien angegeben. Zunächst ist in allen Fällen die Helligkeit proportional der Winkelapertur der abbildenden Linsen oder Spiegel. Benutzt man einen Kollimator, so ist die Helligkeit gleichfalls dem Quadrate der Winkelöffnung der Kollimatorlinsen proportional. Freilich wird die Reinheit des Spektrums verringert, wenn man den Kollimator verkürzt. Bezieht man die Helligkeit daher auf konstante Reinheit, so ist sie proportional dem Quotienten $\left(\frac{\alpha}{\beta}\right)^2$, wo α die Winkelöffnung der Kameralinse, β diejenige des Kollimators bezeichnet. Für eine gegebene Stellung des Spektralapparates ist die Helligkeit in kontinuierlichen Spektren der Spaltbreite sowie der Winkeldispersion umgekehrt proportional. Da diese von Apparat zu Apparat und mit der Stelle im Spektrum verschieden ist, so pflegt man zum Vergleich verschiedener Apparate oder Spektren die Helligkeit auf ein normales Spektrum umzurechnen. Die Methoden hierzu müssen an dieser Stelle übergangen werden. Die Helligkeitsverteilung in Gitterspektren entspricht nicht der Theorie. Sie ist von Gitter zu Gitter verschieden und von der zufälligen Gestalt der Furchen abhängig. Endlich hängt die Helligkeit auch von der Natur des untersuchten Spektrums ab. Für ein kontinuierliches Spektrum gelten die genannten Regeln; in einem aufgelösten Linien- oder Bandenspektrum ist die Helligkeit der Linien von der Spaltbreite unabhängig, solange man nicht mit der Spaltbreite unter

einen gewissen Betrag hinuntergeht. In unvollständig aufgelösten Linien- oder Bandenspektren hängen die Intensitätsverteilung und der Betrag der absoluten Intensität von der Zahl und Beschaffenheit der Linien ab. Es sei hervorgehoben, daß man aus der in einem gegebenen Spektrum bestimmten Intensitätsverteilung noch nicht bestimmte Schlüsse ziehen darf. So pflegen in Prismenspektren die langwelligen Bezirke relativ viel intensiver zu sein, als in Gitterspektren, während im Ultraviolett das umgekehrte Verhältnis stattfindet. Es ist bei quantitativen Vergleichen daher erforderlich, zuerst die Intensitätsverteilung auf ein normales Spektrum umzurechnen.

Da die Spektra optische Bilder im Sinne der Theorie der optischen Instrumente sind, so sind auch die Abbildungsfehler im Sinne dieser Theorie zu behandeln. Hier müssen einige Bemerkungen über die üblichen Abbildungsfehler genügen. Zunächst ist das Spektralbild in der Regel nicht eben, sondern liegt auf einer nach der Kameralinse hin konkav oder konvex gekrümmten Fläche. Bei Konkavgittern, die in der ROWLANDschen Manier benutzt werden, ist diese Fläche ein Kreiszylinder; freilich fällt in der Regel die theoretische Fläche nicht völlig mit der wirklichen Bildfläche zusammen. Bei Prismenapparaten ist die Fläche in erster Annäherung ebenfalls ein Stück eines Kreiszylinders, das jedoch mehr oder weniger gegen die Achse des Instrumentes geneigt ist. In der Regel ist die Bildfläche konkav gegen die Kameralinse hin und im blauen Teile derselben genähert. Doch kommt auch das entgegengesetzte Verhalten vor. Auch werden vielfach die Abweichungen der Spur der Spektrumfläche mit der Horizontalebene vom Kreise sehr groß. Dann ist in der Regel der rote Teil des Spektrums stärker gekrümmt. Man sucht diesem Fehler zu begegnen, indem man die photographische Platte gegen die Kameraachse neigt, so daß ihr dem violetten Teile des Spektrums entsprechendes Ende der Linse näher liegt. Bei Benutzung einfacher Linsen kommt man so zu Neigungswinkeln bis zu 27° mit der Kameraachse, bei achromatisierten Linsen genügen oft wenige Grade Neigung. Eine weitgehende Ebenung des Spektrums erreicht man durch Abblendung der Kameralinse oder durch zweckmäßige Konstruktion derselben (z. B. Herstellung aus zwei weit voneinander getrennten Einzellinsen). Eine solche Linse arbeitet jedoch immer nur mit einem bestimmten Apparat, z. B. einem bestimmten Prisma, befriedigend. Ein anderes Hilfsmittel besteht darin, daß man die photographischen Platten so krümmt, daß sie sich der Bildfläche anschmiegen. Bei größeren Brennweiten, z. B. bei größeren ROWLANDschen Gittern, genügen bereits mäßige Krümmungen, die jede Glasplatte aushält. Bei stärkeren Krümmungen benutzt man Films, die auf empirisch richtig gekrümmte Unterlagen aufgepreßt werden.

Ein weiterer Bildfehler der Spektralapparate besteht in dem Astigmatismus der Bilder, der bewirkt, daß horizontale Linien (z. B. die Staublinien oder die Begrenzungslinien der Spektra) nicht gleichzeitig mit den Spektrallinien scharf abgebildet werden. Das Bild eines Spaltpunktes wird dann im Spektrum zu einer mehr oder minder langen Linie auseinander gezogen, deren Richtung nicht von der Spaltrichtung, sondern nur von der Stellung des Prismas oder Gitters abhängt. Sind also z. B. die Gitterstriche und der Spalt nicht parallel, so bewirkt der Astigmatismus zugleich eine Unschärfe der Spektrallinien. Weiter mischen sich in einem bestimmten Punkte des Spektrums die von verschiedenen Punkten des Spaltes herkommenden Strahlen, so daß es mit astigmatischen Apparaten nicht möglich ist, die Verteilung der Emission oder Absorption in einer Lichtquelle zu untersuchen. Der Betrag des Astigmatismus hängt übrigens von der Stelle des untersuchten Spektrums ab. Konkavgitter besitzen stets, wenn nach Rowland benutzt, einen Astigmatismus, der der Länge der Gitterstriche und dem Quadrate der Ordnungszahl proportional ist. Bei Prismenapparaten findet stets eine astigmatische Abbildung statt, wenn die Strahlen nicht das Prisma parallel durchsetzen, also den Kollimator nicht parallel verlassen oder nicht mit schwacher Konvergenz oder Divergenz im Minimum der Ablenkung durch das Prisma gehen. Aus diesem Grunde ist zur Herstellung guter Prismenspektra die Benutzung eines richtig justierten und möglichst sorgfältig achromatisierten Kollimators erforderlich, das Minimum der Ablenkung stets wünschenswert.[1]

Ein weiterer Fehler der Abbildung besteht darin, daß die Spektrallinien nicht gerade, sondern je nach der Wellenlänge des Lichtes und der Justierung des Apparates mehr oder weniger stark gekrümmt sind. Bei Prismenapparaten richten die Linien ihre konkave Seite nach dem violetten Ende des Spektrums, falls man reelle Bilder untersucht. Der Grund liegt in den Regeln für den Strahlengang außerhalb des Hauptschnittes des Prismas. Für Gitter gilt die umgekehrte Regel. Außerdem ist der Fokus für die Mitte der Linien im Spektrum nicht genau derselbe wie für den oberen und unteren Rand. Die Krümmung der Linien nimmt mit abnehmender Brennweite von Kollimator und Fernrohr und mit der Spaltlänge zu. Da bei stigmatischen Spektren die Helligkeit von der Spaltlänge unabhängig ist, so empfiehlt es sich, den Spalt zu verkürzen. Bei astigmatischen Bildern hängt die Helligkeit des Spektrums jedoch von der Länge des beleuchteten Spaltstückes ab; da die Bilder der einzelnen Punkte sich teilweise überdecken, nimmt also mit Verlängerung des Spaltes bis zu einer bestimmten Grenze zu.

Bei der Abbildung von Spektren hat man es mit Strahlen zu tun, die in der Regel sehr erhebliche Winkel mit den Linsenachsen bilden. Aus diesem Grunde spielen die sphärischen und chromatischen Abweichungen der Linsen eine bedeutende Rolle. Unter Umständen ist ihr Einfluß so groß, daß nur ein kurzes Stück des Spektrums in unmittelbarer Nähe der Achse in brauchbarer Weise abgebildet wird. Dies schadet nicht viel bei okularer Beobachtung, da man es hier so einrichten kann, daß das Fernrohr oder das Prisma beweglich sind und man immer nur relativ kleine Teile des Spektrums beobachtet, die von Strahlen herrühren, die

[1] Dies ist nur ein Grund für die Benutzung der Stellung minimaler Ablenkung.

im Minimum der Ablenkung durch das Prisma und in der Nähe der Achse durch die Linsen gegangen sind. Um so größer ist der Einfluß der gedachten Fehler bei der gleichzeitigen Untersuchung des ganzen Spektrums z. B. auf photographischem Wege. Die gleichzeitige Abbildung eines vollständigen Spektrums auf einer ebenen photographischen Platte ist überhaupt nur unter ganz bestimmten Bedingungen und unter Preisgabe gewisser Anforderungen möglich. Man vergleiche weiter unten über die Spektralapparate.

Weiter sei eines Abbildungsfehlers gedacht, der seine Ursache in Mängeln des Spaltes hat. Ist dieser nicht sehr sorgfältig geschliffen und ebenso sorgfältig gereinigt, so bewirken kleine Unebenheiten oder Staubteilchen, die sich in ihm befinden, daß bei Verengerung des Spaltes unterhalb einer gewissen Grenze Streifen geringerer Helligkeit, die sogenannten Staublinien sichtbar werden, die das Spektrum seiner Längsrichtung nach durchziehen. Je mehr sich das Spektrum einer stigmatischen Abbildung nähert, um so schärfer erscheinen diese Linien. Bei astigmatischen Apparaten werden sie verwischt, auf Kosten der Helligkeit der Linien. Unvollkommenheiten der optischen Flächen und dispergierenden Teile der Spektralapparate haben besondere Bildfehler der Spektra zur Folge, von denen nur einige genannt seien. Infolge periodischer Fehler in der Teilung der Gitter erhält man falsche Linien, die sogenannten Geister, die in mehr oder minder großer Zahl die eigentlichen Linien begleiten. Sie sind daran kenntlich, daß die „Geister“ stets den gleichen Abstand von den Linien haben. Da die Prismenflächen niemals vollkommen eben, vielmehr in der Nähe der Prismenkanten in der Regel stärker gegeneinander geneigt sind, als in der Prismenmitte, so fallen die von den verschiedenen Teilen eines Prismas gelieferten Bildbeiträge nicht an dieselbe Stelle. Man gewinnt daher unter Umständen an Schärfe, indem man bestimmte Teile der Prismen, z. B. die Kantenpartie, abblendet. Dies ist durch Versuch festzustellen. Auf der anderen Seite nimmt die Absorption innerhalb der Prismen mit der Entfernung von der Kante zu. Infolgedessen sind die abbildenden Lichtbüschel intensiver auf der Seite nach der Prismenkante hin. Daraus folgt eine Unsymmetrie der Spektrallinien, die bei stark absorbierenden und mit Schleiffehlern behafteten Prismen sehr bedeutend sein kann. Benutzt man Prismen aus kristallinischen Körpern, so spielt deren Orientierung zu den optischen Achsen eine bedeutende Rolle. Infolge der Doppelbrechung und der unter Umständen beträchtlichen Zirkularpolarisation erhält man Doppellinien oder unscharfe Bilder. Es wird noch davon die Rede sein, wie man diese Fehler vermeiden kann.

Eine Reihe der angeführten Fehlerquellen wird durch die Benutzung von deformierten Spiegeln (z. B. parabolischen Spiegeln) vermieden. Im Bereiche längster Wellen sind sogar Spiegel allein brauchbar. Freilich muß man dafür andere Nachteile in den Kauf nehmen, insbesondere das kleine Gesichtsfeld der Spiegel und die unbequeme Montierung, die oft die Benutzung ganz ausschließt.

b) Die Herstellung der Spektralbilder.

Allgemeines. Man kann zwei Typen von Spektralapparaten unterscheiden: Prismenapparate und Interferenzapparate. Zu den letzteren gehören die Gitter und die Interferenzapparate im engeren Sinne, wie Stufengitter, Interferometer nach Michelson, Interferometer nach Perot und Fabry, planparallele Platten nach Lummer und Gehrcke. Von den Interferenzapparaten sollen nur die Gitter eingehender berücksichtigt werden, da die anderen Interferenzapparate weniger für die Zwecke der anorganischen Chemie, als für spezielle spektroskopische Untersuchungen benutzt werden. Es muß dafür auf die Lehrbücher der Spektroskopie verwiesen werden. Dienen die dispergierenden Apparate zu okularer Beobachtung, ohne höheren Ansprüchen in bezug auf Messungen zu genügen, so nennt man sie schlechtweg Spektralapparate. Sind sie mit Teilkreisen zu genauen Winkelmessungen versehen, so nennt man sie Spektrometer, dienen sie zu photographischer oder sonstiger Registrierung der Spektra, so nennt man sie Spektrographen, sind die Spektralapparate mit Vorrichtungen zur Photometrie der Spektra versehen, so heißen sie Spektralphotometer. Es ist natürlich hiermit keine strenge Scheidung gegeben, sondern nur eine praktische, dasselbe Instrument kann in jeder Weise benutzt werden; es eignet sich jedoch in der Regel für einen bestimmten Zweck eine bestimmte Bauart am besten. Im folgenden soll nur von Instrumenten die Rede sein, die für Zwecke der praktischen Chemie von Bedeutung sind. Vollständigkeit wird hier nicht angestrebt. Auch folgt die Einteilung lediglich praktischen Gesichtspunkten.

1. Gemeinsame Bestandteile aller Spektralapparate.[1] Ort der Lichtquelle, Kondensor. Um ein Spektrum herzustellen, muß man in der Regel das Licht der untersuchten Lichtquelle auf den Spalt eines Spektralapparates projizieren. Ist die Lichtquelle ausgedehnt und kann man nahe genug mit ihr an den Spalt herangehen, so kann man sie unmittelbar vor den Spalt stellen. Man hat dann den Vorteil, daß keine absorbierenden Medien zwischen Lichtquelle und Spalt sind, und daß man unter Umständen keine sorgfältige Aufstellung der Lichtquelle vorzunehmen braucht. Nachteile sind: Man muß den Spalt vor etwa verspritzenden Salzen oder der Wärmewirkung der Lichtquelle schützen und ferner, es mischen sich die von verschiedenen Teilen der Lichtquelle herkommenden Strahlen. Ist die Lichtquelle sehr klein, etwa ein elektrischer Funke,

[1] Technische Details der Spektralapparate werden im folgenden nicht angegeben, da sie von den Fabrikanten der Instrumente sehr verschiedenartig ausgeführt werden und es für die praktische Brauchbarkeit meist mehr auf die Güte der Herstellung und die Solidität, als auf die spezielle Konstruktionsform ankommt. Aus diesem Grunde würde es auch ein unrichtiges Bild liefern, wollte man die Konstruktionen einer Firma bevorzugen. Spektralapparate ausgezeichneter Konstruktion und Ausführung werden u. a. geliefert von den Werkstätten: Fuess, Steglitz-Berlin, Hans Heele, Berlin, J. Brashear, Pittsburg, Alleghany. H. Krüss, Hamburg, A. Hilger, London, Steinheil, München, Töpfer, Potsdam, Schmidt & Hänsch, Berlin. Jobin, Paris, Wolz, Bonn, Zeiss, Jena, B. Halle (Prismen), Berlin.

oder die Capillare einer Geißlerröhre oder ein Glühlampenfaden, so darf man sie nicht unmittelbar vor den Spalt setzen, weil sonst nur ein Stück der Kollimatorlinse beleuchtet, die Helligkeit des Apparates nicht ausgenutzt wird. In diesen Fällen muß man also ein reelles Bild der Lichtquelle in der Spaltebene entwerfen. Man wählt Brennweite und Durchmesser der Linse so, daß die Öffnung der abbildenden Linse ein wenig größer ist, als die Winkelöffnung des Kollimators vom Spalte aus gesehen. Die Projektionslinse wird bei der beschriebenen Art des Gebrauches auch Kondensor genannt, obwohl der Name irreführend ist; denn man kann durch keine Linsenkombination eine Helligkeit erzielen, die größer ist als diejenige, die man erhält, wenn man die Lichtquelle so nahe vor den Spalt bringt, daß sie die Winkelöffnung des Kollimators ganz ausfüllt. Eben dies erreicht man jedoch durch eine passend angebrachte Linse. Um die Lichtquelle richtig aufzustellen, öffnet man den Spalt sehr weit, blendet ihn bis auf ein mittleres kurzes Stück ab und reguliert die Stellung der Lichtquelle so, daß der durch die Mitte des Spaltes gehende Strahl die Mitte des Kollimatorrohres (oder des Gitters) trifft. Erst nachdem dies geschehen ist, setzt man die Linse vor. Als solche kann man, falls man kleinere Spektralstücke untersucht, einfache Glas- oder Quarzlinsen verwenden. Besser sind achromatisierte Linsen. Im Ultrarot muß man Spiegel benutzen, im Ultraviolett wegen der schnellen Änderung der Brennweite der Linsen mit der Wellenlänge Quarz-Flußpat- oder Quarz-Steinsalz-Achromate. — Will man nicht die Emission der verschiedenen Teile einer Lichtquelle trennen, so ist auch der Gebrauch eines „Kondensators" empfehlenswert, der aus zwei mit ihren Achsen senkrecht zueinander gestellten Zylinderlinsen in regulierbarem Abstande besteht. Wenn vielfach angegeben worden ist, daß man ohne Kondensatoren schärfere Spektra erhalte, so liegt das an Fehlern der Spektralapparate oder ihrer Justierung. Stellt man nämlich eine wenig ausgedehnte Lichtquelle in einiger Entfernung vom Spalte auf, so werden die Linsen nur teilweise belichtet. Dies wirkt wie eine Verkleinerung der wirksamen Linsenöffnungen, durch die die optischen Fehler der Apparate und Justierung zwar verringert werden, jedoch auf Kosten der Helligkeit.

Spalt. Weiter ist allen Spektralapparaten ein Spalt gemeinsam. Derselbe wird im Handel in sehr verschiedenartigen Konstruktionen geliefert. Wert ist darauf zu legen, daß die Spaltbacken aus einem harten gut schleifbaren Material gefertigt werden, das gegen chemische Einflüsse nicht sehr empfindlich ist. Aus diesem Grunde sind Spaltbacken aus Iridium die besten, auch werden besondere Legierungen benutzt (Hilger), die sehr gut wirken. Aus Stahl lassen sich ausgezeichnete Spalte herstellen. Doch ist ihre Haltbarkeit gering. Spalte aus Quarz haben sich in der Praxis wenig bewährt. Ein gut konstruierter Spalt muß bei jeder Öffnung parallele Backen besitzen, im Innern gut geschwärzt und, wenn möglich, symmetrich sein. Die Einstellschraube muß durch Zug, nicht durch Druck wirken und gestatten, 0,01 mm mit Sicherheit abzulesen. Zweckmäßig ist es, wenn der Spalt in seiner Ebene drehbar angeordnet ist, ferner, wenn die Ebene des Spaltes am Spaltkopf weiß mattiert ist, um das Bild lichtschwacher Objekte leichter auffinden zu können. Eine Schutzkappe für den Spalt ist für das Laboratorium zu empfehlen, schon zur Abhaltung des Staubes. Im allgemeinen genügt eine Spaltlänge von etwa 1—1,5 cm. Endlich muß der Spalt, der gewöhnlich an einem Rohrstutzen befestigt ist, sorgfältig zentriert und durch Zahn und Trieb in der Richtung der Kollimatorachse verstellbar sein, wenn die Kollimatorlinse fest ist. Benutzt man Gitter, so ist es zweckmäßig, wenn der Spalt sich auf einem verstellbaren Fuße befindet, der gestattet, ihn etwa 10 cm in Richtung der Rohrachse und ebenfalls einige Zentimeter in vertikaler Richtung meßbar zu verschieben. Auch muß man den Spalt genau in die Richtung des Lotes bringen können. Zweckmäßig, allein meist nicht vorgesehen, ist eine Einrichtung, die es ermöglicht, das ganze Spaltrohr, das zu einem Gitterspalt gehört, um die durch den Spalt gehende Vertikale zu drehen. Fig. 352 gibt die Ansicht eines Spektrographenspaltes mit heruntergeklappter HARTMANNscher Spaltblende.

Fig. 352. Spektrographenspalt mit HARTMANNscher Spaltblende.

An Zubehörteilen zu einem Spalt seien genannt die Blenden und das Vergleichsprisma. Die Spaltblenden werden sowohl bei Prismen wie bei Gitterapparaten benutzt, bei ersteren, um die Breite des Spektrums zu regulieren und verschiedene Spektra nebeneinander photographieren zu können. Bei den Gittern dienen die Blenden den gleichen Zwecken, wenn die Gitter stigmatische Bilder liefern. Ist dies nicht der Fall, so benutzt man die Blenden bei der Justierung. Eine einfache, aber brauchbare Blendenvorrichtung besteht aus Schiebern mit einem keilförmigen Ansatz oder einem keilförmigen Ausschnitt, die mittelst einer Schwalbenschwanzführung vor dem Spalt gehalten werden und senkrecht zu diesem verschoben werden können. Mittelst des ersten Schiebers kann man ein beliebig breites Stück aus der Mitte des Spaltes abblenden, mittelst des zweiten Schiebers ein ebensolches Stück frei lassen. Beide Blenden können aus einem längeren Blech ausgeschnitten werden. Durch eine Skala wird die Einstellung erleichtert. Besser noch ist eine HARTMANNsche Spaltblende, die es ermöglicht, neben ein auszumessendes Spektrum auf beiden Seiten ein Vergleichsspektrum zu photographieren und zwar so, daß die schmalen seitlichen Spektra das mittlere Spektrum genau berühren. Will man das Anfassen des Spaltrohres bei der Verstellung des Spaltendes vermeiden so bringt man diese an einem besonderen Halter an und zwar so, daß sie herabgeklappt werden kann. Einzelheiten dieser Anordnungen findet man in den Katalogen der Lieferanten von Spektralapparaten.[1]

Ein Vergleichsprisma hat hauptsächlich für chemische, okulare Untersuchungen und photometrische Zwecke Bedeutung. Es gestattet, das Licht einer seitlich aufgestellten Lichtquelle gleichzeitig mit dem Licht der in der Achsenrichtung des Apparates aufgestellten Lichtquelle in den Apparat gelangen zu lassen. Man benutzt entweder ein rechtwinkliges, totalreflektierendes Prisma oder ein 60°-Prisma. Beim 90°-Prisma gehen die Strahlen von der Vergleichslichtquelle senkrecht zur Kollimatorachse und werden an der Hypothenusenfläche in die Achsenrichtung reflektiert. Beim 60°-Prisma läßt man die Strahlen durch die erste Fläche des 60°-Prismas senkrecht ein- und die dritte Fläche senkrecht austreten. An der zweiten Fläche erfolgt die totale Reflexion. In der Regel werden die Vergleichsprismen sehr klein genommen und an einem drehbaren Arm am Spaltkopf so befestigt, daß man sie vor den Spalt klappen kann. Besser ist es, wenn sich unterhalb des Spaltes ein kleiner am Spalt befestigter Tisch befindet, auf den man das Prisma mittelst eines geeigneten Fußes und Halters in beliebiger Stellung aufsetzen kann. Bei Benutzung eines Vergleichsprismas ist besonders auf volle Beleuchtung des Kollimators zu achten, da sonst leicht relative Verschiebungen zwischen den beiden zu vergleichenden Spektren auftreten.

2. Prismenapparate. Die Einteilung der Prismeninstrumente sei hier nach rein praktischen Gesichtspunkten vorgenommen. Wir unterscheiden: Handspektroskope, Projektionsanordnungen, Laboratoriumsspektroskope, Spektrographen und besondere Anordnungen zu speziellen Zwecken. In allen Fällen ist der wirksame Bestandteil der Apparate ein einzelnes Prisma oder eine Kombination von Prismen. Hierzu kommt ein abbildendes System, in der Regel mindestens eine Linse. Daher folgen zunächst Angaben über Prismen und Linsen im allgemeinen. Ein Spalt und ein Okular oder eine Kamera ergänzen die Prismen und Linsen zu einem Spektralapparat. Sind Linsen und Prismen in einem Stück vereinigt, so erhält man sogenannte Linsenprismen mit besonderen Eigenschaften. Spektrometer, d. h. Apparate mit Teilkreis, eignen sich weniger zum Laboratoriumsgebrauch und sind daher ziemlich außer Benutzung gekommen. Will man keine eigentliche Messung machen, aber doch unmittelbar angenäherte Wellenlängen bestimmen, so müssen innerhalb der benutzten Spektren Marken bzw. Skalen erzeugt werden, an denen man die beobachteten Linien und Banden identifizieren kann. Diesem Zwecke dienen Skalenrohre, d. h. optische Vorrichtungen, die eine willkürlich geteilte oder in Wellenlängen geeichte Skala in der Ebene des Spektralbildes abbilden, so daß dieses auf die Skala projiziert wird. Man vgl. weiter unten.

Welche Apparate sich zu bestimmten Zwecken am besten eignen, soll später noch erörtert werden. Hier sei nur noch bemerkt, daß man

[1] Siehe oben S. 530. Vgl. besonders die Konstruktionen von Töpfer & Sohn.

in neuerer Zeit von Universalinstrumenten zurückgekommen ist. Apparate mit mehreren beweglichen Prismen und den früher üblichen mehr oder minder komplizierten Anordnungen zur Erhaltung des Minimums der Ablenkung werden fast gar nicht mehr gebraucht. Für Handapparate oder okulare Beobachtung empfehlen sich die Instrumente mit fester Ablenkung oder Prismensätzen mit gerader Durchsicht, bei denen mindestens das Kollimatorrohr seine Stellung beibehält. Unter den Spektrographen hat sich der Einprismentypus am meisten eingebürgert. Man verwendet meistens ein Prisma von 60° und benutzt eine möglichst starre Konstruktion. Dies gilt namentlich für die photographische Untersuchung im Ultraviolett. Im Sichtbaren ist die Dispersion mit einem Prisma etwas gering. Genügt sie nicht, so muß man mehrere Prismen benutzen. Der bei den Astronomen vielfach in Gebrauch befindliche 3-Prismentypus hat sich im Laboratorium wenig eingebürgert, wohl wegen seines etwas zu speziellen Anwendungsgebiets. Statt dessen verwendet man häufiger Apparate mit Prismensätzen zur geraden Durchsicht. Durch die hohe Temperaturempfindlichkeit solcher Kombinationen ist man jedoch in der Ausführung von genauen Messungen behindert. Die Anordnungen mit in sich zurückkehrenden Strahlengang (Littrowtypus) erfordern große Mittel, leisten dann jedoch auch ausgezeichnete Dienste und verdienten, mehr benutzt zu werden, als es tatsächlich geschieht. Die Linsenprismen haben sich noch wenig in die Praxis eingebürgert.

3. Die Prismen. Als Material für die Prismen kommen in Frage: Glas, Steinsalz, Quarz, Flußspat. Die meisten Glassorten sind auch in dünnen Schichten unterhalb 3100 undurchsichtig, in dicken Schichten ist schon bei 4000 die Absorption merklich. Mit Uviolglasprismen kommt man weiter, etwa bis 2600. Kristallinischer Quarz ist bis etwa 1800 durchsichtig. Steinsalz ist ungefähr bis zu derselben Grenze, außerdem im Ultrarot brauchbar. Da geschliffene und polierte Steinsalzflächen sehr schnell an der Luft verderben, so muß man Steinsalzprismen schützen. Dies geschieht am einfachsten, indem man dünne planparallele Quarzplatten mittelst Glycerin auf die Prismenflächen aufkittet. Auch lassen sich Steinsalzprismen mit Quarzprismen zu Prismensätzen mit gerader Durchsicht kombinieren; man nimmt dann die Quarzprismen nach außen. Weißer Flußspat (die verschiedenen Varietäten verhalten sich verschieden) ist bis 1000 durchlässig und auch im Ultrarot sehr wohl brauchbar, besitzt aber im sichtbaren Spektrum etwas geringe Dispersion und kommt seiner großen Seltenheit wegen hauptsächlich für Spezialuntersuchungen in Frage. In der Regel benutzt man Glas oder Quarz.

Die normale Form ist das gleichschenklige 60°-Prisma. Verwendet man Quarz, so muß Rücksicht auf die Doppelbrechung genommen werden. Dies geschieht in der Konstruktion nach Cornu (Fig. 353), indem man ein 60°-Prisma aus je einem rechts- und linksdrehenden Prisma von 30° so zusammensetzt, daß die optische Achse auf der Winkelhalbierenden senkrecht steht. Die beiden Hälften werden durch eine capillare Schicht von Glycerin verbunden oder auch, wenn gut geschliffen, einfach aufeinander gepreßt und dann durch den Luftdruck zusammengehalten. Man kann statt dessen auch die beiden Hälften mit dem gleichen Erfolge getrennt verwenden.

Dies kann z. B. nach Art der Young-Thollonschen Prismenpaare geschehen, deren Anordnung Fig. 354 schematisch andeutet. Je ein

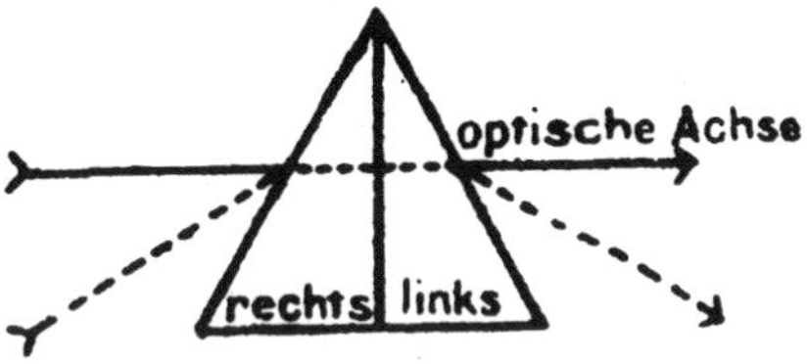

Fig. 353. Quarzprisma nach Cornu.

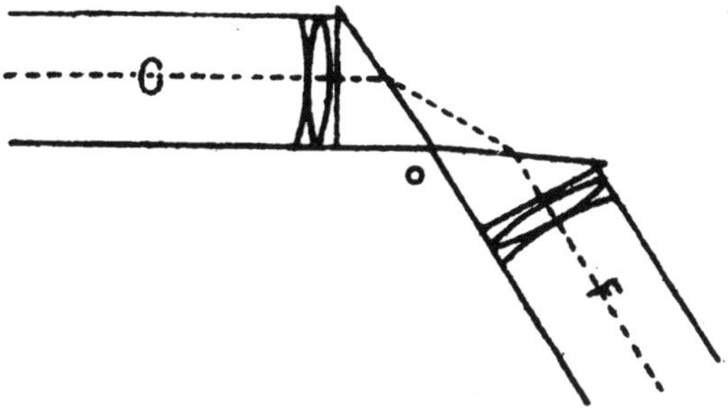

Fig. 354.

45°-Prisma ist fest mit dem Kollimator und dem Fernrohre verbunden. Bei O, in der gemeinsamen Kante der beiden Prismen, ist die Drehungsachse. *C* ist der Kollimator, *F* das Fernrohr. Man sieht aus Symmetriegründen unmittelbar, daß der Achsenstrahl bei jeder Stellung der Prismen im Minimum der Ablenkung durchgeht. Die Anordnung hat noch andere Vorteile, z. B. denjenigen der größeren Lichtstärke.

Durch Kombinationen von mehreren Prismen oder von dispergierenden mit reflektierenden Prismen kann man es erreichen, entweder, daß die Ablenkung für einen bestimmten Strahl verschwindet (Prismen für gerade Durchsicht, Amiciprismen), oder daß der im Minimum der Ablenkung befindliche eintretende Strahl stets den gleichen Winkel mit dem austretenden Strahl bildet (festarmige Prismen). Endlich kann man die Geradsichtigkeit dadurch erzielen, daß man die Strahlen auf dem eigenen Wege zurückkehren läßt (Autokollimationsprinzip, Anordnung von Littrow). Dies letztere Verfahren ist namentlich von Abbe und von den Astronomen viel benutzt worden. Aus den zahlreichen Anordnungen seien einige bewährte als Beispiel herausgegriffen.

Fig. 355 zeigt einen dreiteiligen Prismensatz nach Amici für gerade Durchsicht. Das mittlere Prisma besteht aus Flintglas, die beiden äußeren sind aus Crownglas. Die Ablenkung ist für einen mittleren Strahl, den man innerhalb gewisser Grenzen beliebig wählen kann, gleich Null. Durch

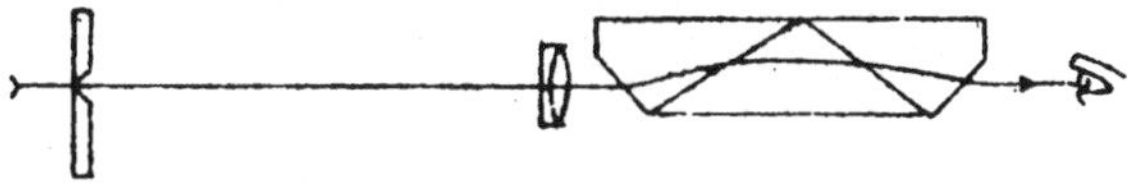

Fig. 355. Dreiteiliges Prisma nach Amici für gerade Durchsicht.

Anwendung von 5 Prismen erhält man größere Dispersion. Statt des Flintglases kann man für Untersuchungen im Ultraviolett auch Steinsalz, statt des Crownglases Quarz benutzen. Auch kann man Flüssigkeitsprismen nach dieser Art konstruieren, indem man den Raum des

Flintglases mit der Flüssigkeit ausfüllt. Es ist möglich und vorteilhaft, dabei gerade Endflächen zu benutzen. Fig. 356 gibt den Durchschnitt eines solchen Prismas nach Leiss. Es wird mit zimtsaurem Äthyl gefüllt.

Vom den überaus zahlreichen Kombinationen, die die Dispersionsprismen mit Reflexionsflächen kombinieren, sei nur eine zuerst von Abbe angegebene, dann vielfach benutzte Konstruktion angeführt, die in Fig. 357

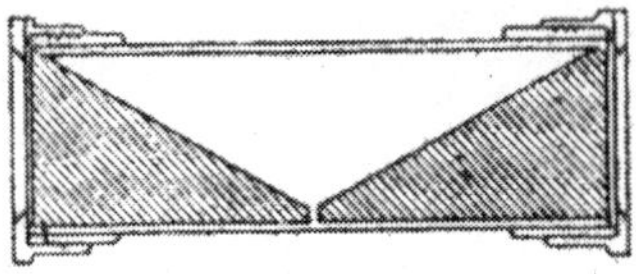

Fig. 356. Flüssigkeitsprisma nach Leiss-Fuess.

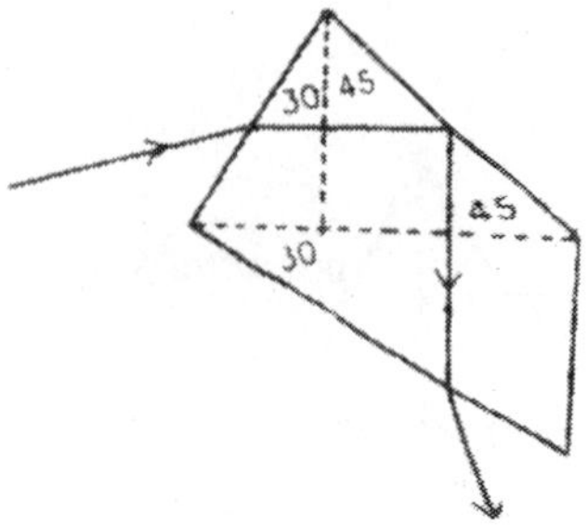

Fig. 357. Prisma mit fester Ablenkung nach Abbe.

skizziert ist. Man sieht ohne weiteres, daß man das Prisma aus zwei Prismen von 45° und einem 90°-Prisma entstanden annehmen kann, desgleichen, daß der eintretende und austretende Strahl stets einen Winkel von 90° miteinander bilden, vorausgesetzt, daß der Strahl im Minimum der Ablenkung durchgeht. Es genügt also, Fernrohr und Kollimatorrohr in einem Winkel von 90° zueinander aufzustellen und immer nur das Prisma zu drehen. Vier Flächen des Prismas müssen geschliffen sein. Diese Art von Prismen hat sich vielfach bewährt. Man vgl. auch die Linsenprismen.

Für den Strahlengang in Prismen sei auf die angegebenen Lehrbücher der Spektroskopie verwiesen. Es sei erwähnt, daß nur bei Benutzung paralleler Strahlen vollkommene Bilder mit Prismen erhalten werden. Benutzt man konvergentes oder divergentes Licht, so erhält man nach dem Durchgang durch das Prisma astigmatische Strahlenbündel, falls deren Winkelöffnung sehr klein war, und verwickelte Diakaustiken, falls die Winkelöffnung beträchtlich war. Nur im Minimum der Ablenkung verschwindet bei kleinen Winkelöffnungen der Bündel der Astigmatismus. Der Strahlengang minimaler Ablenkung ist aus diesen und anderen Gründen der günstigste. Man vgl. auch weiter oben S. 527 über Bildfehler in Spektren.

Theoretisch hängt bei gegebener Glassorte und unter gewissen Normalbedingungen die Leistungsfähigkeit eines Prismas nur von der Basisdicke ab. Durch die Anforderungen an die Helligkeit der Bilder, die Absorption im Glase und die mit der Größe der Prismen rasch wachsenden Schwierigkeiten in der Beschaffung von Linsen und Prismen wird jedoch die Bedeutung dieser Regel stark eingeschränkt. Die Erörterung der praktisch bewährten Konstruktionsprinzipien muß den Hand- und Lehrbüchern der Spektroskopie überlassen bleiben.

Linsen. Die Linsen im Kollimator und im Fernrohr haben ganz verschiedene Funktion, müssen daher auch verschiedenen Anforderungen genügen. Die Kollimatorlinse hat die von einem kurzen Spalt kommenden Strahlen parallel zu machen. Es ist daher zu verlangen, daß sie für Achsenpunkte möglichst vollkommen sphärisch und chromatisch korrigiert sei. Eine Linse gleicher Art ist als Fernrohrlinse brauchbar, wenn man okulare Beobachtungen macht, bei denen man das Spektrum durch das Gesichtsfeld wandern läßt und immer nur ein verhältnismäßig kurzes Stück ins Auge faßt.

Will man dagegen das Spektrum auf einmal untersuchen, z. B. das ganze Spektrum photographieren, so muß die Kameralinse durchaus andere Bedingungen erfüllen. Da diese von der Natur und Form der benutzten Prismen und von der Wahl des im Minimum der Ablenkung durchgehenden und nach der Mitte der photographischen Platte gerichteten Strahles abhängen, so gibt es keinen Linsentypus, der für alle Prismenapparate in gleicher Weise brauchbar ist. Vielmehr hat sich gezeigt, daß z. B. Linsen, die mit 3 Prismen gute Resultate liefern, bei Benutzung eines Prismas versagen. Auch muß hervorgehoben werden, daß die Aufgabe der Konstruktion einer brauchbaren Kameralinse für einen Prismenapparat nur dann bestimmt ist, wenn über den Kollimator ganz bestimmte Voraussetzungen getroffen sind, z. B. angenommen werden kann, daß er alle Strahlen parallel macht, demnach vollständig achromatisiert ist. Dies ist jedoch praktisch nicht vollkommen zu erreichen. Daher ist auch die Konstruktion einer Kameralinse streng genommen nur von Fall zu Fall möglich. Im allgemeinen soll die Kameralinse auf Bildfeldebenung berechnet, sphärisch und in bezug auf Zonenfehler möglichst vollkommen korrigiert sein und der Sinusbedingung genügen. Dagegen ist eine chromatische Korrektion überflüssig, da man die photographische Platte gegen die Achse der Kamera neigen kann. Nur wenn man aus irgendwelchen Gründen Wert darauf legt, daß das Spektralbild senkrecht zur Achse der Kamera steht, muß die Kameralinse achromatisiert sein. Im allgemeinen ist es dann aber nicht mehr möglich, sie für mehr als kurze Stücke des Spektrums brauchbar herzustellen.

Als Spektrographenlinsen werden zunächst vielfach plankonvexe einfache Linsen benutzt, und zwar so, daß die konvexe Seite der Linsen jedesmal dem Prisma zugekehrt ist. In diesem Falle ist natürlich das Kollimatorrohr nicht für alle Strahlen fokussiert; über die Beschaffenheit der Bilder vergleiche man weiter unten. Leistungsfähiger in bezug auf die Güte der Abbildung (Vermeidung sphärischer Aberration usw.), nicht jedoch die Bildebenung, sind einfache Linsen, die empirisch aus sphärischen Linsen durch zonenweises Retuschieren hergestellt werden. Noch mehr leisten Kombinationen von Linsen. Bei den Apparaten mit Rückkehr der Strahlen in sich selbst verwendet man astronomische Objektive, bei den Instrumenten mit Kollimator sind drei verschiedene Methoden in Gebrauch. Entweder achromatisiert man den Kollimator und das Fernrohr durch den Gebrauch von Quarz-Flußspat oder Quarz-Uviolglasobjektiven; dasjenige der Kamera ist dann von einem ähnlichen Typus wie die photographischen Objektive. Oder man benutzt einen vollständig achromatisierten Kollimator (Spiegelanordnung, Flußspat, Quarzobjektiv) und in der Kamera eine nicht achromatisierte Linse, Chromat), oder endlich man verwendet in beiden Teilen dieselben Linsen, die nicht achromatisiert sind. Dann wird vielfach je eine Kombination einer positiven und einer negativen Linse aus demselben Material in einem bestimmten Abstande oder eine Kombination von zwei positiven Linsen aus demselben Material benutzt. In der Regel geht man dann von plankonvexen sphärischen Linsen aus, die eventuell retuschiert werden. Auf allen diesen Wegen läßt sich je nach den Ansprüchen an Schärfe der Linien, Helligkeit, Winkelöffnung, Brennweite und Ausdehnung des Spektrums Befriedigendes erreichen. Man vgl. den nächsten Abschnitt.

Über den Einfluß der Brennweite der Linsen auf die Helligkeit der Spektra vgl. man oben S. 526. — Mit abnehmender Brennweite bei gleichbleibender linearer Öffnung wächst die Schwierigkeit der Konstruktion von Linsen. Das Verhältnis 1 : 3 von Linsenöffnung zur Brennweite stellt etwa die äußerste Grenze dar, die sich praktisch erreichen läßt. Im allgemeinen werden die erhaltenen Spektren dann aber sehr klein, so daß sich solche Linsen, falls man nicht ganz ungewöhnliche Mittel aufwenden kann, nur zur Beobachtung besonders lichtschwacher Objekte eignen, bei denen es nicht so sehr auf die Erkennung und Messung von Einzelheiten ankommt. Für die meisten photographischen Zwecke wird man kaum unter eine Brennweite von 40—50 cm der Kameralinse hinuntergehen. Da der Durchmesser der Linsen im allgemeinen 5 cm nicht überschreitet, so folgt für die relative Öffnung etwa der Wert 1 : 10 bis 1 : 12 als Regel. Bei okularer Beobachtung pflegen diese Werte in der Regel nicht einmal erreicht zu werden.

Schon in älterer Zeit im Prinzip ausgesprochen, indes erst in neuerer Zeit mit Erfolg realisiert ist eine Konstruktion, die die abbildenden und dispergierenden Teile, also das Prisma mit den Linsen in einem Stück vereinigt Fig. 358 deutet ein derartiges Prisma nach Féry an, das erhalten wird indem man statt der beiden Prismenebenen zwei Kugelflächen von passend gewähltem Radius und Neigung benutzt. Die zweite Fläche des Prismas *P* ist mit Silber oder Palladium bedeckt und als Spiegel ausgebildet. Das Licht wird an ihr reflektiert, kehrt in sich selbst zurück. Linsen sind überflüssig, die Strahlen fallen vom Spalt *S* auf das Prisma *P* und werden von diesem in einem reellen Spektrum vereinigt, das auf einem Kreise *K* liegt und, ähnlich wie die Gitterspektren, stark astigmatisch ist. Das Prisma ist im Innern eines lichtdichten Kastens aufgestellt, der auf schwerer Metallunterlage montiert ist. Bei *K* befindet sich die gebogene Kamera. Man benutzt Films zur Aufnahme. In mancher Hinsicht noch vorteilhafter ist das Prisma von Caillier, das von der in Fig. 357 angedeuteten Prismenform ausgeht und wie diese ein festarmiges Spektroskop ergibt. Fig. 359 deutet die Prismenform an und ist ohne weiteres verständlich. *D*, *E*, *C* entspricht dem rechtwinkligen Prisma in Fig. 357, *A*,

B, C und A, E, D den Prismen von 30°. Das Licht geht vom Spalte S über R, T, U zum Spektrum Sp. Auch hier sind die Spektra astigmatisch, sie liegen jedoch auf weniger gekrümmten Flächen, so daß man mit ebenen Platten auskommt. Weitere Vorteile sind die totale Reflexion, der größere Abstand von Spalt und Bild und die freiere Verfügung über die drei benutzten Flächen.

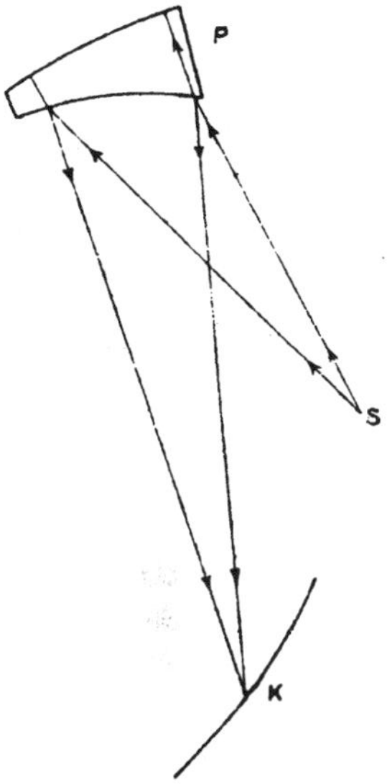

Fig. 358. Linsenprisma nach FÉRY.

Ein gemeinsamer Vorteil der Linsenprismen liegt in der Benutzung nur eines optisch wirksamen Teiles. Dies ist namentlich bei Verwendung seltener Mineralien (z. B. Flußspat) von Nutzen.

Bei Linsenprismen kann man nur verhältnismäßig geringe relative Öffnungen erreichen. Hierin ist es zum Teil mit begründet, daß sie sich noch nicht recht in der Praxis eingebürgert haben.

Handspektroskope mit Prismen. Die gebräuchlichste und wohl auch zweckmäßigste Anordnung geht von einem Prismensatz mit gerader Durchsicht aus. Derselbe ist in einem Rohre montiert, das in einem zweiten Rohre verschiebbar ist. Dieses trägt einen kleinen Spalt. Man kann ohne Linse oder nur mit einer Linse auskommen. Vgl. Fig. 355. Untersucht man weit entfernte, oder sehr kleine Lichtquellen, so kann man auch den Spalt entbehren. Damit das Spektrum dann nicht zu schmal wird, schaltet man unmittelbar vor das Auge noch eine Zylinderlinse (Fernspektroskop). Diese Art von Handspektroskopen hat den Vorteil, daß man sie wie ein Fernrohr unmittelbar auf den untersuchten Gegenstand oder die untersuchte Lichtquelle richtet. Aus diesem Grunde hat man auch größere Instrumente für den gleichen Zweck gebaut, bei denen man größere Prismensätze für gerade Durchsicht benutzt (HOFMANNsches Spektroskop).

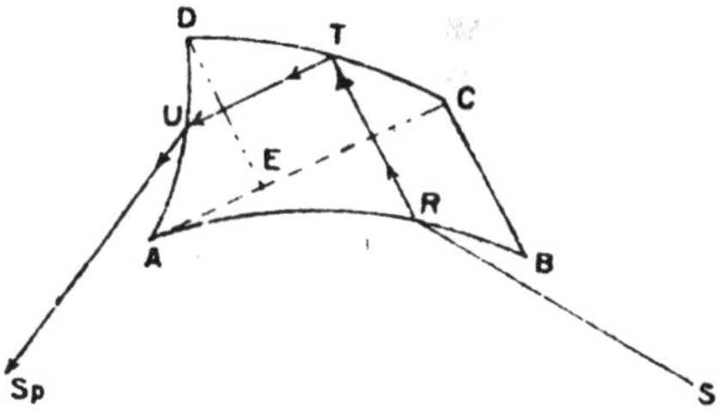

Fig. 359. Linsenprisma nach CAILLIER.

Man verwendet dabei je ein kleines Kollimator- und Fernrohr, zwischen denen sich der Prismensatz befindet. Da man bei stärkerer Vergrößerung nicht mehr das ganze Spektrum auf einmal übersehen kann, so wird das Fernrohr beweglich gemacht und innerhalb eines mäßigen Winkels gedreht, so daß man die verschiedenen Teile des Spektrums nacheinander in die Mitte des Gesichtsfeldes bringen kann. Auch an den Handapparaten kann man zur Beobachtung eines Vergleichsspektrums ein Vergleichsprisma anbringen. Bequemer sind Anordnungen bei denen man die Vergleichslichtquelle neben der zu untersuchenden aufstellt und durch Reflexionsprismen das Licht schließlich in derselben

Richtung vereinigt. In ähnlicher Weise kann man eine Vergleichsskala in das Gesichtsfeld des Handspektroskops projizieren; man verwendet dazu die vordere, geneigte Fläche des Prismensatzes: ihr gegenüber wird ein kurzes Rohr mit Linse, photographierter Skala und Beleuchtungsspiegel angebracht. Alle genannten Vorrichtungen sind in verschiedenen Ausführungsformen im Handel. Die Justierung der einfachsten Instrumente beschränkt sich darauf, daß man den okularen Teil bei engem Spalt so weit auszieht, bis man z. B. die stärksten FRAUNHOFERschen Linien des Sonnenspektrums deutlich wahrnimmt. Die Bilder sind mehr oder minder astigmatisch, d.h. man sieht die obere und untere Grenze des Spektrums bzw. etwaige Staublinien nicht gleichzeitig scharf mit den Spektrallinien.

Projektionsanordnung. Zur Projektion von Spektren ist ebenfalls ein Prismensatz für gerade Durchsicht am bequemsten. Bogenspektra oder intensive Funken sind zur Projektion am geeignetsten. Man stellt den Spalt dicht hinter einen möglichst kurzbrennweitigen Kondensor, dann folgt die Projektionslinse, die sich an der Stelle befinden muß, wo das reelle Bild der Lichtquelle vom Kondensor entworfen wird, Weiter folgt der Prismensatz für gerade Durchsicht oder ein Prisma und der Schirm. Für größere Dispersion sind Flüssigkeitsprismen besonders brauchbar, für die Projektion ultravioletter Spektra ein Prismensatz aus Quarz und Steinsalz.

Laboratoriumsspektroskope für okulare Beobachtung. Neben den bereits erwähnten Apparaten mit einem Prismensatz für gerade Durchsicht nach HOFMANN sind Instrumente mit einem einfachen 60°-Prisma am zweckmäßigsten. Man stellt entweder Prisma, Kollimator und Fernrohr fest auf. Dies liefert den Typus des allgemein benutzten BUNSENschen Apparates. Bei einem zweiten, weniger gebräuchlichen Verfahren macht man das Fernrohr beweglich und zugleich das Prisma, das dann durch eine besondere Vorrichtung im Minimum der Ablenkung

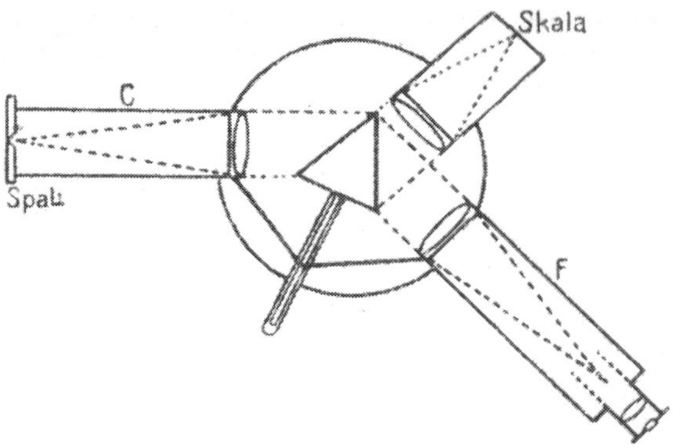

Fig. 360. Spektroskop mit beweglichem Fernrohr.

erhalten wird. Fig. 360 gibt das Schema dieser Anordnung, *C* ist das Kollimatorrohr, *F* das Fernrohr, auch das Rohr mit der Vergleichsskala sowie eine einfache Anordnung zur Erhaltung des Minimums der Ablenkung sind angedeutet. Läßt man diese fort und macht alle Teile fest, so gelangt man zum BUNSENschen Laboratoriumsapparat zurück. Bei einem dritten Verfahren endlich werden Fernrohr und Kollimator unter dem festen Winkel von 90° gegeneinander aufgestellt und das Prisma, in diesem Falle ein Prisma nach Fig. 357 mit fester Ablenkung, beweglich gemacht. Man vgl. Fig. 357. Die letztere Anordnung, die gestattet alle größeren

Bestandteile des Spektroskopes starr miteinander zu verbinden, empfiehlt sich besonders neben der BUNSENschen Anordnung für Laboratoriumszwecke. Bei allen Typen läßt sich gleichzeitig mit dem Spektrum eine Skala in das Gesichtsfeld projizieren. Diese kann entweder in Wellenlängen geeicht sein, was sich mehr empfiehlt, oder sie ist beliebig in gleiche Teile geteilt. Nach BUNSEN benutzt man eine von Null an zählende Skala und bringt den Teilstrich 100 auf die D-Linien; Angaben, die man durch Ablesungen an einer solchen Skala erhält, sind für verschiedene Instrumente nicht vergleichbar, da die Verteilung der Linien in einem Spektrum sich mit der Natur, dem brechenden Winkel und der Stellung des Prismas ändert. Man muß also die Skala kalibrieren. Dies geschieht, indem man an der Skala die Stellung einiger Linien bekannter Wellenlänge abliest und in Koordinatenpapier einträgt. Als Ordinaten

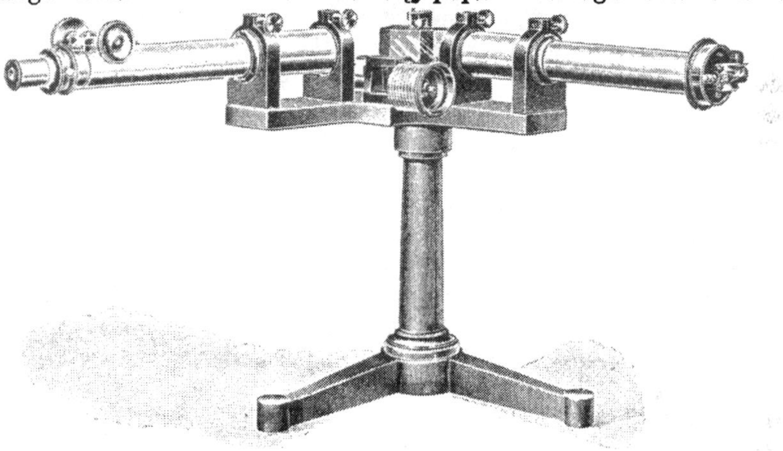

Fig. 361. Spektroskop mit beweglichem Prisma und fester Ablenkung.

dienen die Teile der Skala. Eine durch die Punkte gelegte Kurve gibt die Wellenlängen als Funktion der Skalenablesungen. Zur Eichung einer Skala eignen sich die Flammenlinien von Li, K, Na, Tl, Rb. Bequemer noch ist eine Geißlerröhre mit Helium.[1] Die erhaltenen Kurven gleichen Hyperbeln. Man zieht von allen Ordinaten (den Wellenlängen) die Wellenlänge der am weitesten nach Blau gelegenen Linie ab, ehe man die Kurve zeichnet. Die Eichungskurve wird ungefähr geradlinig, wenn man statt der Wellenlängen die Schwingungszahlen der Linien als Ordinaten, die Ablesungen an der Skala als Abszissen einträgt. Für manche Zwecke empfiehlt sich eine logarithmische Teilung des Papiers (Dispersionsnetz nach HARTMANN). Man vgl. darüber weiter unten. Sobald man die Dispersionskurve des Apparates hat, kann man angenäherte Wellenlängenbestimmungen vornehmen, indem man die Ordinaten abliest, die zu den Skalenwerten gehören.

Zweckmäßiger ist in der Regel eine Einrichtung, die gestattet, unmittelbar die Wellenlängen abzulesen. An manchen Apparaten ist dazu

[1] Wellenlängen dazu siehe weiter unten.

z. B. das Prisma beweglich gemacht. Die die Drehung des Prismas bewirkende Schraube ist mit einer großen Trommel versehen, die eine Spirallinie trägt, an der empirisch die der jedesmaligen Stellung der Schraube entsprechenden Wellenlängen eingetragen sind. Mehrere ähnliche Einrichtungen sind im Handel und empfehlen sich mehr, als die früher ausschließlich übliche Benutzung einer Vergleichsskala. Vgl. Fig. 361.

Zur Justierung eines Instrumentes der beschriebenen Art für okulare Beobachtung stellt man zuerst das Fernrohr auf Unendlich ein, indem man es von dem Apparate abnimmt und nach einem möglichst entfernten Objekte (Stern) visiert, zweckmäßig unter Vorschaltung eines planparallelen, nur den mittleren Teil des Spektrums durchlassenden Filters. Nachdem das Fernrohr wieder an seinen Platz gebracht ist, ändert man die Länge des Kollimators, bis man an eine in der Mitte des Gesichtsfeldes gelegene Linie (etwa die grüne Thalliumlinie oder eine geeignete Linie des Spektrums einer Heliumröhre) scharf sieht. In dieser Stellung läßt man das Kollimatorrohr unverändert. Man wird dann finden, daß man in der Regel den Auszug des Fernrohres etwas ändern muß, um die verschiedenen Teile des Spektrums einzeln völlig scharf zu erhalten. Andere Justierungen sind meist nicht ausführbar. Auch ist die Länge des Kollimatorrohres vielfach unveränderlich und bereits vom Konstrukteur gewählt. In diesem Falle beschränkt sich die Justierung auf die Regelung des Fernrohrauszuges. Zweckmäßig ist es in allen Fällen, wenn der Spalt in seiner Ebene drehbar ist, und wenn das Fernrohr ein Fadenkreuz besitzt Trifft dies zu, so beginnt man die Justierung, indem man das Okular auf das Fadenkreuz einstellt. Man blendet dann, nachdem die Justierung, wie beschrieben geschehen, ein Stück des Spaltes ab, und stellt den einen Schenkel des Fadenkreuzes der dunklen Grenze des Schattens parallel. Endlich dreht man den Spalt in seiner Ebene so lange, bis die Linien des Spektrums den zweiten Schenkel des Fadenkreuzes — es ist als rechtwinklig vorausgesetzt — parallel sind. Die Skala stellt man erst dann ein, wenn die übrige Justierung beendet ist. Ihr Bild muß scharf sein und darf sich nicht gegen die Linien des Spektrums verschieben, wenn man das Auge etwas hin und her bewegt. In der Regel bleibt aber eine geringe Parallaxe übrig, die als Unsicherheit in die Ablesungen eingeht. Durch Drehen des Skalenrohres stellt man die Skala dem Spektrum parallel.

Vielfach ist das Fadenkreuz, das natürlich nur Zweck hat, wenn ein Teil des Spektroskops, das Prisma oder das Fernrohr, beweglich ist, schlecht sichtbar. Man findet deshalb häufig Vorrichtungen, um das Fadenkreuz gesondert zu beleuchten; oder das Okular trägt einen seitlich zu beleuchtenden Zeiger in seinem Innern. Fehlt eine solche Vorrichtung, so kann man sich helfen, indem man dem zu prüfenden Spektrum ein schwaches kontinuierliches Spektrum überlagert oder absichtlich schwaches zerstreutes Licht in das Innere des Apparates fallen läßt. Die Empfindlichkeit der Beobachtung wird erhöht, wenn dieses Licht die Komplementärfarbe des untersuchten Spektralteiles hat.

Es ist unter allen Umständen erforderlich, die Angaben der Skala an bekannten Linien zu prüfen. Dies führt dann gegebenenfalls zur Anlage einer Korrektionstabelle.

Spektrographen. Für die meisten Zwecke der anorganischen Chemie kommt als spektrographische Methode in erster Linie die Photographie in Frage. Es soll daher hier nur auf die Spektrographen für Spektrumphotographie Rücksicht genommen werden. Zwei Typen werden in der Praxis benutzt: Instrumente mit einem Prismensatz für gerade Durchsicht und Instrumente mit einem Prisma. Im Sichtbaren ist die Dispersion eines Prismas gering, dagegen erreicht sie im Ultraviolett beträchtliche Werte. Aus diesem Grunde werden besonders häufig Apparate mit einem Quarzprisma benutzt. Es ist zweckmäßig, einen Apparat für photographische Beobachtung neben einem okularen Instrument zu benutzen, da sich die Laboratoriumsspektroskope wenig zu spektrographischen Arbeiten eignen. Auf die überaus zahlreichen Konstruktionen von Einprismenspektrographen kann an dieser Stelle nicht eingegangen werden. Es sei nur ein bewährter Typus beschrieben. Hat man Licht im Überfluß, so kommt man mit einfachen Linsen aus. Man benutzt ein CORNUsches 60°-Prisma, das mit den übrigen Teilen des Apparates fest auf einem massiven Fuß montiert ist. Man bringt ungefähr die Wellenlänge 2700 in die Mitte der Kamera. Dann bilden die beiden Schenkel des Instrumentes, also der einfallende und der austretende Lichtstrahl, ungefähr einen Winkel von 45° miteinander, wenn das Prisma im Minimum der Ablenkung für 2700 steht. Nunmehr stellt man das Prisma für die kürzeste benutzte Wellenlänge, etwa 2200, ins Minimum und fokussiert gleichzeitig den Kollimator für dieselbe Wellenlänge. Alsdann ist, wenn man die freie Öffnung der Kameralinse stark reduziert, das Spektrum ungefähr in einer Ebene abgebildet (Krümmungsradius für Linsen von etwa 50 cm Brennweite für die *D*-Linien etwa 130 cm). Die Platte muß unter diesen Bedingungen sehr beträchtlich, etwa in einem spitzen Winkel von 27°, gegen die Kameraachse geneigt werden. Die starke Neigung trägt dazu bei, die Länge des Spekrums, also seine lineare Dispersion zu vergrößern, bedingt anderseits jedoch eine große Empfindlichkeit der Aufnahmen gegen Justierungsfehler. Durch Benutzung von Linsenkombinationen, wie bei der oben beschriebenen, kann man größere Helligkeit (größere Linsenöffnungen) bei kürzerer Brennweite erzielen.[1] Eine Reihe von Instrumenten werden fertig justiert vom Handel geliefert. Muß man justieren, so ist es das einfachste Verfahren, die Brennweite der Kollimatorlinse für Natriumlicht zu messen und daraus mittelst der bekannten Linsenformeln die ungefähre Brennweite für die Wellenlänge 2200 zu berechnen. Auf diese Länge stellt man den Kollimator ein. Dann reguliert man den Winkel zwischen Kollimator und Kamera so, daß er etwa 45° beträgt. Das Prisma stellt man so, daß der Inzidenzwinkel der einfallenden Strahlen etwa 50° beträgt. Die Winkelhalbierende des CORNUschen Prismas bildet dann mit der Achse des Kollimators einen Winkel

[1] Solche Apparate liefern Töpfer, Zeiss, Steinheil, Hilger, Kruess, Fuess, Heele u. a.

von 70°. Nunmehr stellt man die Platte senkrecht zu der Kameraachse und macht eine Serie von Aufnahmen, indem man den Abstand der Platte von der Kameralinse stets um gleiche Stücke verkleinert. Der Eisenbogen eignet sich hierzu wegen seiner vielen Linien sehr gut. Man sucht die Stellung aus, in der die Mitte des Spektrums scharf erscheint und neigt dann die Platte unter einem Winkel von etwa 27° gegen die Kameraachse. Einige Probeaufnahmen, bei denen man den Winkel etwas verändert, führen zuletzt zum Ziele. Damit man die Justierung wie geschildert vornehmen kann, muß die Kamera in Richtung der Kameraachse meßbar verstellbar sein, desgleichen ist es nötig, die Platte drehen zu können und endlich ist es erforderlich, daß die Kassette sich in einem

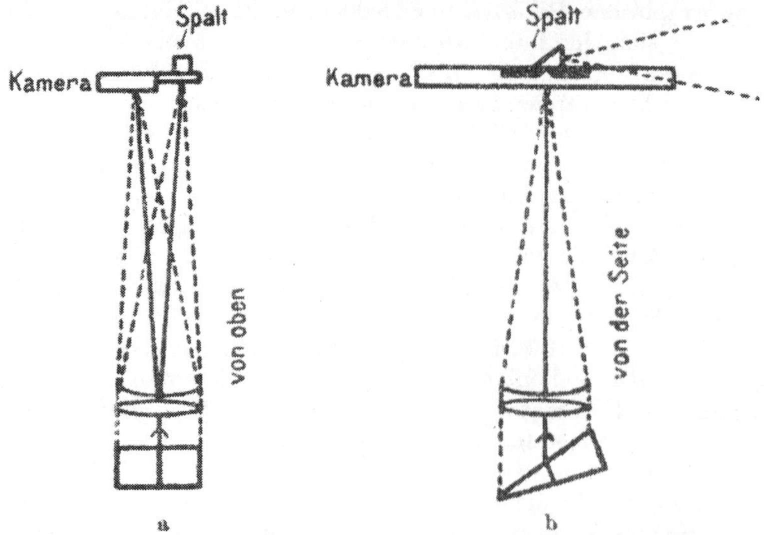

Fig. 362. Schema eines Prismen-Spektrographen nach Littrow.

Rahmen befindet, den man mittelst Zahn und Trieb oder auf andere Weise in seiner Ebene und senkrecht zur Längsrichtung des Spektrums verschieben kann, um eine größere Anzahl von Spektren untereinander auf dieselbe Platte photographieren zu können. Je vollkommenere Vorrichtungen zur Verstellung der einzelnen Teile des Spektrographen vorhanden sind, um so leichter läßt sich die Einstellung vornehmen und reproduzieren. Für Einzelheiten muß auf die Lehrbücher der Spektroskopie verwiesen werden.

Was von den Quarzspektrographen gilt, gilt in ähnlicher Weise auch für die Glasspektrographen. Allerdings kann man hier wegen der größeren Variation im Material der Linsen und Prismen und da man auf den ultravioletten Teil des Spektrums verzichtet, leichter ebene und optisch vollkommene Spektra erreichen.

Eine besondere Stellung nehmen die Einprismenapparate mit Rückkehr der Strahlen in sich selbst ein. Es genügt hier ein Prisma von 30°, das auf der Rückseite versilbert oder, wenn man ultraviolette Spektra untersucht, mit Nickel oder Palladium überzogen ist, da Silber im Ultraviolett wenig reflektiert. Die schematische Anordnung wird durch die Fig. 362a und 362b angedeutet. Dieselbe Linse dient als Kollimator und Kameralinse. Der Spalt befindet sich neben der Kamera vor der ersten Linse. Ein total reflektierendes Prisma dient dazu, das Licht von der Seite her in den Spalt fallen zu lassen (dies ist keine notwendige Anordnung). Wie man ohne weiteres sieht, geht der Mittelstrahl stets im Minimum der Ablenkung durch. Der Vorteil der Anordnung liegt besonders darin, daß man mit einer einzigen Linse auskommt, im übrigen hat die Anordnung weniger für Prismen als für Gitter Bedeutung und soll bei diesen nochmals erwähnt werden. Die LITTROWsche Anordnung eignet sich besonders in vertikaler Aufstellung und kann verhältnismäßig leicht improvisiert werden. Durch geeignete Blenden muß man die Platte vor Reflexen schützen. Auch muß man Spalt und Platte möglichst nahe aneinander bringen, damit die Strahlen nicht zu weit außerhalb der Achse der Linse verlaufen. Als Linse benutzt man einen möglichst vollkommenen Achromaten. Über die Spektrographen mit Linsenprismen nach FERY und CALLIER ist bereits S. 538 das Notwendigste gesagt.

Zur Untersuchung mikroskopischer Objekte — es kommen hier nur Absorptionsspektra in Frage — benutzt man sog. Mikrospektroskope.[1] Dieselben bestehen im Prinzip aus einem kleinen Spektroskop, in der Regel mit einem Prismensatz für gerade Durchsicht, das über dem Okular des Mikroskops angebracht ist. Zwischen den beiden Linsen des Okulars, in der Ebene, in der das Bild des Objektes besteht, befindet sich der Spalt, dessen Höhe und Länge reguliert werden kann. Weitere Teile gestatten, eine Skala in das geprüfte Spektrum zu projizieren oder gleichzeitig ein Vergleichungsspektrum zu beobachten. Beobachtet man kleine Objekte, so wird der dispergierende Teil zur Seite geklappt und bei weit geöffnetem Spalt das Objekt zunächst in die Mitte des Gesichtsfeldes gebracht. Man reguliert alsdann Länge und Breite so, daß nur das betreffende Objekt im Spalte sichtbar ist. Nunmehr wird das Spektroskop an seinen Platz gebracht. Ist das Objekt so ausgedehnt, daß es das ganze Gesichtsfeld füllt, so kann man ohne Okular, nur mit Spalt arbeiten. Besonders verbreitet ist die ABBE-ZEISSsche Konstruktion. Für weitere Einzelheiten vergleiche man die Abschnitte Mikrochemie und Mikroskopie dieses Handbuches.

In manchen Fällen ist es erwünscht, die Verteilung der Emission innerhalb einer Lichtquelle zu übersehen. Hierzu dienen Anordnungen, die man nach dem Vorbilde der astronomischen Anwendung spektroheliographische nennt. Bei der Benutzung im Laboratorium kommt es im allgemeinen nicht auf exakte Bilder an, wie etwa bei der Untersuchung der Sonne. Daher genügen einfachere Anordnungen. Sie führen zum Ziele, wenn die untersuchte Lichtquelle diskontinuierliche Emission besitzt und die Linien nicht zu zahlreich sind. Man kann z. B. ein kleines Bild der zu prüfenden Lichtquellen mittelst einer Linse kurzer Brennweite auf den Spalt projizieren. Öffnet man diesen alsdann hinreichend, so zeigt

[1] Vgl. oben S. 464 ff.

jede Linie ein monochromatisches Bild der Lichtquelle, aus dem sich die Verteilung der betreffenden Emission ohne weiteres ergibt. In vielen Fällen genügt es, die Lichtquelle in hinreichender Entfernung aufzustellen und mittelst einer Kamera zu photographieren, vor deren Linse man einen Prismensatz für gerade Durchsicht oder auch ein einfaches Prisma angebracht hat. Besser eignen sich zu diesem Zwecke Gitterkopien. Man vergleiche die angegebene Literatur[1] und den Abschnitt Gitter.

3. Gitterapparate. Die Gitter. Für die Praxis kommen die folgenden Gitter in Betracht: 1. Plangitter, 2. Konkavgitter, 3. Zelluloidabgüsse von Plangittern. Zurzeit werden brauchbare Gitter nur von dem physikalischen Institut der JOHNS HOPKINS University (Dir. Prof. AMES, Baltimore) und von Prof. A. MICHELSON in Chicago angefertigt. Zu der Herstellung der Baltimorer Gitter, auch heute noch ROWLANDsche Gitter genannt, benutzt Prof. ANDERSON in Baltimore, der sich um die Erneuerung und Fortbildung der ROWLANDschen Methode der Gitterherstellung die größten Verdienste erworben hat, teils die alten, aber umgebauten ROWLANDschen Teilmaschinen, teils neue. In Baltimore werden auch Konkavgitter hergestellt. Es ist in der Regel stets eine kleinere Zahl von brauchbaren Gittern beider Arten im Handel zu haben. Die Gitterabgüsse werden an verschiedenen Stellen nach älteren ROWLANDschen Gittern angefertigt und leisten sehr viel. Sie verdienten, in der Laboratoriumspraxis mehr benutzt zu werden, als dies der Fall ist. Allerdings sind die Gitterabgüsse, die entweder auf Glasplatten gekittet oder mittelst Kanadabalsam zwischen zwei Spiegelglasplatten befestigt sind, für das Ultraviolett nicht zu brauchen, da sowohl das Celluloid wie der Kanadabalsam, wie das Glas im Ultraviolett stark absorbieren. Die im Handel befindlichen Gitterabdrücke sind vielfach etwas zu klein. obwohl 3—4 cm breite Abdrücke verhältnismäßig leicht herzustellen sind.

Die Plangitter und Konkavgitter[2] werden ausschließlich als Reflexionsgitter hergestellt und benutzt, während die erwähnten Kopien durchweg Transmissionsgitter sind (man kann jedoch auch Reflexionsgitter mittelst Gitterabgüssen herstellen). Als Material wird fast allgemein Spiegelmetall benutzt. Dieses ist sehr hart, jedoch empfindlich gegen chemische Einflüsse. Man muß daher ein Gitter vor schwefelwasserstoffhaltigen Gasen und dgl. sorgfältig hüten. Allein auch bei vorsichtiger Behandlung verliert die Spiegelfläche nach längerem Gebrauch ihr Reflexionsvermögen. Man muß dann ein solches Gitter reinigen. Dies geschieht durch Übergießen mit verdünntem Ammoniak, wiederholtes Abspülen mit destilliertem Wasser und nachfolgendem Abtrocknen. Dies erfolgt, indem man das Gitter mit feinster Schlemmkreide bestäubt und diese mit einem locker gehaltenen Wattebausch in der Richtung der Gitterstriche durch einseitiges Überstreichen abreibt. Man wiederholt die Prozedur, bis die Fläche ihren alten Glanz hat und völlig trocken ist.

---

[1] H. OELLERS, Z. wiss. Photogr. **10**, 344 (1912). O. OLDENBERG, ebenda. **13**, 133 (1913). A. KRAMSTYK, Ann. Phys. (4) **48**, 375 (1915).

[2] Gitter liefern J. D. Brashear, Pittsburg, Alb., als Vermittler andere optische Firmen.

Die Gitter werden hergestellt, indem man entweder auf eine ebene Spiegelfläche oder auf eine Kugel nicht, wie häufig zu lesen, Zylinderfläche in parallelen, gleich weit voneinander entfernten Ebenen Striche zieht, etwa 800 pro mm oder auch weniger. Von der Gleichmäßigkeit und Regelmäßigkeit wie auch von der Gestalt der durch den Diamant in das Gitter geritzten Furchen hängt die Leistung des Gitters ab; gute Gitter erreichen nahezu das theoretische Auflösungsvermögen (vgl. oben S. 525). Läßt man in einer bestimmten Richtung auf ein ebenes Gitter parallele Strahlen einer linearen, den Gitterstrichen parallelen Lichtquelle (Spalt) auffallen, und vereinigt die gebeugten Strahlen zu einem Bild, so erhält man bekanntlich auf beiden Seiten der Gitternormale eine Reihe von Spektren, die Spektra verschiedener Ordnung, die sich um so mehr überlagern, zu je höheren Ordnungen man übergeht. Für jede Stelle in dem Bande der Spektra gilt die Regel $\lambda_1 N_1 = \lambda_2 N_2$, wo N_1 und N_2 die Ordnungszahlen zweier Ordnungen, λ_1 und λ_2 die Linien der beiden Ordnungen bedeuten, die an dieselbe Stelle fallen. Infolgedessen findet man im Spektrum erster Ordnung etwa von der Wellenlänge 4400 an aufwärts neben den Linien der ersten Ordnung das Ultraviolett der zweiten Ordnung, im Rot von etwa 6600 ab auch die ultravioletten Linien dritter Ordnung. Während die Übereinanderlagerung der Linien im Spektrum erster Ordnung für das Auge wenig stört, da die Linien zweiter Ordnung erst am äußersten roten Ende des Spektrums sichtbar werden, überwiegt bei photographischen Aufnahmen das Spektrum zweiter Ordnung oberhalb 5000 vielfach schon wegen der größeren Empfindlichkeit der photographischen Platten für diese Wellenlängen. Es ist jedoch im Spektrum erster Ordnung leicht, durch ein Absorptionsfilter, z. B. eine verdünnte Lösung von Kaliumbichromat oder schon eine dicke Spiegelglasplatte, das Spektrum zweiter Ordnung gänzlich abzublenden. Umständlicher ist dies in den Spektren höherer Ordnung. Man kann hier die Trennung der verschiedenen Ordnungen immer nur für gewisse Stücke des Spektrums vornehmen. Filter zu diesem Zwecke findet man in den Handbüchern der Spektroskopie angegeben, auch sind sie im Handel zu haben.[1]

Die Intensitätsverteilung in den Spektren verschiedener Ordnung folgt durchaus nicht der einfachen Gittertheorie. In der Praxis überwiegt der Einfluß der Gestalt der Gitterfurchen. So kann man Gitter herstellen, in denen ein Spektrum auf einer bestimmten Seite der Normale die übrigen Spektra an Intensität bei weitem übertrifft. Derartige Gitter sind besonders geeignet. Man prüft jedes Gitter, bevor man es in Ge-

[1] Einige Angaben mögen als Anhalt dienen. In 2 mm Schichtdicke absorbiert eine wässerige Lösung von 20 g von Kaliumbichromat in 80 Teilen Wasser vollkommen unterhalb 5000, ist oberhalb 6000 durchsichtig; 0,15 g Azorubin in 15 ccm H_2O sind in 2 mm Schichtdicke durchlässig bei 5900, völlig bei 7500; eine wässerige Lösung von Tropäolin und Cyanin ist in gleicher Schichtdicke durchlässig oberhalb 6700; eine Lösung von 0,15 g Methylgrün in 45 Teilen Wasser absorbiert bei 2 mm Schichtdicke von 6800 ab, vollständig bei 8000; ein Filter aus bei gewöhnlicher Temperatur gesättigtem Bromdampf von 20 ccm Schichtdicke absorbiert alles sichtbare Licht und läßt nur Ultraviolett durch. Geeignete Filter sind auch im Handel zu haben.

brauch nimmt, darauf, welches Spektrum die größte Intensität besitzt. Hat man nicht besondere Ursachen, eine andere Ordnung zu verwenden, z. B. weil man eine bestimmte Dispersion haben will, so verwendet man die überwiegende Ordnung. Bei der Auswahl eines Gitters achtet man außer auf die Intensitätsverteilung innerhalb der Ordnungen auf die Definition der Linien und auf das Auftreten falscher Nebenlinien (Geister). Gute Gitter sollen nur wenige Geister geringer Intensität geben, enge Linienpaare z. B. die Gruppe 3100 des Eisenspektrums sollen sie scharf auflösen. Man macht die Probe am besten mittelst provisorischer Aufstellung und photographischer Aufnahme. Große Gitter guter Qualität sind selbst hinsichtlich des Auflösungsvermögens für die Feinstruktur einzelner Linien den Interferenzapparaten wie Stufengitter und LUMMER-GEHRCKEsche Platte in mancher Hinsicht vorzuziehen.

Auch die Gitterkonstante spielt bei der Auswahl der Gitter eine Rolle. Will man in höheren Ordnungen beobachten, so muß man kleinere Gitterkonstanten wählen, also etwa unter 10000 Strichen pro 2,5 cm (inch).[1] Im allgemeinen ist es zweckmäßiger, in einer niedrigeren Ordnung zu arbeiten und daher ein Gitter mit 10000 Strichen oder mehr pro inch zu benutzen.

Die Gitter, insbesondere die Konkavgitter, eignen sich besonders zu exakten Messungen und zur Untersuchung linienreicherer Spektra. Sie sind auch hier für analytische Zwecke unentbehrlich.

Im sichtbaren Teile des Spektrums und auch noch weit ins Ultraviolett hinein sind die Gitterapparate den Prismen an Dispersion und Auflösungsvermögen weit überlegen; um in der Gegend der *D*-Linien des Natriums das Auflösungsvermögen eines großen ROWLANDschen Gitters zu erreichen, müßte man so viele Glasprismen hintereinander stellen, daß ihre Basisdicke etwa 120 cm betragen würde. Freilich sind die Prismenspektren im ganzen lichtstärker. Indes wird man überall, wo es auf große Auflösung ankommt und wo man Licht genug hat, z. B. bei Bogen- und Funkenspektren, dem Gitter den Vorzug geben. Erst im äußersten Ultraviolett gleichen sich die Vorzüge des Gitters aus, da die Dispersion eines einfachen Prismas hier schon für die meisten Zwecke ausreicht und die größere Helligkeit bei der allgemeinen Abnahme der Intensität der Spektra im Ultraviolett schwer in die Wagschale fällt. Als Vorteil der Gitter ist die verhältnismäßig große lineare Dispersion (der große Maßstab) der erhaltenen Aufnahmen wichtig, da man mit seiner Hilfe unter Benutzung eines in Millimeter geteilten Maßstabes und einer gewöhnlichen Lupe Wellenlängenbestimmungen machen kann, die sonst umständliche Messungen erfordern. Für die Theorie der Gitter muß auf die Hand- und Lehrbücher der Spektroskopie verwiesen werden

Handapparate. Zur Konstruktion von Handapparaten eignen sich die Gitterkopien vortrefflich. Mittelst eines an einem Kasten befestigten Spaltes, einer Gitterkopie und einer Linse läßt sich leicht ein sehr wirksames Handspektroskop improvisieren.

---

[1] Die übliche Bezeichnung erfolgt in Strichen pro inch = 2,54 cm.

Derartige kleine Instrumente sind ebenfalls im Handel zu haben. Größere Effekte erzielt man durch Benutzung eines Kollimatorrohres mit einem Fernrohre nach Art der HOFMANNschen Instrumente. Durch Kombination eines Prismas mit einem Gitter läßt sich zugleich Geradsichtigkeit erzielen.

Laboratoriumsinstrumente. Durch Einsetzen eines Plangitters oder einer Gitterkopie läßt sich jedes Spektrometer in ein wirksames Spektroskop verwandeln. Benutzt man ein Reflexionsgitter, so stellt man Kollimator und Fernrohr fest und dreht nur das Gitter. Bei Verwendung einer Gitterkopie kann man diese unmittelbar vor die Linse des Kollimatorrohres bringen und dann nur das Fernrohr drehen. Bei kleinen Drehungen ist die Winkeländerung der Wellenlängendifferenz der untersuchten Linien proportional. Auch hier lassen sich brauchbare Instrumente mittelst eines Fernrohres und eines Kollimatorrohres leicht improvisieren.

Gitterspektrographen. Die volle Wirkung entfalten Gitter im allgemeinen erst bei Anwendung der photographischen Beobachtungsmethode. Zunächst lassen sich ganz brauchbare Apparate leicht in der folgenden Weise improvisieren. Man stellt den Spalt ohne Kollimator vor die Lichtquelle und befestigt eine Gitterkopie unmittelbar vor dem Objektiv eines photographischen Apparates mit größerer Brennweite und möglichst großem Auszuge. Man geht 1 m oder mehr von der Lichtquelle bzw. dem Spalt fort, und dreht die Achse des photographischen Apparates seitwärts, bis man ein Bild des Spektrums auf der photographischen Platte erhält. Durch die bei den meisten Apparaten mögliche Neigung der Platte bringt man gleichzeitig alle Linien in den Fokus. In die Verlängerung der Kameraachse stellt man zur Abhaltung fremden Lichtes einen schwarzen Schirm (ein Stück Samt).

Vollkommenere Resultate erhält man mit den mit Kollimator und Kameralinse ausgestatteten Spektrographen.[1] Unter ihnen verdient die LITTROWsche Anordnung besondere Beachtung. Man verwendet sie mit einem planen Reflexionsgitter. Dieses wird, ähnlich wie in Fig. 362 das Prisma, drehbar aufgestellt. Eine einzige Linse dient gleichzeitig als Kollimator- und Kameralinse. Man projiziert die Lichtquelle entweder direkt auf den Spalt oder benutzt ein total reflektierendes Prisma. Bei Benutzung großer Plangitter und großer Linsen erhält man auf diese Weise ausgezeichnete Resultate, die den Leistungen großer Konkavgitter gleichkommen. Die Bilder, die man erhält, sind stigmatisch. Daher eignen sich diese Apparate besonders zu Untersuchungen, bei denen es auf die Verteilung der Emission in Lichtquellen ankommt. Will man große Auflösung und große Helligkeit erzielen, so muß man freilich sehr breite Gitter benutzen. Man braucht dann zugleich eine sehr große Linse mit großer Brennweite. Hierdurch wird das Instrument sehr kostspielig.

Von der Benutzung einer Linse wird man frei bei Anwendung eines Konkavgitters.

---

[1] Im Handel.

Wie die Theorie der Konkavgitter zeigt, liefern dieselben normale Spektra, wenn man sie passend aufstellt. Ein Schema der klassischen Aufstellung von ROWLAND gibt Fig. 363. *CA* und *AB* sind die Schenkel eines rechten Winkels. Bei *Sp* befindet sich der Spalt. *G* ist das Gitter, stark vergrößert gezeichnet. Es befindet sich an dem einen Ende eines beweglichen Balkens, der mittelst Rädern auf Schienen bewegt werden kann, die von den beiden Schenkeln des rechten Winkels getragen werden. Der die Hypotenuse des rechtwinkligen Dreiecks bildende Querbalken ist versteift (in der Figur schraffiert angedeutet). Die Länge *DE* ist gleich dem Krümmungsradius des Gitters. Bei *E* befindet sich die Kamera. Die Spektra liegen auf einem Kreise mit *OD* als Radius um *O* als Mittelpunkt. Sie sind astigmatisch, um so mehr, je höher die Ordnung ist. Je größer der Winkel α, um so höher ist die in der Kamera bei *E* erscheinende Ordnung. Innerhalb beträchtlicher Bereiche in der Nähe von *E* kann das Spektrum als normal angesehen werden. Man biegt die Platten auf den Krümmungskreis *EAD*, indem man sie gegen eine geeignet gebogene Unterlage anpreßt. Die kurzen Wellen erscheinen in der Kamera links, wenn die Anordnung der Figur entspricht. Eine Justierung derart, daß das Spektrum bei allen Stellungen des Querbalkens ohne Nachkorrigieren scharf in der Kamera erscheint, ist schwer zu erreichen. Eine andere empfehlenswerte Montierung besteht darin, daß man Gitter und Kamera fest aufstellt und den Spalt auf einem Kreise bewegt.[1] Man erhält so leichter eine starre und erschütterungsfreie Aufstellung. Neben den genannten sind noch mehrere andere Aufstellungsarten von Konkavgittern beschrieben und benutzt worden, die hier übergangen werden.[2]

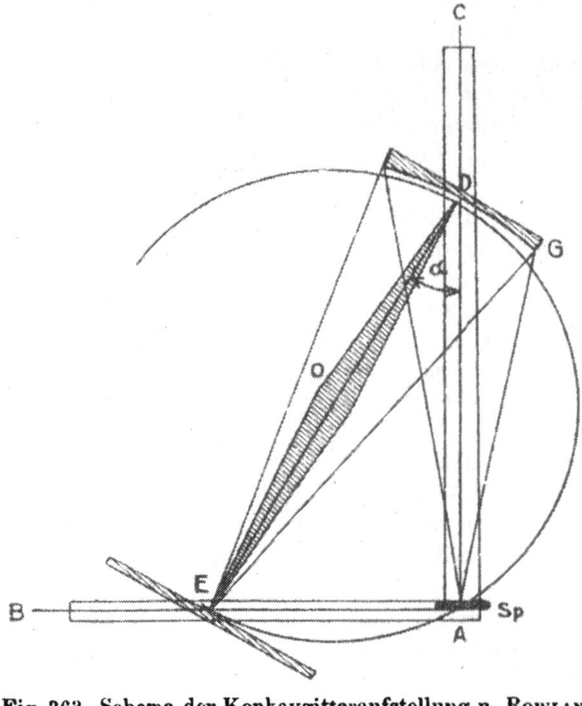

Fig. 363. Schema der Konkavgitteraufstellung n. ROWLAND.

[1] Derartige Aufstellungen werden von einigen Firmen fertig geliefert, z. B. von Töpfer & Sohn in Potsdam.

[2] Man vgl. z. B. A. EAGLE, Z. wiss. Photogr. 10, 137 (1911).

Für die meisten Zwecke der Analyse genügt eine feste Aufstellung eines Konkavgitters, die man so wählt, daß das Spektrum einer bestimmten Ordnung, etwa das Spektrum erster Ordnung, scharf in der Kamera erscheint. Am besten benutzt man einen großen Betonklotz oder Mauerwerkklotz oder ein aus T-Eisen hergestelltes starres Gestell als Unterlage für die Aufstellung. Eine, eventuell mehrere Kameras, Spalt und Gitter werden fest montiert und durch Schrauben mit der Unterlage verbunden. Zuerst stellt man das Gitter auf und reguliert seine Stellung so, daß die Gitternormale in einer Horizontalebene liegt (man benutzt dazu den in sich selbst reflektierenden Strahl). Weiter stellt man die Gitterstriche vertikal (mittelst Lot). Dann bringt man die Kamera in den Krümmungsmittelpunkt des Gitterspiegels (das Bild einer in der Kamera angebrachten, von rückwärts beleuchteten Blende muß in der Plattenebene liegen, und es muß die Mitte der Platte den Abstand von Bild und Blende halbieren). Dann wird der Spalt so eingestellt, daß die Linien eines Spektrums, z. B. des Eisenbogens, in der Mitte der Kamera scharf erscheinen, nachdem man den Spalt mittelst eines Lotes vertikal gestellt hat. Endlich blendet man aus der Mitte des Spaltes ein Stück aus, und reguliert die Stellung des Spaltes so, daß die beiden Spitzen der astigmatischen Bilder, die dem oberen und unteren unbedeckten Teile des Spaltes entsprechen, sich berühren. Zuletzt dreht man die Kamera so, daß auch die beiden Enden des Spektrums scharf erscheinen. Den letzten Rest der Justierung findet man durch Probieren mittelst photographischer Aufnahmen.

Man kann auch Konkavgitter nach Art der LITTROWschen Anordnung oder in Kombination mit Hohlspiegeln benutzen (oder Linsen), so daß stigmatische Bilder entstehen. Für die meisten chemischen Zwecke ist jedoch die eben erwähnte Aufstellung ihrer Einfachheit und Leistungsfähigkeit wegen vorzuziehen. Hierzu kommt der große Vorteil, daß die erhaltenen Spektra normal sind, daher eine sehr einfache Wellenlängenbestimmung ohne umständliche Rechnung gestatten. Schon Gitter von 1 m Krümmungsradius genügen für viele Zwecke. Gitter von 2—3 m Krümmungsradius und etwa 10000—20000 Strichen pro inch sind wegen der nicht allzu ausgedehnten Aufstellung für die meisten Zwecke am bequemsten. Gitter von 6 m Radius (eine gebräuchliche Dimension) sind viel leistungsfähiger, beanspruchen zu ihrer Benutzung jedoch große Räume. Benutzt man ein Konkavgitter regelmäßig, so stellt man es zweckmäßigerweise in einem besonderen, dunkel gestrichenen Raume auf, der zugleich als Dunkelkammer dienen kann, und läßt das zu prüfende Licht von außen durch eine passende Öffnung in der Mauer auf den Spalt fallen. Für andere und vollkommenere Aufstellung von Konkavgittern vergleiche man die oben angegebenen Lehr- und Handbücher. Man vergleiche auch den Abschnitt über die Ausmessung und Herstellung von Spektralaufnahmen.

Eine besondere Stellung nehmen die Spektralphotometer ein. Jeder Spektralapparat läßt sich durch Anbringung eines verstellbaren, symmetrischen Doppelspaltes und Vergleichsprismas in ein Spektralphotometer verwandeln: Typus VIERORDT. Auch ist jeder Spektrograph ohne weiteres zu Zwecken photographischer Spektralphotometrie zu benutzen. In der Regel verwendet man jedoch besondere Spektralphotometer zu okularen Messungen der Absorption. Eine große Anzahl verschiedener Konstruktionen sind ausgeführt worden. Für viele chemische Zwecke eignet sich besonders das König-Martenssche Spektralphotometer. Man vergleiche dazu die Artikel Absorptionsvermögen und Kolorimetrie dieses Handbuches. In den nicht sichtbaren Teilen des Spektrums bedarf es besonderer Instrumente, bei denen das Auge durch die photographische Platte, ein Radiomikrometer, eine Thermosäule, ein Bolometer, eine Selenzelle oder eine photoelektrische Zelle ersetzt wird. Man vergleiche weiter S. 553 ff. Ein Teil dieser Verfahren ist zurzeit noch nicht über das Versuchsstadium hinausgelangt.

Wahl der Spektralapparate. Zur Untersuchung von Emissionsspektren wählt man je nach der Art der Untersuchung verschiedene Spektralapparate. Handelt es sich um Flammenreaktionen und qualitative Analyse, so wählt man Handapparate geringer Dispersion, die ein schnelles Beobachten kurze Zeit aufblitzender Linien gestatten. Auch für die erste Untersuchung der Lichtquellen, wie Geißlerröhren, benutzt man Laboratoriumsapparate und erst in zweiter Linie stärker dispergierende Apparate, wenn man die Röhre fertiggestellt hat. Einprismenapparate eignen sich hierzu, wie zu der Untersuchung der Luminescenzerscheinungen (Fluorescenz und Phosphorescenz) am besten. Zur Untersuchung ultravioletter Spektra (Fluorescenz, Emission von Gasen) benutzt man außer Gittern einen Quarzapparat mit einem Prisma. Derselbe eignet sich auch zu analytischen Untersuchungen im Ultraviolett, falls sorgfältige Ausmessungen vorgenommen werden. Flammenspektra und Verbindungsspektra werden ebenfalls zweckmäßigerweise mit einem Einprismenspektrographen untersucht. Handelt es sich um die Analyse linienreicherer Elemente, beispielsweise der seltenen Erden, so ist ein Konkavgitter den anderen Instrumenten vorzuziehen.

Bei der Untersuchung der Absorptionsspektra ist auf die Wahl geeigneter Dispersion besondere Rücksicht zu nehmen. Feine Absorptionsstreifen, z. B. manche Absorptionsstreifen der seltenen Erden oder Umkehrungsspektra von Dämpfen, z. B. umgekehrte Flammenlinien oder Linien des Sonnenspektrums, sieht man am besten bei großer Dispersion. Bei Benutzung schwacher Auflösung verschwinden feine Linien gänzlich. Andererseits beobachtet man diffuse Absorptionsstreifen, wie sie z. B. von den meisten Lösungen geliefert werden, besser bei schwacher Dispersion. Bei großer Auflösung verringert sich der Helligkeitsgradient in gleichem Maße wie die Dispersion wächst, und die Grenzen von Absorptionsstreifen werden undeutlich oder zuletzt gar nicht mehr erkennbar. Da die diffusen Absorptionsstreifen der Zahl nach überwiegen, so kann man die Regel aufstellen, daß man Absorptionsspektra zunächst mit schwacher Dispersion und Vergrößerung untersuchen soll (Einprismenapparate), dann erst mit größerer Dispersion.

Eine allen Anforderungen der Laboratoriumspraxis im allgemeinen genügende Ausstattung besteht aus: 1. einem Handspektroskop mit gerader Durchsicht, 2. ein Laboratoriumsspektroskop mit fester Ablenkung und Wellenlängenskala oder Wellenlängenschraube, 3. einem Quarzspektrograph mit einem Prisma, 4. einem Konkavgitter, 5. einem Spektralphotometer.

Für die Zwecke der anorganischen Chemie haben der ultrarote Bereich des Spektrums und das äußerste Ultraviolett erst in zweiter Linie Bedeutung. Im letzteren Bezirk genügen Quarzapparate für alle praktischen Zwecke. Für die Untersuchung ins Ultrarot bedarf man besonderer Spektralapparate, die am besten aus Spiegeln und Prismen kombiniert werden. Für ihre Konstruktion muß auf die Spezialwerke über Spektroskopie verwiesen werden.

IV. Beobachtungsmethoden. Darstellung, Charakteristik und Messung der Spektra.

Wellenlängenmessung. Für die Zwecke der Laboratoriumspraxis kommen zwei Beobachtungsmethoden in Frage, die okulare und die photographische. Das Auge ist empfindlich etwa von der Wellenlänge 8000 an bis zur Wellenlänge 4000. Die Grenzen schwanken je nach der Individualität des Beobachters, der Intensität der Strahlung und dem jeweiligen Zustande des Auges. Das Maximum der Empfindlichkeit des Auges liegt im Grün und Gelb. Nach beiden Seiten nimmt die Empfindlichkeit ab. In Prismenspektren sind die Farben so verteilt, daß Rot, Orange und Gelb den kleineren Teil des Spektrums einnehmen; Grün, Blau und Violett sind verhältnismäßig sehr ausgedehnt. Umgekehrt ist es in Gitterspektren. Diese eignen sich daher auch besser zu Untersuchungen im Rot, wo in Prismenspektren Linien nicht genügend getrennt werden, wenn sie in größerer Zahl vorhanden sind. Die okulare Beobachtung eignet sich zur Orientierung, vorläufigen Messungen und besonders zur Beobachtung kurz dauernder Erscheinungen, da das Auge in der Wahrnehmung solcher Lichteffekte im allgemeinen den anderen Beobachtungsverfahren weit überlegen ist. Dagegen kann man mit dem Auge nicht genauere Messungen vornehmen.

Für diese sowie zur Untersuchung linienreicher Spektra eignet sich im Rahmen der Zwecke dieses Handbuches ausschließlich die Photographie (man vergleiche den Artikel Photographie). Einige Bemerkungen über die Photographie von Spektren müssen jedoch auch an dieser Stelle gebracht werden. Man benutzt Bromsilbertrockenplatten oder Films auf dicker Celluloidunterlage (sogen. Planfilms), letztere dann, wenn man Spektra aufnimmt, die auf einer stark gekrümmten Fläche liegen (manche Prismenapparate, Konkavgitter mit kleinem Krümmungsradius). Im Handel befinden sich photographische Platten auf sehr dünnem Glase, die Krümmungen auf einen Kreis von 90 cm Radius gut aushalten. Die gewöhnlichen photographischen Platten besitzen starke

Empfindlichkeit im Blau und Ultraviolett. Im Blaugrün ist die Empfindlichkeit sehr gering, im Gelb etwas größer, allein auch noch sehr schwach. Im Rot kommt die Empfindlichkeit praktisch nicht in Betracht. Nach der violetten Seite hin nimmt die Empfindlichkeit von etwa λ 2300 an stark ab, hauptsächlich infolge der Absorption des Lichtes in der Gelatine. Will man bis zur Grenze der Durchsichtigkeit der Luft kommen, so empfiehlt sich die Anwendung gelatinearmer SCHUMANNscher Platten. Auch diese sind jetzt im Handel zu haben. In diesem Falle muß man Lichtwege von mehr als etwa 1 m in Luft vermeiden, wenn man bis etwa λ 1800 gelangen will. Für die Photographie der Strahlen oberhalb λ 4600 muß man sensibilisierte Platten verwenden. Eine große Zahl auf verschiedene Weise sensibilisierter Platten sind im Handel. In der Regel zeigen sie alle bedeutende Empfindlichkeit im Gelb und Rot, dagegen stets ein Empfindlichkeitsminimum im Blaugrün. Photographiert man daher ein kontinuierliches Spektrum auf eine sensibilisierte Platte, so macht die Photographie den Eindruck eines Absorptionsspektrums, weil die Empfindlichkeit ungleichmäßig verteilt ist. Eine völlig gleichmäßig sensibilisierte Platte, die für alle Strahlen in einem normalen Spektrum gleiche Empfindlichkeit besäße, gibt es noch nicht. Namentlich überwiegt in allen Fällen die Empfindlichkeit im Blau und Violett. Zur Erzielung gleichmäßig geschwärzter Aufnahmen muß man daher Absorptionsfilter benutzen und die verschiedenen Teile des Spektrums verschieden lang exponieren. Auch solche Filter sind im Handel. Man kann sich für viele Zwecke mit einer Lösung von Kaliumbichromat helfen, indem man die Exposition in zwei Teile teilt; in dem ersten exponiert man mit Filter, im zweiten Teile ohne Filter. Weitere Angaben findet man in den Katalogen der Fabrikanten. Durch geeignete Sensibilisierung lassen sich photographische Platten bis weit ins Rot empfindlich machen. Am empfindlichsten sind Badeplatten, die man sich selbst durch Baden in Lösungen von Cyaninfarbstoffen, z. B. Dicyanin, Pinacyanol, Viridin oder Gemischen davon herstellt.[1] Doch schleiern diese Platten leicht, wenn man sie nicht vorsichtig herstellt, und sie sind nur kürzere Zeit brauchbar. Haltbarer sind die in der Emulsion gefärbten Platten. Doch sind sie nicht so empfindlich. Das grobe Korn sehr empfindlicher Platten stört bei vielen Spektralaufnahmen, namentlich bei Benutzung kleinerer Dispersion, wie z. B. bei Quarzspektrographen.[2] Im Ultraviolett und Blau verwendet man darum besser, wenn die Intensität des Lichtes reicht, Reproduktionsplatten. Für Aufnahmen mit schräggestellten Platten (Prismenspektrographen) benutzt man Platten auf dünnem Spiegelglase; man schwärzt sie am besten auf der Rückseite zur Vermeidung der Lichthofbildung, die bei schräggestellten Platten einseitige Schatten ergibt.

[1] Vorschriften siehe das Kapitel Photographie, ferner z. B. J. M. EDER, Sitzgb. Wien IIa 124, 281 (1915). MEISSNER, Ann. Phys. (4) 50, 713 (1916). K. BURNS, J. phys. (5) 3, 457 (1913). R. J. WALLACE, Astrophys. J. 26, 299 (1907). K. MEES und S. H. WRATTON, Photographic. J. 48, 25 (1908).

[2] Vgl. A. GOLDBERG, Z. wiss. Photogr. 12, 77 (1913).

Hart arbeitende Entwickler sind für Aufnahmen von Emissionsspektren, weich arbeitende für Aufnahmen von diffusen Absorptionsstreifen geeigneter. Bei sehr schwachen Spektren kann man die Empfindlichkeit erhöhen, dadurch, daß man die Platten durch vorhergehende Belichtung anschleiert.[1] Spektralaufnahmen müssen zur Vermeidung von Schichtverzerrungen[2] sorgfältig unter Absaugen des Wassers mit mittlerer Schnelligkeit getrocknet werden. Zur Untersuchung von Emissionsspektren eignen sich besonders Negative (schwarze Linien auf hellem Grunde), zur Untersuchung von Absorptionsspektren Positive. Durch wiederholtes Kopieren bzw. Anfertigung von Diapositiven, eventuell unter Verstärkung, kann man schwache Emissions- oder Absorptionsspektra deutlicher machen. — Eine besondere Schwierigkeit bei der Aufnahme von Spektren liegt in der Abmessung der Expositionszeit, da man in der Regel nichts über die Intensität der Lichtquelle bzw. die Verteilung der Intensität in den untersuchten Spektren weiß, und da die Expositionszeit, die für starke Linien oder Banden paßt, die schwächeren nicht herausbringt. Untersucht man z. B. die Absorption von Lösungen der seltenen Erden, so erhält man die scharfen Linien mit geringeren Expositionen, die Details der starken Absorptionsbanden dagegen erst bei vielmal längeren Expositionszeiten. Umgekehrt geht es bei der Untersuchung von Emissionsspektren. Bei einer vollständigen Untersuchung eines Spektrums tut man daher am besten, eine Reihe von Aufnahmen mit verschiedenen Expositionszeiten und verschieden sensibilisierten Platten zu machen. Freilich genügt für manche Zwecke die Untersuchung eines relativ kleinen Spektralbezirkes. Man vergleiche weiter unten über qualitative Spektralanalyse.

In der Regel wird man neben dem zu untersuchenden Spektrum ein Vergleichsspektrum aufnehmen. Die stigmatischen Apparate (Plangitter, Prismen, Konkavgitter in geeigneter Aufstellung) gestatten im allgemeinen, das Vergleichsspektrum neben das zu untersuchende Spektrum zu photographieren. Es genügt hier eine geeignete Blende vor dem Spalte. Bei astigmatischen Apparaten und in manchen anderen Fällen ist dies nicht möglich. Man photographiert dann das Vergleichsspektrum über das zu untersuchende Spektrum und sorgt dafür, daß das eine Spektrum breiter ausfällt als das andere, was sich bei allen Apparaten durch eine Blende vor dem Spalt leicht erreichen läßt; oder man bringt in der Kamera eine Blende an, die es ermöglicht, die Hälften des Spektralstreifens gesondert zu belichten. Als Vergleichsspektrum eignet sich für manche Zwecke das Spektrum einer Quarzquecksilberlampe, wenn man mit wenigen Linien auskommt. Für die meisten Zwecke ist das Spektrum des Eisenbogens bequemer. Bei kurzen Expositionszeiten erhält man nur die stärksten Linien, bei längeren Expositionszeiten (größere Dispersion)

[1] Näheres hierüber bei A. RHEDEN, Z. wiss. Photogr. **16**, 33—60, 92—100 (1916). R. W. WOOD, Phys. Ztschr. **9**, 355 (1908). Man kann angeblich bis zu 4—5 Scheiner-Grade an Empfindlichkeit gewinnen. Der Verf. hat keinen Vorteil auf diesem Wege erreichen können.

[2] Vgl. FLOERKE, Diss Marburg 1908

erhält man ein sehr linienreiches Spektrum. Häufig genügt es schon, die Linie des Eisens aufzusuchen, mit der eine fragliche Linie ungefähr zusammenfällt. Anderenfalls bieten die nächsten Linien des Eisens ein bequemes Mittel zur Ermittelung der Wellenlänge. Es empfiehlt sich, eine Eisenaufnahme ein für allemal mittelst eines Atlas zu kalibrieren, damit man leicht aus der Menge der Eisenlinien solche von bekannter Wellenlänge auffinden kann. Man legt dann die kalibrierte Eisenaufnahme einfach auf die auszumessende. Weiteres über dies Verfahren siehe unten.

Bei der Aufnahme von Vergleichsspektren ist besonders darauf zu achten, daß keine Verschiebung zwischen den beiden zu vergleichenden Spektren stattfindet. Dazu muß man sicher sein, daß die Lichtkegel beider Lichtquellen die Öffnungen des benutzten Spektrographen stets ganz erfüllen. Auch muß die Justierung gut sein (bei Gittern müssen z. B. die Gitterstriche dem Spalt streng parallel sein). Auch ist das Berühren der Spektrographen in der Zeit zwischen zwei Vergleichsaufnahmen zu vermeiden. Bei Prismenaufnahmen spielt die Krümmung der Spektrallinien eine Rolle, wenn man die Spektra nebeneinander photographiert. Das ganze mittlere Spektrum scheint dann gegen Rot verschoben. Man benutzt darum am besten möglichst schmale Spektra. Bei genauen Ausmessungen muß die Krümmung der Spektrallinien berücksichtigt werden. Häufig kann man ein Vergleichsspektrum entbehren, weil die Lichtquelle selbst, die man untersucht, bekannte Linien enthält. Ein Atlas von ungefähr derselben Dispersion, wie der zur Aufnahme der Spektra benutzte Spektralapparat, leistet in diesem Falle gute Dienste. — Bei allen Aufnahmen ist darauf zu achten, daß die Temperatur sich nicht erheblich, etwa stärker als 0,5° C, während der Expositionszeit ändert. Temperaturänderungen haben sowohl bei Gittern als bei Prismen bedeutende Änderungen der Dispersion und daher Linienverschiebungen zur Folge, die infolge des Wanderns der Linien die Schärfe der Aufnahme verringern, die Expositionszeit vergrößern und die Messungen systematisch fälschen. In der Regel benutzt man im Laboratorium nicht so lange Expositionszeiten, daß es Schwierigkeiten machte, während der Dauer der Exposition die Temperatur konstant zu halten. Eine Kontrolle durch ein in der Nähe des Prismas bzw. Gitters angebrachtes Thermometer ist jedoch in allen Fällen empfehlenswert.

Zur Kenntnis eines Spektrums ist im Prinzip die Bestimmung der Linien und Banden in dem ganzen Wellenlängenbereiche von den längsten ultraroten bis zu den kürzesten ultravioletten Wellen erforderlich, und zwar nach Lage und Intensität. Hierzu kommt die Bezeichnung der Bedingungen, unter welchen das Spektrum hergestellt ist, insbesondere auch Angaben über die Konzentration und Schichtdicke der absorbierenden und emittierenden Substanzen, über den Betrag der Gesamtstrahlung, außerdem noch Normalangaben über die Lichtquelle bei Absorption, Fluorescenz und Phosphorescenz. In der Praxis stößt die Bestimmung aller dieser Daten vielfach auf große Schwierigkeiten, namentlich in den

Grenzbezirken des Spektrums, so daß man sich mit unvollständigen Angaben begnügt. Das wichtigste Mittel zur Beschreibung eines Spektrums besteht in der Angabe der Wellenlängen seiner Linien und Banden oder, wenn diese nicht scharf genug sind, wenigstens des Ortes des Maximums in ihnen. Weniger brauchbar sind Angaben über die Ränder von Banden, da sich diese mit der Art der Beobachtung, der Dauer der Exposition usw. ändern. Bei Absorptionsstreifen liefert die Angabe des Extinktionsindex als Funktion der Wellenlänge die beste Beschreibung. In Ermangelung solcher Messungen gibt man die Wellenlänge und Breite der Absorptionsstreifen bei verschiedenen Schichtdicken und Konzentrationen. Photographiert man eine größere Reihe von Absorptionsspektren desselben Mediums nebeneinander, indem man von Spektrum zu Spektrum die Schichtdicke oder die Konzentration in passender Weise variiert, so erhält man ein qualitatives Bild der Verteilung der Absorptionsstreifen (vgl. weiter unten). Die Lage der Emissionslinien und Banden wird am besten durch Angabe ihrer Wellenlänge beschrieben. Zugleich sucht man die Intensitäten und den Intensitätsverlauf durch Schätzungen in einer Skala von etwa 0 (kleinste Intensität) bis 10 (größte Intensität) sowie durch Intensitätskurven nach willkürlicher Schätzung einigermaßen zu charakterisieren. Die Schätzung der Intensitäten wird erleichtert, wenn man sich eine Skale von Linien auswählt und durch Vergleich mit diesen die abzuschätzende Intensität stets zwischen zwei Stufen der Skala einschaltet. Besser sind photometrische, radiometrische und photographisch-photometrische Messungen, von denen namentlich die letzteren in jüngerer Zeit vielfach angewendet werden. Freilich erfordern sie, wenn sorgfältig ausgeführt, verhältnismäßig umständliche Messungen der Schwärzung und Empfindlichkeit der benutzten Platten.[1]

In der Mehrzahl der Fälle hat man sich bisher auf die relativen Intensitätsschätzungen und die Angabe der Wellenlängen beschränkt. Nach Übereinkunft der meisten physikalischen und astronomischen Gesellschaften (International Union for Cooperation in Solar Research) mißt man im sichtbaren und ultravioletten Spektrum alle Wellenlängen in Ångströmeinheiten = Zehnmilliontel Millimeter = 0,1 $\mu\mu$, so daß die für das sichtbare und ultraviolette Spektrum in Frage kommenden Wellenlängen alle vierstellig vor dem Komma sind. Als Ausgangsnormale dient die rote Linie des Cadmiumspektrums, das man erhält, wenn man eine Geißlerröhre unter ganz bestimmten Bedingungen betreibt (Überschuß des Cd-Metalles, Erhitzung auf 320—300° C usw.). Die Wellenlänge dieser Linie, bezogen auf das Meter, ist gleich 6438,696 I. Å. (internationale Ångströmeinheiten), zum Unterschiede gegen die Wellenlängen des Rowlandschen Systems. An diese primäre Normale sind im Bereiche λ 7000—2900 eine größere Zahl von Linien des Bogenspektrums des Eisens durch Interferenzmessungen angeschlossen worden (Normalen zweiter Ordnung),

[1] Man vgl. z. B. P. P. Koch, Ann. Phys. (4) **38**, 507 (1912); **39**, 705 (1912); **41**, 115 (1913).

die ebenfalls bis auf etwa 1—2 Einheiten der letzten Dezimale als genau angesehen werden können. Zwischen diese Linien wiederum werden mittelst Gittermessung weitere Normalen (dritter Ordnung) eingeschaltet, die ungefähr die gleiche Genauigkeit besitzen sollen. Dieser Teil der grundlegenden Messungen ist noch nicht völlig abgeschlossen. Immerhin ist bereits eine Liste von Eisennormalen vorhanden, die für viele Zwecke völlig ausreicht. Außer den Eisenlinien sind auch einige Nickellinien benutzt worden. Die Schwingungszahlen werden erhalten, indem man die Lichtgeschwindigkeit durch die Wellenlänge dividiert. Da man so zu große Zahlen erhält, benutzt man die Zahl der Wellenlängen pro cm als Maß der Schwingungszahlen. Nennen wir diese ν, die Wellenlängen λ, so ist $\nu = 10^8 \frac{1}{\lambda}$. Im Bereiche des sichtbaren Spektrums werden die Schwingungszahlen hiernach fünfstellig. Die Messungen finden in der Regel in atmosphärischer Luft statt. Infolgedessen hängen die Wellenlängen noch von dem Brechungsexponenten der Luft, und da dieser von der Wellenlänge abhängt, von der Dispersion der Luft ab. Man beseitigt diesen Einfluß oder „reduziert auf das Vakuum", indem man mit dem Brechungsexponenten der Luft multipliziert. Die Wellenlängen vergrößern sich dadurch um Beträge, die bei λ 2000 gleich 0,635 Å.E. sind und bei λ 8000 auf 2,164 Å.E. steigen. Für die meisten analytischen Zwecke kommt man ohne diese Umrechnung aus, indem man relative Wellenlängen benutzt.

Wellenlängenmessungen werden durch Anschluß der unbekannten Wellenlängen an die genannten ausgeführt. Die Aufgabe der Ausmessung der Spektra aller Elemente und Verbindungen in dem genannten Wellenlängensystem ist bisher noch nicht erledigt. Man muß daher vielfach noch die älteren Messungen benutzen. Die besseren unter ihnen sind an das ROWLANDsche System angeschlossen. In dem Handbuche von KAYSER-KONEN findet man Korrektionstabellen, durch die man die älteren, an ROWLAND angeschlossenen Messungen auf das neue System umrechnen kann. Dies geschieht angenähert durch Subtraktion von Beträgen, die von 0,25 Å. im roten Teile des Spektrums bis 0,06 Å. im ultravioletten Teile des Spektrums abnehmen. Genauere Vorschriften zur Umrechnung hat J. HARTMANN gegeben.[1] Der Ausmessung eines Spektrums hat demnach die Wahl des Wellenlängensystems vorherzugehen. Es empfiehlt sich, wenn irgend möglich, die Wellenlängen des internationalen Systems (Eisenlinien) zugrunde zu legen. Ist dies aus irgend einem Grunde nicht erwünscht, z. B. weil man einen Vergleich mit älteren Messungen vornehmen will, ohne umzurechnen, so empfiehlt sich das von HARTMANN ausgerechnete ROWLANDsche System, von dem man jederzeit wieder zu anderen Einheiten übergehen kann.

Auf jeden Fall ist es jedoch erforderlich, ein einheitliches Wellenlängensystem zur Messung zu verwenden, und es ist sehr wünschenswert,

---

[1] J. HARTMANN, Abh. Ges. Wiss. Göttingen, math.-phys. Kl. **10**, Nr. 1, 1916.

wenn außer den gemessenen Linien immer auch diejenigen Linien des Vergleichsspektrums angegeben werden, auf die die Messung bezogen wurde.

Im allgemeinen kann man sagen, daß es für analytische Zwecke genügt, die Linien und Banden von Gasspektren bis auf 0,01—0.02 Å. zu messen. In wenig linienreichen Spektren und bei Benutzung der aus dem Charakter der Linien und der Zahl der gemessenen Linien fließenden Kriterien wird man vielfach mit weit geringerer Genauigkeit auskommen. Insbesondere wird man bei diffusen Linien oder den Emissionsbanden der Fluorescenzspektra, den Absorptionsbanden der Absorptionsspektra in der Regel nur 3—4 stellige Angaben machen können. Andererseits kann es eintreten, zumal, wenn nur eine einzige Linie vorliegt, daß man mit der größten Präzision messen muß, um eine genaue Identifizierung vornehmen zu können. Bei der Bestimmung neuer, bisher nicht bekannter Spektra mit scharfen Linien, muß man eine Genauigkeit von 0,01 Å. oder mehr verlangen.

Wellenlängenmessung. Wegen der Wichtigkeit der Angabe von Wellenlängen sind die Methoden zu ihrer Ermittelung für alle spektroskopischen Arbeiten von besonderer Bedeutung. Bei okularen Messungen, bei denen man immer nur eine mäßige Genauigkeit erreicht (die vierte Stelle erreicht man eventuell), benutzt man entweder graphische Methoden (Wellenlängeneichungskurve einer Skala), oder man verwendet Apparate mit vorher geeichten Schrauben, oder man schließt durch meßbare Verschiebung des Spektrums oder eines Fadenkreuzes die auszumessende Linie an nahe gelegene Linien eines Vergleichsspektrums an. Vermutet man, daß die fragliche Linie einem bestimmten Element angehört, so bestimmt man, ob sie mit einer Linie des betreffenden Elementes koinzidiert, wenn man dessen Spektrum als Vergleichsspektrum verwendet. Besonders bequem zur Kalibrierung von Skalen und Schrauben oder für die Umrechnung von Skalenablesungen in Wellenlängen sind die Dispersionsnetze von Hartmann.[1] Vgl. weiter unten.

Mißt man an Photographien, so kann man unterscheiden, je nachdem das Spektrum normal ist oder nicht. Im ersteren Falle erhält man eine rohe Messung schon, indem man einen Millimetermaßstab auf die auszumessende Photographie legt und die Lage der Linien an ihm abliest. Aus zwei bekannten Linien bestimmt man den Maßstab der Photographie, d. h. die Anzahl der Ångströmeinheiten pro Millimeter Abstand. Hieraus ergeben sich die anderen Wellenlängen, wenn man den Abstand einer gesuchten Linie von einer bekannten mit dem Maßstab multipliziert und das Produkt zu der bekannten Wellenlänge addiert. Vielfach ist der Maßstab der Spektra schon so eingerichtet, daß auf ein Millimeter ein Vielfaches von 10 A. kommt; dann kann man die Wellenlängen ohne Rechnung unmittelbar an dem Maßstab mittelst Lupe ablesen. Anderenfalls empfiehlt es sich, einen Maßstab herstellen zu lassen, der so gewählt ist,

[1] Geliefert in Blocks mit Gebrauchsanweisung von Schleicher & Schüll, Düren.

daß einer Einheit des Maßstabes 1 oder 10 Å. entsprechen. Im Prinzip dasselbe Verfahren schlägt man ein, wenn man nach DE GRAMONT ein Mikroskop benutzt, unter dem man gleichzeitig einen passend geteilten Maßstab und die auszumessende Photographie beobachtet. Auf optischem Wege ist leicht zu erreichen, daß sich die Bilder der Aufnahme und des Maßstabes unmittelbar berühren. Man kann so die Wellenlängen ohne weiteres mit einer Genauigkeit von etwa 0,1 Å. auch bei mäßiger Dispersion an der fertigen Skala ablesen. Einrichtungen dieser Art sind im Handel zu haben.

Fig. 364 gibt als Beispiel die Photographie eines solchen Bildes. Oben sieht man das Bandenspektrum des Stickstoffs in einer Geißlerröhre. In der unteren Hälfte des Bildes sieht man die Skala. Jeder Teil der Skala entspricht 10 AE. Die beigesetzten Ziffern bedeuten Angström-Einheiten.

Dasselbe Verfahren kann man in der Weise modifizieren, wie es von EXNER und HASCHEK geschieht. Man projiziert dazu das auszumessende Spektrum mittelst eines guten Projektionsobjektivs (guter Aplanat) auf einen möglichst ebenen und weißen Schirm (z. B. eine gute Gipsplatte); vor die Gipsplatte bringt man einen auf Glas oder auch Holz gut geteilten Maßstab (mm). Den Abstand des Schirmes von dem Projektionsapparat richtet man so ein, daß einem Millimeter der Skala eine Potenz von 10 Å. entspricht (was immer möglich ist). Man kontrolliert dies mittelst zweier bekannter Linien, indem man die Abstände so variiert, daß die beiden Linien an die ihren Wellenlängen entsprechenden Stellen der Skala fallen. Durch Ablesen von bekannten Linien, z. B. den Linien eines Vergleichsspektrums, überzeugt man sich, daß die Stellung der Platte und des Schirmes so gewählt sind, daß die Skalenstriche des Millimetermaßstabes den ganzen Angströmeinheiten entsprechen. Ist dies nicht genau der Fall, so kann man aus den Korrekturen, die man an den Wellenlängen der bekannten Linien anbringen muß, die Korrektionen für die auszumessenden Linien und so die wahren Wellenlängen ermitteln. Häufig vorkommende Verunreinigungen kann man leicht dadurch ermitteln, daß man die ihnen entsprechenden Linien im richtigen Maßstabe auf ein in Millimeter geteiltes langes Band aufträgt, das auf zwei Trommeln gewickelt ist, die man rechts und links von dem Projektionsschirm aufstellt. Man wickelt alsdann dies Band so ab, daß derjenige Teil, der dem gerade untersuchten Wellenlängenbereich entspricht, sich in genauer Koinzidenz mit den Skalenstrichen des Meßmaßstabes befindet. Bei großer Übung ist es auf die angegebene Weise möglich, Wellenlängenablesungen mit einer Genauigkeit von 0,02 Å.E. etwa zu machen, falls man Aufnahmen mit größeren Gittern verwendet.

In Fig. 365 sieht man z. B. ein Stück eines derartig projizierten Spektrums, ohne die Skala. Oben ist das auszumessende Spektrum. Unten sieht man die Linien des Vergleichsspektrums. Es sind Bogenlinien des Eisens. Die Projektion erfolgt so, daß der mittlere Teil des Bildes auf die Skala fällt.

Die genaueste Ausmessung normaler Platten wird in der Weise vor-

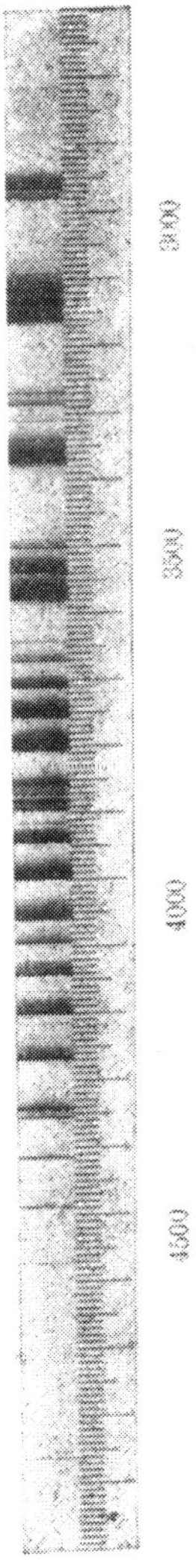

Fig. 364. Bandenspektrum des Stickstoffs.

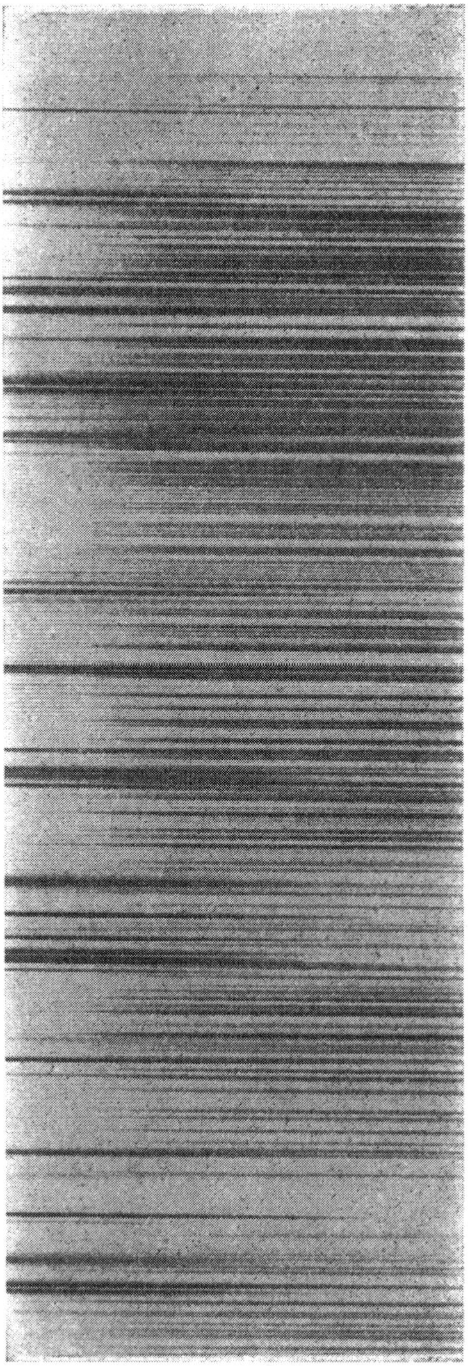

Fig. 365. Ausschnitt der Vergrößerung eines Banden-Spektrums (CO) mit Vergleichsspektrum (Fe).

genommen, daß man mit einer mit Mikroskop versehenen Teilmaschine die Abstände der einzelnen Linien von einer bekannten genau mißt und sie durch lineare Interpolation auf Wellenlängen umrechnet. λ_0 sei die Wellenlänge der bekannten, λ_1 die Wellenlänge einer zweiten, bekannten, möglichst am Ende des auszumessenden Stückes gelegenen Linie; x_0, x_1 seien die entsprechenden Ablesungen an der Teilmaschine, λ die gesuchte Wellenlänge und x die ihr entsprechende Ablesung. Dann ist

$$\lambda = \lambda_0 + c(x - x_0), \quad \text{wo} \quad c = \frac{x_1 - x_0}{\lambda_1 - \lambda_0}.$$

Zur Ausmessung sind besondere Teilmaschinen konstruiert worden, die von den Firmen Töpfer, Wolz, Hilger, Fuess, Heele u. a. geliefert werden, allerdings recht kostspielig sind. Bei ausgedehnten Messungen ist die Benutzung eines Registrierapparates zum Aufschreiben der Trommelablesungen sehr zweckmäßig. Zur Ausrechnung bedient man sich am besten einer Rechenmaschine. Man mißt stets zwischen zwei bekannten Normalen und bestimmt neben den Linien des auszumessenden Spektrums zugleich eine Anzahl Linien des Vergleichsspektrums. Die Fehler dieser Linien liefern eine Ausgleichskurve, aus der man die an den berechneten Werten anzubringenden Korrektionen abliest. Bei größeren Gitteraufnahmen und Ausmessung in Stücken von etwa 300 A. sind die anzubringenden Korrektionen stets klein. Man erreicht durch gute Messungen an geeigneten Linien auf die genannte Weise Zahlen, die bis auf 1 bis 2 Tausentel A. genau sind.

Etwas umständlicher ist die Ermittelung von Wellenlängen an nicht normalen Spektren, z. B. an Prismenaufnahmen. Auch hier kann man zunächst rein empirisch verfahren, indem man mittelst bekannter Linien eine Wellenlängenkurve aufstellt, deren Abszissen die gemessenen linearen Abstände der Linien von einer bekannten Linie und deren Abszissen die Wellenlängen sind. Aus dieser Kurve entnimmt man die zu einer gegebenen Ablesung gehörige Wellenlänge. Statt dessen kann man auch direkt einen vorher passend geteilten Maßstab mitphotographieren oder in der bereits früher besprochenen Weise zugleich mit der Photographie unter einem passend eingerichteten Mikroskop beobachten. Oder man kann aus den Wellenlängen zweier nahegelegener Linien des Vergleichsspektrums durch lineare Interpolation die Wellenlänge der zwischengelegenen Linie ableiten. Weiter kann man auch das Projektionsverfahren benutzen und durch Neigung der untersuchten Platte gegen die Achse des Projektionsapparates den Einfluß der ungleichen Dispersion kompensieren. Näheres über dies letztere Verfahren findet man in den Lehrbüchern der Spektroskopie. Genauere Methoden beruhen auf der Anwendung einer geeigneten Dispersionsformel. Als solche hat sich die Hartmann-Cornusche Formel am meisten bewährt. Dieselbe lautet:

$$\lambda = \lambda_0 + \frac{c}{(x + x_0)^{1/a}}.$$

Hier bedeutet λ_0 eine Konstante; λ bedeutet die gesuchte Wellenlänge.

x ist der von einer bestimmten Stelle des Spektrums an gemessene lineare Abstand, z. B. die Ablesung an einem Maßstabe, auf den man das Spektrum projiziert oder die Ablesung an einer Teilmaschine; c eine zweite Konstante, desgleichen x_0 eine dritte. α ist eine Zahl, die nur wenig variiert und etwa zwischen 0,5 und 1,5 liegt. Bei Glasspektrographen und in dem Bereiche des Spektrums, für den Glas noch durchlässig ist, kann man α in der Regel gleich 1 setzen. Im Ultraviolett, z. B. bei Quarzapparaten, hat α Werte, die in der Nähe von 1,5 liegen, falls man das ganze Spektrum auf einmal mißt. Bei Einteilung in kleinere Stücke genügt $\alpha = 1$. Schreibt man die Formel in der Gestalt

$$(\lambda - \lambda_0)^\alpha (x + x_0) = c ,$$

so sieht man, daß sie eine hyperbolische Kurve darstellt, deren Asymptoten durch die Werte $\lambda = \lambda_0$ und $x = x_0$ gegeben sind, d. h. die Dispersion nimmt mit abnehmenden Wellenlängen zu. Die Kurve der λ steigt mit Annäherung an das rote Ende des Spektrums steil an. Wie aus dem Vergleich mit den theoretischen Dispersionsformeln hervorgeht, hat λ_0 die Bedeutung der Wellenlänge des Absorptionsmaximums im Ultraviolett, durch das der Verlauf der Dispersion im Sichtbaren bedingt wird. Doch wird durch den Einfluß der Stellung des Prismas und der Neigung der Platte gegen die Kameraachse die Bedeutung der Konstanten geändert.

Für viele Zwecke ist die Benutzung des HARTMANNschen Dispersionsnetzes sehr bequem, insbesondere dann, wenn man nur angenäherte Wellenlängenbestimmungen machen will.[1] Diesem Netze ist die Formel

$$x = x_0 + \frac{1\,000\,000}{\lambda - 2000}$$

zugrunde gelegt, die etwa dem Verhalten von Prismenaufnahmen mit Prismen aus Glas und achromatischen Linsen entspricht. Die Ordinaten sind in Millimeter geteilt, die Abszissen sind nach der Regel

$$x = x_0 + \frac{1\,000\,000}{\lambda - 2000}$$

berechnet, indem für λ verschiedene Werte eingesetzt wurden; x_0 ist der der größten Wellenlänge der Tafel entsprechende Wert. Er ist von den anderen abgezogen. Trägt man nun irgendwelche, im prismatischen Spektrum gemessene Größen, z. B. Brechungsexponenten oder die mittelst Schraubenablesungen gemessenen Abstände von Linien, in das Netz als Ordinaten ein, indem man die Wellenlängenteilung als Abszissen verwendet, so erhält man eine genau oder nahezu geradlinige Kurve. In vielen Fällen genügt es schon, zwei Funktionswerte einzutragen und durch eine Gerade zu verbinden. Genauere Resultate erhält man, wenn man drei Funktionswerte einträgt. Wenn diese nicht schon auf einer Geraden liegen, die dann die Interpolationskurve wäre, so legt man eine möglichst glatte Kurve hindurch und verbindet zwei um 1000 Å. voneinander ent-

---

[1] Diese „Dispersionsnetze“ werden in Blocks von 50 Stück geliefert von Schleicher & Schüll in Düren, und zwar in zwei Ausgaben, A für das sichtbare Spektrum λ 3750 bis λ 7700 und B für das photographische Spektrum λ 3870 bis λ 5000.

fernte Punkte durch eine Gerade (Sehne). Den größten Abstand der Sehne von der Kurve zieht man in der Abszissenrichtung in Angströmeinheiten ab. Je nachdem die Sehne nach der Seite der größeren oder kleineren Wellenlängen, gerechnet von der Kurve aus, liegt, vermehrt man die vorgedruckten Wellenlängen um $\frac{1}{4} D \times 100$ Å., wobei man $\frac{1}{4} D$ (abgelesene Differenz) auf die nächste ganze Zahl abrundet. Liegen die drei Funktionswerte (Schrauben- oder Skalenablesungen) auch jetzt noch nicht genau auf einer Geraden, so wiederholt man das Verfahren nochmals.

Verwendet man das Netz zur angenäherten Berechnung des Wertes λ_0 bei dem weiter unten besprochenen rechnerischen Verfahren, so ist λ_0 gleich $2000 \pm w$, wenn $\pm w$ die an der Bezifferung der Abszissen vorgenommenen Änderungen bedeutet.

Will man die volle Genauigkeit ausnützen, deren eine Messung mit Teilmaschine an einer Prismenaufnahme fähig ist, so muß man die Konstanten der Formel exakt berechnen. Man wählt dazu für α einen plausiblen Wert, also etwa für eine Aufnahme mit Quarzspektrograph (ein Prisma, einfache Linsen) $\alpha = 1{,}5$, für einen Glasspektrographen oder kürzere Stücke des Spektrums $\alpha = 1$ und setzt auch für λ_0 einen plausiblen Wert ein, den man etwa mit Hilfe eines Dispersionsnetzes findet. Nunmehr berechnet man aus zwei Linien λ_1 und λ_3 und den zugehörigen Schraubenablesungen x_1 und x_3 Werte für c ($\log c$) und für x_0. Berechnet man dann mittelst des Wertes x_0 und mittelst der Wellenlänge λ_3, die zu einer dritten, zwischen den beiden zuerst genannten liegenden Linie gehört, sowie unter Verwendung des gefundenen Wertes von $\log c$ wiederum x_0, so erhält man im allgemeinen einen anderen Wert x_0' als das erstemal. Die Differenz beider Werte oder Δx_0 hängt ersichtlich von der Wahl des versuchsweise eingesetzten λ_0 ab. Man macht daher einen zweiten Versuch, indem man einen etwas verschiedenen Wert von λ_0 benutzt. Dann erhält man auf demselben Wege einen anderen Wert $\Delta' x_0$. Die Differenz der Werte $\Delta x - \Delta' x_0$ entspricht der Differenz der Werte λ_0. Man berechnet nunmehr aus der regula falsi die an λ_0 anzubringende Korrektion. In der Regel wird man damit schon die definitiven Werte von x_0, λ_0 und α gefunden haben, d. h. die berechnete Formel wird die drei gewählten Linien richtig darstellen. Wenn nicht, so wiederholt man das Verfahren nochmals mit den verbesserten Werten. Man erhält so eine Formel, die sich den drei zur Berechnung dienenden Normalen genau anschließt. Berechnet man nun mittelst einer der Normalen und der Formel weitere Normalen, etwa Linien des Eisenspektrums, und bildet die Differenzen zwischen den berechneten und den bekannten Werten der Wellenlängen, so sind entweder diese Differenzen bald positiv, bald negativ und unregelmäßig verteilt. In diesem Falle hat man erreicht, was durch die Formel zu erreichen ist. Oder aber die Differenzen zeigen einen deutlichen Gang, sind z. B. positiv zwischen der ersten und zweiten Normale, negativ zwischen der zweiten und dritten. In diesem Falle kann man den Anschluß durch Wahl eines anderen Wertes α verbessern. Da sich der Verlauf der Interpolationskurve nur langsam mit α ändert, so genügt es, runde Werte für α einzusetzen, also α in ganzen Zehnteln zu variieren.

Das Verfahren ist etwas umständlich, wenn es zum ersten Male bei einer mit einem bestimmten Prismenapparat gemachten Aufnahme ausgeführt wird. Es vereinfacht sich jedoch bedeutend, wenn man öfter Aufnahmen mit demselben Apparat herstellt und ausmißt, wie es in der Praxis meist der Fall sein wird. Man verwendet dann zweckmäßig stets dasselbe Vergleichsspektrum (z. B. Bogenspektrum des Eisens) und mißt die Platten stets in der gleichen Lage auf der Meßmaschine aus. Alsdann haben λ_0 und x_0 stets nahezu dieselben Werte und das Probieren ist überflüssig. Wird viel gemessen, so berechnet man zweckmäßigerweise eine Wellenlängentabelle mit Hilfe der einmal gefundenen Formel, die für die ganzen und zehntel Umdrehungen der Meßschraube unmittelbar die Wellenlängen ergibt. Zwischen den Werten der Tabelle interpoliert

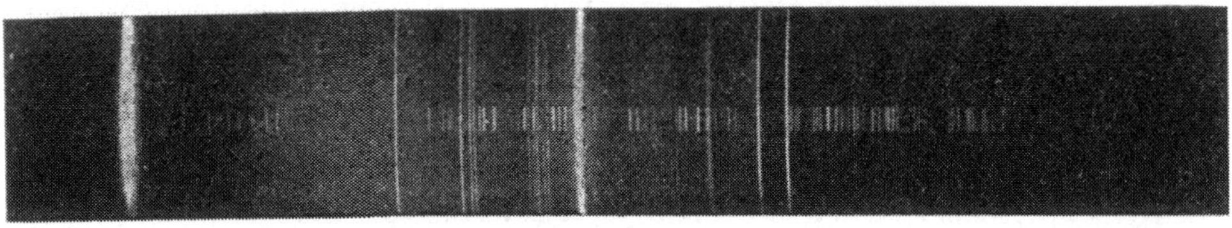

Fig. 366. O H Flamme, gefärbt mit Ca, lange Wellen links. Ein Prisma. Eisenbogen als Vergleichsspektrum.

man linear. Die Dispersion aller Prismenapparate hängt in hohem Maße von der Temperatur ab. Aus diesem Grunde berechnet man, wenn in dem Beobachtungsraume Temperaturdifferenzen von mehreren Graden auftreten, je eine Photographie bei mittlerer, tiefer und höherer Temperatur. Hat man dann festgestellt, bei welcher Temperatur die auszumessende Aufnahme angefertigt worden ist, so kann man zwischen den zu den verschiedenen Temperaturen gehörenden Wellenlängen wiederum linear mittelst einer kleinen Differenzentafel interpolieren. In allen Fällen, wo man mit einem fest aufgestellten Prismenapparat viele Aufnahmen mit möglichst großer Genauigkeit ausmessen will, ist die Anlage einer derartigen Berechnungstafel empfehlenswert. Mit Hilfe der HARTMANNschen Formel und sorgfältiger Berechnung lassen sich schon mit einem einzigen Prisma im Ultraviolett die Hundertel Ångströmeinheiten bestimmen. Das Verfahren ist einstweilen noch mehr in astronomischen Kreisen eingebürgert, wird jedoch überall Anwendung finden, wo aus irgendwelchen Gründen Prismenapparate vorgezogen werden und möglichst genaue Messungen erwünscht sind.

Ein Bild des Aussehens einer Prismenaufnahme mit Vergleichsspektrum geben die beiden nebenstehenden Figuren. In Fig. 366 sieht man Linien des Flammenspektrums des Calciums (die langen Linien), die roten Wellen nach links. Die starke Linie in der Mitte des Bildes ist die Flammenlinie λ 4227. Die kurzen Linien des mittleren Streifens sind

Linien aus dem Bogenspektrum des Eisens, das als Vergleichsspektrum dient. Bei linienreicheren Spektren ist eine zweite Art der Benutzung des Vergleichsspektrums zweckmäßiger, die in Fig. 367 wiedergegeben ist. Man sieht hier die Vergrößerung einer Prismenaufnahme. In der Mitte befindet sich das auszumessende Spektrum, hier das Spektrum des SiF_4, gemischt aus Banden und Linien. Auf beiden Seiten sieht man als Vergleichsspektrum das Bogenspektrum des Eisens. Zur Orientierung sind einige Linien bezeichnet.

Alle beschriebenen Verfahren haben zur Voraussetzung, daß man Linien hat, die schmal genug sind, um an einer Skala oder im Gesichtsfelde eines Mikroskops mit hinreichender Genauigkeit gemessen zu werden. In vielen Fällen ist das nicht möglich. In Bandenspektren z. B. ist häufig die Zahl der Linien so groß, und die Linien liegen so dicht, daß eine Ausmessung aller Linien unmöglich ist. In diesem Falle behilft man sich damit, daß man die Wellenlängen der Kanten von Banden mißt, falls solche vorhanden sind, d. h. der Linien, von denen aus die Kannelierung beginnt. Es ist dann zugleich die Richtung der Abschattierung anzugeben, d. h. die Richtung im Spektrum, nach der hin die Intensität der Bandenlinien abnimmt. Häufig tritt der Fall ein, daß die Linien in der Nähe der Kante so dicht liegen, daß sie nicht völlig in Einzellinien aufgelöst werden. Es ist üblich, in diesem Falle auf die Grenze zwischen Helligkeit und Dunkelheit einzustellen, obwohl das Verfahren theoretisch nicht einwandfrei ist. Wieder in anderen Fällen erscheint die Grenze der Bande nur bei Anwendung mäßiger Auflösung scharf. Sobald man stärkere Vergrößerung anwendet, lösen sich die Linien in der Nähe der Kante auf und man ist zweifelhaft, von welcher Einzellinie an man die Bande rechnen soll. Endlich besitzen Banden häufig überhaupt keine deutliche Kante. Man findet ein unregelmäßiges Gewirr von Linien. Oder die Bande wird nicht aufgelöst und alle Linien fließen ineinander. Es können dann unter Umständen Bilder mit willkürlicher Intensitätsverteilung entstehen, je nach Apparat und Spaltbreite, so daß nur die Angaben eines und desselben Apparates miteinander verglichen werden können. Allgemeine Regeln für die Deutung und Ausmessung derartiger Bilder lassen sich nicht geben. Eine Erläuterung des Gesagten gewinnt man durch Vergleich der Fig. 364 mit der Fig. 368, die ein kleines Stück der bei λ 3580 beginnenden Stickstoffbande bei Benutzung größerer Auflösung darstellt. Die Orientierung ist die gleiche. Die Wellenlängen wachsen nach links. Das Aussehen der Banden, besonders an der Kante, ist scheinbar ein ganz verschiedenes.

Absorptionsspektra. Bei der Bearbeitung der Absorptionsspektra spielt die im vorstehenden beschriebene Wellenlängenmessung im allgemeinen eine geringere Rolle, weil erstens die Zahl derjenigen Körper, die infolge genügend scharfer Absorptionsstreifen für eine exakte Wellenlängenmessung in Frage kommen, verhältnismäßig klein ist, und zweitens, weil infolge der Abhängigkeit der Absorption von Konzentration, Schichtdicke, Druck und Temperatur mit einer Wellenlängenmessung bei ganz

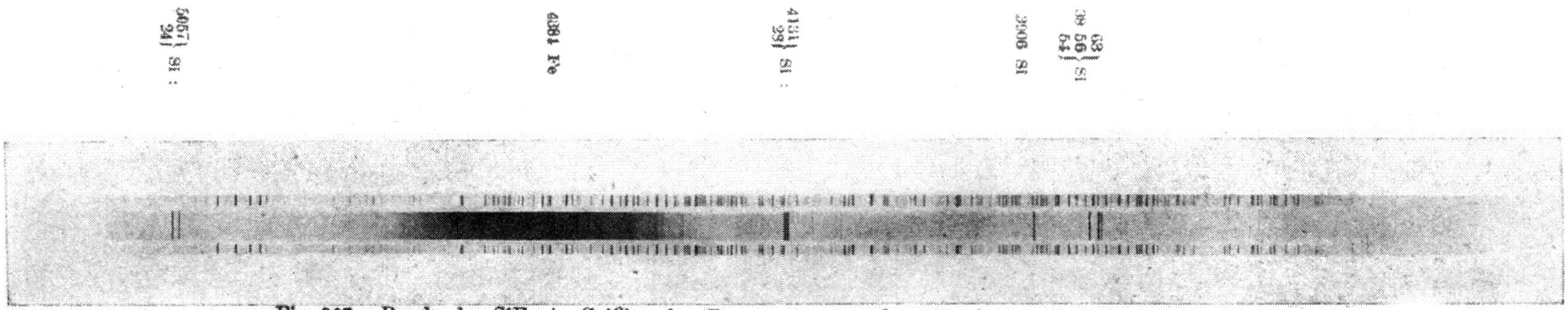

Fig. 367. Bande des SiF_4, in Geißlerrohr (Eberhard), vergrößert Eisenbogen als Vergleichsspektrum.

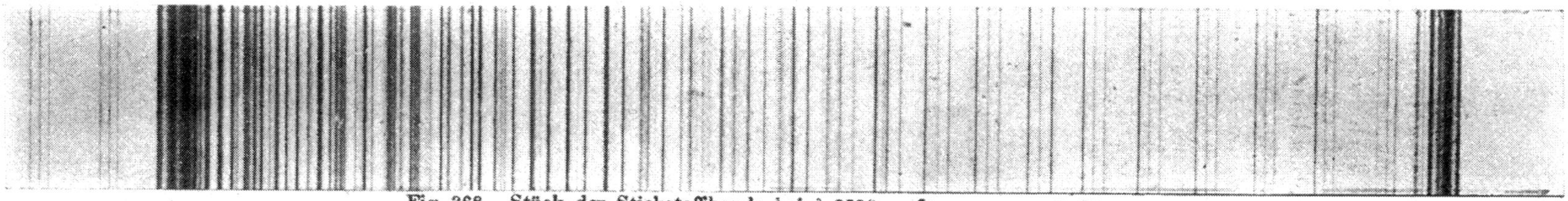

Fig. 368. Stück der Stickstoffbande bei λ 3580, aufgenommen mit Gitter.

speziell gewählten Versuchsbedingungen an sich noch nicht viel gewonnen ist. Aus diesem Grunde soll von der Bearbeitung der Absorptionsspektra, noch weiterhin bei Besprechung der Veränderlichkeit der Absorptionsspektra die Rede sein und hier nur kurz das erwähnt werden, was sich unmittelbar auf die Wellenlängenmessung bezieht.

Absorptionslinien von der Schärfe der Emissionslinien besitzen eine Reihe von Gasen und Dämpfen, z. B. die Luft, der Wasserdampf, die Kohlensäure, Chlor, Brom, Jod, die Dämpfe von Schwefel, Selen, Tellur, Natrium, Kalium, Rubidium, Cäsium, Cadmium und Quecksilber. Außerdem kennt man Absorptionsspektra der meisten anderen Elemente, die jedoch nur unter besonderen Bedingungen erhalten werden und praktisch nur als Bestandteile des Sonnenspektrums (FRAUNHOFERsche Linien) eine

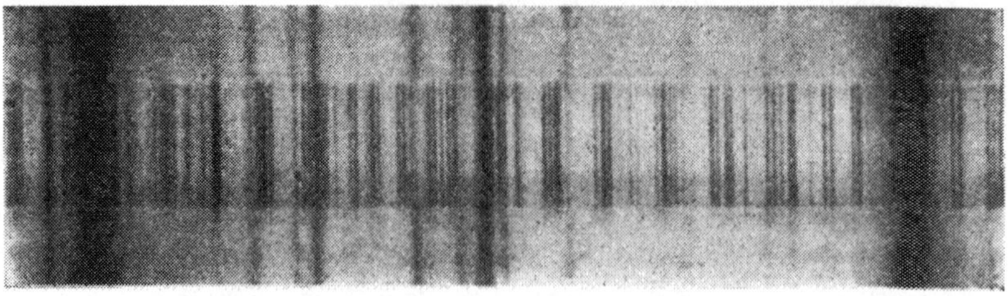

Fig. 369. Absorptionsspektrum des Joddampfes zwischen den beiden *D*-Linien des Sonnenspektrums.

Rolle spielen. Dasselbe läßt sich von den Absorptionsspektren von N, O, H_2O, CO_2 sagen, die praktisch nur als tellurische (terrestrische) Linien des Sonnenspektrums Bedeutung für die Laboratoriumspraxis haben. Man vergleiche dafür weiter unten die Bemerkungen über das Sonnenspektrum. Die Halogene, sowie manche ihrer Verbindungen liefern schon als sehr verdünnter Dampf überaus linienreiche Bandenspektra, deren Einzelheiten nur bei hoher Auflösung erkannt werden und nach den gleichen Methoden wie die Emissionsspektra der Wellenlängenmessung unterliegen. Die Einzelheiten ändern sich übrigens stark mit dem Druck, der Temperatur, dem Wechsel fremder, beigemengter Gase und der Schichtdicke. Ähnliches gilt von den Absorptionsbanden und -linien der Dämpfe von S, Se, Te, K, Na, Rb, Cs, Cd, Hg. Einen Begriff von der Anzahl und Feinheit der gemeinten Absorptionslinien gibt Fig. 369. In der Mitte derselben sieht man die Absorptionslinien des Joddampfes, aufgenommen mittelst des Sonnenspektrums. Die das ganze Bild durchziehenden Linien sind FRAUNHOFERsche Linien. Unter ihnen sind die *D*-Linien (Na) bezeichnet. 1 Å.E. entspricht etwa ein Abstand von 14 mm im Bilde, so daß Jodlinien in einem Abstande von 0,5 mm sich nur um etwa 0,04 Å unterscheiden.

Geringere Meßgenauigkeit und daher auch geringere Auflösung ist erforderlich bei einer zweiten Art von Absorptionsspektren, deren

Linien sehr viel breiter sind als diejenigen der genannten Dämpfe. Hierhin gehören zunächst die Absorptionsspektra einer Reihe von Mineralien, Kristallen und Gläsern, die entweder zu den seltenen Erden gehören, wie deren kristallisierte Salze, oder geringe Mengen seltener Erden in fester Lösung enthalten, z. B. Tysonit oder sogenanntes Didymglas. Bei zahlreichen Kristallen hängt außerdem das Absorptionsspektrum von der Kristallform ab, d. h. es ist verschieden je nach der krystallographischen Orientierung der Beobachtungsrichtung. Dies ist zu beachten, sowohl wenn man Platten benutzt, die aus dem betreffenden Material geschnitten sind, wie wenn man Stücke an natürlichen Flächen oder Kanten untersucht. Weiter gehören von festen Körpern in diesem Zusammenhang eine Reihe farbiger Verbindungen seltener Erden, sowie fester Lösungen gewisser Metalle (z. B. des Chroms im natürlichen oder künstlichen Rubin). Die ersteren zeigen Linien sowie relativ scharfe Banden im Reflexionsspektrum, die letzteren je nach dem Material in Reflexion oder Absorption.

Endlich zeigen die Lösungen an Salzen seltener Erden ähnliche, aus Linien zusammengesetzte Absorptionsspektra.

Man kann im allgemeinen sagen, daß die Absorptionslinien der festen Körper schärfer sind als diejenigen der Flüssigkeiten und weiter, daß die Absorptionslinien um so schärfer werden, je tiefer die Temperatur ist (Kühlung mit flüssiger Luft). Allein auch die schärfsten Linien sind immer noch so breit, daß eine Meßgenauigkeit von 1 bis 0,1 A.E. die obere Grenze des Erreichbaren darstellt.

Die Ausmessung dieser Art von Spektren ist daher bei mittlerer bis kleiner Dispersion, im übrigen nach den geschilderten Methoden vorzunehmen.

Die Mehrzahl der festen und flüssigen Körper besitzt noch eine dritte Art von Absorptionsspektren, bei denen je nach Schichtdicke und Konzentration mehr oder minder breite Teile des Spektrums absorbiert werden. In vielen Fällen beginnt die Absorption im sichtbaren Teile des Spektrums und erstreckt sich ohne okular oder photographisch erkennbare zweite Grenze entweder nach dem violetten oder nach dem roten Ende des Spektrums. Eine solche Absorption wird herkömmlicherweise einseitige Absorption genannt. Erstreckt sich die Absorption über das ganze sichtbare Spektrum (z. B. Glas, Rauchglas, trübe Medien), so ist natürlich jede Wellenlängenmessung ausgeschlossen. An ihre Stelle tritt die Ermittelung des Absorptionsvermögens (vgl. den Artikel: Absorptionsvermögen in diesem Handbuche sowie weiter unten). Allein auch bei einseitiger Absorption läßt sich höchstens die Grenze der beginnenden Absorption messen. Da ihre Lage jedoch außer von der Schichtdicke und Konzentration von der Untersuchungsmethode abhängt, so haben Angaben über die Lage der Grenze der Absorption nur relativen Wert. Es gilt das gleiche wie für den nunmehr zu besprechenden Fall, daß beide Grenzen eines Absorptionsstreifens in den Bereich des sichtbaren oder photographisch fixierten Spektrums fallen. Zunächst leuchtet ein, daß es nicht genügt, bei einer einzigen Schichtdicke zu arbeiten. Denn wenn das untersuchte Spektrum mehrere Absorptionsstreifen besitzt, so werden die schwachen Streifen unter ihnen erst bei relativ großen Schichtdicken (Konzentrationen) sichtbar, wenn die starken bereits verbreitert erscheinen. Besitzt ferner ein Absorptionsstreifen überhaupt ein ausgesprochenes Maximum, so liegt dies offenbar an derjenigen Stelle, an der bei steigender Schichtdicke die Absorption zuerst in die Erscheinung tritt. Die Wellenlänge dieser Stelle ist also zu bestimmen, wenn eine Wellenlängenmessung eines derartigen Absorptionsspektrums beabsichtigt ist. Diese Bestimmung stößt jedoch deshalb auf Schwierigkeiten, weil in der Nähe des Absorptionsmaximums der Helligkeitsgradient am kleinsten ist.

Das folgende, zuerst von W. N. Hartley systematisch angewendete Verfahren hat sich durch seine Einfachheit besonders eingebürgert. Es hat den Vorteil, nicht nur den Ort der Absorptionsmaxima, sondern auch den ungefähren Verlauf der Absorptionsstreifen zu liefern. Die Methode ist zweckmäßig die photographische, als Apparat dient ein Prismenspektrograph, z. B. ein Spektrograph mit einem Quarzprisma.[1] Es wird vorausgesetzt, daß dieser Apparat richtig justiert sei und daß man eine genügend konstante Lichtquelle verwendet (etwa einen gleichmäßig brennenden Eisenbogen). Man arbeitet mit engem Spalte. Durch Vorversuche überzeugt man sich von dem Bereich der Konzentration, die praktisch in Frage kommt. Mit der größten Konzentration beginnt man. Die Flüssigkeit befindet sich in einem Gefäße, dessen Schichtdicke meßbar verringert werden kann, etwa von 100—5 mm. Für sehr stark absorbierende Körper verwendet man die S. 520 erwähnten, mikrometrisch verstellbaren Gefäße. Man verringert, indem man zuerst größere, dann kleinere Schritte macht, etwa 100, 80, 50, 40, 35, 30, 25, 20, 17, 15, 12, 10, 8, 6, 5 mm. Bei jeder Schichtdicke macht man unter Anwendung gleicher Expositionszeit je eine Aufnahme, indem man nach jeder Aufnahme die Kassette so viel verschiebt, daß die einzelnen Spektra sich fast berühren, nicht jedoch überdecken. Nach Beendigung der Exposition wird die Platte entwickelt. Ist das letzte Spektrum (bei der geringsten Schichtdicke) vollständig zu sehen, zeigt es keine Absorption mehr, so ist die Aufnahme beendet. Anderenfalls fertigt man eine zweite ähnliche Aufnahme bei Benutzung geringerer Konzentration (etwa 0,1 der ersten) auf die gleiche Weise an und so fort, bis eines der Eisenbogenspektra keine Absorption mehr zeigt. Kann man die Gültigkeit des Beerschen Gesetzes annehmen, ist also eine Verringerung der Konzentration der entsprechenden Verringerung der Schichtdicke äquivalent, so lassen sich alle Aufnahmen auf die gleiche Konzentration umrechnen. In jedem einzelnen Spektralstreifen sucht man die Grenzen beginnender Absorption auf. Benutzt man ein Linienspektrum, z. B. dasjenige des Eisens als Lichtquelle, so bestimmt man mittelst einer vorher kalibierten Hilfsplatte die Wellenlänge der Linie, bei der die Absorption gerade sichtbar wird. Verwendet man eine kontinuierliche Licht-

[1] Man vergleiche hierzu das ausgezeichnete Buch: H. Ley, Die Beziehungen zwischen Farbe und Konstruktion bei organischen Verbindungen. 246 S. Leipzig 1911, S. Hirzel.

quelle, so muß man durch gleichzeitige Aufnahme von Vergleichsspektren, z. B. des Eisenbogens am Beginn und Schluß jeder einzelnen Serie von Aufnahmen oder zwischen je 2 Einzelaufnahmen die Wellenlängenbestimmung ermöglichen.

Wenn man unter Benutzung des Beerschen Gesetzes auf eine einzige Konzentration umrechnet, so erhält man für beide Ränder eines Absorptionsstreifens eine Reihe von Wellenlängen, deren jede einer bestimmten Schichtdicke entspricht. Trägt man also nun die Wellenlängen als Abszissen, die Schichtdicken als Ordinaten ein, so erhält man durch Verbinden der betreffenden Punkte eine Kurve, die den Verlauf der Absorption bis

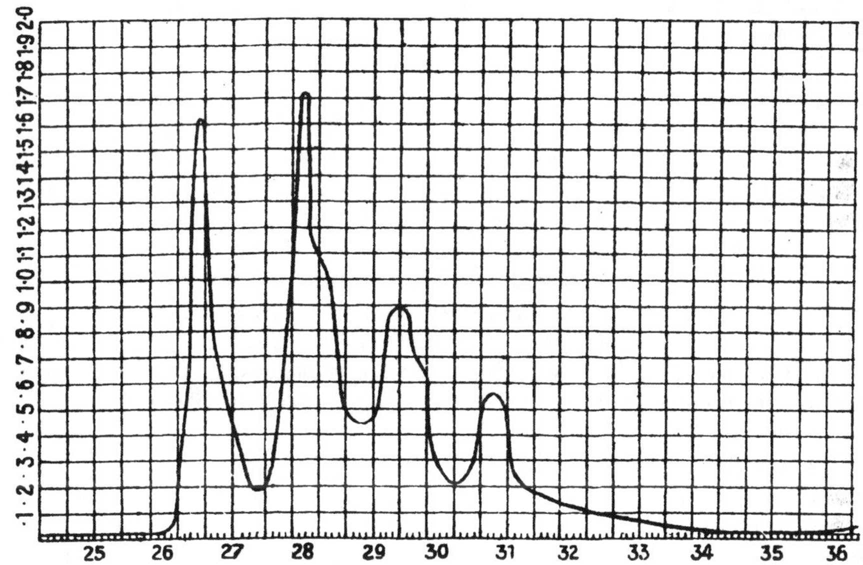

Fig. 370. Absorption des Anthracens in alkoholischer Lösung.

zu einem gewißen Grade quantitativ darstellt und zugleich die Wellenlängen der Absorptionsmaxima abzulesen gestattet.

Es hat sich jedoch gezeigt, daß es zweckmäßiger ist, statt der Wellenlängen die Schwingungszahlen als Abszissen zu wählen. Das Aussehen der Kurven entspricht dann mehr dem Aussehen der prismatischen Spektra; außerdem zeigt es sich, daß die Gesetzmäßigkeiten in Spektren im allgemeinen besser in der Skala der Schwingungszahlen ihren Ausdruck finden, als in derjenigen der Wellenlängen. Die Kurven, in denen die Schichtdicken in Millimeter der schwächsten Lösung, als Ordinaten zu den Schwingungszahlen eingetragen sind, werden nach Hartley, wohl nicht sehr glücklich, molekulare Schwingungskurven oder Kurven der Molekularschwingungen genannt. Es ist nach dem Vorgang von Lord Rayleigh und Baly zweckmäßiger und neuerdings auch allgemein üblich, an Stelle der Schichtdicke deren Logarithmen als Ordinaten einzutragen. Man erhält so deutlichere und übersichtlichere Bilder, wie übrigens auch vorauszusehen ist, wenn man bedenkt, daß die Absorptionen in arithmetischer Reihe wachsen, wenn die Schichtdicken in geometrischer Reihe zunehmen. Diese Kurven werden auch wohl Absorptionsgrenzkurven, Schwingungskurven, molekulare Absorptionskurven genannt. In Fig. 370 ist der Verlauf einer derartigen Absorptionskurve für eine alkoholische Lösung des Anthracens angedeutet. Die Ordinaten geben nicht direkt die Logarithmen, sondern diesen proportionale Zahlen.

Statt der Log der Schichtdicken nimmt man wohl auch die Log des Produktes aus Schichtdicke und Konzentration. Statt der Wellenlängen der letzten noch durchgelassenen Linie nimmt man wohl auch die Wellenlänge der Linie, bei der die Absorption einen bestimmten, abgeschätzten oder gemessenen Betrag, etwa 50%, erreicht.

Das beschriebene Meßverfahren ist offenbar eine vereinfachte Art der photographischen Photometrie. Sein Vorzug beruht auf seiner Einfachheit und der Erfahrung, daß für viele chemische Zwecke die Kenntnis der allgemeinen Lage und Form eines Absorptionsstreifens genügt. Die Mängel des Verfahrens beruhen erstens darauf, daß man vom Schwellenwert der photographischen Platte abhängig ist, unterhalb dessen man keinen Eindruck der durch das absorbierende Medium gehenden Strahlen auf die Platte erhält. Dieser Schwellenwert ist außerdem von der Wellenlänge, also der untersuchten Spektralregion abhängig. Zweitens ist die Energieverteilung in dem benutzten Emissionsspektrum von Einfluß. Dies zeigt sich namentlich bei der Benutzung diskontinuierlicher Spektra, wie des oben beschriebenen Eisenbogens. In einem solchen Spektrum befinden sich stets weniger linienreiche oder schwächere Gegenden. Fällt die Grenze des Absorptionsvermögens an eine solche Stelle, so läßt sie sich nur schwer wahrnehmen und ungenau in ihrer Lage bestimmen. Auch können derartige linienarme Stellen Absorptionsstreifen vortäuschen. In Zweifelsfällen ist eine Kontrollmessung mit einer zweiten Lichtquelle, z. B. einem Funken oder einem Nickelstahlbogen, zu empfehlen. Auch ist es erforderlich, bei einer über mehrere Platten ausgedehnten Versuchsreihe stets die gleiche Plattensorte und die gleichen Entwicklungsvorschriften zu benutzen und dafür zu sorgen, daß die Lichtquelle gleichförmig brennt. Im Prinzip ist deshalb eine Lichtquelle mit kontinuierlichem Spektrum die beste. Doch reichen, wie bereits erwähnt, die üblichen Lichtquellen für die meisten Zwecke nicht weit genug ins Ultraviolett, mit Ausnahme des Unterwasserfunkens. Da die meisten Absorptionsspektra jedoch gerade im Ultraviolett charakteristische Absorption besitzen, so ist man in der Regel gezwungen, diese Spektralregion mit zu berücksichtigen.

Endlich sei auf den Zusammenhang der erwähnten Kurven mit den Absorptionskonstanten hingewiesen.[1] Geht man aus von der Bestimmung der Stellen, in denen das Intensitätsverhältnis der durchgehenden zur ursprünglichen Strahlungsintensität entweder gleich einem bestimmten Wert, etwa 50%, oder von der Bestimmung der Stellen, in denen die durch-

---

[1] Vgl. hierzu T. Retschinsky, Ann. Phys. (4) 42, 1580 (1913).

gelassene Strahlung gleich dem Schwellenwert der photographischen Platte ist, so hat man, wenn J die durchgelassene, J_1, die ursprüngliche Strahlung, d die Schichtdicke, m die molekulare Konzentration, k eine Konstante bedeutet, $J = J_1\ e^{-k\,md}$, falls das Beersche Gesetz gilt.

Für alle Punkte der Hartleyschen Kurven hat man also

$$\frac{J}{J_1} = e^{-k\,md} = \text{const.}, \quad \text{oder} \quad kmd = \text{const.}, \quad \text{oder endlich auch}$$

$$\lg k + \lg md = \text{const.}$$

Man hat also bei dem angegebenen Verfahren in erster Annäherung

$$\log md = \text{const.} - \log k.$$

Hierauf beruht die Bedeutung des als Ordinate benutzten Wertes von lg md.

Von dem geschilderten Verfahren läßt sich auch leicht ein Übergang zur photographischen Photometrie von Absorptionsspektren mittelst Messung der Schwärzung der photographischen Platten gewinnen. Die Methoden hierzu findet man in dem Kapitel: Photographie und Absorptionsvermögen.

Neben dem geschilderten photographischen Verfahren eignen sich natürlich alle spektralphotometrischen Verfahren zur Ausmessung der Absorptionsplatten. Diejenigen Verfahren jedoch, die auf der okularen Bestimmung der Helligkeit beruhen, haben den Nachteil, im Ultraviolett und Ultrarot zu versagen. Außerdem ist die Bestimmung zahlreicher Werte der Absorptionskonstanten über das ganze Spektrum für viele Zwecke zu umständlich und zeitraubend. Für zahlreiche ausgeführte oder vorgeschlagene Verfahren der ultravioletten und ultraroten Photometrie mittelst der Schätzung oder Messung der Schwärzung photographischer Platten, des photoelektrischen Effektes in Metallschichten verschiedener Art, mittelst der Selenzelle usw. sei auf die Lehrbücher der Spektroskopie verwiesen, da die erwähnten Verfahren sich bisher noch nicht eingebürgert haben. Doch sei besonders auf die Arbeiten A. Pflügers[1] verwiesen, der mittelst Quarzapparat und linearer Thermosäule bis zu den kürzesten noch von der Luft durchgelasssenen Wellenlängen absorptionsphotometrische Messungen ausführt, die in relativ kurzer Zeit und wenn die Apparatur einmal justiert ist, mit geringer Mühe auf etwa 1% genaue Werte liefern. Man vgl. im übrigen das Kapitel „Absorptionsvermögen“ dieses Handbuches.

Bei der Untersuchung des ultraroten Teiles versagen die bisher geschilderten Methoden, mit Ausnahme der Untersuchung mittelst der Thermoelemente. Es sei hier der sogenannte kurzwellige Bereich, also der Bezirk von etwa 0,7 μ bis 20 μ berücksichtigt, der in erster Linie Bedeutung gewonnen hat, da die Zahl der hier ausgeführten Untersuchungen relativ am zahlreichsten ist.

Es kommen zwei Verfahren für die Praxis in Betracht, erstens die Untersuchung der Absorptionsspektra und zweitens die Untersuchung der Reflexionsspektra. Die letzteren werden in der Weise erhalten, daß man durch wiederholte Reflexion die Reststrahlen aussondert, d. h. die-

[1] A. Pflüger, Ann. Phys. 13, 890 (1904); Phys. Ztschr. 4, 861 (1903); 5, 34, 71 (1904); für andere Verfahren Kayser, Handbuch, Bd. III, Kap. I. Konen, Lehrbuch § 41 ff.

jenigen Strahlen, die den Gebieten metallischer Reflexion bzw. starker Absorption der untersuchten Substanzen entsprechen. Das erste Verfahren kommt hauptsächlich für Flüssigkeiten, das zweite in erster Linie für feste Körper in Anwendung. Von den zahlreichen Versuchsanordnungen zur Beobachtung der Absorptions- bzw. Reflexionsspektra sei nur eine benannt, die sich besonders bewährt hat und häufiger angewendet worden ist. Man benutzt ein mit Spiegeln ausgestattetes Spektrometer mit einem Prisma aus Fluorit, Steinsalz oder Sylvin. Die Wellenlängenbestimmung geschieht mit Hilfe der bekannten Dispersionskurven der genannten Substanzen und Winkelablesung an dem betreffenden Spektrometer. Je nach dem benutzten Spektralbereich wendet man Fluorit, Steinsalz oder Sylvin an. Als Lichtquelle dient zweckmäßigerweise ein Nernstbrenner ohne Heizspirale. An Stelle des Okulars benutzt man ein Bolometer, besser eine der neueren Thermosäulen oder ein Radiomikrometer. Man liest die Galvanometerausschläge ab, die den einzelnen Punkten des Spektrums entsprechen. Vielfach ist auch eine automatische Registriervorrichtung zu diesem Zwecke benutzt worden. Wenn es auch auf diesem Wege nicht gelingt, feine Einzelheiten der beobachteten Spektra aufzulösen, so erhält man doch Intensitätskurven, die den Verlauf der Absorption bzw. den Intensitätsverlauf in der reflektierten Strahlung deutlich genug wiedergeben, um Schlüsse auf die Analyse oder chemische Konstitution der untersuchten Körper ziehen zu können. Einzelheiten der Versuchsanordnung seien übergangen, da sie im Sinne der hier behandelten Methoden erst noch entwickelt werden muß. Es es sei dafür auf die unten angegebene Literatur verwiesen.[1] Doch zeigen die bisherigen Ergebnisse bereits, daß die Ergiebigkeit der Untersuchung des ultraroten Bezirkes nicht hinter der Bedeutung des ultravioletten zurücksteht, und daß daher die Untersuchung des Ultrarots größere Aufmerksamkeit seitens der Chemiker verdiente. So läßt sich z. B. nachweisen, daß gewissen chemischen Gruppen bzw. Ionen wie dem SO_4-Ion und der CO_3-Gruppe charakteristische Banden entsprechen, die sich sogar an den kristallisierten Salzen der verschiedensten Metalle nachweisen lassen.[2]

---

[1] Kayser-Konen, Handbuch Bd. I, Bd. III, Konen, Lehrbuch § 79 ff. Von der Originalliteratur die Schriften von Langley, K. Angström, H. Rubens und seinen Schülern und Mitarbeitern, Paschen und seinen Mitarbeitern, W. H. Julius, Versl. Kon. Acad. van Wetensch. Amsterdam 1, 1—49 (1892), W. de W. Abney und E. Festing, Phil. Trans. 172, III, 887 (1881) zahlreiche Publikationen von W. W. Coblentz, die älteren zusammengefaßt in dem Buche: Investigations of infra-red spectra, Washington, 7 Teile, 1905—1908. A. H. Pfund, Johns Hopkins Univ.-Circ., 1906, p. 13. A. H. Pfund, Astrophys. J. 24, 19, 1906 u. a. im Laboratorium von J. S. Ames ausgeführte Arbeiten. J. B. Morse, Astrophys. J. 26, 225—248 (1907). H. A. Clark, Astrophys. J. 35, 48—74 (1912). Nyswander, Phys. Rev. 28, 291 (1909). O. Reinkober, Ann. Phys. (4) 34, 345 (1911). F. Gehrts, Ann. Phys. (4) 47, 1059 bis 1088 (1915). Cl. Schäfer und M. Schubert, Ann. Phys. (4) 50, 283—338 (1916); ibid. 339—345 (1916). — Vgl. auch S. Smiles und O. Herzog, Chemische Konstitution und physikalische Eigenschaften, Dresden 1914, p. 440 ff.

[2] Hierzu in erster Linie die Untersuchungen von Cl. Schäfer und M. Schubert, Ann. Phys. (4) 50, 283 ff. (1916).

2. Beschreibung der Spektra, Arten der Spektra. Zu wünschen ist, daß jede Messung eines Spektrums von einer Beschreibung des Aussehens und der relativen Intensität der Linien begleitet wird. Hierbei empfehlen sich die folgenden Unterscheidungen, bei denen von den Arten der Spektra ausgegangen werden soll.

Arten der Spektra. Man kann bei festen, flüssigen und gasförmigen Körpern vier Arten der Spektra unterscheiden: 1. Kontinuierliche Spektra, d. h. Spektra, die bis auf die Energieverteilung dem Spektrum eines schwarzen Strahlers gleichen und bloß ein Intensitätsmaximum besitzen. 2. Streifenspektra, d. h. solche Spektra, die aus einem oder mehreren Stücken bestehen und mehrere Intensitätsmaxima besitzen, die auf keine Weise in eine Linie übergeführt werden können. 3. Bandenspektra, d. h. Spektra, die aus sehr zahlreichen Linien bestehen, die Häufungs-(Konvergenz-)Stellen besitzen, die zugleich Maxima der Intensität sind, 4. Linienspektra, d. h. Spektra aus Linien (nahezu monochromatischen schmalen Stücken eines Spektrums), deren Häufungsstellen, wenn vorhanden, keine Maxima der Intensität sind.

Diese Einteilung ist in gewisser Hinsicht willkürlich, da man zwischen verschiedenen Arten von Spektren, z. B. einem Linienspektrum und einem kontinuierlichen Spektrum oder einem Streifenspektrum und einem kontinuierlichen Spektrum alle Arten von Übergängen herstellen kann. So können sich bei steigendem Drucke die Linien eines Linienspektrums verbreitern und schließlich zu einem kontinuierlichen Spektrum zusammenfließen, oder es können sich in einem Bandenabsorptionsspektrum bei steigender Dampfdichte und Schichtdicke die einzelnen Linien der Banden vereinigen, so daß schließlich ein Streifenspektrum entsteht. Im allgemeinen gibt es jedoch eine Reihe charakteristischer Unterschiede im Verhalten der verschiedenen Arten von Spektren. Auf der anderen Seite ist es sehr wahrscheinlich, daß man verschiedene Typen von Bandenspektren von durchaus verschiedenem Verhalten unterscheiden muß.

Die Beschreibung der kontinuierlichen Spektra soll an dieser Stelle übergangen werden. Man vergleiche den Artikel Emissionsvermögen.

Bei den Streifenspektren begnügt man sich vielfach mit der ungefähren Angabe der Lage der Maxima der Streifen- oder der Wellenlängen ihrer Grenzen. In der Regel sind jedoch diese Grenzen nicht genau definiert, die Helligkeit fällt allmählich nach Null ab. Es hängt dann von der Beobachtungsmethode, der Intensität der Erregung, der Helligkeit des Spektrums, der Schichtdicke einer absorbierenden oder fluoreszierenden Lösung und anderen Daten ab, wieweit sich die Streifen in jedem Falle ausdehnen. Ohne genauere Angaben über die einzelnen Beobachtungsbedingungen hat die Beschreibung eines Streifenspektrums wenig Wert. Benutzt man geringe auflösende Kraft, so werden die Bandenspektra durchweg als Streifenspektra gesehen. Doch sei im Gegensatz zu manchen Angaben in der Literatur hervorgehoben, daß eine Auflösung der echten Streifenspektra in Bandenspektra nicht möglich ist.

In jedem Linien und Bandenspektrum besitzen die Linien eine

endliche Breite. Sie sind als schmale Stücke eines kontinuierlichen Spektrums mit bestimmter Intensitätsverteilung anzusehen. Ob sie dies in jeder Hinsicht sind, ist zweifelhaft. In der Praxis besitzen die Spektrallinien, auch wenn sie aus noch so homogenem Licht bestehen, schon deshalb stets eine endliche Breite und bestimmte Intensitätsverteilung, weil man sie zum Zwecke der Untersuchung mittelst eines optischen Instrumentes abbilden muß. Wie die Theorie der optischen Instrumente zeigt, erhält dadurch jede Linie eine bestimmte Breite und Struktur. Man muß also zwei Fälle unterscheiden, je nachdem die auflösende Kraft des benutzten Spektralapparates kleiner oder größer ist als die Linienbreite. Nur in dem letzteren Falle kann man von einer Struktur- und Intensitätsverteilung innerhalb der Linie sprechen. Mit Interferenzapparaten oder großen Gittern findet man manche Linien aus mehreren Einzellinien zusammengesetzt. Man spricht in diesem Falle von Feinstruktur und nennt die Einzellinien Trabanten oder Satelliten. In der Mehrzahl der Fälle besitzt jede Linie jedoch nur ein einziges ausgesprochenes Maximum, das, wie die Erfahrung lehrt, unter wechselnden Bedingungen seine Lage im wesentlichen beibehält. Auf dieses Maximum wird die Wellenlänge der Linien bezogen. Bei scharfen Linien ist die Lage des Maximums bis auf weniger als 0,001 A.-E. bestimmt. Mit zunehmender Wellenlänge wächst auch die Breite der Linien.

Einfach nennt man eine Linie dann, wenn ihre Intensitätskurve nur ein Maximum aufweist.

Besitzt die Kurve mehrere Maxima, so ist die Linie mehrfach oder umgekehrt. Wann das eine oder andere der Fall ist, läßt sich in der Praxis oft nur sehr schwer feststellen und ist vielfach Gegenstand einer besonderen Untersuchung, bei der die fragliche Linie unter verschiedenen Bedingungen geprüft werden muß. Es ließen sich zahlreiche Beispiele anführen, in denen die beiden letzten Fälle verwechselt worden sind, in denen man insbesondere Linien für mehrfach gehalten hat, die in Wahrheit nur selbst umgekehrt waren.

Ist die Linie einfach, so kann sie scharf, unscharf = diffus oder verbreitert sein. Über diese drei Begriffe ist keine Vereinbarung getroffen, sie sind bisher von jedem Autor in subjektiver Weise angewendet worden. Eine gewisse Übereinstimmung herrscht nur für den Fall symmetrischer Linien. Hier ist als Maß der Breite ziemlich allgemein die Halbbreite der Linie angenommen worden, d. h. derjenige relative Wellenlängenbereich $d\lambda/\lambda$, innerhalb dessen die Intensität der Linie auf die Hälfte sinkt. Man könnte diese Definition wohl zu einer Klassifizierung der Linien benutzen, indem man für die verschiedenen Begriffe gewisse Grenzen von $d\lambda/\lambda$ annähme. Allein das ist bisher nicht geschehen. Man bezeichnet daher eine Linie als scharf, wenn sie bei ausgesprochenem Maximum schnell nach beiden Seiten auf einen unmerklichen Helligkeitsbetrag herabsinkt und auch bei Anwendung hoher auflösender Kraft diese Eigenschaft bewahrt. Die „Schnelligkeit“ ist dann an der Halbbreite abzuschätzen

Wegen der Schwierigkeit des direkten Abschätzens der Halbbreite einer Linie wird indes vielfach die Gesamtbreite angegeben, d. h. also der Bereich von Wellenlängen, innerhalb dessen sich die Linie erstreckt. Eine solche Angabe ist jedoch von zweifelhaftem Werte, da die so gemessene Breite einer Linie zu sehr von der Beobachtungsmethode, z. B. der Expositionszeit, abhängt. Sehr scharfe Linien haben etwa eine Halbbreite $d\lambda/\lambda = 5 \cdot 10^{-7}$. Infolge des schnellen Intensitätsabfalles machen solche Linien einen scharf begrenzten Eindruck.

Verbreitert nennen wir solche Linien, die beträchtliche Werte der Halbbreite und ein flaches Maximum besitzen, während sie unter anderen Bedingungen als scharfe Linien erhalten werden können. Die Verbreiterung mancher Linien kann sehr groß werden, derart, daß der Ort des Maximums nicht mit Sicherheit festzustellen ist, und daß $d\lambda/\lambda$ Werte über $5 \cdot 10^{-2}$ erreicht. Beispiele bilden viele Bogenlinien und Linien des Sonnenspektrums, etwa die Linie λ 2852 des Magnesiums, die unter Umständen viele Hunderte von A.-E. breit wird.

Ist der Abfall der Intensität einer Linie nach einer Seite ein schnellerer als nach der anderen, so nennt man die Linie einseitig verbreitert, falls sie unter anderen Umständen als scharfe Linie sichtbar ist. Ist der Intensitätsabfall jedoch in allen Fällen auf beiden Seiten der Linie sehr verschieden, so daß die Linie auf der einen Seite scharf begrenzt erscheint, während ihre Helligkeit auf der anderen Seite schnell abnimmt, so nennt man die Linie einseitig unscharf oder diffus. Beispiele finden sich u. a. im Chlorspektrum.

Erscheint eine Linie endlich unter allen Umständen als verwaschener Streifen ohne deutliches Maximum und verblaßt sie bei Verringerung der Intensität des Spektrums in ihrer ganzen Breite, ohne vorher eine scharfe Linie zu bilden, so nennt man sie diffus. Für die Beschreibung der Absorptionsspektra gelten im ganzen die gleichen Bezeichnungen, nur daß die Mannigfaltigkeit des Aussehens womöglich noch größer ist, als bei den Emissionsspektren. Bei der Beschreibung des Verlaufes von kontinuierlichen Absorptionsspektren oder Streifenabsorptionsspektren benutzt man statt des Energieverlaufes am besten den Verlauf des Extinktionskoeffizienten oder Absorptionskoeffizienten. (Man vgl. weiter oben S. 573.) Für die Einteilung und Beschreibung der Absorptionslinien und Absorptionsbanden gelten die gleichen Gesichtspunkte wie für die Emissionsspektra. Die Absorptionsspektra leuchtender Gase bei der Beobachtung gegen eine zweite Lichtquelle sollen in diesem Zusammenhange zunächst erwähnt, die anderen Absorptionsspektra später besprochen werden. Besitzt die zweite, heißere Lichtquelle ein kontinuierliches Spektrum und sind die durch das KIRCHHOFFsche Gesetz gegebenen Bedingungen erfüllt, so sieht man relativ dunkle Linien auf hellem Grunde. Ein solches Spektrum wird ein Umkehrungsspektrum genannt. Das großartigste Beispiel hierfür bietet das Sonnenspektrum. Es kann jedoch auch geschehen, daß die Emission einer Lichtquelle mit diskontinuierlichem Spektrum zur Umkehrung führt. Wenn die Umkehrung gegen die Linien oder Banden derselben Lichtquelle stattfindet, so nennt man die Erscheinung Selbstumkehrung. Sie ist bei vielen Lichtquellen, z. B. beim Kohlebogen, der mit Metallsalzen gespeist wird, sehr leicht zu beobachten, insbesondere im Ultraviolett. Man vgl. weiter oben S. 501. Unter gewissen Umständen, z. B. bei großen Stromstärken in Metallbogen oder im Funken unter Wasser werden die Umkehrungen sehr auffällig. Sie finden sich jedoch in den meisten Lichtquellen, wenn auch in der Regel die Anwendung großer Dispersion erforderlich ist, um die schmale dunkle Linie in der Mitte der hellen deutlich zu erkennen. Die Selbstumkehrungen können unter gewissen, hier nicht näher zu diskutierenden Umständen komplizierter sein, indem sich z. B. die dunkle Mitte wieder umkehrt, also ihrerseits ein helles Maximum in der Mitte zeigt. In diesem Falle nennt man die Linie mehrfach umgekehrt. Derartige Umkehrungen werden jedoch verhältnismäßig selten beobachtet. Bei der Messung von Wellenlängen stellt man im allgemeinen auf die Mitte der Umkehrung ein. Es ist oft zweifelhaft, ob eine Linie als doppelt oder selbstumgekehrt anzusehen ist.

Sind die absorbierenden Gase nicht homogen, so werden die Absorptionserscheinungen im allgemeinen auch durch die anomale Dispersion und die anomale Diffusion beeinflußt. Die erste zeigt sich darin, daß die absorbierenden Dämpfe für Wellenlängen, die den Absorptionslinien und Banden naheliegen, ein sehr großes Brechungsvermögen besitzen. Oberhalb des Absorptionsstreifens ist n bedeutend größer, direkt unterhalb bedeutend kleiner als der Durchschnittswert für das Gas. Die Folge davon ist, daß Inhomogenitäten oder Schlieren in dem Dampf oder Gas für alle Wellenlängen, die der Wellenlänge der absorbierten Strahlen naheliegen, sehr stark ablenkend wirken. So kann es kommen, daß Strahlen, die sonst sichtbar werden würden, infolge zu starker Ablenkung nicht mehr zur Beobachtung gelangen. Dann erscheinen dunkle Stellen im kontinuierlichen Spektrum, von Julius Dispersionsbanden genannt. Oder es können auch Stellen, die im Spektrum sonst dunkel erscheinen würden, durch die anomal dispergierten Strahlen erhellt werden. In diesem Falle sieht man scheinbare Emissionslinien. Möglicherweise werden die Absorptionslinien auch durch die anomale Diffusion beeinflußt, die in absorbierenden Gasen stattfindet und für Wellenlängen, die den Absorbierten benachbart sind, bedeutende Werte erreichen kann (Julius). Dieser Effekt würde dahin gehen, die Absorptionslinien zu verbreitern.

Neben dem Aussehen hat die Verteilung der Intensität in gewissen Liniengruppen, speziell in den Linienserien und im ganzen Spektrum Interesse. Es zeigt sich nämlich, daß mit verschiedener Erregungsart die Verteilung der Intensität innerhalb der Linien sowohl wie innerhalb gewisser Liniengruppen eine andere wird: Man hat die Erscheinungen in Parallele zu setzen gesucht mit dem Wandern des Intensitätsmaximums im Spektrum eines schwarzen Körpers bei steigender Temperatur.

So mannigfaltig eine Beschreibung eines Spektrums unter Berücksichtigung der geschilderten Gesichtspunkte auch ist, so genügt sie doch noch nicht den Anforderungen an eine vollständige Beschreibung. Es zeigt sich nämlich, daß die meisten Linien individuelle Eigenschaften besitzen, z. B. hinsichtlich ihrer anomalen Dispersion, ihres Verhaltens in elektrischen und magnetischen Feldern. Auch diese Eigentümlichkeiten müssen in die Beschreibung eines Spektrums aufgenommen werden. Wo hier die Grenzen zwischen den Anforderungen der reinen Spektroskopie und den Anwendungen in der Chemie zu ziehen sind, läßt sich nicht allgemein angeben und muß von Fall zu Fall entschieden werden.

Die vorstehenden Bemerkungen finden gleichfalls Anwendung auf die Luminescenzspektra. Unter ihnen seien unterschieden Resonanzspektra, Fluorescenz- und Phosphorescenzspektra. Resonanzspektra beobachtet man bei Belichtung einer Anzahl Gase und Dämpfe (z. B. Joddampf, Dämpfe der Alkalien, des Quecksilbers, organische Dämpfe); diese Spektra bestehen aus Linien oder in Linien auflösbaren Banden. Bezüglich ihrer Beschreibung und Ausmessung gilt das bereits Ausgeführte. Eine praktische Bedeutung für das Laboratorium haben diese Spektra bisher nicht erlangt. Fluorescenzspektra treten auf bei Belichtung, Kathodenstrahlen- oder Röntgenerregung von manchen Flüssigkeiten (z. B. Lösungen von Uransalzen oder seltenen Erden) oder festen Körpern (gewisse Gläser, Kristalle, Mineralien). Diese Spektra bestehen aus Linien (Flußspat) oder Banden (die meisten Flüssigkeiten), welch letztere nicht in Linien auflösbar sind. Neben den bereits genannten Daten über die Linien und Banden sind zu einer eingehenden Beschreibung Angaben über den Zusammenhang zwischen erregender und erregter Strahlung sowie photometrische Messungen erforderlich. Die Phosphorescenzspektra sind prinzipiell wohl nicht von den Fluorescenzspektren verschieden. Sie zeichnen sich vor diesen durch längere Dauer der Emission nach Aufhören der Erregung aus. Man beobachtet sie hauptsächlich an festen Körpern, insbesondere an gewissen festen Lösungen seltener Erden. Die Phosphorescenzspektra bestehen aus nicht auflösbaren Banden oder Linien (seltene Erden). Sie haben für manche analytische Zwecke Bedeutung. Neben der Wellenlängenmessung und Beschreibung der Linien und Banden werden sie besonders durch die Art ihrer Anregung sowie durch ihr Verhalten gegen Temperaturänderungen und Änderungen des (festen) Lösungsmittels gekennzeichnet. Man vergleiche weiter unten über Luminescenzanalyse.

Über die Beschreibung der Absorptionsspektra ist bereits oben S. 566 berichtet worden. Fällt die Absorption in den Bereich des sichtbaren Spektrums und betrifft sie hinreichend ausgedehnte Teile desselben, so zeigt sie sich durch eine Färbung der Substanz an. Infolge der Einwirkung des etwa benutzten Lösungsmittels, der Konzentration, Schichtdicke, Temperatur und gleichzeitig vorhandener anderer absorbierender Medien, endlich infolge der Eigentümlichkeiten der Farbenempfindung des Auges ist die Farbe eines Körpers jedoch nur unter ganz bestimmten Voraussetzungen und in speziellen Fällen analytisch zu verwenden. Man vergleiche hierzu das Kapitel Colorimetrie.

In der Regel bedarf es einer spektroskopischen Untersuchung des von dem geprüften Körper durchgelassenen oder reflektierten Lichtes. Hierbei gilt das KIRCHHOFFsche Gesetz als Richtschnur, d. h. die Regel, daß die Emission der Absorption proportional ist. Bei reiner Temperaturstrahlung gilt diese Regel quantitativ (der Proportionalitätsfaktor ist das Emissionsvermögen des absolut schwarzen Körpers bei der gleichen Temperatur), in anderen Fällen — Luminescenzstrahlung — in der Regel wenigstens qualitativ. Wie oben ausgeführt, übertragen sich daher die über die Beschreibung von Linien- und Bandenspektren gegebenenen Regeln unmittelbar auf Absorptionslinien und Banden. Doch ist die Variation der Bedingungen bei Absorptionsspektren noch größer als bei Emissionsspektren, weil man in der Regel bei der Untersuchung der Absorption über die Versuchsbedingungen — z. B. Temperatur, Lösungsmittel, Schichtdicke, Konzentration — freier verfügt. Der Einfluß dieser Bedingungen ist daher bei der Beschreibung der Absorptionsspektren im allgemeinen immer heranzuziehen. Wie dies zu geschehen hat, ist zum Teil bereits S. 566 erörtert worden. Weitere Angaben findet man unten bei Besprechung der Veränderlichkeit der Absorptionsspektren und in dem Abschnitt über quantitative und qualitative Analyse durch Absorption, endlich in dem Kapitel Absorptionsvermögen dieses Handbuches. Hier seien nur noch einige allgemeine Bemerkungen angefügt.

Besteht das Absorptionsspektrum aus scharfen Linien, so genügt eine Ausmessung nach Art der Linienspektra in Emission (Gase, manche Lösungen von Salzen seltener Erden). Handelt es sich dagegen um Banden oder diffuse Absorptionsstreifen, so ist entweder das HARTLEYsche Verfahren oder eine photometrische Bestimmung der Absorptionskonstanten anzuwenden. Dies gilt insbesondere für die Absorption in Lösungen und manchen festen Körpern (z. B. Gläsern). Genauere Angaben hierüber findet man im Kapitel Absorptionsvermögen. Hier sollen nur die wichtigsten, in Frage kommenden Konstanten genannt und definiert werden.

Die Intensität des einfallenden Lichtes einer bestimmten Wellenlänge sei = 1 gesetzt. Dann nennen wir den Bruchteil, der reflektiert wird, das Reflexionsvermögen = R, den Bruchteil, der in dem untersuchten Körper absorbiert wird, das Absorptionsvermögen = A. Der Rest der vorhandenen Intensität, also der Bruchteil, der durchgelassen wird, soll als Durchlassungsvermögen = D (Benennung nach SCHAUM) bezeichnet werden. Offenbar ist

$$R + A + D = 1 \quad \text{oder} \quad A/(1 - R) + D/(1 - R) = 1.$$

Die Größe $A/(1 - R)$, also den Bruchteil der eindringenden Energie, der absorbiert wird, nennen wir nach SCHAUM[1] das Extinktionsvermögen. Untersucht man Lösungen, die sich in Gefäßen befinden, so ist zu beachten, daß man die definierten Größen nicht direkt beobachtet, sondern daß noch Korrektionen wegen der Reflexion und Absorption an den Wänden und Gefäßen anzubringen sind.

[1] K. SCHAUM, Z. wiss. Photogr. 7, 406, 1909.

Innerhalb der Lösung folgt die Absorption dem LAMBERTschen Gesetz. Wird also die Dicke einer Schicht mit d bezeichnet, und hat das Licht bei Eintritt in diese Schicht die Intensität J_1, so gilt die Regel $J = J_1 e^{-Kd}$, wo J die Intensität beim Austritt aus der Schichtdicke d und K eine Konstante bedeutet, die Extinktionskoeffizient genannt wird. An Stelle von K benutzt man in der Praxis den dekadischen Extinktionskoeffizient $k = K \log e$ (BUNSEN und ROSCOE). Es bedeutet also k die Schichtdicke, in der die Intensität auf 0,1 sinkt. Neben k sind noch eine Reihe anderer Konstanten zur Beschreibung von Absorptionsspektren benutzt worden, die hier übergangen werden.

Handelt es sich um einheitliche Körper, seien es feste oder flüssige, so ist k eine charakteristische Materialkonstante, deren Verlauf, als Funktion der Wellenlänge oder Schwingungszahl eingetragen, das Absorptionsspektrum am besten charakterisiert. (Man vergleiche auch weiter oben S. 571.)

Bei den Anwendungen des LAMBERTschen Gesetzes ist im Auge zu behalten, daß K im allgemeinen von der Wellenlänge abhängig ist. Das Gesetz gilt daher nur dann, wenn mit homogenem Lichte gearbeitet wird, oder die Veränderlichkeit von k vernachlässigt werden kann.

Bei Lösungen spielt jedoch das Lösungsmittel eine Rolle. Der einfachste Fall ist derjenige, in dem das BEERsche Gesetz gilt und die Absorption des Lösungsmittels selbst vernachlässigt werden oder in Abzug gebracht werden kann.

Bei Gültigkeit des BEERschen Gesetzes besteht die Regel, daß eine Vergrößerung der Schichtdicke einer proportionalen Steigerung der Konzentration äquivalent ist, daß also die Absorption die gleiche ist, wenn die Produkte aus Konzentration und Schichtdicken gleich sind. Gilt diese Regel, und bedeutet c die Anzahl der gelösten Moleküle pro Liter, so nennt man k/c die Molekularextinktion k', das BEERsche Gesetz lautet in Verbindung mit dem LAMBERTschen: $J = J_1 e^{-k'dc}$. Auch in dieser Form gilt das BEERsche Gesetz nur für homogenes Licht.

Die Bestimmung von K bzw. k/c ist exakt nur auf photometrischem Wege, mit gewisser Annäherung durch das S. 571 beschriebene Verfahren möglich. Zu Messungen im Ultraviolett und Ultrarot muß man sich eines der S. 573 und 574 erwähnten Verfahren bedienen. Zurzeit erscheint die Verwendung einer linearen Thermosäule als die empfehlenswerteste und im ganzen Spektrum verwendbare Methode. Näheres in der S. 574 angegebenen Literatur. Man vergleiche hierzu auch das Kapitel Absorptionsvermögen[1] dieses Handbuches.

Im allgemeinen ist bei allen Absorptionsspektren, deren Charakter keine genauere Wellenlängenmessung zuläßt, die Bestimmung der Mole-

---

[1] Hierzu u. a. G. und H. KRÜSS, Kolorimetrie und quantitative Spektralanalyse. 2. Aufl. 284 S. Hamburg und Leipzig. 1909. H. LEY, Die Beziehungen zwischen Farbe und Konstitution usw. Leipzig 1911. H. KAYSER, Handbuch der Spektroskopie, Bd. III, Leipzig 1905. G. RUDORF, Lichtabsorption in Lösungen. Stuttgart 1904. Man vergleiche auch die S. 486 genannten Bücher von E. BAUR, J. FORMANEK, K. SCHAUM, KAYSER und KONEN, sowie S. 570 dieses Kapitels.

kularextinktion das wesentlich erstrebenswerteste Ziel, sofern die Gültigkeit des BEERschen Gesetzes angenommen werden kann. Ist dies nicht der Fall, so gilt es, das Extinktionsvermögen unter verschiedenen Bedingungen als Funktion der Wellenlänge zu messen. Allein vielfach ist diese photometrische Aufgabe zu umständlich und auch für viele Zwecke überflüssig. Man begnügt sich alsdann mit unvollständigen Angaben, unter denen die HARTLEY-BALYschen Schwingungskurven besonders wichtig sind. Weitere Ausführungen hierzu findet man S. 595 bei Besprechung der Veränderlichkeit der Absorptionsspektren und im Abschnitt über die Anwendungen der Absorptionsspektralanalyse S. 620.

3. Konstanz und Veränderlichkeit der Spektra. Allgemeine Grundlage der Spektralanalyse. Die Bedeutung der Anwendung der spektroskopischen Methoden in der Chemie beruht auf ihrer analytischen Anwendung, auf ihrer Benutzung zu Konstitutionsbestimmungen und auf dem Umstande, daß die Spektra noch gegen Änderungen im Bau der Atome und Moleküle empfindlich sind, die dem gewöhnlichen chemischen Prüfungsverfahren entgehen. Während nun die erste Anwendung, die qualitative und quantitative Analyse vorzugsweise auf der Konstanz der Spektra beruht, stützen sich die beiden anderen Anwendungen umgekehrt gerade auf die Veränderlichkeit der Spektra gewissen Einflüssen gegenüber. Je nach der Anwendung, die beabsichtigt ist, muß man daher bestimmte Gruppen von Tatsachen im Auge behalten. Da es bisher nicht gelungen ist, deren Mannigfaltigkeit auf wenige einfache Regeln zusammen zu ziehen, soll im folgenden eine Zusammenstellung der wichtigsten Gesichtspunkte gegeben werden, die bei speziellen Untersuchungen zu beachten sind.

Untersucht man die Emission mehrerer Körper unter gleichen Bedingungen, z. B. im Funken, in der Flamme oder im Bogen, so zeigt jedes Element ein charakteristisches Spektrum. Mit der benutzten Substanzmenge ändern die Linien wohl ihre Intensität oder auch ihre Breite; auch die Anwesenheit fremder Elemente vermag die Intensität der Linien zu beeinflussen. Allein die Wellenlänge der einzelnen Linien, ihr Platz im Spektrum, bleibt in engen Grenzen unverändert. Nimmt die Substanzmenge ab, so verringert sich im allgemeinen die Zahl der sichtbaren Linien immer mehr, so daß zuletzt nur noch wenige übrig bleiben, meist die stärksten. Allein die Wellenlängen dieser wenigen Linien sind immer noch bezeichnend für das Element, dem sie angehören. Frühere Angaben über das Zusammenfallen von Linien verschiedener Elemente haben sich als irrig herausgestellt. Bei Linien sehr linienreicher Spektra kommen zwar hin und wieder angenäherte Coinzidenzen zwischen verschiedenen Spektren vor. Allein genaue Coinzidenzen sind wohl kaum jemals nachgewiesen. Es genügt daher unter Umständen eine einzige Linie eines Spektrums, wenn genau genug gemessen, um ein Element spektralanalytisch nachzuweisen. Ist man in der Lage, mehrere Linien zu messen, oder die Eigenschaften einer einzelnen Linie noch genauer als durch bloße Wellenlängenmessung festzustellen (im Sinne der Veränderlichkeit der Spektra), so läßt sich der spektralanalytische Nachweis mit voller Sicherheit führen. Über seine Empfindlichkeit vergleiche man weiter unten. In der Tat sind eine Reihe chemischer Elemente auf dem genannten Wege zuerst aufgefunden worden, z. B. Rb, Cs, Tl, Ga, In, He, Ne, sowie zahlreiche seltene Erden. Die chemische Analyse der Himmelskörper stützt sich ausschließlich auf die beschriebene relative Konstanz der Emission. Dabei ist in erster Linie an die Linien- und Bandenspektra der Elemente und mancher Verbindungen gedacht, wie man sie in Flammen, Funken, im Bogen und in Geisslerröhren erhält. Für viele Umkehrungsspektra — z. B. das FRAUNHOFERsche Spektrum — gilt das gleiche. Mit einer gewissen Einschränkung läßt sich aber auch für die anderen Arten von Spektren eine analytisch verwendbare Konstanz behaupten. Die Emissions- und Absorptionsspektra der festen, flüssigen und gasförmigen Körper sind insofern charakteristisch für die betreffenden Elemente oder Verbindungen, als unter gleichen Umständen stets das gleiche Spektrum erscheint und keine zweite Substanz ein Spektrum besitzt, das dem Spektrum eines Körpers von anderer chemischer Zusammensetzung genau gleich wäre. Man kann auch umgekehrt sagen, daß jeder Veränderung eines Spektrums bei sonst gleichbleibenden Bedingungen eine Veränderung in der chemischen Beschaffenheit des untersuchten Körpers entspricht. Allein es sind nicht alle Spektra in der gleichen Weise charakteristisch. Feste Körper besitzen nur in wenigen Fällen Absorptions- oder Emissionsspektra, die ohne weiteres nach ihrer Zugehörigkeit erkannt werden können. Dazu bedarf es einer quantitativen Untersuchung des Emissions- oder Absorptionsverlaufes im ganzen Bereiche des Spektrums. Ähnliches gilt für die Flüssigkeiten, deren Absorptionsspektra gleichfalls nicht ohne weiteres analytisch zu verwenden sind. Man vergleiche weiter unten über Veränderlichkeit der Absorptionsspektra. Auch die Emissionsspektra der festen Lösungen (Luminescenzspektra) sind nicht ohne weiteres als charakteristisch zu erkennen. In der Regel muß eine Substanz in Gasform übergeführt werden, damit man allein aus dem Bau und der Zusammensetzung ihres Spektrums analytische Schlüsse ziehen kann. Mit anderen Worten läßt sich dasselbe aussprechen, indem man sagt, daß vorzugsweise die Linien- und Bandenspektra zur qualitativen Analyse geeignet sind, in zweiter Linie die Streifenspektra, in dritter die kontinuierlichen Spektra. Eine weitere Einschränkung der Brauchbarkeit der Spektra zur Analyse wird dadurch gegeben, daß die meisten Elemente mehrfache Spektra besitzen und daß die Zusammensetzung derselben mit den Versuchsbedingungen innerhalb gewisser Grenzen veränderlich ist. Man vergleiche hierzu die folgenden Abschnitte. Außerdem ist es nicht immer möglich, Substanzen unter solchen Bedingungen zu untersuchen, daß sie charakteristische Spektra liefern (z. B. farblose Lösungen). Endlich ist es nicht möglich, auf spektroskopischem Wege zwischen dem Spektrum eines Elementes und demjenigen einer Verbindung zu unterscheiden. Man kann nur sagen, daß ein Linienspektrum stets einem Elemente angehört. Dagegen kann man nicht aus dem Spektrum einer Verbindung mit Sicherheit die Bestandteile der Verbindung erschließen und noch weniger aus den Spektren der Komponenten die Zusammensetzung des Spektrums der Verbindung vorhersagen.

Wie PLÜCKER und HITTORF zuerst gefunden haben, kann dasselbe Element mehrfache Spektra liefern. Wie diese Tatsache zu erklären sei, soll hier nicht erörtert werden. Gegenwärtig kennt man von fast allen Elementen mehrere Spektra, d. h. Spektra, die in der Regel keine Linie miteinander gemeinsam haben, und sich in ihrem Charakter vielfach gänzlich unterscheiden. In manchen Fällen gelingt es, die verschiedenen Spektra völlig voneinander zu trennen. In anderen erhält man wechselnde Gemische von zwei verschiedenen Spektren. Neben einem Linienspektrum besitzen die meisten Elemente ein Bandenspektrum. Zuweilen kennt man mehrere Linien- und Bandenspektra desselben Körpers. So besitzt Argon zwei Linienspektra, die sich völlig trennen lassen, Wasserstoff zwei Linienspektra, die sich nicht völlig trennen lassen, Sauerstoff zwei Linienspektra und mehrere, mindestens drei Bandenspektra. Bei Änderung der Leuchtbedingungen erfolgt manchmal ein plötzlicher Umschlag des einen Spektrums in das andere. In verschiedenen Teilen einer Lichtquelle, z. B. einer Geisslerröhre, findet man vielfach verschiedene Spektra desselben Elementes. Der Umschlag des Spektrums kann durch die verschiedensten Umstände bedingt sein, z. B. durch Änderung der benutzten Stromdichte, der Gefäßform, der Menge der leuchtenden Substanz, der Temperatur der Flamme oder erhitzten Gefäße, durch die Einleitung von elektrischen Schwingungen. Im allgemeinen läßt sich sagen, daß bei stärkerer thermischer, elektrischer Erregung die Bandenspektra in Linienspektra übergeführt werden. In keinem Falle findet der Übergang in der Weise statt, daß die Linien des einen Spektrums ihren Platz verändern und allmählich die Stelle der Linien des neuen Spektrums einnehmen. Die genannten Regeln gelten in erster Linie von den Emissions- und Absorptionsspektren der Gase und Dämpfe. Bei anderen Spektren, z. B. den Phosphorescenzspektren, zeigen sich kompliziertere Erscheinungen. Man vergleiche weiter unten.

Daß auch die Verbindungen charakteristische Verbindungsspektra besitzen können, ist bereits erwähnt worden. Dies gilt zunächst wieder besonders von den Emissionsspektren, die hier in erster Linie ins Auge gefaßt werden sollen. Für die Absorptionsspektra gelten ähnliche Regeln, die bei der Besprechung der Analyse durch Absorption noch erwähnt werden. Gelingt es, eine Verbindung zum Leuchten zu erregen, ohne sie zu zersetzen (z. B. Oxyde der Erdalkalien in der Flamme, im Bogen; organische Körper im ultravioletten Licht, in Kathodenstrahlen), so zeigen sich neben kontinuierlichen Spektren Streifen- und Bandenspektra, niemals Linienspektra. Diese Spektra sind für die betreffende Verbindung charakteristisch. Es fehlt jedoch bisher an einem Kriterium dafür, ob ein Bandenspektrum einem Element oder einer chemischen Verbindung angehört. Bei der ungeheuren Empfindlichkeit der spektralanalytischen Reaktionen und der Komplikation der chemischen Prozesse, die sich in

Flammen, Bogen und Funken abspielen, ist es in vielen Fällen der Emission sehr schwer zu entscheiden, ob ein auftretendes Spektrum einer Verbindung oder einem Elemente angehört. So herrscht über den Ursprung vieler Spektra, z. B. der sogenannten Oxydspektra der Metalle, der verschiedenen Spektra der Kohle usw. Unklarheit. Spektroskopische Regeln, die sich auf den Bau und die Eigenschaften der Spektra stützen, fehlen bisher gänzlich. Rein chemische Erwägungen müssen darüber entscheiden, ob ein vorliegendes Bandenspektrum oder Streifenspektrum einem Element oder einer Verbindung und gegebenenfalls welcher angehört.

Ähnlich wie bei den Emissionsspektren liegen die Verhältnisse bei den meisten Luminiscenzspektren. Bei den Absorptionsspektren können dieselben Schwierigkeiten auftauchen (z. B. bei der Frage der Zuweisung von Absorptionsstreifen an Ionen oder Verbindungen in Lösung). In der Regel liegen jedoch die Verhältnisse hier insofern einfacher, als man es mit bekannten Verbindungen zu tun hat, und kein Anlaß vorliegt, ihren Zerfall in die Elemente oder andere Verbindungen durch die Absorption des Lichtes anzunehmen.

Für ein systematisches Verzeichnis und die Beschreibung der bisher bekannten mehrfachen oder Verbindungsspektra in Emission, Absorption und Luminescenz muß auf das Handbuch von Kayser-Konen verwiesen werden. Einige wichtige Angaben findet man weiter unten in dem speziellen Teile. Die nachstehende Tabelle gibt wenigstens eine Übersicht über die bekannten mehrfachen Emissionsspektra der Elemente, sowie einige der wichtigsten Emissionsspektra einfacher anorganischer Verbindungen in ihrer Verteilung über das natürliche System. Die Zahl vor L bedeutet die Anzahl der bekannten Linienspektra, entsprechend vor Bd die Zahl der bekannten Bandenspektra. Bandenspektra von Verbindungen sind durch die Formel der Verbindung gekennzeichnet. Wo in einzelnen Fällen das betreffende Spektrum bisher nur in Absorption gefunden ist, ist dies durch den Zusatz Abso. gekennzeichnet. Wegen der im einzelnen vielfach noch bestehenden Unsicherheit sei die Zusammenstellung mit Vorbehalt gegeben.

H (2 L, H_2O).

He (1 L), **Ne** (1 L), **A** (2 L), **Kr** (2 L), **X** (2 L), **Nt** (1 L).

Li (1 L, 1 Bd., Abso.), **Na** (1 L, 1 Bd., Abso.), **Rb** (1 L, 1 Bd. Abso.), **K** (1 L, 1 Bd., Abso.), **Cs** (1 L, 1 Bd., Abso.).

Cu (1 L, 1 Bd. CuO, Haloidverb.), **Ag** (1 L, 1 Bd.), **Au** (1 L, 1 Bd., $AuCl_3$).

Be (1 L, 1 Bd.), **Mg** (1 L, MgO, MgH_2, MgF_2, $MgCl_2$, $MgBr_2$, MgJ_2), **Ca** (1 L, 1 Bd., CaO, CaF_2, $CaCl_2$, $CaBr_2$, CaJ_2), **Sr** (1 L, 1 Bd., SrO, SrF_2, $SrCl_2$, $SrBr_2$, SrJ_2), **Ba** (1 L, 1 Bd., BaO, BaF_2, $BaCl_2$, $BaBr_2$, BaJ_2), **R** (1 L).

Zn (1 L, 1 Bd.), **Cd** (1 L, 1 Bd.), **Hg** (1 L, 1 Bd., HgF_2, $HgCl_2$, $HgBr_2$, HgJ_2).

Bo (1 L, 1 Bd.), **Al** (1 L, 1 Bd., Al_2O_3), **Sc** (1 L, 1 Bd.), **Y** (1 L, 1 Bd.), **La** (1 L, 1 Bd.).

Ga (1 L), **In** (1 L, 1 Bd.), **Tl** (1 L, 1 Bd.).
C (1 L, 1 Bd., CO, CO_2, Cy, CH), **Si** (1 L, 6 Bd., Haloidverb.), **Ti** (1 L, 1 Bd., $TiCl_4$), **Zr** (1 L, 1 Bd.), **Ce** (1 L), **Th** (1 L, 1 Bd.).
Ge (1 L), **Sn** (1 L, 1 Bd.), **Pb** (1 L, 1 Bd., Chlorid).
N (1 L, 3 Bd., NO, Cy, NO_2), **P** (1 L, 4 Bd.), **V** (1 L, 1 Bd.), **Nb** (1 L, 1 Bd.), **Ta** (1 L).
As (1 L, 1 Bd.), **Sb** (1 L, 1 Bd.), **Bi** (1 L, 1 Bd.).
O (2 L, 3 Bd., Ozon, Oxyde), **S** (2 L, 1 Bd., SO_2), **Cr** (1 L, 1 Bd.), **Mo** (1 L), **Wo** (1 L, 1 Bd.), **U** (1 L, 1 Bd.).
Se (2 L, 1 Bd.), **Te** (1 L, 1 Bd.).
F (1 L, viele Verb.), **Cl** (1 L, 1 Bd., viele Verb.), **Mn** (1 L, Oxyde), **Br** (1 L, 1 Bd., viele Verb.), **J** (1 L, 1 Bd., viele Verb.).
Fe (1 L, 1 Bd.), **Co** (1 L), **Ni** (1 L, 1 Bd.).
Ru (1 L), **Rh** (1 L), **Pd** (1 L, 1 Bd.).
Os (1 L), **Ir** (1 L), **Pt** (1 L, 1 Bd.).
Außerdem: **Dy** (1 L), **Er** (1 L), **Eu** (1 L), **Gd** (1 L, 1 Bd.), **Cp** = **Lu** (1 L), **Nd** = **Ad** (1 L, 1 Bd.), **Po** (1 L), **Pr** (1 L), **Sa** (1 L), **Tb** (1 L, 1 Bd.), **Tm** = **Tu** (1 L).

Wie bereits S. 582 bemerkt, ist die Veränderlichkeit der Spektra für die Anwendungen der Spektroskopie von gleicher Bedeutung wie die relative Konstanz der Wellenlängen und Aosorptionskonstanten. Die einzelnen Linien und Banden werden durch ihr Verhalten gegenüber variierenden Bedingungen sehr weitgehend gekennzeichnet und liefern zugleich mannigfaltige Kriterien für Änderungen in der Konstitution der emittierenden oder absorbierenden Moleküle, Atome und Verbindungen. In steigendem Maße sind in neuerer Zeit sowohl von physikalischer, wie von chemischer Seite die Änderungen in den Spektren unter bestimmten Bedingungen zur Beurteilung chemischer und physikalischer Fragen herangezogen worden, ohne daß man bisher imstande gewesen wäre, einheitliche Regeln aufzustellen, die eine Methodik nach bestimmten Grundsätzen aufzustellen gestatteten. Die Erfahrung des einzelnen und die zweckmäßige gleichzeitige Heranziehung geeigneter chemischer und spektroskopischer Daten sind einstweilen noch entscheidend. Es sollen daher zunächst die allgemeinen Regeln über die Veränderlichkeit der Linienemissionsspektren, der Bandenspektren und der Absorptionsspektren nach praktischen Gesichtspunkten zusammengestellt werden. Ihre Anwendung wird sich weiterhin noch aus den Beispielen ergeben.

a) Veränderlichkeit der Linienspektra. Es sei zunächst von den Emissionspektren der Gase und Dämpfe die Rede. Bei der Untersuchung dieser Spektra findet man, daß einzelne Linien je nach der benutzten Art der Leuchterregung auftreten oder verschwinden können. Dies gilt sowohl von Gruppen gewisser Linien wie von einzelnen Linien. Änderungen dieser Art treten auf beim Übergang von Bogen zum Funken und weiter zum Funken mit einem gewissen Betrag von Selbstinduktion im Schwingungskreis, ferner beim Übergang von der Flamme zur elektrischen

Erregung sowie beim Übergang von einem Teil einer Lichtquelle zur anderen. Man spricht aus diesem Grunde auch von Flammen-, Bogen-, Funken-, Pollinien, indem man darunter Linien versteht, die in den betreffenden Lichtquellen und für ein bestimmtes Element überwiegen oder besonders charakteristisch sind. Das Verhalten der Flammen-, Bogen-, Funken- und Geisslerrohrspektra in dieser Hinsicht ist bereits oben S. 495f. beschrieben worden. Im allgemeinen läßt sich sagen, daß mit steigender Erregungsintensität, in vielen Fällen also steigender Temperatur, die Zahl der Linien eines Spektrums zunimmt. Hierbei geschieht es freilich oft, daß gewisse Linien verstärkt werden oder neu auftreten, während andere verschwinden oder relativ zurücktreten.

In der folgenden Zusammenstellung sind einige der wichtigsten Erfahrungstatsachen angegeben soweit sie nicht bereits besprochen sind.

Flammen: Vgl. oben S. 496. Linienspektra der Elemente in Flammen siehe weiter unten S. 618.

Bogen. Über Zusammensetzung und Verteilung der Linienemission im Bogen siehe oben S. 500 sowie weiter unten S. 617.

Funke. Über Verteilung der Emission und Zusammensetzung der Linienspektra in Funken siehe oben S. 509 und weiter unten S. 618.

Geisslerröhren. Verteilung und Zusammensetzung der Linienemission siehe oben S. 515 und weiter unten S. 618 ff.

Luminescenzspektra. Die Zusammensetzung der Emission der phosphorescierenden festen Lösungen hängt außer den Lösungsmitteln und etwa zugesetzten Flußmitteln ab von der Konzentration (Zusammensetzung) der Lösung und der Zahl und Art der gleichzeitig vorhandenen gelösten Körper, z. B. seltenen Erden, außerdem von der Art der Anregung. Bei Anregung durch Kathodenstrahlen kann man z. B. Linienspektra erhalten, deren Linien je nach den Bedingungen verschiedene Intensität haben und verschieden breit sind. Man vergleiche weiter unten: Anwendungen: Benutzung der Luminescenz. Ein Gleiches gilt bei Anregung von Phosphoren durch Licht. In beiden Fällen spielt die Temperatur eine Rolle. In vielen Fällen werden die Linien von Phosphorescenzspektren bei tiefer Temperatur intensiver und schärfer. Der Einfluß auf die Dauer des Nachleuchtens und Anklingens muß hier übergangen werden.

Bei den Resonanzspektren hängt die Zusammensetzung der erregten Linienemission in erster Linie von der Intensität und Wellenlänge des erregenden Lichtes ab. Je nach der Wellenlänge der benutzten Absorptionslinie ändert sich unter Umständen die Zusammensetzung des erregten Resonanzlichtes vollkommen. Beispiele: Joddampf, Natriumdampf.

Stromstärke. Bei elektrischer Anregung nimmt im allgemeinen die Intensität der Linien mit der benutzten Stromstärke zu, doch in ungleicher Weise. Einige Linien erreichen schnell eine maximale Intensität, verbreitern sich auch. Andere wachsen nahezu proportional der Stromstärke. In den einzelnen Serien (siehe weiter unten) eines Linienspektrums wandert das Maximum der Intensität nach kürzeren Wellenlängen, doch verschieden in den verschiedenen Serien desselben Spektrums. Beispiel:

Quecksiberbogenlampe. Im allgemeinen werden die Spektra intensiver, linienreicher und reicher an ultravioletten Strahlen.

Stromart. Betreibt man Bogen mit Wechselstrom, so ist die Linienemission in verschiedenen Stromphasen verschieden. Beim Zünden erhält man nur Linienspektra; manche Linien sind in der Stromphase nur am hellsten, z. B. die Linien, die von den Verunreinigungen der Kohle herrühren. Die Banden gehen dagegen parallel der Stromintensität. Wirkt der Bogen stoßerregend (singender Bogen), so treten die Funkenlinien stärker hervor. Durch Einschalten von Selbstinduktion kann man das Bogenspektrum wieder herstellen.

Ähnliche Regeln gelten für den Funken. Im allgemeinen treten die Funkenlinien im Funken und Bogen hervor, wenn beide stoßerregend wirken. Es beteiligt sich dann die umgebende Atmosphäre stärker an der Entladung. Die Initialentladungen überwiegen. Hierzu sowie über den Einfluß der Stromart auf die Emission in Geisslerröhren vergleiche man oben S. 514.

Temperatur. Der Einfluß der Temperatur auf die Linienspektra zeigt sich 1. in der Änderung der Zahl der Linien, 2. in einer Änderung der Intensitätsverteilung in den einzelnen Linien und innerhalb von Gruppen von Linien, 3. in einer Verbreiterung der Linien. Wie im einzelnen die Wirkung der Temperatur sich gestaltet und ob sie überhaupt alleiniger Faktor sein kann, ist strittig. In allen Fällen wird neben der Emission die Absorption beeinflußt, in vielen Fällen nach dem KIRCHHOFFschen Gesetz. Infolgedessen geht mit der Änderung der Emission der einzelnen Linien eine Änderung der anomalen Dispersion parallel, die mit der Absorption in den Linien eines Linienspektrums verknüpft ist. In der Regel sind ferner die leuchtenden Dämpfe thermisch inhomogen. Hierdurch werden die beobachteten Erscheinungen außerordentlich kompliziert. Einzelheiten findet man in den Lehrbüchern der Spektroskopie.[1] Für die Praxis ist zu beachten, daß mit steigender Temperatur im allgemeinen die Zahl der Emissionszentren zunimmt. Infolgedessen steigt die Gesamtemission wie die Zahl der Linien. Das Maximum rückt innerhalb zusammengehöriger Liniengruppen (Serien vergleiche weiter unten) nach kürzeren Wellenlängen. Die Intensität der einzelnen Linien wächst, jedoch verschieden schnell. Die Linien verbreitern sich. Diese Verbreiterung ist jedoch im allgemeinen erst bei Anwendung starker auflösender Apparate bemerkbar.

Eine Änderung der Wellenlänge findet nicht statt. Über den Einfluß der Temperatur auf die Luminiscenzlinienspektra ist bereits berichtet worden.

Schichtdicke. Im allgemeinen nimmt die Intensität der Linienspektra mit Steigerung der Schichtdicke zu, bei einzelnen Linien (schwache Absorption) stark, bei anderen mit starker Absorption schwächer und einer

---

[1] Man vergleiche insbesondere H. KONEN, Das Leuchten der Gase und Dämpfe. Braunschweig 1913, S. 299 ff.

Grenzintensität (in manchen Fällen dem Emissionsvermögen eines schwarzen Körpers bei der gleichen Temperatur) zustrebend. Aus diesem Grunde ist es zweckmäßig, Geißlerröhren in Längsdurchsicht, Flammen als Flachbrenner und ebenfalls in Längsdurchsicht zu werwenden. In vielen Fällen ist es vorteilhaft, eine Flamme (z. B. Gebläseflamme) in der Richtung auf den Spalt brennen zu lassen und mittelst einer Linse auf diesen abzubilden. Infolge des Intensitätsgewinnes bei Längsdurchsicht treten gewisse Teile der Spektra, die sonst der Beobachtung entgehen, stärker hervor. Dies gilt z. B. von dem kontinuierlichen Grunde, den manche Spektra besitzen, ferner von Verbreiterungserscheinungen an Linien, die mit den verschiedensten Namen bezeichnet worden sind, wie z. B. „Flügel" oder „Höfe". Unter Umständen kann in derselben Weise, wie man ein Absorptionsspektrum durch Vergrößerung der Schichtdicke in ein kontinuierliches verwandeln kann, auch ein Emissionsspektrum in ein kontinuierliches verwandeln, wenn man die Schichtdicke vergrößert, indem sich allmählich der Grund des Spektrums aufhellt und die Linien sich immer weniger von ihm abheben. Daß dies jedoch keineswegs stets der Fall ist, und daß auch bei ungeheuren Schichtdicken scharfe Emissions- und Absorptionslinienspektra bestehen bleiben können, wird durch das FRAUNHOFERsche Spektrum der Sonne und der Spektra mancher Nebelflecke bewiesen.

Dampfdichte. Je geringer die Dampfdichte ist, desto schwächer, aber gleichzeitig desto schärfer sind im allgemeinen die Linien der Linienspektra. Steigert man die Dampfdichte, so verbreitern sich im allgemeinen die Linien, jedoch in sehr verschiedener Weise. Es können einzelne Linien viele Hundert A-Einheiten breit werden und schließlich zu einem kontinuierlichen Spektrum verschmelzen. Die Verbreiterung kann einseitig nach Rot oder Violett gehen oder auch symmetrisch bleiben. Die Intensität der Linien wird dabei in sehr verschiedener Weise beeinflußt. Auch finden sich Linien, die bei allen Dampfdichten relativ scharf bleiben. Auf diesem verschiedenen Verhalten beruht die Mannigfaltigkeit der Selbstumkehrungen (vgl. oben S. 578). Auch die Einteilung in lange und kurze Linien gehört in diesen Zusammenhang. In vielen Fällen ist der Einfluß der Dampfdichte nicht von demjenigen der Erregungsart oder des Druckes zu trennen. So sind allgemein die Linien im gewöhnlichen oscillierenden Funken relativ unscharf. Sie werden schärfer, falls man in den Schwingungskreis passende Selbstinduktion einschaltet (vgl. oben S. 508). Steigerung des Druckes bewirkt im allgemeinen auch Zunahme der Linienbreite. Will man möglichst scharfe Linien erhalten, so muß man im allgemeinen bei geringen Drucken und mit kleinen Dampfdichten arbeiten.

Druck. Der Einfluß des Druckes ist ein dreifacher. Die Linien der Linienspektra werden verbreitert und zwar in verschiedenartigster Weise: die Umkehrungserscheinungen werden durch Steigerung des Druckes begünstigt, und die Wellenlänge des Maximums einer jeden Linie wird geändert. Wie zuerst HUMPHREYS und MOHLER nachgewiesen haben, nehmen die Wellenlängen aller Linien mit wachsendem Drucke zu, für verschiedene Linien in verschiedenem Maße, im allgemeinen proportional der Wellenlänge.

Die Größe der Verschiebung beträgt einige Hundertel A-Einheiten; sie scheint dem Drucke proportional zu sein. Linien, die derselben Serie angehören, zeigen in der Skala der Schwingungszahlen dieselbe Verschiebung. Verschiebungen verschiedener Linien stehen vielfach im Verhältnis ganzer, kleiner Zahlen. Im einzelnen finden sich viele Komplikationen. Bei Präzisionsmessungen ist auf dem Druckeffekt Rücksicht zu nehmen. Mißt man Tausentel A-Einheiten so ist daher auch der Barometerstand zu berücksichtigen.

Fig. 371 gibt eine Probe des Druckeffektes. Man sieht eine Liniengruppe aus dem Bogenspektrum des Silbers, bei 56 Atm. aufgenommen.

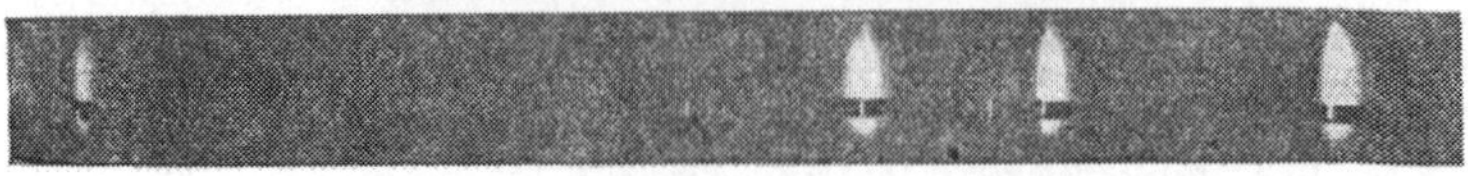

Fig. 371. Stück aus dem Bogenspektrum des Silbers bei 66 Atm. In der Mitte das normale Spektrum.

Zum Vergleiche ist in der Mitte dasselbe Spektrum bei Normaldruck photographiert (die kurzen scharfen Linien).

Dopplereffekt. Bewegt sich ein leuchtender Punkt mit der relativen Geschwindigkeit v im Visionsradius, bezeichnet c die Lichtgeschwindigkeit und λ_0 die Wellenlänge der Emission des ruhenden Punktes, so mißt der Beobachter die Wellenlänge $\lambda = \lambda_0 \ (1 \pm v/c)$, wo das obere oder untere Zeichen zu nehmen ist, je nachdem die relative Geschwindigkeit vom Beobachter weg oder auf ihn zugeht. Für die Wellenlänge λ 3000 und eine relative Geschwindigkeit $v = \pm$ 100 km/sek würde die Wellenlängenänderung somit etwa 1 A-Einheiten betragen. Ähnliche Änderungen finden statt bei der Reflexion an bewegten Spiegeln oder in bewegten brechenden Medien. Für die Praxis hat das Dopplersche Prinzip zunächst Bedeutung bei der Messung der Wellenlängen von Spektren kosmisch bewegter Massen, sodann bei der Berücksichtigung der Bewegung der Gasmoleküle. Man erklärt hier einen Teil der Linienverbreiterung durch Temperatursteigerung vermittelst des Dopplereffektes. Drittens bewirkt der Dopplereffekt, wie Stark gefunden hat, eine Verschiebung der Linien der im Visionsradius bewegten Kanalstrahlen. Die ruhenden Gasmoleküle liefern hier eine Linie unveränderter Wellenlänge (ruhende Linie). Die bewegten Teilchen geben je nach der Richtung der Bewegung eine zweite, die bewegte Linie, auf der roten oder blauen Seite der Ruhelinie. Die bewegte Linie zeigt eine charakteristische Verbreiterung und Intensitätsverteilung, aus der weitgehende Schlüsse gezogen werden können. Innerhalb der Linien einer Serie hat der Dopplereffekt scheinbar die gleiche Größe. Bei verschiedenen Linien ist er im übrigen verschieden. Auch an Anodenstrahlen wird der gleiche Effekt beobachtet. Die Größe der Verschiebung berechnet man ungefähr, wenn man die für die Masse der bewegten Teilchen diejenige der positiven Atomionen annimmt und die Geschwindigkeit aus dem durchlaufenen Kathodenfall ableitet. Die spektroskopische Analyse des Dopplereffektes wird parallel zu der chemischen und elektrischen Analyse der Kanalstrahlen benutzt. Einzelheiten müssen hier übergangen werden.

Fig. 372 zeigt den Dopplereffekt an Kanalstrahlen des Wasserstoffs nach einer Aufnahme von Paschen. Links sieht man die Linie H_β, rechts H_γ. Die Zahlen unter „Volt" geben die Größe des Kathodenfalls. Die scharfen Linien (die Ruhelinien) sind jedesmal rechts. Die bewegten Linien sind stets gleichzeitig verbreitert und verschoben.

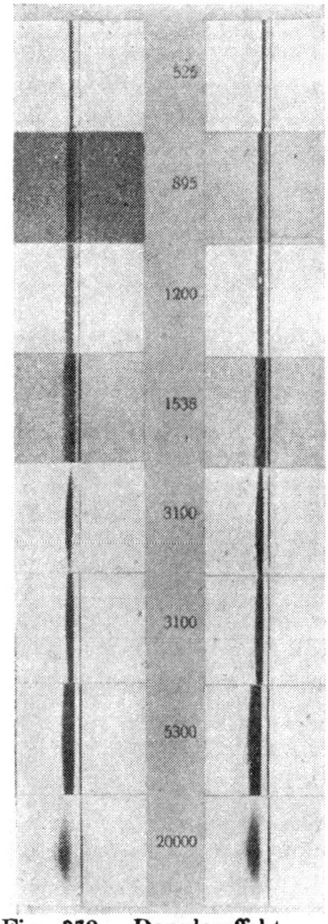

Fig. 372. Dopplereffekt an Wasserstoffkanalstrahlen nach Paschen. Unter Volt der Kathodenfall.

Absorption, Dispersion. Wie bereits erwähnt, ist die Absorption im leuchtenden Dampfe selbst von Einfluß auf das Aussehen und die Intensitätsverteilung der Linien von Linienspektren. Wie schon die Umkehrbarkeit der einzelnen Linien zeigt, verhalten sich diese durchaus verschieden hinsichtlich der Absorption. Während sich manche Linien, z. B. die Linien der Hauptserien der Alkalien, leicht umkehren lassen, gelingt dies nur schwer bei anderen Linien desselben Spektrums, z. B. den Linien der Nebenserien. Bei vielen Linien ist bisher eine Umkehrung weder in der Form einer Selbstumkehrung noch der Umkehrung gegen einen kontinuierlichen Grund (Fundamentalversuch von Kirchhoff) gelungen. Ein Maß für die direkt schwer meßbare Absorption in den leuchtenden Dämpfen bildet die anomale Dispersion, die sich in der Nähe der Linien zeigt. In neuerer Zeit ist es gelungen, durch direkte Messung des Brechungsexponenten in der Näh der Linien bzw. durch Messung der Verschiebung von Interferenzstreifen die anomale Dispersion für zahlreichere Linien desselben Spektrums zu messen, z. B. für H und die Alkalien. Es haben sich so Anhaltspunkte ergeben für den Verlauf der Absorption innerhalb verschiedener Linien und den Zusammenhang mit der Dampfdichte, insbesondere für Linien derselben Serie. Unter Benutzung der bewährten Dispersionsformeln gelangt man so zu Schlüssen über die Zahl der Dispersions- bzw. Absorptionselektronen, die den einzelnen Linien entsprechen, über die Zahl der leuchtenden Zentren, ihre Beschaffenheit und ihre Abhängigkeit von den Versuchsbedingungen.

Magnetoptische Erscheinungen. Eng verknüpft mit den im vorigen Abschnitte genannten Erscheinungen sind die magnetoptischen

Effekte, d. h. die Änderungen der Emission, die man beobachtet, wenn man ein leuchtendes Gas (oder andere leuchtende Körper) in ein starkes Magnetfeld bringt. Man kann diese Effekte einteilen in den Zeemaneffekt, die magnetische Drehung der Polarisationsebene in der Nähe von Absorptionslinien (bzw. Emissionslinien mit Absorption, Absorptionsspektra der seltenen Erden) und die magnetische Doppelbrechung in leuchtenden bzw. absorbierenden Dämpfen. Für die Einzelheiten dieser Erscheinungen muß auf die Lehrbücher der Spektroskopie verwiesen werden. Hier sei nur des eigentlichen Zeemaneffektes gedacht. Derselbe besteht in einer Aufspaltung und Polarisierung der einzelnen Linien eines Emissions- oder Absorptionslinienspektrums, die verschieden ist je nach der benutzten Linie, der Beobachtungsrichtung relativ zur Richtung des Magnetfeldes und der Stärke des letzteren. Man kann zwei Grenzfälle unterscheiden, je nachdem man in der Richtung der magnetischen Kraftlinien beobachtet oder senkrecht dazu. Der einfachste, aber keineswegs häufigste Typus der Zerlegung ist der, daß senkrecht zu den Kraftlinien jede Emissionslinie in drei Komponenten zerlegt wird, von denen die mittlere, am Orte der ursprünglichen Linie, parallel, die beiden äußeren, in gleichem Abstande von der ersten, senkrecht zu den Kraftlinien schwingen (d. h. senkrecht bzw. parallel polarisiert sind). In der Richtung der Kraftlinien beobachtet man ein Dublett, dessen beiden Komponenten zirkularpolarisiert sind und mit der Richtung des Feldes ihre Polarisationsrichtung umkehren. Der Betrag der Aufspaltung und die relative Intensität der Komponenten lassen sich aus gewissen Theorien vorhersagen. In der Mehrzahl der Fälle ist die Zerlegung, also die Zahl der Komponenten, die man erhält, eine andere, ebenso die Intensitätsverteilung, so daß man die Linien eines Spektrums nach der Größe und Art des Zeemaneffektes in Klassen einteilen kann. Innerhalb gewisser Gruppen von Linien, namentlich innerhalb der Linienserien findet man gleiche Zerlegung, meist komplizierter Art. So zeigt von den beiden *D*-Linien des Natriums die eine senkrecht zum Felde eine Spaltung in sechs, die andere in vier Komponenten. Beim Übergang von einem Element zum anderen weisen homologe Linien die gleiche Zerlegung auf. Die Größe der Aufspaltung ist in erster Annäherung der Feldstärke proportional. Mißt man die Feldstärke in absolutem Maße (Gauß), die Aufspaltung durch die relative Änderung der Schwingungszahl, also $\Delta\lambda/\lambda^2$, wo $\Delta\lambda$ den Abstand einer Komponente in A-Einheiten bedeutet, so ist bei einem normalen Triplet $\Delta\lambda/\lambda^2 \cdot H = 4{,}698 \cdot 10^{-5}$ Gauß · cm^{-1} wenn H die Feldstärke bedeutet. Die Zerlegung ist also so klein, daß sie mit schwachen Apparaten nicht beobachtet werden kann. Es eignen sich daher besonders große Gitter zu ihrer Untersuchung. In vielen Fällen sind die Zerlegungen der Linien in einem Spektrum ganzzahlige Vielfache derselben Größe (Becquerel und Deslandres, Runge).

In Fig. 373 ist die Zerlegung zweier Quecksilberlinien nach Aufnahmen von Runge und Paschen wiedergegeben. Die Beobachtung erfolgte senkrecht zu den Kraftlinien. Links sieht man die Zerlegung für die Linie λ 5461, rechts die Linie λ 4358. Eine A-Einheit entspricht 6,3 mm in der Figur.

Die Untersuchung des Zeemaneffektes im Verein mit der Untersuchung der Gesetzmäßigkeiten in Spektren hat sich als eines der wichtigsten Hilfsmittel erwiesen, um Aufschluß über die Eigenschaften und den Bau der Atomionen bzw. leuchtenden Atome zu gewinnen.

Einfluß elektrischer Felder. Starkeffekt. Wie Stark und gleichzeitig mit ihm Lo Surdo gefunden haben, werden zahlreiche Linien

Hg λ 5461 Hg λ 4358

Fig. 373.

Zeemaneffekt an Quecksilberlinien nach Runge und Paschen.

auch zerlegt, wenn die Emission in starken elektrischen Feldern stattfindet. Zur Beobachtung sind große Gefälle, 7000—70000 Volt/cm erforderlich. Derartig starke Felder lassen sich nur unter besonderen Umständen herstellen, z. B. innerhalb des Kathodengefälles einer Geißlerröhre bei niedrigem Druck. Stark benutzt daher die Emission von Kanalstrahlen, die durch eine geeignete Anordnung in ein derartiges Feld gelenkt werden. Es zeigt sich, daß zahlreiche Linien von Linienspektren in eine größere Zahl von Komponenten verschiedener Polarisationsrichtung zerlegt werden. Die Verteilung der Komponenten, ihre Zahl und Polarisationsrichtung ist nicht nur bei verschiedenen Elementen und verschiedenen Linien desselben Spektrums, sondern sogar bei Linien derselben Linienserie verschieden. Für Einzelheiten dieses noch in Entwicklung begriffenen Gebietes muß auf die Lehrbücher der Spektroskopie und die Schriften Starks[1] verwiesen werden. Der neue Effekt scheint von ähnlicher Bedeutung für die Erforschung der Atomstruktur zu sein, wie der Zeemaneffekt.

Einfluß der Atmosphäre. Die Atmosphäre, in der man Linienspektra erzeugt — z. B. im Bogen, im Funken, in Flammen —, hat einen mehrfachen Einfluß. Die Zusammensetzung der Spektra wird zunächst rein chemisch durch das Auftreten von Verbindungen und der charakteristischen Verbindungsspektra beeinflußt. Daneben gehen aber noch weitere Einflüsse. Manche Linien, z. B. gewisse Linien des Wasserstoffs, treten nur auf, wenn ein bestimmtes fremdes Gas, in diesem Falle z. B. Helium, beigemengt ist. In anderen Fällen ist — in Absorption — eine Verbreiterung von Linien unter dem Einfluß fremder Gase gefunden worden. Endlich ist die relative Intensität der Linien mancher Spektra, z. B. der Funken-

[1] Man vgl. J. Stark, Elektrische Spektralanalyse chemischer Atome. Leipzig, Hirzel, 1914.

spektra, eine andere, je nachdem man sie in einer Stickstoff-, Sauerstoff- usw. Atmosphäre herstellt.

Besonders stark werden die Linien der Resonanzspektra durch Spuren fremder Gase beeinflußt. Bei Na-Dampf erscheinen z. B. neben den Linien der Hauptserie die Linien des Bandenspektrums, sobald fremde Gase gegenwärtig sind. In anderen Fällen wird durch fremde Gase, auch wenn sie scheinbar chemisch ganz inaktiv sind, das Fluorescenz- (Resonanzvermögen) von Dämpfen zerstört. An allgemeinen Regeln fehlt es zurzeit noch.

Feinstruktur. Bei genauerer Untersuchung (große Gitter, Stufengitter usw.) zeigt es sich, daß viele Spektrallinien nicht einfach sind, sondern aus mehreren mehr oder weniger dicht zusammenliegenden Komponenten bestehen. Diese Linien besitzen also eine Feinstruktur. Linien der gleichen Serie besitzen die gleiche Feinstruktur. Im Magnetfelde werden

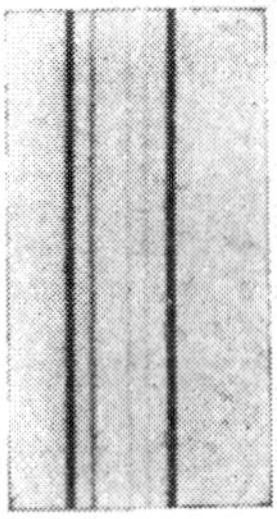

Fig. 374a. Feinstruktur der Quecksilberlinie 5790 im Stufengitter (Janicki).

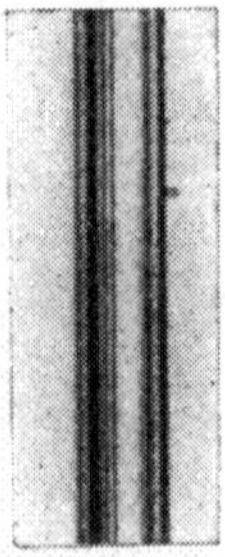

Fig. 374b. Feinstruktur der Quecksilberlinie 4078 im Stufengitter (Janicki).

die Komponenten der zusammengesetzten Linien einzeln zerlegt. Die Struktur ist variabel, hängt von den Leuchtbedingungen ab. In Fig. 374a sieht man z. B. das Bild der Feinstruktur der Linie 5790 des Quecksilbers, wie man sie in einer Lummerschen Quecksilberlampe unter bestimmten Bedingungen erhält, nach einer Aufnahme von Janicki. Die Wellenlängen wachsen nach links. Man sieht dieselbe Linie zweimal, rechts vollständig, links unvollständig. In der gleichen Weise gibt die Figur 374b die Feinstruktur der Linie 4078 des Quecksilberdampfes unter den gleichen Bedingungen. 1-A-Einheit entspricht in den Bildern etwa 15 mm. Die Linien der Hauptserien der Alkalien sind einfach, desgleichen die Linien der Edelgase; die Linien der Wasserstoffserie (diffuse Nebenserie) sind doppelt. Bei anderen Elementen findet man zusammengesetzte und einfache Linien nebeneinander. Die Feinstruktur der Linien hat in neuester Zeit besondere Bedeutung gewonnen durch die Untersuchungen von Sommerfeld über die Bohrsche Atomtheorie.

Räumliche Verteilung der Emission. Bei Gelegenheit der Besprechung der Spektra von Flammen, Bogen, Funken- und Geißlerröhren (S. 485) ist schon das Notwendigste über die Verschiedenheit der Emission in verschiedenen Teilen einer Lichtquelle und ihre Abhängigkeit von den Versuchsbedingungen gesagt worden. Nähere Einzelheiten über diese Versuche, die vielfach — z. B. bei Flammen — benutzt worden sind, um als Hilfsmittel zur Beurteilung chemischer Prozesse zu dienen, findet man in den eingangs genannten Lehrbüchern.[1]

b) Veränderlichkeit der Bandenspektra. Unter Bandenspektren sind hier ausschließlich die in Linien auflösbaren Bandenspektren verstanden, wie sie von Elementen und Verbindungen, insbesondere von leuchtenden Gasen geliefert werden. Die allgemeinen Faktoren der Veränderlichkeit dieser Spektra sind die gleichen, wie sie bei den Linienspektren aufgeführt worden sind, mit dem Unterschiede, daß im ganzen die Bandenspektra weniger veränderlich sind, als die Linienspektra, und daß die Umstände, die bei den Linienspektren tiefgreifende Veränderungen herbeiführen, in der Regel ein Bandenspektrum gänzlich zum Verschwinden bringen und durch ein anderes Linienspektrum oder Bandenspektrum ersetzen.

Im allgemeinen kann man sagen, daß alle Bedingungen, die das Leuchten und den Bestand von Verbindungen begünstigen, auch die Bandenspektra begünstigen. Niedrige Temperatur und schwache Anregung sind daher in vielen Fällen notwendige Bedingung dafür, daß man ein Bandenspektrum erhält. Einige Angaben über den Einfluß der verschiedenen Bedingungen folgen. Sie sind kürzer gefaßt als bei den Linienspektren, da vieles dort Gesagte auch für die Bandenspektra gilt.

Verschiedene Lichtquellen. Man vgl. hierzu S. 485ff. In Flammen oder erhitzten Gefäßen erhält man besonders leicht Verbindungsbandenspektra. Namentlich die Oxyde sowie die Haloidverbindungen der Metalle liefern in zahlreichen Flammen gut entwickelte Verbindungsspektra. Im elektrischen Bogen sind die äußeren Hüllen, die Aureole, der Sitz zahlreicher Bandenspektra. In Geißlerröhren erhält man bei schwacher nicht kondensierter Entladung oder schwachen elektrischen Schwingungen eine Reihe von Bandenspektren. Einschalten von Leidener Flaschen und Funkenstrecke pflegt in den meisten Fällen den Übergang vom Banden- zum Linienspektrum einzuleiten. Durch bloße Steigerung der Stromstärke in einem Gleichstromrohre gelingt es im allgemeinen nicht, den Übergang von den Banden zu den Linien herbeizuführen. In den verschiedenen Teilen der Entladungsbahn treten verschiedenartige Bandenspektra auf, je nach Füllung und Druck. Im Funken treten die Bandenspektra zurück; sie sind im allgemeinen nur in der Funkenaureole sichtbar. Einschaltung von Selbstinduktion begünstigt das Auftreten der Bandenspektra in dem gleichen Maße, wie die Luftlinien unterdrückt werden.

Lumineszenzspektra. Die überwiegende Zahl der Luminescenzspektra sind Streifen- oder Bandenspektra. Hier sei nur von den letzteren die Rede, da wir noch auf die Streifenspektra zurückkommen. Man erhält die Bandenspektra vorzugsweise als Resonanzspektra. Hier wechselt ihre

---

[1] Vgl. besonders H. Konen, Das Leuchten der Gase und Dämpfe. Braunschweig 1913, S. 327ff.

Intensität mit der Temperatur, dem Drucke und der Natur des Füllgases. Bei manchen Körpern, z. B. Schwefel, Selen und Tellur, erhält man Luminescenzspektra nur bei Anwendung sehr reiner Substanzen in weitgehend gasfrei gemachten Gefäßen. Auch muß man innerhalb eines bestimmten Temperaturintervalls beobachten. Bei allen Bandenspektren wechselt jedoch die Zusammensetzung außerordentlich je nach der Anregung durch weißes oder einfarbiges Licht oder durch elektrische Erregungsmittel. Es finden hier komplizierte Änderungen statt, die bei einigen Körpern, wie den Alkalien Jod, Tellur, näher untersucht sind. Das Spektrum kann aus wenigen oder vielen Tausenden von Linien bestehen, je nach der Anordnung. In vielen Fällen gehen Veränderungen mit Änderungen der Dampfdichte parallel. Man vgl. die Spezialliteratur.

Stromstärke. Beim Überschreiten einer gewissen Stromstärke werden die meisten Bandenspektra zerstört. Dabei verblassen oder verschwinden alle ihre Linien gleichzeitig. Eine Änderung der Zusammensetzung findet nicht statt. Im Bereiche der Beständigkeit eines Bandenspektrums wandert in manchen Fällen mit steigender Stromstärke das Maximum der Intensität nicht nach dem kurzwelligen Ende des Spektrums. Die Intensität einer bestimmten Stelle wächst in einigen Fällen proportional der Stromstärke.

Stromart. Das Auftreten von Bandenspektren wird im allgemeinen durch Gleichstrom begünstigt. In einigen Fällen ist nachgewiesen, daß bei Änderung der Stromart in der Feinstruktur der Bandenspektra Änderungen eintreten (C, „Cy").

Temperatur. Einige Bandenspektra, z. B. das Glühspektrum des Joddampfes, sind als reine Temperaturemission bekannt. Andere treten nur bei elektrischer Anregung auf, wie z. B. das negative Bandenspektrum des Stickstoffs. In sehr vielen Fällen werden Bandenspektra durch hohe Temperatur zerstört. Strukturänderungen treten nicht ein. In vielen Fällen rührt die Einwirkung der Temperatur von der stattfindenden Dissoziation her.

Schichtdicke. Einige Bandenspektra zeigen Absorption auch außerhalb des Bereiches der bei geringer Schichtdicke sichtbaren Linien und Banden. Bei diesen nähert sich mit zunehmender Schichtdicke das Bandenspektrum dem kontinuierlichen Spektrum eines glühenden Körpers. Bei einer zweiten Art von Bandenspektrum besteht nur innerhalb der Linien merkliche Absorption. Hier nimmt in Emission die Helligkeit mit der Schichtdicke zu, nähert sich aber bald einer Grenze. Bei einer dritten Art von Spektren, z. B. den Bandenspektren des Stickstoffs in einer Geißlerröhre, läßt sich die Absorption kaum nachweisen. Hier wächst also innerhalb der Versuchsgrenzen die Helligkeit fortdauernd mit der Schichtdicke. Ein Einfluß auf die Schärfe der Linien und ihre Zusammensetzung findet anscheinend nicht statt.

Dampfdichte. Für die Bandenspektra gelten ähnliche Regeln wie für die Linienspektra. Bei manchen Bandenspektren verbreitern sich die einzelnen Linien sehr rasch bei zunehmender Dampfdichte (z. B. Jod). Doch sind auch einige Fälle bekannt — z. B. bei den Bandenspektren des Stickstoffs und den Absorptionsbanden des Sauerstoffs (z. B. in dem

Absorptionsspektrum der Luft, wie es sich in den terrestrischen Linien zeigt) — in denen selbst bei Atmosphärendruck die Bandenlinien noch vollkommen scharf bleiben. In manchen Fällen ändert sich freilich der feinere Bau der Banden, wenn man den Druck erhöht (z. B. bei den Stickstoffbanden). Messungen im Ultrarot zeigen, daß das BEERsche Gesetz für Gase nicht gilt.

Druck. Auch hier gilt im allgemeinen das gleiche wie bei den Linienspektren. Indes sind die Bandenspektra gegen Drucksteigerung viel weniger empfindlich, als die Linienspektra. In einigen Fällen bleiben auch bei sehr hohen Drucken die einzelnen Linien scharf. Eine Änderung der Wellenlänge, also eine Druckverschiebung, ist nur bei den Absorptionsspektren von Brom und NO_2, ferner bei den Banden der Fluoride der Erdalkalien nachgewiesen. Andere Banden, z. B. diejenigen des Stickstoffs, der Kohle und die sogenannten Cyanbanden besitzen keinen meßbaren Druckeffekt. In der Feinstruktur der Banden zeigen sich jedoch mannigfache Änderungen, wenn man bei verschiedenen Drucken beobachtet. In Absorption zeigt sich bei manchen Gasspektren innerhalb gewisser Banden die Gültigkeit des BEERschen Gesetzes (vgl. S. 573). Die Gesamtabsorption nimmt also hier proportional dem Drucke zu. Daneben findet man jedoch, zum Teil innerhalb desselben Spektrums, Banden, für die das BEERsche Gesetz nicht gilt. Die Absorption wächst schneller, in einigen Fällen proportional dem Quadrat des Druckes, so daß bei Steigerung des Druckes scheinbar neue Banden auftreten. Im Ultrarot scheint dies die Regel zu sein. Da sich der Effekt des Druckes nicht von demjenigen der Dichte trennen läßt, so kann man annehmen, daß in erster Linie die Dichtesteigerung wirksam ist.

Dopplereffekt. Kosmische Lichtquellen zeigen den Dopplereffekt an Bandenspektren in normaler Weise. Dagegen scheinen die Bandenspektra der Kanalstrahlen keinen Dopplereffekt zu besitzen.

Absorption, Dispersion. In vielen Bandenspektren findet Absorption statt, wie in den Linienspektren, so daß sie sich umkehren lassen. Bei manchen gelingt dies leicht — z. B. bei den Bandenspektren der Fluoride der Erdalkalien — bei anderen macht die Umkehrung größere Mühe, z. B. bei dem sogenannten Cy-Spektrum oder den sogenannten Wasserdampfbanden der Flammen. In manchen Fällen ist jedoch die Absorption so gering, daß die Umkehrung nicht gelingt. Dies trifft besonders zu bei manchen Banden elektrisch leuchtender Gase. Entsprechende Verschiedenheiten zeigt der Verlauf der anomalen Dispersion. Bei manchen Banden, z. B. dem Absorptionsspektrum des Joddampfes, entspricht der Verlauf der anomalen Dispersion demjenigen bei den Linienspektra. In anderen Fällen fehlt scheinbar jeder Dispersionseffekt.

Magnetoptische Erscheinungen. Auch hier ist das Verhalten der Bandenspektra verschieden von demjenigen der Linienspektra. Bei einigen Bandenspektren, z. B. den Verbindungsspektren der Fluoride der Erdalkalien, ist der Zeemaneffekt nachgewiesen. Bei anderen existiert er dagegen nicht, wenigstens nicht in meßbarer Größe.

Starkeffekt. Er fehlt an den bisher untersuchten Bandenspektren.

Einfluß der Atmosphäre. Es gilt hier das bereits bei den Linienspektren Ausgeführte.

Feinstruktur. Ob man bei den Linien eines Bandenspektrums von einer Feinstruktur sprechen kann, ist zweifelhaft. Daß die Linien einer Bande außerordentlich scharf sein und enge Gruppen bilden können, wurde bereits früher erwähnt (vgl. S. 568). Allein es handelt sich in diesem Falle wohl kaum um Linien, die Teile einer starken Linie bilden im Sinne der Feinstruktur der Linienspektra. Vielmehr ist jede Linie ein Individuum innerhalb des ganzen Bandenkomplexes.

Räumliche Verteilung. Es ist bereits bei den Linienspektren das Notwendigste gesagt.

c) **Veränderlichkeit der Absorptionsspektra.** Soweit es sich um die Absorption in Banden oder Linien handelt, also im allgemeinen um die Absorption von Gasen, ist bereits im vorigen Abschnitt auf die Veränderlichkeit der Absorptionsspektra Rücksicht genommen worden. Es handelt sich also hier um die Absorption in Streifen (bei einigen seltenen Erden um Linienabsorption), d. h. im allgemeinen um die Absorption von flüssigen Körpern und Lösungen.

Die Veränderungen, die die Absorptionsspektra von Lösungen aufweisen, lassen sich einteilen in scheinbare und reelle. Die scheinbaren Änderungen sind zurückzuführen auf die Art und Methode der Beobachtung. Sie zeigen sich in Verschiebungen und Änderungen der Absorptionsstreifen, je nach dem Beobachtungsverfahren — ob mit dem Auge, dem Photometer, der photographischen Platte usw. —, dem benutzten Spektralapparat, — verschiedene Prismen, Gitter —, der Lichtquelle und der Eigenabsorption der benutzten Lösungsmittel. Diese scheinbaren Änderungen können als Fehlerquellen behandelt werden.

Die eigentlichen, reellen Änderungen der Absorptionsspektra sind sehr mannigfaltig. Bei ihrer Beurteilung hat sich bis jetzt der insbesondere auch von Hantzsch, Kayser, Ley, Schäfer u. a.[1] vertretene Standpunkt am besten bewährt, daß eigentliche Änderungen in Absorptionsspektren stets auf chemische Vorgänge zurückzuführen sind. Man kann daher sicher konstatierte Änderungen der Absorption von Lösungen als zuverlässiges Kriterium für die Existenz von chemischen Änderungen benutzen, auch wenn diese zunächst nicht direkt auf chemischem Wege nachgewiesen worden sind. Diese Erfahrung, die sich insbesondere auf dem Gebiete der Absorption organischer Verbindungen bewährt hat, ohne indes die Möglichkeit anderer, z. B. rein thermischer Einflüsse ganz auszuschließen, bedingt

[1] Man vgl. außer den S. 482 genannten Werken von Baly, Baur, Kayser, Konen, Krüss, Urbain, Vogel besonders: H. Ley, Farbe und Konstitution bei organischen Verbindungen. Leipzig 1911. — S. Smiles und R. O. Herzog, Chemische Konstitution und physikalische Eigenschaften. Dresden u. Leipzig 1914. — H. Kauffmann, Über den Zusammenhang zwischen Farbe und Konstitution bei chemischen Verbindungen. Stuttgart 1910. — G. Rudorf, Lichtabsorption in Lösungen. Stuttgart 1904, sowie die zahlreiche dort genannte Literatur, besonders die Schriften von Hantzsch u. a.

es, daß die Beurteilung der meisten Veränderungen von Absorptionsspektren, die z. B. bei Wechsel des Lösungsmittels, bei Steigerung oder Verringerung der Konzentration, Zusatz anderer Körper usw. eintreten, in erster Linie vom chemischen Standpunkte aus zu erfolgen hat, in dem Sinne, daß Änderungen im Absorptionsspektrum als Fingerzeige für eine weitergehende chemische Untersuchung zu gelten haben. Eine Darstellung der methodischen Bearbeitung der Veränderungen in Absorptionsspektren gehört daher nicht in dieses Kapitel und hat vom chemischen Standpunkte aus zu erfolgen. Es können nur diejenigen Punkte hervorgehoben werden, die als spektroskopisch im engeren Sinne anzusehen sind.

Einfluß des Lösungsmittels. Benutzt man eine Lösung zur Herstellung eines Absorptionsspektrums, so beeinflußt das Lösungsmittel das Spektrum in dreifacher Weise. Zunächst wird die gelöste Substanz in vielen Fällen chemisch beeinflußt. Besonders wichtig ist der Solvatationszustand des gelösten Körpers. Änderungen der Konzentration, die chemischen Sättigungsgrade von Lösungsmittel und gelöstem Körper in ihrer gegenseitigen Beeinflussung, der Einfluß der Temperatur können nach chemischen Gesichtspunkten in Zusammenhang gebracht und im einzelnen zur Deutung der beobachteten Veränderungen herangezogen werden. Dieser Teil der Aufgabe ist also rein chemisch. Von zahlreichen Beispielen sei nur eins genannt: die Verschiedenheit der Absorption von Lösungen in verschiedenen Lösungsmitteln.

Zweitens beobachtet man eine Beeinflussung der Lage der Absorptionsstreifen in verschiedenen Lösungsmitteln, die unter dem Namen der KUNDTschen Regel zusammengefaßt wird. Diese Regel besagt, daß in Lösungsmitteln verschiedenen Brechungsvermögens die Absorptionsstreifen um so mehr nach längeren Wellen verschoben erscheinen, je größer der Brechungsexponent ist. Die KUNDTsche Regel, für die auch eine theoretische Begründung versucht worden ist, nach der die Verschiebung dem Brechungsexponenten proportional sein sollte, hat sich zwar in vielen Fällen angenähert bewährt, in einer sehr großen Anzahl anderer jedoch als zweifellos falsch erwiesen; sie kann daher nur als erster Anhalt dienen und ist vielleicht, wie manche glauben, in den Fällen ihrer Gültigkeit, wie andere annehmen, den Fällen ihrer Ungültigkeit, unter die chemischen Einflüsse zu rechnen.

Drittens endlich wird das Absorptionsspektrum eines gelösten Körpers dadurch beeinflußt, daß sich ihm die Absorption des Lösungsmittels überlagert. Wenn man freie Verfügung über die Wahl des Lösungsmittels hat, so benutzt man deshalb ein solches, das in dem Untersuchungsbereiche keine selektive Absorption besitzt. In anderen Fällen muß die Absorption des Lösungsmittels durch Differenzversuche bzw. passende Wahl der Anordnung unschädlich gemacht werden. Man vgl. weiter unten: Absorption von Gemischen.

Schichtdicke. Wie ein Blick auf das Beispiel der auf S. 571, Fig. 370 wiedergegebenen Schwingungskurve zeigt, kann das Aussehen eines Streifenspektrums bei verschiedener Schichtdicke total verschieden sein. Man erhält in dieser Figur die Grenzen der Absorptionsstreifen, indem man in einem der betreffenden Schichtdicke entsprechenden Ordinatenabstande eine Parallele zur Abszissenachse zieht. Die Unterschiede werden, je nach der Art der Beobachtung, durch die Fehlerquellen noch verstärkt, indem z. B. das Auge Helligkeitsdifferenzen nur bei einer bestimmten absoluten Helligkeit am deutlichsten wahrnimmt, und die Intensitätsverteilung bzw. die Helligkeitsgradienten je nach der Versuchsmethode verschieden beurteilt werden.

In vielen Fällen geht dieser Änderung des Absorptionsspektrums eine Änderung der Farbe der Lösung oder Flüssigkeit parallel, so daß sich zahlreiche Beispiele von zwei- oder mehrfarbigen Lösungen angeben lassen, d. h. Lösungen, die bei einer bestimmten Schichtdicke eine vollkommen andere Farbe haben als bei einer zweiten größeren.[1] In manchen Fällen läßt sich ferner auch durch passende Regulierung der Schichtdicke das Spektrum zweier verschiedenen Körper scheinbar gleich machen. Darum ist zur Festlegung eines Spektrums, wie bereits früher ausgeführt, stets die Untersuchung bei einer ganzen Reihe von Schichtdicken erforderlich. Gilt das Beersche Gesetz und macht man Messungen, so ist auf eine Einheitsschichtdicke und Konzentration umzurechnen. Bei manchen Flüssigkeiten (z. B. Wasser im Ultrarot), festen Körpern (z. B. Metallen oder festen Lösungen seltener Erden) muß man dabei zu sehr kleinen Schichtdicken herunter gehen, um Messungen ausführen zu können, In anderen Fällen (Gase) ist es praktisch im Laboratorium nicht möglich. hinreichend weit in der entgegengesetzten Richtung zu gehen (z. B. Absorption des Wasserdampfes).

Konzentration. Bei manchen Körpern, insbesondere den koordinativ gesättigten Komplexen, gilt in weiten Konzentrationsbereichen das Beersche Gesetz (vgl. oben S. 573). In diesen Fällen kann man annehmen, daß sich die gelösten Körper wie manche Gase bei verschiedenem Druck verhalten. Es kommt dann nur auf die Zahl der absorbierenden Moleküle im Lichtweg an. In anderen Fällen gilt das Beersche Gesetz nur innerhalb eines beschränkten Konzentrationsbereiches; wieder in anderen gilt es außerdem nur für einen bestimmten Wellenlängenbereich.

Aus der Gültigkeit des Beerschen Gesetzes lassen sich keine Schlüsse auf die Beschaffenheit der gelösten Körper ziehen. Abweichungen dagegen müssen wohl stets im Sinne einer chemischen Änderung gedeutet werden. Wie dies im einzelnen zu geschehen hat, kann hier nicht erörtert werden. Nur ein Punkt sei erwähnt. Bei fortschreitender Verdünnung von Salzlösungen geht die Abweichung vom Beerschen Gesetz in vielen Fällen in solcher Richtung, daß Absorptionsspektra verschiedener Verbindungen sich der gleichen Grenze nähern, praktisch gleich werden. Auf Beobachtungen dieser Art ist die Theorie der sogenannten Farbe der Ionen (Ostwald) aufgebaut worden, die die Absorption von Lösungen

[1] Z. B. Brillant-Säuregrün 6B, beobachtet mittelst Glühlicht. Vgl. J. Precht, Phys. Ztschr. 4, 572 (1903), A. Pflüger, ib. 520 (1903) usw.

hinreichender Verdünnung in direkten Zusammenhang mit der elektrolytischen Dissoziation bringt. Die Absorption (Farbe) soll sich beim Fehlen von Komplikationen additiv aus der Farbe des Anions und Kations zusammensetzen. Zu einer Würdigung dieser Ansicht ist hier nicht der Ort. Ihre Brauchbarkeit wird zurzeit von vielen Seiten mit gewichtigen Gründen bestritten. Jedenfalls scheint es kaum möglich, auf spektroskopischem Wege einen Beweis für sie zu erbringen.

Temperatur. Es scheint, daß in manchen Fällen ein direkter Einfluß der Temperatur existiert in dem Sinne, daß 1. Absorptionsbänder allgemein verstärkt, 2. Maxima schmälerer Absorptionsstreifen mit steigender Temperatur nach Rot verschoben, 3. die Grenzen von Absorptionsbändern nach Rot verschoben werden. Die drei Wirkungen finden nicht immer gleichzeitig statt, namentlich hat (1) Ausnahmen. Diese Regeln gelten allgemein für feste Körper und bewirken bei ihnen oft charakteristische Farbänderungen. Die entfärbende Wirkung der Abkühlung auf tiefe Temperatur ist in vielen Fällen auf diesen Effekt zurückzuführen. Bei Flüssigkeiten gelten die Regeln weniger allgemein; hier gibt es einige Ausnahmen. Nicht Teil an der Verschiebung nehmen die scharfen Absorptionslinien. Bei den Flüssigkeiten erreicht die Verschiebung selten größere Beträge.

Neben der direkten Beeinflussung durch die Temperatur findet sich wohl in der Mehrzahl der Fälle, in denen bedeutende Änderungen eintreten, eine indirekte Beeinflussung, die auf chemischen Änderungen des gelösten Körpers beruht.

Aggregatzustand. In vielen Fällen sind die Absorptionsspektra der verschiedenen Aggregatzustände desselben Körpers gänzlich verschieden. In anderen jedoch zeigt sich eine mehr oder weniger weitgehende Ähnlichkeit zwischen dem Absorptionsspektrum eines festen, flüssigen und gasförmigen Körpers, so daß für einige Fälle sogar angegeben worden ist, daß das Spektrum für alle drei Fälle identisch sein könne. So soll z. B. Wasser in allen drei Aggregatzuständen gewisse unveränderte Banden besitzen. In der Mehrzahl der Fälle, auch bei Wasser, ist es jedoch wahrscheinlich, daß die Struktur der Absorptionsstreifen des Dampfes durchaus verschieden ist von derjenigen der Flüssigkeitsbanden, wenn auch die Lage ungefähr die gleiche ist. — Häufiger sind die Fälle, in denen die Absorption einer Flüssigkeit gleich sein soll derjenigen des festen Körpers, oder in denen Dampf und Flüssigkeit gleiche Absorption besitzen sollen. So sollen z. B. Kupfersulfat und Kaliumnitrat in gelöstem und kristallisiertem Zustande gleiche Absorption besitzen, Aceton als Dampf und gelöst in Hexan (K. Schaefer). Ob die Identität indes eine vollkommene ist, kann vielleicht angesichts der Seltenheit der Erscheinung bezweifelt werden. In der großen Mehrzahl der Fälle zeigt eine genauere Untersuchung, daß von einer Identität der Absorption von Gas und Flüssigkeit, oder Flüssigkeit und festem Körper nicht die Rede sein kann. Vergleicht man z. B. die Dämpfe von Benzol, Toluol, der Xylole und anderer organischer Verbindungen mit der Absorption der entsprechenden Flüssigkeiten bzw. Lösungen, so findet man zwar eine Ähnlichkeit insoweit, als den Absorptionsstreifen der Flüssigkeit Gruppen von Absorptionsstreifen des Dampfes entsprechen, die bei geringer Auflösung scheinbar in Streifen zusammenfließen, so daß, als Ganzes genommen, die Streifen der Flüssigkeit gegenüber den Streifen des Dampfes nach Rot verschoben sind. Allein abgesehen von der Verschiebung ist der Bau der beiden Absorptionsspektra ein total verschiedener; denn es zeigt sich bei genauerer Untersuchung, daß die Dämpfe echte Bandenspektra von äußerst kompliziertem Bau besitzen, während die Flüssigkeiten Absorptionsstreifen besitzen, die nicht weiter auflösbar sind. Ähnlich, wenn auch nicht so scharf, ist der Gegensatz zwischen der Absorption der festen und flüssigen Körper. Hier handelt es sich in der Regel um den Vergleich zwischen der Lösung und der kristallisierten Substanz. Besonders geeignet zum Vergleich sind ferner wegen ihrer relativ scharfen Absorptionslinien und Banden die Salze des Urans und diejenigen der seltenen Erden. Allein gerade in diesem Falle sind die Absorptionsspektra der festen Körper in der Regel sehr verschieden von denjenigen der Lösungen, wenn auch gewisse Ähnlichkeiten stattfinden.

Im Ultrarot scheinen andere Regeln zu gelten. Zwar findet man gewisse Reflexions- oder Absorptionsstreifen unverändert bei manchen Lösungen und kristallisierten Verbindungen wieder, falls eine bestimmte Komponente, z. B. ein gewisses Ion gemeinsam ist. Man vgl. hierzu die S. 574 angeführte Literatur. Doch ist zu bedenken, daß bei den geringen benutzten Dispersionen und der Eigenart der Beobachtungsmethoden feinere Unterschiede im Bau der Spektra und geringere Verschiebungen von Banden nicht wahrgenommen werden können.

Im ganzen läßt sich also sagen, daß beim Übergang der Aggregatzustände zwar in vielen Fällen eine gewisse Grundstruktur des Spektrums bestehen bleiben kann, die sich in der Zahl der Bandengruppen, Verteilung der Linien oder dgl. ausdrückt, daß im allgemeinen jedoch die Spektra nichts weniger als identisch sind.

Konstanz der Absorptionsspektra. In der Praxis hat die Frage Bedeutung, in welchem Sinne von einer Konstanz der Absorptionsspektra gesprochen werden kann, d. h. in welchem Sinne man sagen kann, daß ein Absorptionsspektrum für den Körper charakteristisch sei.

Nach dem Angeführten ergibt sich, daß allerdings ein gegebener Körper (fester Körper, Lösung) bei bestimmten Bedingungen (Temperatur) nur ein Absorptionsspektrum besitzt, und daß dieses charakteristisch für ihn ist. Doch ist hierbei als absorbierender Körper stets die gelöste Substanz plus Lösungsmittel, unter Berücksichtigung der Konzentration usw. zu verstehen. Nicht jedoch gilt dies, falls man das Absorptionsspektrum in Beziehung setzt zu einer bestimmten chemischen Verbindung oder einem bestimmten Komplex in verschiedenen Aggregatzuständen, Lösungsmitteln, Konzentrationen. Hier können Absorptionsbanden (Reflexionsbanden), Absorptionsbezirke oder Absorptionslinien nur in bestimmten Teilen des Spektrums (Ultrarot) oder unter bestimmten Bedingungen

(z. B. koordinative Sättigung, begrenzte Auswahl von Lösungsmitteln und Konzentrationen, bestimmter Temperaturbereich) als charakteristisch für eine gegebene Substanz (Element, Verbindung, Komplex, Ion) bezeichnet werden. Fälle, in denen dies möglich ist, sind zudem relativ selten. Ihnen stehen andere gegenüber, in denen die Veränderung des Absorptionspektrums so stark ist, daß kein Hinweis auf die Ausgangssubstanz verbleibt. Die Mehrzahl der Beispiele stellt jedoch einen mittleren Fall dar. Hier ändert sich die Absorption zwar zweifellos mit Lösungsmittel, Konzentration usw. und zwar oft sehr stark, allein es lassen sich Zwischenstufen der Veränderung herstellen, durch die die Grenzformen der Absorptionsspektra verknüpft werden. Auch finden sich bei zweifellos verschiedenen Spektren Beziehungen in der Lage, Zahl, Verteilung der Absorptionsstreifen, die auf einen den einzelnen Formen der Absorption zugrunde liegenden, gemeinsamen Komplex, Mechanismus, Körper hinweisen. Eine physikalische Deutung dieser Beziehungen oder zahlenmäßig exakte Erfassung ist bisher trotz mancher Versuche (J. STARK, KAUFFMANN, BALY u. a.) noch nicht geglückt. Die Erfahrung des Chemikers entscheidet hier ausschließlich.

Gemische. Wirken zwei gemischte Lösungen oder Flüssigkeiten nicht chemisch aufeinander ein, so kann das Absorptionsspektrum als die Übereinanderlagerung der Absorptionen der beiden Komponenten angesehen werden (erweitertes BEERsches Gesetz). Kennt man die Konstanten der Absorptionen der beiden Mischungskomponenten, z. B. die dekadischen Extinktionskoeffizienten (siehe oben S. 581) $k_1(\lambda)$ und $k_2(\lambda)$ als Funktionen der Wellenlänge, so kann man den Extinktionskoeffizienten des Gemisches $k(\lambda)$ nach der Regel $k(\lambda) = k_1(\lambda) + k_2(\lambda)$ berechnen, indem man sich auf das LAMBERTsche Gesetz stützt. Umgekehrt kann man auch aus der Messung von $k(\lambda)$ an zwei Stellen des Spektrums, $k(\lambda_1)$ und $k(\lambda_2)$ die relativen molekularen Konzentrationen des Gemisches c_1 und c_2 berechnen. Es mögen $\mu_1(\lambda)$ und $\mu_2(\lambda)$ die als bekannt vorausgesetzten molekularen Extinktionskoeffizienten bedeuten. Nach S. 581 ist

$$\mu_1(\lambda) = k_1(\lambda)/c_1 \quad \text{und} \quad \mu_2(\lambda) = k_2(\lambda)/c_2,$$

wo c_1 und c_2 die Zahl der Moleküle pro Liter bedeuten. Mißt man also $k(\lambda)$ an zwei Stellen des Spektrums, so hat man

$$\begin{aligned} k(\lambda_1) &= k_1(\lambda_1) + k_2(\lambda_1) = \mu_1(\lambda_1)c_1 + \mu_2(\lambda_1)c_2 \\ k(\lambda_2) &= \qquad\qquad\qquad\quad \mu_1(\lambda_2)c_1 + \mu_2(\lambda_2)c_2 . \end{aligned}$$

Dies ergibt:

$$c_1 = \frac{k(\lambda_1)\mu_2(\lambda_2) - k(\lambda_2)\mu_2(\lambda_1)}{\mu_1(\lambda_1)\mu_2(\lambda_2) - \mu_1(\lambda_2)\mu_2(\lambda_1)}$$

$$c_2 = \frac{k(\lambda_2)\mu_1(\lambda_1) - k(\lambda_1)\mu_1(\lambda_2)}{\mu_1(\lambda_1)\mu_2(\lambda_2) - \mu_1(\lambda_2)\mu_2(\lambda_1)} .$$

Hat man also die Größen $\mu_1(\lambda_1)$, $\mu_1(\lambda_2)$, $\mu_2(\lambda_1)$, $\mu_2(\lambda_2)$ ein- für allemal für zwei geeignete Spektralstellen und beliebige Konzentrationen der Einzelkörper gemessen, so kann man durch Messung der Extinktionskoeffizienten der Mischung für die gleichen Spektralstellen die Zusammensetzung des Gemisches berechnen. Theoretisch würde man eine ähnliche Rechnung unter Benutzung einer größeren Zahl von Spektralstellen für Gemische von mehreren Körpern ausführen können. Allein dies Verfahren ist wegen seiner Unsicherheit und Umständlichkeit praktisch unbrauchbar. Auch die Berechnung des Mischungsverhältnisses zweier Körper ist nur in verhältnismäßig nicht sehr zahlreichen Fällen auf dem angegebenen Wege ausführbar, da in der Regel chemische Reaktionen oder feinere chemische Beeinflussungen eintreten. Von dem Vorhandensein derselben kann man sich überzeugen, wenn man das Spektrum der Mischung mit dem Absorptionsspektrum der beiden getrennten Lösungen vergleicht, die man hintereinander unter Rücksicht auf Konzentration und Schichtdicke in den Gang des Lichtes einschaltet. Abweichungen von der Additionsregel bei der Mischung zeigen sich dann darin, daß die Summe der Absorptionsspektra der beiden Komponenten nicht gleich dem Absorptionsspektrum der Mischung ist. Die Probe ist ein recht empfindliches Reagens für chemische Beeinflussungen.

Anwendung finden die angegebenen Additionsregeln unter anderem auch auf die Bestimmung bzw. Analyse der Absorption verdünnter Lösungen von Elektrolyten mit gefärbtem Anion und Kation.

Von MELDE ist die Behauptung aufgestellt worden, daß bei der Mischung zweier absorbierender Substanzen eine gegenseitige Beeinflussung der Absorptionsstreifen aus rein physikalischen Ursachen eintrete, nach Art der KUNDTschen Regel. Der größte Teil der oft sehr auffälligen Änderungen in der Form, Zahl und Lage der Absorptionsbänder läßt sich jedoch auf die bereits besprochene Superposition der Absorption zurückführen, und für die dann noch bleibenden Einflüsse sind wohl stets chemische Änderungen der Lösung zur Erklärung heranzuziehen.

Feste Körper. Über die Änderung der Absorptionsspektra der festen Körper mit der Temperatur ist bereits S. 601 teilweise berichtet. Besonders mannigfaltig sind die hier in Frage kommenden Erscheinungen bei den Körpern mit selektiver Absorption, insbesondere den Kristallen. Bei diesen besteht in der Regel Dichroismus, d. h. die Absorptionsstreifen sind verschieden für den ordentlichen und außerordentlichen Strahl.

Je nach der Kristallform und Beobachtungsrichtung wechselt die Zusammensetzung, Intensität und der Polarisationszustand des Absorptionsspektrums. Näheres hierüber findet man in den unten angegebenen Schriften. Dort auch weitere Angaben[1] für die ausgedehnte Literatur und die Beobachtungsmethoden.

Die Breite der Absorptionsstreifen ist abhängig von der Temperatur und nimmt im allgemeinen, nicht immer, stark ab, wenn man zu tiefen

[1] H. DU BOIS und G. J. ELIAS, Ann. Phys. (4) 27, 233 (1908), ib. (4) 35, 617 (1911). — T. RETSCHINSKY, Ann. Phys. (4) 27 (1908). — KAYSER, Handbuch Bd. III, S. 401 ff., S. 135 ff. Ferner zahlreiche Arbeiten von J. BECQUEREL, KAMERLINGH-ONNES u. a. — W. VOIGT, im Handbuch der Elektrizität und des Magnetismus, herausgegeben von L. GRAETZ, Bd. II, S. 638 ff. Leipzig 1915. F. POCKELS, Lehrbuch der Kristalloptik. Leipzig 1906.

Temperaturen übergeht. Die Absorptionsstreifen mancher Kristalle, z. B. des Rubins, kristallisierter Verbindungen seltener Erden oder fester Lösungen seltener Erden, wie sie bei zahlreichen Mineralien vorkommen, verhalten sich wie die Absorptionslinien der Gase. Insbesondere zeigen sie eine Reihe der oben S. 591ff. genannten Veränderungen, wie z. B. den Zeemaneffekt. Für die Einzelheiten der zum Teil überaus komplizierten Erscheinungen wie auch die Methoden zu ihrer Untersuchung muß auf die unten angegebene Literatur verwiesen werden.

d) Fluoreszenz und Phosphorescenz. In engstem Zusammenhang mit der Absorption stehen die Fluorescenzspektra, die zahlreiche Lösungen und feste Körper sowie die Phosphorescenzspektra, die sehr viele feste Körper und feste Lösungen besitzen. Die Veränderlichkeit dieser Spektra ist ebensogroß, wie diejenige der Absorptionsspektra und wird noch dadurch kompliziert, daß die beobachteten Leuchterscheinungen stark von der Temperatur abhängen und bei den Phosphorescenzspektren einen zeitlichen Verlauf zeigen, der innerhalb desselben Spektrums für die einzelnen Banden ganz verschieden sein kann. In vielen Fällen ist es außerdem möglich, die Zusammensetzung der Emission durch äußere Einwirkungen, wie z. B. Druck, magnetische oder elektrische Kräfte in ähnlicher Weise zu beeinflussen, wie das S. 590 für die gewöhnlichen Emissionsspektra angedeutet ist. Die Untersuchungsmethoden sind aus diesem Grunde ebenso verschieden, wie die Erscheinungen. Ihre genauere Schilderung muß den Lehrbüchern der Spektroskopie überlassen bleiben.[1] Es gibt drei Arten von Luminescenz, die für anorganische Arbeiten Bedeutung haben. An erster Stelle ist die Fluorescenz von Lösungen zu nennen; dieselbe findet sich bei Verbindungen des Urans und einigen seltenen Erden. Sie tritt insbesondere auf bei Belichtung mit ultraviolettem Licht. Zweitens fluorescieren zahlreiche feste Körper. Hier sind zwei Arten der Fluorescenz zu unterscheiden, je nachdem die Luminescenz dem Element, bzw. der Verbindung als solche zukommt, oder die Leuchtfähigkeit die Wirkung eines zweiten Stoffes, des festen Lösungsmittels ist. In die erste Klasse gehört die Phosphorescenz der Uranverbindungen, einer Reihe seltener Erden und der Platindoppelsalze, in die zweite Klasse die Phosphorescenz der festen Lösungen (z. B. in CaO) einer Reihe von Elementen und die Phosphorescenz gewisser Kristalle (Flußspat, Rubin), die eine Folge des Vorhandenseins von geringen Mengen fremder Körper (z. B. Cr oder seltener Erden) sind. Die Mannigfaltigkeit der Erscheinungen wird noch dadurch kompliziert, daß infolge der kristallinischen Eigenschaften

[1] Der Gegenstand ist in den meisten Werken sehr stiefmütterlich behandelt, vollständig in H. KAYSER und H. KONEN, Handbuch der Spektroskopie, Bd. IV, Kap. 5 und 6, S. 596—1214, Leipzig 1908; ferner G. URBAIN, Introduction à l'étude de da spectrochimie, Paris 1911, deutsche Übersetzung von H. MEYER, Dresden 1913. C. R. BÖHM, Die Darstellung der seltenen Erden, 2. Bd. Leipzig 1905. H. KONEN, Lehrbuch der Spektroskopie, Leipzig 1919. Von den in diesen Werken genannten Schriften besonders J. URBAIN, Ann. chim. phys. (8) 18, S. 222—288 (1909). L. BRUNINGHAUS, Ann. chim. phys. (8) 20, 519—546 (1910); (8) 21, 210—283 (1910).

dieser phosphorescierenden Körper das Phosphorescenzlicht je nach den Bedingungen polarisiert, seine Zusammensetzung je nach der Beobachtungsrichtung an Kristall wechselnd ist. Die Methoden, die auf dieser Veränderlichkeit fußen, sind indes noch wenig entwickelt.

Die Fluorescenz von Lösungen spielt in der anorganischen Chemie eine geringere Rolle, als in der organischen. Die oberflächliche Kathodoluminescenz läßt sich analytisch verwenden (vgl. S. 488). Eine Reihe von Uranverbindungen fluoreszieren auch in Lösung. Dagegen ist die Zahl der in Lösung fluorescierenden anorganischen Verbindungen verhältnismäßig sehr klein. Manche Körper, z. B. die Platindoppelsalze, fluorescieren nur in festem Zustande. Aus diesem Grunde sei hier nicht näher auf die Veränderlichkeit dieser Art von Flüssigkeitsspektren eingegangen, so viele interessante Einzelheiten, namentlich die Untersuchung der Uranverbindungen und der Lösungen gewisser seltener Erden auch bietet.

Die Fluorescenz der festen Körper kann in manchen Fällen direkt analytisch verwendet werden (Uransalze). Neben der Zusammensetzung des erregenden Lichtes spielt die Art des benutzten Salzes und die Temperatur eine Rolle. In der Regel erhält man bei tieferen Temperaturen scharfe Banden und größere Fluorescenzintensität. Wegen des speziellen Charakters dieser Art von Untersuchungen sei indes auch auf die Veränderlichkeit der Phosphorescenzspektra von Salzen, Gläsern usw. nicht näher eingegangen.

Die dritte Art der Phosphorescenz, das Leuchten fester Lösungen, hat zu analytischen Zwecken eine ausgedehntere Anwendung gefunden. So seien einige Bemerkungen angefügt. Von dem Einfluß der Zusammensetzung des erregenden Lichtes werde abgesehen; wir nehmen an, daß die Anregung der Phosphorescenz durch Kathodenstrahlen erfolge.

Im einfachsten Falle besteht der phosphorescierende Körper aus zwei Komponenten, einem „Lösungsmittel" und einem in geringerer Menge vorhandenen „Phosphorogen". Das Lösungsmittel ist in überwiegender Menge vorhanden; die Oxyde und Sulfide der alkalischen Erden, die weißen oder wenig gefärbten Oxyde der seltenen Erden und die Mehrzahl ihrer Verbindungen, Chloride, Sulfate, Phosphate können als Lösungsmittel dienen. Als Phosphorogene wirken die Verbindungen einer Reihe von Elementen, z. B. Chrom, Mangan, zahlreiche seltene Erden. Die Phosphorescenz ist für den gelösten Körper charakteristisch. Sie setzt sich zusammen aus Linien und Banden, die je nach der Wahl der allotropen Zustände des Phosphorogens oder der als Phosphorogen benutzten Derivate desselben Oxyds sich verschieben, verdoppeln oder noch mehr komplizieren können. Indes bleibt im ganzen die Zusammensetzung des Phosphorescenzspektrums gewahrt, so daß man die Hauptbanden wiedererkennen kann. Diese bestehen in der Regel (z. B. bei Mangan, Kupfer, Chrom usw.) aus ein bis zwei diffusen Emissionsbanden, bei den seltenen Erden dagegen aus vielen Linien und Banden.

Bei einem binären Gemisch hängt die Intensität der Phosphorescenz von der Herstellung und Konzentration des Phosphorogens ab.

Die festen Lösungen müssen auf chemischem Wege (durch Fällung) hergestellt und nachher durch Glühen in die Oxyde übergeführt werden. Für jedes Lösungsmittel und jedes Phosphorogen gibt es ein Gemisch maximaler Helligkeit; bei den seltenen Erden erreicht man bei etwa 1 % die größte Helligkeit. Vergleicht man verschiedene Gemische, so ändert sich mit der Helligkeit auch die Farbe des Phosphorescenzlichtes. Dies beruht auf dem verschiedenen Verhalten der einzelnen Banden. Gewisse Banden verhalten sich wie die „langen" Linien der Linienspektra: Auch wenn sie lichtschwach sind, überdauern sie bei steigender Verdünnung. Andere Banden verhalten sich entgegengesetzt. Im allgemeinen kann man sagen, daß die Farbe um so mehr nach dem blauen Ende des Spektrums rückt, je verdünnter die Lösung ist. Das Phosphorescenzspektrum verhält sich wie die Überlagerung verschiedener Spektra von verschiedenem Phosphorescenzoptimum. Es muß daher bei genauen Untersuchungen das Phosphorescenzoptimum auf eine bestimmte Bande oder Linie bezogen werden.

Auch hinsichtlich des Nachleuchtens und hinsichtlich der Beeinflussung durch Erwärmung verhalten sich die einzelnen Banden der Phosphorescenzspektra verschieden. Es muß genügen, auf diesen Punkt hinzuweisen.

Wegen der großen Empfindlichkeit der Phosphorescenz gegen geringe Zusätze ist die größte Sorgfalt bei der Herstellung der Lösungsmittel erforderlich. So ist es z. B. URBAIN erst nach dreimonatigem täglichen Umkristallisieren von Calciumnitrat in Salpetersäure gelungen, „kathodisch" manganfreies, also nicht rosafarben phosphorescierendes CaO herzustellen.

Fügt man zu einem binären Systeme ein zweites Lösungsmittel, so erhält man die Superposition zweier Phosphorescenzspektra in der Regel mit Abnahme der allgemeinen Intensität und gewissen Veränderungen in den Spektren.

Werden in demselben Lösungsmittel zwei Phosphorogene gelöst, so verringert sich die Gesamtintensität des Phosphorescenzlichtes, während das Spektrum sich aus den beiden Einzelspektren zusammensetzt, die im ganzen ihren normalen Bau zeigen.

Unterwirft man eine feste Lösung chemischen Reaktionen, bei denen sich der Gehalt an Phosphorogen nicht ändert, so findet man in der Regel bei den Derivaten die gleiche Phosphorescenz wieder, wenn es sich um wasserfreie Salze handelt. Bei den seltenen Erden sind die Verhältnisse komplizierter.

Für die Auswahl der Lösungsmittel können die folgenden Regeln benutzt werden: Die Lösungsmittel sind immer gute Dielectrica. Körper mit Metallglanz wirken nicht als Lösungsmittel, gefärbte Körper nur dann, wenn ihr Absorptionsspektrum weit von dem Spektralbereich entfernt ist, in dem das Phosphorogen Licht emittiert. So kann man z. B. nach URBAIN für Pr, Sa, Eu, Dy, Tb, Er aus der Reihe der seltenen Erden nur La, Gd, Y als Lösungsmittel benutzen. Als Phosphorogene zeichnen sich im allgemeinen die paramagnetischen Körper aus.

In manchen Fällen endlich wird ein binäres Gemisch erst durch den Zusatz eines dritten Körpers, des sogenannten „Schmelzzusatzes“ (LENARD und KLATT) zu merklicher oder intensiver Phosphorescenz erregt. So liefern die Sulfide der alkalischen Erden als Lösungsmittel dann mit den Schwermetallen helle Phosphore, wenn man einige Prozent eines schmelzbaren Alkalisalzes hinzufügt. Nähere Angaben über die Herstellung und die Eigenschaften derartiger ternärer Gemische findet man bei LENARD und KLATT.[1]

Gesetzmäßigkeiten im Bau der Spektra. Für die Darstellung der Gesetzmäßigkeiten im Bau der Spektra muß auf die eingangs dieses Artikels genannte Literatur verwiesen werden. Man kann die Gesetze der Spektra nach folgenden Gesichtspunkten einteilen: 1. allgemeine Regeln für Gesetzmäßigkeiten, 2. Regeln für die Zusammenfassung einer Gruppe von Linien, 3. Beziehungen derartiger Gruppen zueinander, 4. Homologien zwischen den Spektren chemisch verwandter Elemente, Beziehungen zwischen den chemischen und spektroskopischen Konstanten. Die Beachtung der in diesen Regeln zusammengefaßten Gesetzmäßigkeiten ist bei der Auswahl und Beurteilung der spektroskopischen Arbeitsmethoden von großer Bedeutung, weil man aus dem Bau der Spektra in vielen Fällen das Verhalten von einzelnen Linien und Banden, wie ganzen Spektren vorhersehen, von einem Element Schlüsse auf ein anderes übertragen kann und in jedem Falle den am meisten geeigneten Spektralbezirk für die Untersuchung auszuwählen in der Lage ist. Es ist daher zweckmäßig, bei spektroskopischen Arbeiten stets einen der vorhandenen Atlanten, etwa das vorzügliche Tafelwerk von EDER und VALENTA, zu benutzen und vorher in demselben wenigstens die wichtigsten Linien mit ihrer Serienbezeichnung zu versehen.

V. Anwendungen.

a) Qualitative Analyse durch Emission. Zu einer qualitativen Analyse eignen sich an erster Stelle die Linienspektra und Bandenspektra, an zweiter die Streifenspektra und an dritter die kontinuierlichen Spektra. Letztere mögen hier übergangen werden. Die Linienspektra und Bandenspektra sind besonders geeignet zu Emissionsanalyse, die Streifenspektra besonders zur Absorptionsanalyse. Eine Mittelstellung nehmen die Phosphorescenzspektra ein. Es sei zunächst von der Emissionsanalyse die Rede. Diese stößt in der Praxis auf gewisse Schwierigkeiten. Zunächst ist es bei ihrer Anwendung im allgemeinen erforderlich, die zu prüfenden Körper zu verdampfen; hierbei tritt vielfach eine Zersetzung etwa benutzter Verbindungen ein, außerdem hat das Gemisch der entstehenden Dämpfe nicht die gleiche Zusammensetzung wie die zu verdampfende Substanz; schwer flüchtige Bestandteile können z. B. fehlen, leicht flüchtige

---

[1] TH. LENARD und V. KLATT, Ann. Phys. (4) **15**, 225—282, 425—484, 633—672 (1904). KAYSER-KONEN, Handb. d. Spektr. **4**, S. 745 ff.

Verunreinigungen überwiegen. Eine weitere Schwierigkeit besteht darin, daß in einem Gemisch von Dämpfen die einzelnen Bestandteile keineswegs die gleiche spektrale Empfindlichkeit besitzen. So überwiegt z. B. in einem Vakuumrohr, das mit schwachem Strome betrieben wird, die Emission des Gases, das die kleinste Ionisierungsspannung besitzt. Für viele analytische Zwecke ist sodann die Empfindlichkeit des Verfahrens zu groß. Chemisch nicht mehr nachweisbare Spuren, z. B. von Cu, liefern noch deutliche spektrale Reaktionen, gewisse Elemente sind fast in jeder Probesubstanz zu finden. Endlich fehlt es an einem Kriterium, um die Spektra von Verbindungen von den Spektren der Elemente zu unterscheiden. Letztere liefern mehrfache Spektra, darunter auch Bandenspektra. Verbindungen liefern immer Bandenspektra. Allein es fehlt bisher an einem Kriterium, um zwischen dem Bandenspektrum einer Verbindung und dem Bandenspektrum eines Elementes zu unterscheiden Aus allen diesen Gründen erweist die Emissionsanalyse sich besonders brauchbar, um Spuren fremder Substanzen nachzuweisen, neue Körper aufzufinden, in Serien von Fraktionen aus dem Verhalten der relativen Intensitäten der Linien die Zunahme oder Abnahme des Prozentgehaltes eines Bestandteils nachzuweisen. In den Fällen jedoch, wo aus der Abwesenheit von Linien Schlüsse gezogen werden müssen, oder wo es sich darum handelt, aufgefundene Spektra auf bestimmte Verbindungen zu beziehen, ist große Vorsicht geboten. Die spektrale Untersuchung ist hier nur ein Hilfsmittel neben anderen.

Im allgemeinen ist das Spektrum eines unbekannten Körpers durch die Lage bzw. Wellenlänge seiner Hauptlinien, Banden oder Streifen gekennzeichnet, unter Mitberücksichtigung der in der Regel geschätzten Intensitäten. Man kann sagen, daß schon eine einzige Linie oder eine einzige Bande charakteristisch sind für eine Substanz, so daß man aus dem Vorhandensein des betreffenden Spektralteils mit Sicherheit auf den betreffenden Körper schließen kann. Hierbei ist vorausgesetzt, daß die Wellenlänge der fraglichen Linie bzw. der betreffenden Bande hinreichend genau bekannt sei. Für Linienspektra genügt es in der Regel, wenn man eine einzige starke Linie bis auf etwa $\pm$ 0,01 Å.-Einheiten gemessen hat, um dadurch mit Sicherheit das betreffende Element nachzuweisen. Einer der vorhandenen Wellenlängenkataloge, z. B. derjenige von KAYSER oder von EXNER und HASCHEK gestattet, nachdem eine Linie gemessen ist, ohne weiteres das betreffende Element anzugeben. Als Gegenprobe dient dann der Nachweis, daß auch die anderen mittelst derselben Kataloge unter Berücksichtigung der Erzeugungsart des betreffenden Spektrums ermittelten starken Linien des fraglichen Elementes gegenwärtig sind. Auch Banden lassen sich vermittelst des von KAYSER gegebenen Kataloges in ähnlicher Weise verwenden. Doch ist das System der hier vorliegenden Messungen noch nicht so zuverlässig wie für die Linienspektren. Außerdem ist genau zu bestimmen, auf welchen Teil der betreffenden Banden sich die Messung eigentlich bezieht. Diese Bedingung ist namentlich bei mäßiger Dispersion in der Praxis nicht immer leicht zu erfüllen.

Je genauer man mißt, um so sicherer ist der Nachweis der Coincidenz. Andererseits ist es keineswegs notwendig, derartig genaue Messungen zu machen. Es genügt vielmehr eine angenäherte Messung, wenn sie sich auf mehrere Linien oder Banden bezieht. In der Regel ist ja die Zahl der Linien und Banden eines Spektrums sehr groß, so daß man in dem untersuchten Spektralbezirk meist eine Reihe von Linien finden wird, deren angenäherte Coincidenz unter Berücksichtigung ihrer Intensität das fragliche Element nachweist. Hierbei können sowohl Wellenlängenkataloge wie die Abbildungen in den genannten Atlanten benutzt werden.

Man erkennt z. B. die Anwesenheit des Natriums mit Sicherheit aus den beiden *D*-Linien, diejenige des Heliums ist in kosmischen Lichtquellen aus einer einzigen Linie geschlossen worden, Kohlenstoff wird mittelst einer einzigen Linie im Ultraviolett nachgewiesen, desgleichen Bor, Silicium aus einer Gruppe von 7 Linien im Ultraviolett, dagegen Cer etwa durch genauere Messung einiger Linien. Während bei linienarmen Spektren, z. B. den Alkalien, ein Blick in das Spektroskop genügt, um dem geübten Beobachter zu zeigen, welches Element er vor sich hat, bedarf es bei linienreicheren Elementen unter Umständen einer sorgfältigen Messung, um ein bestimmtes Element nachzuweisen oder von seinen Verunreinigungen zu trennen.

Eine besondere Schwierigkeit entsteht bei dem Nachweis von Elementen, die nur spurenweise vorhanden sind, dadurch, daß nicht immer dieselben Linien, die bei größerer Konzentration oder stärkerer Erregung die größte Intensität haben, auch bei den geringsten Spuren der betreffenden Substanz zu finden sind. de Gramont hat deshalb die Linien bestimmt, die in Legierungen, Mineralien, Verbindungen noch bei dem geringsten Prozentgehalt auftreten, nach denen man also bei der Analyse suchen muß. Für diese Linien hat er den Namen „Restlinien" (Raies ultimes) eingeführt. Je nach der benutzten Untersuchungsmethode, z. B. dem okularen oder dem photographischen Verfahren, hat man etwas andere Restlinien. So sind bei Na z. B. die *D*-Linien die Restlinien, wenn man okular untersucht, dagegen das Paar λ 3303 bei photographischer Untersuchung. Im allgemeinen nehmen die Restlinien jedoch eine besondere Stellung innerhalb der Serien ein und zeichnen sich auch sonst durch gewisse Eigenschaften aus, z. B. durch Persistenz gegenüber der Wirkung eingeschalteter Selbstinduktion. In den Wellenlängenkatalogen des Handbuches von Kayser und Konen sind die Restlinien besonders gekennzeichnet. Die Bezeichnung Restlinien wird in der Literatur vielfach noch für eine zweite Art von Linien gebraucht, die von Hartley und Moss bestimmt worden sind und dort „Ultimate lines" genannt werden. Hier sind die Linien gemeint, die von möglichst kleinen Mengen der betreffenden Substanz geliefert werden. Es wird z. B. der Substanzverlust einer Elektrode pro Funken durch Wägung ermittelt und dann gezählt, wieviel Funken nötig sind, um die fragliche Linie photographisch zu fixieren. Diese beiden Arten von Restlinien decken sich manchmal, sind aber keineswegs identisch. Über die Kritik der quantitativen Angaben vergleiche man auch den nächsten Abschnitt.

Wie schon hervorgehoben, besitzt der negative Ausfall einer Spektralprobe viel geringeren Wert als der positive. So fehlen z. B. die gelben Natriumlinien in einer mit Chlordämpfen vermischten Bunsenflamme, auch wenn Natrium im Überfluß da ist. In anderen Fällen muß man, um die Anwesenheit eines Elementes zu beurteilen, ein möglichst großes Stück des Spektrums untersuchen. So gibt z. B. das Quecksilber in einer Bunsenflamme keine sichtbare Linie, wohl aber im Ultraviolett eine sehr starke Linie bei λ 2536. Sauerstoff und Schwefel geben scheinbar im Bogen keine Reaktion. Dennoch findet man im Ultrarot charakteristische Liniengruppen. Vollständige, also den ganzen zugänglichen Spektralbereich umfassende Tafeln und Tabellen sind daher ein unentbehrliches Hilfsmittel bei allen feineren Untersuchungen.

Die Auswahl der Methoden zur qualitativen Analyse richtet sich nach dem speziellen Zweck der Untersuchung und nach der Menge der zur Verfügung stehenden Probesubstanz. Es seien die hauptsächlichsten Methoden einzeln genannt, obwohl man sie in der Praxis nebeneinander benutzt. Feste Rezepte lassen sich nicht angeben. Verbindungen weist man im allgemeinen besser durch die Absorptionsspektra nach (einige Körper, z. B. die Chlorverbindungen von manchen Metallen machen eine Ausnahme). Bei geringen Mengen eignet sich vielfach die okulare Beobachtung besser, bei größeren Mengen das photographische Verfahren, in einigen Fällen die Luminescenzanalyse.

Bei dem photographischen Verfahren macht man mittelst Spektrographen und farbenempfindlicher Platte eine Spektralaufnahme, indem man auf dieselbe Platte unter Beachtung der früher erwähnten Vorsichtsmaßregeln ein Vergleichsspektrum photographiert, etwa das Spektrum einer Quecksilberbogenlampe, einer Heliumröhre mit Quarzfenster oder (in der Regel) das Spektrum des Eisenbogens. Man blendet dabei den Spalt so ab, daß das Vergleichsspektrum weniger breit wird, seine Linien also unmittelbar von den Linien des zu prüfenden Spektrums zu unterscheiden sind. Die meisten Spektrographen besitzen eine Einrichtung zu diesem Zwecke. In manchen Spektralapparaten finden sich auch Skalen, die man unmittelbar mit photographiert. Kommt es nicht auf große Genauigkeit an, so kann man die Skala in Wellenlängen kalibrieren und die Wellenlängen der Linien an der Skala abschätzen. Auch werden Skalen hergestellt, die man auf die Photographien auflegt. Genauere Resultate erhält man mittelst des Vergleichsspektrums. Ist dasselbe linienreich, wie etwa das Spektrum des Eisens, so kann man oft die gesuchte Wellenlänge unmittelbar an den Nachbarlinien des Eisens abschätzen, die man mittelst eines Atlas (ein größerer Atlas des Eisenspektrums ist von FABRY und BUISSON herausgegeben worden) identifiziert. Höheren Ansprüchen genügt die Ausmessung durch Projektion des Spektrums auf eine Skala oder durch Ausmessung mittelst der Teilmaschine. Man vergleiche hierzu oben S. 553ff. Zu einer sicheren Analyse gehört die genaue Ausmessung weniger oder die weniger genaue Ausmessung vieler Linien oder Banden. Durch Nichtbeachtung dieser Regel sind zahlreiche Fehler in der spektroskopischen Literatur entstanden. Endlich ist zu berücksichtigen, daß man Streifenspektra und manche Bandenspektra besser mit Apparaten geringerer Dispersion (z. B. Einprismenapparaten), Linienspektra dagegen besser mit Apparaten großer Dispersion untersucht, mit der Einschränkung, daß Rücksicht auf die Menge der zur Verfügung stehenden Substanz und die Lichtstärke der Apparate genommen wird. Besonders bequem sind Aufnahmen mit Konkavgittern, weil man an ihnen die Wellenlängen mittelst eines Millimetermaßstabes in für viele Zwecke ausreichender Genauigkeit unmittelbar ablesen kann.

Die Empfindlichkeit der spektralen Reaktion wird bekanntlich nur von einigen elektrometrischen Methoden übertroffen, mittelst derer man radioaktive Substanzen untersucht. Sowohl für Flammen, wie für Funkenreaktionen sind häufig Abschätzungen der geringsten Mengen vorgenommen worden, die noch eben nachweisbar waren. Die Zahlen bewegen sich je nach der benutzten Verbindung, dem darin enthaltenen Metall und der Versuchsanordnung in der Nähe von 10^{-8} g und weniger. Eine bestimmte Grenze läßt sich nicht angeben. Wenn manche Verfahren versagen, z. B. die Flammenreaktion, so liefern andere, z. B. der Funken, noch einen deutlichen Nachweis. Welche Methode die empfindlichste sei, läßt sich nicht sagen. Auch die Fluorescenzreaktion kann z. B. mit der Empfindlichkeit der Flammenreaktion wetteifern. Die Empfindlichkeit der Reaktion ist um so höher einzuschätzen, als sich nachgewiesenermaßen immer nur ein Bruchteil der vorhandenen Moleküle an der Emission beteiligt. Oft liefert die Spektralreaktion den Nachweis von Körpern, die auf kaum zu vermeidende Weise, z. B. durch den Staub der Luft, in die Präparate gelangen, z. B. Cu, Ca, C aus dem Staub und den Gasen der Luft, S, Cl, aus den Wänden der benutzten Gefäße.

Vergleicht man das Verhalten der verschiedenen Elemente und Verbindungen, so zeigt sich, daß die Empfindlichkeit der Reaktion für die verschiedenen Körper äußerst verschieden ist und von der benutzten Methode abhängt. So ist z. B. die Spektralreaktion der Alkalien in der Bunsenflamme sehr empfindlich und zwar empfindlicher für Chlorate als für Sulfate. Elemente von hoher Verdampfungstemperatur, wie z. B. die Platinelemente oder manche Gase, wie Chlor oder Wasserstoff geben in Flammen nur unter bestimmten Bedingungen ein Spektrum und werden in der Regel neben empfindlicheren Elementen gar nicht bemerkt. Bei Verwendung anderer Methoden, z. B. in Geißlerröhren, kehrt sich das Verhältnis um. Im Funken nach geschmolzenen Mineralien findet man neben den Linien der Metalle auch die Spektra der Metalloide, jedoch nur innerhalb bestimmter Grenzen für den Betrag der Kapazität und Selbstinduktion im Entladungskreise. Auch hängt die Reaktion der Elemente davon ab, ob die betreffende Methode geeignet ist, vorhandene Verbindungen in genügendem Maße zu zerlegen. Man sagte früher, die Temperatur der Lichtquelle müsse hoch genug sein, um die betreffende

Verbindung zu dissoziieren und zu verdampfen. Neuere Versuche, z. B. mit Chlorflammen, scheinen jedoch zu zeigen, daß es nicht allein die Temperatur der Flammen usw. ist, auf die es ankommt, sondern daß daneben noch besondere chemische und elektrische Einflüsse mitwirken. Es hängt also außer von der Temperatur der Lichtquelle noch von der Anwesenheit fremder Gase, der Atmosphäre, in der die Lichtquelle sich befindet und anderen Umständen ab, ob eine Spektralreaktion eintritt. Hierin liegt ein großer Mangel der Spektralanalyse, insofern sie zwar eine sehr empfindliche Probe für die Anwesenheit vieler Elemente und Verbindungen liefert, indes nur bei Berücksichtigung verschiedener Methoden und vieler Vorsichtsmaßregeln zu einer vollständigen Analyse geeignet ist.

Aus diesem Grunde ist auch eine Anleitung zu einer vollständigen chemischen Analyse von Salzen, Gemischen, Legierungen mittelst spektraler Beobachtung an dieser Stelle nicht möglich. Es muß dafür auf die in der angegebenen Literatur enthaltene spezielle Spektroskopie verwiesen werden. Nur einige allgemeine methodische Hinweise seien hier gebracht. Die Einteilung erfolgt dabei nach der Art der benutzten Lichtquellen.

Bogen. Die Bogenspektra eignen sich besonders zur Analyse von Metallverbindungen oder Gemischen. Man erhält bei geeigneter Anordnung zwar auch die Spektra der meisten Metalloide im Bogen, allein die Reaktion ist verhältnismäßig unempfindlich. Außer den Linienspektren findet man eine Reihe von Bandenspektren, die meistens charakteristische Verbindungsspektra darstellen. Besonders eignet sich der Kohlebogen, über dessen Benutzung und Eigenschaften man S. 497 vergleiche. In vielen Fällen genügt es, nur einen Teil des Spektrums, z. B. den photographisch wirksamsten Teil, unterhalb λ 4600 zu photographieren. Stören die Bandenspektra des Kohlebogens, so kann man auch Metallelektroden, z. B. Kupferelektroden benutzen (nur bei Verwendung von Gleichstrom). Die zahlreichen von den Elektroden herrührenden Verunreinigungen eliminiert man durch Kontrollaufnahmen mit frischen Kohlen, unter Umständen durch genaue Ausmessung, Vergleich mit den Wellenlängenkatalogen und Berücksichtigung der Intensität. Vergleicht man verschiedene Substanzen, z. B. verschiedene Fraktionen miteinander, so sind die Aufnahmen mit gleichen Substanzmengen unter gleichen Bedingungen auszuführen. Die schätzungsweise ermittelte relative Intensität der einzelnen Linien gibt dann einen vielfach ausreichenden Anhalt zur Beurteilung der Menge der fraglichen Substanz, so daß man etwa Fraktionen unschwer in Reihen von zunehmender Reinheit ordnen und so bestimmte Elemente isolieren kann. Das Verfahren ist sehr empfindlich, zuverlässig und bei einiger Übung auch bequem. Unter Umständen genügt eine Menge von 0,1 g zur Durchführung einer vollständigen Analyse. Namentlich bei der Untersuchung der seltenen Erden hat dies Verfahren ausgezeichnete Dienste geleistet.

Funke. Über die Benutzung des Funkens und seine spektroskopischen Eigenschaften sehe man auf S. 503. Es eignen sich zur Funkenanalyse sowohl Lösungen, wie Salze (Mineralien) wie metallisch leitende Körper. Letztere benutzt man unmittelbar als Elektroden und stellt einen

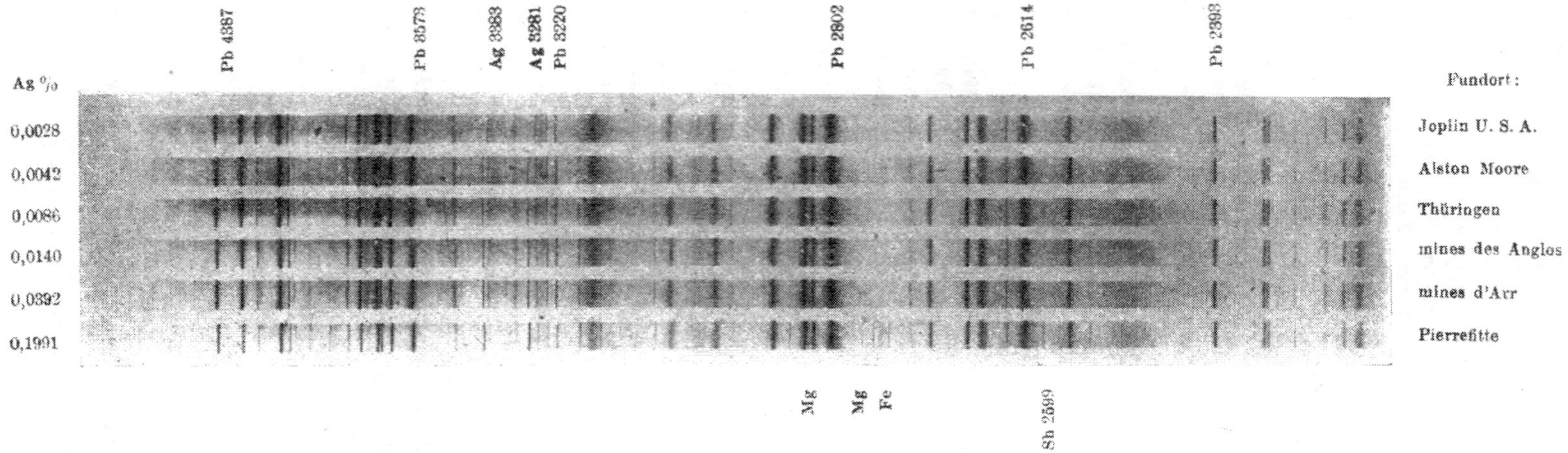

Fig. 375. Analyse silberhaltiger Bleierze nach de Gramont.

kondensierten Funken her. Es eignet sich besonders das photographische Verfahren, weil die Spektra in der Regel sehr linienreich sind, besonders im Ultraviolett. Die Bearbeitung der Photogramme geschieht in der S. 559 und bei Besprechung des Bogens geschilderten Weise. Die Benutzung von Selbstinduktion im Entladungskreis zur Unterdrückung der Luftlinien ist in der Regel nicht zu empfehlen, da man die Luftlinien leicht eliminieren kann und durch Einschalten von Selbstinduktion der Charakter des Spektrums gänzlich geändert wird. Neben den Spektren der Metalle erhält man auch die Spektra der Metalloide. Es eignet sich daher der Funke besonders zur Analyse geschmolzener Salze und Mineralien. Bei Untersuchungen im Ultraviolett ist ein Quarzspektograph (ein Prisma) oder ein Gitter zu benutzen. In Fig. 375 ist eine mittelst Quarzprisma hergestellte Aufnahme der Funkenspektra verschiedener Bleierze nach de Gramont wiedergegeben, die auf die beschriebene Weise hergestellt ist. Ursprungsort und Prozentgehalt der Mineralien sind angegeben. Die meisten auffallenden Linien gehören dem Blei an. Einige weitere sind angemerkt. Besonderes Interesse verdienen die beiden Restlinien des Silbers bei λ 3383 und λ 3281, deren Intensitätsabnahme mit abnehmendem Prozentgehalt deutlich zu verfolgen ist.

Bei der Benutzung von Lösungen eignet sich besonders das okulare Verfahren, wenn freilich auch photographische Untersuchungen mit großem Erfolge ausgeführt worden sind. In letzterem Falle imprägniert man am besten Kohleelektroden mit den zu prüfenden Lösungen und verfährt im übrigen wie beim Bogen.

Über die Verwendung von Lösungen ist S. 505 schon das Nötigste gesagt. Bei okularer Beobachtung kann man unter Umständen Linien für kurze Zeit aufblitzen sehen und so das Verfahren außerordentlich empfindlich gestalten. Die Tafeln von Lecoq und Demarçay sind hier zum Vergleich heranzuziehen. In den beigegebenen Texten und in dem speziellen Teile des Handbuches von Kayser und Konen findet man die Angaben über das Verhalten der einzelnen Elemente und Verbindungen in verschiedenen Lösungsmitteln. Besonders geeignet zur Untersuchung sind solche Körper, die im Bogen linienarme Spektra geben, z. B. Tellur, Phosphor. Man beachte auch, daß bei der direkten Untersuchung von Lösungen zweckmäßig der schwach kondensierte Funke bzw. Hochspannungsbogen verwendet wird.

Flammen. Über die Benutzung und die Eigenschaften der Flammen vgl. man oben S. 490. Seit der Begründung der Spektralanalyse wird besonders der Bunsenbrenner (besonders eignet sich der Mekerbrenner) zur Analyse benutzt. Wenn man dabei auch mit Erfolg die photographische Methode angewendet hat, so eignet sich praktisch doch nur das okulare Verfahren. Kleinste Mengen genügen zum Nachweis der Alkalien, der Erdalkalien, Cu, B, Tl, In. Andere Elemente eignen sich weniger. Für alle Elemente und viele Metalloide, sowie auch zur photographischen Analyse eignet sich die Knallgasflamme, in die man die Probesubstanzen in der S. 495 geschilderten Weise einführt. Es eignen sich zur Untersuchung: Metalle, Pulver, Staub, Mineralien. Die Aufnahmen werden in derselben Weise gemacht wie beim Bogen, am besten mittelst Quarzspektrograph. Die Knallgasflamme oder die Leuchtgas-Sauerstoffflamme haben besondere Restlinien, die von HARTLEY bestimmt worden sind. Das geschilderte Verfahren hat sich als sehr brauchbar erwiesen bei der Analyse von Mineralien, Hüttennebenprodukten, Meteorsteinen, atmosphärischem Staub.

Fig. 366 (S. 565) gibt als Beispiel einer derartigen Aufnahme das Flammenspektrum von Calcium nach HEMSALECH. Man bemerkt in der Mitte das Vergleichsspektrum (Eisenfunke mit Selbstinduktion). Das Metall ist als Staub in die Flamme (Wasserstoff–Sauerstoff) eingeführt.

An dieser Stelle ist auch die Analyse der beim Bessemerprozeß auftretenden Flamme zu erwähnen. Die Untersuchung geschieht am einfachsten mittelst eines Handspektroskops mit kalibrierter Skala. Doch läßt sich auch das photographische Verfahren mit Nutzen anwenden. Man beobachtet während des Prozesses zunächst ein kontinuierliches Spektrum. Dann treten die Linien des Natriums und anderer Alkalien auf, dann zahlreiche Linien und Banden, die sich bis weit ins Ultraviolett erstrecken. Die meisten Linien gehören dem Eisen an, die Banden hauptsächlich dem Mangan. Es überlagern sich die Kohlenstoffbanden. Mit dem Auftreten der Manganbanden färbt sich die Flamme grün. Für das Verhalten der Linien im einzelnen und die Beteiligung der Verunreinigungen muß wieder auf die Spezialliteratur verwiesen werden.

Geißlerröhren. Die Analyse von Gasen geschieht am zweckmäßigsten in Geißlerröhren, für deren Herstellung und Betrieb man S. 510 vergleiche.

Wegen der Veränderlichkeit der Spektra bei vermindertem Druck mit der Entladungsart, dem Ort in der Entladungsbahn, der Zusammensetzung des Gasgemisches und dem Druck hängt der Erfolg des Verfahrens sehr wesentlich von einer zweckmäßigen Variation der Versuchsbedingungen ab Auch empfiehlt es sich in allen Fällen, die photographische Methode neben der okularen Untersuchung zu benutzen. Die Bearbeitung der Aufnahmen geschieht dann in der gleichen Weise wie bei den Funken- und Bogenspektren. Über die Vorsichtsmaßregeln die bei der Füllung der Röhren mit dem Probegase zu beobachten sind, vgl. man oben S. 513. In der Regel wird man zunächst bei möglichst hohem Drucke untersuchen und allmählich zu geringeren Drucken übergehen. Gestattet die Menge des Probegases ein solches Verfahren nicht, so wählt man einen Druck von etwa 1—3 mm und mäßig starke Entladungen. Man beginnt mit unkondensierter Entladung, geht dann zu kondensierter Entladung über und schaltet zuletzt eine Funkenstrecke vor. In der Regel wird man bei diesem Verfahren bereits gewisse Verunreinigungen, Stickstoff, Sauerstoff, Kohlenstoffverbindungen auffinden und eventuell das Gas daraufhin einer neuen chemischen Behandlung unterziehen, da größere Mengen Wasserstoff, Quecksilber, Kohlenstoffverbindungen die Empfindlichkeit der Spektralreaktion anderer Gase stark herabsetzen. Allgemeine Regeln lassen sich auch hier nicht aufstellen. Die Empfindlichkeit der Spektralreaktion in Geißlerröhren ist nicht minder groß als die Empfindlichkeit der anderen Spektralreaktionen und gefährdet geradezu in vielen Fällen die Brauchbarkeit des Verfahrens, indem chemisch nicht zu beseitigende Spuren von Verunreinigungen deutliche Spektra liefern.

Lumineszenzspektra. Bei dieser Art von Analyse benutzt man entweder ultraviolettes Licht zur Erregung von Phosphorescenz und prüft die Objekte, etwa Mineralien in einem Fluorescenzmikroskop. Die Verwertung der entstehenden Fluorescenzfarben zur Identifizierung von bestimmten Mineralien ist mit großer Vorsicht auszuführen. Für die Einzelheiten muß auf die angegebene Literatur verwiesen werden.[1]

Ein zweites Verfahren benutzt die Kathodenphosphorescenz der festen Lösungen. Es eignet sich besonders zur Untersuchung der seltenen Erden, Chrom und Uran. Für die Benutzung der Methode vgl. man oben S. 486. Zur Untersuchung der Probesubstanz wählt man zunächst ein geeignetes Lösungsmittel aus, etwa reines Calciumoxyd und stellt mit diesem als Ausgangsmaterial eine etwa 1 $^0/_0$ige feste Lösung des Probekörpers durch Fällen und nachheriges Calcinieren bei etwa 1000° C dar. Die feste Lösung wird in eine Röhre nach Art der S. 488 beschriebenen gebracht und durch Kathodenstrahlen erregt. In vielen Fällen wird es genügen, das Spektrum okular zu prüfen. In der Regel ist es jedoch empfehlenswert, zugleich eine photographische Aufnahme zu machen, am besten mit einem kleinen Spektrographen mit einem Prisma, Wellenlängenskala und mittelst rotempfindlicher Platte. Auch bei dieser Art von qualitativer Analyse bedingt eine zweckmäßige Veränderung der Versuchsbedingungen den Erfolg. Man wird also mehrere Konzentrationen prüfen müssen, eventuell die günstigste ausprobieren, ferner mit mehreren Lösungsmitteln und Calcinierungstemperaturen arbeiten. Hat man öfter derartige Untersuchungen auszuführen, so ist es zweckmäßig, sich eine Sammlung von festen Lösungen bekannter Zusammensetzung anzulegen und die Probespektra direkt zu vergleichen. Diese Art von Luminescenzanalyse eignet sich besonders zur Prüfung von Serien von Fraktionen. Weitere Hinweise und Beispiele findet man außer in den eingangs genannten Handbüchern in der S. 606 genannten Literatur.

Zur speziellen Analyse. Eine Übersicht über das Verhalten der verschiedenen Elemente bei der qualitativen Emissionsspektralanalyse gibt die folgende Zusammenstellung. Einzelheiten müssen übergangen werden und finden sich in den Handbüchern der Spektroskopie. L bedeutet ein Linienspektrum, Bd ein Bandenspektrum.

Bogen. Keine Reaktion geben: Edelgase, Cl, Br, J, F, Se; nur unter besonderen Umständen Spektra: N, S, O, H (Bd und L); wenige, einzelne Linien und Banden: C, As, B, Be, P, Ge, Te, Sb; hauptsächlich Banden: C, B, zahlreiche Metallverbindungen und andere Verbindungen; Linienspektra: die übrigen Elemente.

[1] H. LEHMANN, Z. angew. Ch. 25, 1110 (1912).

Funke: a) kondensierter Funke, feste Elektroden. Schwache Linienspektra: S, Cl, Br, J, F, Se; Linienspektra mit wenigen Linien: B, P; starke, linienreiche Spektra: die übrigen Elemente. Die Gase: Luft, N, O, A, He, X, Kr, Ne, H, Cl geben Linienspektra, wenn man Funken durch sie schlagen läßt, gleichviel ob kondensierte oder nicht kondensierte.

b) Kondensierter Funke nach geschmolzenen Salzen oder nach Mineralien oder nach Salzen auf Kohleelektroden. Man erhält die Spektra aller Komponenten, sowohl der Metalle, wie der Metalloide.

c) Nichtkondensierter Funke nach Mineralien oder Salzen. Man erhält die Hauptlinien der Metalle, dazu Linien der umgebenden Atmosphäre.

d) Schwach kondensierter Funke nach Flüssigkeiten. Schwache Spektra geben: S, Se, Cl, Br, J, F, O, P, C; intensive Linienspektra gemischt mit Bandenspektren sowie den Spektren von N und „H_2O": die übrigen Elemente.

e) Kondensierter Funke mit Selbstinduktion: Linienspektra aller Metalle. Es verschwinden: Luftlinien, S, Se, Cl, Br, J, P.

Flammen. Keine Spektra oder schwache Spektra im Ultraviolett geben: Edelgase, H, N, O, F, Te. Empfindliche Linienspektra: Alkalien, In, Tl. Linien und Banden gemischt, empfindlich: Ca, Sr, Ba, Mg, Ra. Banden (Verbindungen), empfindlich: Mn, Cu, Au, Pb, Bi, Nd. Pr, P, Se, S, C, Si, B, J. Die anderen Elemente liefern zwar auch Spektra, allein diese eignen sich kaum zur Analyse.

Knallgasflamme: Linienspektra, bei geringsten Spuren: K, Na, Rb, Cs, Ca, Sr, Ba, Cu, Ag, Tn, Tl, Ga, Bi, Pb, Cr, Mn, Ni, Fe, Co. Bei geringen Mengen: Li, Au, Cd, Sb, Sn. Nur bei größeren Mengen: Cl, B, Pr, Nd, Mg, Al, Te, S, Se, Ir, Zn, Ce. Bandenspektra, bei größeren Mengen: Be, Mg, Zn, Cd, B, Al, In, Tl, Sn, Pb, Ag, P, As, Sb, Bi, Cr, Se.

Geißlerröhren. Intensive Spektra: Edelgase (L), H (L), Alkalien (L), O (Verbindungen, L + Bd), Si (Verbindungen), Sn (L, Verbindungen), Zn, Cd, Hg (L, Bd), N (Bd), P (L, Bd), As (L, Bd), Sb (L), O (L, Bd), S (L, Bd), Se (L, Bd), Cl (L), Br (L, Bd). Die übrigen Elemente geben Linien- oder Bandenspektren bei Benutzung von Bogenentladungen im Vakuum oder Verdampfung von Salzen in den Capillaren von Geißlerröhren.

Analyse von Gemischen. Zu einer Anleitung zur Spektralanalyse in speziellen Fällen fehlt es hier an Raum, da in jedem Falle die Spektralanalyse nur ein Teil der allgemeineren Aufgabe ist und sich ihr Gang nach den gleichzeitig verwendeten chemischen und physikalischen Methoden richten muß. In der Praxis wird stets eine spezielle Aufgabe vorliegen und im allgemeinen auch schon feststehen, in welcher Richtung zu suchen ist.

Handelt es sich z. B. um die Untersuchung von Salzgemischen auf das Vorhandensein bestimmter Elemente mit Spektren, die nicht leicht in die Flamme kommen, wie z. B. der seltenen Erden, so gibt die Untersuchung der Bogenspektren das einfachste und sicherste Mittel zu einer vollständigen Analyse. Sucht man nach Elementen mit wenigen Bogenlinien, z. B. Te, so benutzt man besser den Funken. Dasselbe gilt von Legierungen. Bei zahlreichen Untersuchungen, die mit Funken und Bogenspektren zum Zwecke einer quantitativen Analyse von Legierungen gemacht worden sind, hat sich gezeigt, daß die elektrischen Eigenschaften der Elemente sowie ihre Verdampfungstemperaturen im Bogen die Zusammensetzung der leuchtenden Bogengase so stark beeinflussen, daß die Spektra durchaus nicht die Zusammensetzung der Elektroden wiederspiegeln, nicht einmal in allen Fällen qualitativ. Das leichter verdampfende Element, das zugleich leichter ionisierbar ist, übernimmt oft fast die ganze Stromleitung. In der Regel findet man jedoch die Linien der Komponenten alle wieder. wenn auch mit Intensitätsverhältnissen, die der Zusammensetzung der Elektroden nicht entsprechen. Es eignen sich daher die Funkenspektra besser zur Untersuchung von Legierungen, weil man bei ihnen sicher sein kann, alle, wenn auch nur in geringen Spuren in den Elektroden vorhandenen Elemente wiederzufinden. Allein auch hier besteht kein direkter Zusammenhang zwischen der Intensität der einzelnen Spektra und der quantitativen Zusammensetzung der Elektroden.

Bestehen die zu prüfenden Körper aus Schlacken, Staub, Mineralien, so analysiert man sie am besten in der Knallgasflamme oder im Funken (geschmolzene Salze).

Proben auf Alkalien, alkalische Erden, In, Tl, Cu, macht man am besten okular in der Bunsenflamme. Bei Gemischen sind dabei gewisse Regeln zu beobachten, für die auf die Handbücher der Spektroskopie verwiesen werden muß.

b) Quantitative Emissionsanalyse. Alle Versuche, eine allgemein brauchbare quantitative Spektralanalyse auf Grund der Emissionsspektra der Elemente zu begründen, müssen als gescheitert bezeichnet werden. Der Beweis für diesen Satz muß hier übergangen werden.[1] Damit soll nicht gesagt sein, daß nicht unter speziellen Bedingungen und innerhalb gewisser Grenzen eine beschränkte quantitative Emissionsanalyse möglich sei. Allein die Methoden zu einer solchen müssen für jeden einzelnen Fall ausgearbeitet werden und sind immer nur bei genauer Einhaltung der speziellen Bedingungen brauchbar. So kann man z. B. bei Benutzung eines bestimmten Induktoriums, einer bestimmten Kapazität, Funkenstrecke usw., ferner etwa bei Verwendung des photographischen Verfahrens und einer bestimmten Plattensorte eine Analyse von Legierungen vornehmen, indem man die Anzahl der Funken zählt, die einen gewissen Eindruck auf der Platte hervorbringen und dann durch Interpolation der unbekannten Legierung zwischen die Spektra von Legierungen bekannter Zusammensetzung den Prozentgehalt des fraglichen Elementes ermittelt. Indes ist ein solches Verfahren so umständlich, daß es nur in seltenen Fällen wird Anwendung finden können. Ähnliches gilt von der Benutzung

[1] Vgl. KAYSER, Handbuch der Spektroskopie, Bd. V, Abschnitt 2.

von Flammen, die mit Salzlösungen bekannter Zusammensetzung gespeist werden oder von Geißlerröhren, in deren Capillaren man gewogene Mengen der zu prüfenden Lösungen verdampft. Die aufgewendete Mühe lohnt in der Regel nicht. In vielen Fällen kann man unschwer eine rohe Abschätzung vornehmen, ob der fragliche Körper in großer Menge oder in Spuren vorhanden ist, alsdann wird man zu den Methoden der analytischen Chemie übergehen.

c) Spektralanalyse durch Absorption. Auch die Absorptionsspektra eignen sich zur Grundlage einer Spektralanalyse. Die zu prüfenden Körper können als Gase, Flüssigkeiten (in diesem Falle durchweg gelöste Verbindungen) und feste Körper (meistens Kristalle, Gläser) gegeben sein. In allen Fällen ist eine der S. 518 beschriebenen weißen Lichtquellen zur Herstellung der Absorptionsspektra zu benutzen und nach vorheriger Prüfung der Probekörper die Dispersion passend auszuwählen. Unscharfe, breite Streifen prüft man besser bei geringer Dispersion, scharfe Absorptionsstreifen (seltene Erden) bei mittelgroßer Dispersion. Zur Untersuchung der feinen Absorptionslinien von Gasen sind die stärksten auflösenden Apparate erforderlich. Im Gegensatz zur Astrophysik spielt indes die letzte Art der Analyse im Laboratorium nur eine geringere Rolle, wenngleich sich die Absorptionsspektralanalyse in manchen Fällen, z. B. zum Nachweis des Ozons, vorzüglich bewährt hat. Deshalb soll im folgenden hauptsächlich auf die Analyse von Lösungen und festen Körpern Rücksicht genommen werden. Unter sonst gleichen Umständen hängt die Empfindlichkeit der Reaktion jedesmal von der benutzten Dispersion, Spaltbreite, Schichtdicke, Konzentration, dem Lösungsmittel ab, auch von der Menge der zur Verfügung stehenden Substanz. Ist dieselbe sehr klein, so untersucht man mit dem Mikrospektroskop. Wenn irgend möglich, variiert man Schichtdicke und Konzentration, untersucht nicht nur im Sichtbaren, sondern photographiert gleichzeitig. Auch läßt sich oft die Empfindlichkeit der Reaktion durch Nebenreaktionen wesentlich erhöhen, z. B. durch die Wirkung gewisser Zusätze, Prüfung des Einflusses der Temperatur usw. Auf das photometrische Verfahren wird sogleich noch einzugehen sein. Auch für die Absorptionsspektralanalyse gelten die gleichen Bemerkungen wie für die Emissionsanalyse. Die Spektralanalyse bildet immer nur einen Teil des allgemeinen analytischen Verfahrens, so daß man stets wissen wird, in welcher Richtung die Untersuchung zu führen ist. Die Verfahren zur Untersuchung fester Körper sind bereits S. 521 beschrieben. Hier liefern besonders die seltenen Erden, ferner die Uransalze, Kobalt, Nickel, Chrom Absorptionsspektra, die ohne weiteres charakteristisch sein können. Dasselbe gilt für viele feste Lösungen von Chrom, Mn, seltenen Erden. In anderen Fällen ist es jedoch erforderlich, die betreffenden Spektra zu photometrieren, also quantitative Analyse anzuwenden, um mit Sicherheit unscharfe Absorptionsstreifen zuordnen zu können. Zuweilen gelingt es durch Anwendung tiefer Temperatur, charakteristische Absorptionsspektra zu erhalten.

Auch über die Untersuchung von Lösungen ist bereits S. 520 das

Erforderliche gesagt. Es gibt hier eine Reihe von Körpern, z. B. Lösungen seltener Erden, Uransalze, Kobaltsalze, deren Absorptionsspektra, falls Komplikationen fehlen (z. B. durch Übereinanderlagerung der Absorptionsstreifen in Gemischen) direkt zur Analyse benutzt werden können In der Regel ist indes auch hier das quantitative Verfahren vorzuziehen. In vielen Fällen sind die Lösungen farblos oder besitzen wenigstens im Sichtbaren keine charakteristischen Absorptionsstreifen. In diesem Falle gelingt es oft, den Probekörper in einen solchen mit charakteristischer Absorption auf chemischem Wege überzuführen. Durch Anwendung der Farblacke gelangt man z. B. auf diesem Wege zu einem für viele Metalle, z. B. die Verbindungen des Mg, Al, Be, Ni, Cu, der seltenen Erden brauchbaren analytischen Verfahren, das von VOGEL begründet, durch FORMÁNEK besonders für die Alkannafarbstoffe ausgebildet worden ist.[1] Dazu benutzt man eine alkoholische Lösung des im Handel befindlichen Alkannins etwa im Verhältnis 1 : 500. Eine Probe dieser Lösung wird mit Alkohol soweit verdünnt, bis sie, im Einprismenspektroskop bei 10 mm Schichtdicke beobachtet, drei deutlich getrennte Absorptionsstreifen in mittlerer Stärke zeigt. Von dieser Lösung bringt man einige Kubikzentimeter in eine gewöhnliche Eprouvette und setzt zwei bis drei Tropfen der zu prüfenden neutralen, wässerigen Salzlösung zu. In manchen Fällen, z. B. bei Fe, Al, Be, Y, Er, Zr, Th, V, In, Mo, Ni, Cu, Pd, Rh, Ur ändert sich dann sofort oder nach kurzer Zeit die Farbe der Lösung und auch die Lage und das Aussehen der Absorptionsstreifen. In anderen Fällen bleibt das Absorptionsspektrum ungeändert. Fügt man nun vorsichtig einen Tropfen einer im Verhältnis 1 : 5 verdünnten Ammoniaklösung (spez. Gew. 0,96) zu, so ändert sich die Farbe der Lösung und die Lage der drei Hauptabsorptionsstreifen in charakteristischer Weise. Aus der Endlage der drei Absorptionsstreifen, die für jedes Metall verschieden ist, läßt sich auf das benutzte Metall schließen. Für die Tabellen dieser Streifen, für eine Reihe von Vorsichtsmaßregeln, die beobachtet werden müssen und für Einzelangaben über das Verhalten von Metallen in Gemischen muß auf das Lehrbuch von FORMÁNEK sowie KAYSERS Handbuch Bd. III verwiesen werden (vgl. S. 602).

In weit höherem Maße als die Emissionsspektra eignen sich die Absorptionsspektra zu quantitativen Messungen. Zunächst gelingt es, in den meisten Fällen durch Anwendung des S. 570 geschilderten Verfahrens, angenäherte Messungen der Absorptionskonstanten zu machen, durch die auch solche Substanzen sicher erkannt werden können, die keine scharfen Absorptionsstreifen besitzen. Weiter dient eine photographisch oder okular ausgeführte Photometrie der Absorption von Lösungen zu einer Bestimmung der Konzentration der betreffenden Lösung. Für die Methoden der Colorimetrie sei auf das folgende Kapitel dieses Handbuches verwiesen. Über die Verfahren bei der Photometrie von Lösungen ist bereits S. 571 berichtet worden. Zur Untersuchung eignen sich besonders alle gefärbten Lösungen, die ein charakteristisches Absorptionsspektrum besitzen. Die Messung ist möglichst bei mehreren Konzentrationen oder

[1] Vgl. das S. 482 angeführte Lehrbuch von FORMÁNEK.

Schichtdicken auszuführen. Man benutzt die in der Literatur vorhandenen Messungen der Absorptionskonstanten oder bestimmt dieselben zunächst an Lösungen von bekannter Konzentration, Temperatur usw., nach dem S. 580 geschilderten Verfahren. Beispiele von Körpern, die sich zu dieser Art von Analyse eignen, sind: Kaliumpermanganat, Kaliummonochromat und Kaliumdichromat, Chromalaun, Nickelsalze, Kobaltsalze, für Kupfer das Cuproammoniumsulfat, Kobaltrhodanid und andere.

Auch die Analyse von Gemischen ist in einigen Fällen ausführbar, indes im allgemeinen zu umständlich und unsicher. In der Praxis ist in neuerer Zeit überhaupt das okulare photometrische Verfahren gegenüber der Colorimetrie einerseits und der photographischen Aufnahme der HARTLEYschen Kurven in den Hintergrund getreten.

d) Anwendung der Spektroskopie zur Konstitutionsbestimmung.

Die Untersuchung der Spektra ist in den verschiedensten Richtungen zur Konstitutionsbestimmung verwendbar. Zunächst hat man in jüngster Zeit aus dem Bau der Linienspektra und aus den Veränderungen, die sie in elektrischen Feldern und im Magnetfelde erfahren, die wichtigsten Rückschlüsse auf die physikalischen Konstanten der Materie und den Bau der leuchtenden Atome zu ziehen gelernt (BOHR, SOMMERFELD, DEBYE, EPSTEIN u. a.). Ein Hinweis auf dieses mehr in den Bereich der Physik fallende Gebiet muß genügen. Hier ist erst der Anfang gemacht.

Weiter lassen sich die Absorptionsspektra benutzen, um Rückschlüsse auf den Zustand der gelösten Körper und die chemische Struktur der farbigen Substanzen zu ziehen. Die Abweichungen vom BEERschen Gesetz bieten hier Handhaben zur Beurteilung des Dissoziations- bzw. Lösungszustandes gelöster Salze; die Änderungen der sogenannten molekularen Schwingungskurven bei Variation der Temperatur, Wechsel des Lösungsmittels, Substitutionen usw. lassen sich auf bestimmte chemische Änderungen, Gruppierungen im Molekül, wechselnde Bindungen beziehen. Die Methodik dieser Schlußfolgen ist zunächst auf dem Gebiete der organischen Chemie entwickelt worden und geht über den Rahmen dieses spektroskopischen Kapitels hinaus, da nach Feststellung der Absorptionsspektra auf dem einen oder anderen Wege die Überlegung rein chemischer Natur ist. Beispiele derartiger Untersuchungen sind u. a. die Lösungen des Jods sowie die Komplexsalze.[1]

In ähnlicher Weise wie die Absorptionsspektra lassen sich auch die Fluorescenzspektra von Lösungen verwenden, wenngleich das Hauptanwendungsgebiet dieses Verfahrens bisher die organische Chemie ist.

Endlich sind auch zu einer ähnlichen Benutzung der Luminescenzspektra der festen Lösungen Ansätze vorhanden, auf die hier nur hingewiesen werden kann.

---

[1] Man vgl. hierzu neben der ausgedehnten Spezialliteratur und den S. 482 genannten Handbüchern: S. SMILES und R. O. HERZOG, Chemische Konstitution und physikalische Eigenschaften. Dresden und Leipzig 1914. — H. LEY, Farbe und Konstitution bei organischen Verbindungen. Leipzig, Hirzel, 1911.

Colorimetrie

Von

F. Löwe-Jena.

Inhalt.

I. Die Grundlagen der Colorimetrie, Voraussetzungen und allgemeine Regeln für deren Anwendungen.

Die Colorimetrie, die Lehre von der Messung der Stärke der Färbung hat es ihrer Definition nach mit gefärbten Stoffen überhaupt, praktisch fast nur mit farbigen Lösungen zu tun. Es soll mit Hilfe von Apparaten nicht die Stärke der von Lösungen ausgesandten, sondern diejenige der von den Stoffen verschluckten (absorbierten) Lichtmenge gemessen werden. Zu dem Zwecke sendet man durch eine zwischen ebenen Endflächen eingeschlossene Schicht der Lösung ein Strahlenbüschel weißen Lichts und versucht, den Lichtverlust zu messen, den das Büschel während seines Durchgangs durch die Lösung erleidet. Dieser Lichtverlust, der an sich des physikalischen Interesses nicht entbehrt, gewinnt für die chemische Analyse eine praktische Bedeutung, da er aufs engste mit der Konzentration der Lösung zusammenhängt, und da er unter gewissen Voraussetzungen als ein Maß für diese dienen kann.

Die Voraussetzungen, unter denen die colorimetrische Meßmethode anwendbar ist, sind teils physikalische, teils chemische. Eine Substanz, die das Licht von jeder Wellenlänge, also von jeder Farbe, in gleichem

Grade absorbiert, nennen wir grau; die Messungen der Absorption grauer oder schwärzlicher Substanzen wäre Gegenstand der Photometrie; als Beispiel seien die Messungen der Schwärzung photographischer Negative mit Hilfe der Sensitometer oder der Schwärzungsphotometer genannt, die in der photographischen Spektroskopie und der Astronomie neuerdings nicht mehr zu entbehren sind, für Konzentrationsbestimmungen aber nicht, zum mindesten noch nicht, dienen.

Dagegen absorbiert eine farbige Substanz nur einen Teil des Spektrums, läßt aber den Rest gänzlich oder nahezu ungeschwächt hindurch. Der nicht absorbierte Anteil des Lichtes, nach dem wir die Farbe der Lösung benennen, ist während der Messung im Colorimeter nicht nur wertlos, denn er erleidet ja keine Veränderung, sondern sogar schädlich, denn er vergrößert die Gesamtmenge des durchgelassenen Lichtes, das sich aus dem soeben besprochenen, nicht absorbierbaren unveränderlichen und dem absorbierbaren, veränderlichen und eben der Messung zu unterwerfenden Anteile zusammensetzt. Scheidet man bei der colorimetrischen Messung einer roten Lösung das rote Licht nicht aus, so handelt man genau so wie ein Ozeanograph, der, um die Höhe von Meereswellen zu messen, jede Messung eines Wellenberges und eines Wellentales auf den Grund des Meeres zurückführt.

So sind wir zu einer grundsätzlichen Forderung der Colorimetrie gekommen: das der Farbe der Lösung gleichnamige Licht ist während der Messung möglichst auszuschalten.

Von dem absorbierbaren Anteil des weißen Lichtes wird also nur ein Bruchteil durch die Schicht hindurch gelassen; der Lichtverlust wächst, nach einer zuerst von Beer[1] gemachten Annahme, für Lösungen eines farbigen Stoffes in einem farblosen Lösungsmittel in gleichem Verhältnis wie die Konzentration. Voraussetzung für die Gültigkeit dieser Annahme ist freilich, daß der Lichtverlust nur abhängig ist von der Gesamtmenge der färbenden Substanz, die ein Strahlenbüschel von gegebenem Querschnitt durchsetzt, gleichviel also, ob die Substanz in der Konzentration $c_1 = a$ auf die Strecke $h_1 = b$ verteilt ist, oder in der Konzentration $c_2 = b$ auf die Strecke $h_2 = a$. Da in beiden Fällen die durchstrahlte Substanzmenge proportional mit ab ist, so ist der Lichtverlust nach Beer beidemal gleich. Das Beersche Gesetz sagt also aus, daß beim colorimetrischen Vergleiche zwei Lösungen von den Konzentrationen c_1 und c_2 nur dann gleichviel Licht hindurchlassen, also gleichgefärbt erscheinen, wenn die Schichtdicken h_1 und h_2 der Lösungen mit den Konzentrationen durch die folgende Gleichung verbunden sind:

$$c_1 h_1 = c_2 h_2 .$$

Die colorimetrische Gleichwertigkeit einer starken mit einer schwachen Farblösung, sofern nur die Schichtdicken beider die obige Gleichung erfüllen, ist an die Voraussetzung gebunden, daß der Vorgang der Verdünnung

[1] A. Beer, Bestimmung der Absorption des roten Lichts in farbigen Flüssigkeiten Pogg. Ann. **86**, 78 (1852).

der starken Lösung ein rein physikalischer, also nicht von irgendwelchen chemischen Veränderungen begleitet ist. Es scheidet also streng genommen für alle diejenigen gefärbten Stoffe die Eignung zur colorimetrischen Bestimmung aus, die beim Verdünnen mit ihrem farblosen Lösungsmittel der Hydrolyse, oder dem Zerfall von Molekularkomplexen in einzelne Molekeln, oder der elektrolytischen Dissoziation, allgemein irgend einem chemischen Vorgange unterworfen sind, der den Bau der Molekeln oder deren Schwingungsverhältnisse beeinflußt.

Man nennt diese besprochene Eigenschaft einer gefärbten Substanz: die Unabhängigkeit der Absorption von der Konzentration, sie stellt die zweite Voraussetzung für die Anwendung der Colorimetrie dar.

Ferner ist daran zu erinnern, daß die Absorptionsbanden, durch deren Lage im Spektrum der Charakter der Absorption so anschaulich gemacht wird, bei vielen Substanzen bei einer Änderung der Temperatur sich verschieben, daß also oft der Charakter der Färbung sich mit der Temperatur ändert.

Es ist daher in solchen Fällen darauf zu achten, daß die Substanz dieselbe Temperatur hat wie die Vergleichslösung, jedenfalls soll nach den Erfahrungen von G. und H. Krüss[1] der Unterschied der Temperaturen beider Lösungen 3° nicht überschreiten.

In diesem Zusammenhange sei noch eine Fehlerquelle erwähnt, die Fehler von mehreren Prozenten zur Folge haben kann. Bisher wurde vorausgesetzt, daß die zu vergleichenden Lösungen vollkommen durchsichtig, d. h. frei von jeder Trübung seien. Trübe Lösungen wird man also filtrieren, bevor sie in die Gefäße des Colorimeters gefüllt werden. Nun hat H. Wild[2] nachgewiesen, daß durchaus klares Wasser in einer 10 cm dicken Schicht, je nach dem Filtrieren mit grobem, mittelfeinem und feinem Filtrierpapier nur 93,4, 95,8, 97,8 °/₀ der auffallenden Lichtmenge durchläßt, daß also nicht gerade feines Filtrierpapier durch die vom Wasser mitgerissenen Fasern eine merkliche Trübung hervorruft. Krüss[3] berechnet die dadurch möglichen Fehler bei grobem Filtrierpapier zu 1—9 °/₀, bei mittlerem zu 0,7—6 °/₀, bei feinem zu 0,4—3,2 °/₀.

Da das Filtrieren häufig unvermeidlich ist, empfiehlt es sich, die Vergleichslösung in gleicher Weise zu filtrieren und nach Möglichkeit mit nicht zu verschiedenen Schichtdicken zu arbeiten; alsdann darf man sicher sein, die Wirkung der genannten Fehlerquelle unter den Einstellungsfehler hinabgedrückt zu haben.

Die Wahl der Lichtquelle erscheint durch die oben abgeleitete Regel erschwert, man solle zur Messung möglichst nur Licht aus dem Spektralbezirke verwenden, der von der Substanz vorwiegend absorbiert wird. Die Regel ist jedoch leicht zu befolgen, wenn man weißes Licht verwendet, und

[1] G. und H. Krüss, Kolorimetrie und quantitative Spektralanalyse. Verlag von L. Voß, Hamburg und Leipzig, II. Aufl. 1909 S. 201 ff; hinfort zitiert: G. und H. Krüss, Buch.

[2] H. Wild, Pogg. Ann. 99, 272 (1856) und Hankel, Leipz. Abh. 9, 53 (1862).

[3] G. und H. Krüss, Buch S. 30.

die Aussonderung der schädlichen Anteile des Lichts erst am Auge durch ein Lichtfilter vornimmt. Grundsätzlich verdient weder das Licht des hellen Himmels, noch direktes Sonnenlicht vor allen anderen Lichtquellen den Vorzug, obwohl das erstere vorwiegend benutzt wird; denn dem Tageslicht fehlt eine so wichtige Eigenschaft, wie die von Tag zu Tag, ja Stunde zu Stunde gleichmäßige Stärke und Farbe. Andererseits haben die künstlichen Lichtquellen, wie elektrisches Glüh- und Bogenlicht, Gasglühlicht, die Acetylenflamme unter sich so verschiedene Helligkeiten in den einzelnen Teilen des Spektrums, daß bei der colorimetrischen Messung einer und derselben Substanz mit einem und demselben Lichtfilter die Ergebnisse unvergleichbar sind.

Es ist daher unerläßlich, bei allen Veröffentlichungen die Lichtquelle anzugeben. Wenn man sich für eine bestimmte Lichtquelle entschieden hat, ermittele man mit einem wenn auch noch so einfachen Spektroskope ein Lichtfilter, das zu der zu untersuchenden Substanz annähernd komplementär gefärbt ist; die dazu nötige Zeit wird durch den Gewinn an Genauigkeit und durch die geringere Dauer jeder einzelnen Einstellung reichlich aufgewogen.

Als Lichtfilter würden farbige Gläser wegen ihrer Lichtechtheit und ihrer bequemen Form in erster Linie stehen, wenn sie in größerer Mannigfaltigkeit der Farbe vorhanden wären.

An deren Stelle sind daher Gelatinefilter und kleine runde Flüssigkeitsfilter (Küvetten) von etwa 2 cm Durchmesser zu empfehlen, die man am Okulare leicht mit Klebwachs befestigen, und ebenso leicht auswechseln kann.

Mit der Anwendung der Filter erzielt man außer der oben physikalisch begründeten Erhöhung der Meßgenauigkeit noch einen auf physiologischer Grundlage beruhenden Gewinn. Für die Färbung des Gesichtsfeldes überwiegt auf der einen Seite der richtigen Einstellung die Farbe der zu messenden Lösung, auf der anderen Seite diejenige des Farbfilters; geht man also durch die richtige Einstellung auf gleiche Helligkeit hindurch, so tritt ein Farbumschlag ein, der gegenüber der unveränderlichen Färbung des Vergleichsfeldes sehr merklich ist.

II. Systematische Übersicht über Colorimeterkonstruktionen.

A. Allgemeine Gesichtspunkte.

Die wirksame Schichtdicke einer in ein Gefäß mit ebenem Boden gefüllten Lösung kann auf dreierlei Weise verändert werden. Man kann erstens Flüssigkeit hinzufließen oder auslaufen lassen und zweitens durch Eintauchen eines durchsichtigen, mit ebenen Endflächen versehenen Körpers die Schichtdicke durch Verdrängen der Flüssigkeit verringern. Als Tauchkörper dient z. B. ein mit einer ebenen Glasplatte als Boden verschlossenes Glasrohr, das an einer senkrechten Schlittenführung meßbar auf und ab bewegt werden kann. Das dritte Hilfsmittel zur Veränderung

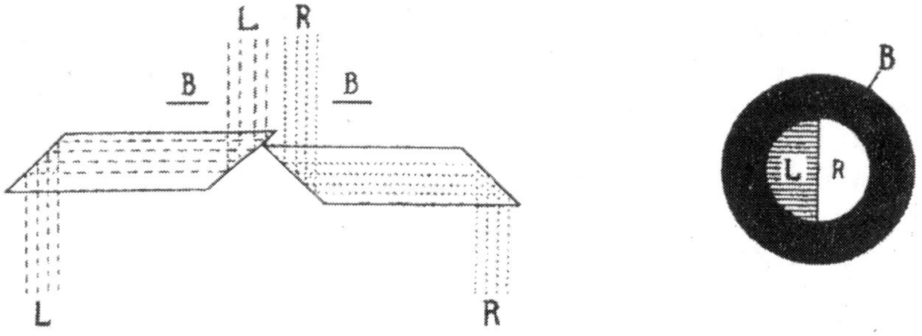

Fig. 376. Rhombisches Prismenpaar. Das linke Strahlenbündel *L* und das rechte *R* kommen in der scharfen Kante des linken Prismas zur Berührung. *B* ist die Gesichtsfeldblende; das Gesichtsfeld ist in der rechten Figur dargestellt.

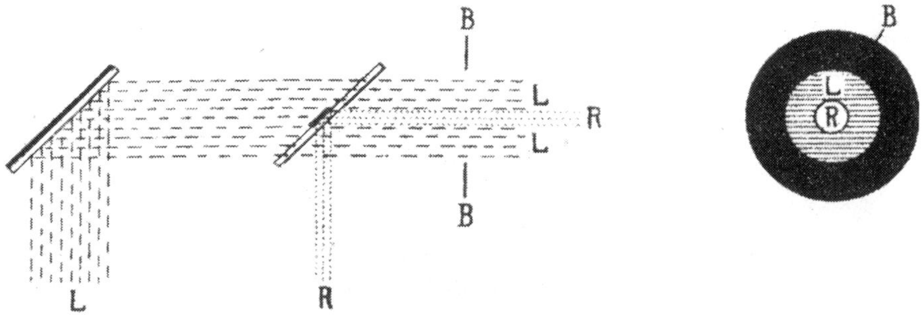

Fig. 377. Spiegelpaar nach Donnan. Der linke Spiegel ist auf seiner ganzen Fläche, der rechte nur in der durch einen starken Strich bezeichneten Ausdehnung versilbert. Ein Teil des Strahlenbüschels *L* kann also durch den rechten Spiegel nicht hindurchtreten. Die Büschel kommen am Rande des versilberten Teiles des rechten Spiegels zur Berührung. Im Gesichtsfelde erscheint das rechte Strahlenbüschel ringförmig umschlossen.

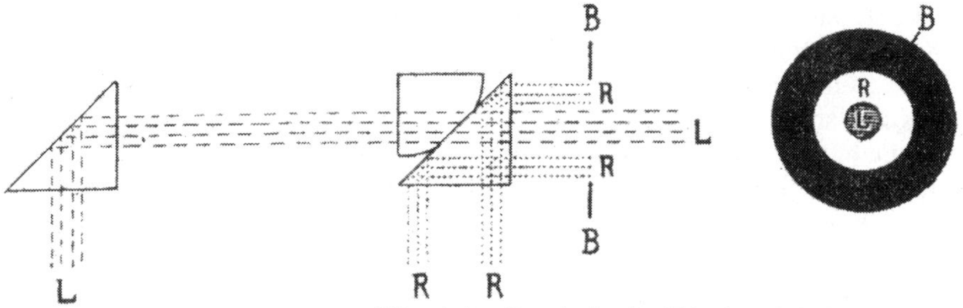

Fig. 378. Lummer-Brodhunscher Würfel. Das linke Strahlenbüschel *L* wird durch ein Reflexionsprisma wagerecht abgelenkt und tritt durch den mittleren Teil der Diagonalfläche, in der die Hälften des Würfels dicht aufeinander liegen, ohne Ablenkung hindurch, der Rest der Diagonalfläche wirkt als total reflektierender Spiegel für das rechte Strahlenbüschel, dessen mittlere Strahlen senkrecht durch den Würfel hindurchtreten und nicht in das Gesichtsfeld gelangen. Das mittlere Feld des Gesichtsfeldes kann verschiedene Formen haben.

der Schichtdicke ist eine keilförmige Flüssigkeitsküvette, die senkrecht zur Keilkante verschiebbar ist (GALLENKAMP).

Bei dem erstgenannten Verfahren stellt die freie Flüssigkeitsoberfläche die obere Begrenzung der Schicht dar. Wegen der Adhäsion der Flüssigkeit an der Gefäßwand ist diese Fläche nicht ganz eben; außerdem hängt die Form ihres Meniskus bei der in der Regel nicht ganz vollkommenen Benetzung der Gefäßwand davon ab, ob der Flüssigkeitsspiegel sich zuletzt gehoben oder gesenkt hat. Die beiden genannten Erscheinungen haben zur Folge, daß die Höhe der Flüssigkeitsoberfläche an der Teilung, die sich meist auf der äußeren Wand des Gefäßes befindet, nur mit mäßiger Genauigkeit abgelesen werden kann.

Aus diesem Grunde verdienen die Kolorimeterkonstruktionen mit Tauchgefäßen den Vorzug vor denjenigen mit Zu- und Abfluß.

Ein zweites unterscheidendes Merkmal der Typen von Kolorimetern ist die Vorrichtung, die dazu dient, die zu vergleichenden Färbungen dem Auge des Beobachters möglichst nebeneinandergerückt oder ineinandergeschaltet darzubieten. In dem einen Falle bilden die zwei Färbungen die Hälften eines meist kreisförmigen Gesichtsfeldes, und die Vorrichtung ist um so besser, je schmaler die Trennungslinie zwischen den beiden Hälften ist; bei guten Konstruktionen bildet sogar das völlige Verschwinden der Trennungslinie das Kriterium für jede einzelne Einstellung auf Gleichheit der Färbung. In dem anderen Falle erblickt man im Gesichtsfelde des Okulares entweder einen Kreis, der von einem konzentrischen Ringe umgeben ist (Apparat von DONNAN oder LUMMER-BRODHUNscher Würfel), oder vier quadratische Felder, von denen je zwei sich über Kreuz gegenüberliegende gleich gefärbt sind (Polarisations-Colorimeter nach KRÜSS).

Fig. 379. Gesichtsfeld des KRÜSSschen Polarisations-Colorimeter. Je zwei über Kreuz liegende Quadrate werden von einem und demselben Strahlenbüschel beleuchtet.

Da die Vergleichslösung, deren Herstellung ganz besondere Sorgfalt erfordert, sich nicht immer durch hohe Haltbarkeit auszeichnet, hat man sich in der colorimetrischen Praxis von einer Vergleichslösung in solchen Fällen frei gemacht, wo Farbgläser geeigneter Färbung vorhanden sind. Die ganz speziellen Zwecken dienenden Colorimeter, z. B. solche für die Untersuchung von Petroleum oder von Zuckersäften, haben daher überhaupt nur ein Flüssigkeitsgefäß, dasjenige für die zu messende Probe, und an Stelle des Gefäßes mit der Vergleichslösung einen Satz von Normalfarbgläsern.

B. Colorimeter mit veränderlicher Schichtdicke.

Das Colorimeter von C. H. Wolff.[1]

C. H. WOLFFS Kolorimeter hat zwei gleiche oben offene Standzylinder mit ebenen Bodenflächen und mit seitlichem Ausflußhahn. Die Zylinder

[1] C. H. WOLFF, Pharm. Z. 1879, 587.

tragen eine senkrechte Millimeter-Teilung, an der die jeweilige Höhe der Flüssigkeitsschicht abgelesen wird. Ein großer Spiegel wirft das Licht von unten in die Gefäße; die beiden Strahlenbüschel werden, nachdem sie die Lösungen durchgesetzt haben, mittels der Rhomboederprismen (Fig. 376) nebeneinander gebracht. Das so erzeugte, aus zwei Hälften bestehende Gesichtsfeld betrachtet man mit einem schwachen Okulare, auf das man die oben als notwendig bezeichneten Farbfilter einfach auflegen kann.

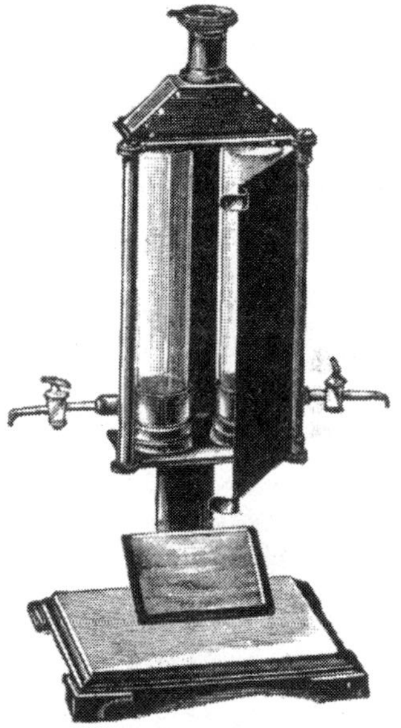

Fig. 380. Das Wolffsche Colorimeter (1/4 nat. Größe). Das Okular ist mit dem rhombischen Doppelprisma ausgerüstet.

Man füllt zunächst beide Gefäße gleich hoch. Ist die Färbung der Lösungen nicht zufällig gleich, so läßt man die dunklere Lösung so lange langsam auslaufen, bis die Felder im Okulare gleich hell erscheinen. Alsdann liest man an beiden Gefäßen die Dicke der Flüssigkeitsschicht ab und berechnet das Verhältnis der Konzentrationen in bekannter Weise.

Abgesehen von den oben erwähnten Eigenschaften des Meniskus leidet dieses Meßverfahren an dem Mangel, daß eine Wiederholung der Einstellung nur möglich ist, wenn man die abgelassene Flüssigkeit oder neue Lösung wieder einfüllt; man kann also nicht die Einstellung, wie z. B. bei dem Tauchverfahren, von beiden Seiten her bequem wiederholen, um so durch die Anzahl der Einstellungen den Fehler der Messung zu vermindern.

Diesem Mangel wird am besten abgeholfen, indem man den Abflußhahn des einen Gefäßes durch einen Schlauch mit dem Abflußhahne eines dritten, gleichen Gefäßes, das natürlich keine Teilung zu haben braucht, verbindet, und dieses Gefäß an einem Stativ[1], entweder mit Zahn und Trieb oder Rolle, Schnurlauf und Gegengewicht bequem in der Höhe verstellbar macht. Mit dieser Hilfsvorrichtung kann man nun die Einstellung von beiden Seiten beliebig oft wiederholen und so die Genauigkeit der Methode erst voll ausnutzen.

Die Tauchcolorimeter nach Duboscq und Stammer und verwandte Konstruktionen.

Die Tauchkolorimeter sind dadurch gekennzeichnet, daß die Höhe einer Flüssigkeitssäule durch Eintauchen eines leeren Glaszylinders mit ebenem durchsichtigen Boden beliebig verändert und bis zum Werte Null verringert werden kann. Die Vergleichsfarbe wird entweder durch ein gleiches Gefäß von veränderlicher Schichtdicke oder durch einen einfachen Hohlzylinder oder schließlich durch ein festes Farbfilter gebildet.

[1] G. u. H. Krüss, Buch S. 16.

Die älteste Konstruktion rührt von Duboscq her, sie ist in Frankreich in der Ausführung von der Firma Pellin, Paris, in Deutschland in derjenigen der Firmen Schmidt & Haensch, Berlin und A. Krüss, Hamburg weit verbreitet.

Beim Eintauchen des Hohlzylinders steigt die Flüssigkeit um so höher, je schmäler der Zwischenraum zwischen dem Tauchzylinder und der Wand

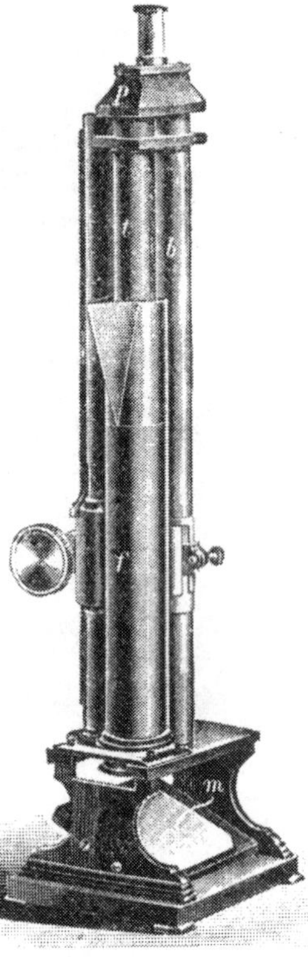

Fig. 381. Das Stammersche Colorimeter ($^1/_9$ nat. Größe). In das die Lösung aufnehmende Gefäß f läßt man durch Drehen an dem Triebknopfe das Tauchrohr t eintauchen; die Schichtdicke wird an der Teilung neben der Zahnstange abgelesen. Als Beleuchtungsspiegel dient die Milchglasplatte m; das Okular hat die rhombischen Doppelprismen.

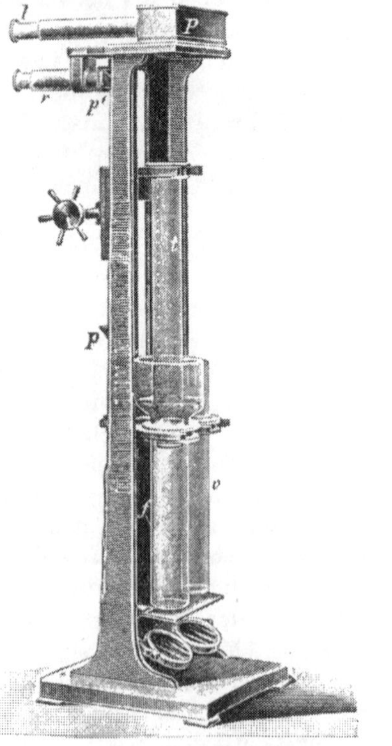

Fig. 382. Colorimeter mit einer konstanten und einer veränderlichen Flüssigkeitsschicht ($^1/_{10}$ nat. Größe). Ein Lummer-Brodhunscher Würfel befindet sich in dem Prismenkasten P, l ist das Okular dazu, r ist ein Ablesefernröhrchen für die Skala der Schichtdicke.

des eigentlichen Behälters ist. Man hat daher, um das Gefäß nicht zu hoch werden zu lassen, dieses oben erweitert, so daß der obere Teil allein fast eine ebenso große Flüssigkeitsmenge aufnehmen kann, wie durch den Tauchzylinder verdrängt wird (vgl. Fig. 382).

Das Kolorimeter nach Stammer ist dem Duboscqschen sehr ähnlich, in der Ausführung von Krüss ist das Tauchrohr fest, und das Gefäß verschiebbar, bei derjenigen von Schmidt & Haensch ist es umgekehrt. Beide Konstruktionen unterscheiden sich von der Duboscqschen besonders dadurch, daß die Vergleichsfarbe durch feste Farbfilter erzeugt wird. Bei sämtlichen bisher erwähnten Tauchcolorimetern werden die zu vergleichenden Färbungen durch ein Paar rhombische Prismen nebeneinander gebracht, das Gesichtsfeld wird durch ein schwaches Okular betrachtet. Man arbeitet mit diesen Apparaten stehend.

Mit wagerechtem Einblick und mit einigen anderen besonders bequemes und genaues Arbeiten fördernden Einrichtungen ist das in Fig. 382 abgebildete Tauchcolorimeter ausgerüstet, das wohl das modernste Colorimeter genannt werden kann. Das obere Okular *l* dient zur Beobachtung des Gesichtsfeldes, das hier durch den Lummer-Brodhunschen Würfel *P* erzeugt wird, das untere Okular *r* gestattet die Teilung *t* abzulesen, die die Dicke der veränderlichen Flüssigkeitsschicht anzeigt. Man braucht also, nachdem man auf Gleichheit der Färbungen eingestellt hat, zur Ablesung der Teilung nur mit dem Auge ein wenig herunter zu gehen, was bei den zur Verminderung der Einstellungsfehler immer wünschenswerten Wiederholungseinstellungen eine erhebliche Zeitersparnis mit sich bringt.

Für jedes Rohr ist ein besonderer beweglicher Glassilberspiegel vorgesehen. Beide Spiegel empfangen ihr Licht von einer diffus leuchtenden Glasplatte, die zwischen die (künstliche) Lichtquelle und die Spiegel gestellt wird. So kann man selbst mit einer sehr kleinen Lichtquelle, wie einer Nernstlampe oder einer Liliputbogenlampe, leicht eine gleichmäßige Beleuchtung beider Vergleichsfelder erzielen, ehe mit der Füllung der Gefäße begonnen wird.

Das Diaphanometer nach J. König.[1]

Für eine bestimmte, in der Praxis des öffentlichen Chemikers häufig wiederkehrende Aufgabe, nämlich die Ermittelung des Trübungsgrades von Wässern, hat J. König das Duboscqsche Kolorimeter abändern lassen. Es wurde an Stelle der rhombischen Prismen zur Steigerung der Empfindlichkeit ein Lummer-Brodhunscher Würfel angebracht, und das Okular mit schrägem Einblick versehen. Die Vergleichsfarbe wird durch einen Satz Rauchgläser geliefert. Besondere Sorgfalt wurde darauf verwendet, ungleichmäßige Lichtverluste in den beiden zur Vergleichung kommenden Strahlenbüscheln zu vermeiden. J. König[2] erläutert den Apparat wie folgt:

Man sieht durch das Okular das Gesichtsfeld durchschnitten durch einen senkrechten Streifen. Dieser erhält sein Licht durch die eine Tauchröhre, die Seitenteile des Gesichtsfeldes werden durch die andere Tauchröhre erleuchtet. Sind beide Helligkeiten gleich, so verschwindet die Begrenzung des Streifens, man hat ein gleichmäßig erleuchtetes Gesichtsfeld.

---

[1] Zeitschr. Unt. Nahr.- u. Genußm. 7, 129 u. 587, (1904). Verfertiger A. Krüss, Hamburg.

[2] J. König, Chemie der menschlichen Nahrungs- und Genußmittel. III. Band. Erster Teil. S. 132. Berlin 1910, J. Springer.

In der rechten Tauchröhre wird die Flüssigkeitshöhe variiert, um gleiche Beleuchtung herzustellen. Die linke Tauchröhre dient für gewöhnlich nur dazu, gleiche optische Verhältnisse mit der rechten Seite herbeizuführen, nämlich das System Glasplatte—Flüssigkeit—Glasplatte. Der linke Zylinder wird auf Null eingestellt, dann ist in ihm eine Schicht von 10 mm Flüssigkeit wirksam; diese Schicht ist auch im rechten Zylinder unterhalb des Nullstriches vorhanden und es bleibt als Unterschied in der Wirkung der beiden Seiten nur die Länge der im rechten Zylinder über dem Nullstrich vorhandenen Flüssigkeitsschicht übrig.

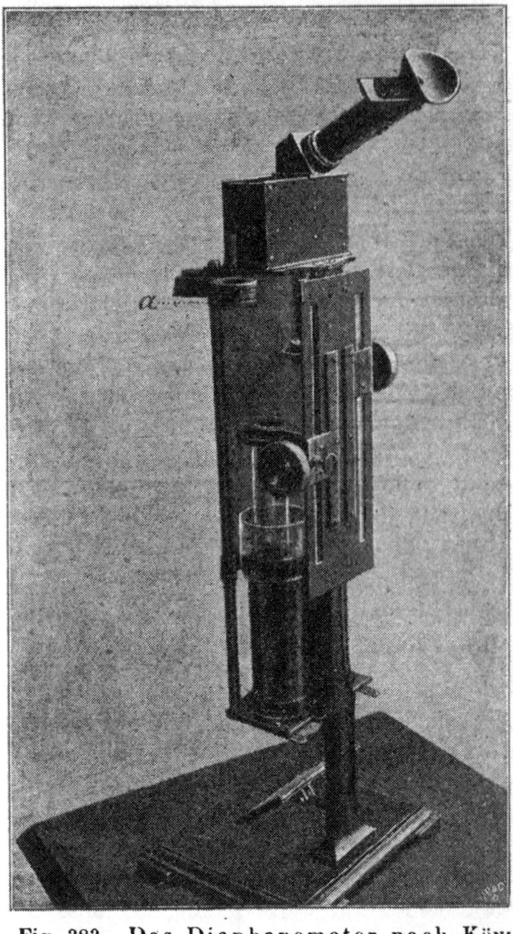

Fig. 383. Das Diaphanometer nach König (Ansicht in $^1/_8$ nat. Größe). Das Okular ist mit schrägem Einblick versehen, neben der Augenmuschel ist der Schieber (mit roten und grünen Gläsern) zu erkennen.

Oberhalb des linken Zylinders können 5 Gläser (*a* in Fig. 383) vorgeschaltet werden, nämlich das Glas 0, welches eine Lichtdurchlässigkeit von 90% besitzt und nur bei äußerst schwach getrübten Flüssigkeiten zur Verwendung kommt, oder die Gläser 1, 2, 3, 4. Jedes dieser Gläser besitzt eine Lichtdurchlässigkeit von 50%, also ein Glas 50%, zwei Gläser 25%, drei Gläser 12,5% und vier Gläser 6,25%. Mit diesen vier Gläsern läßt sich die Lichtdurchlässigkeit einer Schicht von 10 mm Dicke bis zu 93% messen, durch das Glas 0 wird eine Erweiterung auf 99% erreicht.

Vor das Okular ist durch einen Schieber ein rotes und ein grünes Glas einzuschalten.

Gebrauchsanweisung. Das Arbeiten mit dem Diaphanometer gestaltet sich trotz der scheinbaren Umständlichkeit der Anordnung sehr einfach. Das Diaphanometer wird vor einem Fenster so aufgestellt, daß die am Stativ befindliche Milchglasplatte voll durch Tageslicht beleuchtet wird; direktes Sonnenlicht ist zu vermeiden.

Die Einschaltungsgläser (0, 1, 2, 3, 4) müssen stets sauber geputzt sein, ebenso die Glasgefäße. Von den äußeren Gefäßen können die Füße abgeschraubt und dann die Grundplatten geputzt werden.

Beide Tauchröhren werden auf 100 gestellt und dann so viel Flüssigkeit in die äußeren Zylinder gegossen, daß die Tauchröhren eben eintauchen. Alsdann wird die linke Tauchröhre auf Null gesenkt und dort festgeschraubt.

Blickt man nun durch das auf das Gesichtsfeld eingestellte Okular, so erscheint der mittlere Streifen heller als die Umgebung. Es wird das rote Glas vorgeschoben und darauf werden alle Rauchgläser Nr. 1, 2, 3, 4 über den linken Zylinder vorgeschlagen. Erscheint alsdann der mittlere

Tabelle I für Glas Nr. 1—4.

Bei Anwendung von mehr als einem Glas muß die eingestellte Flüssigkeitshöhe durch die Zahl der Gläser dividiert werden.

Flüssigkeitshöhe bei Helligkeitsgleichheit	Lichtdurchlässigkeit in Prozenten für eine Schicht von		Flüssigkeitshöhe bei Helligkeitsgleichheit	Lichtdurchlässigkeit in Prozenten für eine Schicht von	
	10 mm	5 mm		10 mm	5 mm
100	93,3	96,6	21	71,9	84,8
95	92,9	96,4	20	70,7	84,1
90	92,6	96,2	19	69,4	83,3
85	92,2	96,0	18	68,0	82,5
80	91,7	95,8	17	66,5	81,6
75	91,2	95,5	16	64,8	80,5
70	90,6	95,2	15	63,0	79,4
65	89,9	94,8	14	60,9	78,0
60	89,1	94,4	13	58,7	76,6
55	88,1	93,9	12	56,1	74,9
50	87,1	93,3	11	53,2	72,9
45	85,7	92,6	10	50,0	70,7
40	84,1	91,7	9,5	48,2	69,4
39	83,7	91,5	9	46,3	68,0
38	83,3	91,3	8,5	44,2	66,5
37	82,9	91,0	8	42,0	64,8
36	82,5	90,8	7,5	39,7	63,0
35	82,0	90,6	7	37,2	61,0
34	81,6	90,4	6,5	34,4	58,7
33	81,1	90,1	6	31,5	56,1
32	80,5	89,7	5,5	28,4	53,3
31	80,0	89,4	5	25,0	50,0
30	79,4	89,1	4,5	21,4	46,3
29	78,8	88,8	4	17,7	42,1
28	78,1	88,4	3,5	13,8	37,5
27	77,4	88,0	3	9,9	31,5
26	76,6	87,5	2,5	6,2	24,9
25	75,8	86,9	2	3,1	17,6
24	74,9	86,5	1,5	1,0	10,0
23	74,0	86,0	1	0,0	3,1
22	73,0	85,4			

Tabelle II für Glas Nr. 0.

Flüssigkeitshöhe bei Helligkeitsgleichheit	Lichtdurchlässigkeit in Prozenten für eine Schicht von		Flüssigkeitshöhe bei Helligkeitsgleichheit	Lichtdurchlässigkeit in Prozenten für eine Schicht von	
	10 mm	100 mm		10 mm	100 mm
100	99,0	90,0	30	96,5	70,4
95	98,9	89,5	25	95,9	65,6
90	98,8	89,0	20	94,9	59,1
85	98,8	88,4	15	93,2	49,5
80	98,7	87,7	10	90,0	34,9
75	98,6	86,9	9	89,0	31,0
70	98,5	86,1	8	87,7	26,0
65	98,4	85,0	7	86,0	22,0
60	98,3	83,9	6	83,9	17,3
55	98,1	82,6	5	81,0	12,2
50	97,9	81,0	4	76,8	7,2
45	97,7	79,1	3	70,4	3,0
40	97,4	76,8	2	59,1	0,5
35	97,0	74,0	1	34,9	0,0

Tabelle III.

$\frac{\text{Grün}}{\text{Rot}}$	k	$\frac{\text{Grün}}{\text{Rot}}$	k
0,05	0,11	1,05	1,04
0,10	0,23	1,10	1,08
0,15	0,32	1,15	1,12
0,20	0,38	1,20	1,15
0,25	0,42	1,25	1,19
0,30	0,47	1,30	1,22
0,35	0,51	1,35	1,25
0,40	0,56	1,40	1,28
0,45	0,60	1,45	1,31
0,50	0,64	1,50	1,34
0,55	0,68	1,55	1,37
0,60	0,72	1,60	1,40
0,65	0,76	1,65	1,43
0,70	0,80	1,70	1,46
0,75	0,84	1,75	1,48
0,80	0,87	1,80	1,50
0,85	0,90	1,85	1,53
0,90	0,94	1,90	1,55
0,95	0,97	1,95	1,58
1,00	1,00	2,00	1,60

Beispiel.

Vorgeschlagene Gläser:	Einstellung: rot	Einstellung: grün	Auf 1 reduziert: rot	Auf 1 reduziert: grün
Nr. 1, 2, 3	75	59	25,0	19,7
Lichtdurchlässigkeit (nach Tabelle I)			75,8 %	70 %

Grün/Rot 0,92
k (nach Tabelle III) 0,95

Lichtdurchlässigkeit für weißes Licht 75,8 × 0,95 = 72,0 %.

Streifen dunkler als die Umgebung, so wird Glas 4, wenn nötig auch Glas 3 und 2, wieder zurückgedreht, bis der mittlere Streifen etwas heller als die Außenteile des Gesichtsfeldes ist. Ist dieses auch bei Glas 1 noch nicht der Fall, so muß Glas 0 benutzt werden. Hierauf senkt man das rechte Tauchrohr, bis Helligkeitsgleichheit erzielt ist, liest an der Teilung Flüssigkeitshöhe ab und dividiert die abgelesene Zahl durch die Anzahl der benutzten Gläser.

Mit dem so erhaltenen Messungsergebnis entnimmt man aus der Tabelle I, bzw. für das Glas 0 aus der Tabelle II, die Lichtdurchlässigkeit der untersuchten Flüssigkeit für rotes Licht. Dabei wird man zweckmäßig meistens die für eine Schichtdicke von 10 mm angegebene Zahl benutzen, für sehr dunkle Flüssigkeiten ist auch die Lichtdurchlässigkeit für eine Schicht von 5 mm, für sehr klare diejenige für 100 mm Dicke angegeben.

Die gleiche Beobachtung wird alsdann auch mit dem grünen Glase gemacht und ebenso die Lichtdurchlässigkeit für grünes Licht ermittelt.

Da das Verfahren auf der Voraussetzung beruht, daß die Flüssigkeit in ihrer ganzen Länge gleichmäßig ist, so muß man bei trüben Flüssigkeiten, mit rasch sich niederschlagenden Schwebestoffen, möglichst schnell arbeiten.

Aus den beiden Zahlen, welche aus der Tabelle I bzw. II für die beiden Ablesungen für Rot und Grün erhalten werden, wird das Verhältnis Grün : Rot gebildet. Aus der Tabelle III wird der zu diesem Verhältnis gehörige Faktor k entnommen und mit ihm die Durchlässigkeit für Rot multipliziert. (Vgl. die Tabellen S. 633 u. 634.)

Das so erhaltene Endergebnis stellt die Durchlässigkeit der untersuchten Flüssigkeit für weißes Licht dar.

Das Diaphanometer läßt sich auch als Colorimeter für Farbstofflösungen verschiedenster Art benutzen. Konzentrierte Lösungen oder Trübungen wirken nur etwas anders als verdünnte, indem erstere selbstleuchtend werden, d. h. die Zahlen für die Lichtdurchlässigkeit der sehr stark getrübten bzw. der sehr stark gefärbten Flüssigkeiten nehmen nicht in demselben Verhältnis zum Gehalt ab, wie dieses bei den wenig getrübten und wenig gefärbten Flüssigkeiten der Fall ist. Darum erhält man aber bei denselben Messungen mit dem Diaphanometer unter sich vergleichbare Werte.

Das Polarisations-Colorimeter nach G. und H. Krüss.[1]

Mit der Konstruktion des Polarisations-Colorimeters haben G. und H. Krüss den Zweck verfolgt, ein alle übrigen Colorimeter an Genauigkeit übertreffendes Präzisions-Instrument zu schaffen. Sie lassen im Gesichtsfelde durch Verwendung polarisierten Lichtes eine Erscheinung entstehen, die auf ungleiche Helligkeit der zwei Vergleichsfelder mit einem Farbumschlage reagiert. Dieser ist noch merklich deutlicher wahrzunehmen, als der oben genannte Farbumschlag, der eine sekundäre, aber willkommene Folge der Anwendung von zur Farbe der Lösung komplementär abgestimmten Farbfiltern ist. Anderseits kann das Polarisationscolorimeter auch, wenn man eine polarisierende Quarzplatte daraus entfernt, als Colorimeter mit der üblichen Wirkungsweise dienen, das aber erlaubt, die Helligkeit der beiden Hälften des Gesichtsfeldes ohne jede Hantierung an den gleich hoch gefüllten Flüssigkeitsgefäßen durch eine Drehung des im Okular befindlichen analysierenden Nicols gleich zu machen. Die Drehung des Nicols gegen eine leicht zu findende Anfangslage wird dann mit Hilfe einer Tabelle in das Verhältnis der Helligkeiten oder in das der Konzentrationen bequem umgerechnet. Die sehr ausführliche Beschreibung des Apparates an der genannten Stelle ist vorwiegend von physikalischem Interesse; wir müssen uns hier damit begnügen, die Wirkungsweise der polarisierenden Apparatteile zu erläutern, soweit deren Kenntnis für eine sachgemäße Anwendung des Polarisations-Colorimeters notwendig ist. Dieses hat den Unterbau und die Flüssigkeitsgefäße mit Ausfluß vom Wolff-

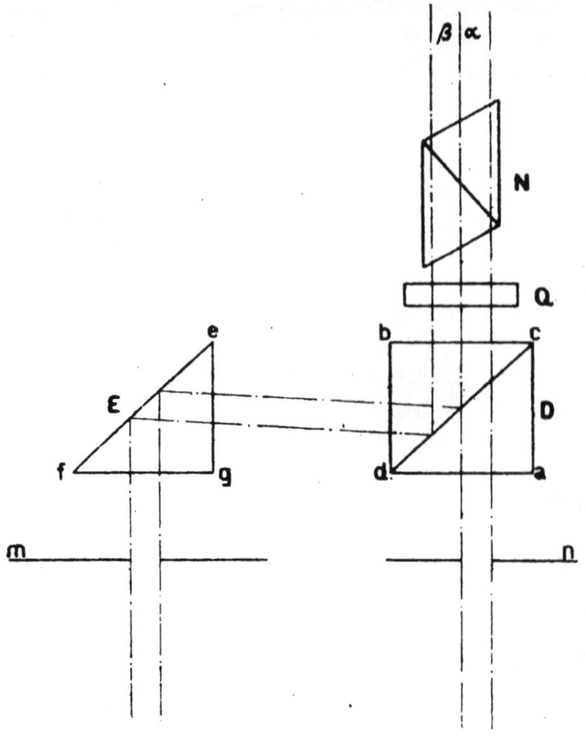

Fig. 384. Polarisierende Prismenkombination nach W. Grosse.

[1] G. u. H. Krüss, Buch S. 40—62 und 72—76.

schen Colorimeter (s. S. 629), während als Kolorimeterkopf eine Prismenkombination von W. GROSSE[1] dient (Fig. 384).

Das über dem Zylinder *A* befindliche Kalkspatprisma *D* ist ein sogenanntes GLANsches Luftprisma, dessen beide Hälften in der Schnittlinie *c d* wieder aneinander gefügt sind. Nur sind hier nicht wie sonst nur die Ein- und Austrittsflächen *a d* und *c b* poliert, sondern auch die eine Seitenfläche *b d*. Durch eine vorgesetzte Blende *n* wird bewirkt, daß nur ein schmales, aus dem Zylinder *A* kommendes Lichtbündel das Prisma *D* durchsetzt. In diesem Lichtbündel werden an der Schnittfläche *c d* die ordentlichen Strahlen total reflektiert, so daß nur die außerordentlichen in dem austretenden Bündel α enthalten sind.

Über dem zweiten Zylinder *B* befindet sich ein halbes Kalkspatprisma *E* von demselben Winkel wie das Prisma *D*. Die drei Flächen desselben *f g*, *f e* und *e g* sind poliert. Die durch die Blende *m* in dieses Prisma eintretenden Strahlen erleiden an der Fläche *e f* eine Polarisation, indem die ordentlichen Strahlen total reflektiert werden, während die außerordentlichen Strahlen zum Teil durch das Prisma hindurchgehen. Das reflektierte Bündel ordentlicher Strahlen wird an der Fläche *c d* des Prismas *D* nochmals total reflektiert und tritt sodann unmittelbar neben dem Bündel α als Bündel β aus.

In den Gang der Strahlenbündel α und β ist dann eine sogenannte Quarzdoppelplatte *Q* von 3,75 mm Dicke eingeschaltet, dieselbe besteht in der einen Hälfte aus rechts drehendem, in der anderen aus links drehendem Quarz und ist so angebracht, daß die Trennungslinie zwischen den beiden Strahlenbündeln α und β steht. Dadurch wird das ganze Gesichtsfeld in vier quadratische Felder α_l und α_r, β_l und β_r (Fig. 386) eingeteilt.

Über dieser Quarzdoppelplatte befindet sich endlich noch ein analysierendes NICOLsches Prisma *N*; dasselbe ist um seine Achse drehbar, und seine Stellung kann an einem geteilten Kreise abgelesen werden.

Um nun die Wirksamkeit der getroffenen Vorrichtungen zu beurteilen, soll zunächst die Quarzdoppelplatte hinweggedacht werden. Man hat es dann in den Bündeln α und β einfach mit senkrecht zueinander polarisierten Strahlen zu tun. Es gibt infolgedessen eine Stellung des Nicols *N*, in welcher das außerordentliche Bild verschwindet, und eine zweite, um 90° davon entfernte, in welcher dasselbe für das ordentliche der Fall ist. Werden diese beiden Stellungen mit 0° und 90° bezeichnet, so wird also bei Einstellung des Nicols auf 0° die Helligkeit des Strahlenbündels α gleich Null sein, bei Einstellung auf 90° dagegen diejenige des Bündels β; in einer dazwischenliegenden Stellung werden beide Felder gleich hell erscheinen, und zwar wird dieses bei einer Einstellung des Nicols auf 45° stattfinden, falls die beiden Lichtbündel mit gleicher Helligkeit aus dem Prisma *D* austreten.

Es ändert sich nämlich bei Drehung des Nicols *A* um einen Winkel φ

[1] W. GROSSE, Über eine neue Form von Photometern, Z. Instr. 7, 129 (1878) und 8, 95 (1888).

die Helligkeit des Lichtbündels α proportional dem Quadrate des Sinus dieses Drehungswinkels (die Helligkeit ist bei $0^0 = 0$, bei $90^0 = 1$), die Helligkeit des Bündels β dagegen proportional dem Quadrate des Kosinus (sie ist bei $0^0 = 1$, bei $90^0 = 0$).

Treten die beiden Bündel aus dem Prisma D mit gleicher Intensität aus, so verhalten sich die Helligkeiten der beiden Felder bei Einstellung des Nicols N auf einen Winkel φ

$$N_\alpha : N_\beta = \sin^2\varphi : \cos^2\varphi = \mathrm{tang}^2\varphi : 1\,.$$

Es seien nun die beiden Zylinder A und B mit den miteinander zu vergleichenden Lösungen gefüllt und auf den Tisch des Apparates gebracht. Der Zylinder A enthalte eine Lösung von der Konzentration c_1 bis zu einer Höhe h_1, der Zylinder B eine solche von der Konzentration c_2 bis zu einer Höhe h_2. Wenn die Helligkeit ohne die eingeschaltenen Lösungen beiderseits die gleiche war, so verhält sich die Intensität der aus dem Zylinder A kommenden Strahlen zu derjenigen der aus dem Zylinder B austretenden wie

$$\frac{1}{c_1 h_1} : \frac{1}{c_2 h_2}\,.$$

Stellt man sodann durch entsprechende Drehung des Nicols N gleiche Helligkeit in den beiden Feldern her, und zwar durch die Einstellung auf den Winkel φ, so muß sein

$$\frac{\sin^2\varphi}{c_1 h_1} = \frac{\cos^2\varphi}{c_2 h_2}$$

oder

$$c_1 = c_2 \frac{h_2}{h_1} \mathrm{tang}^2\varphi\,.$$

Sind aber beide Zylinder bis zur gleichen Höhe, etwa bis zum 100-Strich gefüllt, so daß $h_2 = h_1$ wird, so ergibt sich die gesuchte Konzentration

$$c_1 = c_2 \,\mathrm{tang}^2\varphi\,,$$

also aus dem Produkte der bekannten Konzentration c_2 der Normallösung und dem Quadrate der Tangente des Einstellungswinkels φ des Nicols N. Die Krüsssche Tabelle gestattet zu jedem Winkel φ die Größe $\mathrm{tang}^2\varphi$ sowie für die Zehntel der Winkel die Proportionalteile zu entnehmen.

Aus dem Vorangegangenen ergibt sich, daß nach Einschaltung der Quarzdoppelplatte nur die Stellung des Nicols auf 45^0 von Nutzen sein kann. Nur bei dieser Stellung hat man für den Fall, daß durch die beiden mit absorbierenden Lösungen gefüllten Zylinder dieselbe Lichtmenge hindurch gelassen wird, einander vollkommen gleich helle Felder β und α, und zwar liegen die gleichen Felder immer diagonal zueinander (Fig. 386). Enthalten also die beiden Zylinder denselben Körper, aber in verschiedener Konzentration, so muß, um die bezeichneten Felder einander gleich zu machen, der konzentrierteren Lösung eine geringere Höhe, eine geringere Dicke der absorbierenden Schicht gegeben werden als der weniger konzentrierten, und das Kriterium für das richtige Verhältnis der beiden

Flüssigkeitshöhen, welche umgekehrt proportional der Konzentrationen sind, ist die vollkommene Gleichheit dieser Felder in bezug auf Helligkeit und Färbung. Beides tritt gleichzeitig ein, beides ist nicht erreicht, solange das Verhältnis der Schichtdicken nicht das richtige ist. Dieses gleichzeitige Eintreten der beiden Merkmale — Helligkeit und Färbung — und die große Empfindlichkeit des normalen Auges für Farbenunterschiede ist die Ursache der großen Überlegenheit des Polarisationscolorimeters über die mit unpolarisiertem Lichte arbeitenden Colorimeter.

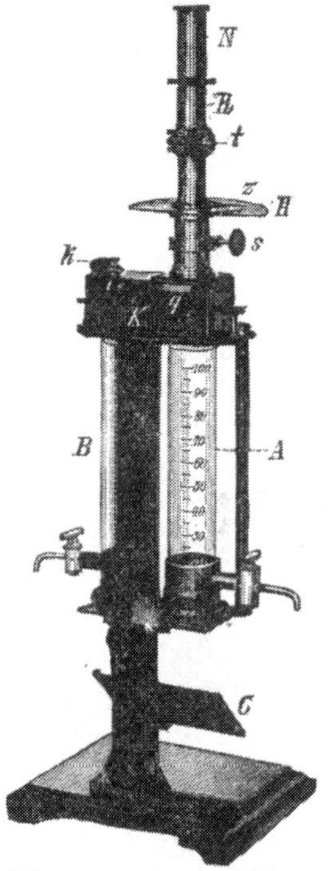

Fig. 385. Das Polarisations-Colorimeter nach Krüss.

Nachdem im vorstehenden die Theorie des Polarisationscolorimeters dargelegt wurde, sei nun die konstruktive Anordnung des Instrumentes erläutert. Dasselbe ist in Figur 385 dargestellt.

Das eiserne Gestell mit dem Spiegel C und dem die Maßzylinder A und B tragenden Tische ist von selbst verständlich. Der Kasten K enthält die Polarisationsprismen D und E in der durch Figur 384 bereits bekannten Anordnung, sowie die Quarzdoppelplatte Q. Senkrecht über der Mittellinie des Zylinders A trägt der Kasten K das Rohr R, welches durch eine Triebschraube t für verschiedene Augen so eingestellt werden kann, daß das vierfach geteilte Feld deutlich erscheint. In der oberen Hälfte des Rohres befindet sich das Nicolsche Prisma N, welches mit diesem oberen Rohrteile gedreht werden kann. Ein daran befestigter Zeiger Z bewegt sich über einem geteilten Halbkreise H, so daß die Stellung des Nicols daran abgelesen werden kann. Die Teilung hat in der Mitte den 0°-Strich und geht von diesem beiderseits bis 90°. In der Nullstellung müssen nach Seite 638 die beiden Felder β_l und β_r einander gleich gefärbt erscheinen und ebenso α_l und α_r; die beiden linken Felder β_l und β_r erscheinen in der empfindlichen blauvioletten „Übergangsfarbe" und bieten ein empfindliches Mittel dar zur Prüfung, ob die Stellung des Nicols N im Rohre R die richtige ist. Sollte solches nicht der Fall sein, so kann das Nicolsche Prisma durch die Stellschraube s in geringem Maße gedreht und dadurch bewirkt werden, daß bei der Stellung des Zeigers auf 0° beide Felder β in der Übergangsfarbe erscheinen. Dasselbe findet dann auch für die Felder α bei 90° statt, und ferner sind dann bei 45° die in der Diagonale liegenden Felder einander gleich gefärbt und gleich hell, wenn die Hellig-

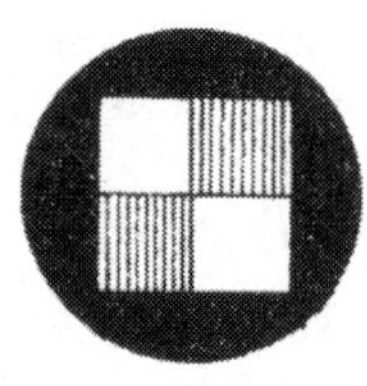
Fig. 386. Das vierteilige Gesichtsfeld des Polarisations-Colorimeters. Je zwei über Kreuz liegende Quadrate gehören demselben Strahlenbüschel an.

keit der die rechtsseitigen und die linksseitigen Felder erleuchtenden Strahlen die gleiche ist. Vor einem jeden Versuche muß letzteres erst untersucht, beziehungsweise herbeigeführt werden. Eine ungleiche Beleuchtung kann ihren Grund haben in dem verschiedenen Lichtverlust, welchen die Strahlen in den Kalkspatprismen *D* und *E* erleiden, sowie in der verschiedenen Intensität der durch den Spiegel *C* nach oben reflektierten Strahlen. Man wird solches sofort bemerken, wenn man den Nicol auf 45° stellt und nur die diagonalliegenden Felder miteinander vergleicht. Durch geringe Drehung des ganzen Apparates wird in allen Fällen leicht die gleiche Helligkeit hergestellt werden können.

G. und H. Krüss fügen den Erläuterungen über das Polarisationscolorimeter zur Veranschaulichung der Meßgenauigkeit eine Anzahl Messungsreihen an. Eine blaue wäßrige Lösung von Kupfersulfat, eine grüne von Nickelsulfat, eine gelbe von Kaliummonochromat und eine rotgelbe von Kaliumdichromat wurden mit Lösungen bekannter Konzentrationen verglichen, die Abweichungen liegen sämtlich unter 1 °/₀, sie betragen im Mittel 0,4 °/₀ sicherlich ein ausgezeichnetes Ergebnis.

In anderer Weise verwendet A. Meisling[1] die Färbung, die eine Quarzplatte zwischen zwei Nicols erzeugt, zu colorimetrischen Zwecken. Er schaltet an Stelle der Röhre mit der Vergleichslösung die genannte Vereinigung dreier Polarisatoren in ein Kolorimeter ein und füllt das Meßgefäß für die zu untersuchende Lösung, das mit Tauchzylinder versehen ist, mit einer Blutlösung von bekanntem Hämoglobingehalt. Alsdann macht er durch Drehen am Analysator die Färbung des Vergleichsfeldes nach Möglichkeit derjenigen der Blutlösung gleich; dann besteht zwischen beiden Feldern nur noch ein Helligkeitsunterschied. Dieser wird durch Veränderung der Schichtdicke noch ausgeglichen. Nunmehr stellt das Vergleischsfeld eine physikalisch eindeutig bestimmte Normalfarbe für eine Hämoglobinlösung von bekannter Konzentration und von gegebener Schichtdicke dar, und es ist ein leichtes, den Hämoglobingehalt einer beliebigen Blutlösung colorimetrisch zu bestimmen. Das Verfahren kann selbstverständlich auf beliebige andere Substanzen ausgedehnt werden, jedoch sind dem Verfasser andere Anwendungen nicht bekannt geworden.

Das Chromoskop von L. Arons.[2]

Das Chromoskop von L. Arons darf, obwohl es ein eigentliches Colorimeter nicht ist, hier nicht völlig übergangen werden. Es stellt einen Apparat dar, mittels dessen man erheblich vollkommener als im Meisling-schen Hämometer eine vorliegende Färbung, sei es die einer Schicht eines gefärbten Gases, einer Flüssigkeit oder eines beliebigen festen Körpers, in exakter Weise herstellen und bezeichnen kann, und zwar wird die Färbung eindeutig bestimmt durch die Gesamtdicke der zwischen zwei Nicols eingeschobenen Quarzplatten einerseits und durch den Nei-

---

[1] A. Meisling, Z. anal. Ch. 43, 137 (1904) [ref. in Z. Instr. 25, 185 (1905).]

[2] L. Arons, Das Chromoskop, Ann. Phys. 33, 799 (1910).

gungswinkel zwischen den Schwingungsrichtungen des Analysators und des Polarisators anderseits. Die vorliegende Färbung und die im Apparat entstehende bilden die beiden Felder eines Lummer-Brodhunschen Würfels, und es ist erstaunlich, mit welcher Treue eine gegebene Mischfarbe nach Nuance und Helligkeit im Chromoskop dargestellt werden kann. Der Apparat[1] dürfte bei der in den Kreisen der Maler und der Kunstgewerbetreibenden geplanten Aufstellung einer allgemein gültigen Farbenskala treffliche Dienste leisten.

C. Colorimeter mit einer keilförmigen Flüssigkeitsschicht.

Die Konstruktion von Gallenkamp[2] in der Ausführung der Firma Hans Heele, Berlin (Fig. 387), hat ein würfelförmiges festes und ein keilförmiges bewegliches Flüssigkeitsgefäß. Dieses hängt an einer Schnur, die über zwei von einer hohen Säule getragene Rollen hinläuft und an ihrem anderen Ende ein Gegengewicht trägt. An der Fassung des Keilgefäßes ist ein Index angebracht, der die Stellung des Keils an einer senkrechten, an der Säule befestigten Teilung anzeigt. Das Okular, das mit zwei rhombischen Prismen versehen ist, steht fest, seine Achse liegt wagerecht, man sieht also mit sehr bequemer Kopfhaltung in den Apparat hinein. Durch Heben und Senken des Gegengewichts, dem der Keil leicht folgt, bringt man so eine Flüssigkeitsschicht von veränderlicher Dicke, die hier ausnahmsweise in wagerechter Richtung gerechnet wird, zum Vergleich mit einer Schicht von gleichbleibender Dicke, die entweder durch eine Küvette oder durch ein festes Lichtfilter gebildet wird. Mit dieser Konstruktion ist allerdings der Nachteil verbunden, daß die durch den Keil gefärbte Hälfte des Gesichtsfeldes nicht genau gleichmäßig gefärbt sein kann, da ja das Licht des oberen Teils des Gesichtsfeldes eine Schicht von anderer Dicke durchsetzt hat, als das Licht der unteren Hälfte.

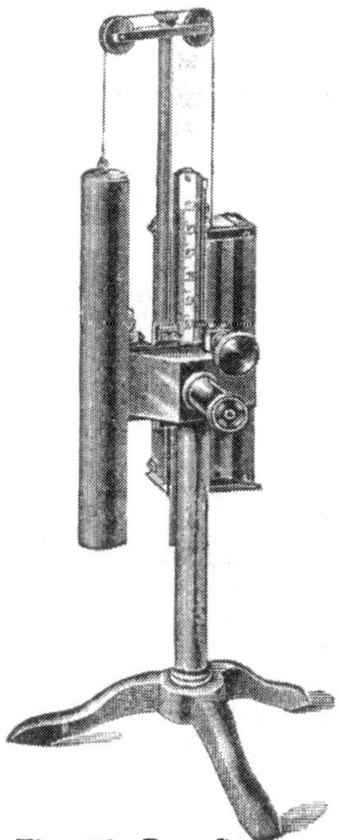

Fig. 387. Das Gallenkampsche Colorimeter.

W. Autenrieth und J. Königsberger[3] haben diesen Mangel auf ein geringes Maß herabgedrückt, indem sie das Gesichtsfeld in der Richtung der Trennungslinie möglichst schmal machen; dabei wird man aber der

[1] Verfertiger Firma Schmidt & Haensch, Berlin.

[2] Gallenkamp, Ch. Z. 15, Rep. 335 (1891).

[3] W. Autenrieth und J. Königsberger, Neues Kolorimeter, Prospekt der Firma F. Hellige & Co, Freiburg i. B.

physiologischen Tatsache nicht gerecht, daß der Vergleich der Helligkeit zweier Felder, die nur mit einer kurzen Trennungslinie aneinander stoßen, weniger genau ausfällt, als derjenige zweier Felder mit längerer Trennungslinie. Zur Vereinigung der beiden Felder im Okulare wenden AUTENRIETH und KÖNIGSBERGER zwei dicke Spiegelglasplatten nach HELMHOLTZ an, die

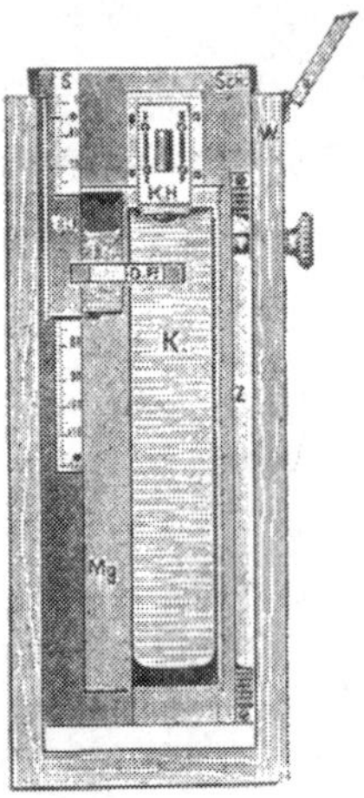

Fig. 388. Das Colorimeter nach AUTENRIETH und J. KÖNIGSBERGER ($^1/_2$ nat. Größe). K = Keiltrog zur Aufnahme der Vergleichsflüssigkeit, T = Trog für die Probe, DP = Okularteil.

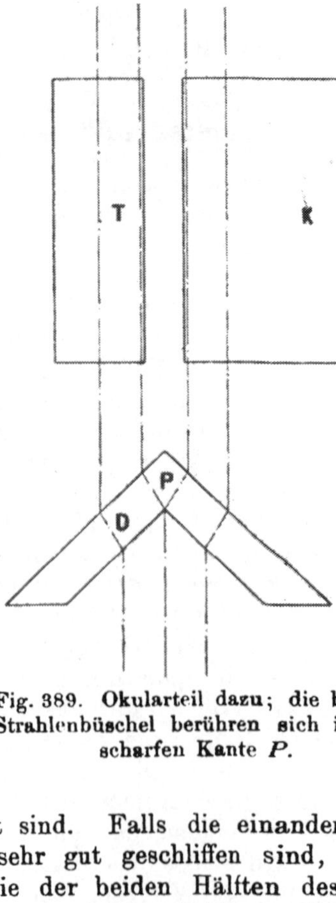

Fig. 389. Okularteil dazu; die beiden Strahlenbüschel berühren sich in der scharfen Kante P.

miteinander im rechten Winkel verkittet sind. Falls die einander berührenden Kanten der beiden Platten sehr gut geschliffen sind, wird so eine vorzüglich scharfe Trennungslinie der beiden Hälften des Gesichtsfeldes erzeugt, die bei gleicher Färbung beider Felder völlig verschwindet.

Im Gegensatze zu dem Meßprinzipe aller bisher beschriebenen Colorimeter, bei denen man in zwei Feldern Gleichheit der Färbung herzustellen hat, steht dasjenige des Kontrastkolorimeters nach E. SCHLESINGER.[1] Hier durchsetzt das Licht nacheinander die Küvette mit der Substanz und einen komplementären Farbkeil, der wiederum verschiebbar ist. Der Farbkeil wird gebildet durch eine keilförmige Küvette, die mit einer passenden

[1] Berl. klin. Woch. 48, 799 (1911).

Farblösung zu füllen ist. Die Färbung des Keiles ist so zu bemessen, daß die darunter liegende Substanz in ihrer eigenen Farbe erscheint, wenn das dünne, und in der des Farbkeils, wenn das dicke Ende des Keils über der Küvette sich befindet. Bringt man über der Küvette einen

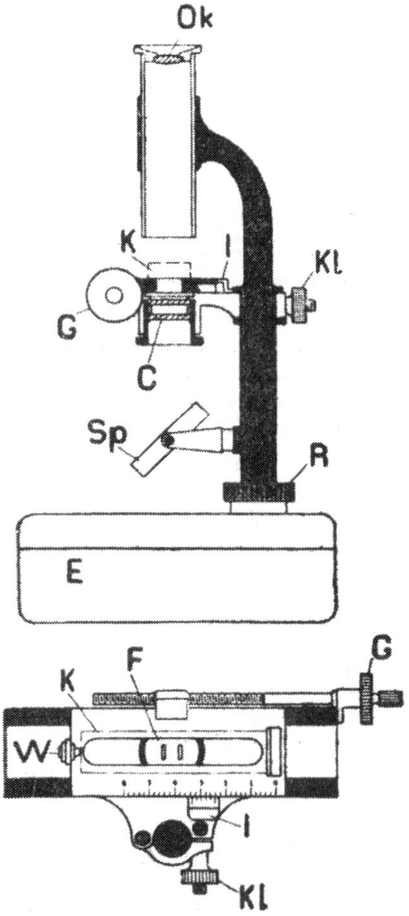

Fig. 390. Kontrast-Hämoglobinometer nach E. Schlesinger (1/4 nat. Größe). C = Küvette für die Probe, K = Keilkammer für die Kontrastfarbe, F = Spaltblenden, deren Farbumschlag mittels des Okulares Ok beobachtet wird. Sp = Beleuchtungsspiegel, I = Nonius für die Teilung der Keilverschiebung.

undurchsichtigen Deckel mit einer schmalen, der Keilkante parallelen Schlitzblende an, so erscheint diese Blende, durch ein Okular betrachtet, also je nach der Stellung des Keils in der Farbe der Substanz oder in der des Keils. Zwischen diesen beiden Färbungen tritt nun bei einer bestimmten, an einer Teilung abzulesenden Stellung des Keiles ein ziemlich plötzlicher Umschlag ein. Dieses Kriterium ist so scharf, daß der Apparat

u. U. bei der Bestimmung des Hämoglobins im Blute genauere Ergebnisse liefert als das FLEISCHLsche Hämometer, bei dem man durch Verschieben eines roten Glaskeils auf Farbgleichheit zweier Felder einstellt. Mit seiner hohen Meßgenauigkeit vereinigt das SCHLESINGERsche Kontrastcolorimeter den Vorzug, daß es nur außerordentlich wenig Substanz erfordert (1 ccm), es verdient daher zur Untersuchung schwer darstellbarer oder aus anderen Gründen nur in kleinen Mengen vorhandener Präparate herangezogen zu werden, um so mehr, als die Küvette säurefest ist.

D. Colorimeter mit fester Schichtdicke.

Falls nicht die äußerste Meßgenauigkeit erstrebt wird, kann man auf den Vorteil verzichten, durch Veränderung der Schichtdicke die Helligkeit des einen der beiden Vergleichsfelder stetig zu verändern, und kann sich mit abgestuften Vergleichsfarben begnügen. Dieser Fall liegt in der Praxis häufig vor, und zwar dann, wenn die zu ermittelnden Konzentrationen nur in engen Grenzen schwanken, z. B. bei der Bestimmung des Kohlenstoffs im Stahl, des Ammoniaks in den Wässern u. s. f.

Nach NESSLER, STOCKES[1] und EGGERTZ stellt man in einem hölzernen Ständer etwa 10 zylindrische Röhren von gleichem inneren und äußeren Durchmesser auf und füllt diese mit Vergleichslösungen von passend abgestufter Konzentration. Die Messung besteht dann nur darin, festzustellen, zwischen welche zwei Röhren eine gleiche mit der Probe gefüllte Röhre ihrer Färbung nach einzureihen ist.

Zur Vermeidung von gröberen Irrtümern muß man für möglichst gleichmäßige Beleuchtung sämtlicher Röhren sorgen. Dies geschieht je nach der Beobachtungsart in zweierlei Weise. Sieht man quer auf die Röhren, so muß das Gestell auf der der Lichtquelle zugewandten Seite durch eine dünne Milchglasscheibe geschlossen sein, auf deren Grunde die Färbungen sich gut abheben. Das Auge des Beobachters ist dabei durch einen Blendschirm gegen das direkte Licht der Lichtquelle und des hellen Himmels zu schützen.

Noch genauere Ergebnisse lassen sich erzielen, wenn man längs durch die Röhren hindurchsieht. Zu dem Zwecke sind sie entweder mittelst eines Spiegels von unten zu beleuchten, oder schräg und so in ein Gestell zu hängen, daß sie auf eine hell beleuchtete weiße Fläche (Milchglas, Zeichenpapier) mit ihrer Achse hinzielen. Das Auge ist in gleicher Weise wie oben zu schützen, dagegen ist die oben erwähnte Milchglasscheibe durch eine undurchsichtige Platte (Pappe) abzudecken. Bei dieser Art der Beobachtung werden sämtliche Röhren gleich hoch gefüllt, was durch Ringmarken oder durch Graduiernng der Röhren erleichtert wird. Diese Methode ist in metallurgischen Laboratorien verbreitet.

In ganz anderer Weise stellt J. KÖNIG[2] für die Untersuchung von

[1] NESSLER-STOCKES, Ch. Z. 12, Rep. 174 (1888).
[2] J. KÖNIG, Ch. Z. 21, 599 (1897).

Wässern abgestufte Vergleichsfarben her und zwar durch lackierte Farbenstreifen.

Diese sind auf einem von einer senkrechten Säule getragenen drehbaren Gestelle angebracht, sie sind ebenso breit und hoch, wie der Längsschnitt des Zylinders, mit dem die zu untersuchende Probe zu füllen ist. Die Streifen können der Reihe nach neben den Zylinder gebracht werden, durch den immer nur quer hindurch gesehen wird.

Man soll sich so aufstellen, daß der Glanz der Farbenstreifen hervortritt, und dem der Flüssigkeit im Zylinder ähnlich ist. Dabei ist jedoch der Apparat so zu drehen, daß im Zylinder keine oder möglichst geringe Spiegelung auftritt, daß also die Farbentöne bei auffallendem zerstreuten Lichte verglichen werden. Der jedem Farbenstreifen entsprechende Gehalt für 100 ccm Flüssigkeit ist über dem Farbenstreifen auf der Oberfläche des Colorimeters angegeben. Liegt der Farbenton der Probe zwischen zwei Farbenstreifen des Colorimeters, so nimmt man das Mittel aus den beiden benachbarten Konzentrationen oder stellt durch Verdünnen nach Maß genauer auf den Farbenstreifen ein. In gleicher Weise hilft man sich, wenn die Färbung der Probe den Meßbereich des Colorimeters überschreiten sollte. Da die Augen der einzelnen Beobachter für die Unterscheidung einzelner Farben und Farbentöne sich verschieden verhalten, und da der in dem Zylinder in der Probe hervorgerufene Farbenton in gewissem Grade von der lokalen Beschaffenheit der Beleuchtung in den Laboratoriumsräumen abhängt, so empfiehlt König, daß jeder Beobachter durch einmalige Herstellung der Titerflüssigkeit und durch einmalige Hervorrufung der Farbentöne in ihr für die auf den Farbstreifen des Colorimeters angegebenen Mengen die Skala für sein Auge und die räumlichen Verhältnisse nachprüft und nach Bedürfnis die Gehaltzahlen verbessert, um so eine feste bleibende Skala für sich zu erhalten.

Eingehendere Vorschriften für den Gebrauch des Apparates siehe im nächsten Abschnitte unter Ammoniak, Eisenoxyd und salpetrige Säure.

III. Ausgewählte colorimetrische Bestimmungsmethoden.

Im folgenden sind alphabetisch nach den Substanzen geordnet, kolorimetrische Bestimmungsmethoden zusammengestellt. Die Sammlung erhebt auf absolute Vollständigkeit keinen Anspruch, ist jedoch reichhaltiger als irgend eine der wenigen bisher veröffentlichten ähnlicher Art.[1]

Ammoniak. Zur Bestimmung geringerer Mengen Ammoniak in Wässern bedient man sich der gelben Färbung, die in ammoniakalischem Wasser durch das Nesslersche Reagens hervorgerufen wird (Bildung von Dimercuriammoniumjodid, $JNHg_2.H_2O$). Das Reagens wird in folgender Weise bereitet:

---

[1] W. Autenrieth kündigt in Z. angew. Ch. 25, 1168 (1912) colorimetrische Bestimmungsmethoden für Cr, Cu, Fe, Mn, Pb, Ti, Vd, H_2S und HNO_3 an, vgl. z. B. W. Autenrieth u. A. Funk, Z. analyt. Ch. 52, 137 (1913).

50 g Kaliumjodid werden in etwa 50 ccm heißem Wasser gelöst und mit einer konzentrierten Quecksilberchloridlösung versetzt, bis der dadurch gebildete rote Niederschlag sich nicht mehr löst; hierzu sind 20—25 g Quecksilberchlorid erforderlich. Man filtriert, vermischt mit einer Lösung von 150 g Kaliumhydroxyd in 300 ccm Wasser, verdünnt auf 1 Liter, fügt noch etwa 5 ccm Quecksilberchloridlösung hinzu, läßt den dabei entstehenden Niederschlag absitzen und dekantiert. Die Lösung muß in gut verschlossenen Flaschen aufbewahrt werden.

Bei der Ausführung der Reaktion müssen in der Lösung vorhandene alkalische Erden vorher durch Natriumcarbonatlösung abgeschieden werden. Diese Abscheidung ist jedoch nach L. W. WINKLER[1] nicht erforderlich, wenn man zu 100 ccm Lösung vorher 2—3 ccm gesättigte Seignettesalzlösung zusetzt.

Man vergleicht die Färbung entweder in einem beliebigen Colorimeter mit derjenigen einer Vergleichslösung von bekanntem Gehalte, oder, insbesondere bei laufenden Untersuchungen, mit dem KÖNIGschen Colorimeter, dessen 6 Farbenstreifen in folgender Weise abgestuft sind:

Farbenton	Salmiaklösung auf je 100 ccm mit destilliertem Wasser verdünnt	Gehalt an NH_3 in 100 ccm	Zusatz von 1 ccm Natronlauge (1 : 2) und Nesslers Reagens
1	1 ccm	0,05 mg	1,0 ccm
2	2 „	0,10 „	
3	5 „	0,25 „	
4	10 „	0,50 „	1,5 „
5	15 „	0,75 „	2,0 „
6	20 „	1,00 „	

Bei den höheren Farbentönen empfiehlt es sich, mehr als 1 ccm NESSLERS Reagens zuzusetzen, weil hierdurch die Stärke der Farben etwas erhöht wird.

Zur Herstellung von Ammoniaklösungen von bekanntem Gehalte werden nach dem Vorschlage von FRANKLAND und ARMSTRONG[2] 3,147 g reines, fein gepulvertes und bei 100° getrocknetes Ammoniumchlorid in 1 Liter Wasser gelöst und von der durchgemischten Lösung, wovon 1 ccm = 1 mg Ammoniak (NH_3) enthält, 50 ccm zu 1 Liter verdünnt. Von dieser Lösung entspricht 1 ccm = 0,05 mg Ammoniak (NH_3).

Chlor. Um sehr geringe Mengen Chlor, 1 mg pro Liter oder weniger, kolorimetrisch zu bestimmen, versetzt man die Lösung mit einigen Tropfen stark verdünnter Silbernitratlösung und rührt um. Durch das entstehende

[1] L. W. WINKLER, Ch. Z. 23, 454 (1899).

[2] WALTER-GÄRTNER, Untersuchung und Beurteilung der Wässer. Braunschweig 1895, 4. Aufl. 116.

Chlorsilber wird die Lösung trüb und opaleszierend; als Vergleichslösung dient z. B. eine NaCl-Lösung bekannter Konzentration, die in der gleichen Weise mit $AgNO^3$ getrübt worden ist. Die Trübung verursacht leicht fehlerhafte Einstellungen, wenn die Gefäße nicht nur in vertikaler Richtung von Licht durchsetzt, sondern auch von seitlich einfallendem Lichte getroffen werden. Falls daher das zur Verfügung stehende Kolorimeter nicht mit Lichtschutzklappen für die Gefäße versehen ist, muß man diese durch aufgeschobene Papphülsen verdunkeln. Die Methode wird von G. und H. KRÜSS empfohlen für die Chlorbestimmung im Trinkwasser (SCHMIDT-ACHERT), im Kalisalpeter (ULEX) und im Bromkalium (CARL ROTH und H. KRÜSS).

Cyanwasserstoffsäure kann man in eines der farbigen komplexen Salze überführen und gegen eine Vergleichslösung messen.

Eisenoxyd. Zu je 100 ccm eisenoxydhaltigem Wasser werden nach KÖNIG 2—3 ccm Rhodanammoniumlösung (1 : 10) und 1 ccm konzentrierte Salzsäure gegeben; die Lösung wird mit den Farbenstreifen des Colorimeters (vgl. S. 645) verglichen, über deren Werte die folgende Tabelle Aufschluß gibt.

Farbenton	Eisenalaunlösung zu je 100 ccm mit Wasser verdünnt	Gehalt für 100 ccm			Zusatz
		Eisen Fe	Eisenoxydul FeO	Eisenoxyd Fe_2O_3	
1	1,0 ccm	0,10 mg	0,129 mg	0,143 mg	2—3 ccm Rhodanammonlösung (1 : 10) und 1 ccm konz. Salzsäure.
2	2,0 „	0,20 „	0,258 „	0,285 „	
3	4,0 „	0,40 „	0,514 „	0,571 „	
4	6,0 „	0,60 „	0,771 „	0,857 „	
5	9,0 „	0,90 „	1,157 „	1,286 „	
6	15,0 „	1,50 „	1,928 „	2,143 „	

Steht das KÖNIGsche Colorimeter nicht zur Verfügung, so bereitet man sich eine Vergleichslösung aus Eisenalaun (Kaliumferrisulfat) und Rhodanammonium, die in 1 ccm 0,1 mg Eisen enthält. Man befreit durch Pressen zwischen Fliespapier das reine, hellviolette Salz von hygroskopischem Wasser und löst 0,898 g unter Zusatz von wenig Salzsäure mit Wasser zu 1 Liter. Das Rhodanammonium muß rein sein und darf, mit verdünnter Salzsäure versetzt, keine Trübung ergeben.

Eisen in größerer Konzentration wird nach C. H. WOLFF auf anderem Wege bestimmt. Man ermittelt den Verlust an färbender Kraft, den eine Kupferoxydammoniaklösung, wie sie bei der Kupferbestimmung (s. d.) benutzt wird, durch die Berührung mit einer gewogenen Menge des Ferrum reductum erfährt, und berechnet aus dem von der Zersetzung der Kupferlösung durch metallisches Eisen her bekannten Verhältnis die Menge des Eisens (1 ccm der Normalkupferlösung entspricht 0,056 g Fe).

Gold. Goldhaltige schwach salzsaure Lösung, die außerdem noch Arsensäure und Eisenchlorür enthält, ergibt nach CARNOT[1] und SCHMELK[2], wenn man etwas Zinkstaub hinzufügt, eine Rotfärbung. Diese wird mit der Farbe einer Vergleichslösung verglichen, die in 100 ccm 0,1—1 mg enthalten soll. Eine ähnliche Methode rührt von F. K. ROSE[3] her.

Die rote Färbung kolloidal gelösten Goldes benutzt R. NELSON[4] zur Ermittlung geringer Goldmengen; die Genauigkeit ist hinreichend, wenn man geeignete Maßnahmen trifft, um das Maximum der Färbung zu entwickeln und wenn Elektrolyte ferngehalten werden, die das rote Gold zur Ausflockung bringen würden. Außer den genannten Reagenzien erscheinen auch andere, die in schwachen Goldlösungen die charakteristische Rotfärbung des kolloidalen Goldes erzeugen, für kolorimetrische Verwertung geeignet[5].

Kaliumdichromat und Kaliummonochromat werden mit gleichen Lösungen bekannter Konzentration verglichen, Chromsäure wird in eines dieser Salze übergeführt.

Kohlenstoff in Eisen. Das von EGGERTZ[6] angegebene kolorimetrische Verfahren der Bestimmung des Carbid-Kohlenstoffs im Eisen ist nach LEDEBUR[7] für alle Arten schmiedbaren Eisens brauchbar; dagegen ist es nicht anzuwenden, wenn die zu untersuchende Probe Chrom oder Nickel enthält, oder außergewöhnlich rasch abgekühlt oder ausgeglüht wurde. Ebensowenig ist es für die Untersuchung von Roheisen geeignet.

Da es gegen die Anwesenheit von Mangan, Kupfer, Kobalt, Nickel, Phosphor, Schwefel und Silizium unempfindlich ist, und eine große Anzahl von Kohlenstoffbestimmungen nebeneinander ermöglicht, ist es zur Überwachung des Betriebes in zahlreichen Stahl- und Flußeisenhütten in täglichem Gebrauche und soll deshalb etwas ausführlicher beschrieben werden.

Das Verfahren beruht darauf, daß in heißer chlorfreier Salpetersäure außer dem Eisen die Carbidkohle in Lösung geht, die dadurch eine braune Farbe annimmt. Das Verhältnis des Gehalts an Carbidkohle zum Gesamtkohlenstoffgehalte ist unter den oben angegebenen Voraussetzungen in allem schmiedbaren Eisen praktisch gleich. Man vergleicht die gewonnene Lösung mit einer Vergleichslösung aus Eisen oder Stahl von analytisch bestimmtem Kohlenstoffgehalte („Vergleichsstahl"). Für die Herstellung der Lösungen gibt LEDEBUR die folgende Anleitung:

Man wägt sowohl von dem Vergleichsstahl als von jeder der zu unter-

---

[1] CARNOT, Berg- und Hüttenm. Ztg., 1896, S. 215.

[2] SCHMELCK, Ch. Z., 1898, S. 271.

[3] F. K. ROSE, Berg- und Hüttenm. Ztg., 1893, S. 110.

[4] R. NELSON, Z. anorg. Ch. 49, 172—177 (1906).

[5] Vgl. z. B. CLASSEN, Ausgewählte Methoden der analyt. Chemie, Bd. I, S. 293ff., Braunschweig 1901.

[6] EGGERTZ u. SPÜLLER, Ch. Z. 1, 476 (1899).

[7] A. LEDEBUR, Leitfaden für Eisenhüttenlaboratorien, 6. Aufl., S. 82, Braunschweig 1903.

suchenden Stahl- oder Eisenproben 0,1 g ab[1] und bringt die Proben in die erwähnten Probierröhrchen, welche man durch ein angeklebtes Papierstreifehen oder in sonst geeigneter Weise bezeichnet. Inzwischen heizt man ein Paraffinbad, bis das Thermometer eine Temperatur von 135° anzeigt und geht dann an das Auflösen. Man verwendet für jede Probe 5 ccm chlorfreier Salpetersäure von 1,18 bis 1,2 spez. Gewicht. Damit beim Lösen ein heftiges Aufschäumen vermieden werde, stellt man die Proben nach dem Säurezusatz zunächst in kaltes Wasser; wenn die erste heftige Einwirkung vorüber ist, nimmt man sie in derselben Reihenfolge, wie man sie eingestellt hatte, heraus, wischt die Gläser mit einem Tuche ab, um alle anhaftende Feuchtigkeit zu entfernen, und stellt sie in das Paraffinbad. Die Flamme unter dem Paraffinbad kann einstweilen entfernt werden, doch trage man Sorge, daß die Temperatur nicht unter 125° sinkt. In dem Bade läßt man die Proben fünf Minuten verweilen; alsdann nimmt man sie in der ursprünglichen Reihenfolge heraus, wischt die Gläser ab und stellt sie zur Abkühlung wiederum in Wasser. Die Proben sind dann für den Vergleich fertig. Man spült sie in die Meßröhren des Kolorimeters nach Nessler, Stockes, Eggertz (S. 644), um sie hier mit Wasser so weit zu verdünnen, bis die Farbe der zu untersuchenden Lösung mit derjenigen der Vergleichsstahllösung genau übereinstimmt, wenn man sie gegen das Licht hält. Die Menge der Lösung darf jedoch in keiner der Meßröhren weniger als 8 ccm betragen, weil sonst durch das gelöste Eisen der Farbenton etwas beeinflußt werden kann. Um Täuschungen bei der Beurteilung der Färbungen zu vermeiden, stelle man die Meßröhre, welche die Vergleichsstahllösung enthält, abwechselnd an die linke und rechte Seite der zu prüfenden Lösung. Ist n die Menge der Vergleichslösung in Kubikzentimetern, c ihr Kohlenstoffgehalt in Hundertteilen, p die Menge der zu prüfenden Lösung, wenn ihre Farbe mit derjenigen der Vergleichslösung übereinstimmt, und x ihr gesuchter Kohlenstoffgehalt, so ergibt sich die Beziehung

$$x = \frac{c\,p}{n}.$$

Liegen Stahlsorten mit mindestens 0,8 v. H. Kohlenstoffgehalt vor, so kann man die Rechnung noch vereinfachen, indem man die Vergleichslösung auf so viel Kubikzentimeter verdünnt, als der Vergleichsstahl Tausendstel Kohlenstoff enthält (also z. B. bei einem Vergleichsstahle mit 0,94 v. H. Kohlenstoff auf 9,4 ccm); die Anzahl Kubikzentimeter der zweiten Lösung braucht dann nur durch 10 geteilt zu werden, um den Kohlenstoffgehalt in Hundertteilen zu ergeben.

Kupfer. Geringe Mengen von Kupfer werden nach C. H. Wolff in das Sulfat und durch Zusatz von Ammoniak in das intensiver gefärbte Kupferoxydammoniak übergeführt und dann mit einer 5 %igen wäßrigen Am-

[1] Bei wichtigen Untersuchungen ist es ratsam, je zwei gleiche Proben einzuwägen oder auch zwei verschiedene Vergleichsstähle zu benutzen.

moniaklösung nach Erfordernis verdünnt. Die Vergleichslösung stellt man sich aus $^1/_{10}$ n-Kupfersulfatlösung in gleicher Weise her.

Ist in Erzen, Hüttenprodukten und Schlacken neben Kupfer und Nickel, Kobalt oder Eisenarseniat vorhanden, so muß man das Kupfer als Sulfid fällen, und durch Lösen in Salpetersäure für die oben angegebene Überführung vorbereiten. Die Kupferlösungen ergeben mit dem Polarisationscolorimeter besonders genaue Resultate.

Kupfersulfat wird mit gleicher Vergleichslösung bestimmt, bei sehr geringen Gehalten empfiehlt sich jedoch das unter „Kupfer" angegebene Verfahren.

Mangan. Das in Eisen enthaltene Mangan wird durch Kochen mit Salpetersäure bei Gegenwart von Bleisuperoxyd zu Übermangansäure oxydiert, die die Flüssigkeit rot färbt; das colorimetrische Verfahren liefert nur gute Ergebnisse, wenn der Mangangehalt im Eisen 1 % nicht erheblich überschreitet. Es ist in regelmäßigem Gebrauche in Bessemer-, Thomas- und Martinhütten, und auch für die Untersuchung von Tiegelstahl und Gießereiroheisen innerhalb der oben angegebenen Gehaltsgrenze geeignet; dagegen ist es für Eisenmangan, Spiegeleisen und Weißstahl nicht anwendbar. Für die Ausführung von Serienanalysen gibt Ledebur[1] die folgende Anweisung:

Man löst in einem mit Marke versehenen 100 ccm-Kolben von dem zu untersuchenden Eisen 0,2 g in 15—20 ccm gewöhnlicher Salpetersäure unter Erwärmen bis zum Sieden auf, kocht, bis keine roten Dämpfe mehr entweichen, läßt abkühlen, verdünnt die Lösung, ohne zu filtrieren, bis zur Marke mit destilliertem Wasser und schüttelt tüchtig, um gleichmäßige Mischung zu erzielen. Für jede anzustellende Probe nimmt man von dieser Lösung mit einer Pipette 10 ccm heraus (so daß man, wenn man will, 9—10 Vergleichsmessungen anstellen kann), bringt sie in ein Becherglas von etwa 75 ccm Inhalt und fügt etwa 2 ccm Salpetersäure hinzu. Da man in jedem Falle mindestens vier Proben anstellen muß, richte man sie sämtlich gleichzeitig in der beschriebenen Weise vor und halte sie für die weitere Verarbeitung fertig. Nunmehr erhitzt man die erste Probe auf einer kleinen Flamme bis zum beginnenden Sieden, fügt, ohne das Sieden zu unterbrechen, eine kleine Löffelspitze Bleisuperoxyd hinzu, so daß es in geringem Überschusse zugegen ist und teilweise ungelöst bleibt (ein reichlicher Überschuß des Bleisuperoxyds führt leicht zu falschen Ergebnissen und muß demnach vermieden werden) und erhält die Flüssigkeit noch zwei Minuten lang im Sieden. Alsdann läßt man etwas abkühlen und den Rückstand des Bleisuperoxyds sich absetzen.

Inzwischen hat man aus langfaserigen, zu feinen langen Fäden gezupftem und dann im Platintiegel geglühtem Asbest ein Filter gefertigt, indem man einen Pfropfen davon in einen Trichter eindrückt, so daß es im oberen Ende des Trichterrohres steckt, und mit Wasser befeuchtet. Es kann kleiner sein und etwas dichter liegen als für Kohlenstoffbestim-

[1]) Ledebur, A., l. c., S. 94 ff.

mung, da die Flüssigkeitsmenge geringer ist; auch ist das Einbringen von Glasperlen in den Trichter nicht erforderlich. In der Sekunde können ein bis höchstens zwei Tropfen Flüssigkeit hindurchgehen, wenn der Trichter gefüllt ist. Ehe das Filter in Benutzung genommen wird, muß es einmal mit Chamäleonlösung, dann mit Wasser so lange ausgewaschen werden, bis das Durchlaufende farblos ist.

Durch dieses Filter gießt man nun die über dem Rückstande von Bleisuperoxyd stehende klare Flüssigkeit in eines der Meßgläser, welche auch zur kolorimetrischen Kohlenstoffprobe benutzt werden (Seite 649), und wäscht den Rückstand im Glase, ohne ihn aufzurühren oder auf das Filter zu bringen, durch Dekantieren mit Wasser aus.[1] Sobald das Durchlaufende farblos ist, hört man mit Auswaschen auf. Gewöhnlich genügt schon ein einmaliges Dekantieren mit etwa 5 ccm Wasser zum völligen Auswaschen. Während so die erste Probe filtriert wird, kann bereits die zweite ins Sieden gebracht und mit Bleisuperoxyd behandelt werden. Das nämliche Filter wird auch für alle folgenden Proben wieder benutzt.

In ein zweites Meßglas bringt man mit einer Pipette von der oben erwähnten Vergleichslösung 1—4 ccm, je nachdem die rote Farbe der zu prüfenden Eisenlösung lichter oder dunkler erscheint, und verdünnt sie vorsichtig so lange mit Wasser, bis beide Lösungen gleiche Farbentöne zeigen. Die Berechnung ergibt nun den gesuchten Mangangehalt.

Bezeichnet a die Anzahl der von der Vergleichslösung entnommenen Kubikzentimeter, b die Anzahl der Kubikzentimeter, auf welche jene a ccm verdünnt werden mußten, damit der gleiche Farbenton, wie ihn die zu prüfende Eisenlösung besaß, erschien, c die Anzahl der Kubikzentimeter der zu untersuchenden Eisenlösung, so ist der Mangangehalt der Eisenlösung; $\frac{ac}{4b}$ v. H.

Für jeden neuen Versuch verwende man auch eine neue Probe der Vergleichslösung. Von den Ergebnissen der angestellten Versuche nehme man das Mittel. Sollte das Ergebnis eines Versuches erheblich anders ausfallen als das der übrigen, so lasse man jenes außer Betracht und stelle einen fünften Versuch an.

Die erforderliche Vergleichslösung bereitet man sich durch Auflösen von 0,072 g kristallisierten Kaliumpermanganats (Chamäleons) in 500 ccm Wasser. 1 ccm dieser Lösung enthält 0,05 mg Mangan. Etwa alle drei Wochen muß die Lösung frisch bereitet werden, da sie allmählich ihre Farbe ändert; sie wird an einem schattigen Orte aufbewahrt.

Nickelsulfat wird mit gleicher Vergleichslösung verglichen.

Salizylsäure. Nach H. KRÜSS, F. WIBEL und C. H. WOLFF[2] wird in salizylsäurehaltiger Lösung nach Zusatz von Chlorammonium mittelst einiger Tropfen sehr verdünnter neutraler Eisenchloridlösung die bekannte

---

[1] Wenn der Rückstand aufgerührt wird, gehen leicht Teilchen davon auch durch ein ziemlich dichtes Asbestfilter.

[2] G. und H. KRÜSS, BUCH, S. 92.

violette Färbung erzeugt. Als Vergleichslösung kann z. B. eine 0,1 g im Liter enthaltende Salizylsäurelösung dienen, in der die Färbung in gleicher Weise erzeugt worden ist.

Salpetersäure. Auch hier wird durch ein Reagens eine Färbung erzeugt. LUNGE und LWOFF[1] empfehlen dafür eine Lösung von 0,2 ccm Brucin in 100 ccm reiner konzentrierter Schwefelsäure, die erst kurz vor dem Gebrauche mit der Vergleichslösung (0,01 mg Salpetersäurestickstoff pro 100 ccm) und der Probe zu gleichen Teilen gemischt und je mit dem 50fachen Volumen derselben Schwefelsäure versetzt wird. Ist die Probe eine wäßrige Lösung, so muß sie durch Hinzufügen von Schwefelsäure zuvor auf das spezifische Gewicht 1,7 oder mehr gebracht werden.

Die anfänglich roten Mischungen werden nach Erwärmen auf 70° gelb; nach dem Abkühlen werden sie in säurefesten Gefäßen verglichen.

Salpetrige Säure. Für die colorimetrische Bestimmung der salpetrigen Säure wird nach J. KÖNIG[2] Zinkjodidstärkelösung unter Zusatz von verdünnter Schwefelsäure (1 : 3) verwendet.

Zur Herstellung der Zinkjodidstärkelösung zerreibt man 4 g Stärkemehl in einem Porzellanmörser mit wenig Wasser und fügt die dadurch entstandene milchige Flüssigkeit unter Umrühren nach und nach zu einer im Sieden befindlichen Lösung von 20 g käuflichem, reinem Zinkchlorid in 100 ccm destilliertem Wasser. Man setzt das Erhitzen unter Ergänzung des verdampfenden Wassers fort, bis die Stärke möglichst gelöst und die Flüssigkeit fast klar geworden ist. Alsdann verdünnt man mit destilliertem Wasser, setzt 2 g käufliches, reines und trocknes Zinkjodid hinzu, füllt zum Liter auf und filtriert. Die klare Flüssigkeit wird in einer gut verschlossenen Flasche aufbewahrt; sie darf sich, mit dem 50fachem Volumen destilliertem Wassers verdünnt, beim Ansäuren mit verdünnter Schwefelsäure nicht blau färben.

Farbenton	Nitritlösung auf je 100 ccm destill. Wasser verdünnt	Gehalt an salpetriger Säure (N_2O_3)	Zusatz von		Dauer der Beobachtung
			Zinkjodidstärkelösung	Schwefelsäure 1 : 3	
1	1,5 ccm	0,015	2 ccm	3 ccm	bis zu 5—6 Min.
2	2,5 „	0,025	2 „	3 „	„ „ 2—3 „
3	5,0 „	0,050	3 „	2 „	„ „ 2 „
4	10,0 „	0,100	3 „	1 „	„ „ 2 „
5	15,0 „	0,150	3 „	1 „	„ „ 1 „
6	20,0 „	0,200	3 „	1 „	unter 1 „

Die Stärke des Farbentones hängt aber ganz von der Zeit der Beobachtung ab; bei den Farbentönen 2—6 wird der Farbenton um so dunkler, je länger man stehen läßt. Es empfiehlt sich daher, daß jeder

[1] LUNGE und LWOFF, Z. angew. Ch., 1894, 347.
[2] J. KÖNIG, Untersuchung v. Nahrungs- u. Genußmitteln usw. S. 137.

Beobachter durch einen einmaligen Kontrollversuch in vorstehender Weise feststellt, wieviel Zeit der Beobachtung in Minuten notwendig ist, damit sich der Farbenton der Normalnitritlösungen mit den Tönen der Farbenskala für sein Auge deckt. Diese Zeit muß dann der Beobachter auch bei der Prüfung eines zu untersuchenden Wassers einhalten.

Schwefel im Eisen. Nach Eggertz läßt man in einer verschlossenen Flasche von etwa 50 ccm Inhalt den beim Auflösen von 0,1 g schwefelhaltigem Eisen in 1,3—1,5 ccm verdünnter Schwefelsäure vom spez. Gewicht 1,23 sich entwickelnden Schwefelwasserstoff 15 Minuten auf ein gut gereinigtes Silberblech wirken, das 25 % Kupfer enthält, und beurteilt die entstehende Färbung, die mit wachsendem Schwefelgehalt eine Skala von hellgelb über Braun bis Uhrfederblau und Grau durchläuft. Das Eisen wird am besten in Form von sehr feinen Eisenfeilspänen verwendet; Bohrspähne müssen durch ein feines Sieb gegeben werden. Das Silberblech wird mittelst eines Silberdrahtes an dem Kork der Flasche aufgehängt, der nach dem Einfüllen der Schwefelsäure rasch eingesetzt wird.

Nach Ledebur entspricht:

Silberweiß	0 %	Schwefel
Messsinggelb	0,02 %	„
Braun (ohne Blau)	0,04 %	„
Gleichviel Braun und Blau . .	0,08 %	„
Uhrfederblau ohne Braun . . .	0,20 %	„
Bleigrau mehr als	0,20 %	„

Feinere Unterscheidungen der Färbungen, wie man sie durch große Übung erhält, lassen natürlich die Einschaltung einer ganzen Reihe von Zwischenwerten zu.

Titan. A. Weller[1] benutzt zur kolorimetrischen Bestimmung von Titan die gelbe Färbung, die feste gefällte Titansäure bei der Behandlung mit neutralem Wasserstoffsuperoxyd annimmt, und empfiehlt die Methode zur Auffindung kleiner Mengen Titansäure in Silikaten und anderen titanhaltigen Mineralien. Zur Bereitung der Vergleichslösungen diente Titanfluorkalium, das aus fast reinem Titanchlorid auf bekannte Weise dargestellt und dreimal umkristallisiert war. Berechnete Mengen dieses Salzes wurden im Platintiegel mittelst Schwefelsäure zersetzt und die Lösung nach Zusatz von einigen Kubikzentimenter 3 prozentigem Wasserstoffsuperoxyds mit Wasser verdünnt. Die Vergleichslösungen enthielten in 100 ccm 0,20 bis herab zu 0,002 g Titansäure. Da die Färbung der Vergleichslösungen mit der Zeit abnimmt, empfiehlt es sich, konzentriertere Titansäurelösung bekannter Konzentration aufzubewahren. Ein mäßiger Überschuß von H_2SO_4 oder H_2O_2 beeinflußt die Färbung nicht; ebenso schadet die Gegenwart von Zirkon und Niob nicht.

Vanadium. Nach G. Witz[2] und F. Osmond kann man die durch die

[1] Ber. 15, 259 (1882).
[2] Bull. [2] 45, 309 (1886).

Einwirkung von Vanadiumsalzen auf Anilinsalze entstehende Bildung von Anilinschwarz für die quantitative Ermittelung von Vanadium im Colorimeter verwenden.

Andererseits empfiehlt L. MAILLARD[1] besonders für kleine Vanadiummengen, die Rotfärbung, die in sauren Vanadatlösungen durch H_2O_2 erzeugt wird, zur colorimetrischen Analyse zu verwerten; dabei wird vorausgesetzt, daß kein Titan zugegen ist.

Wismutjodid. Nach C. und J. J. BERINGER[2] löst man Wismutjodid in Jodkaliumlösung auf und vergleicht die gelbe bis braungelbe Lösung mit einer gleichen von bekanntem Wismutgehalte; die Methode scheint jedoch nicht in die Praxis übergegangen zu sein.

---

[1] Bull. [3] **23**, 559 (1900).

[2] A Textbook of Assaying, Charles Griffin and Co., London.

Kolibri 360 GmbH
Ferdinand-Jühlke-Straße 7
99095 Erfurt, Deutschland
produktsicherheit@kolibri360.de